Transmissions-Dampfmaschinen

Transmissions-Dampfmaschinen

Berechnung, Konstruktion und Anlage

Lehr- und Handbuch für
Techniker und Ingenieure

Bearbeitet von
A. Pohlhausen

Zweibändige Ausgabe in einem Reprintband

Einführung zur Reprint-Ausgabe
Kurt Mauel

KLASSIKER DER TECHNIK

VDI VERLAG

CIP-Kurztitelaufnahme der Deutschen Bibliothek

Pohlhausen, August:
Transmissions-Dampfmaschinen: Berechnung, Konstruktion u. Anlage d. Transmissions-Dampfmaschinen; Lehr- u. Handbuch für Techniker u. Ingenieure; zweibändige Ausg. in 1 Reprint-Bd. / bearb. von A. Pohlhausen. - Reprint d. Ausg. Mittweida, Verl. d. Polytechn. Buchh., 1901 / Einf. zur Reprint-Ausg. Kurt Mauel. - Düsseldorf: VDI-Verlag, 1985.
(Klassiker der Technik)
Enth.: Bd. 1. Text. Bd. 2. Tafeln
ISBN 3-18-400680-8

Die Erstausgabe erschien 1901 im Verlag der polytechnischen Buchhandlung (R. Schulze, Mittweida) in zwei Bänden und wurde als Reprint ungekürzt in einem Band vereinigt.

Die Einführung zur Reprint-Ausgabe schrieb Prof. Dr.-Ing. Kurt Mauel, VDI

Die Reihe „Klassiker der Technik“ wird von C. G. Schmidt-Freytag betreut.

Gesamtherstellung: Boss-Druck, Kleve
ISBN 3-18-400680-8

EINFÜHRUNG

Kurt Mauel

Als Dipl.-Ing. A. Pohlhausen, Dozent für Maschinenbau am Technikum Mittweida/Thüringen 1899 sein Lehr- und Handbuch *Transmissions-Dampfmaschinen* herausbrachte, war die Kolbendampfmaschine in dem behandelten Bereich die dominierende, meist die einzig mögliche Kraftmaschine für stationäre Zwecke aller Art.

Auf den übrigen Gebieten, die in dem Buche nicht behandelt sind, der Antriebsmaschine für den Schiffsbetrieb und dem großen Bereich der Dampflokomotiven, gab es praktisch noch keine Alternative für die Kolbendampfmaschine. Zwar war seit 1884 sowohl die Gleichdruck-Dampfturbine von *de Laval* als auch die Überdruck-Dampfturbine von *Parsons* erschienen, doch hatten beide noch nicht die Leistungen und die technische Reife erreicht, die sie zum ernsthaften Konkurrenten der Kolbendampfmaschine hätten machen können.

Das gilt besonders auch für den Bereich der Transmissions-Dampfmaschinen, auch stationäre Maschinen genannt, bei denen die hohe Drehzahl der Turbinen durch hoch übersetzende Getriebe auf ein verwendbares Maß zu bringen war.

Der wesentliche Vorteil der Turbinen, leichter zu sein als Kolbendampfmaschinen und Raum zu sparen, fiel bei stationären Anlagen nicht ins Gewicht. Der Wirkungsgrad von Dampfturbinen lag damals noch nicht über dem von guten mehrfachexpandierenden Kolbendampfmaschinen.

Für den Antrieb schwerer Maschinen, die ein hohes Anzugsmoment erforderten, war die Dampfturbine, die ihr höchstes Drehmoment erst bei Betriebsdrehzahl abgeben kann, ohnehin nicht geeignet.

Die ersten Dampfturbinen zum Antrieb von Gleichstromgeneratoren waren zwar schon geliefert, es handelte sich jedoch um kleinere Einheiten oder um Bordaggregate für Schiffe.

Die ersten Drehstromkraftwerke mit Dampfturbinen als Antriebsmaschinen erschienen im ersten Jahrzehnt des zwanzigsten Jahrhunderts (ab 1902). Es dauerte dann allerdings nur zehn bis zwanzig Jahre, bis die Dampfturbine an Leistung und an Wirkungsgrad die Kolbendampfmaschine übertraf. Hinzu kam, daß schnell laufende große Kolbendampfmaschinen nicht gebaut werden konnten, was bei Dampfturbinen möglich und sogar günstig war.

Bei Drehstrom mit einer Frequenz von 50 Hz waren bei Antrieb durch Turbinen Drehzahlen von 1000, 1500 und höchstens 3000 Umdrehungen/min zu erreichen.

Die Gasmaschine war seit den siebziger Jahren des neunzehnten Jahrhunderts als Transmissionsmaschine in erster Linie für das Kleingewerbe eingesetzt worden. Sie war im übrigen an das Vorhandensein von Leuchtgas gebunden. Großgasmaschinen wurden in Verbindung mit der Gewinnung von Gichtgas aus Hochofenanlagen eingesetzt. Sie waren durchwegs liegender Bauart und, vom grundsätzlich anderen Verfahren abgesehen, konstruktiv den Kolbendampfmaschinen ähnlich.

Die Kolbendampfmaschine hatte um 1899 den Höhepunkt ihrer konstruktiven Entwicklung erreicht. Sie war zu dieser Zeit noch immer im stationären Bereich, also als Transmissionsmaschine unersetzbar. Und sie war mit der Entwicklung der Elektrotechnik für den Einzelantrieb von Generatoren wie ganz besonders seit 1882 in den Kraftstationen und den schnell an Zahl und Größe wachsenden Kraftwerken der einzig mögliche Antrieb neben der Wasserturbine, deren Einsatz aber ortsgebunden war, besonders bevor es 1891 zur wirtschaftlichen Fernübertragung mit dem Drehstrom kam.

Die Dampfmaschine hatte, als das vorliegende Buch geschrieben wurde, bereits eine Entwicklung von 130 Jahren hinter sich, seit James Watt seine ersten wirtschaftlichen Dampfmaschinen geliefert hatte.

Viele Merkmale ihrer Konstruktion gehen noch auf James Watt zurück, der Kurbeltrieb, die Doppelwirkung des Kolbens, die Nutzung des Druckes bis in den Kondensator, die Steuerung, die Regelung mit dem Fliehkraftregler und nicht zuletzt der Indikator zur Messung des Druckverlaufes im Zylinder.

Im Laufe der langen Zeit bis zum Ende des 19. Jahrhunderts sind ganz wesentliche konstruktive Entwicklungen der Dampfmaschine eingetreten, die zu größerer Bauart, zu höherer Leistung und zu geringerem Dampfverbrauch geführt haben. Entsprechende Entwicklungen konnten bei den Dampfkesseln erreicht werden. Mit der Nutzung der Expansion des Dampfes, das heißt dem Absperren der Dampfzufuhr nach einem Teil des Kolbenhubes, hatte schon James Watt begonnen, im Laufe der Zeit wurden alle Dampfmaschinen mit Expansion gebaut, die alten Volldruckmaschinen verschwanden.

Je nach dem Verwendungszweck wurden die Maschinen als Auspuffmaschinen - dies besonders bei Lokomotiven - oder mit größerer Wirtschaftlichkeit als Kondensations-Dampfmaschinen gebaut, wodurch ein größeres Druckgefälle des Dampfes für die Umsetzung in mechanische Arbeit nutzbar gemacht werden konnte.

Es gelang auch, die Dampfmaschine mehrzylindrig zu bauen, entweder als Zwillings- oder als Drillingsmaschine mit Frischdampfzufuhr für alle Zylinder oder aber als Verbundmaschine oder Mehrfach-Expansionsmaschine, bei welcher der Dampf zunächst dem kleineren Hochdruckzylinder und danach einem oder nacheinander mehreren Zylindern mit niedrigerem Druck zugeleitet wird und erst dann in den Kondensator strömt. Bis zur Vierfachexpansion und bis zu den größten Abmessungen sind diese Kolbendampfmaschinen gebaut worden. Hier war aber die Grenze der Möglichkeiten der Kolbendampfmaschine nach dem damaligen Stande der Technik erreicht. Der Kesseldruck konnte bei den damals möglichen und bekannten Konstruktionen der Röhren und der Überhitzer sowie der Feuerungen nicht über 20 Bar hinausgehen, er lag im allgemeinen darunter.

Die Dampftemperatur war auf etwa 350 °C begrenzt und ohne Einsatz anderen Materials auch nicht mehr zu steigern.

Der Wirkungsgrad der Dampfmaschine war damit vom Verfahren her bereits begrenzt. Diesem Grenzwert nahe zu kommen, war das Streben der Maschinenbauer, die mit konstruktiven Mitteln den notwendigen Unterschied zwischen dem theoretischen und dem realen Arbeitsprozeß zu verringern suchten, also die Abweichung des Kreisprozesses in der Dampfmaschine vom umkehrbaren Carnotschen Kreisprozeß.

Die für den Dampfmaschinenbau wichtigsten Lehren der mechanischen Wärmetheorie werden knapp dargestellt, ohne ihr Verständnis kann eine Berechnung der Dampfmaschine nicht vorgenommen werden. Diese muß von den gegebenen Zustandswerten des Dampfes und von der verlangten Leistung ausgehen. Es sind dann eine Vielzahl von Koeffizienten zu berücksichtigen, etwa durch den schädlichen Raum, der unvermeidlich ist, aber durch konstruktive Gestaltung klein gehalten werden kann, z. B. durch die Wahl der Steuerorgane. Beim Einströmen des Dampfes entsteht Drosselung, auf dem gesamten Wege treten Wärmeverluste ein. Der Füllungsgrad der Maschine ist vom großen Einfluß auf den Dampfverbrauch.

Die konstruktiven Grenzen der Maschine liegen in der höchstzulässigen Kolbengeschwindigkeit und in den Massenkräften, bei Umfangsgeschwindigkeiten z. B. der Schwungräder und bei der Beweglichkeit der Steuerorgane. Dazu sind umfangreiche Berechnungen der auftretenden Kräfte und Belastungen in den bewegten und unbewegten Teilen vorzunehmen, die sich aus dem berechneten oder tatsächlichen Indikatordiagramm der Maschine ergeben.

Nach der Wahl der Maschinenart und der Arbeitsweise ergeben sich die Abmessungen der Hauptteile, Zylinder, Kolben, Gestänge, Kurbelwelle und Schwungrad. Die konstruktive Gestaltung dieser Bauteile und der Aufbau der gesamten Maschine erfordert weitere eingehende Berechnungen, viel Erfahrung und eine Anpassung an die materialmäßigen und fertigungstechnischen Möglichkeiten.

Hierzu gehören auch so schwierige Einzelteile wie Stopfbuchsen, Kreuzköpfe, Steuerungsteile, Kolben- oder Flachschieber, Ventile, Rohrleitungen und Dampfkanäle und die Teile der äußeren Steuerung, Exzenter und Stangen, schließlich die Luftpumpe und der Kondensator. Berechnung und konstruktive Gestaltung werden mit zahlreichen Beispielen nach ausgeführten Anlagen und mit musterhaften Zeichnungen dargestellt. Die sorgfältige und weitgehend ohne schwierige mathematische Ableitungen vorgeführte Rechnung erlaubt auch den mit höherer Mathematik weniger vertrauten Studierenden des Maschinenbaus und den Ingenieuren in der Praxis ein Nachvollziehen und Mitarbeiten auch mit Kenntnissen der elementaren Mathematik, Mechanik und Festigkeitslehre.

In den Tafeln sind sämtliche Teile der Dampfmaschinen verschiedener Konstruktionen mit Abmessungen und genauen Bezeichnungen, mit allen erforderlichen Schnitten, mit Detailzeichnungen und proportionalen Angaben über die Stärken von Wandungen, Abstand und Größe von Bohrungen, Abmessung von Lagerungen und Hinweisen für die Gestaltung und den Zusammenbau enthalten.

In Verbindung mit der Festlegung und Berechnung der Hauptabmessungen sind alle Teile, jede Schraube und jede Wandstärke innerhalb angegebener Grenzen berechenbar. Für sehr komplizierte Bauteile wie Dampfzylinder und andere Gußstücke sind die Gestaltung der Wasserräume, der Dampfzuführungen und der Anschlüsse aller Zubehörteile angegeben.

Die Berechnung wichtiger Bauteile, z. B. der Kurbelwellen, ist rechnerisch, mit Tabellen und im Tafelteil graphisch vorgenommen, was die Bearbeitung sehr vereinfacht. Ein besonders wichtiger Teil der Dampfmaschinenberechnung ist die Konstruktion der Arbeits- und Druckdiagramme, die für die verschiedenen Maschinenarten zeichnerisch und durch Rechnung dargestellt wird. Ebenso müssen für alle Steuerungsarten, Flachschieber oder Kolbenschieber, Schieberdiagramme und Steuerdiagramme entwickelt werden. Hierbei werden die wichtigsten darzustellenden im Laufe der Zeit entwickelten Diagramme, so das Zeuner'sche und das Müller'sche Schieberdiagramm als Beispiel für die graphische Behandlung der Schiebersteuerungen vorgeführt.

Die vielfältigen Regelsysteme werden dargestellt und in Wirkung und Rechnung angegeben. Unter den Steuerungssystemen werden einschließlich der Ventilsteuerungen alle mit Erfolg verwirklichten älteren und neueren Bauarten angegeben.

Die von Pohlhausen insgesamt behandelten Dampfmaschinen sind eher von kleinerer und mittlerer Bauart. Dies waren aber die in großer Zahl für alle möglichen Verwendungszwecke am häufigsten gesuchten Größen, Maschinen für den Transmissionsantrieb einzelner Dynamos, Gebläse, Pumpen, Kompressoren, Werkzeugmaschinen oder ganzer Fabrikhallen. Kolbendampfmaschinen sind auf einzelnen Gebieten, z. B. als Schiffsantriebsmaschinen noch bis zur Mitte des 20. Jahrhunderts in geringer Anzahl gebaut worden.

Mit dem Aufbau der Elektrizitätsversorgung waren die meist kleineren Gleichstrom-Kraftzentralen noch bis in die dreißiger Jahre mit Kolbendampfmaschinen ausgestattet, die größeren inzwischen alle mit Dampfturbinen und in Einheiten, die mit Kolbenmaschinen unerreichbar gewesen wären.

A. Pohlhausen,

Transmissions-Dampfmaschinen.

Berechnung, Konstruktion und Anlage

der

Transmissions-Dampfmaschinen.

Lehr- und Handbuch für Techniker und Ingenieure.

Bearbeitet

von

A. Pohlhausen,
Dipl. Maschineningenieur und Lehrer für Maschinenbau.

In zwei Bänden.

Zweite Auflage mit in den Text gedruckten Abbildungen und 50 Tafeln Zeichnungen.

Erster Band: Text.

Mittweida.
Verlag der Polytechnischen Buchhandlung (R. Schulze).
1901.

Vorwort zur 1. Auflage.

Die grosse Entwickelung und Anregung, welche der Dampfmaschinenbau wie in den übrigen Staaten auch in Deutschland durch die Elektrotechnik in den letzten Jahrzehnten erfahren hat, haben das Bedürfnis nach einem Lehr- und Handbuche, welches den deutschen Transmissions-Dampfmaschinenbau behandelt, in Fachkreisen recht fühlbar werden lassen. Die vorliegende Arbeit ist ein Versuch, diesem Bedürfnis abzuhelfen. Sie behandelt die erwähnten Dampfmaschinen, wie sie vorzugsweise in Deutschland gebaut werden, bezüglich ihrer Wirkungsweise, Berechnung, Konstruktion, Ausführung und Anlage.

Da das Werk, wie angeführt, als Lehr- und Handbuch, also sowohl dem angehenden, als auch dem ausübenden Techniker und Ingenieur dienen soll, so ist sein Inhalt dermassen angeordnet, dass einzelne Abschnitte, wie z. B. der dritte, die Theorie, Wirkung und allgemeine Einrichtung der zu betrachtenden Maschinen behandeln, andere, wie z. B. der vierte und siebente, in kurzer Zusammenstellung und bei möglichster Übersicht die zur Berechnung und Konstruktion erforderlichen Regeln und Formeln enthalten. Die Anwendung der letzteren ist weiter an zahlreichen Beispielen, die sich zum grössten Teile an ausgeführte Maschinen anlehnen, gezeigt, und glaubt der Verfasser gerade hierdurch, einesteils dem in der Praxis stehenden und schon vorbereiteten Techniker und Ingenieur, dem sein Beruf in der Regel keine Zeit zu langem Einarbeiten in ein Buch übrig lässt, ein Mittel an die Hand zu geben, durch welches er schnell den Inhalt des Werkes benützen lernt, andernteils aber auch dem Studierenden des Maschinenbaues zu zeigen, wie er die Lehren und Angaben des Buches beim Konstruieren zu verwerten hat.

Zur Unterstützung und Erläuterung des Textes sind dem Werke ferner eine grosse Zahl von Tafeln und Abbildungen beigegeben, die nicht nur die sämtlichen Teile der zu behandelnden Dampfmaschinen, in den verschiedensten Konstruktionen erkennen lassen, sondern auch, dem Gebrauche der Praxis entsprechend, in bunter Manier ausgeführt und mit den erforderlichen Massen oder Bezeichnungen versehen sind. Diese Zeichnungen dürften namentlich den Hörern des Maschinenbaues willkommen sein, da die knapp bemessene Vortragszeit es an den meisten Schulen nicht ermöglichen lässt, alle diese Teile und in verschiedener Ausführung zu skizzieren. Auch die graphische Behandlung der Dampfmaschinen und ihrer Teile hat durch viele Indikator-, Druck-, Steuerungs-Diagramme u. s. w. die erforderliche Berücksichtigung gefunden.

Zum Verständnis des Buches genügt die Kenntnis der elementaren Mathematik, Mechanik und Festigkeitslehre, wenn auch an einzelnen, wenigen Stellen der Einfachheit wegen die Differential- und Integralrechnung zur Entwickelung einiger Gleichungen benützt ist.

Allen denen, welche den Verfasser durch freundliche Mitteilungen oder Überlassung von Zeichnungen bei der Ausarbeitung des Werkes in liebenswürdigster Weise unterstützten, sei schliesslich an dieser Stelle nochmals der verbindlichste Dank ausgesprochen, desgleichen auch der Verlagsbuchhandlung, welche für die würdige Ausstattung des Buches nach jeder Richtung hin Sorge trug.

Oberlössnitz-Radebeul, im März 1899.

A. Pohlhausen.

Vorwort zur 2. Auflage.

Bald nach Erscheinen der letzten Lieferung des vorliegenden Werkes erging von der Verlagsbuchhandlung an den Verfasser die Aufforderung, eine neue Auflage vorzubereiten. Wegen anderer dringender Arbeiten des Verfassers konnte die Neubearbeitung sich nur auf eine Durchsicht der alten Auflage erstrecken, ohne dass wesentliche Änderungen vorgenommen wurden.

Oberlössnitz-Radebeul, im April 1901.

A. Pohlhausen.

INHALT.

Einleitung.

In unseren Dampfmaschinen bewegt der Dampf behufs Leistung mechanischer Arbeit einen Kolben hin und her, der dichtschliessend in einem geschlossenen Gefässe, dem Dampfcylinder, innerhalb gewisser Grenzen in gerader Richtung verschoben werden kann. Fest verbunden mit dem Kolben ist die Kolbenstange, die in besonderen Stopfbüchsen dampf- und luftdicht durch einen oder beide Deckel des Cylinders geht. Die geradlinige Bewegung von Kolben und Kolbenstange wird bei den in diesem Buche zu betrachtenden Maschinen vermittelst einer einfachen Schubkurbel in die rotierende Bewegung der sogenannten Kurbelwelle umgesetzt, von der aus dann eine Transmissionswelle oder die Welle einer Arbeitsmaschine angetrieben wird. Die Schubkurbel besteht aus der Schubstange und der Kurbel. Die erstere vollführt, da sie mit ihrem einen Ende der hin- und hergehenden Kolbenstange, mit ihrem anderen der mit der Kurbelwelle fest verbundenen und rotierenden Kurbel folgen muss, eine schwingende Bewegung und sucht deshalb in ihrer Schwingungsebene bei schräger Stellung das anschliessende Ende der Kolbenstange durchzubiegen. Um das zu verhüten, ist auf der Kolbenstange ein Kreuzkopf befestigt, der sich in einer Geradführung stützt und den Kreuzkopfzapfen zum Anschluss der Schubstange enthält. Zum Anschluss der Schubstange an die Kurbel dient ein zweiter Zapfen, den man als Kurbelzapfen bezeichnet. Die Kurbelwelle dreht sich in mindestens zwei Lagern, den sogenannten Kurbelwellenlagern. Diese, sowie die Geradführung und der Cylinder sind teils direkt, teils vermittelst eines Rahmens, der alle inneren Kräfte ohne merkliche Erschütterungen und Deformationen aufzunehmen hat, auf dem Maschinenfundamente befestigt.

Bei einer Umdrehung der Kurbelwelle kommen die Mittellinien von Kurbel, Schub- und Kolbenstange zweimal in ein und dieselbe gerade Linie zu liegen. Kolben und Kreuzkopf befinden sich dann in den Endlagen ihres Hubes, und der Dampfdruck, der ebenfalls in der Richtung dieser Geraden wirkt, ist nicht imstande, die Maschine aus diesen Lagen zu bringen. Man nennt deshalb die letzteren die Totlagen der Dampfmaschine und unterscheidet, je nachdem in beiden die Kurbel dem Cylinder näher oder entfernter liegt, bei liegenden Maschinen eine innere bezw. äussere, bei stehenden mit oben befindlichem Cylinder auch eine obere bezw. untere Totlage. Um der Maschine über die genannten Lagen hinwegzuhelfen, bedarf es bei allen Eincylindermaschinen und bei denjenigen Mehrcylindermaschinen, deren Kolben etc. gleichzeitig die Totlagen erreichen, einer weiteren Kraft, die durch die Trägheit der rotierenden Masse des Schwungrades ausgeübt wird; das letztere ist auf der Kurbelwelle befestigt. Bei Mehrcylindermaschinen, bei denen die einzelnen Schubkurbeln nicht gleichzeitig in die Totlagen kommen, helfen sich Schubkurbeln gegenseitig über diese Lagen hinweg.

Ein weiterer Zweck des Schwungrades, dem es bei allen Maschinen zu dienen hat, ist der folgende. Der Druck des Dampfes auf den Kolben ist in den Dampfmaschinen, wie später gezeigt wird, nicht konstant. Das Gleiche ist meistens auch mit dem an der Kurbelwelle angreifenden Widerstande der Fall. Beides bewirkt eine periodisch veränderliche Geschwindigkeit der Kurbelwelle, zumal auch das Verhältnis zwischen Kolben- oder Kreuzkopfweg und gleichzeitig zurückgelegtem Kurbelweg während eines Hubes nicht dasselbe bleibt. Diese periodische Veränderlichkeit und Schwankungen in der Geschwindigkeit der Kurbelwelle in enge Grenzen einzuschränken und dadurch den Gang der Maschine während einer Umdrehung gleichmässiger und ruhiger zu gestalten, ist die weitere Aufgabe des Schwungrades bei jeder Maschine.

Während einer Umdrehung der Kurbelwelle werden zwei einfache Hübe vom Kolben und Kreuzkopf durchlaufen; der eine derselben ist ein Hin-, der andere ein Rücklauf. Beim Hinlauf bewegen sich Kolben und Kreuzkopf nach der Kurbelwelle hin, beim Rücklauf von dieser fort. Die Drehung einer liegenden Maschine kann ferner vor- und rückwärts erfolgen. Im ersteren Falle wird beim Hinlauf die obere, beim Rücklauf die untere Hälfte des von der Kurbelzapfenmitte beschriebenen Kurbelkreises durchlaufen, im letzteren Falle findet das Umgekehrte statt.

Von den beiden Seiten des Kolbens einer Dampfmaschine nennt man die der Kurbelwelle näher liegende die Kurbel-, die andere die Deckelseite. Jede von ihnen muss abwechselnd mit einem Kanal, durch welchen der vom Kessel kommende frische Dampf eintreten, und mit einem solchen, durch welchen der im Cylinder benutzte Dampf austreten kann, in Verbindung gesetzt werden. Diese Kanäle bezeichnet man als Ein- und Austrittskanäle und diejenige Kolbenseite, auf welche der frische Dampf während des grössten Teiles eines einfachen Hubes treibend wirkt, die hintere, diejenige, auf welcher während dieser Zeit der Dampf austritt, die vordere Kolbenseite. Jede Seite eines Kolbens wird abwechselnd vordere und hintere. Damit dies eintritt, damit also jede Kolbenseite abwechselnd und rechtzeitig mit dem frischen Dampfe und der Austrittsleitung in Verbindung gesetzt wird, hat jede Dampfmaschine eine Vorrichtung, welche die Steuerung heisst. Man unterscheidet eine innere und eine äussere Steuerung; die erstere besteht aus den Abschlussorganen, also aus Schiebern, Ventilen, Hähnen, welche die Ein- und Austrittskanäle öffnen und schliessen, die letztere ist der Mechanismus, durch welchen von der Kurbelwelle aus diese Abschlussorgane bewegt werden. Steht der Kolben in einer seiner Totlagen, so verbleibt zwischen ihm und den Abschlussorganen, sowie dem Cylinderdeckel an dieser Seite ein gewisser Raum. Derselbe wird der schädliche Raum genannt, weil der in ihm enthaltene frische Dampf mehr oder weniger für die Nutzwirkung der Maschine verloren ist.

Die Zahl der von einer Dampfmaschine zu betreibenden Arbeitsmaschinen, sowie die Belastung der letzteren ist nicht immer dieselbe und also auch der von der Dampfmaschine zu überwindende Widerstand veränderlich. Diese Veränderlichkeit übt auf den Gang der Dampfmaschine einen Einfluss derart aus, dass bei abnehmendem Widerstande die Maschine das Bestreben hat, eine grössere, bei wachsendem Widerstande eine kleinere Geschwindigkeit und Umdrehungszahl anzunehmen. Zur Vermeidung bezw. Verminderung dieser so entstehenden Geschwindigkeits-Differenzen muss jede Dampfmaschine eine Reguliervorrichtung besitzen. Dieselbe kann in doppelter Weise wirken. Entweder nämlich dadurch, dass vermittelst einer Drosselklappe in der Dampfzuleitung der frische Dampf, ehe er in die Maschine tritt, entsprechend der Belastung der letzteren gedrosselt, d. h. durch stärkere oder geringere Querschnittsverengung dieser Leitung in seiner Spannung mehr oder weniger herunter gebracht wird, oder dadurch, dass man bei Änderungen im Widerstande an der Maschine die während eines einfachen Hubes hinter den Kolben tretende Menge frischen Dampfes, also die später erklärte Füllung, und dadurch die Arbeit des Dampfes verkleinert oder vergrössert. Von beiden Regulierungsarten ist die durch Drosselung des Dampfes bewirkte die weniger vorteilhafte[1]), da bei ihr der Dampf, will man zeitweise noch grössere Widerstände als den mittleren durch die Maschine überwinden, auch bei dem am häufigsten bei jeder richtig und zweckmässig bemessenen Maschine auftretenden, mittleren Belastungszustande gedrosselt werden muss, also fast stets einen Spannungsabfall erleidet und nur ausnahmsweise, nämlich bei der grössten Belastung, ohne einen solchen in die Maschine tritt.

Das Einstellen der Drosselklappe, dem jeweiligen Belastungszustande der Maschine entsprechend, geschieht stets selbstthätig durch die Maschine vermittelst des sogenannten Regulators, das Einstellen der Füllung auch durch diesen oder von Hand. Bei der letzteren Art der Füllungsänderung besitzt die Maschine aber noch eine vom Regulator beeinflusste Drosselvorrichtung, um durch diese bei plötzlichen Abnahmen in der Belastung das Durchgehen der Maschine zu verhüten.

Die Regulatoren unserer Dampfmaschinen sind fast ausnahmslos Centrifugalregulatoren, bestehend aus zwei durch schwere Kugeln belasteten Pendeln, die scharnierartig mit der Kurbel- oder einer von dieser gedrehten Welle und mit einem Stellzeug verbunden sind; letzteres wirkt auf die Drosselklappe bezw. den äusseren Steuerungsmechanismus ein. Bei normaler Geschwindigkeit der Maschine sind dann die beiden Pendel in einer von dem Belastungszustande der ersteren abhängigen Lage im Gleichgewicht. Wird die Geschwindigkeit grösser, so gehen sie weiter auseinander und bewegen das Stellzeug in der einen Richtung, nimmt die Geschwindigkeit ab, so nähern sie sich und bewegen das Stellzeug in der entgegengesetzten Richtung. Die durch den Regulator bewirkte Regulierung kann aber niemals eine ganz vollkommene sein, da sie ja erst beginnt, der Regulator also erst zur Einwirkung auf die Drosselklappe oder die Steuerung kommt, wenn schon eine Änderung in der Geschwindigkeit der Maschine eingetreten ist. Bei allen besseren Regulatoren sind die verbleibenden Abweichungen von der normalen Geschwindigkeit indes äusserst gering.

Die heutigen Transmissions-Dampfmaschinen sind alle Expansionsmaschinen, d. h. der Eintritt des frischen Dampfes hinter den Kolben hört bei ihnen auf, wenn der letztere nur einen Teil seines Hubes zurückgelegt hat. Während des noch verbleibenden Kolbenweges wirkt der im Cylinder eingeschlossene Dampf durch seine Expansivkraft weiter treibend auf den Kolben, wobei das Volumen des Dampfes zu-, die Spannung abnimmt. Das Verhältnis des Kolbenweges, während welches frischer Dampf in den Cylinder strömt, zum ganzen Kolbenhube heisst die Füllung oder der Füllungsgrad. Bei den älteren Volldruckmaschinen, bei denen während des ganzen Hubes Dampf hinter den Kolben trat, wurde die Expansivkraft des Dampfes gar nicht ausgenützt, da bei ihnen der Dampf zu Ende des Hubes, also zu Beginn des Dampfaustrittes, noch die volle Spannung des frischen, eintretenden Dampfes besass. Der Dampfverbrauch war deshalb auch bei diesen ein viel grösserer als bei den Expansionsmaschinen.

Unsere heutigen Transmissions-Dampfmaschinen trennt man weiter in Auspuff- und Kondensations-

1) Eine mässige Drosselung kann indess, wie später gezeigt wird, unter Umständen wohl vorteilhaft sein.

maschinen. Bei den ersteren tritt der Dampf, nachdem er im Cylinder gewirkt hat, ins Freie, steht also der Ausströmungskanal mit der äusseren Atmosphäre in Verbindung und herrscht vor dem Kolben während des Dampfaustrittes, wenn man von den Widerständen, welche der ausströmende Dampf in seiner Rohrleitung findet, absieht, die Spannung der Atmosphäre. Bei den letzteren hingegen leitet man den ausströmenden Dampf in einen besonderen Raum, den Kondensator, und verdichtet ihn hier durch Abkühlung zu Wasser, wobei ein luftverdünnter Raum, also vor dem Kolben eine Pressung erzeugt wird, die viel geringer als bei den Auspuffmaschinen ist. Da diese Pressung vor dem Kolben durch den treibenden Druck hinter dem Kolben überwunden werden muss, so ist unter sonst gleichen Verhältnissen der treibende Überdruck auf beiden Kolbenseiten bei einer Auspuffmaschine kleiner als bei einer Kondensationsmaschine, wobei allerdings nicht ausser acht gelassen werden darf, dass bei den letzteren Maschinen der treibende Kolbendruck noch die zum Betriebe des Kondensators bezw. dessen Pumpen erforderliche Arbeit zu leisten hat.

Schliesslich trennt man die hier zu betrachtenden Dampfmaschinen in Eincylinder- und Mehrcylinder- oder gekuppelte Maschinen. Haben bei den letzteren, bei denen zwei oder mehr Maschinen an eine und dieselbe Kurbelwelle gekuppelt sind, alle Cylinder gleiche Dimensionen, und tritt der frische Dampf in alle Cylinder ein, wirkt auch in allen in derselben Weise, so bezeichnet man die Maschinen als Zwillings-, Drillingsmaschinen. Die Kurbeln derselben sind stets gegeneinander versetzt, erreichen also niemals gleichzeitig die Totlagen. Kuppelt man hingegen zwei oder drei Cylinder von verschiedenen Dimensionen, lässt dabei den frischen Dampf nur in den kleinsten Cylinder treten und, nachdem er hier expandiert hat, im zweiten bezw. auch im dritten weiter expandieren, aus dem letzten Cylinder also erst ins Freie oder in den Kondensator strömen, so benennt man die Maschine in verschiedener Weise, nämlich kurz als Zwei-, Drei- bezw. Mehrcylindermaschine oder als Zwei-, Dreifach- (besser Zwei-, Dreimal-) Expansionsmaschine oder schliesslich als Verbundmaschine[1]) mit zwei, drei Cylindern. Die Zweifach- oder Zweimal-Expansionsmaschinen trennt man wieder in die älteren Woolfschen und die neueren Aufnehmer- oder Receivermaschinen. Bei den ersteren wird das Steuerungsorgan für den Dampfauslass des kleinen oder Hochdruckcylinders und dasjenige für den Dampfeinlass des grossen oder Niederdruckcylinders von einer und derselben Vorrichtung bewegt, tritt also der Dampf aus dem kleinen Cylinder direkt in den grossen über. Bei den letzteren dagegen dienen zwei getrennte Vorrichtungen zur Bewegung der erwähnten Steuerungsorgane, und gelangt der aus dem kleinen Cylinder strömende Dampf erst in einen Aufnehmer oder Receiver, bevor er in den grossen Cylinder tritt. Bei den Woolfschen Maschinen müssen die Kurbeln um 0 oder 180° gegeneinander versetzt sein, also gleichzeitig gleiche oder entgegengesetzte Totlagen erreichen. Bei den Receivermaschinen können die Kurbeln einen Winkel von 0, 90 oder 180° miteinander bilden. Bei 0° befinden sich beide Cylinder hinter- oder übereinander und wirken an einer und derselben Kurbel, eine Anordnung, die unter dem Namen Tandemmaschine bekannt ist, bei 90 und 180° liegen die beiden Cylinder nebeneinander und wirken an zwei verschiedenen Kurbeln, von welchen beiden Bauarten diejenige mit unter 90° versetzten Kurbeln den Namen Kompound-Receivermaschine führt. Bei den Dreifach- oder Dreimal-Expansionsmaschinen, deren Cylinder man als kleinen, mittleren und grossen oder Hoch-, Mittel- und Niederdruckcylinder bezeichnet, sind entweder drei unter 120° gegeneinander versetzte Kurbeln, also drei nebeneinander befindliche Cylinder, oder zwei unter 90° gegeneinander verstellte Kurbeln vorhanden, wobei dann zwei Cylinder (gewöhnlich Hoch- und Mitteldruckcylinder) eine gemeinsame Kurbel haben und hinter- oder übereinander liegen.

1) Die von Reuleaux eingeführte Bezeichnung „Verbundmaschine“ gilt eigentlich nur für Maschinen mit zweimaliger Expansion des Dampfes.

I. ABSCHNITT.

Die für den Dampfmaschinenbau wichtigsten Lehren der mechanischen Wärmetheorie.

§ 1.

Äquivalenz von Wärme und Arbeit. Das Wesen der Wärme. Die Energie.

Die Erfahrung lehrt und zahlreiche Versuche haben bestätigt, dass

1. Wärme mechanische Arbeit, und umgekehrt, mechanische Arbeit Wärme erzeugen kann. Unsere Dampfmaschinen sind ein Beispiel für die erste, alle Vorgänge, bei denen Stoss oder Reibung auftritt, ein solches für die zweite Behauptung;
2. durch eine bestimmte Wärmemenge stets der gleiche Betrag an mechanischer Arbeit, und umgekehrt, durch eine bestimmte Arbeitsgrösse stets dieselbe Wärmemenge erhalten wird. Nimmt man als Arbeitseinheit das Meterkilogramm (mkg) und als Wärmeeinheit (WE) die Kalorie[1]) an, so können stets mit einer Arbeitseinheit $\frac{1}{428}$ WE erzeugt, oder durch eine Wärmeeinheit 428 mkg geleistet werden.

Man nennt deshalb

$\mathbf{A} = \frac{1}{428}$ das Wärmeäquivalent der Arbeitseinheit

und

$\frac{1}{\mathbf{A}} = 428$ das Arbeitsäquivalent der Wärmeeinheit.

In allen Fällen also, wo durch Wärme eine mechanische Arbeit L geleistet wurde, ist eine Wärmemenge

$$\mathbf{Q} = \mathbf{A}\ \mathbf{L} \quad \ldots\ldots\ldots \quad 1_a$$

verbraucht, und überall dort, wo durch mechanische Arbeit eine Wärmemenge Q erzeugt wurde, ist eine mechanische Arbeit

$$\mathbf{L} = \frac{1}{\mathbf{A}}\mathbf{Q} \quad \ldots\ldots\ldots \quad 1_b$$

geleistet worden.

Auf Grund der Übereinstimmung nun, welche zwischen den Resultaten der oben erwähnten Versuche und den Ergebnissen der Rechnungen, welche sich auf die nachstehende Annahme über das Wesen der Wärme stützen, herrscht, stellt die mechanische Wärmetheorie den Grundsatz auf, dass **die Wärme weiter nichts als eine Bewegung sei,** die nach Ansicht der einen von den zu Molekülen vereinigten kleinsten Teilchen der Körper, den sogenannten Körperatomen, nach Ansicht der anderen von den kleinsten Teilchen eines äusserst feinen Stoffes, den sogenannten Ätheratomen, welche die Körperatome umgeben, ausgeführt wird. Über die Art dieser Bewegung ist mit Bestimmtheit nichts zu sagen; sie ist aber auch gleichgiltig für die späteren Betrachtungen. Es genügt für unsere Zwecke die Annahme. dass die Stärke der Bewegung stets ein Mass für die Intensität der Wärme sei.

Ein weiterer Grundsatz der mechanischen Wärmetheorie ist der von der **Erhaltung der Energie.** Unter Energie versteht man die Fähigkeit eines Körpers, Arbeit leisten zu können. Man unterscheidet eine kinetische und potentielle Energie. Die erstere hat ihre Ursache in der Geschwindigkeit, mit der sich der Körper oder dessen Moleküle bewegen, und kann also, je nachdem sie eine Folge der sichtbaren Bewegung des Körpers oder der unsichtbaren seiner Moleküle, die der Wärme des Körpers entspricht, ist, als äussere oder innere kinetische Energie auftreten. Die potentielle Energie hat ihren Grund in der Lage, welche die Moleküle des Körpers zu einander oder zu denjenigen anderer Körper einnehmen. Die eine Art der Energie kann natürlich in die andere umgesetzt werden.

---

1) Das ist die Wärmemenge, welche 1 kg Wasser von 0° auf 1° C in der Temperatur erhöht.

Bewegt sich ein Körper von der Masse m mit einer sichtbaren Geschwindigkeit v, so ist seine äussere kinetische Energie gleich der lebendigen Kraft $\frac{m \cdot v^2}{2}$ des Körpers. Andererseits besitzt jeder Körper von bestimmter Temperatur eine ganz bestimmte innere kinetische Energie, und nur bei demjenigen Körper, der gar keine Wärme besässe und als absolut kalt zu bezeichnen wäre, würde diese Energie gleich Null sein. Da wir aber die Körper nicht in einen solchen Zustand versetzen können, so ist es auch unmöglich, die ganze in einem Körper von beliebiger Temperatur angehäufte innere kinetische Energie zu ermitteln; wir können nur die Zu- oder Abnahme der letzteren bestimmen.

Potentielle Energie besitzt jedes komprimierte Gas, jede gespannte Feder u. s. w., indem die zur Kompression des Gases bezw. zum Spannen der Feder erforderliche mechanische Arbeit wieder frei wird, sobald der Druck auf das Gas oder die Anspannung der Feder nachlässt. Diese Energie ist lediglich eine Folge der Lage der Moleküle, welche im gespannten Zustande eine andere als im nicht gespannten ist.

Ein wirklicher Verlust, d. h. eine Vernichtung von Energie kann niemals stattfinden. Die Verluste an mechanischer Arbeit, welche wir bei unseren Maschinen als solche bezeichnen, und die in der auftretenden Reibung, in Stössen u. s. w. ihren Grund haben, sind nur Verluste für die beabsichtigte Wirkung der Maschine, niemals wirkliche Verluste an Energie; in allen solchen Fällen wird vielmehr die in dem angedeuteten Sinne verloren gegangene Arbeit stets eine äquivalente Wärmemenge erzeugen, also die eine Art der Energie in die andere umgesetzt werden.

§ 2.

Zustandsänderung eines Körpers durch Wärmezu- und Wärmeabfuhr. Innere und äussere Arbeit. Zustandsänderungen.

Führt man einem Körper eine Wärmemenge zu, so wird dieselbe im allgemeinen eine Temperaturerhöhung und Volumvergrösserung des Körpers bewirken und also dreierlei Arbeiten verrichten. Die Wärmemenge wird nämlich behufs Steigerung der Temperatur

1. die Bewegung der Moleküle, d. h. die innere kinetische Energie erhöhen müssen.

Sie wird weiter behufs Vergrösserung des Volumens

2. die Moleküle aus ihren Stellungen zu verdrängen und die Kraft, mit welcher sie die letzteren behaupten, zu überwinden, also die potentielle Energie zu steigern haben, und
3. den auf dem Körper lastenden äusseren Druck auf einem der Volumzunahme entsprechenden Wege zurückschieben müssen.

War die dem Körper zugeführte Wärmemenge unendlich klein, nämlich gleich dQ, und war

dW die unendlich kleine Zunahme der vorhandenen inneren kinetischen Energie W,

dJ die der vorhandenen potentiellen Energie J,

dL die bei der Volumvergrösserung zur Überwindung des äusseren Druckes erforderliche unendlich kleine mechanische Arbeit,

so hat man

$$dQ = A\,(dW + dJ + dL) \quad . \quad . \quad . \quad . \quad 2a$$

Die Summe der Arbeiten dW und dJ bezeichnet man auch als die von der betreffenden Wärmemenge geleistete **innere Arbeit** dU, während im Gegensatz hierzu dL **die äussere Arbeit** genannt wird. Hiernach kann man auch schreiben

$$dQ = A\,(dU + dL) \quad . \quad . \quad . \quad . \quad . \quad 2b$$

Diese Gleichung heisst die **Grundgleichung** der mechanischen Wärmetheorie.

Von den Grössen der vorstehenden beiden Gleichungen können einzelne auch Null oder negativ werden. So ist z. B. ein negatives dQ als eine Wärmeabfuhr (Wärmeentziehung), ein negatives dW als eine Temperaturabnahme, ein nagatives dL als eine Volumabnahme zu deuten. dQ = 0 würde ferner sagen, dass dem Körper weder Wärme zu-, noch abgeführt worden ist, dW = 0, dass die Temperatur, dL = 0, dass das Volumen des Körpers konstant geblieben ist. Stets bleibt aber die obige Gleichung für eine Zustandsänderung bestehen.

Der jeweilige **Zustand eines Körpers** kann als bestimmt angesehen werden, wenn das spezifische Volumen v (d. i. das Volumen von 1 kg in cbm), der spezifische Druck p (d. i. der Druck in kg, den das den Körper umgebende Medium senkrecht gegen 1 qm der Oberfläche des Körpers ausübt) und die Temperatur t desselben gegeben sind. Die Erfahrung lehrt aber, dass bei den meisten Körpern die genannten drei Grössen in bestimmter Abhängigkeit zu einander stehen, derart, dass durch zwei derselben auch die dritte gegeben ist. Der Zustand eines Körpers ist demnach auch schon als bekannt anzusehen, wenn beispielsweise nur das spezifische Volumen v und der spezifische Druck p bestimmt sind.

Wird nun ein Körper durch Wärmezu- oder Wärmeabfuhr aus einem Zustande in einen anderen übergeführt, so nennt man diesen Vorgang eine **Zustandsänderung** und die Gleichung, welche das Gesetz ausdrückt, nach welchem die Veränderung des spezifischen Volumens, Druckes und der Temperatur während der Zustandsänderung vor sich geht, die **Zustandsgleichung.** Trägt man weiter nach Fig. 1 des Textes in einem rechtwinkligen Koordinatensystem für eine genügend grosse Zahl von Zeitpunkten während einer Zustandsänderung Strecken

Fig. 1.

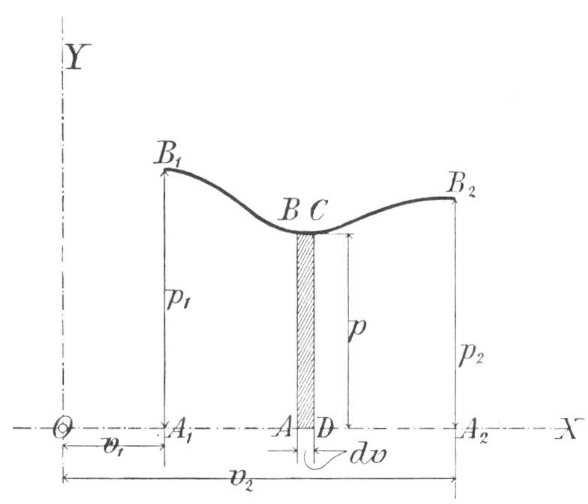

welche dem jeweiligen spezifischen Volumen v des Körpers proportional sind, als Abscissen auf, wie $v_1 = OA_1$, $v_2 = OA_2$ u. s. w., und an deren Endpunkten die entsprechenden Drucke p als Ordinaten, wie $p_1 = A_1 B_1$, $p_2 = A_2 B_2$ u. s. w., so liefert die Verbindungslinie der aufeinander folgenden Punkte B_1, B_2 u. s. w. die sogenannte **Zustandskurve.** Dieselbe giebt eine graphische Darstellung des Gesetzes, nach welchem sich p mit v während der betreffenden Überführung des Körpers aus dem einen in den anderen Zustand ändert.

Von Wichtigkeit ist es nun für uns, die während einer Zustandsänderung geleistete innere und äussere Arbeit zu kennen. Die im Innern eines Körpers aufgespeicherte Energie U ist jedenfalls allein von dem jeweiligen Zustande des Körpers und, da dieser nach dem Vorstehenden durch den spezifischen Druck und das spezifische Volumen bestimmt ist, nur von dem jeweiligen Werte dieser beiden letzteren Grössen abhängig. Es ist deshalb einmal U eine Funktion von p und v, weshalb wir, wenn F das Zeichen für eine vorläufig unbekannte Funktion ist, schreiben können

$$U = F(p, v).$$

Das andere Mal folgt aus dem Obigen, dass die während einer Zustandsänderung geleistete **innere Arbeit** (Zu- bezw. Abnahme von U) bestimmt ist, sobald der Anfangs- und Endzustand, d. h. die spezifischen Drucke und Volumina für diese bekannt sind.

Bei der während einer Zustandsänderung geleisteten **äusseren Arbeit** verhält sich das anders. Diese ist erst bestimmbar, wenn ausser dem Anfangs- und Endzustande, bezw. dem spezifischen Druck und Volumen in diesen, noch das Gesetz bekannt ist, nach welchem sich der spezifische Druck mit dem Volumen während der Überführung des Körpers aus dem einen in den anderen Zustand ändert. Für eine während der Zustandsänderung zugeführte unendlich kleine Wärmemenge ist nämlich gemäss den obigen Bezeichnungen

$$\mathbf{dL = p \cdot dv} \quad . \quad . \quad . \quad . \quad . \quad . \quad \mathbf{3_a}$$

Dies geht daraus hervor, dass sich bei der Zuführung einer unendlich kleinen Wärmemenge der Körper nach allen Richtungen hin unendlich wenig ausdehnt. Jedes Oberflächenelement dO schiebt hierbei den auf der ganzen Oberfläche als konstant angesehenen äusseren spezifischen Druck p um ein Stück dx zurück, wozu im ganzen eine mechanische Arbeit

$$dL = \int p \cdot dO \cdot dx = p \int dO \cdot dx,$$

oder, da

$$\int dO \cdot dx = dv$$

ist,

$$dL = p \cdot dv$$

benötigt wird.

Ist dagegen die zugeführte Wärmemenge von endlicher Grösse, so erhält man die geleistete äussere Arbeit aus

$$\mathbf{L = \int p \cdot dv} \quad . \quad . \quad . \quad . \quad . \quad . \quad \mathbf{3_b}$$

wenn man die Integration vom Anfangs- bis zum Endzustande der Überführung des Körpers ausdehnt. Diese Integration ist aber nur ausführbar, wenn die für die betreffende Zustandsänderung gültige Zustandsgleichung, also das Gesetz, nach welchem sich p mit v ändert, bekannt ist.

Die während einer Zustandsänderung eines Körpers geleistete äussere Arbeit erhält man auch in der Quadratur der oben erwähnten Zustandskurve, also mit Bezug auf Fig. 1 des Textes, in dem Flächeninhalte der Figur $A_1 B_1 B_2 A_2 A_1$.

Der zwischen zwei unendlich nahen Ordinaten befindliche Flächenstreifen ABCD in Fig. 1 des Textes hat, da man die Ordinaten auf dieser Breite als konstant ansehen kann, den Inhalt $p \cdot dv$. Die ganze Fläche $A_1 B_1 B_2 A_2 A_1$ ist die Summe der vielen unendlich schmalen Flächenstreifen, ist also gleich $\int p \cdot dv$. Der Inhalt der ganzen Fläche ist unter sonst gleichen Verhältnissen bedingt durch den Verlauf der Zustandskurve zwischen den Punkten B_1 und B_2, also durch das Gesetz, nach welchem sich p mit v ändert.

§ 3.

Absolute Temperatur. Spezifische Wärme.

Häufig rechnet man die Temperatur eines Körpers von dem sogenannten absoluten Nullpunkte, d. h. von demjenigen Zustande aus, bei welchem die Geschwindigkeit der Moleküle des Körpers und dessen innere kinetische Energie gleich Null ist. Diese Temperatur heisst die **absolute Temperatur** des Körpers. Der absolute Nullpunkt der Temperatur liegt, wie später bei den Gasen gezeigt wird, um 273° der 100teiligen Skala unter dem Gefrierpunkte des Wassers. Zwischen der von diesem Gefrierpunkte aus gerechneten Temperatur t in Graden C und der absoluten Temperatur besteht also die Beziehung

$$\mathbf{T = t + 273.} \quad . \quad . \quad . \quad . \quad . \quad . \quad \mathbf{4}$$

Unter der **spezifischen Wärme c** eines Körpers versteht man die Anzahl Wärmeeinheiten, welche zur Erwärmung von 1 kg dieses Körpers um 1° C nötig sind, oder auch das Verhältnis $c = \frac{dQ}{dT}$ der 1 kg des Körpers bei einer unendlich kleinen Zustandsänderung zugeführten Wärmemenge dQ zur hervorgebrachten Temperaturerhöhung dT. Da die spezifische Wärme eines Körpers also von dem jeweiligen Zustande desselben und von der Art der Zustandsänderung abhängig ist, diese aber wieder nach dem Früheren eine Funktion von p und v sind, so unterscheidet man

eine spezifische Wärme bei konstantem Druck

$$\mathbf{c_p = \frac{dQ_p}{dT}} \text{ für } p = \text{konst.}, \ dp = 0 \quad . \quad . \quad \mathbf{5_a}$$

und eine solche bei konstantem Volumen

$$\mathbf{c_v = \frac{dQ_v}{dT}} \text{ für } v = \text{konst.}, \ dv = 0 \quad . \quad . \quad \mathbf{5_b}$$

§ 4.

Zustandsgleichungen und -änderungen der Gase.

Gase sind stark überhitzte Dämpfe, welche sehr weit von ihrem Sättigungszustande (siehe § 6) entfernt sind.

Ist

p_1 der spezifische Druck, v_1 das spezifische Volumen, T_1 die absolute Temperatur für einen bestimmten Zustand eines Gases, und sind

p_2, v_2, T_2 die entsprechenden Grössen für einen beliebigen anderen Zustand desselben, so drückt sich die **allgemeine Zustandsgleichung** der Gase aus durch

$$\left.\begin{array}{l} \frac{p_1 \cdot v_1}{T_1} = \frac{p_2 \cdot v_2}{T_2} = \text{konst.} = R, \\ \text{oder allgemein} \quad p \cdot v = R \cdot T \end{array}\right\} \quad . \quad . \quad . \quad 6$$

Die Konstante R hat für die einzelnen Gase einen verschiedenen Wert. Es besteht, wenn c_p und c_v die im vorigen Paragraphen angegebenen spezifischen Wärmen eines Gases sind, die Beziehung

$$c_p - c_v = A \cdot R$$

Die allgemeine Zustandsgleichung 6 der Gase ergiebt sich, wie später gezeigt wird, aus einer Vereinigung der durch den Versuch festgestellten Gesetze von Gay-Lussac und Mariotte.

Man nimmt ferner bei den Gasen an, dass ihre Moleküle keine Kohäsion mehr aufeinander ausüben, und infolgedessen die Zunahme der potentiellen Energie während einer Zustandsänderung Null ist. In Gleichung 2a ist deshalb $dJ = 0$ und in Gleichung 2b $dU = dW$ zu setzen, d. h. die einem Gase zugeführte Wärme dient ausser zur Erhöhung der inneren kinetischen Energie, also der Temperatur, nur zur Verrichtung äusserer Arbeit.

Von den Wärmemengen c_p und c_v, von denen die eine bei konstantem Druck, die andere bei konstantem Volumen die Temperatur von 1 kg des Gases um 1° erhöht, dient also die erstere teils zu dieser Temperaturerhöhung, teils zur Verrichtung einer äusseren Arbeit, die letztere dagegen nur zu der angegebenen Temperaturerhöhung, da bei konstantem Volumen die äussere Arbeit Null ist. Es muss also für 1 kg des Gases

$$c_p = c_v + A \cdot L$$

sein. Setzen wir nun die Gleichung 6 einmal für p_1, v_1, T_1, das andere Mal für p_1, v_2, $T_1 + 1$ an, so erhalten wir die bei konstantem Druck und bei einer Temperaturzunahme von 1° durch 1 kg geleistete Arbeit, nämlich aus

$$p_1 \cdot v_1 = R \cdot T_1 \text{ und } p_1 \cdot v_2 = R\,(T_1 + 1)$$
$$L = p_1\,(v_2 - v_1) = R.$$

Es folgt demnach

$$c_p = c_v + A \cdot R \text{ oder } c_p - c_v = A \cdot R.$$

Die **Wärmemenge,** welche 1 kg eines Gases während einer unendlich kleinen, beliebigen Zustandsänderung zugeführt werden muss, beträgt

$$dQ = \frac{1}{R}\,(c_p \cdot p \cdot dv + c_v \cdot v \cdot dp) \quad . \quad . \quad . \quad 7$$

Nach Gleichung 2b ist

$$dQ = A\,(dU + dL).$$

$A \cdot dU$ ist bei den Gasen die zur Temperaturänderung verwendete Wärmemenge. Bei konstantem Volumen ist die äussere Arbeit gleich Null, dient also die ganze zugeführte Wärme zur Temperaturerhöhung. Man hat also in Gleichung 5b

$$dQ_v = A \cdot dU = c_v \cdot dT \text{ oder } dU = \frac{c_v}{A}\,dT.$$

dT bestimmt sich aus Gleichung 6, nämlich aus

$$p \cdot dv + v \cdot dp = R \cdot dT \text{ zu } dT = \frac{1}{R}\,(p \cdot dv + v \cdot dp),$$

womit dann

$$dU = \frac{c_v}{A \cdot R}\,(p \cdot dv + v \cdot dp)$$

folgt. Schliesslich ist

$$dL = p \cdot dv.$$

Führt man diese Werte in die Gleichung 2b ein, so erhält man

$$dQ = \frac{c_v}{R}\,(p \cdot dv + v \cdot dp) + A \cdot p \cdot dv,$$

oder mit

$$c_p - c_v = A \cdot R \text{ und } A = \frac{1}{R}\,(c_p - c_v),$$

die Gleichung 7.

Von den Zustandsänderungen, die wir uns stets zwischen den Grenzen p_1, v_1, T_1 und p_2, v_2, T_2 vorgenommen denken, sind die folgenden von Wichtigkeit.

Zustandsänderung bei konstantem Druck. Für $p_1 = p_2$, oder allgemein p konstant, geht die allgemeine Zustandsgleichung 6 über in

$$\frac{v_1}{v_2} = \frac{T_1}{T_2} \quad . \quad . \quad . \quad . \quad . \quad . \quad . \quad 8$$

d. h.: Bei konstantem Druck sind die Volumina den absoluten Temperaturen direkt proportional. Das ist das Gesetz von Gay-Lussac.

Für $v = 0$ wird nach dem vorstehenden Gesetze auch $T = 0$, oder, da $T = 273 + t$ ist, $t = -273°$ C. Bei dieser Temperatur t ist also, vorausgesetzt das Gay-Lussacsche Gesetz behielte für so tiefe Temperaturen seine Giltigkeit, das Volumen und die innere kinetische Energie des Gases gleich Null, das letztere also absolut kalt.

Die Zustandskurve ist eine zur Abscissenachse im Abstande des konstanten Druckes verlaufende Parallele. Die geleistete äussere Arbeit beträgt

$$L = p\,(v_2 - v_1).$$

Zustandsänderung bei konstanter Temperatur (isothermische Zustandsänderung). Für $T_1 = T_2$, oder allgemein T konstant, lautet die allgemeine Zustandsgleichung 6

$$p_1 \cdot v_1 = p_2 \cdot v_2 \text{ oder allgemein } p \cdot v = \text{konst.} \quad . \quad 9$$

Das ist das Mariottesche Gesetz, nach welchem bei konstanter Temperatur das Produkt aus Druck und Volumen konstant ist.

Führt man ein Gas aus dem Zustande p_1, v_1, T_1 zuerst bei konstantem Druck in den Zustand p_1, v_x, T_2 und dann bei konstanter Temperatur in den Zustand p_2, v_2, T_2 über, so gilt für den ersten Teil dieser Zustandsänderung das Gesetz von Gay-Lussac, also nach Gleichung 8

$$\frac{v_1}{v_x} = \frac{T_1}{T_2} \text{ oder } v_x = \frac{T_2}{T_1}\,v_1,$$

für den zweiten Teil dagegen das Gesetz von Mariotte, also nach Gleichung 9

$$p_1 \cdot v_x = p_2 \cdot v_2,$$

oder mit dem vorstehenden Werte von v_x,

$$p_1\,\frac{T_2}{T_1}\,v_1 = p_2 \cdot v_2,$$

$$\frac{p_1 \cdot v_1}{T_1} = \frac{p_2 \cdot v_2}{T_2},$$

das ist die allgemeine Zustandsgleichung 6.

Die Zustandskurve (Isotherme) ist eine gleichseitige Hyperbel, welche die Koordinatenachsen zu Asymptoten hat. Zur Konstruktion dieser Kurve können die folgenden Verfahren dienen.

1. Verfahren.

Der Punkt I in Fig. 2 des Textes auf Seite 8 entspreche dem Drucke p_1 und Volumen v_1 des Gases. Will man durch diesen Punkt eine Isotherme konstruieren, so lege man durch ihn eine Horizontale x — x und eine Vertikale y — y und ziehe durch die beiden Schnittpunkte, welche ein jeder der beliebig gezogenen Strahlen $\overline{O2}$, $\overline{O3}$, $\overline{O4}$ . . . . mit diesen Geraden y — y und x — x liefert, wiederum eine Horizontale bew. Vertikale. Die letzteren schneiden sich dann auf Punkten II, III, IV . . . . der Kurve.

Legt man die Strahlen $\overline{O2}$, $\overline{O3}$, $\overline{O4}$ . . . . so, dass sie die Vertikale y — y unterhalb, die Horizontale x — x rechts von I schneiden, so erhält man eine isothermische Expansionskurve I IV (das Volumen nimmt von v_1 an zu, der

Druck von p_1 an ab). Die Strahlen $\overline{O2'}$, $\overline{O3'}$, $\overline{O4'}$ . . . . dagegen, welche y — y oberhalb, x — x links von I treffen, ergeben die isothermische Kompressionskurve IIV' (das Volumen wird von v_1 an kleiner, der Druck von p_1 an grösser).

Fig. 2.

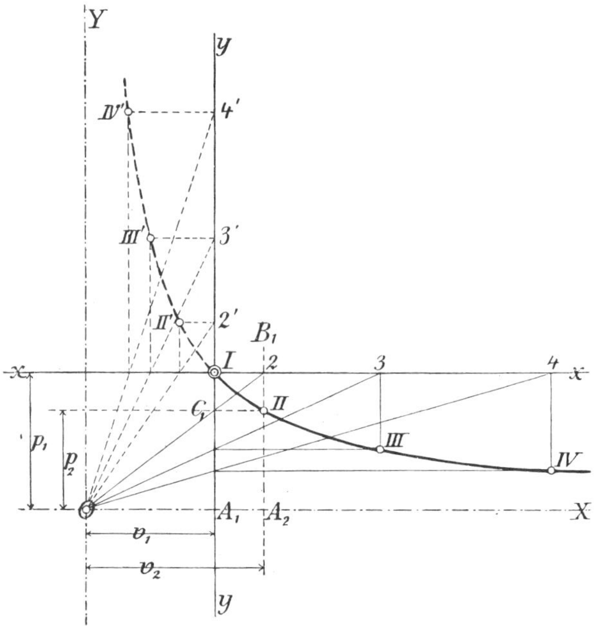

Die Richtigkeit des Verfahrens ergiebt sich daraus, dass z. B. in der Figur ist:

$$\frac{\overline{OA_1}}{\overline{OA_2}} = \frac{\overline{A_1C_1}}{\overline{A_2 2}} \text{ oder } \frac{v_1}{v_2} = \frac{p_2}{p_1} \text{ oder } v_1 \cdot p_1 = v_2 \cdot p_2.$$

2. Verfahren[1]).

Fig. 3.

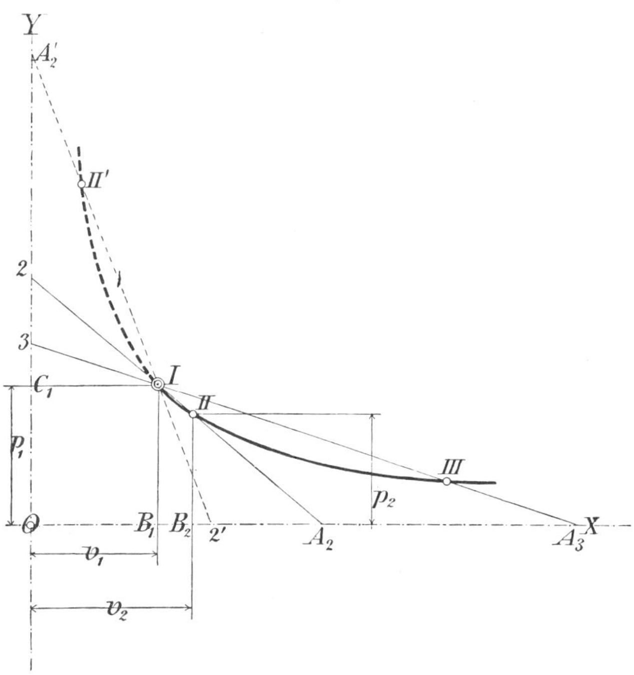

1) Nach Dr. R. Proell.

Man legt durch den Punkt I (Fig. 3 des Textes) eine Anzahl Geraden $2A_2$, $3A_3$ . . . . und macht $\overline{I2} = \overline{A_2II}$, $\overline{I3} = \overline{A_3III}$ . . . . , so sind II, III Punkte der isothermischen Expansionskurve. Für die Kompressionskurve hat man entsprechend $\overline{I2'} = \overline{A_2'II'}$ zu machen, um z. B. den Punkt II' zu bekommen.

Die Linien durch I brauchen nicht gezogen zu werden, es genügt vollkommen, die Kante eines Dreiecks durch I zu legen und die betreffenden Strecken durch den Zirkel abzustechen. Die Hyperbel entsteht dann nur durch Markierung von Zirkelstichen, und jede Hilfslinie kommt in Wegfall.

Die Richtigkeit des Verfahrens ergiebt sich daraus, dass z. B.

$$\frac{\overline{A_2B_2}}{\overline{A_2B_1}} = \frac{\overline{IIB_2}}{\overline{IB_1}},$$

oder, da $\overline{A_2B_2} = \overline{IC_1} = v_1$, $\overline{A_2B_1} = \overline{OB_2} = v_2$,

$$\frac{v_1}{v_2} = \frac{p_2}{p_1}, \quad v_1 \cdot p_1 = v_2 \cdot p_2.$$

Die äussere Arbeit berechnet sich hier zu

$$\mathbf{L} = \frac{\mathbf{Q}}{\mathbf{A}} = \mathbf{p_1 \cdot v_1 \cdot ln \frac{v_2}{v_1} = p_2 \cdot v_2 \cdot ln \frac{v_2}{v_1}} \quad . \quad . \quad \mathbf{10}$$

Es ist $L = \int_{v_1}^{v_2} p \cdot dv$, oder mit $p = \frac{R \cdot T}{v}$ aus Gleichung 6,

$$L = \int_{v_1}^{v_2} \frac{R \cdot T}{v} \, d\,v = R \cdot T \ln \frac{v_2}{v_1} = p_1 \cdot v_1 \cdot \ln \frac{v_2}{v_1} \text{ etc.}$$

Bei der Volumzunahme oder Expansion ($v_2 > v_1$) wird L positiv, d. h. das Gas verrichtet unter Zuführung einer äquivalenten Wärmemenge äussere Arbeit. Bei der Volumabnahme oder Kompression ($v_2 < v_1$) dagegen wird L negativ, d. h. die äussere Arbeit muss aufgewendet werden, das Gas verzehrt dieselbe unter Entziehung einer entsprechenden Wärmemenge.

Zustandsänderung ohne Zu- und Abfuhr von Wärme (Adiabatische Zustandsänderung). Für $Q = o$ lautet die allgemeine Zustandsgleichung 6

$$\mathbf{p_1 \cdot v_1{}^n = p_2 \cdot v_2{}^n}, \text{ oder allgemein } \mathbf{p \cdot v^n = konst.} \qquad \mathbf{11}$$

mit $n = \frac{c_p}{c_v}$. Diese Gleichung drückt das Poissonsche Gesetz aus, nach welchem sich die Drucke umgekehrt wie die nten Potenzen der Volumina verhalten.

Man bekommt die vorstehende Gleichung, wenn man in Gleichung 7 die Wärmemenge

$$d\,Q = \frac{1}{R}\,(c_p \cdot p \cdot d\,v + c_v \cdot v \cdot d\,p) = 0$$

setzt. Daraus folgt

$$\frac{d\,p}{p} = -\frac{c_p}{c_v}\,\frac{d\,v}{v}$$

und durch Integration zwischen den Grenzen v_2 und v_1

$$\ln \frac{p_2}{p_1} = -\frac{c_p}{c_v}\,\frac{v_2}{v_1} = -n\,\frac{v_2}{v_1}$$

$$\frac{p_2}{p_1} = \left(\frac{v_1}{v_2}\right)^n \text{oder } p_1 \cdot v_1{}^n = p_2 \cdot v_2{}^n.$$

Die Zustandskurve (Adiabate) ist eine der gleichseitigen Hyperbel ähnllich verlaufende Kurve, welche auch die Koordinatenachsen zu Asymptoten hat, sich aber der Abscissenachse schneller nähert. Dies sagt, dass hier bei der Expansion die Drucke schneller ab-, bei der Kompression schneller zunehmen als bei der entsprechenden isothermischen Zustandsänderung, wie das ja auch die Gleichungen 9 und 11 lehren. Bei der ersteren ist der Exponent von v nämlich gleich 1, bei der letzteren gleich n, das für Gase grösser als 1 ist. Zur Konstruktion der adiabatischen Zustandskurve kann man sich nach Brauer[1]) des folgenden Verfahrens bedienen.

Fig. 4.

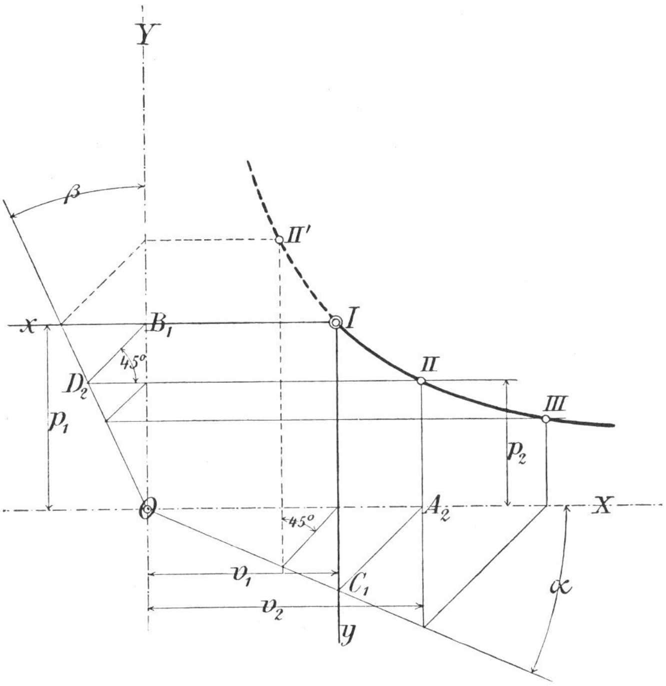

Ist nach Fig. 4 des Textes I der dem Volumen v_1 und Drucke p_1 entsprechende Punkt, so legt man durch O zwei Geraden, von denen die eine mit der X-Achse den Winkel α, die andere mit der Y-Achse den Winkel β bildet. α und β sind bestimmt durch die Beziehung

$$\operatorname{tg} \alpha = \frac{1}{\varepsilon} - 1 \text{ und } \operatorname{tg} \beta = \frac{1}{\varepsilon^n} - 1,$$

wenn $\varepsilon = \frac{v_1}{v_2}$ das Verhältnis zweier Volumstrecken ist. Zieht man nun weiter durch I eine Horizontale Ix und eine Vertikale Iy, sowie durch die dann erhaltenen Punkte B_1 bezw. C_1 eine 45° Linie, so bestimmen die Punkte D_2 und A_2 im Schnittpunkte der durch sie gezogenen Horizontalen bezw. Vertikalen den Punkt II der Expansionskurve. Von II aus kann das Verfahren in derselben Weise fortgesetzt werden. In umgekehrter Reihenfolge ergiebt das Verfahren von I aus den Punkt II' der Kompressionskurve.

Die äussere Arbeit beträgt hier

$$\left.\begin{aligned} \mathbf{L} = \frac{\mathbf{c_v}}{\mathbf{A}}(\mathbf{T}_1 - \mathbf{T}_2) &= \frac{\mathbf{p}_1 \cdot \mathbf{v}_1}{\mathbf{n} - \mathbf{1}}\left[\mathbf{1} - \left(\frac{\mathbf{v}_1}{\mathbf{v}_2}\right)^{\mathbf{n}-\mathbf{1}}\right] \\ &= \frac{\mathbf{p}_1 \cdot \mathbf{v}_1}{\mathbf{n} - \mathbf{1}}\left[\mathbf{1} - \left(\frac{\mathbf{p}_2}{\mathbf{p}_1}\right)^{\frac{\mathbf{n}-\mathbf{1}}{\mathbf{n}}}\right] \end{aligned}\right\} \quad . \ \mathbf{12}$$

Bei der Expansion ($v_2 > v_1$) wird L positiv, d. h. das Gas leistet äussere Arbeit, was natürlich nur auf Kosten seines inneren Arbeitsvermögens geschehen kann, da keine Wärme zugeführt wird. Bei der Kompression ($v_2 < v_1$) wird L negativ, d. h. die äussere Arbeit muss aufgewandt werden, das Gas verzehrt dieselbe unter gleichzeitiger Steigerung seines inneren Arbeitsvermögens, da die Wärmeabfuhr Null sein soll. In jedem Falle muss L gleich der Änderung der inneren Arbeit, oder, da diese nur in einer Änderung der Temperatur besteht, muss

$$L = \frac{c_v}{A}(T_1 - T_2) = \frac{c_v}{A} T_1 \left(1 - \frac{T_2}{T_1}\right)$$

sein. Führen wir hierin

$$c_p - c_v = A \cdot R \text{ oder } c_v\left(\frac{c_p}{c_v} - 1\right) = c_v(n - 1) = A \cdot R,$$

also

$$\frac{c_v}{A} = \frac{R}{n-1},$$

und ferner die aus Gleichung 6 sich ergebenden Werte

$$T_2 = \frac{p_2 \cdot v_2}{R}, \quad T_1 = \frac{p_1 \cdot v_1}{R}, \text{ also } \frac{T_2}{T_1} = \frac{p_2 \cdot v_2}{p_1 \cdot v_1},$$

die mit

$$\frac{p_2}{p_1} = \left(\frac{v_1}{v_2}\right)^n \text{ oder } \frac{v_1}{v_2} = \left(\frac{p_1}{p_2}\right)^{\frac{1}{n}}$$

$$T_1\left(1 - \frac{T_2}{T_1}\right) = \frac{p_1 \cdot v_1}{R}\left[1 - \left(\frac{v_1}{v_2}\right)^{n-1}\right] =$$

$$= \frac{p_1 \cdot v_1}{R}\left[1 - \left(\frac{p_2}{p_1}\right)^{\frac{n-1}{n}}\right]$$

liefern, ein, so folgt die Gleichung 12.

§ 5.

Der umkehrbare Kreisprozess.

Mit 1 kg eines Gases, das sich in einem cylindrischen Gefässe mit beweglichem und dichtschliessendem Kolben befindet und dessen Zustand durch den Druck p_1 und das Volumen v_1 als Ordinaten des Punktes I in Fig. 5 des Textes auf Seite10 bei einer absoluten Temperatur T_1 bestimmt ist, denke man sich die folgenden Zustandsänderungen vorgenommen:

1. Das Gas expandiere bei konstanter Temperatur T_1 nach der Isotherme I II auf den Druck p_2 und das Volumen v_2. Die hierzu erforderliche Wärmemenge Q_1 kann man sich einem Körper A entnommen denken, welcher das cylindrische Gefäss vollständig umgiebt und dessen Wärmegehalt so gross ist, dass durch die Wärmeentnahme seine Temperatur T_1 nicht sinkt. Die während der Zustandsänderung von dem Gase geleistete äussere Arbeit ist dem Inhalte der Fläche 1 I II 2 proportional und beträgt nach Gleichung 10

$$L_1 = \frac{Q_1}{A} = p_1 \cdot v_1 \cdot \ln \frac{v_2}{v_1},$$

woraus mit $p_1 \cdot v_1 = R \cdot T_1$

$$Q_1 = A \cdot R \cdot T_1 \cdot \ln \frac{v_2}{v_1}$$

folgt.

2. Das Gas dehne sich weiter unter Verrichtung äusserer Arbeit ohne Wärmezu- und Wärmeabfuhr nach der Adiabate II III bis zum Zustande p_3, v_3, T_2 aus, wobei also die Temperatur auf T_2 sinke. Die geleistete äussere Arbeit ist proportional der Fläche 2 II III 3 und berechnet sich nach Gleichung 12 zu

$$L_2 = \frac{c_v}{A}(T_1 - T_2).$$

3. Das Gas werde dann unter Aufwendung einer äusseren Arbeit L_3 und Entziehung einer entsprechenden Wärmemenge Q_2 bei der konstanten Temperatur T_2 nach

1) Zeitschrift deutscher Ingenieure, Jahrgang 1885.

der Isotherme IIIIV bis auf den Druck p_4 und das Volumen v_4 komprimiert. Der Inhalt der Fläche 3IIIIV4 entspricht der Arbeit L_3, und diese bestimmt sich nach Gleichung 10 zu

$$L_3 = \frac{Q_2}{A} = p_3 \cdot v_3 \cdot \ln \frac{v_3}{v_4},$$

oder mit $p_3 \cdot v_3 = R \cdot T_2$,

$$Q_2 = A \cdot R \cdot T_2 \cdot \ln \frac{v_3}{v_4}.$$

Fig. 5.

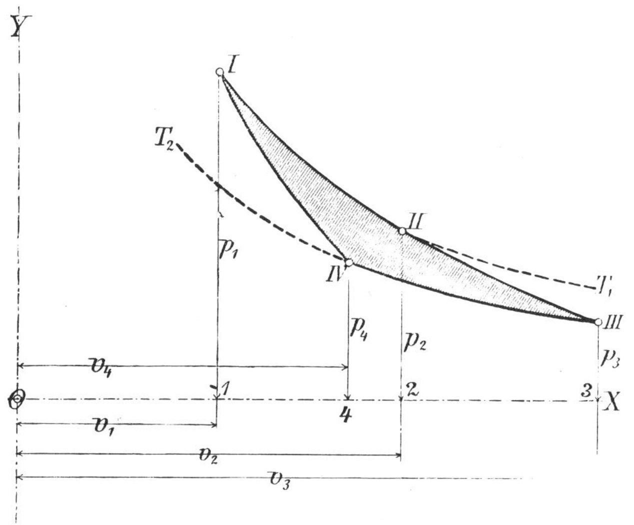

Die Wärmeentziehung kann man sich wieder durch einen Körper B vorgenommen denken, dessen Wärmevorrat so gross ist, dass seine Temperatur T_2 durch die aufgenommene Wärmemenge Q_2 nicht geändert wird.

4. Schliesslich werde das Gas nach der Adiabate IVI in den Anfangszustand p_1, v_1, T_1 zurückgeführt, wobei die Temperatur von T_2 auf T_1 steige. Hierzu muss eine äussere Arbeit L_4 aufgewendet werden, die dem Inhalte der Fläche 4IVI1 proportional ist und nach Gleichung 12

$$L_4 = \frac{c_v}{A}(T_1 - T_2)$$

beträgt.

Jede Zustandsänderung, welche einen Körper wieder in den Aufangszustand zurückführt, bezeichnet man nun als **Kreisprozess.** Setzt sich derselbe wie der vorstehend beschriebene aus zwei isothermischen und zwei adiabatischen Zustandsänderungen zusammen, so nennt man ihn einen Carnotschen Kreisprozess. Kann ferner ein Kreisprozess von dem Körper auch in umgekehrter Richtung durchlaufen werden, so heisst er ein umkehrbarer. Bedingung für die Umkehrbarkeit ist, dass der Druck, welchen der den Kreisprozess vollführende Körper ausübt, in jedem Augenblicke einen ebenso grossen, oder richtiger, einem solchen begegnet, der unendlich wenig von ihm verschieden ist.

Bei dem oben angeführten Kreisprozess empfing, wie das bei jedem anderen Kreisprozess auch der Fall ist, das den Prozess vollführende Gas eine Wärmemenge Q_1 von dem Körper A und gab eine solche Q_2 an den Körper B ab. Durch die Differenz $Q_1 - Q_2$ wurde eine äussere Arbeit $L = L_1 - L_3$ [1]) geleistet, welche natürlich dem Inhalte der den Kreisprozess darstellenden Figur, also im vorliegenden Falle dem Inhalte der Fläche I II III IV (Fig. 5 des Textes) proportional sein muss. Es berechnet sich ferner für den Carnotschen Kreisprozess nach den obigen Gleichungen

$$Q_1 - Q_2 = A \cdot L = A \cdot R \left(T_1 \ln \frac{v_2}{v_1} - T_2 \ln \frac{v_3}{v_4}\right)$$

Es ist nun nach Gleichung 11 bezw. 9

für die Adiabate II III: $p_2 \cdot v_2^n = p_3 \cdot v_3^n$,

„ „ Isotherme I II: $p_2 \cdot v_2 = p_1 \cdot v_1$ oder $p_2 = p_1 \frac{v_1}{v_2}$,

„ „ „ III IV: $p_3 \cdot v_3 = p_4 \cdot v_4$ oder $p_3 = p_4 \frac{v_4}{v_3}$;

also

$$p_1 \frac{v_1}{v_2} v_2^n = p_4 \frac{v_4}{v_3} v_3^n$$

oder

$$\frac{p_1}{p_4} = \frac{v_4}{v_3} \frac{v_2}{v_1} \left(\frac{v_3}{v_2}\right)^n.$$

Ferner ist für die Adiabate IVI $p_1 \cdot v_1^n = p_4 \cdot v_4^n$ oder

$$\frac{p_1}{p_4} = \left(\frac{v_4}{v_1}\right)^n.$$

Daraus folgt

$$\frac{v_4}{v_3} \frac{v_2}{v_1} \left(\frac{v_3}{v_2}\right)^n = \left(\frac{v_4}{v_1}\right)^n \quad \text{oder} \quad \left(\frac{v_3}{v_2}\right)^{n-1} = \left(\frac{v_4}{v_1}\right)^{n-1}$$

oder

$$\frac{v_3}{v_4} = \frac{v_2}{v_1}.$$

Führt man diesen Wert in die letzte Gleichung für $Q_1 - Q_2$ ein, so erhält man

$$Q_1 - Q_2 = A \cdot R \cdot \ln \frac{v_2}{v_1} (T_1 - T_2)$$

oder

$$\frac{Q_1}{T_1} = \frac{Q_2}{T_2} \quad \ldots\ldots\ldots \quad \mathbf{13a}$$

oder, wenn man die dem Gase zugeführte Wärmemenge Q_1 mit dem $+$, die dem Gase entzogene Wärmemenge mit dem $-$Zeichen versieht,

$$\frac{Q_1}{T_1} = -\frac{Q_2}{T_2},$$

$$\frac{Q_1}{T_1} + \frac{Q_2}{T_2} = 0 \quad \ldots\ldots \quad \mathbf{13b}$$

Den Wert $\frac{Q}{T}$ nennt nun Zeuner das Wärmegewicht. In einem Carnotschen Kreisprozess sind also die zu- und abgeführten Wärmegewichte einander gleich, oder es ist die Summe der zu- und abgeführten Wärmegewichte bei diesem Kreisprozess gleich Null.

Dieser Satz gilt auch für jeden beliebigen Kreisprozess. Man braucht sich einen solchen, wie er z. B. in Fig. 6 des Textes auf Seite 11 durch die Kurve IIIIIIIV dargestellt ist, nur in unendlich viele Carnotsche Kreisprozesse zerlegt zu denken, bei denen die beiden Adiabaten einander unendlich nahe liegen. Sind dann bei dem ersten dieser unendlich vielen Prozesse T_1 und T_2, bei dem

1) Die Arbeiten L_2 und L_4 die einander gleich sind, heben sich auf, da die eine vom Gase geleistet, die andere von ihm verzehrt wurde.

zweiten T_3 und T_4 u. s. w. die Temperaturen für die Isothermen, so hat man nach Gleichung 13^b

$$\frac{Q_1}{T_1} + \frac{Q_2}{T_2} = 0, \quad \frac{Q_3}{T_3} + \frac{Q_4}{T_4} = 0 \text{ u. s. w.,}$$

also nach Addition aller dieser Gleichungen

$$\int \frac{Q}{T} = 0 \quad . \; . \; . \; . \; . \; . \; . \quad 14$$

wie es der obige Satz verlangt. Der den Kreisprozess vollführende Körper braucht schliesslich kein Gas, sondern kann ein beliebiger Körper sein. Die Gleichung 14 behält stets ihre Giltigkeit.

Die während des Carnotschen Kreisprozesses geleistete äussere Arbeit ist

$$A \cdot L = Q_1 - Q_2$$

oder mit Hilfe von Gleichung 13_a

$$L = \frac{Q_1 - Q_2}{A} = \frac{Q_1}{A \cdot T_1}(T_1 - T_2) \quad . \; . \; . \quad 15$$

Fig. 6.

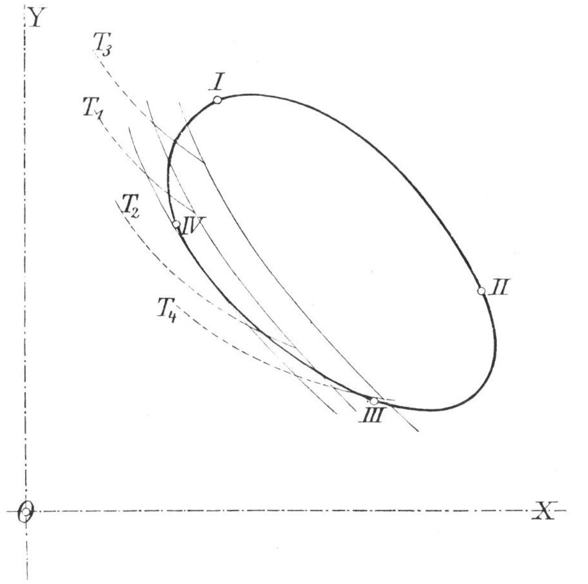

Bei dem beliebigen Kreisprozess in Fig. 6 des Textes findet sich hiermit für den ersten, zweiten . . . . der unendlich vielen Carnotschen Prozesse

$$L_1 = \frac{Q_1}{A \cdot T_1}(T_1 - T_2), \; L_2 = \frac{Q_3}{A \cdot T_3}(T_3 - T_4) \text{ u. s. w.}$$

Wäre nun T_1 die höchste und T_2 die niedrigste Temperatur, welche in allen diesen unendlich vielen Carnotschen Prozessen auftritt, so würde offenbar die während des ganzen Kreisprozesses geleistete äussere Arbeit $L = L_1 + L_2 + \ldots$ am grössten, also die verausgabte Gesamtwärme $(Q_1 - Q_2) + (Q_3 - Q_4) + \ldots$ am besten ausgenützt werden, wenn in den obigen Werten für L_1, $L_2 \ldots$ überall in der Klammer $T_1 - T_2$ stände. Dadurch würde aber der beliebige Kreisprozess zu einem einzigen Carnotschen zwischen den Temperaturen T_1 und T_2 werden. Wir schliessen daraus:

Von allen zwischen zwei bestimmten Temperaturen verlaufenden Kreisprozessen besitzt **der Carnotsche den grössten Wirkungsgrad,** d. h. durch die verausgabte Wärmemenge $Q_1 - Q_2$ wird bei ihm die grösste äussere Arbeit erzielt.

Um andererseits einen Kreisprozess möglichst günstig zu gestalten, soll die **ganze Wärmezufuhr bei der höchsten,** die **ganze Wärmeabfuhr bei der niedrigsten Temperatur** erfolgen.

§ 6.

Der Wasserdampf.

Wasser kann durch Wärmezufuhr oder Druckentlastung in Dampf übergeführt werden. Die Dampfbildung beginnt aber immer erst dann, wenn bei einer bestimmten Temperatur des Wassers auch der auf der Flächeneinheit des letzteren lastende Druck eine ganz bestimmte Grösse hat. Der sich bildende Dampf, dessen Temperatur und Spannung genau ebenso gross wie die Temperatur und der Druck des Wassers sind, besitzt also auch bei einer bestimmten Temperatur eine ganz bestimmte Spannung; ausserdem hat er eine ganz bestimmte Dichte (Gewicht von 1 cbm Dampf in kg)[1]. Solchen Dampf bezeichnet man als **gesättigten Wasserdampf.**

Wie beim gesättigten Wasserdampf Temperatur, Spannung und Dichte gleichzeitig zunehmen, erkennt man am besten, wenn man Wasser in einem geschlossenen Gefässe, z. B. in einem abgesperrten Dampfkessel, zum Verdampfen gebracht hat. Bei fortgesetzter Wärmezufuhr steigt hier die Temperatur des Dampfes und Wassers fortwährend. Gleichzeitig nehmen aber — wenn auch nicht in gleicher Weise — die Spannung und Dichte des Dampfes, sowie der Druck auf dem Wasser zu; weil der bei jeder kleinsten Temperaturerhöhung sich bildende neue Dampf den schon vorhandenen stärker zusammenpresst.

Andererseits würde, wenn man dem in einem geschlossenen Gefässe befindlichen gesättigten Dampf Wärme entzöge, sich eine entsprechende Dampfmenge zu Wasser kondensieren und eine damit verbundene gleichzeitige Abnahme der erwähnten drei Grössen eintreten. Da es ferner unmöglich ist, gesättigtem Wasserdampf von bestimmter Temperatur ohne Steigerung der letzteren eine höhere Spannung oder Dichte zu erteilen, so bezeichnet man ihn auch als solchen, dessen Spannung und Dichte ihren grössten Wert für die betreffende Temperatur haben; die letztere dagegen hat ihren kleinsten Wert für die betreffende Spannung und Dichte.

Die Spannung und Dichte[2]) des gesättigten Wasserdampfes ist also eine Funktion der Temperatur allein, während bei den Gasen die Spannung ausser von der Temperatur noch von dem Volumen abhängig ist. Die Beziehung zwischen Temperatur und Spannung bezw. Dichte des gesättigten Wasserdampfes konnte aber bis jetzt in kein allgemein giltiges Gesetz eingekleidet werden. Man hilft sich vielmehr mit empirischen Formeln, nach denen die Tabelle auf Seite 12 berechnet ist.

Gesättigter Wasserdampf von $p = 5$ Atm (kg auf den qcm) Spannung besitzt nach dieser Tabelle also eine Temperatur von 150,99° C und eine Dichte von 2,6412 kg.

1) Also auch ein bestimmtes spezifisches Volumen (Raum von 1 kg Dampf in cbm).

2) Auch das spezifische Volumen.

Tabelle für gesättigte Wasserdämpfe (nach Fliegner).

Druck des Dampfes. kg auf d. qcm. p	Druck des Dampfes. mm Quecksilbersäule.	Temperatur in °C. t	Flüssigkeitswärme in WE. q	Innere Verdampfungswärme in WE. ρ	Äussere Verdampfungswärme in WE. A·p·u	Diff. d. spez. Volumina v. Dampf und Wasser auf 1 kg in cbm. u = v — w	Gew. von 1 cbm Dampf in kg. $\gamma = \frac{1}{v}$
0,1	73,6	45,58	45,649	539,634	35,119	15,0309	0,0665
0,2	147,1	59,76	59,890	528,347	36,488	7,8084	0,1281
0,4	294,2	75,47	75,710	515,808	37,999	4,0659	0,2459
0,6	441,3	85,48	85,818	507,826	38,929	2,7769	0,3600
0,8	588,4	93,00	93,427	501,847	39,592	2,1182	0,4719
1,0	735,5	99,09	99,576	497,048	40,098	1,7162	0,5823
1,2	882,6	104,24	104,792	492,934	40,566	1,4469	0,6907
1,4	1029,7	108,72	109,339	489,378	40,942	1,2517	0,7983
1,6	1176,8	112,70	113,382	486,221	41,270	1,1040	0,9050
1,8	1323,9	116,29	117,032	483,375	41,561	0,9882	1,0109
2,0	1471,0	119,57	120,369	480,776	41,824	0,8950	1,1161
2,1	1544,6	121,11	121,935	479,557	41,946	0,8549	1,1684
2,2	1618,1	122,59	123,443	478,385	42,062	0,8183	1,2206
2,3	1691,7	124,02	124,897	477,254	42,174	0,7848	1,2726
2,4	1765,2	125,39	126,301	476,163	42,281	0,7540	1,3245
2,5	1838,8	126,73	127,658	475,109	42,384	0,7256	1,3763
2,6	1912,3	128,02	128,972	474,090	42,483	0,6993	1,4280
2,7	1985,9	129,26	130,246	473,101	42,579	0,6750	1,4793
2,8	2059,4	130,48	131,483	472,141	42,671	0,6523	1,5307
2,9	2133,0	131,65	132,684	471,210	42,760	0,6311	1,5820
3,0	2206,5	132,80	133,853	470,304	42,846	0,6113	1,6332
3,1	2280,1	133,91	134,992	469,422	42,929	0,5927	1,6843
3,2	2353,6	135,00	136,102	468,563	43,010	0,5753	1,7352
3,3	2427,2	136,06	137,183	467,726	43,088	0,5588	1,7864
3,4	2500,7	137,09	138,239	466,908	43,165	0,5434	1,8369
3,5	2574,3	138,10	139,271	466,111	43,238	0,5287	1,8879
3,6	2647,8	139,08	140,279	465,331	43,311	0,5149	1,9384
3,7	2721,4	140,05	141,265	464,569	43,381	0,5018	1,9889
3,8	2794,9	140,99	142,230	463,824	43,449	0,4894	2,0392
3,9	2868,5	141,92	143,175	463,093	43,516	0,4776	2,0894
4,0	2942,0	142,82	144,102	462,377	43,581	0,4663	2,1400
4,1	3015,6	143,71	145,010	461,677	43,644	0,4556	2,1901
4,2	3089,1	144,58	145,901	460,989	43,706	0,4454	2,2401
4,3	3162,7	145,43	146,775	460,315	43,766	0,4356	2,2904
4,4	3236,2	146,27	147,633	459,653	43,825	0,4263	2,3403
4,5	3309,8	147,09	148,475	459,004	43,883	0,4174	2,3901
4,6	3383,3	147,90	149,303	458,365	43,940	0,4088	2,4402
4,7	3456,9	148,69	150,117	457,738	43,995	0,4006	2,4900
4,8	3530,4	149,47	150,918	457,121	44,049	0,3928	2,5394
4,9	3604,0	150,24	151,705	456,514	44,103	0,3852	2,5893
5,0	3677,6	150,99	152,480	455,917	44,155	0,3780	2,6412
5,1	3751,1	151,73	153,242	455,331	44,206	0,3710	2,6882
5,2	3824,7	152,47	153,993	454,753	44,256	0,3643	2,7375
5,3	3898,2	153,19	154,733	454,183	44,305	0,3578	2,7871
5,4	3971,8	153,90	155,462	453,623	44,353	0,3515	2,8369
5,5	4045,3	154,59	156,180	453,071	44,400	0,3455	2,8860
5,6	4118,9	155,28	156,888	452,526	44,447	0,3397	2,9351
5,7	4192,4	155,96	157,586	451,989	44,493	0,3341	2,9842
5,8	4266,0	156,63	158,274	451,460	44,538	0,3287	3,0331
5,9	4339,5	157,29	158,954	450,938	44,582	0,3234	3,0826
6,0	4413,1	157,94	159,625	450,423	44,625	0,3183	3,1319
6,1	4486,6	158,59	160,287	449,914	44,668	0,3134	3,1807
6,2	4560,2	159,22	160,940	449,413	44,710	0,3086	3,2300
6,3	4633,7	159,85	161,585	448,918	44,751	0,3040	3,2787
6,4	4707,3	160,47	162,222	448,428	44,792	0,2995	3,3278
6,5	4780,8	161,08	162,852	447,945	44,832	0,2952	3,3761
6,6	4854,4	161,68	163,474	447,468	44,871	0,2910	3,4247
6,7	4927,9	162,28	164,088	446,997	44,910	0,2869	3,4734
6,8	5001,5	162,87	164,696	446,530	44,949	0,2829	3,5224
6,9	5075,0	163,45	165,296	446,070	44,987	0,2790	3,5714
7,0	5148,6	164,03	165,890	445,615	45,024	0,2753	3,6193
7,25	5332,4	165,44	167,347	444,498	45,115	0,2663	3,7411
7,50	5516,3	166,82	168,764	443,413	45,202	0,2580	3,8610
7,75	5700,2	168,15	170,146	442,354	45,287	0,2501	3,9825
8,0	5884,1	169,46	171,493	441,323	45,369	0,2427	4,1034
8,25	6068,0	170,73	172,808	440,316	45,449	0,2358	4,2230
8,50	6251,8	171,98	174,093	439,334	45,526	0,2292	4,3440
8,75	6435,7	173,19	175,349	438,373	45,601	0,2231	4,4623
9,0	6619,6	174,38	176,578	437,434	45,674	0,2172	4,5830
9,25	6803,5	175,54	177,780	436,515	45,745	0,2117	4,7015
9,50	6987,4	176,68	178,958	435,616	45,813	0,2064	4,8216
9,75	7171,2	177,79	180,111	434,735	45,881	0,2014	4,9407
10,0	7355,1	178,89	181,243	433,871	45,946	0,1966	5,0607
10,25	7539,0	179,96	182,353	433,024	46,010	0,1921	5,1787
10,50	7722,9	181,01	183,442	432,193	46,072	0,1878	5,2966
11,0	8090,6	183,05	185,563	430,576	46,192	0,1797	5,5340
12,0	8826,1	186,94	189,594	427,506	46,415	0,1655	6,0060
13,0	9561,6	190,57	193,376	424,629	46,620	0,1535	6,4725
14,0	10297,1	194,00	196,944	421,916	46,810	0,1431	6,9396
15,0	11032,7	197,24	200,324	419,349	46,986	0,1341	7,4019

Bezüglich der Wärmemengen, welche zur Verdampfung des Wassers nötig bezw. im Dampf enthalten sind, gelten die folgenden Bezeichnungen und Werte.

Gesamtwärme λ ist diejenige Wärmemenge in WE, welche 1 kg Wasser von 0° C zugeführt werden muss, um es in gesättigten Dampf von t° C zu verwandeln.

Denkt man sich diese Verwandlung in der Weise vorgenommen, dass das Wasser zunächst ohne Änderung des Aggregatzustandes bis auf t° erwärmt, also auch unter den dieser Temperatur entsprechenden Druck gesetzt[1]), und dann erst in gesättigten Dampf von derselben Temperatur verwandelt wird, so kann man die Gesamtwärme λ betrachten als Summe

der **Flüssigkeitswärme q**, das ist die Wärmemenge in WE, welche 1 kg Wasser von 0° C zugeführt werden muss, um es ohne Änderung des Aggregatzustandes um t° in der Temperatur zu erhöhen, und

der **Verdampfungswärme r**, das ist die Wärmemenge in WE, welche nötig ist, um 1 kg Wasser von t° C in gesättigten Dampf von derselben Temperatur überzuführen.

Die letztgenannte Wärme besteht aus

der **inneren Verdampfungswärme** ρ, das ist derjenige Teil von r, welcher zur Änderung des Aggregatzustandes, also zur Erhöhung der potentiellen Energie, diente, und

der **äusseren Verdampfungswärme A·p·u**, das ist der Teil von r, welcher die zur Überwindung des konstanten Druckes p bei der Verdampfung erforderliche äussere Arbeit p·u zu leisten hatte. Hierin ist die während der Überführung des Wassers in Dampf eingetretene Volumvergrösserung

$$u = v - w,$$

wenn v das Volumen von 1 kg gesättigten Dampfes bei t° C in cbm,

w das Volumen von 1 kg Wasser in cbm ist.

Die äussere Verdampfungswärme ist natürlich nicht mehr im Dampfe enthalten. In demselben verbleibt nur

die **Dampfwärme J**, die gleich der Summe aus der Flüssigkeitswärme q und der inneren Verdampfungswärme ρ ist.

1) Die hierbei zu überwindende äussere Arbeit kann wegen der äusserst geringen Volumzunahme des Wassers vernachlässigt werden.

Für die angeführten Wärmemengen bestehen also die Beziehungen

$$\lambda = q + \rho + A \cdot p \cdot u,$$
$$r = \rho + A \cdot p \cdot u,$$
$$J = q + \rho,$$

welche das folgende Schema ergeben

$$\overbrace{q \qquad \rho \qquad A \cdot p \cdot u.}^{\lambda}$$
$$\underbrace{q \qquad \rho}_{J} \qquad \underbrace{\rho \qquad A \cdot p \cdot u}_{r}$$

Die Werte der einzelnen Wärmemengen sind in der Tabelle auf Seite 12 enthalten.

Es beträgt für gesättigten Wasserdampf von 5 Atm Spannung z. B. nach dieser Tabelle:

die Gesamtwärme

$$\lambda = 152{,}480 + 455{,}917 + 44{,}155 = 652{,}552 \text{ WE},$$

die Verdampfungswärme

$$r = 455{,}917 + 44{,}155 = 500{,}072 \text{ WE},$$

die Dampfwärme

$$J = 152{,}480 + 455{,}917 = 608{,}397 \text{ WE}.$$

Der gesättigte Wasserdampf ist in unseren Dampfmaschinen stets mit Wasser gemischt. Sind in 1 kg eines solchen Gemisches x kg Dampf, also 1 — x kg Wasser, so beträgt, wenn nach den obigen Bezeichnungen wieder

w das Volumen von 1 kg Wasser in cbm ist,

u die Anzahl cbm sind, um welche das Volumen von 1 kg gesättigten Dampfes grösser als w ist,

das spezifische Volumen des Gemisches

$$v = w + x \cdot u \quad . \; . \; . \; . \; . \quad 16a$$

Diese Gleichung kann als Zustandsgleichung des Gemisches gelten, da u eine Funktion von p ist, und ergiebt für trockenen gesättigten Wasserdampf (x = 1) richtig wie oben

$$v = w + u \quad . \; . \; . \; . \; . \; . \quad 16b$$

Erhitzt man gesättigten Wasserdampf, der von seiner Flüssigkeit getrennt ist, weiter, so geht er, sobald der letzte Tropfen des noch in ihm enthaltenen Wassers verdampft ist, aus dem gesättigten in den überhitzten Zustand über. In diesem Zustande bewirkt die weitere Wärmezufuhr, wenn die Spannung konstant erhalten wird, eine Temperaturzunahme und Volumvergrösserung, also eine Abnahme der Dichte, dagegen, wenn Volumen und Dichte konstant bleiben, eine Steigerung der Temperatur und Spannung. **Überhitzter Wasserdampf** ist also solcher, *der bei derselben Spannung eine höhere Temperatur und geringere Dichte, bei derselben Dichte aber eine höhere Temperatur und Spannung als gesättigter besitzt.*

Entzieht man dem überhitzten Wasserdampf Wärme, so wird sich erst dann Wasser niederschlagen, wenn er in den gesättigten Zustand übergeht. Man sagt deshalb auch: Gesättigter Wasserdampf ist solcher, bei dem unter Beibehaltung der sonstigen Verhältnisse eine unendlich kleine, überhitzter solcher, bei dem eine endliche Temperatur-Erniedrigung eine teilweise Kondensation des Dampfes herbeiführt.

Als Zustandsgleichung des überhitzten Wasserdampfes gilt die Beziehung

$$\mathbf{p \cdot v = R \cdot T - C \cdot p^{0,25}} \quad . \; . \; . \; . \quad \mathbf{17}$$

worin p den Druck des Dampfes in kg/qcm, v das spezifische Volumen desselben in cbm bezeichnet und die Konstanten

$$R = 0{,}00509, \quad C = 0{,}193$$

zu setzen sind.

Von Wichtigkeit ist für uns das Verhalten des Wasserdampfes während der Expansion und Kompression. Für die Zustandsänderungen des gesättigten Wasserdampfes liefert die mechanische Wärmetheorie indes Gleichungen, deren Ableitung und Benutzung sehr umständlich ist. Wir begnügen uns deshalb mit einer von *Zeuner* aufgestellten empirischen Formel, welche innerhalb der bei Dampfmaschinen auftretenden Grenzen für die *adiabatische* (d. h. in wärmedichten Gefässen, also ohne Wärmezu- und -abfuhr vor sich gehende) Zustandsänderung des *gesättigten* Wasserdampfes mit genügender Annäherung Giltigkeit hat. Dieselbe lautet

$$p \cdot v^n = \text{konst. mit } n = 1{,}035 + 0{,}1\, x.$$

Da diese Gleichung der Gleichung 11 für das Poissonsche Gesetz nachgebildet ist, die mit n = 1,333 für die erwähnte Zustandsänderung des *überhitzten* Wasserdampfes, solange dieser überhitzt bleibt, gilt, so ergiebt sich:

Das Gesetz, nach welchem der gesättigte und überhitzte Dampf in wärmedichten Gefässen, äussere Arbeit verrichtend, expandiert, oder, äussere Arbeit verzehrend, komprimiert wird, drückt sich allgemein durch die Gleichung

$$\mathbf{p \cdot v^n = konst.} \quad . \; . \; . \; . \; . \quad 18$$

mit $\mathbf{n = 1{,}035 + 0{,}1\, x}$ *für* **gesättigten**[1]) *und* $\mathbf{n = 1{,}333}$ *für* **überhitzten** *Wasserdampf aus. Für n = 1 giebt die Gleichung das Mariottesche Gesetz, welches streng genommen nur für eine Zustandsänderung des genügend weit überhitzten Dampfes bei konstanter Temperatur Giltigkeit hat.* Die bei der Expansion verrichtete, bei der Kompression aufzuwendende Arbeit bestimmt sich nach Gleichung 12 zu

$$\left.\begin{aligned} \mathbf{L} &= \frac{\mathbf{p_1 \cdot v_1}}{\mathbf{n - 1}}\left[\mathbf{1} - \left(\frac{\mathbf{v_1}}{\mathbf{v_2}}\right)^{\mathbf{n-1}}\right] \\ &= \frac{\mathbf{p_1 \cdot v_1}}{\mathbf{n - 1}}\left[\mathbf{1} - \left(\frac{\mathbf{p_2}}{\mathbf{p_1}}\right)^{\frac{\mathbf{n-1}}{\mathbf{n}}}\right] \end{aligned}\right\} \quad . \; . \; . \quad 19$$

Unsere Dampfcylinder sind nun keine vollständig wärmedichten Gefässe, wenn wir sie auch noch so sehr durch Umhüllungen vor Wärmeverlusten zu schützen suchen, auch lässt sich der in ihnen eingeschlossene Dampf schwerlich auf konstanter Temperatur erhalten. Immerhin können wir aber die vorstehenden Gleichungen mit genügender Annäherung für die Expansion und Kompression des Dampfes in unseren Maschinen benutzen, wenn wir nur *durch geeignete Wahl des Exponenten n den besonderen Verhältnissen, unter denen die Expansion und Kompression, abweichend von einer rein adiabatisch oder isothermischen Zustandsänderung, vor sich geht, Rechnung tragen.*

Die Gleichung 18 lässt uns ferner das folgende Verhalten des gesättigten Wasserdampfes erkennen.

1) Trocken oder mit Wasser gemischt.

Für trockenen gesättigten Wasserdampf ($x = 1$) lautet diese Gleichung mit $n = 1{,}035 + 0{,}1 = 1{,}135$

$$p \cdot v^{1,135} = \text{konst.}$$

Lassen wir nun 1 kg dieses Dampfes bei $p_1 = 5$ Atm Spannung und einem Volumen $v_1 = \frac{1}{\gamma_1} = \frac{1}{2{,}6412}$ cbm sich auf das doppelte Volumen, also auf $v_2 = 2 v_1 = \frac{2}{\gamma_1} = \frac{1}{\gamma_2} = \frac{1}{1{,}3206}$ cbm, unter Verrichtung äusserer Arbeit und ohne Wärmezufuhr ausdehnen, so bestimmt sich nach der obigen Gleichung die Endspannung aus

$$p_1 \cdot v_1^{1,135} = p_2 \cdot v_2^{1,135},$$

oder

$$p_2 = p_1 \left(\frac{v_1}{v_2}\right)^{1,135} = 5 \left(\frac{1}{2}\right)^{1,135} = 2{,}277 \text{ Atm.}$$

Nach der Tabelle auf Seite 12 besitzt aber gesättigter Dampf von einem spezifischen Volumen $v_2 = \frac{1}{\gamma_2} = \frac{1}{1{,}3206}$ oder einer Dichte $\gamma_2 = 1{,}3206$ eine Spannung von rund 2,4 Atm. Der obige Wasserdampf kann also nach der Expansion nicht mehr reiner gesättigter Dampf sein, sondern ein Teil des Dampfes muss sich während der Expansion zu Wasser kondensiert haben. Wie gross die Endspannung des schliesslichen Gemisches ist, lässt sich nach der gegebenen Gleichung nicht berechnen.

Würde man andererseits 1 kg des trockenen gesättigten Dampfes von 5 Atm auf die Hälfte des Anfangsvolumen, also auf $v_2 = \frac{1}{2} v_1 = \frac{1}{2\gamma_1} = \frac{1}{\gamma_2} = \frac{1}{5{,}2824}$ cbm, durch eine äussere Arbeit ohne Wärmeabfuhr komprimiert haben, so berechnete sich aus der obigen Gleichung die Endspannung zu

$$p_2 = 5 \cdot 2^{1,135} = 10{,}98 \text{ Atm,}$$

während dem gesättigten Dampf von $\gamma_2 = 5{,}2824$ Dichte eine Spannung von rund 10,5 Atm. entspricht. Also kann auch nach der Kompression der Dampf sich nicht mehr im gesättigten Zustande befinden, da die sich ergebende Endspannung grösser als die des gesättigten Dampfes von der schliesslichen Dichte ist. Der Dampf trat vielmehr während der Kompression in den überhitzten Zustand über. Die genaue Endspannung lässt sich wieder nicht berechnen, da während der Zustandsänderung n seinen Wert in der obigen Gleichung wechselt.

Wir erkennen aber das folgende Verhalten des Wasserdampfes, das auch durch die strengen Gleichungen der mechanischen Wärmetheorie und durch den Versuch bestätigt wird.

D e h n t s i c h d e r g e s ä t t i g t e W a s s e r d a m p f , ä u s s e r e A r b e i t l e i s t e n d , a u s , s o s c h l ä g t s i c h , w e n n k e i n e W ä r m e z u g e f ü h r t w i r d , e i n T e i l d e s D a m p f e s a l s W a s s e r n i e d e r , d a s a l s N e b e l i m D a m p f e n t h a l t e n i s t . W i r d a n d e r e r s e i t s d e r g e s ä t t i g t e W a s s e r d a m p f d u r c h e i n e a u f g e w a n d t e ä u s s e r e A r b e i t k o m p r i m i e r t , s o t r i t t e r , w e n n k e i n e W ä r m e a b g e f ü h r t w i r d , i n d e n ü b e r h i t z t e n Z u s t a n d . Dieses Verhalten zeigt nicht nur trockener gesättigter Dampf, sondern auch solcher, der Wasser (ungefähr gleich viel dem Gewichte nach) mit sich führt, nur dass bei der Kompression im letzteren Falle erst das Wasser verdampft wird, ehe die Überhitzung beginnt. Will man den expandierenden Dampf während und am Ende seiner Expansion immer im reinen gesättigten Zustande haben, soll also während der Expansion keine Kondensation stattfinden, so muss man dem Dampfe von aussen Wärme zuführen, bei der entsprechenden Kompression ihm aber Wärme entziehen. Für diese Zustandsänderungen gilt die Beziehung

$$\mathbf{p \cdot v^{1,06462} = 1{,}762,}$$

und die zugehörige Zustandskurve heisst G r e n z k u r v e oder K u r v e k o n s t a n t e n D a m p f g e w i c h t e s.

II. ABSCHNITT.

Die Bewegungsverhältnisse der einfachen Schubkurbel.

§ 7.

Beziehung zwischen Kolben- oder Kreuzkopfweg und Drehwinkel der Kurbel.

1. Schubstange unendlich lang (Kurbelschleife).

Für die um den Winkel ω aus der zugehörigen Totlage gedrehte Kurbellage OK_1 bezw. OK_1' in Fig. 7 des Textes erhält man den Weg

Fig. 7.

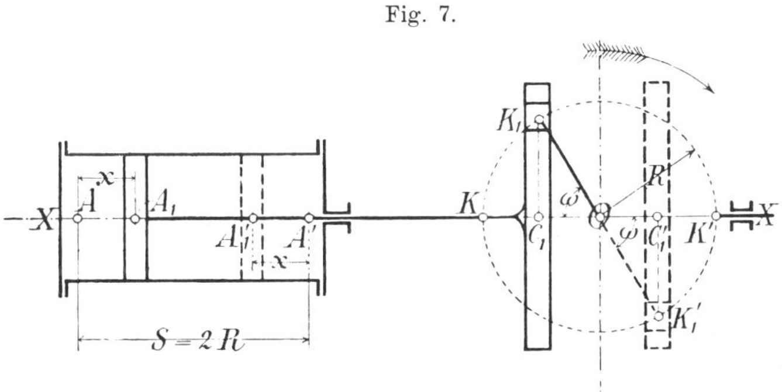

$$x = AA_1 = KC_1 \text{ bezw. } = A'A_1' = K'C_1'$$

des Kolbens aus dessen entsprechender Totlage, indem man von dem Kurbelzapfenmittel K_1 bezw. K_1' eine Senkrechte auf die Hubrichtung X—X fällt. Da ferner

$$KC_1 = OK - OC_1 = R - R \cdot \cos \omega$$

und $$K'C_1' = OK' - OC_1' = R - R \cdot \cos \omega$$

ist, so bestimmt sich für Hin- und Rücklauf

$$\mathbf{x = R\,(1 - \cos \omega)} \quad . \quad . \quad . \quad . \quad . \quad \mathbf{20}$$

2. Schubstange von endlicher Länge L.

Um zu den Kurbellagen OK_1 bezw. OK_1', welche in Fig. 8 des Textes mit der linken bezw. rechten Totlage den Winkel ω bilden, die Wege

$$x = AA_1 \text{ bezw. } x = A'A_1'$$

von Kolben und Kreuzkopf aus deren entsprechenden Totlagen zu bekommen, hat man hier mit der Schubstangenlänge L in K_1 bezw. K_1' einzusetzen und auf der Hubrichtung X—X einzuschneiden.

Fig. 8.

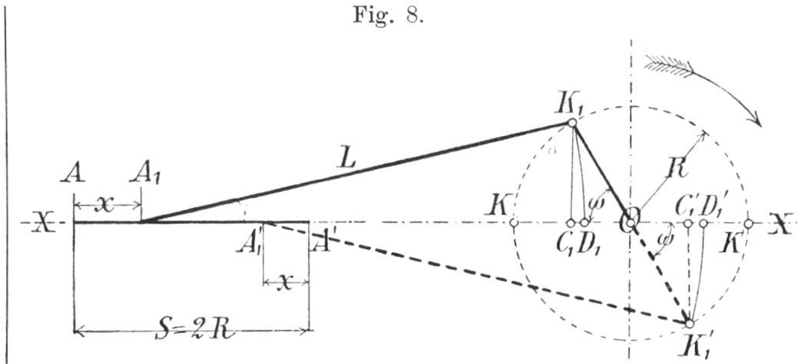

Setzt man andererseits in A_1 bezw. A_1' ein und schlägt mit der Länge L die Kreise K_1D_1 bezw. $K_1'D_1'$, so ist der erwähnte Kolben- und Kreuzkopfweg auch

$$x = AA_1 = KD_1 \text{ für den Hinlauf}$$

und $$x = A'A_1' = K'D_1' \text{ für den Rücklauf.}$$

Daraus ergeben sich die folgenden beiden einfachen Verfahren zur graphischen Bestimmung des Kolben- und Kreuzkopfweges x bei einem Drehwinkel ω der Kurbel.

1. Verfahren. Kolbenweg-Diagramm von Schorch.

Schlägt man in Fig. 9 des Textes mit der Schubstangenlänge L zwei Kreise αKα und βK′β, deren Mittel-

Fig. 9.

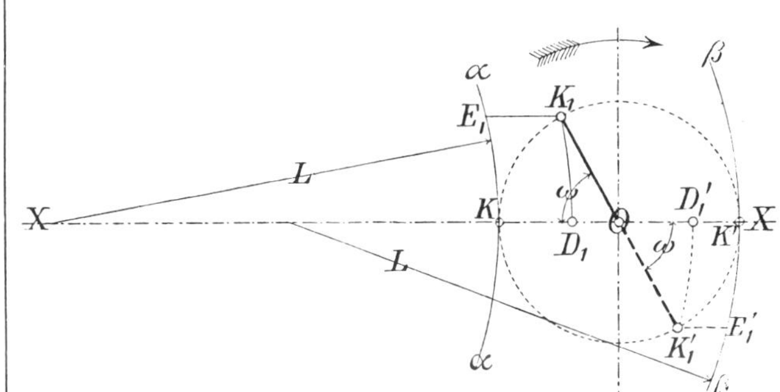

punkte auf der Hubrichtung X—X liegen, so erhält man für irgend eine Kurbellage OK_1 bezw. OK_1' den Kolben- und Kreuzkopfweg x aus der zugehörigen Totlage in der durch K_1 bezw. K_1' gezogenen Parallelen E_1K_1 bezw. $E_1'K_1'$ zur Hubrichtung X — X.

Nach der Figur ist nämlich der Weg

$x = KD_1 = E_1K_1$ für den Hinlauf

und

$x = K'D_1' = E_1'K_1'$ für den Rücklauf.

2. Verfahren.

Fig. 10.

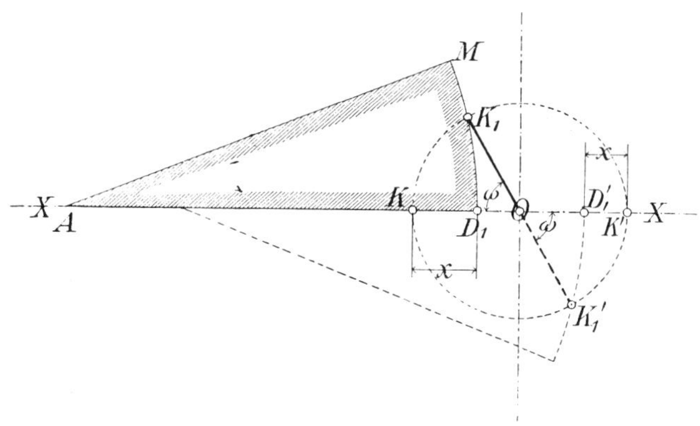

Gewöhnlich kommt es darauf an, für einen im Verhältnis zum ganzen Hube ausgedrückten Kolbenweg die zugehörige Kurbellage, und umgekehrt zu einer Kurbellage den so ausgedrückten Kolbenweg zu finden. Man trägt deshalb, wie später gezeigt werden wird, den Kurbelkreis nicht in wirklicher, sondern in beliebig reduzierter Grösse auf, schlägt ihn also mit einem beliebigen Radius OK, am besten mit OK = 50 mm, (KK′ = 100 mm). Schneidet man sich dann eine Figur AD_1M (Fig. 10 des Textes) in Pappe oder Holz aus, bei der der Bogen D_1M einen Radius AD_1 = der Schubstangenlänge L hat, und berücksichtigt, dass L gewöhnlich zwischen 4 R bis 6 R schwankt, am meisten 5 R beträgt, also für OK = 50 mm, L = 250 mm genommen werden kann, so erhält man durch einfaches Anlegen dieser Figur AD_1M in der aus Fig. 10 ersichtlichen Weise zu jedem Kolbenweg x die zugehörige Kurbellage, und umgekehrt, zu jeder Kurbellage den Kolbenweg x.

Für den auf die Basis KK′ als Hub bezogenen Kolben- oder Kreuzkopfweg $x = KD_1$ hat man z. B. die Figur AD_1M mit der Seite AD_1 so an die Hubrichtung X — X anzulegen, dass D_1 durch den Endpunkt des gegebenen Kolbenweges geht. Der Bogen der Figur schneidet dann den Kurbelkreis im zugehörigen Zapfenmittel K_1.

Will man andererseits zur Kurbellage OK_1' den Kolbenweg aus der rechten Totlage haben, so hat man die ausgeschnittene Figur, wie in Fig. 10 punktiert angedeutet, zu legen, also so, dass der Bogen dieser Figur durch K_1' geht, die untere Seite derselben aber immer in die Hubrichtung fällt. $D_1'K'$ ist dann der gesuchte Kolbenweg, natürlich bezogen auf KK′ als Hub.

Ein anderes Verfahren zur Bestimmung der Kolbenwege ist das Folgende.

3. Verfahren. Kolbenweg-Diagramm von Prof. Chr. Müller in Stuttgart[1]).

In Fig. 11 des Textes ist K der Mittelpunkt eines mit der Schubstangenlänge L als Radius geschlagenen Kreises I, O dagegen der Mittelpunkt zweier Kreise II und III, die beide den Kreis I berühren, und zwar der erste aussen im Punkte A, der zweite innen im Punkte C. Um nun mit Hilfe dieser drei Kreise den Kolbenweg x für irgend eine um den Winkel ω aus der zugehörigen Totlage abweichende Kurbelstellung OK_1 bezw. OK_1' zu erhalten, hat man nur diese Kurbelstellung zu verlängern und die Schnittpunkte dieser Verlängerung mit den Kreisen I und II für den Hinlauf, I und III für den Rücklauf aufzusuchen. Es ist dann nach der Figur

$x = A_1B_1$ für den Hinlauf und

$x = A_1'B_1'$ „ „ Rücklauf.

Fig. 11.

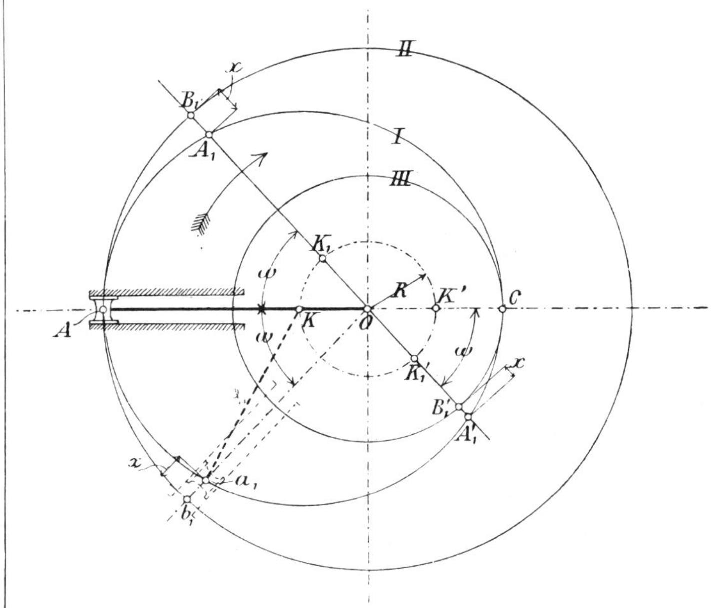

Die Richtigkeit des vorstehenden Verfahrens erkennt man, sobald man der ganzen Maschine, deren Kurbel sich in der linken Totlage befinden und die sich in der angedeuteten Pfeilrichtung drehen möge, eine ebenso grosse, aber entgegengesetzte Drehung erteilt. Die Kurbel liegt dann in OK fest, während sich das ganze Maschinenbett (siehe die punktierte Lage) entgegen zur wirklichen Drehrichtung der Kurbel herumbewegt. Dabei bleiben natürlich die Kolben- oder Kreuzkopfwege für gleiche Winkel ω dieselben wie bei der thatsächlichen Bewegung der Schubkurbel. Man braucht aber den Winkel ω nicht entgegen zur Drehrichtung der Kurbel aufzutragen, da, wie aus der Figur ersichtlich, z. B. $A_1B_1 = a_1b_1$ ist.

1) Civilingenieur 1861, Seite 347.

Durch Rechnung findet man den Kolben- oder Kreuzkopfweg $x = KD_1$ bezw. $K'D_1'$ (Fig. 8 des Textes auf Seite 15) bei einem Drehwinkel ω der Kurbel aus der linken bezw. rechten Totlage angenähert, aber für die Fälle der Praxis hinreichend genau, zu

$$\mathbf{x = R\,(1 - \cos\omega) \pm \frac{1}{2}\frac{R^2}{L}\sin^2\omega} \quad . \; . \; . \quad \mathbf{21}$$

worin das +Zeichen für den Hin-, das —Zeichen für den Rücklauf gilt, R der Kurbelradius, L die Schubstangenlänge ist.

Nach Fig. 8 ist

$x = KD_1 = KC_1 + C_1D_1$ für den Hinlauf und

$x = K'D_1' = K'C_1' - C_1'D_1'$ für den Rücklauf.

Nach Gleichung 20 beträgt nun $KC_1 = K_1'C_1' = R\,(1 - \cos\omega)$, und ferner ist

$$C_1D_1 = C_1'D_1' = A_1D_1 - A_1C_1 = L - \sqrt{L^2 - R^2 \cdot \sin^2\omega}$$

$$= L\left(1 - \sqrt{1 - \frac{R^2}{L^2}\sin^2\omega}\right),$$

also genau

$$\mathbf{x = R\,(1 - \cos\omega) \pm L\left(1 - \sqrt{1 - \frac{R^2}{L^2}\sin^2\omega}\right)} \; \mathbf{21_a}$$

oder, da annähernd

$$\sqrt{1 - \frac{R^2}{L^2}\sin^2\omega} = 1 - \frac{1}{2}\frac{R^2}{L^2}\sin^2\omega \text{ ist,}$$

$$x = R\,(1 - \cos\omega) \pm \frac{1}{2}\frac{R^2}{L}\sin^2\omega.$$

Schliesslich empfiehlt es sich, zu merken, dass bei demselben Drehwinkel ω der Kolbenweg x für endliche Schubstangenlänge um dasselbe Stück ($C_1D_1 = C_1'D_1'$ in Fig. 8 des Textes, $\frac{1}{2}\frac{R^2}{L}\sin^2\omega$ in Gleichung 21) beim **Hinlauf grösser,** beim **Rücklauf kleiner** als für unendlich lange Schubstange ist.

Zur Konstruktion der Arbeits- und Druck-Diagramme von Maschinen mit mehrmaliger Expansion des Dampfes bedarf man der sogenannten **Raum- oder Volumdiagramme,** wie solche zuerst von Zeuner behandelt und in Fig. 12 und 13 des Textes dargestellt sind. In diesen Figuren ist ADH eine Kolbenweglinie, welche als Abscissen die Kolbenwege, als Ordinaten die Zeit hat und in der folgenden Weise gefunden wird.

Man teilt sich in Fig. 12 des Textes den Kurbelkreis in eine Anzahl, z. B. 12, gleiche Teile $\widehat{01'}$, $\widehat{1'2'}$ u. s. w. und trägt unterhalb des Kreises in vertikaler Richtung ebenso viele, also im vorliegenden Falle 12, gleiche und beliebig grosse Strecken $\overline{A1}$, $\overline{12}$ u. s. w. auf. Diese letzteren sind dann offenbar der Zeit proportional, in welcher die Teile $\widehat{01'}$, $\widehat{1'2'}$ . . . . des Kurbelkreises von dem mit gleichförmiger Geschwindigkeit sich drehenden Kurbelzapfenmittel durchlaufen werden. Zieht man durch 0, 1', 2' . . . . Vertikalen, durch A, 1, 2 . . . . Horizontalen, so liefern die Schnittpunkte I, II . . . . der entsprechenden Vertikalen und Horizontalen Punkte der erwähnten Kolbenweglinie für unendliche lange Schubstange.

Zu beiden Seiten des Kurbelkreises sind noch im Abstande M zwei Vertikalen gezogen. M ist, wie später angegeben, die Höhe des schädlichen Raumes, bezogen auf die nutzbare Kolbenfläche und den Massstab, in welchem der Kurbelkreis aufgetragen wurde.

In Fig. 13 des Textes ist die Kolbenweglinie unter Berücksichtigung der endlichen Schubstangenlänge gezeichnet. Man zieht hier nicht durch die Kurbelpunkte 1', 2' . . . ., sondern durch die diesen entsprechenden Kolbenstellungen A_1, A_2 . . . . Vertikalen. In der Figur sind diese Kolbenstellungen nach dem durch Fig. 10 auf Seite 15 angedeuteten Verfahren konstruiert.

Für irgend eine Kurbelstellung OK_0 erhält man nun aus den vorstehenden Raumdiagrammen die Strecken B_0X und XB_0', indem man die durch K_0 in Fig. 12, A_0 in Fig. 13 gezogenen Vertikalen zum Schnitt mit

Fig. 12.

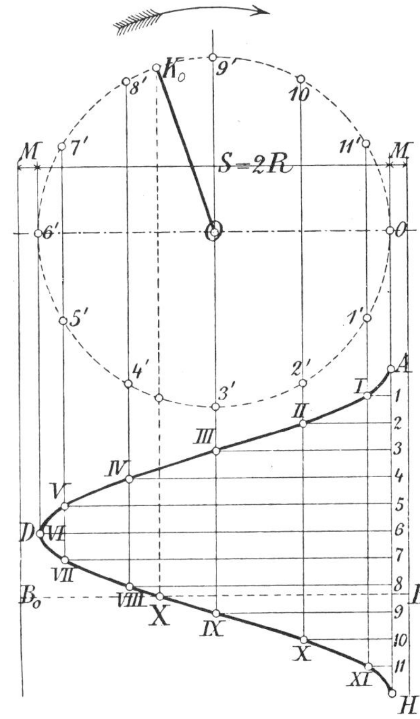

Fig. 13.

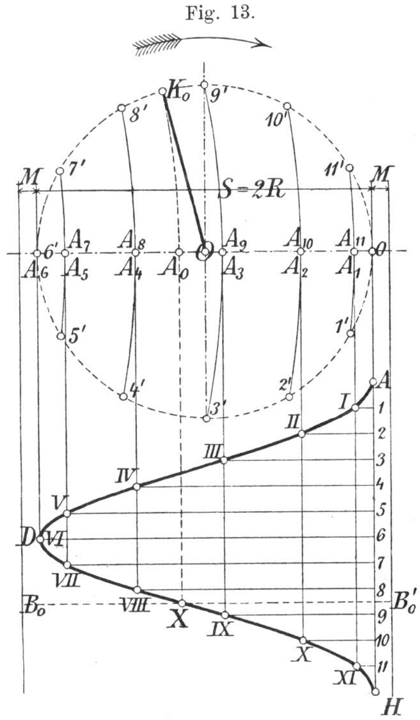

dem zugehörigen Teil DH der Kolbenweglinie in X bringt. Diese Strecken B_0X und XB_0' stellen aber in dem gewählten Massstabe die Räume dar, welche, bezogen auf die Einheit der Kolbenfläche, links und rechts vom Kolben bei der erwähnten Kurbellage vorhanden sind.

§ 8.

Die Kolben-(Kreuzkopf-)Geschwindigkeit.

Ist

R der Kurbelradius, $\mathbf{S} = 2\mathbf{R}$ der Kolbenhub in **m**,

$\mathbf{c_m}$ die mittlere Kolbengeschwindigkeit,

v die (hier als konstant angesehene) Kurbelzapfengeschwindigkeit in **m** in der Sekunde,

so bestehen zunächst die Beziehungen

$$\left.\begin{aligned} c_m &= \frac{2S \cdot n}{60} = \frac{S \cdot n}{30} \\ v &= \frac{2R\pi \cdot n}{60} = \frac{R\pi \cdot n}{30} \\ v &= \frac{\pi}{2} c_m \text{ und } c_m = \frac{2}{\pi} v \end{aligned}\right\} \quad \ldots\ldots \quad 22$$

Für irgend eine Kurbelstellung, welche aus der zugehörigen Totlage um den Winkel ω gedreht ist, berechnet sich ferner die Kolbengeschwindigkeit

bei **unendlich langer Schubstange**:

$$c = v \cdot \sin \omega \quad \ldots\ldots \quad 23$$

mit $c = 0$ für $\omega = 0^0$ und $\omega = 180^0$, sowie einem grössten Werte $c_{max} = v$ für $\omega = 90^0$;

bei **endlicher Schubstangenlänge L** (angenähert, aber für unsere Fälle hinreichend genau):

$$c = v \cdot \sin \omega \left(1 \pm \frac{R}{L} \cos \omega\right) \quad \ldots \quad 24^{1)}$$

mit $c = 0$ für $\omega = 0^0$ und $\omega = 180^0$, $c = v$ für $\omega = 90^0$, sowie einem grössten Werte

$$c_{max} = v\left(1 + \frac{R^2}{2L^2}\right) \quad \ldots\ldots \quad 25$$

der bei einem Drehwinkel $\cos \omega = \sim \pm \frac{R}{L}$[1], also für $\frac{R}{L} = \frac{1}{5}$ bei $\omega = \sim 78^0 30'$ während des Hinlaufes,

bei $\omega = \sim 101^0 30'$ während des Rücklaufes,

eintritt.

Die Gleichungen 23 bis 25 ergeben sich folgendermassen. Es ist bei einem Drehwinkel ω, einem Kolbenwege x und einer Winkelgeschwindigkeit $w = \frac{v}{R}$

$$c = \frac{dx}{dt} \text{ und } w = \frac{d\omega}{dt},$$

also

$$c = w \frac{dx}{d\omega} = \frac{v}{R} \frac{dx}{d\omega}.$$

Führt man hierin den aus Gleichung 20 bezw. 21 sich ergebenden Wert

$$dx = R \cdot \sin \omega \cdot d\omega$$

bezw.

$$dx = \left(R \cdot \sin \omega \pm \frac{R^2}{2L} 2 \sin \omega \cdot \cos \omega\right) d\omega$$

$$= R \cdot \sin \omega \left(1 \pm \frac{R}{L} \cos \omega\right) d\omega$$

ein, so folgen die Gleichungen 23 und 24.

Den Wert c_{max} in Gleichung 25 findet man, wenn z. B. für den Hingang der aus Gleichung 24 sich ergebende Wert

$$\frac{dc}{d\omega} = \cos \omega + \frac{R}{L} \cos 2\omega = 0$$

oder

$$\cos^2 \omega + \frac{L}{2R} \cos \omega - \frac{1}{2} = 0$$

oder

$$\cos \omega = -\frac{L}{4R} + \sqrt{\frac{L^2}{16R^2} + \frac{1}{2}} = \frac{L}{4R}\left(-1 + \sqrt{1 + 8\frac{R^2}{L^2}}\right)$$

oder genügend genau

$$\cos \omega = \sim \frac{R}{L}$$

gesetzt und in Gleichung 24 eingeführt wird, nämlich

$$c_{max} = v\sqrt{1 - \frac{R^2}{L^2}}\left(1 + \frac{R^2}{L^2}\right) = \sim v\left(1 + \frac{R^2}{2L^2}\right).$$

Fig. 14.

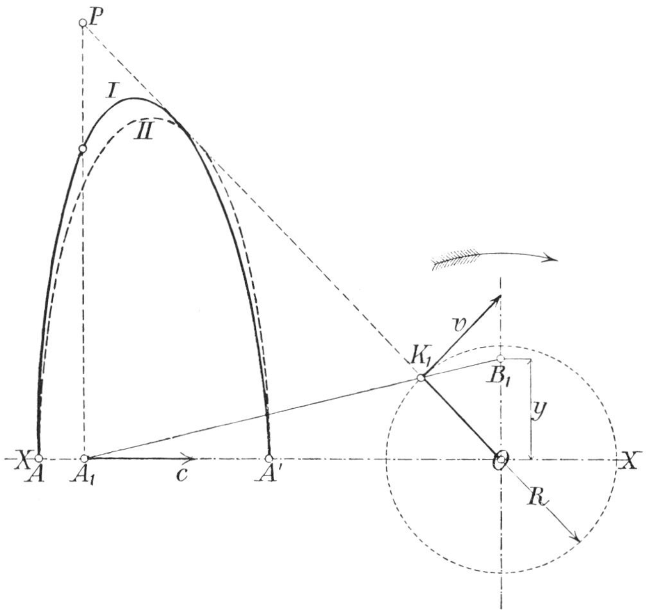

Zu einer einfachen graphischen Darstellung der Kolbengeschwindigkeit gelangt man, wenn man berücksichtigt, dass in Fig. 14 des Textes für irgend eine Kurbellage OK_1 und der zugehörigen Kolbenstellung A_1 der Schnittpunkt P der Verlängerung von OK_1 mit der in A_1 auf X—X errichteten Senkrechten den Pol für die augenblickliche Bewegung der Punkte A_1 und K_1 bildet. Es verhält sich deshalb

$$\frac{c}{v} = \frac{\overline{A_1 P}}{\overline{K_1 P}} = \frac{\overline{OB_1}}{\overline{OK_1}} = \frac{y}{R},$$

woraus dann

$$c = \frac{v}{R} y$$

folgt.

Konstruiert man also für die einzelnen Kolbenstellungen die Strecke y und trägt diese, multipliziert mit dem Werte von $\frac{v}{R}$, in dem betreffenden Massstabe in den einzelnen Kolbenlagen als Ordinaten auf, so erhält man ein Diagramm der Kolbengeschwindigkeit. In Fig. 14 des Textes gilt die Kurve AIA' für ein Verhältnis $\frac{R}{L} = \frac{1}{3}$, diejenige AIIA' für $L = \infty$.

Wählt man den Massstab so, dass $\frac{v}{R} = 1$ wird, so braucht man y nur zu übertragen; für $L = \infty$ wird das Diagramm der Kolbengeschwindigkeit dann der über dem Kolbenhube $\overline{AA}$ als Durchmesser geschlagene Halbkreis.

1) Das +Zeichen gilt für den Hin-, das —Zeichen für den Rücklauf.

§ 9.
Die Kolben-(Kreuzkopf-)Beschleunigung.

Während des ersten Teiles eines einfachen Hubes steigt die Kolben- und Kreuzkopfgeschwindigkeit c, die in den Totlagen Null ist, allmählich bis auf ihren grössten Wert c_{max}, um dann während des zweiten Teiles wieder auf Null herabzusinken. Kolben und Kreuzkopf erfahren also anfangs eine Beschleunigung, später eine Verzögerung, welche beide in der Totlage ihren grössten Wert, in der Lage c_{max} dagegen den Wert Null haben.

Für irgend eine Kurbellage, die gegen die verlassene Totlage unter dem Winkel ω geneigt ist, bestimmt sich die Beschleunigung, die, wenn sie negativ ausfällt, eine Verzögerung bedeutet,

bei **unendlich langer Schubstange** zu

$$\mathbf{p_0} = \frac{\mathbf{v^2}}{\mathbf{R}} \cos \omega \quad \ldots \ldots \quad 26$$

bei **endlicher Schubstangenlänge L** zu

$$\mathbf{p} = \frac{\mathbf{v^2}}{\mathbf{R}} \left(\cos \omega \pm \frac{\mathbf{R}}{\mathbf{L}} \cos 2\,\omega\right) = \mathbf{p_0} \pm \frac{\mathbf{v^2}}{\mathbf{R}} \frac{\mathbf{R}}{\mathbf{L}} \cos 2\,\omega \quad 27$$

wenn **R** wieder der Kurbelradius, **v** die konstante Kurbelzapfengeschwindigkeit (siehe Gleichung 22) ist und das +Zeichen für den Hin-, das —Zeichen für den Rücklauf gilt. Die Gleichung 27 ergiebt

für $\omega = \ 0^0 \ldots \mathbf{p} = \frac{\mathbf{v^2}}{\mathbf{R}} \left(1 + \frac{\mathbf{R}}{\mathbf{L}}\right)$ Beschleunigung 28a

für $\alpha = 180^0 \ldots \mathbf{p} = \frac{\mathbf{v^2}}{\mathbf{R}} \left(-1 + \frac{\mathbf{R}}{\mathbf{L}}\right)$ Beschleunigung

oder $\mathbf{p} = \frac{\mathbf{v^2}}{\mathbf{R}} \left(1 - \frac{\mathbf{R}}{\mathbf{L}}\right)$ Verzögerung . 28b

Ferner ist bei endlicher Schubstangenlänge

für $\omega = \ 90^0$ $(\cos \omega = 0) \ldots$ die Verzögerung gleich $\frac{v^2}{R} \frac{R}{L}$,

für $\omega = \ 45^0$ $(\cos 2\,\omega = 0)$. die Beschleunigung ebenso gross,

für $\omega = 135^0$ $(\cos 2\,\omega = 0) \ldots$ die Verzögerung ebenso gross,

für $\omega = \ 30^0 \left(\cos 2\,\omega = \frac{1}{2}\right)$

die Beschleunigung um $\frac{1}{2} \frac{v^2}{R} \frac{R}{L}$ grösser,

für $\omega = \ 60^0 \left(\cos 2\,\omega = -\frac{1}{2}\right)$

die Beschleunigung um $\frac{1}{2} \frac{v^2}{R} \frac{R}{L}$ kleiner,

für $\omega = 120 \left(\cos 2\,\omega = -\frac{1}{2}\right)$

die Verzögerung um $\frac{1}{2} \frac{v^2}{R} \frac{R}{L}$ grösser,

für $\omega = 150 \left(\cos 2\,\omega = +\frac{1}{2}\right)$

die Verzögerung um $\frac{1}{2} \frac{v^2}{R} \frac{R}{L}$ kleiner

als die Beschleunigung bezw. Verzögerung bei unendlich langer Schubstange für denselben Drehwinkel ω.

Die Gleichung 26 bezw. 27 ergiebt sich, wenn man aus Gleichung 23

$$p_0 = \frac{d\,c}{d\,t} = v \cdot \cos \omega \frac{d\,\omega}{d\,t},$$

oder mit

$$\frac{d\,\omega}{d\,t} = w = \frac{v}{R},$$

$$p_0 = \frac{v^2}{R} \cos \omega$$

bildet, bezw. aus Gleichung 24

$$p = \frac{d\,c}{d\,t} = v \left(\cos \omega \pm \frac{R}{L} \cos 2\,\omega\right) \frac{d\,\omega}{d\,t}$$

$$= \frac{v^2}{R} \left(\cos \omega \pm \frac{R}{L} \cos 2\,\omega\right)$$

herstellt.

Fig. 15.

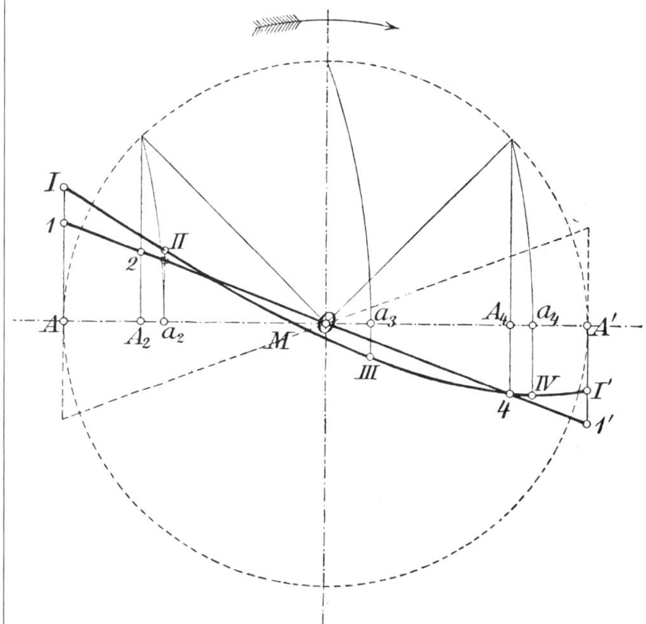

Die graphische Darstellung der Beschleunigungen während eines einfachen Hubes ergiebt bei unendlich langer Schubstange die gerade Linie 1 O 1' in Fig. 15 des Textes für den Hinlauf.

Diese Linie schneidet die Hublinie $\overline{A\,A'}$ im Mittelpunkte O und hat in der einen Totlage die in dem betreffenden Massstabe nach oben aufgetragene Beschleunigung $\frac{v^2}{R} = \overline{A\,1}$, in der anderen Totlage die ebenso grosse, aber nach unten aufgetragene Verzögerung $\frac{v^2}{R} = \overline{A'\,1'}$ als Ordinaten.

Für den Rücklauf liegt die Beschleunigungskurve, wie punktiert angedeutet, gerade entgegengesetzt zur Hublinie.

Bei endlicher Schubstangenlänge bildet die Beschleunigungskurve die gekrümmte Linie I M I' in Fig. 15 des Textes für den Hinlauf. Man verzeichnet diese Linie am einfachsten mit Hilfe der Geraden 1 O 1' und des Wertes

$$z = \frac{v^2}{R} \frac{R}{L},$$

indem man einige Punkte der Kurve bestimmt.[1]) In Fig. 15 des Textes sind die vier Punkte I, II, III, IV, I' für die Drehwinkel $\omega = 0^0$, 45^0, 90^0, 135^0, 180^0 bestimmt.

1) Siehe „Radinger, Dampfmaschinen mit hoher Kolbengeschwindigkeit", Verlag von Carl Gerold's Sohn in Wien.

Man findet diese Punkte, wenn man die Gleichungen 26 bis 28, sowie das über die Grösse der Beschleunigung bei $\omega = 90^0$, 45^0 und 135^0 auf Seite 19 Angegebene berücksichtigt,

Fig. 16.

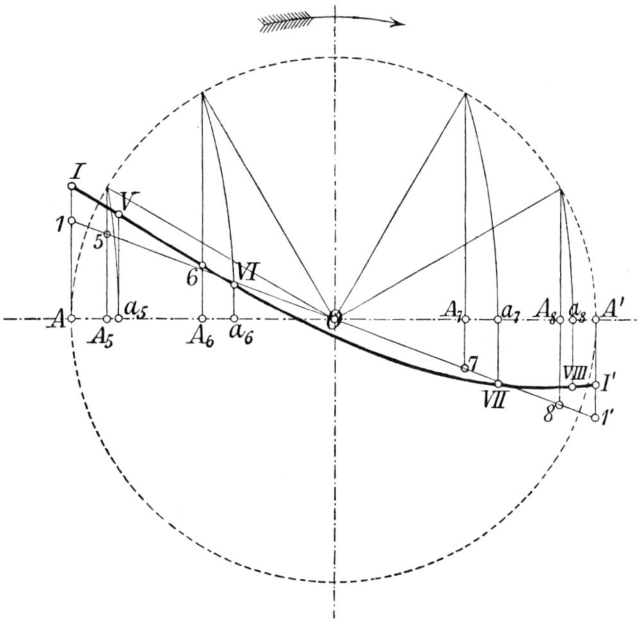

also indem man sich zunächst in dem gewählten Massstabe die Werte $\frac{v^2}{R} = \overline{A\,I} = \overline{A'\,I'}$ für die Gerade 1 O 1' aufträgt, dann für denselben Massstab den obigen Wert z berechnet und schliesslich macht:

bei $\omega = 0^0$ . . . . . $\overline{A\,I} = \overline{A\,1} + z$,

bei $\omega = 45^0$ . . . . $\overline{a_2\,II} = \overline{A_2\,2}$,

bei $\omega = 90^0$ . . . . $\overline{a_3\,III} = z$,

bei $\omega = 135^0$. . . . $\overline{a_4\,IV} = \overline{A_4\,4}$,

bei $\omega = 180^0$. . . . $\overline{A'\,I'} = \overline{A'\,1'} - z$.

Will man weitere Punkte der Kurve festlegen, so kann man die in Fig. 16 des Textes angegebenen Punkte V, VI, VII, VIII für die Drehwinkel $\omega = 30^0$, 60^0, 120^0, 150^0 aufsuchen.

Diese Punkte findet man ebenfalls, wenn man das auf Seite 19 Gesagte, um wieviel nämlich bei den angegebenen Drehwinkeln die Beschleunigung bezw. Verzögerung bei endlicher Schubstangenlänge grösser oder kleiner als bei unendlich langer ist, berücksichtigt, also macht:

bei $\omega = 30^0$ . . . . . $\overline{a_5\,V} = \overline{A_5\,5} + \frac{1}{2}\,z$,

bei $\omega = 60^0$ . . . . . $\overline{a_6\,VI} = \overline{A_6\,6} - \frac{1}{2}\,z$,

bei $\omega = 120^0$ . . . . $\overline{a_7\,VII} = \overline{A_7\,7} + \frac{1}{2}\,z$,

bei $\omega = 150^0$ . . . . $\overline{a_8\,VIII} = \overline{A_8\,8} - \frac{1}{2}\,z$.

Die Beschleunigungskurve für endliche Schubstangenlänge schneidet die Hublinie bei einem Drehwinkel ω, für den die Kolbengeschwindigkeit gleich c_{max} ist. Auf Seite 18 wurde dieser Winkel bei einem Verhältnis $\frac{R}{L} = \frac{1}{5}$

zu $\omega = \sim\ 78^0 30'$ für den Hinlauf und

zu $\omega = \sim\ 101^0 30'$ für den Rücklauf

berechnet.

III. ABSCHNITT.

Dampf- und Druckverteilung, Arbeitsverhältnisse, Dampfverbrauch und Wirkungsgrad der Dampfmaschinen. Die Kondensation.

§ 10.

Die Dampfverteilung und das Indikator-Diagramm der Eincylindermaschinen.

In der Eincylindermaschine geht während einer ganzen Umdrehung die **Dampfverteilung** auf einer und derselben Kolbenseite in der folgenden Weise vor sich.

In der Totlage ist der Einlasskanal für die hintere Kolbenseite schon zum Teil geöffnet, und dieser Kanal lässt während des Dampfeintrittes so lange frischen Dampf hinter den Kolben treten, bis dass der letztere einen Teil seines einfachen Hubes zurückgelegt hat. Der nach dem Schluss des Kanales im Cylinder befindliche Dampf wirkt dann auf dem grössten Teile des bis zur anderen Totlage noch verbleibenden Kolbenweges während der Expansionsperiode durch seine Expansivkraft weiter treibend auf den Kolben, wobei die Spannung des Dampfes ab-, das Volumen desselben zunimmt. Noch ehe aber der Kolben die andere Totlage erreicht hat, öffnet sich auf der hinteren Kolbenseite der Auslasskanal für den sogenannten Dampfvoraustritt, der bis zur Totlage andauert und einen allmählichen Ausgleich zwischen der Expansionsendspannung und der Spannung im Auslasskanale herbeiführt. Nun beginnt die Rückkehr des Kolbens. Während des grössten Teiles derselben findet der eigentliche Dampfaustritt statt, wobei der Dampf vor dem Kolben durch den noch immer offenen Auslasskanal ins Freie oder in den Kondensator tritt. Nach Schluss des Kanales wird der noch im Cylinder befindliche Dampf einer Kompression unterzogen, bei der sein Volumen verringert, seine Spannung erhöht wird. Ehe aber der Kolben in die ursprüngliche Totlage zurückgelangt ist, öffnet sich schon wieder der Einlasskanal für den Dampfvoreintritt, der frischen Dampf bis zur Totlage eintreten lässt und also dafür sorgt, dass in der letzteren, wo die angegebene Dampfverteilung von neuem beginnt, der volle Druck des frischen Dampfes hinter dem Kolben herrscht.

Für eine und dieselbe Kolbenseite ergeben sich also während einer ganzen Umdrehung der Kurbelwelle oder während eines Doppelhubes des Kolbens die folgenden Dampfverteilungsperioden.

Hinter dem Kolben, von der einen zur anderen Totlage:

1. Dampfeintritt, Admission oder Volldruck,
2. Expansion,
3. Dampfvoraustritt oder Nachwirkung.

Vor dem Kolben, von der anderen Totlage zurück in die ursprüngliche:

4. Dampfaustritt oder Emission,
5. Kompression,
6. Dampfvoreintritt oder Gegendampf.

Diese beiden Gruppen der Dampfverteilungsperioden finden in der angegebenen Reihenfolge natürlich auf beiden Seiten des Kolbens während einer halben Umdrehung oder eines einfachen Hubes gleichzeitig statt, so dass also auf der einen, hinteren Kolbenseite die Perioden 1 bis 3, auf der anderen, vorderen zu derselben Zeit die Perioden 4 bis 6 vor sich gehen.

Die in einer Maschine stattfindende Dampfverteilung lässt sich besonders leicht und deutlich an der Hand eines **Indikator-Diagramms** verfolgen. Dasselbe wird von einem Instrumente, dem Indikator, selbstthätig verzeichnet und bildet die graphische Darstellung der Zustandsänderungen, denen der hinter den Kolben tretende frische Dampf während einer vollen Umdrehung der Maschine unterzogen wird. In seiner einfachsten Gestalt hat der Indikator, auf dessen vollkommenere Ausbildung wir am Ende dieses Abschnittes zurückkommen, die folgende Einrichtung.

In einem kleinen Metallcylinder z (Fig. 17 des Textes) ist ein Kolben vollkommen dicht eingeschliffen. Derselbe hat über sich eine Spiralfeder f, die oben am Deckel des Cylinders befestigt ist und eine Kolbenstange durchtreten lässt. Letztere ist ausserhalb des Cylinders nochmals geführt und hier mit einem Schreibstift s versehen. Der Raum unter dem Kolben des Indikators, der mit einem Dreiwegehahn h auf dem einen von zwei durchlochten Putzen I und II des Dampfcylinders befestigt wird, kann je nach der Stellung des Hahnkükens mit der äusseren Atmosphäre oder mit der betreffenden Kolbenseite des Dampfcylinders in Verbindung gesetzt werden. Der unter dem Indikatorkolben herrschende Druck sucht dann den Schreibstift s zu heben und die Spiralfeder f zusammenzudrücken. Da aber die hierbei sich ergebenden Verkürzungen der Feder stets in demselben Verhältnis zu der jeweiligen Belastung der letzteren stehen, so werden auch die Erhebungen des Schreibstiftes über diejenige Lage, welche er bei Null Pressung unter dem Indikatorkolben einnimmt, stets dem jeweiligen Drucke daselbst proportional sein. Drückt sich z. B. die Spiralfeder bei einer Pressung von 1 kg auf 1 qcm des Indikatorkolbens um 10 mm in ihrer Längsrichtung zusammen, so wird bei einer Spannung von 4 kg auf 1 qcm im unteren Raume des Indikators sich der Schreibstift um 40 mm höher stellen, als wenn unter dem Kolben ein absolutes Vakuum mit Null kg Pressung herrschen würde, und um 30 mm höher, als wenn hier die äussere Atmosphäre mit rund 1 kg auf 1 qcm drückt.

Der Schreibstift s berührt schliesslich das glatt gespannte Papier einer Tafel T, die beim Gange der Maschine durch deren Kolben und durch ein Gewicht g auf eine aus der Figur ersichtliche Weise in einer Führung hin- und hergeschoben wird. Solange die Pressung unter dem Indikatorkolben konstant ist, wird offenbar der Schreibstift auf dem Papier der Tafel eine gerade Linie ziehen. Ist die Pressung dagegen veränderlich, so beschreibt der Stift eine krumme Linie, welche die Änderung des Druckes unter dem Indikatorkolben und, wenn der Raum daselbst mit der einen Kolbenseite des Dampfcylinders in Verbindung steht, auch die Änderungen der Dampfspannung hier während des Ganges der Maschine ersehen lässt. Verfolgen wir das Spiel des Schreibstiftes, so erkennen wir das Nachstehende.

Lässt man zunächst während des Ganges der Maschine die äussere Luft durch den Dreiwegehahn unter den Indikatorkolben treten, so beschreibt der Stift eine gerade Linie 1—1 (Fig. 17 des Textes), welche man die atmosphärische Linie nennt. Parallel zu dieser und in einem Abstande, welcher der Verkürzung der Feder bei 1 kg Belastung anf 1 qcm der Kolbenfläche entspricht, wird die sogenannte Nulllinie 0—0 verlaufen, welche nachträglich von Hand gezogen werden kann. Setzt man weiter den unteren Raum des Indikators mit der einen Kolbenseite des Dampfcylinders in Verbindung, so wird offenbar der Schreibstift während eines Doppelhubes der Maschine eine krummlinige Figur I II III IV V VI I beschreiben, welche das Indikator-Diagramm dieser Kolbenseite bildet und die Dampfverteilungsperioden wie folgt erkennen lässt.

Fig. 17.

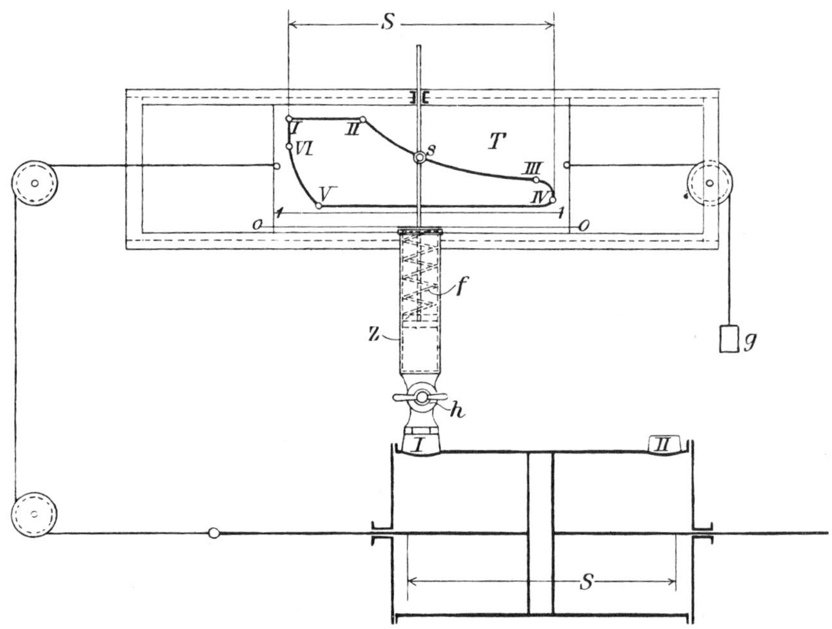

Befindet sich der Dampfkolben in der linken Totlage, so herrscht, wie zu Anfang dieses Paragraphen angegeben, hinter ihm und also auch unter dem Indikatorkolben die Spannung des frischen Dampfes; der Schreibstift wird sich also der Grösse dieser Spannung und dem Massstabe der Feder entsprechend über die atmosphärische oder Nulllinie erheben, also z. B. in I stehen. Geht dann der Dampfkolben aus seiner Totlage nach rechts, so wird der Schreibstift, so lange die Spannung konstant bleibt, was annähernd während des Dampfeintrittes der Fall ist, auf dem Papiere der sich nun nach links bewegenden Tafel eine gerade oder wenig von dieser abweichende Linie I II beschreiben. Hört aber bei Beginn der Expansion der Dampfeintritt auf, so wird der Stift auf dem weiter nach links gehenden Papier eine abfallende Linie II III verzeichnen, da ja während der Expansion die Spannung des Dampfes im Cylinder und also auch die Pressung unter dem Indikatorkolben abnimmt. Im Punkte III beginnt der Dampfvoraustritt, der bis zur anderen Totlage des Dampfkolbens dauert und sich gemäss dem vollständigen oder teilweisen Übergange der Espansionsendspannung in die Spannung der Austrittsleitung durch die Kurve III IV darstellt.

Bei der Rückkehr des Dampfkolbens aus seiner rechten Totlage nach links geht das Papier der Tafel nach rechts. Der Stift beschreibt zunächst die Dampfaustrittslinie IV V, die wegen der für gewöhnlich wenig oder gar nicht veränderlichen Spannung in der Auslassleitung eine gerade Linie bildet, die parallel zur atmosphärischen Linie verläuft und bei Auspuffmaschinen über, bei Kondensationsmaschinen unter dieser liegt. Es stellt ferner V VI die nach Schluss des Auslasskanales jetzt vom Schreibstift aufgetragene Kompressionslinie dar. Dieselbe muss schräg ansteigen, da während dieser Periode das Papier sich entsprechend dem nach links gehenden Dampfkolben weiter nach rechts bewegt und die Dampfspannung vor dem letzteren wächst. Kurz vor der linken Totlage wird schliesslich der Einlasskanal für den Dampfvoreintritt geöffnet, und steigt gemäss der zunehmenden Grösse des Einlassquerschnittes für den frischen Dampf der Stift auf der Linie VI I allmälig empor, bis er in der Totlage selbst wieder in die anfängliche Lage zurückgekehrt ist.

Das Indikator-Diagramm einer Maschine weicht für gewöhnlich in seiner Form mehr oder weniger von dem in Fig. 17 des Textes angedeuteten ab. Soweit diese Abweichungen in dem durch die Verhältnisse bedingten Verlauf und namentlich in dem Schluss der einzelnen Perioden begründet sind, werden dieselben nachstehend erörtert, soweit diese Abweichungen aber Folge einer mangelhaften oder falschen Dampfverteilung sind, gelangen dieselben am Ende dieses Abschnittes zur Besprechung.

Der Inhalt des Indikator-Diagrammes ist natürlich der Arbeit proportional, welche von dem Dampfe auf der einen Kolbenseite während einer vollen Umdrehung der Maschine geleistet wird. Wie diese Arbeit zu berechnen ist, soll im nächsten Abschnitte gezeigt werden.

Über den **Zweck** und den **Verlauf der einzelnen Dampfverteilungsperioden** ist zu bemerken:

Während der **Dampfeintrittsperiode** soll der frische Dampf aus dem Schieber- oder Ventilkasten durch die geöffneten Steuerungsorgane und durch die Dampfkanäle hinter den Kolben treten und den während dieser Periode vom Kolben durchlaufenen Raum anfüllen. Das soll ohne Spannungsabfall und mit möglichst geringen Dampfverlusten geschehen.

Eine Drosselung und damit verbundene Spannnungsabnahme des einströmenden Dampfes wird eintreten, wenn der letztere mit dem in ihm enthaltenen Wasser infolge zu geringer Eröffnung der Steuerungsorgane oder zu kleiner Querschnitte in den Dampfkanälen eine sehr grosse Geschwindigkeit annehmen muss, um dem vorwärtseilenden Kolben folgen zu können, und deshalb beträchtliche Widerstände durch Reibung, Wirbelbildung u. s. w. auf seinem Wege findet. Während sich nun, wie wir im V. Abschnitte sehen werden, der Querschnitt der Dampfkanäle stets leicht hinreichend gross herstellen lässt, auch während des grössten Teiles des Dampfeintrittes eine genügende Eröffnung der Steuerungsorgane wohl zu erzielen ist, also ein Spannungsabfall hier vermieden werden kann, ist das gegen Ende der Dampfeinströmung, wo sich ja die Durchgangsöffnung in der Steuerung schliessen muss, natürlich nicht möglich. Die deshalb hier für gewöhnlich stattfindende Drosselung und Spannungsabnahme des Dampfes und der dadurch entstehende Arbeitsverlust wird um so bedeutender ausfallen, je langsamer sich der Einlasskanal schliesst, je schleichender, wie man sagt, der Schluss der Steuerungsorgane erfolgt, und je grösser die Kolbengeschwindigkeit während des Kanalschlusses ist, und umgekehrt. Bei Füllungen unter 0,5 geht ausserdem der Kanalschluss gerade bei der während der Einströmung grössten Kolbengeschwindigkeit vor sich; während der eintretende Dampf also hier gerade die volle Eröffnung der Steuerungsorgane verlangt um dem Kolben unbehindert und ungeschwächt folgen zu können, wird thatsächlich die Durchgangsöffnung in den Einlassorganen immer kleiner. Die Spannungsabnahme während des Kanalschlusses zeigt sich im Indikator-Diagramm in der Weise, dass die Einlasslinie a b c (Fig. 19 des Textes auf Seite 25), welche horizontal verläuft, so lange keine Drosselung auftritt, gegen Ende der Einströmungsperiode abfällt. Dieser Abfall erfolgt aber, da sich bei eintretender Drosselung und Spannungsabnahme sofort auch eine Expansion des schon im Cylinder befindlichen Dampfes bemerkbar macht, nicht in gerader, schräger Linie, sondern in einem Bogen b c, der die Eintrittslinie allmählich in die Expansionslinie überführt. Der Bogen fällt um so grösser aus, je schleichender, und um so kleiner, je plötzlicher der Kanalschluss durch die Steuerung erfolgt. Um also eine Drosselung und den durch sie bedingten Spannungsabfall des einströmenden Dampfes möglichst zu vermeiden, wird man für genügend weite Dampfkanäle, für hinreichende Eröffnung derselben durch die Steuerungsorgane, sowie für einen möglichst schnellen Schluss der letzteren zu sorgen haben.

Ein nicht horizontaler Verlauf der Einströmungslinie a b im Indikator-Diagramm braucht aber[1]) nicht immer ein Zeichen von Drosselung zu sein. Bei schnelllaufenden Maschinen mit hoher Kompression findet man häufig, dass die Admissionslinie schräg abfällt, ungefähr wie die punktierte Linie a b_1 in Fig. 19 des Textes auf Seite 25 andeutet. Es rührt dies keineswegs von einer Drosselung, sondern von der Expansion des Dampfes während der Einströmung her und ist durchaus nicht nachteilig. Infolge der hohen Spannung des Dampfes vor dem Kolben zu Ende der Kompression kann nämlich während der Dampfvoreintrittsperiode kein Dampf in den Cylinder treten; bei Beginn des neuen Hubes und des eigentlichen Dampfeintrittes befindet sich also der Dampf noch in Ruhe. Der letztere bedarf aber jetzt, um dem voraneilenden Kolben folgen zu können, einer gewissen Beschleunigung, und diese äussert sich in einer Expansion des Dampfes und einem allmählichen Abfall der Admissionslinie. Bei kleiner Kom-

1) Siehe „Gerdau, Die Dampfmaschinen für den Dynamobetrieb“, Zeitschrift deutscher Ingenieure, 1892.

pression fällt in einem solchen Falle die Einströmungslinie horizontal aus, weil der Dampf schon während der Voreinströmung in den Cylinder treten konnte, sich also bei der Totlage des Kolbens schon in Bewegung befand.

Dampfverluste entstehen, wenn man von den durch Wärmeausstrahlung des Cylinders hervorgerufenen absieht, hauptsächlich durch die sogenannte Eintrittskondensation und durch Undichtheiten des Kolbens, der Stopfbuchsen und Abschlussorgane. Die Eintrittskondensation, welche den weitaus grössten Teil der Dampfverluste einer Maschine bewirkt, hat zunächst in dem Folgenden ihren Grund. Zu Beginn des Dampfeintrittes besitzen die Wandungen des Cylinders, Kolbens u. s. w., soweit solche in Frage kommen und wenn sie nicht von aussen geheizt werden, eine bedeutend niedrigere Temperatur als der frische Dampf. Diese Wandungen standen nämlich während des vorigen Hubes mit dem ausströmenden Dampfe in Berührung, der eine viel niedrigere Spannung und Temperatur als der frische hat und, wie später gezeigt wird, während dieser Zeit sogar den erwähnten Wandungen Wärme entzieht. Infolge dessen wird sich namentlich zu Beginn des Dampfeintrittes eine gewisse Dampfmenge an diesen Wandungen in Form von Nebel oder Tau niederschlagen und hier verbleiben. Die niedergeschlagene Dampfmenge muss natürlich durch anderen Dampf ersetzt werden und führt so zu Dampfverlusten.

Die Eintrittskondensation und der durch sie bewirkte Dampfverlust, auch Abkühlungsverlust genannt, wird unter sonst gleichen Verhältnissen um so grösser sein, je stärker zunächst die in Frage kommenden Wandungen durch den ausströmenden Dampf abgekühlt werden und mit je höherer Temperatur der frische Dampf eintritt, je grösser also das sogenannte Temperaturgefälle der Maschine, das ist die Differenz der Temperaturen des ein- und ausströmenden Dampfes, wird. Der Niederschlag ist z. B. bei derselben Admissionsspannung in einer Kondensationsmaschine grösser als in einer Auspuffmaschine und steigt in jedem Falle mit der Höhe der Admissionsspannung. Grosse Temperaturgefälle in einem und demselben Cylinder sind also hinsichtlich des Dampfverbrauches unvorteilhaft. Die Eintrittskondensation wächst ferner mit der Grösse der Abkühlflächen. Von diesen scheinen, wie viele Versuche ergeben haben, namentlich die Flächen des schädlichen Raumes von bedeutendem Einfluss auf den vorliegenden Dampfverlust zu sein, und man wird also diese Flächen durch kurze (aber genügend weite) Dampfkanäle, durch geringes Spiel zwischen Cylinderdeckel und Kolben in dessen Totlage, durch Wahl eines langen Hubes bei kleinem Durchmesser (Umfang) des Cylinders möglichst zu beschränken suchen. Auch befördert der Feuchtigkeitsgehalt des frischen Dampfes die Eintrittskondensation, indem durch das sich ebenfalls zum Teil an den Wandungen des Cylinders niederschlagende Wasser des Dampfes die Kondensationsfähigkeit dieser Wandungen erhöht wird. Die Verwendung eines möglichst trockenen Dampfes zum Betriebe der Maschinen ist also in dieser Hinsicht ebenfalls geboten.

Unter Umständen kann deshalb bei Verwendung eines feuchten Dampfes eine mässige Drosselung des letzteren, die aber am Absperrventile der Maschine, nicht in der Steuerung stattzufinden hat, von Vorteil sein. Durch die Drosselung wird nämlich der Eintrittsdampf getrocknet, also eine Verminderung der Eintrittskondensation erzielt. Die hiermit verbundene Abnahme des Dampfverlustes dürfte in den meisten Fällen nicht nur die geringen Mehrkosten, welche durch Erzeugung eines um den Betrag der Drosselung höheren Dampfdruckes entstehen, vollständig aufwiegen, sondern noch mit Gewinn verbunden sein.

Schliesslich steigt die Eintrittskondensation mit der Menge des bei Beginn des Dampfeintrittes schon im Cylinder befindlichen Kondenswassers, da dieses von niedrigerer Temperatur als der frische Dampf ist und zu seiner Erhitzung einer gewissen Wärmemenge bedarf, die dem Dampfe entzogen wird und deshalb wiederum zu einer teilweisen Kondensation des letzteren führt. Für schnelle Abführung des Kondenswassers und möglichste Verhütung der Bildung desselben ist also Sorge zu tragen. Dagegen zeigt sich die Eintrittskondensation um so geringer, je grösser die Umdrehungszahl der Maschine ist, wahrscheinlich weil der diese Kondensation bewirkende Wärmeaustausch zwischen Dampf- und Cylinderwandung um so mangelhafter vor sich geht, je weniger Zeit für ihn verbleibt, je mehr Hübe also die Maschine in der Minute macht. Grosse Tourenzahlen sind also für den Dampfverbrauch vorteilhaft.

Heizt man die Dampfcylinder, indem man sie in einem Mantel mit Dampf von zweckmässiger Temperatur umgiebt, so lässt sich in den meisten Fällen eine ziemliche Verminderung der Eintrittskondensation und des Dampfverlustes durch Abkühlung gegenüber ungeheizten Cylindern nachweisen. Die Wirkungsweise der Dampfmäntel und der Einfluss derselben auf den Dampfverbrauch ist in § 14 einer näheren Besprechung unterzogen. Das beste Mittel, das Niederschlagen des eintretenden Dampfes an den Cylinderwandungen zu beschränken bezw. ganz zu verhüten, dürfte aber wohl eine hinreichende Überhitzung des frischen Dampfes bieten, da bei einer solchen der eintretende Dampf sich erst dann kondensiert, wenn er bis auf seinen Sättigungszustand abgekühlt wird. Früher gestattete man mit Rücksicht auf die Erhaltung der arbeitenden Cylinder- und Steuerungsteile nur eine mässige Überhitzung, da bei zu hohen Temperaturen die aus Tier- oder Pflanzenstoffen hergestellten Schmiermitttel sich zersetzten und die Packungen verbrannten. Durch die Anwendung der Mineralöle und der Metallpackungen ist diesem Übelstande wohl in der Hauptsache begegnet, und thatsächlich kommen in neuerer Zeit auch höhere Überhitzungstemperaturen zur Anwendung. Die zur Überhitzung des Dampfes aufzuwendende Wärmemenge dürfte bei manchen Kesselanlagen ohne weitere Kosten zur Verfügung stehen.

Von den durch Undichtheiten veranlassten Dampfverlusten, die man auch wohl als Lässigkeitsverluste bezeichnet, können während des Dampfeintrittes wohl nur diejenigen des Kolbens in Frage kommen. Sie hängen unter sonst gleichen Verhältnissen ausser von der Güte der Ausführung der Maschine noch von der Differenz der Dampfspannungen auf beiden Seiten des Kolbens, die während der Dampfeinströmung am grössten ist, sowie von dem Cylinderumfange bezw. von der Grösse der Cylinderbohrung ab. Es dürfte also mit Rücksicht auf diese Dampfverluste, die bei gut ausgeführten und gut im Stande gehaltenen Maschinen bedeutend kleiner als die früher erwähnten Abkühlungsverluste sind, ebenfalls geboten sein, grosse Druck- und Temperaturgefälle in einem und demselben Cylinder zu vermeiden, sowie das Verhältnis von Kolbenhub zu -durchmesser gross zu nehmen.

Die Dauer der Dampfeintrittsperiode, also die Grösse der Füllung, wird man bei einer neuen Maschine vorteilhaft so bemessen, dass bei der am meisten vorkommenden, normalen Leistung der letzteren die Betriebskosten, einschliesslich der Verzinsung und Amortisation der Maschinen-Herstellungskosten, möglichst gering ausfallen. Über diese beste normale Füllung, wie sie Hrabák[1]) bezeichnet, siehe § 15.

Die Eintrittskondensation des frischen Dampfes erstreckt sich bei Maschinen mit ungeheiztem Cylinder noch auf den ersten Teil der **Expansionsperiode,** wenn auch das Niederschlagen des frischen Dampfes hier, wie viele Versuche ergaben, nicht mehr so energisch vor sich geht wie zu Beginn des Hubes. Infolge dessen zeigen die Indikator-Diagramme solcher Maschinen ohne Dampfmantel meistens eine Expansionskurve, die zu Anfang unterhalb der Adiabate liegt, wie sie die

Fig. 18.

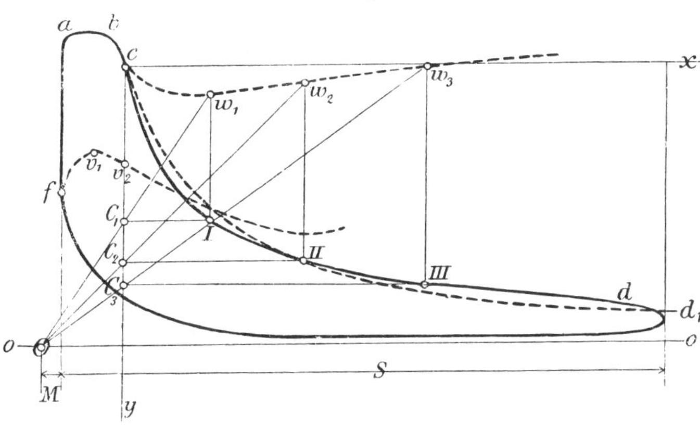

Gleichung 18 für eine Expansion des Wasserdampfes in wärmedichten Gefässen ergiebt. Es ist dies z. B. aus dem Diagramm in Fig. 18 des Textes, welches einer liegenden Maschine mit ungeheiztem Cylinder entnommen wurde, zu ersehen. c d ist die wirkliche Expansionslinie, während c d_1 eine nach Gleichung 18 für $n = 1{,}125$ ($x = 0{,}9$, 10 % Feuchtigkeit des Dampfes vorausgesetzt) eingetragene Adiabate darstellt. Die Wärme, welche dem expandierenden Dampfe bei der erwähnten Kondensation durch die Cylinderwand entzogen wird, bewirkt also, dass die Dampfspannung schneller sinkt, als wenn die Expansion ohne Wärmeabfuhr in einem wärmedichten Gefässe vor sich geht.

Mit der voranschreitenden Expansion sinkt aber die Spannung und Temperatur des Dampfes im Cylinder. Sobald nun diese Temperatur kleiner als diejenige der während der vorhergehenden Eintrittskondensation erwärmten Cylinderwand geworden ist, beginnt ein neuer Wärmeaustausch zwischen dieser letzteren und dem Cylinderinhalte. Jetzt giebt nämlich die wärmere Cylinderwand wieder Wärme an das auf ihr haftende, während der Expansion kälter gewordene Niederschlagwasser zurück und bewirkt dadurch ein teilweises Wiederverdampfen desselben, ein Vorgang, den man als Nachdampfen bezeichnet. Dasselbe wird um so später beginnen, je stärker die Cylinderwand während des Dampfaustrittes abgekühlt wird, fängt also z. B. bei Kondensationsmaschinen ohne Dampfmantel häufig erst mit der Dampfausströmung an. Entfällt das Nachdampfen noch auf die Expansionsperiode, so wird sich das im Indikator-Diagramme dadurch bemerkbar machen, dass die Expansionslinie die Adiabate übersteigt, wie es z. B. bei dem Diagramme in Fig. 18 des Textes der Fall ist. Hier findet demnach, weil der Inhalt des Diagrammes infolge des Nachdampfens grösser geworden ist als ohne dasselbe, ein teilweiser Wiedergewinn der Arbeit statt, welche während der Eintrittskondensation durch Wärmeabgabe des Dampfes an die Cylinderwand verloren ging.

Bei Maschinen mit geheiztem Cylinder verläuft

Fig. 19.

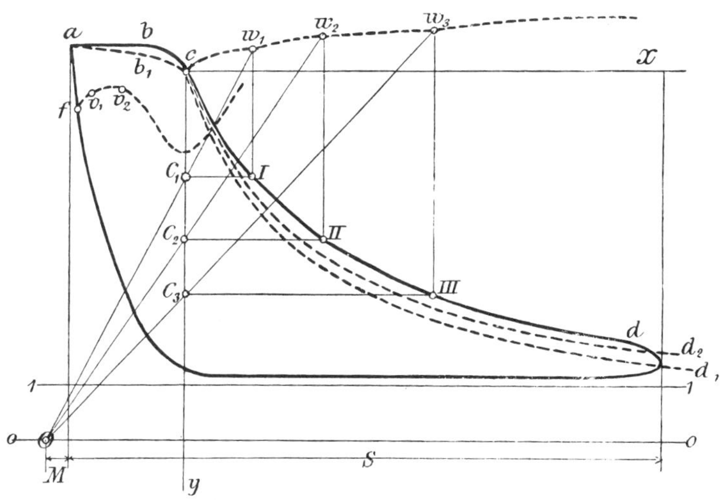

die Expansionslinie schon von Beginn der Expansion an oberhalb der Adiabate und fällt entweder ziemlich vollständig mit der Isotherme oder gleichseitigen Hyperbel des Mariotteschen Gesetzes zusammen, oder sie übersteigt diese sogar. Wegen der höheren Temperatur, welche die Cylinderwand bei diesen Maschinen infolge der äusseren Heizung besitzt, fällt ja für gewöhnlich die

1) Hilfsbuch für Dampfmaschinen-Techniker von Josef Hrabák, Verlag von Julius Springer, Berlin.

Eintrittskondensation geringer aus und ist schon zu Beginn der Expansion beendet, giebt aber auch die Cylinderwand von Anfang dieser Periode an Wärme an das im Cylinder befindliche Wasser ab und bringt dieses teilweise zum Verdampfen. Dieser frühe Beginn des Nachdampfens lässt dann die Spannung des Dampfes auch während des ersten Teiles der Expansionsperiode höher steigen, als es die Adiabate verlangt, und zwar um so mehr, je grösser die an der Cylinderwand befindliche Wassermenge ist, gleichgiltig ob dieses Wasser von der Eintrittskondensation herrührt oder schon im Cylinder befindliches Kondenswasser ist. Ausser durch das Nachdampfen kann aber die Dampfspannung während der Expansionsperiode noch durch Undichtheiten der Einlassorgane, welche dann auch während dieser Periode frischen Dampf hinter den Kolben lassen, gesteigert und höher als sonst gelegt werden. In Fig. 19 des Textes ist c d der wirkliche Verlauf der Expansionslinie einer mit Dampfmantel versehenen Maschine, $c\,d_1$ die nach Gleichung 18 mit $n = 1{,}125$ ($x = 0{,}9$, 10 % Feuchtigkeit des Dampfes vorausgesetzt) verlaufende Adiabate des Wasserdampfes, und schliesslich $c\,d_2$ die nach Gleichung 18 mit $n = 1$ eingetragene Mariottesche Hyperbel. Die wirkliche Expansionskurve übersteigt also hier sogar die Hyperbel, was nur die Folge eines starken Nachdampfens oder einer Undichtheit der Einlassorgane sein kann.

Um in dem einer Maschine entnommenen Indikator-Diagramm den Verlauf der wirklichen Expansionslinie mit dem der Mariotteschen Hyperbel vergleichen zu können, braucht man die letztere nicht zu konstruieren, sondern kann sich eines Verfahrens bedienen, das Professor Doerfel aufgestellt hat und in Fig. 18 und 19 auf Seite 25 des Textes angegeben ist.

Zieht man durch die Punkte I, II, III .... der Expansionslinie c d Horizontalen und durch die Schnittpunkte $C_1, C_2, C_3 \ldots$ derselben mit einer durch den Anfangspunkt c der Expansion gezogenen Vertikalen $\overline{cy}$ Strahlen $\overline{OC_1}, \overline{OC_2}, \overline{OC_3} \ldots$, so bestimmen diese letzteren auf den durch die Punkte I, bezw. II, III ... gezogenen Vertikalen eine Kurve $c\,w_1\,w_2\,w_3 \ldots$, welche Doerfel die Charakteristik nennt. Fällt die Expansionslinie mit der Hyperbel zusammen, so ist die Charakteristik die durch c gehende Horizontale $\overline{cx}$, da die vorstehend gegebene Konstruktion der letzteren ja weiter nichts als eine Umkehrung der auf Seite 7 und 8 erklärten Konstruktion der Hyperbel ist. Fällt dagegen die Charakteristik nicht mit der durch den Anfangspunkt c der Expansion gezogenen Horizontalen $\overline{cx}$ zusammen, so verläuft, wie dies ja auch in den angeführten Figuren der Fall ist, die wirkliche Expansionslinie anders als die Hyperbel, und aus dem Vergleiche der Charakteristik mit der durch ihren Anfangspunkt gezogenen Horizontalen kann man Schlüsse auf den Verlauf der Expansion ziehen. Das Verfahren bietet den Vorteil, dass das eigentliche Diagramm bei der Konstruktion der Charakteristik ziemlich unberührt bleibt.

Da ferner gemäss den Gleichungen 9, 11 und 18 die Mariottesche Hyperbel eine Adiabate mit dem Exponenten $n = 1$ ist, so erkennt man, dass für jeden von n abweichenden Wert die Charakteristik nicht horizontal verläuft. Für n kleiner als 1 steigt die Charakteristik, d. h. während der Expansion tritt Nachdampfen im Cylinder ein, oder es sind Undichtheiten in den Einlassorganen vorhanden, für n grösser als 1 dagegen sinkt die Charakteristik, d. h. im Cylinder kommen Dampfverluste durch Eintrittskondensation oder Undichtheiten vor. Nur wenn die Charakteristik sich der Horizontalen möglichst nähert, kann auf einen normalen Verlauf der Expansion in einer mit Dampfmantel versehenen Maschine geschlossen werden.

Über den Verlauf, den die Expansionslinie im Indikator-Diagramm einer mit überhitztem Dampfe betriebenen Maschine nimmt, lassen sich noch keine bestimmten Angaben machen, da hier die genügenden Versuche fehlen. Der Vorteil, den aber der überhitzte Dampf gegenüber dem gesättigten infolge seines grösseren Volumens (bei derselben Spannung hat nämlich nach den Angaben auf Seite 13 der überhitzte Dampf eine geringere Dichte, also ein grösseres Volumen für 1 kg als der gesättigte, 1 kg des ersteren leistet also mehr als 1 kg des letzteren) und deshalb auch grösseren Arbeitsfähigkeit besitzt, scheint nur gering zu sein. Der Hauptgewinn, den man bei Anwendung des überhitzten Dampfes erzielt, hat vielmehr, wie schon früher erwähnt, in der Verminderung bezw. Vermeidung der Eintrittskondensation seinen Grund. Man sollte deshalb die Überhitzung nur soweit treiben, dass diese Eintrittskondensation vollständig vermieden wird; eine höhere Überhitzung bringt nur wenig Gewinn.

Bei der Berechnung der Leistung einer vorhandenen oder der Dimensionen einer neuen Maschine, sowie bei der Konstruktion des Indikator-Diagrammes der letzteren benutzt man hinsichtlich der Expansionsperiode in der Praxis fast stets das Mariottesche Gesetz bezw. die gleichseitige Hyperbel, wenn dies auch mit genügender Annäherung nach dem Früheren nur bei normalen Maschinen mit Dampfmantel als zulässig erscheint. Der Grund für die Anwendung der Hyperbel in allen Fällen liegt in der Einfachheit und leichten Handhabung dieses Gesetzes und seiner Zustandskurve. In Fällen, wo die Abweichungen des wirklichen Expansionsverlaufes von dem Mariotteschen Gesetze beträchtliche sind, wie z. B. bei allen Maschinen ohne Dampfmantel, scheint aber eine Korrektur der Rechnung, welche diese Abweichung etwas aufhebt, geboten zu sein.

Der Zweck der **Voraustrittsperiode** besteht darin, die eigentliche Ausströmung vorzubereiten, also dafür zu sorgen, dass in der Totlage vor dem Kolben schon die wirkliche Austrittsspannung vorhanden ist. Damit nun der Dampf während der vorliegenden Periode auch thatsächlich von der Expansionsendspannung bis herab auf die Spannung in der Auslassleitung sinken kann, hat man zunächst dafür zu sorgen, dass die Voraustrittsperiode eine genügend grosse Dauer hat, dass dieselbe also um so früher beginnt, je schneller die Maschine läuft, dann auch eine genügende Eröffnung der Auslassorgane während dieser und namentlich am Ende dieser Periode zu schaffen.

Bei getrennten Ein- und Auslassorganen, sowie bei Doppelschiebern lässt sich wohl in jedem Falle die genügende Dauer des Dampfvoraustrittes und die hinreichende Eröffnung des Auslasskanales für diesen erzielen. Bei einem einzigen Steuerungsorgane für Ein- und Auslass ist allerdings bei der Bestimmung der vorliegenden Periode auf die von ihr hier abhängige Kompressionsperiode Rücksicht zu nehmen. Es wird dies im V. Abschnitte bei den Steuerungen behandelt werden. Die Strecke, um welche der Auslasskanal bei der

Totlage des Kolbens schon geöffnet ist, nennt man das innere lineare Voreilen oder Voröffnen.

Der **Dampfaustritt** soll möglichst ungehindert erfolgen, da jede unnötige Steigerung der als vorteilhaft erkannten Austrittsspannung vor dem Kolben die Nutzleistung des treibenden Dampfes vermindert, den Inhalt des Indikator-Diagrammes verkleinert. Eine Drosselung des ausströmenden Dampfes wird vermieden, wenn schon zu Beginn der Ausströmung der Vorderdampf die Austrittsspannung besitzt, wenn er ferner während der ganzen Ausströmung keine zu grosse Geschwindigkeit annehmen muss, also die hinreichende Eröffnung der Steuerungsorgane und genügende Weite der Austrittsleitung vorhanden ist, und wenn schliesslich dem Vorderdampfe keine sonstigen Hindernisse in der Leitung oder im Kondensator entgegentreten. Bei unbehindertem Austritt verläuft die Ausströmungslinie vollständig horizontal und steigt nur gegen Schluss der Periode etwas an, und zwar wieder um so mehr, je schleichender der Kanalschluss, und um so weniger, je plötzlicher derselbe erfolgt. Über die vorteilhafteste Grösse der Austrittsspannung siehe unter „Kondensation" in diesem Abschnitte.

Während des Dampfaustrittes findet ferner die Fortsetzung des Nachdampfens statt, ja bei Kondensationsmaschinen ohne Dampfmantel beginnt dasselbe häufig erst hier. Die den Cylinderwandungen dabei entzogene Wärme ist für die Nutzleistung der Maschine vollständig verloren, da das durch diese Wärme in Dampf übergeführte Niederschlagwasser mit ins Freie oder in den Kondensator gerissen wird. Bei Maschinen ohne Dampfmantel wird weiter durch dieses Nachdampfen die Cylinderwandung auf eine Temperatur herunter gebracht, welche, abgesehen von selbstverständlichen Schwankungen, ungefähr in der Mitte zwischen der Temperatur des frischen und der des ausströmenden Dampfes liegt und später den frischen Dampf, unter Umständen auch schon den nach dem Dampfaustritt vor dem Kolben komprimierten, zu der früher erwähnten Eintrittskondensation veranlasst.

Durch die **Kompression** sucht man hauptsächlich einen ruhigen, stossfreien Gang der Maschine zu erzielen und die nachteiligen Folgen des schädlichen Raumes so weit als möglich aufzuheben; auch leitet die Kompression den Dampfvoreintritt ein, sorgt wie diese also auch mit dafür, dass bei Beginn des neuen Hubes der volle Druck des frischen Dampfes hinter dem Kolben vorhanden ist. Den stossfreien Gang schafft eine Kompression von zweckmässiger Grösse in der Weise, dass sie, wie in § 12 näher erklärt wird, die hin- und hergehenden Gestängemassen, die in der zweiten Hälfte des einfachen Hubes in der angefangenen Bewegungsrichtung weiter schnellen wollen, bei der erforderlichen Bewegungsumkehrung am Ende des Hubes gleichsam wie ein elastisches Polster auffängt und dadurch den für jeden Hubwechsel der Maschine unvermeidlichen Druckwechsel, sowie den darauf folgenden Stoss am Kreuzkopf- und Kurbelzapfen nicht plötzlich und heftig, sondern allmählich, sanft und gefahrlos vor sich gehen lässt. Den nachteiligen Einfluss des schädlichen Raumes, der sich nicht nur in den Abkühlflächen bei der Eintrittskondensation, sondern auch darin äussert, dass der in diesen Raum gelangende frische Dampf keine Volldruck-, sondern nur Expansionsarbeit leistet, kann in unseren Maschinen die Kompression, wie wir in § 14 näher sehen werden, niemals vollständig aufheben, ja eine zu hohe Kompression kann sogar in anderer Weise nachteilig werden. Immer sollte man aber die Kompression soweit treiben, als es die Ruhe des Ganges verlangt, weil die mit einer zu hohen Kompression unter Umständen verbundenen Nachteile niemals so schwer wiegen können als die Vorteile, welche ein sanfter, weicher Gang der Maschine bietet. Unter dem niedrigsten Drucke des frischen Dampfes muss die Endspannung der Kompression stets bleiben, da sonst ja der komprimierte Dampf die Einlassorgane von ihren Sitzen abheben würde, was leicht eine Zerstörung einzelner Teile zur Folge haben könnte.

Über den Verlauf der Kompressionslinie im Indikator-Diagramm einer Maschine kann mit Bestimmtheit noch Nichts gesagt werden. Im Anfange der Kompression wird bei Maschinen mit ungeheiztem Cylinder durch das noch andauernde Nachdampfen die Kompressionskurve höher als die Adiabate gelegt werden, zumal der hier in Frage kommende Teil der Cylinderwandungen ja während des vorigen einfachen Hubes mit dem frischen oder in beginnender Expansion begriffenen Dampfe in Berührung stand, also stärker erwärmt wurde als der übrige Teil der Wandung. Gegen Ende der Kompression, namentlich wenn diese sehr hoch getrieben wird, kommt andererseits schon eine teilweise Kondensation zur Geltung, sobald nämlich die Temperatur des komprimierten Dampfes höher als die der Cylinderwand und des Deckels geworden ist. Hierbei giebt der Dampf Wärme an die Cylinder- und Deckelwandung ab, und die Kompressionskurve sinkt dann unter die Adiabate. Wird sehr hoch komprimiert, so kann sogar bei Beginn des Dampfeintrittes die Oberfläche des schädlichen Raumes durch den komprimierten Dampf so stark erwärmt sein, dass nun kein weiteres oder nur ein geringes Niederschlagen des frischen Dampfes eintritt. Immer bleibt aber der Nachteil der Kondensation bestehen, da es gleichgiltig sein kann, ob die Wärme dem komprimierten oder dem frischen Dampfe von der Cylinderwand entzogen wird. Bei Maschinen mit geheiztem Cylinder fallen die Abweichungen von der Adiabate gewöhnlich nicht so bedeutend aus. Von wesentlichem Einfluss auf den Verlauf der Kompressionslinie im Indikator-Diagramm ist ferner der Feuchtigkeitsgehalt des Dampfes. Auch Undichtheiten der Steuerungsorgane und des Kolbens können diesen Verlauf beeinflussen.

Nach den Versuchen von Professor Doerfel[1]) stimmt die Endspannung bei kleiner Kompression ziemlich genau mit der nach dem Mariotteschen Gesetz berechneten

1) Zeitschrift deutscher Ingenieure, Jahrgang 1889, Seite 1065.

überein, wenn die Mantelheizung fehlt; ist eine solche vorhanden, so liegt die Endspannung höher. Das letztere ist auch bei hoher Kompression, sowie bei feuchtem Dampfe der Fall, ausgenommen dann, wenn die Füllung sehr klein ist. Dies sollte berücksichtigt werden, wenn man wie gewöhnlich die Kompressionslinie der leichten und bequemen Handhabung wegen auch bei hoher Kompression als Mariottesche Hyperbel verzeichnet oder für die Berechnung der Arbeitsleistung annimmt. Andere benutzen hier auch die nach Gleichung 18 berechnete Adiabate und setzen vielleicht $n = 1{,}2$ bis 1, je nach dem grösseren oder geringeren Feuchtigkeitsgehalt des Dampfes. Zur Beurteilung der Kompressionskurve in dem einer vorhandenen Maschine entnommenen Diagramm kann wieder die Doerfelsche Charakteristik dienen, die z. B. in die Fig. 18 und 19 auf Seite 25 des Textes als $f v_1 v_2$ . . . . eingetragen ist.

Der **Dampfvoreintritt** vervollständigt die Kompression insofern, als er den Druck vor dem Kolben so weit steigert, dass in der Totlage der schädliche Raum mit Dampf von der Admissionsspannung angefüllt ist. Der Dampfvoreintritt kann das nur erreichen, wenn für ihn eine genügende Zeit verbleibt und eine hinreichende Eröffnung der Einlassorgane geschaffen wird. Die Voreinströmung muss deshalb um so eher beginnen, je schneller die Maschine läuft, je weniger komprimiert wird und je grösser die schädlichen Räume sind. Über die erforderliche Eröffnung der Einlassorgane in der Kolbentotlage, das sogenannte äussere lineare Voreilen oder Voröffnen, ist bei den Steuerungen das Erforderliche vermerkt. Unter Umständen kann auch der Dampfvoreintritt einen allzu hohen Anstieg der Kompression verhüten.

Bei der Berechnung einer neuen Maschine ist, wie im nächsten Abschnitte gezeigt wird, die **Konstruktion eines Indikator-Diagrammes** für die beabsichtigte Dampfverteilung immer vorteilhaft. Wie dies zu geschehen hat, soll hier schon erklärt werden, wenn auch die dazu erforderlichen Angaben über die zu wählende Dauer der einzelnen Dampfverteilungsperioden, über die Grösse der Spannungen, des schädlichen Raumes u. s. w. erst im nächsten Abschnitte folgen.

Man wählt zunächst für die aufzutragenden Dampfspannungen einen Kräftemassstab, der passend 10 mm = 1 kg ist, und trägt nach Fig. 1, Tafel 26 auf einer die Nulllinie darstellenden Horizontalen den Kolbenhub $S = \overline{AA'}$ in beliebiger Grösse, gewöhnlich $S = 100$ mm, sowie in demselben Massstabe die Strecke $M = \overline{OA}$ auf, welche der auf die nutzbare Kolbenfläche reduzierten Höhe des schädlichen Raumes entspricht. Dann verzeichnet man das Diagramm in der folgenden Weise:

Durch Auftragen der absoluten Dampfeintrittsspannung p über der Nulllinie im Punkte A ergiebt sich der Punkt a. Von diesem aus geht die Volldruck- oder Dampfeintrittslinie a b c, welche anfangs horizontal, dann aber mit einer Krümmung, entsprechend der beim Kanalschlusse stattfindenden voraussichtlichen Drosselung, allmählich in die Expansionslinie verläuft. Den Punkt c findet man, indem man von der durch a gezogenen Horizontalen aus nach unten den geschätzten Wert Θp der Drosselung absticht, eine zweite Horizontale zieht und auf dieser entweder die Füllung S_1 von A a aus aufträgt, in welchem Falle von c aus die Expansionslinie c v direkt konstruiert werden kann, oder aber indem man die Expansionsendspannung $p_x = A'v$[1]) wählt, von v aus die Expansionslinie rückwärts als Kompressionskurve verzeichnet und deren Schnittpunkt c mit der erwähnten zweiten Horizontalen aufsucht.

Die Expansionslinie c v wird, wie früher angegeben, allgemein als gleichseitige Hyperbel des Mariotteschen Gesetzes verzeichnet. Zur Konstruktion derselben kann man sich der auf Seite 7 und 8 angegebenen beiden Verfahren bedienen. Nach dem ersten derselben findet man z. B., wenn die Expansionslinie von c aus konstruiert wird, den Punkt x, indem man den Strahl O k zieht und durch die Schnittpunkte B_x und y dieses letzteren mit der durch c gehenden Horizontalen bezw. Vertikalen wiederum eine Vertikale bezw. Horizontale legt. Konstruiert man dagegen die Linie von v aus, so bestimmt z. B. der Strahl O k' auf der durch v gelegten Horizontalen bezw. Vertikalen die Punkte B_x' und y', und die durch diese Punkte wiederum gezogene Vertikale bezw. Horizontale ergeben den Punkt x' der Kurve.

Die Linie d e für den Dampfvoraustritt kann, nachdem die Grösse $S - S_2$ dieser Periode aufgetragen worden ist, mit allmählichem Übergange in die Austrittslinie nach Gutdünken eingetragen werden. Die Dampfaustrittslinie e f verläuft in einem der Austrittsspannung p_e entsprechenden Abstande über der Nulllinie ganz parallel zu dieser oder, gemäss des gegen Kanalschluss grösser werdenden Widerstandes, am Ende etwas ansteigend. Den Endpunkt f der Austrittslinie konstruiert man gewöhnlich in der Weise, dass man zunächst von A aus die Grösse $S - S_4$ der Voreintrittsperiode und die beabsichtigte Endspannung p_3 der Kompression aufträgt. Von dem so erhaltenen Punkte g aus verzeichnet man nun die Kompressionskurve rückwärts als Expansionslinie, welche dann die Austrittslinie in dem gesuchten Punkte f schneidet.

Konstruiert man, wie das gewöhnlich geschieht, die Kompressionskurve auch als Mariottesche Hyperbel, so giebt z. B. in der früher angegebenen Weise der Strahl O k'' auf der durch g gehenden Horizontalen bezw. Vertikalen die beiden Punkte B_z und w und die von diesen ausgezogene Vertikale bezw. Horizontale den Punkt z der Kurve.

Die Voreintrittslinie g a schliesslich kann nur nach Gefühl eingetragen werden.

Das in dieser Weise konstruierte Indikator-Diagramm kann für beide Kolbenseiten einer Maschine gelten, wenn, wie z. B. bei jeder Ventilsteuerung, getrennte Steuerungsorgane für Ein- und Auslass auf jeder Kolbenseite vorhanden sind und also jede Dampfverteilungsperiode in derselben Grösse oder Dauer für beide Kolbenseiten angeordnet werden kann. Bei allen Doppel-Schiebersteuerungen ist weiter für die am meisten vorkommende, normale Leistung der Maschine wohl eine gleiche Füllung, dagegen, wie dies bei den Steuerungen näher erörtert wird, nur eine annähernd gleiche Kompression und Voraustrittsperiode zu erzielen. Es empfiehlt sich deshalb

1) Dabei denkt man sich die Expansion bis ans Hubende gehend.

hier, nachdem für einen ersten Entwurf des Indikator-Diagrammes in der vorstehend angegebenen Weise die Verhältnisse der Steuerung festgelegt sind, wenigstens die verschiedenen Kompressionen, wie sie infolge der endlichen Schubstangenlänge bei diesen Steuerungen entstehen, zu berücksichtigen, also sich namentlich davon zu überzeugen, dass für Hin- und Rücklauf die Kompressionsendspannung die richtige und zulässige Grösse hat. Dabei verdient das auf Seite 27 unten Gesagte wohl beachtet zu werden.

Man entnimmt unter Berücksichtigung der endlichen Schubstangenlänge in einem solchen Falle für die eine und andere Kolbenseite die Strecken S_3 und S_4 (Fig. 1, Tafel 26), durch welche der Beginn und Schluss der Kompression auf jeder Seite bestimmt ist, dem Steuerungs-Diagramm, das im V. Abschnitte behandelt ist, und konstruiert von der Austrittsspannung p_e bezw. dem durch diese festgelegten Punkte f aus die Kompressionslinie, oder berechnet nach Gleichung 9 die die Kompressionsendspannung, nämlich

$$p_3 = p_e \frac{M + S - S_3}{M + S - S_4}.$$

Bei den Steuerungen mit nur einem Schieber stellt man den letzteren jetzt noch vielfach so ein, dass er gleiches Voröffnen besitzt, d. h. in beiden Totlagen des Kolbens den Ein- bezw. Auslasskanal der betreffenden Kolbenseite um gleich viel öffnet. Dieselben Dampfverteilungsperioden beginnen dann für Hin- und Rücklauf bei demselben Drehwinkel der Kurbel, aber infolge der endlichen Schubstangenlänge bei ungleich grossen Kolbenwegen. Auch manche Maschine mit Doppelschieber-Steuerung arbeitet selbst für die normale Leistung noch mit ungleicher Füllung auf beiden Kolbenseiten. Will man die dadurch bewirkte Dampfverteilung auf beiden Kolbenseiten bei der Konstruktion des Indikator-Diagrammes, das nun für Hin- und Rücklauf verschieden ausfällt, berücksichtigen, so kann man nach Fig. 1 bis 3, Tafel 26 folgendermassen verfahren.

Man schlägt, nachdem in früher angegebener Weise das Diagramm nach Fig. 1 zusammen mit dem Steuerungs-Diagramme ohne Berücksichtigung der endlichen Schubstangenlänge gezeichnet ist, über der unteren Linie $\overline{\alpha\beta}$ den Kurbelkreis und durch die Endpunkte α und β gemäss dem auf Seite 15 angegebenen Kolbenweg-Diagramm von Schorch zwei Kreisbögen $\alpha\alpha$ und $\beta\beta$, deren Radius gleich der Schubstangenlänge ist und deren Mittelpunkte auf der Verlängerung von $\overline{\alpha\beta}$ liegen. Weiter zieht man die Vertikalen bezw. Horizontalen $\overline{cI}$ bezw. $\overline{I1}$ und $\overline{I'1'}$, $\overline{dII}$ bezw. $\overline{II2}$ und $\overline{II'2'}$, $\overline{fIII}$ bezw. $\overline{III3}$ und $\overline{III'3'}$. Dann bildet für die Deckelseite (in der Figur die linke)

$\overline{I1}$ die Grösse der Dampfeintrittsperiode,
$\overline{II2}$ die Grösse der Dampfvoraustrittsperiode,
$\overline{III3}$ die Grösse der Kompressions- und Dampfvoreintrittsperiode zusammen,

Mit diesen Strecken ist dann in Fig. 2 das Diagramm der betreffenden Kolbenseite genau, wie früher beschrieben, gezeichnet worden.

Entsprechend ergiebt in Fig. 1 für die Kurbelseite (in der Figur die rechte)

$\overline{I'1'}$ die Grösse der Dampfeintrittsperiode,
$\overline{II'2'}$ die Grösse der Dampfvoreintrittsperiode
$\overline{III'3'}$ die Grösse der Kompressions- und Dampfvoreintrittsperiode zusammen,

und mit diesen Strecken ist in Fig. 3 genau, wie früher beschrieben, das Diagramm dieser Kolbenseite gezeichnet worden.

Zur Konstruktion der aufgeführten Strecken kann natürlich auch jedes andere der auf Seite 16 angegebenen Verfahren zur Bestimmung der Kolbenwege benutzt werden.

Besser ist es, bei allen Steuerungen mit nur einem Schieber den letzteren für die normale Belastung der Maschine auf Kosten etwas ungleichen Voröffnens annähernd gleiche Füllung und gleiche Kompression auf beiden Kolbenseiten geben zu lassen. Man konstruiert dann nach dem Entwurf des Indikator-Diagrammes in Fig. 1, Tafel 26 die Steuerung und nach dem endgiltigen Diagramme der letzteren, dem man die Grösse der einzelnen Dampfverteilungsperioden für beide Kolbenseiten bei endlicher Schubstangenlänge entnehmen kann, die genauen Indikator-Diagramme der einzelnen Seiten, wie denn überhaupt die Konstruktion des Indikator-Diagrammes mit dem der Steuerung stets Hand in Hand gehen sollte.

Bei stehenden Maschinen, bei denen der treibende Dampfdruck während des Niederganges durch das Gewicht des Kolbens, der Kolbenstange, des Kreuzkopfes und der Schubstange unterstützt wird, während des Hochganges dagegen dieses Gewicht mit als Widerstand zu überwinden hat, giebt man in vielen Fällen mit Absicht ungleiche Füllungen auf beiden Kolbenseiten, derart, dass für den Niedergang Dampfdruck und Gewicht der erwähnten Teile zusammen denselben mittleren treibenden Druck wie Dampfdruck weniger diesem Gewichte für den Hochgang ergeben.

§ 11.
Die Druckverteilung und die Druckdiagramme der Eincylindermaschinen.

Der auf den Kolben einer Dampfmaschine wirkende Dampfdruck wird in der nachstehenden Weise durch das Gestänge, das ist Kolben, Kolbenstange, Kreuzkopf und Schubstange, auf den Kurbelzapfen und die Kurbelwelle übertragen.

Die auf beiden Seiten des Kolbens herrschenden Dampfspannungen, die sogenannte Hinter- und Vorderdampfspannung, ergeben zunächst in ihrer Differenz den jeweiligen **Dampfüberdruck,** der treibend auf die Maschine wirkt, wenn er der augenblicklichen Bewegung des Kolbens gleich gerichtet ist, dagegen hindernd, wenn er dieser Bewegung entgegensteht. Der Dampfüberdruck gelangt indes während eines einfachen Hubes zum Teil nicht vollständig, zum Teil aber durch eine weitere Kraft verstärkt an den Kurbelzapfen. Die Gestängemassen bedürfen nämlich im ersten Teile des einfachen Hubes, und zwar so lange, bis sie ihre grösste Geschwindigkeit erreicht haben, einer Beschleunigung, nehmen eine gewisse mechanische Arbeit in sich auf. Die hierzu erforderliche Kraft wird dem treibenden Dampfüberdrucke entnommen, sofern dieser grösser als der zur Beschleunigung der Massen nötige **Massendruck** ist; im anderen Falle muss zeitweise die lebendige Kraft der rotierenden Masse des Schwungrades das Gestänge beschleunigen, muss also eine gewisse Arbeit von der Kurbelwelle nach dem Kolben zurückgeleitet werden. Im zweiten Teile des einfachen Hubes dagegen geben die Gestängemassen, die jetzt wegen der vorgeschriebenen Kurbelbewegung eine verzögerte Geschwindigkeit annehmen müssen, aber in der angefangenen Bewegung weiter schnellen wollen, die vorher aufgenommene mechanische Arbeit in ihrem vollen Betrage wieder her, üben also selbst einen treibenden Druck auf den Kurbelzapfen aus. Wir erhalten demnach als jeweilige Kraft des Gestänges einen **resultierenden Horizontaldruck,** der sich in jedem Augenblicke aus dem Dampfüberdrucke des Kolbens und dem anfangs die Bewegung hindernden, später dieselbe fördernden Massendrucke in der Weise zusammensetzt, dass beide Drucke sich addieren, wenn sie gleich-, sich subtrahieren, wenn sie entgegengerichtet sind. Wirkt dieser resultierende Horizontaldruck im Sinne der augenblicklichen Kolbenbewegung, so treibt er den Kurbelzapfen, im anderen Falle sucht er ihn zurückzuhalten.

Bei stehenden Maschinen wird der resultierende Horizontaldruck noch durch das Gewicht der Gestängeteile beeinflusst, das während des Kolbenniederganges im Bewegungssinne der

Kurbelkreises zwei gleiche, aber entgegengesetzte Kräfte s angebracht, so wird dadurch nichts im augenblicklichen Zustande geändert. Wir erhalten nun ein Kräftepaar $s \cdot R'$, das ebenso gross wie $t \cdot R$ ist und auch die Kurbelwelle zu drehen sucht, und ausserdem in dem erwähnten Mittelpunkte noch eine Kraft s. Diese ruft z. B. im vorderen oder Hauptlager der Kurbelwelle einer liegenden Maschine nach Fig. 20 des Textes einen Druck $s\frac{a+c}{c}$ hervor, der mit den auf dieses Lager entfallenden und auf 1 qcm nutzbare Kolbenfläche bezogenen Teil g_1 des Schwungradgewichtes und d_1 des Riemen-, Seilzuges, welcher die Arbeit der Maschine von der Kurbelwelle ableitet, den **resultierenden Zapfendruck r_1** dieses Lagers ergiebt.

Verzichtet man auf die Bestimmung der minder wichtigen Radialkraft r, so lässt sich die Tangentialkraft t auch direkt aus dem resultierenden Horizontaldruck p_r nach dem in Fig. 21 des Textes angedeuteten Verfahren konstruieren. Man verlängert hiernach den Kurbelarm $\overline{OI}$ um $\overline{I1} = p_r$ und zieht eine

Fig. 20.

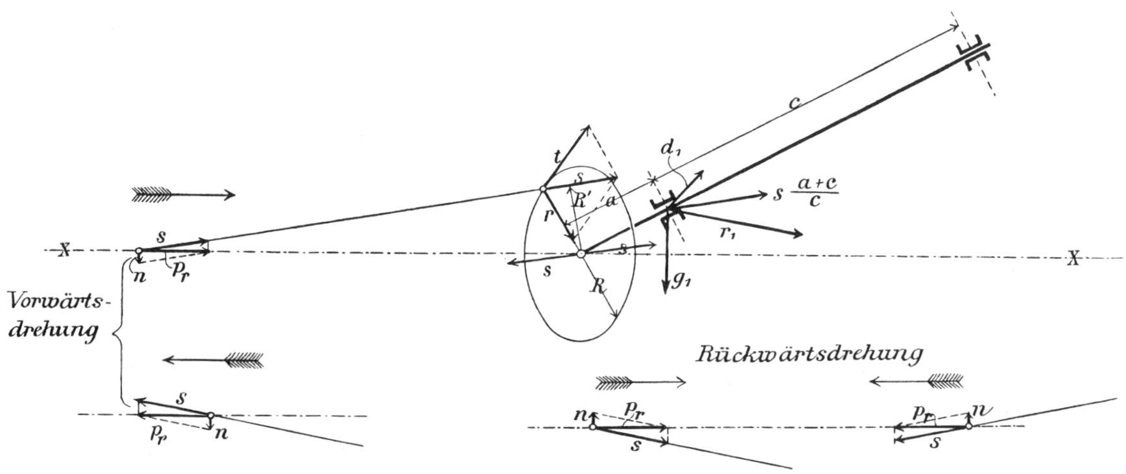

Maschine, während des Kolbenhochganges diesem aber entgegenwirkt.

Der resultierende Horizontaldruck, der, bezogen auf 1 qcm der nutzbaren Kolbenfläche, mit $\mathbf{p_r}$ bezeichnet werden möge, wird am Kreuzkopf nach Fig. 20 des Textes in zwei Komponenten zerlegt, von denen die eine die in die jeweilige Schubstangenrichtung fallende **Schubstangenkraft s,** die andere der vertikal gerichtete **Normaldruck n** ist, den der Kreuzkopf auf seine Schlittenbahn äussert. Solange der resultierende Horizontaldruck treibend auf das Gestänge wirkt, ist, wie die Figur erkennen lässt, der Normaldruck bei vorwärtslaufenden Maschinen stets nach unten, bei rückwärtslaufenden stets nach oben gerichtet. Die Schubstangenkraft s giebt weiter in der Kurbelzapfenmitte durch Zerlegung die **Tangentialkraft t,** welche auf die Kurbelwelle das Drehmoment $t \cdot R$ ausübt, und die **Radialkraft r,** mit welcher der vordere Schubstangenkopf radial nach innen oder aussen gegen den Kurbelzapfen gepresst wird.

Die vollständige Lagerpressung erhält man in der folgenden Weise. Denkt man sich im Mittelpunkte des

Parallele $\overline{12}$ zur augenblicklichen Schubstangenrichtung $\overline{A_1 I}$. Dann ist die zur Hubrichtung X—X Senkrechte $\overline{A_1 2} = t$. Die Richtigkeit beweist sich folgendermassen. Durch Zerlegung der Kraft p_r in s und n ergiebt sich

Fig. 21.

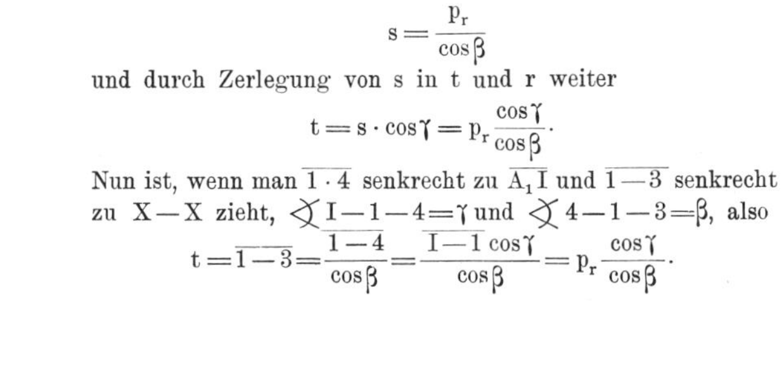

$$s = \frac{p_r}{\cos\beta}$$

und durch Zerlegung von s in t und r weiter

$$t = s \cdot \cos\gamma = p_r \frac{\cos\gamma}{\cos\beta}.$$

Nun ist, wenn man $\overline{1 \cdot 4}$ senkrecht zu $\overline{A_1 I}$ und $\overline{1-3}$ senkrecht zu X—X zieht, $\sphericalangle I-1-4 = \gamma$ und $\sphericalangle 4-1-3 = \beta$, also

$$t = \overline{1-3} = \frac{\overline{1-4}}{\cos\beta} = \frac{\overline{I-1}\cos\gamma}{\cos\beta} = p_r \frac{\cos\gamma}{\cos\beta}.$$

Eine gute Einsicht in die bei einer Maschine stattfindende Druckverteilung und -änderung erhält man mit Hilfe der nachfolgenden Diagramme.

Trägt man in den einzelnen Kolbenstellungen des beliebig reduzierten Kolbenhubes die Differenz der jeweiligen Hinter- und Vorderdampfspannung in irgend einem Kräftemassstabe als Ordinaten auf, so liefert die Verbindung der nacheinanderfolgenden Ordinaten-Endpunkte zunächst das sogenannte **Dampfüberdruck-Diagramm.** Die erwähnten Dampfspannungen kann man dem Indikator-Diagramm entnehmen, da die Ordinaten der beiden Kurven dieses Diagrammes ja den Dampfspannungen in Atm (kg auf den qcm der nutzbaren Kolbenfläche) proportional sind, wie sie auf einer und derselben Kolbenseite während eines Doppelhubes herrschen. So hat man z. B. mit Bezug auf Fig. 2 und 3, Tafel 26 die Ordinaten der Hinterdampfkurve abcde in Fig. 2 zu vermindern um die zugehörigen der Vorderdampfkurve efga in Fig. 3, um den jeweiligen Dampfüberdruck für den Hinlauf zu bekommen; für den Rücklauf dagegen sind die Ordinaten der Kurve abcde in Fig. 3 zu verkleinern um die zugehörigen der Kurve efga in Fig. 2. Die so erhaltenen Differenzen sind dann in Fig. 4, Tafel 26 für die einzelnen Kolbenlagen der Hublinie $\overline{AA'}$ als Ordinaten angetragen, und zwar nach oben, wenn die Richtung des sich ergebenden Dampfüberdruckes mit der Bewegung des Kolbens beim Hinlauf, nach unten, wenn diese Richtung mit der Kolbenbewegung beim Rücklauf übereinstimmte.

So ist beispielsweise für die Kolbenstellung A_5 während des Hinlaufes der Dampfüberdruck $\overline{A_5B_5}$ in Fig. 4, Tafel 26 gleich der Hinterdampfspannung $\overline{A_5B_5}$ in Fig. 2 weniger der Vorderdampfspannung $\overline{A_5'C'_5}$ in Fig. 3 gemacht und oberhalb von $\overline{AA'}$ aufgetragen, weil die Hinterdampfspannung grösser als die Vorderdampfspannung und also der Dampfüberdruck mit der Bewegungsrichtung des Kolbens für den Hinlauf gleichgerichtet ist. Für den Rücklauf ist entsprechend $\overline{A_5B_5'}$ in Fig. 4 gleich $\overline{A_5'B_5'}$ in Fig. 3 weniger $\overline{A_5C_5}$ in Fig. 2 gemacht und nach unten angetragen.

Ist das Indikator-Diagramm in Fig. 1, Tafel 26 für Hin- und Rücklauf giltig, so hat man, um in der oben angegebenen Weise die Dampfüberdrucke zu finden, für den Hinlauf die Ordinaten der Kurve abcde dieser Figur um diejenige der umgeklappten Kurve efga (so nämlich umgeklappt, dass e über A und a über A' zu liegen kommt), für den Rücklauf die Ordinaten der ähnlich umgeklappten Kurve abcde um diejenigen der Kurve efga zu vermindern.

In dem Dampfüberdruck-Diagramm Fig. 4, Tafel 26 stellen also die von $\overline{AA'}$ aus gemessenen Ordinaten der Kurve abcd die Dampfüberdrucke für den Hinlauf, die entsprechenden Ordinaten der Kurve defa diejenigen für den Rücklauf dar. Der jeweilige Dampfüberdruck wirkt treibend auf den Kolben und ist mit der augenblicklichen Bewegung gleichgerichtet, wenn die Ordinaten der erstgenannten Kurve oberhalb, diejenige der letztgenannten unterhalb von $\overline{AA'}$ liegen. Im entgegengesetzten Falle wirkt der Dampfüberdruck hindernd auf den Kolben und ist der augenblicklichen Bewegung des letzteren entgegengerichtet. Während des Hinlaufes wird der Dampfüberdruck im Punkte c gleich Null, d. h. er ändert hier seine Richtung, indem er vorher treibend, später hindernd auf den Kolben wirkt. Während des Rücklaufes tritt Entsprechendes im Punkte f ein. Der Inhalt des Dampfüberdruck-Diagrammes (abcdefa in Fig. 4, Tafel 26) muss natürlich dem Inhalte der beiden Indikator-Diagramme für Hin- und Rücklauf (abcdefga in Fig. 2 und 3, Tafel 26) zusammen gleich und also der von dem Dampfe im Cylinder auf beiden Kolbenseiten während einer vollen Umdrehung der Maschine geleisteten Arbeit proportional sein.

Um weiter die Dampfüberdrucke in den einzelnen Kolbenstellungen mit den zugehörigen Massendrucken zu vereinigen, hat man sich die Kurve der letzteren in dem gewählten Kräftemassstabe zu verzeichnen. Ist

G das Gewicht des Gestänges, über das im nächsten Abschnitte die nötigen Angaben gemacht werden,
O die nutzbare Kolbenfläche in qcm (siehe hierüber ebenfalls im IV. Abschnitte nach),
g die Beschleunigung der Schwerkraft in m für die Sekunde,
$\mathbf{p_0}$ bezw. **p** die in § 9, Gleichung 26 bezw. 27 bestimmte Beschleunigung oder Verzögerung der Gestängemasse,

so ist der Massendruck, d. h. die Kraft, welche, bezogen auf 1 qcm nutzbare Kolbenfläche, im ersten Teile des einfachen Hubes sich der Beschleunigung der Massen entgegensetzt, im zweiten Teile bei der Verzögerung der letzteren aber durch sie ausgeübt wird,

bei **unendlich langer Schubstange**

$$p_0 \frac{G}{g \cdot O} = \frac{v^2}{R} \cos \omega \frac{G}{g \cdot O} \quad . \; . \; . \; . \quad 29$$

bei **endlicher Schubstangenlänge L**

$$p \frac{G}{g \cdot O} = \frac{v^2}{R}\left(\cos \omega \pm \frac{R}{L} \cos 2\,\omega\right)\frac{G}{g \cdot O} \quad . \; . \quad 30$$

v ist hierin wieder die Kurbelzapfengeschwindigkeit, R der Radius des Kurbelkreises in m.

Die Massendruckkurve erhält man nun genau in derselben Weise wie in § 9, Fig. 15 und 16 des Textes, die graphische Darstellung der Beschleunigung, nur mit dem Unterschiede, dass hier nicht p_0 bezw. p, sondern diese Werte, multipliziert mit $\frac{G}{g \cdot O}$, (das ist die auf 1 qcm der nutzbaren Kolbenfläche entfallende Gestängemasse) als Ordinaten in den einzelnen Kolbenlagen aufträgt.

Für unendlich lange Schubstangen würde also z. B. in Fig. 15 auf Seite 19 des Textes die Gerade 1 0 1' die Massendrucklinie sein, wenn in dem gewählten Längen- und Kräftemassstabe

$$\overline{A\,I} = \overline{A'\,I'} = \frac{v^2}{R}\,\frac{G}{g \cdot O}$$

ist, da der vorstehende Wert den für $\omega = 0^0$ und 180^0 sich aus Gleichung 29 ergebenden Massendruck bildet.

Bei endlicher Schubstangenlänge bestimmt man die Massendrucklinie I M I' in Fig. 15 und 16 des Textes am besten aus der Linie $\overline{1\,0\,1'}$, indem man zunächst für die gewählten Massstäbe den Wert

$$Z = z\,\frac{G}{g \cdot O} = \frac{R}{L}\,\frac{v^2}{R}\,\frac{G}{g \cdot O}$$

berechnet und nun unter Berücksichtigung des auf Seite 19 und 20 über z und p bezw. p_0 Gesagten macht:

für $\omega = 0^0$ . . . . . . $\overline{AI} = \overline{A1} + Z$,

für $\omega = 45^0$ . . . . . . $\overline{a_2 II} = \overline{A_2 2}$,

für $\omega = 90^0$ . . . . . . $\overline{a_3 III} = Z$,

für $\omega = 135^0$ . . . . . . $\overline{a_4 IV} = \overline{A_4 4}$,

für $\omega = 180^0$ . . . . . . $\overline{A'I'} = \overline{A'1'} - Z$,

für $\omega = 30^0$ . . . . . . $\overline{a_5 V} = \overline{A_5 5} + \frac{1}{2} Z$,

für $\omega = 60^0$ . . . . . . $\overline{a_6 VI} = \overline{A_6 6} - \frac{1}{2} Z$,

für $\omega = 120^0$ . . . . . . $\overline{a_7 VII} = \overline{A_7 7} + \frac{1}{2} Z$,

für $\omega = 150^0$ . . . . . . $\overline{a_8 VIII} = \overline{A_8 8} - \frac{1}{2} Z$.

Trägt man nun die Massendrucklinie q — q′ so ein, wie dies Fig. 4, Tafel 26 seigt, so kann dieselbe behufs Vereinigung ihrer Ordinaten mit den zugehörigen des Dampfüberdruck-Diagrammes für Hin- und Rücklauf benutzt werden. Beim Hinlauf stellen dann die oberhalb von $\overline{AA'}$ befindlichen Ordinaten der Linie q — q′ Massendrucke dar, welche die Bewegung hindern, die unterhalb $\overline{AA'}$ liegenden solche, welche treibend auf die Bewegung der Maschine wirken; für den Rücklauf gilt das Umgekehrte. Es sind also, wenn man das oben angegebene Verfahren beim Auftragen der Dampfüberdrucke, je nachdem sie treiben oder hindern, berücksichtigt, stets die zusammengehörigen Ordinaten der Dampfüberdruck- und Massendrucklinie voneinander zu subtrahieren, wenn sie auf derselben Seite, und zu einander zu addieren, wenn sie auf entgegengesetzten Seiten von $\overline{AA'}$ liegen, um den resultierenden Horizontaldruck auf 1 qcm der nutzbaren Kolbenfläche für die einzelnen Kolbenstellungen zu bekommen. Dies kommt auf dasselbe mit der folgenden Regel hinaus, die sich leichter behalten lässt. Die Ordinaten, welche zwischen der Massendrucklinie q — q′ und der Dampfüberdrucklinie abcd bezw. defa in Fig. 4, Tafel 26 liegen, geben die jeweiligen resultierenden Horizontaldrucke für den Hin- bezw. Rücklauf. Trägt man nun diese letzgenannten Ordinaten wieder über einer der reduzierten Hublinie entsprechenden Horizontalen für die einzelnen Kolbenlagen auf, so erhält man das **resultierende Horizontaldruck-Diagramm,** wie es z. B. Fig. 5, Tafel 26 zeigt. Der resultierende Horizontaldruck wirkt dann, ebenso wie beim Dampfüberdruck-Diagramm angegeben, in der Richtung der Kolbenbewegung, also treibend auf die Maschine, wenn die Ordinate dieses Druckes sich beim Hinlauf oberhalb, beim Rücklauf unterhalb von $\overline{AA'}$ befindet, und umgekehrt.

Für die Kolbenstellung A_3 z. B. ist der resultierende Horizontaldruck beim Hinlauf $\overline{A_3 B_3}$ in Fig. 5 Tafel 26 gleich $\overline{D_3 B_3}$ in Fig. 4, beim Rücklauf $\overline{A_3 B_3'}$ in Fig. 5 gleich $\overline{D_3 B_3'}$ in Fig. 4. Da beide Drucke treibend wirken, so ist $\overline{D_3 B_3}$ oberhalb, $\overline{D_3 B_3'}$ unterhalb von $\overline{AA'}$ anzutragen.

Bei stehenden Maschinen hat man für den resultierenden Horizontaldruck noch das Gewicht des Gestänges zu berücksichtigen, das beim Kolbenniedergange treibend, beim Kolbenhochgange hindernd wirkt. Dies geschieht in der Weise, dass man unterhalb der Hublinie $\overline{AA'}$ des Dampfüberdruck-Diagrammes in Fig. 2, Tafel 27 einer solchen Maschine noch die Linie $\overline{gg'}$ zieht, welche in dem gewählten Kräftemassstab den Wert $\frac{G}{O}$ des auf 1 qcm nutzbare Kolbenfläche entfallenden Gestängegewichtes darstellt. Die Ordinaten dieser Linie sind dann für den Niedergang zu dem aus dem Dampfüberdruck-Diagramm und der Massendrucklinie gebildeten Horizontaldruck zu addieren, für den Hochgang von diesem zu subtrahieren. Man erhält also z. B. die Ordinate $\overline{A_3 B_3}$ des resultierenden Horizontaldruck-Diagrammes in Fig. 3, Tafel 27 gleich $\overline{D_3 B_3} + \overline{A_3 C_3}$ in Fig. 2 und $\overline{A_3 B_3'}$ in Fig. 3 gleich $\overline{D_3 B_3'} - \overline{A_3 C_3}$ in Fig. 2.

Die resultierenden Horizontaldrucke können weiter in der durch Fig. 20 des Textes angedeuteten Weise für eine Anzahl Kolben- und Kurbelstellungen in die Schubstangenkraft s und den Normaldruck n zerlegt werden. Dieser letztere, an die Hublinie $\overline{AA'}$ immer als Ordinate aufgetragen, liefert das **Normaldruck-Diagramm,** wie es in Fig. 6, Tafel 26 z. B. wiedergegeben ist.

So ist z. B. bei der Kolbenstellung A_3 und der zugehörigen Kurbellage III in Fig. 5, Tafel 26, $\overline{III-3} = \overline{A_3 B_3}$ der resultierende Horizontaldruck, $s = \overline{III\,4}$ die Schubstangenkraft, sowie $n = \overline{4-3}$ der abwärts gerichtete Normaldruck, der in Fig. 6 unterhalb $\overline{AA'}$ als Ordinate $\overline{A_3 F_3}$ aufgetragen ist. Die Schubstangenkraft s bildet ferner in Fig. 5 die Ordinaten der strichpunktierten Linie.

Die Schubstangenkraft s ergiebt durch weitere Zerlegung die Tangentialkraft t und die Radialkraft r. Die erstere wird gewöhnlich als Ordinate über dem Kurbelzapfenwege aufgetragen, zu welchem Zwecke man sich den Umfang $2 R \pi = S \pi$ des Kurbelkreises nach Fig. 7, Blatt 26 in eine Gerade ausstreckt. Teilt man sich den Kurbelkreis selbst, sowie den gestreckten Umfang $S \pi$ in dieselbe Anzahl, z. B. 12, gleiche Teile, so kann man die in den einzelnen Teilpunkten des ersteren aus dem resultierenden Horizontaldruck (Fig. 5) ermittelte Tangentialkraft t leicht nach den entsprechenden Teilpunkten des letzteren (Fig. 7) übertragen, und zwar so, dass sowohl für den Hin-, als auch für den Rücklauf alle treibenden, also mit der Kurbelbewegung gleichgerichteten Tangentialkräfte oberhalb, alle anderen unterhalb der Basis angetragen werden. Man erhält dadurch das **Tangentialdruck-Diagramm** abdfhi in Fig. 7, Tafel 26. Die radiale Kraft r dagegen kann man, wie in Fig. 5, Tafel 26 geschehen, gleich von der jeweiligen Lage des Kurbelzapfenmittels radial nach innen oder aussen ihrer Richtung gemäss einzeichnen und kommt dadurch zu dem **Radialdruck-Diagramm** ghikg; dasselbe ist indes nur von geringer Wichtigkeit.

Für die Lage III des Kurbelzapfenmittels in Fig. 5, Tafel 26 ist z. B. die Schubstangenkraft $s = \overline{III-4}$ zerlegt in die Tangentialkraft $t = \overline{4-5}$ und die Radialkraft $r = \overline{III-5}$. Die erstere ist im Punkte III der Fig. 7 als Ordinate aufgetragen, die letztere bildet mit 5 einen Punkt der Radialkurve. Irgend ein Radius des Kurbelkreises in Fig. 5 schneidet also zwischen dem letzteren und der Radialdruckkurve ghikg die Radialkraft ab, die nach innen gerichtet ist, wenn der Abschnitt innerhalb, nach aussen, wenn er ausserhalb des Kurbelkreises liegt.

Der Gesamtinhalt der Flächen des Tangentialdruck-Diagrammes, welche oberhalb der Basis ($\overline{oi}$, Fig. 7, Blatt 26) liegen, muss der Arbeit proportional sein, welche, abgesehen von den Reibungsverlusten, vom Dampfdruck an die Kurbelwelle übertragen wird, während der Inhalt der unter der Basis liegenden Flächen in den gewählten Massstäben die Arbeit darstellt, welche von der rotierenden Masse auf der Schwungradwelle wieder an das Gestänge zurückgeleitet wird. Die Differenz der Flächen über und unter der Basis des Tangentialdruck-Diagrammes ergiebt somit die Arbeit, welche unter Vernachlässigung der Nebenhindernisse in der Maschine während eines Doppelhubes zur Drehung der Kurbelwelle verbleibt. Da diese Arbeit ebenso gross wie die des Dampfes auf beiden Seiten des Kolbens während derselben Zeit ist, so muss auch die Differenz der erwähnten Flächen des Tangentialdruck-Diagrammes der Fläche des Dampfüberdruck-Diagrammes (abcdefa in Fig. 4, Tafel 26) gleich sein.

In Fig. 7, Tafel 26 sind weiter zu einem später zu erklärenden Zwecke die aus Fig. 5 zu entnehmenden resultierenden Horizontaldrucke über dem Umfange $\overline{oi} = S\pi$ des Kurbelkreises aufgetragen. Die dadurch erhaltene strichpunktierte Kurve ist, da die Geschwindigkeit im Kurbelkreise als nahezu konstant angesehen werden kann, ein bestimmter Teil dieses Kreises also immer in derselben Zeit durchlaufen wird, ein auf die Zeitbasis bezogenes Horizontaldruck-Diagramm.

Lassen wir nun bei der Betrachtung der Vorgänge, welche ein solcher Druckwechsel in den Gelenkpunkten des Gestänges bewirkt, den Kreuzkopfzapfen vorläufig ausser acht und verfolgen vorerst nur den Kurbelzapfen, so erkennen wir, dass bis zum Punkte Y in Fig. 5, Tafel 26 und Fig. 22 des Textes hier der nach rechts gerichtete resultierende Horizontaldruck das Gestänge gegen den Kurbelzapfen pressen, die Schubstange sich also mit der linken Schale des rechten Endes gegen diesen Zapfen legen wird. Der Kurbelzapfen und das rechte Schubstangenauge werden sich ferner bis zu dem erwähnten Punkte hin mit gleicher Geschwindigkeit bewegen. Von Y an aber hört der kinematische Zusammenhang dieser beiden Teile auf.[1]) Infolge des nun nach links anwachsenden resultierenden Horizontaldruckes und des in den Schalen des Kurbelzapfens stets vorhandenen Spielraumes δ (Fig. 22 des Textes), der bis Y hin rechts lag, bleibt jetzt nämlich das rechte Schubstangenauge und das ganze Gestänge immer mehr gegen den Kurbelzapfen, der mit der Kurbel und -welle vom Schwungrade weitergedreht wird, zurück, und die Verschiedenheit in den Geschwindigkeiten, mit denen sich beide Teile in gleicher Richtung weiter bewegen, wird immer grösser. Dies dauert so lange, bis dass das betreffende Schubstangenende um den Spielraum δ der Schalen gegen den Kurbelzapfen zurückgeblieben ist und sich die rechte Schale dieses Endes auf den Kurbelzapfen setzt, was mit einem mehr oder weniger heftigen Stosse geschehen muss, da beide Teile ja im Augenblicke des Zusammentreffens eine gleich gerichtete, aber verschiedene Geschwindigkeit besitzen. Während dieses Vorganges ist der Kurbelzapfen von I nach II gelangt, der Kolben von Y nach Z (Fig. 22 des Textes) gekommen. Der Kurbelzapfen hat während dieser Zeit den Weg $\delta + m$, das Gestänge aber nur den Weg m in horizontaler Richtung zurückgelegt. Die Arbeit, welche der resultierende Horizontaldruck bei diesem Zurückhalten der Gestängemassen gegenüber dem Kurbelzapfen leistete, ist der in der Figur schraffierten Fläche YZV proportional und wird im Augenblicke, wo der Stoss erfolgt, teils zur Formänderung, teils zur Vermehrung der lebendigen Kraft des Kurbelzapfens, der Kurbel u. s. w. verwendet.

Fig. 22.

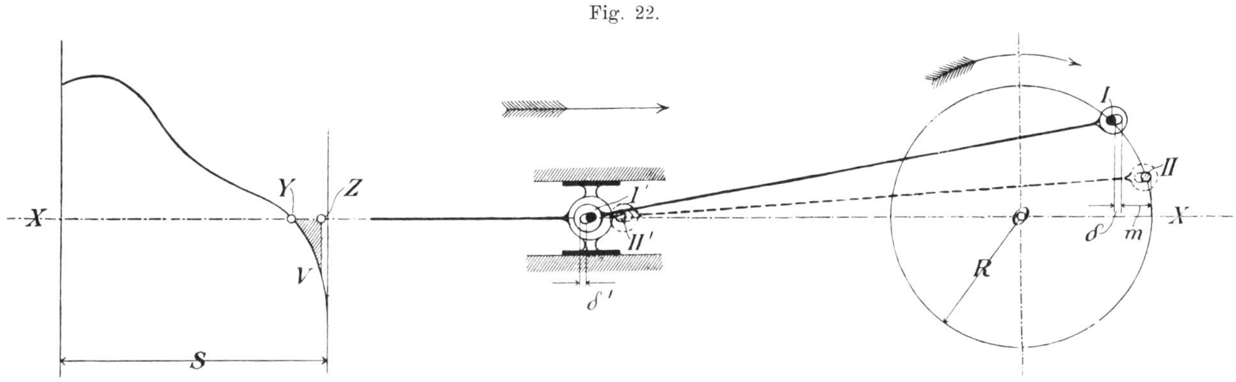

§ 12.

Die Ruhe des Ganges bei den Eincylindermaschinen.

Der Gang einer Maschine kann hauptsächlich durch Stösse im Gestänge und durch Schwingungen der ganzen Maschine gestört und unruhig werden. Es ist von grösster Wichtigkeit, die Ursachen dieser Störungen, sowie die Mittel zur Vermeidung derselben kennen zu lernen.

Die **Stösse am Kurbel- und Kreuzkopfzapfen,** den Gelenkpunkten des Gestänges, haben zunächst in dem Folgenden ihren Grund. In Fig. 5, Tafel 26 schneidet während des Hinlaufes die Kurve des resultierenden Horizontaldruckes, der sich nach dem vorigen Paragraphen aus dem Dampfüberdruck des Kolbens und dem zugehörigen Massendruck zusammensetzt, die Hublinie $\overline{AA'}$ im Punkte Y. Es bedeutet dies, dass an der betreffenden Stelle der resultierende Horizontaldruck, durch Null hindurchgehend, seine Richtung ändert, dass also hier ein Druckwechsel stattfindet. Hervorgerufen wird derselbe dadurch, dass der Dampfüberdruck, der vom Punkte c in Fig. 4, Tafel 26 an sich der Bewegung des Kolbens entgegen stellt, vor Y kleiner, in Y gleich und hinter Y grösser als der gleichzeitige Druck der im Bewegungssinne voranschnellenden Massen ist.

1) Streng genommen erst dann, wenn die elastische Verkürzung des Gestänges durch den früheren Druck aufgehoben ist.

Im Vorstehenden erfolgte der Druckwechsel und Stoss vor der Totlage. Tritt er hinter der Totlage ein, was z. B. der Fall ist, wenn in der Totlage der Dampfüberdruck kleiner als der hier zur Beschleunigung des Gestänges erforderliche Massendruck ist, so bleiben doch die oben beschriebenen Vorgänge ähnliche. In Fig. 23 des Textes ist dieser Fall angedeutet. da ist hier die Kurve des Dampfüberdruckes, q′ q diejenige des Massendruckes, ef diejenige des resultierenden Horizontaldruckes für den Rücklauf des Kolbens.

Bis zum Druckwechsel in Y, also über die Totlage hinaus, wird im vorliegenden Falle der nach rechts gerichtete resultierende Horizontaldruck das Gestänge mit der linken Schale des rechten Schubstangenauges gegen den Kurbelzapfen drücken. Von Y an aber wird der jetzt nach links gerichtete Horizontaldruck die Gestängemasse gegenüber dem Kurbelzapfen zu beschleunigen suchen, so dass beide Teile sich nun getrennt voneinander mit verschiedener Geschwindigkeit unter stetigem Anwachsen der Geschwindigkeitsdifferenz voranbewegen. Dies dauert so lange, bis dass in der Lage II die rechte Schale sich wieder mit einem Stoss auf den Zapfen setzt, in welchem Augenblicke der letztere sich aus der Lage I um die Strecke m, das Gestänge aber um den Weg $m + \delta$ in horizontaler Richtung entfernt hat.

Fig. 23.

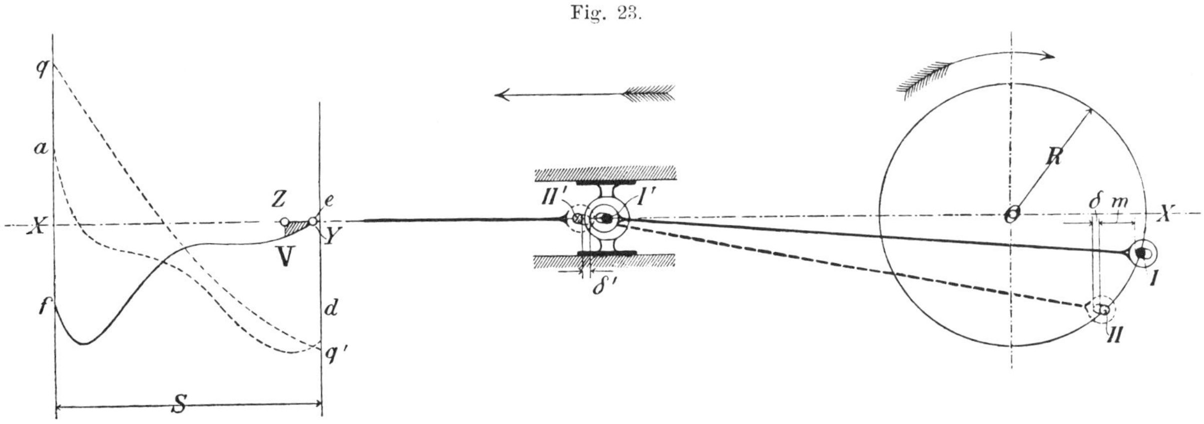

Die Vorgänge, von denen der Druckwechsel am Kreuzkopfzapfen begleitet ist, sind entsprechende wie die am Kurbelzapfen, nur gehen sie den letzteren voraus, finden früher als diese statt, weil die Gestängemasse bis zum Kreuzkopfzapfen kleiner als die bis zum Kurbelzapfen ist. Der Druckwechsel am Zapfen des Kreuzkopfes wird zunächst in einem Punkte vor sich gehen, den man als Schnittpunkt der Linie $\overline{AA'}$ in Fig. 5, Tafel 26 und einer resultierenden Horizontaldruckkurve erhält, welche mit Hilfe einer das Gestänge nur bis zum Kreuzkopfe berücksichtigenden Massendrucklinie konstruiert ist. Bis zu diesem Punkte hin liegt, wie die Lage I′ in Fig. 22 und 23 des Textes erkennen lässt, die rechte Schale des linken Schubstangenauges am Kreuzkopfzapfen an. Von nun an aber bleiben die Massen des Gestänges bis zu diesem Zapfen gegenüber der Schubstange zurück, oder eilen dieser voran, je nachdem der Druckwechsel vor oder hinter der Totlage stattfand. Ist die hierdurch entstehende Wegesdifferenz gleich dem Spielraum δ' geworden, so schlägt der Kreuzkopfzapfen gegen die linke. Schale. Während dieser Zeit hat die Schubstange noch immer mit der linken Schale ihres rechten Auges am Kurbelzapfen angelegen, von dem sie sich, wie oben beschrieben, erst trennt, wenn in Bezug auf ihn der resultierende Horizontaldruck Null geworden, der Kolben also nach Y gekommen ist.

Nachdem wir so im Vorstehenden die Vorgänge während des Druckwechsels und die Ursachen des damit verbundenen Stosses erörtert haben, interessiert es uns weiter, zu wissen, wovon die Stärke oder Heftigkeit des Stosses abhängig ist, unter welchen Umständen der Stoss die Ruhe des Ganges und die Sicherheit der einzelnen Teile der Maschine ganz besonders gefährden kann, und wodurch wir die nachteiligen Folgen des Stosses vermeiden, den Stoss also unschädlich machen können. Ohne hier auf eine genaue theoretische Behandlung der Sache, wie sie in höchst interessanter Weise von Wehage und Stribeck in der Zeitschrift deutscher Ingenieure[1]) durchgeführt ist, einzugehen, gelangen wir durch einfache Überlegung zu dem folgenden Schluss, wie er bereits von v. Reiche, Wehage und Anderen aufgestellt worden ist.

Treffen zwei Massen, die sich in derselben Richtung mit ungleicher Geschwindigkeit bewegen, aufeinander, so wird der eintretende Stoss bekanntermassen um so heftiger, je grösser die beiden Massen und die Differenz ihrer Geschwindigkeit im Augenblicke des Zusammentreffens sind. Da aber die hier in Frage kommenden Massen, die man natürlich möglichst klein zu halten hat, bei einer vohandenen oder neu zu bauenden Maschine als gegeben bezw. nur wenig veränderlich zu betrachten sind, so hängt die Heftigkeit des Stosses vornehmlich von der erwähnten Geschwindigkeitsdifferenz ab. Diese aber wird bei derselben Grösse des Spielraumes in den Lagerschalen, den man ebenfalls möglichst gering zu halten hat, offenbar um so grösser ausfallen, in je kürzerer Zeit die beiden fraglichen Massen aus der Lage I (Fig. 22 u. 23 des Textes) zu Beginn des Druckwechsels, wo die Verschiedenheit ihrer Geschwindigkeiten anfing, in die Lage II des eintretenden Stosses kommen. Dieser Lagenwechsel wird weiter unter sonst gleichen Verhältnissen um so schneller vor sich gehen, je schneller der resultierende Horizontaldruck vom Druckwechsel, also vom Punkte Y bezüglich des Kurbelzapfens, an

1) Jahrgang 1884: Wehage, Über den ruhigen Gang der Dampfmaschinen, 1893: Stribeck, die bei den Dampfmaschinen auftretenden Stösse an Kurbel- und Kreuzkopfzapfen.

wächst, und wir müssen also das Anwachsen des resultierenden Horizontaldruckes in Bezug auf die Zeitachse verfolgen, wenn wir die Heftigkeit des Stosses beurteilen wollen. Da sich nun, wie wenigstens stets angenommen wird, der Kurbelzapfen mit gleichförmiger Geschwindigkeit bewegt, so sind die Wege desselben der Zeit proportional. Tragen wir also, wie schon auf Seite 33 angegeben, über dem Wege $S\pi$ des Kurbelzapfenmittels die resultierenden Horizontaldrucke in den einzelnen Lagen der Kurbel als Ordinaten auf, so erkennen wir aus dem Verlauf der so erhaltenen Kurve (Fig. 7, Tafel 26 die strichpunktierte Linie) vor und hinter dem Punkte Y, wie dieser Druck, bezogen auf die Zeit, ab- bezw. zunimmt. Je steiler diese Kurve die Zeitachse schneidet, desto heftiger wird natürlich der Stoss, und umgekehrt, je flacher diese Kurve durch die Zeitachse setzt, desto sanfter wird der Stoss vor sich gehen. Der Winkel α (Fig. 7, Tafel 26) also, welchen die Tangente im Schnittpunkte Y der Kurve des resultierenden Horizontaldruckes mit der Zeitachse bildet, giebt uns ein Mass für die Stärke des Stosses, und um diesem die Heftigkeit zu nehmen, müssen wir suchen, den Winkel α nicht zu gross werden zu lassen.

Stribeck ermittelt in der oben erwähnten Abhandlung als Massstab für die Härte des Stosses den Wert $\sqrt[3]{\operatorname{tg}\alpha}$. Wird $\alpha = 90^0$, d. h. geht die vorhin angeführte Kurve des resultierenden Horizontaldruckes senkrecht durch die Zeitachse, so wird offenbar, da $\operatorname{tg}\alpha = \infty$ ist, die Stosskraft unendlich gross. Aber auch schon die nahe an 90^0 liegenden Werte von α müssen eine ganz bedeutende Stosskraft zur Folge haben, die, in der Minute so und so oft wiederholt, unbedingt zu einem Bruche irgend eines Maschinenteiles führen muss.

Von besonderer Wichtigkeit ist es nun für uns, diejenigen Lagen kennen zu lernen, in deren Bereich an unseren Betriebsdampfmaschinen der Druckwechsel und Stoss für gewöhnlich besonders nachteilig werden kann. Von diesen Lagen müssen wir natürlich den Druckwechsel fern zu halten suchen.

Ist zu Ende des Kolbenhubes der Massendruck kleiner als der Dampfüberdruck, so erfolgt der Druckwechsel vor der Totlage. In diesem Falle ist es meistens gefährlich, den Druckwechsel in die Dampfvoreintrittsperiode fallen zu lassen — der etwas später auftretende Stoss kommt dann gewöhnlich in die Totlage — weil während dieser Periode der Dampfüberdruck sehr schnell anwächst und also bei einem hierhin verlegten Druckwechsel der resultierende Horizontaldruck gegen die Zeitachse in der Regel sehr steil ansteigt. Man muss vielmehr in einem solchen Falle darnach trachten, den Druckwechsel genügend weit vor dieser Periode eintreten zu lassen. Das Mittel hierzu bietet die Kompression[1]) des Dampfes, die, in richtiger Grösse angewandt, ein in jedem beliebigen Grade gewünschtes allmähliches Anwachsen des Dampfüberdruckes gegenüber dem Massendrucke und ein entsprechend flaches Durchschneiden der Zeitachse von der resultierenden Horizontaldruckkurve ermöglicht, also einen ungefährlichen, sanften Stoss zur Folge hat.

Es sei hier darauf hingewiesen, dass Radinger in seinem berühmten und wertvollen Buche „Dampfmaschinen mit hoher Kolbengeschwindigkeit"[1]) den kurz vor der Totlage auftretenden Stoss für nicht gefährlich hält. Er begründet dies damit, dass bei einem hierhin entfallenden Druckwechsel der in Fig. 22 des Textes mit m bezeichnete Weg, auf welchem Schubstange und Kurpelzapfen sich getrennt voneinander bewegen, fast Null ist und deshalb die Stosserscheinung belanglos bleibt, auch selbst bei absolut keiner Kompression der Dampfdruck doch nicht momentan am Kolben auftreten kann, sondern der frische Dampf eine endliche Zeit braucht, ehe er durch die Kanäle und entlang des Kolbendurchmessers seinen vollen Druck auf den Kolben äussert.

Stribeck gelangt dagegen in seiner Abhandlung zu der gerade entgegengesetzten Ansicht, und hält den Stoss für um so ungefährlicher, je weiter derselbe von der Totlage entfernt stattfindet. Nach ihm ist weniger die Stossarbeit als die Stosskraft für die Beurteilung der Heftigkeit eines Stosses massgebend, und diese fällt für gewöhnlich bei unseren Betriebsmaschinen in der Nähe der Totlage sehr gross aus; auch sind nach Stribeck die Vorgänge nach dem Stoss, bezüglich derer auf die sehr lehrreiche Abhandlung in der Zeitschrift deutscher Ingenieure selbst verwiesen werden muss, für die Sicherheit der einzelnen Teile um so bedenklicher, je näher der Druckwechsel und Stoss der Totlage liegt.

Schliesslich sei darauf aufmerksam gemacht, dass die zwischen Zapfen und Lagerschale befindliche Ölschicht auch durch ihre polsterartige Wirkung zur Sanftheit des Stosses beiträgt, und zwar um so mehr, je grösser ihre Dicke[2]), je geringer also die zwischen beiden Teilen herrschende spezifische Flächenpressung ist.

Ist aber am Ende des Kolbenhubes der Massendruck grösser als der Dampfüberdruck, so tritt der Druckwechsel und Stoss hinter der Totlage ein. Es kann dies bei grossen Maschinen mit schwerem Gestänge und hoher Kolbengeschwindigkeit vorkommen. Hier bleibt die Kompression ohne Einfluss auf den Druckwechsel. Der Stoss wird in einem solchen Falle unter sonst gleichen Verhältnissen gewöhnlich heftiger auftreten, wenn die Massendrucklinie die Dampfüberdrucklinie während des Dampfeintrittes schneidet (was z. B. in Fig. 23 des Textes beim Hinlauf, für den nur die Massendrucklinie angedeutet ist, der Fall sein würde), als wenn dies während der Expansionsperiode geschieht, weil im letzteren Falle beide Linien sich meistens unter einem viel spitzeren Winkel treffen und deshalb auch der resultierende Horizontaldruck während des Druckwechsels viel langsamer ab- und zunimmt. Die Grösse des Winkels α bleibt aber auch hier für die Heftigkeit des Stosses massgebend.

Bemerkt sei hierzu, dass Radinger einen Druckwechsel hinter der Totlage für äusserst gefährlich hält und stets vermieden wissen will, also höchstens eine solche Kolbengeschwindigkeit für statthaft erachtet, die zur Beschleunigung der Gestängemassen bei Beginn des Hubes einen Druck verlangt, der kleiner als der Dampfüberdruck ist. Radinger sagt hierüber in seinem schon früher angeführten Werke: „Die zulässige Kolbengeschwindigkeit steht mit der erreichbaren Dampfspannung im Cylinder und der Füllung im

1) Wenn erforderlich, noch unterstützt durch eine genügend lange Dampfvoraustrittsperiode auf der anderen Kolbenseite und einen grossen schädlichen Raum.

1) Verlag von Carl Gerold's Sohn in Wien.

2) Natürlich bis zu einer gewissen Grenze.

engsten Zusammenhange. Sie darf nämlich nie so gross werden, dass zu ihrer Erzeugung in den Massen ein höherer Druck nötig wäre, als der Dampf eben auf den Kolben äussert. Im anderen Falle müsste der Unterschied vom Schwungrade aus durch die Kurbel auf die bewegten Massen übertragen werden, und anstatt selbst auf den Kurbelzapfen zu drücken, würde das Gestänge ein kurzes Wegstück lang von demselben geschleppt. Dadurch käme aber während eines einfachen Hubes ein wechselndes Spiel von Zug und Druck in die Stangen, und in diesen, welche sich unter Zug und Druck immer etwas strecken und stauchen, und in den Köpfen, welche in ihren Schalen immer etwas Luft haben, würden Stösse und Erschütterungen auftreten, welche selbst die Gefahr des Bruches der Zapfen und mit dem des Zusammenbruches der ganzen Maschine mit sich bringen können." Hierauf kann erwidert werden, dass auch Stösse nach der Totlage nicht bedenklich werden, wenn nur der $\sphericalangle \alpha$ genügend klein bleibt, wie dies die Erfahrung auch bestätigt.

Das vorstehend angegebene Verfahren zur Bestimmung des Druckwechsels ist nicht ganz genau, da streng genommen das Eisengewicht der Schubstange und andere vom Trägheitsmoment derselben herrührende Seitenkräfte, sowie die Kolben-, Kolbenstangen- und Kreuzkopfreibung mit berücksichtigt werden müssten, auch lässt sich bei neu zu entwerfenden Maschinen der Verlauf der Druckkurve von vornherein nicht ganz genau angeben. Man wird deshalb gut thun, mit einer möglichen geringen Verschiebung des Druckwechsels bei der Verfolgung und Beurteilung der Stösse am Kreuzkopf- und Kurbelzapfen zu rechnen.

Das Gestänge kann weiter unter Umständen durch den Kreuzkopf **Stösse in der Schlittenbahn** veranlassen, die dann natürlich dort auftreten, wo der Normaldruck seine Richtung wechselt. Die Punkte, in denen dieser Druck- und ein mit ihm verbundener Bahnwechsel stattfindet, lassen sich leicht aus dem Normaldruck-Diagramm, wie es z. B. Fig. 6, Tafel 26 zeigt, ermitteln. Bei liegenden Maschinen findet der Druckwechsel offenbar dort statt, wo die Normaldruckkurve eine Horizontale $\overline{gg'}$ schneidet, die oberhalb der Linie $\overline{AA'}$ in einem Abstande gezogen ist, der in dem gewählten Kräftemassstabe dem auf 1 qcm der nutzbaren Kolbenfläche bezogenen Gewichte des Kreuzkopfes entspricht. Laufen nun solche Maschinen vorwärts, so ist, wie auch die Figur zeigt, entweder gar kein Druckwechsel oder nur ein solcher vorhanden, der mit äusserst geringer Neigung gegenüber der Linie $\overline{gg'}$ verläuft; bei solchen Maschinen ist also für gewöhnlich eine Störung des Ganges durch den Druckwechsel in der Schlittenbahn nicht zu befürchten. Bei rückwärts laufenden, liegenden Maschinen dagegen, bei denen, wie im vorigen Paragraphen gezeigt wurde, der Normaldruck während des grössten Teiles des Hubes nach oben gerichtet ist, die zugehörige Kurve also fast ganz oberhalb der Linie $\overline{AA'}$ verläuft, wird stets ein Druck- und Bahnwechsel stattfinden, und aus der Neigung der Normaldruckkurve gegenüber der Linie $\overline{gg'}$ wird man wieder Schlüsse auf die Heftigkeit des mit einem solchen Druckwechsel verbundenen Stosses ziehen können. Das Gleiche ist der Fall für alle stehenden Maschinen, bei denen aber der Druck- und Bahnwechsel in den Schnittpunkten der Normaldruckkurve mit der Linie $\overline{AA'}$ (also z. B. in Fig. 6, Blatt 26 [1]) in den Punkten Y und X) eintritt, weil hier der Normaldruck horizontal nach links oder rechts, das Gewicht des Kreuzkopfes vertikal abwärts gerichtet ist.

Schliesslich können durch die Änderungen der Schubstangenkraft des Gestänges unter Umständen noch Stösse im vorderen Kurbelwellenlager der liegenden Maschinen hervorgerufen werden. Ob ein Druckwechsel in diesem Lager stattfindet, und wie derselbe verläuft, erkennt man aus dem Wechsel, dem die Richtung des resultierenden Zapfendruckes daselbst für die einzelnen Lagen der Hauptkurbel unterworfen ist. Wie dieser resultierende Zapfendruck r_1 des vorderen Kurbelwellenlagers konstruiert wird, wurde bereits auf Seite 30 angegeben. Bei liegenden Maschinen fällt infolge der vertikal nach unten gerichteten grossen Schwungradbelastung der Druck r_1 gewöhnlich in die untere Hälfte der Lagerbohrung und ändert hier ziemlich stetig seine Grösse und Richtung, sodass bei gut konstruierten und ausgeführten liegenden Maschinen ein Stoss im vorderen Lager der Kurbelwelle für gewöhnlich nicht auftritt.

In Fig. 5, Tafel 26 sind [2]) für eine Anzahl Kurbellagen I, II . . . . XII beim Hinlauf und I', II', III' . . . . . XII' beim Rücklauf die resultierenden Zapfendrucke im vorderen Wellenlager konstruiert und dann in der jeweiligen Richtung von dem Wellenmittel aus aufgetragen worden. So geht für den Hinlauf der Druck r_1 vom Wellenmittel aus bis 1, 2, 3, ... 12, für den Rücklauf bis 1', 2', 3' . . . . 12'. Für die Kurbellage III z. B. erhält man r_1, indem man vom Wellenmittel aus zunächst nach unten bis p den auf das vordere Kurbelwellenlager entfallenden Teil g_1 des Schwungradgewichtes (bezogen auf 1 qcm nutzbare Kolbenfläche) aufträgt und weiter py gleich dem entsprechenden Teil d_1 des Riemen-, Seilzuges etc., y3 gleich diesem Teil $s\frac{a+c}{c}$ der Schubstangenkraft macht.

Die äussersten Lagen, zwischen denen der resultierende Zapfendruck im vorderen Wellenlager schwankt, sind für den Hinlauf 5, für den Rücklauf 3'.

Bei stehenden Maschinen erhält man annähernd die Grösse des hier in der Hauptsache vertikal gerichteten resultierenden Zapfendruckes der einzelnen Lager, wenn man den auf diese entfallenden Teil des resultierenden Horizontaldruckes beim Niedergange vermehrt, beim Hochgange vermindert um den entsprechenden Teil des Schwungradgewichtes. Die Kurve des resultierenden Zapfendruckes wird also ungefähr wie die des resultierenden Horizontaldruckes (z. B. Fig. 3, Tafel 27) verlaufen, und man ersieht daraus, dass bei stehenden Maschinen viel leichter ein Druckwechsel und Stoss in den Kurbelwellenlagern entstehen kann als bei liegenden In jedem Falle wird die Neigung der zugehörigen Druckkurve gegen die Zeitachse an der Stelle des Druckwechsels wiederum massgebend für die Heftigkeit des auftretenden Stosses sein.

Die Ruhe des Ganges kann schliesslich durch **Schwingungen** gestört werden, welche die ganze Maschine

1) Falls dieses Diagramm einer stehenden Maschine angehörte.

2) Nach Wehage, „Über den ruhigen Gang der Dampfmaschinen", Zeitschrift deutscher Ingenieure, 1884.

infolge der hin- und hergehenden Massen des Gestänges anstrebt. Hiervon überzeugt man sich nach **Radinger**[1]) am besten in der folgenden Weise.

Geht in Fig. 24 des Textes der Kolben von links nach rechts, so wirkt in entgegengesetzter Richtung auf

Fig. 24.

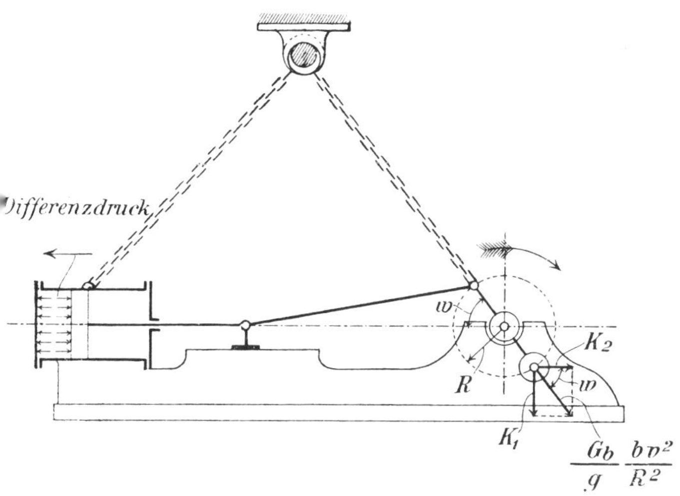

den hinteren Cylinderdeckel der volle Dampfdruck dieser Seite, auf den Kolben dagegen in gleicher Richtung dieser Dampfdruck anfangs vermindert, später vermehrt um den bei der Beschleunigung bezw. Verzögerung des Gestänges auftretenden Massendruck. Dieser letztere ist also in jedem Augenblicke der Differenz zwischen Deckel- und Kolbendruck der Grösse und Richtung nach gleich. Während des ersten Teiles der erwähnten Kolbenbewegung, wo der Deckeldruck überwiegt, ist die Differenz von rechts nach links gerichtet und sucht also den Schwerpunkt der ganzen Maschine in dieser Richtung zu verschieben. Während des zweiten Teiles des vorliegenden einfachen Kolbenhubes, wo der Kolbendruck grösser ist, wirkt dagegen die Differenz beider Drucke ebenso wie der Massendruck hier von links nach rechts und hat also das Bestreben, den Schwerpunkt der ganzen Maschine nach der rechten Seite fortzurücken. Während des anderen einfachen Hubes findet Entsprechendes statt.

Die angedeuteten Verschiebungen des Schwerpunktes und der ganzen Maschine kommen zum Vorschein, wenn man die letztere nach Fig. 24 des Textes an Seilen oder Ketten um einen Punkt pendelnd aufhängt. Während des Hinlaufes würde dann die Maschine zuerst nach links, später, sobald nämlich die erlangte Geschwindigkeit vernichtet ist, nach rechts schwingen; während des Rücklaufes fände das Umgekehrte statt. Auch bei schnelllaufenden, leichten Lokomobilen treten diese Erscheinungen zu Tage, wenn nicht die Reibung der Laufräder oder ein anderes Hindernis die angestrebten Verschiebungen verhütet. Bei stationären Maschinen verhindern die Fundamentanker die angedeutete Bewegung der ganzen Maschine, die dann nur noch das Bestreben zeigt, bei jeder Kolbenbewegung auf dem Fundamente in dem einen oder anderen Sinne zu zucken.

Bei stehenden Maschinen wird die dem jeweiligen Massendruck gleich grosse und gleich gerichtete Differenz zwischen Deckel- und Kolbendruck die Pressung, welche das vertikal abwärts gerichtete Eigengewicht der Maschine auf das Fundament ausübt, bald vermindern, bald vermehren; das erstere, wenn die erwähnte Differenz nach oben, das letztere, wenn dieselbe nach unten wirkt. Dadurch erhält der Schwerpunkt solcher Maschinen Tendenz auf und ab zu tanzen.

Um nun den Gestängemassen ihren nachteiligen Einfluss auf die Ruhe der ganzen Maschine zu nehmen, empfiehlt es sich, **bei liegenden Maschinen mit grosser Geschwindigkeit diese Massen auszubalancieren.** Dies kann bei unendlich langer Schubstange vollständig, bei endlicher Schubstangenlänge zur Hauptsache durch ein Gegengewicht von richtiger Grösse erzielt werden, welches in der Ebene des Kurbelkreises dem Kurbelarm und Kurbelzapfen diametral gegenüber angebracht ist. Dieses Gewicht muss, wenn es den angeführten Zweck voll erfüllen soll, offenbar bei jeder Kolbenlage eine Horizontalkraft ausüben, welche mit dem Massendruck des Gestänges bei dieser Lage genau gleiche Grösse, aber entgegengesetzte Richtung besitzt.

Wiegt das Gegengewicht G_b kg, und ist sein Schwerpunkt um b von der Mitte des Kurbelkreises entfernt, so beträgt seine auf den Kurbelradius bezogene Masse

$$M_b = \frac{G_b}{g}\,\frac{b}{R},$$

unter g die Beschleunigung der Schwere verstanden. Es übt hier bei einer Geschwindigkeit v im Kurbelkreise eine Centrifugalkraft

$$M_b\,\frac{v^2}{R} = \frac{G_b}{g}\,\frac{b \cdot v^2}{R^2}$$

aus. Verfolgen wir nun nach Fig. 24 des Textes die Horizontalkomponente K_2 dieser Centrifugalkraft, so erkennen wir, dass dieselbe, genau wie oben verlangt, stets die entgegengesetzte Richtung wie der augenblickliche Massendruck des Gestänges hat und auch von derselben Grösse wie dieser wird, wenn

bei **unendlich langer Schubstange**

$$\mathbf{G_b = G\,\frac{R}{b}} \quad . \; . \; . \; . \; . \; . \; . \quad \mathbf{31}$$

ist, und G wie früher das Gestängegewicht bezeichnet.

Hat sich z. B. in Fig. 24 des Textes die Kurbel um den $\sphericalangle\,\omega$ aus der linken Totlage gedreht, so beträgt nach Gleichung 29 für unendlich lange Schubstangen der Massendruck für 1 qcm der nutzbaren Kolbenfläche $p_o\,\frac{G}{g \cdot O}$, also der ganze Massendruck

$$p_o\,\frac{G}{g} = \frac{v^2}{R}\cos\omega\,\frac{G}{g}.$$

Derselbe ist von rechts nach links gerichtet. Das Gegengewicht dagegen, welches um den $\sphericalangle\,\omega$ aus der rechten Totlage gerückt ist, übt in horizontaler Richtung eine Kraft

$$K_2 = M_b\,\frac{v^2}{R}\cos\omega = \frac{G_b}{g}\,\frac{b \cdot v^2}{R^2}\cos\omega$$

1) Radinger, Dampfmaschinen mit hoher Kolbengeschwindigkeit. Verlag von Carl Gerold's Sohn in Wien.

aus, die von links nach rechts wirkt. Sollen beide Kräfte sich vollständig aufheben, so muss

$$\frac{v^2}{R} \cos \omega \frac{G}{g} = \frac{G_b}{g} \frac{b \cdot v^2}{R^2} \cos \omega,$$

oder

$$G_b = G \frac{R}{b}$$

sein. Die Gleichung 31 lässt sich auch

$$\frac{G_b}{g} \frac{b}{R} = M_b = \frac{G}{g}$$

schreiben und sagt dann:

Ist bei unendlich langer Schubstange die auf den Kurbelradius R reduzierte Masse des Gegengewichtes ebenso gross wie die Gestängemasse, so ist eine vollständige Ausbalancierung in dem oben erwähnten Sinne vorhanden.

Bei **endlicher Schubstangenlänge** würde indes ein nach Gleichung 31 bemessenes Gegengewicht die Gestängemassen nur in der Hauptsache ausbalancieren, und zwar würde der Teil

$$\pm \frac{v^2}{R} \frac{R}{L} \cos 2\omega \frac{G}{g}$$

des Massendruckes nicht aufgehoben werden.

Der vorstehende Wert stellt nämlich den Betrag dar, um welchen der ganze Massendruck bei endlicher Schubstangenlänge (Gleichung 30) grösser bezw. kleiner als bei unendlich langer ist. Dieser nicht ausgeglichene Teil des Massendruckes erreicht offenbar seinen höchsten Wert für $\omega = 0$ und 180^0, also in den beiden Totlagen, und wird dann

$$\pm \frac{v^2}{R} \frac{R}{L} \frac{G}{g},$$

beträgt somit den $1 + \frac{L}{R}$ Teil des vollen Massendruckes

$$\frac{v^2}{R} \left(1 \pm \frac{R}{L}\right) \frac{G}{g}$$

in diesen Lagen der Kurbel. Für $\frac{R}{L} = \frac{1}{5}$ würde also höchstens der $1 + 5 = 6$te Teil des ganzen Massendruckes bei einem nach Gleichung 31 berechneten Gegengewicht nicht aufgehoben sein.

Da eine vollständige Ausbalancierung der Gestängemassen also bei liegenden Maschinen mit endlicher Schubstangenlänge durch das nach Gleichung 31 bemessene Gegengewicht nicht zu erzielen ist, so empfiehlt Radinger, das letztere hier mit Rücksicht auf die weiter unten verfolgte andere (vertikale) Komponente K_1 der Fliehkraft desselben nur gleich dem 0,5 bis 0,8fachen des durch Gleichung 31 bestimmten zu machen, also zu nehmen

$$\mathbf{G_b = 0{,}5\, G \frac{R}{b} \text{ bis } 0{,}8\, G \frac{R}{b}} \quad . \quad . \quad . \quad . \quad 32$$

Da ferner das Gegengewicht nicht, wie oben verlangt, in der Ebene des Kurbelkreises untergebracht werden kann, so hat man dasselbe durch zwei nicht in dieser, sondern in parallelen Ebenen liegende Gegengewichte zu ersetzen. Die Wirkung der beiden letzteren muss natürlich dieselbe wie die des in der Kurbelkreisebene gedachten einzigen sein, und das ist der Fall, wenn, genau wie bei der Zerlegung einer Kraft in zwei parallele Komponenten,

1. die algebraische Summe der Horizontalkomponenten der Centrifugalkräfte der beiden Gewichte gleich derjenigen des für die Kurbelkreisebene berechneten, und

2. die algebraische Summe der statischen Momente aller drei Horizontalkomponenten in Bezug auf irgend einen Punkt Null ist.

Die nicht zur Ausgleichung des Massendruckes dienende zweite Komponente $K_1 = \frac{G_b}{g} \frac{b \cdot v^2}{R^2} \sin \omega$ in Fig. 24 des Textes übt bei liegenden Maschinen, wo sie vertikal gerichtet ist, für gewöhnlich keinen nachteiligen Einfluss auf die Ruhe des Ganges aus. So lange sie nach unten wirkt, erhöht sie nur den Flächendruck zwischen der Kurbelwelle und den unteren Lagerschalen, so lange sie nach oben gerichtet ist und die Welle gegen die obere Lagerschale zu pressen sucht, wird ihr nachteiliger Einfluss in dieser Richtung bei einigermassen schwerem Schwungrade vollständig aufgehoben. Die Komponente K_1 schwankt zwischen dem Werte Null in den Totlagen ($\omega = 0^0$) und dem grössten Werte $\frac{G_b}{g} \frac{b.v^2}{R^2}$, wenn die Kurbel senkrecht zur Hubrichtung steht.

Bei stehenden Maschinen dagegen würde diese Komponente K_1, die hier nach Fig. 25 des Textes horizontal wirkt, während die zur Aufhebung des Massendruckes erforderliche K_2 vertikal gerichtet ist, insofern

Fig. 25.

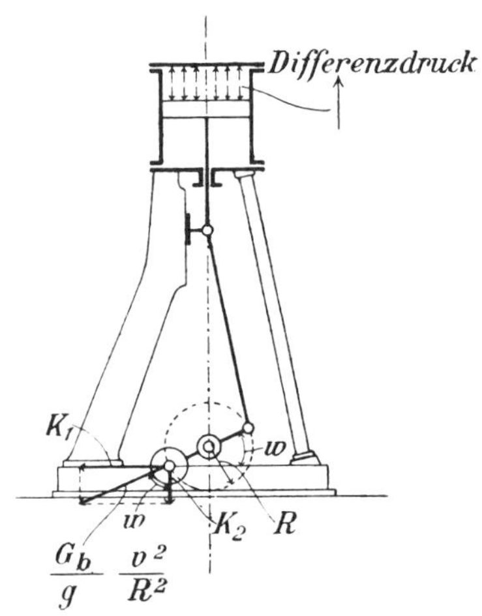

nachteilig sein, als sie den Schwerpunkt der ganzen Maschine in horizontaler Richtung zu verschieben, also der stehenden Maschine ähnlich wie der liegenden der Massendruck Zuckungen zu erteilen sucht. Bei stehenden Maschinen sieht man deshalb von einer Ausbalancierung der auf- und niedergehenden **Massen** ab und sucht nur durch ein leichtes Gestänge den Massendruck möglichst klein zu halten, sowie durch ein genügend grosses Maschinengewicht dem Abheben der Maschine, wie es durch die nach oben gerichtete Differenz zwischen Deckel- und Kolbendruck angestrebt wird, vorzubeugen; selbst in ungünstigen Fällen lassen sich auf diese Weise, namentlich bei einer genügend grossen Ankerzahl und einem hinreichend breiten und tiefen Fundamente, die Massendrucke dieser Maschinen unschädlich machen. Dagegen sucht man, wie schon früher und auch noch am Ende des nächsten Paragraphen erwähnt, bei stehenden Maschinen das **Gewicht** des Gestänges mit Rücksicht auf die Gleichmässigkeit des Ganges in anderer Weise auszubalancieren.

§ 13.
Die Gleichförmigkeit des Ganges bei den Eincylindermaschinen.

Die Arbeit, welche von der auf 1 qcm der nutzbaren Kolbenfläche entfallenden Tangentialkraft t während einer vollen Umdrehung der Maschine und unter Vernachlässigung der Nebenhindernisse in der letzteren zur Drehung der Kurbelwelle verwendet wird, ist, wie auf Seite 33 angegeben, in den betreffenden Massstäben durch die Differenz der Flächen bestimmt, welche über und unter der Basis des Tangentialdruck-Diagrammes liegen. Nimmt man nun, wie das gewöhnlich geschieht, den an der Kurbelwelle angreifenden und von der Maschine zu überwindenden Widerstand w als konstant an, so bestimmt sich dessen Grösse — immer unter der Bedingung, dass die Nebenhindernisse in der Maschine vernachlässigt werden — als Höhe eines Rechteckes, welches mit dem Tangentialdruck-Diagramm dieselbe Grundlinie ($S\pi = 2 R \pi$) und die erwähnte Differenz der Flächen desselben zum Inhalt hat. Ist also

F die Differenz dieser Flächen des Tangentialdruck-Diagrammes, oder auch die ebenso grosse Fläche des Dampfüberdruck-Diagrammes (a b c d e f a z. B. in Fig. 4, Tafel 26) in qmm,

$S\pi$ ($= \overline{oi}$ in Fig. 7, Tafel 26) die Basis des Tangentialdruck-Diagrammes in mm,

so ergiebt sich der von der Maschine zu überwindende mittlere Widerstand, bezogen auf den Kurbelradius R, in dem Kräftemassstab der Diagramme zu

$$w = \frac{F}{S\pi} \quad \ldots\ldots\ldots \quad 33$$

Solange nun in Fig. 26 des Textes, in welcher die Widerstandslinie mit $\overline{xy}$ im Abstande w parallel zur Basis des Diagrammes eingetragen ist, die veränderliche

Fig. 26.

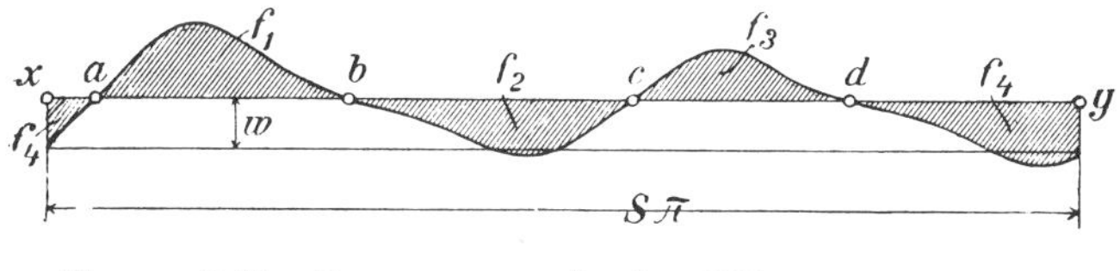

Tangentialkraft t grösser als der Widerstand w bleibt, wird die erstere offenbar die rotierenden Massen der Schwungradwelle zu beschleunigen suchen, während andererseits der Widerstand w, so lange derselbe die Tangentialkraft t übersteigt, diese Massen verzögern wird. Von a bis b und von c bis d wird demnach die Drehgeschwindigkeit der Kurbelwelle zu-, von b bis c und von d bis a dagegen abnehmen. Die Kurbelwelle und also auch der Kurbelzapfen drehen bezw. bewegen sich somit keineswegs mit konstanter Geschwindigkeit, wie dies gewöhnlich angenommen wird. Nach dem Tangentialdruck-Diagramm in Fig. 26 des Textes nimmt vielmehr die Geschwindigkeit während einer Umdrehung zweimal zu und zweimal ab. So wird während des Weges d a die Geschwindigkeit in a ihren kleinsten, in d ihren grössten Wert, während des Weges b c dagegen in b ihren maximalen, in c ihren minimalen Wert haben u. s. w.

Durch das Schwungrad, welches die hauptsächlichste der rotierenden Massen der Kurbelwelle bildet, lassen sich nun die auftretenden Schwankungen in der Geschwindigkeit bis zu jedem gewünschten Grade einschränken, aber nicht vollständig beseitigen. In das Schwungrad leiten wir während der Zeit, wo die Tangentialkraft grösser als der Widerstand ist, die von der ersteren zuviel geleistete Arbeit und vermehren dadurch die lebendige Kraft des Schwungrades, um später, wenn die Tangentialkraft kleiner als der Widerstand ist und die erstere also zur Überwindung des letzteren nicht ausreicht, dem Schwungrade wieder Arbeit zu entnehmen und dessen lebendige Kraft zu vermindern. Die in das Schwungrad geleiteten, überschüssigen Arbeiten werden in Fig. 26 des Textes durch die Flächen f_1 und f_3, die dem Schwungrade entnommen, unterschüssigen Arbeiten durch die Flächen f_2 und f_4 dargestellt. Bezeichnen wir nun mit

f den Inhalt der grössten von den vier Flächen f_1 bis f_4 — und diese müssen wir berücksichtigen, weil die durch sie wiedergegebene Arbeit die grössten Schwankungen in der Geschwindigkeit hervorruft — in qmm,

a die Arbeit in mkg, welche in den gewählten Massstäben 1 qmm der Fläche f entspricht,

v die mittlere, v_{max} die grösste und v_{min} die kleinste Umfangsgeschwindigkeit im Kurbelkreise in m für die Sekunde, wie sie infolge der in das Schwungrad eingeleiteten oder demselben entnommenen grössten Arbeit eintreten,

$\mathbf{M_s}$ die auf den Kurbelradius R bezogene Masse des Schwungrades,

so muss

$$a \cdot f \cdot 0 = \frac{1}{2} M_s \left(v_{max}^2 - v_{min}^2\right),$$

d. h. die dem Schwungrade zugeführte oder entzogene Arbeit gleich der Zu- bezw. Abnahme der lebendigen Kraft des Schwungrades sein. Ist weiter

$$\delta = \frac{v_{max} - v_{min}}{v} \quad \ldots\ldots \quad 34$$

der Ungleichförmigkeitsgrad, also das Verhältnis der auftretenden grössten Schwankung in der Kurbelgeschwindigkeit zum mittleren Werte der letzteren während einer Umdrehung, und setzt man

$$v = \frac{v_{max} + v_{min}}{2},$$

so folgt, da

$$\delta \cdot v = \frac{v_{max}^2 - v_{min}^2}{2 v}, \quad \delta \cdot v^2 = \frac{v_{max}^2 - v_{min}^2}{2}$$

ist, aus der erstgenannten Gleichung

$$\mathbf{a \cdot f \cdot 0 = M_s \cdot \delta \cdot v^2} \quad \ldots\ldots\ldots \quad 35$$

In Fig. 26 des Textes schneidet die Widerstandslinie $\overline{xy}$ die Kurve des Tangentialdruckes in vier Punkten, nämlich in a, b, c und d. Treten zwischen diesen beiden Linien mehr als vier Schnittpunkte auf, wie das z. B. bei dem Diagramm in Fig. 27 des Textes der Fall ist, so bestimmt sich der in Gleichung 35 einzuführende und für die auftretende grösste Geschwindigkeitsänderung der Maschine während einer Umdrehung massgebende Wert f folgendermassen. Man bildet die algebraische Summe der aufeinander folgenden Flächen f_1, f_2, f_3 . . . . ., wobei die Flächen, welche überschüssige Arbeiten der Tangentialkraft darstellen, positiv, diejenigen, welche unterschüssige Arbeiten wiedergeben, negativ aufzufassen sind, erhält also der Reihe nach $+f_1$, $+f_1-f_2$, $+f_1-f_2+f_3$, $+f_1-f_2+f_3-f_4$ u. s. w., bis schliesslich $+f_1-f_2+f_3-f_4+f_5-f_6+f_7-f_8$. Ist nun f' der grösste positive und f'' der grösste negative dieser aufeinanderfolgenden Werte, so hat man nach Mayer[1])

Fig. 27.

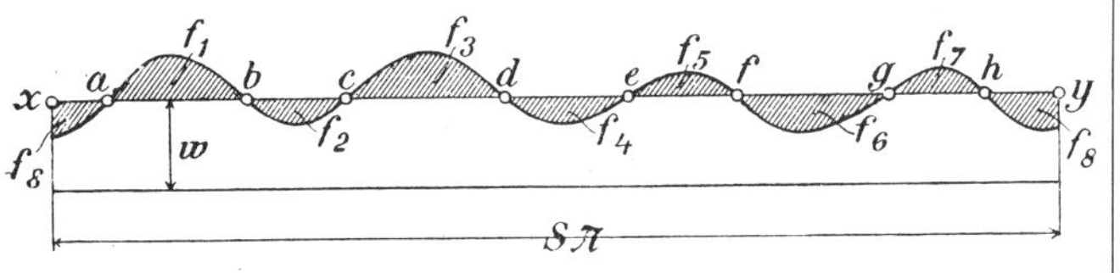

$$f = f' + f''$$

zu setzen, wobei f' und f'' absolut zu nehmen sind.

Die Gleichung 35 lässt erkennen, dass unter sonst gleichen Verhältnissen

1. δ um so kleiner wird, je grösser M_s ist. Das heisst: Je grösser die Schwungradmasse ist, desto kleiner sind die Geschwindigkeitsschwankungen, desto gleichförmiger ist der Gang der Maschine. Eine vollständige Beseitigung der Schwankungen, die für $\delta = 0$ eintreten würde, ist aber niemals durch das Schwungrad zu erreichen, da dann dessen Masse M_s unendlich gross sein müsste.

2. δ um so kleiner wird, je grösser v ist. Das sagt: Grosse Geschwindigkeiten sind der Gleichförmigkeit des Ganges günstig, oder bei derselben Schwungradmasse fallen die Geschwindigkeitsschwankungen, bei demselben Ungleichförmigkeitsgrad die erforderlichen Schwungradmassen um so kleiner aus, je grösser v ist.

3. δ um so grösser wird, je grösser f ist. Das bedeutet: Je stärker die Tangentialkurve gegen die Linie des konstanten Widerstandes abweicht, desto grösser muss bei demselben Ungleichförmigkeitsgrade die Schwungradmasse werden, oder desto ungleichförmiger geht die Maschine bei derselben Schwungradmasse. Die Über- oder Unterschussflächen des Tangentialdruck-Diagrammes fallen nun, wie man sich leicht durch Konstrucktion dieses Diagrammes für verschiedene Füllungs- und Kompressionsgrade überzeugen kann, um so grösser aus, je geringer die Füllung und je grösser die Kompression ist. Die Gleichförmigkeit des Ganges einer Maschine wächst also bei zunehmender Füllung und abnehmender Kompression, oder kleine Füllungen und hohe Kompressionen verlangen bei demselben Ungleichförmigkeitsgrad ein schwereres Schwungrad als grosse Füllungen und niedrige Kompressionen. Ferner wird bei derselben Leistung die grösste Über- oder Unterschussfläche um so kleiner werden, je weniger die Leistung für Hin- und Rücklauf voneinander verschieden ist. Bei liegenden Maschinen ist demnach eine möglichst gleiche Dauer derselben Dampfverteilungsperioden, also namentlich eine gleiche Füllung auf beiden Kolbenseiten für die Gleichförmigkeit des Ganges vorteilhaft. Bei stehenden Maschinen, wo das Gewicht des Gestänges beim Niedergange den treibenden Dampfdruck unterstützt, beim Hochgange aber demselben entgegenwirkt, ist eine Ausbalancierung des **Gewichtes** der auf- und niedergehenden Teile der Gleichförmigkeit günstig. Diese Ausbalancierung kann dadurch erzielt werden, dass man entweder die nutzbare Kolbenfläche durch eine dickere Kolbenstange auf der oberen Kolbenseite kleiner als auf der unteren macht, oder aber dadurch, dass man unter dem Kolben eine grössere Füllung als über demselben giebt. Eine Ausbalancierung der **Massen** des Gestänges durch ein Gegengewicht ist dagegen, wie im vorigen Paragraphen erklärt wurde, bei stehenden Maschinen stets zu verwerfen.

1) Graphische Bestimmung des Schwungradgewichtes von Karl Mayer, Zeitschrift deutscher Ingenieure, Jahrgang 1889.

§ 14.

Der Dampfverbrauch der Dampfmaschinen, Einfluss der Kompression und des Dampfmantels auf denselben bei der Eincylindermaschine.

Der **Dampfverbrauch** einer jeden Dampfmaschine setzt sich hauptsächlich aus drei Teilen zusammen, nämlich

1. aus dem nutzbaren Dampfverbrauch, das ist diejenige Dampfmenge, welche bis zum Beginn der Expansion hinter den Kolben tritt,

2. aus den durch die Eintrittskondensation bewirkten Dampfverlusten, nach Hrabák auch Abkühlungsverluste genannt, deren Entstehung in § 10 erörtert wurde, und

3. aus den durch Undichtheit des Kolbens, der Stopfbüchsen, der Steuerungsorgane etc. bewirkten Verlusten, die Hrabák auch als Lässigkeitsverluste bezeichnet.

Durch die Kompression kann nun der nutzbare Dampfverbrauch, durch den Dampfmantel der Abkühlungsverlust bei der Eincylindermaschine in der folgenden Weise beeinflusst werden.

Zu dem nutzbaren Dampfverbrauch gehört nämlich nicht nur diejenige Dampfmenge, welche während der eigentlichen Dampfeintrittsperiode, also während des Füllungsweges S_1 (Fig. 28 des Textes) hinter den Kolben tritt, sondern auch diejenige, welche nötig ist, um den schädlichen Raum mit Dampf von der Eintrittsspannung p anzufüllen. Herrschte am Ende der Kompression eine Spannung p_3 vor dem Kolben und ist $M \cdot 0$ der Inhalt des schädlichen Raumes, so beträgt diese letztgenannte Dampfmenge

$$M \cdot 0 \left(1 - \frac{p_3}{p}\right).$$

Mischen sich zwei Dampfmengen von dem Volumen bezw. der Spannung v_1, p_1 und v_2, p_2, so bestimmt sich die Spannung p' des Gemisches genügend genau aus

$$v_1 \cdot p_1 + v_2 \cdot p_2 = (v_1 + v_2)\, p'.$$

Im vorliegenden Falle ist nun

$$v_1 = v_1 + v_2 = M \cdot 0,\ p_1 = p_3 \text{ und } p_2 = p' = p,$$

woraus sich dann die Menge des in den schädlichen Raum nachzufüllenden frischen Dampfes zu

$$v_2 = \frac{M \cdot 0\,(p - p_3)}{p} = M \cdot 0 \left(1 - \frac{p_3}{p}\right)$$

ergiebt.

Der im schädlichen Raum befindliche Dampf wird nun keineswegs so vorteilhaft ausgenutzt wie der während des Füllungsweges S_1 in den Cylinder strömende; der erstere leistet nämlich hinter dem Kolben nur Expansions-, der letztere dagegen Volldruck- und Expansionsarbeit, indem er sowohl während seines Eintrittes als auch später während der Expansion Arbeit verrichtet. Es liegt also in unserem Interesse, die Dampfmenge, welche den schädlichen Raum anfüllen und die Spannung in ihm auf die Eintrittsspannung p bringen soll, möglichst klein zu halten. Der obige Ausdruck für diese Dampfmenge zeigt nun, dass letztere um so kleiner ausfällt, je grösser unter sonst gleichen Verhältnissen p_3, d. h. die Kompressionsendspannung, ist, je höher wir also den Dampf vor dem Kolben komprimieren. Die **Kompression** giebt uns somit ein Mittel an die Hand, durch welches wir den nachteiligen Einfluss des schädlichen Raumes auf den nutzbaren Dampfverbrauch mildern und sogar ganz aufheben können, wenn wir die Kompression bis zur Eintrittsspannung p treiben. Im letzteren Falle, der ja aus dem auf Seite 27 angeführten Grunde nicht statthaft ist, würde die in den schädlichen Raum nachzufüllende Menge frischen Dampfes Null werden und die Maschine bezüglich des nutzbaren Dampfverbrauches sich ebenso wie eine solche ohne schädliche Räume verhalten.

Die Dampfmenge, welche wir nun bei einer mit Kompression arbeitenden Maschine weniger als bei einer solchen ohne Kompression in den schädlichen Raum führen müssen, ist aber keineswegs ganz als durch die Kompression erspart anzusehen. Die letztere verlangt ja auch eine gewisse Arbeit, die aufgewendet werden muss und uns die Leistung der Maschine und den Inhalt des Indikator-Diagrammes verkleinert. Bei hoher Kompression wird ferner eine gewisse Arbeit von der Kurbel zurück nach dem Kolben geleitet, und diese Arbeit kommt mit einem doppelten Reibungsbetrage in Rechnung, verringert uns also den Wirkungsgrad der Maschine. Beide Umstände können sogar bisweilen den Nutzen der Kompression nicht nur vollständig aufheben, sondern noch überbieten, in welchem Falle die nun unökonomisch wirkende hohe Kompression nur dann als berechtigt anzusehen wäre, wenn sie mit Rücksicht auf die Ruhe des Ganges, der wir ja nach den Angaben auf Seite 27 unter allen Umständen zu genügen haben, unbedingt erforderlich ist.

Die Arbeit, welche zur Kompression des Dampfes aufgewendet werden muss, ist annähernd ebenso gross wie diejenige, welche der bei fehlender Kompression in den schädlichen Raum eintretende frische Dampf durch seine Expansion leistet, wenn die Kompression bis zur Eintrittsspannung p getrieben wird. Hiervon kann man sich leicht durch Rechnung überzeugen. Beide Arbeiten fallen nämlich vollständig gleich aus, wenn bei der erwähnten Kompression $p_3 = p$ die Expansion im Cylinder bis zur Austrittsspannung p_e geht, das Indikator-Diagramm also in eine Spitze ausläuft, und wenn Kompression und Expansion nach demselben Gesetz vor sich gehen. Da beide Bedingungen aber gewöhnlich nicht ganz erfüllt sind, so sind sich die beiden Arbeiten nur angenähert gleich, und der nachteilige Einfluss des schädlichen Raumes kann nun, abgesehen von seiner schädlichen Einwirkung auf die Eintrittskondensation, als fast vollständig beseitigt angesehen werden, da ja dann auch, wie oben angegeben, die Nachfüllung mit frischem Dampfe für diesen Raum Null ist.

Lässt man den Umstand, dass bei hohen Kompressionsgraden eine gewisse Arbeit doppelte Reibungsverluste verursachen kann, unberücksichtigt, so ermittelt sich der Nutzen, welchen die Kompression bei einer Maschine bewirkt, wie folgt. In Fig. 28 des Textes ist a b c d e f a das Indikator-Diagramm einer Maschine, die mit einer bis auf p_3 getriebenen Kompression arbeitet; der Inhalt dieses Diagrammes sei f_1. a b c d g a dagegen ist das Diagramm derselben Maschine, wenn diese mit derselben Füllung S_1, aber ohne Kompression arbeitet. Ist nun f_2

Fig. 28.

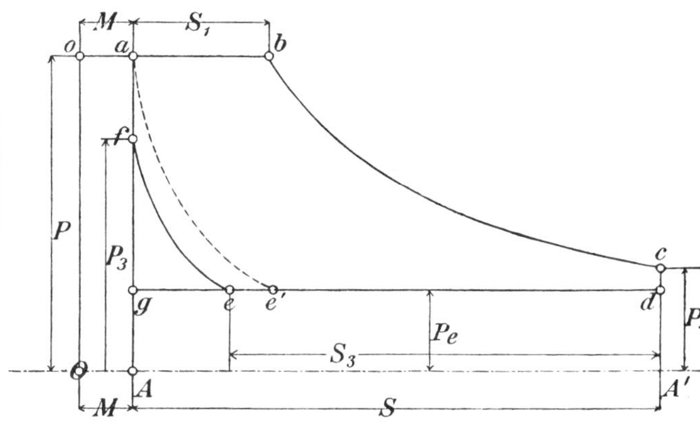

der Inhalt der Fläche f e g f, welche die zur Kompression des Dampfes im vorigen Falle aufzuwendende Arbeit darstellt, so ist der Inhalt des Diagrammes a b c d g a offenbar gleich $f_1 + f_2$. Wird mit Kompression gearbeitet, so ist ferner, unter Bezug auf den früher angegebenen Wert für die in den schädlichen Raum nachzufüllende Dampfmenge, die auf einer Kolbenseite während einer Umdrehung für jeden qcm der nutzbaren Kolbenfläche 0 erforderliche Menge frischen Dampfes

$$M\left(1 - \frac{p_3}{p}\right) + S_1,$$

und die Arbeit, welche 1 qcm der Diagrammfläche a b c d e f a entspricht, verlangt eine Dampfmenge

$$\frac{M\left(1 - \frac{p_3}{p}\right) + S_1}{f_1}.$$

Entsprechend findet sich bei fehlender Kompression diese letztgenannte Dampfmenge zu

$$\frac{M\left(1 - \frac{p_e}{p}\right) + S_1}{f_1 + f_2}.$$

Der Quotient der beiden vorstehenden Werte, nämlich

$$\frac{M\left(1-\frac{p_3}{p}\right)+S_1}{M\left(1-\frac{p_e}{p}\right)+S_1}\,\frac{f_1+f_2}{f_1}$$

giebt dann offenbar das Verhältnis der nutzbaren Dampfmenge, welche für dieselbe Arbeitsleistung bei einer mit und ohne Kompression arbeitenden Maschine gebraucht werden.

Mit den in Fig. 28 des Textes eingetragenen Bezeichnungen findet sich, wie im nächsten Abschnitt gezeigt wird, wenn Expansion und Kompression nach dem Mariotteschen Gesetze verlaufend angenommen werden,

$$f_1 = S_1 \cdot p + (M + S_1)\, p \cdot \ln \frac{M+S}{M+S_1} - \left(S_3 \cdot p_e + M \cdot p_3 \cdot \ln \frac{p_3}{p_e}\right),$$

$$f_2 = M \cdot p_3 \cdot \ln \frac{p_3}{p_e} - (S - S_3)\, p_e,$$

worin $(M + S - S_3)\, p_e = M \cdot p_3$ oder $S_3 \cdot p_e = (M + S)\, p_e - M \cdot p_3$ und $(S - S_3)\, p_e = M \cdot p_3 - M \cdot p_e$ gesetzt werden kann.

Beträgt nun beispielsweise

$S_1 = 0{,}12\, S$, $M = 0{,}1\, S$, $p_e = 0{,}17\, p$ (für $p = 7$, $p_e = \sim 1{,}2$) $p_3 = 0{,}75\, p$, so wird

$$f_1 = \left\{0{,}12 + 0{,}22 \ln \frac{1{,}1}{0{,}22} - \left(1{,}1 \cdot 0{,}17 - 0{,}1 \cdot 0{,}75 + 0{,}1 \cdot 0{,}75 \ln \frac{0{,}75}{0{,}17}\right)\right\} S \cdot p = 0{,}2508\, S \cdot p,$$

$$f_2 = \left(0{,}1 \cdot 0{,}75 \cdot \ln \frac{0{,}75}{0{,}17} - 0{,}1 \cdot 0{,}75 + 0{,}1 \cdot 0{,}17\right) S \cdot p = 0{,}0533\, S \cdot p,$$

$$f_1 + f_2 = 0{,}3041\, S \cdot p,$$

$$M\left(1 - \frac{p_3}{p}\right) + S_1 = \{0{,}1\,(1 - 0{,}75) + 0{,}12\}\, S = 0{,}145\, S,$$

$$M\left(1 - \frac{p_e}{p}\right) + S_1 = \{0{,}1\,(1 - 0{,}17) + 0{,}12\}\, S = 0{,}203\, S,$$

und es folgt dann

$$\frac{M\left(1-\frac{p_3}{p}\right)+S_1}{M\left(1-\frac{p_e}{p}\right)+S_1}\,\frac{f_1+f_2}{f_1} = \frac{0{,}145}{0{,}203}\,\frac{0{,}3041}{0{,}2508} = \sim 0{,}866,$$

d. h. bei einer mit Kompression arbeitenden Maschine würde unter den gegebenen Voraussetzungen dieselbe Arbeit mit dem 0,866fachen derjenigen Dampfmenge geleistet werden, welche diese Maschine gebraucht, wenn sie ohne Kompression arbeitet.

Bezüglich des Einflusses, welchen die Kompression auf die Abkühlungsverluste ausübt, wurde schon auf Seite 27 angeführt, dass es völlig gleichgiltig sein kann, ob die zur Erwärmung der Abkühlungsflächen erforderliche Wärmemenge dem komprimierten Dampf während der Kompression oder dem frischen Dampfe während des Dampfeintrittes entzogen wird; die Verluste dürften in beiden Fällen ziemlich dieselben sein. Die Kompression vermag also die erwähnten Verluste für gewöhnlich nicht zu vermindern, sie kann dieselben eher noch insofern vergrössern, als bei einer bestimmten Leistung eine mit Kompression arbeitende Maschine wegen der geringeren Arbeit, welche dieselbe bei jedem Hube leistet, grössere Dimensionen und also auch im allgemeinen grössere Abkühlflächen erhält wie eine ohne Kompression arbeitende Maschine.

Es sei hier darauf hingewiesen, dass vielfach über den Einfluss der Kompression in Bezug auf die Abkühlungsverluste die dem Obigen entgegengesetzte Meinung vertreten, also der Kompression eine Herabminderung dieser Verluste zugeschrieben wird. Und in der That weisen die von Herrn Prof. Doerfel an einer Corlissmaschine vorgenommenen Versuche bei hoher Kompression und geheiztem Cylinder eine Abnahme der erwähnten Verluste nach. Eine Verminderung des Gesamt-Dampfverbrauches trat aber bei diesen Versuchen infolge des grösseren Arbeitsaufwandes für die Kompression nicht ein; auch konnten bei fehlender Heizung die durch hohe Kompression in der Temperatur etwas erhöhten Wandungen die Abkühlungsverluste des einströmenden Dampfes nicht herabziehen. Jedenfalls dürfte auf Grund der bis jetzt nur ganz spärlich vorliegenden Versuche ein günstiger Einfluss der Kompression in der erwähnten Richtung noch nicht als feststehend zu betrachten sein.

Eine Abnahme der Eintrittskondensation und des Gesamt-Dampfverbrauches lässt sich dagegen in den weitaus meisten Fällen bei Anwendung eines **Dampfmantels** nachweisen. Wenn man nun auch noch nicht vollständig darüber klar ist, wie diese Wirkung erfolgt, so lässt sich doch der Einfluss des Dampfmantels an Hand der folgenden Betrachtung erkennen.

Wie auf Seite 24 angeführt, ist die Temperatur der Cylinderwandung, abgesehen von den natürlichen Schwankungen, bei fehlender Mantelheizung als ungefähr in der Mitte zwischen der Temperatur des ein- und ausströmenden Dampfes liegend anzusehen, denn diese Wandung kommt ja abwechselnd mit dem einen und anderen Dampfe in Berührung. Die Folge hiervon war, dass sich frischer Dampf während des Dampfeintrittes und auch während des ersten Teiles der Expansion solange niederschlug, als seine Temperatur höher als die der Cylinderwand lag, dagegen während des Restes der Expansion und während des Dampfaustrittes, wo die Temperatur des Gemisches niedriger als die der Cylinderwand war, ein Teil des niedergeschlagenen Wassers wieder verdampfte. Während des erstgenannten Vorganges, den wir als Eintrittskondensation bezeichneten, wurde Wärme vom Cylinderinhalte an die Cylinderwand, während des letztgenannten Vorganges, den wir Nachdampfen nannten, dagegen umgekehrt Wärme von der Cylinderwand an den Cylinderinhalt abgegeben. Heizen wir nun den Cylinder, indem wir ihn in einem Mantel von frischem Dampfe umspülen lassen, so wird jedenfalls die Cylinderwand eine höhere Temperatur als im vorigen Falle annehmen. Dadurch wird einesteils die Eintrittskondensation beschränkt und früher aufhören, andernteils aber auch als Folge hiervon wiederum das Nachdampfen geringer ausfallen und früher beendigt sein. Das geringere Nachdampfen, das uns ja, wie auf Seite 25 angegeben, die Expansionskurve hebt, also die Arbeit vergrössert, ist aber keineswegs (siehe weiter unten) als Nachteil anzusehen, denn nach dem auf Seite 11 vermerkten Grundsatze soll, wenn der Kreisprozess einen möglichst günstigen Wirkungsgrad ergeben soll, alle Wärme bei der höchsten Temperatur, also hier während der Eintrittsperiode, zugeführt werden. Ferner tritt auch während des Dampfaustrittes Wärme von der geheizten Cylinderwand an den ausströmenden Dampf über. Der hierdurch bewirkte Verlust fällt aber bei geheiztem Cylinder nicht so bedeutend als bei ungeheiztem aus. Im ersteren Falle, wo das Nachdampfen zu Beginn des Dampfaustrittes schon beendigt ist, wird nämlich die Cylinderwand während dieser Periode weniger vom Wasser benetzt sein als im letzteren Falle, wo das Nachdampfen ja für gewöhnlich auch während des Dampfaustrittes andauert. Deshalb wird auch bei geheiztem Cylinder die grösstenteils durch Strahlung an den austretenden Dampf abgegebene Wärme der Cylinderwand kleiner sein als bei ungeheiztem, wo diese Wärmeabgabe in der Hauptsache durch Leitung erfolgt.

Der bei Anwendung eines Dampfmantels aus der Verringerung der Eintrittskondensation sich ergebende Minderverbrauch an frischem Dampfe ist aber keineswegs ganz als durch den Mantel erspart anzusehen. Infolge der durch das Nachdampfen und während des Dampfaustrittes vom Mantel an den Cylinderinhalt abgegebenen Wärme bildet sich im Dampfmantel eine entsprechende Menge Kondenswasser, die auch bei der Berechnung des Nutzens, der durch den Mantel erzielt wird, berücksichtigt werden muss. Für Ablass dieses Kondenswassers ist jedenfalls Sorge zu tragen.

Der Nutzen des Dampfmantels zeigt sich natürlich bei Maschinen mit bedeutender Eintrittskondensation viel auffälliger als bei solchen mit unbedeutender. Nach den auf Seite 24 gemachten Angaben wirkt also der Dampfmantel um so günstiger, je grösser das Temperaturgefälle ist, also mehr bei Kondensations- als bei Auspuffmaschinen, je grösser ferner die Abkühlflächen des schädlichen Raumes sind, und je nasser der verwendete Dampf ist. Dagegen zeigt sich der Nutzen des Dampfmantels bei schnelllaufenden Dampfmaschinen weniger als bei langsamlaufenden.

§ 15.

Der Wirkungsgrad und die beste normale Füllung der Dampfmaschinen.

Bezeichnet bei normaler Belastung einer Dampfmaschine

N_i die indizierte Leistung der letzteren in Pferdestärken, d. h. diejenige Leistung, welche der Dampf im Cylinder auf den Kolben überträgt und welche aus dem Indikator-Diagramm der Maschine berechnet werden kann,

N_n die Nutzleistung in Pferdestärken, d. h. die Leistung, welche von der Maschine an die Transmission abgegeben wird und welche sich durch Bremsen der Kurbelwelle oder des Schwungrades messen lässt,

so nennt man den Quotienten

$$\eta = \frac{N_n}{N_i} \quad . \quad . \quad . \quad . \quad . \quad . \quad . \quad 36$$

den **Wirkungsgrad** der Dampfmaschine, den man oft auch als indizierten Wirkungsgrad zum Unterschiede von dem kalorischen bezeichnet.

Die Differenz $N_i - N_n$ entspricht der Leistung, welche zur Überwindung der durch Reibung, Stösse u. s. w. hervorgerufenen Nebenhindernisse, sowie eventuell zum Betriebe des Kondensators und der sonst der Maschine angehängten Pumpen erforderlich ist. Die Arbeit der Nebenhindernisse setzt sich zusammen aus der Reibungsarbeit der leerlaufenden Maschine, wie sie zum Betriebe der letzteren bei abgehängter Transmission, abgestelltem Kondensator etc., sowie unveränderter Geschwindigkeit vom Dampf im Cylinder aufgewendet werden muss, und der zusätzlichen Reibungsarbeit, um welche die Leerlaufsarbeit infolge der durch die Belastung der Maschine erhöhten Pressung in den sich aufeinander bewegenden Teilen vergrössert wird. Ist also in Pferdestärken

N_o die Reibungsarbeit der leerlaufenden Maschine, wie sie sich bei einer vorhandenen Maschine aus dem Leerlaufs-Diagramm ermitteln lässt,

$\mu\, N_n$ die zusätzliche Reibungsarbeit, also μ der sogenannte Koefficient der zusätzlichen Reibung,

N_c die zum Betriebe des Kondensators und der angehängten Pumpen erforderliche Arbeit in Pferdestärken,

so besteht die Beziehung

$$N_i - N_n = N_o + \mu N_n + N_c,$$

oder

$$\eta = \frac{N_n}{N_i} = \frac{1}{1+\mu}\left(1 - \frac{N_o + N_c}{N_i}\right).$$

Setzt man nun an Stelle der Arbeiten N_i, N_n, N_o und N_c die diesen proportionalen, konstant gedachten, mittleren Drucke p_i, p_n, p_o und p_c, welche die bezüglichen Arbeiten bei derselben Geschwindigkeit leisten, so folgt

$$\eta = \frac{p_n}{p_i} = \frac{1}{1+\mu}\left(1 - \frac{p_o + p_c}{p_i}\right) \quad . \quad . \quad . \quad 37$$

Im nächsten Abschnitte befinden sich die Angaben, nach denen man bei normaler Ausführung den Wirkungsgrad einer vorhandenen Maschine aus deren Dimensionen berechnen kann. Bei einer neu zu entwerfenden Maschine von bestimmter Nutzleistung N_n muss μ zuerst schätzungsweise angenommen werden; der nötige Anhalt zu dieser Schätzung befindet sich ebenfalls an der erwähnten Stelle.

Wollte man bei einer Dampfmaschine den **Füllungsgrad** $\frac{S_1}{S}$ so wählen, dass bei möglichst kleinem nutzbaren Dampfverbrauch, d. h. ohne Berücksichtigung der Dampfverluste, die indizierte Leistung, oder, was dasselbe sagt, die Fläche des Indikator-Diagrammes möglichst gross ausfällt, so müsste, wie man sich leicht durch Probieren überzeugen kann, die Expansionsendspannung p_x (Fig. 28 des Textes auf Seite 41) gleich dem mittleren Werte der Spannung vor dem Kolben, also, abgesehen von den gewöhnlich nicht grossen Abweichungen der letzteren von der Austrittsspannung, gleich p_e werden. Das Indikator-Diagramm würde dann in eine Spitze auslaufen. Um ferner den nutzbaren Dampfverbrauch einer Maschine mit Rücksicht auf die Nutzleistung der letzteren möglichst günstig zu gestalten, muss man den Füllungsgrad $\frac{S_1}{S}$ grösser als im vorigen Falle und zwar so wählen, dass die Expansionsendspannung $p_x = p_e + p_o + \mu\, p_n + p_c$ bei Kondensations- und $p_x = p_e + p_o + \mu\, p_n$ bei Auspuffmaschinen wird. Das Indikator-Diagramm läuft dann nicht mehr in eine Spitze aus, und in ihm repräsentiert die Rechteckfläche vom Hube S und der Höhe $p_o + \mu\, p_n + p_c$ bezw. $p_o + \mu\, p_n$ diejenige Arbeit, welche zur Überwindung der Nebenhindernisse und eventuell zum Betriebe des Kondensators und der anderen Pumpen aufgewendet werden musste.

Soll schliesslich bei der Bemessung des Füllungsgrades nicht nur auf den nutzbaren Dampfverbrauch, sondern auch auf die Dampfverluste und die übrigen Betriebskosten Rücksicht genommen werden, so muss $\frac{S_1}{S}$ wiederum grösser als im vorigen Falle genommen werden, und diejenige Füllung, bei welcher die Nutzleistung einer Maschine im Verhältnis zu den Herstellungskosten des gesamten stündlichen Dampfverbrauches und den durch Wartung, Erneuerung der Maschine, sowie durch Amortisation und Verzinsung der Maschinen-Herstellungskosten entstehenden stündlichen Betriebskosten ein Maximum wird, nennt man die **beste normale** oder **ökonomisch günstigste Füllung.** Bei ihr bleibt also die Expansionsendspannung p_x noch etwas über den Wert $p_e + p_o + \mu p_n + p_c$ bei Kondensations- und $p_e + p_o + \mu p_n$ bei Auspuffmaschinen.

Die beste normale Füllung fällt unter sonst gleichen Verhältnissen bei Kondensationsmaschinen kleiner als bei Auspuffmaschinen aus und wird um so grösser, je kleiner die Maschine und die Dampfeintrittsspannung p ist.

§ 16.

Die Zwillingsmaschinen.

Die Kupplung zweier Eincylindermaschinen von genau derselben Dampf- und Druckverteilung an eine gemeinschaftliche Kurbelwelle bietet gegenüber der Eincylindermaschine namentlich den Vorteil, dass bei (gewöhnlich unter 90^0) gegeneinander versetzten Kurbeln die Zwillingsmaschine in jeder Lage angelassen werden kann und bei demselben Schwungradgewichte wie die ebenso starke Eincylindermaschine eine grössere Gleichförmigkeit im Gange als diese zeigt. Der erste Vorteil liegt darin begründet, dass, wenn auch die eine Kurbel in der Totlage steht und der auf sie wirkende Dampfdruck also Nichts in dieser Lage zur Drehung der Kurbelwelle beitragen kann, sich die andere Kurbel doch stets geneigt (vertikal) zur Hubrichtung der Maschine befinden und also das zur Ingangsetzung der Maschine erforderliche Drehmoment auf die Kurbelwelle ausüben wird. Der zweit erwähnte Vorteil rührt daher, dass die Tangentialdrucke der beiden Maschinen eines Zwillings, die bei um 90^0 gegeneinander versetzten Kurbeln im zugehörigen Diagramm um die Strecke $0{,}5\,R\,\pi$ gegeneinander zu verschieben sind, sich bei der Vereinigung zu einer Kurve zusammensetzen, die weniger von der konstanten Widerstandslinie abweicht und deshalb kleinere Über- oder Unterschussflächen für die Berechnung der Schwungradmasse (pro 1 qcm nutzbare Kolbenfläche) liefert als jede der beiden Tangentialdruckkurven für sich allein.

Dies lehrt schon der Vergleich der Fig. 7 und 8 auf Tafel 26. Die erste Figur stellt das Tangentialdruck-Diagramm einer Eincylindermaschine, die letzte in der ausgezogenen Kurve dasjenige einer aus zwei solchen Eincylindermaschinen hergestellten Zwillingsmaschine dar. Die ausgezogene Kurve in Fig. 8 wird erhalten, indem die Ordinaten der um $0{,}5\,R\,\pi$ gegeneinander verschobenen Diagramme a b Y d e f X h i und $a_1\ b_1\ c_1\ d_1\ e_1\ f_1\ g_1\ h_1\ i_1\ k_1$ zu einander addiert bezw. von einander subtrahiert werden, je nachdem sie auf derselben bezw. entgegengesetzten Seite der Basis $\overline{oi} = S \cdot \pi$ liegen. Man ersieht nun schon durch blossen Vergleich der Fig. 7 und 8, dass die Über- bezw. Unterschussflächen bei der ersten Figur grösser als bei der letzten sind.

Die erwähnten Vorteile der Zwillingsmaschinen fallen aber bei den eigentlichen Transmissions-Dampfmaschinen weniger ins Gewicht als bei solchen, die, wie z. B. Fördermaschinen, überhaupt ohne Schwungrad arbeiten.

§ 17.

Die Maschinen mit mehrmaliger Expansion des Dampfes im allgemeinen.

Die Mehrmal-, Mehrfach-Expansionsmaschinen oder kurz Mehrcylindermaschinen unterscheiden sich, wie in der Einleitung angegeben, in ihrer Wirkungsweise hauptsächlich dadurch von den Eincylindermaschinen, dass der Dampf nicht nur in einem, sondern nacheinander in zwei, drei oder mehr Cylindern unter Verrichtung äusserer Arbeit expandiert. Stellt also in Fig. 29 des Textes unter Vernachlässigung der schädlichen Räume, der Vorein-, Voraustritts- und Kompressionsperiode a b c d e a das theoretische Indikator-Diagramm einer Eincylindermaschine dar, in welcher der auf dem Wege s_1 einströmende Dampf von der Spannung p bis auf diejenige p_x expandiert, so ist die während eines Doppelhubes auf der betreffenden Kolbenseite geleistete Arbeit der Fläche dieses Diagrammes bekanntlich proportional. Zerlegen wir nun das letztere durch eine Linie g f in zwei Teilflächen und lassen den während desselben Weges s_1 eintretenden Dampf im ersten (kleinen) Cylinder einer Verbundmaschine von seiner Anfangsspannung p nur auf die Spannung p_r expandieren, also die der Fläche a b f g a proportionale Arbeit leisten, dann aber den Dampf ohne Spannungsabfall aus dem ersten in den zweiten (grossen) Cylinder über-, also hier während des Weges $s = S_1$ eintreten und sich bis auf die Spannung p_x ausdehnen, somit die der Fläche g f c d e g proportionale Arbeit verrichten, so würde offenbar die Eincylindermaschine unter sonst gleichen Verhältnissen genau dieselbe Leistung wie die Verbundmaschine besitzen, wenn die Cylinder der letzteren eine ebenso grosse nutzbare Kolbenfläche wie die Eincylindermaschine haben. Der kleine Cylinder der Verbundsmaschine würde dann den Hub s, der grosse den Hub S der Eincylindermaschine bekommen, und $\frac{s \cdot O}{S \cdot O} = \frac{s}{S}$ wäre das Verhältnis der Hubvolumina beider Cylinder der Verbundmaschine.

Die Leistung beider Maschinen würde auch dann dieselbe bleiben, wenn man dem kleinen Cylinder denselben Hub S wie dem grossen bezw. der Eincylindermaschine geben, dafür aber die nutzbare Kolbenfläche des kleinen Cylinders im Verhältnis $\frac{s}{S}$ kleiner und den Weg, auf welchem der frische Dampf bei ihm einströmt, in demselben Verhältnis grösser als bei der Eincylindermaschine machen würde, so dass, wenn

0 die nutzbare Kolbenfläche der Eincylindermaschine und des grossen Cylinders der Verbundmaschine, s_1 die Füllungsstrecke der Eincylindermaschine ist, die nutzbare Kolbenfläche bezw. Füllungsstrecke des kleinen Cylinders der Verbundmaschine

$$\frac{s}{S}0 \text{ bezw. } \frac{S}{s}s_1$$

wird. Denn es kommt, um durch die Expansion einer und derselben Dampfmenge theoretisch stets dieselbe Leistung zu erzielen, ja immer nur darauf an, dass das Expansionsverhältnis des Dampfes das gleiche bleibt. In der Eincylindermaschine beträgt dasselbe nun

$$\frac{s_1 \cdot 0}{S \cdot 0} = \frac{s_1}{S},$$

in der Verbundmaschine, bei der man es, da die Expansion in zwei Cylindern vor sich geht, wohl als **Gesamt-Expansionsgrad** bezeichnet, ist dasselbe aber ebenfalls

$$\frac{\frac{S}{s}s_1 \cdot \frac{s}{S}0}{S \cdot 0} = \frac{s_1}{S} = \frac{p_x}{p}.$$

Das Verhältnis der Hubvolumina beider Cylinder der Verbundmaschine wäre wie im vorigen Falle

$$\frac{v}{V} = \frac{S\frac{s}{S}0}{S \cdot 0} = \frac{s}{S}.$$

Fig. 29.

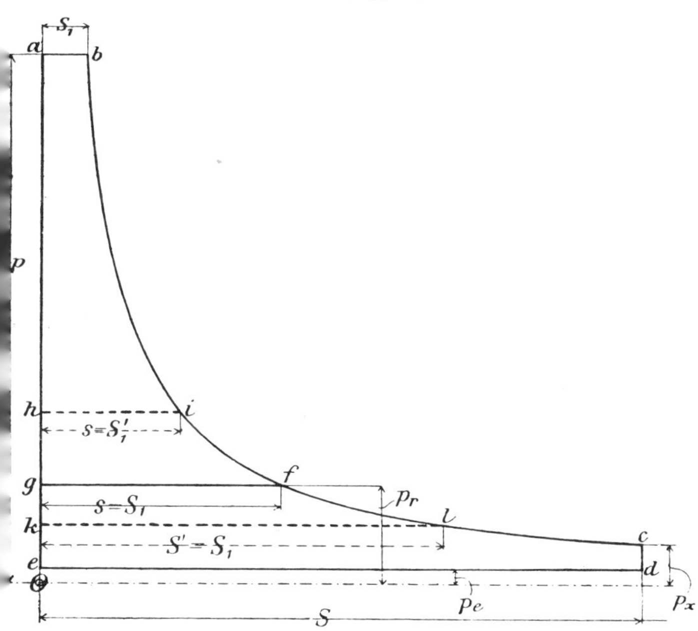

Entsprechendes würde sich ergeben, wenn man das Diagramm **a b c d e a** der Eincylindermaschine in Fig. 29 des Textes durch zwei horizontale (punktiert eingetragene) Linien **hi** und **kl** in drei Teilflächen zerlegt und nun die der obersten Teilfläche proportionale Arbeit durch Expansion des wieder auf dem Wege s_1 einströmenden Dampfes im ersten Cylinder, die der mittleren Teilfläche entsprechende Arbeit durch Weiterexpansion der aus dem ersten ohne Spannungsabfall übergeführten Dampfmenge im zweiten Cylinder, und schliesslich die der untersten Teilfläche zugehörige Arbeit durch noch weiter gehende Expansion der aus dem zweiten ohne Druckverlust entnommenen Dampfmenge im dritten Cylinder einer Dreifach-Expansionsmaschine verrichten liesse. Die letztere würde dann dieselbe Leistung wie die Eincylindermaschine besitzen, wenn bei **derselben nutzbaren Kolbenfläche** der kleine Cylinder den Hub s und die Füllungsstrecke s_1, der mittlere den Hub S' und die Füllungsstrecke $s = S_1'$, der grosse den Hub S der Eincylindermaschine und die Füllungsstrecke $S' = S_1$ besässe. Das Verhältnis der Hubvolumina des kleinen und mittleren Cylinders zum grossen oder dem der Eincylindermaschine wäre dann

$$\frac{s \cdot 0}{S \cdot 0} = \frac{s}{S} \text{ bezw. } \frac{S' \cdot 0}{S \cdot 0} = \frac{S'}{S}.$$

Daran würde sich auch nichts ändern, wenn man bei **demselben Hub** S aller Cylinder die nutzbare Kolbenfläche bezw. Füllungsstrecke des kleinen Cylinders

$$\frac{s}{S}0 \text{ bezw. } \frac{S}{s}s_1$$

und die entsprechenden Grössen des mittleren Cylinders

$$\frac{S'}{S}0 \text{ bezw. } \frac{S}{S'}S_1'$$

machen würde. Der Gesamt-Expansionsgrad der Mehrcylindermaschine ist dann wiederum

$$\frac{s_1}{S} = \frac{p_x}{p}$$

und das Verhältnis der Hubvolumina $\frac{v}{V} = \frac{s}{S}$ für den kleinen und grossen, $\frac{V'}{V} = \frac{S'}{S}$ für den mittleren und grossen Cylinder.

Wir können demnach sagen:

Theoretisch ist die Leistung einer Mehrmal-Expansionsmaschine ebenso gross wie die der Eincylindermaschine, wenn bei demselben Expansionsgrad und den angeführten Verhältnissen der grosse Cylinder der Mehrcylindermaschine die Dimensionen desjenigen der Eincylindermaschine hat.

Bei Berücksichtigung der schädlichen Räume und der Kompression bleibt unter den vorerwähnten Bedingungen die Leistung einer Verbundmaschine theoretisch auch dann noch gleich derjenigen der Eincylindermaschine, wenn man den schädlichen Raum der letzteren gleich demjenigen des Hochdruckcylinders der ersteren annimmt und die Kompression sich durch beide Cylinder der Verbundmaschine ununterbrochen fortgesetzt denkt. Davon überzeugt man sich leicht an Hand der Fig. 30 des Textes auf Seite 46, in welcher wieder **abcdefa** das theoretische Diagramm der Eincylindermaschine, **abghfa** dasjenige des kleinen, **hgcdeh** dasjenige des grossen Cylinders der Verbundmaschine darstellt. Haben nun die sämtlichen Cylinder die gleiche nutzbare Kolbenfläche und ist, bezogen auf diese letztere, die Länge des schädlichen Raumes beim kleinen Cylinder und bei demjenigen der Eincylindermaschine gleich m, die Länge des schädlichen Raumes beim grossen Cylinder gleich M, so muss offenbar die Leistung beider Maschinen unter sonst gleichen Verhältnissen theoretisch dieselbe werden, denn die Expansionskurven sowohl als auch die Kompressionskurven gelten für die Eincylindermaschine und die einzelnen Cylinder der Verbundmaschine, da sie ja, wie erforderlich, alle vom Punkte 0 aus konstruiert sind.

Die Fig. 31 des Textes lässt die Richtigkeit des Erwähnten auch für eine Dreifach-Expansionsmaschine erkennen. In der Figur entspricht wiederum m der Länge des schädlichen Raumes für den kleinen, M' derjenigen für den mittleren Cylinder, beide bezogen auf die nutzbare Kolbenfläche des grossen Cylinders.

In Wirklichkeit weicht natürlich die Leistung einer Mehrcylindermaschine von derjenigen, welche der Dampf theoretisch in der entsprechenden Eincylindermaschine

Fig. 30.

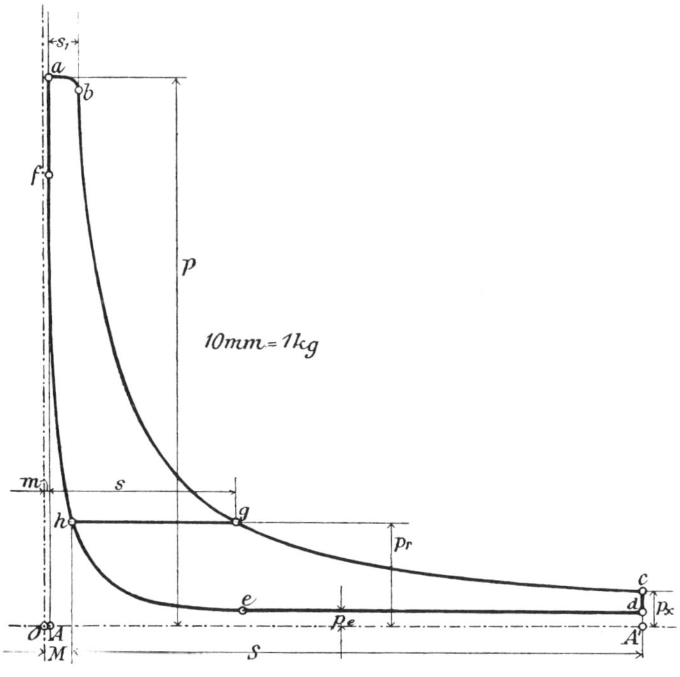

verrichten könnte, bedeutend ab, und die Diagrammflächen einer Verbundsmaschine besitzen einen kleineren Flächeninhalt als das theoretische Diagramm der in Betracht zu ziehenden Eincylindermaschine. Um nun die Grösse und Art dieser Abweichungen beurteilen zu können, muss man die einer vorhandenen Mehrcylindermaschine entnommenen Indikator-Diagramme der einzelnen Cylinder, die wegen des gleichen Hubes alle dieselbe Basis zeigen, auf die nutzbare Kolbenfläche des grossen Cylinders reduzieren, wodurch dann die Diagramme des kleinen und mittleren Cylinders verschiedene Basis erhalten und in der durch Fig. 29 bis 31 wiedergegebenen Art zusammen geschoben und mit dem theoretischen Diagramm der Eincylindermaschine verglichen werden können. Das erwähnte Reduzieren der Diagramme des kleinen und mittleren Cylinders geschieht in der Weise, dass man die Abscissen dieser Diagramme im Verhältnis des betreffenden Cylindervolumens zu demjenigen des grossen Cylinders **verkürzt**, oder aber, was auf dasselbe hinausläuft und gewöhnlich geschieht, das Diagramm des kleinen Cylinders unverändert lässt und nun die Abscissen für das Diagramm des grossen und mittleren im Verhältnis der Cylindervolumina der letzteren zu demjenigen des kleinen **streckt**. Solche auf ein und dieselbe Kolbenfläche bezogene Diagramme einer Mehrcylindermaschine nennt man **rankinisierte Diagramme**; die Konstruktion der letzteren ist in den nächsten Paragraphen an einigen Beispielen gezeigt.

Bei der Rankinisierung der Diagramme vergleicht man aber diese Diagramme nicht immer mit dem theo-

Fig. 31.

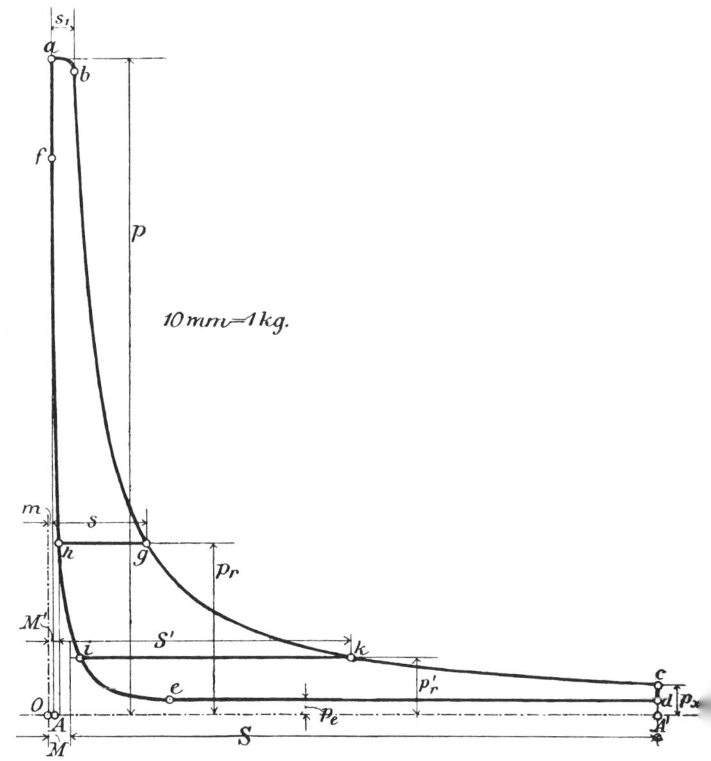

retischen Diagramm der Eincylindermaschine, wie wir es bisher angenommen haben, sondern mit einem solchen, dessen Admissionsspannung p (Fig. 30 des Textes) gleich der Kesselspannung p_k und dessen Austrittsspannung p_e gleich Null bei Kondensations-, gleich 1 Atm bei Auspuffmaschinen ist, und nennt das Verhältnis des Flächeninhaltes der rankinisierten Diagramme zu dem des letztgenannten theoretischen Diagrammes den **Völligkeitsgrad** der Verbundmaschine. Der letztere — der sich natürlich auch auf das wirkliche Indikator-Diagramm der Eincylindermaschine anwenden lässt, hier aber weniger gebräuchlich ist — giebt somit das Verhältnis der indizierten Leistung einer Maschine zu derjenigen theoretischen Leistung, welche sich von der die Maschine passierenden Dampfmenge erwarten liesse, wenn diese von der Kesselspannung p_k an bis auf Null bezw. 1 Atm Gegendruck in der in Betracht zu ziehenden Eincylindermaschine expandieren würde. Die Kesselspannung wählt man, um auch die Leitungsverluste ersehen zu können.

Die **Rankinisierung** wird schliesslich nicht immer in derselben Weise vorgenommen. Otto H. Müller veröffentlichte in der Zeitschrift deutscher Ingenieure, Jahrgang 1887, in einem Aufsatz über Dreifach-Expansionsmaschinen die verschiedenen Methoden der Rankinisierung, von denen die beiden bekanntesten im Nachstehenden wiedergegeben sind und bei den Beispielen des nächsten Paragraphen verwendet wurden. Bezüglich der übrigen Methoden muss auf den sehr interessanten Aufsatz von Müller selbst verwiesen werden.

1. Methode. Die auf die nutzbare Kolbenfläche des grossen Cylinders reduzierten Diagramme der Mehrcylindermaschine werden mit ihrer Eintrittsseite alle an die durch A (Fig. 34 des Textes auf Seite 51) gehende Vertikale geschoben und die Expansionslinie bc des theoretischen Diagrammes der Eincylindermaschine von einem Punkte 0 aus konstruiert, welcher von der Vertikalen durch A um den auf die Kolbenfläche des grossen Cylinders bezogenen schädlichen Raum des kleinen absteht. Die Linie b c wird ferner meistens durch den Endpunkt der Expansionskurve des kleinen Cylinders gelegt, weil hier bei Zweifach-Expansionsmaschinen das grösste Dampfgewicht dargestellt ist, das im Diagramm zum Ausdruck kommt. Der Streifen schliesslich, welcher im theoretischen Diagramm über O A liegt, wird vernachlässigt.

2. Methode. Die auf die nutzbare Kolbenfläche des grossen Cylinders bezogenen Diagramme der Mehrcylindermaschine werden wie in Fig. 30 und 31 des Textes um den ebenfalls auf diese Kolbenfläche reduzierten schädlichen Raum der einzelnen Cylinder von der durch 0 gehenden Vertikalen abgerückt. Die Expansionslinie b c des theoretischen Diagrammes wird wie bei der vorigen Methode, oder aber durch einen über b in der Höhe der Kesselspannung liegenden Punkt gelegt.

Aus den vorhergegangenen Erörterungen geht jedenfalls hervor, dass die Mehrcylindermaschine hinsichtlich der Arbeitsleistung keine Vorteile gegenüber der in Vergleich zu ziehenden Eincylindermaschine bietet. Im Gegenteil, die mit derselben Füllung in der Eincylindermaschine erzielte Arbeitsleistung fällt für gewöhnlich grösser als die der zugehörigen Maschine mit mehrmaliger Expansion des Dampfes aus, da, wie später angeführt, die Austrittslinien des einen Cylinders mit den Eintrittslinien des folgenden nicht zusammenfallen und der zwischen beiden Linien liegende Flächenstreifen einen Arbeitsverlust bedeutet, somit der Völligkeitsgrad der Eincylindermaschine für gewöhnlich grösser als der der Mehrcylindermaschine ist. Wohl aber erweist sich die letztere in ökonomischer Hinsicht, also bezüglich des Gesamt-Dampfverbrauches, oder, da der der Diagrammfläche proportionale nutzbare Dampfverbrauch bei den in Vergleich zu ziehenden Maschinen derselbe ist, bezüglich der Dampfverluste der Eincylindermaschine gegenüber im Vorteil. Das hat in dem Folgenden seinen Grund.

Zunächst ist bei der Zweifach-Expansionsmaschine das Temperaturgefälle in den einzelnen Cylindern ungefähr nur gleich der Hälfte, bei der Dreifach-Expansionsmaschine nur gleich dem dritten Teil desjenigen der entsprechenden Eincylindermaschine. Während z. B. nach den Bezeichnungen in Fig. 29 des Textes das Temperaturgefälle der Eincylindermaschine einer Spannungsdifferenz $p - p_e$ entspricht, ist dasselbe bei der Verbundmaschine mit zwei Cylindern der Differenz $p - p_r$ im kleinen und derjenigen $p_r - p_e$ im grossen Cylinder proportional, u. s. w. Wir sahen aber auf Seite 24, dass unter sonst gleichen Verhältnissen die Eintrittskondensation und Dampfabkühlungsverluste um so kleiner ausfallen, je kleiner das Temperaturgefälle im Cylinder ist. Bei der Mehrcylindermaschine verteilen wir nun dieses Temperaturgefälle, das bei der Eincylindermaschine in einem und demselben Cylinder vorkommt, auf zwei oder drei Cylinder, indem wir den Dampf nach und nach in den letzteren expandieren lassen. Ferner war auf die erwähnten Verluste die Grösse des schädlichen Raumes bezw. der Oberflächen desselben von Einfluss. Für den frischen Dampf kommt aber bezüglich der Eintrittskondensation bei der Mehrcylindermaschine nur der kleine Cylinder in Betracht, und dessen schädlicher Raum ist ja im Cylinderverhältnis kleiner als derjenige des Cylinders der zugehörigen Eincylindermaschine oder des ebenso grossen Niederdruckcylinders der Mehrcylindermaschine. Ist z. B. der schädliche Raum des kleinen Cylinders, bezogen auf dessen Volumen, 5 Prozent, so ist derselbe in Bezug auf das Volumen des grossen Cylinders oder der Eincylindermaschine nur $\frac{5}{2,5} = 2$ Prozent, wenn 2,5 das Verhältnis der Volumina beider Cylinder, das sogenannte Cylinderverhältnis, ist. Die Eintrittskondensation im grossen bezw. mittleren und grossen Cylinder einer Zwei- bezw. Dreifach-Expansionsmaschine hat weiter nur insofern Einfluss auf den Dampfverbrauch, als sie die Leistung dieser Cylinder allein verringert. Diese Verringerung kann aber wiederum lange nicht so bedeutend sein wie diejenige, welche durch eine ebenso grosse Kondensation im Hochdruckcylinder bewirkt wird, da letztere ja die Gesamtleistung, also diejenige aller Cylinder, erstere dagegen nur diejenige in den späteren Cylindern herabzieht. Schliesslich fällt wegen der geringeren Eintrittskondensation auch das schädliche Nachdampfen bei der Mehrcylindermaschine kleiner als bei der Eincylindermaschine aus, zumal dieses Nachdampfen bei Maschinen mit mehrmaliger Expansion auch nur insoweit Verluste herbeiführen kann, als es im grossen Cylinder vor sich geht. Die durch das Nachdampfen im kleinen oder mittleren Cylinder dem Dampfe zugeführte Wärme wird ja durch Arbeitsleistung in den folgenden Cylindern wieder nutzbar gemacht.

Die kleinere Spannungsdifferenz in den einzelnen Cylindern einer Mehrcylindermaschine muss bei dieser unter sonst gleichen Verhältnissen auch geringere Verluste durch Undichtheit des Kolbens als bei der Eincylindermaschine veranlassen, zumal diese Verluste bei der ersteren ja nur für den grossen Cylinder volle Geltung haben, während der in den übrigen Cylindern durchtretende Dampf noch Arbeit verrichten kann. Ausserdem verlangt der grosse Dampfüberdruck der Eincylindermaschine ein sehr schweres Gestänge, das nur während der bei hoher Eintrittsspannung sehr kleinen Fülluug voll beansprucht wird, da nur während dieser Zeit der

Dampfüberdruck seinen höchsten Betrag hat. Während der Expansion fällt dann dieser Dampfüberdruck in der Eincylindermaschine sehr schnell und stark, was keineswegs günstig auf die Gleichförmigkeit des Ganges solcher Maschinen wirkt. Bei der Mehrcylindermaschine dagegen ist der Dampfüberdruck in den einzelnen Cylindern weit geringer und auch nur viel kleineren Schwankungen unterworfen.

Der **Vorteil** der Mehrcylindermaschine gegenüber der Eincylindermaschine besteht also hauptsächlich darin, den Dampf, und namentlich solchen von hoher Spannung, durch Vermeidung eines zu hohen Temperaturgefälles in einem und demselben Cylinder und anderer die Dampfverluste begünstigenden Umstände, besser auszunützen, also dieselbe Leistung trotz des höheren Anschaffungspreises der erstgenannten Maschine mit geringeren Kosten zu erzielen. Der Zweifach-Expansionsmaschine ist die Dreifach-Expansionsmaschine in ökonomischer Hinsicht nur dann überlegen, wenn letztere mit höherer Dampfspannung arbeitet als erstere; diese Überlegenheit scheint also weniger in der Verminderung der Abkühlungsverluste, als in der höheren Expansion begründet zu sein. Bei Maschinen mit mehr als drei Cylindern ist bei der heute gebräuchlichen Höhe der Dampfspannung eine Vergrösserung der Ökonomie nicht mehr zu erwarten.

Als **Nachteil** der Mehrcylindermaschine ist hauptsächlich deren geringe und mangelhafte Regulierbarkeit zu nennen. Die Leistung der Eincylindermaschine lässt sich nämlich nicht nur in weiteren Grenzen, sondern auch in kürzerer Zeit als die der Maschine mit zwei- oder dreimaliger Expansion des Dampfes regulieren. Dies hat seinen Grund darin, dass bei unveränderter Füllung der übrigen Cylinder eine Vergrösserung oder Verkleinerung der Füllung des Hochdruckcylinders äusserst wenig Einfluss auf dessen Leistung hat, sondern in der Hauptsache nur eine Änderung der Arbeit des grossen Cylinders bewirkt, welche Änderung sich zudem erst nach einer ziemlichen Zahl von Umdrehungen bemerkbar machen kann. Dieser Übelstand tritt bei Maschinen mit zwei Cylindern weniger zu Tage als bei solchen mit drei Cylindern, weshalb diese letztgenannten Maschinen auch nur bei ziemlich gleichförmigem Widerstand an der Kurbelwelle Verwendung finden. Bei einer Änderung in der Füllung des kleinen Cylinders allein sinkt auch die Ökonomie und Gleichförmigkeit des Ganges, weil dann eine ungünstige Verschiebung des Temperaturgefälles und der Druckverteilung bei den einzelnen Cylindern stattfindet. Der Wirkungsgrad der Mehrcylindermaschine ist wegen der grösseren Reibung in den zwei oder drei Cylindern und Schubkurbeln natürlich unter sonst gleichen Verhältnissen etwas geringer als der der Eincylindermaschine.

Das **Cylinderverhältnis** der Mehrfach-Expansionsmaschinen wählt man gewöhnlich so, dass einer der beiden folgenden Bedingungen möglichst vollständig, oder beiden angenähert genügt wird. Man sucht entweder

1. ein gleiches Temperaturgefälle in den einzelnen Cylindern zu erzielen, oder aber
2. die Arbeit der ganzen Maschine möglichst gleichmässig auf die einzelnen Cylinder zu verteilen.

Vollständig kann man beiden Bedingungen zugleich nicht genügen und einer von ihnen bei derselben Höhe der Eintrittsspannung vollständig auch nur für einen Gesamt-Expansionsgrad in jedem Falle. Für eine neue Maschine wird schliesslich wegen der vielen in Betracht kommenden und von vorneherein nicht genau zu beurteilenden Umstände die Bestimmung des Cylinderverhältnisses nach den obigen Gesichtspunkten immer nur so erfolgen können, dass die vorstehenden Bedingungen nur angenähert erfüllt werden.

So bedarf es, um das in Frage kommende Temperaturgefälle des ein- und austretenden Dampfes auf die einzelnen Cylinder gleichmässig zu verteilen, einer Annahme des Expansionsgesetzes, dass ja für unsere Dampfmaschinen nicht genau bekannt ist. Nehmen wir z. B. an, der in der Maschine expandierende Dampf würde sich in der Spannung, Temperatur und dem Volumen nach der Fliegnerschen Tabelle für gesättigte Wasserdämpfe auf Seite 12 ändern, so würde für $p = 8$ Atm Ein- und $p_e = 1,2$ Atm Austrittsspannung nach dieser Tabelle auf jeden Cylinder einer Zweifach-Expansionsmaschine ein Temperaturgefälle von rund

$$\frac{170 - 104}{2} = 33^0\,C$$

kommen. Im kleinen Cylinder würde dann der Dampf gemäss der Tabelle

eine Temperaturabnahme von 170 auf 137° C,
eine Spannungsabnahme von 8 auf 3,4 Atm,
eine Zunahme des spezifischen Volumens¹) von
0,244 auf 0,545 cbm,

im grossen Cylinder entsprechend

eine Temperaturabnahme von 137 auf 104° C,
eine Spannungsabnahme von 3,4 auf 1,2 Atm

und, wenn die Expansion nur bis zu $p_x = 1,5$ Atm getrieben wird,

eine Zunahme des spezifischen Volumens von
0,545 auf 1,17 cbm

erfahren. Die Cylindervolumina müssen sich nun wie die spezifischen Volumina des expandierenden Dampfes zu Ende des Kolbenhubes, also

$$v : V = 0,545 : 1,17 = 1 : 2,15$$

ungefähr verhalten. Inwieweit dieses Cylinderverhältnis in der Wirklichkeit unter den angegebenen Verhältnissen der Bedingung des gleichen Temperaturgefälles genügt, entzieht sich natürlich von vorneherein der Beurteilung.

Desgleichen muss man zur Bestimmung des Cylinderverhältnisses bei gleicher Arbeitsverteilung auf die einzelnen Cylinder einer neuen Maschine gewisse Annahmen machen, die in Wirklichkeit nur annähernd zutreffen. In einem solchen Falle kann man also z. B. nach Fig. 29 des Textes für die gegebene Eintrittsspannung p

---

1) Siehe die um $w = 0,001$ vergrösserten Werte von u in der vorletzten Rubrik der Tabelle.

und ein gegebenes Gesamt-Expansionsverhältnis das theoretische Diagramm abcdea der entsprechenden Eincylindermaschine durch eine Horizontale $\overline{gf}$ in zwei, oder durch zwei Horizontalen $\overline{hi}$ und $\overline{kl}$ in drei inhaltsgleiche Teilflächen zerlegen. Das Verhältnis der Teillinien zur Basis des Eincylinder-Diagrammes ist dann unter den gemachten Annahmen und Vernachlässigungen das gesuchte Cylinderverhältnis, also nach Fig. 29

bei zwei Cylindern $\frac{v}{V} = \frac{\overline{gf}}{\overline{ed}} = \frac{s}{S}$,

bei drei Cylindern $\frac{v}{V} = \frac{\overline{hi}}{\overline{ed}} = \frac{s}{S}$ und $\frac{V'}{V} = \frac{\overline{kl}}{\overline{ed}} = \frac{S'}{S}$.

Auch durch Rechnung lässt sich dieses Verhältnis bestimmen. Bezeichnet nämlich

$$\varepsilon = \frac{s_1}{S}$$

den Gesamt-Expansionsgrad, so findet sich, wie im nächsten Abschnitte gezeigt wird, der Inhalt des Eincylinder-Diagrammes in Fig. 29 des Textes

$$F = p \cdot s_1 \left(1 + \ln \frac{S}{s_1}\right) - p_e \cdot S$$

$$= p \cdot \varepsilon \cdot S \left(1 + \ln \frac{1}{\varepsilon}\right) - p_e \cdot S$$

und entsprechend der Inhalt des halb so grossen Diagrammes gfcdeg der Zweifach-Expansionsmaschine

$$\frac{F}{2} = p_r \cdot s \left(1 + \ln \frac{S}{s}\right) - p_e \cdot S,$$

oder mit $p_r \cdot s = p \cdot s_1 = p \cdot \varepsilon \cdot S$,

$$\frac{1}{2}\left\{p \cdot \varepsilon \cdot S \left(1 + \ln \frac{1}{\varepsilon}\right) - p_e \cdot S\right\} = p \cdot \varepsilon \cdot S \left(1 + \ln \frac{S}{s}\right) - p_e \cdot S$$

$$\ln \frac{S}{s} = \ln \frac{V}{v} = \frac{1}{2}\left(\ln \frac{1}{\varepsilon} - 1 + \frac{p_e}{\varepsilon \cdot p}\right) \quad . \quad : \quad 38$$

Entsprechend würde sich bei einer Dreifach-Expansionsmaschine ergeben

$$\left.\begin{aligned} \ln \frac{S}{s} &= \ln \frac{V}{v} = \frac{1}{3}\left(2 \ln \frac{1}{\varepsilon} - 1 + \frac{p_e}{\varepsilon \cdot p}\right) \\ \ln \frac{S}{S'} &= \ln \frac{V}{V'} = \frac{1}{3}\left(\ln \frac{1}{\varepsilon} - 2 + 2\frac{p_e}{\varepsilon \cdot p}\right) \end{aligned}\right\} \quad . \quad . \quad 39$$

An Stelle des Eincylinder-Diagrammes in Fig. 29 des Textes, das unter Vernachlässigung der schädlichen Räume und Kompression gilt, kann man natürlich auch das in Fig. 30 und 31 wiedergegebene theoretische Diagramm abcdefa der Eincylindermaschine, das ja die schädlichen Räume und Kompression in gewissem Sinne berücksichtigt, durch eine bezw. zwei Horizontalen in zwei bezw. drei inhaltsgleiche Teilflächen zerlegen und zur Bestimmung der gesuchten Cylinderverhältnisse verwenden. Aber auch diese letzteren Verhältnisse werden in Wirklichkeit, namentlich infolge der endlichen Grösse des Aufnehmers, keine vollständig gleiche Arbeitsverteilung auf alle Cylinder ergeben und es werden die nach den angegebenen Verfahren bestimmten Cylinderverhältnisse in jedem Falle einer Berichtigung bedürfen. Es ist natürlich Sache der Übung, diese Berichtigung so zu treffen, dass wenigstens unter Beachtung der meisten in Frage konmenden Umstände — wie der schädlichen Räume, der Kompressions-, Vorein- und Voraustrittsperiode, sowie der endlichen Receivergrösse — die konstruierten Diagrammme einer neuen Maschine gleichen oder annähernd gleichen Inhalt für die einzelnen Cylinder liefern. Solange diese Übung fehlt, dürfte es sich deshalb empfehlen, das Cylinderverhältnis nach den im nächsten Abschnitte gemachten Angaben zu wählen und für dieses die rankinisierten Diagramme, wie in den nächsten Paragraphen vermerkt, probeweise zu verzeichnen. Ergeben diese Diagramme dann nicht die gewünschte Annäherung in der Leistung der einzelnen Cylinder, so wird man doch leicht erkennen können, für welches neue, abgeänderte Cylinderverhältnis diese Annäherung in der Gleichheit der Diagrammflächen zu erzielen ist.

Als Grösse des **Aufnehmers** oder **Receivers,** der bei den jetzt gebräuchlichen Mehrcylindermaschinen stets verwendet wird, hat der zwischen den Auslassorganen des höheren und den Einlassorganen des niederen Cylinders befindliche Raum zu gelten. Nur bei unendlich grossem Receiver werden die Kurven, welche das Diagramm des höheren Cylinders nach unten und das des darauf folgenden niederen nach oben begrenzen, wie in Fig. 29 bis 31 horizontal verlaufen, bei endlicher Grösse dagegen wird der im Receiver befindliche Dampf durch die Expansion und Kompression in seiner Spannung beeinflusst, und die erwähnten Kurven werden dann von der Horizontalen abweichen. Diese Abweichungen fallen natürlich um so bedeutender aus, je kleiner der Aufnehmer ist, und umgekehrt. Bei Maschinen, deren Widerstand ziemlichen Schwankungen unterworfen ist, sucht man die schnelle Regulierung durch einen möglichst kleinen Receiver zu fördern.

Um ein **Druckgefälle** oder einen **Spannungsabfall** beim Übertreten des Dampfes aus dem einen Cylinder in den Receiver oder aus diesem letzteren in den anderen Cylinder zu vermeiden, wird es nötig sein, dass in den miteinander zu verbindenden Räumen in dem Augenblicke, wo diese Verbindung erfolgt, kein Unterschied in der Dampfspannung herrscht. Wie sich die richtige Spannung im Receiver herstellen lässt, damit dieser ohne beträchtlichen Spannungsabfall mit dem höheren Cylinder in Verbindung treten kann, wird in den nächsten Paragraphen gezeigt werden. Der Anschluss des niederen Cylinders an den Receiver kann nur dann ohne grösseren Druckverlust erfolgen, wenn in dem ersteren der Dampf vor dem Kolben entsprechend komprimiert wird. Indess ist ein Spannungsabfall nicht, wie früher angenommen wurde, immer mit Nachteil für die Maschine verbunden; im Gegenteil bietet, wie sich leicht nachweisen lässt, ein geringer Spannungssprung den Vorteil einer grösseren Arbeitsleistung und eines geringeren Dampfverbrauches. In welchen Grenzen sich aber dieser Spannungsabfall zu halten hat, um Vorteil zu gewähren, ist endgiltig noch nicht festgestellt, und es sei in dieser Beziehung auf die Arbeiten von Ensrud (Zeitschrift deutscher Ingenieure, 1889) und Oertling (Kompoundmaschinen, 1878) verwiesen.

Bezüglich der **Heizung** der Mehrfach-Expansionsmaschinen bezw. der Anwendung des **Dampfmantels** bei diesen ist zu bemerken, dass die von den besseren Firmen in dieser Hinsicht ausgeübte Praxis darin besteht, jeden Cylinder mit seinem Eintrittsdampfe, dagegen den Aufnehmer überhaupt nicht zu heizen. Der frische

Dampf tritt also zuerst in den Dampfmantel des kleinen Cylinders — falls dieser nicht eine besondere Heizleitung besitzt — kommt dann in den kleinen Cylinder selbst, aus diesem in den Receiver, zu dem auch der Mantel des nächsten Cylinders gehört, weiter in diesen letzteren Cylinder selbst, und so fort. Manche heizen zwar auch den grossen bezw. grossen und mittleren Cylinder mit frischem Dampfe; jedoch dürfte es sich wohl mehr empfehlen, den frischen Dampf anstatt zum Heizen der erwähnten niederen Cylinder zur Arbeitsleistung in allen Cylindern der Maschine, also zur Füllung der letzteren zu verwenden. Eine Heizung des Aufnehmers bietet insofern keine Vorteile, als die Spannung und Temperatur des Dampfes in ihm ja nur geringen Schwankungen unterworfen ist und ein durch die Heizung bewirktes Verdampfen des im Receiverdampfe enthaltenen Wassers nicht von Nutzen sein kann, da ja diese Verdampfung wieder eine entsprechende Kondensation des Heizdampfes im Mantel zur Folge haben würde. Dagegen empfiehlt es sich, den Aufnehmer durch eine gute Umkleidung vor Abkühlungsverlusten zu schützen.

Ehe nun in den nächsten Paragraphen die einzelnen Systeme der vorliegenden Maschinen hinsichtlich ihrer Dampf- und Druckverteilung verfolgt werden, sollen hier die dort verwendeten Bezeichnungen der besseren Übersicht wegen zusammengestellt werden.

Bei **gleicher Kolbenfläche,** aber **verschiedenem Hube** der Cylinder, also in den **rankinisierten Diagrammen** der Mehrcylindermaschinen, ist

0 die nutzbare Kolbenfläche aller Cylinder,

s der Hub des kleinen oder Hochdruck-,

S' derjenige des mittleren oder Mitteldruck-,

S derjenige des grossen oder Niederdruckcylinders,

$\frac{V}{v} = \frac{S}{s}$ das Cylinderverhältnis zwischen grossem und kleinem,

$\frac{V}{V'} = \frac{S}{S'}$ dasjenige zwischen grossem und mittlerem Cylinder.

m der Abstand für den schädlichen Raum des kleinen,

M' derjenige des mittleren,

M derjenige des grossen Cylinders, das sind die Höhen oder Längen dieser Räume, bezogen auf die Kolbenfläche 0,[1])

$\varepsilon = \frac{m + s_1}{M + S}$ der Gesamt-Expansionsgrad,

$\frac{s_1}{s}$ der Füllungsgrad des kleinen,

$\frac{S'_1}{S'}$ derjenige des mittleren,

$\frac{S_1}{S}$ derjenige des grossen Cylinders.

Bei **gleichem Hube,** aber **verschiedener Kolbenfläche** der Cylinder, also bei den **Diagrammen mit gleicher Basis** einer Mehrcylindermaschine, ist

S der Hub aller Cylinder,

o die nutzbare Kolbenfläche des kleinen oder Hochdruck-,

$0'$ diejenige des mittleren oder Mitteldruck-,

0 diejenige des grossen oder Niederdruckcylinders,

$\frac{V}{v} = \frac{0}{o}$ das Cylinderverhältnis zwischen grossem und kleinem,

$\frac{V}{V'} = \frac{0}{0'}$ dasjenige zwischen grossem und mittlerem Cylinder,

$m\frac{V}{v}$[1]) der Abstand des schädlichen Raumes beim kleinen,

$M'\frac{V}{V'}$[1]) derjenige beim mittleren,

M derjenige beim grossen Cylinder, das sind die Höhen dieser Räume, bezogen auf die Kolbenfläche o, 0′ bezw. 0,

$\frac{s_1}{S}$[2]) der Füllungsgrad des kleinen,

$\frac{S_1'}{S}$[2]) derjenige des mittleren,

$\frac{S_1}{S}$ derjenige des grossen Cylinders.

§ 18.

Dampf- und Druckverteilung der Maschinen mit zweimaliger Expansion des Dampfes und Kurbeln unter 0 oder 180°.

Die Zweifach-Expansionsmaschinen, deren Kurbeln unter 0 oder 180° gegeneinander versetzt sind, lassen zwei Systeme unterscheiden. Bei den älteren Maschinen, die man auch als ältere Woolfsche Maschinen bezeichnet, diente das Auslassorgan des kleinen Cylinders zugleich als Einlassorgan für den grossen Cylinder. Die Dampfverteilung erfolgte infolgedessen bei ihnen derart, dass der frische Dampf während des ersten einfachen Hubes hinter dem kleinen Kolben, dann während des zweiten Hubes gemeinschaftlich vor dem kleinen und hinter dem grossen Kolben expandierte und schliesslich während des dritten Hubes vor dem grossen Kolben ins Freie oder in den Kondensator trat. Solche Maschinen baut man jetzt nicht mehr. Sie besitzen nämlich den Nachteil, dass der Dampf bei Beginn des Übertrittes aus dem kleinen in den grossen Cylinder in dem Verbindungsrohr zwischen beiden — selbst wenn man dieses Rohr möglichst klein zu halten sucht — einen beträchtlichen Spannungsabfall erleidet, indem in diesem Rohre[3]) ja während des oben erwähnten dritten Hubes die niedere Austrittsspannung vor dem grossen Kolben herrscht. Dieser Spannungsabfall verursacht eine Verminderung der Arbeitsleistung des grossen Cylinders und eine Erhöhung des Dampfverbrauches.

Die heutigen Systeme der vorliegenden Maschinen besitzen für den Einlass am grossen und für den Auslass

1) Der schädliche Raum hat also bei den einzelnen Cylindern die Grösse m0, M′0 bezw. M0.

1) Wobei m und M′ wie bei den rankinisierten Diagrammen auf s und S′ bezogen sind.

2) $\frac{s_1}{S}$ ist gleich dem Werte $\frac{s_1}{s}$ bei den rankinisierten Diagrammen, desgleichen $\frac{S_1'}{S}$ ebenso gross wie $\frac{S_1'}{S'}$ daselbst.

3) Als mit zum schädlichen Raume des grossen Cylinders gehörig.

am kleinen Cylinder getrennte und unabhängig voneinander bewegte Steuerungsorgane, die durch früheren Abschluss des grossen Cylinders einen Spannungsabfall des aus dem kleinen Cylinder in den Verbindungskanal

Fig. 32 und 33.

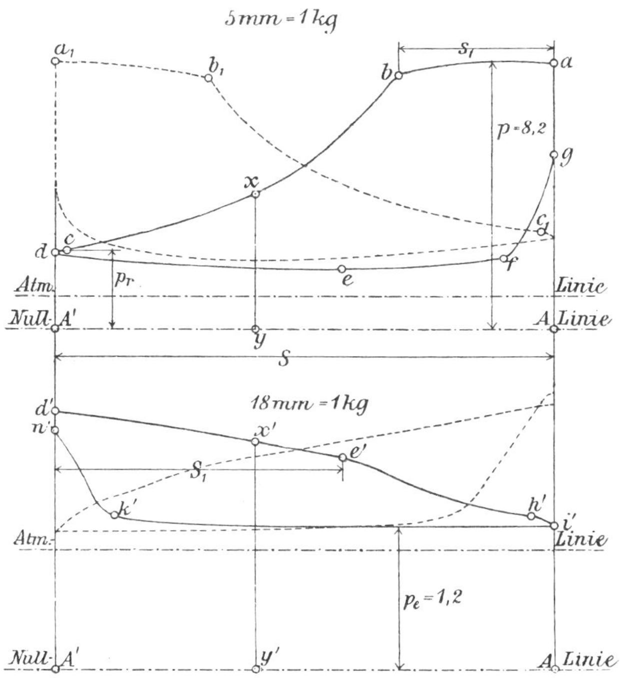

zwischen beiden Cylindern tretenden Dampfes verhüten. Wir befassen uns hier nur mit diesen letztgenannten Maschinen und bezeichnen den erwähnten Verbindungskanal als den Aufnehmer oder Receiver der Maschine, gleichgiltig, ob dieser besonders erweitert ist, wie es namentlich bei liegenden Tandemmaschinen vorkommt, oder ob derselbe nur aus dem zur Verbindung der beiden Cylinder erforderlichen Rohrstück besteht, wie es bei anderen Maschinen dieses Systems der Fall ist.

Die **Dampfverteilung** in einer solchen Verbundmaschine lässt sich wieder am besten an Hand eines Indikator-Diagrammes verfolgen. Die Fig. 32 und 33 des Textes zeigen die Diagramme einer liegenden Auspuff-Tandemmaschine aus der Maschinenfabrik des Herrn Röst István in Budapest. Die Maschine besitzt 400 bezw. 600 mm Cylinderbohrung bei 800 mm Hub und macht 80 Umdrehungen in der Minute. Der Hochdruckcylinder hat, ferner Corlisssteuerung, der Niederdruckcylinder einen Trikschen Schieber. Bei dem oberen Diagramm des Hochdruckcylinders (Fig. 32) entsprechen 5 mm 1 kg, bei dem unteren des Niederdruckcylinders (Fig. 33) 18 mm 1 kg. Der Dampf tritt mit 8,2 Atm in den Hochdruckcylinder und mit 1,2 Atm aus dem Niederdruck-

Fig. 34.

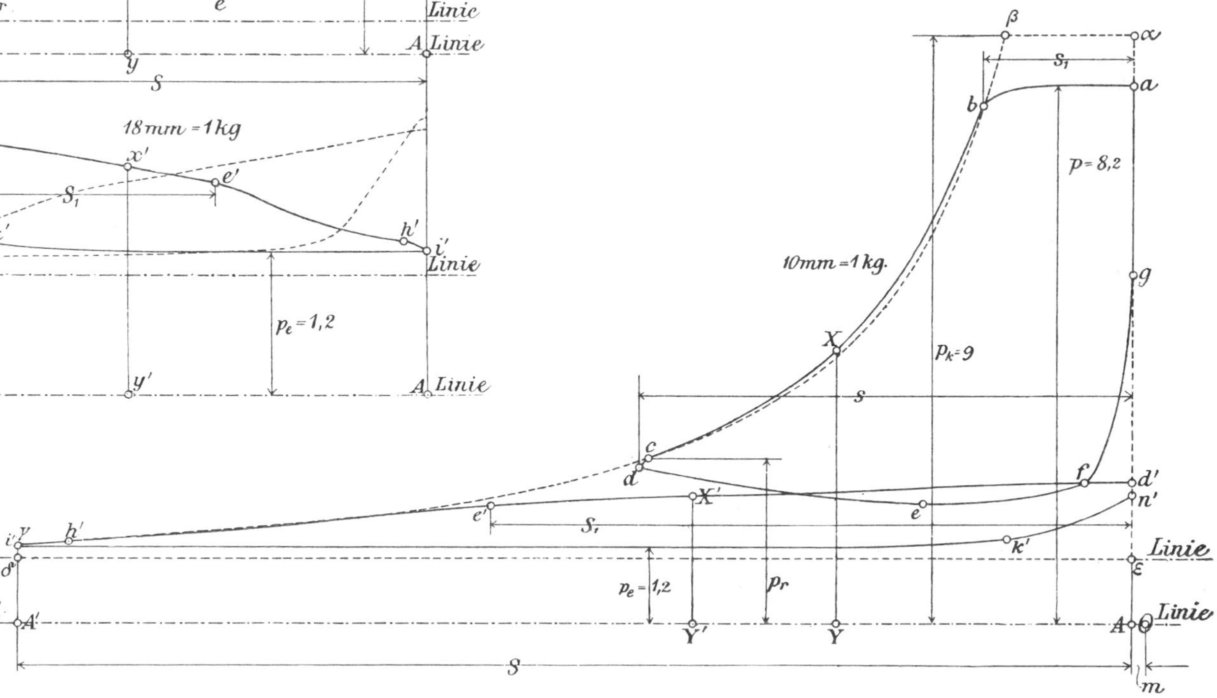

Fig. 35.

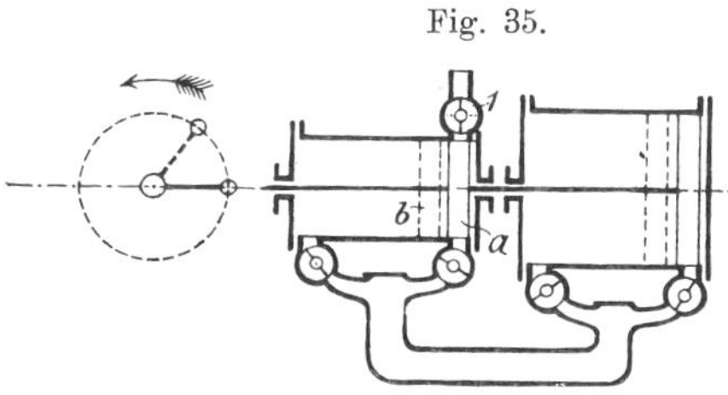

Fig. 36.

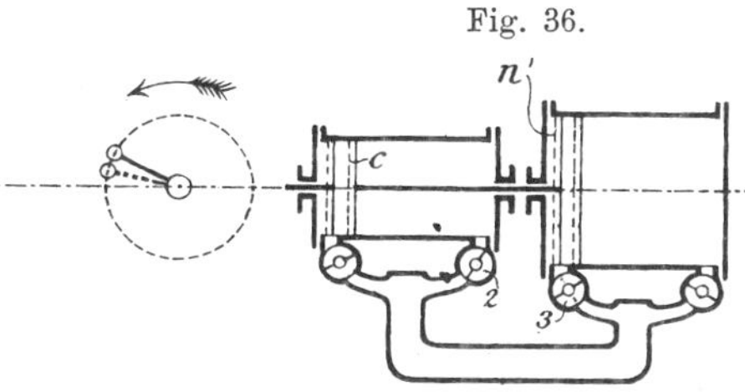

Fig. 37.

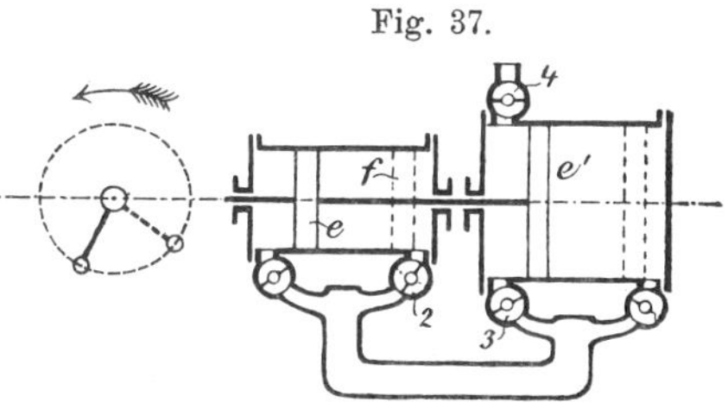

cylinder. Beim Hochdruckcylinder ist das Diagramm für den Hinlauf ausgezogen, das für den Rücklauf punktiert; für den Niederdruckcylinder gilt das Umgekehrte. In Fig. 35, 36 und 37 des Textes sind weiter zur besseren Verfolgung der Dampfverteilungsperioden die wichtigsten Kolbenlagen angedeutet, und zwar sind die zu den einzelnen Eckpunkten der Diagramme in Fig. 32 und 33 gehörigen, abwechselnd ausgezogen und punktiert angedeuteten Kolbenlagen mit den gleichen Buchstaben bezeichnet.

Der hinter den Kolben des kleinen Cylinders tretende frische Dampf verbleibt während dreier einfacher Kolbenhübe in der Maschine und wird in ihr den folgenden Zustandsänderungen unterzogen.

Erster einfacher Hub.

Hinter dem kleinen Kolben findet während des Hinlaufes statt:

Der Eintritt des frischen Dampfes nach der Volldrucklinie ab, entsprechend der ausgezogenen bezw. punktierten Kolbenlage a bezw. b in Fig. 35. In der Lage b schliesst sich das bis dahin offene Einlassorgan 1 für die rechte Seite des kleinen Kolbens.

Die Expansion des frischen Dampfes nach der Linie bc in Fig. 32, an deren Ende der kleine Kolben die in Fig. 36 ausgezogene Lage c einnimmt. In derselben öffnet sich das Auslassorgan 2 der rechten Seite des kleinen Cylinders nach dem Receiver, und es muss, wenn hier kein Spannungsabfall eintreten soll, in dem Aufnehmer dieselbe Spannung p_r wie zu Ende der Expansion im Puukte c (Fig. 32) hinter dem kleinen Kolben herrschen.

Der Dampfvoraustritt des Dampfes aus dem kleinen Cylinder in den Receiver nach der Linie cd in Fig. 32. Noch ehe aber beide Kolben die linke Totlage erreicht haben, öffnet sich bei der in Fig. 36 punktiert angedeuteten Kolbenlage n' (entsprechend Punkt n' in Fig. 33) das Einlassorgan 3 auf der linken Seite des grossen Cylinders für die weiter unten angegebene Dampfvoreintrittsperiode (n'd' in Fig. 33) beim grossen Kolben.

Zweiter einfacher Hub.

Vor dem kleinen bezw. hinter dem grossen Kolben und im Aufnehmer folgt nun während des Rücklaufes:

Die gemeinschaftliche Expansion im Receiver vor dem kleinen und hinter dem grossen Kolben nach der Linie de in Fig. 32 und d'e' in Fig. 33, wobei das Volumen vor dem kleinen Kolben ab-, das hinter dem grossen zunimmt. Am Ende dieser Periode nehmen die Kolben die in Fig. 37 ausgezogene Lage e bezw. e' ein und schliesst sich das Einlassorgan 3 für die linke Seite des grossen Cylinders. S_1 bildet den Füllungsweg des letzteren; derselbe muss so bemessen werden, dass am Ende der nächsten Periode vor dem kleinen Kolben und im Receiver die Spannung p_r wieder herrscht, wenn der während des Rücklaufs auf die linke Seite des kleinen Cylinders gelassene und hier expandierte frische Dampf (siehe die punktierte Linie $b_1 c_1$ in Fig. 32) bei Beginn des Dampfvoraustrittes (also im Punkte c_1 in Fig. 32) seine Endspannung im Receiver vorfinden und ohne Spannungsabfall in diesen eintreten soll.

Von nun an findet bis zu Ende des vorliegenden einfachen Hubes statt:

Die Kompression vor dem kleinen Kolben und im Aufnehmer gemäss der Linie ef in Fig. 32. Am Schlusse derselben (punktierte Kolbenlage f in Fig. 37) schliesst sich das Auslassorgan 2 der rechten Kolbenseite des kleinen Cylinders, und es folgt nacheinander:

Die Kompression vor dem kleinen Kolben nach der Linie fg in Fig. 32. Beim Schlusse derselben öffnet sich das Einlassorgan 1 der rechten Seite des kleinen Kolbens wieder.

Der Dampfvoreintritt vor dem kleinen Kolben nach der Linie ga in Fig. 32.

Gleichzeitig ging während der letztgenannten drei Perioden vor sich:

Die Expansion hinter dem grossen Kolben nach der Linie e'h' in Fig. 33. Am Schlusse derselben Eröffnung des Auslassorganes 4 für die linke Kolbenseite des grossen Cylinders.

Der Dampfvoraustritt hinter dem grossen Kolben nach der Linie h'i' in Fig. 33.

Dritter einfacher Hub.

Vor dem grossen Kolben folgen schliesslich auf einander:

Der Dampfaustritt nach der Linie i'k' in Fig. 33, die Kompression nach der Linie k'n' in Fig. 33. Am Schlusse derselben (punktierte Kolbenlage n' in Fig. 36) öffnet sich das Einlassorgan 3 auf der linken Kolbenseite des grossen Cylinders. Soll dabei der Dampf aus dem Receiver und der hier schon mit diesem in Verbindung gesetzten rechten Kolbenseite des kleinen Cylinders ohne Spannungsabfall in den grossen Cylinder eintreten so muss vor dem grossen Kolben die Kompressionsendspannung die entsprechende Höhe haben.

Der Dampfvoreintritt nach der Linie n'd' in Fig. 33.

Bei einer Zweifach-Expansionsmaschine mit unter 180^0 gegeneinander versetzten Kurbeln wird die Dampfverteilung ebenso, wie vorstehend beschrieben, stattfinden, nur dass bei dem vorerwähnten zweiten und dritten Hube wenn der hinter die rechte Kolbenseite des kleinen Cylinders getretene frische Dampf wieder verfolgt wird, nicht die linke, sondern die rechte Kolbenseite des grossen Cylinders in Frage käme.

In Fig. 34 des Textes sind die in Fig. 32 und 33 ausgezogenen Diagramme der erwähnten Tandemmaschine rankinisiert wiedergegeben. Die Rankinisierung ist nach der ersten der auf Seite 47 angegebenen beiden Methoden in der folgenden Weise vorgenommen worden.

Das Cylinderverhältnis berechnet sich nach den auf Seite 51 gemachten Angaben über die Dimensionen der Maschine zu

$$\frac{V}{v} = \frac{0}{o} = \frac{\overline{60}^2 \frac{\pi}{4}}{\overline{40}^2 \frac{\pi}{4}} = \overline{1,5}^2 = 2,25.$$

Die Basis des Diagrammes für den kleinen Cylinder ist nun wie in Fig. 32 gleich 75 mm geblieben, dagegen die des grossen im Cylinderverhältnis gestreckt worden, sodass in Fig. 34

$$\overline{A A'} = 2,25 \cdot 75 = 168,75 \text{ mm}$$

ist. Das Diagramm des grossen Cylinders ist ferner in Fig. 34 umgeklappt worden. Schliesslich ist der Kräftemassstab in der letztgenannten Figur 10 mm = 1 **kg** genommen. Unter Berücksichtigung alles dieses ist z. B.

$\overline{AY}$ in Fig. 34 $= \overline{Ay}$ in Fig. 32,
$\overline{XY}$ „ „ 34 $= \frac{10}{5} \overline{xy}$ „ „ 32,
$\overline{AY'}$ „ „ 34 $= 2,25 \overline{A'y'}$ „ „ 33,
$\overline{X'Y'}$ „ „ 34 $= \frac{10}{18} \overline{x'y'}$ „ „ 33 u. s. w.

gemacht worden. Das theoretische Diagramm $\alpha\beta\gamma\delta\varepsilon\alpha$ ist mit der Kesselspannung $p_k = 9$ als Anfangs- und mit der atmosphärischen Spannung als Austrittsspannung konstruiert, die Expansionslinie $\beta\gamma$ durch den Punkt c im Diagramm des kleinen Cylinders gelegt worden. Der Punkt 0 für die Expansionslinie wurde in einem Abstande m von der Anfangsordinate gewählt, der dem auf den grossen Cylinder bezogenen schädlichen Raum des kleinen Cylinders entspricht. Ist die Länge dieses Raumes, bezogen auf die Kolbenfläche seines Cylinders, gleich 0,03 des gemeinschaftlichen Hubes S, so ist sie, bezogen auf die grosse Kolbenfläche, $\frac{0,03}{2,25} S = 0,0133 S$, also im Diagramm gleich $0,0133 \cdot 168,75 = \sim 2,25$ mm zu nehmen. Der Völligkeitsgrad des rankinisierten Diagrammes, das ist das Verhältnis der Summe der beiden Flächen abcdefga und d'e'h'i'k'n'd' zu der Fläche $\alpha\beta\gamma\delta\varepsilon\alpha$ in Fig. 34 bestimmt sich zu 0,87.

Die **Konstruktion der Indikator-Diagramme einer zu entwerfenden Zweimal-Expansionsmaschine** der erwähnten Art geschieht in der Praxis nach zwei verschiedenen Verfahren. Das eine derselben rührt in der Grundidee von Prof. Zeuner her und wurde von Prof. Schröter[1]) in München, sowie dem früheren Assistenten E. Mönch[2]) desselben weiter ausgebildet, das zweite wurde zuerst von dem Direktor der Staatsgewerbeschule in Pilsen, Sigmund Gottlob[3]), veröffentlicht und später von Dr. R. Proell[4]) erweitert. Beide Verfahren sollen im Nachstehenden an einem Beispiele gezeigt werden.

Es betrage für eine Tandemmaschine mit Kondensation:

die Dampfeintrittsspannung $p = 8,4$ Atm,
die Dampfaustrittsspannung $p_e = 0,2$ Atm,
die Endspannung der Expansion im grossen Cylinder $p_x = 0,5$ Atm,
der Abstand des schädlichen Raumes beim kleinen bezw. grossen Cylinder, jeder bezogen auf das Volumen und die Kolbenfläche des zugehörigen Cylinders, $m = 0,03\,s$ bezw. $M = 0,05\,S$,
das Volumen des Receivers, bezogen auf dasjenige des grossen Cylinders, $R \cdot O = 0,53\,S \cdot O$.

Das Cylinderverhältnis soll so gewählt werden, dass beide Cylinder möglichst gleiche Arbeiten leisten. Um nun einen Anhalt über dieses vorläufig nur annähernd zu ermittelnde Verhältnis zu bekommen, ist gemäss den Angaben auf Seite 49 das theoretische Diagramm abcdefa der Eincylindermaschine in Fig. 30 des Textes auf Seite 46 unter Berücksichtigung der Kompression und im Anschluss an das hierüber auf Seite 49 Gesagte konstruiert worden. Angenommen wurde dabei eine Basis $\overline{AA'} = 90$ mm und vom Punkte A aus der Abstand des schädlichen Raumes beim Hochdruckcylinder, bezogen auf den Niederdruckcylinder, annahmsweise mit $\overline{OA} = 1$ mm angetragen. Der Kräftemassstab wurde 10 mm = 1 kg gewählt, also $\overline{Aa} = 84$ mm, $\overline{A'c} = 5$ mm, $\overline{A'd} = 2$ mm gemacht. Die Expansionslinie bc wurde als Mariottesche Hyperbel in Bezug auf O rückwärts von c aus, die Kompressionslinie ef desgleichen von f aus so verzeichnet, dass $\overline{af} = 15$ mm ist. Teilt man dann die Fläche abcdefa in zwei gleiche Teile, so ergiebt sich die Horizontale $s = 28,5$ mm und unter Beachtung, dass $\overline{OA'} = 91$ mm $= M + S = 1,05\,S$, also $S = \frac{91}{1,05} = 86,7$ mm ist, das Cylinderverhältnis

$$\frac{V}{v} = \frac{86,7}{28,5} = \sim 3,05.$$

Bei Berücksichtigung der endlichen Grösse des Receivers wird die Begrenzungslinie des Hochdruck-Diagrammes nach unten von der horizontalen Teillinie $\overline{hg}$ abfallen, also das Diagramm dieses Cylinders grösser werden. Aus diesem Grunde müsste man, um später auf gleiche Arbeitsflächen zu kommen, das Cylinderverhältnis noch grösser, wie oben berechnet, wählen. Andererseits wird man aber die Kompression im Niederdruckcylinder mit Rücksicht auf das hier verwendete Steuerungsorgan schwerlich so hoch, wie in Fig. 30 des Textes angegeben, treiben können. Bei geringerer Kompression im Niederdruckcylinder fällt aber dessen Diagramm grösser aus, welcher Umstand wiederum eine Verkleinerung des oben bestimmten Cylinderverhältnisses für die angestrebte gleiche Arbeitsverteilung nötig machen würde. Da der erste der erwähnten Umstände von grösserem Einflusse als der letzte sein dürfte, so setzen wir im Nachstehenden

$$\frac{V}{v} = \sim \mathbf{3,33}$$

und erzielen mit diesem Verhältnis auch unter Berücksichtigung der endlichen Aufnehmergrösse, der Voraus- und Voreintrittsperiode u. s. w. thatsächlich eine genügend weite Annäherung in den Arbeiten beider Cylinder. Der Füllungsgrad $\frac{s_1}{s}$ des kleinen Cylinders entnimmt sich der Figur zu

$$\frac{5}{28,5} = \frac{1}{5,7}.$$

1. Verfahren.

Fig. 1, Tafel 28.

Wählt man die Basis für das Diagramm des grossen Cylinders zu $S = 100$ mm, so kann, wie im oberen Teile der Figur angegeben, nacheinander aufgetragen werden:[1])

die Hublänge des kleinen Cylinders $s = \frac{S}{3,33} = \frac{100}{3,33} = 30$ mm,
die Länge des schädlichen Raumes beim kleinen Cylinder $m = 0,03\,s = 0,03 \cdot 30 = 0,9$ mm,

1) Zeitschrift deutscher Ingenieure, Jahrgang 1884, Seite 191.
2) „ „ „ „ 1890, „ 553.
3) „ „ „ „ 1884, „ 643.
4) „ „ „ „ 1891, „ 988.

1) Infolge photographischer Verkleinerung der Originaltafeln sind die Strecken nicht genau massstäblich geworden.

die Länge des Receivers $R = 0,53\,S = 0,53 \cdot 100 = 53$ mm,

die Länge des schädlichen Raumes beim grossen Cylinder $M = 0,05\,S = 0,05 \cdot 100 = 5$ mm,

die Hublänge des grossen Cylinders $S = 100$ mm, wobei als Querschnitt aller dieser Räume die nutzbare Kolbenfläche O des grossen Cylinders zu gelten hat.

Um während der Zustandsänderungen, denen der Dampf in der Maschine unterworfen ist, die in Betracht zu ziehenden Volumina im Verhältnis zu einander setzen zu können, ist sowohl unter der Hublänge s des kleinen Cylinders, als auch derjenigen S des grossen Cylinders das Raum- oder Volumdiagramm konstruiert worden, wie dies auf Seite 17 beschrieben ist.

Die punktierten Linien geben die Kolbenwegkurven für unendlich lange, die ausgezogenen ADG und oD′I′N′ für endlich lange Schubstange gemäss Fig. 13 und 9 des Textes.

Über der Horizontalen X—X in Fig. 1, Tafel 28 ist nun für den Hinlauf des kleinen Kolbens unter dem Volumdiagramm desselben die Linie abc zunächst aufgetragen worden. Es entspricht:

ab der Volldruckperiode mit der voraussichtlichen Drosselung zu Ende derselben für eine Füllung $s_1 = \frac{1}{5,7}\,s = \frac{1}{5,7}\,30 = \backsim 5,3$ mm und eine Eintrittsspannung $p = 8,4$ Atm $= 8,4 \cdot 10 = 84$ mm. Während der Volldruckperiode ändert sich das Volumen hinter dem kleinen Kolben wie die Horizontalen zwischen der Vertikalen durch O_1 und der Kolbenweglinie AB.

bc der von O_1 aus als Mariottesche Hyperbel konstruierten Expansionslinie. Das Volumen hinter dem kleinen Kolben nimmt dabei wie die Horizontalen zwischen BC und der durch O_1 gehenden Vertikalen zu.

Im Punkte c bezw. C öffnet sich der Receiver, in welchem in diesem Augenblicke dieselbe Spannung p_r wie hinter dem kleinen Kolben herrschen muss, wenn hier ein Spannungsabfall vermieden werden soll. Die Dampfvoraustrittslinie cd (im Volumdiagramm der Zunahme der Horizontalen CY bis NZ und NN′ bis DD′ entsprechend) kann ungefähr als Fortsetzung der Expansionslinie bc angenommen werden, wenn, wie es hier der Fall ist, zwischen dem kleinen Cylinder und Receiver kein Spannungsabfall auftritt, dagegen zwischen Receiver und grossem Cylinder, der, noch ehe die beiden Kolben die linken Totlagen erreicht haben, nämlich im Punkte N bezw. N′ der Kolbenweglinien, öffnet, ein solcher mit Rücksicht auf die nicht ganz bis auf die Receiverspannung getriebene Kompression vor dem grossen Kolben in geringem Masse vorhanden ist.

Vom Punkte d bezw. d′ und D bezw. D′ an beginnt nun die gemeinschaftliche Expansion vor dem kleinen, hinter dem grossen Kolben und im Aufnehmer nach der Linie de bezw. d′e′. Das Volumen in den genannten drei Räumen ändert sich während dieser Periode wie die Horizontalen zwischen den Stücken DE und D′E′ der Kolbenweglinien.

Die Expansionslinien de und d′e′ konstruiert man von O aus in der folgenden Weise. In der linken Totlage beider Kolben hatte der expandierende Dampf ein Volumen $v_1 = DD' = s + m + R + M$, das von O aus bis zu der durch d′ gehenden Vertikalen reicht. Da nun d′ auch als Ordinate den zugehörigen Dampfdruck hat, so braucht man nur von diesem Punkte aus die Mariottesche Hyperbel in Bezug auf O zu verzeichnen. Bei der Kolbenlage A_2 bezw. A_2' besitzt z. B. der expandierende Dampf ein Volumen v_2, das man erhält, sobald man die Vertikalen durch A_2 und A_2' bis zu den Kolbenweglinien DE und D′E′ zieht. v_2, von O aus aufgetragen, liefert den Punkt A_7', die Vertikale durch diesen, sowie die Horizontale durch d′ weiter den Punkt B_2'. $\overline{OB_2'}$ schneidet die Vertikale durch d′ in y_2', und die Horizontale durch diesen Punkt ergiebt auf den Vertikalen durch A_2 und A_2' zwei Punkte x_2 bezw. x_2' der gesuchten Expansionslinien.

Die Expansionslinie im Niederdruckcylinder ist etwas unterhalb von d′e′ angenommen worden, was mit Rücksicht auf den Spannungsabfall geschah, der beim Überströmen des Dampfes aus dem kleinen in den grossen Cylinder in geringem Grade eintritt.

Die Punkte e und e′ bezw. der Füllungsweg S_1 des grossen Cylinders ist so zu bemessen, dass am Ende der nun folgenden Kompression vor dem kleinen Kolben und im Aufnehmer, also im Punkte f, wieder dieselbe Spannung p_r wie im Punkte c herrscht, damit der hinter die linke Kolbenseite des kleinen Cylinders gelassene frische Dampf am Ende seiner Expansion daselbst im Receiver die gleiche Spannung vorfindet, die er dann selbst besitzt. Zu diesem Zwecke konstruieren wir vom Punkte g, dem Ende der Kompression vor dem kleinen Kolben allein, aus die Kurve gz′ in Bezug auf O_1 und weiter vom Punkte f aus, wo diese Kurve die durch c gezogene Horizontale schneidet, die Kurve fx′ in Bezug auf O_2 rückwärts. Der Schnittpunkt von fx′ und der früher verzeichneten Expansionslinie dy′ ergiebt dann den Punkt e für den kleinen, den Punkt e′ für den grossen Cylinder.

Der Punkt g ist in der Figur so gewählt, dass die Kompressionsendspannung 1,5 kg unter der Eintrittsspannung p verbleibt, also $p_3 = 8,4 - 1,5 = 6,9$ kg und der Dampfvoreintritt beim kleinen Kolben $0,01\,s = 0,3$ mm beträgt. Durch Ziehen einer beliebigen Linie $\overline{O_1 B_5}$ erhält man z. B. für die Kolbenlage A_5 den Punkt x_5 der Kurve gz′, indem man durch den Schnittpunkt y_5 von $\overline{O_1 B_5}$ mit der durch g gehenden Vertikalen eine Horizontale zieht. Weiter ergiebt sich z. B. für die Kolbenlage A_4 der Punkt x_4 der Kurve fx′, indem man die Vertikale in A_4 zum Schnitt mit der Horizontalen $\overline{ef}$ bringt und den Schnittpunkt y_4 der Linie $\overline{O_2 B_4}$ mit der durch f gehenden Vertikalen nach links auf die Vertikale $\overline{A_4 B_4}$ überträgt.

Der Punkt m′ der Füllung hinter dem grossen Kolben ist der voraussichtlichen Drosselung beim Kanalschlusse entsprechend zu wählen. Weiter ist nun bei diesem Kolben wie bei der Eincylindermaschine zu zeichnen:

die Expansionslinie m′h′ als Mariottesche Hyperbel in Bezug auf O_2,

die Dampfvoraustrittslinie h′i′ nach Gutdünken,

die Dampfaustrittslinie i′k′ horizontal im Abstande von 2 mm über der Horizontalen X—X,

die Kompressionslinie k′n′ von n′ aus rückwärts als Mariottesche Hyperbel in Bezug auf O_2,

die Dampfvoreintrittslinie n′d′ nach Gutdünken.

Für die Kolbenlage A_5' ergiebt sich der Punkt x_8' der Expansionslinie m′h′, indem man B_5' als Schnittpunkt der Vertikalen in A_6' und Horizontalen durch m' aufsucht. $\overline{O_2 B_6'}$ liefert weiter den Punkt y_6', der, horizontal nach $\overline{A_6' B_6'}$ übertragen, x_6' festlegt.

Der Punkt n' ist so gewählt, dass die Kompressionsendspannung 0,9 kg und die Dampfvoreintrittsperiode beim grossen Kolben 0,005 S = 0,5 mm beträgt. Bei der Kolbenlage A_7' bestimmt die in dieser errichtete Vertikale und die durch n' gezogene Horizontale den Punkt B_7', $\overline{O_2 B_7'}$ weiter y_7' und die hierdurch gelegte Horizontale den Punkt x_7' der Kompressionskurve n' k'.

2. Verfahren.

Fig. 6, Tafel 28.

Die Basis der Diagramme ist zu S = 60 mm hier gewählt. s wird dann $\frac{60}{3{,}33} = 18$ mm.

Auf der Horizontalen X—X trägt man nun, alles bezogen auf die Kolbenflächen der einzelnen Cylinder, vom Punkte O aus nacheinander auf:

die Länge des schädlichen Raumes beim kleinen Cylinder, die nach den Angaben auf Seite 50

$$m \frac{V}{v} = m \frac{S}{s} = 0{,}03\, s \frac{S}{s} = 0{,}03 \cdot 60 = 18 \text{ mm beträgt,}$$

die Basis der Diagramme S = 60 mm,

die Länge des schädlichen Raumes beim grossen Cylinder M = 0,05 S = 0,05 · 60 = 3 mm.

Auf der im Punkte B errichteten Vertikalen dagegen sticht man, alles bezogen auf die Kolbenfläche des grossen Cylinders, nacheinander ab:

die Länge des schädlichen Raumes am grossen Cylinder M = 0,03 S = 0,03 · 60 = 3 mm,

die Länge des Receivers R = 0,53 S = 0,53 · 60 = 31,8 mm,

die Länge des schädlichen Raumes am kleinen Cylinder m = 0,03 s = 0,03 · 18 = 0,54 mm,

die Hublänge des kleinen Cylinders s = 18 mm.

Schliesslich trägt man auf der im Punkte D errichteten Vertikalen noch S = 60 mm ab.

Der gewählte Kräftemassstab ist 6 mm = 1 kg. Da weiter nach Fig. 30 des Textes bei dem rankinisierten Diagramm $\frac{s_1}{s} = \frac{5}{28{,}5} = \frac{1}{5{,}7}$ war, so ist hier für die Diagramme mit gleicher Basis nach den Angaben auf Seite 50 (siehe Anmerkung 2 daselbst)

$$\frac{s_1}{S} = \frac{1}{5{,}7} \text{ oder } s_1 = \frac{60}{5{,}7} = \sim 10{,}5 \text{ mm.}$$

Es entspricht nun:

ab dem Volldruck,

bc der Expansion hinter dem kleinen Kolben. Die Expansionslinie ist als Mariottesche Hyperbel von O aus konstruiert und zugleich in ihrem Ende als für den Dampfvoraustritt daselbst geltend angenommen worden.

cd der gemeinschaftlichen Expansion vor dem kleinen, hinter dem grossen Kolben und im Aufnehmer. cd ist eine Mariottesche Hyperbel in Bezug auf den Punkt O_3, der durch Ziehen der Linie $\overline{FA}$ erhalten wird.

Die Abscissen in Bezug auf O_3 ändern sich für die einzelnen Kolbenlagen nämlich wie die Volumina bei der genannten gemeinschaftlichen Expansion. Bei Beginn der letzteren ist das Volumen z. B. M + R + m + s = $\overline{BA}$, das sich bis auf M + R + m + S am Ende des Kolbenhubes, wenn bis dorthin die Expansion ginge, vergrössert. Für die Kolbenlage A_x verhält sich

$$\frac{\overline{O_3 B}}{\overline{O_3 A_x}} = \frac{\overline{AB}}{\overline{A_x z}}.$$

Der Punkt d wird wie folgt gefunden.

Konstruiert man

die Hyperbel fz' für die Kompression vor dem kleinen Kolben rückwärts von dem der Kompressionsendspannung entsprechend angenommenen Punkte f aus unter Vernachlässigung des Dampfvoreintrittes und in Bezug auf O, bestimmt den Punkt e im Schnitte dieser Linie fz' mit der Horizontalen durch c, verzeichnet weiter

die Hyperbel ed für die Kompression vor dem kleinen Kolben und im Receiver in Bezug auf O_2, so ist offenbar im Receiver nach Abschluss des kleinen Cylinders in e dieselbe Spannung p_r vorhanden, die der hinter dem kleinen Kolben befindliche frische Dampf am Ende seiner Expansion daselbst hat, so dass er ohne Spannungsabfall mit dem Aufnehmer in Verbindung gesetzt werden kann.

Die Hyperbel ed ist von O_2 aus zu konstruieren, weil die Abscissen in Bezug auf diesen Punkt, der durch Ziehen der Schrägen $\overline{AD}$ bekommen wird, sich wie die zugehörigen Ordinaten zwischen $\overline{O_2 Y}$ und $\overline{O_2 A}$ verhalten, und diese letzteren offenbar die Volumina während der genannten Kompression in den einzelnen Lagen des kleinen Kolbens wiedergeben.

Schliesslich stellt dar:

die Linie dg die Expansion hinter dem grossen Kolben, konstruiert in Bezug auf O_4 unter Vernachlässigung des Dampfvoraustrittes,

hi den Dampfaustritt,

ic die Kompression vor dem grossen Kolben in Bezug auf O_4 unter Vernachlässigung des Dampfvoreintrittes.[1])

Die **Druckverteilung** findet in den einzelnen Cylindern der vorliegenden Maschine genau wie bei der Eincylindermaschine statt. Vereinigt man also in Fig. 1, Tafel 28 die Ordinaten der umgeklappten Kurve abcd mit den zugehörigen der Kurve defg, so ergiebt sich das Dampfüberdruck-Diagramm abcdefga des kleinen Cylinders in Fig. 2, Tafel 28. Durch Vereinigung der zusammengehörigen Ordinaten der Kurve d'm'h'i' mit der umgeklappten Kurve i'k'n'd' ergiebt sich entsprechend das Dampfüberdruck-Diagramm u'Y'p'X'u' des grossen Cylinders in Fig. 3. In Fig. 2 ist ferner qq', in Fig. 3 QQ' die Massendrucklinie, deren Ordinaten, mit denjenigen des zugehörigen Dampfüberdruck-Diagrammes in der auf Seite 32 angegebenen Weise kombiniert, das resultierende Horizontaldruck-Diagramm ghiklmg in Fig. 2 für den kleinen und u''Y''p''X''u'' in Fig. 3 für den grossen Cylinder ergeben. Die Ordinaten des ersteren müssen nun, um ein auf die nutzbare Kolbenfläche des grossen Cylinders und den gemeinschaftlichen

1) Die beiden Cylinder leisten nach den Diagrammen in Fig. 6 gleiche Arbeiten, wenn die Fläche abcdefa im Cylinderverhältnis $\frac{V}{v}$ grösser als diejenige cdghic ist.

Hub beider Cylinder bezogenes gemeinschaftliches Tangentialdruck-Diagramm zu erhalten, im Cylinderverhältnis $\frac{V}{v} = \frac{S}{s}$ verkleinert, die Abscissen in demselben Verhältnis vergrössert werden, wodurch das Diagramm uYpXu in Fig. 2, Tafel 28 entsteht.

In dieser Figur ist z. B.

$$\overline{o A_6} = \overline{o a_6} \frac{S}{s} \text{ und } \overline{A_6 B_6} = \overline{a_6 b_6} \frac{s}{S},$$

$$\overline{A_6 C_6} = \overline{a_6 c_6} \frac{s}{S}.$$

Die resultierenden Horizontaldrucke sind schliesslich für 24 Lagen des Kurbelzapfens in den Normaldruck n und die Schubstangenkraft s, die letztere weiter in die Radialkomponente r und die Tangentialkomponente t zu zerlegen, wie dies für den kleinen Cylinder in Fig. 4, Tafel 28 angedeutet ist. Die Tangentialkomponenten, über dem Kurbelkreisumfang $S\pi$ als Ordinaten in den zugehörigen Punkten aufgetragen, und zwar nach oben, wenn sie beim kleinen Cylinder treibend, beim grossen hindernd, nach unten, wenn sie beim kleinen Cylinder hindernd, beim grossen treibend wirken, ergeben in Fig. 5, Tafel 28 das strichpunktierte Tangentialdruck-Diagramm abcdefghi für den kleinen, das punktierte $ab_1c_1d_1e_1f_1g_1i$ für den grossen Cylinder. Die ausgezogene Kurve in Fig. 5 bildet die Vereinigung der beiden vorigen und entstand derart, dass die zusammengehörigen Ordinaten der beiden Teil-Tangentialdruck-Diagramme zu einander addiert wurden, wenn diese Ordinaten auf entgegengesetzten, voneinander subtrahiert wurden, wenn sie auf derselben Seite der Basis $\overline{ai}$ lagen, die erhaltene Summe bezw. Differenz aber oberhalb von $\overline{ai}$ angetragen wurde, wenn sie dem treibenden, unterhalb, wenn sie dem hindernden Tangentialdruck entsprach. Der Differenz der Flächen, welche hinsichtlich der ausgezogenen Kurve in Fig. 5 über und unter der Basis $\overline{ai}$ liegen, an Inhalt gleich ist das in der Figur angedeutete Widerstands-Rechteck von der Höhe w, dessen obere Begrenzungslinie zugleich die für die Berechnung der Schwungradmasse erforderliche grösste Über- oder Unterschussfläche (f_1 bis f_4) liefert.

Ein Vergleich der bei den vorliegenden Verbundmaschinen möglichen Kurbelanordnungen von 0 und 180° ergiebt das Folgende.

Die Tandemmaschine bietet zunächst infolge des einzigen Gestänges den Vorteil, dass ihre Anschaffungskosten geringer ausfallen, dass sie nur eines langen, schmalen Raumes zur Aufstellung bei liegender Anordnung bedarf, und dass sie sich möglichen Falles leicht und bequem zur Verstärkung einer vorhandenen Eincylindermaschine durch Anhängen eines grösseren Cylinders an den vorhandenen eignet. Der Druck auf das Gestänge ist ferner, wie Radinger nachweist, höchstens gleich dem 1,5fachen desjenigen einer entsprechenden Eincylindermaschine, weshalb das Gestänge keineswegs so schwer ausfällt, als man gewöhnlich aus dem Umstande schliesst, dass sich hier die Drucke auf beide Kolben summieren. Endlich fällt bei der Tandemmaschine der treibende Dampfdruck in der Totlage stets grösser als der hier zur Beschleunigung der Massen des einzigen Gestänges nötige Massendruck aus, und man hat es also durch eine entsprechende Kompression (siehe Seite 35) in der Hand, selbst bei grosser Geschwindigkeit den Gang der Maschine stossfrei, weich und sanft zu gestalten.

Alle diese Vorteile sind bei der Kurbelanordnung von 180° nicht vorhanden. Der höhere Preis, der erforderliche grössere Raum zur Aufstellung und der Umstand, dass der treibende Dampfdruck im grossen Cylinder leicht für die Totlagen kleiner als der hier auftretende Massendruck werden kann, die Kompression also in einem solchen Falle ohne Einfluss auf die Ruhe des Ganges bleibt (siehe das im nächsten Paragraphen hierüber Gesagte), sprechen nicht für die Anwendung dieser Maschinen. Die Kurbelanordnung unter 180° bietet nur den Vorteil, dass die Massendrucke der sich gegeneinander bewegenden Gestänge beider Cylinder bis zu einem gewissen Grade aufgehoben werden und dass deshalb diese Maschinen eine grössere Ruhe auf dem Fundamente zeigen, welcher Umstand namentlich bei der Aufstellung derselben unter bewohnten Räumen mitspricht. Die Ruhe der Maschinen in dem erwähnten Sinne fällt, wie weiter unten gezeigt ist, um so grösser aus, je näher die beiden Cylinder einander gerückt sind. Eine hierauf hinzielende Anordnung ist dem Ingenieur Collmann unter D. R.-P. No. 49861 patentiert und schon einige Male zur Ausführung gebracht worden, wie z. B. von der Maschinenfabrik Buckau, Akt.-Gesellschaft zu Magdeburg, an einer stehenden Maschine der Frankfurter Ausstellung im Jahre 1891, von der Maschinenfabrik A. Lang in Budapest an einer liegenden Maschine für die elektrische Strassenbahn daselbst.

Wie auf Seite 37 erklärt wurde, ist der Differenzdruck zwischen Kolben und Cylinderdeckel dem augenblicklichen Massendrucke in der Richtung und Grösse gleich. Steht also z. B. in Fig. 38 des Textes auf Seite 57 der kleine Kolben einer stehenden Verbundmaschine mit unter 180° gegeneinander versetzten Kurbeln in der unteren, der grosse Kolben in der oberen Totlage, so wirkt bei dem ersteren der Differenz- und Massendruck Q_1 nach unten, bei dem letzteren derjenige Q_1' nach oben. Q_1 sucht die Maschine auf das Fundament niederzudrücken, Q_1' sie von demselben abzuheben. Trägt man sich die Kräfte Q_1 und Q_1' nach Fig. 39a an den Abstand $\overline{AB} = m$ der beiden Cylinderachsen und fügt im Punkte B zwei gleiche und entgegengerichtete Kräfte Q_1 hinzu, so resultiert in B nur eine Kraft $Q_1' - Q_1$, welche die Maschine abzuheben sucht, und ein Kräftepaar $Q_1 \cdot m$, welches die ganze Maschine links herum drehen will.

Befindet sich dagegen der kleine Kolben in der oberen, der grosse in der unteren Totlage, so resultiert aus dem nach oben gerichteten Massendruck Q_2 des ersten Kolbens und dem nach unten gerichteten Q_2' des letzten nach Fig. 39b entsprechend wie oben im Punkte B eine Kraft $Q_2' - Q_2$, welche den Druck der Maschine auf das Fundament verstärkt, und ein Kräftepaar $Q_2 \cdot m$, welches die Maschine rechts herum in der Vertikalebene zu drehen sucht.

Bei der Kurbelanordnung von 180° wird also die Maschine durch die auf- und abgehenden Gestängemassen höchstens durch eine Kraft $Q_1' - Q_1$ bezw. $Q_2' - Q_2$ nach oben bezw. unten belastet. Für $Q_1 = Q_1'$ und $Q_2 = Q_2'$, also für gleiche Gestängemassen beider Cylinder, wäre die erwähnte Kraft sogar Null. Allerdings verbleibt noch das Kräftepaar $Q_1 \cdot m$ bezw. $Q_2 \cdot m$, welches die Maschine bald nach links, bald nach rechts zu wiegen sucht. Die Wirkung dieses Kräftepaares wird aber um so geringer, und der Einfluss der auf- und niedergehenden Massen auf die Ruhe der ganzen Maschine verschwindet um so mehr, je kleiner der Abstand m ist, je näher also die beiden Cylinderachsen einander gerückt sind.

Bei der Collmannschen Anordnung, die durch Fig. 40 des Textes schematisch wiedergegeben ist, wird diesem Umstande dadurch Rechnung getragen, dass die Kolbenstange des grossen Cylinders, der über dem kleinen liegt, sich dicht neben dem lezteren befindet. Die Anordnung bringt indes andere Komplikationen mit sich, die sie nur in ganz aussergewöhnlichen Fällen als berechtigt erscheinen lassen, zumal sich die Massendrucke, wie auf Seite 38 vermerkt, wohl in den meisten Fällen auch bei normaler Anordnung unschädlich machen lassen.

Auspuffmaschinen, wo der treibende Dampfüberdruck wegen des hohen Gegendruckes sehr klein wird, und bei hoher Kolbengeschwindigkeit, so gross ausfallen, dass der in den Totlagen zu ihrer Beschleunigung erforderliche Druck grösser als der treibende Dampfdruck daselbst wird. Schneidet dann die Massendrucklinie die Dampfeintrittskurve unter steilem Winkel, so ist ein stossfreier Gang kaum zu erzielen, zumal in solchen Fällen die Dampfüberdrucklinie gewöhnlich nicht nur ein, sondern mehrere Male von der Massendruckkurve geschnitten wird, und also ein mehrmaliger Druckwechsel und Stoss während des einfachen Hubes auftritt. Hier

Fig. 38.

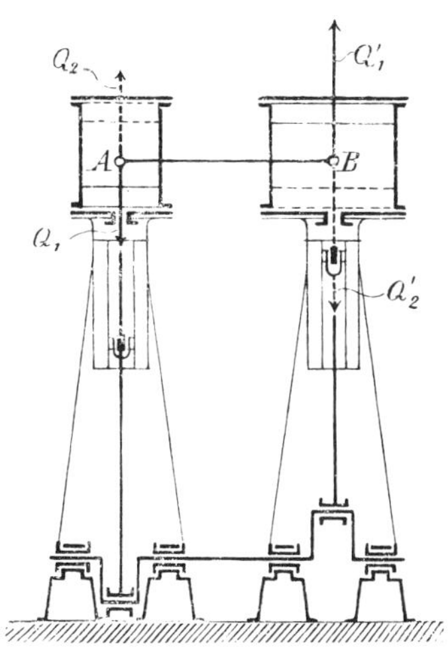

Fig. 39a und b.

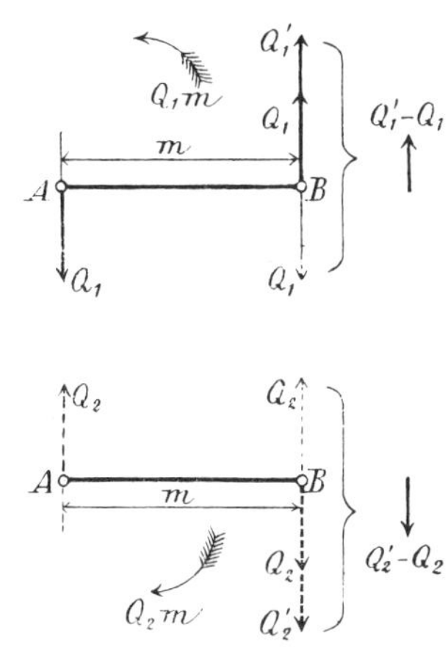

Fig. 40.

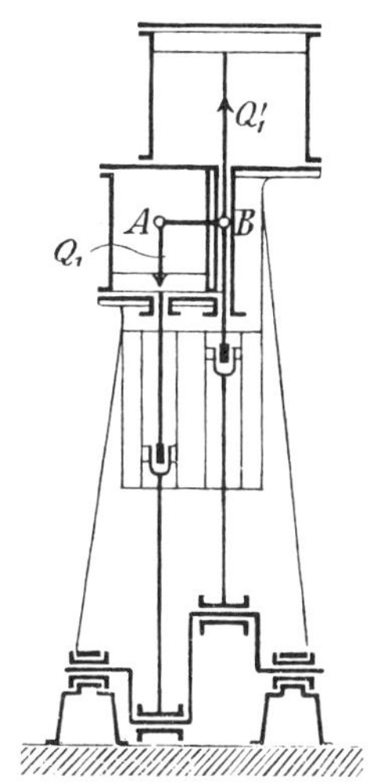

§ 19.

Dampf- und Druckverteilung der Maschinen mit zweimaliger Expansion des Dampfes und Kurbeln unter 90°.

Die vorliegenden, gewöhnlich als Kompound-Receiver- bezeichneten Maschinen vereinigen die Vorteile der Mehrcylindermaschinen mit denjenigen der Zwillingsmaschinen. Infolge der Kurbelversetzung von 90° besitzen sie also gegenüber den Verbundmaschinen des vorigen Paragraphen unter sonst gleichen Verhältnissen eine grössere Gleichförmigkeit des Ganges, da die an den beiden unter 90° versetzten Kurbeln auftretenden Tangentialdrucke sich, wie bei den Zwillingsmaschinen gezeigt wurde, zu einer resultierenden Tangentialdruckkurve zusammensetzen, die weit geringere Abweichungen von der konstanten Widerstandslinie liefert, als dies bei einer Stellung der Kurbeln unter 0 oder 180° der Fall ist, wo diese Kräfte sich in dem erwähnten Sinne höchst ungünstig zu einander addieren. Auch können die Kompound-Receiver-Maschinen in jeder Lage angelassen werden. Dagegen besitzen die Zweimal-Expansionsmaschinen, deren Kurbeln einen Winkel von 90° miteinander bilden, ebenso wie die entsprechenden Maschinen mit gegenläufiger Kolbenbewegung oder Kurbelanordnung unter 180°, den Nachteil, dass die Massen des Gestänges für den Niederdruckcylinder leicht, namentlich bei

wie dort ist also auf die Konstruktion eines leichten Gestänges für den grossen Cylinder namentlich Bedacht zu nehmen, also unter Anderem, wenn nötig, die Luftpumpe der Maschine nicht an den Niederdruck-, sondern an den Hochdruckcylinder zu hängen, die Kolben als Hohlgusskörper mit geringer Wandstärke auszuführen u. s. w.

Ist der Massendruck in den Totlagen nicht unter den Dampfdruck daselbst durch möglichste Beschränkung der Gestängemassen zu bringen, wie das wohl bei grosser Kolbengeschwindigkeit vorkommen kann, und ist weiter ein grosser Winkel zwischen der Dampfüberdruck- und Massendrucklinie nicht zu umgehen, so dürfte sich die Anordnung eines Spannwerkes empfehlen, wie es Missong in der Zeitschrift deutscher Ingenieure, Jahrgang 1893, Seite 1084 zur Aufhebung der Massenkräfte angiebt. Auf die verlängerte Kolbenstange des Niederdruckcylinders wird dann ein zweiter Kolben gesetzt, welcher in der zweiten Hälfte des Hubes, wo die Gestängemassen voranschnellen, ein Gas komprimiert, dessen Spannung in der ersten Hälfte des Hubes, wo die Massen beschleunigt werden müssen, mit treibend auf diese einwirkt.

Die **Dampfverteilungsperioden** in der Kompound-Receivermaschine lassen sich wieder am besten an Hand des Indikator-Diagrammes einer solchen Maschine verfolgen. Die Fig. 41 und 42 des Textes geben das Diagramm einer Kondensationsmaschine, die von der Firma Märky, Bromovsky & Schulz in Prag ausgeführt wurde und die folgenden Verhältnisse besitzt.

Bohrung des kleinen Cylinders = 680 mm,

Bohrung des grossen Cylinders = 1060 mm,
Gemeinschaftlicher Hub = 1260 mm,
Höhe des schädlichen Raumes am kleinen Cylinder, bezogen auf dessen Kolbenfläche, = 8 % des Hubes,
Höhe des schädlichen Raumes am grossen Cylinder, bezogen auf dessen Kolbenfläche, = 2 % des Hubes,

Fig. 41 und 42.

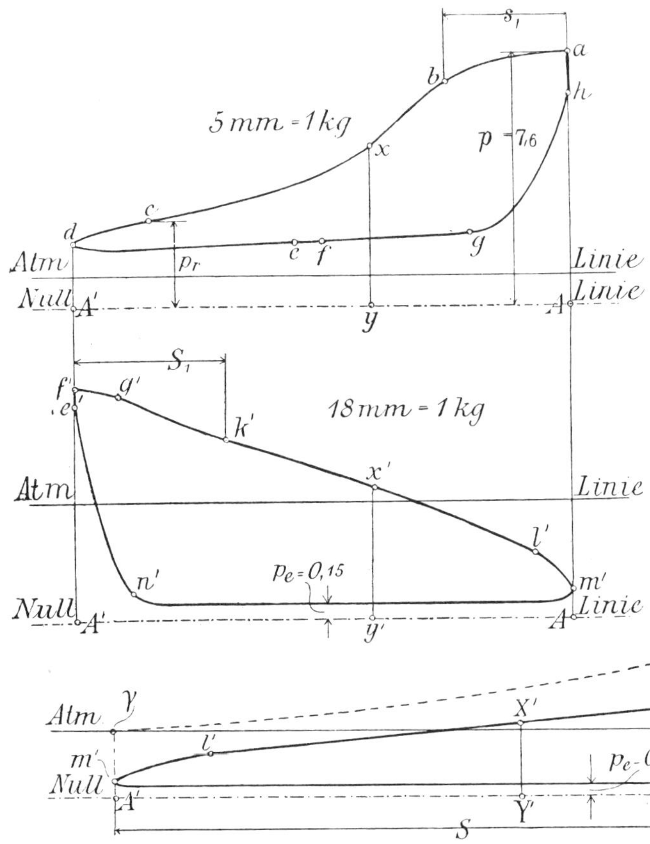

Cylinderverhältnis $\frac{V}{v} = \frac{\overline{1060}^2}{\overline{680}^2} = 2{,}43$,
Dampfeintrittsspannung = 7,6 Atm,
Dampfaustrittsspannung = 0,15 Atm.

Beim Diagramm des kleinen Cylinders in Fig. 41 entsprechen 5 mm 1 kg, bei demjenigen des grossen Cylinders in Fig. 42 18 mm 1 kg, die Basis beider Diagramme ist 75 mm. Im Anschlusse an diese Diagramme sind in Fig. 44 bis 46 des Textes die wichtigsten Kolbenlagen unter Eintragung derselben Buchstaben, die in den Diagrammen an den zugehörigen Stellen stehen, gezeichnet.

Der hinter den kleinen Kolben tretende frische Dampf bleibt dreiundeinhalb einfache Hübe in der Maschine.

Erster einfacher Hub.

Hinter dem kleinen Kolben findet statt:

Der Dampfeintritt nach der Linie ab in Fig. 41. Am Ende desselben, punktierte Kolbenlage b in Fig. 44, schliesst sich das Einlassorgan 1 der rechten Kolbenseite.

Die Expansion des frischen Dampfes gemäss der Linie bc in Fig. 41, an derem Schlusse, ausgezogene

Fig. 43.

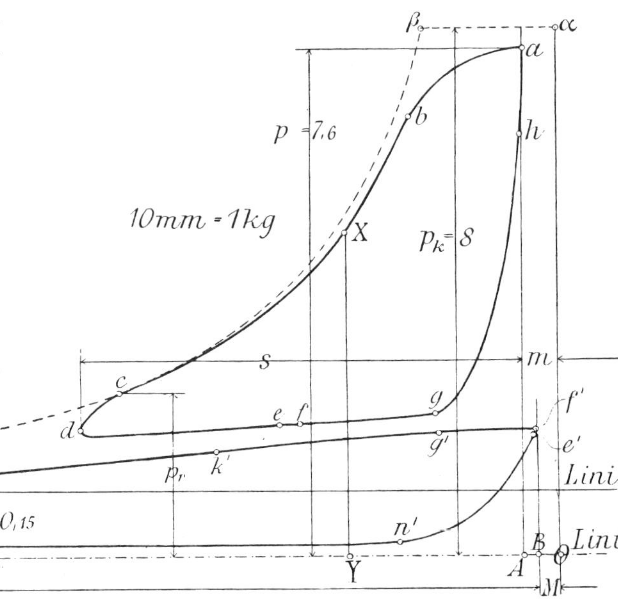

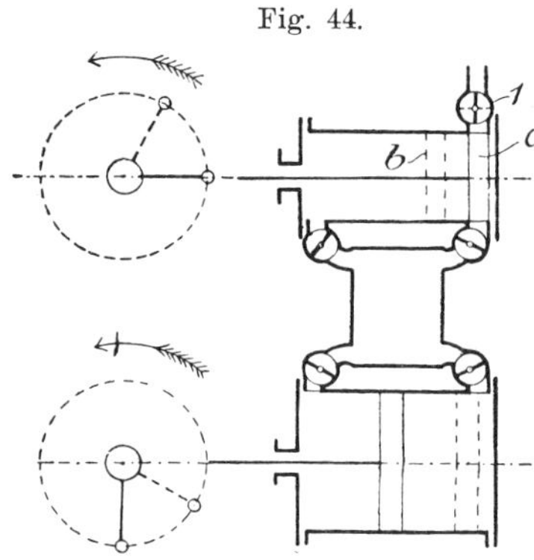

Fig. 44.

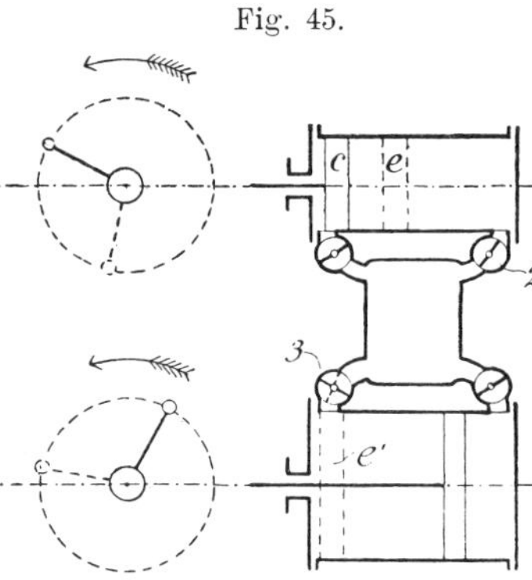

Fig. 45.

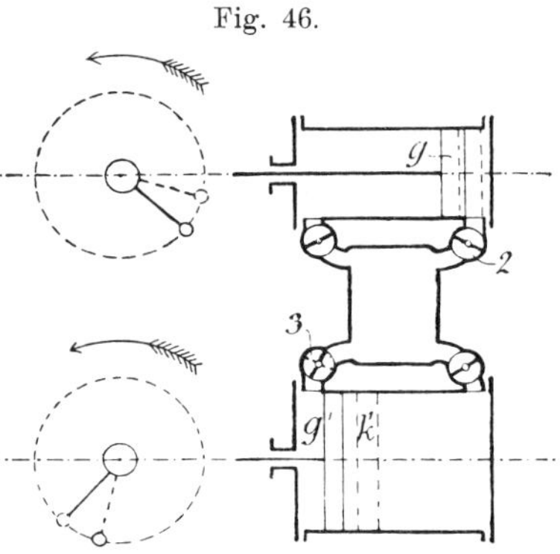

Fig. 46.

Kolbenlage c in Fig. 45, sich das Auslassorgan 2 der rechten Kolbenseite nach dem Aufnehmer öffnet. Soll hier kein Spannungsabfall stattfinden, so muss der Receiverdampf dieselbe Spannung p_r haben, die im Punkte c hinter dem kleinen Kolben herrscht. In dem dargestellten Diagramm ist das nicht der Fall, der Receiver hat vielmehr in dem erwähnten Augenblicke, wie sich weiter unten ergiebt, eine Spannung, die kleiner als diejenige in c ist.

Der Dampfvoraustritt nach cd in Fig. 41 entsprechend diesem Spannungsabfall unter gleichzeitiger Expansion des Dampfes hinter dem kleinen Kolben und im Aufnehmer bis zur linken Totlage des ersteren.

Zweiter einfacher Hub.

Während der ersten Hälfte desselben geht vor sich:

Eine Kompression vor dem kleinen Kolben und im Receiver nach der Linie de in Fig. 41. Im Punkte e, punktierte Kolbenlage e in Fig. 45, steht der grosse Kolben kurz vor der linken Totlage, punktierte Kolbenlage e' in Fig. 45, Punkt e' in Fig. 42. Für den letztgenannten Kolben beginnt hier der Dampfvoreintritt, indem sich das Einlassorgan 3 der linken Seite des grossen Kolbens nach dem Receiver öffnet. Soll dabei kein Spannungsabfall stattfinden, so muss der Dampf vor dem grossen Kolben bis zur Spannung im Punkte e in Fig. 41 komprimiert sein.

Der Dampfvoreintritt für den grossen Kolben unter gleichzeitiger Kompression vor dem kleinen Kolben, Linie ef in Fig. 41, im Aufnehmer und vor dem grossen Kolben, Linie e'f' in Fig. 42.

In der zweiten Hälfte des vorliegenden Hubes findet zunächst statt:

Anfangs eine Kompression, später eine Expansion nach der Linie fg in Fig. 41 bezw. f'g' in Fig. 42 vor dem kleinen, hinter dem grossen Kolben und im Aufnehmer. Diese Periode muss sich zuerst als Kompression äussern, weil das Volumen vor dem kleinen Kolben, der sich in der Mitte seines Hubes befindet, infolge der grösseren Geschwindigkeit dieses Kolbens daselbst schneller abnimmt, als das Volumen hinter dem grossen Kolben, der eben die Totlage verlässt und deshalb eine geringere Geschwindigkeit besitzt, zunimmt. Später überholt der grosse Kolben mit seiner grösseren Querschnittsfläche die Abnahme des Volumens vor dem kleinen Kolben, tritt also Expansion ein. Im Punkte g, ausgezogene Kolbenlage g in Fig. 46, schliesst sich das Auslassorgan 2 auf der rechten Seite des kleinen Kolbens. Bis zur rechten Totlage des letzteren geht nun vor diesem allein

die Kompression nach der Linie gh in Fig. 41 und
der Dampfvoreintritt nach der Linie ha vor sich.

Gleichzeitig trat bis zur Hubmitte des grossen Kolbens ein:

Eine Expansion hinter dem grossen Kolben und im Receiver nach der Linie g'k' in Fig. 42. Bei der in Fig. 46 punktiert angedeuteten Lage k' des grossen Kolbens schliesst sich das Einlassorgan 3 für dessen linke Seite. Der Aufnehmer ist nun von beiden Cylindern getrennt und muss in diesem Augenblicke offenbar Dampf von der oben erwähnten Spannung p_r enthalten, wenn der hinter die linke Seite des kleinen Kolbens getretene frische Dampf am Ende seiner Expansion (entsprechend dem Punkte c auf der rechten Seite) ohne Spannungsabfall mit dem Aufnehmer in Verbindung kommen soll. In den dargestellten Diagrammen ist das nicht der Fall, findet also ein Druckverlust zwischen kleinem Cylinder und Receiver statt.

Eine Expansion hinter dem grossen Kolben allein nach dem betreffenden Teil der Linie k'l'.

Halber und ganzer Schlusshub.

Hinter dem grossen Kolben tritt bis zu dessen rechter Totlage ein:

Die Expansion als Fortsetzung der vorigen Periode nach der Linie k'l',

der Dampfvoraustritt nach der Linie l'm' in Fig. 42.

Vor dem grossen Kolben geht schliesslich
der Dampfaustritt nach m'n',
die Kompression nach n'e' und
der Dampfvoreintritt nach e'f' in Fig. 42 vor sich.

In Fig. 43 des Textes sind die Diagramme der Fig. 41 und 42 rankinisiert wiedergegeben. Die Rankinisierung ist nach der auf Seite 47 vermerkten 2. Methode ausgeführt.

In Fig. 43 ist der Hub des kleinen Cylinders s = 66 mm, derjenige des grossen $S = \frac{V}{v} s = 2{,}43 \cdot 66 = \sim 160$ mm gemacht, und dem entsprechend

die Länge des schädlichen Raumes für den kleinen Cylinder mit $m = 0{,}08\,s = 0{,}08 \cdot 66 = 5{,}3$ mm,

diejenige des schädlichen Raumes für den grossen Cylinder mit $M = 0{,}02\,S = 0{,}02 \cdot 160 = 3{,}2$ mm aufgetragen worden. Der Kräftemassstab in Fig. 43 ist 10 mm = 1 kg. Es entspricht also z. B.

die Abscisse $\overline{AY}$ in Fig. 43

dem Werte $\frac{66}{75}\overline{Ay}$ in Fig. 41,

die Ordinate $\overline{XY}$ in Fig. 43

dem Werte $\frac{10}{5}\overline{xy}$ in Fig. 41,

die Abscisse $\overline{BY'}$ in Fig. 43

dem Werte $\frac{160}{75}\overline{A'y'}$ in Fig. 42,

die Ordinate $\overline{X'Y'}$ in Fig. 43

dem Werte $\frac{10}{18}\overline{x'y'}$ in Fig. 42,

u. s. w. Die Expansionslinie $\beta\gamma$ des theoretischen Diagrammes wurde durch den Punkt c gelegt und bis zur Kesselspannung $p_k = 8$ Atm gezeichnet. Der Völligkeitsgrad, das ist das Verhältnis der zueinander addierten Diagrammflächen abcdefgha und f'g'k'l'm'n'e'f' zu der Fläche des theoretischen Diagrammes $\alpha\beta\gamma A'O\alpha$, ergiebt sich zu rund 0,65.

Zur **Konstruktion der Indikator-Diagramme** einer **zu entwerfenden Kompound-Receiver-Maschine** können wiederum die auf Seite 53 angeführten beiden Verfahren dienen, deren Benutzung an dem folgenden Beispiel gezeigt werden soll. Gegeben sei für eine zu bauende Kondensations-Verbundmaschine mit zwei unter 90° gegeneinander versetzten Kurbeln

die Dampfeintrittsspannung $p = 8{,}4$ Atm,
die Dampfaustrittsspannung $p_e = 0{,}2$ Atm,
die Expansionsendspannung $p_x = 0{,}55$ Atm,
die Höhe der schädlichen Räume $m = 0{,}03\,s$ und $M = 0{,}05\,S$,
das Volumen des Receivers $R = 0{,}53\,V$.

Zur annähernden Bestimmung des Cylinderverhältnisses ist gemäss den Angaben auf Seite 49 unter Vernachlässigung des schädlichen Raumes in Fig. 1, Tafel 29 das theoretische Diagramm der Eincylindermaschine für eine Basis S = 100 mm und einen Kräftemassstab von 10 mm = 1 kg aufgezeichnet und durch eine horizontale Linie $\overline{fg}$ in zwei inhaltsgleiche Teilflächen zerlegt worden. Aus demselben ergiebt sich dann das Cylinderverhältnis

$$\frac{V}{v} = \frac{S}{s} = \frac{100}{35,5} = \sim 2,8,$$

sowie der Füllungsgrad des kleinen Cylinders

$$\frac{s_1}{s} = \frac{6}{35,5} = \sim \frac{1}{6}.$$

Genauere Werte lassen sich durch Rechnung ermitteln. Für $p_x = 0,5$ und $p = 8,4$ ist der Gesamt-Expansionsgrad

$$\varepsilon = \frac{s_1}{S} = \frac{p_x}{p} = \frac{0,55}{8,4} = \frac{1}{15,3}.$$

Gleichung 38 liefert hiermit

$$\ln\frac{S}{s} = \ln\frac{V}{v} = \frac{1}{2}\left(\ln 15,3 - 1 + \frac{0,2 \cdot 15,3}{8,4}\right) = 1,04965,$$

$$\text{oder } \frac{S}{s} = \frac{V}{v} = 2,85$$

$$\text{und } \frac{s_1}{s} = \varepsilon\frac{V}{v} = \frac{1}{15,3}\,2,85 = \frac{1}{5,4}.$$

Bei Berücksichtigung der endlichen Grösse des Receivers wird indes, wie sich später zeigt, die Arbeit des kleinen Cylinders kleiner als bei unendlich grossem Receiver und horizontaler Teillinie ($\overline{fg}$ in Fig. 1, Tafel 29) ausfallen. Um deshalb eine annähernd gleiche Arbeitsverteilung unter Berücksichtigung der endlichen Aufnehmergrösse und anderer Umstände zu erzielen, ist durch Probieren hier das Cylinderverhältnis

$$\frac{V}{v} = \mathbf{2,727}$$

bei einer Füllung des kleinen Cylinders

$$\frac{s_1}{s} = \sim \frac{1}{6}$$

ermittelt worden.

1. Verfahren.
Fig. 2, Tafel 29.

Auf der oberen Horizontalen dieser Figur sind, bezogen auf S = 100 mm und die Kolbenfläche des grossen Cylinders, nacheinander aufgetragen

$$s = \frac{100}{2,727} = 36,5 \text{ mm},$$

$$m = 0,03\,s = 0,03 \cdot 36,5 = \sim 1,1 \text{ mm},$$

$$R = 0,53\,S = 0,53 \cdot 100 = 53 \text{ mm},$$

$$M = 0,05\,S = 0,05 \cdot 100 = 5 \text{ mm},$$

$$S = 100 \text{ mm}.$$

Unter dieser Horizontalen sind dann nach dem in Fig. 12 auf Seite 17 angedeuteten Verfahren die Kolbenweglinien ADH und oFM' gezeichnet worden. Die Füllungsstrecke $s_1 = \frac{1}{6} s = \frac{1}{6}\, 36,5 \text{ mm} = \sim 6$ mm liefert weiter unter Schätzung der beim Kanalschlusse eintretenden Drosselung hinter dem kleinen Kolben:

die Dampfeintrittslinie ab, sowie daran anschliessend als Mariottesche Hyperbel von O_1 aus,

die Expansionslinie bc, entsprechend der nach den Horizontalen zwischen BC und der Vertikalen in O_1 erfolgenden Volumzunahme im Volumdiagramm. Ist die Spannung p_r hinter dem kleinen Kolben im Punkte c zugleich die Spannung des Receiverdampfes in diesem Augenblicke, so findet ohne Spannungsabfall beim Beginn bis zur Totlage

der Dampfvoraustritt statt, dessen Verlauf cd gemäss der Zunahme der oben erwähnten Horizontalen von C bis D nach Gefühl eingetragen werden kann. Beim Rückgange des kleinen Kolbens folgt nun:

die gemeinschaftliche Kompression vor dem kleinen Kolben und im Aufnehmer nach der Linie de, bei der das Volumen des Dampfes abnimmt wie die Horizontalen zwischen der Linie DE und der durch O_2 gezogenen Vertikalen.

Die Linie de ist als Mariottesche Hyperbel von O_2 aus konstruiert worden. Für die Kolbenlage A_2 z. B. ergiebt die in diesem Punkte errichtete Senkrechte mit der durch d gezogenen Horizontalen den Punkt B_2. $\overline{O_2 B_2}$ liefert ferner auf der Vertikalen durch d den Punkt y_2 und die hierdurch gelegte Horizontale auf $\overline{A_2 B_2}$ schliesslich den Punkt x_2 der Kurve.

Im Punkte e beginnt vor dem grossen Kolben, der kurz vor seiner linken Totlage steht, der Dampfvoreintritt, so dass in diesem Augenblicke alle drei Räume, entsprechend der Volumstrecke $\overline{EE'}$, miteinander kommunizieren. Ist nun wie im vorliegenden Falle die Kompressionsendspannung im Punkte e' vor dem grossen Kolben nicht gleich der Spannung des Dampfes im Punkte e vor dem kleinen Kolben und im Receiver, so tritt ein kleiner Spannungsabfall ein, wie er im Diagramm des kleinen Cylinders unterhalb e angedeutet ist. Bis in die linke Totlage des grossen bezw. Mittellage des kleinen Kolbens findet nun weiter statt:

eine Kompression in allen drei Räumen nach ef bezw. e'f', wovon die letztere Linie zugleich den Dampfvoreintritt vor dem grossen Kolben darstellt. Diese Kompression dauert auch noch nach Verlassen der Tot- bezw. Mittellage an, geht aber dann, wie früher schon erklärt, in eine Expansion über, sobald nämlich die Zunahme des gemeinschaftlichen Volumens hinter dem grossen Kolben die Abnahme des Volumens vor dem kleinen überwiegt.

Dieser anfänglichen Kompression, späteren Expansion in allen drei Räumen entspricht die Linie fg bezw. f'g'.

Die Konstruktion dieser Linien kann in der folgenden Weise vorgenommen werden. Im Anfange der vorliegenden Periode ist das Volumen des Dampfes $v_4 = FF' = \overline{A_4 A'_4}$. Für irgend eine Kolbenlage A_5 bezw. A'_5 bestimmt sich das Volumen durch Ziehen der Vertikalen in diesen Punkten bis zu den betreffenden Teilen der Kolbenweglinien aus dem Volumdiagramm zu v_5. Trägt man die Strecke v_5 auf der unteren Horizontalen von A_4 aus auf, so erhält man den Punkt C_5. Die Vertikale in dem letzteren liefert mit der Horizontalen durch f und f' weiter den Punkt B_5, $\overline{A_4 B_5}$ dann den Punkt y_5, der, nach der Vertikalen in A_5 bezw. A'_5 horizontal übertragen, schliesslich die Punkte x_5 bezw. x'_5 giebt.

Die Punkte g und g', wo die vorstehende Periode aufhört, müssen durch Rückwärtskonstruktion der Linie hz', die der Kompression des Dampfes vor dem kleinen Kolben allein entspricht, bestimmt werden. Der Schnittpunkt von hz' mit fx' liefert g bezw. g'.

In der Figur ist die Kompressionsendspannung zu 7,4 Atm und der Dampfvoreintritt beim kleinen Kolben zu $0{,}005\,s = 0{,}005 \cdot 36{,}5 = \sim 0{,}2$ mm angenommen. Dadurch ist der Punkt h festgelegt. Von diesem aus wurde dann in Bezug auf O_1 die Hyperbel hz′ gezeichnet, wie dies in der Figur für die Kolbenlage A_6 und den Punkt x_6 angedeutet ist.

Nach Abschluss des kleinen Cylinders im Punkte g bezw. g′ wird hinter dem grossen Kolben und im Aufnehmer die Expansion nach g′k′ fortgesetzt. g′k′ wurde als Hyperbel von O_1 aus aufgetragen, wie dies in der Figur für die Kolbenlage A_7 bezw. den Punkt x_7 durchgeführt ist. Die Expansion wird soweit getrieben, also der Punkt k′ so festgelegt, dass in ihm wieder die Spannung p_r vorhanden ist, die im Aufnehmer herrschen muss, wenn der auf die linke Seite des kleinen Kolbens gelassene frische Dampf am Ende seiner Expansion daselbst (entsprechend dem Punkte c für die rechte Seite dieses Kolbens) ohne Spannungsabfall mit dem Receiver in Verbindung treten soll.

Zu achten ist aber darauf, dass der Punkt k′ und die durch ihn bestimmte Füllung S_1 des grossen Cylinders so gewählt wird, dass die letztgenannte Periode schon beendet ist, ehe der Dampfvoraustritt auf der linken Seite des kleinen Kolbens beginnt. Der grosse Cylinder wäre sonst noch nicht vom Receiver abgeschlossen, wenn der letztere schon mit der erwähnten Seite des kleinen Cylinders in Verbindung getreten ist, was offenbar ein Überströmen des frischen Dampfes aus dem kleinen Cylinder in den grossen zur Folge haben würde. Der Dampfvoraustritt für die rechte Seite — für die linke gilt Entsprechendes — des kleinen Cylinders beginnt im Volumdiagramm im Punhte C. Die Horizontale durch ihn schneidet die höher gerückte Kolbenweglinie des grossen Kolbens in X. Die Vertikale durch k′ giebt weiter auf dieser Kolbenweglinie den Punkt Y, und dieser letztere muss offenbar, wenn der obigen Bedingung genügt werden soll, stets links von X liegen.

Die Füllungslinie für den grossen Cylinder wurde im Diagramm etwas unterhalb von f′k′ angenommen, um dem beim Überströmen des Dampfes aus dem kleinen Cylinder und Receiver in den grossen Cylinder stattfindenden Spannungsverlust Rechnung zu tragen.

Die Expansionslinie $k_1 l'$, als Mariottesche Hyperbel in Bezug auf O_2 (siehe Punkt x_8 für die Kolbenlage A_8),
die Dampfvoraustrittslinie l′m′,
die Dampfaustrittslinie m′n′,
die Kompressionslinie n′e′, als Mariottesche Hyperbel in Bezug auf O_2 von e′ rückwärts (siehe Punkt x_9 für die Kolbenlage A_9),
die Dampfvoreintrittslinie e′f′ für die hinter bezw. vor dem grossen Kolben stattfindenden Perioden sind genau wie bei der Eincylindermaschine zu zeichnen.

Der Punkt e′ wurde in der Figur dadurch festgelegt, dass die Kompressionsendspannung zu 1 Atm, die Dauer der Dampfvoreintrittsperiode zu $0{,}0075\,S = 0{,}0075 \cdot 100 = 0{,}75$ mm angenommen wurde.

2. Verfahren.
Fig. 4, Tafel 27.

Als Basis der Diagramme beider Cylinder ist hier die Strecke $S = 100$ mm gewählt worden. Auf der Linie X—X trägt man rechts neben der Basis die Höhe des schädlichen Raumes beim kleinen Cylinder ab, der nach den Angaben auf Seite 50, wenn bezogen auf verschiedene Kolbenflächen, aber gleichen Hub, die Grösse

$$m\frac{V}{v} = m\frac{S}{s} = 0{,}03\,s\frac{S}{s} = 0{,}03 \cdot 100 = 3\text{ mm}$$

hat, und erhält dadurch den Punkt O. Ferner sticht man, aber bezogen auf gleiche Kolbenflächen und verschiedenen Hub, vom linken Endpunkte der Basis aus nach oben ab

$$M = 0{,}05\,S = 0{,}05 \cdot 100 = 5\text{ mm},$$
$$R = 0{,}53\,S = 0{,}53 \cdot 100 = 53\text{ mm},$$
$$m = 0{,}03\,s = 0{,}03 \cdot 36{,}5 = \sim 1\text{ mm},$$
$$s = S\frac{v}{V} = 100\frac{1}{2{,}727} = 36{,}5\text{ mm},$$

wodurch sich der Punkt A ergiebt. Desgleichen trägt man nach unten

$$\frac{S}{2} = \frac{100}{2} = 50\text{ mm},$$

sowie von der Mitte der Basis, also vom Punkte h aus, nach links

$$M = 0{,}05\,S = 0{,}05 \cdot 100 = 5\text{ mm},$$
$$R = 0{,}53\,S = 0{,}53 \cdot 100 = 53\text{ mm}$$

auf, wodurch die Punkte n und O_5 festgelegt sind. Verbindet man A mit dem Punkte O_1, der im Abstande $M + R$ oberhalb O liegt, so erhält man O_2, O_4 liegt im Abstande $\frac{S}{2}$ unterhalb h. Der Kräftemassstab ist wiederum 10 mm = 1 kg.

In bekannter Weise ergiebt sich nun:

ab als Linie für den Dampfeintritt hinter dem kleinen Kolben,

bc als Mariottesche Hyperbel in Bezug auf O für die Expansion des frischen Dampfes daselbst,

cd als Linie für den Dampfvoraustritt bezw. die damit verbundene Expansion hinter dem kleinen Kolben und im Aufnehmer bis zur linken Totlage des ersteren; im Punkte c muss der sich öffnende Receiver Dampf von derselben Spannung p_r wie der Dampf hinter dem kleinen Kolben besitzen, wenn hier kein Druckabfall stattfinden soll.

de als Mariottesche Hyperbel für die Kompression vor dem kleinen Kolben und im Receiver. Die Linie de ist von O_2 aus zu konstruieren.

Während der vorliegenden Periode ändern sich nämlich die Volumina des Dampfes wie die Vertikalen zwischen der Schrägen $\overline{AO_2}$ und der Horizontalen durch O_2, denn in der linken Totlage, also unterhalb A, ist diese Vertikale $s + m + R$, in der rechten Totlage aber nur $m + R$. Die erwähnten Vertikalen verhalten sich aber wie die zugehörigen Abscissen von O_2 aus.

Im Punkte e tritt ein kleiner Spannungsabfall ein, weil vor dem grossen Kolben, der hier mit dem Aufnehmer und kleinen Cylinder in Verbindung kommt, die Kompressionsendspannung nicht genügend hoch ist.

efr bezw. kf-12 als Linie für die Kompression und spätere Expansion vor dem kleinen Kolben, im Receiver und anfangs vor (bis zur linken Totlage als Dampfvoreintritt), dann hinter dem grossen Kolben.

Die Linien fr und f-12 können in der folgenden Weise gezeichnet werden. Die Strecke $\overline{hO_4}$ entspricht dem halben Hube des grossen Kolbens, der Viertel-Kreisbogen hv darüber dem Kurbelkreise während dieses halben Hubes.

Für irgend eine Kurbellage $\overline{O_4 3}$ ist somit das Volumen hinter dem grossen Kolben bei unendlicher Schubstangenlänge der Vertikalen $\overline{3\text{-}4}$ proportional. Das Volumen des Dampfes während der vorliegenden Periode ändert sich deshalb offenbar wie die Vertikalen zwischen diesem Kreisbogen und der Schrägen $\overline{qO_1}$. Bei der linken Totlage des grossen Kolbens war es $\overline{hq} = M + R + m + {}^1/_2\,s$, bei der Kurbellage $\overline{O_4 3}$ des grossen Kolbens ist es gleich $\overline{3\text{-}2}$.

Zieht man nun $\overline{h3}$ parallel $\overline{q2}$, so muss, da $\overline{hq} = \overline{3\text{-}2}$ ist, der Dampf in den drei Räumen bei der Kurbellage $\overline{O_4 3}$ dasselbe Volumen und deshalb auch dieselbe Spannung wie in h haben. Bei der fraglichen Kurbellage steht aber der kleine Kolben in 4, der grosse in 6, da $\overline{h6} = \overline{6\text{-}5} = \overline{4\text{-}3}$ ist, und demnach hat man

$$\overline{1\text{-}4} = \overline{7\text{-}6} = \overline{fh}$$

zu machen, um die Punkte 1 bezw. 7 der gesuchten Kurven zu erhalten.

Andere Punkte dieser Kurven kann man durch Berechnung der Dampfspannung bei der betreffenden Kolbenlage finden. Steht z. B. der kleine Kolben unterhalb r, der grosse also in 10, welchen Punkt man durch Ziehen von $\overline{8\text{-}9}$ und $\overline{9\text{-}10}$ erhält, so ist das Volumen des Dampfes der Vertikalen durch r oder 8 proportional, soweit letztere zwischen $\overline{qO_1}$ und dem Viertel-Kreisbogen liegt. Bezeichnet man diesen Teil der Vertikalen mit x, so muss die Spannung in 10, nämlich

$$\overline{10\text{-}11} = \overline{fh}\,\frac{\overline{hq}}{x}$$

sein. r muss dann in der Horizontalen durch 11 liegen.

wr als Hyperbel in Bezug auf O für die Kompression vor dem kleinen Kolben allein.

Der Punkt w ist durch die Dauer der Dampfvoreintrittsperiode (0,005 S = 0,5 mm) und die Grösse der Kompressionsendspannung (7,4 Atm) festgelegt. Von w aus wird rückwärts die Kompressionskurve konstruiert. Der Schnittpunkt der letzteren mit der Kurve f1 . . . der vorigen Periode liefert den Punkt r, in welchem der kleine Cylinder vom Aufnehmer abgeschlossen wird. Dem Punkte r entspricht der Punkt 11 im Diagramm des grossen Cylinders.

11-12 (oder unter Annahme der Drosselung beim Kanalschluss und des Spannungsabfalles beim Überströmen die darunter liegende Kurve bis 13) als Expansionslinie für die Ausdehnung des Dampfes hinter dem grossen Kolben und im Aufnehmer. 11-12 ist eine von O_5 aus zu konstruierende Hyperbel. Die Dauer der vorliegenden Periode muss, wenn kein Spannungsabfall zwischen dem kleinen Cylinder und Receiver zu Beginn des Dampfvoraustrittes beim ersteren eintreten soll, so bemessen werden, dass der Punkt 12 auf der durch c gehenden Horizontalen liegt. Im Receiver herrscht dann beim Abschluss des grossen Cylinders die Spannung p_r.

13-14 als in Bezug auf n zu konstruierende Hyperbel für die Expansion hinter dem grossen Kolben allein,

14-15 als Dampfvoraustrittslinie daselbst,

15-16 als Linie für den Dampfaustritt,

16-k als Hyperbel in Bezug auf n für die Kompression des Dampfes vor dem grossen Kolben.

k-16 wird rückwärts von k aus gezeichnet, nachdem k durch die Kompressionsendspannung (1 Atm) und die Dauer der Dampfvoreintrittsperiode (0,0075 S = 0,75 mm) festgelegt ist.

Die Arbeiten beider Cylinder der Kompound-Receivermaschine, soweit sie in der Fig. 4, Tafel 27 berücksichtigt sind, fallen gleich aus, wenn der Inhalt des Diagrammes abcdefrwa für den kleinen Cylinder $\frac{V}{v} = \frac{S}{s}$ mal so gross, als der Inhalt des Diagrammes f13-14-15-16-kf für den grossen Cylinder ist, weil ja bei gleichem Hube die nutzbare Kolbenfläche des ersteren im entsprechenden Verhältnis kleiner als die des letzteren wird.

Die **Druckverteilung** geht in den einzelnen Hälften der vorliegenden Verbundmaschinen genau wie bei der Eincylindermaschine vor sich; die Druckdiagramme können also in derselben Weise, wie in § 11 des näheren angegeben, gezeichnet werden.

Auf Tafel 29 ist z. B.:

In Fig. 3 abcdefa das Dampfüberdruck-Diagramm des kleinen Cylinders, wie es in bekannter Weise dem Indikator-Diagramm desselben in Fig. 2 entnommen werden kann. Mit Hilfe der Massendrucklinie qq′ ergiebt sich ferner das resultierende Horizontaldruck-Diagramm ghiklmg, dessen Abscissen mit dem Cylinderverhältnis $\frac{V}{v} = \frac{S}{s}$ zu multiplizieren, dessen Ordinaten aber durch dieses Verhältnis zu dividieren sind, wenn es auf die nutzbare Kolbenfläche und den Hub des grossen Cylinders bezogen werden soll. In dieser Form ist das erwähnte Diagramm mit uYpXu bezeichnet.

In Fig. 5 u′Y p′X′u′ das Dampfüberdruck-, u″Y″p″X″u″ das mit Hilfe der Massendrucklinie QQ′ konstruierte resultierende Horizontaldruck-Diagramm des grossen Cylinders.

In Fig. 6 abcdefghi das punktiert eingetragene Tangentialdruck-Diagramm des kleinen, $a_1 b_1 c_1 d_1$ das strichpunktiert gezeichnete des grossen Cylinders, welches gegen das erstere, entsprechend der Kurbelversetzung von 90°, um $\frac{1}{4} S\pi$ verschoben ist. Die Ordinaten des erstgenannten Diagrammes sind ferner, solange sie treibende Drucke auf den Kurbelzapfen darstellen, oberhalb, sonst unterhalb der Basis aufgetragen; für die Ordinaten des letztgenannten Diagrammes gilt das Umgekehrte. Durch Vereinigung beider Diagramme ergiebt sich schliesslich die ausgezogene Tangentialdruckkurve, deren oberhalb der Basis liegende Ordinaten wieder treibende, sonst hindernde Drucke darstellen. Die Über- bezw. Unterschussflächen dieser Kurve gegenüber der konstanten Widerstandslinie von der Ordinate w sind in der Figur mit f_1 bis f_8 bezeichnet und beziehen sich wie die sämtlichen Tangentialdruck-Diagramme der Fig. 6 auf die nutzbare Kolbenfläche des grossen Cylinders.

Für die Indikator-Diagramme in Fig. 4, Tafel 27 ist dargestellt:

In Fig. 5 dieser Tafel das Dampfüberdruck- und resultierende Horizontaldruck-Diagramm durch abcdefa bezw. ghyklxg des kleinen Cylinders.

Bei der Entnahme der Ordinaten des Dampfüberdruck-Diagrammes aus dem Indikator-Diagramm ist aber zu beachten, dass die Ordinaten des letzteren durch das Cylinderverhältnis $\frac{V}{v}$ zu dividieren sind, wenn man ein auf die nutzbare Kolbenfläche des grossen Cylinders bezogenes Diagramm erhalten will.

In Fig. 6 durch u′p′p′w′u′ bezw. u″Yp″Xu″ das Dampfüberdruck- bezw. resultierende Horizontaldruck-Diagramm des grossen Cylinders.

In Fig. 7 abcdefga das strichpunktiert angedeutete Tangentialdruck-Diagramm des kleinen, a′b′c′d′a′ das punktiert eingetragene entsprechende Diagramm des grossen Cylinders, welches gegenüber dem ersteren gemäss der Kurbelversetzung um 90° im Drehungssinne der Maschine vorgerückt ist, die ausgezogene Kurve das vereinigte Tangentialdruck-Diagramm beider Cylinder in Bezug auf die nutzbare Kolbenfläche des grossen Cylinders.

Die Tangentialkräfte sind hier nicht über dem Umfange des Kurbelkreises als Ordinaten, wie es bisher geschehen, sondern radial vom Kurbelkreise selbst aus aufgetragen, eine Methode, die namentlich bei englischen Konstrukteuren beliebt ist. Bei der Kurbellage III z. B. ist $\overline{III7} = 5\text{-}6$ die Tangentialkraft an der kleinen Kurbel. Bei den Tangentialdruckkurven der Fig. 7 stellen ferner alle ausserhalb des Kurbelkreises liegenden Radialen treibende, alle anderen hindernde Tangentialkräfte dar. Die Über- bezw Unterschussflächen der ausgezogenen, gemeinsamen Tangentialdruckkurve in Bezug auf den Kreis bcfg des konstanten Widerstandes sind in der Figur wiederum mit f_1 bis f_8 bezeichnet.

§ 20.

Dampf- und Druckverteilung der Maschinen mit dreimaliger Expansion des Dampfes.

Die Dreimal-Expansionsmaschinen werden mit zwei oder drei Kurbeln ausgeführt. Die erste Kurbelzahl ist namentlich bei liegenden, die letzte bei stehenden Maschinen gebräuchlich. Bei zwei Kurbeln sind zwei Cylinder, Hoch- und Mitteldruck- bezw. Hoch- und Niederdruckcylinder, tandemartig hintereinander an die eine, der dritte, also Nieder- bezw. Mitteldruckcylinder, an die zweite Kurbel gehangen, welche gegen die erste gewöhnlich um 90° versetzt ist. Bei drei Kurbeln, die unter 120° gegeneinander geschränkt stehen, besitzt jeder Cylinder eine Kurbel. Bezüglich der Aufeinanderfolge dieser Kurbeln in der Drehrichtung der Maschine sind hier zwei Anordnungen möglich, die nicht die gleiche Dampfverteilung ergeben. Bei der einen, die man als solche mit voraneilender Hochdruckkurbel bezeichnet, ist die Aufeinanderfolge

Hoch-, Mittel-, Niederdruckkurbel,

bei der anderen dagegen, welche man diejenige mit voraneilender Niederdruckkurbel nennt, folgen

Nieder-, Mittel-, Hochdruckkurbel

aufeinander.

Die **Dampfverteilung** der vorliegenden Maschinen soll nun zunächst an Hand der Diagramme auf Tafel 30 gezeigt werden. Diese Diagramme sind für eine Dreimal-Expansionsmaschine von

$p = 9{,}8$ Atm Eintrittsspannung,
$p_x = 0{,}5$ „ Gesamt-Expansionsendspannung,
$p_e = 0{,}2$ „ Austrittsspannung,
$m = 0{,}03\,s$, $M' = 0{,}03\,S'$ und $M = 0{,}03\,S$ Längen der schädlichen Räume,
$R = 0{,}2\,S$, $R' = 0{,}333\,S$ bezw. $0{,}65\,S$ Receiverlängen

entworfen.

1. Anordnung mit zwei unter 90° gegeneinander versetzten Kurbeln (Fig. 1, Tafel 30).

Sollen die an beide Kurbeln vom Dampfe übertragenen Arbeiten einander gleich sein, so muss die Arbeit des Hoch- und Mitteldruckcylinders, die hier an der einen Kurbel hangen, gleich derjenigen des Niederdruckcylinders an der zweiten Kurbel sein. Zeichnen wir also, wie auf Tafel 30 oben über einer Basis von 100 mm geschehen, das ideelle Indikator-Diagramm der Eincylindermaschine auf und teilen dieses behufs angenäherter Bestimmung des Cylinderverhältnisses durch eine horizontale Linie in zwei gleiche Teilflächen, so erhalten wir zunächst das Verhältnis

$$\frac{S}{S'} = \frac{V}{V'} = \frac{100}{30} = 3{,}33$$

für die Volumina von Nieder- und Mitteldruckcylinder. Weiter wird dann die Zerlegung der über S′ befindlichen Fläche des Eincylinder-Diagrammes in zwei gleiche Teile das Volumverhältnis

$$\frac{S'}{s} = \frac{V'}{v} = \frac{30}{12{,}3} = 2{,}43 \text{ bezw. } \frac{S}{s} = \frac{V}{v} = \frac{100}{12{,}3} = \sim 8{,}1$$

von Mittel- und Hoch- bezw. Nieder- und Hochdruckcylinder ergeben.

Den Wert $\frac{S}{S'} = 3{,}33$ erhält man annähernd auch aus Gleichung 38[1]) für

$$\varepsilon = \frac{p_x}{p} = \frac{0{,}5}{9{,}8} \text{ und } p_e = 0{,}2,$$

den Wert $\frac{S'}{s} = 2{,}43$ aus derselben Gleichung[1]) für

$$\varepsilon = \frac{p_r'}{p} = \frac{p_x}{p}\,\frac{S}{S'} = \frac{0{,}5}{9{,}8}\,3{,}33 \text{ und}$$

$$p_e = p_r' = 0{,}5\,\frac{S}{S'} = 0{,}5 \cdot 3{,}33.$$

Die Volumdiagramme sind dann über einer Basis

$S = 100$ mm für den grossen,
$S' = 29$ mm „ „ mittleren,
$s = 11{,}7$ mm „ „ kleinen

Cylinder, die Indikator-Diagramme nach dem auf Seite 53 zuerst erwähnten Verfahren konstruiert worden. Zu diesem Diagramme ist zu bemerken, dass die Dampfverteilung im kleinen Cylinder und hinter dem mittleren Kolben genau wie bei einer Verbundmaschine mit zwei Cylindern und Kurbeln unter 0°, die Dampfverteilung vor dem mittleren Kolben und im grossen Cylinder ebenso wie bei einer Verbundmaschine mit Kurbeln unter 90° vor sich geht. Bezüglich der Konstruktion der einzelnen Kurven in den Indikator-Diagrammen kann deshalb auf das hierüber in den beiden vorigen Paragraphen Gesagte verwiesen werden. Hier sollen nur die einzelnen Dampfverteilungsperioden nochmals aufgeführt werden.

ab	Dampfeintritt	hinter dem kleinen Kolben,
bc	Expansion	
cd	Dampfvoraustritt in den 1. Receiver, später zusammen mit r′d′ (siehe weiter unten)	

de bezw. d′e′ Expansion vor dem kleinen, hinter dem mittleren Kolben und im 1. Receiver,

1) Daselbst ist das Verhältnis mit $\frac{S}{s}$ bezeichnet.

ef Kompression vor dem kleinen Kolben und im 1. Receiver,

fg Kompression } vor dem kleinen Kolben,
ga Dampfvoreintritt }

p'q' Kompression vor dem mittleren Kolben und im 2. Receiver,

q'r' Kompression vor dem mittleren Kolben allein,

Fig. 47.

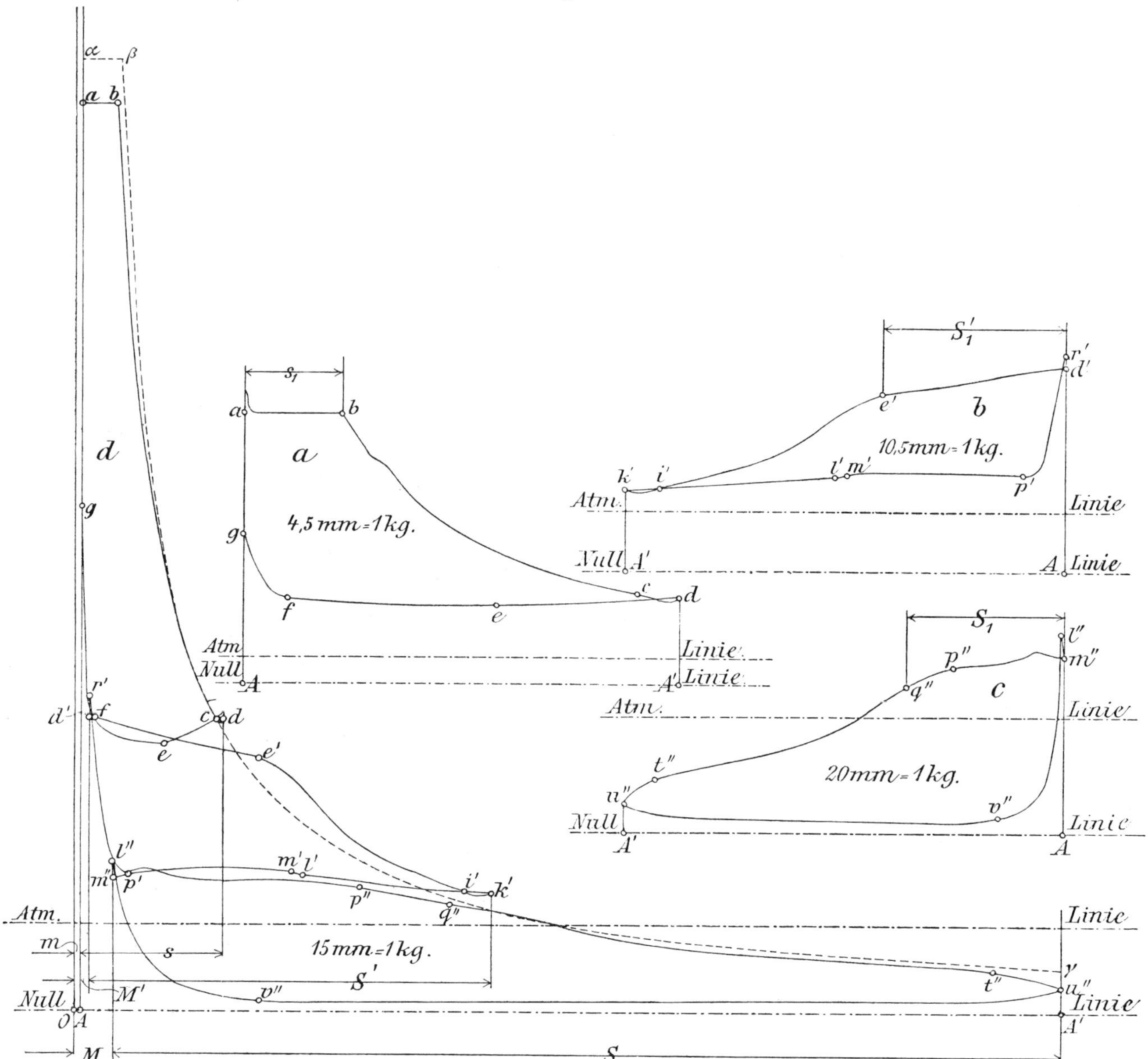

h'i' Expansion } hinter dem mittleren Kolben,
i'k' Dampfvoraustritt in den 2. Receiver }

k'l' Kompression vor dem mittleren Kolben und im 2. Receiver,

l'm' bezw. l''m'' desgleichen vereinigt mit dem Dampfvoreintritt vor dem grossen Kolben,

m'p' bezw. m''p'' anfangs Kompression, später Expansion vor dem mittleren, hinter dem grossen Kolben und im 2. Receiver,

r'd' Dampfvoreintritt vor dem mittleren Kolben, vereinigt mit dem Schluss von cd (siehe weiter oben) hinter dem kleinen Kolben,

s''t'' Expansion } hinter dem grossen Kolben,
t''u'' Dampfvoraustritt }

u''v'' Dampfaustritt }
v''l'' Kompression } vor dem grossen Kolben.
l''m'' Dampfvoreintritt, vereinigt mit l'm' (siehe weiter oben) }

Die Dampfverteilung zwischen dem mittleren und grossen Cylinder unterscheidet sich von der bei der Kompound-Maschine auf Seite 60 und in Fig. 2, Tafel 29 angegebenen nur insofern, als

in Fig. 1, Tafel 30 zur Erzielung der Receiverspannung p'_r eine Kompression $p'q'$ vor dem mittleren Kolben und im 2. Receiver angeordnet werden musste, da die Linie $r'q'$ die Kurve $m'y'$ unterhalb dieser Spannung p'_r schneidet, während

in Fig. 2, Tafel 29 zur Erzielung der Receiverspannung p_r eine Expansion hinter dem grossen Kolben und im Receiver nötig war.

Die Fig. 47a, b und c auf Seite 64 zeigen die Diagramme einer Dreicylindermaschine[1]) mit zwei Kurbeln und den folgenden Verhältnissen

Dampfeintrittsspannung $p = 10{,}45$ Atm absolut,
Bohrung der Cylinder = 282, 450, 700 mm,
Cylinderverhältnis 1 : 2,73 : 6,63[2]),
Hub = 1000 mm.

a ist das Diagramm des kleinen, b das des mittleren und c das des grossen Cylinders. Das rankinisierte Diagramm d wurde nach der auf Seite 47 angegebenen 2. Methode und unter Annahme eines schädlichen Raumes

$$m = 0{,}05\,s,\ M' = 0{,}04\,S' \text{ und } M = 0{,}04\,S$$

gezeichnet, die Fxpansionslinie $\beta\gamma$ des theoretischen Diagrammes durch den Endpunkt c der Expansion im kleinen Cylinder gelegt. Die Völligkeit berechnet sich bei einer Kesselspannung von 11 Atm absolut zu rund 0,825. Die Expansionslinie des kleinen Cylinders fällt, wie aus dem rankinisierten Diagramm ersichtlich ist, unter, diejenige des mittleren über, und diejenige des grossen teils unter, teils über die theoretische Expansionslinie $\beta\gamma$. Es deutet dies darauf hin, dass im kleinen Cylinder eine Kondensation, im mittleren ein Nachdampfen stattfand, während die Heizung des grossen Cylinders (alle Cylinder und beide Receiver waren bei der Maschine mit frischem Kesseldampfe geheizt) das in ihm sich bildende Kondenswasser wieder zum Verdampfen brachte.

Die einzelnen Dampfverteilungsperioden der Diagramme in Fig. 47 des Textes sind mit denselben Buchstaben wie die entsprechenden in Fig. 1, Tafel 30 bezeichnet. $p''q''$ giebt eine Expansion hinter dem mittleren Kolben und im 2. Receiver für Fig. 47 an.

2. Anordnung mit drei unter 120° gegeneinander versetzten Kurbeln.

Zur annähernden Bestimmung der Cylinderverhältnisse kann hier die Gleichung 39 benutzt werden. Dieselbe liefert für

$$p = 9{,}8,\ p_x = 0{,}5,\ p_e = 0{,}2 \text{ und } \varepsilon = \frac{p_x}{p} = \frac{0{,}5}{9{,}8}$$

den Wert

$$\ln\frac{S}{s} = \ln\frac{V}{v} = \frac{1}{3}\left(2\ln\frac{9{,}8}{0{,}5} - 1 + \frac{0{,}2}{0{,}5}\right) = 1{,}7837,$$

$$\frac{S}{s} = \frac{V}{v} = 5{,}95,$$

sowie

$$\ln\frac{S}{S'} = \ln\frac{V}{V'} = \frac{1}{3}\left(\ln\frac{9{,}8}{0{,}5} - 2 + 2\,\frac{0{,}2}{0{,}5}\right) = 0{,}592,$$

$$\frac{S}{S'} = \frac{V}{V'} = 1{,}81.$$

Für eine Basis $S = 100$ mm ergiebt sich hiermit

$$s = \frac{100}{5{,}95} = \backsim 16{,}8 \text{ mm},\ S' = \frac{100}{1{,}81} = \backsim 55{,}3 \text{ mm}.$$

Das über einer Basis $S = 87$ mm in Fig. 31 auf Seite 46 gezeichnete Diagramm liefert für die vorstehenden Verhältnisse

$$s = 14 \text{ mm},$$

also $$\frac{S}{s} = \frac{V}{v} = \frac{87}{14} = 6{,}07,\ S' = 43{,}5 \text{ mm},$$

also $$\frac{S}{S'} = \frac{V}{V'} = \frac{87}{43{,}5} = 2.$$

a. Voraneilende Hochdruckkurbel (Fig. 2, Tafel 30).

Die Diagramme sind für die folgenden Verhältnisse konstruiert:

$$S = 100 \text{ mm},\ S' = \frac{1}{2}S = 50 \text{ mm},\ s = \frac{1}{6}S = \backsim 16{,}7 \text{ mm},$$
$$M = 0{,}03\,S = 3 \text{ mm},\ M' = 0{,}03\,S' = 1{,}5 \text{ mm},\ m = 0{,}03\,s = 0{,}5 \text{ mm},$$
$$R' = 0{,}65\,S = 65 \text{ mm},\ R = 0{,}2\,S = 20 \text{ mm}.$$

ab Dampfeintritt, bc Expansion } hinter dem kleinen Kolben,

cd Dampfvoraustritt hinter dem kleinen, verbunden mit c'd' als Fortsetzung des Dampfeintrittes hinter dem mittleren Kolben, also gemeinschaftliche Expansion hinter dem kleinen und mittleren Kolben, sowie im 1. Receiver.

Im Punkte c (C im Volumdiagramm) steht der kleine Kolben kurz vor der linken Totlage, der um 120° mit seiner Kurbel nacheilende mittlere Kolben hat seine rechte Totlage schon verlassen und stand zu Anfang des Hubes auf seiner rechten Seite mit dem 1. Aufnehmer und der linken Seite des kleinen Kolbens in Verbindung. Etwas vor dem Punkte c wird nun die linke Seite des kleinen Kolbens von den anderen beiden Räumen abgeschlossen, und an deren Stelle tritt die rechte. Während der vorliegenden Periode ändert sich das Dampfvolumen wie die Horizontalen zwischen CD und C'D'. Für den mittleren Kolben verläuft die Indikatorlinie nach c'd', nur dass nicht die ausgezogene Kurve, welche für die linke Seite dieses Kolbens gilt und der leichteren Konstruktion wegen genommen ist, sondern der entsprechende Teil des punktiert eingetragenen Diagrammes der anderen Seite massgebend ist.

de bezw. d'e' Expansion vor dem kleinen, hinter dem mittleren Kolben und im 1. Receiver (Änderung des Dampfvolumens wie die Horizontalen zwischen DE und D'E').

ef Kompression vor dem kleinen Kolben und im 1. Aufnehmer (Linie ef zu konstruieren von O_2 aus),

fg bezw. f'g' Kompression vor dem kleinen Kolben, im 1. Receiver und vor dem mittleren Kolben, zugleich als Dampfvoreintritt für die linke Seite des letzteren.

gh bezw. g'h' anfängliche Kompression, spätere Expansion in den vorerwähnten drei Räumen.

Im Punkte h wird, wie oben schon für die andere Seite angegeben, die rechte Seite des kleinen Kolbens von den beiden anderen Räumen abgeschlossen.

hi Kompression, ia Dampfvoreintritt } vor dem kleinen Kolben,

1) Dem Aufsatze: „Untersuchung einer Dreifach-Expansionsmaschine der Maschinenfabrik Augsburg" von Professor M. Schröter in der Zeitschrift deutscher Ingenieure, Jahrgang 1890, entnommen.

2) Bei Berücksichtigung der nutzbaren Kolbenflächen.

h′c′ Expansion hinter dem mittleren Kolben und im 1. Aufnehmer (Linie h′c′ zu konstruieren von O_1 aus).

im Punkte c′ öffnet sich die linke Seite des kleinen Kolbens für den Dampfvoraustritt, der mit einer Expansion im 1. Receiver und hinter dem mittleren Kolben bis nach d′ und später bis nach e′ verbunden ist, wie dies oben schon für die andere Kolbenseite erklärt wurde. Damit im Punkte c′ dieselbe Spannung p_r hinter dem mittleren Kolben herrscht, welche im Punkt c hinter dem kleinen Kolben vorhanden ist, muss man den Punkt e probeweise annehmen, sowie die Linien efgh bezw. f′g′h′c′ konstruieren, und eventuell, wenn die vorstehende Bedingung nicht erfüllt ist, die Dauer der Periode de verkürzen oder verlängern.

m′l′ Expansion hinter dem mittleren Kolben allein. Zwischen dem mittleren und grossen Kolben treten nun dieselben Vorgänge wie zwischen dem kleinen und mittleren auf, nämlich:

l′n′ bezw. l″n″ Dampfvoraustritt hinter dem mittleren und Dampfeintritt hinter dem grossen Kolben, Expansion in diesen Räumen und im 2. Receiver (Änderung des Dampfvolumens wie die Horizontalen zwischen L′N′ und L″N″ im Volumdiagramm),

n′o′ bezw. n″o″ Fortsetzung der vorigen Expansion (Änderung des Dampfvolumens wie die Horizontalen zwischen N′O′ und N″O″),

o′q′ Kompression vor dem mittleren Kolben und im 2. Receiver (Linie o′q′ zu konstruieren von O_4 aus),

q′r′ bezw. q″r″ Kompression vor dem mittleren Kolben, im 2. Receiver und vor dem grossen Kolben, zugleich als Dampfvoreintritt vor dem letzteren,

r′s′ bezw. r″s″ anfangs Kompression, später Expansion in den genannten drei Räumen,

s′f′ Kompression vor dem mittleren Kolben,

o″u″ Expansion } hinter dem grossen
u″v″ Dampfvoraustritt } Kolben,

v″w″ Dampfaustritt } vor dem grossen Kolben.
w″q″ Kompression }

Die vorstehend verfolgte Anordnung der Dreicylindermaschinen mit voraneilender Hochdruckkurbel zeigt den Übelstand, dass bei kleinen Receivern die unteren Linien in den Diagrammen des kleinen und mittleren Cylinders sehr stark von den Horizontalen abweichen, und dass die Perioden gh bezw. g′h′ und cd bezw. c′d′, wo der 1. Receiver und der Raum hinter dem mittleren Kolben zuerst mit der einen, dann mit der anderen Seite des kleinen Kolbens in Verbindung gebracht wird (entsprechendes findet auch zwischen dem 2. Receiver und grossen Kolben bezüglich des mittleren statt), sehr schnell aufeinander folgen. Besser in dieser Hinsicht und deshalb meistens verwendet ist die folgende Anordnung.

b. Voraneilende Niederdruckkurbel (Fig. 3, Tafel 30).

Hier sind die Diagramme für
S = 100 mm, S′ = 58,3 mm, s = 16 mm,
M = 0,03 S = 3 mm, M′ = 0,03 S′ = 1,7 mm, m = 0,03 s = 0,48 mm, R′ = 0,65 S = 65 mm, R = 0,2 S = 20 mm
konstruiert. Die Dampfverteilung geht in der folgenden Weise vor sich:

ab Dampfeintritt } hinter dem kleinen Kolben,
bc Expansion }

cd Dampfvoraustritt } hinter bezw. vor dem kleinen Kolben und im 1. Receiver.
de Kompression }

Die Linie de ist vom Punkte O_2 aus zu konstruieren. Im Punkte e hat die kleine Kurbel sich nicht ganz um 30° aus ihrer linken Totlage gedreht, die um 120° voraneilende mittlere Kurbel steht kurz vor der rechten Totlage.

ef bezw. e′f′ Kompression vor dem kleinen und mittleren Kolben, sowie im 1. Receiver, zugleich als Dampfvoreintritt vor dem mittleren Kolben,

fg bezw. f′g′ anfängliche Kompression, spätere Expansion in diesen drei Räumen (Änderung des Dampfvolumens wie die Horizontalen zwischen FG und F′G′ im Volumdiagramm).

Die Linie f′g′ ist der leichteren Konstruktion wegen zuerst für die linke, dann für die rechte Seite des mittleren Kolbens gezeichnet worden.

gh Kompression vor dem kleinen Kolben und im 1. Aufnehmer (Linie gh zu konstruieren von O_2 aus),

hi Kompression } vor dem kleinen Kolben.
ia Dampfvoreintritt }

Soll der Dampf hinter dem kleinen Kolben am Ende seiner Expansion daselbst ohne Spannungsabfall mit dem 1. Receiver in Verbindung treten, so muss im Punkte h dieselbe Spannung p_r wie im Punkte c herrschen. Deshalb ist die Linie iz′ von dem gewählten Punkte i aus rückwärts zu konstruieren, ihr Schnittpunkt h mit der durch c gehenden Horizontalen aufzusuchen und von diesem aus ebenfalls hx′ rückwärts zu zeichnen. Die letztere Kurve schneidet fy′ in g, welcher Punkt dann zugleich in g′ die Füllung S_1' für die erwähnte Bedingung festlegt. Die Füllung S_1' darf aber niemals so gross sein, dass der Dampfvoraustritt des kleinen Kolbens in sie noch hineinfällt.

k′l′ Expansion } hinter dem mittleren
l′m′ Dampfvoraustritt } Kolben,

m′o′ Kompression vor dem mittleren Kolben und im 2. Aufnehmer (Linie m′o′ zu konstruieren von O_4 aus),

o′q′ bezw. o″q″ desgleichen, verbunden mit dem Dampfvoreintritt vor dem grossen Kolben,

q′r′ bezw. q″r″ anfangs Kompression, später Expansion vor dem mittleren, hinter dem grossen Kolben und im 2. Aufnehmer (Änderung des Dampfvolumens wie die Horizontalen zwischen Q′R′ und Q″R″ im Volumdiagramm),

r′e′ Kompression } vor dem mittleren
e′f′ Dampfvoreintritt } Kolben,

r″t″ Expansion } hinter dem grossen
t″u″ Dampfvoraustritt } Kolben,

u″v″ Dampfaustritt }
v″s″ Kompression } vor dem grossen Kolben.
o″q″ Dampfvoreintritt }

Die Fig. 48 auf Seite 67 giebt schliesslich in a, b und c die Diagramme einer stehenden Dreicylindermaschine mit drei unter 120° gegeneinander versetzten Kurbeln, von denen die Niederdruckkurbel voraneilt. Die Maschine wurde von der Sächsischen Maschinenfabrik (vormals

Richard Hartmann) in Chemnitz gebaut und hat die folgenden Abmessungen:

Kleiner Cylinder 350 mm Bohrung,
Mittlerer Cylinder 550 mm Bohrung,
Grosser Cylinder 880 mm Bohrung,
Gemeinschaftlicher Hub 500 mm.

Fig. 48.

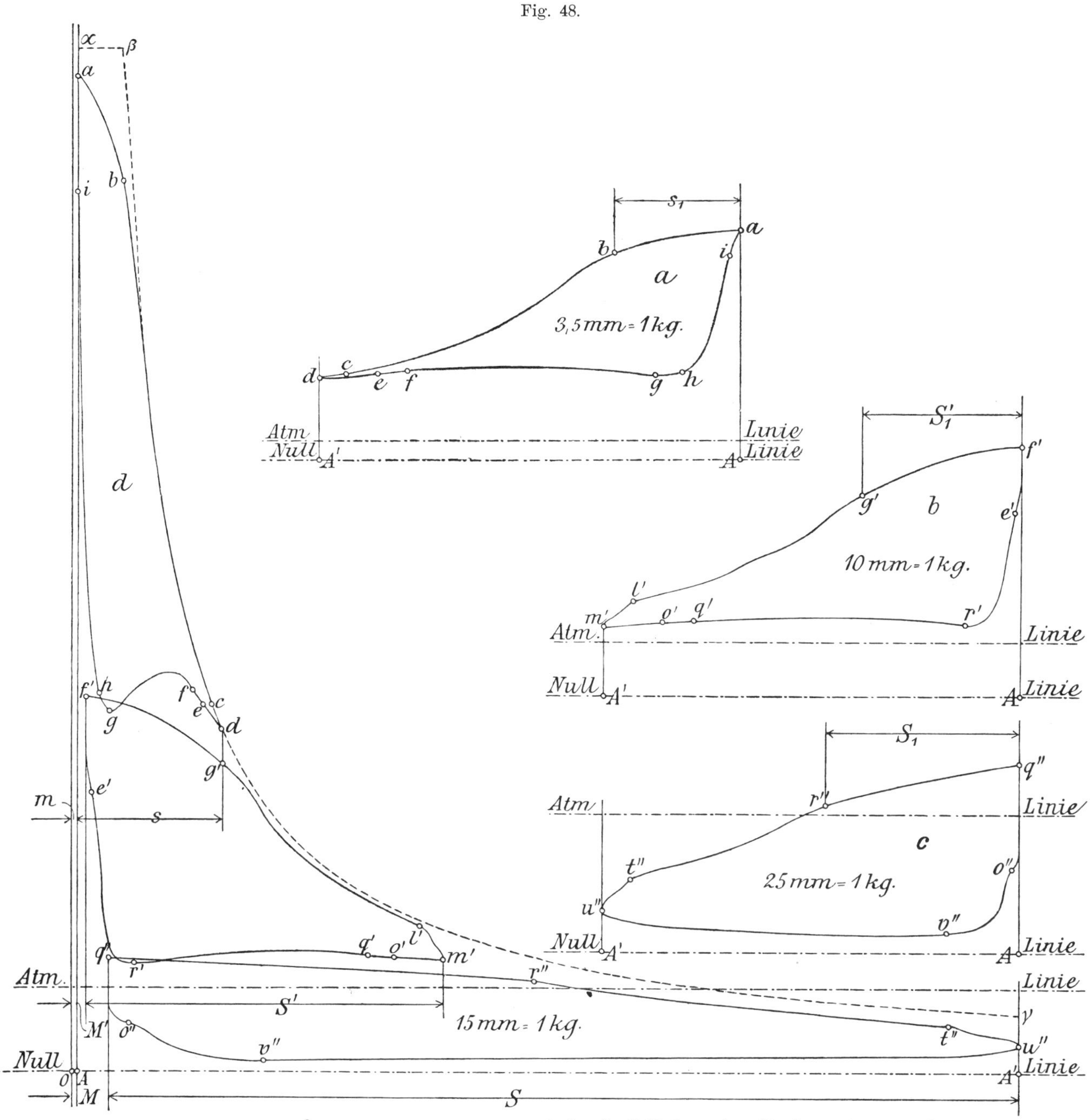

Verhältnis $\frac{V}{V'} = \frac{\overline{880}^2}{\overline{550}^2} = \sim 2{,}56$,

Verhältnis $\frac{V}{v} = \frac{\overline{880}^2}{\overline{350}^2} = \sim 6{,}32$.

Sie besitzt ferner an allen drei Cylindern Schiebersteuerung und macht 130 Umdrehungen in der Minute. Die Dampfverteilungsperioden sind genau wie in Fig. 3, Tafel 30 bezeichnet. d ist das rankinisierte Diagramm, das einen Völligkeitsgrad von 0,745 aufweist. Die Expansionslinie des kleinen Cylinders deckt sich ziemlich vollständig mit der theoretischen, diejenige des mittleren Cylinders dagegen liegt unter dieser letzteren, ein Zeichen dafür, dass im 2. Cylinder eine Kondensation stattfindet. Dasselbe scheint auch bei der Kompression vor dem grossen Kolben der Fall zu sein.

Bezüglich der **Druckverteilung** gilt für die einzelnen Cylinder der Dreimal-Expansionsmaschine das Gleiche, was bei der Zweimal-Expansionsmaschine bezw. der Eincylindermaschine hierüber vermerkt wurde.

§ 21.

Die Kondensation.[1])

Bei unseren Kondensations-Dampfmaschinen leiten wir, um die Ökonomie des Betriebes zu erhöhen, den aus dem Cylinder tretenden Dampf nicht ins Freie, sondern in den Kondensator. In demselben wird der Dampf durch Abkühlung zu Wasser verdichtet und durch Absaugen der Luft, welche teils an undichten Stellen, teils durch das zur Verdichtung des Dampfes erforderliche Kühlwasser in den Kondensator gelangt, ein teilweises Vakuum erzeugt. Bei richtiger Fortleitung dieses Vakuums nach dem Dampfcylinder schaffen wir somit vor dem Kolben des letzteren eine hindernde Pressung, die kleiner als die bei Auspuffmaschinen gewöhnlich 1 Atm übersteigende Austrittsspannung ist, erhöhen also durch die Kondensation bei gleicher Dampfspannung hinter dem Kolben den treibenden Dampfüberdruck.

Der Gewinn, welchen wir nun durch eine solche Erhöhung des Dampfüberdruckes erzielen, oder, was dasselbe sagt, der **Nutzen, welchen die Kondensation bei einer Dampfmaschine bringt,** lässt sich allgemein in der folgenden Weise feststellen. Durch Verminderung der hindernden Pressung wird zunächst der nutzbare Dampfverbrauch verringert. Ist nach Fig. 49 des Textes abcdea das Indikator-Diagramm (ohne Berücksichtigung der Kompression, des Vorein- und Vor-

Fig. 49.

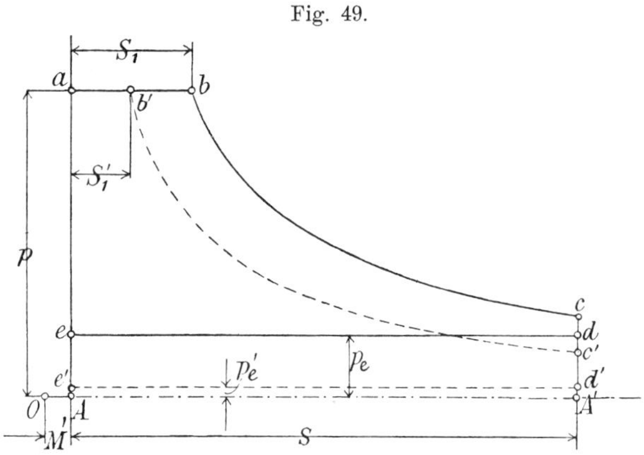

austrittes) einer Auspuffmaschine von der Austrittsspannung p_e und der Füllung $e = \frac{S_1}{S}$, ab'c'd'e'a dasselbe Diagramm der entsprechenden Kondensationsmaschine von der Auslassspannung p_e' und dem Füllungsgrade $e' = \frac{S_1'}{S}$, so wird, wenn beide Maschinen dieselbe indizierte Leistung, die beiden Diagrammflächen also gleichen Inhalt haben sollen, $\frac{S_1'}{S}$ kleiner als $\frac{S_1}{S}$ ausfallen. Der nutzbare Dampfverbrauch beträgt somit unter Vernachlässigung der bei der Totlage schon in den schädlichen Räumen vorhandenen Dampfmengen von der Spannung p_e bezw. p_e'

bei der Auspuffmaschine $(M + S_1)\,O$,

" " Kondensationsmaschine $(M + S_1')\,O$

für jeden einfachen Kolbenhub, und demnach die für diesen letzteren durch die Kondensation erzielte Ersparnis an nutzbarem Dampf unter den gemachten Voraussetzungen

$$(M + S_1)\,O - (M + S_1')\,O = (S_1 - S_1')\,O,$$

oder das Verhältnis dieser Ersparnis zum nutzbaren Dampfverbrauch der Auspuffmaschine

$$x = \frac{(S_1 - S_1')\,O}{(M + S_1)\,O} = \frac{e - e'}{\frac{M}{S} + e}.$$

Den Füllungsgrad e' einer Kondensationsmaschine kann man aus demjenigen einer Auspuffmaschine von derselben Leistung in folgender Weise bestimmen. Wie im nächsten Abschnitte gezeigt wird, ermittelt sich bei möglichst einfacher Gestaltung der Rechnung der Inhalt des Diagrammes abcdea in Fig. 49 des Textes zu

$$S_1 \cdot p\left(1 + \ln \frac{M + S}{M + S_1}\right) - S \cdot p_e = S\left\{e \cdot p\left(1 + \ln \frac{\frac{M}{S} + 1}{\frac{M}{S} + e}\right) - p_e\right\},$$

oder

$$S\left\{e \cdot p\left(1 + \ln \frac{1 + \frac{M}{S}}{e + \frac{M}{S}}\right) - p_e\right\},$$

und entsprechend der Inhalt des Diagrammes ab'c'd'e'a zu

$$S \quad e' \cdot p\left(1 + \ln \frac{1 + \frac{M}{S}}{e' + \frac{M}{S}}\right) - p_e'$$

Durch Gleichsetzung dieser beiden Werte erhält man

$$e \cdot p\left(1 + \ln \frac{1 + \frac{M}{S}}{e + \frac{M}{S}}\right) - p_e = e' \cdot p\left(1 + \ln \frac{1 + \frac{M}{S}}{e' + \frac{M}{S}}\right) - p_e',$$

$$e'\left(1 + \ln \frac{1 + \frac{M}{S}}{e' + \frac{M}{S}}\right) = e\left(1 + \ln \frac{1 + \frac{M}{S}}{e + \frac{M}{S}}\right) - \frac{p_e - p_e'}{p}.$$

Der Ausdruck auf der linken Seite dieser Gleichung entspricht aber dem sogenannten mittleren Spannungskoëfficienten der hinteren Kolbenseite bei der Füllung e', der entsprechende Ausdruck der rechten Seite demjenigen bei der Füllung e. Diese Koëfficienten sind im nächsten Abschnitte mit k bezeichnet und für die verschiedenen Füllungsgrade und Werte von $\frac{M}{S}$ berechnet und tabellarisch zusammengestellt. Man braucht also dort nur den Wert k für e und $\frac{M}{S}$ zu nehmen, dann den Ausdruck

$$k - \frac{p_e - p_e'}{p}$$

zu berechnen und für den erhaltenen Wert in der Tabelle von k wieder den zugehörigen Füllungsgrad e' aufzusuchen.

---

1) Im Vorstehenden ist die Kondensation mit gütiger Erlaubnis des Herrn Civilingenieur F. J. Weiss in Basel unter Benutzung der Aufsätze behandelt, welche dieser in der Zeitschrift deutscher Ingenieure, Jahrgang 1888 und 1891, veröffentlicht hat und die wesentlich zum vollen Verständnis dieses Gegenstandes beigetragen haben. Allen denen, die ein eingehenderes Studium der Sache beabsichtigen, sind diese Aufsätze wohl zu empfehlen.

Ist nun der nutzbare Dampfverbrauch einer Auspuffmaschine für die Zeiteinheit C_n kg, so gewinnen wir nach dem Obigen durch Hinzufügen einer Kondensation an dieser Maschine xC_n kg von diesem Dampfe. Was weiter die Dampfverluste anbelangt, so werden bei vorhandener Kondensation infolge des höheren Temperaturgefälles die Abkühlungs- und Lässigkeitsverluste grösser ausfallen, als wenn die Maschine mit Auspuff arbeitet. Wir können diesen Umstand einfach dadurch berücksichtigen, dass wir die Dampfverluste, die bei der Auspuffmaschine αC_n betragen mögen, in unveränderter Grösse, trotz des niederen nutzbaren Dampfverbrauches, auch für die Kondensationsmaschine annehmen. Der obige Ausdruck xC_n stellt dann auch die Ersparnis im gesamten Dampfverbrauch dar, welche durch die Kondensation in der Zeiteinheit erzielt wird. Sind nun a Mark die Kosten von 1 kg Dampf, so ist also durch die Kondensation der Betrag

$$K_1 = a \cdot x C_n \text{ Mark}$$

für die Zeiteinheit als gewonnen anzusehen.

Bei den Oberflächen-Kondensationen wird, wie später gezeigt ist, ein weiterer Nutzen dadurch erzielt, dass durch die Kondensation kesselsteinfreies, vorgewärmtes Wasser gewonnen wird und infolgedessen eine bessere Verdampfung und ein Fortfall des Ausklopfens beim Kessel eintritt.

Andererseits werden durch die Kondensation die Kosten des Betriebes insofern gegenüber dem mit Auspuff gesteigert, als das Anlagekapital für den Kondensator inkl. Rohrleitung und sonstigem Zubehör zu amortisieren und verzinsen ist, ferner die zum Betriebe der Pumpen und sonst unter Umständen erforderlichen Vorrichtungen nötige Arbeit von der Maschinenleistung abgeht, und schliesslich durch die Instandhaltung der Kondensationsanlage, in vielen Fällen auch durch das Kühlwasser selbst, Kosten entstehen. Beträgt diese durch die Kondensation verursachte Steigerung der Betriebskosten, bezogen auf die oben erwähnte Zeiteinheit, im ganzen K_2 Mark, so ist also $K_1 - K_2$ der wirkliche Nutzen der Kondensation.

Es liegt uns natürlich daran, die Differenz $K_1 - K_2$ möglichst gross zu halten. Die Werte K_1 und K_2 sind nun, wie weiter unten an einem Beispiele gezeigt ist, hauptsächlich von der Höhe des Vakuums bezw. von der Grösse der hindernden Pressung p_e im Cylinder abhängig, weil mit dieser Spannung, wie leicht einzusehen ist, die Dampfersparnis, also K_1, und die Grösse der Anlage, also K_2, zunimmt. Wir werden somit, um einen möglichst grossen Nutzen aus einer Kondensation zu ziehen, dasjenige Vakuum für das wirtschaftlich beste halten, welches uns die grösste Differenz $K_1 - K_2$ schafft, das uns also eine möglichst hohe Ersparnis an Dampf sichert, aber auch durch möglichst geringe Betriebsmittel und -kosten erzielt werden kann. Keineswegs braucht aber, wie sich schon von vornherein schliessen lässt, das höchste Vakuum das günstigste zu sein, eine Ansicht, die früher allgemein verbreitet war und mit den Worten „je höher das Vakuum, um so besser die Kondensation“ wiedergegeben wurde. Im Gegenteil wachsen, wie weiter unten an einem Beispiele nachgewiesen wird, von einer gewissen Höhe des Vakuums an, die erzielten Dampfersparnisse, also K_1, nur sehr langsam, die Anlage- und Betriebskosten K_2 dagegen sehr schnell, der Nutzen der Kondensation also auch nur ganz wenig.

Nachstehend ist eine Tabelle angeführt, welche Herr Civilingenieur F. J. Weiss in Basel für eine mit Auspuff arbeitende Dampfmaschinenanlage aufgestellt hat, die mit Weissscher Gegenstromkondensation (siehe weiter unten) versehen werden und dieselbe Arbeit wie ohne Kondensation leisten sollte. Dabei sind die folgenden Verhältnisse für den Auspuffbetrieb vorausgesetzt:

Dampfeintrittsspannung $p = 5$ Atm absolut,
Dampfaustrittsspannung $p_e = 1{,}1$ „ „ ,
Füllungsgrad $e = 0{,}4$,
Nutzbarer Dampfverbrauch für die Minute $= 385$ kg,
Dampfverluste durch Abkühlung und Undichtheiten $= 115$ „ ,
Gesamter Dampfverbrauch in der Minute $= 500$ „ .

Bei angehängter Kondensation ergeben sich zunächst für die in der 1. Zeile dieser Tabelle angegebenen Austrittsspannungen $p_e' = 0{,}6$ bis $0{,}1$ Atm in der früher angegebenen Weise die neuen Füllungsgrade e' der 2. Zeile. Mit letzteren und $\frac{M}{S} = 0{,}05$ folgt dann aus der Gleichung

$$x = \frac{e - e'}{\frac{M}{S} + e}$$

die Dampfersparnis in Teilen des alten nutzbaren Dampfverbrauches. Sind die Herstellungskosten, als welche im vorliegenden Falle nur die Brennmaterialkosten gerechnet sind, 0,00143 Mk. für 1 kg Dampf in der Minute, so bestimmt sich die jährliche Geldersparnis der Zeile 4, wenn der Tag zu 10 Arbeitsstunden, das Jahr zu 280 Arbeitstagen gerechnet wird, aus

$$280 \cdot 10 \cdot 60 \cdot x \cdot 385 \cdot 0{,}00143.$$

Tabelle.

1. Dampfaustrittsspannung p_e'	0,60	0,50	0,40	0,30	0,20	0,10 Atm
2. Neuer Füllungsgrad e'	0,30	0,285	0,27	0,25	0,237	0,223
3. Dampfersparnis x . .	0,223	0,256	0,29	0,333	0,362	0,394
4. Jährliche Geldersparnis	**20600**	**23700**	**26900**	**30800**	**33500**	**36400** Mk.
5. Kondensatorpressung $p' = 0{,}8\, p_e'$ . . .	0,48	0,40	0,32	0,24	0,16	0,08 Atm
6. Temperatur des Warmwassers t'	81°	76°	71°	64°	56°	42° C
7. Zu kondensierender Dampf	414	400	390	372	360	350 kg
8. Kühlwassertemperaturen t_0. 10° Kühlwassermenge für die Minute W	3,24	3,32	3,50	3,90	4,47	6,57 cbm
9. Kühlwassertemperaturen t_0. 10° Erforderl. Luftpumpenvolumen für die Minute V	1,11	1,41	1,88	2,86	5,05	17,0 „
10. 20° . . . . . W	3,7	4	4,3	4,8	5,7	9,3 cbm
11. 20° V	1,33	1,72	2,36	3,8	6,96	29,6 „
12. 30° . . . . . W	4,4	4,8	5,3	6,2	7,9	17,0 cbm
13. 30° V	1,66	2,26	3,25	5,50	12,7	137 „
14. 40° . . . . . W	5,5	6	7	8,6	12,6	102 cbm
15. 40° V	2,29	3,23	4,9	9,5	33,6	—
16. 50° . . . . . W	7,25	8,4	10,1	15	33,2	—
17. 50° V	3,72	5,84	10,8	34,2	—	—
18. 60° . . . . . W	10,6	13,6	19,5	54	—	—
19. 60° V	6,3	16,7	62,3	—	—	—

Die Kondensatorpressung ist, da das im Kondensator erzeugte Vakuum niemals vollkommen nach dem Cylinder fortgeleitet wird, nur zu $p' = 0{,}8\, p_e'$ in der 5. Zeile angenommen. Die 6. Zeile enthält die Temperaturen t' des aus dem Kondensator tretenden Warmwassers, die 7. Zeile die in der Minute zu kondensierende Dampfmenge.

$$500 - x \cdot 385 \text{ kg}.$$

Die Zeilen 8 bis 19 schliesslich geben für die Kühlwassertemperaturen $t_0 = 10$ bis $60°$ C die erforderliche Kühlwassermenge W und das Volumen V in cbm, welches vom Luftpumpenkolben in der Minute fördernd durchlaufen werden muss. Von den Werten W und V sind namentlich die Kosten K_2 der Kondensationsanlage abhängig.

Aus der Tabelle ist nun ersichtlich, dass z. B. für $t_0 = 20^0$ von $p_e' = 0{,}3$ Atm ungefähr an die jährliche Geldersparnis nur wenig, dagegen W und V, also die Kosten der Anlage, ganz bedeutend zunehmen. Während nämlich die für den kleinsten Wert $p_e' = 0{,}1$ Atm erzielte Geldersparnis von 36 400 Mk. durch eine Kühlwassermenge W = 9,3 und ein Luftpumpenvolumen V = 29,6 cbm erkauft wird, genügt für die nur um ca. $\frac{1}{6}$ kleinere Ersparnis von 30 800 Mk. bei $p_e' = 0{,}3$ Atm schon ungefähr die halb so grosse Kühlwassermenge W = 4,8 cbm und das den 8. Teil des vorigen betragende Luftpumpenvolumen V = 3,8 cbm.

Die bei unseren Dampfmaschinen meistens zur Verwendung kommenden Kondensationen können nach der Art, in welcher die Abkühlung des Dampfes erfolgt, in Misch- oder Einspritz- und Oberflächenkondensationen eingeteilt werden. Bei den ersteren findet eine unmittelbare Mischung des Dampfes mit dem Kühlwasser statt, bei den letzteren dagegen umspült der Dampf oder das Kühlwasser eine Anzahl Röhren, die vom Kühlwasser oder Dampf durchzogen werden. Zur Absaugung der Luft (und des unter Umständen nicht kondensierten Dampfes) aus dem Kondensationsraum dient bei beiden Arten von Kondensationen die sogenannte Luftpumpe. Man bezeichnet dieselbe als trockene, wenn sie, was bei richtiger Anordnung der Fall ist, in der Hauptsache nur Luft, oder sonst Dampf und Luft abzusaugen hat, dagegen als nasse, wenn sie ausserdem das Kondens- und benutzte Kühl-, das sogenannte Warmwasser, aus dem Kondensator fortschaffen muss; bei trockener Luftpumpe muss natürlich eine besondere Pumpe zur Beseitigung dieses Warmwassers vorhanden sein, die man bei Oberflächenkondensationen auch wohl Kondensatpumpe nennt, da sie hier nur das Kondenswasser fortzunehmen hat, oder aber das Warmwasser muss durch ein 10 bis 12 m langes Abfallrohr aus dem hochgestellten Kondensator frei abfliessen können. Zur Förderung des Kühlwassers bedarf es weiter nur dann einer besonderen, sogenannten Kaltwasserpumpe, wenn die Differenz zwischen dem äusseren Atmosphärendruck und der geringeren Kondensatorpressung nicht gross genug ist, um dieses Wasser von selbst in den Kondensationsraum zu heben und die hierbei auftretenden Widerstände in den zugehörigen Rohrleitungen zu überwinden. Das zur Kondensation erforderliche Kühlwasser wird entweder einem Brunnen oder Bach etc. entnommen und nach Gebrauch einfach fortgelassen, oder aber es wird dasselbe Wasser, wenn die vorige Beschaffung und Ableitung des Kühlwassers überhaupt nicht oder nur mit grossen Kosten und Umständen ermöglicht werden kann, nach seiner Benutzung und Erwärmung künstlich abgekühlt und immer wieder zur Verdichtung des Dampfes verwendet. Darnach unterscheidet man auch Kondensationen mit natürlichem Kühlwasser und solche mit künstlicher Wasserkühlung oder Rückkühlanlagen, wie die zur Kühlung des erwärmten Wassers dienenden Vorrichtungen heissen.

Im Nachstehenden sind nun zunächst die oben angeführten gebräuchlichsten Kondensationen mit ihrem Zubehör hinsichtlich ihrer Einrichtung, Wirkung und Berechnung behandelt. Daran anschliessend sollen dann die weniger für Dampfmaschinen gebräuchlichen sogenannten Strahlkondensationen, sowie schliesslich die Fortleitung des im Kondensator erzeugten Vakuums nach dem Cylinder betrachtet werden.

1. Mischkondensation.

Dieselbe kommt in doppelter Weise zur Ausführung. Fig. 50 des Textes zeigt schematisch die ältere und jetzt noch meistens bei den Dampfmaschinen gebräuchliche Mischkondensation mit nasser Luftpumpe und

Fig. 50.

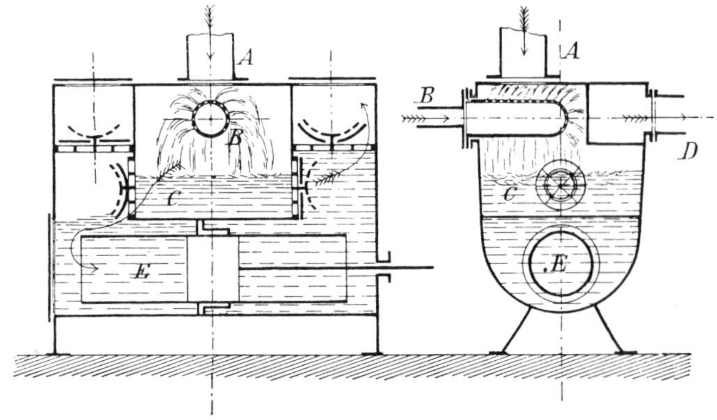

sogenanntem Parallelstrom. Der Dampf tritt durch das Rohr A, das Kühlwasser durch dasjenige B in den Kondensationsraum C ein. Die nasse Luftpumpe E hat ausser einem Gemisch von Luft und nicht kondensiertem Dampf noch das warme Wasser abzusaugen, das bei D wieder austritt.

Fig. 51.

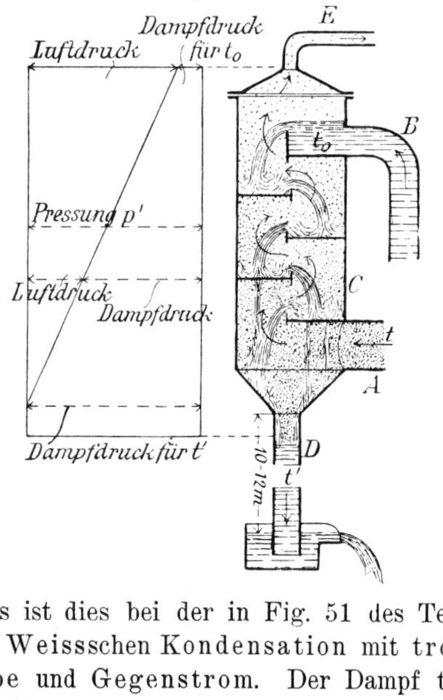

Anders ist dies bei der in Fig. 51 des Textes angedeuteten Weissschen Kondensation mit trockener Luftpumpe und Gegenstrom. Der Dampf tritt hier durch das Rohr A unten in den Kondensator C ein und strömt dem durch B eintretenden Kühlwasser entgegen. Die trockene Luftpumpe saugt im höchsten

Punkt durch das Rohr E fast ausschliesslich Luft ab, während das warme Wasser unten durch ein Abfallrohr D abfliesst.

Um den Unterschied in der Wirkung dieser beiden Ausführungen der Mischkondensation kenneu zu lernen und beide Anordnungen miteinander vergleichen zu können, muss man sich zunächst klar machen, wovon das Vakuum bezw. die Pressung p′ des Gasgemenges im Kondensator abhängig ist. Die Pressung dieses Gemenges setzt sich offenbar aus zwei Teilen zusammen, nämlich aus dem Druck der mit dem Kühlwasser oder durch undichte Stellen (Stopfbüchsen, Dichtungen) eingetretenen Luft und aus der Spannung des nicht kondensierten Dampfes, die, beide zu einander addiert, die überall gleiche Kondensatorspannung p′ ergeben. Je grösser für dasselbe p′ der Luftdruck an irgend einer Stelle im Kondensator ist, desto kleiner muss die Spannung des Dampfes daselbst sein und umgekehrt. Der Dampfdruck ist natürlich von der Temperatur des Dampfes abhängig, wie es die nachfolgende Tabelle angiebt; der im Kondensator mögliche höchste Dampfdruck entspricht der Temperatur des Warmwassers.

1. Druck und Temperatur des gesättigten Wasserdampfes.

Temperatur	10	20	30	40	50° C
Druck	0,012	0.023	0.041	0,072	0,121 Atm
Temperatur	60	70	80	90	100° C
Druck	0,196	0,307	0,467	0,691	1,0 Atm

2. Kondensatorpressung p′ und Vakuum in cm Quecksilbersäule.

Pressung p′	0	0,05	0,075	0,1	0,15 Atm
Vakuum	75,5	71,7	69,8	67,9	64,2 cm
Pressung p′	0,175	0,20	0,25	0,30	0,35 Atm
Vakuum	62,3	60,4	56,6	52,8	49,1 cm.

Das Vakuummeter zeigt die Differenz des äusseren Luftdruckes und der Kondensatorpressung p′ in cm Quecksilbersäule an, wie sie in der vorstehenden 2. Tabelle vermerkt sind. Ist also z. B. das Vakuum 64,2 cm, so beträgt die Kondensatorpressung p′ = 0,15 Atm. Ist ferner bei dieser Pressung an irgend einer Stelle im Kondensator der Dampfdruck 0,072 Atm, entsprechend einer Temperatur t = 40° C des Dampfes (siehe die 1. Tabelle), so ist der Luftdruck daselbst

p′ — 0,072 = 0,15 — 0,072 = 0,078 Atm.

Es kommt nun, um eine möglichst vorteilhaft wirkende Kondensation zu erhalten, wesentlich auf eine zweckmässige Verteilung von Luft und Dampf im Kondensationsraume und auf die richtige Entnahme der Luft und des Wassers aus dem letzteren an. Am vorteilhaftesten wird es, wie wir gleich sehen werden, offenbar sein, wenn wir dort, wo die Luftpumpe (die dann natürlich eine trockene sein muss) an den Kondensator schliesst, fast nur Luft und möglichst wenig Dampf, dort aber, wo das Warmwasser abfliesst, fast ausschliesslich Dampf und möglichst gar keine Luft haben. An der erstgenannten Stelle besteht die Kondensatorpressung dann in der Hauptsache nur aus dem Luftdrucke; die Luft ist also hier in sehr dichtem Zustande vorhanden, und die Luftpumpe kann von derselben viel absaugen, kann also unter sonst gleichen Umständen viel kleinere Dimensionen erhalten und verbraucht eine weit geringere Arbeit zu ihrem Betriebe, als wenn sie die Luft dort aus dem Kondensator entnimmt, wo neben der Luft auch Dampf, die Luft somit in einem weit dünneren Zustande vorhanden ist. Andererseits wird, wenn an der Ablaufstelle des Warmwassers ausschliesslich Dampf ist und die Spannung des letzteren hier allein die Kondensatorpressung ausmacht, das Kühlwasser sich bis auf die dieser Spannung entsprechende Temperatur des zu kondensierenden Dampfes erwärmen können. Wir kommen dann mit einer viel geringeren Kühlwassermenge aus, als wenn an der Abflussstelle auch Luft vorhanden ist, weil im letzteren Falle der Dampf ja eine um diesen Luftdruck geringere Spannung besitzt, das Wasser demnach auch nur eine entsprechend niedrigere Temperatur annehmen kann. Je kleiner aber die erforderliche Kühlwassermenge ist, desto kleiner fällt wieder die Arbeit der Luft- und anderen Pumpen aus, desto kleiner braucht auch bei Kondensationen mit künstlich gekühltem Wasser die Rückkühlanlage zu sein, oder desto weniger tief braucht, was auf dasselbe hinausläuft, das austretende Wasser wieder in der Kühlanlage zurückgekühlt werden.

Der vorstehend erklärten vorteilhaftesten Verteilung von Luft und Dampf im Kondensator kann nun eine gewöhnliche Kondensation mit Parallelstrom und nasser Luftpumpe niemals genügen. Kühlwasser und Dampf bewegen sich hier, wie wir sahen, nach ihrem Eintritt in den Kondensator gemeinsam zur Luftpumpe hin. An der Absaugestelle der Luft ist also auch Dampf vorhanden, und die Spannung des letzteren lässt bei bestimmtem Vakuum nur eine verhältnismässig geringe Pressung und Dichte der Luft daselbst zu. Die nasse Luftpumpe saugt also neben dem Wasser und Dampf, der eigentlich ja im Kondensator verdichtet werden sollte, die Luft in sehr verdünntem Zustande ab, weshalb die Luftpumpe hier relativ gross sein muss. Andererseits hindert die Luft an der Absaugestelle des warmen Wassers den Dampf daran, allein die volle Vakuumspannung auszumachen, und das Kühlwasser kann sich deshalb hier nicht bis auf die der vollen Kondensatorspannung entsprechende Temperatur, welche dann zugleich die des zu kondensierenden Dampfes wäre, erwärmen; der Kühlwasserverbrauch ist somit bei dieser Kondensation ein relativ grosser.

Daran wird auch nichts geändert, wenn man der gewöhnlichen Mischkondensation mit Parallelstrom eine trockene Luftpumpe giebt und dabei den Kondensator so hoch stellt, dass das warme Wasser unten abfliessen kann. Die trockene Luftpumpe saugt eben hier neben der Luft einen grossen Teil nicht kondensierten Dampfes ab.

In vollkommener Weise dagegen ist die vorerwähnte vorteilhafteste Luft- und Dampfverteilung bei der Weissschen Gegenstromkondensation erreicht. Der unten eintretende Dampf strömt hier dem oben eintretenden Kühlwasser entgegen; es wird sich also oben, am kühlsten Orte des Kondensators, der Dampf fast vollständig niederschlagen, so dass dort die Luft schliesslich so dicht ist, dass sie nahezu vollständig die Kondensatorpressung ausmacht und bei genügender Kühlfläche an dem frischen Wasser die Temperatur des letzteren an der Eintrittsstelle hat. Unten dagegen, wo das Wasser den Kondensator verlässt, wird die Luft fast vollständig nach oben hin gedrängt, so dass dort die Dampfspannung nahezu gleich dem Kondensatordruck ist und das Wasser sich bis auf die diesem Drucke entsprechende Temperatur des zu kondensierenden Dampfes erwärmen kann. Die Fig. 51 auf Seite 70 veranschaulicht links in deutlichster Weise, wie sich die Kondensatorpressung an den einzelnen Stellen aus dem Luft- und Dampfdruck zusammensetzt. Während unten die Dampfspannung, macht oben der Luftdruck diese Kondensatorpressung fast vollständig aus.

Die Vorteile der Weissschen Gegenstromkondensation gegenüber der gewöhnlichen Parallelstromkondensation sind deshalb ganz bedeutende und bestehen, wie schon hervorgehoben, einmal darin, dass unter sonst gleichen Verhältnissen für die erstere die Luftpumpe und der Kühlwasserbedarf, somit auch die Anlagekosten und die Betriebsarbeit weit kleiner ausfallen als für die letztere. Die Weissschen Gegenstromkondensationen arbeiten ferner auch bei wärmerem und nicht ganz reinem (wegen des Fortfalls der nassen Luftpumpe) Kühlwasser, sie bieten demnach eine weit grössere Sicherheit für die Beständigkeit des Betriebes als die älteren Parallelstromkondensationen.

Bei den hier zu betrachtenden Transmissions-Dampfmaschinen haben die Gegenstromkondensationen, weil sie sich wegen der grösseren Anlagekosten hauptsächlich für grössere Dampfmengen eignen, bisher nur als sogenannte Centralkondensationen Verwendung gefunden, bei denen der Abdampf von vielen einzelnen Dampfmaschinen nach einer gemeinschaftlichen Kondensationsanlage geleitet wird. Die Fig. 52[1]) des Textes zeigt die Ausführung einer Weissschen Kondensation, wie sie dem Herrn Civilingenieur F. J. Weiss in Basel und der Sangerhauser Aktienmaschinenfabrik patentiert ist.

Fig. 52.

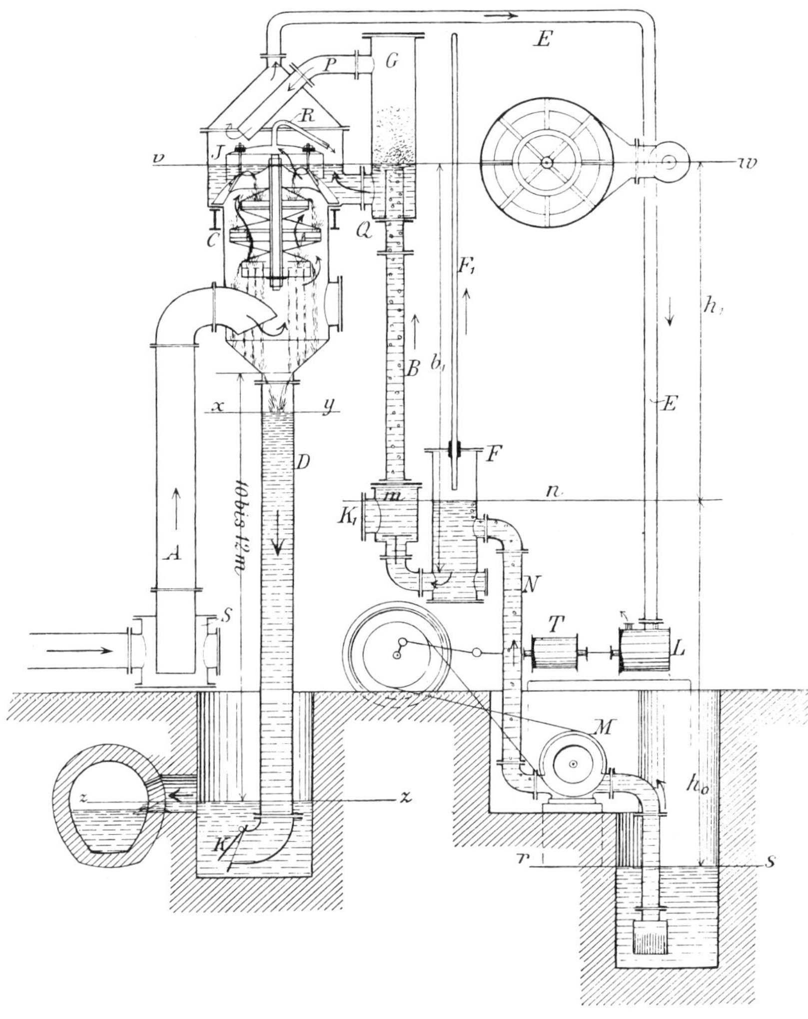

Die Kaltwasserpumpe M hebt das Kühlwasser aus dem Brunnen etc. in das Gefäss F, aus welchem es der äussere Luftdruck oben in den Kondensator C treibt. Der Dampf tritt durch das Rohr A unten in den Kondensator ein und strömt dem kaskadenartig herunter-

1) Entnommen der Zeitschrift „Stahl und Eisen“ des Vereines deutscher Eisenhüttenleute.

fallenden Wasser entgegen. Die trockene Luftpumpe L schliesst ferner vermittelst der Leitung E im höchsten Punkte, das 10 bis 12 m über dem Unterwasserspiegel z—z emporragende Abfallrohr D im tiefsten Punkte des Kondensationsraumes an. Im Rohre D bleibt immer eine Wassersäule hängen, deren Gewicht der jeweiligen Differenz zwischen dem äusseren Atmosphärendruck und der Pressung im Kondensator entspricht; alles weitere nach D gelangende Wasser läuft unten am Rohre aus. Dies ist die schon früher gegebene allgemeine Einrichtung der Weissschen Kondensation. Über die weiteren, besonderen Einrichtungen sei kurz das Folgende erwähnt.

Die Klappe K am unteren Ende des Rohres D verhindert vertikale Schwingungen der Wassersäule in diesem Rohre, wie sie infolge des stossweisen Eintrittes des Dampfes und der ebensolchen Entnahme der Luft aus dem Kondensationsraume C wohl auftreten und ein Ansaugen von Wasser durch die Luftpumpe bewirken können. Die Klappe K lässt nur Wasser aus-, kein solches wieder eintreten, sorgt also für eine ruhige Lage des Wasserspiegels x — y. Denselben Zweck wie die Klappe K für die Wassersäule in D hat das Ventil K_1 im Rohre B für das Kühlwasser. Das letztere darf ferner nicht direkt aus der Pumpe M in den Kondensator geleitet werden, weil es hier infolge der unter der geringeren Pressung frei werdenden Luft aufschäumen und dann aus dem Kondensator leicht in die Luftpumpe gelangen würde. Deshalb ist das Entlüftungsgefäss G, in welchem das Wasser aufschäumen kann, in die Kühlwasserleitung eingeschaltet. Die ausgeschiedene Luft tritt durch das nach unten gebogene Rohr P in den Kondensationsraum, wird aber durch die Haube J verhindert, nach unten zu gehen, sondern wird direkt von der Luftpumpe abgesaugt. Die infolge von Undichtheiten in den Kondensator kommende Luft kann durch das Röhrchen R zur Luftpumpe gelangen.

Die Zufuhr des Kühlwassers ist in der Figur so gewählt, dass die Betriebsarbeit der Pumpe M möglichst beschränkt und Betriebsstörungen in der Wasserzufuhr möglichst vermieden werden. In dem Gefäss F, in welches die Pumpe zunächst das Wasser hebt, stellt sich nämlich der Wasserspiegel m — n selbstthätig immer so tief ein, als es die Differenz zwischen dem äusseren Atmosphärendruck und der Kondensatorpressung verlangt. Dadurch wird die Saugkraft des Kondensators oder die Druckkraft der erwähnten Differenz stets vollständig ausgenutzt. Ein Leersaugen des Gefässes F ist ausgeschlossen, weil die untere Mündung des Saugrohres B mindestens $b_1 = 10{,}3$ m unter dem Oberwasserspiegel liegt. Andererseits ist aber auch ein Fallenlassen der Kühlwassersäule, wie es bei heiss gewordenem Kondensator sonst vorkommt, hier unmöglich gemacht. Würde der Kondensator infolge irgend eines Umstandes einmal heiss werden und wegen des dann in ihm herrschenden hohen Druckes kein Wasser mehr ansaugen, so würde eben die Pumpe M, vorausgesetzt, dass diese weiter arbeitet, das Wasser im Gefäss F, in den Rohren B und F_1 so hoch drücken, bis dasselbe in den Kondensator tritt und diesen wieder abkühlt. Das Gefäss F bewirkt schliesslich, dass die etwa an undichten Stellen der Saugleitung der Pumpe eintretende Luft nicht in den Kondensator gelangt, sondern durch das Rohr F_1 direkt abgeführt wird; das Rohr F_1 muss zu diesem Zwecke etwas über der Mündung des Saugrohres B liegen.

2. Oberflächenkondensation.

Dieselbe wurde früher ausschliesslich auf Dampfschiffen verwendet, ist jetzt aber auch schon vielfach bei stationären Maschinen angelegt worden. Gegenüber der Mischkondensation besitzt sie den Vorteil, dass der kondensierte Dampf nicht mit dem Kühlwasser in Berührung kommt, und dass infolge dessen das immer wieder zum Speisen der Kessel verwendete Kondensat, das gewöhnlich vorher von Öl gereinigt wird, ein kesselsteinfreies, vorgewärmtes Speisewasser liefert, ein Umstand, der namentlich dort ins Gewicht fällt, wo das Speisewasser stark kesselsteinhaltig ist und das Kesselsystem sich nur schwierig von Kesselstein reinigen lässt. Mit der Verwendung des reinen Wassers ist eine grössere Verdampfung, eine bessere Ausnutzung des Brennmateriales verbunden, fällt das Ausklopfen der Kessel und die durch dasselbe notwendig werdende Betriebsstörung u. s. w. fort. Nach Angaben von Kiesselbach in der Zeitschrift deutscher Ingenieure 1896 werden 15 bis 20 Prozent Kohlenersparnis durch diesen Vorteil der Oberflächenkondensation, welcher natürlich von sehr vielen Punkten abhängig ist und deshalb sehr verschieden ausfallen kann, erzielt.

Ein weiterer Vorteil der Oberflächenkondensation, der aus dem Umstande, dass Dampf und Kühlwasser nicht zusammen kommen, hervorgeht, besteht darin, dass die im Kühlwasser enthaltene Luft nicht in den Kondensator gelangt, und dass deshalb nur die an undichten Stellen eintretende Luft von der Luftpumpe abgesaugt zu werden braucht, die letztere also hier einmal kleinere Dimensionen und das andere Mal auch eine geringere Betriebsarbeit als bei Mischkondensation verlangt. Die Arbeitsersparnis soll nach Kiesselbach 0,4 bis 1,3, im Mittel 1% der Maschinenleistung betragen. Als Nachteil der Oberflächenkondensation gegenüber der Mischkondensation können der grössere Kühlwasserbedarf, die höheren Anlagekosten und das — früher wenigstens häufig beklagte — leichte Undichtwerden der Rohre gelten. Der grössere Kühlwasserbedarf rührt daher, dass hier

Fig. 53.

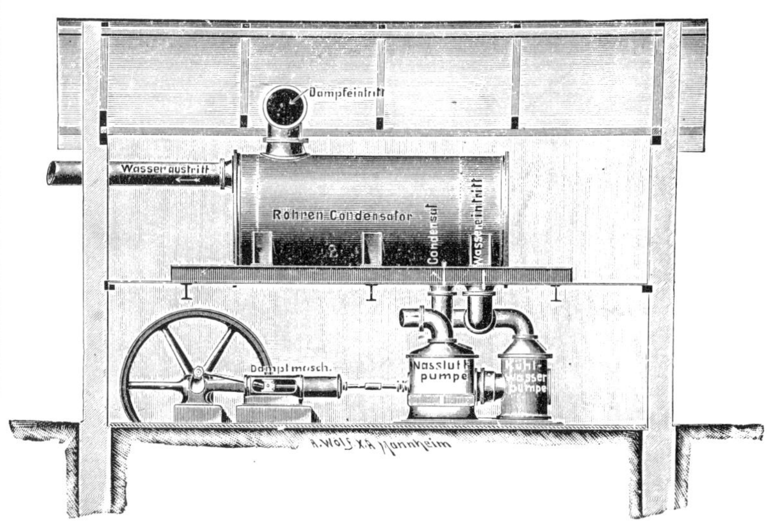

das Kühlwasser, welches dem Dampf ja durch die Röhrenwand, also durch Leitung, die Wärme entzieht, sich niemals, wie bei der Mischkondensation bis auf die Temperatur des kondensierten (bei Gegenstrom des zu kondensierenden) Dampfes erwärmen kann. Auch ist das Niederschlagen des Kesselsteines aus dem Kühlwasser, das bei der Erwärmung des letzteren auf den Röhren vor sich geht, bei manchen Konstruktionen ein Nachteil, da derselbe mit der Zeit die Güte der Kühlfläche verschlechtert und durch seine Beseitigung Kosten und Störungen verursacht.

Die Anordnung eines älteren Oberflächenkondensators, wie er von Klein, Schanzlin & Becker, Maschinen- und Armaturenfabrik in Frankenthal (Pfalz) gebaut wird, zeigt Fig. 53 auf Seite 73. Das Kühlwasser durchströmt eine Serie von Messingröhren, die in die Böden eines horizontalen Kessels eingedichtet sind. Der zu kondensierende Dampf tritt oben in den Kessel, während das Kondensat und die Luft unten entnommen wird. Luft und Dampf bewegen sich also ähnlich wie bei der Mischkondensation mit Parallelstrom nach der Absaugestelle hin, wobei aber hier doch eine bessere Wirkung als dort erzielt wird, weil das Kühlwasser in den Röhren dem Dampf entgegenströmt. Eine Reinigung der Röhren ist nach Abnahme der Verschlussdeckel durch Durchstossen ermöglicht.

Die Einrichtung einer neueren Oberflächenkondensations-Anlage mit Kaminkühlung, wie sie unter Benutzung der Weissschen Patente und derjenigen der Maschinenfabrik Grevenbroich von der Firma Balcke & Co., Gesellschaft zum Bau von Kondensations-Anlagen in Bochum, ausgeführt wurde, zeigt Fig. 54 des Textes.

Fig. 54.

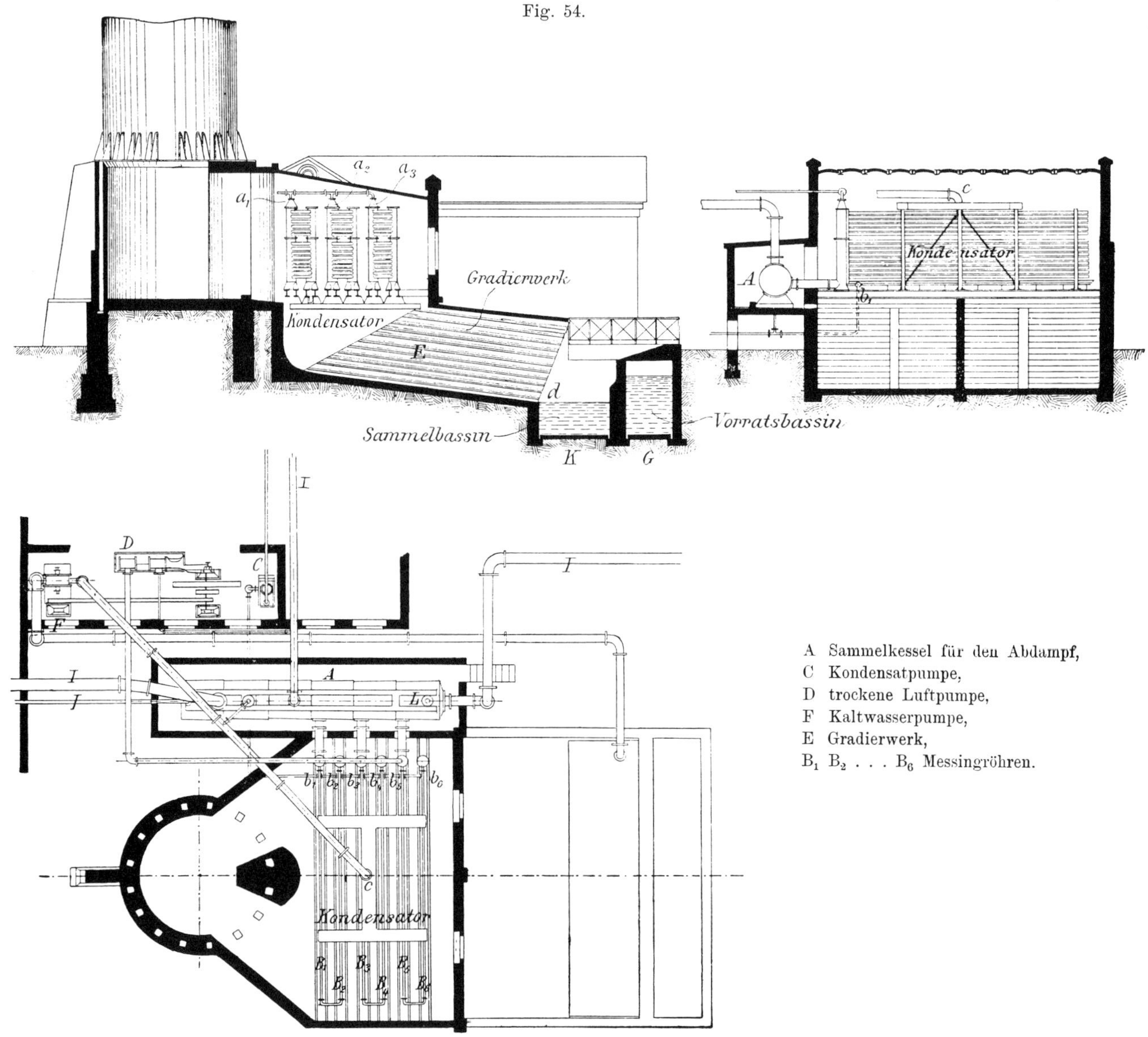

A Sammelkessel für den Abdampf,
C Kondensatpumpe,
D trockene Luftpumpe,
F Kaltwasserpumpe,
E Gradierwerk,
B_1 B_2 . . . B_6 Messingröhren.

Die Anlage besteht aus zwei Hauptteilen:

1. dem Kondensator mit Kaminkühler,
2. der Pumpenanlage.

Kondensator, Kühler und Kamin, an sich drei getrennte Apparate, sind in einem gemeinsamen Bau untergebracht und arbeiten Hand in Hand. Der Kondensator dient dazu, den Abdampf mit Hilfe von Grubenwasser niederzuschlagen, der Kühler kühlt dabei das warm gewordene Grubenwasser durch Verdunstung wieder auf seine Anfangstemperatur zurück, sodass es von neuem benutzt werden kann, der Kamin ventiliert beide Apparate durch einen lebhaften Luftstrom, ähnlich wie ein Schornstein eine Kesselanlage.

Der Kondensator besteht aus einem grossen Sammelkessel A, an welchem die Auspuffleitungen I, I . . . . . der Dampfmaschinen anschliessen, und einem System von Messingröhren $B_1 B_2 B_3 B_4 B_5$ und B_6. Die Messingrohre liegen in sechs Partien neben einander und bilden auf diese Weise sechs hohe Wände, welche ebenso wie der erwähnte Sammelkessel von aussen mit Grubenwasser berieselt werden. Der Dampf gelangt zunächst in den Kessel A, von dort in die Messingrohre und wird in dem Masse, wie er mit den durch das Grubenwasser kalt gehaltenen Wandungen des Kessels und der Messingrohre in Berührung kommt, niedergeschlagen. Es bleiben alsdann in dem Kondensator zurück: erstens, das durch Niederschlag entstandene Dampfwasser (Kondensat) und zweitens, die aus dem Dampf ausgeschiedene und durch etwaige Undichtheiten eingedrungene Luft. Beide Materien werden stetig aus dem Kondensator durch zwei Pumpen C und D entfernt. Die Konstruktion des Kondensators bezw. die Anordnung der Messingrohre ist nun derartig, dass die Luft am oberen kalten Ende a_1, a_2, a_3, das Niederschlagwasser jedoch am unteren warmen Ende b_1, b_2, b_3, b_4, b_5 und b_6 des Kondensators abgesaugt wird. Es wird dadurch erreicht, dass die Luft mit der Temperatur des kalten Grubenwassers austritt, während diejenige des Kondensates der Dampf- resp. Vakuumwärme entspricht. Die Luftpumpe D arbeitet deshalb unter den günstigsten Bedingungen, da sie nur kalte Luft und keinen Dunst zu fördern hat, während die Kondensatpumpe C das Niederschlagwasser (Kondensat) möglichst warm den Kesseln liefert. Ist z. B. die Luft 30—32° C warm, so beträgt die Temperatur des Kondensates 48—50° C. Es ist dieses das Prinzip des Weissschen Gegenstromes.

Der Kondensator ist in dem Bau so aufgestellt, dass er von dem durch den Kamin erzeugten Luftzug allseitig bestrichen und durchzogen wird. Hierdurch wird das an den Messingrohren herunterrieselnde Grubenwasser, während es die Wärme des Dampfes aufnimmt, auch gleich wieder gekühlt, d. h. es gelangt die Wärme des Dampfes aus dem Wasser direkt in den Luftstrom und geht als Dunst durch den Kamin in die atmosphärische Luft ab. Um die Kühlung recht energisch zu gestalten, ist unter dem Kondensator noch ein Kühler angebracht, bestehend aus einer Anzahl dicht übereinander liegender, schräger, treppenartig ausgebildeter Bretterböden E. Das von dem Kondensator abgelaufene Grubenwasser wird durch ein Rinnensystem auf diese Böden verteilt und läuft in feiner Schicht abwärts dem Sammelbassin K zu, mit der Luft in innigste Berührung kommend. Aus dem Sammelbassin wird es mit Hilfe einer Rotationspumpe F von neuem auf den Kondensator gepumpt. Das Grubenwasser macht also einen ununterbrochenen Kreislauf, kommt bei c kalt in den Apparat hinein und bei d kalt wieder heraus, verrichtet aber inzwischen die Niederschlagarbeit. Durch Verdunstung verliert es an seinem Volumen, und zwar ist dieser Verlust ungefähr $^3/_4$ so gross wie die Menge des gewonnenen Dampfwassers. Es muss also stetig neues Grubenwasser zugeführt werden; die Menge dieses Zusatzwassers ist aber sehr gering. Vor der Anlage ist ein Vorratsbassin G angebracht, welches für reichlich zehn Stunden Wasser enthält.

Zur Sicherung des ganzen Betriebes ist auf dem Sammelkessel ein Sicherheitsventil L angeordnet, welches sich selbstthätig öffnet, sobald im Kondensator der geringste Überdruck entsteht. Es ist deshalb eine Gefährdung der Betriebsmaschinen, auch wenn die Kondensation einmal unbeobachtet aus irgend einem Grunde versagen sollte, was allerdings an und für sich so gut wie ausgeschlossen ist, vollständig unmöglich. Es arbeiten dann selbstthätig alle Maschinen mit Auspuff statt mit Kondensation, und dabei dient das Sicherheitsventil als Auspuffrohr.

Fig. 55.

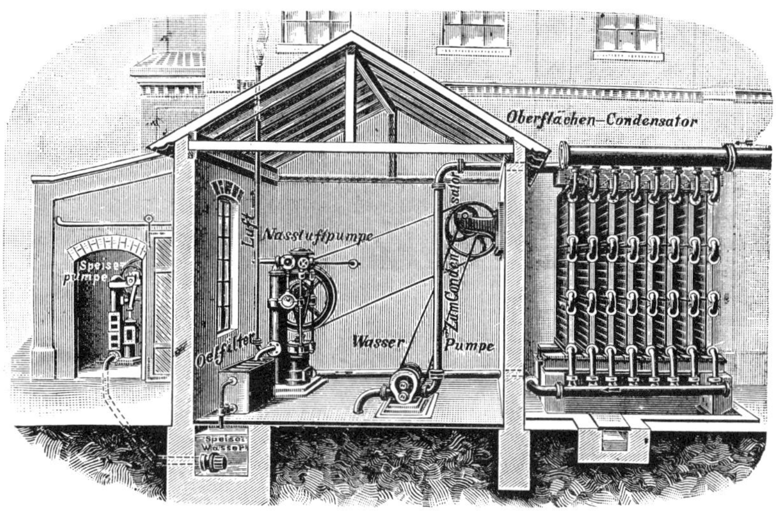

Auch in jeder anderen Hinsicht ist der Betrieb ein absolut sicherer. Das Grubenwasser, welches zum Niederschlagen des Dampfes dient, kommt mit dem Vakuum resp. dem Dampfe selbst in keinerlei Berührung, es kann daher auch keine Ansammlung von Wasser im Kondensator und kein Zurückreisen desselben in die Dampfcylinder, wie bei den sonst üblichen Einspritzkondensationen eintreten.

Vakuumpumpe und Kondensatpumpe ist mit Vakuummetern versehen, ferner haben alle drei Kondensationspumpen Thermometer, welche ständig die Temperatur der Luft, des Kondensates und des Kühlwassers anzeigen.

Fig. 55 des Textes zeigt schliesslich einen Oberflächenkondensator der Firma Klein, Schanzlin & Becker in Frankenthal, der aus einzelnen Hohlplatten gebildet wird, durch die der Dampf aus einem oberen Sammelrohre tritt. Die Kühlung geht ebenfalls durch Berieselung des von oben an den Platten herunterlaufenden Kühlwassers und durch Verdunstung vor sich. Die Luftpumpe saugt das fettige Kondensat und die Luft ab und giebt das erstere auf ein Filter, welches das Schmieröl zurück hält.

3. Kühlwasserbedarf, Luftpumpengrösse und Betriebsarbeit der Kondensation.

Im Folgenden bezeichnet, bezogen auf die Zeiteinheit,
C die zu kondensierende Dampfmenge von der Temperatur t in kg,
$W = nC$ die hierzu erforderliche Kühlwassermenge in Liter oder kg,
t_0 die Temperatur des Kühlwassers beim Eintritt in den Kondensator,
t_1 diejenige des austretenden Kühlwassers,
t' diejenige des kondensierten Dampfes in Graden Celsius,
V das vom Luftpumpenkolben fördernd durchlaufene Volumen in cbm,
p' die Gesamtpressung im Kondensator in Atm,
p_d den vom Dampfdruck,
$p' - p_d$ den vom Luftdruck an derselben Stelle herrührenden Teil der Pressung p'.

Da p_d von der Temperatur des Dampfes abhängig ist, so ist bei t' Grad z. B. $p_d = p_d'$, bei t_0 Grad $p_d = p_d^0$ gesetzt.

Der **Kühlwasserbedarf** bestimmt sich aus dem Umstande, dass die im eintretenden Dampf und Kühlwasser enthaltene Wärmemenge gleich der im austretenden Warmwasser enthaltenen sein muss, also aus der Beziehung

$$C \cdot \lambda + W \cdot t_0 = C \cdot t' + W \cdot t_1$$

zu

$$W = C \frac{\lambda - t'}{t_1 - t_0},$$

oder das Kühlwasserverhältnis bezw. der für 1 kg Dampf erforderliche Kühlwasserbedarf

$$n = \frac{W}{C} = \frac{\lambda - t'}{t_1 - t_0},$$

wenn λ die auf Seite 12 angegebene Gesamtwärme des gesättigten Wasserdampfes von der Temperatur t ist und die Flüssigkeitswärme des Kühl- und Warmwassers in WE gleich der Anzahl der Temperaturgrade desselben gesetzt wird. Für die hier in Betracht kommenden Temperaturen t schwankt λ nur wenig und kann nach Weiss im Mittel zu 625 WE gesetzt werden, womit dann für Mischkondensation, bei der $t_1 = t'$ ist,

$$\mathbf{n = \frac{W}{C} = \frac{625 - t'}{t' - t_0}} \quad \text{. . . . . 40a}$$

und für Oberflächenkondensation, bei der $t_1 < t'$ ist,

$$\mathbf{n = \frac{W}{C} = \frac{625 - t'}{t_1 - t_0}} \quad \text{. . . . 40b}$$

folgt.

Für Mischkondensation mit Parallelstrom wird gewöhnlich n = 25 bis 30 empfohlen, was die obige Gleichung z. B. für $t' = 40^0$ bei $t_0 = 17$ bis 20^0 Kühlwassertemperatur ergeben würde und erfahrungsgemäss bei t = 55 bis 60^0 Dampftemperatur und $p_c = 0{,}12$ bis 0,2 Atm Dampfspannung (siehe die Tabelle auf Seite 71) genügt.

Bei Mischkondensation mit Gegenstrom nach Weiss kann $t' = t$, t' also gleich der Temperatur des zu kondensierenden Dampfes gesetzt werden. Für $t_0 = 20$ und $t' = 60^0$ erhält man dann z. B.

$$n = \frac{625 - 60}{60 - 20} = \sim 14,$$

also eine ungefähr halb so grosse Kühlwassermenge wie im vorigen Falle.

Bei Oberflächenkondensation ist, weil $t_1 < t'$, der Kühlwasserbedarf natürlich grösser als bei Mischkondensation, und nimmt man hier bis zu

$$n = 50.$$

Die **Luftpumpengrösse,** d. h. dasjenige Volumen, welches vom Luftpumpenkolben in der gewählten Zeiteinheit fördernd zu durchlaufen ist, bestimmt sich in der folgenden Weise. Das aus Luft und Dampf bestehende Gasgemenge von der Pressung p' nimmt im Kondensator denselben Raum wie die Luft allein ein, wenn diese nur unter ihrer Pressung $p' - p_d$ stünde. Bei Mischkondensation gelangt nun, wie wir sahen, teils durch das Kühlwasser, teils durch undichte Stellen, bei Oberflächenkondensation nur durch undichte Stellen Luft in den Kondensationsraum. Die erstgenannte Luftmenge nimmt man gewöhnlich zu $^1/_{14}$ des Kühlwassers, also gleich rund 0,07 W, an, wenn dieses 0^0 C hat und unter einem Druck von 1 Atm steht, wird aber in Wirklichkeit bei den hier in Frage kommenden Temperaturen wohl weniger betragen. Über die letztgenannte Luftmenge fehlen natürlich allgemein giltige Angaben, da sie von dem jeweiligen Dichtheitszustande des Kondensators abhängig ist. Wir setzen diese Luftmenge gleich xC und nehmen nach Weiss für Mischkondensation $x = 0{,}09\,n$ im Folgenden an. Bei dem im Kondensator herrschenden Luftdrucke $p' - p_d$ haben die beiden Luftmengen, bezw. das aus diesen und dem Dampfe bestehende Gasgemenge, unter Zugrundelegung des Mariotteschen Gesetzes ein Volumen

$$\frac{0{,}07\,W}{p' - p_d} \text{ bezw. } \frac{xC}{p' - p_d},$$

und die trockene Luftpumpe muss offenbar dieses Gasvolumen, die nasse auch noch das Wasser in der Zeiteinheit aus dem Kondensator schaffen, wenn die Pressung p' daselbst dauernd erhalten werden soll. Es ergiebt sich also:

Für Mischkondensationen mit Parallelstrom und nasser Luftpumpe, die neben dem obigen Gasgemenge noch W Liter Kühlwasser und C Liter kondensierten Dampf zu fördern hat, das fördernde Luftpumpenvolumen in cbm zu

$$V = \frac{1}{1000}\left(W + C + \frac{0{,}07\,W + 0{,}09\,nC}{p' - p_d}\right),$$

oder mit $W = nC$ und, da der Dampf hier an der Absaugestelle die Temperatur t', also die Spannung p_d' hat,

$$\mathbf{V = \frac{1}{1000}\left(n + 1 + \frac{0{,}16\,n}{p' - p_d'}\right) C} \quad \text{. . . 41}$$

wobei p' beliebig, aber stets grösser als p_d' ist.

Bei Parallelstrom und trockener Luftpumpe braucht natürlich nur

$$\mathbf{V = \frac{1}{1000} \frac{0{,}16\,n}{p' - p_d'} C} \quad \text{. . . . 42}$$

zu sein.

Für Mischkondensation mit Gegenstrom und trockener Luftpumpe, die nur das oben angegebene Gasgemenge abzusaugen hat, und, weil hier der etwa an der Absaugestelle vorhandene Dampf die Temperatur t_0 (die Weiss der Sicherheit halber um 1 bis 5^0 grösser nimmt), also die Spannung $p_d{}^0$ hat, sowie die Kondensatorpressung $p' = p_d'$ ist,

$$V = \frac{1}{1000} \frac{0{,}16\,n}{p_d' - p_d{}^0} C \quad . \quad . \quad . \quad . \quad . \quad 43$$

Für Oberflächenkondensation, bei der unter Annahme des Gegenstromes von Kühlwasser und Dampf der letztere an der Absaugestelle eine etwas höhere Temperatur als t_0 hat, p_d also gleich dem entsprechenden $p_d{}^0$, sowie die Kondensatorpressung $p' = p_d'$ gesetzt werden kann, wenn eine besondere Kondensatpumpe vorhanden, die Luftpumpe also eine trockene ist (siehe Fig. 54 des Textes)

$$V = \frac{1}{1000} \frac{x}{p_d' - p_d{}^0} C, \quad . \quad . \quad . \quad . \quad 44$$

sonst bei nasser Luftpumpe im günstigsten Falle

$$V = \frac{1}{1000} \left(1 + \frac{x}{p_d' - p_d{}^0}\right) C \quad . \quad . \quad . \quad 45$$

Aus den bisherigen Gleichungen ist ersichtlich, dass p' unter sonst gleichen Verhältnissen um so kleiner, also das Vakuum um so höher ausfällt, je grösser V und n ist. Bezüglich n gilt dies aber bei Parallelstrom und nasser Luftpumpe nur bis zu einem gewissen Grade, bei Gegenstrom und trockener Luftpumpe in beschränkterem Masse als für V.

Weiss berechnet für eine Dampfmaschine, die mit Auspuff in der Minute 300 kg Dampf braucht und zur Erhöhung ihrer Leistung bei unverändertem Dampfverbrauch Kondensation bekommen soll, bei Kühlwasser von $t_0 = 20^0$ C, das in beschränkter Menge von W = 9 cbm in der Minute vorhanden ist,

für Mischkondensation mit Parallelstrom und nasser Luftpumpe:

$$n = \frac{W}{C} = \frac{9000}{300} = 30,$$

und aus Gleichung 40a

$$t' = \frac{n \cdot t_0 + 625}{n + 1} = \frac{30 \cdot 20 + 625}{30 + 1} = \sim 40^0,$$

sowie hiermit nach der Tabelle auf Seite 71

$$p_d' = 0{,}072 \text{ Atm},$$

und für eine Kondensatorpressung $p' = 0{,}12$ Atm aus Gleichung 41

$$V = \frac{1}{1000} \left\{ 30 + 1 + \frac{0{,}16 \cdot 30}{0{,}12 - 0{,}072} \right\} 300 =$$

$$\frac{31}{1000} 300 + \frac{100}{1000} 300 = 9{,}3 + 30 \text{ cbm},$$

wovon der erste Wert für das abzusaugende Wasser, der zweite für das abzusaugende Gasgemenge gilt;

für Mischkondensation mit Gegenstrom und trockener Luftpumpe bei derselben Kondensatorpressung $p' = 0{,}12$ Atm, weil t' gleich der Temperatur des zu kondensierenden Dampfes und $p_d' = p'$, also nach der Tabelle auf Seite 71 für 0,12 Atm $t' = 50^0$ ist, aus Gleichung 40a

$$n = \frac{625 - 50}{50 - 20} = 19,$$

$$W = nC = 19 \cdot 300 = 5700 \text{ Liter} = 5{,}7 \text{ cbm},$$

und aus Gleichung 43 mit

$$p_d{}^0 = 0{,}031 \text{ Atm},$$

entsprechend $t_0 = 25^0$ (der Sicherheit wegen also um 5^0 grösser).

$$V = \frac{1}{1000} \frac{0{,}16 \cdot 19}{0{,}12 - 0{,}031} = 10{,}04 \text{ cbm},$$

welcher Wert der abzusaugenden Luftmenge entspricht.

Der Vergleich ergiebt, dass bei Parallelstrom und nasser Luftpumpe

die Kühlwassermenge $\frac{30}{19} = \sim 1{,}56$,

das Luftpumpenvolumen $\frac{30}{10{,}04} = \sim 3$

mal so gross als bei Gegenstrom und trockener Luftpumpe ausfällt, wenn in beiden Fällen dasselbe Vakuum erzeugt werden soll.

Als **Betriebsarbeit** einer Kondensation hat man diejenige Arbeit zu rechnen, welche nötig ist, das kalte Wasser in den Kondensator, dagegen das warme Wasser und die Luft wieder aus demselben zu schaffen. Bezeichnet nach Fig. 52 des Textes

h_0 die Höhe in m, auf welche das Kühlwasser durch die Kaltwasserpumpe gehoben wird,

so gehört, abgesehen von allen Nebenhindernissen, zum Einbringen des Wassers in den Kondensator für die Zeiteinheit eine Arbeit von

$$W \cdot h_0 = nC \cdot h_0 \text{ mkg}.$$

Auf die bis zum Kondensator noch verbleibende Höhe h_1 muss das Wasser dann durch die Differenz zwischen dem äusseren Atmosphärendrucke und der jeweiligen Kondensatorpressung, also durch $1 - p'$ Atm, gehoben werden. Vorteilhaft wird somit h_1 dieser jeweiligen Druckdifferenz angepasst, d. h. die Saugkraft des Kondensator voll ausgenutzt, was z. B. durch die in Fig. 52 angedeutete und dort näher erläuterte Anordnung ermöglicht wird.

Solange $h_0 + h_1$ kleiner als die der Differenz von $1 - p'$ Atm entsprechende Wassersäulenhöhe von rund $10\,(1 - p')$ Meter ist, ist unter Vernachlässigung der Nebenhindernisse keine Kaltwasserpumpe erforderlich. Für $p' = 0{,}12$ Atm würde also unter der gemachten Einschränkung erst bei $10\,(1 - 0{,}12) = 8{,}8$ m eine Kaltwasserpumpe notwendig sein. Gewöhnlich wird aber bei der Parallelstromkondensation mit nasser Luftpumpe die erwähnte Druckdifferenz niemals vollständig ausgenutzt, indem man mit Rücksicht auf eine stets sichere Zuführung des Wassers höchstens bis zu 5 m Höhendifferenz zwischen Kondensator und Wasserspiegel von einer besonderen Kaltwasserpumpe absieht.

Um weiter die unter der Kondensatorpressung p' stehende Wassermenge von W + C bezw. C Liter aus dem Kondensator heraus, also unter den Druck der äusseren Atmosphäre, zu bringen, gehört, wieder unter Vernachlässigung der Nebenhindernisse, eine Arbeit

für Mischkondensation von

$$(n + 1)\, C \cdot 10\,(1 - p') \text{ mkg},$$

für Oberflächenkondensation von

$$C \cdot 10\,(1 - p') \text{ mkg}.$$

Die Arbeit schliesslich, die nötig ist, um das im Kondensator befindliche Luft- und Dampfgemisch von der Spannung p′ auf den äusseren Atmosphärendruck zu komprimieren und ins Freie zu bringen, kann nur angenähert bestimmt werden, da die Temperaturänderung während der Kompression und das Verhalten des Gemisches während derselben unbekannt ist. Nimmt man, um einfache Ausdrücke zu erhalten, nach Weiss die Temperatur als konstant, also das Mariottesche Gesetz hier als gültig an[1]) und berücksichtigt, dass dies Gasgemenge bei einem Drucke von p′ Atm das Volumen von $\frac{0{,}16\,nC}{p' - p_d}$ bezw. $\frac{xC}{p' - p_d}$ Liter hatte, so ist diese Arbeit theoretisch

für Mischkondensation

$$\frac{0{,}16\,nC}{p' - p_d}\,10\,p' \cdot \ln \frac{1}{p'}\,\lambda,$$

für Oberflächenkondensation

$$\frac{xC}{p' - p_d}\,10\,p' \cdot \ln \frac{1}{p'}\,\lambda,$$

wenn λ ein Sicherheitskoefficient ist.

Um die wirklichen Betriebsarbeiten zu erhalten, hat man die vorstehend angeführten theoretischen Arbeiten durch den maschinellen Wirkungsgrad φ der Pumpen, der zwischen 0,8 und 0,65 schwankt, zu dividieren. Wir bekommen somit für die gesamte Betriebsarbeit in mkg einer

Mischkondensation, gleichgiltig ob mit nasser oder trockener Luftpumpe,

$$\mathbf{L} = \frac{1}{\varphi}\,\mathbf{C}\left[\mathbf{n\,h_0} + \mathbf{10(n+1)(1-p')} + \frac{\mathbf{1{,}6\,n}}{\mathbf{p' - p_d}}\,\mathbf{p' \cdot \ln \frac{1}{p'}}\,\lambda\right] \quad \mathbf{46}$$

mit $p_d = p_d'$ (entsprechend der Warmwassertemperatur t′) bei nasser Luftpumpe und Parallestrom und $p_d = p_d^0$ (entsprechend der Kühlwassertemperatur t_0) bei trockener Luftpumpe und Gegenstrom;

Oberflächenkondensation

$$\mathbf{L} = \frac{1}{\varphi}\,\mathbf{C}\left[\mathbf{n\,h_0} + \mathbf{10\,(1 - p')} + \frac{\mathbf{10x}}{\mathbf{p' - p_d}}\,\mathbf{p' \cdot \ln \frac{1}{p'}}\,\lambda\right] \quad \mathbf{47}$$

Für das auf Seite 77 behandelte Beispiel zum Vergleich einer Parallel- und Gegenstromkondensation ergiebt sich hier, wenn das Kühlwasser auf $h_0 = 2$ m anzuheben ist und $\varphi = 0{,}7$ angenommen wird,

für Parallelstrom mit C = 300, n = 30, p′ = 0,12 Atm, t′ = 40°, $p_d = p_d' = 0{,}072$ Atm und λ = 1,5

$$L = \frac{1}{0{,}7}\,300\left[30 \cdot 2 + 10(30+1)(1 - 0{,}12) + \frac{1{,}6 \cdot 30}{0{,}12 - 0{,}072}\,0{,}12\right.$$

$$\left.\ln \frac{1}{0{,}12}\,1{,}5\right] = 306\,250 \text{ mkg}$$

in der Minute, oder

$$\frac{306\,250}{60 \cdot 75} = \backsim 68 \text{ Pfrdst. in der Sekunde;}$$

für Gegenstrom mit C = 300, n = 19, p′ = 0,12 Atm, $t_0 = 25°$, $p_d = p_d^0 = 0{,}031$ Atm, λ = 1,5

$$L = \frac{1}{0{,}7}\,300\left[19 \cdot 2 + 10\,(19+1)\,(1 - 0{,}12) + \right.$$

$$\left.\frac{1{,}6 \cdot 19}{0{,}12 - 0{,}031}\,0{,}12\,\ln \frac{1}{0{,}12}\,1{,}5\right] = 147\,580 \text{ mkg}$$

in der Minute, oder

$$\frac{147\,580}{60 \cdot 75} = \backsim 33 \text{ Pfrdst. in der Sekunde.}$$

Nach den Veröffentlichungen von Kiesselbach in der Zeitschrift deutscher Ingenieure, Jahrgang 1896, ergab eine Reihe von Versuchen für gewöhnliche Einspritzkondensationen einen Arbeitsbedarf von 0,6 bis 2 %₀ der Maschinenleistung, normal rund 1 %, und bei Rückkühlung 1 bis 3,5 % je nach den Temperaturen und den verbrauchten Wassermengen, für Oberflächenkondensationen 0,2 bis 0,7 %, bei Rückkühlung 0,6 bis 2,2 %.

Nähere Angaben zur Berechnung der Kondensation unter Benutzung der hier entwickelten Gleichungen befinden sich im folgenden Abschnitte.

4. Rückkühlanlagen.

Will man die Vorteile der Kondensation auch in den Fällen ausnutzen, in denen natürliches Kühlwasser nicht in genügender Menge vorhanden ist, oder in denen die Beschaffung oder Beseitigung dieses Wassers mit bedeutenden Kosten und Schwierigkeiten verknüpft ist, so muss man ein und dieselbe Kühlwassermenge immer wieder zur Verdichtung des Dampfes im Kondensator verwenden und dieselbe nach ihrer jedesmaligen Benutzung bezw. Erwärmung durch den zu kondensierenden Dampf behufs neuer Verwendung einer Ab- oder sogenannten Rückkühlung unterwerfen. Zu diesem Zwecke lässt man das erwärmte Wasser nach dem Verlassen des Kondensators auf einer der hier zu betrachtenden Rückkühlanlagen von der Luft bestreichen, damit es an diese teils durch Strahlung und Leitung Wärme abgeben, teils durch die Luft bis zu einem gewissen Grade zum Verdunsten gebracht und um die dazu erforderliche Verdampfungswärme in seinem Wärmegehalt vermindert werden kann.

Als Rückkühlanlagen verwendet man nur noch selten einfache Kühlbassins oder -teiche, in welche das aus dem Kondensator tretende Wasser geleitet und aus denen es nach der Kühlung durch den natürlichen Luftzug wieder von der Luftpumpe angesaugt wird, da solche Behälter wegen der erforderlichen Betonierung in ihrer Anlage sehr teuer ausfallen und das Wasser im Sommer in ihnen sehr warm bleibt, also nur wenig zurückgekühlt wird.

Eine kleinere Fläche können diese Kühlteiche bekommen, wenn man das Abwasser der Kondensation über ihnen entweder von oben her, nachdem es entsprechend hoch gehoben worden ist, durch Streudüsen zerstäuben, oder nach Körting durch Druck von unten her in Form eines Sprühregens ausblasen lässt. Die Anlagekosten sind aber auch dann sehr hohe, und ausserdem tritt der Übelstand hinzu, dass nun ein ziemlicher Teil des Wassers durch die Luftströmung fortgetrieben wird.

Gewöhnlich benutzt man jetzt sogenannte Gradierwerke, das sind hohe Türme aus Latten, Brettern, Reisig, auf welche das Abwasser der Kondensation durch eine Pumpe gehoben wird und in denen es dann in fein verteiltem Zustande unter inniger Berührung

1) Grashof lässt diese Annahme nur bei nasser Luftpumpe zu.

mit der Luft herunterfällt. Häufig wird die abkühlende Wirkung der Luft noch dadurch verstärkt, dass diese durch ein besonderes Gebläse oder einen Kamin in das Gradierwerk, dem herunterlaufenden Wasser entgegen, getrieben wird.

Fig. 56 des Textes zeigt zunächst ein selbst ventilierendes Gradierwerk der Maschinen- und Armaturenfabrik von Klein, Schanzlin & Becker in Frankenthal. Das Wasser rieselt an den beiden Seiten paralleler, senkrechter Bretterwände nieder. Die letzteren sind übereinander in zwei bis vier Gruppen angeordnet, von denen die Bretter zweier aufeinanderfolgenden immer um 90° gegeneinander versetzt sind, damit nach den Angaben der Firma die Kerne der unteren Luftschichten beim Durchgang durch die darüber befindlichen nassen Wände nochmals quergespalten werden. Ferner dient die Trennung der Bretter in mehrere Gruppen dazu, das Wasser beim Übergange von der einen Abteilung in die andere zur Ruhe zu bringen und zu mischen, damit die Luftgeschwindigkeit nicht zu gross wird. Einem Verspritzen des Wassers muss natürlich möglichst vorgebeugt werden. Die Höhe dieser Gradierwerke beträgt 8 bis 10 m.

Fig. 56.

Fig. 57 des Textes zeigt weiter ein ebensolches Gradierwerk mit Ventilator. Die Kühlfläche kann hier natürlich bei sonst gleichen Verhältnissen kleiner (ungefähr gleich dem 4. Teil) als bei der vorigen Anordnung ohne Ventilator gehalten werden. Die Luft wird mit einem Drucke von 5 mm Wassersäule und einer Geschwindigkeit von 6 bis 8 m in der Sekunde an den Brettern vorbeigetrieben. Dabei muss man nach den Angaben der Firma ungefähr 2000 mal mehr Luft bewegen, als Wasser umläuft, wobei die Luft ungefähr 2% Wasserdunst aufnimmt. Die Höhe des Gradierwerkes beträgt im letzteren Falle ungefähr 6 bis 8 m.

An Stelle des Gebläses ordnen andere Fabriken besondere Kamine an. So zeigt Fig. 54 des Textes auf Seite 74 eine daselbst erklärte Kaminkühlanlage von Balcke & Co., bei der die Abkühlung des Wassers zum Teil schon auf dem Kondensator, dann in schräg angeordneten Bretterrinnen vor sich geht und von dem Luftzuge des genannten Schornsteines unterstützt wird. Die Firma baut auch solche Kaminkühler als ringsum geschlossene 15 bis 20 m hohe Türme, dessen untere Hälfte im Innern durch eine Anzahl hölzerner Streuböden in ebenso viele Etagen geteilt ist. Oben ist der Turm offen zum Abzug des Dunstes, während am Fusse mehrere Öffnungen zum Eintritt der kalten Luft vorhanden sind. Das zu kühlende Wasser tritt in halber Höhe direkt über den Streuböden durch weite Rohre in den Kühler ein, wird durch eine Vorrichtung zu einem feinen Regen verteilt und fällt der von unten kommenden kalten Luft entgegen von einem Streuboden zum andern. Durch die Kaminkühler wird der sich bildende Dunst über die angrenzenden Gebäude hinweg geführt, bleibt also die Nachbarschaft von diesem unbelästigt.

Durch die Rückkühlanlage wird der Nutzen der Kondensation insofern vermindert, als die Kosten dieser Anlage mit zu verzinsen und zu amortisieren sind und eine gewisse Arbeit zu ihrem Betriebe aufgewendet werden muss. Die beste Kühlanlage wird offenbar diejenige sein, welche mit dem geringsten Kosten- und Arbeitsaufwand eine gute Kühlung hervorbringt; auch kommt der Platzbedarf der Anlage mit in Frage,

Fig. 57.

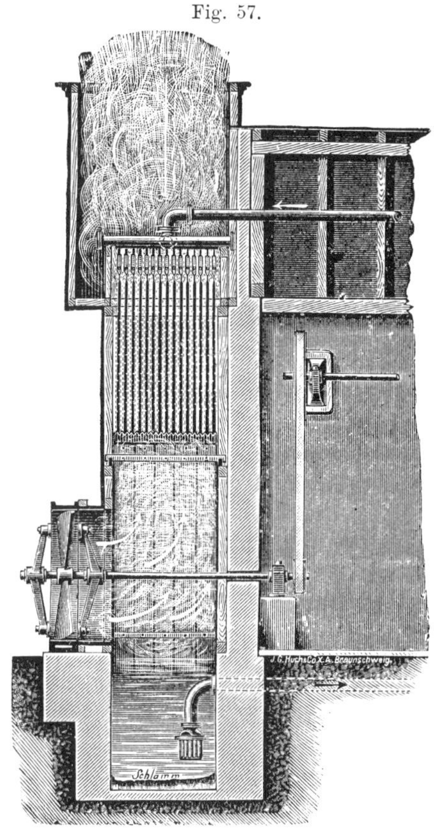

namentlich dann, wenn der Grund und Boden teuer ist. Einfache Kühlteiche brauchen sehr viel Platz (für 1 Pferdestärke ungefähr 3 qm)[1]) und keine Pumpen, haben aber bedeutende Herstellungskosten, während die aufzuwendende Arbeit Null ist. Bretter-, Reiser- und Latten-Gradierwerke mit natürlichem Luftzuge bedürfen eines viel kleineren Platzes (für 1 Pferdestärke bei 20 bis 30° Abkühlung ungefähr 0,3 qm, bei 10 bis 15° Abkühlung ungefähr 0,1 qm)[1]), erfordern aber zur Wasserhebung einen Arbeitsaufwand von 1 bis 2% der Maschinenleistung. Am wenigsten Platz verlangen Ventilator-Gradierwerke (für 1 Pferdestärke ungefähr 0,035 qm),[1])

---

1) Nach dem Taschenbuch „Die Hütte“, Verlag von Wilh. Ernst & Sohn, Berlin.

während die Pumpen und Ventilatoren 4,5 bis 6% der Maschinenleistung zu ihrem Betriebe verbrauchen. Kühlteiche mit Streudüsen nach Körting schliesslich fallen ebenfalls sehr teuer in der Anlage aus, beanspruchen ungefähr denselben Platz wie Gradierwerke mit natürlichem Luftzuge, verzehren aber zu ihrem Betriebe 3 bis 4% der Maschinenleistung.[1]) Es will also in jedem Falle unter Aufstellung aller in Frage kommenden Verhältnisse recht wohl erwogen sein, welche Art von Kühlanlage mit Rücksicht auf den zu erzielenden Nutzen gewählt wird. Auch ist dabei nicht zu vergessen, dass die Kühlanlage, deren genaue Wirkung man ja von vorne herein nicht kennt, das Wasser nicht bei jeder Witterung gleich tief zurückkühlt, dass also die Kondensationsanlage zu gewissen Zeiten auch mit wärmerem Kühlwasser arbeiten und auch dann einen gewissen Nutzen abwerfen muss. Bezüglich der Preise, Grösse und Anordnung der Kühlanlagen wendet man sich am besten an die Fabriken, die sich mit dem Bau derselben befassen und über eine hinreichende Erfahrung in dieser Hinsicht verfügen.

Bei Oberflächenkondensationen muss das in der Kühlanlage verdunstende und sonstwie verloren gehende Wasser neu ersetzt werden; diese Wasserzugabe ist ungefähr gleich der Speisewassermenge. Bei Mischkondensationen dagegen fällt die Wasserzugabe in der Hauptsache fort, da die zirkulierende Wassermenge ja durch den sich kondensierenden Dampf ziemlich konstant erhalten wird.

5. Strahlkondensatoren.

Diese von der Firma Gebr. Körting in Körtingsdorf vor Hannover namentlich zur Einführung gebrachten Kondensatoren sind auch Misch- oder Einspritzkondensatoren, unterscheiden sich aber von den früher betrachteten Kondensationen dieser Gruppe durch die Art der Abführung des Wassers und der Luft aus dem Verdichtungsraume. Während nämlich bei den gewöhnlichen Mischkondensationen eine Kolbenpumpe zum Herausschaffen des Wassers und der Luft aus dem Kondensationsraume dient, wird hierzu bei den Strahlkondensatoren die Geschwindigkeit des Einspritzwassers oder die dem Abdampf noch inne wohnende Kraft benutzt. Zu diesem Zwecke wird dieses Wasser mit der erforderlichen Geschwindigkeit in den luftleer gemachten Kondensationsraum gebracht und, nachdem hier durch Berührung und Mischung mit dem Dampfe das Niederschlagen des letzteren bewirkt worden ist, zusammen mit dem Kondenswasser und der etwa eingetretenen Luft als geschlossener Strahl in eine sich konisch erweiternde Düse geleitet, in welcher die allmählich abnehmende Geschwindigkeit des Strahles in Druck umgesetzt und zum Herausschaffen des Gemisches und zur Überwindung des Gegendruckes der äusseren Luft benutzt wird.

Gebr. Körting führen die Wasserstrahlkondensatoren hauptsächlich in zwei verschiedenen Arten aus.

1) Nach dem Taschenbuch „Die Hütte", Verlag von Wilh. Ernst & Sohn, Berlin.

Fig. 58 des Textes giebt zunächst den Strahlkondensator mit Gefälle für beliebig veränderlich belastete Maschinen im Längsschnitt, Fig. 59 des Textes zeigt dessen Anbringung an einer Dampfmaschine.

Fig. 58.

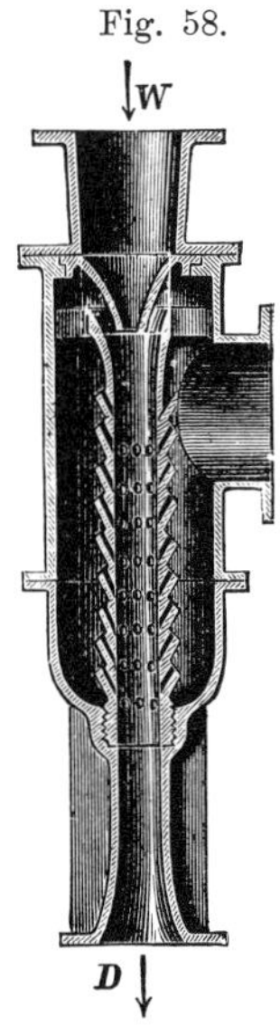

Fig. 59.

Der Apparat muss stets senkrecht aufgestellt werden. Bei W tritt das Einspritzwasser mit einem Gefälle von mindestens 4 m, von der oberen Kante des Apparates an gerechnet, ein und bewegt sich zunächst durch ein mit düsenartigen Öffnungen versehenes Führungs- und dann durch das sich allmählich erweiternde konische Schlussstück. Die Dampfleitung schliesst an dem seitlichen Flansch des Apparates an, und der Dampf kommt durch die düsenartigen Öffnungen des mittleren Führungsstückes in einer grossen Zahl feiner Strahlen mit dem Einspritzwasser in Berührung und zur Verdichtung. Der Austritt des Warmwassers und der Luft erfolgt bei D. Das Gefälle, bezw. die Geschwindigkeit des Einspritzwassers, muss natürlich entsprechend der gewünschten Luftleere bemessen und so gross sein, dass das Wasser und die Luft entgegen dem äusseren Luftdrucke aus dem Apparat geschafft wird. Ist das Gefälle ein natürliches, so wird der Nutzen der Luftleere ohne eine Arbeitsleistung seitens der Maschine erreicht.

Fig. 60 und 61 des Textes zeigen weiter die Konstruktion und Anbringung des Körtingschen Patent-Universal-Kondensators, wie er für anzusaugendes Wasser und gleichmässig oder zeitweilig veränderlich belastete Maschinen von der Firma empfohlen wird.

Die Aufstellung des Apparates soll wenn möglich horizontal erfolgen, und die Saughöhe darf 3 m nicht übersteigen. Das Einspritzwasser tritt bei E, der Abdampf bei B ein. Bei D schliesst eine Frischdampfleitung an. Die konisch sich erweiternde Düse D kann durch einen Handhebel hin und her verschoben und dadurch eine grössere oder kleinere Zahl der Öffnungen, durch welche das mittlere Führungsstück mit dem zu kondensierenden Dampfe in Berührung kommt, verschlossen werden. Beim Anlassen wird die Düse D durch den Handhebel möglichst weit nach der Eintrittsseite des frischen Wassers geschoben und dann das Frischdampfventil bei D geöffnet, wodurch das Wasser angesaugt und in den Apparat getrieben wird. Nun lässt man die Maschine an, schliesst das Frischdampfventil und rückt die Schiebedüse allmählich so weit nach der Ausgangsseite des Wassers, bis dass das Vakuum die passende Höhe erreicht. Treten Änderungen in der Belastung bezw. in dem Dampfverbrauch der Maschine ein, so ist die Lage des Hebels und der Düse D dementsprechend zu ändern.

Bei den vorliegenden Apparaten muss der Abdampf den Wasserstrahl beschleunigen, damit dieser die zum Hinausdrücken des Gemisches und der Luft erforderliche Geschwindigkeit erhält. Der zur Erteilung dieser Beschleunigung nötige Druck

Fig. 60.

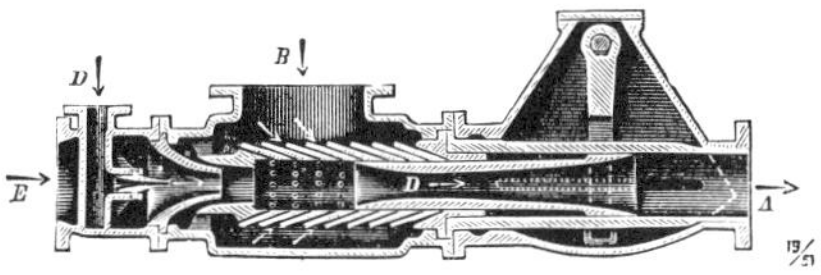

Fig. 61.

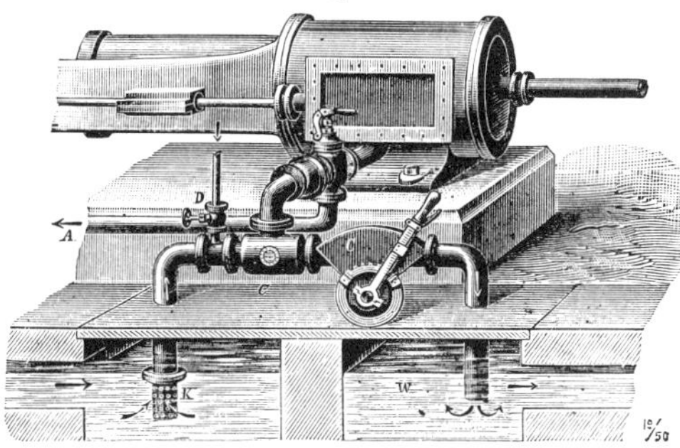

bezw. Druckunterschied des Dampfes innerhalb und ausserhalb der Verdichtungsdüse vermindert natürlich die Luftleere.

In ähnlicher Ausführung (nämlich ohne Schiebedüse) wie die Universal-Kondensatoren baut die Firma noch Strahlkondensatoren für Unterwasser und gleichbleibende Belastung der Maschine.

Was den Kühlwasserverbrauch der Körtingschen Wasserstrahlkondensatoren anbelangt, so sind die hierüber veröffentlichten Angaben sehr verschieden. Während die Firma selbst ihn nicht höher als bei den früher betrachteten Mischkondensationen mit nasser Luftpumpe und Parallelstrom, also rund zu 25 kg für 1 kg des zu kondensierenden Dampfes und noch weniger (nach einem Vortrage des Herrn E. Körting, veröffentlicht in der Zeitschrift deutscher Ingenieure, Jahrgang 1892, ist sogar in einem Falle der Wasserverbrauch eines Gefällkondensators bei einer Luftleere von 490 mm nur das 11fache des Dampfgewichtes gewesen), angiebt, beträgt er nach anderen Angaben 35 bis 55 kg für 1 kg Dampf. Bei saugenden Strahlkondensatoren dürfte für das gleiche Vakuum der Wasserverbrauch wohl immer höher als bei Einspritzkondensatoren mit Luftpumpe sein, da bei den letzteren die Mischung des Dampfes doch eine weit innigere als bei den ersteren ist, bei denen der geschlossene Strahl ja nur am Umfange und nicht im Kerne mit dem Dampfe in Berührung kommt, und ausserdem der Dampf den nötigen Druck zum Hinaustreiben des Warmwassers besitzen muss. Wo aber das Kühlwasser in hinreichender Menge vorhanden ist, kann der Strahlkondensator wohl unter Umständen vorgezogen werden, da seine Einfachheit, Billigkeit und Zuverlässigkeit in gewissen Fällen für seine Anwendung sprechen. Bei natürlichem Gefälle fällt die Betriebsarbeit, die sonst für die Luftpumpe aufgewendet werden muss, überhaupt fort. Sonst tritt bei den Strahlkondensatoren an die Stelle dieser Arbeit diejenige, die aufgewendet werden muss, um dem Wasserstrahl die nötige Geschwindigkeit zu erteilen, also bei Strahlkondensatoren mit Gefälle zum Heben des Kühlwassers erforderlich ist, bei saugenden Strahlkondensatoren von dem zu kondensierenden Dampfe unter Verminderung der Luftleere geleistet werden muss.

6. Fortleitung des Vakuums.

Soll das im Kondensator erzeugte Vakuum voll ausgenutzt werden, so ist dasselbe möglichst unvermindert und möglichst während der ganzen Dauer des Dampfaustrittes nach dem Cylinder hin zu leiten; denn für den Nutzen der Kondensation kommt die vor dem Kolben herrschende Pressung, nicht die Kondensatorspannung in Frage. Es ist deshalb nötig, kurz auf diejenigen Punkte hinzuweisen, die unter Umständen einmal zur Verminderung der im Kondensator erzeugten Luftleere auf dem erwähnten Wege und das andere Mal zu einer verspäteten Einleitung des Vakuums vor dem Kolben beitragen können.

Eine mangelhafte Übertragung der Luftleere des Kondensators nach dem Cylinder kann durch kleine Undichtheiten in der zugehörigen Rohrleitung, durch viele und scharfe Krümmungen, durch nicht genügende Querschnittsverhältnisse dieser Leitung, der Kanäle und Steuerungsorgane, überhaupt also durch alle diejenigen Umstände veranlasst werden, die zur Erhöhung der Reibungs- und Beschleunigungswiderstände auf dem fraglichen Wege beitragen. Zum rechtzeitigen Beginn des vollen Vakuums vor dem Kolben gehört, dass dieses schon in der Totlage vorhanden ist. Das kann nur bei genügendem Voröffnen, bei nicht zu hoher Expansionsendspannung, sowie wieder genügend weiter Abdampfleitung erwartet werden, ist aber nach der Ansicht mancher Ingenieure in den meisten Fällen unerreichbar, weil der Abdampf eine ausserordentlich grosse Geschwindigkeit annehmen müsste, wenn das Vakuum in der kurzen Zeit zwischen dem Beginn der Vorausströmung und dem toten Punkte voll nach dem Cylinder gelangen sollte.[1])

§ 22.

Der Indikator und das Bremsdynamometer.

Indikator und Bremsdynamometer sind so unentbehrliche Hilfsmittel für die Untersuchung der Dampfmaschinen geworden, dass es Pflicht eines Jeden, der mit diesem Zweige des Maschinenbaues zu thun hat, ist, sich mit der Einrichtung und Handhabung dieser Apparate vertraut zu machen.

Der **Indikator** zunächst giebt uns, wie wir in § 10 sahen, in dem sogenannten Indikator-Diagramm ein Bild von den Vorgängen im Cylinder und setzt uns dadurch in den Stand, die Leistung der Maschine zu berechnen, sowie Mängel in der Dampfverteilung, Undichtheiten des Kolbens, der Abschlussorgane und andere Dinge mehr zu erkennen. Das vom Indikator gezeichnete Diagramm liefert uns aber nur dann ein den Vorgängen im Cylinder wirklich entsprechendes, also vollkommen richtiges Bild,

1) Siehe den Vortrag von Kiesselbach in der Zeitschrift deutscher Ingenieure, Jahrgang 1893.

wenn die Einrichtung des Indikators eine tadellose und den erfahrungsgemäss an solche Apparate zu stellenden Anforderungen genügende, die Anbringung und Behandlung desselben eine richtige und sachgemässe ist.

Die Anforderungen, welche man an die **Konstruktion** und **Ausführung** der Indikatoren jetzt zu stellen gewohnt ist, sind mit der Höhe der Dampfspannung und Geschwindigkeit unserer Maschinen mehr und mehr gestiegen. Es soll im Folgenden die Konstruktion der bei uns am meisten benutzten Indikatoren von Rosenkranz und Crosby besprochen werden, welche von der Firma

Fig. 62.

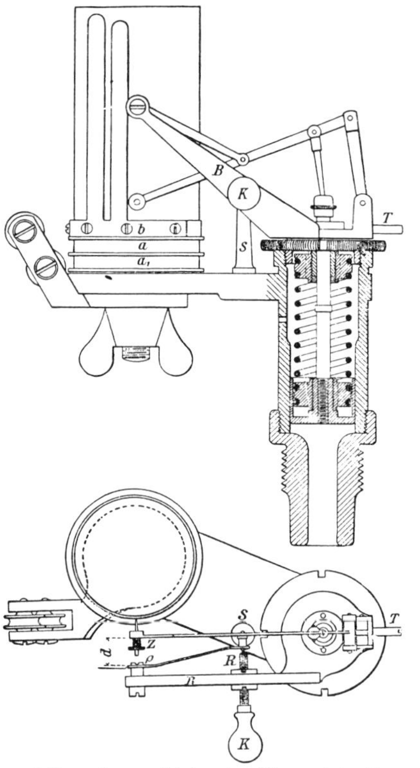

Indikator nach Rosenkranz (kleine Ausführung) in $^1/_2$ nat. Grösse.

Dreyer, Rosenkranz & Droop, Armaturenfabrik in Hannover, bezw. von H. Maihak, Crosby-Warenhaus in Hamburg, in vorzüglichster und tadelloser Ausführung geliefert werden und in Fig. 62 bezw. 63 abgebildet sind. Die allgemeine Wirkungsweise und älteste, einfachste Einrichtung des Indikators nach Watt wurde schon auf Seite 22 an Hand der Fig. 17 des Textes erläutert. Die jetzigen Ausführungen zeigen natürlich bedeutende Abweichungen von dieser ältesten Form. An Stelle der Papiertafel, die dort von der Maschine bezw. einem Gewichte aus hin- und hergeschoben wurde, kommt jetzt allgemein eine mit Papier zu umlegende Trommel zur Verwendung, die von einem sich hin- und herbewegenden Teile der Maschine während des einen einfachen Hubes nach der einen Richtung und einer dadurch angespannten Feder während des anderen einfachen Hubes wieder zurückgedreht wird. Der Hub der Maschine muss dabei auf den einer Drehung der Trommel entsprechenden Weg reduziert werden, und das geschieht durch Vorrichtungen, welche man als Hubverminderer bezeichnet. Der Schreibstift sitzt weiter nicht wie in Fig. 17 des Textes unmittelbar an der Kolbenstange des Indikators, sondern ist behufs Vergrösserung der Kolbenbewegung an einem längeren Hebelarme, der durch einen besonderen Lenker gerade geführt wird, befestigt. Diese allgemeine Einrichtung der Indikatoren ist leicht aus den Fig. 62 und 63 zu ersehen. Bezüglich der Konstruktion und Ausführung der einzelnen Teile sei auf das Folgende aufmerksam gemacht.

Fig. 63.

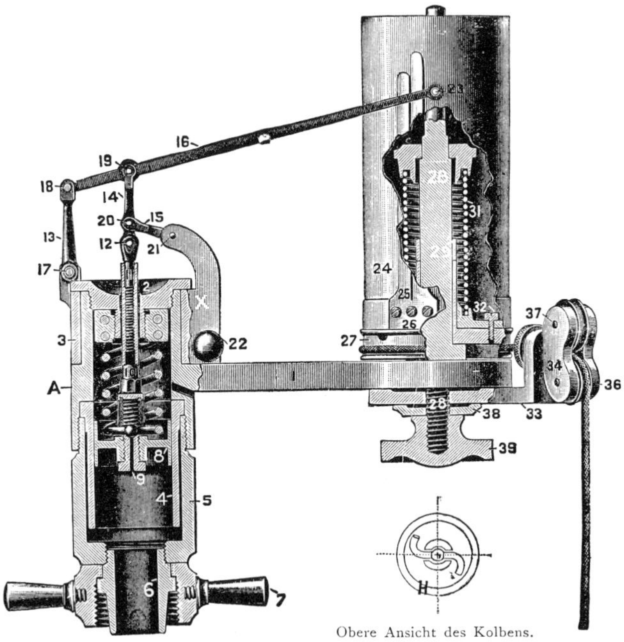

Obere Ansicht des Kolbens.

Indikator nach Crosby in $^3/_5$ nat. Grösse.

Der Indikatorcylinder hat 20 mm Bohrung und besteht aus Bronze. Der Rosenkranz-Indikator wird nach Wunsch mit oder ohne Dampfmantel, der Crosby-Indikator stets mit Dampfmantel für den Cylinder geliefert, um einer Wärmeausstrahlung des letzteren und einem damit verbundenen Spannungsabfall des Dampfes in ihm vorzubeugen. Zur Verbindung des Indikators mit dem Dreiwegehahn dient eine Differential- oder Überwurfmutter. Der Dreiwegehahn erhält am besten 10 bis 12 mm Bohrung und $1''$ engl. Whitworth - Gewindezapfen. Zwischenstücke, sogenannte Stahlschuhe, die zum Anschluss bei anderen $\left(\frac{3''}{4}\right)$ Gewindedurchmessern dienen, werden auf Wunsch mitgeliefert.

Die Indikatorfedern und der Indikatorkolben bestehen aus bestem Stahl. Auf möglichst leichte Ausführung beider, sowie überhaupt aller beweglichen Teile des Indikators ist in erster Linie Bedacht zu nehmen, da namentlich bei hoher Geschwindigkeit der Maschine die schwingenden Massen die Genauigkeit des Diagrammes um so ungünstiger beeinflussen, je grösser sie sind. Die Federn werden jetzt stets als doppelt gewundene geliefert, da dieselben einmal aus dünnerem

Stahl hergestellt werden können, also leichter als die einfach gewundenen ausfallen und sich das andere Mal nicht so leicht wie diese letzteren einseitig durchbiegen und dadurch schädliche Kolbenreibung erzeugen können. Die Crosby-Feder (Fig. 64 des Textes), deren Draht in gewöhnlichen Windungen vom Deckel zum Kolben und dann, ohne zu endigen, wieder empor geht, ist nur

Fig. 64.

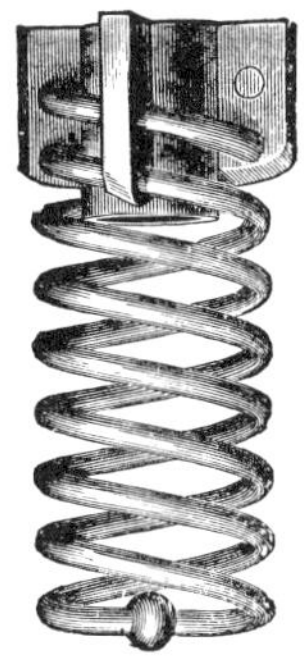

oben mit dem Ende des Gehäuses starr verschraubt, während sie unten mit dem Kolben durch ein frei bewegliches Kugelgelenk und eine Pfanne genau central verbunden ist. Die letztere Verbindung macht jede von der vertikalen Hubachse des Kolbens etwa abweichende Kolbenbewegung unschädlich, verringert auch das Kolbengewicht gegenüber der sonst noch üblichen doppelten Verschraubung oben und unten.

Die Federung, d. h. die Zu- oder Abnahme, welche die Länge der ungespannten Feder unter der Einwirkung von Zug- oder Druckkräften erfährt, muss stets proportional der Grösse dieser Kräfte sein. Die Feststellung der sogenannten Federteilung, das ist die Längenänderung für jedes Kilogramm Druck- oder Zugkraft, erfolgt am besten durch Dampfdruck an Hand eines zuverlässigen Quecksilbermanometers. Jede Feder ist auch für Luftleere unter dem Kolben einzurichten und zu prüfen. Die Wahl der Federnummer bei Indikatorversuchen hängt von der Höhe des Dampfdruckes und der Umdrehungszahl ab, und machen die angeführten Firmen hierüber genaue Angaben.

Auf die Schreibstiftführung der Indikatoren legen die Fabriken besondere Sorgfalt. Dieselbe muss eine genau geradlinige und den Verlängerungen der Federn stets proportionale Bewegung des Schreibstiftes bewirken und aus dem schon angeführten Grunde möglichst wenig Masse besitzen, namentlich in dem Hebelende, welches den Schreibstift führt.

Rosenkranz verwendet einen in Fig. 65 des Textes angedeuteten Evanschen Lenker für die Geradführung des Stiftes, bei welchem die Länge des Gegenlenkers G gleich der halben Länge des Schreibstifthebels H ist. Die Geradführung ist unter Berücksichtigung einer fünfpunktigen Geraden — 12345 — eine sehr vollkommene, und das Verhältnis zwischen Kolben- und Schreibstiftweg, das hier ungefähr 1:4 beträgt, ist stets dasselbe, da die Punkte DBA so angeordnet sind, dass sie bei jeder Verschiebung auf einer Geraden liegen.

Die ganze Hebelanordnung findet ihren Drehpunkt an einer leicht und sicher drehbaren Platte mit Arm. Zum Andrücken des Stiftes dient der einer Schraube angehörige Knopf K (siehe auch Fig. 62 des Textes). Durch diese Schraube kann man den richtigen Anschlag immer bequem erzielen und ist eine vorherige genaue Einstellung des Stiftes nicht erforderlich.

Fig. 65.

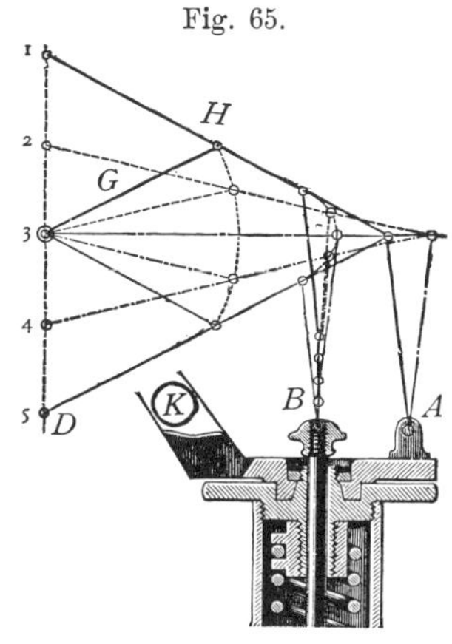

Beim Crosby-Indikator ist zur Verminderung der Länge und des Gewichtes des Gegenlenkers 15 (Fig. 63 des Textes) dessen Angriffspunkt weiter von dem Schreibstifte weg-, und zwar in das Glied 14 gerückt, so dass der Gegenlenker statt der grösseren Bewegung im Schreibhebel nur die geringere der Kolbenstange mitzumachen hat. Der Schreibstift wird ebenfalls in fünf Punkten gerade geführt, und die Punkte 17, 12 und 23 liegen, um die genaue Proportionalität zwischen Kolben- und Schreibstiftweg, die sich hier wie 1:6 verhalten, zu sichern, auch in jeder Lage des Schreibhebels in einer Geraden. Der Gegenlenker ist im Punkte 21 in einem Arme X verlagert, der mit dem Teile 3 aus einem Stück besteht und vermittelst des Knopfes 22 gedreht werden kann. Bei dieser Drehung bewegt sich das ganze Schreibzeug um die Achse des Indikators und wird der Schreibstift leicht an die Trommel gedrückt oder von dieser abgezogen. Da der Knopf wieder stellbar ist, so kann das Mass des Andrückens leicht bemessen werden. Die Kolbenstange besteht schliesslich aus zwei ineinander geschraubten Teilen 10 und 12, um die Kolbenstangenlänge ändern und die atmosphärische Linie tiefer oder höher legen zu können.

Die Papiertrommel wird mit und ohne Anhaltvorrichtung ausgeführt. Das Material der Trommel ist, um die schwingenden Massen möglichst leicht zu halten, jetzt meistens Aluminium.

Fig. 66 des Textes zeigt die Rosenkranzsche Papiertrommel mit Anhaltvorrichtung. Auf dem Dorn D dreht sich die Hülse H, welche mit dem Schnurkranz S ein Stück bildet und behufs Rückdrehung mit Federgehäuse und Schneckenfeder F versehen ist. Um die Hülse H ist weiter eine zweite Hülse H_1, welche die Papiertrommel P aufnimmt, drehbar. Die Hülse liegt gegen den Anschlag 2 mit Anschlagschraube 1 an und schwingt so mit dem Schnurkranz S als ein Ganzes für gewöhnlich mit. Die Hülse der Papiertrommel und diese selbst steht dagegen still, wenn der unten befindliche Sperrkegel K durch den federnden Riegel R in den Zahnkranz z gedrückt wird, während die Hülse H und der Schnurkranz S ruhig weiter schwingt. Man kann nun ohne Mühe ein neues Papier aufstecken und dann durch Auslösen der Sperrklinke die Papiertrommel wieder in Gang setzen.

Fig. 66.

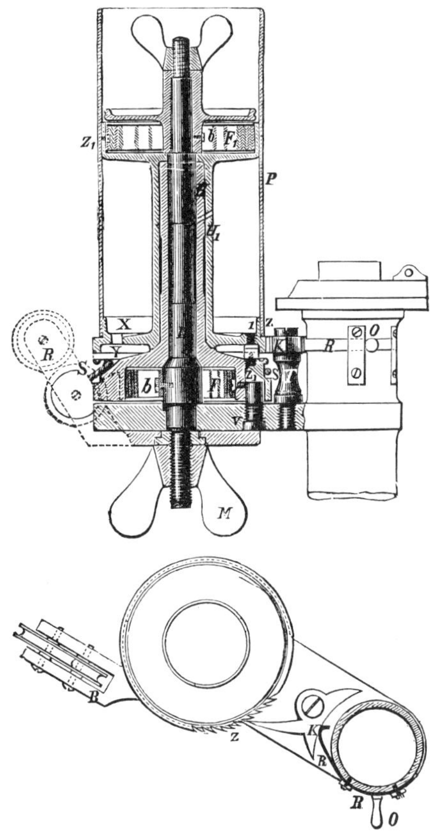

Die in Fig. 67 des Textes angedeutete Crosbysche Papiertrommel unterscheidet sich von der vorigen hauptsächlich dadurch, dass sie keine Schnecken-, sondern eine Drehschraubenfeder besitzt. Das Verhältnis zwischen dem Wege der Papiertrommel und dem gleichzeitig zurückgelegten Wege des Kolbens der Dampfmaschine wird nämlich nur dann immer das gleiche

Fig. 67.

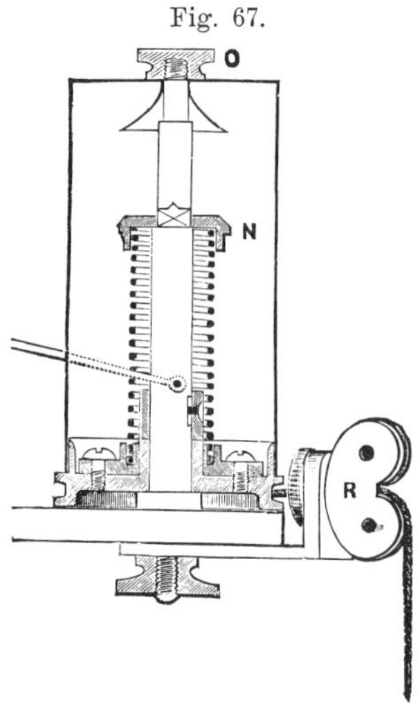

sein, wenn die Schnurspannung stets dieselbe Grösse hat. Eine solche konstante Schnurspannung wird aber nach Crosby nur dann erreicht, wenn der Widerstand der Feder beim Anspannen allmählich, entsprechend dem gegen Ende des Hubes auch zunehmenden Moment der schwingenden Trommel, wächst und also dieses Moment aufzuheben sucht. Ist das nicht der Fall, so tritt beim Hubwechsel ein Überschiessen der Trommel, Schlaffwerden (Peitschen) der Schnur, Stoss bei deren Wiederanspannen und eine damit verbundene Verschiebung und Verzerrung des Diagrammes ein. Diese Übelstände vermeidet nun die Feder des Crosby-Indikators, indem sie ihren Radius und Widerstand umgekehrt zur Zahl der Windungen stetig beim Hin- und Rücklauf ändert und dadurch zusammen mit dem Trommelgewicht eine selbst bei hoher Tourenzahl genau gleiche Schnurspannung schafft.

An Stelle der Anhaltvorrichtung, die das Trommelgewicht immerhin vergrössert, was namentlich bei grosser Umdrehungszahl unerwünscht ist, empfiehlt Crosby die in Fig. 68 des Textes angedeutete Vorrichtung, welche in Verbindung mit einer Hebelanordnung zur Hubverminderung den Antrieb der Papiertrommel vom Kreuzkopf der Maschine aus darstellt.

Die Schnur geht von der Trommel zuerst durch ein Loch des Bolzens m und dann durch ein solches i im hölzernen Schwingungshebel zurück zum Indikator, wo sie an irgend einer beliebigen Stelle befestigt ist. Der Schwingungshebel dreht sich um m und ist durch ein Zwischenstück K mit dem Kreuzkopfzapfen verbunden. Man zieht nun die Schnur bei H so lange an, bis dass die Trommel die Hebelbewegung mitmacht, und hält die Schnur durch Stützen der Hand auf das umwickelte Rohr oder sonstwo während des Schreibens in dieser Stellung fest. Lässt man dann los, so befinden sich die Schnur und Trommel vollständig in Ruhe.

Fig. 69 des Textes zeigt den Rosenkranzschen Indikator in Verbindung mit einer Hubverminderungsrolle, Fig. 70 des Textes die Anbringung beider bei einer Dampfmaschine.

Fig. 68.

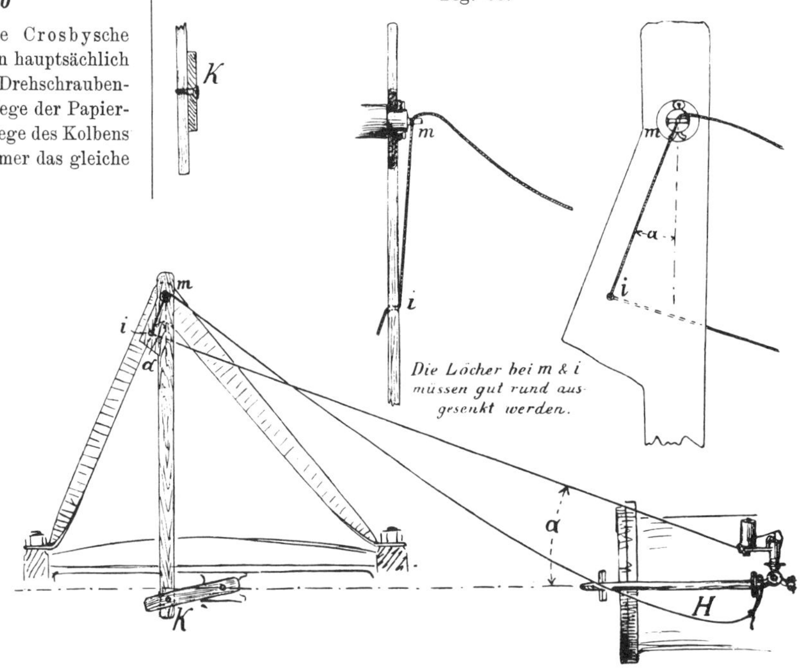

Die Hubverminderungsrolle besitzt innen eine starke Rollfeder, die das Rückdrehen bewirkt, und besteht aus einer grossen Rolle, um welche die am Mitnehmer M (Fig. 70) des Kreuzkopfes befestigte Schnur gewickelt ist, und einer kleineren

Rolle M (Fig. 69), in der die Schnur der Papiertrommel eingehakt ist. Die ganze Hubverminderungsvorrichtung wird unter der Papiertrommel am Gestell des Indikators befestigt. Der Radius der Rolle M, von der immer mehrere dem Indikator beigegeben sind, muss natürlich dem Hube der Maschine entsprechend gewählt werden. Um die Schnur der Verminderungsrolle nach jeder Seite hin ableiten zu können, ist der Arm A mit den beiden Rollen Z und Z_1 um die Mitte drehbar gemacht.

Fig. 69.

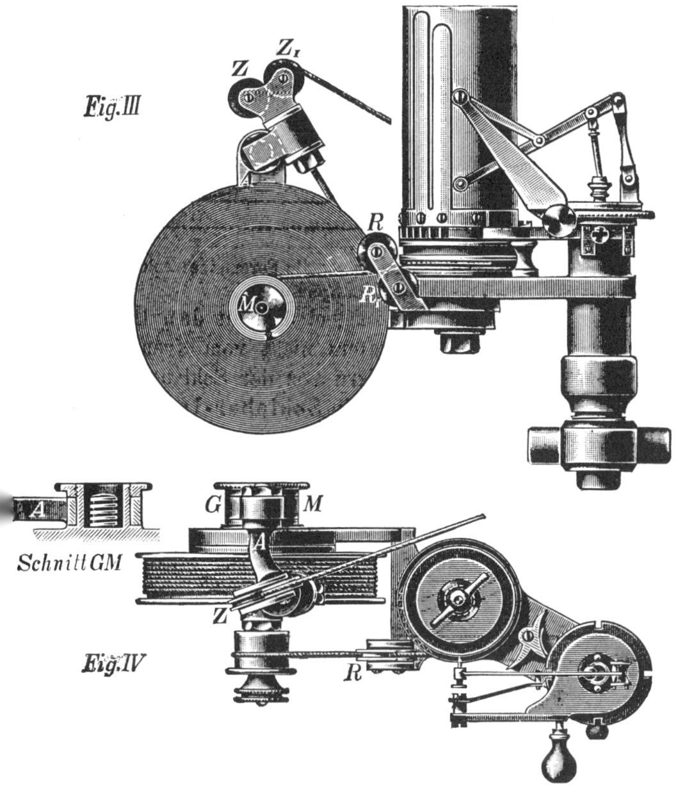

Die **Anbringung** des Indikators muss von Fall zu Fall wohl überlegt werden, die **Handhabung** desselben setzt eine gewisse Übung und Geschicklichkeit, namentlich bei schnell laufenden Maschinen, voraus, wenn das Diagramm den Vorgängen im Cylinder wirklich entsprechend ausfallen soll. Auf die folgenden Punkte ist besonders zu achten.

Der Indikator ist möglichst nahe, d. h. unter möglichster Vermeidung aller Zwischenstücke am Cylinder anzubringen, da die letzteren zur Kondensation, unter Umständen auch durch scharfe Krümmung zur Drosselung des Dampfes beitragen.

Die Anbringung des Indikators nach Fig. 68 und 70 des Textes, die ja eine bequeme gleichzeitige Abnahme des Diagrammes für beide Kolbenseiten ermöglicht, ist also in der erwähnten Hinsicht nicht zu empfehlen. Besser ist, wenn gleichzeitig von beiden Kolbenseiten Diagramme gewünscht werden, die Verwendung zweier Indikatoren nach Fig. 71, welche auch die für den einzelnen Indikator beste Anbringung veranschaulicht. Der Hubverminderer ist hier nicht am Indikator, sondern an einem besonderen Gestell befestigt.

Die Verbindungswege zwischen Indikator und Dampfcylinder müssen vollständig rein sein und sind zu diesem Zwecke vor der Anbringung des Indikators bei offenem Dreiwegehahn durch den Dampf der Maschine gehörig auszublasen.

Dienen Hebel zur Hubverminderung, so darf kein toter Gang in den Gelenkpunkten vorhanden sein.

In den Totlagen der Maschine darf die Papiertrommel nicht anschlagen oder die Schnur nicht schlaff

Fig. 70.

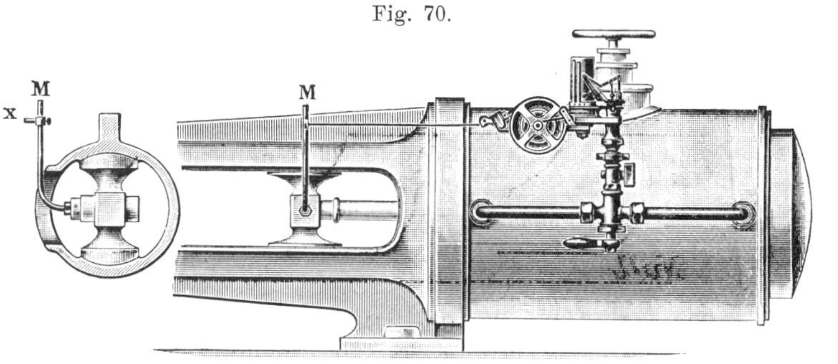

werden. Die letztere darf sich nicht dehnen und muss gut ausgelängt sein.

Vor der Abnahme des Diagrammes ist der Dreiwegehahn langsam zu öffnen, der Indikatorcylinder vorzuwärmen und etwaiges Kondenswasser nach aussen durch den Hahn abzulassen.

Der Schreibstift darf nur äusserst sanft angedrückt werden, damit die Diagrammlinien möglichst fein ausfallen.

Fig. 71.

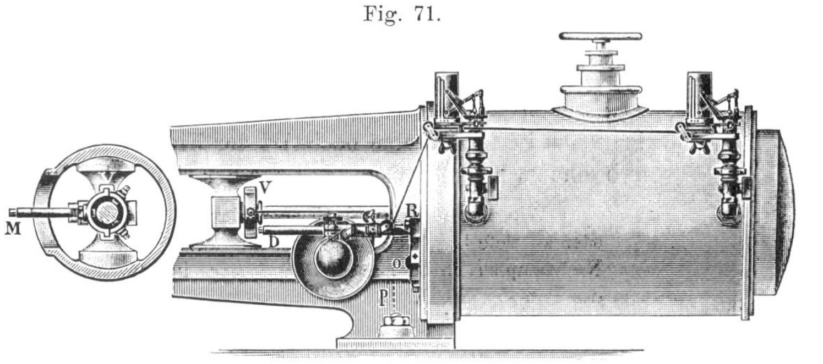

Auf die **Abweichungen,** welche das Indikator-Diagramm einer Maschine von der regelrechten Form desselben zeigt, wurde schon in § 10 in soweit aufmerksam gemacht, als diese Abweichungen in dem durch die Verhältnisse bedingten Verlauf und in dem Schluss der einzelnen Perioden begründet sind. Im Nachstehenden sollen weitere Unregelmässigkeiten, wie sie bei mangelhafter Dampfverteilung, Undichtheiten u. s. w. im Diagramm auftreten, sowie andere Diagramme, welche mit Hilfe des gewöhnlichen Indikators aufgenommen werden können, besprochen werden.

Die Fig. 72 bis 79 des Textes deuten die Form des Indikator-Diagrammes bei fehler- oder mangelhafter Dampfverteilung durch die Steuerung an.

Fig. 72. Das Einlassorgan öffnet zu spät, der Dampfvoreintritt fehlt oder ist zu gering, die Steuerung hat für den Einlass kein oder zu wenig Voreilen (siehe V. Abschnitt).

Fig. 73. Das Einlassorgan öffnet zu früh, der Dampfvoreintritt ist zu lang, die Steuerung hat für den Einlass zu viel Voreilen.

Fig. 74. Das Auslassorgan öffnet zu spät, der Dampfvoraustritt fehlt oder ist zu klein, die Steuerung hat für den Auslass kein oder zu wenig Voreilen.

Fig. 75. Das Auslassorgan öffnet zu früh, der Dampfvoraustritt fängt zu früh an, das Voreilen für den Auslass ist zu gross.

Fig. 76. Die Füllung der Maschine ist zu klein, die letztere selbst also für den vorhandenen Belastungszustand zu gross.

den Indikatorteile zeigen sich namentlich bei grosser Geschwindigkeit der Maschine durch wellenartigen Verlauf der Diagrammlinien nach Fig. 83 des Textes.

Als Leerlaufs-Diagramm bezeichnet man das der unbelasteten Maschine entnommene Indikator-Diagramm (siehe Fig. 84 des Textes). Die Fläche desselben ist der Leergangsarbeit der Maschine proportional.

Setzt man den Indikator mit der Luftpumpe in Verbindung, so erhält man ein sogenanntes Luftpumpen-Diagramm.

Fig. 72. Fig. 73. Fig. 74. Fig. 75. Fig. 76.

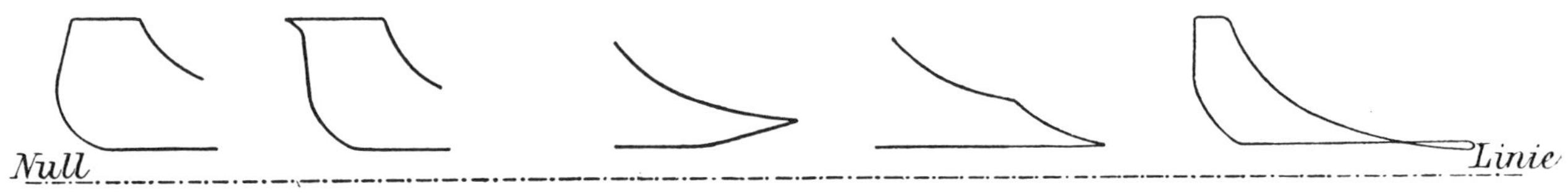

Fig. 77. Gegen Ende der Expansion tritt nochmals frischer Dampf ein, der Expansionsschieber öffnet den Dampfeinlasskanal schon wieder, ehe der Grundschieber denselben geschlossen hat (siehe V. Abschnitt).

Fig. 78. Die Kompression ist zu hoch, das Auslassorgan schliesst sich zu früh.

Fig. 79. Die Kompression ist zu gering, das Auslassorgan schliesst sich zu spät.

Die Fig. 85 des Textes giebt die Form eines solchen für eine doppeltwirkende nasse Luftpumpe.

Lässt man die Papiertrommel des mit dem Dampfcylinder verbundenen Indikators nicht vom Kreuzkopfe oder der Kolbenstange, sondern von der Schieberstange aus bewegen, so erhält man ein Schieber-Indikator-Diagramm.

Fig. 77. Fig. 78. Fig. 79. Fig. 80. Fig. 81.

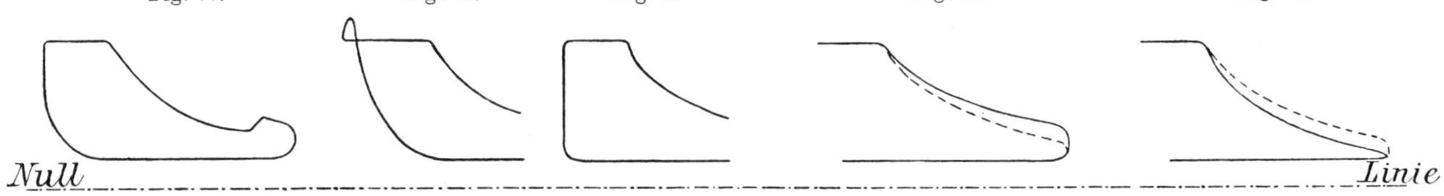

Undichtheiten des Einlassorganes oder des Kolbens zeigen sich im Diagramme nach Art der Fig. 80 bezw. 81 durch eine zu hohe oder zu tiefe Lage der Expansionslinie.

Wie aber schon im § 10 angeführt, kann die zu hohe oder zu tiefe Lage der Expansionslinie auch ihren Grund im Nachdampfen, in zu nassem Dampfe oder im Niederschlagen des Dampfes haben.

Fig. 86 zeigt die Form eines solchen Diagrammes für eine Maschine mit einfachem Muschelschieber. Der letztere bewegt sich um die Excentricität r nach links und rechts aus seiner Mittellage. Bei g beginnt der Dampfvoreintritt (Ausweichung des Schiebers um die äussere Überdeckung e nach der einen Seite), bei d der Dampfvoraustritt (Ausweichung des Schiebers um die innere Überdeckung i nach der anderen Seite), g a entspricht dem Dampfvoreintritt, a b c dem Dampf-

Fig. 82. Fig. 83. Fig. 84. Fig. 85. Fig. 86.

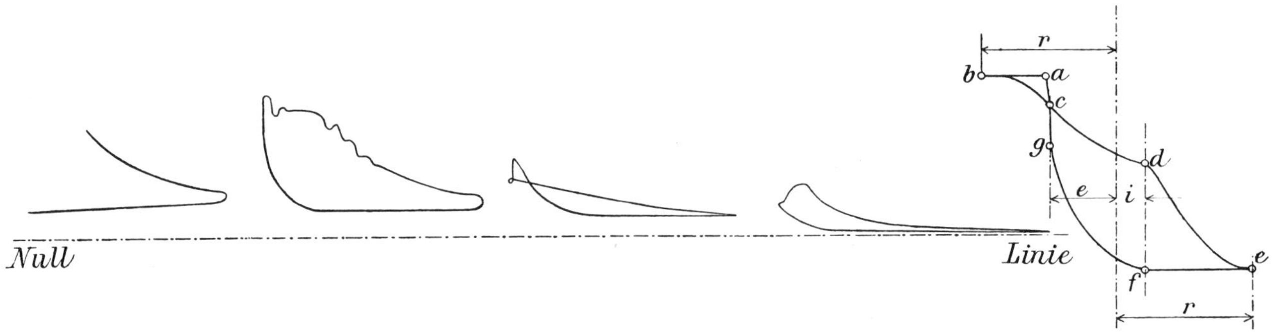

Ein allmähliches Abfallen der Gegendruck- oder Dampfaustrittslinie nach Fig. 82 des Textes deutet auf zu enge Querschnitte der Austrittskanäle oder der Auslassleitung hin.

Schwankungen der Indikatorfedern in Verbindung mit einer zu grossen Masse der schwingen-

eintritt, c d der Expansion, d e dem Dampfvoraustritt, e f dem Dampfaustritt, f g der Kompression.

Befestigt man bei einer Schiebermaschine den Schreibstift bezw. die Kolbenstange des Indikators mit dem Schreibgestänge an der Schieberstange der Maschine, lässt aber die Papiertrommel wie gewöhnlich von dem

Kreuzkopf der Maschine aus bewegen, so erhält man ein Diagramm, das als Abscissen die reduzierten Kolben-, als Ordinaten die Schieberwege hat und als Schieberellipse (Fig. 87) bezeichnet wird. Bringt man bei einer Ventilmaschine den Schreibstift oder das Schreibzeug in entsprechender Weise an der Spindel eines der vier Ventile an, so bekommt man ein nach Fig. 88 des Textes ungefähr gestaltetes Ventilerhebungs-Diagramm, dessen Abscissen wieder den Kolbenwegen proportional sind, dessen Ordinaten aber den zugehörigen Ventilhub darstellen.

Geschwindigkeitsänderung der Welle oder aus anderen Gründen der Bremshebel bezw. die Zunge der nachstehend angeführten Wage M zu weit aus ihrer Mittellage geht. Auf die Brückenwage M drückt das rechte Ende des Bremshebels mit einem an ihm befestigten Stifte, dessen unteres Ende mit dem Mittelpunkte der Welle in einer Horizontalen liegen muss. Zur Schmierung und Kühlung der Bremsklötze kann schliesslich durch das Gefäss über der Wellenmitte Wasser zufliessen. Breite und tief eingearbeitete, schlangenlinige Nuten in den Bremsklötzen führen dieses Wasser am Umfange der Scheibe weiter. Wenn erforderlich, kann auch noch an den Stellen der Scheibe, welche zwischen dem oberen und den unteren

Fig. 87.

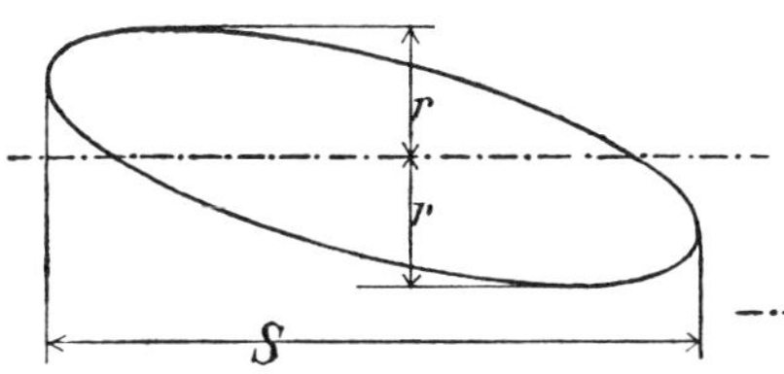

Fig. 88.

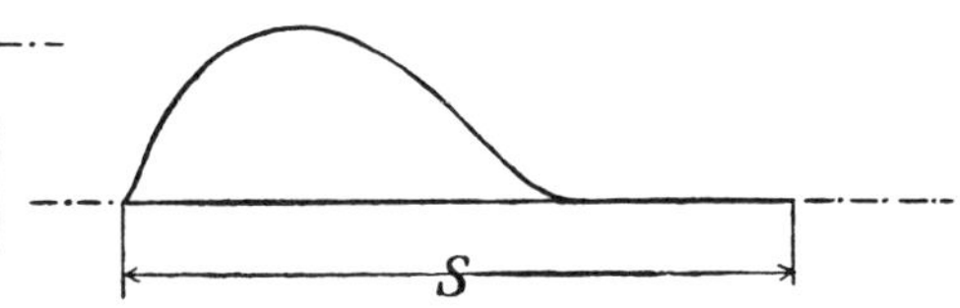

Das **Bremsdynamometer** dient zur Messung der effektiven oder Nutzleistung einer Maschine, d. h. derjenigen Leistung, welche von der Kurbelwelle der Maschine abgegeben wird.

Das älteste Bremsdynamometer ist der Pronysche Zaum. Die Einrichtung desselben ist aus Fig. 89 des Textes ersichtlich, in welcher er so wiedergegeben ist, wie er auf der Düsseldorfer Gewerbe-Ausstellung[1]) zur Verwendung kam.

Bremsklötzen liegen, Wasser durch Gummischläuche zugeführt werden.

Sind nun für irgend einen Zustand, bei welchem die Maschine n Umdrehungen in der Minute macht, die Bremsbacken so stark angezogen, dass ein Gewicht G_1 auf der Wage den Zaum innerhalb der zulässigen kleinen Schwankungen des Hebels in Ruhe hält, und ist G_2 der vom Eigengewicht des Bremshebels auf die Wage ausgeübte Druck, so muss das Moment des am Scheiben-

Fig. 89.

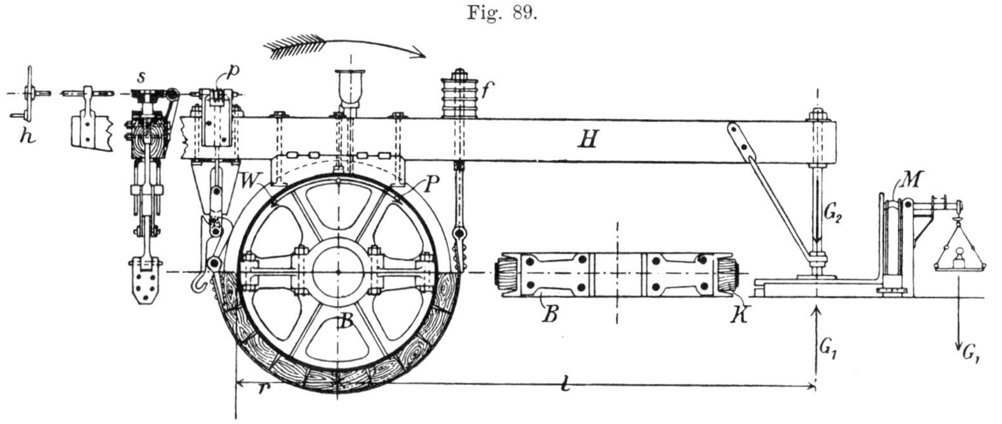

Auf der Welle der Dampfmaschine sitzt fest die zweiteilige Bremsscheibe B. Gegen dieselbe legen sich ein oberer und mehrere untere Bremsklötze K aus Eichenholz, von denen die unteren an einem biegsamen Bremsband sitzen. Die Enden desselben sind in dem hölzernen Bremshebel H befestigt, und zwar das eine unter Zuhilfenahme von elastischen Gummipuffern f, das andere durch Mutter allein und stellbar vermittels des kleinen Schneckenrades s, der Mikrometerschraube p und des Handrades h. Durch Drehung dieses letzteren kann ein stärkeres oder geringeres Anpressen der Bremsklötze und somit eine Regulierung des Reibungswiderstandes bewirkt werden, welche Regulierung nötig wird, sobald infolge einer

1) Die Untersuchungen an Dampfmaschinen und Dampfkesseln auf der Düsseldorfer Gewerbeausstellung im Jahre 1880, Verlag von J. A. Meyer in Aachen.

umfange erzeugten Reibungswiderstandes W gleich demjenigen von $G_1 - G_2$ in Bezug auf die Wellenmitte, also

$$(G_1 - G_2) l = W \cdot r$$

sein. W ist aber in dem erwähnten Zustande ebenso gross wie die ihm entgegengerichtete treibende Umfangskraft P, die bei n Umdrehungen am Hebelarme r in m

$$N_n = \frac{P \cdot 2 \pi r \cdot n}{60 \cdot 75} \text{ Pferdestärken}$$

leistet. Führt man hierin den aus der vorigen Gleichung sich ergebenden Wert

$$W = (G_1 - G_2) \frac{l}{r}$$

für P ein, so folgt

$$N_n = \frac{(G_1 - G_2)\, 2\pi l \cdot n}{60 \cdot 75},$$

oder

$$N_n = \frac{(G_1 - G_2)\, w}{75}, \quad \ldots\ldots \quad 48$$

wenn

$$w = \frac{\pi l \cdot n}{30} \quad \ldots\ldots\ldots \quad 49$$

die Umfangsgeschwindigkeit der Welle im Abstande l in m für die Sekunde ist.

Da durch den Bremszaum die entwickelte Leistung der Maschine in Reibung bezw. Wärme umgesetzt wird, so ist, damit die Temperatur des Rades und der Klötze nicht zu hoch steigt, natürlich für Ableitung dieser Wärme Sorge zu tragen. Zu diesem Zwecke ist der Bremsscheibe die genügende Umfangsfläche zu geben und wird in vielen Fällen besondere Wasserkühlung angewendet. Auch das gewöhnlich zur Schmierung zwischen die Bremsfläche gebrachte Wasser (oft mit unnötigem Seifenzusatz), Öl oder Fett, das die Abnützung der Bremsklötze vermindert und die Abnützungsprodukte auswäscht, erleichtert nach Professor Brauer die Wärmeableitung. Flüssige Öle sind nach diesem dem Wasser bei stark angestrengten Reibflächen vorzuziehen, weil sie eine höhere Flächentemperatur vertragen und nicht bei 100° verdampfen. Wasserkühlung und Wasserschmierung lassen sich auch, wie oben angegeben, durch Schmiernuten in den Bremsbacken vereinigen; dabei muss natürlich für Abfluss des Wassers, das in der Drehrichtung der Scheibe durchfliessen soll, gesorgt werden.

Für die Breite b und den Radius r in m der Bremsflächen empfiehlt Radinger bei Wasserkühlung

$$r \cdot b = \frac{N_n}{150}.$$

Prof. Brauer ermittelt aus Bremsversuchen mit von innen gekühlten Bremsscheiben

$$r \cdot b = \frac{N_n}{270} \text{ und } \frac{N_n}{238},$$

empfiehlt dagegen bei fehlender Wasserkühlung

$$r \cdot b = \frac{N_n}{35}.$$

Die Dicke des Bremsbandes kann 2 bis 5 mm, der Querschnitt desselben in qmm 0,4 P genommen werden, wenn wie oben

$$P = \frac{716200\, N_n}{r \cdot n}$$

die grösste Umfangskraft an der Bremsscheibe ist.

Der Übelstand des Pronyschen Zaumes ist die bei Dampfmaschinen stets erforderliche Regulierung des Reibungswiderstandes. Dieselbe verlangt eine ziemliche Geschicklichkeit, wenn der Bremshebel nicht fortwährend an seine Arretierungen, die man der Sicherheit wegen stets anbringt und in Fig. 89 des Textes durch diejenigen der Decimalwage ersetzt sind, schlagen soll. Die Schwankungen des Bremshebels haben nach Prof. Brauer[2] ihren Grund in der nicht vollständig gleichförmigen Drehgeschwindigkeit der Kurbelwelle, in der nicht genauen Rundung der Bremsscheibe und in der Veränderlichkeit des Reibungskoefficienten. Bei zunehmender Geschwindigkeit der Bremsscheibe wird diese, bei abnehmender das Gewicht den Bremszaum mitnehmen. Ist weiter die Bremsscheibe nicht genau rund, so treten Drehungen und Verbiegungen des Bremsbandes ein, welche wieder eine Veränderung der Spannung des Bremsbandes und damit verbundene Änderungen des Reibungswiderstandes zur Folge haben. Die Schwankungen des Bremshebels machen die Versuche erst dann

Fig. 90.[1])

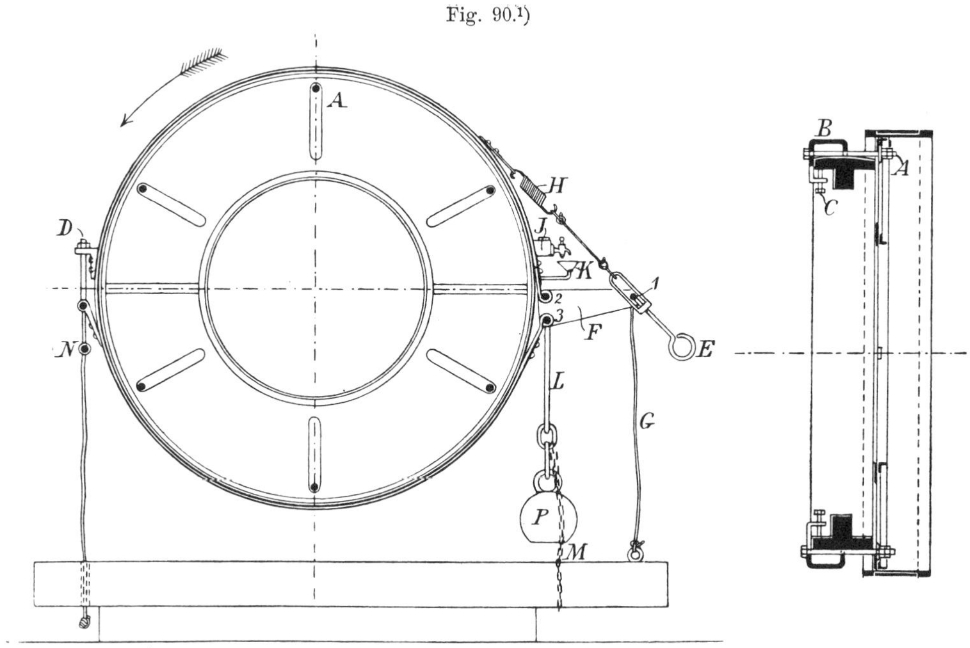

1) Civilingenieur, Jahrgang 1884.

2) Zeitschrift deutscher Ingenieure, Jahrgang 1881.

unsicher und unzuverlässig, wenn der Hebel gegen die Arretierungen schlägt, während sie innerhalb dieser ohne Nachteil sind.

Frei von dem erwähnten Übelstande ist das von Prof. Brauer konstruierte und demselben patentierte Bremsdynamometer, das in Fig. 90 auf Seite 88 so wiedergegeben ist, wie es bei der im Jahre 1883 in Berlin stattgehabten öffentlichen Lokomobilenprüfung verwendet wurde.

Als Bremsscheibe diente nach Fig. 90 nicht das Riemscheibenschwungrad, sondern eine besondere schmiedeeiserne Scheibe, weil in gegossenen Scheiben durch die Erwärmung während des Bremsens unberechenbare Gussspannungen zur Wirkung kommen und zu einem Bruche der Arme führen können. Die schmiedeeiserne Bremsscheibe ist durch 6 Schrauben A und Klammern B an der Seite des Schwungrades befestigt. Die richtige Lage der Klammern kann durch die Schräubchen C an dem ungleich starken Schwungringe eingestellt werden.

Das schmiedeeiserne Bremsband von 2 mm Dicke und 200 mm Breite liegt in einer tiefer eingedrehten Nut der Bremsscheibe. Es besitzt eine Schraube D zum anfänglichen Anziehen und schliesst in den Punkten 2 und 3 an einen dreieckigen Hebel F an, dessen dritter Punkt 1 durch die Schraube E behufs Einstellung und Regulierung des Reibungswiderstandes während des normalen Betriebes bewegt werden kann. Zieht man nämlich die Schraube E an, so dreht sich F um 2 entgegen der Zeigerbewegung einer Uhr und der Punkt 3 zieht das untere Bandende stärker an, löst man dagegen die Schraube E, so tritt eine Verminderung der Bremsbandspannung ein. P ist das eigentliche Belastungsgewicht der Bremse, während M als Sicherheitskette dient. J schliesslich ist der Schmierbehälter.

Die Brauersche Bremse bietet nun den Vorteil, dass sie bei kleineren Schwankungen im Belastungszustande der Maschine oder im Reibungskoefficienten den Reibungswiderstand selbstthätig reguliert. Dies geschieht in der folgenden Weise. Der Punkt 1 des Hebels F ist an einer Schnur G befestigt, welche, da ihr unteres Ende festliegt, diesen Punkt 1 nicht höher lässt, als bis sie selbst straff ist. Wird nun infolge irgend eines Umstandes der Reibungswiderstand im Bremsbande zu gross, so sucht die Bremsscheibe das letztere mitzunehmen und das Belastungsgewicht P zu heben. Das geht so lange, bis die Schnur G straff ist. Dann tritt eine kleine Drehung des Hebels F im Sinne der Zeigerbewegung einer Uhr um den Punkt 1 ein, welche Drehung aber eine Verminderung der Bremsbandspannung zur Folge hat. Um die Drehung des Hebels F zu ermöglichen, ist in die Verbindung des Hebelendes 1 mit dem Bremsbande die Feder H eingeschaltet, welche sich etwas mehr ausdehnt, sobald die Schnur G straff wird.

IV. ABSCHNITT.

Die Berechnung der Dampfmaschinen.

§ 23.

Bestimmung der Leistung oder Hauptabmessungen einer Maschine.

Es bezeichnet im Folgenden bei einer Dampfmaschine

N_n die effektive oder Nutzleistung (gemessen an der Kurbelwelle),

N_i die indizierte Leistung (gemessen im Cylinder) in Pferdestärken,

$\eta = \frac{N_n}{N_i}$ den Wirkungsgrad,

O die nutzbare Kolbenfläche in qcm,

D die Cylinderbohrung in cm,

S den Kolbenhub in m,

n die Umdrehungszahl in der Minute,

c_m die mittlere Kolbengeschwindigkeit in m für die Sekunde, das ist die konstant gedachte Geschwindigkeit, welche einen einfachen Kolbenhub in derselben Zeit zurücklegt wie die wirkliche, veränderliche Geschwindigkeit des Kolbens,

p_i die mittlere indizierte Spannung, das ist diejenige konstant gedachte Spannung, welche während eines einfachen Hubes dieselbe Leistung erzielt wie der wirklich vorhandene, veränderliche Dampfüberdruck auf beiden Seiten des Kolbens,

p_k die absolute Kesselspannung in Atm,

p die absolute Dampfeintrittsspannung zu Beginn des Kolbenhubes in Atm,

p_x die absolute Expansionsendspannung in Atm (die Expansion bis an das Ende des Hubes gehend gedacht),

p_e die absolute Dampfaustrittsspannung in Atm,

p_3 die absolute Kompressionsendspannung in Atm,

$e = \frac{S_1}{S}$ den Füllungsgrad der Maschine, bei Mehrcylindermaschinen bezogen auf den grossen Cylinder,

M die Länge des schädlichen Raumes, bezogen auf die nutzbare Kolbenfläche O.

Für die Leistung einer Dampfmaschine besteht die Beziehung

$$N_n = \eta \cdot N_i = \eta \frac{O \cdot p_i \cdot c_m}{75} \quad . \quad . \quad . \quad . \quad 50$$

Diese Gleichung gilt nicht nur für Eincylinder-, sondern auch für Mehrcylindermaschinen, im letzteren Falle natürlich unter der Bedingung, dass bei Zwillingsmaschinen O die nutzbare Kolbenfläche beider Cylinder, bei Mehrmal-Expansionsmaschinen O diejenige des grossen Cylinders, sowie p_i die indizierte Spannung aller Cylinder zusammen und bezogen auf die nutzbare Kolbenfläche und den Hub des grossen Cylinders ist.

Mit Hilfe der vorstehenden Hauptgleichung 50 lassen sich nun alle in der Praxis vorkommenden Aufgaben zur Berechnung der Dampfmaschinen, soweit solche im vorliegenden Paragraphen behandelt werden soll, lösen. Diese Aufgaben können in der Hauptsache in die beiden folgenden zusammengefasst werden.

a) Es ist die Leistung einer vorhandenen (oder vorhanden gedachten) Dampfmaschine von gegebenen Abmessungen und Betriebsverhältnissen zu berechnen.

Hierzu kann die Gleichung 50 ohne weiteres benutzt werden. Als gegeben hat man in einem solchen Falle D, S, n, sowie p_k bezw. p, p_e und e zu betrachten. Mit Hilfe der ersten drei Grössen lässt sich dann η, O und c_m, mit Hilfe der letzten drei p_i ermitteln, wie dies im Nachstehenden genauer erklärt ist.

b) Es sind die Hauptabmessungen einer zu entwerfenden Dampfmaschine zu bestimmen, die bei bestimmter Kessel- oder Dampfeintrittsspannung eine verlangte Leistung liefert.

Als gegeben hat man in diesem Falle p_k bezw. p und N_n zu betrachten. Man berechnet dann die erforderliche nutzbare Kolbenfläche O aus Gleichung 50, welche für diese den Wert

$$O = 75 \frac{N_n}{\eta \cdot p_i \cdot c_m} = 75 \frac{N_i}{p_i \cdot c_m} \quad . \quad . \quad . \quad 51$$

giebt, indem man in der später angegebenen Weise η, c_m

wählt und p_i bestimmt. Aus der nutzbaren Kolbenfläche folgt dann die Cylinderbohrung D und bei gewähltem Hubverhältnis $\frac{100\,S}{D}$ oder angenommener Umdrehungszahl n auch der Hub S, worüber nachstehend ebenfalls die nötigen Angaben gemacht sind.

1. Die mittlere indizierte Spannung p_i.

Dieselbe lässt sich entweder durch Rechnung oder als mittlere Ordinate des Indikator-Diagrammes bestimmen.

Durch **Rechnung** ergiebt sich

$$p_i = k \cdot p - k' \cdot p_e \quad . \; . \; . \; . \; . \quad 52$$

wenn k der Koëfficient der mittleren Hinterdampfspannung $k \cdot p$,

k′ derjenige der mittleren Vorderdampfspannung $k' \cdot p_e$ ist. Es ermittelt sich angenähert, nämlich unter Vernachlässigung des Dampfvorein- und Dampfvoraustrittes, und unter Zugrundelegung des Mariotteschen Gesetzes für die Expansion und Kompression,

$$k = \alpha e + \beta \left(e + \frac{M}{S}\right) \ln \frac{1 + \frac{M}{S}}{e + \frac{M}{S}} \text{ [1]} \quad . \; . \quad 53\text{a}$$

nach welcher Gleichung für $\alpha = 0{,}96$ und $\beta = 0{,}92$ die 1. Tabelle auf Seite 93 berechnet ist, sowie

$$k' = 1 + \frac{M}{S} + \frac{p_3}{p_e} \frac{M}{S} \left(\ln \frac{p_3}{1{,}1\,p_e} - 0{,}9\right) \quad . \quad 53\text{b}$$

mit welcher Beziehung die 2. Tabelle daselbst bestimmt wurde.

Die Gleichung 53a erhält man in der folgenden Weise. Für 1 qcm der nutzbaren Kolbenfläche ist die Arbeit, welche der Dampf verrichtet,

während des Dampfeintrittes, wenn αp die mittlere Spannung während desselben bezeichnet,

$$\alpha p \cdot S_1,$$

während der Expansion, bei der der Dampf von der Anfangsspannung βp und dem Anfangsvolumen $M + S_1$ auf das Endvolumen $M + S$ expandiert, nach Gleichung 10

$$\beta p (M + S_1) \ln \frac{M + S}{M + S_1},$$

also die Arbeit des Dampfes hinter dem Kolben während eines einfachen Hubes

$$\alpha p \cdot S_1 + \beta p (M + S_1) \ln \frac{M + S}{M + S_1}$$

Die konstant gedachte mittlere Hinterdampfspannung würde während eines einfachen Hubes die Arbeit

$$k \cdot p \cdot S$$

verrichten. Durch Gleichsetzung ergiebt sich

$$k \cdot p \cdot S = \alpha p \cdot S_1 + \beta p (M + S_1) \ln \frac{M + S}{M + S_1},$$

oder

$$k = \alpha e + \beta \left(e + \frac{M}{S}\right) \ln \frac{1 + \frac{M}{S}}{e + \frac{M}{S}}$$

[1] Auf Seite 68 bei der Kondensation ist k, um einfache Ausdrücke zu bekommen, für $\alpha = \beta = 1$ und e anstatt $e = \frac{M}{S}$ in der Klammer entwickelt.

Für die vordere Kolbenseite beträgt für 1 qcm die Arbeit, welche zu verrichten ist,

beim Dampfaustritte während des Weges S_3

$$p_e \cdot S_3,$$

bei der Kompression, bei der der Dampf von der Anfangsspannung (rund) $1{,}1\,p_e$ und dem Anfangsvolumen $M + S - S_3$ auf die Endspannung p_3 und das Endvolumen M komprimiert wird,

$$1{,}1\,p_e (M + S - S_3) \ln \frac{M + S - S_3}{M},$$

also die ganze Arbeit vor dem Kolben während eines einfachen Hubes

$$p_e \cdot S_3 + 1{,}1\,p_e (M + S - S_3) \ln \frac{M + S - S_3}{M},$$

oder, da

$$1{,}1\,p_e (M + S - S_3) = p_3 \cdot M,$$

also auch

$$S_3 = M + S - \frac{p_3}{1{,}1\,p_e} M$$

und

$$\frac{M + S - S_3}{M} = \frac{p_3}{1{,}1\,p_e}$$

ist, auch die erwähnte Arbeit

$$p_e \left(M + S - \frac{p_3}{1{,}1\,p_e} M\right) + p_3 \cdot M \cdot \ln \frac{p_3}{1{,}1\,p_e}$$

$$= p_e (M + S) + p_3 \cdot M \left(\ln \frac{p_3}{1{,}1\,p_e} - 0{,}9\right).$$

Die konstant gedachte mittlere Vorderdampfspannung $k' \cdot p_e$ würde während eines einfachen Hubes die Arbeit

$$k' \cdot p_e \cdot S$$

zu ihrer Überwindung verlangen. Durch Gleichsetzen beider Arbeiten ergiebt sich

$$k' \cdot p_e \cdot S = p_e (M + S) + p_3 \cdot M \left(\ln \frac{p_3}{1{,}1\,p_e} - 0{,}9\right),$$

oder

$$k' = 1 + \frac{M}{S} + \frac{p_3}{p_e} \frac{M}{S} \left(\ln \frac{p_3}{1{,}1\,p_e} - 0{,}9\right)$$

Bei Benutzung der Gleichungen 52 und 53 zur Bestimmung von p_i sind die folgenden Angaben zu beachten.

Der aus Gleichung 52 berechnete Wert ist mit Rücksicht auf die etwa stattfindenden Abweichungen von der für die Berechnung zu Grunde gelegten Dampfverteilung, sowie auf die bei Mehrcylindermaschinen etwa eintretenden Arbeitsverluste durch Spannungsabfall zwischen den einzelnen Cylindern noch mit einem Koefficienten zu multiplizieren. Derselbe lässt sich natürlich nur schätzungsweise angeben und dürfte

für Eincylindermaschinen zwischen 0,9 und 0,96,

für Mehrmal-Expansionsmaschinen mit zwei Cylindern zwischen 0,83 bis 0,92,

für solche mit drei Cylindern zwischen 0,8 und 0,9

bei guter Ausführung und Einstellung schwanken.

Ist die Dampfeintrittsspannung p nicht bekannt, sondern die Kesselspannung p_k, so kann in die Rechnung bei mittleren Verhältnissen

$p = 0{,}87\,p_k - z$ für Maschinen mit fester Füllung und Einwirkung des Regulators auf ein Drosselventil,

$p = 0{,}92$ bis $0{,}95\,p_k - z$ für solche mit vom Regulator beeinflusster Steuerung

eingeführt werden, wenn z der Spannungsabfall in der Leitung ist.

Nach Prof. Gutermuth bestimmt sich der Spannungsabfall in der Leitung aus

$$z = \frac{15}{10^6} \gamma \frac{l}{d} v^2,$$

wenn γ das Gewicht von 1 cbm Dampf von der in der Leitung herrschenden mittleren Spannung in kg (siehe die Tabelle auf Seite 12),

l die Länge der Leitung in m,
d der Durchmesser derselben in cm,
v die mittlere sekundliche Geschwindigkeit des Dampfes in der Leitung in m

ist. Bei nicht zu langer Leitung dürfte z gewöhnlich $\frac{1}{2}$ Atm nicht überschreiten.

Die Dampfaustrittsspannung beträgt im Mittel-
$p_e = 1{,}1$ bis 1,2 Atm bei Auspuff- und
$p_e = 0{,}15$ bis 0,3 Atm bei Kondensationsmaschinen.

Die Werte k und k′ in Gleichung 53a bezw. b bedürfen einer Korrektur, wenn die Expansion bezw. Kompression bei Eincylindermaschinen nicht nach dem Mariotteschen Gesetze vor sich geht. Mit Bezug auf das auf Seite 25 bezw. 28 hierüber Gesagte kann dies hinsichtlich der Expansion in der Weise geschehen, dass man den Füllungsgrad e und den Koefficienten $\frac{M}{S}$ bei Maschinen mit Dampfmantel gleich oder etwas grösser, bei solchen ohne Dampfmantel etwas kleiner als thatsächlich annimmt. Hinsichtlich der Kompression kann man die Korrektur in der Weise vornehmen, dass man bei Maschinen mit Dampfmantel oder hohen Kompressionsgraden den Wert $\frac{p_3}{p_e}$ etwas höher in Rechnung stellt.

Die Koefficienten α und β in Gleichung 53a sollen die während des Dampfeintrittes stattfindende Drosselung des Dampfes berücksichtigen. Es beträgt ungefähr

$$\beta = 0{,}85 \text{ bis } 0{,}96 \text{ und } \alpha = 0{,}5\,(1 + \beta)$$

je nach der Grösse der Kanaleröffnung und der Schnelligkeit des Kanalschlusses durch die Steuerung. Die 1. Tabelle auf Seite 93 giebt k für $\alpha = 0{,}96$ und $\beta = 0{,}92$, was bei guten Präzisionssteuerungen wohl zutreffen dürfte.

Der Koefficient $\frac{M}{S}$ des schädlichen Raumes ist bei Maschinen mit normalem Hube

5 bis 8% für Flachschieber und Ventile,
0,8 bis 4% für Rundschieber,
7 bis 10% für Kolbenschieber,

kann aber bei Maschinen mit kurzem Hube (Schnellläufer) bis auf das ein- und einhalbfache dieser Werte steigen.

Den Füllungsgrad e einer zu entwerfenden Maschine wählt man vorteilhaft gleich dem in § 15 näher erklärten besten normalen Werte. Anhalt für letzteren giebt die 3. Tabelle auf Seite 93, aus der die grösseren Werte für kleinere Maschinen und niedrige Brennmaterialpreise, die kleineren dagegen für grosse Maschinen und teueres Brennmaterial genommen werden können. Zugleich sind in der Tabelle die entsprechenden Werte der Expansionsendspannung p_x angegeben.

Als **mittlere Ordinate** kann p_i aus dem einer vorhandenen Maschine entnommenen Indikator-Diagramm in der folgenden Weise ermittelt werden. Man teilt nach Fig. 91 des Textes die Grundlinie $\overline{AA}$ in 10 (allgemein n) gleiche Teile und entnimmt die Ordinaten $y_1, y_2 \ldots\ldots y_{10}$ (y_n) in der Mitte eines jeden dieser 10 (n) Teile. Es ist dann in dem gewählten Kräftemassstabe

$$p_i = \frac{y_1 + y_2 + \ldots + y_{10} \text{ bezw. } y_n}{10 \text{ bezw. } n}.$$

Nach der Simpsonschen Regel erhält man, wenn $y_0, y_1, y_2 \ldots y_{10}$ die Ordinaten des Diagrammes in den 10 Teilpunkten selbst sind,

$$p_i + \frac{1}{30}[y_0 + y_{10} + 4(y_1 + y_3 + y_5 + y_7 + y_9) + 2(y_2 + y_4 + y_6 + y_8)].$$

Fig. 91.

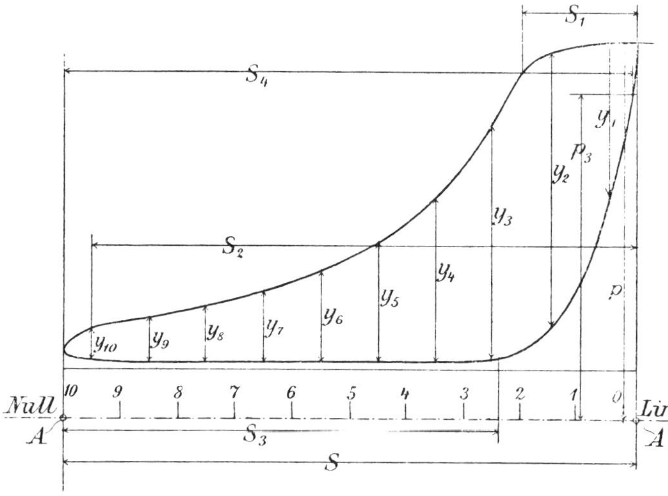

Steht bei einer vorhandenen Maschine das Indikator-Diagramm nicht zur Verfügung, so muss man, ebenso wie bei einer zu entwerfenden Maschine, sich ein ideelles Indikator-Diagramm konstruieren. Wie dies zu geschehen hat, wurde für Eincylindermaschinen in § 10 auf Seite 28 und 29, für Mehrmal-Expansionsmaschinen in § 18 bis 20 erklärt. Dabei kann die anfängliche Dampfeintrittsspannung, wenn solche nicht ohne weiteres gegeben ist, so nach der Kesselspannung p_k angenommen werden, wie dies weiter oben vermerkt wurde, desgleichen die Dampfaustrittsspannung p_e und der Koefficient $\frac{M}{S}$ des schädlichen Raumes. Bei einer neuen Maschine ist ferner der Füllungsweg S_1 oder die Expansionsendspannung p_x nach der 3. Tabelle auf Seite 93 zu wählen. Für die Kompressionsendspannung p_3 gilt das in § 10 und 14 hierüber Gesagte. Es bleiben dann noch die Dauer der Dampfvorein- und Dampfvoraustrittsperiode zu wählen. Dieselbe beträgt bei Maschinen mit Doppelschiebern oder getrennten Steuerungsorganen für Ein- und Auslass für den Voreintritt 0,2 bis 1%, für den Vorauslass 3 bis 6%, so dass also der in den früheren Figuren, sowie in Fig. 91 eingetragene Kolbenweg

$S_4 = 0{,}998$ bis $0{,}99$ S und

$S_2 = 0{,}97$ bis $0{,}94$ S

ist. Bei Maschinen mit nur einem einzigen Steuerungsorgan für Ein- und Auslass lassen sich für die Dauer der fraglichen Perioden keine allgemein giltigen Angaben machen, da diese Perioden hier wieder andere bestimmen und durch andere bedingt sind.

Den aus einem solchen ideellen Indikator-Diagramm ermittelten Wert von p_i wird man für die Berechnung der Maschine der Sicherheit halber noch mit einem Koefficienten multiplizieren müssen, der den möglichen Verlusten, die der Inhalt des späteren wirklichen Diagrammes gegenüber dem ideellen aufweisen kann, Rechnung trägt. Dieser natürlich nur schätzungsweise anzugebende Koefficient kann etwas höher wie der früher angegebene entsprechende Wert, also zu ungefähr

0,93 bis 0,98 bei Eincylindermaschinen,

0,85 bis 0,95 bei Mehrmal-Expansionsmaschinen mit zwei, und

0,82 bis 0,92 bei solchen mit drei Cylindern gewählt werden.

1. Tabelle.

Werte von $\mathbf{k = 0{,}96\,e + 0{,}92\left(e + \frac{M}{S}\right)\ln\frac{1+\frac{M}{S}}{e+\frac{M}{S}}}$

Füllung e	Schädlicher Raum $\frac{M}{S}$ = 0,02	0,03	0,04	0,05	0,08	0,10	0,12
0,05	0,220	0,236	0,251	0,264	0,301	0,323	0,343
0,06	0,245	0,259	0,273	0,286	0,321	0,341	0,360
0,07	0,268	0,282	0,295	0,307	0,339	0,359	0.377
0,08	0.290	0,303	0,315	0,326	0,358	0,377	0,394
0,09	0,312	0,324	0,335	0,346	0,375	0.393	0,410
0,10	0,332	0,344	0,354	0,365	0,393	0,410	0,425
0,11	0,352	0,363	0,373	0,383	0,409	0,426	0,441
0,12	0,371	0,381	0,391	0,400	0,425	0,441	0,455
0,13	0,389	0,399	0,408	0,417	0,441	0,456	0,470
0,14	0.407	0.416	0,425	0,433	0,456	0,471	0,484
0,15	0,424	0,433	0,411	0,449	0,471	0.485	0,497
0,16	0,441	0,449	0,457	0,465	0,486	0,499	0,511
0,17	0,457	0,465	0,473	0,480	0.500	0,512	0,524
0,18	0,473	0,480	0,487	0,494	0,513	0,525	0,536
0,19	0,488	0,495	0,502	0,508	0,527	0.538	0,549
0,20	0,502	0,509	0,516	0,522	0,540	0,551	0,561
0,225	0,538	0,544	0,549	0,555	0,571	0,581	0,590
0,25	0,570	0,576	0,581	0,586	0,600	0,609	0,617
0,275	0,601	0,606	0,610	0,615	0,627	0.635	0,643
0,30	0,629	0,634	0,638	0,642	0,653	0,660	0,667
0,33	0,661	0,665	0,669	0,672	0,682	0,688	0,694
0,35	0,681	0,685	0,688	0,691	0,700	0,706	0,711
0,375	0,705	0,708	0,711	0,714	0,722	0,727	0,732
0,40	0,727	0,730	0,732	0,735	0,742	0,747	0,751
0,45	0,767	0,769	0.771	0,773	0,779	0,783	0,786
0,50	0,802	0,804	0,806	0,807	0,812	0,815	0,817
0,55	0,833	0,834	0,836	0,837	0,840	0,843	0,845
0,60	0,860	0,861	0,862	0,863	0,865	0,867	0,869
0,65	0,883	0,884	0,884	0,885	0,887	0,888	0,889
0,70	0,903	0,903	0,904	0,904	0,906	0,906	0,907
0,75	0,919	0,920	0,920	0,920	0,921	0,922	0,922
0,80	0,933	0,933	0,933	0,933	0,934	0,934	0,934
0,85	0,943	0,943	0,944	0,944	0,944	0,944	0,944

2. Tabelle.

Werte von $\mathbf{k' = 1 + \frac{M}{S} + \frac{p_3}{p_e}\,\frac{M}{S}\left(\ln\frac{p_3}{1{,}1\,p_e} - 0{,}9\right)}$

Kompression $\frac{p_3}{p_e}$	Schädlicher Raum $\frac{M}{S}$ = 0,02	0,03	0,04	0,05	0,08	0,10	0,12
1,5	1,002	1,003	1,004	1,005	1,009	1,012	1.014
2	1,008	1,012	1.016	1,020	1,032	1,040	1,047
2,5	1.016	1,024	1,032	1,040	1,064	1,080	1,096
3	1,026	1,039	1,052	1,065	1,105	1,131	1,157
3,5	1,038	1,057	1,076	1,095	1,152	1,190	1,228
4	1,051	1,077	1,103	1,128	1,205	1,256	1,308
4,5	1.066	1,099	1,132	1,164	1,263	1,329	1,395
5	1,081	1.122	1,163	1,203	1,326	1,407	1,488
5,5	1,098	1.147	1.196	1,245	1,392	1,490	1,588
6	1,116	1.173	1,231	1,289	1,462	1,578	1,693
6,5	1,134	1,201	1,268	1,335	1,536	1,670	1,804
7	1,153	1,230	1,306	1,383	1,612	1,765	1,919
7,5	1.173	1,259	1,346	1,432	1,692	1,865	2,038
8	1,193	1,290	1,387	1,484	1,774	1,967	2.161
8,5	1,215	1,322	1,429	1,536	1,858	2,073	2,288
9	1,236	1,354	1,473	1,591	1,945	2,182	2,418
9,5	1,259	1,388	1,517	1,647	2,034	2,293	2,552
10	1,281	1,422	1,563	1.704	2,126	2,407	2,689
10,5	1,305	1.457	1.610	1,762	2,219	2,524	2,829
11	1,329	1,493	1,657	1,821	2,314	2,643	2.971

3. Tabelle.

Beste normale Werte von $\mathbf{p_x}$ und **e**.

Eincylindermaschinen

mit Auspuff und Dampfmantel

$$\mathbf{p_x = 1{,}5,\quad e = \frac{1{,}45}{p}\ bis\ \frac{1{,}55}{p},}$$

mit Auspuff ohne Dampfmantel e um ca. 3% grösser.

mit Kondensation und Dampfmantel

$$\mathbf{p_x = 0{,}6,\quad e = \frac{0{,}6}{p}\ bis\ \frac{0{,}63}{p},}$$

mit Kondensation ohne Dampfmantel e um ca. 5% grösser,

Mehrmal-Expansionsmaschinen

mit zwei Cylindern und Auspuff

$$\mathbf{p_x = 1{,}4,\quad e = \frac{1{,}4}{p}\ bis\ \frac{1{,}45}{p},}$$

mit zwei Cylindern und Kondensation

$$\mathbf{p_x = 0{,}5\ bis\ 0{,}55,\quad e = \frac{0{,}45}{p}\ bis\ \frac{0{,}53}{p},}$$

mit drei Cylindern und Kondensation

$$\mathbf{p_x = 0{,}4\ bis\ 0{,}45,\quad e = \frac{0{,}3}{p}\ bis\ \frac{0{,}4}{p}.}$$

2. Der Wirkungsgrad η.

Bei einer vorhandenen Maschine kann η mit Hilfe des berechneten p_i aus Gleichung 37 in § 15, also aus

$$\eta = \frac{1}{1+\mu}\left(1 - \frac{p_o + p_c}{p_i}\right) \quad . \quad . \quad . \quad . \quad 54$$

ermittelt werden. Für die in dieser Gleichung vorkommenden Werte μ, p_o und p_c sind von Hrabák[1]) und Werner[2]) aus einer Anzahl von Versuchen für Maschinen,

1) Hilfsbuch für Dampfmaschinentechniker von Josef Hrabák, Verlag von Julius Springer, Berlin.

2) Zeitschrift deutscher Ingenieure, Jahrgang 1884 und 1887.

bei denen keine ungewöhnlichen Verhältnisse hinsichtlich des Schwungrades vorliegen, die folgenden empirischen Angaben aufgestellt werden.

Hrabák setzt

$$\left.\begin{array}{ll}\mu = \dfrac{10}{60 + D} \quad \text{und} & \mu = \dfrac{40}{540 + D} \\ \text{für } D \leqq 100 \text{ cm} & \text{für } D > 100 \text{ cm}\end{array}\right\} \quad . \; . \; 55_a$$

sowie

bei Eincylindermaschinen

mit Auspuff

$$p_o = 0{,}042 \sqrt{p} + \frac{2{,}5}{D}, \; p_c = 0,$$

mit Kondensation

$$p_o + p_c = 0{,}025 + 0{,}05 \sqrt{p} + \frac{4{,}5}{D}$$

bei Mehrmal-Expansionsmaschinen

mit zwei Cylindern und Auspuff . 55b

$$p_o = 0{,}042 \sqrt{p} + \frac{4}{D}, \; p_c = 0,$$

mit zwei Cylindern und Kondensation

$$p_o + p_c = 0{,}025 + 0{,}05 \sqrt{p} + \frac{6}{D}$$

mit drei Cylindern und Kondensation

$$p_o + p_c = 0{,}025 + 0{,}05 \sqrt{p} + \frac{7{,}5}{D}$$

Werner dagegen setzt

für Eincylindermaschinen

mit Auspuff

$$\mu = 0{,}1, \; p_o = \frac{10}{12 + D}, \; p_c = 0,$$

sowie auf Grund einer Anzahl von Versuchen an schnell laufenden Maschinen . 56

$$\mu = 0{,}1, \; p_o = \frac{8}{26 + D}, \; p_c = 0,$$

mit Kondensation

$$\mu = 0{,}11, \; p_o + p_c = \frac{13}{12 + D}$$

Für eine zu entwerfende Maschine von bestimmter Leistung muss η zunächst schätzungsweise angenommen und dann mit dem berechneten D nach den vorstehenden Gleichungen kontrolliert werden. Bei der Schätzung kann man nach Hrabák die folgende Gleichung und Angaben benutzen.

$$\eta = x + \frac{N_n}{y \cdot c_m} \quad . \; . \; . \; . \; . \; . \; 57$$

	Werte von y für alle Maschinen	Werte von x für Eincylindermaschinen mit Auspuff	Eincylindermaschinen mit Kondensation	Verbundmaschinen mit Auspuff	Verbundmaschinen mit Kondensation
$\frac{N_n}{c_m} \leqq 25$	500	0,75	0,7	0,69	0,67
$\frac{N_n}{c_m} = 26$ bis 95	1500	0,785	0,755	0,745	0,725
$\frac{N_n}{c_m} = 100$ bis 400	10000	0,835	0,815	0,805	0,785

3. Mittlere Kolbengeschwindigkeit, Hubverhältnis und Umdrehungszahl.

Bei einer vorhandenen Maschine berechnet sich die mittlere Kolbengeschwindigkeit aus dem gegebenen Hube S und der Umdrehungszahl n nach Gleichung 22, also aus

$$c_m = \frac{S \cdot n}{30} \quad . \; . \; . \; . \; . \; . \; . \; 58$$

Bei einer zu entwerfenden Maschine muss man die mittlere Kolbengeschwindigkeit c_m wählen und mit ihr aus Gleichung 51 die nutzbare Kolbenfläche O und die Cylinderbohrung D berechnen. Dann hat man entweder ein Hubverhältnis anzunehmen und aus diesem den Hub S selbst, sowie aus Gleichung 58 die Umdrehungszahl n zu bestimmen, oder man hat n zu wählen und S aus Gleichung 58 zu berechnen.

Die heutigen Betriebsdampfmaschinen lassen sich bezüglich der vorliegenden Grössen hauptsächlich in zwei Gruppen teilen, nämlich in normale Betriebsdampfmaschinen und Schnellläufer. Bei den ersteren können ferner bei liegender Bauart solche mit gewöhnlichem und solche mit grossem Hubverhältnis unterschieden werden. Langhubige Maschinen werden wegen der kleinen schädlichen Räume namentlich von Frikart, Gebrüder Sulzer und einzelnen belgischen Firmen zur Ausführung gebracht, trotzdem sie teuer ausfallen.

Normale Betriebsmaschinen.

Umdrehungszahl

$n \leqq 90$ bei Ventil- und Korlisssteuerungen,

$n \leqq 130$ bei Schiebersteuerungen (Flach- und Kolbenschieber),

Kolbengewindigkeit

$c_m = 1{,}5$ bis $2{,}5$ m bei liegenden Maschinen mit gewöhnlichem Hube, sowie bei stehenden Maschinen,

$c_m = 2{,}2$ bis 4 m bei liegenden Maschinen mit langem Hube,

Werte für das Hubverhältnis $\frac{100\,S}{D}$[1])

		Liegende Maschinen mit gewöhnlichem Hube	Liegende Maschinen mit langem Hube	Stehende Maschinen
Eincylindermaschinen		1,8 bis 2,1	2,2 bis 2,5	1 bis 1,5
Mehrmal-Expansions-maschinen mit	zwei Cylindern	1,1 „ 1,4	1,5 „ 1,9	0,6 „ 0,8
	drei Cylindern	0,9 „ 1,2	1,3 „ 1,5	0,5 „ 0,7

Schnellläufer.

Umdrehungszahl **$n = 140$ bis 300** (bei kleinen Maschinen sogar bis 500),

Kolbengeschwindigkeit **$c_m = 2$ bis 3 m,**

Hubverhältnis $\frac{100\,S}{D}$ nach der folgenden Tabelle.

---

1) S in m, D in cm, wie auf Seite 90 angegeben.

	Liegende Maschinen	Stehende Maschinen
Eincylindermaschinen	0,9 bis 1,3	0,8 bis 1,2
Mehrcylindermaschinen mit zwei und drei Cylindern	0,9 „ 1,3	0,5 „ 0,8

4. Die nutzbare Kolbenfläche O.

Bei einer vorhandenen Maschine bestimmt sich dieselbe zu

$$\left.\begin{aligned} O &= D^2 \frac{\pi}{4} - \frac{1}{2} \triangle^2 \frac{\pi}{4} \text{ bei einseitiger} \\ O &= D^2 \frac{\pi}{4} - \triangle^2 \frac{\pi}{4} \text{ bei zweiseitiger} \end{aligned}\right\} \quad . \; . \; 59$$

Kolbenstange vom Durchmesser $\triangle$ in cm. Gewöhnlich beträgt

$$O = 0{,}97 \text{ bis } 0{,}98\, D^2 \frac{\pi}{4} \quad . \; . \; . \; . \; 60$$

Bei einer zu entwerfenden Maschine, bei deren Berechnung $\triangle$ zunächst unbekannt ist, kann, wenn aus Gleichung 51 die nutzbare Kolbenfläche O bestimmt ist,

$$D^2 \frac{\pi}{4} = 1{,}02 \text{ bis } 1{,}03\, O \quad . \; . \; . \; . \; 61$$

annähernd gesetzt werden.

5. Verhältnis der Cylindervolumina bei Mehrmal-Expansionsmaschinen.

Die genaue Bestimmung des Cylinderverhältnisses kann bei den vorliegenden Maschinen, wie schon auf Seite 49 hervorgehoben wurde, nur durch Probieren an Hand der Indikator-Diagramme geschehen. In vielen Fällen, namentlich bei der ersten überschlägigen Berechnung einer solchen Maschine, ist es aber erwünscht, einen annähernden Wert dieses Verhältnisses für die Bedingung zu kennen, dass die einzelnen Cylinder gleiche Arbeiten verrichten. Hierzu mögen die folgenden Angaben dienen.

Ingenieur Frikart empfiehlt für Maschinen mit zwei Cylindern

bei Kesselspannungen von weniger als 7 Atm Überdruck

$$\frac{V}{v} = 2{,}25,$$

bei Kesselspannungen von 7 bis 9 Atm Überdruck

$$\frac{V}{v} = 2{,}77.$$

Innerhalb dieser beiden Werte liegt denn auch bei den meisten Ausführungen der einzelnen Maschinenfabriken der Wert $\frac{V}{v}$.

Bei Maschinen mit drei Cylindern findet man denselben Wert für das Volumverhältnis zwischen kleinem und mittlerem, sowie mittlerem und grossem Cylinder, also nach den Bezeichnungen auf Seite 50

$$\frac{V'}{v} \text{ sowie } \frac{V}{V'} = 2{,}25 \text{ bis } 2{,}77.$$

Die Füllung des grossen Cylinders kann bei Zweifach-Expansionsmaschinen annähernd zu $\frac{v}{V}$, diejenige des mittleren bezw. grossen bei Dreifach-Expansionsmaschinen zu $\frac{v}{V'}$ bezw. $\frac{V'}{V}$ angenommen werden.

6. Beispiele.

1. Das in Fig. 91 auf Seite 92 wiedergegebene Indikator-Diagramm ist einer Auspuffmaschine mit Ventilsteuerung und Dampfmantel von 425 mm Cylinderbohrung und 850 mm Hub entnommen. Der Kräftemassstab des Diagrammes ist 7,5 mm = 1 kg. Wieviel Pferdestärken leistet die Maschine bei 70 Umdrehungen in der Minute, wenn das Diagramm als für beide Kolbenseiten gültig erachtet wird?

Zur Berechnung benutzen wir die Gleichung 50. Die mittlere indizierte Spannung p_i entnehmen wir dem Diagramm, nach welchem die Ordinate $y_1 = 25$, $y_2 = 41{,}5$, $y_3 = 35{,}5$, $y_4 = 24{,}5$, $y_5 = 18$, $y_6 = 14$, $y_7 = 11$, $y_8 = 8{,}5$, $y_9 = 6{,}5$, $x_{10} = 5$ mm, also in dem erwähnten Kräftemassstabe

$$p_i = \frac{1}{10}(25 + 41{,}5 + 35{,}5 + 24{,}5 + 18 + 14 + 11 + 8{,}5 + 6{,}5 + 5) = 18{,}95 \text{ mm},$$

oder

$$p_i = \frac{18{,}95}{7{,}5} = \backsim 2{,}51 \text{ kg}$$

ist.

Wollte man p_i durch Rechnung nach den Gleichungen 52, 53a und b ermitteln, so ergäbe sich für

$$p = 7{,}5,\ e = \frac{S_1}{S} = \frac{16{,}5}{85} = 0{,}19,\ p_e = 1{,}15$$

nach dem Diagramm und bei den angenommenen Werten

$$\frac{M}{S} = 0{,}06,\ \alpha = 0{,}96,\ \beta = 0{,}92,$$

$$k = 0{,}96 \cdot 0{,}19 + 0{,}92\,(0{,}19 + 0{,}06) \ln \frac{1 + 0{,}06}{0{,}19 + 0{,}06} = \backsim 0{,}515,$$

welchen Wert man auch durch Interpolieren aus der 1. Tabelle auf Seite 93 erhalten hätte. Bezüglich des Wertes k' in Gleichung 53b ist zu bemerken, dass die Kompressionsendspannung p_3 in Fig. 91, da die Maschine mit Dampfmantel versehen ist, höher als die nach dem Mariotteschen Gesetz berechnete ist. In Gleichung 53b ist daher ein kleinerer Wert für p_3 einzuführen. Wählen wir $p_3 = 4{,}5$, bei der ungefähr die der Kompression entsprechende Arbeit im Diagramm gleich der nach dem Mariotteschen Gesetz berechneten werden dürfte, so wird

$$k' = 1 + 0{,}06 + \frac{4{,}5}{1{,}15}\, 0{,}06 \left(\ln \frac{4{,}5}{1{,}1 \cdot 1{,}15} - 0{,}9\right) = \backsim 1{,}15,$$

welcher Wert ebenfalls aus der 2. Tabelle auf Seite 93 durch Interpolation erhalten werden konnte.

Die Gleichung 52 giebt schliesslich

$$p_i = 0{,}515 \cdot 7{,}5 - 1{,}15 \cdot 1{,}15 = \backsim 2{,}54,$$

bezw. sicherer nach dem Vermerk auf Seite 91

$$p_i = 0{,}96 \cdot 2{,}54 = \mathbf{2{,}44} \text{ kg},$$

also fast den aus dem Diagramm hierfür ermittelten Wert.

Bei einer zweiseitigen Kolbenstange von 7 cm Durchmesser ist die nutzbare Kolbenfläche nach Gleichung 59

$$O = \overline{42{,}5}^2 \frac{\pi}{4} - 7^2 \frac{\pi}{4} = \backsim \mathbf{1380\ qcm.}$$

Die mittlere Kolbengeschwindigkeit folgt aus Gleichung 58 zu

$$c_m = \frac{0{,}85 \cdot 70}{30} = \backsim \mathbf{2\ m.}$$

Der Wirkungsgrad η bestimmt sich aus Gleichung 54 mit den Werten aus Gleichung 55a und b

$$\mu = \frac{10}{60+42,5} = \sim 0.1 \text{ und } p_0 = 0,042\sqrt{7,5} + \frac{2,5}{42,5} = 0,175,\ p_e = 0$$

zu

$$\eta = \frac{1}{1+0,1}\left(1 - \frac{0,175}{2,51}\right) = \sim \mathbf{0,84.}$$

Mit den so berechneten Grössen liefert schliesslich die Gleichung 50 eine Nutzleistung von

$$N_n = 0,84\frac{1380 \cdot 2,51 \cdot 2}{75} = \sim \mathbf{77,5\ Pferdest.}$$

2. Wieviel Pferdestärken leistet die auf Seite 67 angeführte Dreifach-Expansionsmaschine von 350, 550 bezw. 880 mm Cylinderbohrung und 500 mm Hub bei 130 Umdrehungen in der Minute, wenn die in Fig. 48 auf Seite 67 wiedergegebenen Indikator-Diagramme der Berechnung des mittleren indizierten Druckes zu Grunde gelegt werden.

Teilt man die Grundlinien $\overline{AA'}$ der drei Diagramme in 10 gleiche Teile und entnimmt die Ordinaten in der Mitte eines jeden Teiles, so erhält man als mittlere Ordinate des Diagrammes a den Wert

$$\frac{1}{10}(13,5+24,5+22,5+19+13,5+8,25+4,75+2,5 +1,25+0,75) = 11,05 \text{ mm},$$

oder, da 3,5 mm 1 kg entsprechen, als mittleren Druck dieses Diagrammes

$$\frac{11,05}{3,5} = 3,157 \text{ kg},$$

als mittlere Ordinate des Diagrammes b den Wert

$$\frac{1}{10}(26,5+30,5+27+23,5+18,75+13,5+10,25+7 +5,5+3) = 16,55 \text{ mm},$$

oder, da hier 10 mm = 1 kg sind, als mittleren Druck dieses Diagrammes

$$\frac{16,55}{10} = 1,655 \text{ kg},$$

als mittlere Ordinate des Diagrammes c den Wert

$$\frac{1}{10}(26+28,5+27,25+25,75+23,5+20+16+13 +10,5+6) = 19,65 \text{ mm},$$

oder, da 25 mm = 1 kg sind, als mittleren Druck dieses Diagrammes

$$\frac{19,65}{25} = 0,786 \text{ kg}.$$

Um nun den mittleren indizierten Druck p_i für die Gleichung 50 zu bekommen, hat man den oben berechneten Druck des kleinen und mittleren Cylinders auf die nutzbare Kolbenfläche des grossen Cylinders zu reduzieren, also mit dem umgekehrten Cylinderverhältnis zu multiplizieren. Nach den Angaben auf Seite 67 ist

$$\frac{V}{v} = \frac{\overline{880}^2}{\overline{350}^2} = 6,32 \text{ und } \frac{V}{V'} = \frac{\overline{880}^2}{\overline{550}^2} = \sim 2,56,$$

also der reduzierte Druck des kleinen Kolbens

$$3,157\frac{1}{6,32} = \sim 0,5 \text{ kg},$$

derjenige des mittleren Kolbens

$$1,655\frac{1}{2,56} = \sim 0,646 \text{ kg},$$

und schliesslich

$$p_i = 0,5 + 0,646 + 0,786 = \mathbf{1,932\ kg.}$$

Wollte man p_i durch Rechnung finden, so hätte man in der folgenden Weise zu verfahren. Nach Fig. 48 des Textes ist im Diagramm a

$$\frac{s_1}{\overline{AA'}} = \frac{22}{75}.$$

Die Maschine arbeitet also mit einem auf das Volumen des grossen Cylinders bezogenen Füllungsgrad

$$e = \frac{22}{75}\frac{v}{V} = \frac{22}{75 \cdot 6,32} = \sim 0,05.$$

Nach dem Diagramm d in Fig. 48 ist weiter

$$\frac{m}{s} = \frac{1}{25} = 0,04,$$

und demnach der ebenfalls auf den grossen Cylinder bezogene Koefficient des schädlichen Raumes für den kleinen Cylinder, wie er mit Rücksicht auf das auf Seite 45 Angeführte hier in Rechnung zu stellen ist,

$$\frac{m}{S} = \frac{0,04}{6,32} = \sim 0,0065,$$

welcher Wert in Gleichung 53 für $\frac{M}{S}$ einzusetzen ist. Man erhält nun aus der letztgenannten Gleichung mit $\alpha = 0,96$ und $\beta = 0,92$

$$k = 0,96 \cdot 0,05 + 0,92\,(0,05+0,0065)\ln\frac{1+0,0065}{0,05+0,0065} = \sim 0,2.$$

Da der Einfluss von k' auf p_i bei der kleinen Austrittsspannung $p_e = 0,15$ Atm nur gering ist, so sei k' schätzungsweise zu 1,3 angenommen. Für p = 11,8 Atm giebt dann die Gleichung 52

$$p_i = 0,2 \cdot 11,8 - 1,3 \cdot 0,15 = \sim 2,165 \text{ kg}.$$

Dieser Wert ist, wie auf Seite 91 vermerkt, mit Rücksicht auf die Arbeitsverluste zwischen den einzelnen Cylindern noch mit einem Koefficienten zu multiplizieren, der daselbst zu 0,8 bis 0,9 angegeben war. Im vorliegenden Falle müsste dieser Koefficient, wenn die aus dem Diagramm ermittelte Spannung herauskommen soll,

$$\frac{1,932}{2,164} = \sim 0,9$$

betragen.

Die nutzbare Kolbenfläche des grossen Cylinders kann nach Gleichung 60 zu

$$O = 0,97 \text{ bis } 0,98 \cdot \overline{88}^2\frac{\pi}{4} = \sim \mathbf{5930\ qcm}$$

im Mittel gesetzt werden.

Die mittlere Kolbengeschwindigkeit folgt aus Gleichung 58 zu

$$c_m = \frac{0,5 \cdot 130}{30} = \sim \mathbf{2,167\ m.}$$

Für den annähernden Wert des Wirkungsgrades der Maschine ist die Gleichung 54 massgebend. Dieselbe liefert mit den Werten

$$\mu = \frac{10}{60+88} = \sim 0,07,\ p_0 + p_c = 0,025 + 0,05\sqrt{11,8} + \frac{7,5}{88} = 0,282$$

aus Gleichung 55a und b

$$\eta = \frac{1}{1+0,07}\left(1 - \frac{0,282}{1,932}\right) = \sim \mathbf{0,8.}$$

Führt man die vorstehend ermittelten Grössen in Gleichung 50 ein, so erhält man schliesslich

$$N_n = 0,8 \frac{5930 \cdot 1,932 \cdot 2,167}{75} = \sim \mathbf{265\ Pferdest.}$$

3. Welche Hauptabmessungen muss eine liegende normale Eincylindermaschine mit Auspuff, Dampfmantel und vom Regulator beeinflusster Ridersteuerung bekommen, die bei 7 Atm absoluter Kesselspannung und 90 Umdrehungen 25 Nutzpferdestärken leistet?

Zur Lösung benutzen wir die Gleichung 51. Wir bedürfen in ihr zunächst der mittleren indizierten Spannung p_i, zu deren Ermittelung man sich das ideelle Indikator-Diagramm aufzeichnen kann. Dies ist in Fig. 1, Tafel 26 für einen Kräftemassstab von 10 mm = 1 kg und für eine Basis $\overline{AA'}$ = 100 mm nach dem auf Seite 28 beschriebenen Verfahren unter Benutzung der folgenden Werte geschehen.

Dampfeintrittsspannung $p = 6,15$ kg, entsprechend den Angaben auf Seite 91 für $z = 0,5$, $p = 0,95\, p_k - z = 0,95 \cdot 7 - 0,5 = \sim 6,15$ kg,

Dampfaustrittsspannung $p_e = 1,1$ kg,

Schädlicher Raum $M = 0,05$ S,

Anfangsspannung der Expansion (im Punkte c) $\beta p = 0,9 p$,

Endspannung der Expansion $p_x = 1,5$ kg nach Seite 93,

$\left(\text{entsprechende Füllung } e = \frac{1,55}{p} = \frac{1,55}{6,15} = 0,25\right)$,

Dampfvoraustrittsdauer 4 %, also $S_2 = 0,96$ S,

Dampfvoreintrittsdauer ½ %, also $S_4 = 0,995$ S,

Kompressionsendspannung $p_3 = 4,3$ kg.

Teilt man sich dann das Diagramm abcdefg über der Basis AA' in 10 gleiche Felder, so kann man die Ordinaten in der Mitte eines jeden Feldes entnehmen. Für die mittlere Ordinate des Diagrammes ergiebt sich damit der Wert

$$\frac{1}{10}(37 + 48 + 41,5 + 29 + 21 + 15,5 + 11,5 + 9 + 6,5 + 4,5) = 22,35,$$

oder

$$p_i = \frac{22,35}{10} = 2,235 \text{ kg},$$

welcher Wert der Sicherheit halber, wie auf Seite 93 vermerkt, aber nur mit

$$p_i = 0,95 \cdot 2,235 = \sim \mathbf{2,12\ kg}$$

in die Rechnung eingeführt werden soll.

Die Fig. 2 und 3, Tafel 26 geben die Indikator-Diagramme für Hin- und Rücklauf so, wie sie infolge der endlichen Schubstangenlänge bei der älteren Methode, die Schieber auf ungleiche Füllung und nur gleiches Voröffnen einzustellen, ausfallen. Der Inhalt der Diagramme in beiden Figuren und somit die Leistung während eines Doppelhubes bleibt aber ebenso gross, als wenn das Diagramm in Fig. 1 für Hin- und Rücklauf gelten würde. Das aus Fig. 2 und 3 entwickelte Dampfüberdruck-Diagramm abcdefa in Fig. 4, Tafel 26, dessen Inhalt dem der beiden Indikator-Diagramme gleich ist (siehe Seite 31), ergiebt nämlich eine mittlere Ordinate (die Basis ist hier in 15 gleiche Teile zerlegt) von

$$\frac{1}{15}\Big\{(49,5 - 19,5) + (50 - 3) + (50 + 4) + (48,5 + 6) + (40,5 + 8) + (32 + 10) + (26 + 12) + (21,5 + 15) + (18 + 19) + (15 + 24) + (12,5 + 30) + (10,5 + 40,5) + (8,5 + 49) + (5 + 50) + (49 - 9)\Big\} = 44,8 \text{ mm},$$

welche rund doppelt so gross wie die oben berechnete von 22,35 ist.

Durch Rechnung würde sich p_i nach Gleichung 52 und 53 für

$k = 0,586$ (siehe die 1. Tabelle auf Seite 93 für $\frac{M}{S} = 0,05$, $e = 0,25$),

$k' = 1,164$ (siehe die 2. Tabelle auf Seite 93 für $\frac{M}{S} = 0,05$, $\frac{p_3}{p_e} = \frac{4,3}{1,1} = \sim 4$, wofür aber mit Rücksicht darauf, dass p_3 in Wirklichkeit grösser ausfallen wird, 4,5 genommen ist)

zu

$$p_i = 0,586 \cdot 6,15 - 1,164 \cdot 1,1 = \sim 2,324 \text{ kg},$$

oder besser, wie auf Seite 91 vermerkt,

$$p_i = 0,93 \cdot 2,324 = \sim 2,16 \text{ kg},$$

also nur um 0,04 kg grösser, wie oben ermittelt, ergeben

Für die Gleichung 51 bedarf es weiter der Wahl von c_m und η. Die mittlere Kolbengeschwindigkeit werde nach den Angaben auf Seite 94, wenn die Maschine ein gewöhnliches Hubverhältnis bekommen soll, zu

$$c_m = \mathbf{1,8\ m},$$

der Wirkungsgrad nach Gleichung 57 mit zugehörigen Angaben zu

$$\eta = 0,75 + \frac{25}{500 \cdot 1,8} = \sim \mathbf{0,775}$$

gewählt. Nun folgt aus Gleichung 51 die erforderliche nutzbare Kolbenfläche

$$O = 75 \frac{25}{0,775 \cdot 2,12 \cdot 1,8} = \sim 633 \text{ qcm}$$

und hiermit die erforderliche Cylinderbohrung aus Gleichung 61, nach welcher

$$D^2 \frac{\pi}{4} = 1,03\, O = 1,03 \cdot 633 = \sim 652 \text{ qcm}$$

zu setzen ist, D = 28,8 cm, oder besser

$$D = \sim \mathbf{30\ cm = 300\ mm.}$$

Kontrolliert man mit diesem Wert von D den Wirkungsgrad η, so erhält man aus Gleichung 54 mit

$$\mu = \frac{10}{60 + 30} = \frac{10}{90} = 0,11,$$

$$p_0 = 0,042 \sqrt{6,15} + \frac{2,5}{30} = 0,186, \quad p_c = 0$$

nach Gleichung 55a und b

$$\eta = \frac{1}{1 + 0,11}\left(1 - \frac{0,186}{2,12}\right) = \sim 0,82,$$

welcher Wert um $\sim$ 4 % höher als der gewählte ist.

Der Kolbenhub ergiebt sich aus Gleichung 58 zu

$$S = \frac{30 c_m}{n} = \frac{30 \cdot 1,8}{90} = \mathbf{0,6\ m}$$

und hiermit das Hubverhältnis

$$\frac{100\, S}{D} = \frac{100 \cdot 0,6}{30} = \mathbf{2.}$$

Infolge der Abrundung des Cylinderdurchmessers auf 30 cm steigt die nutzbare Kolbenfläche auf

$$O = 0{,}97 \cdot \overline{30}^2 \frac{\pi}{4} = \sim \mathbf{685\ qcm.}$$

Bei dem nachträglich hierfür berechneten Wirkungsgrad $\eta = 0{,}82$ wird dann die Maschine bei 0,25 Füllung etwas mehr als 25 Pferdestärken, und zwar

$$N_n = 0{,}82 \frac{685 \cdot 2{,}12 \cdot 1{,}8}{75} = \sim 28{,}6 \text{ Pferdest.}$$

leisten. Ist die grösste Füllung der Maschine 0,6, so beträgt, da nach der 1. Tabelle auf Seite 93 $k = 0{,}863$ für $\frac{M}{S} = 0{,}05$ und $e = 0{,}6$ und dann

$$p_i = 0{,}863 \cdot 6{,}15 - 1{,}164 \cdot 1{,}1 = 4{,}017 \text{ kg}$$

ist. die grösste Leistung der Maschine

$$N_n = 0{,}82 \frac{685 \cdot 4{,}017 \cdot 1{,}8}{75} = \sim \mathbf{54\ Pferdest.}$$

4. Mit welcher Füllung muss eine schnelllaufende stehende Auspuffmaschine von 200 mm Cylinderbohrung, 200 mm Hub und ohne Dampfmantel arbeiten, wenn dieselbe bei 7 Atm absoluter Kesselspannung und 300 Umdrehungen in der Minute 12,5 Nutzpferdestärken leisten soll? Die Füllungen für beide Kolbenseiten sind dabei mit Rücksicht auf das Gestängegewicht behufs Erzielung eines möglichst gleichförmigen Ganges verschieden zu wählen.

Wir ermitteln zur Lösung dieser Aufgabe zunächst aus Gleichung 50 die mittlere indizierte Spannung p_i, da von dieser die Grösse des Füllungsgrades abhängig ist. Die genannte Gleichung, nach p_i aufgelöst. lautet

$$p_i = \frac{75\, N_n}{\eta \cdot O \cdot c_m}.$$

Hierin ist einzuführen

die nutzbare Kolbenfläche nach Gleichung 60 mit

$$O = 0{,}98 \cdot \overline{20}^2 \frac{\pi}{4} = \sim \mathbf{308\ qcm,}$$

die mittlere Kolbengeschwindigkeit nach Gleichung 58 mit

$$c_m = \frac{0{,}2 \cdot 300}{30} = \mathbf{2\ m,}$$

der Wirkungsgrad schätzungsweise nach Gleichung 57 mit

$$\eta = 0{,}75 + \frac{12{,}5}{500 \cdot 2} = \sim \mathbf{0{,}763.}$$

Man erhält dann

$$p_i = \frac{75 \cdot 12{,}5}{0{,}763 \cdot 308 \cdot 2} = \sim \mathbf{1{,}99\ kg.}$$

Es muss nun, wenn beide Kolbenseiten solche Füllungen erhalten sollen, dass während des Niederganges des Kolbens der resultierende Druck aus treibendem Dampfdruck und Gestängegewicht derselbe wie während des Hochganges ist, offenbar für den Niedergang

$$p_{in} = 1{,}99 - \frac{1}{2} \frac{G}{O},$$

für den Hochgang

$$p_{ih} = 1{,}99 + \frac{1}{2} \frac{G}{O}$$

werden, unter $\frac{G}{O}$ das Gestängegewicht für 1 qcm der nutzbaren Kolbenfläche verstanden. Nach den Angaben des nächsten Paragraphen (siehe Gleichung 62) beträgt nun im Mittel für Hochdruckmaschinen mit weniger als 0,7 m Hub

$$\frac{G}{O} = 0{,}28 \text{ kg.}$$

Hiermit ergiebt sich für die obere Kolbenseite

$$p_{in} = 1{,}99 - 0{,}14 = \mathbf{1{,}85\ kg,}$$

für die untere

$$p_{ih} = 1{,}99 + 0{,}14 = \mathbf{2{,}13\ kg.}$$

Nach Gleichung 52 ist weiter

$$p_i = k \cdot p - k' \cdot p_e,$$

oder mit Rücksicht auf das auf Seite 91 Bemerkte besser vielleicht

$$p_i = 0{,}93\,(k \cdot p - k' \cdot p_e), \text{ oder}$$

$$k = \frac{1}{p}\left(\frac{p_i}{0{,}93} + k' \cdot p_e\right).$$

Hierin kann gesetzt werden nach den Angaben auf Seite 91 mit $z = \frac{1}{2}$

$$p = 0{,}95 \cdot 7 - 0{,}5 = 6{,}15 \text{ kg,}$$

k' schätzungsweise gleich 1,3,

p_e nach den Angaben auf Seite 92 gleich 1,2 Atm, und man erhält dann

für die obere Kolbenseite mit $p_i = p_{in} = 1{,}85$

$$k_n = \frac{1}{6{,}15}\left(\frac{1{,}85}{0{,}93} + 1{,}3 \cdot 1{,}2\right) = \sim \mathbf{0{,}578,}$$

für die untere Kolbenseite mit $p_i = p_{ih} = 2{,}13$

$$k_h = \frac{1}{6{,}15}\left(\frac{2{,}13}{0{,}93} + 1{,}3 \cdot 1{,}2\right) = \sim \mathbf{0{,}611.}$$

Machen wir schliesslich die Annahme $\frac{M}{S} = 0{,}08$, wobei wir mit Rücksicht auf den fehlenden Dampfmantel absichtlich den schädlichen Raum kleiner annehmen, als er bei dem kurzen Hube wohl in Wirklichkeit ist, so entnehmen wir der 1. Tabelle auf Seite 93

für die obere Kolbenseite bei $k_n = 0{,}578$

den Füllungsgrad $\mathbf{e = \sim 0{,}24,}$

für die untere bei $k_h = 0{,}611$

den Füllungsgrad $\mathbf{e = \sim 0{,}26.}$

In Fig. 1 bis 3, Tafel 27 sind mit diesen Füllungsgraden die Diagramme der Maschine zur Kontrolle der Rechnung konstruiert worden. Man erhält für den Hinlauf aus Fig. 2 als mittlere Ordinate den Wert

$$\frac{1}{20}\{(47 - 23) + (48 - 8{,}5) + (48 - 0{,}5) + 47 + 41 + 37 + 29 + 24{,}5 + 20{,}5 + 17 + 15 + 13 + 11 + 9 + 7{,}5 + 5 + 1\} = 19{,}42 \text{ mm,}$$

oder den mittleren indizierten Druck

$$0{,}95 \cdot 19{,}42 = \mathbf{1{,}845\ kg}\text{[1]},$$

für den Rücklauf als mittlere Ordinate den Wert

$$\frac{1}{20}\{(48 - 26) + (48 - 11{,}5) + (48 - 4) + 48 + 47 + 42 + 38{,}5 + 30 + 26 + 22{,}5 + 19{,}5 + 17 + 15 + 13 + 11{,}5 + 8{,}5 + 4{,}5\} = 22{,}27 \text{ mm.}$$

oder den mittleren Druck

$$0{,}95 \cdot 2{,}227 = \mathbf{2{,}115\ kg}\text{[1]}.$$

1) Wenn hier der Koefficient 0,95 eingeführt wird.

Beide Drucke stimmen genügend genau mit dem durch Rechnung gefundenen überein und weichen um

$$\frac{G}{O} = 2{,}115 - 1{,}845 = 0{,}27 \text{ kg}$$

voneinander ab.

5. Es sind die Hauptverhältnisse einer Verbundmaschine mit zwei unter 90° versetzten Kurbeln zu bestimmen, die mit Kondensation arbeiten und 150 Nutzpferdestärken leisten soll. Der Dampf tritt in den Hochdruckcylinder mit 8,4 Atm absolut ein.

Die ideellen Indikator-Diagramme sind unter möglichst gleicher Verteilung der Leistung auf beide Cylinder in Fig. 2, Tafel 29 so aufgetragen worden, wie dies auf Seite 59 und folgende des näheren beschrieben ist. Wir entnehmen dem Diagramm des kleinen Cylinders in bekannter Weise die mittlere Ordinate zu

$$\frac{1}{10}(51{,}5+65+35{,}5+21{,}5+14+9{,}5+5{,}5+4+2+0{,}5)$$

$$= 20{,}9 \text{ mm},$$

oder, da 10 mm 1 kg entsprechen, zu

$$\frac{20{,}9}{10} = 2{,}09 \text{ kg}.$$

Dieser Druck ist auf die nutzbare Kolbenfläche des grossen Cylinders und den Hub s bezogen. Um ihn auf den Hub S zu beziehen, hat man den vorstehenden Wert mit dem umgekehrten Cylinderverhältnis, das nach Seite 60 zu $\frac{V}{v} = 2{,}727$ angenommen wurde, zu multiplizieren, also zu setzen

$$2{,}09 \frac{1}{2{,}727} = \sim 0{,}766.$$

Aus dem Diagramm des grossen Cylinders ermitteln wir in gleicher Weise eine mittlere Ordinate von

$$\frac{1}{10}(12{,}75+14{,}25+12{,}75+8{,}5+6{,}5+5{,}5+4+3$$
$$+2{,}75+2{,}5) = 7{,}25 \text{ mm},$$

oder einen mittleren Druck von

$$0{,}725 \text{ kg}.$$

Die beiden Drucke des kleinen und grossen Cylinders weichen also nur um

$$0{,}766 - 0{,}725 = 0{,}041 \text{ kg}$$

voneinander ab, ein Zeichen dafür, dass nach dem Diagramm die Arbeit ziemlich gleichmässig auf beide Cylinder verteilt ist.

Der für die Berechnung der Maschine massgebende mittlere indizierte Druck ist somit

$$0{,}766 + 0{,}725 = 1{,}491 \text{ kg},$$

der aber, um den möglichen Arbeitsverlusten der ausgeführten Maschine gegenüber dem ideellen Diagramm Rechnung zu tragen, der Sicherheit wegen nach den Angaben auf Seite 93 noch mit einem Koefficienten von 0,9 im Mittel multipliziert, also

$$p_i = 1{,}491 \cdot 0{,}9 = \sim \mathbf{1{,}342 \text{ kg}}$$

gesetzt werden soll.

Um p_i durch Rechnung zu finden, hat man den Füllungsgrad der Maschine, bezogen auf das Volumen des grossen Cylinders, festzustellen. Nach den Angaben auf Seite 93 ist

$$e = \frac{0{,}45}{p} \text{ bis } \frac{0{,}53}{p} = \frac{0{,}45}{8{,}4} \text{ bis } \frac{0{,}53}{8{,}4} = \frac{1}{18{,}7} \text{ bis } \frac{1}{16}$$

zu empfehlen, während nach Seite 60 für die Konstruktion der Diagramme eine Füllung des kleinen Cylinders von $\frac{1}{6}$, also ein Wert

$$e = \frac{1}{6}\frac{v}{V} = \frac{1}{6 \cdot 2{,}727} = \frac{1}{16{,}362} = \sim \mathbf{0{,}06}$$

zu Grunde gelegt wurde, der mit den erstgenannten Angaben ziemliche Übereinstimmung zeigt und deshalb auch hier beibehalten werden soll.

Der schädliche Raum des kleinen Cylinders ist nach Seite 60 zu $m = 0{,}03\,s$ angenommen, also in die hier zu benutzenden Gleichungen mit

$$\frac{M}{S} = 0{,}03 \frac{1}{2{,}727} = \mathbf{0{,}011}$$

einzuführen.

Mit den vorstehenden Werten kann man dann nach der 1. Tabelle auf Seite 93 hier den Wert

$$k = 0{,}23$$

als zutreffend erachten.

Der Koefficient k' kann hier, da die Kompression in beiden Cylindern nicht ununterbrochen durchgeht, nur schätzungsweise angenommen werden. Für $k' = 1{,}5$ und $p_e = 0{,}2$ folgt nach Gleichung 52

$$p_i = 0{,}23 \cdot 8{,}4 - 1{,}5 \cdot 0{,}2 = 1{,}632 \text{ kg},$$

oder mit dem Koefficienten 0,85 nach Seite 91 (der hier kleiner als bei der Berechnung von p_i aus dem Diagramm zu nehmen ist, da die Rechnung viel weniger Punkte berücksichtigt)

$$p_i = 0{,}85 \cdot 1{,}632 = \mathbf{1{,}3872 \text{ kg}},$$

welcher Wert um rund 0,045 kg höher als der früher ermittelte ist.

Die mittlere Kolbengeschwindigkeit und der Wirkungsgrad sind bei der Berechnung zu wählen. Wir setzen

$$c_m = \mathbf{2{,}4 \text{ m}}$$

und nach Gleichung 57

$$\eta = 0{,}725 + \frac{150}{1500 \cdot 2{,}4} = \sim \mathbf{0{,}765}.$$

Die Gleichung 51 giebt nun die erforderliche nutzbare Kolbenfläche des grossen Cylinders zu

$$O = 75 \frac{150}{0{,}765 \cdot 1{,}342 \cdot 2{,}4} = \sim \mathbf{4566 \text{ qcm}}.$$

Zur Bestimmung der Bohrung dieses Cylinders kann dann nach Gleichung 61

$$D^2 \frac{\pi}{4} = 1{,}02\,O = \sim 4657 \text{ qcm}$$

gesetzt werden, woraus

$$D = \mathbf{77 \text{ cm}} = \mathbf{770 \text{ mm}}$$

folgt. Nimmt man nach den Angaben auf Seite 94 dann das Hubverhältnis

$$\frac{100\,S}{D} = 1{,}15$$

an, so erhält man den Kolbenhub

$$S = 1{,}15 \cdot 0{,}77 = 0{,}885 \text{ m}.$$

Wird hierfür

$$S = \mathbf{0{,}9 \text{ m}}$$

genommen, so muss die Maschine nach Gleichung 58

$$n = \frac{30\,c_m}{S} = \frac{30 \cdot 2{,}4}{0{,}9} = 80 \textbf{ Umdrehungen}$$

in der Minute machen.

Die nutzbare Kolbenfläche des kleinen Cylinders muss

$$o = \frac{4566}{2{,}727} = \sim \mathbf{1670\ qcm},$$

oder die Bohrung desselben für

$$D_k^2 \frac{\pi}{4} = 1{,}03 \cdot 1670 = 1720 \text{ qcm}$$

$D_k = 46{,}8$ cm, oder besser

$$D_k = \mathbf{47\ cm = 470\ mm}$$

betragen.

Rechnet man als grösste Füllung des kleinen Cylinders 0,3, also dementsprechend für die Berechnung der Maximalleistung

$$e = \frac{0{,}3}{2{,}727} = \sim 0{,}11,$$

so giebt die 1. Tabelle auf Seite 93 mit $\frac{M}{S} = 0{,}011$ durch Interpolation

$$k = \sim 0{,}34.$$

Hiermit und mit $k' = 1{,}5$ wie früher erhält man aus Gleichung 52

$$p_i = 0{,}34 \cdot 8{,}4 - 1{,}5 \cdot 0{,}2 = 2{,}556 \text{ kg}$$

bezw.

$$p_i = 0{,}85 \cdot 2{,}556 = \mathbf{2{,}173\ kg.}$$

Hierfür ergiebt sich bei demselben Wirkungsgrade $\eta = 0{,}765$ mit Rücksicht darauf, dass für $p_i = 1{,}342$ $N_n = 150$ ist, eine Maximalleistung der Maschine von

$$N_n = 150 \frac{2{,}173}{1{,}342} = 243 \text{ oder } \sim \mathbf{250\ Pferdest.}$$

Der Wirkungsgrad η kontrolliert sich nach Gleichung 54 mit den Werten

$$\mu = \frac{10}{60 + 77} = 0{,}073, \quad p_o + p_c = 0{,}025 + 0{,}05$$

$$\sqrt{8{,}4} + \frac{6}{77} = 0{,}25$$

aus Gleichung 55 zu

$$\eta = \frac{1}{1 + 0{,}073}\left(1 - \frac{0{,}25}{1{,}342}\right) = \sim 0{,}76,$$

also nur um $\frac{1}{2}$% niedriger, als oben angenommen.

§ 24.
Berechnung des Schwungradgewichtes.

Eine genügend genaue Ermittelung des für eine bestimmte Belastung der Maschine erforderlichen Schwungradgewichtes lässt sich nur mit Hilfe des Tangentialdruck-Diagrammes durchführen. Die Konstruktion dieses Diagrammes für Ein- und Mehrcylindermaschinen wurde im vorigen Abschnitte erklärt. Zur Konstruktion bedarf man ausser des Indikator- bezw. Dampfüberdruck-Diagrammes noch der Massendrucklinie $q - q'$ bezw. des Gestängegewichtes G, um aus Gleichung 29 oder 30 mit den zugehörigen Vermerken die Ordinaten dieser Linie $q - q'$ bestimmen zu können. Das Gewicht G lässt sich aus den Dimensionen der einzelnen Teile berechnen, wird aber gewöhnlich, namentlich bei einer zu entwerfenden Maschine, nach den folgenden Angaben angenommen.

Es beträgt

nach Radinger[1])

für Hochdruckmaschinen

mit einem Kolbenhube $S \leqq 0{,}7$ m

$$\frac{G}{O} = \mathbf{0{,}28\ kg},$$

mit einem Kolbenhube $S \geqq 0{,}7$ m

$$\frac{G}{O} = \mathbf{0{,}4\ kg},$$

für Niederdruckmaschinen

mit einem Kolbenhube $S \leqq 0{,}9$ m

$$\frac{G}{O} = \mathbf{0{,}2\ kg},$$

mit einem Kolbenhube $S \geqq 0{,}9$ m

$$\frac{G}{O} = \mathbf{0{,}22\ kg},$$

. . . . 62

wenn O wieder die nutzbare Kolbenfläche in qcm bezeichnet. Dabei sind unter Niederdruckmaschinen die grossen Cylinderseiten der Mehrmal-Expansionsmaschinen und in allen Fällen das Gewicht der hin- und hergehenden Kraftteile ohne Luftpumpen und anderen Nebenantrieb verstanden.

Nach Grove ist

für Eincylindermaschinen

mit Auspuff

$$G = \mathbf{20\ kg + 0{,}005\ D^3}$$

für Eincylindermaschinen

mit Kondensation

$$G = \mathbf{25\ kg + 0{,}00625\ D^3}$$

. . . 63

Ist das Tangentialdruck-Diagramm gezeichnet, so hat man nach § 13 den Flächeninhalt desselben, soweit dieser die schliesslich an das Schwungrad abgegebene Arbeit darstellt, also die Differenz der Flächen über und unter der Basis des Diagrammes, in ein Rechteck von gleichem Inhalte und derselben Basis zu verwandeln. Die Höhe dieses Rechteckes ist dann dem durch Gleichung 33 bestimmten mittleren theoretischen Widerstande w an der Kurbelwelle proportional, während die von der oberen Horizontalen des Rechteckes vom Tangentialdruck-Diagramm abgeschnittenen Über- bezw. Unterschussflächen in ihrem Flächeninhalte und in den gewählten Massstäben diejenigen Arbeiten darstellen, welche der Dampfdruck durch das Gestänge im Verhältnis zum Widerstande w zu viel bezw. zu wenig an das Schwungrad abgegeben hat. Mit dem Inhalte f der grössten dieser Über- oder Unterschussflächen, die nach den Angaben auf Seite 40 bei mehr als vier Schnittpunkten der Widerstandslinie mit der Tangentialdruckkurve zu bestimmen ist, folgt dann

für den Massstab a von 1 qmm der Fläche f,

für die nutzbare Kolbenfläche O in qcm,

für den nach den weiter unten angegebenen Werten zu wählenden Ungleichförmigkeitsgrad δ, und

für v als mittlere Umfangsgeschwindigkeit im Kurbelkreise in m für die Sekunde

die auf den Radius R des Kurbelkreises bezogene

[1]) Dampfmaschinen mit hoher Kolbengeschwindigkeit, Verlag von Carl Gerold's Sohn, Wien.

mindestens erforderliche Masse M_s des Schwungrades ohne Berücksichtigung der Nebenhindernisse aus Gleichung 35, oder das entsprechende Gewicht des letzteren mit $g = \sim 10$ m als Beschleunigung der Schwere und bei Berücksichtigung der Nebenhindernisse durch den Wirkungsgrad η der Maschine

$$G_s = g \cdot M_s = 10 \eta \cdot a \frac{f \cdot O}{\delta \cdot v^2} \quad . \quad . \quad . \quad . \quad 64$$

Will man dieses Gewicht, bezogen auf den Schwerpunktsradius R′ des Kranzquerschnittes, haben, so ist

$$G_s' = G \frac{R}{R'} = 10 \eta \cdot a \frac{f \cdot O \cdot R}{\delta \cdot v^2 \cdot R'},$$

oder, da die Umfangsgeschwindigkeit im Abstande R′

$$v' = \frac{2 \pi R' \cdot n}{60} = \frac{2 \pi R \cdot n \cdot R'}{60 \quad R} = v \frac{R'}{R}$$

ist,

$$G_s' = 10 \eta \cdot a \frac{f \cdot O}{\delta \cdot v'^2} \quad . \quad . \quad . \quad . \quad . \quad 65$$

Gewöhnlich nimmt man ferner an, dass ungefähr 10% dieses Gewichtes durch die Arme des Schwungrades gebildet, der Kranz selbst also nur das 0,9fache des vorstehenden Wertes G_s' schwer zu sein braucht.

Der Ungleichförmigkeitsgrad beträgt für Maschinen zum Antriebe

von Werkstätten-Transmissionen $\delta = \frac{1}{35}$ bis $\frac{1}{50}$,

von Papiermaschinen und Schneidewerken $\delta = \frac{1}{40}$,

von Mahlmühlen $\delta = \frac{1}{50}$,

von Spinnereien mit niedriger bezw. hoher Garnnummer

$\delta = \frac{1}{60}$ bezw. $\frac{1}{100}$,

von Dynamomaschinen bei Riemenantrieb $\delta = \frac{1}{150}$,

bei direktem Antriebe $\delta = \frac{1}{300}$ und noch weniger.

Der äussere Radius des Schwungrades schwankt zwischen dem 3- bis 5fachen Kurbelradius, wobei die Umfangsgeschwindigkeit aber niemals 30 m übersteigen soll.

Der Schwungradkranz hat gewöhnlich die in Fig. 92 bezw. 93 des Textes auf Seite 103 bezw. 105 dargestellte Querschnittsform, je nachdem das Schwungrad als Riem- oder Seilscheibenschwungrad dienen soll. Im ersteren Falle muss natürlich die Kranzbreite, im letzteren Falle die Rillenzahl so bemessen sein, dass der aufgelegte Riemen oder die diesbezüglichen Seile den Maximaleffekt N_n der Maschine ableiten können. Ist nun

u die Riemen- oder Seilgeschwindigkeit in m für die Sekunde,

U die zu übertragende Umfangskraft in kg, welche sich zu

$$U = \frac{75 N_n}{u} \quad . \quad . \quad . \quad . \quad . \quad . \quad . \quad 66$$

ermittelt,

k_z die zulässige Materialspannung des Riemens oder der Seile für den qmm,

so ergiebt sich, wenn man wie gewöhnlich die auftretende grösste Riemen- oder Seilspannung zu 2 U annimmt, der erforderliche Riemen- oder Seilquerschnitt in qmm zu

$$q = \frac{2 U}{k_z} \quad . \quad . \quad . \quad . \quad . \quad . \quad . \quad 67$$

mit $k_z = 0,22$ bis $0,32$ für einfache Lederriemen,
mit $k_z = 0,16$ bis $0,23$ für doppelte Lederriemen,
mit $k_z = 0,125$ bis $0,165$ für Hanfseile.

Aus dem berechneten Querschnitt q folgt dann die Riemenbreite, wenn man ersteren durch die Riemendicke dividiert, die

bei einfachen Lederriemen 4 bis 8 mm,
bei doppelten Lederriemen mehr als 8 mm

beträgt, und entsprechend die erforderliche Seilzahl, wenn man q durch den Querschnitt eines Seiles, deren Durchmesser 50 bis 60 mm ist, dividiert. Beim Riemscheibenschwungrad schliesslich macht man

die Kranzbreite = 1,1 × Riemenbreite + 15 bis 25 mm,

beim Seilscheibenschwungrad

die Rillenzahl = Seilzahl + 1 bis 2.

Auf rein rechnerischem Wege lässt sich die Ermittelung des Schwungradgewichtes nur angenähert durchführen. Für eine zu entwerfende Maschine von der Nutzleistung N_n in Pferdestärken bei der Umdrehungszahl n in der Minute kann für vorläufige Schätzung

$$G_s' = 5000 \frac{N_n}{\delta \cdot v'^2 \cdot n} \gamma \left(1 + \frac{0,1}{e}\right) \quad . \quad . \quad . \quad 68$$

gesetzt werden, wenn bei

Eincylinder-Auspuffmaschinen

mit $c_m = 1$ m mittlerer Kolbengeschwindigkeit
$\gamma = 1,3$ bis $1,25$,
mit $c_m = 2$ m . . . $\gamma = 1,15$ bis $1,1$,
mit $c_m = 3$ m . . . $\gamma = 0,95$ bis $0,88$,

Eincylinder-Kondensationsmaschinen

mit $c_m = 1$ . . . $\gamma = 1,1$ bis 1,
mit $c_m = 2$ . . . $\gamma = 1$ bis $0,8$,
mit $c_m = 3$ . . . $\gamma = 0,6$

genommen wird. Dabei ist eine mittlere Kompression, bei der die Kompressionsendspannung ungefähr gleich der halben Eintrittsspannung ($p_3 = 0,5\,p$) ist, vorausgesetzt. Bei Maschinen ohne namhafte Kompression kann γ um 5 bis 10% kleiner, bei solchen mit hoher Kompression um 5 bis 10% höher eingeführt werden; e ist der Füllungsgrad. Die höheren Werte von γ sind für grosse, die niedrigeren für kleine Füllungen zu nehmen. Schliesslich gelten die Werte von γ unter der Annahme, dass die Maschinen auf beiden Kolbenseiten mit annähernd gleicher Füllung und Kompression arbeiten. Ist das nicht der Fall, so wird man γ je nach der Höhe der Kolbengeschwindigkeit um 10 bis 30% höher, als angegeben, zu nehmen haben.

Bei Zwillings- bezw. Verbundmaschinen mit zwei unter 90° gegeneinander versetzten Kurbeln, wo e der auf den grossen Cylinder bezogene Füllungsgrad der Maschine ist, gilt die Gleichung 68 mit

$\gamma = 0,33$ bis $0,25$ bezw. $\gamma = 0,4$ bis $0,6$

ziemlich annähernd für alle Kolbengeschwindigkeiten, bei Tandemmaschinen und Kurbeln unter 180 mit γ wie bei den Eincylindermaschinen.

Beispiele.

1. Für die im 3. Beispiele auf Seite 97 berechnete Auspuffmaschine, welche bei 90 Umdrehungen in der Minute 28,6 Nutzpferdestärken normal (0,25 Füllung) bezw. 54 Nutzpferdestärken höchstens (0,6 Füllung) leistet und zum Antrieb einer Dynamomaschine vermittelst Riemen dienen soll, ist das Gewicht des Schwungrades, sowie dessen Kranzquerschnitt zu bestimmen.

Für die vorliegende Maschine gelten die Diagramme auf Tafel 26. Wird der Berechnung des Schwungrades das Indikator-Diagramm der Fig. 2 für den Hin-, dasjenige der Fig. 3 für den Rücklauf zu Grunde gelegt, also gleiches Voröffnen, aber ungleiche Füllung und Kompression auf beiden Kolbenseiten vorausgesetzt, so giebt Fig. 4 das Dampfüberdruck-Diagramm.

Bei gleicher Füllung und annähernd gleicher Kompression für Hin- und Rücklauf könnte, wie schon auf Seite 29 vermerkt, das Diagramm in Fig. 1 für beide Kolbenseiten geltend angenommen und zur Konstruktion des Dampfüberdruck-Diagrammes verwendet werden.

Der Inhalt des Diagrammes in Fig. 4, Tafel 26 beträgt, da die mittlere Ordinate desselben auf Seite 97 zu 44,8 mm ermittelt wurde,

$$100 \cdot 44{,}8 = 4480 \text{ qmm}.$$

In das Dampfüberdruck-Diagramm ist die Massendrucklinie $q - q'$ unter Berücksichtigung der endlichen Schubstangenlänge eingetragen. Diese Linie wurde aus der durch den Punkt A_5 gehenden geraden Massendrucklinie für unendlich lange Schubstange nach dem auf Seite 31 und 32 angegebenen Verfahren konstruiert. Nimmt man nämlich nach Gleichung 62 ein Gestängegewicht

$$\frac{G}{O} = 0{,}28 \text{ kg}$$

an und berücksichtigt, dass bei einem Kurbelradius $R = 0{,}3$ m und einer Umdrehungszahl $n = 90$ der vorliegenden Maschine die Geschwindigkeit im Kurbelkreise nach Gleichung 22

$$v = \frac{\pi \cdot 0{,}3 \cdot 90}{30} = \backsim 2{,}83 \text{ m}$$

ist, so erhält man für die beiden Totlagen ($\cos \omega = \pm 1$) bei unendlich langer Schubstange nach Gleichung 29 mit $g = \backsim 10$ einen Massendruck von

$$\pm \frac{v^2}{R} \frac{G}{g \cdot O} = \pm \frac{\overline{2{,}83}^2}{0{,}3} \frac{0{,}28}{10} = \backsim 0{,}75 \text{ kg},$$

oder, da 10 mm 1 kg in den Diagrammen der Tafel 26 entsprechen, die Ordinaten der durch A_5 gehenden geraden Massendrucklinie in den Punkten A und A′ zu

$$10 \cdot 0{,}75 = 7{,}5 \text{ mm}.$$

Bei Berücksichtigung eines Schubstangenverhältnisses $\frac{R}{L} = \frac{1}{5}$ hat man nach den Angaben unter der Gleichung 30 den Wert

$$z = \frac{R}{L} \frac{v^2}{R} \frac{G}{g \cdot O} = \frac{1}{5} 0{,}75 = 0{,}15 \text{ kg},$$

oder in dem gewählten Kräftemassstabe

$$10 \cdot 0{,}15 = 1{,}5 \text{ mm},$$

zu bestimmen und mit Hilfe dieses Wertes und den zugehörigen Ordinaten der durch A_5 gehenden geraden Massendrucklinie die Ordinaten der Linie $q - q'$ zu konstruieren. Es folgt z. B. nach den Vermerken auf Seite 32 oben

für $\omega = 0^0$ die Ordinate $\overline{Aq} = 7{,}5 + 1{,}5 = 9$ mm,
für $\omega = 180^0$ die Ordinate $\overline{A'q'} = 7{,}5 - 1{,}5 = 6$ mm,
u. s. w.

Aus dem Dampfüberdruck-Diagramm und der Massendrucklinie wurde auf Tafel 26 in der im vorigen Abschnitte näher angegebenen Weise das Tangentialdruck-Diagramm der Fig. 7 gefunden. Der Inhalt des Diagrammes, d. h. die Differenz der Flächen über und unter der Basis desselben muss, wie auf Seite 33 angeführt, gleich dem Inhalte des Dampfüberdruck-Diagrammes sein. Es ist dies in der That mit grosser Annäherung der Fall, denn die 24 Ordinaten der Fig. 7 ergeben, in dem erwähnten Sinne positiv bezw. negativ genommen, eine mittlere Ordinate von

$$\frac{1}{24} (12{,}5 + 25 + 36 + 37{,}5 + 27{,}5 + 20 + 15{,}5 + 11{,}5 + 7{,}5 + 1{,}5 - 2 + 0 + 8{,}5 + 18 + 27{,}5 + 30{,}5 + 22{,}5 + 16{,}5 + 12{,}5 + 10 + 8 + 1 - 5 + 0) = 14{,}23 \text{ mm},$$

also bei einer Basis von $100\pi = 314$ mm des Diagrammes einen Flächeninhalt von

$$F = 14{,}23 \cdot 314 = \backsim 4468 \text{ qmm}.$$

Abgesehen von den in der Maschine auftretenden Nebenhindernissen ist diese mittlere Ordinate von 14,23 mm die Höhe des an der Kurbelwelle angreifenden konstanten Widerstandes, der nach Gleichung 33 mit w bezeichnet ist und für den gewählten Kräftemassstab

$$w = \frac{14{,}23}{10} = \mathbf{1{,}423 \text{ kg}}$$

beträgt. In Fig. 7 ist dieser Widerstand nur mit rund 1,4 kg eingetragen. Die im Abstande von 14,23 mm gezogene Horizontale schneidet dann die Über- und Unterschussflächen vom Tangentialdruck-Diagramme ab, von denen die grösste mit ihrem Inhalte f für die Berechnung des Schwungradgewichtes massgebend ist. Es ermittelt sich

$f_1 = 985$ qmm, $f_2 = 785$ qmm, $f_3 = 540$ qmm
und $f_4 = 740$ qmm,

so dass also der grösste Wert

$$f_1 = f = \mathbf{985 \text{ qmm}}$$

verbleibt.

Zur Kontrolle bei der Ermittelung der Flächeninhalte f_1 bis f_4 kann der Umstand dienen, dass die Summe der Überschuss-, gleich der Summe der Unterschussflächen, also im vorliegenden Falle

$f_1 + f_3 = f_2 + f_4$ oder $985 + 540 = 785 + 740 = 1525$ qmm

sein muss.

Zur Berechnung des Schwungradgewichtes G_s' aus Gleichung 65 bedarf es nun noch der folgenden Grössen.

Der Wert a, das ist die Arbeit in mkg, welche 1 qmm der Fläche des Tangentialdruck-Diagrammes entspricht, bestimmt sich folgendermassen. Die Basis des Diagrammes stellt den Umfang des Kurbelkreises dar. Da nun die Basis 100π mm, der Umfang des Kurbelkreises aber $0{,}6\pi$ m ist, so entspricht

$$1 \text{ mm in der Länge } \frac{0{,}6\pi}{100\pi} = 0{,}006 \text{ m}.$$

Bezüglich des Kräftemassstabes gilt, wie schon früher vermerkt, dass 10 mm 1 kg darstellen, also

$$1 \text{ mm in der Höhe } \frac{1}{10} = 0{,}1 \text{ kg}$$

wiedergiebt. Hieraus folgt, dass

$$a' = 1 \text{ qmm} \;\ldots\; 0{,}006 \cdot 0{,}1 = \mathbf{0{,}0006 \text{ mkg}}$$

darstellt.

Der Ungleichförmigkeitsgrad kann nach den Angaben auf Seite 101 im vorliegenden Falle zu

$$\delta = \frac{\mathbf{1}}{\mathbf{150}}$$

gewählt werden.

Die Umfangsgeschwindigkeit des im Abstande R′ von der Drehachse befindlichen Schwerpunktes des Kranzquerschnittes ist, wenn R′ = 1,35 m angenommen wird,

$$v' = \frac{2\,R'\pi \cdot n}{60} = \frac{2{,}7\,\pi \cdot 90}{60} = \mathbf{12{,}72 \text{ m.}}$$

Die nutzbare Kolbenfläche war

$$O = 0{,}97 \cdot \overline{30}^2 \frac{\pi}{4} = \sim \mathbf{685 \text{ qcm,}}$$

der Wirkungsgrad

$$\eta = \mathbf{0{,}82.}$$

Die Gleichung 65 ergiebt schliesslich das auf den Schwerpunkt des Kranzquerschnittes bezogene Schwungradgewicht

$$G_s' = 10 \cdot 0{,}82 \cdot 0{,}0006 \frac{985 \cdot 685 \cdot 150}{\overline{12{,}72}^2} = \sim \mathbf{3080 \text{ kg.}}$$

Ohne Konstruktion des Tangentialdruck-Diagrammes würde man durch reine Rechnung aus Gleichung 68 mit $N_n = 28{,}6$ Pferdest., $e = 0{,}25$, $\gamma = 1{,}25$ entsprechend 1,8 m mittlerer Kolbengeschwindigkeit und einer über $p_3 = \frac{1}{2} p$ liegenden Kompressionsendspannung, $\delta = \frac{1}{150}$, $v' = 12{,}72$ erhalten

$$G_s' = 5000 \frac{28{,}6 \cdot 150}{\overline{12{,}72}^2 : 90} 1{,}25\,(1 + 0{,}4) = \sim 2580.$$

Dieses Gewicht gilt aber für angenähert gleiche Füllung und Kompression auf beiden Kolbenseiten und ist bei ungleicher Füllung und Kompression für Hin- und Rücklauf, wie sie bei der Konstruktion der Diagramme auf Tafel 26 vorausgesetzt sind, noch um 10 bis 30 % zu vergrössern. Der oben berechnete Wert $G_s' = 3080$ kg würde sich bei einem Zuschlag von 19,4 % ergeben, denn dann ist

$$1{,}194 \cdot 2580 = \sim 3080 \text{ kg.}$$

Nimmt man an, dass von diesem Gewichte $^1/_{10}$ durch die Arme des Schwungrades aufgebracht wird, so muss der Kranz allein ein Gewicht von

$$0{,}9 \cdot 3080 = \mathbf{2772 \text{ kg}}$$

besitzen. Dieses Gewicht würde reichlich durch einen Kranz erzielt werden, wie er in Fig. 92 des Textes wiedergegeben ist. Um zunächst die Breite des Kranzes zu bestimmen, hat man den erforderlichen Riemen zur Übertragung der maximalen Leistung der Maschine von 54 Pferdestärken an die Dynamomaschine zu berechnen.

Nach Fig. 92 ist der äussere Radius des Schwungrades 1,42 m, also die Riemengeschwindigkeit

$$u = \frac{2 \cdot 1{,}42 \cdot \pi \cdot 90}{60} = \sim \mathbf{13{,}38 \text{ m.}}$$

Fig. 92.

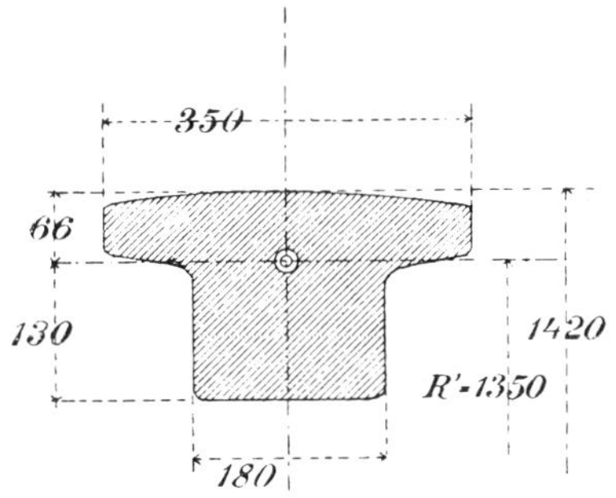

Dieser entspricht nach Gleichung 66 eine Umfangskraft

$$U = \frac{75 \cdot 54}{13{,}38} = \sim \mathbf{300 \text{ kg.}}$$

Nimmt man dann an, dass die grösste Spannung im führenden Riemenende

$$2\,U = 2 \cdot 300 = 600 \text{ kg}$$

ist, und gestattet eine zulässige Riemenspannung von 0,3 kg für 1 qmm Riemenquerschnitt, so muss der letztere nach Gleichung 67

$$q = \frac{600}{0{,}3} = \mathbf{2000 \text{ qmm}}$$

betragen. Diesem genügt vollkommen ein einfacher Riemen von

300 mm Breite und **7 mm** Dicke.

Die Breite des Kranzes macht man dann gewöhnlich

$$1{,}1 \cdot 300 + 15 \text{ bis } 25 = \sim \mathbf{350 \text{ mm.}}$$

Der in seinen übrigen Dimensionen anzunehmnde Kranzquerschnitt ergiebt nun nach Fig. 92 ein Gewicht von

$$(3{,}5 \cdot 0{,}66 + 1{,}8 \cdot 1{,}3)\, 2 \cdot 1{,}35\, \pi \cdot 7{,}3 = \sim \mathbf{2885 \text{ kg,}}$$

wenn das spezifische Gewicht des Gusseisens zu 7,3 angenommen wird. Bei den gewählten Dimensionen dürfte also der Kranz die gewünschte Gleichförmigkeit im Gange der Maschine wohl bewirken.

2. Die auf Seite 99 im 5. Beispiele berechnete Kompound-Receiver-Maschine von 150 Nutzpferdestärken normaler und 250 maximaler Leistung soll vermittelst Hanfseile vom Schwungrade aus die Transmission einer Spinnerei für hohe Garnnummern antreiben. Welche Dimensionen muss der Schwungradkranz bekommen?

Die theoretischen Diagramme dieser Maschine sind auf Tafel 29 wiedergegeben. Die mittlere Ordinate der auf die nutzbare Kolbenfläche und den Hub des grossen Cylinders bezogenen beiden Indikator-Diagramme betrug nach den Berechnungen auf Seite 99

$$10 \cdot 1{,}491 = 14{,}91 \text{ mm,}$$

also der diesbezügliche Inhalt dieser Diagramme, welche für Hin- und Rücklauf gelten sollen, bezw. der ebenso grosse Inhalt der Dampfüberdruck-Diagramme bei 100 mm Basis

$$2 \cdot 14{,}91 \cdot 100 = 2982 \text{ qmm.}$$

Für die Konstruktion der genannten Horizontaldruck-Diagramme wurden die folgenden Massendrucke zu Grunde gelegt.

Für den kleinen Cylinder, dessen Diagramme g h i k l m g in Fig. 3, Tafel 29 für den Hub s gilt, mit $\frac{G}{O} = 0,4$ nach Gleichung 62 ist gemäss Gleichung 29 bei $\omega = o$ bezw. $\omega = 180^0$ und

$$R = 0,45 \text{ m}, v = \frac{0,9\pi \cdot 80}{60} = 3,77 \text{ m}, \pm \frac{v^2}{R} \frac{G}{g \cdot O} = \frac{\overline{3,77}^2}{0,45} \frac{0,4}{10}$$
$$= \pm 1,26 \text{ kg},$$

sowie nach den Angaben unter der Gleichung 30 bei $\frac{R}{L} = \frac{1}{5}$

$$Z = \frac{R}{L} \frac{v^2}{R} \frac{G}{g \cdot O} = \frac{1}{5} \, 1,26 = 0,252 \text{ kg}.$$

Hieraus ergiebt sich, wenn 10 mm 1 kg in den Diagrammen entsprechen, die Ordinate

$$\overline{0\,q} = +(1,26 + 0,252)\,10 = 15,12 \text{ mm},$$
$$\overline{12\,q'} = -(1,26 - 0,252)\,10 = 10,08 \text{ mm u. s. w.}$$

Für den grossen Cylinder folgt entsprechend mit $\frac{G}{O} = 0,2$ nach Gleichung 62 und $\omega = 0$ bezw. 180^0

$$\pm \frac{v^2}{R} \frac{G}{g \cdot O} = \pm \frac{\overline{3,77}^2}{0,45} \frac{0,2}{10} = \pm 0,632 \text{ kg},$$
$$Z = \frac{R}{L} \frac{v^2}{R} \frac{G}{g \cdot O} = \frac{1}{5} \cdot 0,632 = 0,126 \text{ kg},$$

also für Fig. 5, Tafel 29 z. B. die Ordinate

$$\overline{A\,Q} = +(0,632 + 0,126)\,10 = 7,58 \text{ mm},$$
$$\overline{A'\,Q'} = -(0,632 - 0,126)\,10 = 5,06 \text{ mm}.$$

Das Tangentialdruck-Diagramm in Fig. 6, Tafel 29 ist in der im vorigen Abschnitte angegebenen Weise aus den beiden Horizontaldruck-Diagrammen entwickelt worden und bezieht sich auf die nutzbare Kolbenfläche des grossen Cylinders und den gemeinsamen Hub S. Die Basis dieses Diagrammes ist 100π, die mittlere Ordinate

$$\frac{1}{24}(3,5 + 12 + 18,5 + 21,5 + 13,5 + 7,5 + 4 + 6 + 8$$
$$+ 9,5 + 8 + 5 + 6,5 + 10,5 + 15 + 18 + 14 + 7,5 +$$
$$4,5 + 4,5 + 7 + 9,5 + 8 + 4) = 9,4 \text{ mm},$$

also der mittlere theoretische Widerstand an der Kurbelwelle

$$w = 0,94, \text{ oder } \sim \mathbf{0,95\ kg},$$

der Inhalt des Tangentialdruck-Diagrammes

$$9,5 \cdot 100\pi = 2984,5 \text{ qmm},$$

das ist ebenso gross wie der vorher berechnete Inhalt der Indikator- oder Dampfüberdruck-Diagramme für Hin- und Rücklauf.

Die Linie des mittleren Widerstandes schneidet vom Tangentialdruck-Diagramm die Überschussflächen

$$f_1 = 350,\ f_3 = 0,5,\ f_5 = 242,\ f_7 = 0 \text{ qmm},$$

die Unterschussflächen

$$f_2 = 150,\ f_4 = 120,\ f_6 = 186,5,\ f_8 = 136 \text{ qmm}$$

ab, und es ist, wie verlangt, die Summe der ersteren gleich der Summe der letzteren, nämlich gleich 592,5 qmm. Um die für die Berechnung des Schwungradgewichtes massgebende Fläche f zu bekommen, hat man nach Seite 40 das positive und negative Maximum der Werte f_1 bis f_8 zu bilden. Man erhält, wenn f_1, f_3, f_5, f_7 positiv, f_2, f_4, f_6, f_8 negativ genommen werden,

$f_1 = +\mathbf{350}$, $f_1 - f_2 = +200$, $f_1 - f_2 + f_3 = +200,5$, $f_1 - f_2 + f_3 - f_4 = +80,5$, $f_1 - f_2 + f_3 - f_4 + f_5 = +322,5$, $f_1 - f_2 + f_3 - f_4 + f_5 - f_6 = +136$, $f_1 - f_2 + f_3 - f_4 + f_5 - f_6 + f_7 = +136$, $f_1 - f_2 + f_3 - f_4 + f_5 - f_6 + f_7 - f_8 = 0$,

so dass also nach den Angaben auf Seite 40

$$f' = f_1 = 350,\ f'' = 0$$

und

$$f = f' + f'' = \mathbf{350\ qmm}$$

zu setzen ist.

Um den Wert a der zu benutzenden Gleichung 65 zu erhalten, ist zu berücksichtigen, dass der Hub der Maschine, wie auf Seite 99 berechnet, 0,9 m, der Umfang des Kurbelkreises also in Wirklichkeit $0,9\pi$ m ist, während er im Diagramm durch 100π mm dargestellt ist. Es entspricht also in der Länge

$$1 \text{ mm} \quad . \quad . \quad . \quad . \quad \frac{0,9\pi}{100\pi} = 0,009 \text{ m},$$

in der Höhe

$$1 \text{ mm} \quad . \quad . \quad . \quad . \quad 0,1 \text{ kg},$$

also

$$1 \text{ qmm} = a = 0,009 \cdot 0,1 = \mathbf{0,0009\ mkg.}$$

Die nutzbare Kolbenfläche des grossen Cylinders ist nach Seite 99

$$O = \mathbf{4566\ qmm},$$

der Wirkungsgrad der Maschine nach Seite 100

$$\eta = \mathbf{0,76.}$$

Der Ungleichförmigkeitsgrad soll im vorliegenden Falle nach den Angaben auf Seite 101

$$\delta = \frac{\mathbf{1}}{\mathbf{100}}$$

mindestens betragen.

Der Abstand des Schwerpunktes für den Kranzquerschnitt schliesslich sei zu $R' = 2$ m, also die Umfangsgeschwindigkeit dieses Punktes bei $n = 80$ Umdrehungen zu

$$v' = \frac{2\,R'\pi \cdot n}{60} = \frac{4\pi \cdot 80}{60} = \sim \mathbf{16,75\ m}$$

angenommen. Alsdann ergiebt die Gleichung 65 das erforderliche Schwungradgewicht

$$G_s' = 10\ 0,76 \cdot 0,0009 \frac{350 \cdot 4566 \cdot 100}{\overline{16,75}^2} = \sim \mathbf{4000\ kg,}$$

oder, wenn $^1/_{10}$ dieses Gewichtes als durch die Arme aufgebracht angesehen wird, das erforderliche Gewicht des Kranzes zu

3600 kg.

Will man das Schwungradgewicht ohne Hilfe der Diagramme ermitteln, so hat man in Gleichung 68 ausser den schon erwähnten Werten von δ, n und v' noch $N_n = 150$, den Füllungsgrad der Maschine, bezogen auf den grossen Cylinder, $e = 0,06$ und $\gamma = 0,4$ bis 0,6 einzuführen. Man erhält dann mit $\gamma = 0,45$ ebenfalls

$$G_s' = 5000 \frac{150 \cdot 100}{\overline{16,75}^2 \cdot 80}\ 0,45 \left(1 + \frac{0,1}{0,06}\right) = \sim \mathbf{4000\ kg.}$$

Für die Rillenzahl des Schwungrades ist die Maximalleistung $N_n = 250$ der Maschine massgebend. Ist nach Fig. 93 des Textes der Radius des Schwungrades bis Mitte der Seile 2045 mm, also die Seilgeschwindigkeit

$$\frac{2 \cdot 2{,}045\,\pi \cdot 80}{60} = \sim 17{,}15 \text{ m},$$

so beträgt die zu übertragende Umfangskraft nach Gleichung 66

$$U = \frac{75 \cdot 250}{17{,}15} = \sim \mathbf{1100\ kg.}$$

Nimmt man nun an, dass die grösste Seilspannung $2 \cdot 1100 = 2200$ kg ist, gestattet ferner eine zulässige Materialspannung von $k_z = 0{,}14$ kg für den qmm Querschnitt der zu verwendenden 50 mm Seile, so muss der Seilquerschnitt nach Gleichung 67

$$q = \frac{2 \cdot 1100}{0{,}14} = \sim \mathbf{15\,700\ qmm,}$$

oder die Seilzahl

$$\frac{15\,700}{50^2 \frac{\pi}{4}} = \frac{15\,700}{1964} = \sim 8$$

betragen. Unter Zugabe einer Reserverille muss also der Kranz neun Rillen erhalten.

Für die in Fig. 93 eingetragenen Dimensionen berechnet sich das Kranzgewicht zu ungefähr

$$\{5{,}65 \cdot 0{,}3 + 9\,(0{,}13 \cdot 0{,}38 + 0{,}42 \cdot 0{,}3) + 2 \cdot 0{,}4 \cdot 0{,}8\}\, 40\pi \cdot 7.3 = \sim \mathbf{3600\ kg.}$$

Fig. 93.

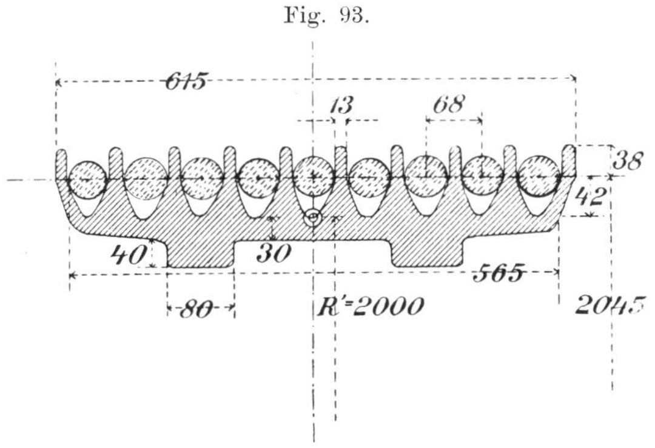

§ 25.

Bestimmung der Stangen-, Zapfen- und Wellenstärken.

Der Berechnung von Kolbenstange, Kreuzkopf- und Kurbelzapfen, Kurbelwelle u. s. w. ist hauptsächlich der auf diese Teile wirkende gesamte resultierende Horizontaldruck zu Grunde zu legen. Der letztere kann, bezogen auf 1 qcm der nutzbaren Kolbenfläche, leicht dem entsprechenden Diagramm entnommen werden, wie es im vorigen Abschnitte aus dem Dampfüberdruck- und Massendruck-Diagramm entwickelt wurde, wobei streng genommen der Massendruck nur soweit in Rechnung zu stellen ist, als er bis zu dem zu ermittelnden Gestängeteil ausmacht. In der Praxis wird indes gewöhnlich, teils der Einfachheit wegen, weil die Druck-Diagramme nicht konstruiert werden, teils der Sicherheit wegen, der resultierende Horizontaldruck für die nachfolgenden Rechnungen gleich dem auf den Kolben wirkenden grössten Dampfüberdruck gesetzt. Es ist deshalb im Folgenden, wenn

P den auf die zu berechnenden Teile wirkenden grössten Gesamtdruck in kg,

$\mathbf{p_r}$ den aus den Diagrammen zu entnehmenden grössten resultierenden Horizontaldruck in Atm,

$\mathbf{p_u}$ den auf den Kolben wirkenden grössten Dampfüberdruck in Atm, also z. B. die Differenz zwischen der Dampfeintrittsspannung p und Dampfaustrittsspannung p_e bei der Eincylindermaschine, und wie in den vorigen Paragraphen

O die nutzbare Kolbenfläche in qcm,

D die Cylinderbohrung in cm

bezeichnet,

$$\left.\begin{array}{l} \mathbf{P} = \mathbf{p_r} \cdot \mathbf{O}\,[1] \\ \text{oder auch in dem angeführten Sinne} \\ \mathbf{P} = \mathbf{p_u} \cdot \mathbf{O} = \sim \mathbf{p_u} \cdot \mathbf{D}^2 \frac{\pi}{4} \end{array}\right\} \quad \ldots \quad \mathbf{69}$$

zu setzen.

Eine Berücksichtigung des Eigengewichtes der zu berechnenden Teile und anderer auf dieselben einwirkenden Kräfte führt zu weitläufigen Formeln und ist im Nachstehenden nur in einigen Fällen angedeutet.

1. Die Kolbenstange.

Dieselbe erleidet eine Zug-, Druck- und Zerknickungsbeanspruchung durch den Gesamtdruck P bei allen, und ausserdem noch eine Biegungsbeanspruchung durch ihr eigenes Gewicht und dasjenige des Kolbens bei liegenden Maschinen.

Bei kleinen und mittleren liegenden, sowie bei allen stehenden Maschinen ist die Zerknickungsbeanspruchung die ungünstigste, und ergiebt die Rechnung inbezug auf diese die grösste Stärke. Nach der Zerknickungsfestigkeit ist, wenn

Δ den Durchmesser der Stange in **mm,**

$\mathbf{L_0}$ die Länge derselben von Mitte Kolben bis Mitte Kreuzkopf in **mm,**

E den Elasticitätsmodul des Stangenmateriales für den **qmm,**

α die gestattete Sicherheit

bezeichnet,

$$\alpha \cdot P = \pi^2 \frac{\frac{\pi}{64}\,\Delta^4 \cdot E}{L_0^2},$$

woraus für $E = 20\,000$ und $L_0 = 1300$ S, unter

S den Kolbenhub in **m**

verstanden,

$$\left.\begin{array}{l} \Delta = \mathbf{3{,}6} \sqrt[4]{\alpha \cdot \mathbf{P} \cdot \mathbf{S}^2} \\ \text{mit } \alpha = \mathbf{15\ bis\ 20} \end{array}\right\} \quad \ldots \ldots \quad \mathbf{70}$$

folgt. Als Mittelwerte erhält man auch aus dieser Gleichung mit Hilfe der Beziehung 69 und $\alpha = 20$ bei einem Hubverhältnis

$$\left.\begin{array}{l} \frac{100\,S}{D} = 1 \ \ldots\ldots\ \Delta = \mathbf{0{,}72\ D} \sqrt[4]{\mathbf{p_u}} \\ \frac{100\,S}{D} = 2 \ \ldots\ldots\ \Delta = \mathbf{D} \sqrt[4]{\mathbf{p_u}} \end{array}\right\} \quad \ldots \quad \mathbf{71}$$

1) Bei Tandemmaschinen ist natürlich der Druck auf beide Kolben zu berücksichtigen und auf eine der beiden Kolbenflächen zu beziehen.

nach welchen Werten die nachstehende 1. Tabelle berechnet ist. In der Praxis befolgt man auch vielfach bei der Bemessung der Kolbenstangenstärke die empirische Beziehung

$$\Delta = \frac{1}{6} \text{ bis } \frac{1}{7} \text{ der Cylinderbohrung in mm.}$$

I. Tabelle.

Werte der Kolbenstangendicke Δ in mm.

	Cylinderbohrung D in cm	Grösster Dampfüberdruck p_u = 2	3	4	5	6	7	8	9
Hubverhältnis $\frac{100\,S}{D} = 1$	20	—	—	30	30	30	30	30	30
	30	—	30	30	32	34	35	36	38
	40	35	38	40	43	45	47	48	50
	50	43	48	52	54	56	60	60	62
	60	52	57	62	65	67	70	73	75
	70	60	67	72	75	78	82	85	87
	80	70	76	82	86	90	94	97	100
	90	77	86	92	97	102	105	110	112
	100	86	95	102	107	112	117	120	125
Hubverhältnis $\frac{100\,S}{D} = 2$	20	—	—	—	30	32	33	34	35
	30	36	40	42	45	47	48	50	52
	40	48	53	56	60	63	65	67	70
	50	60	66	70	75	78	82	84	87
	60	72	80	85	90	94	97	102	104
	70	83	93	100	105	110	113	118	122
	80	95	106	113	120	125	130	135	138
	90	107	120	127	135	140	146	152	156
	100	120	132	142	150	156	162	168	173

Werte unter 30 mm sind in der Tabelle hierauf erhöht.

Bei grossen liegenden Maschinen mit schweren Kolben hat man nach Bach[1]) den Kolbenstangendurchmesser $\triangle$ so gross zu nehmen, dass die Durchbiegung der Stange höchstens 1 bis 1,5 mm beträgt. Ist nun

L_0' die Länge der durchgehenden Kolbenstange von Mitte des vorderen bis Mitte des hinteren Kreuzkopfes in **mm**,

G_1 das Gewicht der Kolbenstange,

G_2 dasjenige des Kolbens in **kg**,

so bestimmt sich die Durchbiegung eines an den beiden Enden unterstützten Balkens von der Länge L_0', der in der Mitte mit G_2 und gleichmässig über seine Länge mit G_1 belastet ist, nach der Festigkeitslehre zu

$$f = \frac{G_1}{E\frac{\pi}{64}\Delta^4}\,\frac{5\,L_0'^3}{384} + \frac{G_2}{E\frac{\pi}{64}\Delta^4}\,\frac{L_0'^3}{48},$$

oder mit $E = 20\,000$ und $L_0' = 2600$ S, unter **S** wieder den Kolbenhub in **m** verstanden,

$$\mathbf{f = \sim 366\,000 \frac{S^3}{\Delta^4}\left(\frac{5}{8} G_1 + G_2\right)} \quad . \; . \; . \quad 72$$

Bei der Rechnung geht man am besten so vor, dass man Δ wählt, G_1 hiernach bestimmt und dann kontrolliert, ob der aus der vorstehenden Gleichung ermittelte Wert von f unter 1 bis 1,5 mm bleibt. Den Gleichungen 70 und 71 muss hier natürlich auch genügt werden.

1) C. Bach, Die Maschinen-Elemente. Verlag von Arnold Bergsträsser in Stuttgart.

2. Der Kreuzkopfzapfen und die Kreuzkopfschleifer.

Für die Stärke **d** und Länge **l** in **mm** des Kreuzkopfzapfens ist allein die Bedingung massgebend, dass die spezifische Flächenpressung zwischen Zapfen und Lagerschalen denjenigen Wert nicht erreicht, bei welchem das Schmiermaterial nicht mehr dauernd zwischen den Berührungsflächen zu bleiben vermag. Bezeichnet

p einen in dieser Hinsicht zulässigen Wert der Flächenpressung für **1 qmm** der Projektionsfläche des Zapfens,

so hat man

$$P = l \cdot d \cdot p = \frac{l}{d} d^2 \cdot p$$

und hieraus

$$\left.\begin{aligned} \mathbf{d} &= \mathbf{\sqrt{\frac{P}{p}\,\frac{d}{l}}} \\ \text{mit } \mathbf{p} &= \mathbf{0{,}7 \text{ bis } 0{,}8} \end{aligned}\right\} \quad . \; . \; . \; . \; . \quad 73$$

Mit Hilfe der Beziehung 69 und für $p = 0{,}7$ ergiebt sich auch

$$\left.\begin{aligned} \text{für } \frac{\mathbf{l}}{\mathbf{d}} = \mathbf{1{,}25} \; . \; . \; . \; . \; \mathbf{d} &= \mathbf{\sim 0{,}9\, D \sqrt{p_u}} \\ \text{für } \frac{\mathbf{l}}{\mathbf{d}} = \mathbf{2} \; . \; . \; . \; . \; . \; \mathbf{d} &= \mathbf{\sim 0{,}75\, D \sqrt{p_u}} \end{aligned}\right\} \quad . \quad 74$$

Nach diesen Gleichungen ist die nachstehende 2. Tabelle berechnet.

2. Tabelle.

Werte der Kreuzkopfzapfen-Durchmesser d in mm.

	Cylinderbohrung D in cm	Grösster Dampfüberdruck p_u = 2	3	4	5	6	7	8	9
Zapfenlänge l = 1,25 d	20	—	—	36	40	44	48	51	54
	30	—	47	54	60	66	71	77	81
	40	51	62	72	80	88	95	102	108
	50	64	78	90	100	110	120	127	135
	60	76	94	108	120	132	142	153	162
	70	90	110	126	140	154	166	178	190
	80	100	125	144	160	176	190	203	215
	90	114	140	162	180	198	214	230	242
	100	127	156	180	200	220	237	255	270
Zapfenlänge l = 2 d	20	—	—	30	34	37	40	42	45
	30	—	39	45	50	55	60	64	68
	40	42	52	60	67	73	80	85	90
	50	53	65	75	84	91	100	106	113
	60	63	78	90	100	110	120	127	135
	70	74	91	105	117	128	140	148	158
	80	84	104	120	133	147	158	170	180
	90	95	117	135	150	165	178	190	205
	100	105	130	150	167	182	198	210	225

Nach der Festigkeit besteht, wenn man sich den Zapfendruck P gleichmässig über die ganze Länge des Zapfens verteilt denkt, die Gleichung

$$P\,\frac{l}{8} = 0{,}1\, d^3 \cdot k_b,$$

unter k_b die zulässige Biegungsspannung des Zapfenmateriales verstanden. Für $k_b = 5$ (Gussstahl) folgt aus dieser Gleichung

$$d = \sqrt{\frac{P}{0{,}8\, k_b}\,\frac{l}{d}} = 0{,}5\sqrt{P\,\frac{l}{d}}.$$

Die Gleichung 73 dagegen liefert mit $p = 0{,}7$

$$d = 1{,}2\sqrt{P\,\frac{d}{l}}.$$

Durch Gleichsetzen beider Werte ergiebt sich, dass die letzte Gleichung grössere Durchmesser liefert, so lange

$$\frac{l}{d} < \frac{1,2}{0,5} \text{ oder } < 2,4$$

bleibt, was wohl stets der Fall ist.

Die Kreuzkopfschleifer sind in ihrer Lauffläche so zu bemessen, dass die spezifische Flächenpressung nur **0,01** bis **0,02 kg** für den **qmm** beträgt. Die Gründe hierfür werden bei der Besprechung der Maschinenteile erörtert werden. Der grösste Wert des Normaldruckes, durch den ja die Schleifer angedrückt werden, wird ungefähr dann erreicht, wenn die Schubstange rechtwinklig zur Kurbel steht. Der Normaldruck ist dann, unter $\frac{R}{L}$ das Verhältnis von Kurbelradius zu Schubstangenlänge verstanden (beide Dimensionen in derselben Masseinheit),

$$N = P\frac{R}{L}.$$

Ist nun

λ die Länge, β die Breite der Schleifer in **mm** (bei vier Gleitflächen ist β die Breite beider Schleifer zusammen),

so wird der obigen Bedingung Genüge geleistet, wenn

$$0,01 \text{ bis } 0,02\ \lambda \cdot \beta = P\frac{R}{L},$$

oder mit dem meist gebräuchlichen Verhältnis $\frac{R}{L} = \frac{1}{5}$,

$$\boldsymbol{\lambda \cdot \beta = 20 \text{ bis } 10\,P} \quad \ldots\ldots \quad 75$$

ist. Durch Einführen der Beziehung 69 erhält man auch

$$\lambda \cdot \beta = \sim \mathbf{16 \text{ bis } 8\,D^2 \cdot p_u} \quad \ldots\ldots \quad 76$$

3. Der Schubstangenschaft.

Derselbe erleidet die verschiedensten Beanspruchungen. Der Druck P wirkt abwechselnd auf Zug und auf Zerknicken, das Eigengewicht und die in einem Teil der Stange auftretende Centrifugalkraft sucht den Schaft durchzubiegen, u. s. w. Dabei wird die Kraft P bei schräger Stellung der Stange noch vergrössert. Alle diese Umstände lassen sich bei der Rechnung, soll diese nicht an Einfachheit verlieren, natürlich nicht berücksichtigen. Man legt der Rechnung vielmehr die ungünstigste Beanspruchung zu Grunde, nämlich die auf Zerknicken durch die Kraft P, und genügt den anderen Kräften und Beanspruchungen durch die Wahl eines hinreichend hohen Sicherheitsgrades. Bezeichnet alsdann

L die Länge der Stange von Mitte bis Mitte Auge in **mm**,

α den gegen Zerknicken gestatteten Sicherheitsgrad,

E den Elasticitätsmodul des Stangenmateriales für den **qmm**,

J das kleinste Trägheitsmoment des mittleren Stangenquerschnittes, bezogen auf **mm**,

H den Durchmesser des runden, bezw. die Höhe des rechteckigen oder I-förmigen Schaftquerschnittes in der Mitte der Stange in **mm**,

B die Breite des rechteckigen oder I-förmigen,

H' und **B'** die Höhe und Breite im Stege des I-förmigen Querschnittes in **mm** (siehe Fig. 12 bis 17, Taf. 18),

so hat man die Beziehung

$$J = \frac{\alpha \cdot P \cdot L^2}{\pi^2 \cdot E}$$

mit $J = \sim \frac{H^4}{20}$ für Stangen mit rundem,

mit $J = \frac{B^3 H}{12}$ für Stangen mit rechteckigem,

mit $J = \frac{B^3 H - B'^3 H'}{12}$ für Stangen mit I-förmigem

Schaftquerschnitt. Durch Einführung dieser Werte von J in die vorstehende Gleichung erhält man mit $E = 20000$ und $\pi^2 = \sim 10$ für die gewöhnlich zur Anwendung kommenden

$$\left.\begin{array}{ll} \text{runden Stangen} & \mathbf{H = 0,1\,\sqrt[4]{\alpha \cdot P \cdot L^2}}, \\ \text{rechteckigen Stangen} & \mathbf{H = 0,15\,\sqrt[4]{\alpha \cdot P \cdot L^2}} \text{ mit } \mathbf{B = 0,5H} \end{array}\right\} 77$$

Der Sicherheitsgrad α kann der folgenden Tabelle entnommen werden.

3. Tabelle.

Werte von α.

Cylinderbohrung D in cm	Umdrehungszahl n der Maschine für die Minute 50	80	100	150	200	300
20	—	15	15	15	20	40
30	15	15	15	20	40	50
40	15	15	20	40	50	60
50	15	20	30	50	60	—
60	15	20	40	60	—	—
70	15	25	50	—	—	—

Die Schubstangenlänge L ist das 4- bis 6fache, im Mittel das 5fache des Kurbelradius.

Nimmt man, wie das ja meistens der Fall ist, die Schubstangenlänge gleich dem 5fachen Kurbelradius, setzt also, wenn

R bezw. **S** den Kurbelradius bezw. den Hub in **m**,

D die Cylinderbohrung in **cm**,

L die Schubstangenlänge in **mm**

bezeichnet,

$$L = 5\,(1000\,R) = 2500\,S,$$

oder bei einem Hubverhältnis

$$\frac{100\,S}{D} = x, \text{ also } S = \frac{x \cdot D}{100},$$
$$L = 25\,x \cdot D,$$

so erhält man aus Gleichung 77 mit Benutzung der Beziehung 69

$$\left.\begin{array}{ll} \text{für runde Stangen} & \mathbf{H = 0,47\,D\,\sqrt[4]{\alpha \cdot x^2 \cdot p_u}} \\ \text{für rechteckige Stangen} & \mathbf{H = 0,7\,D\,\sqrt[4]{\alpha \cdot x^2 \cdot p_u}} \text{ mit } \mathbf{B = 0,5H} \end{array}\right\} 78$$

Nach diesen beiden Gleichungen ist die nachstehende 4. Tabelle unter Annahme eines Sicherheitsgrades $\boldsymbol{\alpha = 25}$ im Mittel, der für die meisten Verhältnisse passend scheint, berechnet.

4. Tabelle.

Werte der Schaftstärken H in mm von Schubstangen.

(Die oberen Zahlen gelten für runden, die unteren für rechteckigen Schaftquerschnitt. Die Breite des letzteren Querschnittes ist 0,5 H.)

	Cylinderbohrung D in cm	Grösster Dampfüberdruck $p_u =$ 2	3	4	5	6	7	8	9
Hubverhältnis $x = \frac{100\,S}{D} = 1$	20	—	—	30	32	33	34	36	37
		—	—	45	47	49	51	53	54
	30	—	42	45	47	50	51	53	55
		—	62	67	70	74	77	79	81
	40	50	55	60	63	66	68	71	73
		75	82	89	94	98	102	105	108
	50	63	69	75	79	82	86	89	91
		93	103	110	117	123	127	132	135
	60	75	83	89	94	99	103	106	109
		112	123	133	140	147	153	158	163
	70	88	97	104	110	115	119	124	127
		130	144	155	163	171	178	184	189
	80	100	110	119	125	131	137	142	145
		149	165	177	187	196	204	210	216
	90	113	124	134	141	148	154	159	164
		167	185	200	210	220	230	237	244
	100	125	138	150	157	164	170	172	182
		186	206	222	233	245	255	264	270
Hubverhältnis $x = \frac{100\,S}{D} = 2$	20	36	39	42	45	47	48	50	52
		53	57	63	66	69	72	75	77
	30	53	59	63	67	70	73	75	77
		79	88	94	99	104	108	112	115
	40	71	78	84	89	93	97	100	103
		105	116	125	132	138	144	149	153
	50	89	98	105	111	116	121	125	129
		132	145	156	165	173	180	186	192
	60	106	117	126	133	140	145	150	155
		158	175	187	199	208	216	224	230
	70	124	137	147	156	163	169	175	180
		184	203	218	231	242	252	261	268
	80	142	156	168	178	186	193	200	206
		210	233	250	265	276	288	296	307
	90	159	176	189	200	210	217	225	232
		237	262	281	297	311	324	335	345
	100	177	196	210	222	232	241	250	257
		264	290	312	330	346	360	372	383

4. Die Kurbelwellen mit nur einer Stirnkurbel.

Fig. 1 und 2, Taf. 20.

Die Form dieser Wellen, die meistens bei liegenden Eincylinder- oder Tandemmaschinen vorkommen, ist schematisch in Fig. 2 angedeutet. Die Welle besitzt zwei Zapfen, von denen der neben der aufgesteckten Kurbel sitzende als vorderer, der andere als hinterer bezeichnet werden soll. Die Kurbel enthält den Kurbelzapfen.

Für die Dimensionierung aller Zapfen sind bekanntlich die folgenden drei Bedingungen massgebend.

1. Der Festigkeit und Elasticität muss genügt werden, also der Zapfen so stark sein, dass er gegen Abbrechen die nötige Sicherheit bietet und sich gleichmässig über die ganze Schalenlänge auflegt.

2. Der spezifische Flächendruck zwischen Zapfen und Lagerschalen darf denjenigen Wert nicht erreichen, bei welchem das Schmiermaterial nicht mehr dauernd zwischen den arbeitenden Flächen bleibt.

3. Die Wärme, in welche der grösste Teil der Reibungsarbeit umgesetzt wird, muss noch, um das Warmlaufen zu verhüten, durch den Zapfen abgeleitet werden können.

Für den Kurbelzapfen zunächst liefert, wenn

d den Durchmesser, **l** die Länge desselben in **mm**

bezeichnet, die 1. Bedingung die Beziehung

$$P \frac{l}{2} = 0{,}1\, d^3 \cdot k_b,$$

unter $\mathbf{k_b}$ die zulässige Biegungsspannung für den **qmm** des Zapfenmateriales verstanden. Die 2. Bedingung ergiebt, wenn

p die zulässige Flächenpressung für den **qmm** der Zapfenprojektion ist, die Beziehung

$$P = l \cdot d \cdot p.$$

Durch Vereinigung beider Gleichungen erhält man das beste Verhältnis für die beiden Bedingungen 1 und 2 zu

$$\frac{l}{d} = \sqrt{\frac{0{,}2\, k_b}{p}},$$

oder mit $\mathbf{k_b = 5}$ (Gussstahl), $\mathbf{p = 0{,}6}$ im Mittel ($\mathbf{p = 0{,}7}$ höchstens)

$$\frac{\mathbf{l}}{\mathbf{d}} = \boldsymbol{\sim 1{,}3} \quad . \quad . \quad . \quad . \quad . \quad . \quad . \quad \mathbf{79}$$

Mit diesem Verhältnis folgt aus der zweiten der obigen Gleichungen, die sich auch

$$P = \frac{l}{d}\, d^2 \cdot p,$$

oder mit Zuziehung der Gleichung 69 auch

$$D^2 \frac{\pi}{4} p_u = \frac{l}{d}\, d^2 \cdot p$$

schreiben lässt und, wie weiter unten gezeigt, die massgebenden Stärken liefert für

$$\left.\begin{array}{ll} \mathbf{n < \frac{7000}{\sqrt{P}}} & \mathbf{d = \sim 1{,}15 \sqrt{P},\; l = 1{,}3\, d} \\ \text{oder} & \\ \mathbf{n < \frac{8000}{D \sqrt{p_u}}} & \mathbf{d = \sim D \sqrt{p_u},\; l = 1{,}3\, d} \end{array}\right\} \quad . \quad . \quad . \quad \mathbf{80}$$

Die Zapfenlänge l muss der 3. Bedingung genügen. Die von der spezifischen Flächenpressung p in der Sekunde entwickelte Reibungsarbeit beträgt bei einem Reibungskoefficienten von $\frac{1}{20}$

$$A = \frac{4}{\pi} \frac{1}{20} p \frac{d\,\pi \cdot n}{1000 \cdot 60} = \frac{4}{\pi} \frac{1}{20} \frac{P}{l \cdot d} \frac{d\,\pi \cdot n}{1000 \cdot 60} = \frac{P \cdot n}{300\,000\, l} \text{ mmkg.}$$

Soll diese Arbeit einen Betrag $\mathbf{A_z}$, das ist diejenige Arbeit, deren Wärmewert bei schwingenden Zapfen erfahrungsgemäss noch abgeleitet werden kann, nicht überschreiten, so muss

$$l \geqq \frac{P \cdot n}{300\,000\, A_z}$$

sein. Man gestattet nun bei den vorliegenden Kurbelzapfen einen Wert $\mathbf{A_z = 0{,}0155}$ im Mittel, oder **0,018** höchstens. Den ersteren Wert eingeführt, ergiebt sich

$$l \geqq \frac{P \cdot n}{4650}.$$

Die Gleichung 80 dagegen liefert

$$l = 1{,}3\, d = 1{,}3 \cdot 1{,}15 \sqrt{P} = \sim 1{,}5 \sqrt{P}.$$

Vereinigt man beide Ausdrücke für l, so ersieht man, dass der erstere eine grössere Zapfenlänge ergiebt, solange

$$\frac{P \cdot n}{4650} > 1{,}5 \sqrt{P},$$

oder

$$n > \frac{7000}{\sqrt{P}}$$

bezw. mit Einschluss der Beziehung 69

$$n > \frac{8000}{D \sqrt{p_u}}$$

ist. Während also für Tourenzahlen unter diesem Wert die Geichung 80 zur Bestimmung der Kurbelzapfendimensionen benutzt werden kann, ist für

$$\left.\begin{array}{ll} \mathbf{n} > \dfrac{\mathbf{7000}}{\sqrt{\mathbf{P}}} & \left| \mathbf{l} \geq \dfrac{\mathbf{P \cdot n}}{\mathbf{4650}},\ \mathbf{d} = \sqrt[3]{\mathbf{P \cdot l}} \right. \\ \text{oder} & \\ \mathbf{n} > \dfrac{\mathbf{8000}}{\mathbf{D} \sqrt{\mathbf{p_u}}} & \left| \mathbf{l} \geq \dfrac{\mathbf{D^2 \cdot p_u \cdot n}}{\mathbf{6000}},\ \mathbf{d} = \sim \mathbf{0{,}92} \sqrt[3]{\mathbf{D^2 \cdot p_u \cdot l}} \right. \end{array}\right\} \quad 81$$

zu nehmen. Der hier angegebene Wert von d folgt aus der zuerst angeführten Festigkeitsgleichung für $k_b = 5$.

Die nachfolgende 5. Tabelle giebt die Dimensionen des Kurbelzapfens nach den Werten der Gleichung 80.

5. Tabelle.

Werte der Kurbelzapfen-Durchmesser d in mm für Umdrehungszahlen $n < \frac{8000}{D \sqrt{p_u}}$.

	Cylinderbohrung D in cm	Grösster Dampfüberdruck $p_u =$ 2	3	4	5	6	7	8	9
Zapfenlänge l = 1,3 d	20	—	—	40	45	50	53	57	60
	30	—	52	60	67	74	80	85	90
	40	57	69	80	90	98	106	113	120
	50	71	87	100	112	123	132	142	150
	60	85	104	120	134	147	159	170	180
	70	100	121	140	157	172	185	198	210
	80	113	139	160	179	196	211	226	240
	90	127	156	180	201	220	238	254	270
	100	142	173	200	224	245	265	283	300

Für Tourenzahlen $n > \frac{8000}{D \sqrt{p_u}}$ sind die Zapfendimensionen nach Gleichung 81 zu berechnen.

Auf den vorderen Kurbelwellenzapfen wirkt, wenn die Kurbel rechtwinklig zur Schubstange steht und

R den Kurbelradius in **mm**,

a den horizontalen Abstand von Mitte Kurbelzapfen bis Mitte vorderes Wellenlager (siehe Fig. 2b, Taf. 20) in **mm**

bezeichnet,

ein Drehmoment P·R, ein Biegungsmoment P·a in kgmm ein.

Dies erkennt man leicht, wenn man sich nach Fig. 1a, Taf. 20 in der Schwingungsebene der Schubstange im Punkte O die auf den Kurbelzapfen wirkende Kraft P zweimal in entgegengesetzter Richtung angebracht denkt, wodurch ja Nichts am vorhandenen Zustande geändert wird. Die Kraft P in A und die entgegengerichtete Kraft P in O ergeben dann ein rechtsdrehendes Kräftepaar $P \cdot \overline{OA} = P \cdot R$, während die andere Kraft in O den vorderen Wellenzapfen mit einem Biegungsmomente P · a beansprucht.

Ist nun

$\mathbf{d_1}$ der Durchmesser, $\mathbf{l_1}$ die Länge in **mm**

des vorderen Wellenzapfens, so hat man nach der Festigkeitslehre die Beziehung

$$0{,}1\, d_1^3 \cdot k_b = \frac{3}{8} P \cdot a + \frac{5}{8} \sqrt{(P \cdot a)^2 + (P \cdot R)^2},$$

oder mit $\mathbf{k_b = 5}$ (Gussstahl)

$$d_1^3 = \frac{1}{4} P \left(3a + 5 \sqrt{a^2 + R^2}\right),$$

oder, wenn $a = \alpha R$ gesetzt wird,

$$\mathbf{d_1 = \sim 0{,}63 \sqrt[3]{P \cdot R \left(3\alpha + 5\sqrt{1 + \alpha^2}\right)}} \quad . \quad . \quad 82$$

worin, wie wohl zu beachten, aber R in **mm** einzuführen ist.

Gewöhnlich, namentlich bei einem Kolbenhube gleich der doppelten Cylinderbohrung, ist nun sehr angenähert $a = R$, also $\alpha = 1$, und hierfür ergiebt sich

$$\mathbf{d_1 = \sim 1{,}35 \sqrt[3]{P \cdot R}} \quad . \quad . \quad . \quad . \quad . \quad 83$$

oder mit Hilfe der Gleichung 69 und

$$R \text{ (in mm)} = 10\, D \text{ (in cm)}$$

$$\mathbf{d_1 = \sim 2{,}7\, D \sqrt[3]{p_u}} \quad . \quad . \quad . \quad . \quad . \quad 84$$

Die Länge des vorderen Kurbelwellenzapfens nimmt man gewöhnlich

$$\mathbf{l_1 = 1{,}7 \text{ bis } 2{,}2\, d_1} \quad . \quad . \quad . \quad . \quad . \quad 85$$

Die so ermittelten Dimensionen sind hinsichtlich der zulässigen Flächenpressung und Reibungsarbeit zu kontrollieren. Hierzu bedarf man des Druckes R_1 auf den vorderen Wellenzapfen. Dieser Druck rührt einmal von der in O (Fig. 1a, Taf. 20) verbleibenden Kraft P, die in dem Folgenden horizontal angenommen werden möge, das andere Mal von dem Schwungradgewicht, das hier kurz mit G bezeichnet werde, her. Der von P herrührende und also in der Horizontalebene wirkende Teil ist nach Fig. 2b und c, Taf. 20

$$H_1 = P \frac{a + c}{c} = P \left(1 + \frac{a}{c}\right),$$

wenn c der Abstand von Mitte bis Mitte Lager ist. G bewirkt in der Vertikalebene nach Fig. 2a, Taf. 20 am vorderen Zapfen einen Druck

$$V_1 = G \frac{b}{c},$$

unter b den Abstand des Schwungrades von der Mitte des hinteren Lagers verstanden (siehe Fig. 2b, Taf. 20). Der Riemen- oder Seilzug D kann gewöhnlich bei der Rechnung vernachlässigt werden. Durch Vereinigung der rechtwinklig zu einander gerichteten Komponenten H_1 und V_1 erhält man

$$\mathbf{R_1 = \sqrt{H_1^2 + V_1^2} = \sqrt{P^2 \left(1 + \frac{a}{c}\right)^2 + G^2 \left(\frac{b}{c}\right)^2}} \quad . \quad 86$$

Mit Berücksichtigung des Riemen- oder Seilzuges D, der gleich dem dreifachen Werte von U in Gleichung 66 gesetzt werden kann, ergiebt sich für

den Hinlauf (Fig. 2b)

$$H_1 = \frac{P(a + c) + D \cdot b}{c},$$

den Rücklauf (Fig. 2c)

$$H_1 = \frac{P(a + c) - D \cdot b}{c}$$

und aus der Vereinigung dieser Werte mit V_1 wie oben R_1 verschieden für die beiden Totlagen.

Ist dann p wieder die zulässige spezifische Flächenpressung für den qmm, so muss mit dem nach der Festigkeit berechneten Durchmesser d_1

$$l_1 = \frac{R_1}{d_1 \cdot p} \quad . \; . \; . \; . \; . \; . \; . \; 87$$

oder, wenn man hier **p = 0,13 kg** gestattet, welcher Wert von anderer Seite bis zu **p = 0,15 kg** als zulässig angegeben wird,

$$l_1 = 7{,}7 \frac{R_1}{d_1} \quad . \; . \; . \; . \; . \; . \; . \; 88$$

Hinsichtlich der entwickelten Reibungsarbeit, die, in Wärme umgesetzt, noch durch den Zapfen abgeleitet werden kann, muss ähnlich wie bei dem Kurbelzapfen sein

$$l_1 \geqq \frac{R_1 \cdot n}{300000 \, A_z}, \quad . \; . \; . \; . \; . \; . \; 89$$

oder, wenn für A_z, das hier zu **0,007 bis 0,0125 mmkg** nach bewährten Ausführungen angegeben wird, der mittlere Wert $A_z = 0008$ eingeführt wird,

$$l_1 \geqq \frac{R_1 \cdot n}{2400} \quad . \; . \; . \; . \; . \; . \; . \; 90$$

Der hintere Kurbelwellenzapfen empfängt nach Fig. 2a und c, Taf. 20 unter Vernachlässigung des Riemen- oder Seilzuges

in der Horizontalebene einen Druck

$$H_2 = P \frac{a}{c},$$

in der Vertikalebene einen solchen

$$V_2 = G \frac{c - b}{c} = G \left(1 - \frac{b}{c}\right)$$

also einen resultierenden Druck

$$R_2 = \sqrt{H_2^2 + V_2^2} = \sqrt{P^2 \left(\frac{a}{c}\right)^2 + G^2 \left(1 - \frac{b}{c}\right)^2} \quad . \; 91$$

Bei Berücksichtigung des Riemen- oder Seilzuges D wird für den Hinlauf (Fig. 2b)

$$H_2 = \frac{D(c-b) - P \cdot a}{c},$$

für den Rücklauf (Fig. 2c)

$$H_2 = \frac{D(c-b) + P \cdot a}{c},$$

welche dann mit V_2 wie oben den für die beiden Totlagen verschiedenen resultierenden Druck R_2 liefern.

Für

d_2 als Durchmesser, l_2 als Länge dieses Zapfens in **mm**,

liefert die Festigkeit die Beziehung

$$R_2 \frac{l_2}{2} = 0{,}1 \, d_2^3 \cdot k_b,$$

die Rücksicht auf den zulässigen Flächendruck p diejenige

$$R_2 = l_2 \cdot d_2 \cdot p,$$

und schliesslich die Forderung, dass die in Wärme umgesetzte Reibungsarbeit noch abgeleitet werden kann, diejenige

$$l_2 \geqq \frac{R_2 \cdot n}{300000 \, A_z}.$$

Bei einem mittleren Verhältnis

$$l_2 = 1{,}7 \text{ bis } 2 \, d_2 \quad . \; . \; . \; . \; . \; 92$$

giebt für **p = 0,15** (Gussstahl, ungehärtet, auf Bronze) die zweite Gleichung den Wert

$$d_2 = \sim 2 \text{ bis } 1{,}8 \sqrt{R_2} \quad . \; . \; . \; . \; . \; 93$$

die erste für $k_b = 5$ (Gussstahl) einen stets kleineren Wert, und schliesslich die dritte für $A_z = 0{,}005$ die Zapfenlänge

$$l_2 \geqq \frac{R_2 \cdot n}{1500} \quad . \; . \; . \; . \; . \; . \; . \; 94$$

die nur dann grösser als die mit Hilfe der Gleichungen 92 und 93 berechnete wird, wenn

$$\frac{R_2 \cdot n}{1500} > 1{,}7 \cdot 2 \text{ bis } 2 \cdot 1{,}8 \sqrt{R_2},$$

oder

$$n > \frac{5100}{\sqrt{R_2}} \text{ bezw. } \frac{5400}{\sqrt{R_2}} \quad . \; . \; . \; . \; 95$$

ist. In einem solchen Falle hat man bei der Länge l_2 aus Gleichung 94 den Durchmesser des Zapfens

$$d_2 = \sqrt[3]{R_2 \cdot l_2} \quad . \; . \; . \; . \; . \; . \; 96$$

zu nehmen.

In der Mitte des Schwungrades muss die Kurbelwelle einen Durchmesser d_3 in **mm** erhalten, der mit $k_b = 5$ aus

$$d_3 = \sqrt[3]{0{,}75 \, R_2 \cdot b + 1{,}25 \sqrt{(R_2 \cdot b)^2 + (P_2 \cdot R)^2}} \quad . \; 97$$

folgt.

Die Dimensionen des Kurbelarmes werden am besten zunächst empirisch gewählt und dann einer Kontrollrechnung unterzogen. Für einen radial um **x** von der Mitte des Kurbelzapfens entfernten Querschnitt des Kurbelarmes ist, wenn

y die Entfernung von Mitte Kurbelzapfen bis Mitte Kurbelarm,

b die Dicke, **h** die Höhe des Kurbelarmes in dem fraglichen Querschnitt (siehe Fig. 1, Taf. 19)

bezeichnet, das angreifende Biegungsmoment $P \cdot x$, das Verdrehungsmoment $P \cdot y$ und deshalb

$$\frac{3}{8} P \cdot x + \frac{5}{8} \sqrt{(P \cdot x)^2 + (P \cdot y)^2} = \frac{b \cdot h^2}{6} k_b,$$

oder

$$k_b = 0{,}75 \frac{P}{b \cdot h^2} \left(3x + 5\sqrt{x^2 + y^2}\right) \quad . \; . \; 98$$

Die Festigkeit kann als genügend angesehen werden, wenn für Kurbeln aus Schweisseisen $k_b \leqq 4$ ist. Für P kann auch die Beziehung 69 wieder eingeführt werden.

Für den mit dem graphischen Verfahren Vertrauten bietet die graphische Berechnung der Kurbelwellen manche Vorteile. Die Fig. 1a bis e auf Taf. 20 zeigen die graphische Berechnung der einfachen Kurbelwelle, wie sie besonders von Ebel[1]) und Herrmann[2]) in sehr leicht verständlicher Weise durchgeführt worden ist.

Fig. 1a deutet zunächst die Lage $\overline{OA}$ der Kurbel an, welche der Rechnung zu Grunde gelegt ist. In Fig. 1b bezeichnet weiter

I die Mitte des Kurbelzapfens,
III die Mitte des vorderen Wellenlagers,
IV die Mitte des hinteren Wellenlagers,
II die Mitte des Schwungrades.

---

1) Ebel, Praktische Anleitung zum Gebrauche der graphischen Methoden, Verlag der Herderschen Buchhandlung in Freiburg im Breisgau.

2) Weissbach-Herrmann, Die Zwischenmaschinen, Verlag von Vieweg & Sohn, Braunschweig.

Im Punkte O der Fig. 1a bezw. I der Fig. 1b ist schliesslich zweimal die Belastung P des Kurbelzapfens angebracht. G ist das Schwungradgewicht, D der Riemen- oder Seilzug, der bekanntlich das Dreifache der zu übertragenden Umfangskraft U (siehe Gleichung 66) ausmacht. G und D vereinigt, ergeben die Resultierende $\overline{Ow}$.

Es wirkt nun das Kräftepaar $P \cdot \overline{AO}$ auf Verdrehen von I bis II (Fig. 1b) mit dem Moment $P \cdot R$, wenn R der Kurbelradius ist. Ferner wirkt auf Biegung in der Ebene $\alpha - \alpha$ (Fig. 1a) die Kraft $P = \overline{O2'}$ und die Komponente $\overline{O1'}$ von $\overline{Ow}$, in der Ebene $\beta - \beta$ nur die Komponete $\overline{O1}$ von $\overline{Ow}$. Fig. 1d giebt das Kräftepolygon für die Kräfte der ersten, Fig. 1c dasjenige für die der letzten Ebene, wenn $\overline{O1'} = \overline{O1}$ der Polabstand ist. Es wurde nun gemacht in Fig. 1d

$$\overline{0' - 1'} = \overline{O1'} \text{ und } \overline{1' - 2'} = P = \overline{O2'} \text{ in Fig. 1a,}$$

in Fig. 1b

$$\overline{Ic} \parallel \overline{O2'} \text{ und } \overline{IIb} \parallel \overline{OO'} \text{ in Fig. 1d.}$$

Daraus ergiebt sich in Fig. 1b die Linie $\overline{bc}$, der in Fig. 1d $\overline{O3'}$ parallel gezogen ist. IIIbcI in Fig. 1b ist die Biegungs-Momentenfläche der Ebenen $\alpha - \alpha$, $\overline{3' - 2'}$ bezw. $\overline{3' - 0'}$ in Fig. 1d ist die Reaktion des vorderen bezw. hinteren Wellenzapfens, also in III bezw. IV, für diese Ebene.

Ferner wurde gemacht

in Fig. 1c

$$\overline{0 - 1} = \overline{O1} \text{ in Fig. 1a,}$$

in Fig. 1b

$$\overline{IIa} \parallel \overline{OO} \text{ in Fig. 1c.}$$

Durch Ziehen von $\overline{aIII}$ in Fig. 1b ergiebt sich die Biegungs-Momentenfläche IIIIIaIII der Ebene $\beta - \beta$. Wird schliesslich in Fig. 1c $\overline{O2}$ parallel $\overline{aIII}$ in Fig. 1b gelegt, so ist $\overline{1 - 2}$ die Reaktion in III und $\overline{2 - 0}$ diejenige in IV.

Die beiden erwähnten Momentenflächen, die in zwei zu einander rechtwinkligen Ebenen liegen, sind jetzt zu einer resultierenden Biegungs-Momentenfläche zu vereinigen. Dies geschieht in der Weise, dass man die zusammengehörigen Ordinaten der beiden Flächen als die Katheten eines rechtwinkligen Dreiecks und die Hypotenuse als resultierende Ordinate ansieht. So ergeben z. B. in Fig. 1b die beiden Ordinaten $\overline{6 - 9}$ und $\overline{6 - 7} = \overline{6 - 8}$ als resultierende Ordinate $\overline{8 - 9} = \overline{6 - 16}$. Die resultierende Biegungs-Momentenfläche in Fig. 1b ist mit IIIadgI bezeichnet.

Die Torsions-Momentenfläche des Kräftepaares $P \cdot R$ ist in Fig. 1b durch das Rechteck IIIfel wiedergegeben. Die Höhe dieses Rechteckes ergiebt sich, wenn man der Fig. 1d im Abstande R die Vertikale $\overline{4' - 5'}$ entnimmt.

Zur Vereinigung der zusammengehörigen Ordinaten der Biegungs- und Torsions-Momentenflächen, die bekanntlich nach der Formel

$$M_i = \frac{3}{8} M_b + \frac{5}{8} \sqrt{M_b^2 + M^2}$$

zu geschehen hat, kann das in Fig. 1b angedeutete Verfahren dienen. Für $M_b = \overline{10 - 12}$ und $M = \overline{Ie}$ trägt man im Punkte 12 die Strecke $\overline{Ie} = \overline{12 - 13}$ horizontal an und zieht $\overline{10 - 13}$. Wird dann $\overline{10 - 11} = \frac{3}{8} \overline{10 - 12}$ gemacht und $\overline{11 - 14}$ gezogen, so ist $\overline{10 - 11} + \overline{13 - 14} = \overline{11 - 15}$ die verlangte Ordinate der ideellen Biegungs-Momentenfläche IIIadkihII. Die einzelnen Ordinaten dieser Fläche stellen, bezogen auf den Kräftemassstab und multipliziert mit dem Polabstande, diesen gemessen nach dem Längenmassstabe, die angreifenden ideellen Biegungsmomente der äusseren Kräfte für die einzelnen Querschnitte der Welle dar.

Die Momentenfläche des Kurbelarmes ist in Fig. 1e konstruiert. Es ist

abcd die Torsions-Momentenfläche der Kraft P am Hebelarm y. Die Höhe des Rechteckes abcd erhält man in Fig. 1d in der um y von O abstehenden Vertikalen $\overline{6' - 7'}$;

ebc die Biegungs-Momentenfläche der Kraft P, wobei $\overline{ec}$ gleich der im Abstande R von O in Fig. 1d gezogenen Vertikalen $\overline{4' - 5'}$ gemacht ist;

efabe die ideelle Biegungs-Momentenfläche, erhalten durch die früher beschriebene Vereinigung der Ordinaten der beiden vorigen Flächen.

5. Die Kurbelwellen mit zwei aufgesetzten Stirnkurbeln.

Fig. 4, Taf. 20.

Sie kommen gewöhnlich bei liegenden Zweicylindermaschinen zur Anwendung, bei denen die unter 90° gegeneinander versetzten Stirnkurbeln ausserhalb der beiden Wellenlager sitzen. Ist

P_1 der grösste Kolbendruck auf den einen,

P_2 derjenige auf den anderen Kurbelzapfen,

so berechnen sich die Kurbelzapfen wie bei der Kurbelwelle mit nur einer Stirnkurbel, also nach den Gleichungen 79 bis 81, sobald in diese Gleichungen für D und p_u die zusammengehörigen Werte eingeführt werden.

Zur Berechnung der Dimensionen der beiden Kurbelwellenzapfen können ferner die Gleichungen 82 bis 90 benutzt werden, wenn man in diesen P durch P_1 bezw. P_2 ersetzt und R_1 nicht aus Gleichung 86, sondern für den einen Wellenzapfen aus

$$R_1 = \sqrt{P_1^2 \left(1 + \frac{a_1}{c}\right)^2 + \frac{1}{4} G^2} \quad . \quad . \quad . \quad 99_a$$

für den anderen aus

$$R_2 = \sqrt{P_2^2 \left(1 + \frac{a_2}{c}\right)^2 + \frac{1}{4} G^2} \quad . \quad . \quad . \quad 99_b$$

bestimmt, unter a_1, a_2 und c die in Fig. 4, Taf. 20 eingetragenen Abstände verstanden. Dabei ist dann angenommen, dass an dem einem Kurbelzapfen gar kein Druck angreift, wenn der andere voll belastet ist, und dass das Schwungrad in der Mitte der beiden Schwungradlager sitzt. Der Riemen- oder Seilzug ist hierbei vernachlässigt.

Einen weit tieferen Einblick in die Beanspruchung der einzelnen Querschnitte der Kurbelwelle gewährt das graphische Verfahren, sobald dieses für eine Anzahl von Kurbellagen durchgeführt wird und die bei diesen letzteren auftretenden Drucke P_1 und P_2 dem resultierenden Horizontaldruck-Diagramm der Maschine entnommen werden. Auf Taf. 20 ist dieses Verfahren für drei Lagen der beiden Kurbeln durchgeführt, nämlich

Fig. 4a, b und c: eine Kurbel in der Totlage, andere Kurbel senkrecht dazu,

Fig. 4d, e und f: beide Kurbeln unter 45° während des Hinlaufes,

Fig. 4h, i und k: beide Kurbeln unter 45° während des Rücklaufes.

Für die Lage in Fig. 4d ergeben sich die Momentenflächen in der folgenden Weise.

In Fig. 4d sind P_1 und P_2 die an den beiden Kurbelzapfen A und B angreifenden Drucke. Dieselben beanspruchen die Welle durch das Torsionsmoment $P_1 \cdot y$ bezw. $P_2 \cdot x$. Auf Biegung wird ferner die Welle beansprucht in der Ebene $\alpha - \alpha$ durch die Kräfte P_1 und P_2, sowie durch die Komponente $\overline{O1'}$ des zu einer Resultierenden $\overline{Ow}$ vereinigten Schwungradgewichtes G und Riemen- oder Seilzuges D, in der Ebene $\beta - \beta$ durch die Komponente $\overline{O1}$.

In Fig. 4e ist I die Mitte des einen Kurbelzapfens, wo P_1 angreift, II die des anderen für P_2. IV und V sind die Mitten der beiden Kurbelwellenlager, III ist die Mitte des Schwungrades, also der Angriffspunkt für G und D.

In Fig. 4f ist ferner das Kräftepolygon für die Ebene $\alpha - \alpha$ dargestellt. Es ist $\overline{0-1} = P_1$, $\overline{1-2} =$ der Komponente $\overline{01'}$ in Fig. 4d, $\overline{2-3} = P_2$ gemacht und die Poldistanz sowie der Pol 0 gewählt worden. Zieht man dann in Fig. 4e durch IV eine Parallele zu $\overline{00}$ in Fig. 4f, macht weiter

in Fig. 4e $\overline{pb} \parallel \overline{01}$ in Fig. 4f,
in Fig. 4e $\overline{bi} \parallel \overline{02}$ in Fig. 4f,
in Fig. 4e $\overline{iV} \parallel \overline{03}$ in Fig. 4f,

so wird bei richtiger Wahl von 0 in Fig. 4f die Linie $\overline{iV}$ durch den Punkt V in Fig. 4e gehen und also die Schlusslinie $\overline{VIV}$ der Biegungs-Momentenfläche IVpbiVIV horizontal zu liegen kommen. Die durch 0 in Fig 4f gezogene Horizontale liefert dann $\overline{0-4}$ als Reaktion des Lagers IV, $\overline{4-3}$ als diejenige des Lagers V für diese Ebene.

Fig. 4g giebt den Kräfteplan für die Ebene $\beta - \beta$, und es ist $\overline{0-1}$ in Fig. 4g gleich $\overline{01}$ in Fig. 4d gemacht. Mit Hilfe dieses Kräftepolygones ergiebt sich in bekannter Weise IVVdIV in Fig. 4e als Biegungs-Momentenfläche und durch Ziehen der Horizontalen $\overline{02}$ in Fig. 4g $\overline{0-2}$ als Reaktion des Lagers IV, $\overline{2-1}$ als diejenige des Lagers V für diese Ebene.

Die Torsions-Momentenflächen sind in Fig. 4e durch die beiden Rechtecke IfgIIII und IIihIIIII bezeichnet. Die Höhen dieser Rechtecke erhält man in den im Abstande y bezw. x in Fig. 4f gezogenen Vertikalen $\overline{5-6}$ bezw. $\overline{7-8}$.

Vereinigt man schliesslich in der auf Seite 111 für Fig. 1b, Taf. 20 angegebenen Weise die beiden Biegungs-Momentenflächen zu der resultierenden Fläche IVpaeciVIV und diese wieder mit den Torsions-Momentenflächen, so erhält man die für die Berechnung der Welle massgebende ideelle Biegungs-Momentenfläche IhlmnoIII.

In ähnlicher Weise ergeben sich die Fig. 4b und 4i für die in Fig. 4a bezw. 4h angedeuteten Kurbellagen.

6. Die einfach gekröpften Kurbelwellen.

Fig. 3, Taf. 20.

Sie kommen bei liegenden Eincylindermaschinen mit Rahmen, die beide Kurbelwellenlager enthalten, sowie bei allen stehenden Eincylindermaschinen vor. Die Kraftableitung findet gewöhnlich nur nach der einen, selten nach beiden Seiten hin statt. Im Folgenden ist die Berechnung dieser Wellen für eine stehende Maschine mit einseitiger Kraftableitung durchgeführt. Wie die Berechnung sich gestaltet, wenn die Maschine eine liegende ist oder die Kraftabgabe nach beiden Seiten hin erfolgt, dürfte dann leicht allein gefunden werden.

Stellt in Fig. 3b bis h IVIwAIIIedII die Mittellinie der gekröpften Welle dar, und greift in III die Gestängekraft P, in IV das Schwungradgewicht G an, während I und II die Mitten der Kurbelwellenlager sind, so ergeben sich für die in Fig. 3c angedeutete Kurbellage, bei der die Schubstange und die Kurbel senkrecht zu einander stehen, die Lagerreaktionen R_1 und R_2 in der folgenden Weise. Fügt man im Punkte O in Fig. 3a zweimal die Kraft $P = \overline{O2} = \overline{O2'}$ in entgegengesetzter Richtung zu, so entsteht einmal ein rechts drehendes Kräftepaar $P \cdot \overline{AO}$, das andere Mal beim Hochgange des Kolbens (siehe die Lage der Kurbel in Fig. 3a) eine aufwärts gerichtete Kraft $P = \overline{O2'}$, beim Niedergange des Kolbens (die Kurbel steht der in Fig. 3a angedeuteten Lage diametral gegenüber) eine abwärts gerichtete Kraft $P = \overline{O2}$. Diese letzteren Kräfte erzeugen nun, wenn sie ebenso wie das Schwungradgewicht G als in der Vertikalebene wirkend angenommen werden und wenn nach Fig. 3b

x der Abstand der Kurbelzapfenmitte von der Mitte des Lagers II,

y derjenige von der Mitte des Lagers III,

z derjenige der letztgenannten Lagermitte von der Schwungradmitte

ist,

beim Hochgange des Kolbens die Reaktion

$$\left.\begin{aligned} R_1 &= \frac{G(x+y+z) - P \cdot x}{x+y} \\ R_2 &= \frac{G \cdot z + P \cdot y}{x+y} \end{aligned}\right\} \quad \ldots \quad 100$$

bei Niedergange des Kolbens

$$\left.\begin{aligned} R_1 &= \frac{G(x+y+z) + P \cdot x}{x+y} \\ R_2 &= \frac{P \cdot y - G \cdot z}{x+y} \end{aligned}\right\} \quad \ldots \quad 101$$

Von diesen Werten ist für die späteren Festigkeitsberechnungen natürlich immer der grössere zu wählen.

Um die Beanspruchung des Kurbelzapfens zunächst zu erkennen, kann man sich nach Fig. 3f das rechte Ende der Welle bis zur Mitte dieses Zapfens eingemauert denken. Denkt man sich dann im Punkte B zweimal in entgegengesetzter Richtung die Reaktion R_2 angebracht, so ersieht man leicht, dass der Querschnitt III durch das Kräftepaar $R_2 \cdot R$ auf Verdrehung, durch das Moment $R_2 \cdot x$ auf Biegung in Anspruch genommen wird. Ist also

d der Durchmesser des Kurbelzapfens.

R der Kurbelradius in **mm**,

so ergiebt sich der erstere aus der Beziehung

$$0{,}1\, d^3 \cdot k_b = \frac{3}{8} R_2 \cdot x + \frac{5}{8} \sqrt{(R_2 \cdot x)^2 + (R_2 \cdot R)^2}$$

für $k_b = 5$ (Gussstahl)

$$d = \sqrt[3]{\frac{R_2}{4}\left(3x + 5\sqrt{x^2 + R^2}\right)} \quad . \quad . \quad 102$$

Die Länge **l** in **mm** des Kurbelzapfens muss, damit die spezifische Flächenpressung den zulässigen Wert p nicht überschreitet, der Bedingung

$$\left.\begin{aligned} l &\geqq \frac{P}{d \cdot p} \\ \text{mit } p &= 0{,}6 \end{aligned}\right\} \quad \ldots \ldots \quad 103$$

sowie mit Rücksicht auf die Ableitung der in Wärme umgesetzten Reibungsarbeit, derjenigen

$$\left.\begin{aligned} l &\geqq \frac{P \cdot n}{300000\, A_z} \\ \text{mit } A_z &= 0{,}012 \text{ bis } 0{,}03 \end{aligned}\right\} \quad \ldots \quad 104$$

genügen.

Die Beanspruchung der Welle in der Mitte I des einen Wellenzapfens ist aus Fig. 3h ersichtlich, wo wieder das eine Ende der Welle bis zu dieser Mitte I hin eingemauert ist. Durch Antragen der zwei entgegengerichteten Kräfte P im Punkte S ersieht man, dass das auf Verdrehen des fraglichen Querschnittes wirkende Kräftepaar das Drehmoment $M = P \cdot R$, das auf Biegung wirkende Moment die Grösse $M_b = R_2 (x + y) - P \cdot y$ hat. Der Durchmesser **d** in **mm** der Welle an dieser Stelle muss also für $k_b = 5$ der Bedingung

$$d = \sqrt[3]{0,75\, M_b + 1,25 \sqrt{M_b^2 + M^2}} \quad . \quad . \quad 105$$

genügen. Für die Länge **l** in **mm** dieses Zapfens sind entsprechend wie beim Kurbelzapfen die beiden Bedingungen

$$\left. \begin{array}{l} l \geq \dfrac{R_1}{p \cdot d} \\ \text{mit } p = 0,15 \end{array} \right\} \quad . \quad . \quad . \quad . \quad . \quad 106$$

und

$$\left. \begin{array}{l} l \geq \dfrac{R_1 \cdot n}{300000\, A_z} \\ \text{mit } A_z = 0,007 \text{ bis } 0,015 \end{array} \right\} \quad . \quad . \quad . \quad 107$$

massgebend.

Der andere Wellenzapfen II ist wie ein einfacher Tragzapfen zu berechnen. Aus Rücksichten auf die Herstellung der Welle wird man ihm aber wohl stets denselben Durchmesser wie dem stärker beanspruchten Wellenzapfen I geben und höchstens die Länge etwas geringer als wie bei diesem nehmen, wenn man es nicht auch vorziehen sollte, wegen der Gleichheit der Lager beide Zapfen gleich lang zu machen. Jedenfalls muss die Länge l des Zapfens II den Gleichungen 106 und 107 genügen, wenn man in diesen R_1 durch R_2 ersetzt.

Die Beanspruchung des dem Schwungrade näheren Kurbelarmes lässt Fig. 3g erkennen. Denkt man sich die Welle bis zur ungünstigst beanspruchten Stelle w dieses Armes eingemauert und in den Punkte w zweimal die Reaktion R_2, im Punkte A zweimal die Kraft P angebracht, so ersieht man, dass das Moment

$$M = R_2 (l_1 + l_2 + l_3) - P \cdot l_2$$

auf Verdrehen, dasjenige

$$M_b = P \cdot R$$

auf Biegung wirkt. Ist also

b die Dicke, **h** die Höhe des Armes in **mm**,

so muss mit $k_b = 4$ der Bedingung genügt sein

$$b \cdot h^2 \geq \frac{3}{16} \left(3\, M_b + 5 \sqrt{M_b^2 + M^2} \right) \quad . \quad . \quad 108$$

Für den dem Schwungrade entfernteren Kurbelarm gilt Fig. 3e. Man erkennt, dass hier das Moment

$$M = R_2 \cdot l_3$$

auf Verdrehen, dasjenige

$$M_b = R_2 \cdot R$$

auf Biegung wirkt. Die Dimensionen dieses Armes müssen also unter Einführung dieser Werte von M und M_b der Gleichung 108 genügen.

Fig. 3d zeigt schliesslich noch die Beanspruchung der Welle vor dem letztgenannten Kurbelarme; dieselbe erleidet hier nur eine Biegungsbeanspruchung durch das Moment $R_2 \cdot l_3$.

Die graphische Behandlung der vorliegenden Kurbelwellen zeigt Fig. 3a bis c, Taf. 20.

Fig. 3c giebt das Kräftepolygon für die Ebene $\beta - \beta$. Es entspricht in dieser Figur $\overline{2' - 1}$ der Kraft P und $\overline{1 - 0}$ der Komponente $\overline{01}$ in Fig. 3a. Wählt man dann den Pol O in Fig. 3c und zieht

in Fig. 3b $\overline{Ib} \parallel \overline{00}$ in Fig. 3c,
in Fig. 3b $\overline{ba} \parallel \overline{01}$ in Fig. 3c,
in Fig. 3b $\overline{aII} \parallel \overline{02'}$ in Fig. 3c,

so wird bei richtiger Wahl von O die letztgenannte Linie $\overline{aII}$ in Fig. 3b durch den Punkt II gehen und die Schlusslinie $\overline{III}$ der Biegungs-Momentenfläche IbaIII horizontal zu liegen kommen. Die Horizontale durch den Pol O in Fig. 3c liefert dann in $\overline{3 - 0}$ die aufwärts gerichtete Reaktion R_1 des Lagers I, in $\overline{3 - 2'}$ die abwärts gerichtete Reaktion R_2 des Lagers II.

Die Biegungs-Momentenfläche der Ebene $\alpha - \alpha$ ist wegen der geringen Grösse der hier wirkenden Komponente $\overline{O1'}$ in Fig. 3a vernachlässigt worden.

Für den Teil $\overline{IVw}$ der Welle in Fig. 3b ist nun das Torsionsmoment $P \cdot R$ und die diesem entsprechende Momentenfläche das Rechteck IVwKP. Die Höhe des letzteren ergiebt sich aus Fig. 3c, wenn man im Abstande R die Vertikale $\overline{5 - 8}$ zieht. Durch Vereinigung der Biegungs- und Torsions-Momentenflächen in der auf Seite 111 bezüglich der Fig. 1b, Taf. 20 gezeigten Weise ergiebt sich für den Teil $\overline{IVw}$ der Kurbelwelle die ideelle Biegungs-Momentenfläche bQNMwIb, die in der Fig. 3b schraffiert ist.

Für den Zapfen III von der Länge $\overline{0k}$ ist nach Fig. 3f das Torsionsmoment $R_2 \cdot R$. Die Höhe des dem letzteren entsprechenden Rechteckes oqpko in Fig. 3b erhält man in Fig. 3c als die im Abstande R vom Pol O gezogene Vertikale $\overline{5 - 4}$. Das Biegungsmoment für den Querschnitt in III ist mit Bezug auf Fig. 3f gleich $R_2 \cdot x$. Macht man also in Fig. 3b $\overline{IIIm} = \overline{III'a}$ und zieht $\overline{mn} \parallel$ ab, sowie ml $\parallel$ aII, so ist onmlko die Biegungs-Momentenfläche. Durch Vereinigung beider Flächen ergiebt sich otsrko als resultierende Fläche.

Der rechte Kurbelarm $\overline{Aw}$ erhält nach Fig. 3g ein Torsionsmoment $R_2 (l_1 + l_2 + l_3) - P \cdot l_2$. Dem ersten Produkt in dieser Differenz entspricht in Fig. 3b die Strecke $\overline{wu}$, dem letzten die in Fig. 3c im Abstande l_2 vom Pol O gezogene Vertikale $\overline{6 - 7}$. In Fig. 3b ist nun $\overline{wC} = \overline{wu} - \overline{6 - 7}$ und ADCw die Torsions-Momentenfläche. Das Biegungsmoment des rechten Kurbelarmes im Querschnitt w ist nach Fig. 3g gleich $P \cdot R$. In Fig. 3b ist deshalb $\overline{wE}$ gleich der Vertikalen $\overline{5 - 8}$ in Fig. 3c gemacht, so dass das Dreieck AwE die Biegungs-Momentenfläche darstellt. Die resultierende Momentenfläche ist AGFwA.

Der linke Kurbelarm erleidet nach Fig. 3e ein Torsionsmoment $R_2 \cdot l_3$ und im Querschnitt e ein Biegungsmoment $R_2 \cdot R$. In Fig. 3b ist $\overline{dh} = \overline{dc}$ die dem ersteren, in Fig. 3c $\overline{5 - 4}$ die dem letzteren Momente entsprechende Strecke und demnach in Fig. 3b das Rechteck eh'hd die Torsions-, das Dreieck efd die Biegungs-, und eigde die ideelle Biegungs-Momentenfläche.

Der Teil $\overline{dII}$ der Kurbelwelle schliesslich erleidet nur eine Biegungsbeanspruchung entsprechend der Momentenfläche dIIcd.

7. Die doppelt und dreifach gekröpften Kurbelwellen.

Sind diese Wellen nur an zwei Stellen verlagert, so kann die Berechnung genau in derselben Weise durchgeführt werden, wie dies bei der einfach gekröpften Welle gezeigt wurde. Man bestimmt dann für eine Kurbellage, bei der die ungünstigste Beanspruchung der Welle zu erwarten ist, unter möglichster Vereinfachung die Lagerreaktionen und denkt sich den einen Teil der Welle immer bis zu demjenigen Querschnitte hin eingemauert, dessen Stärke berechnet werden soll. Durch Hinzufügen zweier gleichen, aber entgegengesetzten Kräfte in den richtigen Punkten erhält man die auf Verdrehung wirkenden

Kräftepaare, sowie die Biegungsmomente der noch übrig bleibenden Kräfte, wie dies ja bei der einfachen gekröpften Welle gezeigt wurde.

Sind aber, wie dies allerdings meistens der Fall ist, die gekröpften Wellen an mehr als zwei Stellen verlagert, so hört eine genaue Bestimmung der einzelnen Lagerreaktionen und eine genaue Berechnung der Welle nach den Regeln der Festigkeitslehre auf, und man muss seine Zuflucht zu einer annähernden Berechnung unter Beachtung der hauptsächlichsten Beanspruchung und unter Gestattung einer genügenden Sicherheit nehmen. Ist nun

N_i die grösste indizierte Leistung in Pferdestärken,

n die minutliche Umdrehungszahl der Maschine, so beträgt das mittlere Drehmoment der Kurbelwelle bekanntlich

$$M = 716200 \frac{N_i}{n} \text{ kgmm,}$$

oder, wenn m ein Faktor ist, der den Schwankungen dieses Momentes bei Mehrcylindermaschinen Rechnung trägt, das grösste Drehmoment

$$\left.\begin{array}{l} \mathbf{M = 716200 \frac{N_i}{n}\, m} \\ \text{mit} \\ \mathbf{m = 1{,}2 \text{ bis } 1{,}5} \end{array}\right\} \quad \ldots\ldots \quad \mathbf{109}$$

je nach der Stellung der Kurbeln zu einander und je nach der erzielten Gleichheit der Arbeiten der einzelnen Cylinder. Ist ferner nach Fig. 13 und 14, Taf. 19

x der Abstand zweier benachbarten Lager,

$\mathbf{y_1}$ bezw. $\mathbf{y_2}$ der Abstand der Schubstangen-Schwingungsebene von diesen Lagern in **mm**,

P der grösste Kolbendruck der einzelnen Cylinder, so kann das auftretende Biegungsmoment zu ungefähr

$$\mathbf{M_b = \frac{P \cdot y_1 \cdot y_2}{x}} \quad \ldots\ldots \quad \mathbf{110}$$

angenommen werden. Der Durchmesser **d** in **mm** der Kurbelwelle, die gewöhnlich in allen Zapfen gleiche Stärke erhält, folgt dann aus der Gleichung

$$\mathbf{0{,}1\, d^3 \cdot k_b = \frac{3}{8} M_b + \frac{5}{8} \sqrt{M_b^2 + M^2}} \quad \ldots \quad \mathbf{111}$$

worin $\mathbf{k_b = 5}$ **bis 6** für Gussstahl gesetzt werden kann.

Die Längen der einzelnen Zapfen sind wiederum mit Rücksicht auf die zulässige Flächenpressung p und die abzuleitende Wärme der Reibungsarbeit zu bemessen. Für die Kurbelzapfen dürften also die Gleichungen 103 und 104, für die Wellenlagerzapfen die Gleichungen 106 und 107 anzusetzen sein, wobei im letzteren Falle R_1 natürlich nur annähernd aus dem grössten Kolbendrucke P und dem Schwungradgewicht G bestimmt werden kann.

Für die Dimensionen der Arme giebt „Des Ingenieurs Taschenbuch, die Hütte" die Beziehung

$$\mathbf{b \cdot h \geqq 1{,}1\, d^2 \frac{\pi}{4}} \quad \ldots\ldots \quad \mathbf{112}$$

wenn **b** die Breite und **h** die mittlere Höhe der Kurbelarme in **mm** ist.

8. Das Excenter.

Die zur Bewegung der Schieber dienenden Excenter lassen sich in der Breite ihrer Laufflächen wie Zapfen berechnen. Es kann aber für diese Berechnung nur die Bedingung massgebend sein, dass die in Wärme umgesetzte Reibungsarbeit noch abgeleitet werden soll. Ist nun

𝔓 der Widerstand in **kg**, der sich der Bewegung des Schiebers entgegensetzt und der durch die Reibung des Schiebers auf dem Schieberspiegel, der Schieberstange u. s. w. in ihren Stopfbüchsen und Führungen hervorgerufen wird,

l die Breite der Lauffläche des Excenters in **mm**,

n die Umdrehungszahl in der Minute,

so drückt sich die erwähnte Bedingung gemäss den Angaben auf Seite 108 hier durch

$$l \geqq \frac{\mathfrak{P} \cdot n}{300000\, A_z}$$

aus. Für $A_z = 0{,}0033$ folgt nach Bach

$$\mathbf{l \geqq \frac{\mathfrak{P} \cdot n}{1000}} \quad \ldots\ldots\ldots \quad \mathbf{113}$$

9. Beispiele.

1. Für die auf Seite 97 berechnete Auspuffmaschine von 300 mm Cylinderbohrung und 600 mm Hub sind die Stärken der Kurbeltriebteile zu bestimmen.

Der Berechnung der Maschine war eine Dampfeintrittsspannung von $p = 6{,}15$, eine Austrittsspannung von $p_e = 1{,}15$ kg zu Grunde gelegt. Der grösste Dampfüberdruck für den qcm der nutzbaren Kolbenfläche ist somit

$$p_u = 6{,}15 - 1{,}15 = \mathbf{5\ kg}$$

und der grösste Gesamt-Überdruck auf den Kolben nach Gleichung 69 rund

$$P = 5 \cdot 30^2 \frac{\pi}{4} = \sim 5 \cdot 700 = \mathbf{3500\ kg.}$$

Das Hubverhältnis der Maschine ist

$$x = \frac{100\, S}{D} = \frac{100 \cdot 0{,}6}{30} = 2.$$

Mit den vorstehenden Werten liefert nun die Gleichung 71 bezw. die 1. Tabelle auf Seite 106 eine erforderliche Stärke der Kolbenstange von

$$\Delta = 30 \sqrt[4]{5} = \sim 30 \cdot 1{,}5 = \mathbf{45\ mm,}$$

welche Stärke bei durch beide Cylinderdeckel gehender Stange zweckmässig wohl vorne auf 50 mm, hinten auf 40 mm abzuändern ist.

Der Kreuzkopfzapfen muss bei einem Verhältnis

$$\frac{l}{d} = 2,$$

das namentlich für gegabelte Schubstangen mit im Kreuzkopfe befindlichem Lager des zu berechnenden Zapfens passend ist, nach Gleichung 74 bezw. der 2. Tabelle auf Seite 106 einen Durchmesser

$$d = 0{,}75 \cdot 30 \sqrt{5} = 0{,}75 \cdot 30 \cdot 2{,}24 = \sim \mathbf{50\ mm}$$

und eine Länge

$$l = 2\, d = 2 \cdot 50 = \mathbf{100\ mm}$$

bekommen.

Erhalten die Kreuzkopfschleifer eine Breite von $\beta = \mathbf{160}$ **mm** in der Projektion, so muss ihre Länge nach Gleichung 75

$$\lambda = \frac{20}{160} 3500 \text{ bis } \frac{10}{160} 3500 = 440 \text{ bis } 220,$$

also

$$\lambda = \mathbf{330\ mm}$$

im Mittel betragen.

Ist eine Schubstange mit rundem Schaft vorgesehen, so ergiebt bei einem Sicherheitsgrade $\alpha = 25$ die Gleichung 78 bezw. die 4. Tabelle auf Seite 108

$$H = 0{,}47 \cdot 30 \sqrt[4]{25 \cdot 2^2 \cdot 5} = \sim 0{,}47 \cdot 30 \cdot 4{,}73 = 67,$$

oder besser $\sim$ **70 mm**

als erforderlichen Durchmesser des Schaftes in der Längsmitte.

Für die Berechnung des Kurbelzapfens der Kurbelwelle mit aufgesteckter Stirnkurbel ist, da die Tourenzahl der Maschine 90 beträgt, also

$$n < \frac{8000}{30\sqrt{5}},\ n < 119$$

ist, die Gleichung 80 massgebend, welche ebenso wie die 5. Tabelle auf Seite 109 einen Durchmesser

$$d = 30\sqrt{5} = 30 \cdot 2{,}24 = \sim 67,$$

oder besser **70 mm**,

sowie eine Länge

$$l = 1{,}3 \cdot 70 = \sim \mathbf{90\ mm}$$

ergiebt.

Die Kurbelwelle ist in Fig. 10, Taf. 19 dargestellt. Es beträgt die Entfernung

a von Mitte Kurbelzapfen bis Mitte vorderes Lager 300 mm,

c von Mitte vorderes bis Mitte hinteres Lager 1750 mm,

b von Mitte hinteres Lager bis Mitte Schwungrad 500 mm,

während das Gewicht des Schwungrades sich nach Seite 103 zu 3080 kg ergeben hatte. Der Durchmesser d_1 des vorderen Zapfens kann nun, da $a = R$ und das Hubverhältnis $x = 2$ ist, nach Gleichung 84 berechnet werden und folgt hieraus zu

$$d_1 = 2{,}7 \cdot 30 \sqrt[3]{5} = 2{,}7 \cdot 30 \cdot 1{,}71 = 138,$$

oder rund **135 mm**.

Giebt man dann dem vorderen Zapfen nach Gleichung 85 eine Zapfenlänge

$$l_1 = 1{,}9 \cdot 135 = \sim \mathbf{250\ mm},$$

so muss diese letztere den Gleichungen 87 bis 90 genügen. Der Druck auf den vorderen Zapfen ist nach Gleichung 86

$$R_1 = \sqrt{3500^2 \left(1 + \frac{300}{1750}\right)^2 + 3080^2 \left(\frac{500}{1750}\right)^2} = \sim 4200 \text{ kg}.$$

Mit dem oben berechneten Durchmesser von 135 mm verlangt nun Gleichung 88 eine Zapfenlänge

$$l_1 = 7{,}7 \frac{4200}{135} = \sim 240 \text{ mm},$$

Gleichung 90 eine solche

$$l_1 \geqq \frac{4200 \cdot 90}{2400},\ l_1 \geqq 158 \text{ mm}.$$

Beiden Werten genügt die oben angeführte Länge von 250 mm.

Zu kontrollieren ist jetzt, ob bei dem Werte $a = 300$ mm und der Länge $l_1 = 250$ mm die Nabe der Kurbel genügend lang ausfällt. Nimmt man an, der innere Bund des Kurbelzapfens stehe um 5 mm an der Stirnkurbel vor, so verbleibt (vergleiche Fig. 1, Taf. 19) für die fragliche Nabe eine Länge von

$$300 - \left(\frac{90}{2} + 5 + \frac{250}{2}\right) = 125 \text{ mm},$$

welche wohl als ausreichend gross angesehen werden kann. Wäre das letztere nicht der Fall gewesen, so hätte man a grösser wählen und die Rechnung nochmals nach den allgemeinen Gleichungen durchführen müssen.

Der Druck auf den hinteren Wellenzapfen beträgt nach Gleichung 91

$$R_2 = \sqrt{3500^2 \left(\frac{300}{1750}\right)^2 + 3080^2 \left(1 - \frac{500}{1750}\right)^2} = \sim 2280 \text{ kg}.$$

Derselbe verlangt nach Gleichung 93 einen Zapfendurchmesser

$$d_2 = 2 \text{ bis } 1{,}8\sqrt{2280} = \sim 2 \cdot 48 = \sim \mathbf{100\ mm}$$

bei einer Zapfenlänge

$$l_2 = 1{,}7 \cdot 100 = \sim \mathbf{170\ mm}.$$

Die Gleichungen 94 und 96 ergeben kleinere Werte, weil die Tourenzahl der Maschine kleiner als

$$n = \frac{5100}{\sqrt{2280}} = \sim 107$$

ist.

In der Mitte des Schwungrades soll der Durchmesser der Kurbelwelle nach Gleichung 97 mit $R_2 \cdot b = 2280 \cdot 500 = 1140000$ und $P \cdot R = 3500 \cdot 300 = 1050000$ kgmm

$$d_3 = \sqrt[3]{0{,}75 \cdot 1140000 + 1{,}25\sqrt{1140000^2 + 1050000^2}} = \sim 140 \text{ mm}$$

betragen. Die Welle besitzt aber hier aus Rücksicht auf ihre Herstellung und die sichere Verlagerung des vorderen Zapfens einen weit grösseren Durchmesser, nämlich

$$d_3 = \mathbf{150\ mm}.$$

In Fig. 1, Taf. 20 ist die Kurbelwelle für die folgenden Kräfte graphisch berechnet. Es ist

$$P = 3150,\ G = 1750,\ D = 900 \text{ kg}$$

und der Längenmassstab 1 : 15, der Kräftemassstab 1 mm = 75 kg, der Polabstand in Fig. 1c und d gleich 30 mm.

Aus der resultierenden Momentenfläche I II a d k i h l I ergiebt sich z. B. im Punkte III eine Ordinate $\overline{III\,i} = 39$ mm, im Punkte II eine solche $\overline{II\,k} = 28$ mm. Im vorderen Kurbellager I beträgt somit das ideelle Biegungsmoment

$$M_i = 39 \cdot 75 \cdot 30 \cdot 15 = 1316250 \text{ kgmm},$$

in der Schwungradmitte II dagegen

$$M_i = 28 \cdot 75 \cdot 30 \cdot 15 = 945000 \text{ kgmm}.$$

Führt man diese Werte nacheinander in die Gleichung

$$M_i = 0{,}1\, d^3 \cdot k_b$$

ein, so folgt für $k_b = 5$ der Durchmesser im vorderen Lager

$$d_1 = \sqrt[3]{\frac{1316250}{0{,}1 \cdot 5}} = \sim 138 \text{ mm},$$

und in der Mitte des Schwungrades

$$d_3 = \sqrt[3]{\frac{945000}{0{,}1 \cdot 5}} = \sim 124 \text{ mm}.$$

Der Arm der Stirnkurbel hat eine Dicke $b = 60$ mm, sowie dicht über dem äusseren Kreise der Kurbelnabe, deren Durchmesser entsprechend der Wellenstärke $d_1 = 135$ mm

$$1{,}8 \cdot 135 - 10 = \sim 230 \text{ mm}$$

beträgt, im Schnitt 1 — 1 (Fig. 1, Taf. 19) eine Höhe h = 200 mm. Der Abstand von Mitte Kurbelzapfen bis Mitte Kurbelarm ist

$$y = \frac{90}{2} + 5 + \frac{60}{2} = 80 \text{ mm},$$

die radiale Entfernung des erwähnten Schnittes 1 — 1 von der Kurbelzapfenmitte

$$x = 300 - \frac{230}{2} = 185 \text{ mm}.$$

Führt man diese Werte in Gleichung 98 ein, so erhält man die in dem fraglichen Schnitte auftretende Biegungsspannung zu

$$k_b = 0{,}75 \frac{3500}{60 \cdot 200^2} (3 \cdot 185 + 5 \sqrt{185^2 + 80^2} = \sim 1{,}7 \text{ kg},$$

welcher Wert weit unter dem zulässigen von 4 kg für Schweisseisen bleibt.

Zur Berechnung der Breite l der Excenterlauffläche bedarf man des Widerstandes $\mathfrak{P}$, welcher sich der Bewegung des Schiebers und seiner Stange entgegensetzt. Dieser Wert $\mathfrak{P}$ lässt sich nur annähernd bestimmen. Ist die Breite des Grundschiebers 25, dessen Länge 30 cm, so beträgt die bei der Bewegung des Schiebers auftretende Reibung, wenn ein Dampfüberdruck von 5 kg auf den Schieber angenommen und der Reibungskoefficient zu 0,1 (in Wirklichkeit wohl weniger) der Sicherheit wegen eingeführt wird,

$$25 \cdot 30 \cdot 5 \cdot 0{,}1 = 375 \text{ kg}.$$

Die Reibung in der Stopfbuchse kann, wenn wieder 0,1 als Reibungskoefficient gesetzt wird und der Durchmesser der Schieberstange rund 3, die Höhe der Packung 7,5 cm beträgt, zu

$$5 \cdot 3\pi \cdot 7{,}5 \cdot 0{,}1 = \sim 36 \text{ kg}$$

angenommen werden. Setzt man dann noch die in den Schieberstangen-Führungen und -Gelenken auftretende Reibung auch gleich 36 kg, so ergiebt sich

$$\mathfrak{P} = 375 + 36 + 36 = \sim 450 \text{ kg}.$$

Mit diesem Werte folgt aus Gleichung 113

$$l \geq \frac{450 \cdot 90}{100}, \text{ oder } \mathbf{l = 42 \text{ mm.}}$$

2. Die Firma Pokorny & Wittekind, Maschinenfabrik in Bockenheim bei Frankfurt am Main hatte auf der Internationalen Elektrotechnischen Ausstellung zu Frankfurt im Jahre 1891 einen stehenden Schnellläufer von 200 mm Cylinderbohrung, 200 mm Hub und 400 Umdrehungen in der Minute ausgestellt. Wie bestimmen sich die Stangen- und Wellenstärken dieser Maschine, wenn der frische Dampf mit 6 Atm absolut hinter ihren Kolben tritt?

Die Maschine arbeitet mit Auspuff. Der grösste Dampfüberdruck ist somit für den qcm der nutzbaren Kolbenfläche

$$p_u = 6 - 1{,}15 = 4{,}85 \text{ kg}.$$

Setzt man denselben für den Kolbenniedergang, wo der Dampfüberdruck durch das Gewicht des Gestänges vergrössert wird, gleich 5, für den Kolbenhochgang, wo das Gestängegewicht dem treibenden Dampfüberdruck entgegenwirkt, gleich 4,7 kg, so folgt bei Berücksichtigung einer nur durch den unteren Cylinderdeckel gehenden Kolbenstange von 40 mm Durchmesser, der grösste Gesamtüberdruck auf den Kolben

beim Niedergange zu

$$P = 5 \cdot 20^2 \frac{\pi}{4} = 1570 \text{ kg},$$

beim Hochgange zu

$$P = 4{,}7 \left(20^2 \frac{\pi}{4} - 4^2 \frac{\pi}{4}\right) = 1420 \text{ kg}.$$

Für die Kolbenstange verlangt die Gleichung 71 bezw. die 1. Tabelle auf Seite 106 eine Stärke

$$\Delta = 20 \sqrt[4]{5} = 20 \cdot 1{,}5 = 30 \text{ mm},$$

welche in der Ausführung, wie schon erwähnt, auf

$$\mathbf{\Delta = 40 \text{ mm}}$$

erhöht ist.

Der Kreuzkopfzapfen muss nach Gleichung 73 bei einem Verhältnis bezw. einem Werte

$$\frac{l}{d} = 1{,}6 \text{ und } p = 0{,}7$$

einen Durchmesser

$$d = \sqrt{\frac{1570}{0{,}7} \frac{1}{1{,}6}} = 38, \text{ oder besser } \mathbf{40 \text{ mm}}$$

und eine Länge

$$l = 1{,}4\, d = 1{,}4 \cdot 40 = \mathbf{56 \text{ mm}}$$

bekommen.

Erhalten die Kreuzkopfschuhe in ihrer Projektion $\beta = \mathbf{120}$ **mm** Breite und $\lambda = \mathbf{240}$ **mm** Länge, so ist der Flächendruck auf den qmm bei einem Normaldrucke

$$N = \frac{1570}{5} = 314 \text{ kg}$$

nur

$$\frac{314}{120 \cdot 240} = \sim 0{,}011 \text{ kg}.$$

Die Schubstange verlangt nach Gleichung 78 bei einem Sicherheitsgrade $\alpha = 50$ und einem Hubverhältnis $x = 1$ in ihrem runden Schaft eine mittlere Stärke von

$$H = 0{,}47 \cdot 20 \sqrt[4]{50 \cdot 1 \cdot 5} = \sim 0{,}47 \cdot 20 \cdot 4 = 38,$$

oder besser **40 mm.**

Die gekröpfte Kurbelwelle ist in Fig. 12, Taf. 19 dargestellt. Es ist die Entfernung

x von Mitte Kurbelzapfen bis Mitte des einen Lagers gleich 200 mm,

y von Mitte Kurbelzapfen bis Mitte des anderen Lagers gleich 270 mm,

z von Mitte Schwungrad bis Mitte des nächsten Lagers gleich 230 mm,

und es wurde der Berechnung der Welle ein Schwungradgewicht von 1000 kg zu Grunde gelegt. Die Lagerreaktionen bestimmen sich dann

für den Hochgang des Kolbens nach Gleichung 100 zu

$$R_1 = \frac{1000\,(200 + 270 + 230) - 1420 \cdot 200}{200 + 270} = 885 \text{ kg},$$

$$R_2 = \frac{1000 \cdot 230 + 1420 \cdot 270}{200 + 270} = 1305 \text{ kg},$$

für den Niedergang des Kolbens nach Gleichung 101 zu

$$R_1 = \frac{1000(200+270+230)+1570\cdot 200}{200+270} = 2157 \text{ kg},$$

$$R_2 = \frac{1570\cdot 270 - 1000\cdot 230}{200+270} = 413 \text{ kg}.$$

Unter Berücksichtigung des grössten Wertes von R_2 folgt dann der Durchmesser des **Kurbelzapfens** aus Gleichung 102 zu

$$d = \sqrt[3]{\frac{1305}{4}\left(3\cdot 200 + 5\sqrt{200^2+100^2}\right)} = 82,$$

oder rund **80 mm.**

Die Länge des Zapfens ergiebt sich aus Gleichung 104 mit $A_z = 0{,}0175$ zu

$$l \geqq \frac{1570\cdot 400}{300000\cdot 0{,}0175}, \text{ oder } l = \mathbf{120\ mm},$$

welcher Wert auch der Gleichung 103 vollkommen genügt.

Für den Durchmesser des **Wellenzapfens**, der neben dem Schwungrade liegt, ist die Gleichung 105 massgebend. Die letztere verlangt, wenn man zunächst die Kräfte P und R_2 für den Hochgang des Kolbens, also $M = 1420\cdot 100 = 142000$ und $M_b = 1305(200+270) - 1420\cdot 270 = \sim 230000$ kgmm in Rechnung stellt, eine Stärke

$$d = \sqrt[3]{0{,}75\cdot 230000 + 1{,}25\sqrt{230000^2+142000^2}}$$
$$= \sim \mathbf{80\ mm}.$$

Für den Niedergang des Kolbens würde die Gleichung 105 mit $M = 1570\cdot 100 = 157000$ und $M_b = 1570\cdot 270 - 413(200+270) = \sim 230000$ kgmm denselben Wert

$$d = \sqrt[3]{0{,}75\cdot 230000 + 1{,}25\sqrt{230000^2+157000^2}}$$
$$= \sim \mathbf{80\ mm}$$

ergeben. Die Länge des Wellenzapfens muss den Gleichungen 106 und 107 genügen. Aus der letzteren Gleichung folgt für $A_z = 0{,}012$

$$l \geqq \frac{2157\cdot 400}{300000\cdot 0{,}012}, \text{ oder } l = \mathbf{240\ mm}.$$

Die auftretende Flächenpressung zwischen Zapfen und Lagerschale beträgt dann nach Gleichung 106

$$p = \frac{2157}{80\cdot 240} = \sim 0{,}112 \text{ kg},$$

ist also genügend klein.

In der Ausführung hatte der Zapfen 85 mm Durchmesser und 220 mm Länge.

Der dem Schwungrade entfernter liegende Zapfen wird zweckmässig auch einen Durchmesser

$$d = \mathbf{80\ mm},$$

aber nach Gleichung 107 für $A_z = 0{,}012$ eine Länge

$$l \geqq \frac{1305\cdot 400}{300000\cdot 0{,}012}, \text{ oder } l = \mathbf{150\ mm}$$

erhalten.

Nimmt man die Dicke des linken Kurbelarmes zu 50, die des rechten zu 75 mm, sowie die Breite der Schmierringe zu 15 mm an, so ergiebt sich der Abstand

$$l_2 = \frac{120}{2} + \frac{75}{2} = 97{,}5 \text{ mm, oder } \sim 100 \text{ mm}$$

$$l_1 = \frac{120}{2} + \frac{50}{2} = 85 \text{ mm},$$

$$l_3 = \frac{150}{2} + 15 + \frac{50}{2} = 115 \text{ mm},$$

$$l_2 + l_1 + l_3 = 100 + 85 + 115 = 300 \text{ mm}.$$

Für den **rechten Kurbelarm** ist dann
beim Kolbenniedergange

$M = 1570\cdot 100 - 413\cdot 300 = 33100$ kgmm,
$M_b = 1570\cdot 100 = 157000$ kgmm,

beim Kolbenhochgange

$M = 1305\cdot 300 - 1420\cdot 100 = \sim 250000$ kgmm,
$M_b = 1420\cdot 100 = 142000$ kgmm

zu setzen. Mit den beiden ersten Werten liefert die Gleichung 108

$$b\cdot h^2 \geqq \frac{3}{16}\left(3\cdot 157000 + 5\sqrt{157000^2+33100^2}\right),$$

$$b\cdot h^2 \geqq \sim 238300,$$

mit den beiden letzten

$$b\cdot h^2 \geqq \frac{3}{16}\left(3\cdot 142000 + 5\sqrt{142000^2+250000^2}\right),$$

$$b\cdot h^2 \geqq \sim 350000.$$

Aus der letzteren, grösseren Beziehung folgt dann für $b = 75$ die mindest erforderliche Höhe des Kurbelarmes zu

$$h \geqq \sqrt{\frac{350000}{75}}, \text{ oder } h \geqq 68 \text{ mm}.$$

Für den **linken Kurbelarm** ist zu setzen

$M = 1305\cdot 115 = \sim 150000$ kgmm,
$M_b = 1305\cdot 100 = \sim 130000$ kgmm.

Werden diese Werte in die Gleichung 108 eingeführt, so folgt

$$b\cdot h^2 \geqq \frac{3}{16}\left(3\cdot 130000 + 5\sqrt{130000^2+150000^2}\right),$$

$$b\cdot h^2 \geqq 260000.$$

Bei $b = 50$ muss also

$$h \geqq \sqrt{\frac{260000}{50}}, \text{ oder } h \geqq 72 \text{ mm}$$

sein. In der Ausführung ist die Höhe der Kurbelarme mit Rücksicht auf die Herstellung bedeutend grösser gemacht.

Zur Kontrolle der vorstehenden Rechnung kann die in Fig. 3b, Taf. 20 wiedergegebene graphische Berechnung der Welle dienen. Der Kräftemassstab ist 1 mm = 75 kg, der Längenmassstab 1 : 5, der Polabstand gleich 30 mm.

Es beträgt das ideelle Biegungsmoment in der Mitte III des Kurbelzapfens, da $\overline{IIIs} = 25$ mm ist,

$$25\cdot 75\cdot 30\cdot 5 = 281250 \text{ kgmm},$$

womit der Durchmesser dieses Zapfens für $k_b = 5$ aus

$$0{,}1\, d^3\cdot 5 = 281250$$

zu

$$d = \sqrt[3]{562500} = \sim \mathbf{83\ mm}$$

folgt.

In der Mitte I des einen Wellenzapfens ist das ideelle Biegungsmoment, da $\overline{IN} = 22$ mm ist, fast ebenso gross wie vorhin. Der Durchmesser der Welle an dieser Stelle muss also auch rund

$$d = \mathbf{80\ mm}$$

betragen.

Im Punkte w des rechten Kurbelarmes ist die Ordinate $\overline{wF} = 21$ mm, also

$$M_i = 21 \cdot 75 \cdot 30 \cdot 5 = 236250 \text{ kgmm},$$

während dieser Wert durch Rechnung zu rund 233000 ermittelt wurde.

Ebenso ist für den Punkt e des linken Kurbelarmes mit $\overline{ei} = 15$ mm

$$M_i = 15 \cdot 75 \cdot 30 \cdot 5 = 168750 \text{ kgmm},$$

während aus der Rechnung hierfür rund 173000 sich ergab.

3. Im Jahre 1888 gelangte in der kaiserlichen Kronsfabrik in Perm eine von weil. Dr. R. Proell in Dresden entworfene liegende Zwillings-Tandemmaschine mit Kondensation zur Ausführung, die nach den Angaben in der Zeitschrift deutscher Ingenieure, Jahrgang 1888, die folgenden Verhältnisse besass.

Bohrung des kleinen bezw. grossen Cylinders 625 bezw. 1080 mm,
Gemeinsamer Hub 1250 mm,
Nutzbare Kolbenfläche der Cylinder 2900 bezw. 9020 qcm,
Volumverhältnis der Cylinder $\frac{v}{V} = 0{,}321$,
Dampfeintrittsspannung $p = 7$ Atm absolut,
Umdrehungszahl in der Minute $n = 50$,
Nutzleistung $N_n = 800$ Pferdest.,
Durchmesser der beiden Seilscheiben-Schwungräder von je ca. 9000 kg Gewicht 6000 mm.

Es sollen die Zapfen- und Wellenstärken etc. dieser Maschine nach den in diesem Buche zur Berechnung angegebenen Werten und Gleichungen kontrolliert werden.

Um annähernd die Überdrucke in den beiden Cylindern der Tandemmaschine zu erhalten, kann angenommen werden, dass der Dampf, der vielleicht auf eine Endspannung von 0,55 Atm im grossen Cylinder expandiert, theoretisch mit einer Spannung von

$$0{,}55 \frac{V}{v} = 0{,}55 \frac{1}{0{,}321} = \sim 1{,}7 \text{ Atm},$$

oder besser wegen der schädlichen Räume, Druckverluste u. s. w. mit

$$1{,}7 + 0{,}5 = 2{,}2 \text{ Atm}$$

in diesen Cylinder tritt. Der grösste Dampfüberdruck im kleinen Cylinder ist dann

$$7 - 2{,}2 = 4{,}8 \text{ kg},$$

derjenige im grossen Cylinder, wenn die Spannung während des Dampfaustrittes gleich 0,2 kg gesetzt wird,

$$2{,}2 - 0{,}2 = 2 \text{ kg}.$$

Am Kolben des kleinen Cylinders müsste der letzte Druck von 2 kg eine Grösse von

$$2 \frac{V}{v} = 2 \frac{1}{0{,}321} = \sim 6{,}24 \text{ kg}$$

haben. Wir können uns daher zur Berechnung der Zapfen-, Stangen- und Wellenstärken jede Hälfte der Zwillings-Tandemmaschine als eine Eincylindermaschine von

$$D = \mathbf{62{,}5 \text{ cm}}$$

Cylinderbohrung und

$$p_u = 4{,}8 + 6{,}24 = \mathbf{11{,}04 \text{ kg}}$$

grösstem Dampfüberdruck für den qcm der nutzbaren Kolbenfläche, oder

$$P = 2900 \cdot 11{,}24 = \sim \mathbf{32600 \text{ kg}}\,^{1)}$$

grösstem Gesamt-Kolbenüberdruck denken.

Was zunächst die Kolbenstange anlangt, so ist diese in ihrem mittleren Teile, welcher die beiden Kolben miteinander verbindet, in einer leicht auswechselbaren Büchse geführt, die so lang ist als das Verbindungsstück zwischen den beiden Cylindern. Dabei ist angenommen worden, dass die beiden Kolben von der mittleren Kolbenstange getragen werden, weshalb die Stange hier, um jeder Durchbiegung zu begegnen, verhältnismässig sehr stark (160 mm) gehalten ist. Der vordere Teil der Kolbenstange ist deshalb nur nach der Zerknickungsfestigkeit zu berechnen und muss, da das Hubverhältnis

$$x = \frac{100\,S}{D} = 2$$

ist, nach Gleichung 71 eine Dicke

$$\Delta = 62{,}5 \sqrt[4]{11{,}24} = 62{,}5 \cdot 1{,}83 =$$
$$\Delta = \sim \mathbf{115 \text{ mm}}$$

erhalten, während er in der Ausführung eine Dicke von 130 mm besitzt. Das hintere Stück der Kolbenstange hat 90 mm Durchmesser. Nach der Zerknickungsfestigkeit könnte dieses Stück, das nur durch den Widerstand der angehängten Luftpumpe beansprucht wird, viel schwächer sein. Der Durchmesser von 90 mm ist aber mit Rücksicht darauf gewählt, dass die nutzbaren Kolbenflächen für Hin- und Rücklauf möglichst gleich ausfallen, indem durch die Kolbenstange die Druckfläche des kleinen Kolbens um $\left(\overline{16}^2 - \overline{13}^2\right)\frac{\pi}{4}$ vorne grösser als hinten, die des grossen aber umgekehrt um $\left(\overline{12}^2 - \overline{9}^2\right)\frac{\pi}{4}$ hinten grösser als vorne ist.

Der Kreuzkopfzapfen muss bei einem Verhältnis

$$\frac{l}{d} = 1{,}33$$

nach Gleichung 73 mit $p = 0{,}7$ einen Durchmesser

$$d = \sqrt{\frac{32600}{0{,}7}\,\frac{1}{1{,}33}} = 187 \text{ oder } \sim \mathbf{185 \text{ mm}}$$

und eine Länge

$$l = 1{,}33 \cdot 185 = \sim \mathbf{245 \text{ mm}}$$

bekommen, während er in der Ausführung 180 mm Durchmesser und 240 mm Länge besitzt.

Die Kreuzkopfschleifer haben in der Projektion $\beta = \mathbf{400 \text{ mm}}$ Breite und $\lambda = \mathbf{800 \text{ mm}}$ Länge, somit eine Fläche

$$\lambda \cdot \beta = 400 \cdot 800 = 10 \cdot 32000 = \sim 10\,P,$$

entsprechend dem kleinsten Werte der Gleichung 75.

Die runde Schubstange ist von Mitte bis Mitte Auge 5 mal so gross wie der Kurbelradius. Für $\alpha = 25$ und $x = 2$ liefert die Gleichung 78

$$H = 0{,}47 \cdot 62{,}5 \sqrt[4]{25 \cdot 2^2 \cdot 11{,}24} = \sim \mathbf{175 \text{ mm}}$$

als mittleren Durchmesser des Schaftes. Die Ausführung zeigt hier 180 mm.

1) Nach den Angaben in der Zeitschrift deutscher Ingenieure war $P = 30000$ kg, entsprechend einer anfangs beabsichtigten Spannung $p = 6{,}5$ Atm, der Rechnung zu Grunde gelegt.

Der Kurbelzapfen besitzt in der Ausführung ein Verhältnis

$$\frac{l}{d} = 1,5,$$

das ungefähr $k_b = 6$ und $p = 0,55$, von denen der erste Wert wohl auch noch für Gussstahl zulässig sein dürfte, entspricht. Die Gleichung 80, welche hier massgebend ist, giebt aber den Durchmesser für das Verhältnis $\frac{l}{d} = 1,3$. Im vorliegenden Falle ist deshalb

$$d = 62,5 \sqrt{11,24 \frac{1,3}{1,5}} = \sim 195 \text{ mm},$$

oder wie in der Ausführung

$$d = \sim \mathbf{200\ mm}$$

und

$$l = 1,5 \cdot 200 = \mathbf{300\ mm}$$

zu nehmen.

Die Kurbelwelle zeigt Fig. 11, Taf. 19. Dieselbe besitzt ausser den beiden Hauptlagern noch ein mittleres Lager, ist aber in ihren Dimensionen so stark gehalten, dass sie wie eine Kurbelwelle mit zwei aufgesteckten Kurbeln und zwei Lagern behandelt werden kann. Es beträgt der Abstand

a von Mitte Kurbelzapfen bis Mitte benachbartes Hauptlager 925 mm,

c von Mitte bis Mitte Hauptlager 7000 mm.

Da die Seilgeschwindigkeit

$$u = \frac{6\pi \cdot 50}{60} = 5\pi = 15,7 \text{ m},$$

die zu übertragende Umfangskraft gemäss Gleichung 66

$$U = \frac{75 \cdot 800}{15,7} = \sim 3800 \text{ kg}$$

ist, so berechnet sich der Seilzug, der hier wohl nicht vernachlässigt werden darf,

$$D = 3U = 3 \cdot 3800 = \mathbf{11400\ kg.}$$

Nimmt man nun als ungünstigste Lage der beiden Kurbeln diejenige an, bei welcher die eine Kurbel rechtwinklig zu ihrer Schubstange, die andere kurz vor ihrer Totlage steht, die erstere also den vollen Druck $P = 32600$ kg und die letztere fast gar keinen Druck empfängt, so können die Lagerreaktionen wie bei einer Welle mit nur einer aufgesteckten Kurbel bestimmt werden. Die Kraft P zunächst ruft in dem einen Lager die Reaktion

$$32600 \frac{925 + 7000}{7000} = \sim 36900 \text{ kg},$$

in dem anderen diejenige

$$32600 \frac{925}{7000} = \sim 4300 \text{ kg}$$

hervor. Der Seilzug D verteilt sich gleichmässig auf beide Lager und verstärkt die durch P bewirkte Reaktion im einen Lager während des Hinlaufes, im anderen während des Rücklaufes. Nimmt man dabei D horizontal an, so erhält man also als grösste horizontale Reaktion des Lagers neben der rechtwinklig zur Schubstange stehenden Kurbel

$$36900 + \frac{11400}{2} = 42600 \text{ kg},$$

und als solche des anderen Lagers

$$4300 + \frac{11400}{2} = 10000 \text{ kg}.$$

Das Gewicht der beiden Schwungräder erzeugt in den beiden Lagern eine vertikal aufwärts gerichtete Reaktion von 9000 kg. Die Resultierende aus beiden Reaktionen ist

$$R_1 = \sqrt{42600^2 + 9000^2} = \sim \mathbf{43540\ kg}$$

$$R_2 = \sqrt{10000^2 + 9000^2} = \sim \mathbf{13450\ kg.}$$

Unter der Annahme, dass das Lager, neben dem die bei der oben erwähnten Wellenlage ungefähr in der Totlage befindliche Kurbel steht, nicht vorhanden wäre und das mittlere Lager als zweites Lager diente, bestimmen sich die obigen Reaktionen wie folgt. Die Kraft P bewirkt, da nun die Lager nur 3500 mm voneinander entfernt sind, eine horizontale Reaktion von

$$32600 \frac{925 + 3500}{3500} = \sim 41200 \text{ kg},$$

bezw.

$$32600 \frac{925}{3500} = \sim 8600 \text{ kg},$$

der Seilzug $\frac{1}{2}$D des einen Schwungrades, dessen Mitte von derjenigen des mittleren Lagers 1000 mm absteht, eine horizontale Reaktion von

$$\frac{11400}{2} \frac{1000}{3500} = \sim 1630 \text{ kg},$$

bezw.

$$\frac{11400}{2} \frac{2500}{3500} = \sim 4070 \text{ kg},$$

und schliesslich das Gewicht des einen Schwungrades eine vertikale Reaktion von

$$9000 \frac{1000}{3500} = \sim 2570 \text{ kg},$$

bezw.

$$9000 \frac{2500}{3500} = \sim 6430 \text{ kg}.$$

Man erhält hiermit

$$R_1 = \sqrt{(41200 + 1630)^2 + 2570^2} = \sim 43000 \text{ kg},$$

$$R_2 = \sqrt{(8600 + 4070)^2 + 6430^2} = \sim 14200 \text{ kg}.$$

Für den Wellenzapfen neben der rechtwinklig zur Schubstange stehenden Kurbel ist nun das angreifende Biegungsmoment

$$M_b = P \cdot a,$$

das angreifende Torsionsmoment

$$M = P \cdot R,$$

also mit $\alpha = \frac{a}{R} = \frac{925}{625} = 1,48$ die Gleichung 82 massgebend. Dieselbe ist für $k_b = 5$ aufgestellt und liefert

$$d_1 = 0,63 \sqrt[3]{32600 \cdot 625 \left(3 \cdot 1,48 + 5 \sqrt{1 + 1,48^2}\right)} = \sim 405,$$

oder besser wie in der Ausführung (siehe auch die Anmerkung auf Seite 118)

$$d_1 = \mathbf{400\ mm.}$$

Die Länge des Wellenzapfens muss den Gleichungen 85, 87 und 89 genügen. Für

$$l_1 = \mathbf{850\ mm}$$

liefert die Gleichung 85 ein Verhältnis

$$\frac{l_1}{d_1} = \frac{850}{400} = \mathbf{2{,}125},$$

die Gleichung 87 eine spezifische Flächenpressung von

$$p = \frac{R_1}{l_1 \cdot d_1} = \frac{43540}{400 \cdot 850} = \sim \mathbf{0{,}12\ kg},$$

die Gleichung 89 eine Reibungsarbeit von

$$A_z = \frac{R_1 \cdot n}{300000 \cdot l_1} = \frac{43540 \cdot 50}{300000 \cdot 850} = \sim \mathbf{0{,}0085\ mmkg},$$

das sind nach den auf Seite 110 gemachten Angaben alles passende und zulässige Werte.

In der Mitte des mittleren Lagers wird bei der in Betracht gezogenen Lage der Kurbelwelle und unter der Annahme, dass das mittlere Lager ganz fehle, die Welle durch das Moment der oben berechneten Reaktion R_2 auf Biegung, durch das Moment P·R auf Verdrehen beansprucht. Der Durchmesser d_3 an dieser Stelle folgt also aus der Gleichung 97, wenn man in diese für b den Abstand $\frac{7000}{2} = 3500$ mm einführt und ausserdem k_b wieder gleich 5 gestattet. Man erhält dann mit $P \cdot y = 32600 \cdot 625 = 20375000$ und $R_2 \cdot b = 13450 \cdot 3500 = 47075000$ kgmm

$$d_3 = \sqrt[3]{0{,}75 \cdot 47075000 + 12{,}5 \sqrt{47075000^2 + 20375000^2}}$$
$$= \sim 460 \text{ mm},$$

während die Ausführung (siehe auch die Anmerkung auf Seite 118)

$$d_3 = \mathbf{450\ mm}$$

zeigt. Der Druck auf den mittleren Zapfen lässt sich natürlich nicht bestimmen. Jedenfalls dürfte er aber wohl niemals grösser als das Doppelte des oben berechneten Wertes $R_2 = 14100$ kg sein, was ungefähr der Reaktion zweier eincylindrigen Maschinen mit gemeinschaftlichem hinteren Lager entsprechen würde. Unter Berücksichtigung dieses Wertes findet bei einer Länge

$$l_3 = \mathbf{700\ mm}$$

des mittleren Zapfens nach Gleichung 87 und 89, wenn man in diesen d_1 durch d_3, l_1 durch l_3 und R_1 durch $2 \cdot 14200 = 28400$ kg ersetzt, eine Flächenpressung

$$p = \frac{28400}{450 \cdot 700} = \mathbf{0{,}09\ kg}$$

und eine Reibungsarbeit von

$$A_z = \frac{28400 \cdot 50}{300000 \cdot 700} = \sim \mathbf{0{,}0068\ mmkg}$$

statt, welche beide unter den zulässigen Werten bleiben.

Dort, wo die Schwungräder sitzen, ist der Durchmesser der Kurbelwelle aus konstruktiven Rücksichten auf 500 mm vergrössert.

4. Welchen Durchmesser muss die Kolbenstange des grossen Cylinders der auf Seite 99 im 5. Beispiele berechneten Verbundmaschine von 150 Nutzpferdestärken bekommen?

Der Cylinder hat 77 cm Bohrung, und sein Kolben erhält auf den qcm der nutzbaren Kolbenfläche nach den Diagrammen auf Taf. 29 einen grössten Dampfüberdruck von $p_u = 1{,}5$ kg.

Da das Hubverhältnis bei einem Hube der Maschine S = 0,9 m

$$\frac{90}{77} = \sim 1{,}2$$

ist, so müsste nach der Zerknickungsfestigkeit gemäss den beiden Werten der Gleichung 71 (die sich auf ein Hubverhältnis 1 bezw. 2 beziehen) die Kolbenstange eine Dicke von vielleicht

$$\Delta = \sim 0{,}8 \cdot 62{,}5 \sqrt[4]{1{,}5} = \sim 56 \text{ mm}$$

bekommen. Bei diesem Durchmesser würde ader die nach Gleichung 72 berechnete Durchbiegung f der Stange zu gross werden. Will man die Durchbiegung unter das zulässige Mass von 1 bis 1,5 mm halten, so muss Δ grösser genommen werden. Für

$$\Delta = \mathbf{100\ mm}$$

ist das Gewicht der Stange bei einer Länge derselben von $L_0' = 2600$ S in mm zwischen den beiden Kreuzköpfen

$$G_1 = 1^2 \frac{\pi}{4} 26 \cdot 0{,}9 \cdot 7{,}9 = 145 \text{ kg}.$$

Schätzt man das Gewicht des Kolbens zu

$$G_2 = 300 \text{ kg},$$

so liefert Gleichung 72 die statthafte Durchbiegung von

$$f = 366000 \frac{\overline{0{,}9}^3}{\overline{100}^4} \left(\frac{5}{8} 145 + 300\right) = \sim \mathbf{1\ mm.}$$

5. Die in Fig. 13, Taf. 19 dargestellte doppelt gekröpfte Welle gehört einer vom Ingenieur C. Sondermann in Stuttgart konstruierten Verbundmaschine an, welche mit 11 Atm absoluter Eintrittsspannung arbeitet und 300 Pferdestärken höchstens leistet. Es beträgt

die Bohrung des kleinen Cylinders 300 mm,
die Bohrung des grossen Cylinders 480 mm,
der gemeinsame Hub 480 mm,
die Umdrehungszahl in der Minute 200.

Wie berechnen sich nach den in diesem Buche gemachten Angaben und Gleichungen die Stärken dieser Welle?

Um eine annähernde Einsicht in die Druckverteilung auf die beiden Kolben zu bekommen, soll angenommen werden, dass der Dampf im grossen Cylinder wegen der Körtingschen Strahlkondensation der Maschine zweckmässig bis auf 0,8 Atm expandiert. Theoretisch müsste dann die Anfangsspannung der Expansion im grossen Cylinder

$$0{,}8 \frac{V}{v} = 0{,}8 \frac{\overline{48}^2}{\overline{30}^2} = \sim 0{,}8 \frac{23}{9} = \sim 2 \text{ Atm}$$

betragen. Unter Berücksichtigung der schädlichen Räume, der übrigen Perioden, namentlich der grossen Dampfvoraustritte, die hier wegen des einzigen Steuerungsorganes an jedem Cylinder nötig werden, kann deshalb die Spannung des Dampfes beim Eintritt in den grossen Cylinder für die spätere Berechnung zu rund 3 Atm geschätzt werden. Es verbleibt dann für den kleinen Kolben ein grösster Dampfüberdruck von 8 Atm oder ein grösster Gesamt-Kolbenüberdruck von

$$P_1 = \overline{30}^2 \frac{\pi}{4} \cdot 8 = \sim 5600 \text{ kg},$$

für den grossen Kolben bei 0,3 Atm Austrittsspannung ein entsprechender Druck

$$P_2 = \overline{48}^2 \frac{\pi}{4} (3 - 0{,}3) = \sim 4860 \text{ kg}.$$

Zur Berechnung des Wellendurchmessers bilden wir nach Gleichung 109 das zu übertragende grösste Drehmoment mit $m = 1{,}35$

$$M = 716200 \frac{300}{200} 1{,}35 = \sim 1450000 \text{ kgmm},$$

nach Gleichung 110 mit $P = P_1 = 5600$ kg und $y_1 = y_2 = \frac{1}{2} x = 320$ mm das auftretende grösste Biegungsmoment (ohne Berücksichtigung des neben dem grossen Cylinder sitzenden Schwungrades)

$$M_b = 5600 \frac{320 \cdot 320}{640} = 896000 \text{ kgmm}$$

und erhalten hiermit und mit $k = 5$ (Gussstahl) aus Gleichung 111 den Durchmesser

$$d = \sqrt[3]{0{,}75 \cdot 896000 + 1{,}25 \sqrt{\overline{896000}^2 + \overline{1450000}^2}}$$
$$= \sim 140 \text{ mm},$$

während die Ausführung entsprechend $k_b = 6$

$$d = 140 \sqrt[3]{\frac{5}{6}} = \mathbf{132\ mm}$$

zeigt. Für die Länge des Kurbelzapfens liefert die Gleichung 104 mit $A_z = 0{,}028$, was nur bei sehr sorgfältiger Ausführung und Wartung noch zulässig ist, und $P = P_1 = 5600$ kg den Wert

$$l \geqq \frac{5600 \cdot 200}{300000 \cdot 0{,}028} = 133 \text{ mm},$$

während die Ausführung

$$l = \mathbf{136\ mm}$$

giebt. Die spezifische Flächenpressung ist dann nach Gleichung 103 nur

$$p = \frac{5600}{132 \cdot 136} = \sim \mathbf{0{,}3\ kg.}$$

In den Hauptlagern dürfte die grösste Reaktion wohl kaum mehr als $P = R_1 = 5600$ kg betragen. Soll dann der bei Gleichung 106 angegebene Grenzwert $p = 0{,}15$ kg nicht überschritten werden, so muss, da die Welle auch hier 132 mm stark ist, die Länge der Lager

$$l = 2 \cdot 136 = \mathbf{272\ mm}$$

betragen, wie es auch in der Ausführung ist. Die Gleichung 106 verlangt für $A_z = 0{,}015$ nur eine Länge

$$l = \frac{5600 \cdot 200}{300000 \cdot 0{,}015} = \sim 250 \text{ mm}.$$

Die Kurbelarme sollen nach Gleichung 112 einen Querschnitt

$$b \cdot h \geqq 1{,}1 \cdot \overline{132}^2 \frac{\pi}{4} = 15050 \text{ qmm}$$

besitzen, also bei $b = \mathbf{100\ mm}$ Dicke eine Höhe

$$h \geqq \sim 150 \text{ mm}$$

haben. Die Ausführung zeigt

$$h = \mathbf{160\ mm.}$$

6. Die Maschinenfabrik von J. A. Maffei in München lieferte für die Elektricitätswerke dieser Stadt eine stehende Dreimal-Expansionsmaschine mit drei um 120 Grad gegeneinander versetzten Kurbeln und den nachstehenden Verhältnissen:

Bohrung des kleinen Cylinders 490 mm,
Bohrung des mittleren Cylinders 800 mm,
Bohrung des grossen Cylinders 1180 mm,
Kolbenhub 600 mm,
Minutliche Umdrehungszahl 120.

Die maximale indizierte Leistung der Maschine soll 840 Pferdestärken bei 10 Atm absoluter Anfangsspannung und Kondensation betragen. Das Gewicht des Schwungrades ist 8600 kg. Die dreifach gekröpfte Welle dieser Maschine ist in Fig. 14, Taf. 19 dargestellt. Wie bestimmen sich die Stärken der Welle nach den in diesem Buche gemachten Angaben.

Zur annähernden Ermittelung der Dampfüberdrucke in den einzelnen Cylindern sei angenommen, der Dampf expandiere schliesslich bis auf 0,45 Atm. Die Spannung bei Beginn der Expansion im grossen Cylinder ist dann ungefähr

$$0{,}45 \frac{V}{V'} = 0{,}45 \frac{\overline{118}^2}{\overline{80}^2} = \sim 1 \text{ Atm.}$$

Mit Rücksicht auf die schädlichen Räume, Druckverluste etc. kann somit die Eintrittsspannung für den grossen Cylinder zu vielleicht 1,2 Atm, also der grösste Dampfüberdruck daselbst bei 0,2 Atm Austrittsspannung gleich

$$1{,}2 - 0{,}2 = 1 \text{ Atm},$$

der grösste Gesamt-Kolbenüberdruck gleich

$$P_3 = 1 \cdot \overline{118}^2 \frac{\pi}{4} = \sim 11000 \text{ kg}$$

gesetzt werden. Nimmt man weiter 1,5 Atm als Expansions-Endspannung für den mittleren Cylinder an, so folgt entsprechend, da

$$1{,}2 \frac{V'}{v} = 1{,}2 \frac{\overline{80}^2}{\overline{49}^2} = 3{,}2 \text{ Atm}$$

ist, bei vielleicht 3,7 Atm Eintrittsspannung der grösste Dampfüberdruck dieses Cylinders zu

$$3{,}7 - 1{,}2 = 2{,}5 \text{ Atm},$$

oder im ganzen zu

$$P_2 = 2{,}5 \cdot \overline{80}^2 \frac{\pi}{4} = \sim 12500 \text{ kg}.$$

Für den kleinen Cylinder bleibt dann noch ein Dampfüberdruck von

$$10 - 3{,}7 = 6{,}3 \text{ Atm},$$

oder

$$P_1 = 6{,}3 \cdot \overline{49}^2 \frac{\pi}{4} = \sim 11\,900 \text{ kg}$$

übrig.

Wenn die vorstehenden Rechnungen auch keinen Anspruch auf grosse Genauigkeit machen können, so dürften sie doch die Annahme rechtfertigen, dass voraussichtlich der grösste Kolbenüberdruck den Wert

$$P_1 = P_3 = \mathbf{12000\ kg}$$

beim kleinen und grossen Cylinder und denjenigen

$$P_2 = \mathbf{13000\ kg}$$

beim mittleren Cylinder nicht überschreiten wird.

Zur Kontrolle können auch die Diagramme in Fig. 3, Taf. 30 dienen, die ebenfalls für eine Anfangsspannung von 10 Atm und ungefähr ebenso grosse Cylinderverhältnisse konstruiert sind.

Die Gleichung 109 liefert nun für $m = 1{,}3$ das zu übertragende grösste Drehmoment

$$M = 716\,200 \frac{840}{120} 1{,}3 = \sim 6\,517\,000 \text{ kgmm}.$$

Das auftretende grösste Biegungsmoment muss einmal mit Rücksicht auf den obigen Wert $P_1 = P_3$, das andere Mal mit Rücksicht auf das Schwungradgewicht G und den Kolbendruck P_2 bestimmt werden. Im ersteren Falle, wo also der kleine oder grosse Cylinder in Betracht gezogen wird, liefert die Gleichung 110 für $y_1 = 800$, $y_2 = 670$, $x = 1470$ mm (beim kleinen Cylinder) den Wert

$$M_b = 12\,000 \frac{800 \cdot 670}{1470} = \sim 4\,375\,000 \text{ kgmm},$$

dagegen für $y_1 = y_2 = 830$, $x = 2 \cdot 830 = 1660$ mm (beim grossen Cylinder) den grösseren Wert

$$M_b = 12\,000 \frac{830 \cdot 830}{1660} = 4\,980\,000 \text{ kgmm}.$$

Im letzteren Falle, wo der neben dem Schwungrade befindliche mittlere Cylinder in Frage kommt, giebt die Gleichung 110, wenn $P_2 = 13\,000$ kg und ferner $y_1 = 670$, $y_2 = 1050$, $x = 1720$ mm eingeführt wird, den Wert

$$13\,000 \frac{670 \cdot 1050}{1720} = \sim 5\,300\,000 \text{ kgmm},$$

der noch durch das Biegungsmoment des Schwungradgewichtes verstärkt wird. Nimmt man an, das Schwungradgewicht verteile sich nur auf die beiden demselben zunächst liegenden Lager, von deren Mitte es um 580 bezw. 2300 mm absteht, so ist das erwähnte Moment in der Mitte des mittleren Cylinders

$$8600 \frac{580}{1720} 670 = \sim 1\,943\,000 \text{ kgmm}$$

und also

$$M_b = 5\,300\,000 + 1\,943\,000 = 7\,243\,000 \text{ kgmm}.$$

Mit diesem letzteren Werte erhält man nun aus Gleichung 111 für $k_b = 5$ die Wellenstärke

$$d = \sqrt[3]{0{,}75 \cdot 7\,243\,000 + 1{,}25 \sqrt{\overline{7\,243\,000}^2 + \overline{6\,517\,000}^2}} = \sim 260 \text{ mm},$$

während die Ausführung in den Maschinenlagern dieselbe Wellenstärke von **260 mm,** in den Kurbelzapfen eine solche von **265 mm** zeigt.

Die Länge der Kurbelzapfen folgt aus Gleichung 104 für $P = P_3 = 13\,000$ kg und $A_z = 0{,}022$ zu

$$l \geqq \frac{13\,000 \cdot 120}{300\,000 \cdot 0{,}022}, \text{ oder } l \geqq 233 \text{ mm},$$

während die Ausführung

$$l = \mathbf{235\ mm}$$

angiebt, womit sich dann aus Gleichung 103 die spezifische Flächenpressung zu

$$p = \frac{13\,000}{265 \cdot 235} = \sim 0{,}12 \text{ kg}$$

bestimmt.

Auf die Kurbelwellenlager dürfte wohl auch kaum ein grösserer Druck als 13 000 kg entfallen. Gestattet man die Hälfte der obigen Werte von A_z und p, so müsste bei demselben Durchmesser die Länge der Wellenlager

$$l = 2 \cdot 235 = 470$$

betragen, während in der Ausführung hier

$$l = \mathbf{500\ mm}$$

bei allen Lagern, ausgenommen das äusserste linke Lager, das nur 400 mm lang ist, gemacht ist.

Die Kurbelarme sind 175 mm dick und 310 mm breit, so dass also ihr Querschnitt

$$175 \cdot 310 = 54\,250 \text{ qmm}$$

ist, während die Gleichung 112 mindestens einen Querschnitt von

$$1{,}1 \cdot \overline{260}^2 \frac{\pi}{4} = 1{,}1 \cdot 53\,093 = \sim 58\,400 \text{ qmm}$$

verlangt.

§ 26.

Berechnung des Dampfverbrauches.

Der Dampfverbrauch einer Dampfmaschine setzt sich nach § 14 aus drei Teilen zusammen, nämlich

1. aus dem nutzbaren Dampfverbrauch,
2. aus den Abkühlungsverlusten, und
3. aus den Lässigkeitsverlusten.

Der nutzbare Dampfverbrauch zunächst besteht aus der Dampfmenge, welche während des Füllungsweges hinter den Kolben tritt, und derjenigen, welche in den schädlichen Raum nachgefüllt werden muss. Ist nun für Eincylindermaschinen wie früher

O die nutzbare Kolbenfläche in **qcm,**
D die Cylinderbohrung in **cm,**
S der Kolbenhub in **m,**
$e = \frac{S_1}{S}$ der Füllungsgrad, entsprechend dem Füllungswege S_1 in **m,**
M die Länge des schädlichen Raumes, bezogen auf O,
γ das Gewicht von 1 cbm Dampf von der Eintrittsspannung p in kg,

so treten offenbar bei jedem einfachen Hube

$$S_1 \frac{O}{10\,000} \text{ cbm},$$

oder

$$\frac{S_1}{S} S \frac{O}{10\,000} \gamma = eS \frac{O}{10\,000} \gamma \text{ kg}$$

Dampf hinter den Kolben, wenn dieser den Weg S_1 durchläuft.

Die Dampfmenge, welche bei jedem einfachen Hube in den schädlichen Raum gelassen werden muss, um diesen mit frischem Dampfe anzufüllen, bestimmte sich, wenn

p_3 die Kompressionsendspannung

ist, nach Seite 40 zu

$$M \frac{O}{10000}\left(1-\frac{p_3}{p}\right) \text{cbm},$$

oder

$$\frac{M}{S}\frac{O}{10000} S\left(1-\frac{p_3}{p}\right)\gamma \text{ kg}.$$

Der nutzbare Dampfverbrauch für jeden einfachen Kolbenhub ist somit

$$e S \frac{O}{10000}\gamma + \frac{M}{S}\frac{O}{10000} S\left(1-\frac{p_3}{p}\right)\gamma =$$

$$\frac{O}{10000} S \cdot \gamma \left\{e + \frac{M}{S}\left(1-\frac{p_3}{p}\right)\right\},$$

also für die Stunde mit $2n \cdot 60 = 120n$ einfachen Hüben

$$120 \frac{O}{10000} S \cdot \gamma \cdot n \left\{e + \frac{M}{S}\left(1-\frac{p_3}{p}\right)\right\} \text{ kg}.$$

Nun drückt man den nutzbaren Dampfverbrauch gewöhnlich in Bezug auf 1 indizierte Pferdestärke aus. Es ist aber nach Gleichung 50

$$N_i = \frac{O \cdot p_i \cdot c_m}{75},$$

und also ergiebt sich, wenn man den obigen Wert für den Dampfverbrauch durch denjenigen für N_i dividiert und berücksichtigt, dass

$$c_m = \frac{S \cdot n}{30}$$

ist, der nutzbare Dampfverbrauch für die Stunde und indizierte Pferdestärke zu

$$C_1 = 27 \frac{\gamma}{p_i}\left\{e + \frac{M}{S}\left(1-\frac{p_3}{p}\right)\right\} \quad . \quad . \quad . \quad \mathbf{114}$$

Hierin ist p_i die mittlere indizierte Spannung, wie sie in § 23 ermittelt wurde. γ kann der Tabelle auf Seite 12 entnommen werden. Für Mehrcylindermaschinen gilt die vorstehende Gleichung, sobald e und M den Füllungsgrad bezw. den schädlichen Raum des kleinen Cylinders, bezogen auf das Volumen des grossen Cylinders, bezeichnen und p_3 die Kompressionsendspannung im kleinen Cylinder ist. Dem nutzbaren Dampfverbrauch einer Maschine muss schliesslich der Inhalt des Indikator-Diagrammes proportional sein.

Der Abkühlungs- und Lässigkeitsverlust einer Maschine lässt sich natürlich nur empirisch ermitteln, da beide von zu vielen Faktoren bezw. von der Güte der Ausführung der Maschine abhängig sind. Beide Verluste können deshalb auch nur schätzungsweise berechnet und nur durch Versuche an der ausgeführten Maschine genau bestimmt werden.

Der Abkühlungsverlust bestimmt sich nach den Angaben von Hrabák in „Des Ingenieurs Taschenbuch, Die Hütte“ für die indizierte Pferdestärke und Stunde aus

$$C_2 = \alpha \frac{A}{\sqrt{c_m}} \quad . \quad . \quad . \quad . \quad . \quad . \quad \mathbf{115}$$

wenn α und A nach den nachfolgenden Angaben gewählt werden und c_m die mittlere Kolbengeschwindigkeit in m für die Sekunde ist.

Werte von α.

Hubverhältnis $\frac{100\,S}{D}$ =	1	1,25	1,5	2	2,5	3	4
α =	0,82	0,87	0,91	1	1,08	1,15	1,29

Werte von A.

Eincylindermaschinen mit Auspuff . .	A = 6,5 bis 6,0,
Eincylindermaschinen mit Kondensation und ohne Dampfmantel	A = 5,5 bis 5,0,
Eincylindermaschinen mit Kondensation und mit Dampfmantel	A = 4,5 bis 4,0,
Zweimal-Expansionsmaschinen mit Auspuff	A = 4,5 bis 4,0,
Zweimal-Expansionsmaschinen mit Kondensation	A = 4,0 bis 3,5,
Dreimal-Expansionsmaschinen mit Kondensation	A = 3,5 bis 3,0.

Die kleineren Zahlen gelten für vollkommene Maschinen.

Der Lässigkeitsverlust kann nach den Angaben von Hrabák in „Des Ingenieurs Taschenbuch, Die Hütte“ bei gewöhnlichem, noch leidlich befriedigendem Betriebszustande auf

$$C_3 = \frac{8{,}8}{\sqrt{N_i \cdot c_m}} + \frac{1}{2\,c_m} \quad . \quad . \quad . \quad . \quad \mathbf{116}$$

geschätzt werden, kann aber bei vorzüglichen Maschinen bis auf die Hälfte sinken, bei sichtlich dampflässigen auf das Doppelte steigen. Bei Zweimal-Expansionsmaschinen ist der Wert der Gleichung 116 mit 0,8, bei Dreimal-Expansionsmaschinen mit 0,64 zu multiplizieren.

Durch Addition der Werte C_1, C_2 und C_3 ergiebt sich der gesamte Dampfverbrauch, der also, unter Berücksichtigung der Verluste in der Leitung mit 5 bis 10%, für die Stunde und

indizierte Pferdestärke

$$C_i = 1{,}05 \text{ bis } 1{,}1\ (C_1 + C_2 + C_3) \quad . \quad . \quad \mathbf{117}$$

Nutzpferdestärke

$$C_n = 1{,}05 \text{ bis } 1{,}1\ \frac{1}{\eta}(C_1 + C_2 + C_3) = \frac{C_i}{\eta} \quad . \quad \mathbf{118}$$

beträgt.

Zur annähernden Schätzung des Dampfverbrauches können auch die folgenden Angaben dienen. Man rechnet für die indizierte Pferdestärke und Stunde ohne Berücksichtigung der Leitungsverluste

bei Eincylindermaschinen mit Auspuff und geringer Expansion	**23 bis 33 kg,**
bei Eincylindermaschinen mit Auspuff und grosser Expansion	**12 bis 22 kg,**
bei Eincylindermaschinen mit Kondensation	**9,5 bis 11 kg,**
bei Eincylindermaschinen mit Kondensation bei bester Ausführung . . .	**8 bis 9,5 kg,**
bei Zweimal-Expansionsmaschinen . .	**6,3 bis 8 kg,**
bei Dreimal-Expansionsmaschinen . .	**5,4 bis 6,2 kg.**

Beispiele.

1. Wie berechnet sich der Dampfverbrauch der im 1. Beispiele auf Seite 95 angeführten Eincylinder-Auspuffmaschine von 425 mm Cylinderbohrung und 850 mm Hub, die bei 70 Umdrehungen in der Minute und einem Wirkungsgrade $\eta = 0{,}84$ eine Leistung von 77,5 Nutzpferdestärken besass?

Nach den Angaben auf Seite 95 beträgt
die Dampfeintrittsspannung $p = 7{,}5$ Atm,
die Kompressionsendspannung $p_3 = 6{,}5$ Atm,
(siehe das Diagramm in Fig. 91 des Textes)
die mittlere indizierte Spannung $p_i = 2{,}51$ kg,
der Füllungsgrad $e = 0{,}19$,
der Koefficient des schädlichen Raumes $\frac{M}{S} = 0{,}06$,
die mittlere Kolbengeschwindigkeit $c_m = 2$ m.

Das Gewicht von 1 cbm Dampf von 7,5 Atm absoluter Spannung ist ferner nach der Tabelle auf Seite 12 $\gamma = 3{,}861$ kg.

Für diese Werte ermittelt sich nun zunächst der nutzbare Dampfverbrauch für die Stunde und indizierte Pferdestärke aus Gleichung 114 zu

$$C_1 = 27\,\frac{3{,}861}{2{,}51}\left\{0{,}19 + 0{,}06\left(1 - \frac{6{,}5}{7{,}5}\right)\right\}$$
$$= \sim 8{,}2 \text{ kg}.$$

Der Abkühlungsverlust folgt weiter, da das Hubverhältnis

$$\frac{100\,S}{D} = \frac{100 \cdot 0{,}85}{42{,}5} = 2$$

ist, aus Gleichung 115 für $\alpha = 1$ und $A = 6$ zu ungefähr

$$C_2 = \frac{6}{\sqrt{2}} = \frac{6}{1{,}414} = 4{,}24 \text{ kg},$$

während der Lässigkeitsverlust nach Gleichung 116 mit

$$N_i = \frac{77{,}5}{0{,}84} = 92{,}26 \text{ Pferdestärken}$$

wohl nicht mehr als

$$C_3 = \frac{8{,}8}{\sqrt{92{,}26 \cdot 2}} + \frac{1}{2 \cdot 2} = 0{,}9 \text{ kg}$$

betragen wird.

Mit Berücksichtigung der Verluste in der Leitung zu 7% von $C_1 + C_2 + C_3$ erhalten wir somit den ganzen Dampfverbrauch für die Stunde und
indizierte Pferdestärke nach Gleichung 117 zu

$$C_i = 1{,}07\,(8{,}2 + 4{,}24 + 0{,}9) = \sim \mathbf{14{,}3\ kg},$$

Nutzpferdestärke nach Gleichung 118 zu

$$C_n = \frac{14{,}3}{0{,}84} = \sim \mathbf{17\ kg}.$$

2. Welches wird der Dampfverbrauch der im 5. Beispiele auf Seite 99 berechneten Kompound-Receivermaschine voraussichtlich sein?

Die Maschine sollte nach den Ermittelungen auf Seite 99 und 100
eine Bohrung des grossen Cylinders von 770 mm,
einen Hub $S = 0{,}9$ m,
eine mittlere Kolbengeschwindigkeit $c_m = 2{,}4$ m,
eine Umdrehungszahl $n = 80$
erhalten und bei
einem Wirkungsgrade von $\eta = 0{,}765$
eine Nutzleistung $N_n = 150$ Pferdestärken
besitzen. Ferner ergab sich aus den Diagrammen auf Taf. 29
eine Dampfeintrittsspannung $p = 8{,}4$ kg,
eine mittlere indizierte Spannung, bezogen auf die nutzbare Kolbenfläche des grossen Cylinders, $p_i = 1{,}342$ kg,
ein Koefficient des schädlichen Raumes am kleinen Cylinder $\frac{m}{s} = 0{,}03$,
ein Cylinderverhältnis $\frac{V}{v} = 2{,}727$,
eine Füllung des kleinen Cylinders von $\frac{1}{6}$,
eine Kompressionsendspannung im kleinen Cylinder von $p_3 = \sim 7$ kg.

Das Gewicht von 1 cbm Dampf von der Dampfeintrittsspannung $p = 8{,}4$ kg ist nach der Tabelle auf Seite 12 $\gamma = 4{,}27$ kg. Auf das Volumen des grossen Cylinders bezogen, ist ferner
der Füllungsgrad des kleinen Cylinders

$$e = \frac{1}{6}\,\frac{v}{V} = \sim 0{,}06,$$

der Koefficient des schädlichen Raumes

$$\frac{M}{S} = 0{,}03\,\frac{v}{V} = 0{,}011.$$

Hiermit liefert nun die Gleichung 114 einen nutzbaren Dampfverbrauch

$$C_1 = 27\,\frac{4{,}27}{1{,}342}\left\{0{,}06 + 0{,}011\left(1 - \frac{7}{8{,}4}\right)\right\} = \sim 4{,}3 \text{ kg}.$$

Der Abkühlungsverlust bestimmt sich nach Gleichung 115, da für

$$\frac{100\,S}{D} = \frac{100 \cdot 0{,}9}{77} = \sim 1{,}15$$

$\alpha = 0{,}85$ und ferner bei vollkommener Ausführung $A = 3{,}5$ ist, zu ungefähr

$$C_2 = 0{,}85\,\frac{3{,}5}{\sqrt{2{,}4}} = \sim 1{,}92 \text{ kg},$$

der Lässigkeitsverlust nach Gleichung 116 für

$$N_i = \frac{150}{0{,}76} = \sim 197 \text{ Pferdestärken},$$

wenn, wie in der Anmerkung der Gleichung 116 angeführt, hier nur die Hälfte des Wertes mit Rücksicht darauf, dass p_i hinreichend klein gewählt ist, gesetzt wird,

$$C_3 = 0{,}5 \cdot 0{,}8\left(\frac{8{,}8}{\sqrt{197 \cdot 2{,}4}} + \frac{1}{2 \cdot 2{,}4}\right) = \sim 0{,}25 \text{ kg}.$$

Schliesslich ergiebt sich bei 5% Verlust in der Leitung der gesamte Dampfverbrauch der Maschine für die Stunde und
indizierte Pferdestärke nach Gleichung 117 zu

$$C_i = 1{,}05\,(5{,}3 + 1{,}92 + 0{,}25) = \mathbf{7{,}85\ kg},$$

Nutzpferdestärke nach Gleichung 118 zu

$$C_n = \frac{7{,}85}{0{,}765} = \sim \mathbf{10{,}3\ kg}.$$

§ 27.

Bestimmung der Rohr- und Kanalquerschnitte.

Die Rohre und Kanäle, durch welche der frische Dampf in den Cylinder, der gebrauchte aus demselben gelangt, sind in ihren Querschnitten so zu bemessen, dass der Dampfein- und -austritt möglichst ohne merkbare Drosselung vor sich geht. Jede Drosselung des eintretenden Dampfes bewirkt eine unnötige Abnahme der Eintrittsspannung p, jede Drosselung des austretenden Dampfes eine unnötige Steigerung der Austrittsspannung p_e, womit in beiden Fällen ein Arbeitsverlust, eine Verkleinerung der Fläche des Indikator-Diagrammes verbunden ist.

Eine Drosselung des Dampfes tritt nun stets dann ein, wenn der Durchgangsquerschnitt zu klein, die Geschwindigkeit des Dampfes zu gross ist. Je kleiner nämlich der Durchgangsquerschnitt ist, eine desto grössere Geschwindigkeit besitzt der Dampf, und desto grösser fällt auch die zur Erzielung dieser Geschwindigkeit und zur Überwindung der auftretenden Reibung aufzuwendende Arbeit bezw. die Spannungsabnahme des Dampfes aus. Bei unseren Dampfmaschinen erreicht die Drosselung und Spannungsabnahme nach den Angaben in „Des Ingenieurs Taschenbuch, Die Hütte“ eine merkliche Grösse, wenn der eintretende Dampf in den Rohren und Kanälen mehr als 50 bis 60 m, der austretende mehr als 80 bis 100 m — je nachdem derselbe Atmosphären- oder Kondensatorspannung besitzt — Geschwindigkeit in der Sekunde hat. Die Geschwindigkeit, mit welcher der Dampf in der Maschine den freigegebenen Kanalquerschnitt durchströmt, ergiebt sich bekanntlich aus der Gleichung

$$w_x = \frac{O \cdot c_x}{f_x} \quad . \quad . \quad . \quad . \quad . \quad . \quad 119$$

wenn

O die nutzbare Kolbenfläche in qcm,

c_x die augenblickliche Kolbengeschwindigkeit in m für die Sekunde,

f_x der freigegebene Querschnitt in qcm

ist, da der Kolben in der Sekunde das Volumen $O \cdot c_x$, der Dampf dasjenige $f_x \cdot w_x$ durchläuft, die beide einander gleich sein müssen.

Den Querschnitt der Dampfzuleitung wird man nun aus der Gleichung 119 zweckmässig in der Weise bestimmen, dass bei der grössten Kolbengeschwindigkeit ($c_x = c_{max}$) die Dampfgeschwindigkeit w_x den obigen Grenzwert von 50 bis 60 m noch nicht erreicht. Für $w_x = 50$ folgt demnach der Querschnitt **f** in **qcm** der Dampfzuleitung vom lichten Durchmesser **d** in **cm** zu

$$f = d^2 \frac{\pi}{4} = \frac{O \cdot c_{max}}{50}$$

Nun ist nach Gleichung 25

$$c_{max} = v \left(1 + \frac{R^2}{2\,L^2}\right),$$

oder mit dem Werte

$$v = \frac{\pi}{2}\, c_m$$

der Gleichung 22,

$$c_{max} = \frac{\pi}{2}\, c_m \left(1 + \frac{R^2}{2\,L^2}\right)$$

Für das meist gebräuchliche Verhältnis $\frac{R}{L} = \frac{1}{5}$ ergiebt sich hieraus

$$c_{max} = \sim 1{,}6\, c_m,$$

mit welchem Werte die obige Gleichung für f den Querschnitt der Dampfzuleitung in Bezug auf die mittlere Kolbengeschwindigkeit, nämlich

$$\mathbf{f} = \mathbf{d}^2 \frac{\pi}{4} = \frac{O \cdot c_m}{30} \quad . \quad . \quad . \quad . \quad . \quad 120$$

liefert.

Der Dampfableitung kann bei Auspuffmaschinen ein lichter Querschnitt $\mathbf{f_o}$ in **qcm** bezw. ein lichter Durchmesser $\mathbf{d_o}$ in **cm** gegeben werden, welcher der Gleichung

$$\mathbf{f_o} = \mathbf{d_o}^2 \frac{\pi}{4} = \frac{O \cdot c_m}{22} \text{ bis } \frac{O \cdot c_m}{25} \quad . \quad . \quad . \quad 121$$

genügt. Bei Kondensationsmaschinen wird vielfach nach einer entsprechenden Formel, nämlich

$$\mathbf{f_o} = \mathbf{d_o}^2 \frac{\pi}{4} = \frac{O \cdot c_m}{15} \text{ bis } \frac{O \cdot c_m}{20} \quad . \quad . \quad . \quad 122$$

gerechnet. Wenn gegen die Anwendung dieser letzteren Gleichung in Bezug auf die Austrittsleitung des Hoch- und Mitteldruckcylinders an Mehrcylindermaschinen auch nichts einzuwenden ist, da hier der Dampf bis völlig auf die Austrittsspannung expandiert, so sollte dieselbe jedoch für Eincylindermaschinen und den Niederdruckcylinder der Mehrcylindermaschinen nicht benutzt werden. Wie F. J. Weiss in der Zeitschrift deutscher Ingenieure, Jahrgang 1895, nämlich sehr richtig bemerkt, berücksichtigt diese Gleichung nicht die Ausdehnung, welche der Dampf erfährt, wenn er von der Expansionsendspannung auf die Austrittsspannung p_e herabsinkt oder plötzlich herabsinken soll. Unter Berücksichtigung dieses Umstandes muss dann der austretende Dampf in der nach den obigen Angaben berechneten Ableitung eine Geschwindigkeit annehmen, die häufig (namentlich bei Eincylindermaschinen, welche mit grösserer Füllung arbeiten) den oben angeführten Grenzwert von 100 m weit übersteigt. Richtiger ist es deshalb, den Querschnitt der Dampfableitung der Eincylindermaschinen und des Niederdruckcylinders der Mehrcylindermaschinen wie folgt zu bemessen. Ist

C der Gesamt-Dampfverbrauch der Maschine für die Stunde ($C = C_i \cdot N_i = C_n \cdot N_n$ nach den Bezeichnungen des vorigen Paragraphen), also $\frac{C}{3600}$ für die Sekunde in **kg**,

$\frac{1}{\gamma'}$ das Volumen von 1 kg Dampf von der Austrittsspannung p_e in **cbm** (siehe die Tabelle auf Seite 12),

so nehme man

$$\mathbf{f_o} = \mathbf{d_o}^2 \frac{\pi}{4} = \frac{10000\,C}{3600 \cdot 100\,\gamma'} = \sim 0{,}0278 \frac{C}{\gamma'} \quad . \quad 123$$

Dieser Formel liegt die Annahme zu Grunde, dass der Dampf gleichmässig mit 100 m mittlerer Geschwindigkeit austritt. Wenn dies auch thatsächlich nicht der Fall ist, indem der Dampf bei und unmittelbar nach der Eröffnung des Auslasses mit viel grösserer Geschwindigkeit ausströmen wird, so kommt die Gleichung 123 doch der Bedingung, den Querschnitt so zu bemessen, dass eine merkbare Drosselung während des Dampfaustrittes möglichst vermieden wird, weit näher als die vorher angeführte empirische Formel.

Zur Bestimmung von C für die vorliegenden Zwecke genügt es auch, den nutzbaren Dampfverbrauch für den mittleren Füllungsgrad festzustellen und die Abkühlungs- und Lässigkeitsverluste als ein Teil dieses nutzbaren Dampfverbrauches schätzungsweise anzunehmen. Nach den Ermittelungen auf Seite 123 berechnete sich der nutzbare Dampfverbrauch für die Stunde zu

$$120 \frac{O}{10000} S \cdot \gamma \cdot n \left\{e + \frac{M}{S}\left(1 - \frac{p_3}{p}\right)\right\} \text{ kg.}$$

Weiss setzt nun die Abkühlungs- und Lässigkeitsverluste gleich 40 Prozent dieses Wertes bei Auspuff- und gleich 50 Prozent bei Kondensationsmaschinen, nimmt also

bei Auspuffmaschinen

$$C = 1{,}4 \cdot 120 \frac{O}{10000} S \cdot \gamma \cdot n \left\{e + \frac{M}{S}\left(1 - \frac{p_3}{p}\right)\right\},$$

oder mit

$$c_m = \frac{S \cdot n}{30} \text{ bezw. } S \cdot n = 30\, c_m,$$

$$\mathbf{C = 0{,}5\, O \cdot c_m \cdot \gamma \left\{e + \frac{M}{S}\left(1 - \frac{p_3}{p}\right)\right\}} \quad . \quad . \quad \mathbf{124}$$

bei Kondensationsmaschinen

$$C = 1{,}5 \cdot 120 \frac{O}{10000} S \cdot \gamma \cdot n \left\{e + \frac{M}{S}\left(1 - \frac{p_3}{p}\right)\right\},$$

oder

$$\mathbf{C = 0{,}54\, O \cdot c_m \cdot \gamma \left\{e + \frac{M}{S}\left(1 - \frac{p_3}{p}\right)\right\}} \quad . \quad . \quad \mathbf{125}$$

In diesen Gleichungen ist, wie schon im vorigen Paragraphen angeführt,

- e der hier nicht zu gering einzuführende mittlere Füllungsgrad, mit dem die Maschine arbeitet,
- O die nutzbare Kolbenfläche in qcm,
- n die Umdrehungszahl für die Minute,
- γ das Gewicht von 1 cbm Dampf von der Eintrittsspannung p in kg (siehe die Tabelle auf Seite 12),
- p_3 die Kompressionsendspannung,
- $\frac{M}{S}$ der Koefficient des schädlichen Raumes.

Bei der Bestimmung des Kanalquerschnittes endlich ist darauf Rücksicht zu nehmen, dass dieser Querschnitt durch das Steuerungsorgan selten ganz geöffnet wird und bis zum Schlusse der Füllung ganz geöffnet bleibt, sondern je nach dem Füllungsgrade und den Bewegungsverhältnissen der Steuerung nur zum Teil geöffnet und mehr oder weniger allmählich geschlossen wird. Da nun die Grösse der Kanaleröffnung durch die Steuerung und die Dauer des Kanalschlusses sich in den seltensten Fällen von vornherein festlegen lässt, vielmehr meistens die Steuerungsverhältnisse von der Grösse der Kanäle abhängig gemacht werden, so muss man den Kanalquerschnitt hinreichend gross, und zwar so gross bemessen, dass voraussichtlich eine genügende Kanaleröffnung eintreten und eine zu frühzeitige Drosselung vermieden wird. Die Bestimmung der Kanalquerschnitte besteht also immer in einer Schätzung, und demgemäss sind auch die hierüber gemachten Angaben sehr verschieden.

Nach Radinger soll der Kanalquerschnitt

bei Schiebermaschinen

$$f_k = \frac{O \cdot c_m}{30},$$

bei Ventilmaschinen

$$f_k = \frac{O \cdot c_m}{25}$$

betragen. „Des Ingenieurs Taschenbuch, Die Hütte“, setzt dagegen

$$f_k = \frac{O \cdot c_{max}}{30} \text{ bis } \frac{O \cdot c_{max}}{40}.$$

Führt man hierin den Wert

$$c_{max} = 1{,}6\, c_m,$$

wie er auf Seite 125 für ein Schubstangenverhältnis $\frac{R}{L} = \frac{1}{5}$ entwickelt wurde, ein, so ergiebt sich

$$f_k = \sim \frac{O \cdot c_m}{19} \text{ bis } \frac{O \cdot c_m}{25}.$$

Im Folgenden setzen wir in guter Übereinstimmung mit der Praxis je nach der Grösse der Maschine

$$f_k = \frac{O \cdot c_{max}}{33} \text{ bis } \frac{O \cdot c_{max}}{60},$$

also wieder unter Einführung des Wertes $c_{max} = 1{,}6\, c_m$

$$\left.\begin{array}{l} \text{für die kleinsten Maschinen } \mathbf{f_k = \frac{O \cdot c_m}{20}} \\ \quad \text{bis} \\ \text{für die grössten Maschinen } \mathbf{f_k = \frac{O \cdot c_m}{37{,}5}} \end{array}\right\} \quad . \quad . \quad . \quad \mathbf{126}$$

Bei Flach- und Rundschiebern haben die Kanäle rechteckigen Querschnitt. Ist also **a** die Weite, **h** die Höhe der Kanäle in **cm**, so hat man zu setzen

$$\mathbf{f_k = a \cdot h} \quad . \quad . \quad . \quad . \quad . \quad . \quad . \quad \mathbf{127}$$

Die Höhe h der Kanäle wählt man

bei Flach- und Hahnschiebern h = 0,65 bis 0,85 D,

bei Korlissschiebern h = 0,9 D bis D.

Je grösser man h wählt, um so kleiner wird a, um so kleiner fällt auch, wie im nächsten Abschnitte gezeigt wird, der Schieberweg und die Schieberreibung aus, um so schwieriger ist aber auch der Schieber dicht zu halten.

Bei Kolbenschiebern haben die Kanäle am Schieberspiegel die Form eines Cylinders, der häufig durch Stege zur Verbindung der oberen und unteren Teile der eingesetzten Schieberbüchse unterbrochen wird. Ist

- **d** der äussere Durchmesser des Kolbenschiebers bezw. die Bohrung der Schieberbüchse oder des Schiebergehäuses,
- **a** die Höhe der cylindrischen Öffnungen in **cm**,

so hat man, wenn

keine Stege vorhanden sind,

$$\mathbf{f_k = \pi\, d \cdot a} \quad . \quad . \quad . \quad . \quad . \quad . \quad \mathbf{128_a}$$

Stege vorhanden sind und deren Breite gleich $\frac{1}{3}$ des Umfanges gesetzt wird,

$$\mathbf{f_k = 0{,}66\, \pi\, d \cdot a} \quad . \quad . \quad . \quad . \quad . \quad \mathbf{128_b}$$

Der Schieberdurchmesser beträgt gewöhnlich

$$d = 0{,}4\, D \text{ bis } 0{,}7\, D.$$

Bei Ventilen von einem mittleren Durchmesser **d** in **cm** kann der freie Durchgangsquerschnitt

$$\mathbf{f_k = x \cdot d^2 \frac{\pi}{4}} \quad . \quad . \quad . \quad . \quad . \quad . \quad . \quad \mathbf{129_a}$$

gesetzt werden mit

$$\mathbf{x = 0{,}66 \text{ bis } 0{,}86} \quad . \quad . \quad . \quad . \quad . \quad \mathbf{129_b}$$

wovon der kleinere Wert für kleine, der grössere für die grössten Ventile zu nehmen ist. Den Durchmesser der

Auslassventile nimmt man entweder gleich dem der Einlassventile, also auch gleich d, oder aber 1,1 bis 1,2 mal so gross, also gleich 1,1 d bis 1,2 d.

Beispiele.

1. Für die auf Seite 97 berechnete Eincylindermaschine mit Auspuff von 300 mm Cylinderbohrung, 600 mm Hub und 90 Umdrehungen in der Minute sind die Rohr- und Kanalweiten zu bestimmen.

Die nutzbare Kolbenfläche der Maschine beträgt nach Seite 98

$$O = \sim 685 \text{ qcm},$$

die mittlere Kolbengeschwindigkeit

$$c_m = 1,8 \text{ m}.$$

Hiermit folgt zunächst der zweckmässige Querschnitt der Eintrittsleitung aus Gleichung 120 zu

$$f = d^2 \frac{\pi}{4} = \frac{685 \cdot 1,8}{30} = 41,1 \text{ qcm},$$

welchem ein Rohrdurchmesser von

$$d = \sim 7,2 \text{ cm, oder besser } \mathbf{70\ mm}$$

entspricht.

Der Querschnitt der Austrittsleitung ergiebt sich aus Gleichung 121 zu

$$f_o = d_o^2 \frac{\pi}{4} = \frac{685 \cdot 1,8}{25} = \sim 50 \text{ qcm},$$

oder der Durchmesser dieser Leitung

$$d_o = 8 \text{ cm} = \mathbf{80\ mm.}$$

Die Kanäle erhalten nach Gleichung 126, wenn die Maschine als solche von mittlerer Grösse gelten soll, einen Querschnitt

$$f_k = \frac{O \cdot c_m}{29} = \frac{685 \cdot 1,8}{29} = 42,5 \text{ qcm}.$$

Da ferner für die Maschine eine Ridersteuerung vorzusehen ist, so ist nach Gleichung 127

$$f_k = a \cdot h$$

zu setzen, oder mit

$$h = 0,66\,D = 0,66 \cdot 30 = \sim 20 \text{ cm} = \mathbf{200\ mm}$$

$$a = \frac{42,5}{20} = \sim 2,1 \text{ cm} = \mathbf{21\ mm}$$

zu nehmen.

2. Wie bestimmen sich die Rohr- und Kanalweiten der im 3. Beispiele auf Seite 118 angeführten Zwillings-Tandemmaschine, die am Hoch- und Niederdruckcylinder Ventilsteuerung besitzt?

Nach den Angaben auf Seite 118 beträgt die nutzbare Kolbenfläche des kleinen Cylinders 2900, die des grossen 9020 qcm, sowie die mittlere Kolbengeschwindigkeit bei einer Umdrehungszahl n = 56, für welche die Maschine anfangs bestimmt war, und einem Hube S = 1,25 m

$$c_m = \frac{1,25 \cdot 56}{30} = \sim 2,33 \text{ m}.$$

Hiermit ergiebt sich aus Gleichung 120 für die Dampfzuleitung des kleinen Cylinders

$$f = d^2 \frac{\pi}{4} = \frac{2900 \cdot 2,33}{30} = \sim 225 \text{ qcm},$$

oder

$$d = 17 \text{ cm},$$

wofür in der Ausführung der in den Rohrnormalien enthaltene Durchmesser

$$d = 17,5 \text{ cm} = \mathbf{175\ mm}$$

genommen ist.

Für die Dampfableitung des kleinen Cylinders, durch welche der letztere mit dem Receiver verbunden ist, erhält man weiter aus Gleichung 122

$$f_o = d_o^2 \frac{\pi}{4} = \frac{2900 \cdot 2,33}{17} = \sim 400 \text{ qcm}.$$

oder wie in der Ausführung

$$d_o = 22,5 \text{ cm} = \mathbf{225\ mm.}$$

Die Dampfzuleitung des grossen Cylinders, welche auch mit dem Receiver in Verbindung steht, muss wieder nach Gleichung 120 bemessen werden, muss also einen Querschnitt bezw. Durchmesser

$$f = d^2 \frac{\pi}{4} = \frac{9020 \cdot 2,33}{30} = \sim 702 \text{ qcm}$$

bezw.

$$d = 30 \text{ cm} = \mathbf{300\ mm}$$

erhalten.

Für die Dampfableitung des grossen Cylinders ist, da die Maschine mit Kondensation arbeitet, die Gleichung 123 massgebend. Bestimmen wir dabei den stündlichen Gesamt-Dampfverbrauch der Maschine nach Gleichung 125, so ist in diese

eine Eintrittsspannung $p = 7$ Atm,

ein Gewicht des Eintrittsdampfes für den cbm von $\gamma = \sim 3,62$ kg,

ein Koefficient des schädlichen Raumes, bezogen auf das Volumen des grossen Cylinders, von schätzungsweise $\frac{M}{S} = \frac{m}{s}\frac{v}{V} = 0,04 \cdot 0,321 = \sim 0,013$,

eine nutzbare Kolbenfläche $O = 9020$ qcm,

ein auf den grossen Cylinder reduzierter mittlerer Füllungsgrad $e = \frac{1}{3}\,0,321 = \sim 0,11$[1]),

eine Kompressionsendspannung von vielleicht $p_3 = 6$ Atm

einzuführen. Man erhält dann

$$C = 0,54 \cdot 9020 \cdot 2,33 \cdot 3,62 \left\{0,11 + 0,013\left(1 - \frac{6}{7}\right)\right\}$$
$$= \sim 4600 \text{ kg}.$$

Hiermit und mit dem $p_e = 0,2$ entsprechenden Werte

$$\frac{1}{\gamma'} = \frac{1}{0,128}$$

liefert dann die Gleichung 123 den Rohrquerschnitt

$$f_o = d_o^2 \frac{\pi}{4} = 0,0278 \frac{4600}{0,128} = \sim 1000 \text{ qcm},$$

1) e darf mit Rücksicht darauf, dass die Maschinen gewöhnlich später stärker belastet werden, nicht zu klein gewählt werden.

oder den Rohrdurchmesser

$$d_0 = \sim 36 \text{ cm} = \mathbf{360\ mm},$$

wie er auch der Ausführung entspricht.

Zur Berechnung der Ventildurchmesser bilden wir zunächst nach Gleichung 126, entsprechend den Cylinderbohrungen von 625 bezw. 1080 mm, für den kleinen Cylinder den Wert

$$f_k = \frac{O \cdot c_m}{31} = \frac{2900 \cdot 2{,}33}{31} = 218 \text{ qcm},$$

für den grossen Cylinder denjenigen

$$f_k = \frac{O \cdot c_m}{37{,}5} = \frac{9020 \cdot 2{,}33}{37{,}5} = 560 \text{ qcm}.$$

Gestattet man dann für die Durchgangsfläche der Ventile des kleinen Cylinders gemäss Gleichung 129a den Wert

$$f_k = 250 = 0{,}7\, d^2 \frac{\pi}{4},$$

so ergiebt sich der Ventildurchmesser aus

$$d^2 \frac{\pi}{4} = \frac{218}{0{,}7} = \sim 311 \text{ qcm}$$

zu

$$d = 20 \text{ cm} = \sim \mathbf{200\ mm}.$$

Für die Ventile des grossen Cylinders würde die Gleichung 129a mit $x = 0{,}85$

$$f_k = 560 = 0{,}85\, d^2 \frac{\pi}{4},$$

oder einen Ventildurchmesser, entsprechend dem Werte

$$d^2 \frac{\pi}{4} = \frac{560}{0{,}85} = \sim 660 \text{ qcm},$$

von

$$d = 29 \text{ cm, oder besser} = \sim \mathbf{300\ mm}$$

ergeben.

In der Ausführung haben die Einlassventile der beiden Cylinder die vorstehend berechneten Durchmesser, während die Auslassventile am kleinen Cylinder **230,** am grossen **350 mm** Durchmesser besitzen.

3. Die auf Seite 120 im 5. Beispiele angeführte stehende Verbundmaschine besitzt am Hochdruckcylinder Kolbenschieber-Steuerung. Welche Weite müssen die Kanäle dieses Cylinders bekommen?

Es beträgt

die Bohrung des kleinen Cylinders 300 mm,

also

die nutzbare Kolbenfläche $O = 0{,}98 \cdot \overline{30}^2 \frac{\pi}{4} = \sim 690$ qcm,

der Hub beider Cylinder 480 mm,

die Umdrehungszahl in der Minute $n = 200$,

also die mittlere Kolbengeschwindigkeit

$$c_m = \frac{S \cdot n}{30} = \frac{0{,}48 \cdot 200}{30} = 3{,}2 \text{ m}.$$

Nach Gleichung 126 dürfte ein Kanalquerschnitt von vielleicht

$$f_k = \frac{O \cdot c_m}{29} = \frac{690 \cdot 3{,}2}{29} = 76{,}1 \text{ qcm}$$

zu empfehlen sein. Nimmt man dann den äusseren Durchmesser des Kolbenschiebers wie in der Ausführung zu

$$d = \frac{2}{3} D = \frac{2}{3} 30 = 20 \text{ cm}$$

an, so muss die Weite der Kanäle, wenn die eingesetzte Schieberbüchse in den cylindrischen Öffnungen durch Stege um $\frac{1}{3}$ des Umfanges verengt wird, nach Gleichung 128a

$$a = \frac{f_k}{0{,}66\,\pi d} = \frac{76{,}1}{0{,}66\,\pi \cdot 20} = \sim 1{,}8 \text{ cm} = \mathbf{18\ mm}$$

betragen.

§ 28.

Berechnung der Kondensation.

Die zur Bestimmung des Kühlwasserbedarfes, Luftpumpenvolumens und der Betriebsarbeit erforderlichen Gleichungen wurden schon in § 21 auf Seite 76, 77 und 78 gegeben. Über die Benutzung dieser Gleichungen sei hier kurz das Folgende bemerkt.

Hat man sich nach mehrmaliger Durchführung der Rechnungen, sowie durch entsprechende Aufstellung der mit der Kondensation verbundenen Dampfersparnisse bezw. Anlage- und Betriebskosten (siehe Seite 69) für die wirtschaftlich günstigste Dampfaustrittsspannung p_e und zugehörige Kondensatorpressung $p' = 0{,}8\, p_e$ entschieden, so ergiebt sich zunächst aus der 1. Tabelle auf Seite 71 die p' entsprechende Temperatur t des zu kondensierenden Dampfes.

Bei natürlichem Kühlwasser beträgt ferner

$$t_0 = 17 \text{ bis } 23^0 \text{ C},$$

bei Rückkühlanlagen kann wohl mit Sicherheit eine Rückkühlung auf

$$t_0 = 20 \text{ bis } 30^0 \text{ C}$$

erwartet werden.

Die Firma Balcke & Co., Gesellschaft zum Bau von Kondensationsanlagen in Bochum, giebt für ihre Kaminkühler die folgenden Betriebsresultate an. Warmes Wasser von

60° C wird zurückgekühlt auf 25 bis 20°,
50° C wird zurückgekühlt auf 24 bis 18°,
40° C wird zurückgekühlt auf 23 bis 17°,
30° C wird zurückgekühlt auf 22 bis 16°.

Die Gleichungen 40a und b ergeben dann das Kühlwasserverhältnis n oder die Kühlwassermenge $W = nC$, wenn

für Mischkondensation mit

Parallelstrom und nasser Luftpumpe $t' = 45$ bis 36^0,

Gegenstrom und trockener Luftpumpe $t' = t$,

für Oberflächenkondensation mit

Gegenstrom und trockener Luftpumpe $t' = t$ und t_1 um einige Grad kleiner als t

gesetzt wird.

Bei beschränkter Menge des natürlichen Kühlwassers, also bei gegebenem W und n, ist t' bei Mischkondensation und nasser Luftpumpe aus Gleichung 40a zu bestimmen (siehe das Beispiel auf Seite 77).

Das Luftpumpenvolumen V in cbm, welches der Kolben dieser Pumpe fördernd zu durchlaufen hat, folgt weiter aus den Gleichungen 41 bis 45, wenn wieder der 1. Tabelle auf Seite 71 der zu

t' gehörige Druck p_d',

$t_0 + 3$ bis 6^0 (der Sicherheit wegen um 3 bis 6^0 höher angenommen) gehörige Druck p_d^0

entnommen und, solange keine anderen Werte vorliegen, bei Oberflächenkondensation

$$x = 0{,}09\,n$$

gesetzt wird.

Dieser Wert x ist entsprechend dem bei Mischkondensation angegebenen Betrage

$$x = 0{,}16\,n$$

gewählt, indem bei dieser für die mit dem Kühlwasser in den Kondensator gelangende Luftmenge 0,07 n angenommen wurde, für die durch Undichtheiten eindringende, mit der ja bei Oberflächenkondensationen allein zu rechnen ist, also 0,16 n — 0,07 n = 0,09 n verbleibt.

Bezieht man **V** auf **cbm** und die Minute, so müssen die Dimensionen der Luftpumpe der Bedingung

$$V = i \cdot \mu_0 \cdot D_0^2 \frac{\pi}{4} S_0 \cdot n_0 \quad \ldots \quad 130$$

genügen, wenn

D_0 den Durchmesser in **m**,
S_0 den Hub in **m**,
n_0 die Zahl der Doppelhübe für die Minute,
μ_0 den Lieferungsgrad ($= \sim 0{,}7$ für nasse Luftpumpen)[1])

der Luftpumpe bezeichnet und

i = 1 für einfach, i = 2 für doppelt wirkende Pumpen gilt. Der Hub S_0 folgt, wenn

c_0 die mittlere Geschwindigkeit des Luftpumpenkolbens in **m** für die Sekunde

ist, aus der Gleichung

$$S_0 = \frac{30\,c_0}{n_0} \quad \ldots \ldots \quad 131$$

Nach den Angaben von v. Jhering in der Zeitschrift deutscher Ingenieure, Jahrgang 1895, beträgt die Geschwindigkeit c_0 im Mittel

bei liegenden Luftpumpen 2 bis 3 m,
bei stehenden Luftpumpen 1 m,

wenn auch bei beiden sowohl geringere, als auch grössere Geschwindigkeiten (im ersteren Falle sogar bis zu 6,5 m, im letzteren Falle bis zu 1,3 m) mit angeblich stossfreiem Betriebe vorkommen.

Den freien Durchgangsquerschnitt f′ der Ventile bemisst man bei den nassen Luftpumpen so, dass nach v. Jhering die Wassergeschwindigkeit beim Durchströmen der Ventile 1 bis 1,2 m für die Sekunde beträgt, während nach anderen Angaben[2]) mit gutem Erfolge diese Geschwindigkeit bis auf 1,5 m bei kleineren Luftpumpen mit bis zu 3 m Kolbengeschwindigkeit, bis auf 2 m bei grösseren Luftpumpen mit 3 bis 6,5 m Kolbengeschwindigkeit gesteigert wurde. Bezüglich der Luftgeschwindigkeit in den Ventilen der trockenen Luftpumpen muss auf die Angaben und Ausführungen der diesbezüglichen Firmen verwiesen werden. Bezeichnet c_w bezw. c_l die statthafte Wasser- bezw. Luftgeschwindigkeit, so ist, wenn V in **cbm** für die Minute, f′ in **qm** gilt, zu setzen

$$f' = \frac{V}{30\,i \cdot c_w} \text{ bezw. } \frac{V}{30\,i \cdot c_l} \quad \ldots \quad 132$$

Die Betriebsarbeit der Kondensation kann nach Gleichung 46 und 47 berechnet, oder nach den Angaben auf Seite 78 geschätzt werden.

1) Für trockene Luftpumpen wird μ wohl am besten nach den Angaben der bezüglichen Firmen gewählt.

2) Zeitschrift deutscher Ingenieure, Jahrgang 1895, Seite 1269.

Die übrigen Teile der Kondensation sind nach den folgenden Vermerken zu bemessen.

Die Kaltwasserpumpe, wenn eine solche erforderlich ist, muss die Wassermenge **W kg** liefern, wird aber vorteilhaft etwas reichlich, vielleicht für 1,25 W, bemessen. Wird die Pumpe von einer Transmission angetrieben, so ist auch durch Änderung der Tourenzahl eine Steigerung der Leistung möglich. Den Durchmesser D_1, Hub S_1 in **m** und die Umdrehungszahl n_1 bestimmen wir jedenfalls so, dass der Bedingung

$$0{,}00125\,W = i \cdot \mu_1 \cdot D_1^2 \frac{\pi}{4} S_1 \cdot n_1 \quad \ldots \quad 133$$

genügt wird, wenn i und μ_1 (0,85 bis 0,9) die bei Gleichung 130 angegebene Bedeutung haben und W auf die Minute bezogen ist.

Die Kondensatpumpe bei Oberflächenkondensationen ist für die Niederschlagmenge **C** in **kg** zu bemessen. Ist also D_2 der Durchmesser, S_2 der Hub dieser Pumpe in **m**, so muss bei der Umdrehungszahl n_2 wieder die Bedingung

$$0{,}001\,C = i \cdot \mu_2 \cdot D_2^2 \frac{\pi}{4} S_2 \cdot n_2 \quad \ldots \quad 134$$

erfüllt sein, wenn C für die Minute ausgedrückt ist.

Der Inhalt des Kondensators ist gewöhnlich gleich dem 2- bis 4fachen Luftpumpenvolumen $D_0^2 \frac{\pi}{4} S_0$.

Die Rohrleitungen sind in ihrem Querschnitt so zu bemessen, dass die Geschwindigkeit

des Wassers $c_w = 1$ bis 2 m,
der Luft $c_l = 4$ bis 10 m

in ihnen beträgt. Hiernach ergiebt sich also bei doppelt wirkenden Pumpen[1]), wenn alle Dimensionen in **m** und, bezogen auf die Minute, **W** und **C** in **kg**, **V** in **cbm** ausgedrückt werden, z. B.

für den Durchmesser d_1 der Kaltwasserleitung (Einspritzleitung bei Mischkondensation) die Beziehung

$$d_1^2 \frac{\pi}{4} = \frac{W}{60 \cdot 1000\,c_w} \quad \ldots \ldots \quad 135$$

für den Durchmesser d_2 der Saugleitung der nassen Luftpumpe

$$d_2^2 \frac{\pi}{4} = \frac{V}{60\,\mu_0 \cdot c_w} \quad \ldots \ldots \quad 136_a$$

oder unter Einführung des Wertes von V aus Gleichung 130,

$$d_2^2 \frac{\pi}{4} = \frac{1}{c_w} D_0^2 \frac{\pi}{4} \frac{S_0 \cdot n_0}{30},$$

oder mit der Beziehung

$$c_0 = \frac{S_0 \cdot n_0}{30}$$

für die mittlere Kolbengeschwindigkeit,

$$d_2 = D_0 \sqrt{\frac{c_0}{c_w}} \quad \ldots \ldots \quad 136_b$$

1) Bei einfach wirkenden Pumpen gelten die Gleichungen 135 bis 139 auch, wenn wie gewöhnlich das Wasser zu- und abfliesst, die Pumpen also nicht zu saugen und zu drücken brauchen; im entgegengesetzten Falle sind die Querschnitte doppelt so gross zu nehmen, als die Gleichungen angeben.

für die Druckleitung einer nassen Luftpumpe der Durchmesser d_3 aus der Bedingung

$$d_3^2 \frac{\pi}{4} = \frac{1}{60 \cdot 1000} (1{,}16\,n + 1) \frac{C}{c_w} \quad . \quad . \quad 137$$

wenn auch vielfach $d_3 = d_2$ gemacht wird,

für die Wasserableitung einer Weissschen Gegenstromkondensation ein Durchmesser d_2 aus der Gleichung

$$d_2^2 \frac{\pi}{4} = \frac{W + C}{60 \cdot 1000\,c_w} = (n + 1) \frac{C}{60 \cdot 1000\,c_w} \quad . \quad 138$$

für die Saugleitung einer trockenen Luftpumpe bei Weissscher Gegenstromkondensation der Durchmesser d_2' aus der Gleichung

$$d_2'^2 \frac{\pi}{4} = \frac{V}{60\,\mu_o \cdot c_1} = \frac{1}{60 \cdot 1000} \frac{0{,}16\,n}{p_{d'} - p_{d^o}} \frac{C}{\mu_o \cdot c_1} \quad . \quad 139$$

worin bei Oberflächenkondensation für $0{,}16\,n$ der Wert $x = 0{,}09\,n$ einzuführen ist, u. s. w.

Das Überlaufrohr einer nassen Luftpumpe schliesslich kann einen lichten Durchmesser d_4 erhalten, der ungefähr gleich dem der Druckleitung ist, so dass also $d_4 \leq d_3$ wird.

Die Antriebteile der Luftpumpe sind so zu berechnen, dass auf der einen Seite des Kolbens dieser Pumpe ein volles Vakuum, auf der anderen der volle Luftdruck angenommen wird. Hat dann die Luftpumpe das Wasser noch h_o Meter hoch zu heben, so beträgt der Überdruck auf den qcm des Luftpumpenkolbens

$$p_x = 1 + 0{,}1\,h_o \text{ Atm},$$

oder der Gesamtüberdruck

$$P_x = D_o^2 \frac{\pi}{4} (1 + 0{,}1\,h_o) \quad . \quad . \quad . \quad . \quad 140$$

wenn D_o der Durchmesser der Luftpumpe in **cm** ist.

Erfolgt der Antrieb durch einen Winkelhebel (siehe Fig. 2 bis 8, Taf. 14) und sind x und y die Hebellängen desselben, so ist der Druck auf das treibende Ende

$$P_y = P_x \frac{x}{y},$$

während die Welle, um welche sich der Hebel dreht, durch die Resultierende P_z aus P_x und P_y belastet wird.

Die einzelnen Zapfen des Antriebes sind auf Festigkeit und Flächendruck, der Winkelhebel, die Welle, um die er sich dreht, allein auf Festigkeit zu berechnen. Dabei hat man, um passende Werte zu erhalten, die zulässige Materialspannung und Flächenpressung nur klein anzunehmen, und zwar die erstere höchstens 4 kg für Stahl, 3 kg für Schmiedeeisen, 2 kg für Stahlguss, die letztere kleiner oder gleich 0,35 kg für den qmm.

Beispiele.

1. Die Firma August Riedinger & Co., Kommanditgesellschaft für Druckluftanlagen in Augsburg lieferte für die Druckluftanlage in Offenbach zwei liegende Verbundmaschinen mit zwei Cylindern und Kondensation. Dieselben besitzen 550 und 800 mm Cylinderbohrung bei 1000 mm Hub und leisten bei 75 Umdrehungen in der Minute je ca. 300 indizierte Pferdestärken. Es sind die Verhältnisse der Einspritzkondensation dieser Maschinen für Parallelstrom mit nasser Luftpumpe zu bestimmen.

Legt man der Berechnung der Kondensation einer jeden der beiden Verbundmaschinen den Gesamt-Dampfverbrauch der letzteren zu Grunde und nimmt an, dass für die Stunde und indizierte Pferdestärke nach den Angaben auf Seite 123 7,5 kg Dampf gebraucht werden, so beträgt die zu kondensierende Dampfmenge für die Minute

$$C = \frac{7{,}5 \cdot 300}{60} = \mathbf{37{,}5\ kg.}$$

Entscheidet man sich weiter für eine Austrittsspannung

$$p_e = 0{,}15 \text{ kg}$$

im grossen Cylinder, so kann die Kondensatorspannung

$$p' = 0{,}8 \cdot 0{,}15 = 0{,}12 \text{ kg}$$

gesetzt werden.

Bei natürlichem Kühlwasser, das in unbeschränkter Menge zur Verfügung stehen möge, kann dann nach den Angaben auf Seite 128

$$t_o = 20^0 \text{ und } t' = 40^0\,C$$

gewählt werden, womit dann aus Gleichung 40a die für 1 kg Dampf erforderliche Kühlwassermenge

$$n = \frac{W}{C} = \frac{625 - 40}{40 - 20} = 29{,}25 \text{ oder } \sim \mathbf{30\ kg,}$$

also die für die Minute erforderliche Gesamt-Kühlwassermenge zu

$$W = n\,C = 30 \cdot 37{,}5 = \mathbf{1125\ kg}$$

folgt.

Zur Bestimmung des Luftpumpenvolumens in cbm kann die Gleichung 41 dienen. Dieselbe liefert für den obigen Wert von p' und für $p_{d'} = 0{,}072$ Atm, entsprechend $t' = 40^0$ nach der Tabelle auf Seite 71, das Volumen

$$V = \frac{1}{1000} \left(30 + 1 + \frac{0{,}16 \cdot 30}{0{,}12 - 0{,}072}\right) 37{,}5$$

$$= \mathbf{4{,}9125\ cbm.}$$

Die Luftpumpe macht ebensoviel Doppelhübe in der Minute wie die Maschine Umdrehungen, nämlich

$$n_o = n = 75.$$

Bei $c_o = 1{,}25$ m mittlerer Geschwindigkeit des Luftpumpenkolbens, die hier so gering gewählt ist, da bei dem nach Fig. 3, Taf. 14 vorgesehenen Antriebe eine grössere Geschwindigkeit nicht nötig ist und keine wesentlichen Vorteile bietet, muss dann nach Gleichung 131 der Hub des letzteren

$$S_o = \frac{30 \cdot 1{,}25}{75} = \mathbf{0{,}5\ m,}$$

und nach Gleichung 130 bei einem Lieferungsgrade $\mu_o = 0{,}7$ die Bohrung der doppelt wirkenden Luftpumpe, entsprechend

$$D_o^2 \frac{\pi}{4} = \frac{4{,}9125}{2 \cdot 0{,}7 \cdot 0{,}5 \cdot 75} = \sim 0{,}0936 \text{ qm},$$

$$D_o = \sim 0{,}346 \text{ m, oder besser } \mathbf{350\ mm}$$

betragen.

In der Ausführung besitzt die Maschine, die in der Zeitschrift deutscher Ingenieure vom Jahre 1892 abgebildet ist, einen Gegenstromkondensator nach Fig. 7, Taf. 13 und eine nasse Luftpumpe von 350 mm Bohrung und 400 mm Hub. Das Wasser tritt von oben, der Dampf der Maschine von unten in den Kondensator. Die nasse Luftpumpe soll durch ein oberes Rohr die Luft und den etwa nicht kondensierten Dampf, durch ein unteres Rohr das Warmwasser und den kondensierten Dampf absaugen, eine Anordnung, wie sie von J. Schwager in der Zeitschrift deutscher Ingenieure, Jahrgang 1892, empfohlen wird. Damit durch das untere Rohr kein Dampf in die Luftpumpe gelangen kann, muss in diesem ein Wasserverschluss angebracht sein, der aber bei der oben erwähnten Maschine fehlt. Bei dieser liegt das zur Luftpumpe führende Wasserrohr nur etwas tiefer als das diametral gegenüber mündende Abdampfrohr (siehe Fig. 7, Taf. 13).

Bei Gegenstromkondensation mit trockener Luftpumpe wäre in Gleichung 40a zur Bestimmung des Kühlwasserverhältnisses n für t' die der Spannung $p' = 0{,}12$ nach der 1. Tabelle auf Seite 71 entsprechende Temperatur $t = 50^0$ C einzuführen. Setzen wir im vorliegenden Falle in Übereinstimmung mit den Angaben von Schwager t' vielleicht um 6^0 kleiner als t, also gleich 44^0, so liefert die Gleichung 40a

$$n = \frac{625 - 44}{44 - 20} = \sim \mathbf{25\ kg}$$

und hiermit die für die Minute erforderliche Kühlwassermenge

$$W = 25 \cdot 37{,}5 = \sim \mathbf{940\ kg.}$$

Zur Bestimmung des Luftpumpenvolumens benutzen wir die Gleichung 41, führen aber in sie an Stelle des Wertes $\frac{0{,}16\,n}{p' - p_{d^0}}$ gemäss der bei Gegenstromkondensation gültigen Gleichung 43 den Wert $\frac{0{,}16\,n}{p_{d'} - p_{d^0}}$ ein, indem wir nach der Tabelle auf Seite 71

$p_{d'}$, entsprechend $t' = 44^0$, gleich 0,09 Atm,

p_{d^0}, entsprechend $t_0 = 20 + 6^0$, gleich 0,035 Atm

einsetzen, und erhalten

$$V = \frac{1}{1000}\left(25 + 1 + \frac{0{,}16 \cdot 25}{0{,}09 - 0{,}035}\right) 37{,}5 = 3{,}7 \text{ cbm.}$$

Hierfür liefert die Gleichung 130 mit $\mu_0 = 0{,}7$ und $S_0 = 0{,}4$ m, entsprechend einer mittleren Geschwindigkeit des Luftpumpenkolbens von

$$c_0 = \frac{0{,}4 \cdot 75}{30} = 1 \text{ m,}$$

eine erforderliche Fläche des Pumpenkolbens von

$$D_0^2 \frac{\pi}{4} = \frac{3{,}7}{2 \cdot 0{,}7 \cdot 0{,}4 \cdot 75} = \sim 0{,}088 \text{ qm,}$$

oder einen Durchmesser

$$D_0 = 0{,}335 \text{ m,}$$

während die Ausführung

$$D_0 = \mathbf{350\ mm}$$

zeigt.

Die Dampfableitung, welche den grossen Cylinder der Maschine mit dem Kondensator verbindet, erhält nach Gleichung 123 zweckmässig einen lichten Querschnitt von

$$d_0^2 \frac{\pi}{4} = 0{,}0278 \frac{C}{\gamma'} \text{ qcm.}$$

Es ist nun nach der Tabelle auf Seite 12 für $p_e = 0{,}15$ $\frac{1}{\gamma'} = \frac{1}{0{,}097}$, sowie C, das hier für die Stunde gilt, $= 60 \cdot 37{,}5 = 2250$ kg, also

$$d_0^2 \frac{\pi}{4} = 0{,}0278 \frac{2250}{0{,}097} = \sim 645 \text{ qcm}$$

und somit

$$d_0 = 28{,}7 \text{ cm,}$$

wofür wohl besser der in den Rohrnormalien enthaltene Wert

$$d_0 = 30 \text{ cm} = \mathbf{300\ mm}$$

zu nehmen wäre.

In der Ausführung ist

$$d_0 = 22{,}5 \text{ cm,}$$

welcher Durchmesser, da die Gleichung 123 und also der Querschnitt von 645 qcm einer mittleren Geschwindigkeit des austretenden Dampfes von 100 m entspricht, eine solche Geschwindigkeit von

$$100 \frac{645}{22{,}5^2 \frac{\pi}{4}} = 100 \frac{645}{397{,}6} = \sim 163 \text{ m}$$

bedingen würde.

Der Durchmesser der Einspritzleitung bestimmt sich nach Gleichung 135 für $c_w = 1{,}6$ m, da

$$d_1^2 \frac{\pi}{4} = \frac{1125}{60 \cdot 1000 \cdot 1{,}6} = \sim 0{,}012 \text{ qm}$$

ist, zu

$$d_1 = \sim 0{,}125 \text{ m} = \mathbf{125\ mm}$$

in Übereinstimmung mit der Ausführung.

Ist ferner der Kondensator getrennt von der Luftpumpe, so muss das Verbindungsrohr zwischen beiden, also die Saugleitung der nassen Luftpumpe, nach Gleichung 136b für $c_w = 1{,}6$ einen lichten Durchmesser von

$$d_2 = 0{,}35 \sqrt{\frac{1{,}25}{1{,}6}} = 0{,}309 \text{ m,}$$

oder rund

$$d_2 = \mathbf{300\ mm}$$

erhalten.

In der Ausführung ist, wie schon bemerkt, die Luftpumpe durch eine Wasser- und davon getrennte Luftleitung mit dem Kondensator verbunden. Die Wasserleitung hat das Kühlwasser und den kondensierten Dampf abzuleiten, muss also mit dem Werte $n = 25$ der Gegenstromkondensation bei nur $c_w = 1$ m Geschwindigkeit des Wassers nach Gleichung 138 einen lichten Querschnitt von

$$d_2^2 \frac{\pi}{4} = (25 + 1) \frac{37{,}5}{60 \cdot 1000 \cdot 1} = 0{,}0162 \text{ qm,}$$

oder einen lichten Durchmesser

$$d_2 = 0{,}144 \text{ m, oder rund } \mathbf{150\ mm}$$

erhalten. Die Luftleitung verlangt nach Gleichung 139, wenn auch hier der Wert p' der Gleichung 42 gleich $p_{d'} = 0{,}09$ gesetzt wird, für $\mu_0 = 0{,}8$ und $c_l = 10$ m Geschwindigkeit einen lichten Querschnitt von

$$d_2'^2 \frac{\pi}{4} = \frac{1}{60 \cdot 1000} \frac{0{,}16 \cdot 25}{0{,}09 - 0{,}035} \frac{37{,}5}{0{,}8 \cdot 10} = \sim 0{,}006 \text{ qm,}$$

welchem ein Durchmesser von

$$d_2' = \sim 0{,}09 \text{ m} = \mathbf{90\ mm}$$

genügt. Die Ausführung weist einen viel kleineren Durchmesser von vielleicht höchstens

$$d_2 = 60 \text{ mm}$$

auf, gestattet also eine grössere Geschwindigkeit c_l.

Die Druckleitung der nassen Luftpumpe bekommt nach Gleichung 137 einen lichten Querschnitt von

$$d_3^2 \frac{\pi}{4} = \frac{1}{60 \cdot 1000} (1{,}16 \cdot 30 + 1) \frac{37{,}5}{1{,}6} = 0{,}014 \text{ qm,}$$

wenn c_w wieder zu 1,6 m angenommen wird. Diesem Querschnitt entspricht ein lichter Durchmesser von

$$d_3 = \sim 0{,}135 \text{ m,}$$

wofür wohl zweckmässiger

$$d_3 = \mathbf{150\ mm}$$

zu nehmen wäre.

Der lichte Querschnitt f' der Ventilklappen soll nach Gleichung 132 so bemessen werden, dass die Durchgangsgeschwindigkeit c_w des Wassers 1 bis 1,2 m beträgt. Bei 1 m Geschwindigkeit muss also der freie Durchgangsquerschnitt

$$f' = \frac{V}{30 \cdot 2 \cdot 1} = \frac{4{,}9125}{60} = \sim 0{,}082 \text{ qm}$$

betragen. Giebt man jeder Kolbenseite nach Art der Fig. 1, Taf. 12 zwei rechteckige Klappen von je **130 mm** Sitzbreite, rechnet ferner für die Verengung des Durchgangsquerschnittes in den Sitzen 0,4 f', so muss die Länge eines jeden Klappensitzes

$$\frac{1{,}4\, f'}{2 \cdot 0{,}13} = \frac{1{,}4 \cdot 0{,}082}{2 \cdot 0{,}13} = \sim 0{,}45 \text{ m} = \mathbf{450\ mm}$$

sein.

Das Überlaufrohr der Luftpumpe erhält zweckmässig nach den Angaben auf Seite 130 einen Durchmesser, der gleich dem des Druckrohres, also vielleicht

$$d_4 = \mathbf{150\ mm}$$

ist.

Der Vorkondensator soll nach Seite 129 ein Volumen von 2 bis 4 $D_o^2 \frac{\pi}{4} S_o$ erhalten. Bei **450 mm** lichtem Durchmesser und **1000 mm** Höhe ist das Volumen des Kondensators

$$\overline{0{,}45}^2 \frac{\pi}{4} 1 = 0{,}159 \text{ cbm},$$

also gleich dem

$$\frac{0{,}159}{\overline{0{,}35}^2 \frac{\pi}{4} 0{,}5} = \frac{0{,}159}{0{,}048} = \sim 3{,}31$$

fachen Luftpumpenvolumen.

Um die Teile des nach Fig. 3, Taf. 14 angeordneten Antriebes der Luftpumpe zu berechnen, sei angenommen, dass die Luftpumpe das Wasser noch 3 m hoch zu drücken habe. Es ist dann der grösste Überdruck auf den Luftpumpenkolben

$$p_x = 1 + 0{,}1 \cdot 3 = 1{,}3 \text{ Atm}$$

und der an diesem Kolben angreifende grösste Gesamtwiderstand

$$P_x = \overline{35}^2 \frac{\pi}{4} (1 + 0{,}1 \cdot 3) = \sim 1250 \text{ kg}.$$

Das genaue Verhältnis $\frac{x}{y}$ der beiden Arme des Winkelhebels kann nur durch Konstruktion ermittelt werden. Für die nachfolgenden Rechnungen dürfte es aber genügen

$$\frac{x}{y} = \frac{S_o}{S}$$

zu setzen, also für $x = 200$ mm

$$y = 200 \frac{1}{0{,}5} = 400 \text{ mm}$$

anzunehmen. Der Winkelhebel würde dann auf Biegung höchstens durch das Moment

$$P_x \cdot x = P_y \cdot y = 1250 \cdot 200 = 250\,000 \text{ kgmm}$$

beansprucht, woraus zugleich die Kraft

$$P_y = \frac{250\,000}{400} = 625 \text{ kg}$$

folgt. Ist das Material des Winkelhebels Stahlguss, für den die zulässige Biegungsspannung k_b nur zu 2 kg für den qmm der Sicherheit wegen angenommen werden soll, so müssen die beiden Querschnitte des an der Drehachse doppelt gehaltenen Hebels je ein Widerstandsmoment bekommen, das sich bei rechteckiger Form der Querschnitte aus der Gleichung

$$2 \frac{b \cdot h^2}{6} k_b = 250\,000$$

zu

$$\frac{b \cdot h^2}{6} = 62\,500$$

ergiebt. Für $b = \frac{1}{3} h$ folgt hieraus

$$h = \sqrt[3]{18 \cdot 62\,500} = \sim \mathbf{106\ mm}$$

und

$$b = \frac{106}{3} = \mathbf{35\ mm.}$$

Die Kolbenstange des Luftpumpenkolbens erhält zweckmässig den aus der empirischen Formel sich ergebenden Durchmesser

$$\Delta_o = \frac{350}{7} = \mathbf{50\ mm.}$$

Der Kreuzkopfzapfen bekommt für ein Längenverhältnis $\frac{l}{d} = 1{,}5$ und eine spezifische Flächenpressung $p = 0{,}35$ kg nach Gleichung 73, wenn in diese $P = P_x = 1250$ eingeführt wird, einen Durchmesser

$$d_x = \sqrt{\frac{1250}{0{,}35} \frac{1}{1{,}5}} = 48 \text{ mm},$$

oder besser

$$d_x = \mathbf{50\ mm}$$

und eine Länge

$$l_x = 1{,}5 \cdot 50 = \sim \mathbf{75\ mm.}$$

Nach der Festigkeit würde der Durchmesser des Bolzens kleiner ausfallen. Bei einem Abstande $c = 75 + 40 = 115$ in Fig. 3, Taf. 14 ergäbe sich, P_x in der Mitte des Bolzens angreifend gedacht, für Stahl mit $k_b = 4$ aus der Gleichung

$$1250 \cdot \frac{115}{4} = 0{,}1\, d_x^3 \cdot 4$$

nur

$$d_x = 45 \text{ mm}.$$

Der Bolzen y am Ende des längeren Armes ist entsprechend für P_y zu berechnen. Es ergiebt sich wieder mit $\frac{l}{d} = 1{,}5$ aus Gleichung 73

$$d_y = \sqrt{\frac{625}{0{,}35} \frac{1}{1{,}5}} = \sim \mathbf{35\ mm}$$

und

$$l_y = 1{,}5 \cdot 35 = \sim \mathbf{52\ mm,}$$

wenn nicht $d_y = d_x$ und $l_y = l_x$ gemacht wird.

Der Bolzen, mit welchem sich der Winkelhebel in dem der Führung aufgegossenen Auge dreht, wird durch die Resultierende aus P_x und P_y belastet. Nimmt man an, dass diese Resultierende

$$P_z = P_x + P_y = 1250 + 625 = 1875 \text{ kg}$$

bei der ungünstigsten Lage des Winkelhebels betrage, so bestimmt sich für eine Länge $l_z = $ **90 mm** des Auges und für eine spezifische Flächenpressung $p = 0{,}35$ der Durchmesser des fraglichen Bolzens aus

$$P_z = l_z \cdot d_z \cdot p$$

zu

$$d_z = \frac{1875}{90 \cdot 0{,}35} = \sim \mathbf{63\ mm.}$$

Die Festigkeit ergäbe für $k_b = 4$ und $c = 90 + 40 = 130$ gemäss der Gleichung

$$1875 \frac{130}{4} = 0{,}1\, d_z^3 \cdot 4$$

nur

$$d_z = \sim 53 \text{ mm.}$$

Beträgt die Länge der Schubstange, welche in Fig. 3, Taf. 14 den Kurbelzapfen mit dem Zapfen Y verbindet, von Mitte bis Mitte Auge $L' = 2400$ mm, so muss der mittlere Querschnitt der Stange nach Gleichung 77 mit $\alpha = 25$, $P = P_y$ und $L = L'$ einen Durchmesser

$$H' = 0{,}1 \sqrt[4]{25 \cdot 625 \cdot 2400^2} = \sim \mathbf{55\ mm}$$

bekommen.

Der Kurbelzapfen der Maschine muss nach Fig. 2, Taf. 19 ausgeführt werden. Der vordere, schwächere Teil dieses Zapfens, an dem die Schubstange des Winkelhebels angreift, muss bei einem Längenverhältnis $\frac{l'}{d'} = 1{,}2$ für den Druck $P_y = 625$ kg mit Rücksicht darauf, dass die spezifische Flächenpressung p den Wert von vielleicht 0,3 kg nicht überschreiten soll, einen Durchmesser

$$d' = \sqrt{\frac{625}{0{,}3} \frac{1}{1{,}2}} = \sim 42, \text{ oder besser } \mathbf{45\ mm,}$$

sowie eine Länge

$$l' = 1{,}2 \cdot 45 = \sim \mathbf{55\ mm}$$

erhalten. Die Festigkeit verlangt nach der Gleichung

$$P_y \frac{l'}{2} = 0{,}1\, d'^3 \cdot k_b$$

für $k_b = 4$ und $l' = 1{,}2\, d'$ nur einen Durchmesser

$$d' = \sqrt{\frac{625 \cdot 0{,}6}{0{,}1 \cdot 4}} = \sim 31 \text{ mm.}$$

Der stärkere Teil des Kurbelzapfens, an welchem die Schubstange des grossen Cylinders fasst, wird, wenn P der grösste Gesamtüberdruck dieses Cylinders ist, einmal durch das Moment $P \frac{l}{2}$, das andere Mal durch dasjenige $P_y \cdot l''$ auf Biegung in Anspruch genommen, unter l'' den in Fig. 2, Taf. 19 eingetragenen Abstand verstanden. Das letztgenannte Moment übt aber nur einen geringen Einfluss im Verhältnis zum ersteren aus. Beide Momente wirken in verschiedenen Ebenen. Nach Fig. 3, Taf. 14 würde z. B. bei der linken Totlage des grossen Kolbens das Moment $P \frac{l}{2}$ in der Horizontal-, dasjenige $P_y \cdot l''$ in der Vertikalebene wirken. Legt man diese Lage der Rechnung zu Grunde, und ist $p_u = 1{,}6$ Atm der grösste Dampfüberdruck auf den Kolben, also

$$P = 80^2 \frac{\pi}{4} 1{,}6 = \sim 8000 \text{ kg,}$$

so würde der Kurbelzapfen vorläufig ohne Rücksicht auf den Luftpumpenantrieb nach Gleichung 80 einen Durchmesser

$$d = 80 \sqrt{1{,}6} = \sim 100 \text{ mm}$$

und eine Länge

$$l = 1{,}3 \cdot 100 = \sim 130 \text{ mm}$$

zu bekommen haben. Bei Berücksichtigung des Luftpumpenantriebes wird der Zapfen nur wenig stärker werden müssen. Behalten wir die Länge

$$l = \mathbf{130\ mm}$$

bei und wählen die Bundstärke zu 17,5 mm, so ergiebt sich ein Abstand

$$l'' = \frac{l'}{2} + 17{,}5 + l = \frac{55}{2} + 17{,}5 + 130 = 175 \text{ mm}$$

und somit das Moment

$$P \frac{l}{2} = 8000 \frac{130}{2} = 520\,000 \text{ kgmm,}$$

dasjenige

$$P_y \cdot l'' = 625 \cdot 175 = \sim 110\,000 \text{ kgmm.}$$

Da beide Momente in zwei zu einander rechtwinkligen Ebenen wirken, so wird das resultierende Moment die Grösse

$$\sqrt{520\,000^2 + 110\,000^2} = \sim 532\,000 \text{ kgmm}$$

haben, also der Zapfen gemäss der Gleichung

$$532\,000 = 0{,}1\, d^3 \cdot k_b$$

für $k_b = 5$ einen Durchmesser

$$d = \sqrt[3]{\frac{532\,000}{0{,}1 \cdot 5}} = \sim \mathbf{103\ mm}$$

bekommen müssen. Da die Differenz von 3 mm gegenüber dem oben berechneten Durchmesser von 100 mm nur gering ist, so dürfte der letztere Wert wohl auch noch statthaft sein.

2. Die in Fig. 54 des Textes abgebildete und auf Seite 74 und 75 beschriebene Oberflächen-Kondensationsanlage mit Gegenstrom, trockener Luftpumpe und Rückkühlanlage der Firma Balcke & Co. in Bochum wurde für einen stündlichen Dampfverbrauch von 10000 kg berechnet. Wie bestimmen sich die Hauptverhältnisse dieser Anlage.

Legen wir der Rechnung eine Austrittsspannung $p_e = 0{,}2$ Atm und eine Kondensatorpressung $p' = 0{,}8 \cdot 0{,}2 = 0{,}16$ Atm (entsprechend einem Vakuum von 63 cm bezw. 83,5% nach der 2. Tabelle auf Seite 71) zu Grunde, so ergiebt sich zunächst aus der 1. Tabelle auf Seite 71 eine Temperatur des zu kondensierenden Dampfes von

$$t = t' = \sim 55^0 \text{ C.}$$

Zur Bestimmung der für 1 kg Dampf erforderlichen Kühlwassermenge n dient die Gleichung 40b, in welcher wir den Angaben auf Seite 128 gemäss t_1 (Temperatur des austretenden Kühlwassers) um 5^0 kleiner als t', also $t_1 = 50^0$, $t_0 = 25^0$ C einführen wollen. Wir erhalten dann

$$n = \frac{625 - 55}{50 - 25} = \sim \mathbf{24\ kg}$$

und die in der Minute erforderliche Kühlwassermenge, da für diese Zeit die zu kondensierende Dampfmenge

$$C = \frac{10\,000}{60} = \sim \mathbf{167\ kg}$$

ist, zu

$$W = n\,C = 24 \cdot 167 = \sim \mathbf{4000\ kg.}$$

Sollte die Kühlanlage das Wasser nur bis auf $t_0 = 35^0$ C zurückkühlen, so ergiebt sich aus Gleichung 40b, wenn $t_1 = t' - 5^0$ gesetzt wird, für $n = 24$

$$24 = \frac{625 - t'}{(t' - 5) - 35},$$

oder

$$t' = 63^0 \text{ C}.$$

Dieser Temperatur entspricht nach der 1. Tabelle auf Seite 71 eine Kondensatorpressung

$$p' = 0{,}22 \text{ Atm},$$

oder der 2. Tabelle daselbst ein Vakuum von 57 cm bezw.

$$\frac{57}{75{,}5} = \sim 0{,}75 = 75\%.$$

Für das Volumen der trockenen Luftpumpe ist die Gleichung 44 massgebend. Die letztere verlangt für $x = 0{,}09\,n$, $p_{d'} = p' = 0{,}16$, $p_{d^0} = 0{,}041$ Atm, entsprechend $t_0 = 30^0$ (der Sicherheit halber um 5^0 grösser), ein Volumen

$$V = \frac{1}{1000} = \frac{0{,}09 \cdot 24}{0{,}16 - 0{,}041} 167 = \sim 3{,}03 \text{ cbm}.$$

Die Luftpumpe ist nun so gross bemessen, dass dieselbe auch noch zur Erzielung des angegebenen Vakuums bei der 2,3fachen Dampfmenge,[1]) also für

$$C = 2{,}3 \cdot 167 = 384 \text{ kg}$$

genügt. Es muss hierfür

$$V = 2{,}3 \cdot 3{,}03 = \mathbf{6{,}97 \text{ cbm}}$$

sein. In der Ausführung ist eine doppelt wirkende Luftpumpe, Patent Burckhardt & Weiss, gewählt. Für dieselbe wird ein Lieferungsgrad $\mu_o = 0{,}9$ garantiert. Bei einer mittleren Kolbengeschwindigkeit $c_o = 1{,}5$ m und bei $n_o = 140$ Umdrehungen in der Minute muss dann der Hub der Luftpumpe nach Gleichung 131

$$S_o = \frac{30 \cdot 1{,}5}{140} = \sim 0{,}32 \text{ m} = \mathbf{320 \text{ mm}}$$

betragen, während sich aus Gleichung 130 die erforderliche Fläche des Luftpumpenkolbens zu

$$D_o^2 \frac{\pi}{4} = \frac{6.97}{2 \cdot 0{,}9 \cdot 0{,}32 \cdot 140} = \sim 0{,}0865 \text{ qm}$$

ergiebt, der ein Durchmesser

$$D_o = \sim 0{,}33 \text{ m} = \mathbf{330 \text{ mm}}$$

entspricht. Um nun bei geringerem Dampfverbrauch die Leistung der Luftpumpe entsprechend niedriger gestalten zu können, ist die treibende Dampfmaschine der Luftpumpe mit einem Weissschen Leistungsregulator versehen, der eine Änderung der Tourenzahl zwischen 60 und 140 zulässt. Für den Dampfverbrauch von 167 kg in der Minute wäre z. B. nur eine Umdrehungszahl von

$$140 \frac{3{,}03}{6{,}97} = 140 \frac{1}{2{,}3} = \sim 61$$

nötig.

Die Saugleitung der trockenen Luftpumpe verlangt nach Gleichung 139 für $c_l = 7{,}5$ m Luftgeschwindigkeit einen lichten Querschnitt

$$d_2^{2\prime} \frac{\pi}{4} = \frac{V}{60\,\mu_o . c_o} = \frac{6{,}97}{60 \cdot 0{,}9 \cdot 7{,}5} = 0{,}0172 \text{ qm},$$

dem ein lichter Durchmesser von

$$d_2' = \sim 0{,}15 \text{ m} = \mathbf{150 \text{ mm}}$$

genügt.

Die Kondensatpumpe hat bei der grössten Beanspruchung der Kondensation

$$C = 384 \text{ l}$$

in der Minute zu liefern. Benutzt man zwei einfach wirkende Dampf-Plungerpumpen, die höchstens $n_2 = 50$ Umdrehungen in der Minute machen, so müssen dieselben jede bei einem Hube von

$$S_2 = 0{,}325 \text{ m} = \mathbf{325 \text{ mm}}$$

nach Gleichung 134 für $\mu_2 = 0{,}9$ Lieferungsgrad

$$D_2^2 \frac{\pi}{4} = \frac{0{,}001 \cdot 384}{2 \cdot 0{,}9 \cdot 0{,}325 \cdot 50} = \sim 0{,}0132 \text{ qm}$$

Plungerquerschnitt, oder

$$D_2 = \sim 0{,}13 \text{ m} = \mathbf{130 \text{ mm}}$$

Plungerdurchmesser bekommen. Die Saug- und Druckleitung einer jeden Pumpe müssten bei nur 0,8 m Geschwindigkeit des Wassers

$$\frac{384}{60 \cdot 1000 \cdot 0{,}8} = 0{,}008 \text{ qm}$$

lichten Querschnitt, also rund **100 mm** lichten Durchmesser bekommen.

Die Pumpe, welche das Kühlwasser immer wieder aus dem Sammelbassin auf den Kondensator zu heben hat, ist für

$$W = 4000 \text{ l} = 4 \text{ cbm}$$

in der Minute zu berechnen. In der Anlage ist eine Enkesche Rotationspumpe zur Verwendung gekommen.

Die Kühlfläche des Oberflächenkondensators ist nach den Angaben der Firma so gross gewählt, dass auf je 25 bis 50 kg Stunden-Dampf 1 qm Kühlfläche kommt. Bei der grössten Anstrengung der Anlage sind in der Stunde

$$60 \cdot 384 = \sim 23\,000 \text{ kg}$$

Dampf zu kondensieren. Rechnet man für 50 kg desselben 1 qm Kühlfläche, so muss letztere im ganzen

$$\frac{23\,000}{50} = \sim 460 \text{ qm}$$

gross sein. Die Kühlfläche besteht aus drei Serien von Messingröhren. Bei 100 mm äusserem Durchmesser ist der Umfang der letzteren 314 mm = 0,314 m. Setzt man diesen bei der grössten Beanspruchung der Anlage voll in Rechnung, so muss die ganze Länge der Röhren

$$\frac{460}{0{,}314} = \sim 1465 \text{ m}$$

betragen. Auf jede Serie würden demnach

$$\frac{1465}{3} = \sim 488 \text{ m}$$

Rohrlänge entfallen, oder bei 25 m Länge eines Rohres müssten in jeder Serie

$$\frac{488}{25} = \sim 19$$

Reihen Rohre übereinander liegen.

1) Die Anlage arbeitet in der That jetzt mit dieser grössten Dampfmenge (23000 kg für die Stunde) in bester Weise.

V. ABSCHNITT.

Die Steuerungen der Dampfmaschinen.

§ 29.

Zweck und Einteilung der Steuerungen.

Die beiden Kolbenseiten unserer Dampfmaschinen müssen abwechselnd und rechtzeitig mit der Dampfzu- und Dampfableitung in Verbindung gesetzt werden. Dies in richtiger Weise zu bewirken, ist der Zweck der Steuerungen. Dieselben lassen, wie schon in der Einleitung erwähnt, eine innere und äussere Steuerung unterscheiden. Während nämlich die erstere aus sogenannten Abschlussorganen besteht, welche in die von der Eintrittsleitung zum Cylinder oder von diesem zur Austrittsleitung führenden Kanäle eingebaut sind, rechnet man zur letzteren den Mechanismus, der die Abschlussorgane von der Kurbel- oder einer mit dieser verbundenen Steuerwelle aus in Bewegung versetzt und dadurch die erwähnten Kanäle nach Erfordernis öffnet oder schliesst.

Die Steuerungen lassen sich nach verschiedenen Gesichtspunkten einteilen.

Zunächst unterscheidet man nach der Art der Abschlussorgane: Schieber-, Hahn- und Ventilsteuerungen. Weiter bezeichnet man diejenigen Steuerungen, die stets dieselbe Dampfmenge hinter den Kolben lassen, also stets die gleiche Füllung geben, als solche mit fester Füllung oder Expansion, während man diejenigen, welche je nach dem Belastungszustande der Maschine eine bald grössere, bald kleinere Füllung zulassen, solche mit veränderlicher Füllung oder Expansion nennt. Die Änderung der Füllung kann im letzteren Falle entweder durch den Wärter oder durch den Regulator selbstthätig bewirkt werden, und demgemäss spricht man von Steuerungen mit von Hand verstellbarer und von solchen mit vom Regulator beeinflusster Füllung. Die letzteren nennt man wohl auch Präcisionssteuerungen. Steht schliesslich bei einer Steuerung das Abschlussorgan nur beim und während des Öffnens der Einlasskanäle, nicht während des Schlusses derselben durch den äusseren Steuerungsmechanismus mit der Kurbel- oder Steuerwelle in Verbindung, wird also beim Beginn des Schlusses der kinematische Zusammenhang der äusseren Steuerung mit dem Abschlussorgan aufgehoben und dieses durch ein Gewicht, eine Feder u. s. w. plötzlich in den geschlossenen Zustand versetzt, so nennt man die Steuerung eine Auslös-, Ausklink- oder nicht zwangläufige Steuerung, zum Unterschiede von den zwangläufigen, bei denen das Abschlussorgan sowohl während des Öffnens, als auch während des Schliessens, überhaupt stets mit dem äusseren Steuerungsmechanismus und der Kurbelwelle in Verbindung bleibt. Als Hauptrepräsentanten der nicht zwangläufigen Steuerungen gelten die Korliss- und Sulzersteuerungen, während man zu den zwangläufigen die Collmann-, Hartungsteuerung u. s. w. rechnet. Nach anderer Seite unterscheidet man auch noch zwischen ganz- und halbzwangläufigen Steuerungen und zählt zu den ersteren (Ridersteuerung und ähnliche) diejenigen, bei denen der Schluss des Abschlussorganes auch durch die äussere Steuerung veranlasst wird, diese letztere also stets in fester Verbindung mit dem Abschlussorgan bleibt, während man unter den letzteren (Collmann-, Hartungsteuerung u. s. w.) diejenigen versteht, bei denen das Abschlussorgan durch eine Feder, ein Gewicht u. s. w. in seine Schlusslage bewegt wird, wobei der kinematische Zusammenhang des Abschlussorganes mit der äusseren Steuerung durch einfache Berührung unter dem Drucke dieser Feder etc. aufrecht erhalten wird.

§ 30.

Der einfache Flach-, Dreh- und Kolbenschieber mit fester Füllung.

Soll bei einer Dampfmaschine sowohl der Ein-, als auch der Austritt des Dampfes auf beiden Kolbenseiten durch ein einziges Abschlussorgan bewerkstelligt werden, so benutzt man dazu fast stets einen Schieber. Die durch einen solchen bewirkte Dampfverteilung lässt sich am leichtesten für den Fall verfolgen, dass die Füllung immer die gleiche bleibt. Dies soll im Nachstehenden geschehen. Wir beschränken uns dabei zunächst auf den Flachschieber, der auch wohl Muschelschieber genannt wird, und kommen erst am Ende dieses Paragraphen auf die Kolben- und Drehschieber, die sich nur in der Form, nicht in der Art der Dampfverteilung von dem Flachschieber unterscheiden, zurück.

Der einfache Muschelschieber ist in seiner einfachsten Form nach Fig. 1 und 2, Taf. 31 gestaltet. Er wird über den Spiegel dreier Kanäle geschoben, von denen die beiden seitlichen mit dem Cylinderinnern, der mittlere mit der äusseren Atmosphäre oder dem Kondensator in Verbindung steht. Der Antrieb des Schiebers erfolgt von der Kurbelwelle aus durch ein Excenter gewöhnlich in der durch Fig. 1 angedeuteten Weise, welche Anordnung im Folgenden stets vorausgesetzt sein soll. Da das Excenter weiter nichts als eine Kurbel von einem Radius gleich der Excentricität ist, so unterscheiden wir stets die Hauptkurbel (Radius R) zur Bewegung des Kolbens, und die Excenterkurbel (Radius gleich der Excentricität r) zur Bewegung des Schiebers. Die in Fig. 1 und 2 dargestellte Form des Schiebers, in welcher seine Lappen gerade so breit wie die Seitenkanäle sind, bezeichnet man als Muschelschieber ohne Überdeckungen zum Unterschiede von derjenigen mit Überdeckungen in Fig. 3. In der letzteren Figur, welche den Schieber in der Mittelstellung zeigt, sind die Lappen breiter als die Seitenkanäle, und zwar um die äussere Überdeckung e nach aussen, um die innere Überdeckung i nach innen. Die Lappenbreite ist dann $a + e + i$, und es tritt z. B. durch den linken Kanal frischer Dampf in der ausgezogenen Pfeilrichtung in den Cylinder, wenn die äussere Kante, dagegen gebrauchter Dampf in der punktierten Pfeilrichtung aus dem Cylinder, wenn die innere Kante des linken Lappens diesen Kanal öffnet. Dampfein- und -austritt hören auf, sobald die bezüglichen Kanten den Kanal schliessen.

Wie ist nun der Schieber gegenüber dem Kolben einzustellen, d. h. wie ist die Excenterkurbel auf der Kurbelwelle zu befestigen, wenn die Dampfverteilung für einen bestimmten Drehungssinn der Maschine richtig erfolgen soll.

Beim Muschelschieber ohne Überdeckungen muss offenbar bei der Totlage des Kolbens der Schieber in der Mittellage stehen, also nach Fig. 2 bei unendlich langer Excenterstange die Excenterkurbel O E der Hauptkurbel O K um 90° im Drehungssinne voraneilen, wenn bei Beginn des Kolbenhubes Dampfein- und -austritt anfangen sollen. Geht dann z. B. der Kolben aus seiner linken Totlage nach rechts, so verschiebt sich, wie man sich durch Drehen der Kurbelwelle in Fig. 2 leicht überzeugen kann, der Schieber ebenfalls nach rechts aus seiner Mittellage, lässt also durch den linken Seitenkanal den frischen Dampf hinter den Kolben ein-, durch den rechten Seitenkanal den benützten Dampf vor dem Kolben austreten. Kommt weiter der Kolben in seine Mittellage, die Hauptkurbel also bei unendlich langer Schubstange in Fig. 2 nach O K', so gelangt der Schieber in seine rechte Totlage, da die Excenterkurbel dann in O E' steht. Der Schieber wird nun seine Bewegung umkehren, und das ist nötig, damit er wieder in seine Mittellage kommt, wenn der Kolben die rechte Totlage erreicht.

Wir verwenden indes bei unseren Transmissions-Dampfmaschinen den Muschelschieber ohne Überdeckungen fast gar nicht, hauptsächlich weil er keine Expansion und Kompression des Dampfes im Cylinder gestattet. In demselben Augenblicke, in welchem nämlich der Schieber z. B. in Fig. 2, von rechts kommend, seine Mittellage überschreitet, schliesst die äussere Kante und öffnet die innere Kante des linken Lappens den linken Kanal, hört also der Dampfeintritt für die linke Kolbenseite auf und fängt der Dampfaustritt daselbst an.

Soll der Muschelschieber mit Überdeckungen in Fig. 3 bei der linken Totlage des Kolbens anfangen, den linken Kanal für den Dampfein-, den rechten für den -austritt zu öffnen, so muss er in diesem Augenblicke schon um die äussere Überdeckung e bezw. die innere Überdeckung i aus seiner Mittellage nach rechts verschoben sein. Wir verlangen aber, um mit Dampfvoreintritt und -austritt arbeiten zu können, dass bei der Totlage des Kolbens der Einlasskanal schon um eine Grösse v_e, der Auslasskanal schon um eine solche v_i geöffnet ist. Beides erzielen wir durch die Anordnung in Fig. 4, Taf. 31, bei der die Excenterkurbel O E der Hauptkurbel O K nicht nur um 90°, sondern um $90 + \delta^0$ voraneilt, bei der linken bezw. rechten Totlage des Kolbens der Schieber also schon um $\overline{Oa}$ bezw. $\overline{Oa'} = e + v_e = i + v_i$ (Excenterstange unendlich lang) über seine Mittellage hinaus nach rechts bezw. links verschoben ist. Daraus folgt die wichtige Regel:

Der Muschelschieber mit Überdeckungen muss bei der Totlage des Kolbens um $e + v_e = i + v_i$ so aus seiner Mittellage verschoben sein, dass er den Einlasskanal um v_e, den Auslasskanal um v_i geöffnet hat, die Excenterkurbel muss also um $90 + \delta^0$ der Hauptkurbel voraneilen. v_e wird das Voröffnen für den **Einlass** oder **äussere** Voröffnen, v_i dasjenige für den **Auslass** oder **innere** Voröffnen, δ der Voreilwinkel genannt.

Bei Berücksichtigung der endlichen Excenterstangenlänge ist nach Fig. 4, Taf. 31 der Schieber bei der linken Totlage der Hauptkurbel um $\overline{Ob}$, bei der rechten Totlage aber nur um $\overline{Ob'}$ aus seiner Mittellage nach rechts bezw. links verschoben, wenn der Schieber um die Mitte S des Spiegels der Kanäle schwingt. Beide Ausweichungen bestimmen sich aus Gleichung 21 für $\omega = 90 + \delta$ zu

$$\overline{Ob} = r \cdot \sin\delta + \frac{1}{2}\frac{r^2}{l}\cos^2\delta \quad \text{und}$$

$$\overline{Ob'} = r \cdot \sin\delta - \frac{1}{2}\frac{r^2}{l}\cos^2\delta,$$

unter l die Excenterstangenlänge verstanden. $\overline{Ob}$ ist um das Stück

$$\overline{ab} = y = \frac{1}{2}\frac{r^2}{l}\cos^2\delta$$

grösser, $\overline{Ob'}$ um das ebenso grosse Stück $\overline{a'b'}$ kleiner als die Ausweichung $\overline{Oa} = \overline{Oa'} = r \cdot \sin\delta$ bei unendlich langer Excenterstange. Haben nun beide Lappen des Schiebers gleiche äussere und innere Überdeckungen, so muss offenbar infolge der endlichen Länge der Excenterstange bei der linken Totlage des Kolbens und bei der grösseren Ausweichung des Schiebers $\overline{Ob}$ nach rechts der linke Kanal für den Einlass, der rechte Kanal für den Auslass mehr geöffnet sein, als dies bei der rechten Totlage des Kolbens bezüglich des anderen Kanals der Fall ist. Wir erhalten also für beide Kolbenseiten ungleiches Voröffnen v_e bezw. v_i.

Lässt man aber in Fig. 4 den Schieber nicht um die Spiegelmitte S, sondern um eine von dieser um y nach links abstehende Ebene S' schwingen, so werden die Ausweichungen des Schiebers bezüglich der Spiegelmitte S in den beiden Totlagen des Kolbens und also auch das Voröffnen für beide Kolbenseiten gleich. Dann ist nämlich der Schieber bei der linken Totlage des Kolbens um $\overline{Ob} - y = r \cdot \sin\delta$ nach rechts, bei der rechten Totlage um $\overline{Ob'} + y = r \cdot \sin\delta$ nach links aus der Spiegelmitte S gewichen.

Soll also ein Muschelschieber gleiches Voröffnen für beide Kolbenseiten geben, oder, wie man in der Praxis sagt, auf gleiches Voröffnen eingestellt werden, so muss er um eine Ebene schwingen, die um

$$y = \frac{1}{2} \frac{r^2}{l} \cos^2 \delta \quad . \quad . \quad . \quad . \quad . \quad 141$$

weiter von der Kurbelwelle absteht als die Spiegelmitte. Der mit gleich breiten Lappen versehene Schieber hat dann an dem einen Lappen die Überdeckungen $e + y$ und $i - y$, an dem anderen diejenigen $e - y$ und $i + y$. Das oben erwähnte Einstellen nimmt man in der Praxis in der Weise vor, dass man den Kolben und die Hauptkurbel abwechselnd in die eine und in die andere Totlage bringt und nun so lange die Schieberstangenlänge abändert, bis dass das Voröffnen für den Einlass, also auch das für den Auslass, auf beiden Kolbenseiten gleich ist.

Für die übrigen Lagen des Schiebers kann die endliche Länge der Excenterstange, die meistens das 20- bis 40fache der Excentricität r beträgt, vernachlässigt werden.

Die durch einen Muschelschieber bewirkte Dampfverteilung ist durch die folgenden Stellungen des ersteren bedingt.

Der linke Kanal wird für den eintretenden Dampf geöffnet (Fig. 7) und geschlossen (Fig. 10, Taf. 31), wenn der Schieber um die äussere Überdeckung aus seiner Mittellage nach rechts gewichen ist. Beim Öffnen (Beginn des Dampfvoreintrittes) kommt aber der Schieber aus seiner Mittellage, beim Schliessen (Beginn der Expansion) geht er in diese zurück; im ersteren Falle nimmt also bei weiterer Drehung der Maschine die Ausweichung zu, im letzteren Falle ab. In der Mitte zwischen beiden Positionen steht offenbar der Schieber in der rechten Totlage.

Ist demnach in Fig. 5, Taf. 31 für die linke Kolbenseite OI die Stellung der Hauptkurbel bei Beginn des Dampfvoreintrittes, OII diejenige bei Beginn der Expansion, so erhält man in der Halbierungslinie OK_1 des durch beide Positionen eingeschlossenen Winkels $IOII = \omega$ diejenige Lage der Hauptkurbel, bei der die Excenterkurbel in der rechten Totlage, also in OE_1 stehen muss. Da aber Haupt- und Excenterkurbel stets einen Winkel von $90 + \delta^0$ miteinander bilden, so schliesst offenbar OK_1 mit der Vertikalen $Y - Y$ den Voreilwinkel δ der Grösse nach ein.

Der linke Kanal wird für den austretenden Dampf geöffnet (Fig. 11) und geschlossen (Fig. 14, Taf. 31), wenn der Schieber um die innere Überdeckung aus seiner Mittellage nach links verschoben ist. Beim Öffnen (Beginn des Dampfvoraustrittes) nimmt die Ausweichung des Schiebers zu, beim Schliessen (Beginn der Kompression) nimmt sie ab. Die Halbierungslinie OK_1' des Winkels $IIIOIV = \omega'$ in Fig. 5, Taf. 31, der durch die Hauptkurbellagen OIII (Beginn des Voraustrittes) und OIV (Beginn der Kompression) bestimmt ist, muss also ebenfalls mit der Vertikalen $Y - Y$ den Winkel δ einschliessen, da sie diejenige Lage der Hauptkurbel bildet, bei der die Excenterkurbel OE_1' in der linken Totlage steht.

Die vorstehenden Ergebnisse merkt man sich am besten in der folgenden Weise, wobei auf die gesperrt gedruckten Worte besonders zu achten ist.

Ist der Schieber um die äussere Überdeckung des linken Lappens nach rechts aus seiner Mittellage gewichen, so öffnet er (Beginn des Dampfvoreintrittes) bei zunehmender und schliesst (Beginn der Expansion) bei abnehmender Ausweichung den linken Kanal für den eintretenden Dampf. Steht der Schieber um die innere Überdeckung des linken Lappens nach links aus seiner Mittellage, so öffnet er den linken Kanal bei zunehmender Ausweichung (Beginn des Dampfvoraustrittes) und schliesst ihn bei abnehmender Ausweichung (Beginn der Kompression) für den austretenden Dampf. Für den rechten Kanal gilt Entsprechendes für Ausweichungen des Schiebers, die zu den eben angegebenen entgegengesetzt sind.

Die Halbierungslinie des Winkels, welchen die Hauptkurbel in ihren Lagen zu Beginn des Dampfvoreintrittes und der Expansion, oder zu Beginn des Dampfvoraustrittes und der Kompression einschliesst, bildet mit der Vertikalen durch das Wellenmittel den Voreilwinkel δ des zugehörigen Muschelschiebers.

Sind die Hauptkurbellagen für den Beginn von drei der erwähnten Dampfverteilungsperioden gewählt, so ist dadurch die entsprechende Lage für die vierte, also auch die Dauer sämtlicher Perioden festgelegt, welche der Muschelschieber in der Dampfverteilung bewirkt.

Bei endlicher Schubstangenlänge bewirkt ferner der um die Spiegelmitte schwingende und zu dieser Mitte symmetrisch gestaltete Schieber keine gleiche Dampfverteilung auf beiden Kolbenseiten. Unter Vernachlässigung der endlichen Excenterstangenlänge schliesst nämlich bei Beginn derselben Periode die Hauptkurbel beim Hinlauf mit der einen Totlage denselben Winkel ein, den sie beim Rücklauf mit der anderen Totlage bildet. Für gleiche Drehwinkel der Hauptkurbel fallen aber bei endlicher Schubstangenlänge die Kolbenwege für Hin- und Rücklauf nicht gleich aus, vielmehr sind die hinter dem Kolben befindlichen Wege für den Hinlauf, die vor dem Kolben befindlichen für den Rücklauf grösser. Daher wird z. B. der Füllungsweg, der immer hinter dem Kolben liegt, beim Hinlauf, also auf der Deckelseite (in Fig. 1, Taf. 31 die linke), grösser als beim Rücklauf bezw. auf der Kurbelseite, dagegen der während der Kompression durchlaufene Kolbenweg, der ja stets vor dem Kolben ist, beim Rücklauf, also auch auf der Deckelseite, grösser als beim Hinlauf bezw. auf der Kurbelseite sein.

Füllung und Kompression fallen bei dem zur Spiegelmitte symmetrisch gestalteten und um diese Mitte schwingenden Muschelschieber auf der Deckelseite (in Fig. 1, Taf. 31 die linke) grösser als auf der Kurbelseite aus.

Wollen wir die Ungleichheit in der Füllung auf beiden Kolbenseiten vermindern, so müssen wir die äussere Überdeckung, welche für die Deckelseite massgebend ist (also in Fig. 1, Taf. 31 die des linken Lappens), vergrössern, dagegen die andere äussere Überdeckung verkleinern. Denn je grösser die äussere Überdeckung wird, desto später öffnet sie den zugehörigen Kanal, desto kleiner wird also das Voröffnen für den Dampfeintritt, desto früher schliesst sie ihn aber auch wieder, desto kleiner wird also die Füllung, und umgekehrt. Die Verschiedenheit in der äusseren Überdeckung beider Lappen kann man in den meisten Fällen durch Verlängern der Schieberstange erzielen, also dadurch, dass man die Schwingungsebene des zu seiner Mitte bezüglich der äusseren Überdeckungen symmetrisch gestalteten Schiebers von der Spiegelmitte abrückt. Wohl zu beachten ist aber hierbei, dass durch das Verlängern der Schieberstange auch das Voröffnen für den Dampfeintritt auf beiden Kolbenseiten beeinflusst wird.

Ähnlich ergiebt sich, dass die Ungleichheit in der Kompression auf beiden Kolbenseiten geringer wird, wenn man die innere Überdeckung des für die Deckelseite massgebenden Schieberlappens (in Fig. 1, Taf. 31 die des linken) verkleinert und die innere Überdeckung des anderen Lappens vergrössert, also dem Schieber ungleiche innere Überdeckungen giebt. Durch letztere wird aber auch wieder das Voröffnen für den Dampfauslass geändert.

Die Ungleichheit in der Füllung beider Kolbenseiten wird beim einfachen Muschelschieber vermindert durch Verlängern der Schieberstange, also durch Verschieben der Schwingungsebene aus der Spiegelmitte, womit eine Änderung der äusseren Überdeckungen verbunden ist. Dabei ist aber zu beachten, dass diese Verschiebung der

Fig. 94.

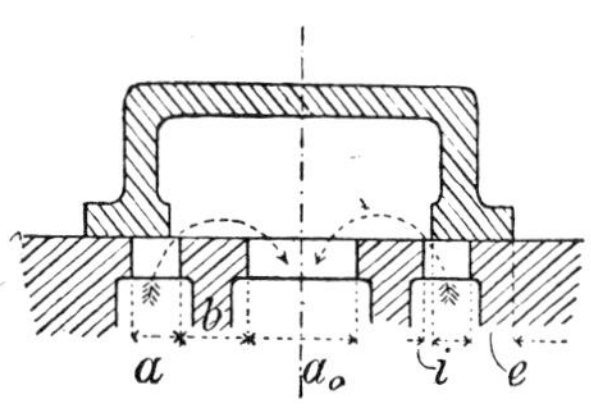

Fig. 95.

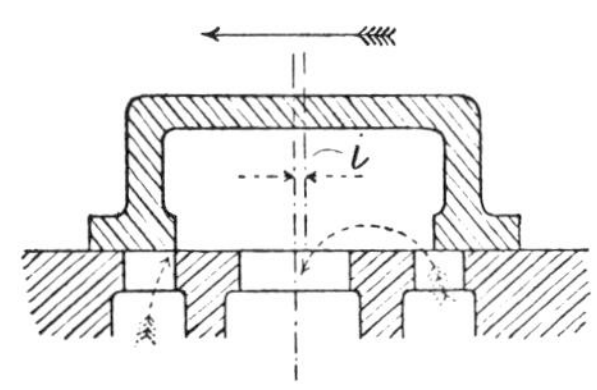

Fig. 96.

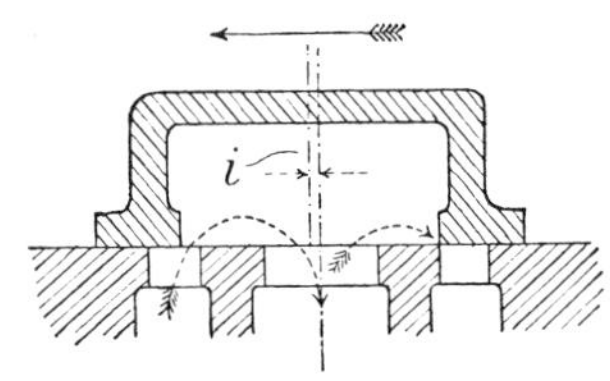

Schwingungsebene eine Ungleichheit im Voröffnen für den Dampfeintritt bewirkt, und zwar um so mehr, je mehr die Verschiebung den in Gleichung 141 angegebenen Wert y überschreitet, bei dem mit Rücksicht auf die endliche Excenterstangenlänge gleiches Voröffnen eintritt. Die Ungleichheit in der Kompression kann man nur

Fig. 97.

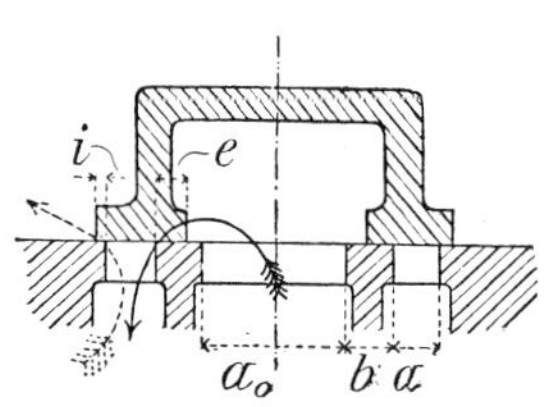

dadurch verringern, dass man die innere Überdeckung der Deckelseite kleiner als die der Kurbelseite macht, was aber auch eine Verschiedenheit im Voröffnen für den Auslass zur Folge hat.

Viele Konstrukteure stellen jetzt den Muschelschieber nicht mehr auf genau gleiches Voröffnen ein, sondern suchen auf Kosten etwas ungleichen Voröffnens durch Verlängern der Schieberstange bezw. Rücken der Schwingungsebene des Schiebers aus der Spiegelmitte eine Näherung in der Füllung, durch ungleiche innere Überdeckungen eine Näherung in der Kompression für beide Kolbenseiten zu erzielen.

Die durch einen Muschelschieber bewirkte Dampfverteilung lässt sich weit leichter mit Hilfe der sogenannten Schieber-Diagramme verfolgen, welche die Ausweichungen des Schiebers aus seiner Mittellage für jede Lage der Hauptkurbel oder des Kolbens graphisch darstellen. In den beiden nächsten Paragraphen sind die beiden bekanntesten Schieber-Diagramme von Zeuner & Müller behandelt. Zuvor sollen aber hier besondere Formen des einfachen Muschelschiebers angeführt werden.

In Fig. 3, Taf. 31 überdecken bei der Mittellage des Schiebers die beiden Lappen desselben die inneren Kanten der beiden Seitenkanäle des Cylinders um die innere Überdeckung i. Die inneren Kanten des Schiebers stehen dann bei der Mittellage innerhalb der erwähnten Kanten der Seitenkanäle. Man kann einen solchen Schieber als einen solchen mit positiver innerer Überdeckung bezeichnen, im Gegensatze zu dem in Fig. 94 des Textes angedeuteten,

Fig. 98.

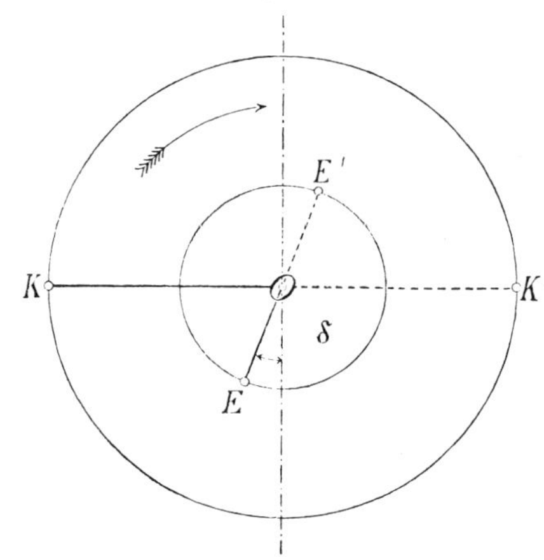

wo die inneren Schieberkanten in der Mittelstellung des Schiebers ausserhalb der fraglichen Kanalkanten liegen und der Schieber also negative innere Überdeckung besitzt. Der letztere öffnet z. B. den linken Kanal für den Auslass (Fig. 95 des Textes, Beginn des Dampfvoraustrittes), wenn er um i nach rechts vor seiner Mittellage steht und in diese zurückkehrt, die Schieberausweichungen also bei weiterer Drehung der Kurbelwelle abnehmen. Der Schieber schliesst den linken Kanal für den Auslass (Beginn der Kompression), wenn er auch die in Fig. 95 des Textes angedeutete Lage einnimmt, aber sich in der entgegengesetzten Richtung bewegt, also um i nach rechts hinter der Mittellage steht und die Ausweichungen aus dieser letzteren zunehmen.

Der Schieber mit negativer innerer Überdeckung findet bisweilen Verwendung, wenn eine zu hohe Kompression vermieden werden soll.

Eine besondere Eigenschaft dieses Schiebers ist aus Fig. 94 des Textes ersichtlich. Zeitweise treten nämlich bei diesem Schieber beide Kolbenseiten zugleich mit dem Auslasskanal in Verbindung. Geht z. B. der Schieber von rechts nach links, so wird dieser gleichzeitige Auslass beider Kolbenseiten offenbar beginnen, wenn der Schieber nach Fig. 95 den linken Kanal von innen öffnet, und aufhören, wenn der Schieber nach Fig. 96 den rechten Kanal von innen schliesst. Wir merken uns demnach das Folgende.

Der einfache Muschelschieber mit negativer innerer Überdeckung setzt während eines jeden einfachen Hubes zeitweise gleichzeitig beide Kolbenseiten mit dem Auslasskanal in Verbindung. Diese Periode beginnt, wenn der Schieber den einen Seitenkanal für den Auslass öffnet (Beginn des Dampfvoraustrittes auf der einen Kolbenseite) und hört auf, wenn der Schieber den anderen Seitenkanal für den Auslass schliesst (Beginn der Kompression auf der anderen Kolbenseite).

In den nächsten Paragraphen wird diese Eigentümlichkeit auch an Hand der Diagramme verfolgt werden.

Bisher wurde stets angenommen, dass der Dampfeintritt durch die äusseren, der Dampfaustritt durch die inneren Kanten der Schieberlappen gesteuert wird. Bisweilen trifft man auch die umgekehrte Anordnung nach Fig. 97 des Textes, wo die Überdeckung e innen, diejenige i aussen liegt. Man sagt dann, der Muschelschieber steuert von innen.

Der Schieber in Fig. 97 des Textes muss sich offenbar, wenn die gewünschte Dampfverteilung eintreten soll, immer in entgegengesetzter Richtung wie der gewöhnliche, von aussen gesteuerte Schieber bewegen. Die Excenterkurbel muss also so, wie Fig. 98 des Textes zeigt, aufgekeilt werden, und alle im Früheren gemachten Angaben über den Beginn und Schluss des Dampfein- und Dampfaustrittes gelten auch hier, wenn man stets links und rechts miteinander vertauscht.

Bei dem von innen gesteuerten Muschelschieber muss die Excenterkurbel der Hauptkurbel um einen Winkel von $90 - \delta^0$ nacheilen, unter δ den in Fig. 98 des Textes eingetragenen Winkel verstanden.

Fig. 99.

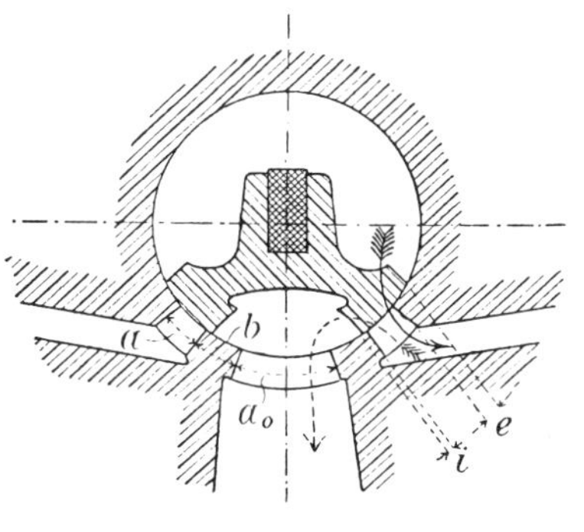

Denkt man sich den einfachen Muschelschieber mit dem Cylinderspiegel nach Fig. 99 des Textes zu einer Achse cylindrisch gestaltet, welche senkrecht zur Längsachse des Cylinders steht, so erhält man den sogenannten Drehschieber. Derselbe macht keine geradlinig hin- und hergehende, sondern eine schwingende Bewegung. Steuert der Schieber wie in Fig. 99 den Ein- und Auslass beider Kolbenseiten, so nennt man ihn wohl auch Hahnschieber. Korlissschieber oder -hähne, die später bei den Korlisssteuerungen behandelt werden, sind Drehschieber, die immer nur den Ein- oder Auslass einer Kolbenseite steuern, so dass solcher Schieber für gewöhnlich vier an einem Cylinder vorhanden sind.

Benutzt man schliesslich nach Fig. 100 des Textes den Längsschnitt des einfachen Muschelschiebers als Leitprofil zu einem Rotationskörper, so erhält man den

Fig. 100.

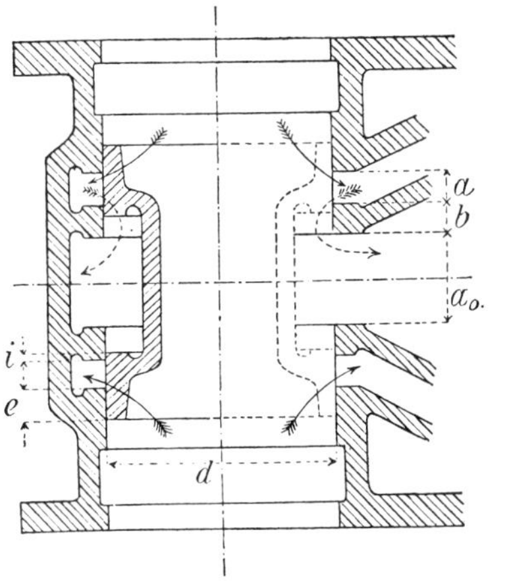

einfachen Kolbenschieber. Derselbe hat die Form eines Kolbens, dessen oberer und unterer Teil sich in dem ebenfalls cylindrisch gestalteten Schieberspiegel führt, während das Mittelstück zurücktritt. Die Achse des Kolbenschiebers liegt parallel der Längsachse des Cylinders. Der einfache Kolbenschieber, der, solange er dicht hält, völlig vom Dampfdruck entlastet ist, verursacht weit geringere Bewegungswiderstände als der einfache Muschelschieber.

Die Dampfverteilung wird durch den Dreh- und Kolbenschieber natürlich genau in derselben Weise wie durch den entsprechenden Muschelschieber bewirkt. Auch hier können positive und negative innere Überdeckungen vorkommen, und kann der Dampfeintritt sowohl von aussen, als auch von innen gesteuert werden.

Über die Ausführung der Muschel-, Dreh- und Kolbenschieber ist im letzten Abschnitte das Erforderliche vermerkt.

§ 31.

Das Zeunersche Schieber-Diagramm.

Trägt man nach Fig. 6, Taf. 31 entgegengesetzt zur Drehrichtung der Maschine von O aus an die Vertikale Y—Y den Voreilwinkel δ eines einfachen Muschel-,

Dreh- oder Kolbenschiebers (Fig. 3, Taf. 31) auf und schlägt über dem geneigten Schenkel dieses Winkels bezw. dessen Verlängerung mit $OD = OD' =$ der Excentricität r als Durchmesser zwei Kreise, die sogenannten **Zeunerschen Schieberkreise,** so schneidet die Hauptkurbel in irgend einer Lage auf einem dieser beiden Kreise als Sehne diejenige Strecke ab, um welche der Schieber bei dieser Hauptkurbellage und unendlich langer Excenterstange aus seiner Mitte gewichen ist. Für die in der Figur angegebene Drehrichtung und für die Anordnung der Maschine nach Fig. 1, Taf. 31 giebt der obere Kreis die Ausweichungen des Schiebers nach rechts, der untere diejenigen nach links an. Für die entgegengesetzte Drehrichtung gilt das Umgekehrte. In der von der Drehrichtung abhängigen ersten Hälfte eines jeden Kreises nehmen die Sehnenabschnitte und Schieberausweichungen zu, entfernt sich also der Schieber aus seiner Mittellage, in der zweiten Hälfte nehmen die erwähnten Grössen ab, kehrt der Schieber also in seine Mittellage zurück.

Um die zu jeder Hauptkurbellage gehörige Kolbenstellung zu bekommen, trägt man, da es doch stets nur auf das Verhältnis des vom Kolben aus der Totlage zurückgelegten Weges zum ganzen Kolbenhube ankommt, den Hauptkurbelkreis in reduzierter Grösse, am besten mit einem Radius $OA = OA' = 50$ oder 100 mm auf. Bei unendlich langer Schubstange erhält man dann durch Projektion der Hauptkurbel-Endpunkte auf eine Horizontale $\overline{A_0 A_0'}$ die zugehörigen Kolbenpositionen.

Bei der Hauptkurbellage OV in Fig. 6, die um den Winkel ω von der linken Totlage abweicht, ist nach der obigen Regel der Schieber um die Länge der Sehne $\overline{Op_1}$ nach rechts aus seiner Mittellage gewichen. Dass dies richtig ist, geht aus Folgemdem hervor. Die Excenterkurbel steht nämlich nach Fig. 4, Taf. 31 bei der oben angegebenen Hauptkurbellage in OE_1, und es ist bei unendlich langer Excenterstange die Schieberausweichung nach rechts

$$O b_1 = r \cdot \sin(\delta + \omega).$$

Ebenso gross ist aber die Sehne Op_1, denn in dem rechtwinkligen Dreieck Op_1D der Fig. 6 ist

$$\overline{O p_1} = \overline{OD} \cdot \sin(\delta + \omega) = r \cdot \sin(\delta + \omega).$$

In Fig. 6 sind nun die Dampfverteilungsperioden eingetragen, welche der Schieber am linken Kanal und auf der linken Kolben(deckel)seite (Anordnung in Fig. 1 vorausgesetzt) bewirkt. Um diese Perioden zu erhalten, hat man mit der äusseren Überdeckung e und der inneren i als Radien zwei Kreise um O zu schlagen und die Schnittpunkte p und q des ersteren mit dem oberen, diejenigen m und n des letzteren mit dem unteren Schieberkreise aufzusuchen. Beachtet man dann die auf Seite 137 angegebene Regel für das Öffnen und Schliessen des linken Kanales durch den Schieber, so folgt offenbar:

Nach Fig. 6, Taf. 31[1]) wird der linke Kanal

für den Dampfeintritt geöffnet bei der Hauptkurbellage O I (Kolben in A_1 vor der linken Totlage, Beginn des Dampfvoreintrittes, Schluss der Kompression), da die Sehne $\overline{Op} = e$ in der ersten Hälfte des oberen Schieberkreises liegt, der Schieber also um e nach rechts bei zunehmender Ausweichung (Fig. 7) aus seiner Mittellage verschoben ist;

für den Dampfeintritt geschlossen bei der Hauptkurbellage O II (Kolben in A_2, Beginn der Expansion, Schluss der Füllung), da Sehne $\overline{Oq} = e$ in der zweiten Hälfte des oberen Schieberkreises, Schieber also um e nach rechts bei abnehmender Ausweichung (Fig. 10);

für den Dampfaustritt geöffnet bei der Hauptkurbellage O III (Kolben in A_3 vor der rechten Totlage, Beginn des Dampfvoraustrittes, Schluss der Expansion), da Sehne $\overline{Om} = i$ in der ersten Hälfte des unteren Schieberkreises, Schieber also um i nach links bei zunehmender Ausweichung (Fig. 11);

für den Dampfaustritt geschlossen bei der Hauptkurbellage O IV (Kolben in A_4, Beginn der Kompression, Schluss des Dampfaustrittes), da Sehne $\overline{On} = i$ in der zweiten Hälfte des unteren Schieberkreises, Schieber um i nach links bei abnehmender Ausweichung (Fig. 14).

Fällt die Hauptkurbel in Fig. 6, Taf. 31 mit $\overline{OD}$ zusammen, so steht sie in der Mitte zwischen O I und O II, der Schieber in seiner rechten Totlage, weil $\overline{OD} = r$ ist. Wir finden also die Regel auf Seite 137 bestätigt, dass die Hauptkurbel in dieser Lage mit der Vertikalen den Voreilungswinkel δ einschliesst. Ähnliches gilt, wenn die Hauptkurbel in $\overline{OD'}$ steht. Liegt die Hauptkurbel senkrecht zu $\overline{DOD'}$, so befindet sich der Schieber in seiner Mittellage, da die Sehne zu Null geworden ist.

In Fig. 6 sind schliesslich noch um O Kreise mit den Radien $e + a$ und $i + a$ (a Weite der Seitenkanäle) geschlagen. Die Schnittpunkte des ersteren mit dem oberen Schieberkreise sind durch p_1, q_1, die des letzteren mit dem unteren durch m_1, n_1 bezeichnet. Es schneidet nun die Hauptkurbel in jeder Lage in der gelb schraffierten Fläche die Strecke ab, um welche der linke Kanal für den Dampfeintritt, in der neutral schraffierten Fläche dagegen diejenige Strecke, um welche dieser Kanal für den Dampfaustritt geöffnet ist. Wir finden z. B. dass der linke Kanal bei der Hauptkurbellage

A O um das Voröffnen $\overline{xy} = v_e$ für den Dampfeintritt geöffnet ist (Fig. 4, Taf. 31),

Op_1V sich für den letzteren ganz geöffnet hat (Fig. 8, Taf. 31),

Oq_1VI anfängt, sich für den letzteren zu schliessen (Fig. 9, Taf. 31),

O A' um das Voröffnen $\overline{zu} = v_i$ für den Dampfaustritt geöffnet ist,

Om_1VII sich für den letzteren ganz geöffnet hat (Fig. 12, Taf. 31),

On_1VIII anfängt, sich für den letzteren zu schliessen (Fig. 13, Taf. 31).

Das Zeunersche Diagramm in Fig. 15, Taf. 31 giebt die durch den Muschelschieber für Hin- und Rücklauf auf beiden Kolbenseiten bewirkten Dampfverteilungs-Perioden. Die ausgezogenen Hauptkurbellagen gelten für den linken Kanal und die Deckelseite, also für den Dampfeinlass beim Hin-, für den Dampfauslass beim Rücklauf, die punktierten Lagen dagegen für den rechten Kanal und die Kurbelseite, also für den Dampfeinlass beim Rück-, für den Dampfauslass

---

1) In den Figuren auf Taf. 31 bezeichnet
$V_{e,l}$ Dampfvoreintritt links,
$E_{x,r}$ Expansion rechts,
$V_{a,r}$ Dampfvoraustritt rechts,
K_l Kompression links, u. s. w.

beim Hinlauf. Ferner sind zu den eingetragenen Hauptkurbellagen die zugehörigen Kolbenpositionen in die Figur unter Berücksichtigung der endlichen Schubstangenlänge nach dem Schorchschen Verfahren (siehe Seite 15 und 16) eingetragen, und zwar für den Hinlauf nach oben, für den Rücklauf nach unten. Wie aus der Figur ersichtlich, ergeben sich für Hin- und Rücklauf ungleich grosse Dampfverteilungs-Perioden. Die Füllung ist z. B. beim Hinlauf, die Kompression beim Rücklauf grösser, also Füllung und Kompression auf der Deckelseite grösser als auf der Kurbelseite.

Sollen in Fig. 15 die Füllungen für den Hin- und Rücklauf bezw. für beide Kolbenseiten einander genähert, d. h. die Füllung für die Deckelseite kleiner, diejenige für die Kurbelseite grösser werden, so muss offenbar der Radius des Kreises p — q, also die äussere Überdeckung links, vergrössert und der Radius des Kreises p′ — q′, also die äussere Überdeckung rechts, verkleinert werden, genau wie es auf Seite 138 angegeben ist. Mit dieser Ungleichheit in den äusseren Überdeckungen, die durch Verlängern der Schieberstange, also durch Schwingen des bezüglich dieser Überdeckungen symmetrisch gestalteten Schiebers um eine von der Kurbelwelle weiter abstehende Ebene S′ (Fig. 7, Taf. 32) erzielt werden kann, wird allerdings, wie aus Fig. 15, Taf. 31 leicht zu erkennen ist, das Voröffnen für den Dampfeintritt der Deckelseite verkleinert, das der Kurbelseite vergrössert.

Die Kompression wird ferner nach Fig. 15, Taf. 31 für die Deckelseite kleiner, für die Kurbelseite grösser, wenn der Radius des Kreises m — n, also die innere Überdeckung des linken Lappens, kleiner, der Radius des Kreises m′— n′, also die innere Überdeckung des rechten Lappens, grösser gemacht wird. Damit ist aber auch wieder ein ungleiches Voröffnen v_i für den Dampfaustritt verbunden, das dadurch auf der Deckelseite vergrössert, auf der Kurbelseite verkleinert wird.

Fig. 1, Taf. 32 giebt das Zeunersche Diagramm des Muschelschiebers, wenn dieser auf gleiches Voröffnen eingestellt ist, also mit Bezug auf Fig. 6, Taf. 32 um eine Ebene schwingt, die um den Wert y aus Gleichung 141 von der Spiegelmitte entfernt ist. Die äusseren und inneren Überdeckungen des symmetrischen Schiebers werden dann für den linken bezw. rechten Kanal $e + y$ bezw. $e - y$, die inneren dagegen $i - y$ bezw. $i + y$.

In Fig. 1 und 1a, Taf. 32 sind weiter die Kurven für die bei den einzelnen Hauptkurbellagen vorhandenen Kanaleröffnungen, sowie für die bei diesen stattfindenden Dampfgeschwindigkeiten eingetragen. Die Kanaleröffnungen kann man radial vom Punkte O aus auf der zugehörigen Hauptkurbellage auftragen, und dann ergeben sich z. B. in Fig. 1 für den linken Kanal die Einlasskurve O — u — v — O, sowie die Auslasskurve O — x — z — O, man kann die Kanaleröffnungen aber auch als Ordinaten über den zugehörigen Kolbenstellungen errichten, und dann erhält man in Fig. 1a für den Einlass beim linken Kanal die ausgezogene Kurve 1 — 2 — 3 — 4, beim rechten Kanal die punktierte 5 — 9 — 10 — 11, für den Auslass 5 — 6 — 7 — 8 bezw. 1 — 12 — 13 — 14. Je grösser der Winkel α und α' bei den letztgenannten Kurven ausfällt, desto schneller erfolgt der Kanalschluss, je kleiner α und α' wird, desto schleichender wird dieser Abschluss. Die Kurven der Dampfgeschwindigkeiten, nämlich 1 — 15 bezw. 5 — 17 für den Einlass und 5 — 16 bezw. 1 — 18 für den Auslass, erhält man, indem man sich für die einzelnen Kolbenstellungen und Hauptkurbellagen den geöffneten Kanalquerschnitt f_x (= Kanaleröffnung a_x bezw. a_x', × Kanalhöhe h) und die zugehörige Kolbengeschwindigkeit c_x nach Gleichung 24 ausrechnet und in die Gleichung 119 einführt, woraus dann

$$w_x = \frac{O \cdot c_x}{a_x \cdot h} \text{ und } w_x' = \frac{O \cdot c_x}{a_x' \, h} \quad . \; . \; . \quad \mathbf{142}$$

folgt. Die hieraus ermittelten Werte von w_x sind über der zugehörigen Kolbenstellung dann in irgend einem Massstabe als Ordinaten aufzutragen. Dort, wo bei den Einlasskurven die Geschwindigkeit grösser als 50 bis 60 m, bei den Auslasskurven grösser als 80 bis 100 m wird, beginnt nach den Angaben auf Seite 125 die Dampfdrosselung.

In Fig. 1, Taf. 32 ist z. B. bei der Hauptkurbellage $O A_x$ die Eröffnung des linken Kanales für den Einlass a_x, des rechten für den Auslass a_x'. Der erstere Wert ist auf die erwähnte Hauptkurbellage von O aus aufgetragen und liefert den Punkt s der Einlasskurve O — u — v — O. In Fig. 1a ist über der zugehörigen Kolbenstellung A_x dann $a_x = \overline{A_x - 20}$ nach oben und $a_x' = \overline{A_x - 22}$ nach unten aufgetragen und dadurch der Punkt 20 für die Einlasskurve des linken, der Punkt 22 für die Auslasskurve des rechten Kanales erhalten worden. Um die Dampfgeschwindigkeiten $\overline{A_x - 19}$ bezw. $\overline{A_x - 21}$ bei dieser Kolbenstellung zu bekommen, hätte man in die obigen Gleichungen den dem Diagramm entnommenen Wert von a_x bezw. a_x' einzuführen.

Viele Konstrukteure verzeichnen nach Fig. 16, Taf. 31 die Zeunerschen Schieberkreise über der thatsächlichen Lage OD bezw. OD′ der Excenterkurbel bei der linken bezw. rechten Totlage der Hauptkurbel. Um dann wie früher für die einzelnen Lagen der letzteren die Ausweichungen des Schiebers als Sehnenabschnitte zu erhalten, hat man sich nicht die Hauptkurbel von OA aus, sondern deren Verlängerung, den sogenannten Fahrstrahl, von OP aus, und zwar entgegengesetzt zur Umlaufsrichtung der Maschine, gedreht zu denken.

Bei Vorwärtsdrehung der Maschine wäre also, wenn die Hauptkurbel sich in Fig. 16 aus der linken Totlage um den Winkel ω gedreht hat, der Polstrahl nach $O P_x$ gekommen. Die Ausweichung des Schiebers ist dann gleich der Sehne $\overline{O B_x}$ nach rechts aus der Mittellage.

In Fig. 16, Taf. 31 ist weiter das Zeunersche Diagramm in einer Form aufgetragen, wie es von Kirchhoff[1]) behandelt worden ist. Schlägt man nämlich nach der Figur über der linken Totlage der Hauptkurbel OA als Durchmesser einen Kreis, den sogenannten Kolbenkreis, trägt ferner in den oberen Schieberkreis die Kreise von den Radien i und $i + a$, in den unteren diejenigen von den Radien e und $e + a$ ein und bezeichnet schliesslich den oben erwähnten Fahrstrahl bis zur Mitte O als positiv, seine Verlängerung, also seinen Teil jenseits von O, aber negativ, so gelten, wie nach dem Früheren leicht einzusehen ist, die folgenden Regeln.

1) Kirchhoff, Graphische Behandlung der Schiebersteuerungen, Verlag von R. Schulze, Mittweida.

Im Kolbenkreise schneidet bei unendlich langer Schubstange der Fahrstrahl als Sehne von O aus diejenige Strecke ab, um welche der Kolben aus seiner Mittellage gewichen ist, und zwar nach rechts, wenn die Sehne dem positiven, nach links, wenn sie dem negativen Teil des Fahrstrahles angehört. Bei der eingetragenen Drehrichtung nimmt die Ausweichung des Kolbens zu, wenn der Fahrstrahl in der oberen Hälfte des Kolbenkreises, dagegen ab, wenn er in der unteren Hälfte liegt. Überträgt man die Sehne durch Drehen um O auf die Horizontale OA, so erhält man die Ausweichung des Kolbens im Verhältnis zum halben Hube.

In den beiden angelegten Flächen der Schieberkreise

der Kolben nach links um $\overline{O A_x} = \overline{O C_x}$ (negativer Teil des Fahrstrahles) aus seiner Mitte gewichen, wobei seine Ausweichung abnimmt, er sich also seiner Mittellage nähert (Fahrstrahl in der unteren Hälfte des Kolbenkreises).

Will man weiter z. B. aus dem Diagramm entnehmen, um wieviel der Schieber die Kanäle geöffnet hat, wenn der Kolben um das 0,15fache seines Hubes vor der linken Totlage steht, so hat man $\overline{A A_4} = 0{,}3 \overline{A O}$ um O nach oben (da der Kolben sich aus der Mitte entfernt, die Ausweichungen aus dieser also zunehmen) bis nach IV zu drehen. O IV bildet dann den negativen Teil des Polstrahles, weil der Kolben links von der Mitte steht, und demnach wird der linke Kanal gerade für den austretenden Dampf geschlossen, während der rechte bereits für den eintretenden Dampf geschlossen ist.

Aus der Fig. 16 ergeben sich demgemäss die folgenden Dampfverteilungs-Perioden:

Fig. 101.

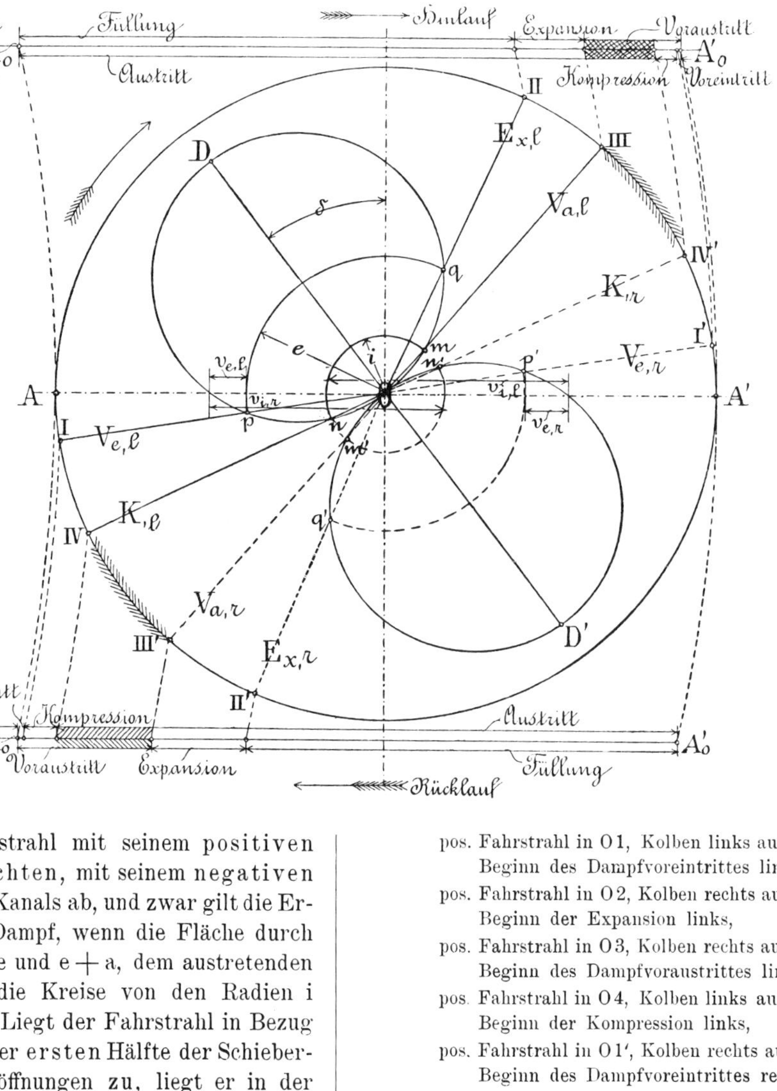

schneidet ferner der Fahrstrahl mit seinem positiven Teile die Eröffnung des rechten, mit seinem negativen Teile diejenige des linken Kanals ab, und zwar gilt die Eröffnung dem eintretenden Dampf, wenn die Fläche durch die Kreise von den Radien e und e + a, dem austretenden Dampf, wenn sie durch die Kreise von den Radien i und i + a begrenzt wird. Liegt der Fahrstrahl in Bezug auf seine Drehrichtung in der ersten Hälfte der Schieberkreise, so nehmen die Eröffnungen zu, liegt er in der zweiten Hälfte, so nehmen sie ab.

Für die Lage $O P_x$ des Fahrstrahles in Fig. 16 ist z. B.: der rechte Kanal für den austretenden Dampf um $\overline{x y}$ (positiver Teil des Strahles), der linke für den eintretenden Dampf um $\overline{u v}$ (negativer Teil des Strahles) geöffnet, und es nehmen die Eröffnungen ab (Fahrstrahl in der zweiten Hälfte der Schieberkreise):

pos. Fahrstrahl in O 1, Kolben links aus der Mitte in A_1 .... Beginn des Dampfvoreintrittes links,

pos. Fahrstrahl in O 2, Kolben rechts aus der Mitte in A_2 .... Beginn der Expansion links,

pos. Fahrstrahl in O 3, Kolben rechts aus der Mitte in A_3 .... Beginn des Dampfvoraustrittes links,

pos. Fahrstrahl in O 4, Kolben links aus der Mitte in A_4 .... Beginn der Kompression links,

pos. Fahrstrahl in O 1', Kolben rechts aus der Mitte in A_1 .... Beginn des Dampfvoreintrittes rechts, u. s. w.

Bisher wurde für die Diagramme immer ein einfacher Muschel-, Dreh- oder Kolbenschieber mit positiver innerer Überdeckung und Steuerung des Dampfeintrittes durch die äusseren Kanten der Schieberlappen vorausgesetzt. Im Folgenden soll nun kurz auf die Abänderungen im Zeunerschen Diagramm bei negativer innerer Überdeckung und Steuerung des Dampfeintrittes durch die inneren Kanten der Lappen hingewiesen werden.

Bei negativer innerer Überdeckung zunächst wird man unter Berücksichtigung des auf Seite 138 über den Beginn und Schluss des Dampfauslasses Gesagten nach Fig. 101 des Textes die Schnittpunkte m und n, welche die Hauptkurbellagen für den Beginn des Voraustrittes und der Kompression auf der linken Kolbenseite (immer die Anordnung der Maschine in Fig. 1, Taf. 31 vorausgesetzt) ergeben, durch Ziehen des i Kreises im oberen Schieberkreise, die Punkte m′ und n′ für den Beginn derselben Perioden auf der anderen Kolbenseite durch Schlagen des i Kreises im unteren Schieberkreise erhalten.

Fig. 101 des Textes deutet weiter die Hauptkurbellagen an, zwischen denen die auf Seite 139 erwähnte gleichzeitige Verbindung beider Kolbenseiten mit dem Auslassrohr stattfindet. Während des Hinlaufes geschieht dies, wenn die Hauptkurbel von III nach IV′, während des Rücklaufes, wenn sie von III′ nach IV geht. Die Lagen III bezw. III′ entsprechen dem Beginn des Voraustrittes links bezw. rechts, diejenigen IV′ bezw. IV dem Beginn der Kompression rechts bezw. links.

Für den von innen gesteuerten Schieber gilt ferner das Zeunersche Diagramm sofort, wenn man (immer unter Voraussetzung der Anordnung der Maschine in Fig. 1, Taf. 31) den oberen Schieberkreis als denjenigen ansieht, welcher die Ausweichungen des Schiebers nach links, dagegen den unteren als denjenigen, der die Ausweichungen nach rechts darstellt.

§ 32.

Das Müllersche Schieber-Diagramm.

Der in Fig. 3, Taf. 32 um O mit der Excentricität $OE = OA = r$ als Radius geschlagene Kreis gilt hier zugleich für die Excenter- und reduzierte Hauptkurbel. Die Totlagen der Excenterkurbel sind wie in der Wirklichkeit OE und OE′, diejenigen der Hauptkurbel dagegen sind in OA und OA′, also unter dem Voreilungswinkel δ gegen die Vertikale Y—Y geneigt, anzunehmen. Für irgend eine Lage OA_x der gemeinschaftlichen Kurbel erhält man dann bei unendlich langer Excenterstange die Ausweichung des Schiebers aus seiner Mittellage in der Horizontalen $\overline{A_x B_1}$, um welche der Kurbelendpunkt A_x von der Vertikalen Y—Y absteht. Je nachdem diese Horizontale rechts oder links von der erwähnten Vertikalen liegt, steht auch der Schieber rechts oder links von seiner Mittellage. Den zu irgend einer Kurbellage OA_x gehörigen reduzierten Kolbenweg $\overline{A_0 A_x}$ aus der einen Totlage findet man bei unendlich langer Schubstange durch Projektion des Punktes A_x auf $\overline{AA'}$, oder auf eine dieser parallelen und gleich grossen Geraden $\overline{A_0 A_0'}$.

Nach Fig. 4, Taf. 31 erhält man bei unendlich langer Excenterstange für irgend eine Lage OE_1 der Excenterkurbel die Schieberausweichung $\overline{Ob_1}$. Es ist aber $\overline{Ob_1} = \overline{B_1 E_1}$, und das ist der horizontale Abstand, wie er nach den obigen Angaben dem Müllerschen Diagramm in Fig. 3, Taf. 32 als Schieberausweichung entnommen wird. Die Kolbenhublinie hat man sich in dieser Figur in die Verlängerung von $\overline{AA'}$, also Kolben, Kreuzkopf, Schubstange und Hauptkurbel nach Fig. 102 des Textes um einen Winkel $90 + \delta^0$ gedreht zu denken, damit Excenter- und Hauptkurbel bei stets richtiger Lage von Schieber und Kolben zu einander sich wie eine einzige Kurbel bewegen können.

In das Müllersche Diagramm der Fig. 3, Taf. 32 sind weiter für den linken Kanal und die Deckelseite (Anordnung der Maschine nach Fig. 1, Taf. 31 vorausgesetzt) die Dampfverteilungs-Perioden eingetragen. Man erhält dieselben, indem man rechts von der Mittellinie Y—Y im Abstande der äusseren Überdeckung e die Vertikale X—X, links im Abstande der inneren Überdeckung i die Vertikale Z—Z zieht und deren Schnittpunkte I, II, III und IV mit dem Kurbelkreise aufsucht. Berücksichtigt man dann die auf Seite 137 für den Beginn und Schluss der Kanäle angeführten Regeln, so ergiebt sich das Folgende.

Fig. 102.

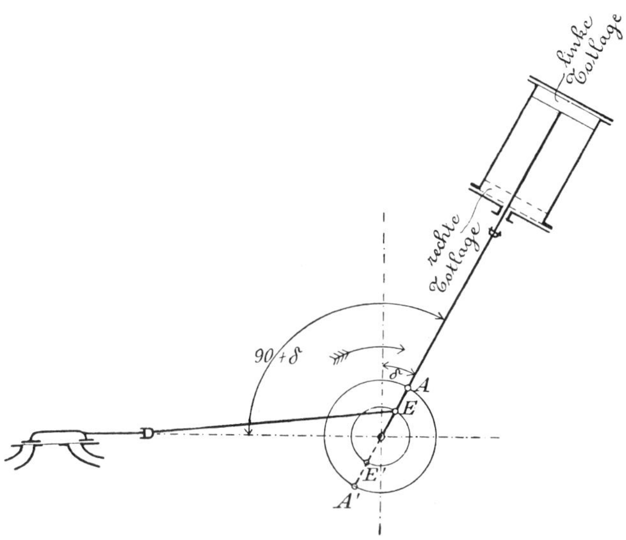

In Fig. 3, Taf. 32 wird der linke Kanal

für den Dampfeintritt geöffnet bei der Kurbellage OI, Kolben in A_1 (Beginn des Dampfvoreintrittes, Schluss der Kompression), da der Schieber um e nach rechts bei zunehmender Ausweichung aus seiner Mittellage gewichen ist;

für den Dampfeintritt geschlossen bei der Kurbellage OII, Kolben in A_2 (Beginn der Expansion, Schluss der Füllung), da Schieber um e nach rechts bei abnehmender Ausweichung;

für den Dampfaustritt geöffnet bei der Kurbellage OIII, Kolben in A_3 (Beginn des Dampfvoraustrittes, Schluss der Expansion), da Schieber um i nach links bei zunehmender Ausweichung;

für den Dampfaustritt geschlossen bei der Kurbellage OIV, Kolben in A_4 (Beginn der Kompression, Schluss des Dampfaustrittes), da Schieber um i nach links bei abnehmender Ausweichung.

Schliesslich sind in Fig. 3, Taf. 32 parallel zur Vertikalen Y—Y und im Abstande e + a nach rechts, i + a nach links von dieser zwei Vertikalen gezogen. Für jede Kurbellage schneidet dann die durch den Kurbelendpunkt gezogene Horizontale die jeweilige Eröffnung des linken Kanales ab, und zwar in der gelb schraffierten Fläche für den eintretenden, in der neutral schraffierten für den austretenden Dampf. Bei der Kurbellage OA_x ist z. B. der linke

Kanal um $\overline{A_x y}$ für den eintretenden Dampf geöffnet. Bei der Lage O A (Kolben im linken Totpunkte) wird ferner der linke Kanal um $\overline{A z}$, das ist das Voröffnen v_c für den Dampfeintritt, bei der Lage O A′ (Kolben im rechten Totpunkte) um $\overline{A' u}$, das ist das Voröffnen v_i für den Dampfaustritt, offen sein.

Mit Hilfe der jeweiligen Kanaleröffnungen kann man, genau wie dies auf Seite 141 für das Zeunersche Diagramm angegeben wurde, auch hier die Kurven für die Kanaleröffnungen und Dampfgeschwindigkeiten verzeichnen.

Das Müllersche Diagramm in Fig. 4, Taf. 32 giebt die durch den Schieber bewirkten Dampfverteilungs-Perioden für die linke und rechte Kolbenseite. Für die erstere sind die Kurbellagen ausgezogen, für die letztere punktiert. Die den Perioden entsprechenden Kolbenwege sind unter Berücksichtigung der endlichen Schubstangenlänge mit Hilfe des Schorchschen Verfahrens für den Hinlauf nach oben, für den Rücklauf nach unten auf eine zur Kolbenhublinie $\overline{A A'}$ parallele Gerade übertragen. Die Dampfverteilungs-Perioden fallen für beide Kolbenseiten ungleich gross aus.

Füllung und Kompression fallen wieder auf der Deckelseite grösser als auf der Kurbelseite aus. Sollen die Füllungen für beide Kolbenseiten in der Grösse einander genähert werden, so muss, damit diejenige für die Deckelseite kleiner, diejenige für die Kurbelseite grösser wird, die Vertikale X — X von der Mitte Y — Y entfernt, die Vertikale X′ — X′ dieser Mitte genähert, d. h. die äussere Überdeckung links (Anordnung der Maschine nach Fig. 1, Taf. 31 vorausgesetzt) vergrössert, diejenige rechts verkleinert werden. Dies erreicht man, wie früher mehrfach erwähnt, einfach dadurch, dass man durch Verlängern der Schieberstange den Schieber nicht um die Spiegelmitte S, sondern um eine von der Kurbelwelle weiter abstehende Ebene S′ schwingen lässt (Fig. 7, Taf. 32). Durch die Ungleichheit in den äusseren Überdeckungen wird aber auch eine Ungleichheit im Voröffnen v_e bewirkt, das für die Deckelseite verkleinert, für die Kurbelseite vergrössert wird.

Die Kompression wird ihrer Dauer nach für beide Kolbenseiten genähert, also diejenige für die Kurbelseite grösser, diejenige für die Deckelseite kleiner, wenn die Vertikalen Z′ — Z′ bezw. Z — Z von der Mitte Y — Y entfernt bezw. dieser Mitte genähert werden, d. h. bei der vorliegenden Maschinenanordnung die innere Überdeckung rechts grösser, die links kleiner gemacht wird. Damit ist dann wieder ein ungleiches Voröffnen v_i verbunden, das für die Kurbelseite verkleinert, für die Deckelseite vergrössert wird.

Will man vermittelst des Müllerschen Diagrammes die Dampfverteilungs-Perioden haben, die ein auf gleiches Voröffnen eingestellter Muschelschieber bewirkt, so hat man die Vertikalen X — X, X′ — X′, Z — Z und Z′ — Z′ so zu ziehen, dass die äusseren Überdeckungen e + y links, e — y rechts, die inneren i — y links, i + y rechts werden, unter y die in Gleichung 141 angegebene Entfernung der Schwingungsebene von der Spiegelmitte S verstanden.

Wie die Vertikalen X — X, X′ — X′, Z — Z und Z′ — Z′ bei Schiebern mit negativer innerer Überdeckung, oder bei von innen gesteuerten Schiebern zu ziehen sind, dürfte der Leser nach dem auf Seite 138 hierüber Vermerkten wohl selber finden.

Denkt man sich das Müllersche Diagramm in Fig. 3, Taf. 32 um einen Winkel 90 + δ nach links herum gedreht, so erhält man das unter dem Namen Müller-Reuleauxsche bekannte Schieber-Diagramm in Fig. 5, Taf. 34. Der Schieberkreis ist also hier auch mit einem Radius O A = O E = der Excentricität r geschlagen und bildet gleichzeitig den reduzierten Hauptkurbelkreis. Die Totlagen der Hauptkurbel fallen in O A und O A′, die der Excenterkurbel in O E und O E′, welch′ letztere gegen die Vertikale Y – Y unter dem Voreilungswinkel δ geneigt stehen. Für irgend eine Lage O A_x der Hauptkurbel ist bei unendlich langer Excenterstange die Ausweichung des Schiebers gleich dem Lote $\overline{A_x B_1}$, das von dem Kurbelendpunkte auf eine zu E O E′ senkrechte Gerade X — X gefällt wird. Liegt dieses Lot oberhalb von X — X, so ist bei dem gewählten Drehungssinne der Maschine der Schieber nach rechts, liegt es unterhalb von X — X, so ist er nach links aus der Mittellage verschoben. Der Kolbenweg, welcher der Hauptkurbellage O A_x bei unendlich langer Schubstange entspricht, ist $\overline{A_0 A_x}$ und wird in bekannter Weise gefunden.

Während man sich also bei dem Müllerschen Diagramm nach Fig. 102 des Textes den Kolben, die Schubstange und die Hauptkurbel bei unveränderter Schieberbahn um einen Winkel von 90 + δ° im Drehungssinne verschoben zu denken hat, bleibt bei dem Müller-Reuleauxschen Diagramm die Kolbenbahn unverändert und wird die Schieberbahn um einen Winkel von 90 — δ° gedreht.

In Fig. 5, Taf. 34 sind wieder für die linke Kolbenseite diejenigen Hauptkurbellagen O I, O II .... eingetragen, welche für die Dampfverteilung massgebend sind.

Steht die Hauptkurbel in O E bezw. O E′, d. h. nimmt sie die mittlere Lage zwischen O I (Beginn des Dampfvoreintrittes) und O II (Beginn der Expansion) bezw. zwischen O III (Beginn des Dampfvoraustrittes) und O IV (Beginn der Kompression) ein, so steht der Schieber in der rechten bezw. linken Totlage und O E sowie O E′ müssen hier mit der Vertikalen den Voreilwinkel δ einschliessen, wie es auf Seite 137 schon angegeben ist.

Das Müller-Reuleauxsche Diagramm eignet sich am besten für den ersten Entwurf einer Steuerung, d. h. für die Bestimmung der Hauptverhältnisse der vorliegenden Schieber, während das Müllersche Diagramm die einzelnen Dampfverteilungs-Perioden leichter verfolgen lässt.

§ 33.

Bestimmung der Verhältnisse eines Flach-, Dreh- oder Kolbenschiebers mit fester Füllung.

Die Verhältnisse eines solchen Schiebers sind stets im Anschluss an das Indikator-Diagramm der Maschine zu bestimmen. Man wählt zunächst die Dauer der Vorein- und Voraustrittsperiode, von denen die erstere höchstens $1^1/_2$% betragen soll, die letztere zunächst beliebig anzunehmen und später in Einklang mit der Kompression zu bringen ist. Sobald dann die dritte Periode (Füllung oder Kompression) angenommen wird, ist auch die vierte (Kompression bezw. Füllung) und der Voreilungswinkel δ des Muschelschiebers festgelegt.

Nach Fig. 6, Taf. 31 oder Fig. 5, Taf. 34, je nachdem man das Zeunersche oder Müller-Reuleauxsche Diagramm zur Bestimmung der Schieberverhältnisse benutzen will, schlägt man den reduzierten Kurbelkreis mit einem Radius O A = 50 mm am besten, trägt die Kolbenwege $\overline{A_0 A_1}$ und $\overline{A_0' A_3}$, welche der Vorein- und Voraustrittsperiode entsprechen, auf und sucht die zugehörigen Hauptkurbellagen O I bezw. O III zunächst für unendlich lange Schubstange. Wählt man dann die dritte Periode, z. B. die Füllung $\overline{A_0 A_2}$ mit der Hauptkurbellage O II, so ist auch die Kompression mit der Lage O IV bezw. $A_0 A_4$ festgelegt, da die Halbierungslinie O D (O E′ in Fig. 5, Taf. 34) des Winkels I O II mit ihrer Verlängerung O D′ (O E in Fig. 5, Taf. 34) den Winkel III O IV halbiert, man also einfach den Winkel III O D′ (III O E in Fig. 5, Taf. 34) nach der entgegengesetzten Seite von O D′ (O E in Fig. 5, Taf. 34) aufzutragen hat. D O D′ (E′ O E in Fig. 5, Taf. 34) schliesst mit der Vertikalen Y—Y den Voreilungswinkel δ ein.

Bei dem Diagramm in Fig. 16, Taf. 31 sind an Stelle der Hauptkurbellagen die zugehörigen Fahrstrahllagen O 1, O 2 u. s. w. aufzusuchen.

An Hand der gefundenen vier Dampfverteilungs-Perioden ist das Indikator-Diagramm (siehe Seite 28) aufzuzeichnen und zu beurteilen. Aus den Figuren erkennt man dann leicht, wie Änderungen in der einen oder anderen Periode zu bewirken sind und welchen Einfluss diese Änderungen auf die übrigen Perioden haben.

Fällt z. B. die Kompression zu klein aus, so muss man die Kurbellage O IV (Fig. 6, Taf. 31 und Fig. 5, Taf. 34), bei der die Kompression beginnt, weiter nach rechts zu bringen suchen. Das kann, wenn die beiden anderen Perioden unverändert bleiben sollen, durch Verkleinerung des Dampfvoraustrittes, durch Verkleinerung der Füllung, durch Vergrösserung des Dampfvoreintrittes, oder durch gemeinsame Änderung dieser Perioden in dem angedeuteten Sinne geschehen. Auch hilft, wie man sich aus Fig. 6a, Taf. 31 leicht überzeugen kann, eine Verkleinerung des schädlichen Raumes.

Andererseits kann bei zu hoher Kompression, wenn eine Änderung der übrigen Perioden sich als nicht zweckmässig erweist, sogar eine Vergrösserung des schädlichen Raumes vorgenommen werden. Die Ökonomie des Betriebes leidet dadurch nicht, da ja der nachteilige Einfluss des schädlichen Raumes durch die hohe Krompression wieder aufgehoben wird und die Abkühlfläche dieses Raumes bei der Vergrösserung nur sehr wenig zunimmt. Weiter hilft bei zu hoher Kompression, entgegen dem vorhin Angeführten, eine Verkleinerung der inneren Überdeckung, womit dann eine Zunahme des Voraustrittes verbunden ist, u. s. w.

Bei Kondensationsmaschinen ist übrigens von einer genügend hohen Endspannung der Kompression beim Muschelschieber überhaupt abzusehen, da sonst deren Dauer so gross ausfällt, dass sie nicht in Einklang mit den übrigen Perioden zu bringen ist.

Nach der endgiltigen Festlegung der Dampfverteilungs-Perioden sind bei Verwendung des Zeunerschen Diagrammes (Fig. 6, Taf. 31) die Excentricität r — vielleicht nach den nachstehenden Angaben — zu wählen und die Kreise O D und O D′ in irgend einem Massstabe zu schlagen. Diese Kreise schneiden dann auf O I und O II die äussere Überdeckung $e = \overline{Op} = \overline{Oq}$, auf O III und O IV die innere Überdeckung $i = \overline{Om} = \overline{On}$, auf den Totlagen O A und O A′ das Voröffnen $v_e = \overline{xy}$ und $v_i = \overline{zu}$ ab. Trägt man weiter die Kreise von den Radien $e + a$ und $i + a$ ein, so kann man, wenn möglich mit Hilfe der Kurve der Kanaleröffnungen, den Abschluss der Kanäle verfolgen, und, falls dieser und das Voröffnen als nicht genügend rasch und weit erscheint, durch Wahl einer anderen Excentricität — bei einiger Übung findet man den passenden Wert bald heraus — bessere Verhältnisse erzielen.

Je grösser man die Excentricität r wählt, desto weiter bezw. desto länger werden die Kanäle geöffnet, desto grösser wird aber auch die zur Bewegung der Steuerung verwandte Reibungsarbeit, desto kleiner also der Wirkungsgrad der Maschine.

Bezüglich der Wahl von r sei auf die folgenden Angaben aufmerksam gemacht. Ad. Slucki bestimmt in der Zeitschrift deutscher Ingenieure, Jahrgang 1893, die Excentricität des Muschelschiebers mit Rücksicht darauf, dass die mittlere Geschwindigkeit während des Dampfeintrittes 50 m in der Sekunde nicht überschreitet, zu

$$r = \sim 0{,}314 \frac{O \cdot c_m}{h} k \quad . \quad . \quad . \quad . \quad 143$$

mit $k = 1{,}15$ für $\delta = 10^0$,
mit $k = 2$ für $\delta = 30^0$,
mit $k = 3{,}89$ für $\delta = 60^0$,
O nutzbare Kolbenfläche in qcm,
c_m mittlere Kolbengeschwindigkeit in m f. d. Sekunde,
h Kanalhöhe in cm.

Andere Konstrukteure wählen r so, dass der Schieber in seinen Totlagen den Kanal für den Einlass ganz öffnet. Es muss dann

$$r = a + e \quad . \quad . \quad . \quad . \quad . \quad . \quad 144$$

sein. Mit Bezug auf Fig. 103 des Textes ist nun $\overline{Ob} = e + v_e = r \cdot \sin\delta$, oder $e = r \cdot \sin\delta - v_e$, welcher Wert, in Gleichung 144 eingeführt, die Beziehung

$$r = \frac{a - v_e}{1 - \sin\delta} \quad . \quad . \quad . \quad . \quad . \quad 145$$

liefert, wonach r bei gewähltem v_e für die erwähnte Bedingung der vollen Kanaleröffnung bestimmt werden kann.

Soll ferner bei irgend einer Hauptkurbellage $O A_x$ in Fig. 103 des Textes die Drosselung des Dampfes beginnen,

Fig. 103.

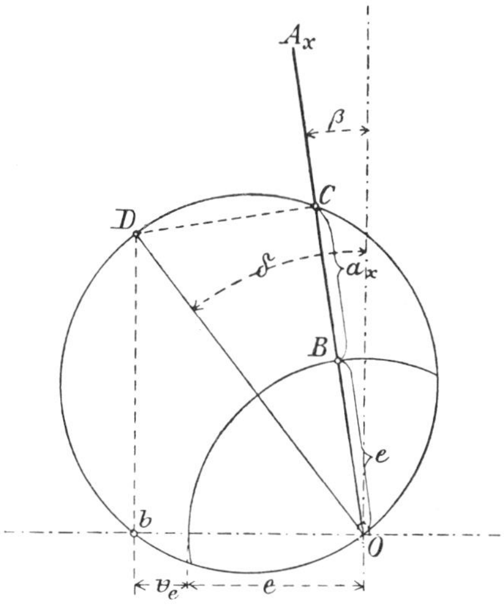

und ist β der Winkel, den die erwähnte Hauptkurbellage mit der Vertikalen durch O einschliesst (β positiv, wenn links, β negativ, wenn rechts von der Vertikalen), so bestimmt sich die Excentricität r in der folgenden Weise für ein gewähltes v_e. Aus Gleichung 142 folgt zunächst für $w_x = 50$ bis 60 die erforderliche Kanaleröffnung

$$a_x = \frac{O \cdot c_x}{50 \text{ bis } 60\,h},$$

wenn c_x die einem Drehwinkel

$$\omega = 90 - \beta$$

der Hauptkurbel entsprechende Kolbengeschwindigkeit (siehe Gleichung 24) ist. Dann ist ferner nach Fig. 103 des Textes

$$\overline{OC} = a_x + e = \overline{OD} \cdot \cos(\delta - \beta) = r \cdot \cos(\delta - \beta),$$

oder

$$r = \frac{a_x + e}{\cos(\delta - \beta)}.$$

Vereinigt man diese Beziehung mit derjenigen

$$e + v_e = r \cdot \sin \delta,$$

so folgt

$$r = \frac{a_x - v_e}{\cos(\delta - \beta) - \sin \delta} \quad . \quad . \quad . \quad \mathbf{146}$$

Die Gleichungen 145 und 146 können zur Bestimmung von v_e dienen, wenn v_e frei wählbar ist. Das ist aber, sobald, wie im Vorstehenden angenommen, die Hauptkurbellagen OV_e und OE_x für den Voreintritt und die Füllung festliegen, nicht mehr der Fall; dann tritt, da

$$r = a + e$$

und

$$r \cdot \cos \varphi = e$$

ist, unter φ den $\sphericalangle V_e O D = E_x O D$ in Fig. 6, Taf. 31 verstanden, an Stelle der Gleichung 145 diejenige

$$r = \frac{a}{1 - \cos \varphi} \quad . \quad . \quad . \quad . \quad . \quad \mathbf{145a}$$

und an Stelle der Gleichung 146 die auf ähnliche Weise sich ergebende

$$r = \frac{a_x}{\cos(\delta - \beta) - \cos \varphi} \quad . \quad . \quad . \quad \mathbf{146a}$$

v_e beträgt beim einfachen Schieber gewöhnlich 0,2 bis 0,4 a, v_i ist 2 bis 4 mal so gross als v_e.

Bei Benutzung des Müller-Reuleauxschen Diagrammes nach Fig. 5, Taf. 34 wählt man[1]) nach der endgiltigen Festlegung der Dampfverteilungs-Perioden am besten die Kurbellage OV, bei welcher der Kanal anfangen soll, sich für den Dampfeintritt zu schliessen. Vergleicht man dann die so angenommene Kanalweite a des Diagrammes mit dem nach § 27 berechneten Werte von a, so erhält man den Massstab der Figur, vermittelst dessen man die Excentricität r, die Überdeckungen e und i, sowie das Voröffnen v_e und v_i nach der Zeichnung berechnen kann.

Schliesslich dürfte es sich empfehlen, an Hand der Diagramme die Dampfverteilungs-Perioden für beide Kolbenseiten unter Berücksichtigung der endlichen Schubstangenlänge (Fig. 15, Taf. 31 und Fig. 4, Taf. 32) zu ermitteln und hiernach die Indikator-Diagramme für Hin- und Rücklauf zu prüfen.

Will man den Schieber auf gleiches Voröffnen einstellen, so sind für die Deckelseite die Kreise mit den Radien e + y und i — y, für die Kurbelseite mit den Radien e — y und i + y in das Diagramm einzutragen und hiernach die Dampfverteilungs-Perioden zu bestimmen, wie das bei dem Zeunerschen Diagramm in Fig. 1, Taf. 32 geschehen ist.

Will man dagegen durch den Schieber eine mittlere Füllung und Kompression für beide Kolbenseiten auf Kosten eines etwas ungleichen Voröffnens erzielen, so muss man mit Hilfe der Hauptkurbellagen bei dieser mittleren Füllung bezw. Kompression die äusseren bezw. inneren Überdeckungen für beide Kolbenseiten aus dem Diagramm entnehmen. Die ungleichen äusseren Überdeckungen können vermittelst des symmetrisch gestalteten Schiebers durch Verlängern der Schieberstange erreicht werden, die inneren Überdeckungen müssen ungleich ausgeführt werden.

1) Nach des Ingenieurs Taschenbuch „Die Hütte“.

Die Stegbreite am Cylinderspiegel b beträgt zweckmässig

$$b = \frac{a}{2} + \mathbf{10\ bis\ 15\ mm} \quad . \quad . \quad . \quad . \quad \mathbf{147}$$

Die Weite a_0 des mittleren Kanals muss so gross sein, dass derselbe bei den Totlagen des Schiebers noch um mindestens a geöffnet ist. Es muss also mit Bezug auf Fig. 3, Taf. 31, da der Schieber aus seiner Mittellage um r nach links und rechts geht,

bei aussen gesteuerten Schiebern

$$a_0 \geqq i + r + a - b \quad . \quad . \quad . \quad . \quad \mathbf{148a}$$

bei innen gesteuerten

$$a_0 \geqq e + r + a - b \quad . \quad . \quad . \quad . \quad \mathbf{148b}$$

sein.

Beispiel.

Für eine Auspuffmaschine von 150 mm Cylinderdurchmesser und 200 mm Hub, die in der Minute 225 Umdrehungen macht, sind die Verhältnisse eines Muschelschiebers zu bestimmen, der 70% Füllung giebt. Der Dampf tritt mit 5,5 Atm absoluter Spannung in den Cylinder.

Wir schlagen nach Fig. 6, Taf. 31 bezw. Fig. 5, Taf. 34 einen reduzierten Kurbelkreis mit dem Radius OA = 50 mm und wählen die Dauer der Voreintrittsperiode zu ½%, diejenige der Voraustrittsperiode zu 5%, welchen Perioden bei einem reduzierten Kolbenhube von 100 mm die Kolbenwege $\overline{A_0 A_1}$ = 0,5 mm bezw. $\overline{A_3 A_0'}$ = 5 mm, sowie die Hauptkurbellagen OI bezw. OIII entsprechen. Durch die verlangte Füllung von 70%, zu der der Kolbenweg $\overline{A_0 A_2}$ = 70 mm und die Kurbellage OII gehört, ist nun sofort die Halbierungslinie OD (OE' in Fig. 5, Taf. 34) des Winkels IOII und der Voreilwinkel

$$\delta = \mathbf{37^0},$$

sowie durch Antragen des Winkels IIIOD' (IIIOE in Fig. 5, Taf. 34) die Kurbellage OIV und die Kolbenstellung A_4 zu Beginn der Kompression festgelegt.

Konstruiert man von diesem Punkte A_4 in Fig. 6a, Taf. 31 bezw. Fig. 5, Taf. 34 und von einer Austrittsspannung p_e = 1,1 Atm aus die Kompressionskurve des Indikator-Diagrammes, so ergiebt sich bei einem Koefficienten des schädlichen Raumes $\frac{M}{S}$ = 6% (entsprechend einer Länge M = 6 mm) die Endspannung der Kompression zu p_3 = 4 Atm, also noch 1,5 Atm unter der Eintrittsspannung. Wäre die Kompression noch zu gross, so müsste man eine Änderung der Dampfverteilungs-Perioden in dem früher angegebenen Sinne treffen oder den schädlichen Raum vergrössern.

Es beträgt nun

die nutzbare Kolbenfläche (bei einer Dicke der nur durch einen Cylinderdeckel gehenden Kolbenstange von 28 mm)

$$O = \overline{15}^2 \frac{\pi}{4} - \frac{1}{2} \overline{2{,}8}^2 \frac{\pi}{4} = \sim 173{,}64 \text{ qcm},$$

die mittlere Kolbengeschwindigkeit nach Gleichung 22

$$c_m = \frac{S \cdot n}{30} = \frac{0{,}2 \cdot 225}{30} = 1{,}5 \text{ m},$$

und deshalb muss gemäss Gleichung 126 der lichte Kanalquerschnitt

$$d_1^2 \frac{\pi}{4} = a \cdot h = \frac{O \cdot c}{22} = \frac{173{,}64 \cdot 1{,}5}{22} = \backsim 11{,}84 \text{ qcm}$$

oder

$$d_1 = \backsim 4 \text{ cm} = \mathbf{40\ mm},$$

und mit h = 10,5 cm = **105 mm** (entsprechend 0,7 D nach den Angaben auf Seite 126)

$$a = \frac{11{,}84}{10{,}5} = \backsim 1{,}1 \text{ cm} = \mathbf{11\ mm}$$

sein.

Bei Benutzung des Zeunerschen Diagrammes ist jetzt die Excentricität r zu wählen. Gleichung 143 ergiebt z. B. für k = 2,7 (bei $\delta = 37^0$)

$$r = 0{,}314 \frac{173{,}64 \cdot 1{,}5}{10{,}5} 2{,}7 = \backsim 21 \text{ mm}.$$

In Fig. 6, Taf. 31 sind die Schieberkreise O D = O D′ mit

$$r = \mathbf{22\ mm}$$

Durchmesser in doppelt natürlicher Grösse geschlagen. Der obere Kreis schneidet auf den Hauptkurbellagen O I und O II die äussere Überdeckung

$$\overline{Op} = \overline{Oq} = e = \mathbf{10{,}5\ mm},$$

der untere auf O III und O IV die innere Überdeckung

$$\overline{Om} = \overline{On} = i = \mathbf{4{,}5\ mm}$$

ab. Das Voröffnen ist

$$\overline{xy} = v_e = \mathbf{2{,}8\ mm} \text{ und } \overline{zu} = v_i = \mathbf{9\ mm}.$$

In Fig. 15, Taf. 31 sind weiter nach dem Diagramm die Dampfverteilungs-Perioden für die linke und rechte Kolbenseite bei einer Schubstangenlänge gleich dem 5fachen Kurbelradius ermittelt. Es ergeben sich ungleiche Dampfverteilungs-Perioden für beide Seiten, z. B. für die linke Kolben(Deckel)seite eine Füllung von 74,4%, eine Kompression von 19,3%, für die rechte Kolben(Kurbel)seite eine Füllung von 66%, eine Kompression von 13,7%.

Soll nun der Schieber auf gleiches Voröffnen eingestellt werden, so muss er durch Verlängern der Schieberstange um eine Ebene S′ (Fig. 6, Taf. 32) zum Schwingen gebracht werden, die bei einer Excenterstangenlänge l = 20 r nach Gleichung 141 um

$$y = \frac{1}{2} \frac{1}{20} 22 \cdot \cos^2 37^0 = \backsim \mathbf{0{,}35\ mm}$$

weiter als die Spiegelmitte S von der Kurbelwelle absteht. Der linke Kanal erhält dann eine äussere Überdeckung e + y = **10,85 mm**, eine innere i — y = **4,15 mm**, der rechte Kanal eine äussere e — y = **10,15 mm** und eine innere i + y = **4,85 mm.** Mit diesen Überdeckungen sind dem Diagramm in Fig. 1, Taf. 32 Kreise eingeschlagen und darnach die Dampfverteilungs-Perioden für beide Kolbenseiten aufgesucht.

Aus dem hiernach konstruierten Indikator-Diagramm der linken Kolbenseite in Fig. 1b, Taf. 32 ergiebt sich eine Kompressions-Endspannung $p_3 = 4{,}5$ Atm, die also nur 1 Atm unter der Eintrittsspannung bleibt. Die Ordinaten für die Kurven der Dampfgeschwindigkeiten in Fig. 1a, Taf. 32 ermitteln sich folgendermassen. Bei der Hauptkurbellage O A_x, die unter einem Winkel $\alpha = 80^0$ gegen die linke Totlage geneigt ist, beträgt die Kolbengeschwindigkeit nach Gleichung 24, da gemäss Gleichung 22

$$v = \frac{\pi R \cdot n}{30} = \frac{\pi \cdot 0{,}1 \cdot 225}{30} = \backsim 2{,}356 \text{ m}$$

ist,

$$c_x = 2{,}356 \cdot \sin 80 \left(1 + \frac{1}{5} \cos 80\right) = \backsim 2{,}4 \text{ m}.$$

Der linke Kanal ist bei dieser Kurbellage nach dem Diagramm um $a_x = 8{,}8$ mm für den eintretenden Dampf, der rechte Kanal um $a_x' = 11$ mm, also voll für den austretenden Dampf geöffnet. Nach Gleichung 142 besitzt somit dann der eintretende Dampf eine Geschwindigkeit

$$w_x = \frac{O \cdot c_x}{a_x \cdot h} = \frac{173{,}64 \cdot 2{,}4}{0{,}88 \cdot 10{,}5} = \backsim 45 \text{ m},$$

der austretende eine solche von

$$w_x' = \frac{O \cdot c_x}{a_x' \cdot h} = \frac{173{,}64 \cdot 2{,}4}{1{,}1 \cdot 10{,}5} = \backsim 36 \text{ m}.$$

Soll der Schieber für beide Seiten annähernd gleiche Füllung und Kompression geben, so kann man in der folgenden Weise vorgehen. Nach Fig. 2, Taf. 32 ist für die linke Kolben(Deckel)seite die Füllung auf 72,25% (gegenüber 74,4% in Fig. 15, Taf. 31), für die rechte Kolben(Kurbel)seite auf 67,4% (gegenüber 66%) abgeändert worden, und sind die zugehörigen Hauptkurbellagen O II bezw. O II′ aufgesucht. O II schneidet dann auf dem oberen Schieberkreise die äussere Überdeckung des linken Lappens $\overline{Oq}$ = **11,5 mm,** O II′ auf dem unteren Kreise diejenige des rechten Lappens $\overline{Oq'}$ = **10 mm** ab. Diese Ungleichheit der äusseren Überdeckung kann man erzielen dadurch, dass man durch Verlängern der Schieberstange den bezüglich der äusseren Überdeckungen zu seiner Mitte symmetrisch gestalteten Schieber um eine Ebene S′ schwingen lässt, welche um $\frac{11{,}5 - 10}{2} = \mathbf{0{,}75\ mm}$ von der Spiegelmitte S absteht (siehe Fig. 7, Taf. 32). Das Voröffnen v_e beträgt dann nach Fig. 2, Taf. 32 für den linken Kanal $\overline{xy}$ = 1,7 mm, für den rechten $\overline{x'y'}$ = 3,2 mm, oder unter Berücksichtigung der endlichen Excenterstangenlänge für den linken Kanal 1,7 + y = 1,7 + 0,35 = **2,05 mm**, für den rechten 3,2 — 0,35 = **2,85 mm.**

Weiter ist in Fig. 2, Taf. 32 für die linke Kolbenseite die Kompression zu 17,5% (gegenüber 19,3% in Fig. 15, Taf. 31), für die rechte Seite zu 15% (gegenüber 13,7%) angenommen. Die dazu aufgesuchten Hauptkurbellagen O IV und O IV′ schneiden in den Schieberkreisen die innere Überdeckung des linken Lappens $\overline{On}$ = **3,2 mm**, die des rechten $\overline{On'}$ = **5,2 mm** ab. Das Voröffnen v_i beträgt dann für den rechten Kanal $\overline{z'y}$ = 8 mm, für den linken $\overline{zy'}$ = 10 mm, oder unter Berücksichtigung der endlichen Excenterstangenlänge 8 + y = 8 + 0,35 = **8,35 mm** für den rechten, 10 — y = 10 — 0,35 = **9,65 mm** für den linken Kanal.

Bei Benutzung des Müller-Reuleauxschen Diagrammes hat man nach Festlegung der Dampfverteilungs-Perioden und deren Kurbellagen in Fig. 5, Taf. 34 die Lage O V der Hauptkurbel zu wählen, bei welcher der linke Kanal anfängt, sich für den Einlass zu schliessen. Die Strecke $\overline{Vk}$ = 25 mm stellt dann die Weite a = 11 mm des Kanales dar. Es ist also der Massstab der Zeichnung $\frac{25}{11}$: 1 oder 2,27 : 1. Aus der Zeichnung entnehmen wir aber

$r = OA = 50$ mm, das ist in Wirklichkeit

$$r = \frac{50}{2,27} = \sim 22 \text{ mm},$$

$e = 24$ mm, das ist in Wirklichkeit $e = \frac{24}{2,27} = \sim 10,5$ **mm,**

$i = 11$ mm, das ist in Wirklichkeit $i = \frac{11}{2,27} = \sim 4,5$ **mm,**

u. s. w.

In Fig. 4, Taf. 32 sind für die erhaltenen Dimensionen die Dampfverteilungs-Perioden für beide Kolbenseiten unter Berücksichtigung der endlichen Schubstangenlänge nach dem Müllerschen Diagramm ermittelt. Wollte man die Überdeckungen des Schiebers aus diesem Diagramm für annähernd gleiche Füllung und Kompression auf beiden Kolbenseiten ermitteln, so hätte man folgendermassen zu verfahren.

Einer Füllung von 72,25% auf der linken und einer solchen von 67,4% auf der rechten Kolbenseite entsprechen z. B. die Hauptkurbellagen O II und O II′, sowie die äusseren Überdeckungen

$e = 11,5$ **mm** am linken und $e = 10$ **mm** am rechten Lappen. Dabei wird das Voröffnen für den Dampfeintritt bei unendlich langer Excenterstange

$v_e = 1,7$ mm für den linken und $v_e = 3,2$ mm für den rechten Kanal.

Weiter verlangt eine Kompression von 17,5% auf der linken und 15% auf der rechten Kolbenseite gemäss den Hauptkurbellagen O IV und O IV′ eine innere Überdeckung

$i = 3,2$ **mm** am linken und $i = 5,2$ **mm** am rechten Lappen. Dann beträgt das Voröffnen für den Dampfaustritt bei unendlich langer Excenterstange

$v_i = 8$ mm am rechten und $v_i = 10$ mm am linken Kanal.

Die Ungleichheit der äusseren Überdeckung erzielt man dadurch, dass man den hierin zur Spiegelmitte symmetrisch gestalteten Schieber um die Ebene S′ in Fig. 7, Taf. 32 schwingen lässt, welche von S um $\frac{11,5 - 10}{2} = 0,75$ **mm** absteht.

Um aus Fig. 4, Taf. 32 die Dampfverteilungs-Perioden zu bekommen, welche der Schieber giebt, wenn er auf gleiches Voröffnen eingestellt ist, also zur Ebene S′, welche von S um y (Fig. 6, Taf. 32) absteht, schwingt, hat man die Geraden $X - X$ im Abstande $e + y$, $X' - X'$ im Abstande $e - y$, $Z - Z$ im Abstande $i - y$, $Z' - Z'$ im Abstande $i + y$ zu ziehen. Die Schnittpunkte dieser Geraden mit dem Schieberkreise geben die Endpunkte der Hauptkurbellagen an, welche für die Dampfverteilung massgebend sind.

Die Weite a_o des Mittelkanales am Cylinder muss der Gleichung 148a genügen, muss also mit $i = 4,5$ (bei symmetrisch zur Spiegelmitte gestalteten Schieber) $r = 22$,

$a = 11$, $b = \frac{a}{2} + 10 = \sim 16$ mm (Fig. 5, Taf. 32)

$$a_o > 4,5 + 22 + 11 - 16$$

sein. Er genügt bei

$$a_o = 25 \text{ mm}$$

auch für den unsymmetrisch gestalteten Schieber in Fig. 7, Taf. 32 mit $i = 5,2$ vollkommen.

§ 34.

Der Trickschen Kanalschieber.

Verbindet man die beiden Lappen eines einfachen Muschelschiebers durch einen über den Rücken des letzteren geführten Zwischenkanal, so erhält man den in Fig. 1a, Taf. 33 angedeuteten Muschelschieber mit Trickschem Zwischenkanal. Fig. 1, Taf. 41 zeigt die Anordnung dieses Kanales beim einfachen Dreh-, Fig. 2 und 3, Taf. 40 dieselbe beim einfachen Kolbenschieber. Beim Muschel- und Drehschieber besitzt der Kanal im Querschnitt die Form eines Rechteckes, beim Kolbenschieber die eines Kreisringes.

Der Zweck des Zwischenkanales ist, dem frischen Dampfe den Eintritt in die Cylinderkanäle nicht nur von dem einen, sondern von beiden Enden des Schiebers her zu ermöglichen und dadurch eine schnellere Eröffnung und Schliessung dieser Kanäle zu bewirken. Wie dies erreicht wird, zeigt Fig. 1a bis c, Taf. 33. Fig. 1a giebt den Schieber in seiner Mittellage, Fig. 1b denselben bei der linken Totlage des Kolbens und Fig. 1c schliesslich denselben bei der vollen Eröffnung des linken Seitenkanales.

Aus Fig. 1b und c ist ersichtlich, dass bei der Eröffnung des linken Seitenkanales durch die linke äussere Kante des Schiebers um eine gewisse Strecke der Zwischenkanal an der rechten Seite um dieselbe Strecke geöffnet wird, der frische Dampf also von links und rechts in den linken Seitenkanal eintreten kann. Während somit der einfache Muschelschieber bei der Totlage des Kolbens um $e + v_e$ aus seiner Mittellage verschoben sein muss, braucht der Tricksche Kanalschieber für dasselbe Voröffnen v_e nur eine Verschiebung um $e + \frac{v_e}{2}$ nach Fig. 1b. Entsprechend beträgt bei der vollen Eröffnung des Seitenkanales die Verschiebung des Trickschen Schiebers nach Fig. 1c nur $e + \frac{a}{2}$, während sie beim einfachen Muschelschieber ohne Zwischenkanal $e + a$ sein muss. Ist die Ausweichung des Trickschen Schiebers aus seiner Mittellage gleich $e + \frac{a}{2}$ geworden, so bleibt bei weiterer Ausweichung die Eröffnung des Seitenkanales konstant, nämlich gleich a, wovon man sich leicht durch Fig. 1c überzeugen kann.

Der Tricksche Kanalschieber giebt also bis zur vollen Eröffnung des Kanales in jedem Augenblicke einen doppelt so grossen Eintrittsquerschnitt frei wie der entsprechende Schieber ohne Zwischenkanal, bei derselben Excentricität öffnet und schliesst also auch der Tricksche Schieber den Eintrittskanal doppelt so schnell wie der gewöhnliche Schieber.

Bezüglich der Dimensionen des Trickschen Schiebers ist das Folgende zu beachten. Ist **a** die nach den Angaben in § 27 berechnete Kanalweite, so macht man die Weite des Zwischenkanales $\frac{\mathbf{a}}{\mathbf{2}}$.

Die Wandstärke der äusseren Wandung beträgt

$$s = 5 \text{ bis } 13 \text{ mm},$$

während die Weite der Seitenkanäle im Schieberspiegel **a + s** sein muss. Soll ferner der Zwischenkanal am Schieberspiegel bei einer Ausweichung des Schiebers um e aus seiner Mittellage für den eintretenden Dampf geöffnet werden, was offenbar nötig ist, damit eine doppelte Eröffnung stattfindet, so müssen die äusseren Flächen des Schieberspiegels nach Fig. 1a, Taf. 33 (siehe die rechte Seite) eine Breite

$$\mathbf{2e - s}$$

haben. Sind dabei die äusseren Überdeckungen ungleich, so muss die fragliche Breite natürlich

$$\mathbf{e_l + e_r - s}$$

sein, unter e_l die äussere Überdeckung links, unter e_r diejenige rechts verstanden. Der Voreilwinkel δ, die Überdeckungen e und i schliesslich bestimmen sich mit Hilfe der Schieber-Diagramme genau wie beim einfachen Muschelschieber, nur kann die Excentricität r hier wegen der doppelten Kanaleröffnung entsprechend kleiner, das Voröffnen v_e entsprechend grösser als dort angenommen werden.

Für die zu wählende Excentricität r können hier ähnliche Gleichungen, wie sie beim einfachen Schieber ohne Zwischenkanal auf Seite 145 und 146 angeführt wurden, aufgestellt werden. Soll also der Trick sche Schieber z. B. in der Totlage den Kanal ganz öffnen, so muss (entsprechend Gleichung 144 und 145) hier

$$r = \frac{1}{2} a + e \quad \ldots\ldots \quad \mathbf{149}$$

und, da

$$r \cdot \sin \delta = \frac{1}{2} v_e + e$$

ist, auch

$$r = \frac{\frac{1}{2}(a - v_e)}{1 - \sin \delta} \quad \ldots\ldots \quad \mathbf{150}$$

sein. Soll dagegen die Dampfdrosselung bei einer Hauptkurbellage beginnen, die um den Winkel β von der Vertikalen (Fig. 103 des Textes) abweicht, so hat man

$$a_x = \frac{O \cdot c_x}{50 \text{ bis } 60\, h},$$

wenn c_x die einem Drehwinkel

$$\omega = 90 - \beta$$

der Hauptkurbel aus der Totlage entsprechende Kolbengeschwindigkeit bedeutet. Ferner ist hier

$$r \cdot \cos(\delta - \beta) = \frac{1}{2} a_x + e,$$

sowie

$$r \cdot \sin \delta = \frac{1}{2} v_e + e,$$

woraus dann (entsprechend der Gleichung 146) folgt

$$r = \frac{\frac{1}{2}(a_x - v_e)}{\cos(\delta - \beta) - \sin \delta} \quad \ldots \quad \mathbf{151}$$

Die Gleichungen 150 und 151 können aber nur dann durch Wahl von v_e zur Berechnung von r für die gestellten Bedingungen benutzt werden, wenn die Voreintrittsperiode oder Füllung, bezw. die Hauptkurbellagen OV_e und OE_x, noch nicht festliegen. Ist das der Fall, so hat man bei voller Kanaleröffnung durch den Schieber in dessen Totlagen

$$r = \frac{1}{2} a + e$$

und, wenn φ der Winkel ist, den die Hauptkurbellage OV_e oder OE_x mit der Mittellinie OD des Schieberkreises bildet,

$$r \cdot \cos \varphi = e,$$

woraus

$$r = \frac{\frac{1}{2} a}{1 - \cos \varphi} \quad \ldots\ldots \quad \mathbf{150a}$$

folgt. Entsprechend ergiebt sich, wenn bei dem in Fig. 103 des Textes angedeuteten Winkel β die Drosselung beginnen soll,

$$r \cdot \cos(\delta - \beta) = \frac{1}{2} a_x + e$$

und

$$r \cdot \cos \varphi = e,$$

woraus wird

$$r = \frac{\frac{1}{2} a_x}{\cos(\delta - \beta) - \cos \varphi} \quad \ldots \quad \mathbf{151a}$$

Im Schieber-Diagramm stellt sich nur die Einlassfläche für den eintretenden Dampf anders dar; sonst bleibt dasselbe unverändert wie beim Muschelschieber ohne Zwischenkanal bestehen. Mit Bezug auf Fig. 2 und 3, Taf. 33 hat man nämlich beim Trickschen Schieber auf jeder Hauptkurbellage sowohl während der Kanaleröffnung, als auch während des Kanalschlusses für den eintretenden Dampf das zwischen dem e-Kreise bezw. der Linie I II und dem Schieberkreise liegende Stück radial bezw. horizontal nach aussen nochmals aufzutragen. Hat dieses Stück die Grösse $\frac{a}{2}$ erreicht, ist also der Kanal ganz geöffnet, so begrenzt wieder der mit e + a geschlagene Kreis bezw. die entsprechende Vertikale die fragliche Einlassfläche.

So ist z. B. in Fig. 2 und 3, Taf. 33 bei der linken Totlage OA der Hauptkurbel das Stück $\frac{v_e}{2}$, sowie bei einer anderen Lage der letzteren dasjenige $\frac{a_x}{2}$ verdoppelt und die Einlassfläche wie sonst gelb schraffiert worden.

Eine besondere Eigenschaft, deren praktische Anwendung zur Erzielung der weiter unten angegebenen Vorteile zuerst von Otto H. Mueller jr. in Budapest gezeigt wurde,[1]) besitzt der Tricksche Kanalschieber, wenn sein Zwischenkanal nach Fig. 4a, Taf. 33 so weit gemacht wird, dass er bei der Mittellage des Schiebers jeden der beiden Seitenkanäle öffnet. Es werden dann während einer gewissen Zeit beide Seiten des Kolbens miteinander in Verbindung gesetzt, womit ein Spannungsausgleich auf beiden Kolbenseiten verbunden ist. Der Beginn und Schluss dieser Periode lässt sich leicht an Hand der erwähnten Figur feststellen.

Nach derselben ist

c_1 das Stück, durch welches der linke,

c_2 dasjenige, durch welches der rechte Steiten- und der Zwischenkanal bei der Mittellage des Schiebers in Verbindung stehen. Bewegt sich nun der Schieber von links nach rechts, so wird die Verbindung beider Kolbenseiten offenbar beginnen, wenn der Schieber nach Fig. 4b, Taf. 33 um c_1 vor der Mitte, die Kante 5 also über der Kante 4 liegt, und aufhören, wenn der Schieber nach Fig. 4c, Taf. 33 um c_2 hinter der Mitte, die Kante 7 also über der Kante 6 steht. Geht dagegen der Schieber von rechts nach links, so wird die erwähnte Periode beginnen, wenn der Schieber die Lage in Fig. 4c, und aufhören, wenn er diejenige in Fig. 4b einnimmt.

In Fig. 5, Taf. 33 ist das Zeunersche, in Fig. 6, Taf. 33 das Müllersche Diagramm für einen solchen Trickschen Schieber mit Überströmung, wie er wohl genannt wird, angedeutet. In der ersten Figur schneidet der mit c_2 als Radius um O geschlagene Kreis den oberen Schieberkreis im Punkte 1, der mit c_1 als Radius gezogene

1) Zeitschrift deutscher Ingenieure, Jahrgang 1889.

Kreis den unteren Schieberkreis im Punkte 2. Bei der Hauptkurbellage O 1 V, wo der aus seiner rechten Totlage kommende Schieber um $\overline{O\,1} = c_2$ vor seiner Mittellage (Fig. 4c, Taf. 33) steht, muss somit die Überströmung beginnen, bei der Hauptkurbellage O 2 VI dagegen, wo der Schieber um $\overline{O\,2} = c_1$ links hinter der Mittellage (Fig. 4b, Taf. 33) steht, muss diese Überströmung aufhören. In Fig. 6, Taf. 33 erhält man die Hauptkurbellagen O V und O VI, wenn man im horizontalen Abstande c_2 rechts und c_1 links von O zwei Vertikalen zieht und deren Schnittpunkte mit der unteren Hälfte des Schieber- bezw. Kurbelkreises aufsucht. In Fig. 5 und 6 ist die Überströmung nur für den Hinlauf des Kolbens angedeutet; für den Rücklauf wird der Leser sie wohl nach dem oben Vermerkten selbst auffinden können.

Die Hauptkurbellagen O V und O VI fallen in Fig. 5 und 6, Taf. 33 in die Expansionsperiode der hinteren und in die Kompressionsperiode der vorderen Kolbenseite. Nach den zugehörigen Indikator-Diagramm in Fig. 5a und 6a, Taf. 33 herrscht also beim Beginn der Überströmung hinter dem Kolben die Expansionsspannung p′, vor dem Kolben die Kompressionsspannung p″. Das Volumen des Dampfes hinter dem Kolben entspricht ferner einer Länge M + S′, dasjenige vor dem Kolben einer solchen M + S″. Die aus der Mischung beider Dampfmengen hervorgehende Spannung p_x kann aus der Gleichung

$$p_x (M + S' + M + S'') = p' (M + S') + p'' (M + S'')$$

bestimmt werden und ergiebt sich, da

$$M + S' + M + S'' = 2\,M + S$$

ist, zu

$$p_x = \frac{p' (M + S') + p'' (M + S'')}{2\,M + S}.$$

Die Vorteile, welche mit einer solchen Mischung des Dampfes beider Kolbenseiten verbunden sind, bestehen nach O. H. Mueller im Folgenden.

1. Bei hoher Dampfeintrittsspannung p wird der Voraustritt verbessert, indem die grössere Spannung p′ bis auf p_x (siehe Fig. 5a und 6a, Taf. 33) während der Überströmung sinkt, und die Kompression erhöht, da die kleinere Spannung p″ auf p_x während der Überströmung steigt. Eine sehr hohe Kompression lässt sich bei einem gewöhnlichen Schieber mit nicht zu grosser Füllung nur durch einen sehr grossen Voraustritt erkaufen, der hier also nicht nötig ist.

2. Bei niedriger Dampfeintrittsspannung p und kleiner Füllung wird eine zu hohe Kompression, namentlich eine Steigerung der Kompressionsendspannung p_3 über p hinaus, die ja ein Abheben des Schiebers zur Folge haben würde, verhütet, andererseits aber auch ein Fallen der Expansionslinie bis unter die Austrittslinie, die sogenannte Schleifenbildung, die ja einen Arbeitsverlust mit sich bringt, vermieden. Bei kleiner Eintrittsspannung p und geringer Füllung ist nämlich p′ sehr klein, p″ dagegen verhältnismässig hoch. Bei der Überströmmung wird dann p_x grösser als p′ und kleiner als p″ werden.

3. Der Trick sche Schieber mit Überströmung auf beiden Kobenseiten gewährt also den Vorteil, bei Drosselungsmaschinen, wo der Regulator auf eine Drosselklappe oder ein Drosselventil einwirkt und bei geringer Belastung der Maschine die Eintrittsspannung infolge der Drosselung niedrig ausfällt, mit kleiner Füllung und hoher Expansion arbeiten zu können, wodurch die Ökonomie des Betriebes gesteigert wird.

Die Grössen c_1 und c_2 sind entsprechend dem gewünschten Spannungsausgleich auf beiden Kolbenseiten zu wählen, müssen aber immer kleiner als die zugehörige Überdeckung genommen werden, also mit Bezug auf Fig. 4a, Taf. 33 muss c_1 kleiner als die linke, c_2 kleiner als die rechte innere Überdeckung des Schiebers sein. Die Stärke s muss hier in den meisten Fällen grösser, als früher angegeben, gemacht werden.

Beispiele.

Die im 2. Beispiele auf Seite 116 angeführte Maschine der Firma Pokorny & Wittekind, Maschinenfabrik in Bockenheim bei Frankfurt am Main, von 200 mm Cylinderbohrung, 200 mm Hub und 400 Umdrehungen besitzt als Steuerungsorgan einen Kolbenschieber mit Trickschem Zwischenkanale und fester Füllung. Die letztere beträgt für den Niedergang des Kolbens 35 %, für den Hochgang mit Rücksicht auf das Gestängegewicht und die infolge der einseitigen Kolbenstange hier kleinere nutzbare Kolbenfläche 40 %. Der Dampf tritt mit höchstens 6 Atm in den Cylinder ein, der Regulator wirkt auf ein Drosselventil. Es sind die Verhältnisse des Schiebers zu bestimmen, wenn derselbe den Dampfeintritt von innen steuert.

Wir bestimmen zunächst den erforderlichen Kanalquerschnitt aus Gleichung 126 und erhalten, da die nutzbare Kolbenfläche bei 4 cm Durchmesser der einseitigen Kolbenstange

$$O = \overline{20}^2 \frac{\pi}{4} - \frac{1}{2} 4^2 \frac{\pi}{4} = 314{,}16 - \frac{1}{2} 12{,}566 = \sim 308 \text{ qcm},$$

die mittlere Kolbengeschwindigkeit

$$c_m = \frac{S \cdot n}{30} = \frac{0{,}2 \cdot 400}{30} = \sim 2{,}67 \text{ m}$$

beträgt, mit der Ausführung übereinstimmende Werte, wenn wir

$$f_k = \frac{O \cdot c_m}{30} = \frac{308 \cdot 2.67}{30} = \sim 27{,}4 \text{ qcm}$$

setzen. Der in Fig. 2, Taf. 40 dargestellte Schieber besitzt nun einen Durchmesser

$$d = 9{,}6 \text{ cm} = 96 \text{ mm},$$

so dass also der Umfang der nicht durch Stege unterbrochenen cylindrischen Einlasskanäle

$$\pi\,d = \pi \cdot 9{,}6 = 30{,}16 \text{ cm}$$

ist. Der oben berechnete Querschnitt verlangt demnach eine Kanalweite

$$a = \frac{27{,}4}{30{,}16} = \sim 0{,}9 \text{ cm} = \mathbf{9\ mm}.$$

Das Dampfeintrittsrohr müsste nach Gleichung 120 ebenfalls einen Querschnitt

$$f = d^2 \frac{\pi}{4} = 27{,}4 \text{ qcm}$$

bekommen, welchem in Übereinstimmung mit der Ausführung ein Durchmesser

$$d = \sim 6 \text{ cm} = \mathbf{60\ mm}$$

entspricht.

Das Dampfauslassrohr verlangt nach Gleichung 121 einen lichten Querschnitt

$$f_o = d_o^2 \frac{\pi}{4} = \frac{O \cdot c_m}{22} = \frac{308 \cdot 2{,}67}{22} = 37{,}4 \text{ qcm},$$

dem der in der Ausführung gewählte Durchmesser

$$d_o = \sim 7 \text{ cm} = \mathbf{70\ mm}$$

genügt.

Um den Voreilwinkel δ des Kolbenschiebers zu erhalten, ist in Fig. 2a, Taf. 40 die Hauptkurbellage, welche einer Füllung von 35% auf der oberen Kolben-(Deckel)seite entspricht, unter Berücksichtigung der endlichen Schubstangenlänge aufgetragen worden. Wählt man dann den Voreintritt dieser Kolbenseite zu 0,15%[1]) und sucht auch die diesem entsprechende Hauptkurbellage auf, so liefert die Halbierungslinie des Winkels, der durch die erwähnten Hauptkurbellagen eingeschlossen wird ($V_e O E_x$ nach den früheren Bezeichnungen, die aber in die Figur nicht eingetragen sind), mit der Vertikalen durch O den Voreilwinkel

$$\delta = \mathbf{58^0}.$$

Die Verlängerung der Halbierungslinie über O hinaus muss ferner mit der einer Füllung von 40% auf der unteren Kolben(Kurbel)seite entsprechenden (punktiert eingetragenen) Hauptkurbellage denselben Winkel bilden, den die erstere mit der (ebenfalls punktiert eingetragenen) Hauptkurbellage für den Voreintritt dieser Kolbenseite einschliesst. Der letztere ist also durch den Voreintritt der anderen Kolbenseite bezw. durch den Voreilwinkel bei den hier vorgeschriebenen Füllungen festgelegt und ergiebt sich aus der Figur zu 2,5%. Im Falle dieser Wert nicht passend erscheint, müsste also der Voreintritt oben anders gewählt werden, was aber hier nicht gut angängig ist, da weniger als 0,15% Voreintritt wohl kaum statthaft sind und ein grösserer Wert als 0,15% einen noch grösseren Voreintritt als 2,5% auf der anderen Kolbenseite bei der Füllung von 35 bezw. 40% liefern würde.

Da der Schieber den Dampfeintritt von innen steuern soll, so muss die Excenterkurbel, wie auf Seite 139 erklärt und wie in Fig. 2b, Taf. 40 angedeutet, der Hauptkurbel um einen Winkel

$$90 - \delta = 90 - 58 = 32^0$$

nacheilen.

Sollen jetzt die übrigen Dimensionen des Schiebers und die anderen Dampfverteilungsperioden bestimmt werden, so hat man die Excentricität r zu wählen. Dies ist in der Ausführung so geschehen, dass der Schieber in seiner oberen Totlage den oberen Seitenkanal gerade ganz öffnet. Dazu gehört nach Seite 149 ein Wert

$$r = \frac{1}{2} a + e.$$

1) Auf Taf. 40 ist in einem Teile der Auflage irrtümlich 0,3% angegeben.

Ferner ist, wenn φ den Winkel bezeichnet, den die Hauptkurbellagen bei Beginn des Voreintrittes oder der Expansion mit der Mittellinie des zugehörigen Schieberkreises bilden,

$$r \cdot \cos \varphi = e.$$

Durch Vereinigung dieser beiden Gleichungen für r erhält man die Gleichung 150a, nämlich

$$r = \frac{\frac{1}{2} a}{1 - \cos \varphi}.$$

Im vorliegenden Falle ist für die obere Kolben(Deckel)seite $\varphi = 35^0$, womit dann

$$r = \frac{\frac{1}{2} 9}{1 - 0{,}819} = \sim \mathbf{25\ mm}^{1)}$$

folgt. Zugleich ergiebt sich für den Dampfeintritt der oberen Kolbenseite eine Deckung

$$e_l = r - \frac{1}{2} a = 25 - 4{,}5 = \mathbf{20{,}5\ mm},$$

sowie ein Voröffnen

$$\frac{1}{2} v_e = r \cdot \sin \delta - e_l = 25 \cdot 0{,}848 - 20{,}5 = \mathbf{0{,}7\ mm}.$$

Weiter erhält man im Diagramme der Fig. 2a, Taf. 40, wenn man die Schnittpunkte des mit 25 mm Durchmesser geschlagenen unteren Schieberkreises und der punktierten Hauptkurbellagen für den Beginn der Expansion und des Voreintrittes aufsucht, eine Deckung des unteren Kanales

$$e_r = \mathbf{15\ mm},$$

sowie ein Voröffnen für den Dampfeintritt daselbst

$$\frac{1}{2} v_e = r \cdot \sin \delta - e_r = 25 \cdot 0{,}848 - 15 = \mathbf{6{,}2\ mm}.$$

Untersucht man die Drosselungsverhältnisse der Steuerung, so findet man, dass bei einer Drehung der Hauptkurbel aus deren oberen Totlage um einen Winkel

$$\omega = 50^0,$$

die Kanaleröffnung nach dem Diagramm

$$a_x = 2 \cdot 3{,}25 = 6{,}5 \text{ mm} = 0{,}65 \text{ cm}$$

ist. Die Hauptkurbel schliesst dann nämlich mit der Mittellinie des oberen Schieberkreises einen Winkel von $50 - (90 - \delta) = 50 - 32 = 18^0$ ein, und es muss $\frac{1}{2} a_x = r \cdot \cos 18^0 - e_l = 25 \cdot 0{,}951 - 20{,}5 = 3{,}25$ mm sein. Der Kolben besitzt ferner nach Gleichung 24 für

$$\frac{R}{L} = \frac{1}{5} \text{ und } v = \frac{\pi}{2} c_m$$

eine Kolbengeschwindigkeit

$$c_x = \frac{\pi}{2} 2{,}67 \cdot \sin 50^0 \left(1 + \frac{1}{5} \cos 50^0\right) = \sim 3{,}62 \text{ m},$$

und somit beträgt die Dampfgeschwindigkeit bei dieser Hauptkurbellage nach Gleichung 142

$$w_x = \frac{308 \cdot 3{,}62}{0{,}65 \cdot 30{,}16^{2)}} = \sim 57 \text{ m}.$$

Hier dürfte also ungefähr die Drosselung des Dampfes während des Dampfeintrittes auf der oberen Kolbenseite beginnen.

Für den Rücklauf (Hochgang) des Kolbens ergiebt sich entsprechend für $\varphi = 74^0$ eine Kolbengeschwindigkeit

$$c_x = \frac{\pi}{2} c_m \cdot \sin 74^0 \left(1 - \frac{1}{5} \cos 74^0\right) = \sim 3{,}8 \text{ m}.$$

1) In Fig. 2b, Taf. 40 ist für einen Teil der Auflage irrtümlich r mit 24 mm angegeben.

2) h ist beim vorliegenden Drehschieber gleich πd zu setzen.

Die Mittellinie des unteren Schieberkreises schliesst mit der durch diesen Winkel festgelegten Hauptkurbellage einen Winkel von $74 - (90 - \delta) = 74 - 32 = 42^0$ ein. Die Ausweichung des Schiebers aus seiner Mittellage ist also dann

$$r \cdot \cos 42^0 = 25 \cdot 0,743 = \sim 18,6 \text{ mm}$$

und somit die Kanaleröffnung

$$a_x = 2\,(18,6 - 15) = 7,2 \text{ mm}.$$

Aus Gleichung 142 folgt mit diesen Werten eine Geschwindigkeit des eintretenden Dampfes

$$w_x = \frac{308 \cdot 3,8}{0,72 \cdot 30,16} = \sim 54 \text{ m},$$

so dass bei dieser Hauptkurbellage die Drosselung ungefähr beginnen dürfte.

Mit Bezug auf Fig. 2, Taf. 40 und den Angaben auf Seite 148 ist in der Ausführung gemacht worden:

die Weite des Zwischenkanales

$$\frac{a}{2} = \frac{9}{2} = \mathbf{4,5 \text{ mm}} \text{ (in der Zeichnung 5 mm)},$$

die Wandstärke der inneren Wand des Zwischenkanales

$$s = \mathbf{5 \text{ mm}},$$

die Weite des oberen Cylinderkanales

$$a + s = 9 + 5 = \mathbf{14 \text{ mm}},$$

die Weite des unteren Cylinderkanales

$$a + s + 6 = 9 + 5 + 6 = \mathbf{20 \text{ mm}},$$

was wahrscheinlich mit Rücksicht darauf geschehen ist, dass der Druckwechsel in der unteren Totlage einen grösseren schädlichen Raum an der unteren Cylinderseite verlangt,

eine Breite der Spiegelfläche zwischen dem äusseren und dem inneren Kanale

$$e_l + e_r - s = 20,5 + 15 - 5 = \mathbf{30,5 \text{ mm}},$$

die nötig ist, damit der Zwischenkanal rechtzeitig für den Dampfeintritt geöffnet wird,

eine Weite des mittleren Kanales nach Gleichung 148b, in die hier $\frac{1}{2}$ a für a zu setzen ist,

$$a_o \geqq 20,5 + 25 + 4,5 - 30,5 \text{ oder } a_o \geqq \mathbf{19,5 \text{ mm}}.$$[1]

Die inneren Überdeckungen sind so zu wählen, dass die Kompressionsendspannung die niedrigste Dampfeintrittsspannung nicht übersteigt. In der Ausführung beträgt

die obere innere Überdeckung $i_l = \mathbf{4 \text{ mm}}$,

die untere innere Überdeckung $i_r = \mathbf{12 \text{ mm}}$,

und es ergiebt sich dann für die obere Kolben(Deckel)seite

eine Kompression von 34,7 %,

ein Voraustritt von 14 %,

für die untere Kolben(Kurbel)seite dagegen

eine Kompression von 38,5 %,

ein Voraustritt von 8 %.

In den Indikator-Diagrammen der Fig. 2a, Taf. 40 betragen die Kompressionsendspannungen für die mit 15 bezw. 18 % schädlichen Raum konstruierten Mariotteschen Hyperbeln

$$p_3 = \mathbf{3,9} \text{ bezw. } \mathbf{3,4} \text{ kg}.$$

Da sich das Dampfauslassrohr an der oberen Seite des Schiebergehäuses befindet, so muss der von der unteren Kolbenseite austretende Dampf durch den Kolbenschieber nach oben treten. Der innere Querschnitt des Kolbenschiebers muss demnach den früher berechneten Einlassquerschnitt

$$f_k = 27,4 \text{ qcm}$$

mindestens besitzen. Das ist der Fall, denn der innere lichte Durchmesser des Schiebers ist nach Fig. 2, Taf. 40 60 mm = 6 cm, wozu ein Querschnitt von

$$6^2 \frac{\pi}{4} = 28,27 \text{ qcm}$$

gehört.

1) Die Ausführung zeigt hier wie in der Zeichnung sonderbarer Weise nur 14 mm.

2. Eine stehende Tandem-Verbundmaschine von

260 mm Bohrung des kleinen,

400 mm Bohrung des grossen Cylinders,

200 mm gemeinsamem Hube,

300 Umdrehungen in der Minute

arbeitet mit Auspuff und besitzt am Niederdruckcylinder einen Trickschen Flachschieber. Der letztere hat 0,4 Füllung im Mittel zu geben, und der Dampf tritt in den grossen Cylinder mit 4,5 Atm absolut ein. Es sind die Verhältnisse dieses Schiebers zu bestimmen, wenn derselbe auf annähernd gleiche Füllung und Kompression, sowie annähernd gleiches Voröffnen eingestellt wird.

Die nutzbare Kolbenfläche des grossen Cylinders beträgt unter Berücksichtigung einer einseitigen Kolbenstange von 50 mm Durchmesser

$$O = \overline{40}^2 \frac{\pi}{4} - \frac{1}{2} 5^2 \frac{\pi}{4} = \sim 1247 \text{ qcm},$$

die mittlere Kolbengeschwindigkeit ist

$$c_m = \frac{S \cdot n}{30} = \frac{0,2 \cdot 300}{30} = 2 \text{ m}.$$

Diese Werte verlangen nach Gleichung 126 einen Querschnitt der Einlasskanäle von vielleicht

$$f_k = \frac{O \cdot c_m}{30} = \frac{1247 \cdot 2}{30} = \sim \mathbf{83 \text{ qcm}}.$$

Wählt man dann die Höhe der Einlasskanäle zu

$$h = 35 \text{ cm} = \mathbf{350 \text{ mm}},$$

so muss die Kanalweite

$$a = \frac{83}{35} = \sim 2,4 \text{ cm} = \mathbf{24 \text{ mm}}$$

betragen.

In Fig. 104a des Textes ist das Müller-Reuleauxsche Diagramm des Schiebers verzeichnet. Der reduzierte Hauptkurbelkreis, der hier zugleich Schieberkreis ist, ist mit 50 mm Radius geschlagen. Die Hauptkurbellage O II entspricht einer Füllung von 40 %, diejenige O I einem Dampfvoreintritt von 0,75 % bei unendlich langer Schubstange. Die Halbierungslinie $\overline{OD}$ des Winkels I O II schliesst dann mit der Vertikalen Y—Y den Voreilwinkel des Schiebers

$$\delta = \sim \mathbf{56^0}$$

ein. Um die Excentricität zu bekommen, hat man die Kurbellage O V zu wählen, bei welcher der Schieber anfangen soll, den Kanal für den eintretenden Dampf zu schliessen. Nimmt man O V unter einem Winkel von 45° zur Horizontalen geneigt an und zieht $\overline{Vk}$ senkrecht zu $\overline{I\,II}$, so stellt $\overline{Vk}$ die halbe Kanalweite a beim Trickschen Schieber dar. Aus der Figur entnehmen wir

$$\overline{Vk} = 13 \text{ mm},$$

und diese entsprechen also

$$\frac{1}{2} a = \frac{1}{2}\, 24 = 12 \text{ mm}.$$

1 mm der Zeichnung stellt somit $\frac{12}{13}$ mm der Wirklichkeit dar. Der Excenterkreis ist mit 50 mm Radius geschlagen, die Excentricität ist also

$$r = 50\,\frac{12}{13} = \sim \mathbf{46\ mm.}$$

Deckelseite eine Füllung von rund 45 %, für die Kurbelseite eine solche von rund 35 %. Nähert man nun die Füllungen bis auf 42 bezw. 38 % einander, so hat man die zugehörigen Hauptkurbellagen $O\,E_{x,l}$ und $O\,E_{x,r}$ unter Berücksichtigung der endlichen Schubstangenlänge aufzusuchen und von den Punkten $E_{x,l}$ und $E_{x,r}$ Lote auf

Fig. 104a

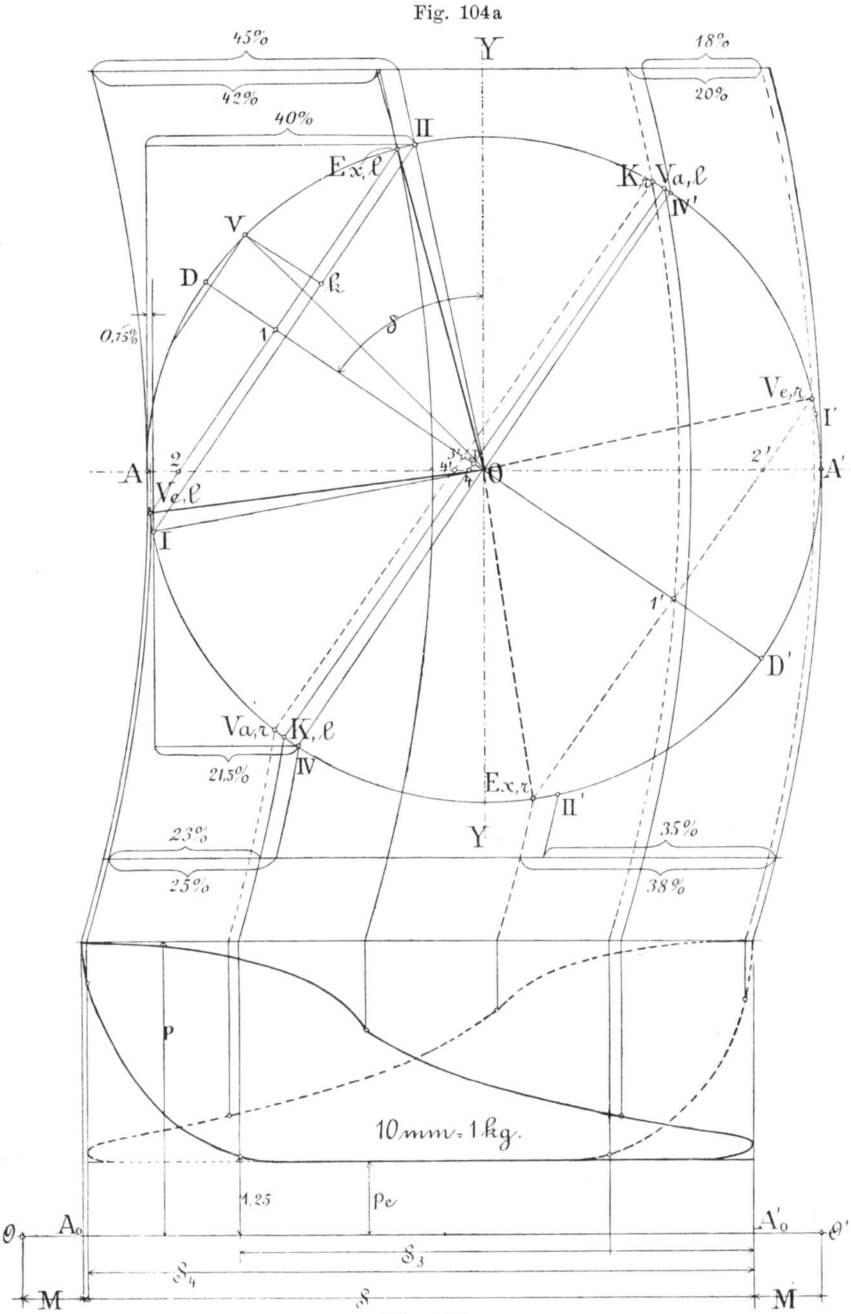

Fig. 104b.

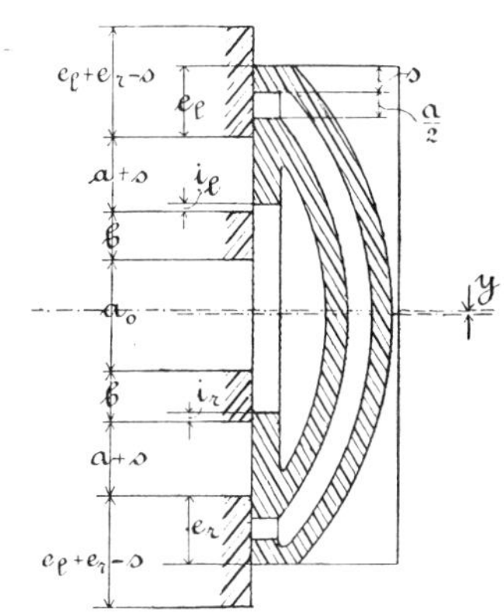

1/5

Fig. 104c.

Um weiter die äusseren Überdeckungen für annähernd gleiche Füllung auf beiden Kolbenseiten zu erhalten, ist links oben in Fig. 104a die der Hauptkurbellage O II, rechts unten die derjenigen O II' zugehörige Füllung für eine Schubstangenlänge, die das Fünffache des Kurbelradius ist, aufgesucht worden. Es ergiebt sich für die

$\overline{OD}$ bezw. $\overline{OD'}$ zu fällen. Man erhält dann nicht nur in $O\,V_{e,l}$ und $O\,V_{e,r}$ die Hauptkurbellagen für den Beginn des Voreintrittes, sondern auch in $\overline{O1}$ und $\overline{O1'}$ die erforderlichen äusseren Überdeckungen und in $\overline{A2}$ und $\overline{A'2'}$ das Voröffnen $\frac{1}{2}\,v_e$ für den Dampfeintritt. Es ist

$$\overline{O1} = 37{,}5, \ \overline{O1'} = 34{,}5 \text{ mm},$$
$$\overline{A2} = \ 4{,}5, \overline{A'2'} = \ 8 \ \text{ mm},$$

und also muss betragen

die äussere Überdeckung des Schiebers oben

$$e_l = 37{,}5 \frac{12}{13} = \mathbf{34{,}6\ mm},$$

die entsprechende Überdeckung unten

$$e_r = 34{,}5 \frac{12}{13} = \mathbf{31{,}8\ mm},$$

während unter Berücksichtigung der endlichen Excenterstangenlänge $\left(\frac{r}{l} = \frac{1}{20}\right)$ nach Gleichung 141 das Voröffnen für den Dampfeintritt oben

$$v_{e,l} = 2 \cdot 4{,}5 \frac{12}{13} + \frac{1}{2} \frac{r^2}{l} \cos^2 \delta = 9 \frac{12}{13} + \frac{1}{2} \frac{1}{20} 46 \cdot \overline{0{,}559}^2$$
$$= \sim \mathbf{8{,}7\ mm},$$

dasjenige unten dagegen

$$v_{e,r} = 2 \cdot 8 \frac{12}{13} - \frac{1}{2} \frac{r^2}{l} \cos^2 \delta = 16 \frac{12}{13} - \frac{1}{2} \frac{1}{20} 46 \cdot \overline{0{,}559}^2$$
$$= \sim \mathbf{14{,}4\ mm}$$

ist. Den zu seiner Mitte symmetrisch bezüglich der äusseren Kanten gestalteten Schieber wird man zur Erzielung der oben berechneten ungleichen äusseren Überdeckungen um eine Mitte schwingen lassen, die nach Fig. 104c des Textes um

$$y = \frac{e_l - e_r}{2} = \frac{34{,}6 - 31{,}8}{2} = \mathbf{1{,}4\ mm}$$

höher als die Spiegelmitte liegt.

Die Dimensionen des Schieberspiegels bestimmen sich nun wie folgt. Die Weite des Zwischenkanales muss

$$\frac{1}{2} a = \frac{1}{2} 24 = \mathbf{12\ mm}$$

betragen. Für

$$s = \mathbf{12\ mm}$$

Stärke der äusseren Schieberwand wird dann die Weite der Seitenkanäle

$$a + s = 24 + 12 = \mathbf{36\ mm},$$

die Breite der äusseren Spiegelflächen

$$e_l + e_r - s = 34{,}6 + 31{,}8 - 12 = \mathbf{54{,}4\ mm}$$

sein müssen. Die Stegstärke wurde

$$b = \frac{1}{2} a + 12 = \frac{1}{2} 24 + 12 = \mathbf{24\ mm}$$

gemacht.

Für die inneren Überdeckungen des Schiebers ist die Kompression und der Voraustritt massgebend. Die Spannung, mit welcher der Dampf in den grossen Cylinder tritt, ist 4,5 kg. Treiben wir nun die Kompressionsendspannung bis auf $p_3 = 3{,}25$ kg, so ergiebt sich der Weg $S - S_3$ des Kolbens, den dieser von Beginn der Kompression an bis in die Totlage noch zurückzulegen hat, bei einer Länge $M = 10$ mm des schädlichen Raumes (für $S = 100$ mm Basis des Indikator-Diagrammes) und einer Austrittsspannung $p_e = 1{,}25$ kg bei Beginn der Kompression aus der Gleichung

$$p_3 (M + S - S_4) = p_e (M + S - S_3),$$

unter $S - S_4$ den Abstand des Kolbens von der Totlage bei Beginn des Voreintrittes verstanden, der hier bei unendlich langer Schubstange zu 0,75 mm angenommen wurde. Unter Einführung der Werte erhält man aus der Gleichung

$$3{,}75 (10 + 0{,}75) = 1{,}25 (10 + S - S_3),$$
$$S - S_3 = \frac{3{,}75 (10 + 0{,}75)}{1{,}25} - 10 = 22{,}25 \text{ mm},$$

oder eine Dauer der Kompression von

$$22{,}25 - 0{,}75 = 21{,}5\,\%.$$

Diese letztere ergiebt, an den Voreintritt angetragen, die beiden Hauptkurbellagen O IV und O IV′ für unendlich lange Schubstange, und diese Hauptkurbellagen wiederum liefern bei der früher erwähnten endlichen Schubstangenlänge auf der oberen Kolbenseite (siehe Fig. 104a des Textes) eine Kompression von 25 %, auf der unteren Kolbenseite eine solche von 18 %.

Will man jetzt die Kompression der beiden Kolbenseiten auf 23 bezw. 20 % einander nähern, so hat man die zu diesen neuen Kompressionen gehörigen Hauptkurbellagen $O K_l$ bezw. $O K_r$ unter Berücksichtigung der endlichen Schubstangenlänge aufzusuchen und von K_l bezw. K_r Lote auf die Linie $\overline{D O D'}$ zu fällen. Es ergiebt sich dann als innere Überdeckung des oberen Kanales

$$i_l = \overline{O3} \frac{12}{13} = 1{,}8 \frac{12}{13} = \sim \mathbf{1{,}7\ mm},$$

die hier negativ ist, da sie mit e_l auf $\overline{OD}$ fällt, sowie die innere Überdeckung des unteren Kanales

$$i_r = \overline{O3'} \frac{12}{13} = 4 \frac{12}{13} = \sim \mathbf{3{,}7\ mm}.$$

Das Voröffnen für den Auslass ist im Diagramm durch $\overline{A4'}$ für die untere und durch $\overline{A'4}$ für die obere Kolbenseite gegeben. Da beide Strecken aber grösser als die Kanalweite a sind, so ist also der Kanal in den Totlagen für den Auslass schon ganz geöffnet. Die von K_l bezw. K_r auf $\overline{D O D'}$ gefällten Lote schneiden schliesslich den Excenter- und Hauptkurbelkreis auf der anderen Seite in Punkten, welche die Hauptkurbellagen $O V_{a,l}$ und $O V_{a,r}$ für den Beginn des Dampfvoraustrittes festlegen.

Die Weite a_o des mittleren Kanales am Cylinder muss der Gleichung 148a genügen. Es muss also

$$a_o \geqq 3{,}7 + 46 + 24 - 24,$$

oder

$$a_o \geqq 49{,}7 \text{ mm}$$

sein. Im vorliegenden Falle ist

$$a_o = \mathbf{55\ mm}$$

gemacht.

3. Eine stehende Verbundmaschine mit zwei unter 90° gegeneinander versetzten Kurbeln und Kondensation soll am grossen Cylinder durch einen Trickschen Kanalschieber mit zeitweiser Überströmung auf beiden Kolbenseiten gesteuert werden. Die Verhältnisse der Maschine sind die folgenden:

Bohrung des kleinen Cylinders 300 mm,
Bohrung des grossen Cylinders 520 mm,
Gemeinsamer Hub 520 mm,
Umdrehungszahl in der Minute 180,
Eintrittsspannung des Dampfes im kleinen Cylinder 11 Atm absolut.

Wie bestimmen sich die Verhältnisse der erwähnten Steuerung?

Die Gleichung 126 verlangt dann einen Querschnitt der Eintrittskanäle von vielleicht

$$f_k = \frac{O \cdot c_m}{32} = \frac{2107 \cdot 3{,}12}{32} = \backsim 205{,}4 \text{ qcm}.$$

Macht man, um die Kanäle nicht zu weit zu erhalten, die Kanalhöhe

$$h = 52 \text{ cm} = \mathbf{520\ mm},$$

Fig. 105a.

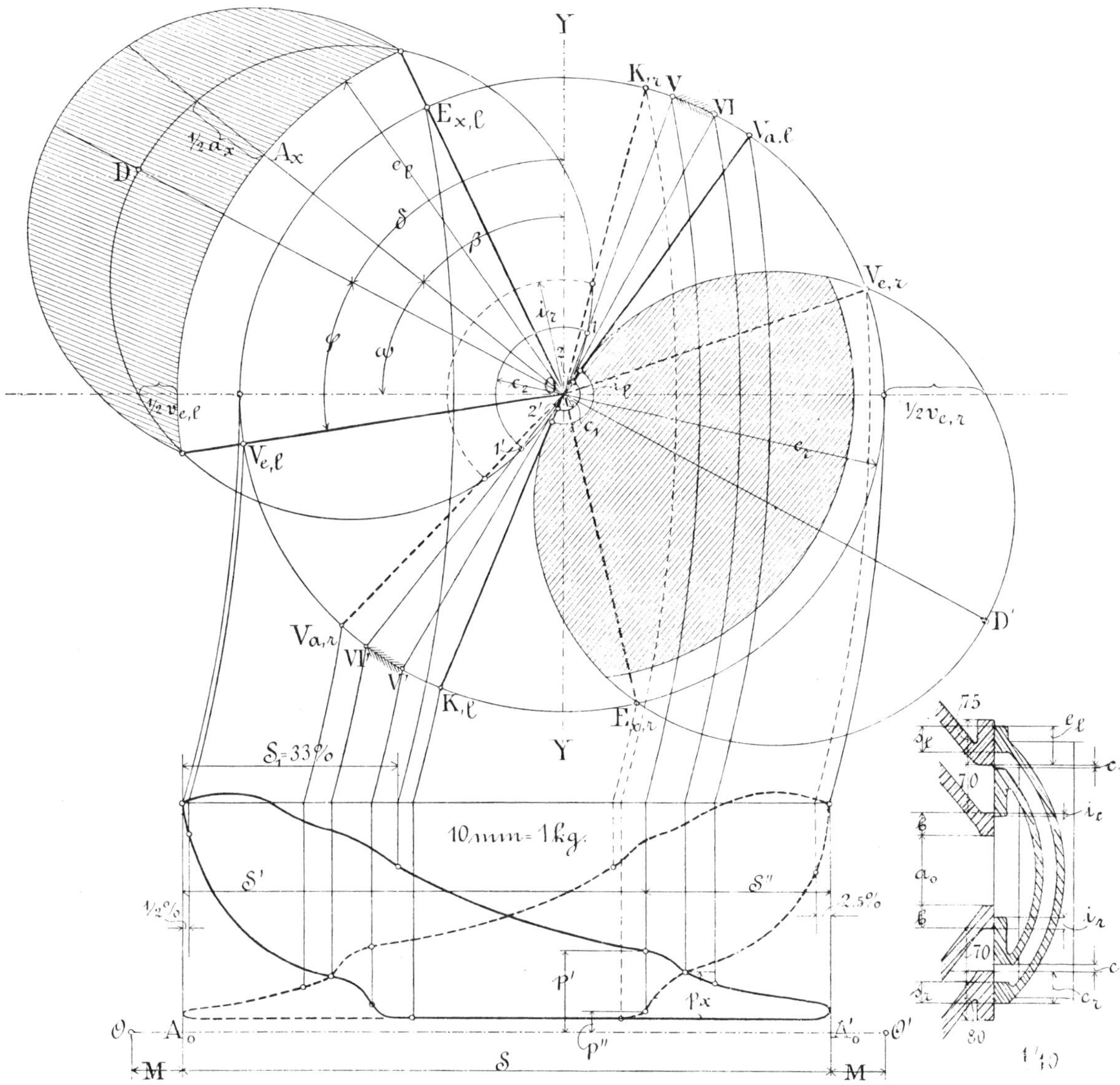

Fig. 105b.

Fig. 105c.

Es ermittelt sich die nutzbare Kolbenfläche des grossen Cylinders bei einer einseitigen Kolbenstange von 65 mm Durchmesser zu

$$O = \overline{52}^2 \frac{\pi}{4} - \frac{1}{2} \overline{6{,}5}^2 \frac{\pi}{4} = \backsim 2107 \text{ qcm},$$

sowie die mittlere Kolbengeschwindigkeit zu

$$c_m = \frac{S \cdot n}{30} = \frac{0{,}52 \cdot 180}{30} = 3{,}12 \text{ m}.$$

was nur möglich ist, wenn die Kanäle in die Verbohrung münden, so ergiebt sich eine Kanalweite von

$$a = \frac{205{,}4}{52} = \backsim 4 \text{ cm} = \mathbf{40\ mm}.$$

Um die Füllung und die Dampfeintrittslinie des grossen Cylinders zu bekommen, hat man sich nun, wie dies im III. Abschnitte und auf Taf. 29 gezeigt wurde, die rankinisierten Diagramme der Maschine zu konstruieren.

Die daraus sich ergebende Füllungslinie ist in Fig. 105b des Textes angedeutet, und es beträgt hiernach die Füllung des grossen Cylinders

$$\frac{S_1}{S} = \backsim 0{,}33.$$

Um gleiche Leistungen auf beiden Kolbenseiten zu erhalten, ist diese Füllung für Hin- und Rücklauf angenommen worden. Die hieraus sich ergebenden Hauptkurbellagen $OE_{x,l}$ und $OE_{x,r}$ sind im Schieber-Diagramm der Fig. 105a des Textes unter Berücksichtigung der endlichen Schubstangenlänge aufgesucht worden. Wählt man den Voreintritt der oberen Kolben(Deckel)seite zu $\frac{1}{2}\,\%$ und bestimmt die zugehörige Hauptkurbellage $OV_{e,l}$, so liefert die Halbierungslinie $\overline{OD}$ des Winkels $V_{e,l}OE_{x,l}$ mit der Vertikalen Y—Y einen Voreilwinkel des Schiebers

$$\delta = \backsim 61^0.$$

Dadurch ist auch der Voreintritt der unteren Kolben-(Kurbel)seite festgelegt. Man braucht nämlich nur die Verlängerung $\overline{OD'}$ von $\overline{OD}$ zu ziehen und den Winkel $E_{x,r}OD'$ auf die andere Seite von $\overline{OD'}$ zu übertragen. Man erhält dann die Hauptkurbellage $OV_{e,r}$ und den Voreintritt der rechten Kolbenseite zu $\backsim 2{,}5\,\%$.

Die Excentricität r bezw. der Durchmesser der jetzt zu schlagenden Schieberkreise soll an Hand der Gleichung 151a bestimmt werden. In derselben ist β der Winkel, den die Hauptkurbel OA_x (Fig. 105a des Textes) mit der Vertikalen Y—Y bei Beginn der Drosselung einschliessen soll, und φ der Winkel $V_{e,l}OD = E_{x,l}OD$. Nimmt man $\beta = 50^0$ an, so ist die Kolbengeschwindigkeit bei der Hauptkurbellage OA_x, die um den Winkel $\omega = 40^0$ von der linken Totlage abweicht, gemäss Gleichung 24 bezw. 22 für $\frac{R}{L} = \frac{1}{5}$

$$c_x = \frac{\pi}{2} c_m \cdot \sin 40^0 \left(1 + \frac{1}{5} \cos 40^0\right) = \frac{\pi}{2} 3{,}12 \cdot 0{,}643$$
$$\left(1 + \frac{1}{5} 0{,}766\right) = \backsim 3{,}63 \text{ m}.$$

Die erforderliche Kanalöffnung a_x muss, wenn bei Beginn der Drosselung $w_x = 55$ m Dampfgeschwindigkeit vorausgesetzt wird,

$$a_x = \frac{O \cdot c_m}{55\,h} = \frac{2107 \cdot 3{,}63}{55 \cdot 52} = \backsim 2{,}7 \text{ cm} = 27 \text{ mm}$$

betragen. Der Winkel φ ist nach Fig. 105a des Textes $36^0\,40'$. Die Gleichung 151a liefert mit den vorstehenden Werten dann

$$r = \frac{\frac{1}{2} 27}{\cos(61^0 - 50^0) - \cos 36^0\,40'} = \frac{13{,}5}{0{,}9816 - 0{,}8021}$$
$$= \backsim \mathbf{75\ mm.}$$

Bei dieser Excentricität muss die obere äussere Überdeckung

$$e_l = r \cdot \cos(\delta - \beta) - \frac{1}{2} a_x = 75 \cdot \cos(61^0 - 50^0) - \frac{1}{2} 27$$
$$= \mathbf{60\ mm,}$$

sowie das Voröffnen für den Dampfeintritt des oberen Kanales

$$\frac{1}{2} v_{e,l} = r \cdot \sin \delta - e_l = 75 \cdot \sin 61^0 - 60 = \backsim \mathbf{5{,}6\ mm}$$

betragen. Diese Werte ergeben sich auch aus der Figur, sobald man mit r = 75 mm als Durchmesser den oberen Schieberkreis schlägt. Der untere Schieberkreis schneidet auf der Hauptkurbellage $OE_{x,r}$ die untere äussere Überdeckung

$$e_r = \mathbf{50\ mm,}$$

sowie auf der unteren Totlage der Hauptkurbel das Voröffnen des unteren Kanales für den Dampfeintritt

$$\frac{1}{2} v_{e,r} = \backsim \mathbf{15{,}6\ mm}$$

ab. Die grösste Eröffnung des oberen Kanales für den eintretenden Dampf ist

$$2(r - e_l) = 2(75 - 60) = 30 \text{ mm},$$

der untere Kanal wird ganz geöffnet, da

$$2(r - e_r) = 2(75 - 50) = 50 \text{ mm}$$

ist.

Bezüglich der Überströmung des Dampfes ist zu bemerken, dass bei der Mittellage des Schiebers der untere Cylinderkanal und der Zwischenkanal durch eine Öffnung von

$$c_2 = 10 \text{ mm},$$

der obere Cylinderkanal und der Zwischenkanal durch eine solche von

$$c_1 = 3 \text{ mm}$$

Weite miteinander in Verbindung stehen. Schlägt man nun mit $c_2 = \overline{O1} = \overline{O1'}$ als Radius einen Kreis um O im oberen, desgleichen mit $c_1 = \overline{O2} = \overline{O2'}$ einen solchen im unteren Schieberkreise, so tritt bei den Hauptkurbellagen O V bezw. O V' der Beginn, bei den Hauptkurbellagen O VI bezw. O VI' der Schluss der Überströmung für den Kolbennieder- bezw. -hochgang ein. Sucht man dann z. B. die der Hauptkurbellage O V entsprechende Kolbenstellung auf, so findet man, dass hier die Ordinate der Expansionslinie bezw. der herrschende Druck auf der oberen Kolbenseite (Fig. 105b des Textes)

$$p' = 1{,}25 \text{ kg}$$

beträgt. Die Ordinate der Kompressionslinie auf der unteren Kolbenseite in dieser Stellung kann, wenn die inneren Überdeckungen des Schiebers nur wenig grösser als c_1 bezw. c_2 gemacht werden, vielleicht gemäss der Spannung

$$p'' = 0{,}25 \text{ kg}$$

angenommen werden. Der Dampf auf der oberen Kolbenseite hat im Indikator-Diagramm ein dem Wege

$$S' = 71{,}5 \text{ mm},$$

der auf der anderen Kolbenseite ein dem Wege

$$S'' = 28{,}5 \text{ mm}$$

entsprechendes Volumen. Bei einer Länge

$$M = 8 \text{ mm}$$

des schädlichen Raumes bestimmt sich dann aus der auf Seite 150 angeführten Gleichung die bei der Überströmung entstehende Mischspannung zu

$$p_x = \frac{1{,}25(8 + 71{,}5) + 0{,}25(8 + 28{,}5)}{2 \cdot 8 + 100} = \backsim 0{,}94 \text{ kg}.$$

Dieselbe ist in der der Hauptkurbellage O VI entsprechenden Kolbenstellung als Ordinate aufzutragen, und von dem dadurch erhaltenen Punkte kann die Expansionslinie bis zum Beginn des Voraustrittes, die Kompressionslinie bis zum Beginn des Voreintrittes weiter im Indikator-Diagramme gezeichnet werden.

Die Grössen c_1 und c_2 lassen sich nur durch Probieren ermitteln. Man konstruiert am besten die Kompressionslinie von der gewählten Kompressionsendspannung p_3 aus rückwärts als Expansionslinie und wählt die der Hauptkurbellage O VI entsprechende Kolbenstellung. Dadurch ist zugleich p_x gegeben. Dann muss man die zu O V gehörige Kolbenlage versuchsweise annehmen, und zwar so lange, bis dass mit den erhaltenen Werten von p', S' und S'' sich für ein ebenfalls gewähltes p'' aus der obigen Gleichung der gewünschte Wert von p_x ergiebt.

Die inneren Überdeckungen des Schiebers wurden nur wenig grösser als c_1 bezw. c_2 gemacht, und zwar die obere innere Überdeckung

$$i_l = \mathbf{5\ mm},$$

die untere

$$i_r = \mathbf{17\ mm}.$$

Die Weite des Zwischenkanales braucht nur $\frac{1}{2}a$ zu betragen, ist aber hier, um keine zu grossen Werte für die Wandstärke s und die Kanalweite $a + s$ zu bekommen,

$$\frac{1}{2}a + c_2 = \frac{1}{2}40 + 10 = \mathbf{30\ mm}$$

gemacht worden. Von den äusseren Kanten der beiden Seitenkanäle (Fig. 105c des Textes) an ist dann der Zwischenkanal oben noch 25 mm $(30 - c_1)$, unten noch 20 mm $(30 - c_2)$ weit. Hiermit ergiebt sich die äussere Wandstärke oben zu

$$s_l = e_l - 25 = 60 - 25 = \mathbf{35\ mm},$$

unten zu

$$s_r = e_r - 20 = 50 - 20 = \mathbf{30\ mm},$$

und die Weite des unteren Cylinderkanales

$$a + s_r = 40 + 30 = \mathbf{70\ mm},$$

die des oberen

$$a + s_l = 40 + 35 = \mathbf{75\ mm},$$

wofür aber auch nur **70 mm** genommen sind, da dieser Kanal ja doch nicht ganz durch den Schieber geöffnet wird.

Die Breite der äusseren Flächen des Schieberspiegels schliesslich muss, damit die Einströmung durch den Zwischenkanal richtig beginnt, oben

$$e_l + e_r - s_l = 60 + 50 - 35 = \mathbf{75\ mm},$$

unten

$$e_r + e_l - s_r = 50 + 60 - 30 = \mathbf{80\ mm}$$

betragen. Die Stegstärke am Schieberspiegel ist

$$b = \frac{a}{2} + 15 = 20 + 15 = \mathbf{35\ mm},$$

die Weite des Zwischenkanales nach Gleichung 148a

$$a_o \geq 17 + 75 + 40 - 35,$$

oder

$$a_o = \mathbf{110\ mm}$$

gemacht worden.

§ 35.

Der Weisssche Schieber.

Während der Trickschen Kanalschieber eine doppelte Eröffnung der Cylinderkanäle für den eintretenden Dampf ermöglicht, erzielt der dem Civilingenieur F. J. Weiss in Basel patentierte Schieber eine solche doppelte Eröffnung für den austretenden Dampf. Die Form dieses Schiebers ist aus Fig. 7b und c, Taf. 33 ersichtlich, wo der Schieber als Grundschieber einer Doppelschieber-Steuerung, die später in diesem Buche behandelt werden, wiedergegeben ist. Der Dampfeintritt kann bei einem solchen Grundschieber nur durch die an den Enden desselben angeordneten Durchlasskanäle erfolgen, im Übrigen geht aber die Dampfverteilung für den eintretenden Dampf durch den Grundschieber genau in derselben Weise wie beim einfachen Muschelschieber vor sich.

Um eine doppelte Eröffnung für den Auslass des Dampfes zu bekommen, ist in den Schieber eine Zwischenwand eingesetzt und der Schieberspiegel nach Art der Fig. 7b, Taf. 33 gestaltet. Denkt man sich in dieser Figur z. B. den Schieber nach links aus seiner Mittellage verschoben, so erkennt man, dass der durch den linken Seitenkanal des Cylinders austretende Dampf im Sinne der beiden punktiert angedeuteten Pfeile an zwei Stellen in den mittleren Kanal bezw. das Auslassrohr treten wird, sobald die erwähnte Verschiebung die Grösse der inneren Überdeckung i erreicht hat.

Im Schieber-Diagramm wird man also die Auslassfläche bei diesem Schieber in der Weise anzudeuten haben, dass man die bezüglichen Kanaleröffnungen so lange verdoppelt, bis diese Verdoppelung die Kanalweite a erreicht hat. Dies ist sowohl in Fig. 7, Taf. 33, als auch in Fig. 8 derselben Tafel geschehen, indem in der ersten Figur die Eröffnungen $\frac{a_x}{2}$ radial, in der letzten Figur horizontal nach aussen verdoppelt wurden, bis dass die Weite a vorhanden ist.

Die Vorteile, die mit einer solchen doppelten Eröffnung des Auslasses verbunden sind, bestehen hauptsächlich darin, dass diese Eröffnung viel schneller als beim gewöhnlichen Schieber vor sich geht und der Kanal in der Totlage des Kolbens oder sogar schon vorher ganz für den austretenden Dampf geöffnet ist. Das letztere kann zwar auch beim gewöhnlichen Muschelschieber erreicht werden, jedoch nur unter Verhältnissen, welche die Steuerung wieder in anderer Hinsicht benachteiligen. Ist aber das Voröffnen in der Totlage für den austretenden Dampf gleich der ganzen Kanalweite, so hat der Dampf Zeit, auf seine richtige Austrittsspannung zu sinken, und es werden Drosselungen beim Beginn des Austrittes vermieden. Ebenso schnell wie die Eröffnung erfolgt auch der Schluss des Auslasskanales bei dem vorliegenden Schieber.

Der Schieber in Fig. 7b, Taf. 33 gestattet weiter während kurzer Zeit ein Überströmen des Dampfes von der einen Kolbenseite zur anderen, indem er die beiden Seiten des Kolbens zeitweise miteinander in Verbindung setzt. In der Mittellage des Schiebers sind nämlich nach der Figur die beiden Seitenkanäle durch die inneren Kanten des Schiebers um die Weite c geöffnet. Die hierdurch ermöglichte Verbindung beider Kolbenseiten beginnt offenbar, wenn der Schieber um c vor seiner Mittellage steht und in diese zurückkehrt (Fig. 7c, Taf. 33, wenn der Schieber von rechts nach links geht), die Verbindung hört auf, wenn der Schieber um c hinter seiner Mittellage steht und aus dieser kommt. Um die zugehörigen Hauptkurbellagen im Diagramm zu erhalten, hat man in Fig. 7, Taf. 33 mit c als Radius einen Kreis um O zu schlagen und die Schnittpunkte desselben mit den beiden Schieberkreisen aufzusuchen, während in Fig. 8, Taf. 33 links und rechts im Abstande c von Y — Y Vertikalen zu ziehen und deren Schnittpunkte mit dem Schieber- bezw. reduzierten Hauptkurbelkreise zu bestimmen sind. Während des Kolbenhinlaufes beginnt dann z. B. die Überströmung bei der Hauptkurbellage O V und hört auf bei derjenigen O VI. Durch die Überströmung tritt natürlich eine Mischung des Dampfes auf beiden Kolbenseiten ein. Ist also nach Fig. 7a und 8a bei Beginn der Überströmung

p′ die Spannung hinter, p″ diejenige vor dem Kolben,
S′ der Kolbenweg aus der linken, S″ derjenige bis zur rechten Totlage,

so bestimmt sich die Mischspannung p_x, wie schon im vorigen Paragraphen angegeben, aus der Gleichung

$$p'(M+S')+p''(M+S'')=p_x(2M+S)$$

zu

$$p_x=\frac{p'(M+S')+p''(M+S'')}{2M+S}.$$

Durch die Überströmung wird eine Verbesserung des Austrittes, sowie eine hohe Kompression erzielt, die sonst nur bei sehr grossem Dampfvoraustritte möglich wäre.

Die Verhältnisse des vorliegenden Schiebers bestimmen sich unter Voraussetzung einer Doppelschieber-Steuerung nach den Angaben von F. J. Weiss wie folgt.

Ist, wie früher angegeben, die Kanalweite a festgelegt, so nehme man, da die Überströmweite c stets kleiner als die innere Überdeckung i sein muss, die sogenannte Sicherheitsdeckung, das ist die Differenz

$$d=i-c,$$

bei den kleinsten Maschinen zu 2 mm, bei grösseren wachsend bis zu 6 mm für die allergrössten Maschinen an. Dann muss die Überströmweite

$$c=\frac{a}{4}-\frac{d}{2}$$

werden. Man mache aber auch bei den allerkleinsten Maschinen c nie unter 3 mm und vergrössere das so erhaltene c bei allen etwas rasch laufenden Maschinen um etwa den dritten Teil.

Hiermit wird die innere Überdeckung

$$i=c+d.$$

Für die Stegdicke empfiehlt sich der Wert

$$b=0{,}3a+10 \text{ mm}.$$

Die äussere Überdeckung macht Weiss

$$e=0{,}7a+0{,}6d \text{ bei Auspuffmaschinen},$$
$$e=0{,}9a+0{,}6d \text{ bei Kondensationsmaschinen},$$

die Weite des Durchlasskanales kann (siehe die Doppelschieber-Steuerungen)

$$a_1=0{,}8a \text{ bis } 0{,}85a$$

gemacht werden. Für die Excentricität r des Grundschiebers soll die Bedingung[1])

$$r=a_1+e,$$

für den Voreilwinkel diejenige[1])

1) Siehe auch die später bei den Doppelschieber-Steuerungen hierüber gemachten Angaben.

$$\sin\delta=\frac{e+v_e}{r}$$

massgebend sein, wobei das Voröffnen

$$v_e=\frac{1}{4}a \text{ bis } \frac{1}{3}a$$

betragen soll.

Bei diesen Verhältnissen findet man, dass, obschon der Voraustritt nur 6 bis 8 % des Kolbenhubes ist, der Austrittskanal seine volle Eröffnung erreicht, wenn die Kurbel noch um ca. 10 bis 15 Grad vor der Totlage steht.

Beispiel.

Für eine Dampfmaschine von 260 mm Cylinderbohrung und 400 mm Hub, die in der Minute 140 Umdrehungen macht, sind die Verhältnisse eines Weissschen Grundschiebers zu bestimmen.

Dieselben ergeben sich nach den Angaben von F. J. Weiss selbst wie folgt.

Bei 45 mm Dicke der einseitigen Kolbenstange ist die nutzbare Kolbenfläche

$$O=\overline{26}^2\frac{\pi}{4}-\frac{1}{2}\overline{4{,}5}^2\frac{\pi}{4}=531-8=523 \text{ qcm}.$$

Die mittlere Kolbengeschwindigkeit beträgt

$$c_m=\frac{S\cdot n}{30}=\frac{0{,}4\cdot 140}{30}=\sim 1{,}87 \text{ m}.$$

Hiermit folgt der erforderliche Kanalquerschnitt aus Gleichung 126 zu

$$f_k=\frac{O\cdot c_m}{28}=\frac{523\cdot 1{,}87}{28}=\sim 35 \text{ qcm},$$

sowie bei einer Kanalhöhe von

$$h=15 \text{ cm}=\mathbf{150\ mm}$$

eine Kanalweite von

$$a=\frac{35}{15}=2{,}35 \text{ cm, oder } \sim 2{,}4 \text{ cm}=\mathbf{24\ mm.}$$

Die Sicherheitsdeckung ist für diese Maschinengrösse passend

$$d=\mathbf{3\ mm}$$

zu nehmen. Damit müsste nach den gemachten Angaben die Weite der Überströmspalte

$$c=\frac{a}{4}-\frac{d}{2}=\frac{24}{4}-\frac{3}{2}=4{,}5 \text{ mm}$$

gemacht werden, welcher Wert aber mit Rücksicht auf den schnellen Gang der Maschine auf

$$c=\mathbf{6\ mm}$$

erhöht werden soll.

Nun ergiebt sich die innere Überdeckung

$$i=c+d=6+3=\mathbf{9\ mm,}$$

die Stegdicke

$$b=0{,}3a+10=0{,}3\cdot 24+10=\sim\mathbf{18\ mm.}$$

Arbeitet weiter die Maschine mit Auspuff, so ist eine äussere Überdeckung

$$e=0{,}7a+0{,}6d=0{,}7\cdot 24+0{,}6\cdot 3=\sim\mathbf{19\ mm,}$$

sowie eine Weite des Durchlasskanales

$$a_1=0{,}8a \text{ bis } 0{,}85a=0{,}8\cdot 24 \text{ bis } 0{,}85\cdot 24$$
$$=19{,}2 \text{ bis } 20{,}4=\sim\mathbf{20\ mm}$$

zu empfehlen.

Die Excentricität schliesslich hat

$$r = a_1 + e = 20 + 19 = \mathbf{39\ mm},$$

der Voreilwinkel bei einem Voröffnen für den eintretenden Dampf von

$$v_e = \frac{1}{4} a \text{ bis } \frac{1}{3} a = \frac{1}{4} 24 \text{ bis } \frac{1}{3} 24 = 6 \text{ bis } 8 \text{ mm},$$

oder im Mittel von

$$v_e = \mathbf{7\ mm},$$

gemäss der Gleichung

Fig. 106 a.

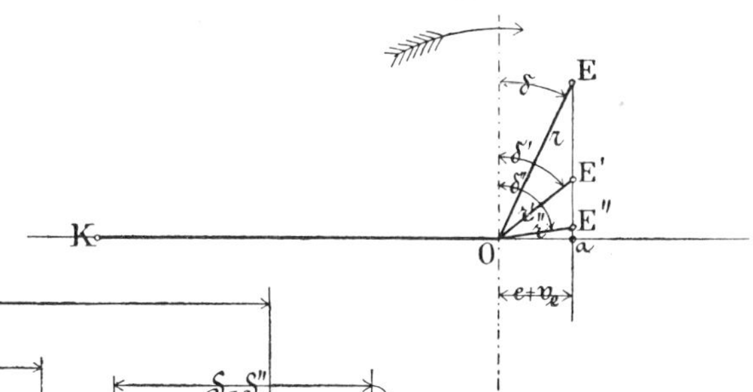

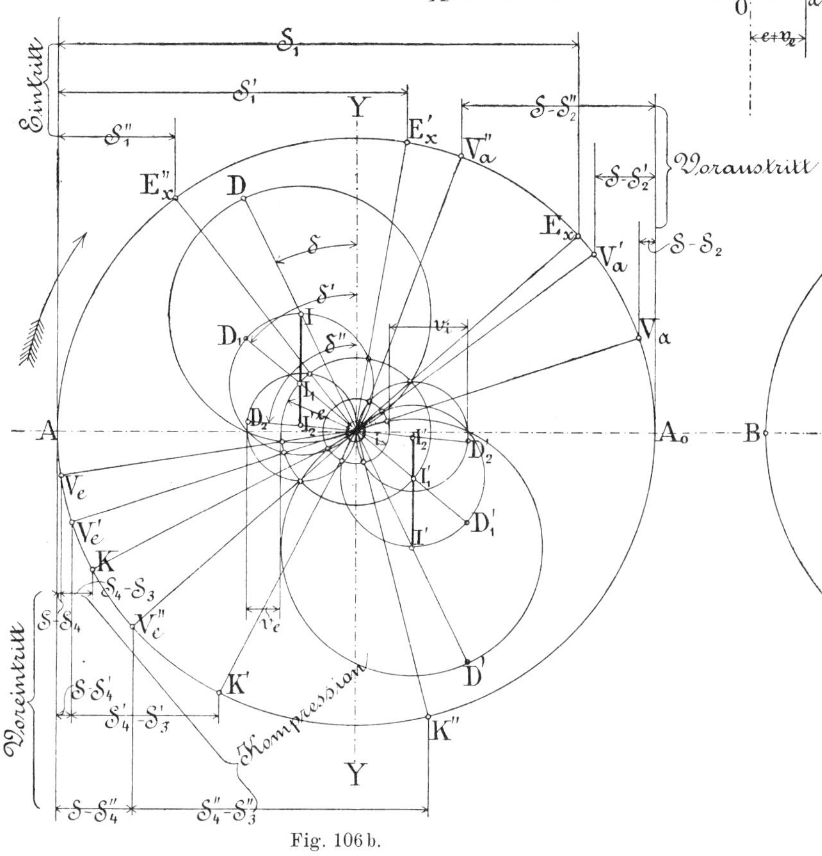

Fig. 106 b.

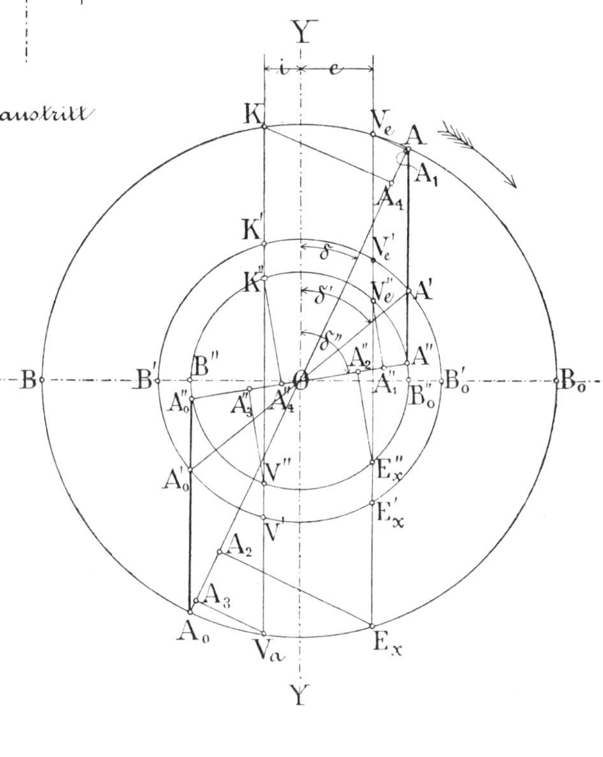

Fig. 106 c.

$$\sin \delta = \frac{e + v_e}{r} = \frac{19 + 7}{39} = 0{,}666$$

$$\delta = \sim \mathbf{42^0}$$

zu betragen.

§ 36.

Flach-, Kolben- und Drehschieber mit veränderlicher Füllung.

Der Flach-, Kolben-, Drehschieber lässt eine in genügend weiten Grenzen veränderliche Füllung zu, sobald die Excentricität und der Voreilwinkel des treibenden Excenters verändert werden kann. Das letztere darf dann nicht mehr fest, sondern muss beweglich auf der Kurbelwelle angeordnet und vom Regulator in einer dem jeweiligen Belastungszustande der Maschine entsprechenden Lage festgehalten werden. Die Linie, auf welcher der Mittelpunkt des treibenden Excenters durch den Regulator verschoben werden kann, heisst die Centralkurve. Sie ist gewöhnlich eine gerade Linie oder ein Kreisbogen.

Um die Änderungen, welchen die Dampfverteilung in beiden Fällen bei einer Verschiebung des Excenters unterworfen ist, allgemein verfolgen zu können, ist in Fig. 106 a des Textes eine gerade Linie als Centralkurve angenommen und die Excenterkurbel in drei verschiedenen Lagen des Excenters angedeutet worden. Der höchsten Lage des letzteren bei der linken Totlage der Hauptkurbel entspricht die Excentricität $r = \overline{OE}$ und der Voreilwinkel δ, der mittleren $r' = \overline{OE'}$ und δ', und der tiefsten $r'' = \overline{OE''}$ und δ''. In Fig. 106 b sind weiter die diesen drei Lagen entsprechenden Zeunerschen Schieber-Diagramme gezeichnet. Man erhält dieselben in der bekannten Weise einfach dadurch, dass man entgegen zur Drehrichtung der Maschine von der Vertikalen Y—Y aus die einzelnen Voreinwinkel δ, δ' und δ'' anträgt und über einer Länge r, r' bezw. r'' der neuen Schenkel als Durchmesser Kreise schlägt. Die Schieberkreise über $\overline{OD}$ und $\overline{OD'}$ entsprechen der grössten Excenterkurbel in Fig. 106a, diejenigen über $\overline{OD_1}$ und $\overline{OD_1'}$ der mittleren und diejenigen über $\overline{OD_2}$ und $\overline{OD_2'}$ der kleinsten, und zwar sind alle Excentricitäten in doppelter Grösse aufgetragen worden, so dass die Verbindungslinien $I\,I_1\,I_2$ bezw. $I'\,I_1'\,I_2'$ der Mittelpunkte der Schieberkreise auf jeder Seite wieder die Centralkurve ergeben. Schlägt man dann im Diagramm der Fig. 106b um O mit der äusseren Überdeckung e und der inneren i Kreise, so lassen sich die Hauptkurbellagen, welche die Dampfverteilungsperioden bestimmen, ziehen. In der Figur sind diese Hauptkurbellagen nur für die linke Kolben(Deckel)-seite, die bekannte Maschinenanordnung vorausgesetzt, eingetragen und mit OV_e, OE_x, OV_a, OK für die grösste, OV_e', OE_x', OV_a', OK' für die mittlere und OV_e'', OE_x'', OV_a'', OK'' für die kleinste der in Fig. 106a angedeuteten Excentricitäten bezeichnet. Schliesslich sind im Diagramm der Fig. 106b die Dampfverteilungsperioden der linken Kolben(Deckel)seite für eine unendlich lange Schubstange herausgezogen, und ist, wieder entsprechend den drei Grössen der Excenterkurbel, der Dampfeintritt durch S_1, S_1', S_1'', der Voraustritt durch $S-S_2$, $S-S_2'$, $S-S_2''$, die Kompression mit S_4-S_3, $S_4'-S_3'$, $S_4''-S_3''$, der Voreintritt durch $S-S_4$, $S-S_4'$, $S-S_4''$ angegeben.

Aus dem Diagramm der Fig. 106b ist nun ersichtlich, dass

1. das Voröffnen v_e und v_i für jede Grösse der Excenterkurbel bei einer geraden Linie als Centralkurve konstant bleibt. Es geht dies auch schon aus Fig. 106a hervor, da hier die Auswcichung des Schiebers bei der Totlage der Hauptkurbel stets dieselbe bleibt, nämlich

$$\overline{Oa} = e + v_e;$$

2. mit abnehmender Excentricität und zunehmendem Voreilwinkel die Füllung kleiner wird;

3. je kleiner die Füllung ist, um so grösser der Voraustritt, die Kompression und der Voreintritt wird. Der Umstand, dass mit abnehmender Füllung der Voraustritt und die Kompression zunehmen, kann insofern als Vorteil angesehen werden, als dadurch die Fläche des Indikator-Diagrammes sowohl von oben, als auch von unten die Leistung der Maschine also sowohl durch die eine, als auch durch die andere Periode verringert wird, die Regulierfähigkeit dieser Steuerung somit gross ist. Der weitere Umstand, dass mit zunehmender Kompression der Voreintritt zunimmt, wirkt auch günstig, da hierdurch einer zu hohen Kompressionsendspannung bezw. einem Anwachsen derselben über die Eintrittsspannung hinaus vorgebeugt wird.

In Fig. 106c des Textes ist ferner das Müllersche Diagramm für die in Fig. 106a angedeuteten drei Excentricitäten und Voreilwinkel angegeben. Man hat hier von der Vertikalen Y—Y aus im Drehungssinne der Maschine die Winkel δ, δ' und δ'' anzutragen und die neuen Schenkel als Hublinien für die Kolbenbewegung, die Horizontale durch O aber in jedem Falle als Hublinie für die Schieberbewegung anzusehen. Der mit der jeweiligen Excentricität r, r' bezw. r'' als Radius geschlagene Kreis stellt dann sowohl den Hauptkurbel-, als auch den Excenterkurbelkreis dar. Steht somit die Excenterkurbel bei der linken Totlage der Hauptkurbel nach Fig. 106a unter dem Winkel δ zur Vertikalen, so entspricht $\overline{AA_0}$ dem Kolben-, $\overline{BB_0}$ dem Schieberhube, für den Voreilwinkel δ' ist dies mit $\overline{A'A_0'}$ bezw. $\overline{B'B_0'}$ und für den Voreilwinkel δ'' mit $\overline{A''A_0''}$ bezw. $\overline{B''B_0''}$ der Fall. In Fig. 106c sind die Excentricitäten r, r' und r'' doppelt so gross wie in Fig. 106a aufgetragen worden, und $\overline{AA'A''}$ bezw. $\overline{A_0A_0'A_0''}$ stellen somit zwei zur Centralkurve parallele Linien dar.

Die Schnittpunkte der im Abstande e bezw. i von Y—Y gezogenen Vertikalen mit den drei Kreisen liefern weiter die für die Dampfverteilung bei den drei Lagen massgebenden Hauptkurbellagen und die von diesen Schnittpunkten auf die jeweilige Kolbenhublinie gefällten Senkrechten diese Dampfverteilungsperioden selbst. So sind z. B. für die durch r und δ bestimmte Lage des Excenters die Hauptkurbellagen mit OV_e, OE_x, OV_a und OK[1]) für die linke Kolbenseite bezeichnet, während die Grösse

des Voreintrittes durch $\dfrac{\overline{A_1A}}{\overline{AA_0}}$,

der Füllung durch $\dfrac{\overline{A_2A}}{\overline{AA_0}}$,

des Voraustrittes durch $\dfrac{\overline{A_3A_0}}{\overline{AA_0}}$,

der Kompression durch $\dfrac{\overline{A_4A_1}}{\overline{AA_0}}$

gegeben ist. Für die durch r'' und δ'' in Fig. 106a bestimmte Excenterlage beträgt entsprechend

der Voreintritt $\dfrac{\overline{A_1''A''}}{\overline{A''A_0''}}$,

die Füllung $\dfrac{\overline{A_2''A''}}{\overline{A''A_0''}}$,

der Voraustritt $\dfrac{\overline{A_3''A_0''}}{\overline{A''A_0''}}$,

der Kompression $\dfrac{\overline{A_4''A_1''}}{\overline{A''A_0''}}$.

Die Änderungen in der Dampfverteilung, welche beim Verschieben des Excenters eintreten, sind aber aus dem Müllerschen Diagramme nicht so deutlich zu ersehen wie aus dem Zeunerschen.

In Fig. 107a des Textes ist weiter ein Kreisbogen als Centralkurve angenommen worden. Fig. 107b giebt das zugehörige Zeunersche, Fig. 107c das Müllersche Schieber-Diagramm. In die sämtlichen Figuren sind genau dieselben Bezeichnungen wie in Fig. 106a bis c eingetragen. Die innere Überdeckung i ist aber hier

1) Diese Lagen sind in der Figur der Deutlichkeit wegen nicht gezogen.

negativ angenommen und deshalb der mit ihr geschlagene Kreis um O in Fig. 107b bezw. die in ihrem Abstande von Y—Y gezogene Vertikale in Fig. 107c auf dieselbe Seite wie der e-Kreis bezw. die e-Vertikale gelegt worden.

2. die Füllung um so grösser wird, je grösser die Excentricität und je kleiner der Voreilwinkel ist;

3. mit abnehmender Füllung die Kompression und der Voraustritt zunehmen, also auch hier eine Ver-

Fig. 107a.

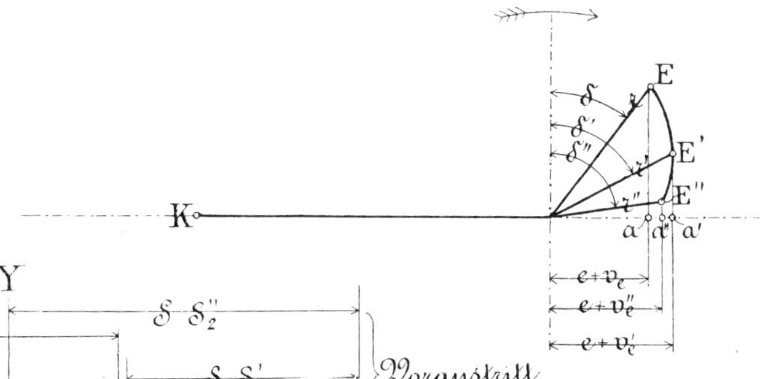

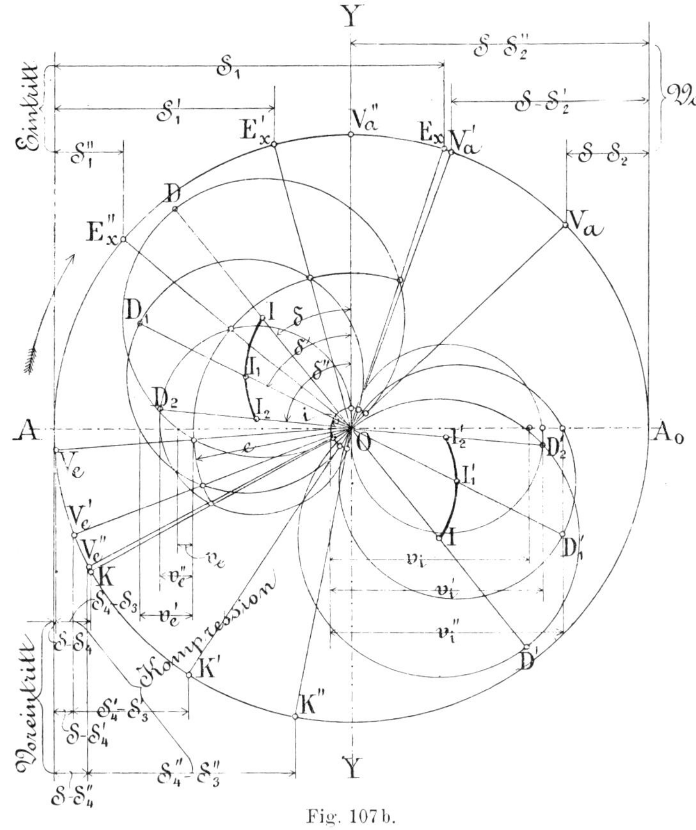

Fig. 107b.

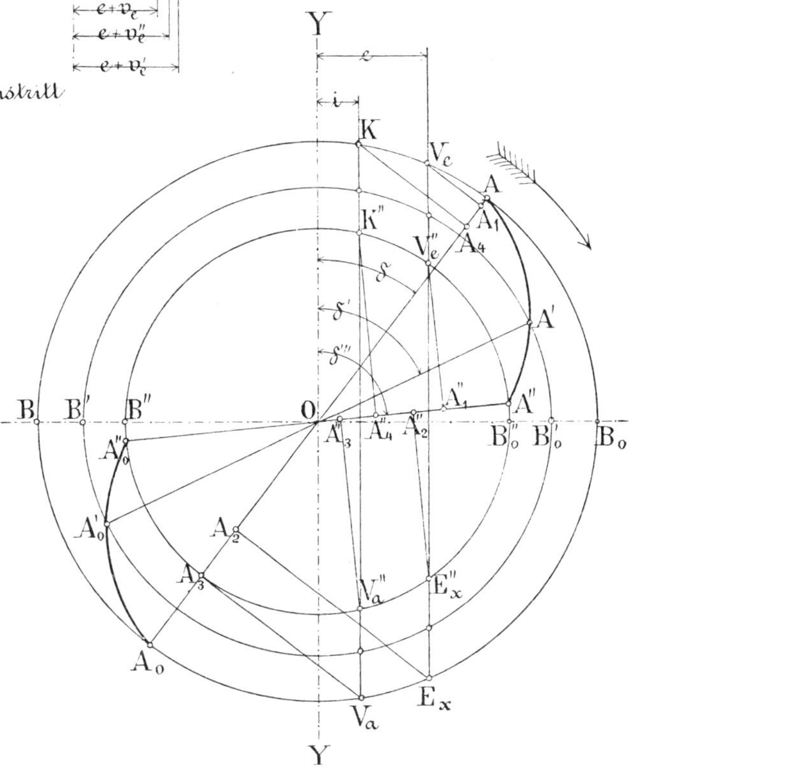

Fig. 107c.

Aus den Fig. 107a bis c erkennt man nun, dass

1. das Voröffnen v_e bezw. v_i für die einzelnen Excentricitäten und Voreilwinkel verschieden ausfällt, und zwar um so mehr, je kleiner der Radius der Centralkurve ist und je mehr eine durch die Endpunkte I und I_2 gelegte Gerade von der Senkrechten zur Hauptkurbel abweicht. Während man nun früher ein konstantes Voröffnen als unbedingt erforderlich erachtete, weisen die jetzt gebräuchlichen Ausführungen der vorliegenden Steuerungen und zugehörigen Regulatoren meist eine Veränderlichkeit im Voröffnen bei den verschiedenen Grössen der Excenterkurbel auf. Jedenfalls wird es aber im letzteren Falle zweckmässig sein, diese Veränderlichkeit im Voröffnen in genügend engen Grenzen zu halten, also möglichst flache Kreisbögen, deren Endpunkte I I_2 eine möglichst senkrechte Gerade zur Hauptkurbel ergeben, als Centralkurven zu verwenden;

kleinerung des Indikator-Diagrammes sowohl von unten, als auch von oben stattfindet, was ja im Interesse der Regulierung der Maschine günstig ist. Was den Voreintritt anbelangt, so ist dessen Veränderlichkeit für die einzelnen Excentricitäten und Voreilwinkel von dem Verlauf der Centralkurve in Bezug auf den Mittelpunkt O und auf den e-Kreis abhängig. Im vorliegenden Fall fällt z. B. der grösste Voreintritt ungefähr mit der kleinsten Füllung und der kleinste Voreintritt mit der grössten Füllung zusammen. Das erstere ist insofern vorteilhaft, als dann bei der sehr grossen Kompression, welche die kleinste Füllung mit sich bringt, einem allzuhohen Anwachsen der Kompressionsendspannung vorgebeugt wird, das letztere kann bis zu einem gewissen Grade in der Weise ausgeglichen werden, dass man den Schieber bei der grössten Füllung in der Totlage der Hauptkurbel genügend weit öffnen lässt, also die Grösse v_e hinreichend bemisst.

Zum Verständnis der späteren Beispiele wird es gut sein, auf die Art und Weise, wie in der Hauptsache die Verstellung des Excenters durch den Regulator erfolgt, hinzuweisen, wenn auch erst im VI. Abschnitte auf die Konstruktion der verschiedenen Regulatoren, wie sie hier zur Anwendung kommen, selbst eingegangen wird. Fig. 108 bis 112[1]) des Textes deuten an, wie bei den gebräuchlicheren Ausführungen die Verschiebung des steuernden Excenters bei einer Änderung im Belastungszustande der Maschine vor sich geht.

Fig. 108. Das Excenter E wird durch den Regulator in einer genauen Geradführung senkrecht zur Hauptkurbel verschoben. Die Centralkurve I_1 I_3 ist dann eine gerade Linie. Als Führung sind hier zwei Rundeisen s s angeordnet, wie es z. B. bei einer Maschine auf der Pariser Weltausstellung (1889) von Lecouteux & Garnier in Paris der Fall war.[2])

Fig. 110. Der Regulator wirkt vermittelst einer Gelenk-Geradführung auf das Excenter E ein. Die Centralkurve I_1 I_2 ist dann annähernd eine gerade Linie. In der Figur wird das Excenter E vom Hebel l_1 aus verstellt, während der untere Hebel l_2 nur als Gegenlenker dient. Bei richtiger Wahl des Drehpunktes und der Länge dieses Gegenlenkers wird dann der Mittelpunkt des Excenters annähernd auf einer geraden Linie verschoben. Eine solche Geradführung besitzt z. B. der Regulator von B. Stein in Berlin (siehe Fig. 3a, Taf. 40), während der Regulator von Armington & Sims eine andere Gelenk-Geradführung aufweist.

Fig. 111. Das Excenter E wird vom Regulator durch die beiden Hebel l_1 und l_2 gedreht. Die Centralkurve I_1 I_3 ist ein Kreisbogen, der II zum Mittelpunkte und als Radius den Hebelarm $l_1 = l_2$ hat. Eine solche Einwirkung auf das Excenter besitzt z. B. der Regulator von C. Sondermann in Stuttgart (Fig. 1a, Taf. 40), sowie derjenige von Westinghouse. In der Fig. 111 liegt der Mittelpunkt II der Centralkurve auf der durch I_1 zur Hauptkurbel gezogenen Parallelen. Das Voröffnen, das ja hier für die einzelnen Excentricitäten verschieden ausfällt, würde in engere Grenzen eingeschränkt werden, wenn die Verbindungsgerade der Endpunkte I_1 und I_3 nach dem Obigen senkrecht zur Hauptkurbel stünde, der Mittelpunkt II also auf einer durch die Mitte der Geraden I_1 I_3 zur Hauptkurbel gezogenen Parallelen läge.

Fig. 109. Auf der Kurbelwelle ist ein Excenter E_1 festgekeilt, und auf diesem kann vom Regulator das steuernde Excenter E_2 gedreht werden. Die Centralkurve II_1 II_3 ist ein Kreisbogen, welcher die Mitte I des festen Excenters E_1 zum Mittelpunkte und die Excentricität r_1 des drehbaren Excenters E_2 zum Radius hat. Als resultierende Excentricität r beim Voreilwinkel δ bezw. r'' bei demjenigen δ'' gilt immer die dritte Seite des aus der Excentricität r_0 des festen Excenters und der jeweiligen Lage von r_1 gebildeten Dreiecks. Bei derselben Excentricität r_1 fällt das Voröffnen wieder für die einzelnen Einstelllagen des steuernden Excenters E_2 um so weniger verschieden aus, je weniger der Winkel, den die Gerade II_1 II_3 mit der Hauptkurbel einschliesst, von 90^0 abweicht; wenn möglich, soll also die Gerade II_1 II_3 senkrecht zur Hauptkurbel stehen. Die vorliegende Konstruktion der Excentereinstellung besitzt der Regulator von Dr. Pröll (siehe Fig. 2, Taf. 41).

Fig. 112a und b. Das steuernde Excenter E_2 wird geführt durch den um b_1 schwingenden Hebel l_2. Der Regulator verdreht bei einer Änderung im Belastungszustande der Maschine ein Excenter E_1, das drehbar auf der Welle und in dem Excenter E_2 sitzt. Die Excentricität des inneren Excenters ist mit r_0, die des äusseren mit r_1 bezeichnet, II_1 in Fig. 112a und II_3 in Fig. 112b sind Punkte der Centralkurve. Man erhält die resultierende Excentricität r bezw. r'', wenn man berücksichtigt, dass der Abstand der beiden Punkte I und y, von denen der erste immer auf dem Kreisbogen des Hebelarmes l_2, der zweite stets auf dem mit r_0 um das Wellenmittel geschlagenen Kreisbogen liegen muss, konstant bleibt und auf der Geraden y I die Punkte II_1 bezw. II_3 im Abstande der Excentricität r_1 vom Punkte I entfernt liegen. Die vorliegende Einwirkung besitzt z. B. der Regulator der Maschinenfabrik Örlikon (siehe Fig. 1a, Taf. 42, wo der Regulator das Expansionsexcenter einer der später behandelten Doppel-Schiebersteuerungen verstellt).

Um die Verhältnisse eines Schiebers mit vom Regulator beeinflusster Füllung zu bekommen, wird man in der folgenden Weise vorzugehen haben. Man bestimmt zunächst für die voraussichtlich am meisten zur Verwendung kommende Füllung die Verhältnisse des Schiebers in der früher angegebenen Weise, wählt also den Voreintritt, halbiert den Winkel, welchen die Hauptkurbellagen bei Beginn des letzteren und der Expansion einschliessen, und schlägt den Schieberkreis des Zeunerschen Diagrammes. Bei der Wahl des Radius desselben bezw. der mittleren Excentricität wird man wohl gewöhnlich der Forderung genügen, dass der Schieber bei dieser meistbenutzten Füllung in seiner Totlage den Einlasskanal ganz oder nahezu ganz öffnet, also die Gleichungen 145a bezw. 150a zur Bestimmung der erwähnten Excentricität verwenden, wenn die letztere nicht durch einfaches Probieren für die angegebene Bedingung aufgesucht wird. Der Mittelpunkt des geschlagenen Schieberkreises, dessen Schnittpunkte mit den vorhin erwähnten Hauptkurbellagen die äussere Überdeckung des Schiebers liefern, ist dann ein Punkt der Centralkurve. Diese ist nun selbst versuchsweise anzunehmen, und zwar je nach der Einwirkung des zu verwendenden Regulators als gerade Linie oder Kreisbogen. Für die zu gebende grösste und kleinste, wie überhaupt für jede beliebige Füllung lassen sich dann leicht die zugehörigen Schieberkreise zeichnen, wenn man bedenkt, dass die Mittelpunkte dieser Kreise auf der Centralkurve liegen und jeder von ihnen sowohl durch den Mittelpunkt O, als

1) Die Endpunkte der Centralkurve sind hier nicht wie in Fig. 106 und 107, sondern wie auf den angeführten Tafeln bezeichnet.

2) Siehe „Salomon, Die Dampfmaschinen der Pariser Weltausstellung (1889)“, Zeitschrift deutscher Ingenieure, Jahrgang 1890.

auch durch den Schnittpunkt des e-Kreises mit der Hauptkurbellage, bei welcher für die betreffende Füllung die Expansion beginnt, gehen muss. An Hand der einzelnen Schieberkreise kann man weiter die Grösse des Voröffnens, des Voreintrittes und die Eröffnung des Einlasskanales für die einzelnen Füllungen verfolgen. Sind alle diese Grössen geprüft und als passend befunden worden, so kann die gewählte Centralkurve beibehalten werden; ist das nicht der Fall, so wird man jetzt leicht eine neue Centralkurve wählen können, welche eine in dem gewünschten Sinne bessere Dampfverteilung ergiebt.

weiter absteht. Die Einstellung auf genau gleiche Füllung für beide Kolbenseiten kann nur bei einem einzigen Füllungsgrad bewirkt werden, und als solchen wird man natürlich den am häufigsten vorkommenden wählen. Gewöhnlich geschieht aber bei den vorliegenden Steuerungen eine solche Einstellung auf annähernd oder genau gleiche Füllung in der Praxis nicht, da dann auch das Voröffnen für den Dampfeintritt auf beiden Kolbenseiten verschieden ausfällt. Dagegen sucht man in der Praxis vielfach annähernd gleiche Kompressionen auf beiden Kolbenseiten durch ungleiche innere Überdeckungen zu erzielen.

Fig. 108.

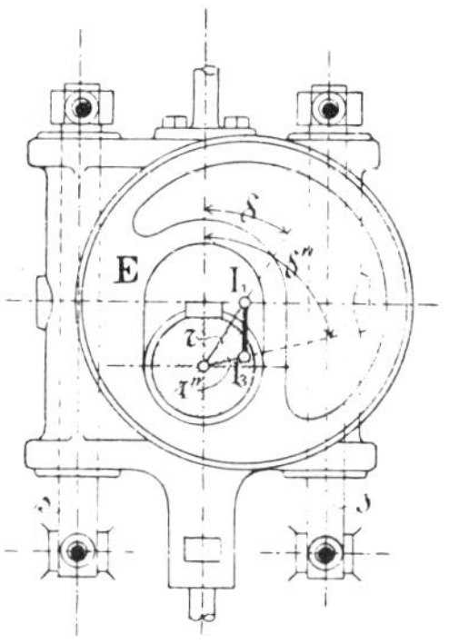

Fig. 109.

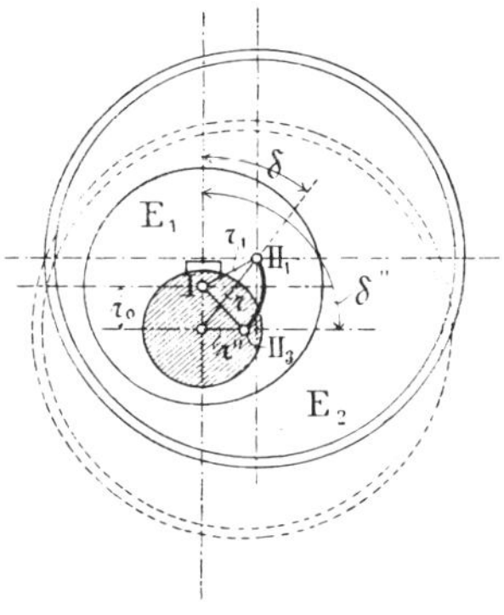

Fig. 110.

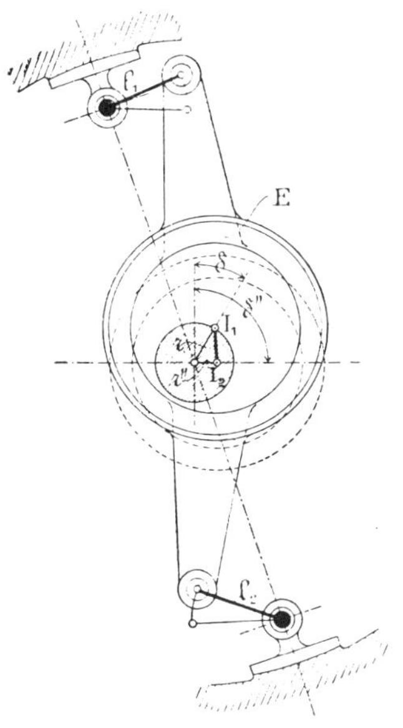

Fig. 111.

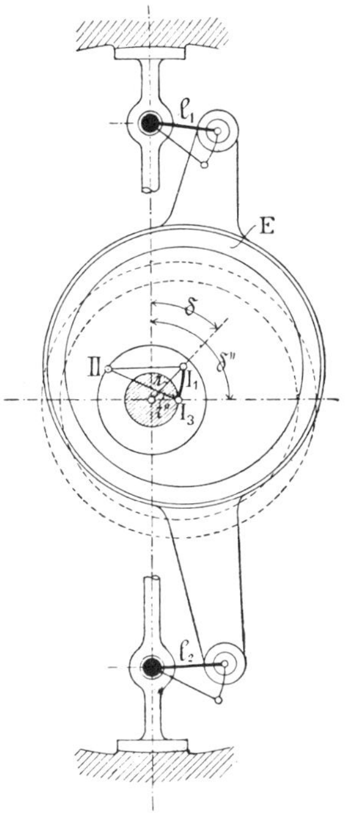

Fig. 112a.

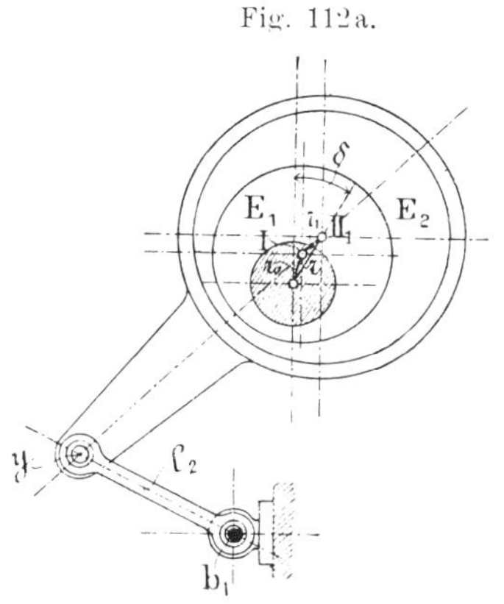

Fig. 112b.

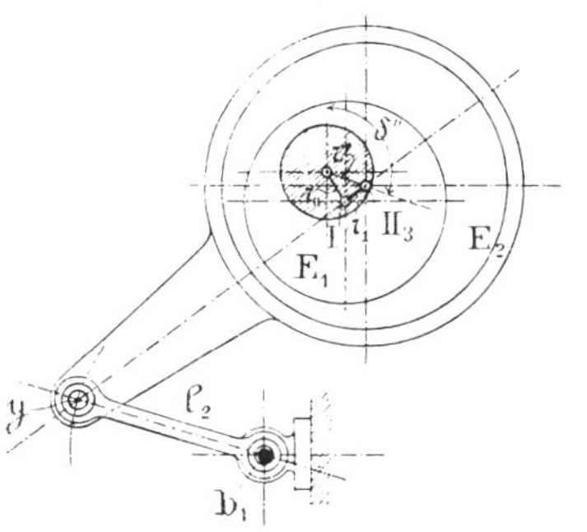

Stets ist aber bei der Wahl der Centralkurve und deren Grösse die zu verwendende Regulatorkonstruktion mit in Rücksicht zu ziehen.

Die innere Überdeckung des Schiebers bemisst man am besten so, dass bei der kleinsten Füllung, wo die Kompression am grössten ausfällt, die Kompressionsendspannung noch entsprechend weit unter der Dampfeintrittsspannung bleibt. In den meisten Fällen wird das letztere nur durch ganz geringe positive oder sogar negative innere Überdeckungen zu erreichen sein.

Will man auch hier den Schieber auf annähernd gleiche Füllungen für beide Kolbenseiten einstellen, so hat man die Grösse der nun verschieden grossen äusseren Überdeckungen dem Diagramme zu entnehmen und den bezüglich der äusseren Überdeckungen symmetrisch zu seiner Mitte gestalteten Schieber um eine Ebene schwingen zu lassen, welche von der Spiegelmitte um die halbe Differenz der dem Diagramm entnommenen äusseren Überdeckungen

Will man das Müllersche Schieber-Diagramm zur Bestimmung der Verhältnisse der vorliegenden Steuerungen benutzen, so wird man zunächst mit Hilfe des Reuleauxschen Diagrammes in der früher angegebenen Weise für den am meisten vorkommenden Füllungsgrad und einen hierzu gewählten Voreintritt den Voreilwinkel, die Excentricität und die äussere Überdeckung ermitteln. Mit diesen Grössen lässt sich dann das Müllersche Diagramm für den erwähnten Füllungsgrad, sowie bei einer gewählten Centralkurve auch für die übrigen Füllungsgrade zeichnen (siehe Fig. 106c des Textes). Entspricht die Dampfverteilung, welche sich nun für die einzelnen Voreilwinkel und Excentricitäten ergiebt, den gestellten Anforderungen, so kann die gewählte Centralkurve beibehalten, sonst aber leicht in besserem Sinne neu gewählt werden. Die innere Überdeckung wird wieder mit Rücksicht auf die Endspannung der grössten Kompression, die bei der kleinsten Füllung auftritt, gewählt.

Beispiele.

1. Für einen stehenden Schnellläufer von 250 mm Cylinderbohrung, 250 mm Hub und 240 Umdrehungen in der Minute sind die Verhältnisse eines Kolbenschiebers mit Trickschem Zwischenkanal und vom Regulator beeinflusster Füllung zu bestimmen. Als Regulator soll derjenige von Dr. Pröll zur Verwendung kommen. Der Dampf tritt mit 6 Atm absolut in den Cylinder ein.

Bestimmt man den Querschnitt der Einlasskanäle gemäss Gleichung 126 zu

$$f_k = \frac{O \cdot c_m}{25},$$

so ergiebt sich mit

$$O = \overline{25}^2 \frac{\pi}{4} - \frac{1}{2} \overline{4,5}^2 \frac{\pi}{4} = 491 - 8 = 483 \text{ qcm}$$

bei 45 mm Dicke der einseitigen Kolbenstange und

$$c_m = \frac{S \cdot n}{30} = \frac{0,25 \cdot 240}{30} = 2 \text{ m}$$

mittlerer Kolbengeschwindigkeit

$$f_k = \frac{483 \cdot 2}{25} = \sim 38,6 \text{ qcm}.$$

Erhält dann der Kolbenschieber einen Durchmesser von

$$d = 11 \text{ cm} = \mathbf{110\ mm},$$

so muss, wenn die Eintrittskanäle am Schieberspiegel nicht durch Stege verengt werden, die Kanalweite

$$a = \frac{38,6}{11 \cdot \pi} = \sim 1,1 \text{ cm} = \mathbf{11\ mm}$$

sein.

Der am häufigsten zur Anwendung kommende Füllungsgrad kann gleich dem ökonomisch günstigsten genommen werden, der nach den Angaben auf Seite 93[1]) ungefähr

$$\frac{1,5}{p} = \frac{1,5}{6} = 0,25$$

betragen soll. Der Voreintritt dürfte bei diesem Füllungsgrade zweckmässig vielleicht zu $1\frac{1}{2}$ % angenommen werden. In Fig. 113b des Textes ist der reduzierte Hauptkurbelkreis mit 50 mm Radius geschlagen und sind die den angegebenen Perioden entsprechenden Hauptkurbellagen OE_x' und OV_e' aufgesucht worden. Die Halbierungslinie des Winkels $E_x'OV_e'$ liefert dann mit der Vertikalen Y — Y für den vorliegenden Füllungsgrad den erforderlichen Voreilwinkel, nämlich

$$\delta' = \mathbf{67^0}.$$

Die Excentricität r′ ist ferner so gewählt worden, dass der Schieber in seinen Totlagen den Kanal um 10,3 mm, also fast ganz öffnet. Setzt man diesen Wert von 10,3 für a in die Gleichung 150a ein, so erhält man, da nach der Figur der Winkel $V_e'OD_1 = \varphi = 37^0$ ist,

$$r' = \frac{\frac{1}{2} 10,3}{1 - \cos 37^0} = \sim \mathbf{25,65\ mm},$$

was ebenso schnell durch Probieren und Schlagen einiger Versuchskreise gefunden worden wäre. Die Hauptkurbellage OE_x' schneidet in der Figur auf dem mit 25,65 mm in doppelter Grösse als Durchmesser aufgetragenen Schieberkreise OD_1 die äussere Überdeckung

$$e = 25,65 - \frac{1}{2} 10,3 = \mathbf{20,5\ mm}$$

ab. Das Voröffnen für den eintretenden Dampf beträgt weiter bei der vorliegenden Füllung

$$v_e' = \sim \mathbf{6\ mm}.$$

Unter Berücksichtigung der endlichen Schubstangenlänge, die das 5fache des Kurbelradius ist, wird, wie in Fig. 113b eingetragen, die Füllung der oberen Kolben(Deckel)seite nicht 25, sondern 29%, die der unteren 21%.

Jetzt ist versuchsweise eine Centralkurve durch den Mittelpunkt II_2 des Schieberkreises OD_1 zu legen. Bei dem hier zu verwendenden Pröllschen Regulator ist die Centralkurve nach Fig. 109 des Textes ein Kreisbogen, der die Mitte I des auf der Welle festgekeilten Excenters E_1 zum Mittelpunkte und die Excentricität des drehbaren Excenters E_2 zum Radius hat. In Fig. 113b besitzt nun die Centralkurve einen Radius von 23,5 mm und einen im Abstande von 12 mm vertikal über dem Wellenmittel O liegenden Punkt I zum Mittelpunkte. Demgemäss ist nach Fig. 113c für das feste Excenter E_1 eine Excentricität bezw. ein Voreilwinkel

$$r_0 = \mathbf{12\ mm}, \quad \delta_0 = \mathbf{90^0},$$

für das drehbare eine Excentricität

$$r_1 = \mathbf{23,5\ mm}$$

zu nehmen.

Als grösste Füllung sind im vorliegenden Falle für die obere Kolben(Deckel)seite 55%, als kleinste 3,6% vorgesehen, welch' letztere wohl gerade zum Leerlauf der Maschine unter Vermeidung des Durchgehens genügen dürfte. Die zugehörigen Hauptkurbellagen sind OE_x und OE_x''. Sucht man die Schnittpunkte m_1 und m_2 beider mit dem e-Kreise auf, so findet man den auf der Centralkurve liegenden Mittelpunkt II_1 des der grössten Füllung entsprechenden Schieberkreises OD leicht, wenn man berücksichtigt, dass dieser Kreis durch die Punkte O und m_1 gehen muss, während der ebenfalls auf der Centralkurve liegende Mittelpunkt II_3 des zur kleinsten Füllung gehörigen Schieberkreises OD_2 die Punkte O und m_2 enthalten muss. Aus den neuen Schieberkreisen lässt sich jetzt das Voröffnen und der Voreintritt für die beiden Grenzfüllungen entnehmen. Es ist für die obere Kolbenseite

$$v_e = \mathbf{3\ mm} \text{ und } v_e'' = \mathbf{1,5\ mm},$$

während der Voreintritt bei der grössten Füllung 0,4%, bei der kleinsten 1,3% beträgt[1]). Das Voröffnen schwankt für die drei angedeuteten Füllungen also zwischen 6 und 1,5 mm. Es würde noch weniger verschieden ausfallen, wenn die gerade Verbindungslinie der Endpunkte II_1 und II_3 senkrecht zu der Hauptkurbel stünde, bezw. der Punkt I auf einer zur Hauptkurbel parallelen Geraden durch die Mitte der Centralkurve läge. Hier aber ist I etwas höher gelegt, um das Voröffnen v_e für die grösste Füllung bei dem dann sehr kleinen Voreintritt genügend gross zu bekommen.

1) Die dort angegebenen 3% Zuschlag für Maschinen ohne Dampfmantel sind hier fortgelassen, weil die Maschine wohl auch für höhere Eintrittsspannungen benutzt werden soll.

1) Bei der mittleren Füllung ist der Voreintritt infolge der endlichen Schubstangenlänge 1,8%.

Für die untere Kolben(Kurbel)seite sind die Grenzfüllungen, sowie die mit ihnen verbundenen Voreintritte in die Figur eingetragen.

angenommen. Da die höchste Kompression bei der kleinsten Füllung auftritt, so wurde in Fig. 113a der für diese Füllung erhaltene Voreintritt von 1,3 bezw. 1,1 % vom

Fig. 113a.

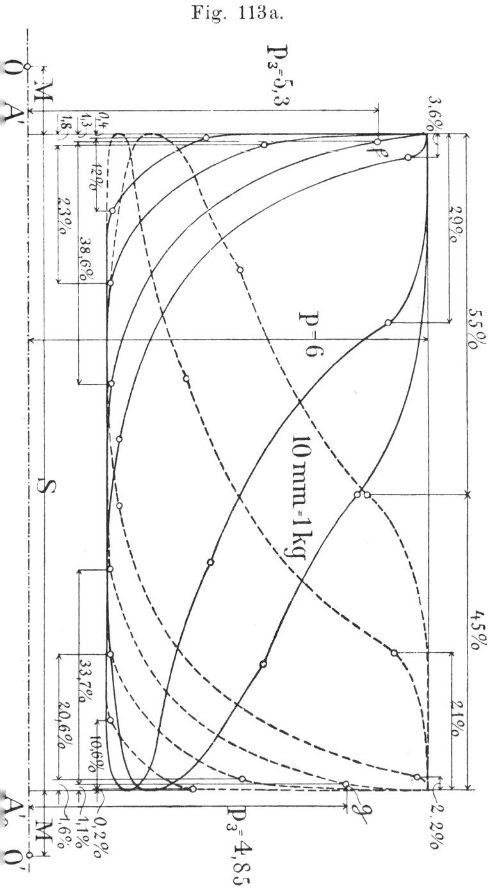

Fig. 113b.

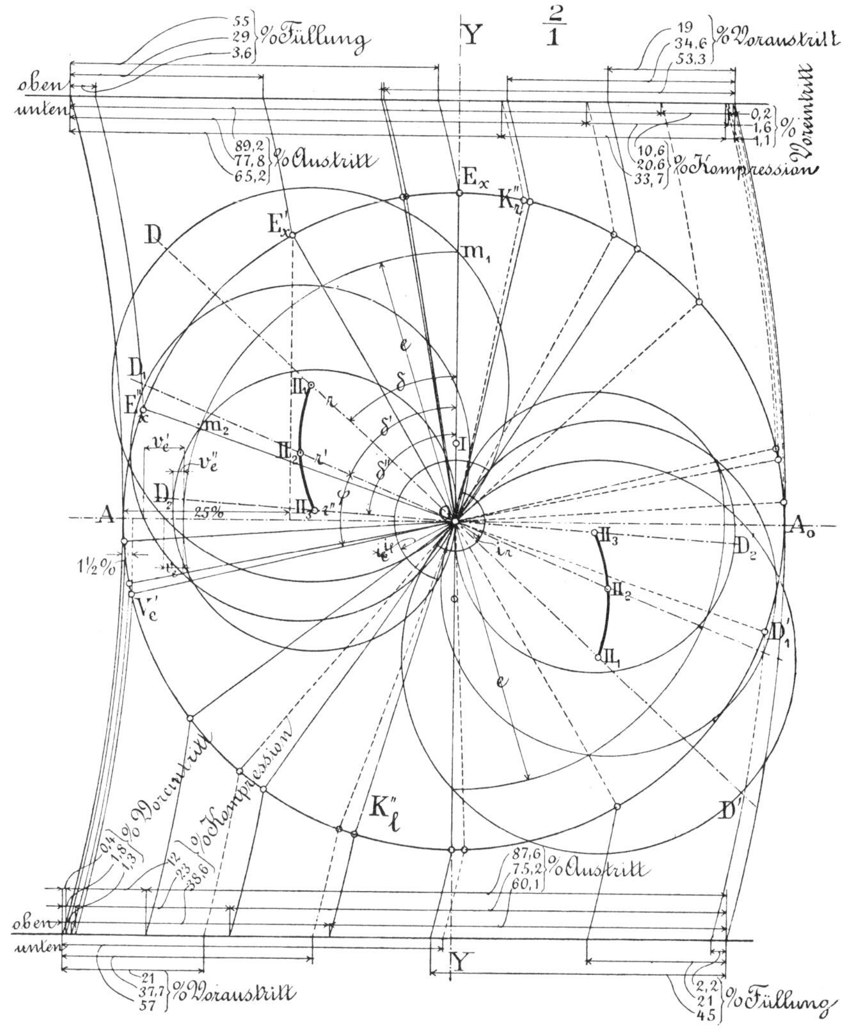

Fig. 113c.

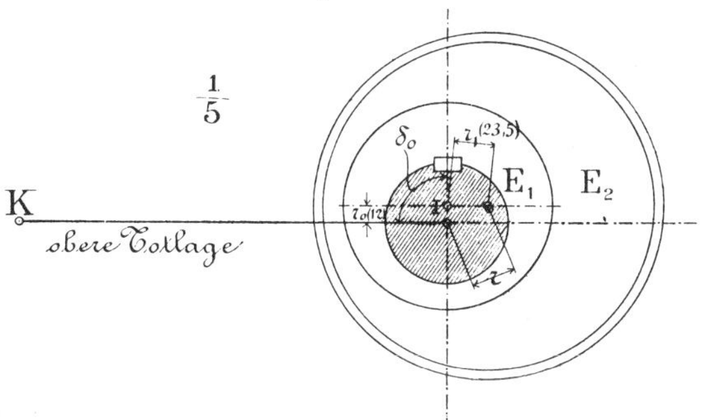

Fig. 113d.

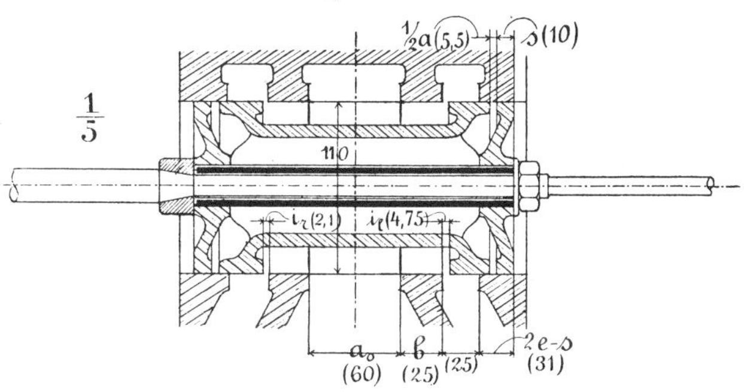

Zur Bestimmung der inneren Überdeckungen wurde für die obere Kolbenseite die höchste Kompressionsendspannung zu $p_3 = 5{,}3$, für die untere zu $p_3 = 4{,}85$ kg

Punkte A′ bezw. A_0′ aus aufgetragen und in den erwähnten Ordinatenabständen von 53 bezw. 48,5 mm (10 mm = 1 kg) der Endpunkt f bezw. g der Kompression festgelegt. Durch

Rückwärtskonstruktion der Kompressionslinie bis auf eine Austrittsspannung $p_e = 1{,}2$ Atm ergiebt sich dann bei einem schädlichen Raume von 10% für die obere Kolbenseite eine grösste Kompression von 38,6, für die untere Kolbenseite von 33,7%. Nach Fig. 103b übertragen, liefern diese Kompressionen die Hauptkurbellagen OK_l'' und OK_r'', und diese wiederum schneiden auf den Schieberkreisen OD_2 und OD_2' der kleinsten Füllung die inneren Überdeckungen

$$i_l = -\mathbf{4{,}75\ mm} \text{ und } i_r = -\mathbf{2{,}1\ mm}$$

ab.

Fig. 113d giebt den Kolbenschieber in $^1/_5$ der natürlichen Grösse. Es ist

die Weite des Zwischenkanales

$$\frac{1}{2}a = \frac{1{,}1}{2} = 0{,}55 \text{ cm} = \mathbf{5{,}5\ mm},$$

die Stärke der äusseren Wand

$$s = \mathbf{10\ mm},$$

die Weite der Seitenkanäle

$$a + s = 11 + 10 = 21 \text{ mm},$$

wofür aber hier, damit bei der grössten Excentricität $r = 30$ mm eine dieser letzteren entsprechende Eröffnung stattfindet,

$$a + s + r - \left(e + \frac{1}{2}a\right) = 21 + 30 - (20{,}5 + 5{,}5) = \mathbf{25\ mm}$$

genommen ist,

die Stegbreite am Cylinderspiegel

$$b = \frac{25}{2} + 12{,}5 = \mathbf{25\ mm},$$

die Weite des mittleren Kanales nach Gleichung 148a

$$a_0 > -2{,}1 + 30 + 11 - 25, \text{ oder } a_0 > 13{,}5 \text{ mm},$$

wofür hier der Kürzung der Kanäle wegen

$$a_0 = \mathbf{60\ mm}$$

gemacht ist,

die Breite der äusseren Flächen des Schieberspiegels

$$2e - s = 2 \cdot 20{,}5 - 10 = \mathbf{31\ mm}.$$

Fig. 103a giebt die Indikator-Diagramme für beide Kolbenseiten und für die grösste, mittlere und kleinste Füllung. Die infolge der negativen inneren Überdeckungen stattfindende zeitweise gleichzeitige Verbindung beider Kolbenseiten mit dem Auslasskanal (siehe Seite 138 und 143) wurde bei der Konstruktion der Diagramme unberücksichtigt gelassen.

2. Für die im vorigen Beispiele angegebene Eincylindermaschine sind die Verhältnisse des Kolbenschiebers mit Hilfe des Müllerschen Diagrammes und für eine gerade Linie als Centralkurve zu bestimmen. Der Schieber soll ferner mit seinen inneren Kanten den Dampfeintritt steuern.

Die einer mittleren Füllung von 25% und einem bei dieser angenommenen Voreintritt von $1\frac{1}{2}$% entsprechenden Hauptkurbellagen OE_x' und OV_e' liefern nach dem Müller-Reuleauxschen Diagramm in (114a des Textes)

1. in der Halbierungslinie des Winkels $V_e'OE_x'$ den Voreilwinkel $\delta' = \mathbf{67^0}$ mit der Vertikalen $Y-Y$,

2. in der Strecke $\overline{Vk}$ die der Eröffnung des Einlasskanales entsprechende Strecke. Soll die Eröffnung im vorliegenden Falle bei der mittleren Füllung 10 mm betragen, so würde mit Rücksicht auf den Trickschen Zwischenkanal

$$\overline{Vk} \ldots \frac{1}{2} 10 = 5 \text{ mm},$$

oder, da $\overline{Vk}$ in der Zeichnung gleich 10 mm ist,

$$1 \text{ mm der letzteren} \ldots \frac{5}{10} = 0{,}5 \text{ mm}$$

der Wirklichkeit darstellen.

3. in der Strecke $\overline{Ok} = 40$ mm die äussere Überdeckung, die also nach dem eben angeführten Massstabe der Zeichnung

$$e = 0{,}5 \cdot 40 = \mathbf{20\ mm}$$

betragen muss,

4. in der Strecke $\overline{OV} = 50$ mm die Excentricität r' der mittleren Füllung, die also

$$r' = 0{,}5 \cdot 50 = \mathbf{25\ mm}$$

werden muss.

In Fig. 114b ist nun mit den gefundenen Grössen das Müllersche Diagramm für die mittlere Füllung in dem 1,5fachen der natürlichen Grösse aufgetragen worden. Der mit dem Radius $\overline{OA'} = \overline{OA_0'} = r'$ geschlagene Kreis ist der Haupt- und Excenterkurbelkreis, die Horizontale $\overline{B'B_0'}$ stellt den Schieber-, diejenige $\overline{A'A_0'}$ den Kolbenhub dar; die letztere Linie ist dabei unter dem Voreilwinkel δ' gegen die Vertikale $Y-Y$ geneigt. Oben in der Figur ist weiter der Voreintritt und die Füllung der oberen Kolben(Deckel)seite unter Berücksichtigung der endlichen Schubstangenlänge bestimmt worden. Der Voreintritt beträgt jetzt 1,6%, die Füllung 30%.

Da die Centralkurve eine gerade Linie sein soll, so ist jetzt durch A' eine Vertikale gezogen worden. Durch Probieren findet man nun leicht die Punkte A und A'', durch welche die Haupt- und Excenterkurbelkreise der grössten bezw. kleinsten Füllung gehen und die Excentricitäten r bezw. r'', sowie die Voreilwinkel δ bezw. δ'' bestimmt sind. Die grösste Füllung wurde zu 50%, die kleinste zu 4% bei unendlich langer Schubstange angenommen. Es ergiebt sich

$$r = \mathbf{30\ mm},\quad r'' = \mathbf{23\ mm},$$
$$\delta = \mathbf{49^0},\quad \delta'' = \mathbf{95^0}.$$

Unten in der Figur ist auch unter Berücksichtigung der endlichen Schubstangenlänge die grösste Füllung (55%) und der bei ihr stattfindende Voreintritt (0,66%) für die obere Kolbenseite aufgesucht worden.

Um die inneren Überdeckungen zu erhalten, wurde wie im vorigen Beispiele bei der kleinsten Füllung eine Kompression von 38,6% für die obere, eine solche von 33,7% für die untere Kolbenseite angenommen. Trägt man diese Kompressionen an den Voreintritt auf der Linie $\overline{A''A_0''}$ an, so ergeben sich die Punkte m und m', und die durch diese mit der Schubstangenlänge ($= 5\overline{A''O}$) geschlagenen Bögen schneiden auf dem Excenterkurbelkreise vom Radius r'' die Punkte n und n' ab. Die durch diese gezogenen Vertikalen liefern von der Vertikalen $Y-Y$ die horizontalen Abstände

$$i_l = -\mathbf{7{,}3\ mm},\quad i_r = -\mathbf{3{,}6\ mm}$$

Fig. 114c giebt den Kolbenschieber in $^1/_5$ der natürlichen Grösse. Es ist

die Weite des Zwischenkanales

$$\frac{1}{2}\,a = \frac{1}{2}\,1{,}1 = 0{,}55\ \text{cm} = \mathbf{5{,}5\ mm},$$

die Weite der Seitenkanäle für $s = \mathbf{10\ mm}$ wie im vorigen Beispiele

$$a + s + r - \left(e + \frac{1}{2}\,a\right) = 11 + 10 + 30 - (20 + 5{,}5) = \sim \mathbf{26\ mm},$$

Fig. 114a.

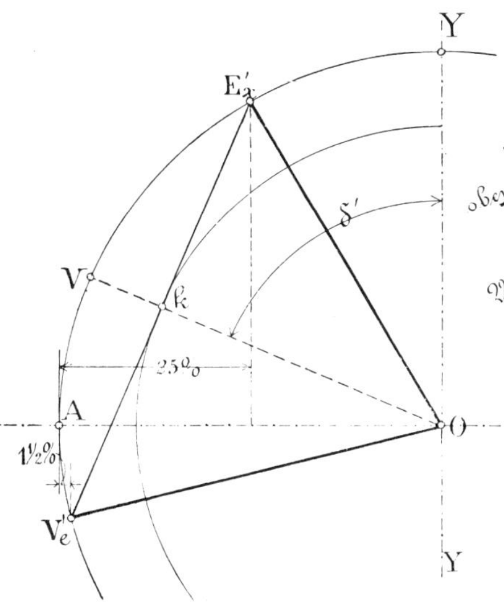

Fig. 114c.

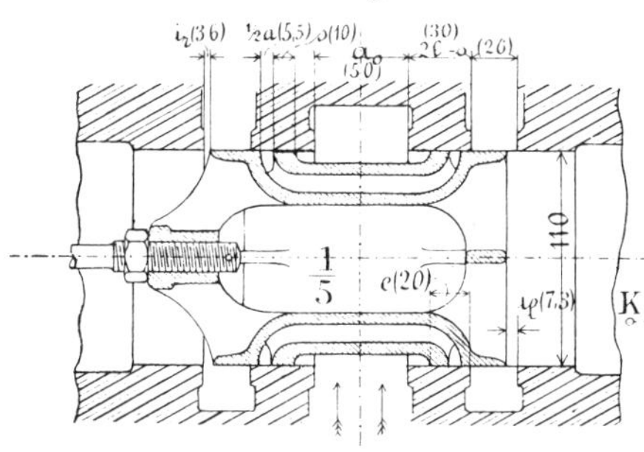

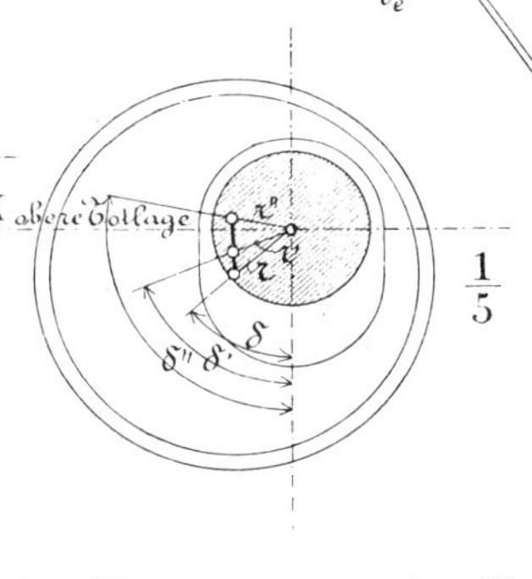

die Breite der Schieberspiegel in der Mitte

$$2e - s = 2 \cdot 20 - 10 = \mathbf{30\ mm},$$

die Weite des mittleren Kanales nach Gleichung 148b für $b = 2e - s$ und mit $\frac{a}{2}$ statt a

$$a_0 > e + r + \frac{a}{2} - (2e - s),\ a_0 > 20 + 30 + 5{,}5 - 30,$$
$$a_0 = \mathbf{50\ mm}.$$

Das Excenter ist in Fig. 114d angedeutet. Dasselbe muss, da der Schieber mit seinen inneren Kanten den Dampfeintritt steuert, der Hauptkurbel unter einem Winkel $90 - \delta$ (δ' bezw. δ'') nacheilen (siehe Seite 139).

§ 37.
Das Diagramm der Doppel-Schiebersteuerungen.

Die Steuerungen mit nur einem einzigen Schieber haben den Nachteil, dass die einzelnen Dampfverteilungsperioden in ihrer Dauer voneinander abhängig sind. So lässt sich, wie die früheren Diagramme gezeigt haben, z. B. eine kleine Füllung mit einem Schieber nur durch eine hohe Kompression oder einen bedeutenden Dampfvoraus- und Dampfvoreintritt erzielen, da immer der

Fig. 114b.

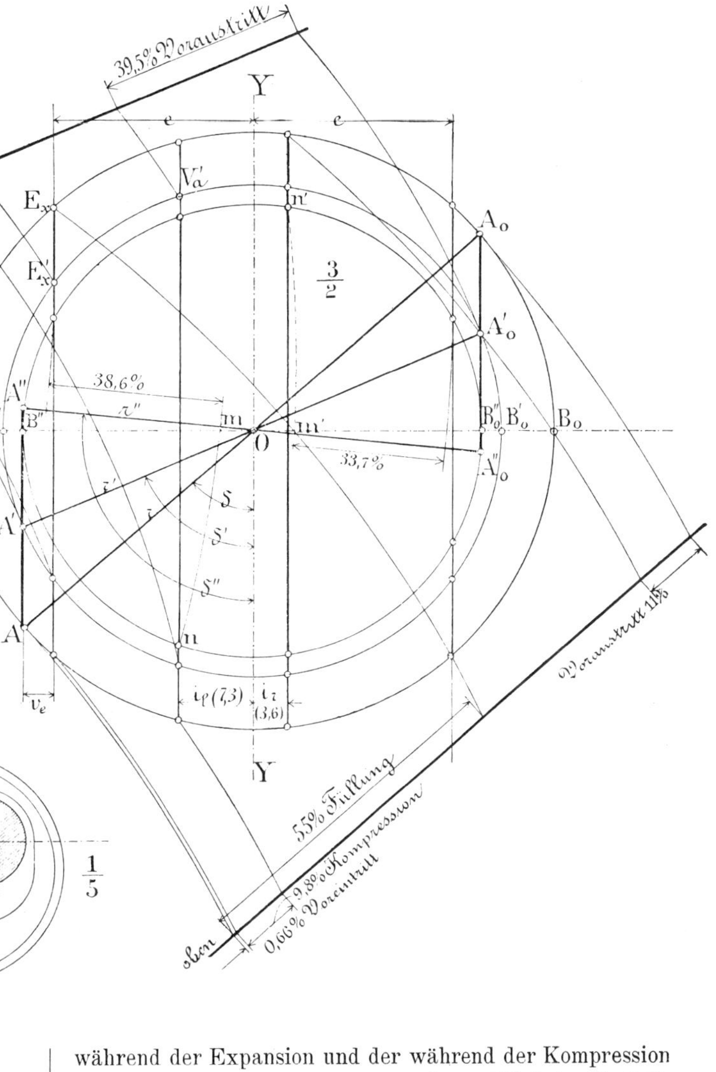

während der Expansion und der während der Kompression von der Hauptkurbel durchlaufene Winkel ($E_x\,O\,V_a$ bezw. $K\,O\,V_e$) einander gleich sein müssen. Viel besser sind in dieser Beziehung und eine viel freiere Wahl in der Dauer der Dampfverteilungsperioden gestatten die Doppel-Schiebersteuerungen, bei denen zwei Schieber vorhanden sind. Von ihnen wird der eine Schieber auf dem Cylinderspiegel, der andere auf dem ersten Schieber durch je ein Excenter von der Kurbelwelle aus verschoben. Der auf dem Cylinderspiegel sich bewegende Schieber, der sogenannte Grund- oder Verteilungsschieber steuert den austretenden Dampf und wirkt auf den frischen Dampf nur insofern, als er diesen abwechselnd nach der einen und anderen Kolbenseite verteilt und für den richtigen Beginn des Voreintrittes sorgt. Der zweite Schieber, der sogenannte Expansionsschieber, dagegen bemisst die Dauer des eigentlichen Dampfeintrittes, die sogenannte Füllung, welche bei den Doppel-Schiebersteuerungen zudem leicht verändert und dem jeweiligen Belastungszustande der Maschine angepasst werden kann.

Um nun die durch eine Doppel-Schiebersteuerung bewirkte Dampfverteilung verfolgen zu können, wird man sich, ähnlich wie bei der einfachen Schiebersteuerung, die Frage zu beantworten haben, wo steht bei irgend einer Kolben- oder Hauptkurbellage der Grund-, und wo der Expansionsschieber, oder wie gross ist die Ausweichung beider Schieber aus ihrer Mittellage nach links oder rechts. Die erste Frage, also welches ist die Ausweichung des Grundschiebers gegenüber dem Schieberspiegel am Cylinder, lässt sich schon mit Hilfe der früher besprochenen Diagramme beantworten, die zweite Frage, also wo befindet sich der Expansionsschieber in Bezug auf den erwähnten Schieberspiegel würde sich durch ein entsprechendes Diagramm beantworten lassen. Diese zweite Frage lässt sich aber — und das ist, wie die späteren Betrachtungen ergeben, wichtiger — auch in dem Sinne lösen, dass man für irgend eine Kolben- oder Hauptkurbellage nicht die Ausweichung des Expansionsschiebers gegenüber dem Schieberspiegel des Cylinders, sondern gegenüber dem Grundschieber, also die sogenannte relative Verschiebung beider Schieber gegeneinander aufsucht, wodurch natürlich im Verein mit der Antwort der ersten Frage auch die Lage beider Schieber in Bezug auf den Schieberspiegel des Cylinders festgelegt ist.

Die relative Bewegung beider Schieber kann leicht mit Hilfe des relativen Excenters verfolgt werden.

Sind in Fig. 1, Taf. 35

$\overline{OE} = r$ die Excentricität und δ der Voreilwinkel des Grundschiebers,

$\overline{OE_1} = r_1$ und δ_1 die bezüglichen Grössen des Expansionsschiebers, so erkennt man, dass bei der linken Totlage der Hauptkurbel und unendlich langer Excenterstange die Mitte des Grundschiebers, oder kurz der Grundschieber, um $\overline{OB}$, die Mitte des Expansionsschiebers, oder kurz der Expansionsschieber, um $\overline{OB_1}$ nach rechts gegen die Spiegelmitte des Cylinders verschoben ist. Die Mitte des Expansionsschiebers steht somit um

$$\overline{OB_1} - \overline{OB} = \overline{BB_1}$$

nach rechts von der Mitte des Grundschiebers; $\overline{BB_1}$ ist also die relative Verschiebung beider Schieber gegeneinander, wenn die Hauptkurbel in der linken Totlage steht. Konstruiert man nun das Parallelogramm $O\,E\,E_1\,E_r\,O$ aus den beiden Excentricitäten $\overline{OE}$ und $\overline{OE_1}$, so ersieht man, dass die Projektion $\overline{OB_r}$ von $\overline{OE_r}$ auf die durch O gehende Horizontale gleich der relativen Verschiebung $\overline{BB_1}$ sein muss.

Dreht sich die Hauptkurbel aus ihrer linken Totlage um den Winkel ω, so kommen die Excenterkurbeln nach $\overline{OE'}$ bezw. $\overline{OE_1'}$, und die relative Verschiebung beider Schieber gegeneinander ist $\overline{CC_1}$. Vervollständigt man auch für diese Lagen der Excentricitäten das Parallelogramm $O\,E'\,E_1'\,E_r'\,O$, so ist wieder die Projektion $\overline{OC_r}$ von $\overline{OE_r'}$ gleich der relativen Verschiebung $\overline{CC_1}$. Während sich also die Excenterkurbeln um den Winkel ω drehten, drehte sich auch die Linie $\overline{OE_r}$ um denselben Winkel, und die Projektion dieser Linie in ihrer jeweiligen Lage auf die Horizontale durch O liefert die relative Verschiebung der beiden Schieber für die zugehörige Hauptkurbellage.

Wir können uns also die relative Bewegung beider Schieber so vorstellen, als wenn der eine Schieber still stünde und der zweite durch eine Excenterkurbel $\overline{OE_r}$ bewegt würde. Die letztere heisst die relative Excenterkurbel, und man erhält ihre Grösse und Lage aus dem Parallelogramm der Excentricitäten der beiden Schieber.

Die in den früheren Paragraphen erklärten Schieber-Diagramme lassen sich nun nicht blos auf den Grundschieber und seine Excenterkurbel anwenden, sondern sie können auch für die relative Excenterkurbel benutzt werden.

Für das Zeunersche Schieber-Diagramm zunächst gestaltet sich diese Anwendung folgendermassen. Trägt man nach Fig. 115 des Textes entgegen zur Drehrichtung der Maschine von der Vertikalen Y — Y aus die beiden Voreilwinkel δ bezw. δ_1 an und auf den neuen Schenkeln dieser Winkel die Excentricitäten $r = \overline{OD}$ bezw. $r_1 = \overline{OD_1}$ ab, so erhält man die relative Excentricität $\overline{OD_r}$, wenn man durch O eine Parallele zu $\overline{DD_1}$ und durch D eine solche zu $\overline{OD_1}$ zieht. Die über $\overline{OD}$ bezw. dessen Verlängerung $\overline{OD'}$ als Durchmesser geschlagenen Kreise heissen hier die Grundschieberkreise, die über $\overline{OD_r}$ bezw. deren Verlängerung $\overline{OD_r'}$ als Durchmesser gezogenen die Relativschieberkreise, und es gilt der Satz:

Die Hauptkurbel schneidet bei jeder Lage auf einem der beiden Grundschieberkreise als Sehne die Ausweichung des Grundschiebers gegen die Spiegelmitte des Cylinders, dagegen auf einem der beiden Relativschieberkreise als Sehne die relative Verschiebung beider Schieber gegeneinander, also die Ausweichung des Expansionsschieber gegen den Grundschieber, ab. Setzt man die Maschinenanordnung in Fig. 1, Taf. 31 und Vorwärtsdrehung wieder voraus, so bedeuten die Sehnen des oberen Grundschieberkreises rechte, diejenigen des unteren linke Ausweichungen des Grundschiebers gegen die Spiegelmitte, während umgekehrt die Sehnen im oberen Relativschieberkreise linke, diejenigen des unteren rechte Ausweichungen des Expansionsschiebers gegen den Grundschieber angeben.

So schneidet z. B. in Fig. 115 des Textes die Hauptkurbel in der Lage OV auf dem oberen Grundschieberkreise die Sehne $\overline{O5}$, auf dem oberen Relativschieberkreise diejenige $\overline{O4}$ ab. Das heisst: Bei der erwähnten Hauptkurbellage steht die Mitte des Grundschiebers um das Stück $\overline{O5}$ rechts von der Spiegelmitte und die Mitte des Expansionsschiebers um das Stück $\overline{O4}$ links von der Mitte des Grundschiebers. Bei der Hauptkurbellage OV' würde entsprechend der Grundschieber um die Sehne $\overline{O5'}$ nach links gegen die Spiegelmitte und der Expansionsschieber um die Sehne $\overline{O4'}$ nach rechts gegen den Grundschieber verschoben sein. Bei den mit OD_r bezw. OD_r' zusammenfallenden Hauptkurbellagen hat die relative Excenterkurbel ihre linke bezw. rechte Totlage erreicht, ist also der Expansionsschieber am weitesten nach links bezw. rechts (nämlich um die relative Excentricität r_x) gegen den Grundschieber verschoben. Bei den zu $D_r O D_r'$ senkrechten

Hauptkurbellagen O IV und O IV' steht die relative Excenterkurbel in ihrer Mittellage, befindet sich also die Mitte des Expansionsschiebers gerade über der Mitte des Grundschiebers, der dann um die Sehne $\overline{O6} = \overline{O6'}$ nach rechts bezw. links gegen die Spiegelmitte ausgewichen ist.

Für das Müllersche Schieber-Diagramm gestaltet sich die Anwendung der relativen Excentricität folgendermassen. Ist in Fig. 6, Taf. 35 $\overline{OA}$ die im Drehungssinne der Maschine unter dem Voreilwinkel δ gegen die Vertikale Y—Y aufgetragene Excentricität r des Grundschiebers, $\overline{OD_1}$ die entsprechend mit dem Voreilwinkel δ_1 aufgetragene Excentricität r_1 des Expansionsschiebers, so liefert die durch D_1 zu $\overline{OA}$ und die durch O zu $\overline{AD_1}$ gezogene Parallele die relative Excentricität $\overline{OA_r} = r_x$.

ausweichungen folgendermassen. Der von $\overline{OA}$ aus aufgetragene Winkel γ_5 liefert die Hauptkurbellage O V', und deshalb ist die Mitte des Grundschiebers um den horizontalen Abstand $(e + \overline{4V'})$ des Punktes V' von der Vertikalen Y — Y nach rechts gegen die Spiegelmitte verschoben. Der an $\overline{OA_r}$ angetragene Winkel γ_5 liefert weiter die Hauptkurbellage O V, und der horizontale Abstand $(\overline{y_2 - 5V})$ des Punktes V von der Vertikalen Y — Y ist die Ausweichung der Mitte des Expansionsschiebers gegen die Grundschiebermitte nach links. Um den Kolbenweg bei der betreffenden Hauptkurbellage OV' bezw. O V zu erhalten, hat man von den Punkten V' bezw. V Senkrechte (oder bei Berücksichtigung der endlichen Schubstangenlänge Kreisbögen mit dieser letzteren) auf $\overline{AA'}$ bezw. $\overline{A_rA_r'}$ zu ziehen. Die in beiden Kreisen erhaltenen Kolbenwege sind natürlich im Verhältnis zum ganzen Hube ($\overline{AA'}$ bezw. $\overline{A_rA_r'}$) einander gleich.

Fig. 115.

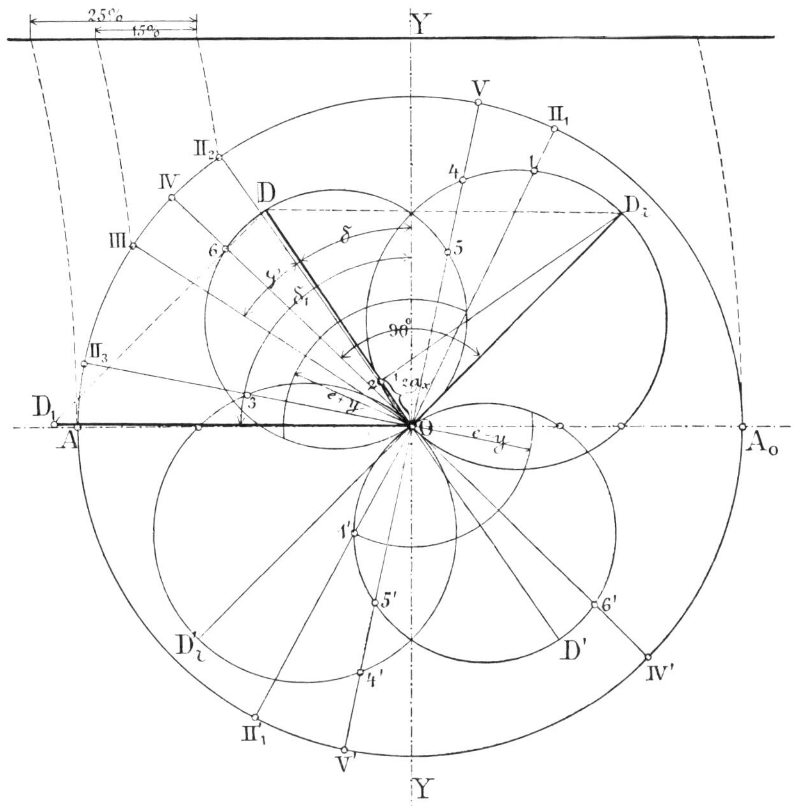

Der durch A um O geschlagene Kreis dient als Hauptkurbel- und Grund-Excenterkurbelkreis, wenn man die Bewegungen des Grundschiebers in Bezug auf den Schieberspiegel verfolgen will, wobei man sich $\overline{AA'}$ als Hublinie für den Kolben, die durch O gehende Horizontale innerhalb des Kreises als Hublinie für den Grundschieber vorzustellen hat. Der durch A_r um O gezogene Kreis dient als Hauptkurbel- und Relativ-Excenterkurbelkreis, wenn man die Bewegung des Expansionsschiebers in Bezug auf den Grundschieber untersuchen will, wobei $\overline{A_rA_r'}$ als Hublinie für den Kolben, die Horizontale durch O innerhalb dieses Kreises wieder als Hublinie für die relative Schieberbewegung anzusehen ist.

Hat sich z. B. die Hauptkurbel um den Winkel γ_5 aus ihrer linken Totlage gedreht, so erhält man die Schieber-

In den nächsten Paragraphen sollen nun die bekanntesten Doppel-Schiebersteuerungen hinsichtlich ihrer Einrichtung, Wirkungsweise und Konstruktion behandelt werden.

§ 38.

Die Meyersche Doppel-Schiebersteuerung.

Die nach ihrem Erfinder benannte Meyersche Steuerung besitzt nach Fig. 5, Taf. 35 einen Grundschieber, der aus einem einfachen Muschelschieber entsteht, wenn man an dessen Enden in dem erforderlichen Abstande noch die nötigen Wandungen zur Bildung zweier Durchlasskanäle ansetzt. Auf dem Rücken dieses Grundschiebers bewegt sich der Expansionsschieber. Derselbe besteht in der Hauptsache aus zwei Platten, deren

Abstand voneinander verändert werden kann, die aber, einmal bezüglich dieses Abstandes eingestellt, durch das Expansionsexcenter gerade so bewegt werden, als beständen sie aus einem Stück. Der frische Dampf muss, wenn er in den Cylinder treten will, die Durchlasskanäle des Grundschiebers durchströmen. Es kann also auf einer von beiden Kolbenseiten der Dampfeintritt nur dann stattfinden, wenn der Expansionsschieber den zugehörigen Durchlasskanal oben öffnet und wenn dieser letztere mit dem zugehörigen Seitenkanal des Cylinders unten in Verbindung steht. Der Dampfauslass geht in derselben Weise wie beim einfachen Muschelschieber vor sich.

Bezeichnet nun nach Fig. 5, Taf. 35 für den Grundschieber[1])

- e die äussere Überdeckung, die hier bei der Mittellage des Schiebers gleich dem Abstande der äusseren Kante eines Seitenkanales von der inneren Kante des Durchlasskanales im Grundschieber an derselben Seite ist,
- i die innere Überdeckung (genau wie beim einfachen Muschelschieber),
- a die Weite des Seitenkanales am Cylinder,
- a_1 die Weite des Durchlasskanales im Schieber,
- r die Excentricität, δ den Voreilwinkel,

so erkennt man aus dem Zeunerschen Schieber-Diagramm in Fig. 2, Taf. 35, wo die Grundschieberkreise $\overline{OD}$ bezw. $\overline{OD'}$ als Durchmesser haben, dass der linke Seitenkanal des Cylinders (immer die Maschinenanordnung in Fig. 1, Taf. 31 vorausgesetzt) von dem linken Durchlasskanal des Grundschiebers bei der Hauptkurbellage OI ($V_{e,l}$) geöffnet und bei derjenigen OX geschlossen wird. Diese Hauptkurbellagen gehen nämlich durch die Schnittpunkte des e-Kreises mit dem oberen Grundschieberkreise, und bei ihnen ist die zu- bezw. abnehmende Ausweichung des Grundschiebers aus seiner Mittellage nach rechts gleich der äusseren Überdeckung e. Der linke Seitenkanal wird also durch den Durchlasskanal des Grundschiebers bis zur Hauptkurbellage OX offen gehalten. Es fragt sich nun, wie lange lässt der Expansionsschieber den linken Durchlasskanal oben offen. Offenbar solange, bis dass nach Fig. 5 die linke äussere Kante des relativ von rechts nach links sich gegen den Grundschieber bewegenden Expansionsschiebers gerade über der äusseren Kante des linken Durchlasskanales steht. Dieser Augenblick hängt nun bei der Meyerschen Steuerung von der Einstellung der Expansionsplatten bezw. von dem veränderlichen Abstande y (in Fig. 3a, b und c, Taf. 35 mit y_1, y_2 bezw. y_4 bezeichnet) ab, den die äusseren Kanten des Expansionsschiebers von der äusseren Kante des Durchlasskanales an der betreffenden Seite haben, wenn sich der Expansionsschieber in seiner relativen Mittellage, d. h. seine Mitte sich gerade über der des Grundschiebers befindet. Es ist dies leicht aus dem Schieber-Diagramm zu erkennen.

1) In der Figur ist der Grundschieber auf gleiches Voröffnen für den Dampfeintritt, sowie auf annähernd gleiche Kompression eingestellt, und sind deshalb die äusseren Überdeckungen mit $e + y$ bezw. $e - y$, die inneren mit i_l und i_r bezeichnet.

Ist in Fig. 2, Taf. 35 $\overline{OD_1}$ die entgegen zur Drehrichtung der Maschine aufgetragene Kurbel des Expansionsexcenters von

der Excentricität r_1 und dem Voreilwinkel δ_1,

so erhält man durch Konstruktion des Parallelogrammes der Excentricitäten $\overline{OD}$ und $\overline{OD_1}$ die relative Excentricität $OD_r = OD_r'$ und ferner die über beiden als Durchmesser geschlagenen Relativschieberkreise. Sind nun die Expansionsplatten nach Fig. 3a, Taf. 35 eingestellt, ist also der veränderliche Abstand der äusseren Kanten des Durchlasskanales und Expansionsschiebers $y = y_1$ gemacht, so werden offenbar die letztgenannten Kanten an der linken Seite übereinander stehen und es wird der Schluss des linken Durchlasskanales oben eintreten, wenn der Expansionsschieber um y_1 bei zunehmender Ausweichung nach links gegen den Grundschieber verschoben ist. Um die Hauptkurbellage, bei der dies stattfindet, zu bekommen, braucht man nur in dem Diagramm der Fig. 2, Taf. 35 mit y_1 in dem betreffenden Massstabe einen Kreisbogen um O zu schlagen und dessen Schnittpunkt 1 mit der ersten Hälfte des oberen Relativschieberkreises, der ja die relativen Ausweichungen nach links angiebt, aufzusuchen. Die zugehörige Hauptkurbellage ist OII_1. Während also der linke Cylinderkanal durch den Grundschieber erst bei der Hauptkurbellage OX geschlossen wird, macht der Expansionsschieber den linken Durchlasskanal schon bei der Hauptkurbellage OII_1 zu und beendigt also schon bei dieser Hauptkurbellage den Dampfeintritt.

Stellt man weiter die Expansionsplatten so ein, dass bei der relativen Mittellage nach Fig. 3b, Taf. 35 $y = y_2$, oder nach Fig. 3c derselben Tafel sogar $y = -y_4$ (y ist positiv zu nehmen, wenn die äusseren Kanten der Expansionsplatten innerhalb, negativ, wenn sie ausserhalb der entsprechenden Kanten der Durchlasskanäle bei der relativen Mittellage stehen) ist, so schliesst der Expansionsschieber den linken Durchlasskanal, hört also der Dampfeintritt auf der linken Kolbenseite jetzt bei den Hauptkurbellagen OII_2 bezw. OII_4 in Fig. 2, Taf. 35 auf, vorausgesetzt, dass in dem Massstabe der letzten Figur die Sehne $\overline{O2} = y_2$ und $\overline{O4} = -y_4$ ist.

Nach Fig. 3b, Taf. 35 muss der Expansionsschieber um y_2 nach links bei zunehmender Ausweichung, nach Fig. 3c, Taf. 35 um y_4 nach rechts bei abnehmender Ausweichung gegen den Grundschieber verschoben sein, wenn der linke Durchlasskanal oben geschlossen werden soll. In Fig. 2, Taf. 35 ist deshalb zur Bestimmung der Hauptkurbellage OII_2 der Schnittpunkt 2 des mit y_2 um O geschlagenen Kreises mit der ersten[1]) Hälfte des oberen Relativschieberkreises aufgesucht worden. Zur Bestimmung der Lage OIV musste der Punkt 4 benutzt werden, weil dieser der Schnittpunkt des mit y_4 um O gezogenen Kreises mit der zweiten[1]) (abnehmende Ausweichung) Hälfte des unteren (Ausweichung nach rechts) Relativschieberkreises ist.

Auch mit Hilfe des Müllerschen Schieber-Diagrammes lässt sich leicht zeigen, dass der Schluss des Durchlasskanales durch den Expansionsschieber von dem erwähnten Abstande y der äusseren Kanten bei der

1) Als erste Hälfte der Schieberkreise gilt die von der Hauptkurbel im Drehungssinne der Maschine zuerst, als zweite die zuletzt durchlaufene Hälfte.

relativen Mittellage beider Schieber abhängig ist. In Fig. 6, Taf. 35 ist der mit $r = \overline{OA} = \overline{OA'}$ als Radius geschlagene Kreis der Hauptkurbel- und Excenterkurbelkreis für den Grundschieber. Durch die Schnittpunkte desselben mit der im horizontalen Abstande e von Y — Y gezogenen Vertikalen X — X erhält man die Hauptkurbellagen O I und O II, bei welchen der linke Cylinderkanal vom Durchlasskanal des Grundschiebers geöffnet bezw. geschlossen wird, wobei als linke und rechte Totlagen der Hauptkurbel $\overline{OA}$ bezw. $\overline{OA'}$ gelten. Die aus $r = \overline{OA}$ und $r_1 = \overline{OD_1}$ konstruierte relative Excentricität ist $r_x = \overline{OA_r} = \overline{OA_r'}$, und der mit dieser als Radius geschlagene Kreis gilt als Hauptkurbel- und Excenterkurbelkreis für die relative Bewegung der Schieber, wobei $\overline{OA_r}$ und $\overline{OA_r'}$ für die Totlagen der Hauptkurbel zu nehmen sind. Sind nun bei der relativen Mittellage beider Schieber die Expansionsplatten wieder nach Fig. 3a, b oder c eingestellt, so erkennt man, dass bei den Hauptkurbellagen OII_1, OII_2 bezw. OII_4 in Fig. 6, Taf. 35 der linke Durchlasskanal des Grundschiebers durch den Expansionsschieber geschlossen wird, also die Füllung der linken Kolbenseite

$$\frac{\overline{A_r A_I}}{\overline{A_r A_r'}} \text{ bezw. } \frac{\overline{A_r A_{II}}}{\overline{A_r A_r'}} \text{ bezw. } \frac{\overline{A_r A_{IV}}}{\overline{A_r A_r'}}$$ [1)]

beträgt. Bei der Hauptkurbellage $O\,II_1$ ist nämlich die relative Verschiebung nach links gleich y_1, bei derjenigen $O\,II_2$ nach links gleich y_2, bei derjenigen $O\,II_4$ nach rechts gleich y_4, und in den beiden ersten Fällen nimmt die Verschiebung bei weiterer Drehung der Kurbelwelle zu, im letzteren Falle ab, genau wie die weiter oben aufgestellten Bedingungen für den Schluss des linken Durchlasskanales in Fig. 3a, b bezw. c es verlangten.

Bei der Meyerschen Steuerung hängt also die Füllung von dem Abstande y ab, welchen bei der relativen Mittellage beider Schieber die äusseren Kanten der Expansionsplatten von den entsprechenden Kanten der Durchlasskanäle an jeder Seite haben. Bei der grössten Füllung, welche eine Meyersche Steuerung geben kann, stehen sich die beiden Platten des Expansionsschiebers am nächsten, und der dann vorhandene Abstand y soll im Folgenden mit $\mathbf{y_{max}}$ bezeichnet werden, bei der kleinsten Füllung haben die Platten ihre grösste Entfernung voneinander, und der jetzt vorhandene Abstand y sei $\mathbf{y_{min}}$, wobei letzteres positiv zu nehmen ist, wenn es innerhalb, negativ, wenn es ausserhalb der beiden Durchlasskanäle des Grundschiebers liegt.

Der **grössten Füllung,** welche durch eine Meyersche Steuerung erzielt werden kann, ist aber die folgende Grenze gesteckt. In dem Zeunerschen Diagramm der Fig. 2, Taf. 35 ist O X diejenige Hauptkurbellage, welche durch den Schnittpunkt des e-Kreises mit dem oberen Grundschieberkreise geht und den Schluss des linken Cylinderkanales durch den Grundschieber festlegt. Die grösste Füllung, welche man nun durch eine Meyersche Steuerung von den durch das Diagramm bestimmten Verhältnissen geben darf, erhält man in der Hauptkurbellage $O\,II_1$ durch Umschlagen des Winkels $\gamma = XOD_r$ um die Mittellinie $\overline{OD_r}$ des relativen Schieberkreises. Bei der erwähnten Hauptkurbellage schliesst nämlich der relativ von rechts nach links gehende Expansionsschieber den linken Durchlasskanal. Bei der mit $\overline{OD_r}$ zusammenfallenden Hauptkurbellage erreicht der Expansionsschieber seine linke relative Totlage und eröffnet auf seinem Rückwege bei der Hauptkurbellage O X, wo seine relative Verschiebung wieder gleich $\overline{OI}$ ist, den linken Durchlasskanal von neuem. Bei dieser letzteren Hauptkurbellage muss nun der Grundschieber den linken Cylinderkanal entweder schon zugemacht haben, oder, wie es in der Figur der Fall ist, gerade schliessen, da sonst nochmals frischer Dampf in den Cylinder treten würde. Ein solcher nochmaliger Dampfeintritt, der also bei jeder Füllung stattfinden würde, die grösser als die der Hauptkurbellage $O\,II_1$ in Fig. 2, Taf. 35 entsprechende ist, muss aber vermieden werden, weil er sich in einem plötzlichen Stoss auf den Kolben äussern würde.

Bei dem Müllerschen Schieber-Diagramm in Fig. 6, Taf. 35 ist die zulässig grösste Füllung durch die Hauptkurbellage $O\,II_1$ gegeben. Der Grundschieber schliesst nämlich den linken Cylinderkanal bei der Hauptkurbellage O II, welche um den Winkel γ_2 vor der für den Grundschieber in Betracht kommenden rechten Totlage $\overline{OA'}$ der Hauptkurbel steht. Für die relative Bewegung der Schieber ist aber $\overline{OA_r'}$ als rechte Totlage der Hauptkurbel zu nehmen. Trägt man von $\overline{OA_r'}$ den Winkel γ_2 zurück, so ergiebt sich die Lage O M, bei welcher also in Verfolg der relativen Bewegung der Schieber der linke Cylinderkanal geschlossen wird. Die Hauptkurbellage $O\,II_1$ der grössten Füllung muss nun mindestens um den Winkel β, um welchen O M über der Horizontalen O X ist, unter derselben liegen. Bei $O\,II_1$ schliesst nämlich der Expansionsschieber den linken Durchlasskanal, bei O X hat der Schieber die linke relative Totlage erreicht und öffnet also bei O M den erwähnten Kanal wieder. Diese Wiedereröffnung darf, wenn ein nochmaliger Eintritt des frischen Dampfes und ein damit verbundener Stoss nicht vorkommen soll, also frühestens bei der Hauptkurbellage O M stattfinden.

Die **Kanaleröffnungen** für den eintretenden Dampf und dessen Geschwindigkeit bei den einzelnen Kolbenlagen bestimmen sich bei der Meyerschen Steuerung folgendermassen. Die Einlassfläche, welche der Durchlasskanal des Grundschiebers dem Cylinderkanale bietet, liegt in den Grundschieberkreisen, ähnlich wie beim einfachen Muschelschieber, zwischen dem e- und dem $(e + a_1)$-Kreise[1)] und bleibt für alle Füllungen dieselbe. Die Einlassfläche dagegen, welche die Eröffnung des Durchlasskanales oben durch den Expansionsschieber darstellt, ist für die einzelnen Füllungsgrade verschieden. Sie wird begrenzt durch zwei Kreise, von denen der eine durch den Schnittpunkt der Hauptkurbellage beim Schluss der Füllung mit dem Relativschieberkreise geht, also den zu dieser Füllung gehörigen Abstand y zum Radius hat,

1) Die Senkrechte vom Punkte II_4 auf die Linie $\overline{A_r A_r'}$ ergiebt den in der Figur nicht eingetragenen Punkt A_{IV}.

1) In Fig. 2, Taf. 35 ist $a = a_1$ und $r = e + a_1$, sodass daselbst der $(e + a_1)$-Kreis nicht vorhanden ist.

der andere mit einen um a_1 kleineren Radius geschlagen ist. Die ringförmig gestaltete Fläche geht dabei von der einen Seite des Relativschieberkreises bis zur anderen.

Für die durch O II_2 bedingte Füllung ist diese Einlassfläche in Fig. 2, Taf. 35, soweit sie nicht durch die daselbst gelb angedeutete Fläche verdeckt ist, neutral schraffiert. Dieselbe reicht von der einen Seite des Relativschieberkreises bis zur anderen. Bei der Hauptkurbellage O II_2 wird der linke Durchlasskanal oben durch den Expansionsschieber geschlossen ($y = \overline{O\,2}$), und der Kanalschluss beginnt bei einer Hauptkurbellage, für welche die relative Verschiebung des Expansionsschiebers um a_1 kleiner als y ist. Der Kanal öffnet sich wieder bei der bezüglich $\overline{O\,D_r}$ symmetrischen Hauptkurbellage von O II_2.

Jede Hauptkurbellage schneidet nun in den erwähnten Flächen die bezüglichen Kanaleröffnungen ab, also in der zwischen dem e- und $(e + a_1)$-Kreise liegenden Fläche des Grundschieberkreises die Eröffnung des Cylinderkanales durch den Durchlasskanal unten, in der zwischen dem y- und $(y - a_1)$-Kreise liegenden und bis an den Relativschieberkreis reichenden ringförmigen Fläche die Eröffnung des Durchlasskanales durch den Expansionsschieber oben. Von beiden, einer und derselben Hauptkurbellage angehörenden Kanaleröffnungen kann natürlich nur die kleinere für die Geschwindigkeit des eintretenden Dampfes massgebend sein, und die hiernach sich ergebende Einlassfläche der Meyerschen Steuerung stellt man im Zeunerschen Diagramm gewöhnlich so dar, dass man die kleinere von den bei einer und derselben Hauptkurbellage stattfindenden beiden Eröffnungen des Cylinder- bezw. Durchlasskanales radial auf dieser Kurbellage vom e-Kreise aus aufträgt. In Fig. 2, Taf. 35 ist die so konstruierte Einlassfläche gelb schraffiert. Man kann aber auch, wie beim einfachen Schieber auf Seite 141 angeführt, die kleinere Kanaleröffnung als Ordinate über der zugehörigen Kolbenlage auftragen.

In Fig. 2, Taf. 35 öffnet z. B. bei der mit 0—5—7—9—8—6 zusammenfallenden Hauptkurbellage der linke Durchlasskanal den linken Cylinderkanal um das Stück $\overline{5-6}$, der Expansionsschieber den linken Durchlasskanal um das Stück $\overline{7-8}$. Das letztere als die kleinere Kanaleröffnung vom e-Kreise bezw. vom Punkte 5 aus radial aufgetragen, liefert, da $\overline{5-9} = \overline{7-8}$ ist, den Punkt 9 der gelb schraffierten Einlassfläche.

Bei dem Müllerschen Schieber-Diagramm lässt sich die Einlassfläche unter Berücksichtigung des oben Gesagten entsprechend konstruieren. Nur sind hier an Stelle der gleich benannten Kreise die e- und $(e + a_1)$-Vertikalen zu ziehen, um die Einlassfläche des Cylinderkanales durch den Durchlasskanal, und die y- und $(y - a_1)$-Vertikalen, um die Einlassfläche des Durchlasskanales durch den Expansionsschieber zu bekommen. Die vom Endpunkte der jeweiligen Hauptkurbellage gezogenen Horizontalen schneiden dann innerhalb der erwähnten Flächen die Kanaleröffnungen ab. Die kleinere von beiden, an die e-Vertikale horizontal angetragen, liefert dann die Einlassfläche der Meyerschen Steuerung, die z. B. in Fig. 6, Taf. 35 für den der Hauptkurbellage O II_2 entsprechenden Füllungsgrad durch gelbe Schraffur angedeutet ist.

In Fig. 6, Taf. 35 wird die Einlassfläche des linken Cylinderkanales durch den Grundschieber von der e-Vertikalen X — X und dem Grundschieberkreise begrenzt, da $r = e + a_1 = e + a$ ist. Bei der von der linken Totlage $\overline{O\,A}$ um den Winkel γ_5 abweichenden Hauptkurbellage O V′ wird also der linke Cylinderkanal vom Durchlasskanal des Grundschiebers um das Stück $\overline{4 - V'}$ geöffnet. Die Einlassfläche des Durchlasskanales durch den Expansionsschieber bei einer Füllung, welche der Hauptkurbellage O II_2 entspricht, liegt zwischen den Vertikalen, die im Abstande $y\,(= y_2)$ und $y - a_1$ links von der Geraden Y — Y gezogen sind, und geht bis an den Relativ-Schieberkreis heran. In dem letzteren ist nun die Hauptkurbellage O V diejenige, welche um den Winkel γ_5 von der linken Totlage $\overline{O\,A_r}$ absteht. Die Eröffnung des Durchlasskanales durch den Expansionsschieber bei dieser Lage ist also gleich der Strecke $\overline{5 - V}$. Da diese Strecke kleiner als $\overline{4 - V'}$ ist, so hat man dieselbe auf der durch 4 gehenden Horizontalen aufzutragen und erhält dadurch den Punkt 6 ($\overline{4-6} = \overline{5-V}$) für die Begrenzung der gelb schraffierten Einlassfläche der Meyerschen Steuerung bei dem erwähnten Füllungsgrade.

Aus den Kanaleröffnungen berechnen sich die Geschwindigkeiten des eintretenden Dampfes genau in derselben Weise, wie dies beim einfachen Muschelschieber (siehe Seite 141 und Gleichung 142) angegeben wurde.

Sind die **Verhältnisse einer zu entwerfenden Meyerschen Steuerung** zu bestimmen, so hat man sich zunächst für den Voreilwinkel δ und die Excentricität r des Grundschiebers zu entscheiden.

In den meisten Fällen dürfte es ratsam sein, den Voreilwinkel δ hier aus dem gewählten Voraustritt und einer passend angenommenen Kompression in der früher angegebenen Weise zu konstruieren, indem man nämlich mit Bezug auf Fig. 2, Taf. 35 die zugehörigen Hauptkurbellagen O III bezw. O IV (O $V_{a,1}$ bezw. O K_1) aufsucht und den Winkel III O IV halbiert. Die Halbierungslinie $\overline{O\,D'}$ schliesst dann mit der Vertikalen den Voreilwinkel δ ein. Die Dauer des Voraustrittes kann zu 3 bis 6 %, die Dauer der Kompression so bemessen werden, dass bei Auspuffmaschinen eine genügend hohe, aber immer noch unter der kleinsten Eintrittsspannung verbleibende Endspannung erzielt wird. Bei Kondensationsmaschinen aber ist, wie schon auf Steite 145 beim einfachen Muschelschieber erwähnt wurde, von einer genügend hohen Kompressionsendspannung abzusehen, da sonst die Kompression und mit dieser auch gewöhnlich der Voraustritt zu gross ausfällt.

Die Excentricität r des Grundschiebers wählt man bei der Meyerschen Steuerung meistens so, dass der Schieber in seinen Totlagen den Durchlasskanal vollständig mit dem zugehörigen Seitenkanal in Verbindung setzt, dass also

$$r = a_1 + e$$

ist. Nimmt man dann noch das Voröffnen v_e an, so ergiebt sich, da

$$r \cdot \sin\delta = e + v_e$$

ist, durch Vereinigung beider Beziehungen die der Gleichung 145 des einfachen Muschelschiebers entsprechende

$$\mathbf{r} = \frac{\mathbf{a_1 - v_e}}{1 - \sin\delta} \quad \ldots \ldots \quad \mathbf{152}$$

Die Weite des Durchlasskanales wird

$$\mathbf{a_1 = 0{,}8\,a \text{ bis } a} \quad \ldots \ldots \quad \mathbf{153}$$

gemacht, also oft kleiner als die Weite des Cylinderkanales. Der letztere wird dann durch den Grundschieber nicht ganz geöffnet, was statthaft mit Rücksicht darauf ist, dass an den meisten Meyerschen Steuerungen selbst bei grosser Füllung der Expansionsschieber schon anfängt, den Durchlasskanal wieder zu schliessen, noch ehe der Grundschieber den Cylinderkanal ganz geöffnet hat. Das Voröffnen für den Dampfeintritt kann hier

$$v_e = 0{,}2a \text{ bis } 0{,}3a \quad . \quad . \quad . \quad . \quad . \quad \mathbf{154}$$

genommen werden.

Aus der berechneten Excentricität ergiebt sich die äussere Überdeckung

$$e = r - a_1 \quad . \quad . \quad . \quad . \quad . \quad . \quad \mathbf{155}$$

sowie aus den Schieber-Diagrammen in der häufig erklärten Weise auch die innere Überdeckung i und das Voröffnen v_i für den austretenden Dampf. Soll dabei der Schieber auf gleiches Voröffnen v_e eingestellt werden, so hat man den Schieber zu einer Mitte schwingen zu lassen, welche um die Grösse y der Gleichung 141 weiter als die Spiegelmitte von der Kurbelwelle absteht, wodurch bei der durch Fig. 1, Taf. 31 gegebenen Maschinenanordnung die äussere Überdeckung links gleich $e + y$, rechts gleich $e - y$ wird. Soll weiter die Kompression auf beiden Seiten des Kolbens auf Kosten der Gleichheit des Voröffnens v_i annähernd gleich werden, so hat man die diesen neuen Kompressionen entsprechenden Hauptkurbellagen im Schieber-Diagramm zu ziehen und dem letzteren die jetzt ungleichen inneren Überdeckungen i_l und i_r zu entnehmen. Aus dem Schieber-Diagramm ergiebt sich schliesslich die Hauptkurbellage OV_e für den Dampfvoreintritt und diejenige OX in Fig. 2 und OII in Fig. 6, Taf. 35, bei welcher der Grundschieber den Cylinderkanal schliesst. Da die letztere in gewissem Sinne die grösste Füllung der Meyerschen Steuerung bedingt, so ist hier schon zu prüfen, ob die obere Füllungsgrenze durch den Grundschieber nicht allzusehr herunter gedrückt wird.

Weiter kommt es bei dem Entwurf der Meyerschen Steuerung auf die Grösse des Voreilwinkels δ_1 und der Excentricität r_1 des Expansionsschiebers an. Je grösser man δ_1 oder r_1 wählt, desto grösser fällt auch unter sonst gleichen Verhältnissen die aus dem Parallelogramm der Excentricitäten konstruierte relative Excentricität r_x aus. Je grösser aber r_x wiederum ist, desto schneller schliesst der Expansionsschieber den Durchlasskanal, desto grösser wird aber auch die zu überwindende Reibungsarbeit der Schieber, und umgekehrt. Genaue und allgemeine Angaben darüber, wie δ_1 und r_1 zu wählen sind, damit bei den meist vorkommenden Füllungen der Kanalschluss möglichst schnell vor sich geht und auch die Reibungsarbeit möglichst gering ausfällt, lassen sich nicht aufstellen. Man wird vielmehr gut thun, die Diagramme mehrfach mit Hilfe verschiedener, probeweise angenommener Werte von δ_1 und r_1 zu konstruieren und den Kanalschluss und die Reibungsarbeit in den einzelnen Fällen festzustellen bezw. zu vergleichen, um möglichst günstige Verhältnisse herauszufinden. Bei der Wahl der fraglichen Grössen können die folgenden Angaben zum Anhalt dienen. Gewöhnlich beträgt der Voreilwinkel

$$\delta_1 = \mathbf{85 \text{ bis } 115^0} \quad . \quad . \quad . \quad . \quad . \quad \mathbf{156}$$

die Excentricität

$$r_1 = \mathbf{r \text{ bis } 1{,}2r} \quad . \quad . \quad . \quad . \quad . \quad \mathbf{157}$$

Viele Konstrukteure wählen nach Fig. 115 auf Seite 169 die Richtung der relativen Totlage $\overline{OD_r}$ so, dass bei der normalen Füllung der Kanalschluss möglichst schnell vor sich geht, oder besser die Drosselung des eintretenden Dampfes während des Kanalschlusses möglichst gering ausfällt.

In der Figur entspricht die Hauptkurbellage OII_2 dem Schluss der normalen Füllung, OIII der Hauptkurbellage beim Beginn der Drosselung, wobei ein Kolbenweg von 15 % zwischen beiden Lagen angenommen ist. Die Strecke, um welche sich nun der Expansionsschieber relativ gegen den Grundschieber verschieben muss, wenn bei der Hauptkurbellage OIII die Drosselung beginnen soll, folgt, wie auf Seite 145 schon entwickelt, aus der Gleichung

$$a_x = \frac{O \cdot c_x}{50 \text{ bis } 60}$$

wenn c_x die Kolbengeschwindigkeit bei der Lage OIII in m,
O die nutzbare Kolbenfläche,
50 bis 60 die Dampfgeschwindigkeit in m ist, bei der die Drosselung voraussichtlich anfängt. Soll nun der Expansionsschieber diese Strecke möglichst schnell relativ gegen den Grundschieber durchlaufen, so muss $\overline{OD_r}$ senkrecht zu der Halbierungslinie OIV des Winkels $IIIOII_2 = \varphi$ gewählt werden. Bei der Lage OIV steht dann die relative Excenterkurbel in ihrer Mittellage, also senkrecht zur relativen Hubrichtung D_rOD_r', wo bekanntlich die relative Geschwindigkeit der Schieber, ebenso wie die Kreuzkopfgeschwindigkeit einer jeden Schubkurbel mit unendlich langer Schubstange, ihren grössten Wert hat. Ist so die Richtung von $\overline{OD_r}$ festgelegt, so kann weiter die Grösse der relativen Excentricität dadurch gefunden werden, dass man auf OII_2 die Strecke $\frac{1}{2}a_x = \overline{O2}$ abträgt, in 2 eine Senkrechte zu OII_2 errichtet und deren Schnittpunkt D_r mit der Richtung der vorhin konstruierten relativen Excentricität aufsucht. Aus $\overline{OD_r}$ und der Excentricität $\overline{OD}$ des Grundschiebers kann schliesslich durch Vollendung des Parallelogrammes OD_rDD_1O die Excentricität $\overline{OD_1} = r_1$ und der Voreilwinkel δ_1 des Expansionsschiebers gefunden werden.

Will man den Füllungsgrad des Grundschiebers noch durch die Meyersche Steuerung erreichen, also die obere Füllungsgrenze soweit als möglich hinausrücken, so hat man nach Fig. 116 auf Seite 174 die Mittellinie $\overline{OD_r}$ des Relativschieberkreises durch den Schnittpunkt des e-Kreises mit dem oberen Grundschieberkreise zu legen.

In der Figur ist die der Füllung des Grundschiebers entsprechende Hauptkurbellage mit OII_1 bezeichnet. Legt man die Mittellinie $\overline{OD_r}$ des Relativschieberkreises auch in diese Lage, so kann, wenn $\overline{DD_r}$ gleich der zu wählenden Excentricität r_1 des Expansionsschiebers gemacht wird, wieder durch Rückwärtskonstruktion des Parallelogrammes OD_rDD_1O der Voreilwinkel δ_1 bestimmt werden. OII_1 entspricht dann auch der Hauptkurbellage für den Schluss der grössten Füllung der Meyerschen Steuerung.

Einem schnellen Kanalschluss und einer Verringerung der Reibungsarbeit ist auch die in Fig. 8, Taf. 35, sowie Fig. 1 und 2, Taf. 39 angedeutete Teilung der Durchlasskanäle günstig. In der ersten Figur ist diese Teilung vollständig durchgeführt, sind auch die seitlichen Cylinderkanäle entsprechend geteilt, in den letzten Figuren dagegen erstreckt sich die Teilung nur auf die dem Expansionsschieber zugewandte Seite. Da der letztere nun bei zwei-, dreifacher Teilung des Durchlasskanales an zwei, drei Stellen den Grundschieber gleichzeitig zumacht, so braucht bei gleich schnellem Kanalschluss wie bei ungeteiltem Kanale hier die relative Excentricität nur halb, ein drittel so gross wie dort zu sein, wodurch die Reibungsarbeit verkleinert wird, oder bei gleicher Excentricität wie beim ungeteilten Kanale erfolgt der Kanalschluss bei geteiltem zwei-, dreimal so schnell.

Ist auf irgend eine Weise die Excentricität und der Voreilwinkel der beiden Schieber der Meyerschen Steuerung festgelegt worden, so kann weiter durch Konstruktion des Parallelogrammes die relative Excentricität r_x[1]) bestimmt und das Schieber-Diagramm gezeichnet werden. Alsdann hat man sich für die Füllungsgrenzen, also für die grösste und die kleinste Füllung, welche die Steuerung ermöglichen soll, zu entscheiden. Je verschiedener der Arbeitsbedarf ist, dem die Maschine genügen soll, desto weiter müssen die Füllungsgrenzen gesteckt werden. Hierbei ist aber zu beachten, dass unter sonst gleichen Verhältnissen die Dimensionen der Schieber und also auch die zu überwindende Reibungsarbeit um so grösser ausfallen, je weiter diese Grenzen voneinander liegen. Bezüglich der grössten Füllung ist ferner das auf Seite 171 Gesagte zu beachten. Für die kleinste Füllung, die gewöhnlich so gewählt wird, dass die leerlaufende Maschine nicht durchgehen kann, ist der Umstand nicht ausser Acht zu lassen, dass die im Durchlasskanal des Grundschiebers nach dem Schluss desselben durch den Expansionsschieber befindliche Dampfmenge auch mit an der Expansion des Dampfes hinter dem Kolben teilnimmt. Die kleinste Füllung einer Meyerschen Steuerung ist also mit Rücksicht hierauf nicht zu gross zu nehmen.

Der Durchlasskanal muss, weil er bezüglich des frischen Dampfes als schädlicher Raum gilt, in seinen Dimensionen möglichst beschränkt werden. An der Kompression nimmt der Raum des Durchlasskanales natürlich nicht teil.

Fig. 116.

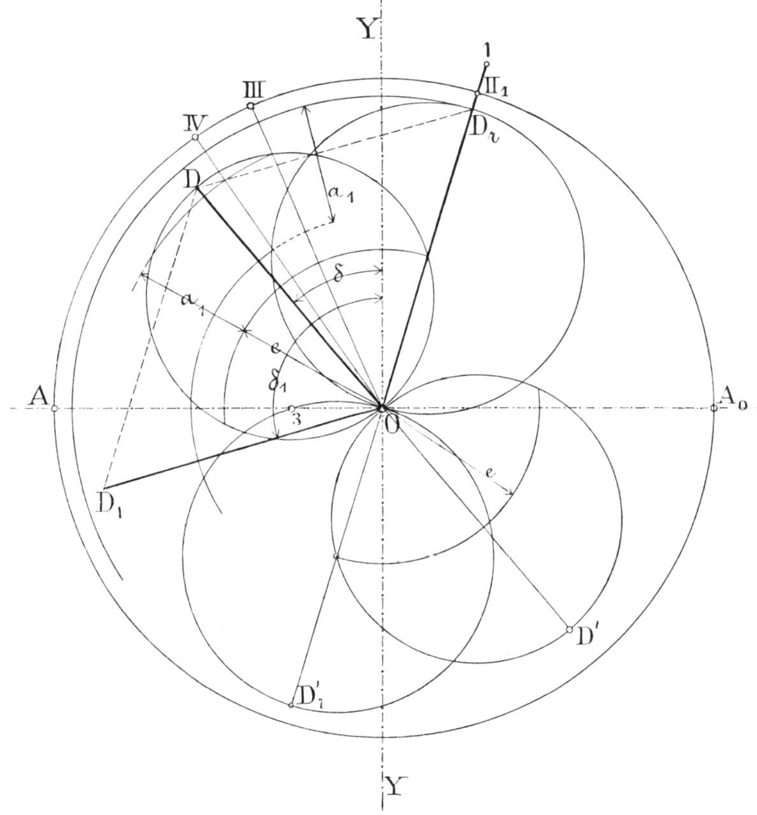

Die Hauptkurbellagen für den Schluss der grössten und kleinsten Füllung liefern in den Schieber-Diagrammen die Abstände y_{max} und y_{min}, um welche die äusseren Kanten der Durchlasskanäle bei der relativen Mittellage beider Schieber von den entsprechenden Kanten des Expansionsschiebers abstehen müssen. Bei dem Zeunerschen Diagramm werden die erwähnten Abstände von den betreffenden Hauptkurbellagen als Sehnen der Relativschieberkreise abgeschnitten, in dem Müllerschen Diagramm sind dieselben durch den horizontalen Abstand der Hauptkurbelendpunkte im Relativschieberkreise von der Vertikalen durch den Mittelpunkt gegeben.

1) Wenn diese nicht, wie früher angenommen, vorher ermittelt wurde.

Sind z. B. in Fig. 2 und 6, Blatt 35 $O\,II_1$ und $O\,II_4$ die dem Schluss der grössten bezw. kleinsten Füllung entsprechenden Hauptkurbellagen, so ist in der ersten Figur

y_{max} gleich der Sehne $\overline{O\,1}$,

y_{min} gleich derjenigen $\overline{O\,4}$,

in der letzten Figur

y_{max} gleich der Horizontalen y_1,

y_{min} gleich derjenigen y_4.

y_{min} ist, wie schon auf Seite 170 angeführt, positiv oder negativ zu nehmen, je nachdem es bei der relativen Mittellage beider Schieber innerhalb oder ausserhalb der äusseren Kanten der Durchlasskanäle liegt, je nachdem also mit Bezug auf Fig. 2, Taf. 35 die dem Schluss der kleinsten Füllung entsprechende Hauptkurbellage den oberen oder unteren Relativschieberkreis schneidet, oder je nachdem in Fig. 6, Taf. 35 der Endpunkt der letztgenannten Hauptkurbellage links oder rechts von der Vertikalen durch O liegt. In Fig. 2 und 6, Taf. 35 fällt bei der Hauptkurbellage $O\,II_4$ für das Ende der kleinsten Füllung y_{min} somit negativ aus.

Mit Hilfe des dem Diagramm entnommenen Abstandes $\pm\, y_{min}$ ergiebt sich nun zunächst die erforderliche Länge p der Expansionsplatten. Diese Länge muss nämlich so gross sein, dass bei der kleinsten Füllung und der relativen Totlage der Platten die inneren Kanten der letzteren den Durchlasskanal nicht mehr öffnen. Das ist der Fall, wenn

$$p = r_x - (\pm\, y_{min}) + a_1 + x \quad . \; . \; . \quad 158$$

wird, unter x = 4 bis 8 mm eine Sicherheitsdeckung verstanden.

Ist z. B. in Fig. 3c, Taf. 35 die relative Mittellage der Schieber bei der kleinsten Füllung für $y_{min} = -\, y_4$ angedeutet, so geht der Expansionsschieber noch um die relative Excentricität r_x [1]) gegen den Grundschieber nach links, kommt also in die auf der linken Seite punktiert angedeutete, linke relative Totlage. Soll dann die innere Kante der Expansionsplatte den linken Durchlasskanal nicht öffnen, so muss p um die Sicherheitsdeckung x grösser als $r_x - (-\,y_4) + a_1$, oder mit der allgemeinen Bezeichnung von y_{min},

$$p = r_x - (\pm\, y_{min}) + a_1 + x$$

sein.

Mit dem aus dem Diagramm sich ergebenden Abstande y_{max} kann weiter die Entfernung L der äusseren Kante des Durchlasskanales oben von der Mitte des Grundschiebers bestimmt werden. Ist nämlich nach Fig. 3a, Taf. 35, wo $y_1 = y_{max}$ ist, l_1 die Entfernung der äusseren Kanten des Expansionsschiebers von dessen Mitte bei der grössten Füllung, so muss

$$L = l_1 + y_{max} \quad . \; . \; . \; . \; . \quad 159a$$

sein. Gewöhnlich lässt man die beiden Platten bei der grössten Füllung mit ihren inneren Kanten zusammenstossen. Dann wird $l_1 = p$ und

$$L = p + y_{max} \quad . \; . \; . \; . \; . \quad 159b$$

Die Verschiebung beim Einstellen der Platten von der grössten bis zur kleinsten Füllung beträgt nach Fig. 3a und c, Taf. 35, wo $y_1 = y_{max}$ und $-\,y_4 = y_{min}$ ist,

$$z = y_{max} - (\pm\, y_{min}) \quad . \; . \; . \; . \; . \quad 160$$

Will man als grösste Füllung der Meyer'schen Steuerung die Füllung des Grundschiebers ermöglichen, so hat man, wie auf Seite 173 und in Fig. 116 auf Seite 174 angedeutet, die Mittellinie $\overline{O\,D_r}$ des relativen Schieberkreises mit der Hauptkurbellage für den Schluss des Cylinderkanales durch den Grundschieber zusammenfallen zu lassen. In einem solchen Falle ist es nun ratsam, die grösste Füllung durch den Grund- und nicht durch den Expansionsschieber abschliessen zu lassen. Man erreicht dies einfach dadurch, dass man y_{max} nicht gleich $\overline{O\,D_r}$, sondern grösser, also vielleicht gleich $\overline{O\,1}$ macht und hiernach den Abstand L der Gleichung 159a und b bemisst. Wäre $y_{max} = \overline{O\,D_r}$, so würde der Expansionsschieber die Füllung zugleich mit dem Grundschieber abschliessen. Der Expansionsschieber würde dann den Durchlasskanal bei der Hauptkurbellage O IV anfangen zu schliessen. Ist aber $y_{max} > \overline{O\,D_r}$, so schliesst der Expansionsschieber den Durchlasskanal überhaupt nicht, sondern der Grundschieber bewirkt den Füllungsschluss am Cylinderkanal, und zwar tritt der Beginn des Kanalschlusses erst bei der Hauptkurbellage O III, also später wie im vorigen Falle, ein.

[1]) In der Figur muss der rechte Masspfeil der Strecke r_x bis an die äussere Kante der ausgezogenen Expansionsplatte gehen.

Das Einstellen der Expansionsplatten auf den erforderlichen Füllungsgrad geschieht bei der Meyerschen Steuerung gewöhnlich von Hand; eine richtige und zweckmässige Einwirkung des Regulators auf die Meyersche Steuerung ist wegen der Widerstände bei Veränderung der Füllung nur schwierig zu erzielen. Das Einstellen der Platten von Hand während des Ganges der Maschine wird meistens durch die Ausführung nach Fig. 1, Taf. 36 ermöglicht. Die Expansions-Schieberstange kann durch ein nicht verschiebbares Handrad gedreht werden und verstellt bei dieser Drehung vermöge eines Links- und Rechtsgewindes die Platten, welche das Muttergewinde für die Spindel in besonders eingelegten Rotgussmuttern enthalten. Über die Ausführung der Schieber und sonstigen Teile der Meyerschen Steuerung ist im letzten Abschnitt das Nötige vermerkt.

Beispiele.

1. Für die im 3. Beispiele auf Seite 97 berechnete Eincylinder-Auspuffmaschine von 300 mm Bohrung, 600 mm Hub und 90 Umdrehungen in der Minute sind die Verhältnisse einer Meyerschen Steuerung mit von Hand verstellbarer Füllung zu bestimmen. Als mittlere Normalfüllung soll eine solche von 25% in Betracht kommen, da der Dampf mit 6,15 Atm voraussichtlich in den Cylinder tritt. Die kleinste Füllung soll ungefähr 5%, die grösste 50 bis 60% betragen.

Die Weite und Höhe der Seitenkanäle am Cylinder wurde für die vorliegende Maschine schon auf Seite 127 zu

$$a = \mathbf{21\ mm} \text{ und } h = \mathbf{200\ mm}$$

berechnet.

Zur Bestimmung des Voreilwinkels δ für den Grundschieber legen wir das in Fig. 1, Taf. 26 konstruierte Indikator-Diagramm bezüglich des Voraustrittes und der Kompression zu Grunde. Nach demselben, sowie nach den Angaben auf Seite 97 beträgt die Grösse

des Voraustrittes 4%,

und bei 4,3 kg End-, sowie 1,15 kg Anfangsspannung die Grösse

der Kompression 15%.

In Fig. 2, Taf. 35 ist nun der reduzierte Hauptkurbelkreis mit 50 mm Radius geschlagen und sind die den vorgenannten beiden Perioden entsprechenden Hauptkurbellagen O III ($V_{a,l}$) bezw. O IV (K_l)[1]) aufgesucht worden. Die Halbierungslinie $\overline{OD'}$ des Winkels III O IV liefert dann mit der Vertikalen Y — Y den Voreilwinkel

$$\delta = \sim 34^0.$$

Die Excentricität r des Grundschiebers ergiebt sich aus Gleichung 152. Nehmen wir die Weite des Durchlasskanales im Grundschieber gemäss Gleichung 153 zu

$$a_1 = a = \mathbf{21\ mm},$$

das Voröffnen für den Voreintritt nach Gleichung 154 zu

$$v_e = 0{,}2\,a = 0{,}2 \cdot 21 = \sim \mathbf{4\ mm},$$

so folgt aus Gleichung 152

$$r = \frac{21 - 4}{1 - \sin 34^0} = \sim \mathbf{39\ mm},$$

und aus Gleichung 155 die äussere Überdeckung

$$e = 39 - 21 = \mathbf{18\ mm}.$$

Bei Benutzung des Zeunerschen Diagrammes (Fig. 2, Taf. 35) schlägt dann der untere der beiden Grundschieberkreise auf den Hauptkurbellagen O III und O IV eine innere Überdeckung von

$$i = \sim \mathbf{7{,}5\ mm}$$

ab, 'während der entsprechende obere Kreis in seinen Schnittpunkten mit dem e-Kreise die Hauptkurbellagen O I ($V_{e,l}$) und O X für den Beginn des Voreintrittes bezw. Schluss des Cylinderkanales durch den Grundschieber festlegt.

Zur Ermittelung der übrigen Schieberverhältnisse ist dem Diagramm der Fig. 2, Taf. 35 eine Excentricität

$$r_1 = \mathbf{42\ mm}$$

und ein Voreilwinkel

$$\delta_1 = \mathbf{110^0}$$

des Expansionsschiebers zu Grunde gelegt und unter Auftragung dieses Winkels entgegen zur Drehrichtung der Maschine von der Vertikalen Y — Y aus die Linie $\overline{OD_1}$ gefunden worden. Durch Konstruktion des Parallelogrammes $D_1 D D_r O D_1$ ergiebt sich dann eine relative Excentricität

$$r_x = \overline{OD_r} = \mathbf{50\ mm}.$$

In Fig. 115 auf Seite 169 wurde die Excentricität und der Voreilwinkel des Expansionsschiebers für die vorliegenden Verhältnisse nach den Angaben auf Seite 173 so konstruiert, dass bei der normalen Füllung die Mitte des Winkels, welchen die Hauptkurbel während der Drosselung des eintretenden Dampfes durchläuft, senkrecht zu den Totlagen der relativen Excenterkurbel steht. Ist nämlich OII_2 die einer normalen Füllung von 25% beim Hinlauf unter Berücksichtigung der endlichen Schubstangenlänge entsprechende Hauptkurbellage, und soll die Drosselung um 15% des Kolbenweges vorher, also bei der Hauptkurbellage O III, beginnen, so steht $\overline{OD_r}$ senkrecht auf der Mittellinie O IV des Winkels $\varphi = III\,O\,II_2$. Um die Grösse von $\overline{OD_r}$ zu bekommen, hat man zu berücksichtigen, dass bei der Hauptkurbellage O III, welche um den Winkel $\omega = A\,O\,III = 36^0$ von der Totlage absteht, die Kolbengeschwindigkeit nach Gleichung 22 und 24, sowie für $\frac{R}{L} = \frac{1}{5}$ und $c_m = 1{,}8$ m

$$c_x = \frac{\pi}{2}\,1{,}8 \cdot \sin 36^0 \left(1 + \frac{1}{5} \cos 36^0\right) = \sim 1{,}95 \text{ m}$$

beträgt. Soll nun bei dieser Hauptkurbellage die Dampfgeschwindigkeit $w_x = 50$ m sein, also die Drosselung beginnen, so muss der Durchlasskanal noch um

$$a_x = \frac{O \cdot c_x}{h \cdot w_x} = \frac{685 \cdot 1{,}95}{20 \cdot 50} = \sim 1{,}35 \text{ cm} = 13{,}5 \text{ mm}$$

offen sein. In Fig. 115 des Textes ist $a_x = 16$ mm angenommen[1]), sodass der während der Drosselung des eintretenden Dampfes vom Kolben durchlaufene Weg noch kleiner als 15% des Hubes ist. Trägt man $\overline{O2} = \frac{1}{2} a_x = 8$ mm auf die Hauptkurbellage OII_2 ab, so schneidet die zur letzteren im Punkte 2 errichtete Senkrechte auf der vorhin konstruierten Richtung der relativen Excentricität die Grösse

$$r_x = \overline{OD_r} = \sim \mathbf{45\ mm}$$

ab.

In Fig. 2, Taf. 35 ist die relative Excentricität $\overline{OD_r}$ viel näher an die Vertikale Y — Y gelegt, um die Platten des Expansionsschiebers kürzer zu bekommen und den schnellen Kanalschluss auch bei kleineren Füllungen zu sichern, die bei höherer Eintrittsspannung nötig werden. Infolge der grösseren relativen Excentricität geht aber hier der Kanalschluss ebenso schnell vor sich und wird die Reibungsarbeit auch nicht grösser als für die durch Fig. 115 des Textes gegebenen Verhältnisse, wie dies später gezeigt ist.

Den relativen Schieberkreisen können nun die Abstände y_{max} und y_{min} für die relative Mittellage beider Schieber bei der grössten und kleinsten Füllung entnommen werden. Bei unendlich langer Excenterstange entspricht in Fig. 2, Taf. 35 die Hauptkurbellage OII_1 der grössten Füllung von 60%, OII_3 der kleinsten von 5%. Die erste Kurbellage stellt überhaupt die grösstmöglichste Füllung dar, welche bei der Steuerung mit Rücksicht auf die Vermeidung eines zweimaligen Dampfeintrittes während eines einfachen Kolbenhubes (siehe Seite 171) statthaft ist, und wurde durch Umklappen der Lage O X, bei welcher der Grundschieber den Cylinderkanal schliesst, um $\overline{OD_r}$ erhalten. Es ergiebt sich dann aus der Figur

$$y_{max} = \overline{O1} = \mathbf{49{,}5\ mm},$$

$$y_{min} = \overline{O3} = +\,\mathbf{5\ mm}.$$

Hiermit folgt zunächst die Länge der Expansionsplatten aus Gleichung 158 für x = 5 mm Sicherheitsdeckung zu

$$p = 50 - (+5) + 21 + 5 = \mathbf{71\ mm},$$

der Abstand der äusseren Kanten des Durchlasskanales oben von der Mitte des Grundschiebers unter der Voraussetzung, dass bei der grössten Füllung die beiden Platten zusammenstossen, aus Gleichung 159b zu

$$L = 71 + 49{,}5 = \mathbf{120{,}5\ mm}.$$

Beim Einstellen der Platten von der grössten bis zur kleinsten Füllung müssten dieselben schliesslich nach Gleichung 160 um

$$z = 49{,}5 - (+5) = \mathbf{44{,}5\ mm}$$

verschoben werden.

Würden nach den so ermittelten Dimensionen die beiden Schieber der Meyerschen Steuerung symmetrisch zu ihrer Mitte gestaltet und um die Spiegelmitte des Cylinders schwingen, so würde zunächst infolge der endlichen Excenterstangenlänge ein ungleiches Voröffnen v_e und ferner infolge der endlichen Schubstangenlänge eine ungleiche Kompression und Füllung auf beiden Kolbenseiten eintreten.

1) Bei Berücksichtigung von ½% Voreintritt.

1) Des Vergleiches mit Fig. 4, Taf. 35 wegen.

Um zunächst das Voröffnen v_e auf beiden Kolbenseiten gleich zu bekommen, hat man den Schieber um eine Mitte schwingen zu lassen, die bei einer Excenterstangenlänge $l = 700$ mm des Grundschiebers, also bei einem Verhältnis

$$\frac{r}{l} = \frac{39}{700} = \sim \frac{1}{18},$$

nach Gleichung 141 um die Grösse

$$y = \frac{1}{2} \frac{r^2}{l} \cos^2 \delta = \frac{1}{2} \frac{1}{18} 39 \cos^2 34^0 = 0{,}75 \text{ mm}$$

weiter als die Spiegelmitte des Cylinders von der Kurbelwelle absteht. Dadurch erhält der Schieber gemäss Fig. 5, Taf. 35 eine linke äussere Überdeckung

$$e + y = 18 + 0{,}75 = \mathbf{18{,}75 \text{ mm}},$$

eine rechte äussere Überdeckung

$$e - y = 18 - 0{,}75 = \mathbf{17{,}25 \text{ mm}}.$$

Um weiter die Kompression auf beiden Kolbenseiten annähernd gleich zu machen, hat man zunächst bei gleicher innerer Überdeckung $i = 7{,}5$ mm an beiden Schieberlappen die Dauer dieser Periode bei endlicher Schubstangenlänge zu bestimmen. Ist die letztere das 5fache des Kurbelradius, so beträgt die Kompression der linken Kolbenseite 16, die der rechten 11%. Soll nun die Annäherung bis auf 14,5 bezw. 12,5% getrieben werden, so schneiden die unter Berücksichtigung der endlichen Schubstangenlänge in Fig. 4, Taf. 35 eingetragenen, zugehörigen Hauptkurbellagen O IV bezw. O IV′ auf den beiden Grundschieberkreisen die inneren Überdeckungen

$$i_l = \mathbf{5{,}8 \text{ mm}} \text{ und } i_r = \mathbf{8{,}8 \text{ mm}}$$

ab (siehe Fig. 5, Taf. 35), während das Voröffnen für den Dampfauslass auf der rechten Kolben(Kurbel)seite nach dem Diagramm

$$v_{i,r} = \overline{z\,y} + 0{,}75 = 13 + 0{,}75 = \mathbf{13{,}75 \text{ mm}},$$

und auf der linken Kolben(Deckel)seite

$$v_{i,l} = \overline{u\,w} - 0{,}75 = 16 - 0{,}75 = \mathbf{15{,}25 \text{ mm}}$$

ist. Für den Schieberspiegel am Cylinder ergiebt sich hiermit aus Gleichung 148a, wenn die Stegbreite

$$b = \frac{a}{2} + 10 = \sim \mathbf{20 \text{ mm}}$$

genommen wird, die Weite des Auslasskanales

$$a_0 \geqq 8{,}8 + 39 + 21 - 20 \text{ oder } \geqq 48{,}8 \text{ mm},$$

wofür

$$a_0 = \mathbf{70 \text{ mm}}$$

gemacht ist.

Bezüglich der Gleichheit der Füllungen auf beiden Kolbenseiten ist schliesslich zu bemerken, dass stets eine solche Gleichheit bei der normalen Füllung anzustreben ist. Zu diesem Zwecke hat man in dem Diagramm der Fig. 4, Taf. 35 die einer Füllung von 25% bei endlicher Schubstangenlänge entsprechenden Hauptkurbellagen $O\,II_2$ und $O\,II_2'$ aufzusuchen. Dieselben schneiden auf den beiden Relativschieberkreisen die Sehnen

$$\overline{O\,2} = y_{2,l} = \mathbf{28{,}7 \text{ mm}}$$

und

$$\overline{O\,2'} = y_{2,r} = \mathbf{35{,}5 \text{ mm}}$$

ab, und man hat also, um auf beiden Kolbenseiten eine gleiche Füllung von 25% zu bekommen, die Expansionsplatten so einzustellen, dass bei der relativen Mittellage beider Schieber der Abstand der äusseren Kanten des Expansionsschiebers und der Durchlasskanäle im Grundschieber auf der linken Seite 28,7 mm, auf der rechten Seite dagegen 35,5 mm beträgt.

Für die übrigen Füllungen lässt sich durch die Verhältnisse des Gewindes der Schieberspindel entweder eine Annäherung nach der Seite der grösseren, oder nach der der kleineren erzielen, wodurch allerdings die Ungleichheit der Füllungen nach der entgegengesetzten Seite wächst. Wollte man z. B. eine Annäherung nach der Seite der grösseren Füllung haben, so ist zunächst zu berücksichtigen, dass die grösste Füllung nach dem Diagramm in Fig. 4, Taf. 35 für die rechte Kolben(Kurbel)seite dadurch erhalten wird, dass man mit $e - y$ um O einen Kreis im unteren Grundschieberkreise schlägt und den Schnittpunkt x dieser beiden Kreise aufsucht. $\overline{O\,x}$ um $\overline{O\,D'}$ geklappt, liefert dann die Hauptkurbellage $O\,II_1'$, welche bei Berücksichtigung der endlichen Schubstangenlänge einer grössten Füllung von 53,3% entspricht. Diese Hauptkurbellage $O\,II_1'$ schneidet im unteren Relativschieberkreise die Strecke

$$\overline{O\,1'} = y_{max,r} = \mathbf{49{,}3 \text{ mm}}$$

für die rechte Schieberseite ab, während die derselben Füllung auf der linken Kolben(Deckel)seite entsprechende Hauptkurbellage $O\,II_1$ im oberen Relativschieberkreise eine Sehne

$$\overline{O\,1} = y_{max,l} = \mathbf{46{,}3 \text{ mm}}$$

für die linke Schieberseite liefert. Um nun die Füllung von der normalen (25%) bis zur grössten (53,3%) abzuändern, muss man die rechte Expansionsplatte um

$$y_{max,r} - y_{2,r} = 49{,}3 - 35{,}5 = 13{,}8 \text{ mm},$$

die linke Expansionsplatte um

$$y_{max,l} - y_{2,l} = 46{,}3 - 28{,}7 = 17{,}6 \text{ mm}$$

verschieben. Das ist mit einer Schieberspindel nur dadurch zu erreichen, dass man dem Gewinde derselben für die linke Platte eine grössere Steigung als für die rechte giebt, und zwar muss die erstgenannte Steigung das

$$\frac{17{,}6}{13{,}8} = 1{,}275$$

fache der letztgenannten betragen. Erhält also z. B. das rechte Spindelgewinde 6 mm Steigung, so muss das linke eine solche von

$$1{,}275 \cdot 6 = 7{,}65 \text{ mm}$$

bekommen, wofür wohl $\sim$ 7,5 mm zu wählen wäre.

Zu einer kleinsten Füllung von 5% auf der rechten Kolbenseite gehört weiter bei endlicher Schubstangenlänge die in Fig. 4, Taf. 35 angedeutete Hauptkurbellage $O\,II_3'$ und ein Abstand

$$\overline{O\,3'} = y_{min,r} = \mathbf{+\,7{,}2 \text{ mm}}.$$

Um somit die Füllung auf der rechten Kolbenseite von der normalen (25%) bis auf die minimale (5%) zu verstellen, muss die rechte Expansionsplatte um

$$y_{2,r} - (\pm\, y_{min,r}) = 35{,}5 - 7{,}2 = 28{,}3 \text{ mm}$$

verschoben werden. Dadurch würde die linke Expansionsplatte wegen der grösseren Steigung des Gewindes an ihrer Seite um

$$28{,}3 \frac{7{,}5}{6} = \sim 35{,}5 \text{ mm}$$

verrückt werden, sodass ihr Abstand

$$-(\pm y_{min,l}) = 35{,}5 - y_{2,l} = 35{,}5 - 28{,}7,$$

oder

$$y_{min,l} = \mathbf{-6{,}8\ mm}$$

betrüge. Der mit diesem Abstande als Radius um O geschlagene Kreis trifft den unteren Relativschieberkreis im Punkte 3. Die zugehörige Hauptkurbellage O II_3 ergiebt aber für die linke Kolbenseite eine kleinste Füllung von nur 1,33%. Durch die Annäherung der Füllungen nach der grösseren Seite wird also keineswegs auch eine Annäherung nach der kleineren Seite erzielt.

In Fig. 5, Taf. 35 und Fig. 1, Taf. 36 sind nun die Verhältnisse der Steuerung nach den zuletzt bestimmten Werten, also für gleiche Füllungen auf beiden Kolbenseiten von 25 und 53,3%, sowie annähernd gleiche für die dazwischen liegenden, eingetragen. Die linke Expansionsplatte muss nach Gleichung 158 eine Länge von

$$p = r_x - (\pm y_{min,l}) + a_1 + x,$$

oder mit $y_{min,l} = -6{,}8$ und $x = 5{,}2$ mm,

$$p = 50 + 6{,}8 + 21 + 5{,}2 = \mathbf{83\ mm},$$

die rechte Platte mit $y_{min,r} = +7{,}2$ und $x = 6{,}2$ entsprechend eine solche von

$$p = 50 - 7{,}2 + 21 + 6{,}2 = \mathbf{70\ mm}$$

bekommen, während der Abstand der äusseren Kante des Durchlasskanales von der Mitte des Grundschiebers nach Gleichung 159b an der linken Seite für $p = 83$ und $y_{max,l} = 46{,}3$ mm

$$L = 83 + 46{,}3 = \sim \mathbf{129\ mm},$$

an der rechten Seite für $p = 70$ und $y_{max,r} = 49{,}3$ mm

$$L = 70 + 49{,}3 = \sim \mathbf{120\ mm}$$

betragen muss.

Wollte man dagegen die Füllungen für beide Kolbenseiten von der normalen bis zur minimalen annähernd gleich machen, was mit Rücksicht darauf, dass die Maschine auch mit höherer Eintrittsspannung arbeiten soll, wohl vorteilhafter gewesen wäre, so ergäbe sich aus dem Diagramm der Fig. 4, Taf. 35 für 5% kleinste Füllung entsprechend der Hauptkurbellage O II_3' für die rechte Kolbenseite

$$\overline{O3'} = y_{min,r} = \mathbf{+7{,}2\ mm},$$

dagegen für die linke Kolbenseite, für welche die zugehörige Hauptkurbellage nicht eingetragen ist,

$$y_{min,l} = 0.$$

Bei einer Änderung der Füllung von der normalen bis zur minimalen müsste die rechte Expansionsplatte um

$$y_{2,r} - (\pm y_{min,r}) = 35{,}5 - 7{,}2 = 28{,}3 \text{ mm},$$

die linke Platte um

$$y_{2,l} - (\pm y_{min,l}) = 28{,}7 - 0 = 28{,}7 \text{ mm},$$

also fast ebensoviel verschoben werden, sodass hier die beiden Gewinde der Spindel wohl gleiche Steigung bekommen könnten.

Würde man aber nun die Füllung von 25 bis 53,3% auf der rechten Kolbenseite ändern, so würde die rechte Platte sowohl wie die linke um

$$y_{max,r} - y_{2,r} = 49{,}3 - 35{,}5 = 13{,}8 \text{ mm},$$

verschoben werden, also für die linke Platte

$$y_{max,l} = y_{2,l} + 13{,}8 = 28{,}7 + 13{,}8 = 42{,}5 \text{ mm}$$

werden. Schlägt man hiermit einen Kreis um O und sucht den Schnittpunkt desselben mit dem oberen Relativschieberkreise auf, so bestimmt die durch denselben gehende Hauptkurbellage (in die Figur nicht eingetragen) auf der linken Kolbenseite eine Füllung von nur 45%. Während also für die kleineren Füllungen die Gleichheit auf beiden Kolbenseiten bei derselben Steigung in beiden Gewinden annähernd erreicht wird, findet für die grösseren Füllungen wieder eine beträchtliche Ungleichheit statt.

In Fig. 4 und 4a, Taf. 35 sind schliesslich die Einlass- bezw. Auslassflächen der Meyerschen Steuerung bei dem normalen Füllungsgrade von 25% angedeutet. Die Einlassfläche ist in der früher angegebenen Weise konstruiert worden. So öffnet z. B. bei der Hauptkurbellage O V der Expansionsschieber den Durchlasskanal um die volle Weite a_1, der Durchlasskanal aber den Cylinderkanal um das Stück $\overline{7-9}$. Das letztere als die kleinere von beiden Kanaleröffnungen ist in Fig. 4a als Ordinate über der zugehörigen Kolbenstellung A_5 aufgetragen, während es in Fig. 4a schon radial vom $(e + y)$-Kreise nach aussen liegt. Die sich ergebende Einlassfläche ist in beiden Figuren gelb schraffiert. Die Auslassfläche, die wie beim gewöhnlichen Muschelschieber zu konstruieren ist und natürlich für alle Füllungen dieselbe bleibt, ist nur in Fig. 4a vermerkt. Bei der Hauptkurbellage O V ist der rechte Cylinderkanal z. B. um die Strecke $\overline{10-11} = a$ geöffnet. $\overline{10-11}$ ist in Fig. 4a vertikal abwärts vom Punkte A_5 aus abgetragen und liefert einen Punkt der für den rechten Kanal punktiert angedeuten Kurve.

Aus den jeweiligen Kanaleröffnungen a_x und den zugehörigen Kolbengeschwindigkeiten c_x erhält man die Dampfgeschwindigkeit bei der betreffenden Kolbenlage nach der Gleichung

$$w_x = \frac{O \cdot c_x}{a_x \cdot h}.$$

In Fig. 4a, Taf. 35 sind hiernach die Dampfgeschwindigkeiten berechnet und die Kurven derselben für einen Massstab von 1 mm = 2 m aufgetragen worden.

Nach Fig. 4a, Taf. 35 beträgt die grösste Kanaleröffnung für den eintretenden Dampf, also die grösste Ordinate der gelb schraffierten Fläche, ungefähr 16 bis 17 mm. Dasselbe ist bei dem in Fig. 115 auf Seite 169 angegebenen Diagramm der Fall. In beiden Figuren wird die Öffnung von 16 bis 17 mm während eines Kolbenweges von 15% durchlaufen, findet also der Kanalschluss ungefähr gleich schnell statt.

Nach dem Diagramm der Fig. 4, Taf. 35 ist
die relative Excentricität $r_x = 50$ mm,
der Abstand y_{max} bei 53,3% grösster Füllung auf der linken Kolbenseite gleich 46,3 mm,
der Abstand y_{min} bei 1,33% kleinster Füllung daselbst gleich — 6,8 mm,
die Plattenlänge $p = 83$ mm,
der Abstand $L = 129$ mm.

Aus dem Diagramm der Fig. 115 erhält man
eine relative Excentricität $r_x = 45$ mm,
einen Abstand y_{max} bei 53,3% Füllung auf der linken Kolbenseite (die zugehörige Hauptkurbellage ist in die Figur nicht eingetragen) von 30 mm,
einen Abstand y_{min} bei 1,33% Füllung daselbst von — 25 mm,
eine Plattenlänge nach Gleichung 158 mit $x = 5$

$$p = 45 + 25 + 21 + 5 = 96 \text{ mm},$$

einen Abstand L nach Gleichung 159b von

$$96 + 30 = 126 \text{ mm}.$$

Im letzteren Falle ist die Plattenlänge grösser, die relative Excentricität kleiner als im ersteren Falle. Da nun die Reibungsarbeit des Expansionsschiebers um so grösser ausfällt, je grösser unter sonst gleichen Verhältnissen die Druckfläche, oder bei derselben Schieberbreite die Plattenlänge p, und die relative Excentricität r_x ist, so wird diese Arbeit im ersteren Falle dem Produkte

$$p \cdot r_x = 83 \cdot 50 = 4150,$$

im letzteren demjenigen

$$p \cdot r_x = 96 \cdot 45 = 4320$$

proportional, also im ersteren Falle kleiner sein. Dagegen gestatten die Verhältnisse in Fig. 115 eine grössere Füllung als 53,3%.

2. Die im 5. Beispiel auf Seite 99 berechnete Verbundmaschine von 150 Nutzpferdestärken, deren Indikator-Diagramme auf Taf. 29 konstruiert sind, soll am grossen Cylinder eine Meyersche Steuerung mit von Hand verstellbarer Füllung erhalten. Es betrug nach den Berechnungen auf Seite 99 und 100

die Bohrung des grossen Cylinders 770 mm,
die nutzbare Kolbenfläche desselben O=4566 qcm,
der Hub der Maschine 900 mm,
die Umdrehungszahl derselben 90,
die mittlere Kolbengeschwindigkeit derselben 2,4 m.

Der Querschnitt der Einlasskanäle ergiebt sich zunächst aus Gleichung 126 für

$$f_k = \frac{O \cdot c_m}{32}$$

zu

$$f_k = \frac{4566 \cdot 2{,}4}{32} = \sim 342{,}5 \text{ qcm},$$

welchem Querschnitte bei einer Kanalhöhe von

$$h = 57 \text{ cm} = \mathbf{570\ mm}$$

durch eine Kanalweite

$$a = \frac{342{,}5}{57} = \sim 6 \text{ cm}$$

genügt wird. Da diese Weite aber reichlich gross ist und einen schnellen Kanalschluss nur bei sehr grossen Excentricitäten ermöglichen würde, so sollen nach Fig. 8, Taf. 35 an jeder Seite des Cylinders zwei Kanäle angeordnet werden, von denen jeder natürlich eine Weite

$$a = \frac{6}{2} = 3 \text{ cm} = \mathbf{30\ mm}$$

bekommen muss.

Der Voreilwinkel δ des Grundschiebers bestimmt sich in bekannter Weise aus den beiden Hauptkurbellagen OV_a und OK. Wählt man nach dem Indikator-Diagramm des grossen Cylinders auf Taf. 29

den Voreintritt zu 0,75%,
den Voraustritt zu 4%,
die Kompression zu 19%

und konstruiert hiernach für einen beliebigen Hauptkurbelkreis und eine unendlich lange Schubstange die erwähnten Hauptkurbellagen, so schliesst die Halbierungslinie des Winkels V_aOK mit der Vertikalen einen Voreilwinkel

$$\delta = \mathbf{38^0}$$

ein.

Der Winkel δ lässt sich auch durch **Rechnung** finden. Mit Bezug auf Fig. 2, Taf. 35, wo der Hauptkurbelkreis einen Radius von 50 mm hat, ist nämlich der Winkel, welchen die Hauptkurbellage $OV_{a,1}$ mit der rechten Totlage der Hauptkurbel einschliesst, dadurch bestimmt, dass

$$\cos V_{a,1}OA' = \frac{50-4}{50} = 0{,}92,$$

$$\sphericalangle V_{a,1}OA' = 23^0$$

ist. Ferner folgt, da

$$\cos K_1OA = \frac{50-(19+0{,}75)}{50} = 0{,}605,$$

$$\sphericalangle K_1OA = \sim 53^0$$

ist,

$$\sphericalangle K_1OA' = 180 - 53 = 127^0$$

und

$$\sphericalangle K_1OV_{a,1} = 127 + 23 = 150^0.$$

Die Halbierungslinie $\overline{OD'}$ dieses letzteren Winkels schliesst dann mit der Vertikalen den Winkel

$$\delta = 90 - \left(\frac{150}{2} - 23\right) = 38^0$$

ein.

Die Excentricität des Grundschiebers kann nun aus Gleichung 152 berechnet werden, sobald das Voröffnen v_e für den Voreintritt und die Weite a_1 des Durchlasskanales gewählt wird. Für

$$v_e = \mathbf{4{,}5\ mm}\text{[1]}$$

und

$$a_1 = a = \mathbf{30\ mm}$$

folgt

$$r = \frac{30-4{,}5}{1-\sin 38^0} = \sim \mathbf{66\ mm},$$

womit dann zugleich die äussere Überdeckung nach Gleichung 155

$$e = r - a_1 = 66 - 30 = \mathbf{36\ mm}$$

bestimmt ist.

Wird der Grundschieber auf gleiches Voröffnen v_e eingestellt, so muss er nach Gleichung 141 um eine Mitte schwingen, die für eine Excenterstangenlänge $l = 16\,r$ um

$$y = \frac{1}{2}\,66\,\frac{1}{16}\cos^2 38 = \sim 1{,}3 \text{ mm}$$

weiter als die Spiegelmitte des Cylinders von der Kurbelwelle absteht. Dadurch wird die äussere Überdeckung der linken Seite

$$e + y = 36 + 1{,}3 = \mathbf{37{,}3\ mm},$$

die der rechten Seite

$$e - y = 36 - 1{,}3 = \mathbf{34{,}7\ mm}.$$

Um die inneren Überdeckungen zu bekommen, hat man das Schieber-Diagramm zu zeichnen. In Fig. 7, Taf. 35 ist mit den obigen Verhältnissen das Müllersche Diagramm in $\frac{2}{3}$ der natürlichen Grösse aufgetragen worden. Der mit $\overline{OA} = \overline{OA'} = 66$ mm als Radius geschlagene Kreis steht mit den beiden Totlagen $\overline{OA}$ und $\overline{OA'}$ der Hauptkurbel unter dem Winkel δ gegen die Vertikale Y — Y geneigt. Die Vertikalen X — X und X' — X' im Abstande e + y bezw. e — y von Y — Y liefern die Hauptkurbellagen für den Voreintritt, von denen nur diejenige O I für die linke Kolben(Deckel)seite eingetragen ist, und ferner die Hauptkurbellagen für die Füllung des Grundschiebers, von der ja die grösste Füllung der Meyerschen Steuerung abhängt.

Auf den zu $\overline{AA'}$ parallelen Geraden $\overline{A_0A_0'}$ ist nun unten für die rechte (Kurbel-), oben für die linke Kolben-(Deckel)seite (immer die Anordnung der Maschine in Fig. 1, Taf. 31 vorausgesetzt) an den Voraustritt unter Berücksichtigung einer Schubstangenlänge, die das 5fache

1) Die Gleichung 154 verlangt grössere Werte.

der Hauptkurbel ist, eine Kompression von 17 bezw. 21%[1]) abgetragen worden. Die zugehörigen Hauptkurbellagen O IV′ bezw. O IV ergeben die Vertikalen Z′ — Z′ bezw. Z — Z, also eine innere Überdeckung

$$i_r = \mathbf{19{,}5\ mm} \text{ und } i_l = \mathbf{15\ mm.}^{2)}$$

Das Voröffnen für den Auslass beträgt dann, da

bei der linken Totlage der Hauptkurbel $\overline{wA} = 20{,}7$ mm,

bei der rechten Totlage derselben $\overline{uA'} = 26{,}3$ mm

ist, infolge der endlichen Excenterstangenlänge

für die rechte Kolbenseite

$$v_{i,r} = 20{,}7 + 1{,}3 = \mathbf{22\ mm,}$$

für die linke Kolbenseite

$$v_{i,l} = 26{,}3 - 1{,}3 = \mathbf{25\ mm.}$$

In Fig. 8, Taf. 35 sind mit den vorstehend ermittelten Werten die Dimensionen des Schieberspiegels am Cylinder und diejenigen der unteren Grundschieberseite eingetragen worden. Es ist an der linken Seite, das ist in der Figur die untere, der Abstand

$\overline{1-2} = a_1 = 30$ mm,

$\overline{2-3} = e + y = 37{,}3$ mm,

$\overline{3-4} = a = 30$ mm,

$\overline{4-5} = i_l = 15$ mm,

$\overline{4-6} = r = 66$ mm, damit der Kanal $\overline{3-4}$ bei der äussersten linken Lage des Schiebers für den ausströmenden Dampf ganz geöffnet bleibt.

$\overline{6-7}$ = der Wandstärke s des 2. Durchlasskanales im Grundschieber = 15 mm,

$\overline{7-8} = a_1 = 30$ mm,

$\overline{8-9} = e + y = 37{,}3$ mm,

$\overline{9-10} = a = 30$ mm,

$\overline{10-11} = i_l = 15$ mm,

$\overline{10-12}$ = der Stegstärke $b = \frac{a}{2} + 10 = 25$ mm,

$\overline{12-13} = 2a = 60$ mm, da durch diesen Kanal der Dampf von den beiden linken Seitenkanälen austreten muss,

$\overline{13-14} = r = 66$ mm, damit der Kanal $\overline{12-13}$ in der äussersten linken Lage des Schiebers ganz geöffnet bleibt u. s. w.

Für die andere, rechte Seite ergeben sich die einzelnen Abstände in entsprechender Weise.

Der Grundschieber schwingt dabei um die Ebene S′, welche von der Mittelebene S des Schieberspiegels um $y = 1{,}3$ mm absteht.

Für den Expansionsschieber wurde bei der vorliegenden Steuerung ein Voreilwinkel bezw. eine Excentricität

$$\delta = \mathbf{105^0} \text{ und } r_1 = \mathbf{47\ mm}$$

angenommen. Die letztere, in richtiger Weise aufgetragen, ergiebt in Fig. 6, Taf. 35 die Linie $\overline{OD_1}$, und diese wiederum liefert mit der Excentricität $r = \overline{OA}$ des Grundschiebers durch Konstruktion des Parallelogrammes $O A D_1 A_r O$ die relative Excentricität

$$r_x = \overline{OA_r} = \mathbf{75\ mm.}$$

Der hiermit als Radius geschlagene äussere Kreis in Fig. 6, Taf. 35 gilt für die relative Excenterkurbel und für die Hauptkurbel, wobei man sich die relativen Bewegungen beider Schieber gegeneinander auf der Horizontalen durch O, die Bewegungen des Kolbens dagegen auf $\overline{A_r A_r'}$ vorzustellen hat. Aus der Figur können die Werte y_{max} und y_{min} in der früher allgemein angegebenen Weise für eine unendlich lange Schubstange bestimmt werden. Bei der Dimensionierung der Schieber nach diesen Werten erhält man dann bei endlicher Schubstangenlänge ungleiche Füllungen auf beiden Kolbenseiten.

Zu empfehlen ist es aber, mit Rücksicht auf die Gleichförmigkeit des Ganges der Maschine wenigstens die normale Füllung auf beiden Kolbenseiten gleich gross zu machen. Es kann dies nach Fig. 7, Taf. 35 in der folgenden Weise geschehen.

Nach den Diagrammen auf Taf. 29 soll die normale Füllung des grossen Cylinders

$$\frac{S_1}{S} = 0{,}266 \text{ oder } 26{,}6\,\%$$

betragen. Trägt man nun in Fig. 7, Taf. 35 auf den zu $\overline{A_r A_r'}$ parallelen Geraden $\overline{A_{ro} A_{ro}'} = \frac{2}{3} \cdot 2 \cdot 75 = 100$ mm unter Berücksichtigung des Umstandes, dass $\overline{OA_r}$ der linken, $\overline{OA_r'}$ der rechten Totlage der Hauptkurbel entspricht, oben das Stück

$$\overline{A_{ro} A_{II}} = 0{,}266\ \overline{A_{ro} A_{ro}'} = \frac{2}{3} \cdot 0{,}266 \cdot 150 = 26{,}6 \text{ mm}$$

für die linke Kolben(Deckel)seite bezw. bei der hier stets vorausgesetzten Maschinenanordnung und -drehung für den Hinlauf, unten das ebenso grosse Stück $\overline{A_{ro}' A_I'}$ für die rechte Kolben(Kurbel)seite bezw. den Rücklauf auf und bestimmt die zugehörigen Hauptkurbellagen $O II_2$ und $O II_2'$, so erhält man in den Horizontalen

$$y_{2,l} = \overline{II_2 B_{II}}^{1)} = 46{,}5 \text{ mm und}$$

$$y_{2,r} = \overline{II_2' B_{II}'}^{1)} = 56{,}3 \text{ mm}$$

die Abstände, um welche auf der einen und anderen Kolbenseite die äusseren Kanten der Durchlasskanäle von den entsprechenden Kanten der Expansionsplatten bei der relativen Mittellage beider Schieber abstehen müssen, wenn auf beiden Kolbenseiten eine gleiche Füllung von 26,6% erreicht werden soll.

Die grösste Füllung, welche die Meyersche Steuerung geben darf, ist weiter von der Hauptkurbellage abhängig, bei welcher der Schluss des Cylinderkanales durch den Grundschieber stattfindet. Für die rechte[2]) Kolbenseite muss diese Hauptkurbellage durch den Schnittpunkt der Vertikalen X′ — X′ mit der oberen Hälfte des Grundschieberkreises gehen. Nach Fig. 7, Taf. 35 steht dann die Hauptkurbel um den Winkel γ_2' vor der linken Totlage $\overline{OA}$. Sucht man dieselbe Lage im Relativschieberkreise auf, trägt also den Winkel γ_2' von $\overline{OA_r}$ rückwärts auf, so erhält man die Lage $\overline{OM}$, und diese, auf die andere Seite der Horizontalen OX geklappt, liefert schliesslich die der grössten Füllung $\left(\frac{\overline{A_{ro}' A_I'}}{\overline{A_{ro} A_{ro}'}} = 0{,}6\right)$ von 60%

1) Die Hauptkurbellage, welcher bei unendlich langer Schubstange eine Kompression von 19% auf beiden Kolbenseiten entspricht, liefert bei der angegebenen endlichen Länge der Schubstange 15% Kompression auf der rechten und 23% auf der linken Kolbenseite. Nach dem Obigen ist also die Kompression auf beiden Seiten bis auf 17 bezw. 21% angenähert.

2) Durch die photographische Verkleinerung der Tafeln sind diese Dimensionen in Fig. 7 etwas verändert worden.

1) Mit Berücksichtigung des Massstabes der Figur.

2) Man nimmt die rechte Seite, weil hier die Überdeckung nur e — y ist.

entsprechende Hauptkurbellage O II_1', sowie den horizontalen Abstand (unter Berücksichtigung des Massstabes der Figur)

$$y_{max,r} = \overline{II_1' B_I'} = \sim \mathbf{75\ mm.}$$

Giebt man jetzt den beiden Gewinden der Schieberspindel die gleiche Steigung, so wird offenbar, wenn die Füllung auf der rechten Kolbenseite von der normalen bis zur grössten geändert wird, eine Verschiebung der beiden Platten um

$$y_{max,r} - y_{2,r} = 75 - 56,3 = 18,7 \text{ mm}$$

eintreten, also der Abstand der linken Platte für die grösste Füllung

$$y_{max,l} = y_{2,l} + 18,7 = 46,5 + 18,7 = \mathbf{65,2\ mm}$$

werden. Eine in diesem Abstande von Y — Y in Fig. 7, Taf. 35 gezogene Vertikale schneidet den Relativschieberkreis in II_1 und bestimmt eine grösste Füllung auf der linken Kolbenseite $\left(\frac{\overline{A_{ro} A_I}}{\overline{A_{ro} A_{ro}'}} = 0,457\right)$ von nur 45,7 %.

Soll schliesslich die kleinste Füllung der rechten Kolbenseite 10 % betragen, so erhält man

$$y_{min,r} = \overline{II_3' B_{III}'} = + \mathbf{27,7\ mm.}$$

Bei einer Änderung von der normalen bis zur kleinsten Füllung wird also die rechte und linke Platte um

$$y_{2,r} - y_{min,r} = 56,3 - 27,7 = 28,6 \text{ mm}$$

verschoben, erhält also die linke Platte bei der kleinsten Füllung einen Abstand

$$y_{min,l} = y_{2,l} - 28,6 = 46,5 - 28,6 = + \mathbf{17,9\ mm.}$$

Da in Fig. 7 die Horizontale $\overline{II_3 B_{III}}$ gleich diesem Abstande ist, so ergiebt sich auf der linken Kolbenseite eine kleinste Füllung

$$\frac{\overline{A_{ro} A_{III}}}{\overline{A_{ro} A_{ro}'}} = 0,09 \text{ oder } 9\ \%.$$

Bei gleicher Steigung in den beiden Spindelgewinden wird also eine fast vollständige Annäherung in den Füllungen von der normalen bis zur kleinsten auf beiden Kolbenseiten erzielt, während diejenigen von der normalen bis zur grössten verschieden ausfallen. Wollte man die letzteren annähernd für beide Kolbenseiten gleich machen, so müsste man dem Spindelgewinde für die linke Platte eine grössere Steigung als demjenigen für die rechte geben, wie dies im vorigen Beispiele gezeigt ist.

Mit den vorstehend ermittelten Werten von y_{min} ergiebt sich nun aus Gleichung 158

für die linke Schieberseite

eine Plattenlänge mit x = 4,9

$$p = 75 - 17,9 + 30 + 4,9 = \mathbf{92\ mm,}$$

für die rechte eine solche mit x = 4,7

$$p = 75 - 27,7 + 30 + 4,7 = \mathbf{82\ mm,}$$

und es können in Fig. 8, Taf. 35 die einzelnen Kanten der Schieber in der Weise aufgetragen werden, wie dies z. B. nachstehend für die linke (in der Figur die untere) Schieberhälfte angegeben ist.

Es ist zu machen der Abstand

$\overline{16 - 17} = a_1 = 30$ mm,

$\overline{16 - 18} = y_{max,l} = 65,2$ mm,

$\overline{18 - 20} = p = 92$ mm,

$\overline{19 - 21} = a_1 = 30$ mm,

$\overline{19 - 22} = y_{max,l} = 65,2$ mm,

$\overline{22 - 23} = p = 92$ mm,

$\overline{23 - 24} = r_x - d_1 = 75 - 7 = 68$ mm, wenn $d_1 = 7$ mm das Stück bezeichnet, um welches die innere Platte bei der äussersten rechten Relativlage übertritt, damit die Bildung eines Grates vermieden wird.

Es fehlt schliesslich noch der Abstand $\overline{17 - 19}$, das ist die Länge der zwischen den beiden Durchlasskanälen befindlichen Wand. Der Abstand ist bestimmt, sobald die Entfernung $\overline{20 - 21}$ oder diejenige $\overline{18 - 19} = r_x + d$ bei der grössten Füllung festliegt. Man wird alle diese Entfernungen so zu wählen haben, dass der Kanal 19 — 21 durch die Kante 20 der äusseren Expansionsplatte spätestens dann geöffnet wird, wenn der Grundschieber den Cylinderkanal öffnet. Ist diese Bedingung bei der grössten Füllung erfüllt, so ist sie es auch bei den übrigen, weil bei der ersteren ja die Expansionsplatten am weitesten nach innen stehen.

Im Grundschieberkreise der Fig. 7, Taf. 35 öffnet nun der Grundschieber den linken Cylinderkanal bei der Hauptkurbellage O I. Sucht man die entsprechende Hauptkurbellage im Relativschieberkreise auf, indem man den Winkel I O A von O A_r aus rückwärts aufträgt, so hat der Endpunkt dieser nicht eingetragenen Kurbellage von der Vertikalen Y — Y einen Abstand

$$y' = 28 \text{ mm},$$

d. h. bei der Eröffnung des linken Cylinderkanales durch den Grundschieber steht der Expansionsschieber um 28 mm nach rechts vor der relativen Mittellage.

In Fig. 8, Taf. 35 sind nun die Schieber in der relativen Mittellage gezeichnet, also ist die Kante 21 um den Abstand

$$\overline{20 - 21} = 28 \text{ mm}$$

nach rechts von der Kante 20 aus abzutragen. Will man den in der Figur angegebenen Abstand $r_x + d$ berechnen, so hat man zu beachten, dass

$$\overline{18 - 21} = r_x + d + a_1 = p + y',$$

oder

$$d = p + y' - r_x - a_1,$$

oder mit der Gleichung 158

$$d = r_x - (\pm y_{min}) + a_1 + x + y' - r_x - a_1,$$
$$d = -(\pm y_{min}) + y' + x$$

ist. Im vorliegenden Falle ergiebt sich

$$d = -17,9 + 28 + 4,9 = 15 \text{ mm},$$

also

$$r_x + d = 75 + 15 = 90 \text{ mm}.$$

In Fig. 3, Taf. 39 ist dieselbe Steuerung für eine stehende Maschine angedeutet.

§ 39.

Die Doppel-Schiebersteuerung von Rider.

Einfacher und leichter als bei der Meyerschen Steuerung gestaltet sich die Einwirkung des Regulators auf den Expansionsschieber bei der nach ihrem Erfinder benannten Ridersteuerung. Während nämlich bei der Meyerschen Steuerung zur Veränderung der Füllung eine mehrmalige Umdrehung der Gewinde-Schieberspindel[1]) nötig ist, sich auch der Verschiebung der hier nur schwierig in vollkommener Weise zu entlastenden Expansionsplatten ein beträchtlicher Widerstand entgegenstellt, genügt bei der Ridersteuerung für gewöhnlich eine Drehung der Expansions-Schieberstange um einen Winkel von höchstens

1) Die Verschiebung der Expansionsplatten der Meyerschen Steuerung durch Hebel oder sonstige Vorrichtungen bietet andere Übelstände und kommt sehr selten zur Anwendung.

70°, wenn die Füllung zwischen ihren Grenzen verändert werden soll, und ist die Kraft bezw. Arbeit, welche der leicht und namentlich bei stehenden Maschinen dauernd zu entlastende Riderschieber zu seiner Verstellung erfordert, nur so gross, dass sie von den gewöhnlichen, unmittelbar mit der Steuerung verbundenen Regulatoren fast stets geleistet werden kann.

Die Form und Wirkungsweise der Ridersteuerung ergiebt sich aus der Meyerschen Steuerung, von der sie nur eine Abänderung ist, leicht in der folgenden Weise. Denkt man sich nach Fig. 1a, Taf. 37 die Durchlasskanäle des Grundschiebers an der dem Expansionsschieber zugekehrten Seite nicht parallel, sondern geneigt zu den Cylinderkanälen angeordnet und den Expansionsschieber als trapezförmige Platte von derselben Neigung ausgebildet, so erkennt man, dass bei der in der Figur angedeuteten relativen Mittellage beider Schieber die Entfernung der schrägen Kanten des Expansionsschiebers von der äusseren Kante des zugehörigen und parallelen Durchlasskanales durch die Höhenlage der Trapezplatte bedingt ist. Bei der mittleren, ausgezogenen Lage der letzteren ist diese Entfernung, wie an der linken Seite eingetragen, z. B. gleich y_{norm}, bei der tiefsten, strichpunktiert angedeuteten Lage dagegen ist sie grösser, nämlich y_{max}, und bei der höchsten, punktierten Lage ist sie am kleinsten, nämlich y_{min}, da nun die Kante der Trapezplatte nicht mehr innerhalb, sondern ausserhalb der schrägen Durchlasskanäle liegt. Von der erwähnten Entfernung war aber bei der Meyerschen Steuerung, wie wir im vorigen Paragraphen sahen, die Füllung in der Weise abhängig, dass letztere grösser wurde, wenn der allgemein mit y bezeichnete Abstand nach der inneren Seite zunahm, kleiner dagegen, wenn dieser Abstand abnahm oder sogar auf die äussere Seite der Durchlasskanäle fiel, also negativ wurde. Der in Fig. 1a angedeutete Trapezschieber wird deshalb auch, wenn sich beide Schieber in horizontaler Richtung hin- und herbewegen, eine um so grössere Füllung geben, je tiefer er in Bezug auf den Grundschieber liegt, und eine um so kleinere, je höher er in Bezug auf diesen steht. Bei der strichpunktiert angedeuteten Lage wird also die grösste, bei der punktiert angedeuteten dagegen die kleinste Füllung eintreten, und innerhalb dieser beiden Grenzlagen hat der Regulator, wenn ein solcher auf die Steuerung einwirken soll, den Expansionsschieber während seines Hin- und Herganges so einzustellen, dass eine dem jeweiligen Belastungszustande der Maschine entsprechende Füllung stattfindet.

In dieser ebenen Plattenform ist der Expansionsschieber der Ridersteuerung verschiedentlich ausgeführt worden, ohne dass indes eine zuverlässige und genügend schnelle Einwirkung des Regulators auf die Steuerung erzielt wurde. Der Expansionsschieber trug dabei auf seinem Rücken z. B. eine in der Stellrichtung (also in Fig. 1a, Taf. 37 vertikal) verlaufende Zahnstange, in welche ein auf der Expansionsschieberstange festsitzendes Ritzel eingriff. Das letztere nahm, indem es sich gegen die Ränder der Zahnstange legte, den Expansionsschieber in der Richtung der Schieberstange mit hin und her und verstellte zugleich den Schieber in der dazu senkrechten Richtung, wenn der Regulator die Expansionsschieberstange vermittelst eines auf ihr befestigten Hebels drehte.

Einfacher, leichter und sicherer wird aber die Einwirkung des Regulators, wenn man bei der Ridersteuerung den Expansionsschieber und die ihm zugewandte Seite des Grundschiebers nach einem für die Berührungsfläche beider Schieber gleichen Radius krümmt, also nach Fig. 1, Taf. 37 die betreffende Seite des Grundschiebers hohl- und die zugehörige Seite des Expansionsschiebers vollcylindrisch gestaltet. Der Expansionsschieber bietet dem Dampfdrucke dann nicht mehr die volle, ebene Fläche, sondern nur die Projektion der gekrümmten Fläche zum Anpressen gegen den Grundschieber, und der Regulator braucht den Expansionsschieber bei einer Änderung im Belastungszustande der Maschine nur zu drehen, um dieselbe Wirkung zu erzielen, welche bei der ebenen Form des Expansionsschiebers in Fig. 1a, Taf. 37 durch ein Auf- und Abbewegen des letzteren erreicht wurde und in einer Änderung des Abstandes y bezw. der Füllung bestand. Der Expansionsschieber sitzt dabei, wie Fig. 1, Taf. 37 zeigt, fest auf seiner Schieberstange, die eine hin- und hergehende Bewegung von der Excenterstange empfängt, zugleich aber vom Regulator aus gedreht werden kann. Über die verschiedenen Konstruktionen der Schieber und des Regulatorangriffes ist im letzten Abschnitte das Nötige vermerkt.

Die Verhältnisse eines solchen einfachen Riderschiebers bestimmen sich folgendermassen. Man zeichnet zunächst, genau wie im vorigen Paragraphen bei der Meyerschen Steuerung angegeben, das Schieber-Diagramm und entnimmt demselben die Werte y_{max} und y_{min} für die grösste bezw. kleinste Füllung. Alsdann hat man die obere Seite des Grundschiebers, sowie den Expansionsschieber in der Abwickelung, also nach Fig. 1a, Taf. 35 aufzutragen. Man wählt dabei die Neigung der Durchhlasskanäle und der Trapezkanten so, dass der Winkel

$$\beta = 30 \text{ bis } 70^\circ \quad . \quad . \quad . \quad . \quad . \quad 161$$

beträgt. Die Weite a_2 und Höhe h_2 der Durchlasskanäle muss natürlich so bemessen werden, dass

$$a_2 \cdot h_2 = a_1 \cdot h_1 \quad . \quad . \quad . \quad . \quad . \quad . \quad 162$$

ist. Die kleinere, obere Entfernung zwischen den Innenkanten der schrägen Durchlasskanäle ist von der Ausbildung des Grundschiebers abhängig, muss aber mindestens so gross sein, dass jeder der beiden Durchlasskanäle bei der grössten Füllung und der relativen Totlage des Expansionsschiebers nicht durch die abgekehrte, nicht parallele Kante des letzteren geöffnet wird.

In Fig. 1a, Taf. 37 kommt z. B. bei der rechten relativen Totlage und bei der grössten Füllung die linke schräge Kante bezw. der Punkt 4 des Trapezes um r_x nach rechts. Der Punkt 4 muss dann, damit die erwähnte Kante den rechten schrägen Kanal nicht öffnet, noch innerhalb der beiden Durchlasskanäle, also links vom Punkte 5, liegen.

Die Plattenlänge oder -höhe p ist hier so gross zu bemessen, dass der Expansionsschieber bei seiner tiefsten Lage bezw. bei der grössten Füllung die Durchlasskanäle oben, bei seiner höchsten Lage bezw. bei der kleinsten

Füllung diese Kanäle unten noch um ein Stück s überdeckt. Die Verstellung z der Trapezplatte bei einer Änderung der Füllung von der kleinsten bis zur grössten beträgt nun nach Fig. 1a, Taf. 35, da dann der Punkt 1 z. B. nach 2 kommt,

$$\overline{1-2} = \overline{2-3} \cdot \operatorname{tg}\beta,$$

oder mit $\overline{1-2} = z$ und $\overline{2-3} = y_{max} - (\pm y_{min})$

$$z = \{y_{max} - (\pm y_{min})\} \operatorname{tg}\beta \quad . \quad . \quad . \quad 163$$

Hiermit ergiebt sich die Plattenlänge oder -höhe

$$p = h_2 + z + 2s \quad . \quad . \quad . \quad . \quad . \quad 164$$

und der Winkel α, um welchen die Expansionsschieberstange vom Regulator gedreht werden muss, wenn durch letzteren die Füllung von der grössten bis zur kleinsten verändert werden soll,

$$\alpha = \frac{180\ z}{\pi\ \rho} \quad . \quad . \quad . \quad . \quad . \quad . \quad 165$$

wenn ρ der Radius ist, nach welchem der Expansionsschieber und die ihm zugewandte Seite des Grundschiebers in der Berührungsfläche beider gekrümmt sind. Zu beachten ist, dass für gewöhnlich

$$\alpha = 30 \text{ bis } 70^0 \quad . \quad . \quad . \quad . \quad . \quad 166$$

beträgt und ρ so gewählt werden muss, dass die Abdichtung des Expansionsschiebers im Grundschieber noch eine genügende ist, was für

$$\frac{h_2}{\pi \cdot \rho} \leqq \frac{2}{3} \quad . \quad . \quad . \quad . \quad . \quad . \quad 167$$

wohl der Fall sein dürfte. α wird um so kleiner, je kleiner z ist, und das ist wieder um so mehr der Fall, je kleiner $y_{max} - (\pm y_{min})$ und je kleiner β ist.

Der Wert $y_{max} - (\pm y_{min})$ wird um so kleiner, je näher unter sonst gleichen Verhältnissen die Füllungsgrenzen liegen und je kleiner r_x ist. Ein kleines r_x ist ferner insofern günstig, als bei ihm der Schieberweg und wegen des kleinen $y_{max} - (\pm y_{min})$ auch die Plattenhöhe p, sowie die Plattenfläche und der Druck des Dampfes auf diese gering ausfällt, was beides zur Verminderung der Reibungsarbeit des Expansionsschiebers beiträgt; andererseits ist aber ein kleines r_x bei derselben Kanalweite einem schnellen Kanalschluss ungünstig.

Je kleiner der Winkel β ist, d. h. je mehr die Durchlasskanäle geneigt werden, desto kleiner wird die Höhe, desto grösser wird aber auch die Länge der Trapezplatte.

Was die Regulierfähigkeit der vorliegenden, einfachen Ridersteuerung anbelangt, so ist dieselbe für kleinere Maschinen mit nicht zu kleiner Füllung eine genügend grosse. Sie wird offenbar um so grösser sein, je kleiner der Widerstand ist, den der Expansionsschieber seiner Verdrehung entgegensetzt, und je schneller dieser Widerstand vom Regulator überwunden werden kann. Der erwähnte Widerstand hängt aber einmal von der Projektionsfläche des Expansionsschiebers und das andere Mal von der Höhe der Dampfspannung ab. Bei kleinen Maschinen fällt nun für die einfache Ridersteuerung die Projektionsfläche, welche der Expansionsschieber dem Dampfdrucke bietet, noch so klein aus, dass die gewöhnlichen Regulatoren den Schieber während der Füllung zu drehen vermögen. Während der Expansion ist dem Regulator das für gewöhnlich nicht möglich, weil dann die Druckdifferenz auf beiden Seiten des Schiebers infolge der geringeren Expansionsspannung im Cylinder zu gross ist. Bei kleiner Füllung und langer Expansion wird sich deshalb die Verdrehung auf viele Hübe verteilen müssen und nicht schnell genug vor sich gehen.

Bei kleinen Maschinen wird man also die Projektionsfläche des Expansionsschiebers möglichst klein zu halten suchen, bei mittleren und grösseren aber, um eine genügende Regulierfähigkeit zu sichern, den Expansionsschieber entlasten müssen. Eine kleine Projektionsfläche lässt sich, wie oben gezeigt, entweder dadurch erreichen, dass man die Füllungsgrenzen nicht zu weit wählt, also bei festliegender kleinster Füllung die grösste Füllung nicht zu hoch nimmt, was wieder nach dem Obigen eine langsame Regulierung mit sich bringt, oder dadurch, dass man die relative Excentricität möglichst klein macht, was wieder einem schnellen Kanalschlusse ungünstig ist. Die Entlastung des Expansionsschiebers dagegen kann so bewerkstelligt werden, dass eine Teilung der schrägen Einlasskanäle in zwei, drei und mehr Öffnungen stattfindet, und diese gestatten ja, wie schon auf Seite 173 bei der Meyerschen Steuerung gezeigt wurde, eine im Verhältnis ihrer kleineren Weite geringere relative Excentricität, ohne dass die Schnelligkeit des Kanalschlusses abnimmt.

In Fig. 1, Taf. 38 ist zunächst eine entlastete Ridersteuerung dargestellt, bei der zwei schräge Einlasskanäle an jeder Seite des Grundschiebers vorhanden sind. Zu diesem Zwecke ist der letztere aus zwei Teilen hergestellt und sowohl im unteren[1]), als auch im oberen Teile an jeder Seite ein schräger Kanal von der Weite a_2 und der Höhe h_2 angeordnet. Der schräge Kanal des Oberteiles verläuft entgegengesetzt zu dem des Unterteiles und steht durch zwei Kanäle von der Weite a_3 und der Höhe h_3 am Umfange des Oberteiles mit dem Unterteile in Verbindung. Der Expansionsschieber hat in der Abwickelung, wie Fig. 2, Taf. 38 zeigt, die Form von zwei Trapezen, von denen das eine im aufgerollten Zustande dem anderen in allen seinen Teilen diametral gegenüber liegt; hierdurch wird der Dampfdruck auf diesen Schieber vollständig aufgehoben, so lange der letztere sich dampfdicht in dem Grundschieber bewegt. Fig. 2, Taf. 37 zeigt eine andere Ausführung derselben Schieber. In Fig. 3, Taf. 37 dagegen besitzt der Grundschieber an jeder Seite drei schräge Öffnungen für den Dampfeinlass, und der Expansionsschieber besteht in der Abwickelung nach Fig. 3a, Taf. 37 aus drei aneinander hängenden Trapezen.

Bezüglich der Querschnitte der Einlassöffnungen ist zu bemerken, dass in Fig. 1, Taf. 38 und Fig. 2, Taf. 37

$$a_2 \cdot h_2 = \frac{1}{2} a_1 \cdot h_1,$$

$$a_3 \cdot h_3 > \frac{1}{2} a_2 \cdot h_2,$$

dagegen in Fig. 3, Taf. 37

$$a_2 \cdot h_2 = a_3 \cdot h_3 = \frac{1}{3} a_1 \cdot h_1{}^{2)}$$

sein muss.

1) Als Unterteil ist hier die dem Schieberspiegel nähere, als Oberteil die demselben entferntere Hälfte des Grundschiebers gemeint.

2) In Fig. 3, Taf. 37 sind die Dimensionen a_3 und h_3 der Umfangskanäle nicht eingetragen. a_3 gilt hier für die Mitte des Grundschiebers.

In Fig. 2, Taf. 42 schliesslich sind an jeder Seite des Grundschiebers fünf schräge Kanäle angeordnet, der Expansionsschieber besteht aber nicht aus fünf Trapezen, sondern ist in Form von zwei geschlossenen Cylindern ausgebildet, in welche die schrägen Kanten als Schlitze eingearbeitet sind. In Fig. 2a sind die beiden Expansionsschieber in der Abwickelung angedeutet. Die weiteren und höheren Schlitze gehören dem Expansionsschieber, die engeren und niedrigeren dem Grundschieber bezw. der in diesen an jeder Seite eingesetzten Buchse an. Zu beachten ist, dass die Schieber durch ihre Excenter in vertikaler Richtung auf- und abbewegt werden, wie dies z. B. in der unteren Hälfte durch die einpunktierten relativen Totlagen angedeutet ist, dass dagegen der Regulator die Expansionsschieber beim Einstellen der Füllung in horizontaler Richtung verdreht.

In der oberen Hälfte sollen die linken Kanten der weiteren Schlitze den Dampfeinlass an den rechten Kanten der engeren Schlitze abschneiden. Demgemäss muss, wie in der Figur angedeutet ist, bei der relativen Mittellage beider Schieber die erstgenannte Kante durch den Punkt 2 gehen, also um y_{max} unter der letztgenannten Kante stehen, wenn die grösste Füllung gegeben werden soll, dagegen muss die erstgenannte Kante durch den Punkt 1 laufen, also sich um y_{min} unter oder über (je nachdem dieses letztere positiv oder negativ ist) der letztgenannten Kante befinden, wenn die kleinste Füllung stattfinden soll. Die Verstellung des Expansionsschiebers bei einer Änderung der Füllung von der grössten bis zur kleinsten, folgt dann aus dem Dreieck 1 — 2 — 3 wieder zu

$$\overline{2-3} = \overline{1-2} \cdot \text{tg} \sphericalangle 2-1-3,$$

oder, wenn der Winkel 2 — 1 — 3 mit β bezeichnet wird, wie früher

$$\mathbf{z} = \{\mathbf{y_{max}} - (\pm \mathbf{y_{min}})\} \,\mathbf{tg}\beta \quad . \; . \; . \; \mathbf{168}$$

Die Weite a_2[1]) und Höhe h_2 der engeren Schlitze in den Buchsen des Grundschiebers ist so zu bestimmen, dass

$$a_2 \cdot h_2 = \frac{1}{5} a_1 \cdot h_1$$

wird. Die Weite a_3 der Schlitze im Expansionsschieber ist so zu wählen, dass der letztere die Durchlasskanäle im Grundschieber bei der grössten Füllung spätestens dann öffnet, wenn der Grundschieber den Cylinderkanal offen macht. Für den oberen Cylinderkanal tritt das letztere offenbar bei einer Hauptkurbellage ein, die durch den Schnittpunkt des e-Kreises mit der unteren Hälfte des oberen Grundschieberkreises geht, denn dann beginnt ja bekanntlich der Voreintritt oben bezw. links. Die erwähnte Hauptkurbellage schneidet nun in Fig. 2b, Taf. 42 auf dem unteren Relativschieberkreise die Sehne y′ ab. Das heisst, in dem Augenblicke, wo der Grundschieber den oberen Cylinderkanal öffnet, steht der obere Expansionsschieber um y′ unter der relativen Mittellage, die er bei der grössten Füllung einnimmt. Die untere Kante der weiteren Schlitze geht dann also nach Fig. 2a durch den Punkt 4, wenn dort $y' = \overline{7-4}$ und 7 die Lage dieser Kante bei der relativen Mittellage beider Schieber ist. Sollen jetzt die weiteren Schlitze die engeren anfangen zu öffnen, so muss die rechte Kante der ersteren mit der linken der letzteren zusammenfallen. In der Figur ist bei der erwähnten Lage schon eine Eröffnung der Durchlasskanäle eingetreten, denn die durch 6 gehende rechte Kante der weiteren Schlitze liegt etwas über der linken Kante der engeren. Es ist dann in dem Dreieck 6 — 4 — 5

$$\overline{4-5} = \overline{4-6} \,.\, \text{tg}\,\beta,$$

bezw.

$$a_3 = \overline{4-6} \cdot \text{tg}\,\beta.$$

Als mindeste Weite ergiebt sich, wenn man berücksichtigt, dass der Punkt 2 um

$$y_{max} - \frac{a_2}{\text{tg}\,\beta}$$

unter dem Punkte 7 liegt,

$$a_3 = \left(y' + y_{max} - \frac{a_2}{\text{tg}\,\beta}\right) \text{tg}\,\beta,$$

oder

$$\mathbf{a_3} \geqq (\mathbf{y'} + \mathbf{y_{max}})\, \mathbf{tg}\,\beta - \mathbf{a_2} \quad . \; . \; . \; . \; \mathbf{169}$$

unter β wie früher den Neigungswinkel der schrägen Schlitze gegen die Hubrichtung verstanden.

Die Höhe h_3 der Schlitze im Expansionsschieber ist so zu wählen, dass die Durchlassöffnungen in der Buchse des Grundschiebers auf ihrer ganzen schrägen Länge vom Expansionsschieber geöffnet und geschlossen werden. Die dieser Bedingung genügende Höhe erhält man leicht durch Probieren.

Der zwischen zwei benachbarten Schlitzen im Expansionsschieber verbleibende Steg muss weiter mindestens so gross sein, dass z. B. mit Bezug auf die obere Hälfte in Fig. 2a, Taf. 42 bei der kleinsten Füllung und der unteren relativen Totlage beider Schieber jeder Schlitz in der Buchse nicht von dem zunächst nach rechts liegenden benachbarten Schlitz im Expansionsschieber geöffnet wird. Man gelangt dadurch zu einer ähnlichen Beziehung, wie sie in Gleichung 158 für die Meyersche Steuerung aufgestellt wurde, nur muss man hier, da $\frac{a_2}{\text{tg}\,\beta}$ die Weite des Durchlasskanales in der Hubrichtung bezeichnet,

$$p = r_x - (\pm y_{min}) + \frac{a_2}{\text{tg}\,\beta} + x$$

setzen, wenn p also die Stegbreite zwischen zwei benachbarten Schlitzen des Expansionsschiebers in der Hub(vertikalen)richtung ist. Für die zum Schieberhube senkrechte Richtung, also für den Umfang des Schiebers, muss

$$\mathbf{p'} = \{\mathbf{r_x} - (\pm \mathbf{y_{min}})\}\, \mathbf{tg}\,\beta + \mathbf{a_2} + \mathbf{x'} \quad . \; . \; \mathbf{170}$$

sein, unter $x' = x \cdot \text{tg}\beta$ die nötige Sicherheitsdeckung verstanden.

Die entlastete Ridersteuerung leidet an dem Übelstande, dass die Schieber schon bei mittleren Maschinen ziemlich gross ausfallen, somit ein beträchtliches Gewicht und eine grosse Masse besitzen. Das erstere wirkt bei liegenden

---

1) In der Figur ist mit a_2 und a_3 die Kanalweite in der Stellrichtung des Expansionsschiebers bezeichnet. Für den Abschluss der Kanäle ist natürlich die zu a_2 senkrechte Weite in der Hubrichtung massgebend.

Maschinen insofern nachteilig, als der schwere Expansionsschieber einen einseitigen Verschleiss an der unteren Seite der Grundschieberhöhlung herbeizuführen sucht, der dann eine Undichtheit beider Schieber ineinander und eine Aufhebung der Entlastung zur Folge hat. Bei stehenden Maschinen ist dieser Nachteil ausgeschlossen. Dagegen hat die grosse Masse der Schieber sowohl bei stehenden, als auch bei liegenden Maschinen den Nachteil, dass die Massendrucke des Schiebergestänges in den Totlagen, namentlich bei hoher Tourenzahl, gross ausfallen und bald Spielräume in den Gelenkpunkten herbeiführen. Das Gewicht der Schieber wird man bei stehenden Maschinen durch besondere Kolben (siehe letzter Abschnitt) auszugleichen suchen.

Beispiele.

1. Für die im 1. Beispiele auf Seite 175 angeführte Eincylinder-Auspuffmaschine von 300 mm Cylinderbohrung, 600 mm Hub und 90 Umdrehungen in der Minute sind die Verhältnisse einer entlasteten Ridersteuerung zu bestimmen.

Die Verhältnisse der Cylinderkanäle und des Grundschiebers ergeben sich in derselben Weise, wie dies auf Seite 175 und folgende gezeigt wurde. Mit Bezug auf Fig. 1, Taf. 38 beträgt hiernach

die Weite der Cylinderkanäle . . . $a = \mathbf{21\ mm}$,
die Höhe derselben . . . . $h = \mathbf{200\ mm}$,
die Excentricität des Grundschiebers . $r = \mathbf{39\ mm}$,
der Voreilwinkel desselben . . . . $\delta = \mathbf{34^0}$,
die Weite der Durchlasskanäle . . . $a_1 = \mathbf{21\ mm}$,
die äussere Überdeckung, wenn der Schieber gleiches Voröffnen v_e ergeben soll,

$$e + y = \mathbf{18{,}75} \text{ bezw. } e - y = \mathbf{17{,}25\ mm},$$

die innere Überdeckung, wenn die Schieber annähernd gleiche Kompression und annähernd gleiches Voröffnen v_i liefern soll,

$$i_l = \mathbf{5{,}8} \text{ bezw. } i_r = \mathbf{8{,}8\ mm},$$

die Stegbreite . . . . $b = \mathbf{25\ mm}$.

Die Weite a_0 des mittleren Kanales hängt hier von anderen Rücksichten ab.

Die Dimensionen der beiden Durchlassöffnungen in der Höhlung des Grundschiebers müssen so gewählt werden, dass

$$2\,a_2 \cdot h_2 = a_1 \cdot h_1 = 21 \cdot 200 = 4200 \text{ qmm}$$

ist. Im vorliegenden Falle wurde

$$h_2 = \mathbf{130\ mm}$$

mit Hinsicht darauf gemacht, dass nach Gleichung 167

$$\frac{h_2}{\pi \cdot \rho} \leq \frac{2}{3}$$

wegen der erforderlichen Abdichtung des Expansionsschiebers sein soll, was mit dem später sich ergebenden Radius $\rho = 64$ bezw. 70 mm des Schiebers, hier

$$\frac{130}{\pi \cdot 64} = 0{,}645 \text{ bezw. } \frac{130}{\pi \cdot 70} = 0{,}59$$

ergiebt. Weiter folgt dann

$$a_2 = \frac{4200}{2 \cdot 130} = \sim \mathbf{16\ mm}.$$

Die Dimensionen der beiden Kanäle, welche die obere Hälfte des Grundschiebers mit dessen unteren Hälfte verbinden, sind nach den Angaben auf Seite 183 an die Beziehung

$$2\,a_3 \cdot h_3 \geq a_2 \cdot h_2 = 16 \cdot 130 = 2080 \text{ qmm}$$

gebunden. Für

$$h_3 = \mathbf{95\ mm}$$

folgt

$$a_3 \geq \frac{2080}{2 \cdot 95},\ a_3 \geq 11{,}6 \text{ mm},$$

wofür hier

$$a_3 = \mathbf{13\ mm}$$

gewählt ist.

Um die Verhältnisse des Expansionsschiebers zu bestimmen, hat man jetzt die relative Excentricität r_x festzulegen, bezw. den Voreilwinkel δ_1 und die Excentricität r_1 des Expansionsschiebers zu wählen. Dies soll hier in doppelter Weise geschehen.

Legt man zunächst Wert darauf, dass die Reibungsarbeit des Expansionsschiebers klein, seine Regulierfähigheit gross wird, so muss man, wie auf Seite 183 gezeigt wurde, r_x möglichst klein annehmen. Da nun hier der Expansionsschieber an jeder Seite zwei Durchlassöffnungen von der Weite $a_2 = 16$ mm, in dem Beispiele auf Seite 175 und folgende aber nur eine Öffnung von der grösseren Weite $a_1 = 21$ mm abzuschliessen hat, so kann man hier, ohne die Schnelligkeit des Kanalschlusses gegenüber dort zu vermindern, die relative Excentricität r_x im Verhältnis von 16 zu 21 kleiner, also, da dort $r_x = 50$ mm war, hier

$$r_x = \frac{16}{21}\,50 = \sim \mathbf{38\ mm}$$

nehmen. Behält man dabei die Lage $\overline{O D_r}$ der letzteren in Fig. 2, Taf. 35 bei, so kann für $r_x = \overline{O D_r} = 38$ mm und $r = \overline{O D} = 39$ mm durch Rückwärtskonstruktion des Parallelogrammes $O\,D_r\,D\,D_1\,O$ die Excentricität und der Voreilwinkel des Expansionsschiebers bestimmt werden. Es ergiebt sich

$$r_1 = \mathbf{35\ mm} \text{ und } \delta = \mathbf{95^0}.$$

Zeichnet man dann in Fig. 2, Taf. 35 die beiden Relativschieberkreise mit 38 mm Durchmesser, so erhält man für eine unendlich lange Schubstange bei einer grössten Füllung von 60 %, entsprechend der Hauptkurbellage $O\,II_1$, einen Wert

$$y_{max} = \mathbf{37{,}6\ mm},$$

der gemäss dem auf Seite 176 für $r_x = 50$ mm gefundenen Werte von $\overline{O1} = 49{,}5$ mm auch

$$y_{max} = \frac{38}{50}\,49{,}5 = 37{,}6 \text{ mm}$$

sein muss. Für eine kleinste Füllung von 5 %, entsprechend der Hauptkurbellage $O\,II_3$, ergiebt sich weiter

$$y_{min} = \mathbf{+\,3{,}8\ mm},$$

das ebenso mit dem auf Seite 176 gefundenen Werte $\overline{O3} = +\,5$ mm aus

$$y_{min} = +\,\frac{38}{50}\,5 = +\,3{,}8 \text{ mm}$$

erhalten worden wäre.

Die Neigung der Kanäle und der Kanten des Expansionsschiebers soll so gewählt werden, dass der Winkel

$$\beta = \mathbf{60^0}$$

wird. Dann bekommt man aus Gleichung 163 die totale Verstellung der ebenen Platten senkrecht zur Hubrichtung, wenn die Füllung von der grössten bis zur kleinsten verändert wird, zu

$$z = \left\{ 37{,}6 - (+3{,}8) \right\} \operatorname{tg} 60^0 = \sim \mathbf{58{,}5\ mm}$$

und hiermit bei einer Sicherheitsdeckung von $s = 6{,}25$ mm aus Gleichung 164 die Höhe einer jeden ber beiden ebenen Platten

$$p = 130 + 58{,}5 + 2 \cdot 6{,}25 = \mathbf{201\ mm.}$$

Die beiden Platten ergeben somit im aufgerollten Zustande einen Umfang

$$2\pi\rho = 2 \cdot 201 = 402 \text{ mm},$$

dem ein Radius

$$\rho = \frac{402}{2\pi} = \mathbf{64\ mm}$$

entspricht. Der Winkel, um welchen der Regulator den Expansionsschieber bei einer Änderung der Füllung von der grössten bis zur kleinsten zu drehen hat, ist dann nach Gleichung 165

$$\alpha = \frac{180}{\pi} \frac{58{,}5}{64} = \sim \mathbf{52\tfrac{1}{2}^0.}$$

Was schliesslich die Länge der beiden horizontalen Trapezseiten betrifft, so muss die kleinere derselben nach Seite 182 so bemessen werden, dass bei der grössten Füllung und der rechten relativen Totlage beider Schieber z. B. mit Bezug auf Fig. 2[1]), Taf. 38 der Punkt 4 noch genügend weit nach links von dem Punkte 5 steht. Bezeichnet man nun mit l' die Länge des Trapezes in der Horizontalen 4—5, so ist die Entfernung der Kanten 4 und 5 bei der relativen Mittellage beider Schieber gleich

$$l' + y_{max} - a_2,$$

bei der rechten relativen Totlage dagegen

$$l' + y_{max} - a_2 - r_x.$$

Soll der letztere Abstand links vom Punkte 5 liegen, so muss

$$l' > a_2 + r_x - y_{max}$$

werden. Im vorliegenden Falle ergiebt sich hiernach

$$l' > 16 + 38 - 37{,}6,$$
$$l' > 16{,}4 \text{ mm}.$$

Nimmt man $l' = 31{,}8$ mm[2]), so müssen die inneren Kanten der schrägen Kanäle an der engeren Seite um

$$A = l' + 2\,(y_{max} - a_2) = 31{,}8 + 2\,(37{,}6 - 16) = \mathbf{75\ mm,}$$

an der weiteren Seite aber um

$$A_1 = A + 2\frac{h_2}{\operatorname{tg}\beta} = 80 + 2\frac{130}{\operatorname{tg} 60^0} = \mathbf{225\ mm}$$

voneinander abstehen, während die kleinste Seite des Trapezes eine Länge

$$l = l' - 2\frac{s}{\operatorname{tg}\beta} = 31{,}8 - 2\frac{6{,}25}{\operatorname{tg} 60^0} = \mathbf{24{,}6\ mm,}$$

die grösste Seite, wenn letztere wie in Fig. 2, Taf. 38 um die Höhe s an den Ecken abgestumpft wird, eine Länge

$$l_1 = l' + 2\frac{h_2 + z}{\operatorname{tg}\beta} = 31{,}8 + 2\frac{130 + 58{,}5}{\operatorname{tg} 60^0} = \mathbf{249{,}4\ mm}$$

haben muss. Der Abstand l_1 muss sich auch aus

$$l_1 = A_1 + 2a_2 - 2\,(\pm y_{min})$$

ergeben, wenn man berücksichtigt, dass bei der kleinsten Füllung die grösste Seite des Trapezes mit ihren Eckpunkten um $2\,y_{min}$ von den äussersten, unteren Eckpunkten der schrägen Kanäle, die ja $A_1 + 2a$ voneinander entfernt sind, abstehen muss. In der That ist auch

$$l_1 = A_1 + 2\,a_2 - 2\,(\pm y_{min}) = 225 + 2 \cdot 16 - 2 \cdot 3{,}8$$
$$= 249{,}4 \text{ mm}.$$

Da in den vorstehenden Ermittelungen keine Rücksicht auf die endliche Länge der Schubstange genommen wurde, so werden natürlich infolge der letzteren bei den berechneten Dimensionen die Füllungen auf beiden Seiten des Kolbens verschieden ausfallen.

Die Verhältnisse, welche die Schieber in Fig. 1 und 2, Taf. 38 besitzen, sind mit Rücksicht auf einen möglichst raschen Kanalschluss bestimmt worden, indem hier trotz der beiden Kanäle von nur 16 mm Weite die auf Seite 176 für einen Kanal von 21 mm Weite zu Grunde gelegte relative Excentricität

$$r_x = \mathbf{50\ mm}$$

beibehalten wurde. Diese letztere ergab sich bei einer Excentricität und einem Voreilwinkel des Expansionsschiebers von

$$r_1 = \mathbf{42\ mm} \text{ bezw. } \delta_1 = \mathbf{110^0}.$$

Weiter sind in den erwähnten Figuren auf Taf. 38 die Schieberverhältnisse so gewählt, dass unter Berücksichtigung der endlichen Schubstangenlänge die normale Füllung von 25% auf beiden Kolbenseiten gleich ausfällt und auch eine Annäherung in den grösseren Füllungen für beide Seiten des Kolbens stattfindet.

Das Diagramm in Fig. 4, Taf. 35 ergab für eine Füllung von 25% bei einer Schubstangenlänge, die das 5fache des Kurbelradius ist, und bei den Hauptkurbellagen $O\,II_2$ bezw. $O\,II_2'$ nach Seite 177 die Abstände

$$y_{2,l} = \overline{O\,2} = \mathbf{28{,}7\ mm} \text{ und } y_{2,r} = \overline{O\,2'} = \mathbf{35{,}5\ mm.}$$

Die grösste Füllung der rechten Kolben(Kurbel)seite war ferner durch die Hauptkurbellage $O\,II_1'$ gegeben und betrug 53,3%. Zu ihr gehörte nach Seite 177 ein Abstand

$$y_{max,r} = \overline{O\,1'} = \mathbf{49{,}3\ mm,}$$

während für die gleich grosse Füllung der linken Kolben-(Deckel)seite nur ein Abstand von

$$y_{max,l} = \overline{O\,1} = \mathbf{46{,}3\ mm}$$

gehörte. Wird somit die Füllung von der normalen bis zur grössten verändert, so erfordert die rechte Kante des Trapezes in Fig. 2, Taf. 38 eine Verstellung in der Hubrichtung von

$$49{,}3 - 35{,}5 = 13{,}8 \text{ mm},$$

die linke Kante dagegen eine solche von

$$46{,}3 - 28{,}7 = 17{,}6 \text{ mm}.$$

Diese ungleichen Verstellungen können nur durch eine verschiedene Neigung (entsprechend der verschiedenen

---

1) Die in die Figur eingetragenen Masse beziehen sich auf die später für $r_x = 50$ mm ermittelten Schieberverhältnisse.

2) Bei der Wahl von l' ist darauf Rücksicht zu nehmen, dass die Mutter der mittleren Schraube zur Verbindung der Grundschieberhälften Platz findet.

Steigung des Links- und Rechtsgewindes bei der Meyerschen Steuerung) der schrägen Kanäle und Kanten auf beiden Seiten erzielt werden. Wählt man für die rechte Seite einen Neigungswinkel

$$\beta_r = \mathbf{62\tfrac{1}{2}^0},$$

so muss der Regulator bei einer Änderung der Füllung von der normalen bis zur grössten den Schieber um

$$z_1 = 13{,}8 \cdot \operatorname{tg} 62\tfrac{1}{2}^0 = 26{,}5 \text{ mm}$$

senkrecht zur Hubrichtung verstellen. Soll dabei die linke Kante des Schiebers um 17,3 mm in der Hubrichtung verschoben werden, so muss der Neigungswinkel an der linken Seite so gewählt werden, dass

$$\operatorname{tg} \beta_l = \frac{26{,}5}{17{,}6} = 1{,}5,$$

oder

$$\beta_l = 56^0\, 20'$$

wird, wofür in der Zeichnung

$$\beta_l = \mathbf{56\tfrac{1}{2}^0}$$

genommen ist.

Für eine kleinste Füllung von 5 % auf der rechten Kolbenseite liefert ferner das Diagramm in Fig. 4, Taf. 35 bei der Hauptkurbellage $O\,II_3'$ die Sehne

$$\overline{O\,3'} = y_{min} = \mathbf{+\,7{,}2\ mm.}$$

Ändert der Regulator also die Füllung von der normalen bis zur kleinsten, so muss er den Expansionsschieber so verstellen, dass an der rechten Seite eine Verschiebung in der Hubrichtung von

$$y_{2,r} - (\pm\, y_{min,\,r}) = 35{,}5 - 7{,}2 = 28{,}3 \text{ mm}$$

eintritt. Dies entspricht einer Verstellung senkrecht zur Hubrichtung von

$$z_2 = 28{,}3 \cdot \operatorname{tg} \beta_r = 28{,}3 \cdot \operatorname{tg} 62\tfrac{1}{2}^0 = 54{,}3 \text{ mm},$$

und diese wiederum bewirkt an der linken Seite eine Verschiebung in der Hubrichtnng von

$$y_{2,l} - (\pm\, y_{min,l}) = \frac{54{,}3}{\operatorname{tg} 56\tfrac{1}{2}^0} = \sim 35{,}5 \text{ mm},$$

woraus mit $y_{2,l} = 28{,}7$ mm

$$-(\pm\, y_{min,l}) = 35{,}5 - 28{,}7 = 6{,}8 \text{ mm},$$

$$y_{min} = \mathbf{-\,6{,}8\ mm}$$

folgt. Die hierzu gehörige Hauptkurbellage ist in Fig. 4, Taf. 35 $O\,II_3$ und entspricht einer kleinsten Füllung von nur 1,33 %.

Die totale Verstellung der Expansionsplatten senkrecht zur Hubrichtung ist

$$z = z_1 + z_2 = \{y_{max} - (\pm\, y_{min})\} \operatorname{tg} \beta =$$
$$(26{,}5 + 54{,}3) = 80{,}8 \text{ mm},$$

wofür in Fig. 2, Taf. 38 aber rund

$$z = \mathbf{80\ mm}$$

gesetzt ist. Hiermit ergiebt sich aus Gleichung 164 die Höhe einer Platte für s = 5 mm als Sicherheitsdeckung bei den Grenzfüllungen

$$p = 130 + 80 + 2 \cdot 5 = 220 \text{ mm}.$$

Die Höhe beider Platten 2 p = 440 mm entspricht dann dem äusseren Umfange des aufgerollten Expansionsschiebers, dessen Radius somit

$$\rho = \frac{440}{2\pi} = \sim \mathbf{70\ mm}$$

betragen muss. Zwischen den Füllungsgrenzen ist ferner nach Gleichung 165 eine Drehung des Expansionsschiebers um einen Winkel

$$\alpha = \frac{180}{\pi}\frac{80}{70} = \mathbf{65\tfrac{1}{2}^0}$$

nötig.

Was die Länge der Trapezseiten anbelangt, so muss wie weiter vorstehend gezeigt wurde, die Platte in der Horizontalen 4 — 5 eine Länge

$$l' > a_2 + r_x - y_{max}$$

erhalten. Für die linke Seite mit $y_{max} = 46{,}3$ mm ergiebt sich hieraus

$$l' > 16 + 50 - 46{,}3 \text{ oder } l' > 19{,}7 \text{ mm}.$$

Nimmt man wie in Fig. 2, Taf. 38 $l' = 34{,}4$ mm, so muss der Abstand der inneren Kanten der schrägen Durchlasskanäle an der engeren (oberen) Seite

$$A = l' + y_{max,\,l} + y_{max,\,r} - 2\,a_2 = 34{,}4 + 46{,}3$$
$$+ 49{,}3 - 2 \cdot 16 = \mathbf{98\ mm,}$$

an der weiteren (unteren) Seite

$$A_1 = A + h_2 \left(\frac{1}{\operatorname{tg} 56\tfrac{1}{2}^0} + \frac{1}{\operatorname{tg} 62\tfrac{1}{2}^0}\right) = \sim \mathbf{252\ mm}$$

betragen. Die kleinste Seite des Trapezes muss schliesslich

$$l = l' - s \left(\frac{1}{\operatorname{tg} 56\tfrac{1}{2}^0} + \frac{1}{\operatorname{tg} 62\tfrac{1}{2}^0}\right) = \mathbf{28{,}5\ mm,}$$

die grösste Seite bei der in der Figur angedeuteten Brechung der unteren Ecken

$$l_1 = l' + (h_2 + z) \left(\frac{1}{\operatorname{tg} 56\tfrac{1}{2}^0} + \frac{1}{\operatorname{tg} 62\tfrac{1}{2}^0}\right) = \sim \mathbf{283\ mm}$$

oder

$$l_1 = A_1 + 2\,a_2 - (\pm\, y_{min,\,l} \pm y_{min,\,r}) = 252$$
$$+ 2 \cdot 16 - (-\,6{,}8 + 7{,}2) = \sim \mathbf{283\ mm}$$

lang sein.

2. Die Maschinenfabrik von J. A. Maffei in München lieferte für die Elektricitätswerke dieser Stadt eine stehende Verbundmaschine von den folgenden Verhältnissen:

Bohrung des kleinen Cylinders	= 510 mm,
Bohrung des grossen Cylinders	= 760 mm,
Gemeinschaftlicher Hub . .	= 480 mm,
Umdrehungszahl in der Minute	= 150.

Der kleine Cylinder hat die in Fig. 2, Taf. 42 angedeutete Ridersteuerung mit Kolbenschieber. Es sind die Verhältnisse dieser Steuerung für eine grösste Füllung von 50 % und eine kleinste Füllung von 10 % bei unendlich langer Schubstange zu bestimmen.

Setzt man die nutzbare Kolbenfläche des kleinen Cylinders

$$O = 0{,}98 \cdot 51^2 \frac{\pi}{4} = 0{,}98 \cdot 2043 = 2003 \text{ qcm},$$

so muss nach Gleichung 126 bei

$$c_m = \frac{S \cdot n}{30} = \frac{0{,}48 \cdot 150}{30} = 2{,}4 \text{ m}$$

mittlerer Kolbengeschwindigkeit der Querschnitt der Cylinderkanäle für

$$f_k = \frac{O \cdot c_m}{30}$$

$$f_k = \frac{2003 \cdot 2{,}4}{30} = \sim 160 \text{ qcm}$$

betragen. Diesem Querschnitte genügt eine Kanalweite

$$a = 4 \text{ cm} = \mathbf{40\ mm}$$

und eine Kanalhöhe

$$h = \frac{160}{4} = 40 \text{ cm} = \mathbf{400\ mm.}$$

Der Durchlasskanal im Grundschieber hat an der dem Cylinder zugewandten Seite nach Gleichung 153 eine Weite von

$$a_1 = 0{,}875 \cdot 4 = 3{,}5 \text{ cm} = \mathbf{35\ mm}$$

und die gleiche Länge wie der Cylinderkanal, also

$$h_1 = 40 \text{ cm} = \mathbf{400\ mm.}$$

In der Buchse des Grundschiebers sind weiter fünf Kanäle eingearbeitet, deren Gesamtquerschnitt gleich $a_1 \cdot h_1$ sein muss. Für den Querschnitt eines Kanales ergiebt sich also

$$a_2 \cdot h_2 = \frac{3{,}5 \cdot 40}{5} = 28 \text{ qcm},$$

oder mit

$$a_2 = 1{,}8 \text{ cm} = \mathbf{18\ mm,}$$

$$h_2 = \frac{28}{1{,}8} = \sim 15{,}5 \text{ cm},$$

wofür aber in der Zeichnung wegen der Abrundung dieser Kanäle

$$h_2 = 18 \text{ cm} = \mathbf{180\ mm}$$

genommen ist.

Nach den Angaben der Firma besitzt nun der Grundschieber

einen Voreilwinkel $\delta = \mathbf{38^0}$,

eine Excentricität $r = \mathbf{45\ mm}$,

eine äussere Überdeckung auf beiden Kolbenseiten $e = \mathbf{18\ mm}$,

eine innere Überdeckung an der oberen Seite $i_l = \mathbf{0}$,

eine innere Überdeckung an der unteren Seite $i_r = \mathbf{6\ mm}$.

Da hiernach

$$r < e + a_1$$

ist, so wird der Durchlasskanal an der Cylinderseite nicht ganz geöffnet. Infolgedessen fängt nach dem Diagramm bei den grösseren Füllungen (von über 40 %) der Grundschieber eher an, den Cylinderkanal zu schliessen, als der Expansionsschieber dies beim Grundschieber macht. Das Voröffnen für den Dampfeintritt ist ohne Berücksichtigung der endlichen Excenterstangenlänge

$$v_e = r \cdot \sin \delta - e = 45 \cdot \sin 38^0 - 18 = \sim \mathbf{9{,}7\ mm,}$$

dasjenige für den Dampfaustritt

auf der oberen Kolbenseite

$$v_i = r \cdot \sin \delta - i_l = 45 \cdot \sin 38^0 = \sim \mathbf{27{,}7\ mm,}$$

auf der unteren Kolbenseite

$$v_i = r \cdot \sin \delta - i_r = 45 \cdot \sin 38^0 - 6 = \mathbf{21{,}7\ mm.}$$

Weiter besitzt der Expansionsschieber

einen Voreilwinkel $\delta_1 = \mathbf{90^0}$,

eine Excentricität $r_1 = \mathbf{60\ mm}$.

Konstruiert man hieraus die relative Excentricität, wie dies in Fig. 2b, Taf. 42 geschehen, so ergiebt sich

$$r_x = \mathbf{48\ mm,}$$

sowie aus den beiden Relativschieberkreisen der Abstand

$$y_{max} = \mathbf{35\ mm} \text{ und } y_{min} = \mathbf{-13\ mm}$$

für die grösste bezw. kleinste Füllung.

Mit Bezug auf die obere Hälfte und dem bereits auf Seite 184 hierüber Vermerkten ist jetzt gemäss Gleichung 169 die horizontale Weite der Öffnungen im Expansionsschieber

$$a_3 \geqq (y' + y_{max}) \operatorname{tg} \beta - a_2$$

zu nehmen. Hierin ist y' die Sehne, welche die Hauptkurbellage ($O V_e$) bei Beginn des Voreintrittes im Relativschieberkreise abschneidet und die nach dem Diagramm in Fig. 2b, Taf. 42

$$y' = 40 \text{ mm}$$

beträgt; β ist der Neigungswinkel der schrägen Kanäle gegen die Hubrichtung und hat die Grösse

$$\beta = 30^0.$$

Somit ergiebt sich

$$a_3 \geqq (40 + 35) \operatorname{tg} 30^0 - 18, \text{ oder}$$

$$a_3 \geqq 25{,}2 \text{ mm},$$

wofür in der Zeichnung

$$a_3 = \mathbf{28\ mm}$$

genommen ist. Die Höhe der Schlitze im Expansionsschieber ist nach den Angaben auf Seite 184 so zu wählen, dass die Schlitze in der Buchse des Grundschiebers durch den Expansionsschieber in ihrer vollen schrägen Länge geöffnet und geschlossen werden. Das dürfte bei

$$h_3 = 26 \text{ cm} = \mathbf{260\ mm}$$

der Fall sein.

Der Expansionsschieber hat einen äusseren Radius

$$\rho = \mathbf{90\ mm,}$$

also einen Umfang

$$2 \rho \pi = 2 \cdot 90 \pi = \sim 565{,}5 \text{ mm}.$$

Zieht man hiervon die Weite der fünf Schlitze ab und teilt den Rest durch 5, so verbleibt die Stegbreite zwischen zwei benachbarten Schlitzen, nämlich

$$\frac{565{,}5 - 5 a_3}{5} = 113{,}1 - 28 = 85{,}1 \text{ mm}.$$

Nach Gleichung 170 muss diese Breite

$$p' = (48 + 13) \operatorname{tg} 30^0 + 18 + x' = 53{,}2 + x'$$

betragen, sodass also eine Sicherheitsdeckung

$$x' = 85{,}1 - 53{,}2 = 31{,}9 \text{ mm}$$

vorhanden ist.

Die totale Verstellung der ebenen Platten durch den Regulator senkrecht zur Hubrichtung ist nach Gleichung 168

$$z = (35 + 13) \operatorname{tg} 30^0 = \mathbf{27{,}7\ mm.}$$

Dieselbe entspricht nach Gleichung 165 einem Drehwinkel des runden Schiebers durch den Regulator von nur

$$\alpha = \frac{180}{\pi} \frac{27{,}7}{90} = \mathbf{17^0\,40'.}$$

3. Die auf Seite 121 im 6. Beispiele angeführte, stehende Dreifach-Expansionsmaschine, welche die Firma J. A. Maffei ebenfalls für die Elektricitätswerke der Stadt München lieferte, besitzt am kleinen Cylinder die in Fig. 118[1]) auf Seite 190 angedeutete Doppel-Schiebersteuerung mit Kolbenriderschieber. Es sind die Verhältnisse dieser Steuerung mit Hilfe des Müllerschen Schieber-Diagrammes zu bestimmen.

Die nutzbare Kolbenfläche des kleinen Cylinders von 490 mm Bohrung ist bei 90 bezw. 60 mm Durchmesser der durch beide Cylinderdeckel gehenden Kolbenstange

$$O = \overline{49}^2 \frac{\pi}{4} - \frac{1}{2}(9^2 + 6^2)\frac{\pi}{4} = \sim 1840 \text{ qcm},$$

während die Kolbengeschwindigkeit für 600 mm Hub und 120 Umdrehungen in der Minute

$$c_m = \frac{S \cdot n}{30} = \frac{0,6 \cdot 120}{30} = 2,4 \text{ m}$$

beträgt. Soll für letztere die Dampfgeschwindigkeit in den Einlasskanälen nur 26 m sein, so folgt aus Gleichung 126 der Kanalquerschnitt zu

$$f_k = \frac{O \cdot c_m}{26} = \frac{1840 \cdot 2,4}{26} = 170 \text{ qcm}.$$

Die in den Grundschieber eingesetzte Buchse von 160 mm lichtem Durchmesser besitzt 4 Durchlassöffnungen von

$$h_2 = 22 \text{ cm} = \mathbf{220\ mm}$$

Höhe. Führt man die letztere wegen der Abrundungen nur mit 195 mm ein, so muss die Weite dieser Öffnungen

$$a_2 = \frac{170}{4 \cdot 19,5} = \sim 2,2 \text{ cm} = \mathbf{22\ mm}$$

betragen. Der lichte Durchmesser der in den Cylinder eingesetzten Schieberbuchse ist ferner 325 mm. Nimmt man dann an, dass nur $\frac{2}{3}$ des Umfanges dieser Buchse für die Durchlassöffnungen verbleiben, während $\frac{1}{3}$ auf die Verbindungsstege kommt, so ergiebt sich die Weite

$$a_1 = \frac{170}{\frac{2}{3} 32,5\,\pi} = 2,5 \text{ cm} = \mathbf{25\ mm}.$$

Dort, wo der Einlasskanal am Cylinder mündet, besitzt er schliesslich eine Bogenlänge von ungefähr

$$h = \sim 52 \text{ cm},$$

muss also daselbst eine Weite

$$a = \frac{170}{52} = \sim 3,3 \text{ cm} = \mathbf{33\ mm}$$

bekommen.

Um den erforderlichen Voreilwinkel δ des Grundschiebers zu erhalten, hat man aus den entworfenen Indikator-Diagrammen der Maschine den Voraustritt und die Kompression zu entnehmen. Beträgt der erstere 4%, die letztere 5%, so kann man unter Berücksichtigung eines Voreintrittes von ½% nach Fig. 117[2]) des Textes für eine unendlich lange Schubstange die beiden Hauptkurbellagen O III und O IV aufzeichnen. Die Halbierungslinie $\overline{OD'}$ des Winkels III O IV schliesst dann mit der Vertikalen durch O den gesuchten Voreilwinkel

$$\delta = \mathbf{25^0}$$

ein. Die Excentricität des Grundschiebers beträgt nach den Angaben der Firma

$$\overline{OD} = r = \mathbf{45\ mm}^2),$$

die äussere Überdeckung

$$e = \mathbf{15\ mm},$$

womit sich dann ein Voröffnen

$$v_e = r \cdot \sin\delta - e = \mathbf{4\ mm}$$

ergiebt.

In Fig. 120 auf Seite 191 ist mit dem bestimmten Voreilwinkel und der angegebenen Excentricität das Müllersche Diagramm für den Grundschieber, also der Kreis vom Durchmesser $\overline{AA'} = 2 \cdot 45 = 90$ mm in natürlicher Grösse geschlagen worden. Die inneren Überdeckungen des Grundschiebers erhält man dann, wenn man die erwähnte Kompression von 5% auf beiden Kolbenseiten auch bei endlicher Schubstangenlänge erhalten will und die zugehörigen Hauptkurbellagen O IV bezw. O IV' unter Berücksichtigung der letzteren aufsucht, zu

$$i_l = \mathbf{1\ mm} \text{ und } i_r = \mathbf{5\ mm},$$

während das Voröffnen für den Dampfaustritt am oberen Kanal

$$v_{i,l} = \mathbf{18\ mm},$$

am unteren Kanal

$$v_{i,r} = \mathbf{14\ mm}$$

beträgt.

Die relative Excentricität ist nach der Ausführung mit Rücksicht auf eine leichte Regulierung der Steuerung ziemlich klein gewählt. Dabei fällt dann die Drosselung natürlich ziemlich gross aus. Man erhält den Wert r_x der Ausführung, wenn man für eine normale Füllung von 28% mit der Hauptkurbellage O II in Fig. 117 des Textes den Beginn der Drosselung für den eintretenden Dampf bei 12,5% des Kolbenhubes bezw. bei der Hauptkurbellage O X annimmt. Die relative Excentricität fällt dann nach den Angaben auf Seite 173 und in Fig. 115 des Textes möglichst klein aus, wenn man $\overline{OD_r}$ in Fig. 117 senkrecht zur Halbierungslinie O XI des Drosselungswinkels φ legt. Um die Grösse der so in ihrer Richtung festgelegten relativen Excentricität zu bekommen, hat man zu berücksichtigen, dass bei Beginn der Drosselung der Winkel

$$AOX = \omega = \sim 41^0\,10'$$

und die Kolbengeschwindigkeit bei unendlich langer Schubstange nach Gleichung 23 und 22

$$c_x = v \cdot \sin\omega = \frac{2\,R\,\pi \cdot n}{60} \sin\omega,$$

$$c_x = \frac{0,6\,\pi \cdot 120}{60} \sin 41^0\,10' = \sim 2,48 \text{ m}$$

ist. Die erforderliche Kanaleröffnung ergiebt sich somit, wenn die Dampfgeschwindigkeit w_x bei Beginn der Drosselung mit Rücksicht auf die vernachlässigte endliche Länge der Schubstange nur zu 45 m und die Höhe h_2 der

1) Nach „F. Uppenborn, Die Münchener städtischen Elektricitätswerke“, Zeitschrift deutscher Ingenieure, Jahrgang 1896, S. 1005.

2) In Fig. 117 ist der reduzierte Hauptkurbelkreis mit 75 mm Durchmesser geschlagen und die Excentricitäten sind in ¾ der natürlichen Grösse aufgetragen.

Ei nlassöffnungen in der Buchse des Grundschiebers nur zu 19,5 cm angenommen wird, aus der Gleichung

$$a_x = \frac{O \cdot c_x}{h_2 \cdot w_x}$$

zu

$$a_x = \frac{1840 \cdot 2{,}48}{19{,}5 \cdot 45} = 5{,}2 \text{ cm} = 52 \text{ mm}.$$

Da aber im vorliegenden Falle 4 Öffnungen durch den Expansionsschieber geschlossen werden, so ist hier

$$a_x = \frac{52}{4} = 13 \text{ mm}$$

Fig. 117.

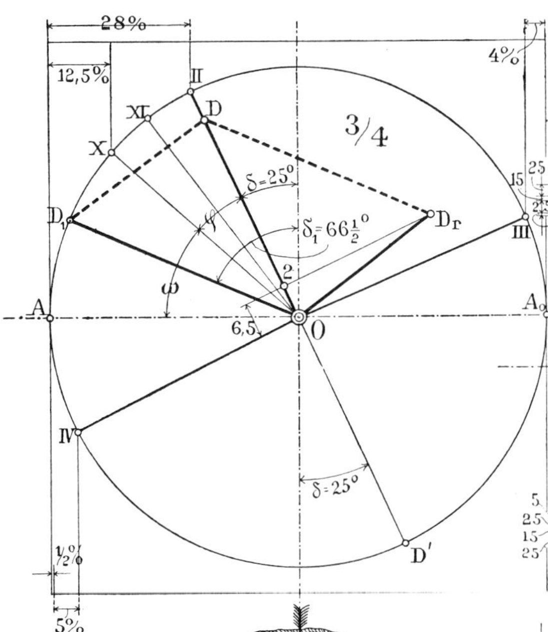

Fig. 118.

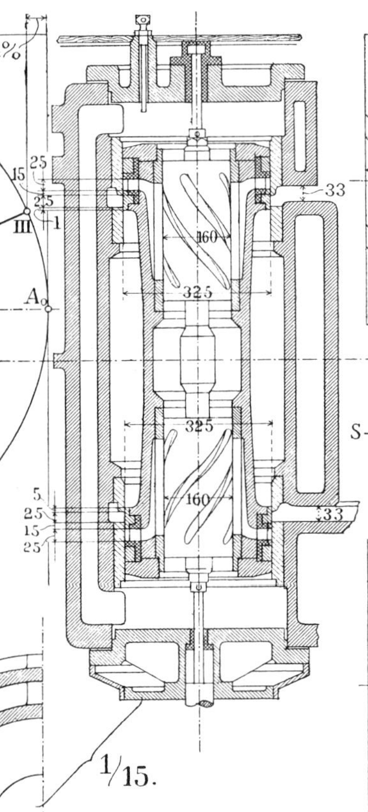

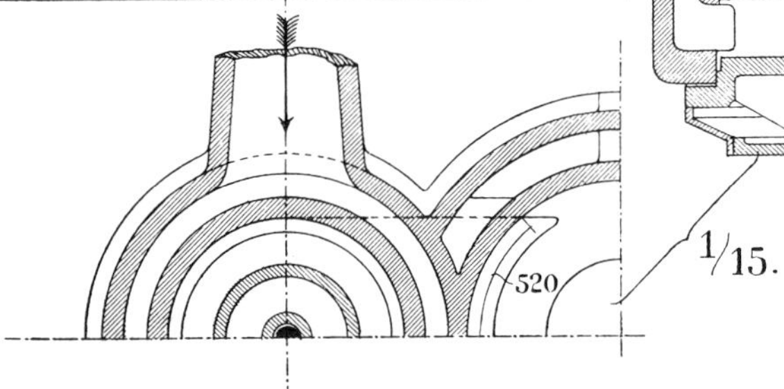

Fig. 119.

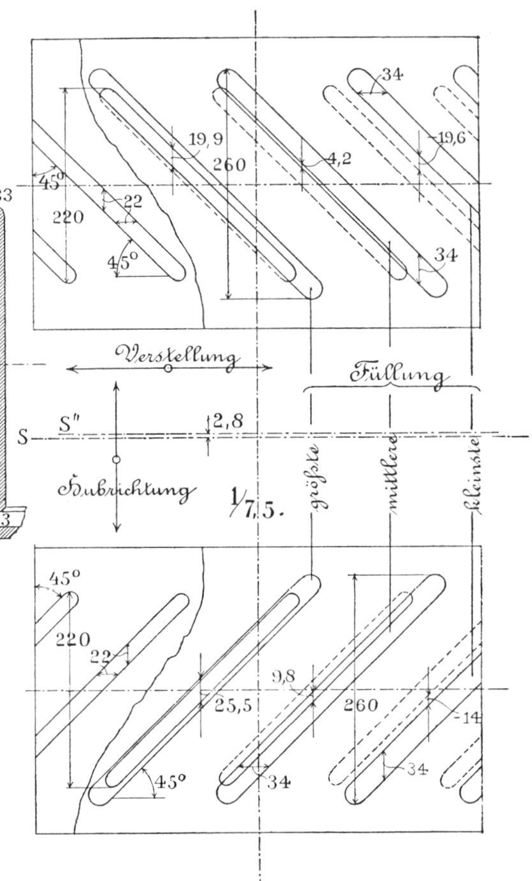

zu setzen. In Fig. 117 des Textes ist schliesslich nach dem auf Seite 173 erklärten Verfahren $\frac{1}{2} a_x = \frac{13}{2} = 6{,}5$ mm von O aus auf der Lage O II abgetragen und in dem erhaltenen Punkte 2 eine Senkrechte errichtet worden, welche, zum Schnitt mit der oben bestimmten Richtung der relativen Excentricität gebracht, die Grösse der letzteren zu

$$\overline{OD_r} = r_x = \mathbf{34\ mm}$$

liefert.

Durch Rückwärtskonstruktion des Parallelogrammes $D_r O D_1 D D_r$ ergiebt sich für den Expansionsschieber ein Voreilwinkel

$$\delta_1 = \mathbf{66\tfrac{1}{2}^0}$$

und eine Excentricität

$$\overline{\mathbf{OD_1}} = \mathbf{r_1 = 50{,}5\ mm.}$$

In Fig. 120 des Textes ist mit $r = \overline{OA}$ und $r_1 = \overline{OD_1}$ das Parallelogramm $O A D_1 A_r O$ konstruiert und über $\overline{A_r A_r'} = 2 r_x = 68$ mm der Relativkreis geschlagen worden.

Um die normale Füllung von 28% auf beiden Kolbenseiten gleich zu bekommen, ist im vorliegenden Falle in der folgenden Weise verfahren worden. Bei Berücksichtigung der endlichen Schubstangenlänge entspricht dem Schluss der erwähnten Füllung die Hauptkurbellage $O II_2$ für die obere und diejenige $O II_2'$ für die untere Kolbenseite. Beide liefern die erforderlichen Abstände der steuernden Kanten am Grund- und Expansionsschieber

$$y_{2,1} = 4{,}2 \text{ mm bezw. } y_{2,r} = 9{,}8 \text{ mm}.$$

Da beide Abstände verschieden sind, so hat man, wenn der Grundschieber zu der Cylindermitte S (Fig. 119 des Textes) symmetrisch gestaltet ist, den Expansionsschieber um eine Mitte S″ schwingen zu lassen, die von der ersteren nach der oberen Kolbenseite um

$$\frac{y_{2,1} - y_{2,r}}{2} = \frac{9{,}8 - 4{,}2}{2} = 2{,}8 \text{ mm}$$

absteht. Die übrigen Füllungen fallen dann bei gleicher Neigung der Kanäle etwas ungleich aus. Für 55%

grösste Füllung auf der unteren Kolben(Kurbel)seite, also für die Hauptkurbellage OII_1' (Fig. 120[1]) des Textes) ergiebt sich der Abstand

$$y_{max,r} = \mathbf{25{,}5\ mm.}$$

Für die obere Kolben(Deckel)seite wird dann

$$y_{max,l} = 25{,}5 - (9{,}8 - 4{,}2) = 19{,}9 \text{ mm},$$

und zu diesem Abstande gehört die Hauptkurbellage OII_1, die nur einer Füllung von 53,5 % entspricht.

Zu einer kleinsten Füllung von 5 % auf der unteren Kolbenseite gehört weiter die Hauptkurbellage OII_3' und der Abstand

$$z = y_{max} - (\pm y_{min}) = 25{,}5 - (-14) = \mathbf{39{,}5\ mm,}$$

welche nach Gleichung 165 bei einem äusseren Radius

$$\rho = \frac{160}{2} = \mathbf{80\ mm}$$

des Expansionsschiebers eine Drehung des letzteren um

$$\alpha = \frac{180}{\pi}\,\frac{39{,}5}{80} = \mathbf{28^0\,20'}$$

verlangt.

Die erforderliche Weite der Schlitze im Expansionsschieber folgt aus Gleichung 169. Um den hierin vor-

Fig. 120.

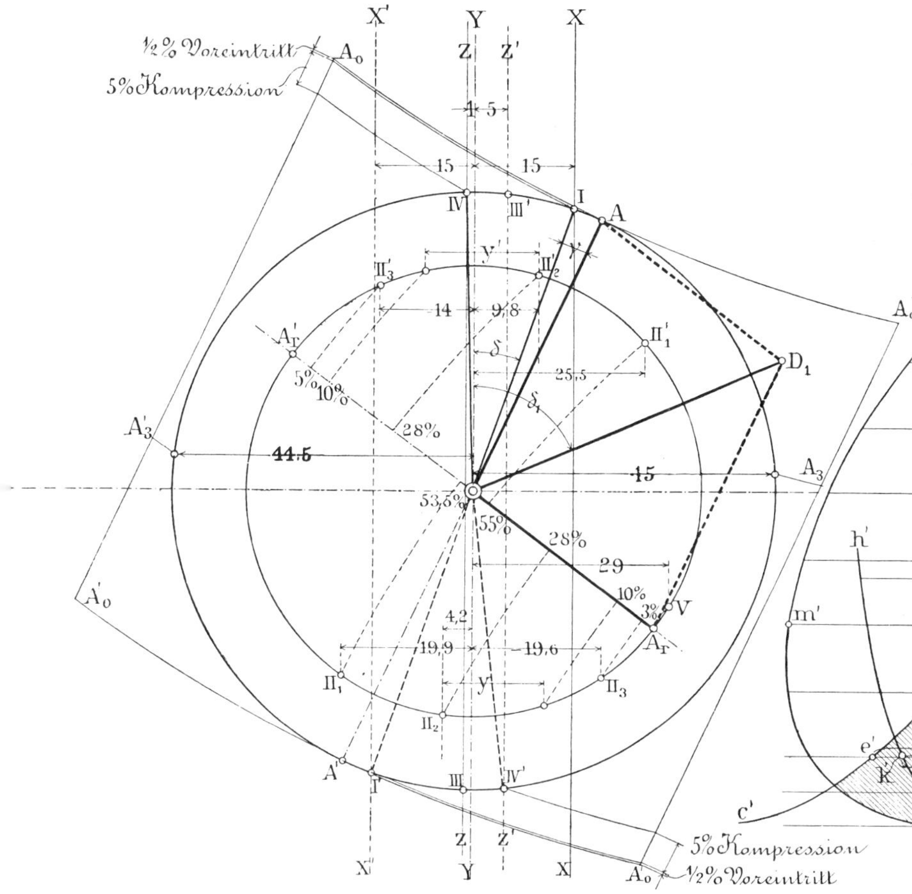

Fig. 121.

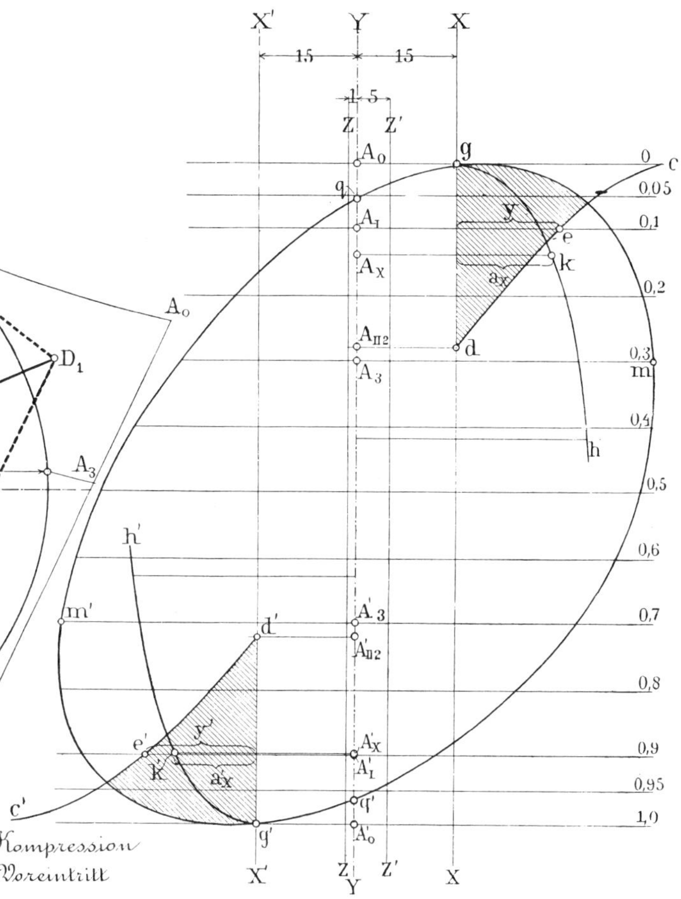

$$y_{min,r} = \mathbf{-\,14\ mm,}$$

während der entsprechende Abstand auf der oberen Kolbenseite

$$y_{min,l} = -14 - (9{,}8 - 4{,}2) = -19{,}6 \text{ mm}$$

wird und bei der Hauptkurbellage OII_3 eine Füllung von nur 3 % ergiebt.

Die Gesamtverstellung der Expansionsplatten beträgt, wenn die Kanäle unter einem Winkel

$$\beta = \mathbf{45^0}$$

gegen die Hub- und Stellrichtung geneigt sind, nach Gleichung 163

1) Die Füllungen sind auf der Linie $\overline{A_r A_r'}$ abgetragen.

kommenden Abstand y' zu erhalten, hat man im Müllerschen Diagramm den Winkel

$$IOA = \gamma$$

von $\overline{OA_r}$ aus rückwärts abzutragen. Es ergiebt sich dann die Lage OV und der Abstand

$$y' = 29 \text{ mm},$$

der mit $y_{max} = y_{max,r} = 25{,}5$ mm, $a_2 = 22$ mm und $\beta = 45^0$

$$a_3 \geq 29 + 25{,}5 - 22, \quad a_3 \geq 32{,}5 \text{ mm},$$

oder

$$a_3 = \mathbf{34\ mm}$$

liefert. Diese Weite müssen die Kanäle bei der erwähnten Neigung sowohl in der Hub-, als auch in der

Stellrichtung erhalten. Die Höhe der Schlitze im Expansionsschieber beträgt nach beiden Richtungen

$$h_3 = \mathbf{260\ mm.}$$

Bei $\rho = 80$ mm äusserem Radius besitzt der Expansionsschieber einen Umfang von

$$2\rho\pi = 2 \cdot 80\,\pi = \backsim 502{,}7 \text{ mm.}$$

Zieht man hiervon die Weite der 4 Schlitze ab und teilt den Rest durch 4, so verbleibt die Breite zwischen zwei benachbarten Schlitzen, nämlich

$$p = p' = \frac{502{,}7 - 4 \cdot 34}{4} = \mathbf{91{,}7\ mm.}$$

Nach Gleichung 170 soll diese Breite mit $y_{min} = y_{min,1} = -19{,}6$ mm

$$p = p' = 34 - (-19{,}6) + 22 + x' = 75{,}6 + x'$$

betragen, sodass als Sicherheitsdeckung

$$x = x' = 91{,}7 - 75{,}6 = 16{,}1 \text{ mm}$$

verbleiben.

In Fig. 121 des Textes ist noch ein anderes Schieber-Diagramm, die sogenannte Schieberellipse, für den Grundschieber der vorliegenden Steuerung aufgetragen worden. Eine solche Schieberellipse enthält als Abscissen, die hier vertikal genommen sind, die Kolbenwege, als Ordinaten, die hier horizontal liegen, die zugehörigen Ausweichungen des Grundschiebers, wie sie sich aus dem Müllerschen oder Zeunerschen Diagramm ergeben. In Fig. 120 gehört z. B. zu den Kolbenlagen A_3 und A_3', die um das 0,3fache des Hubes aus der oberen bezw. unteren Totlage abstehen, eine Schieberausweichung von 45 bezw. 44,5 mm nach unten bezw. oben. Diese Ausweichungen von A_3 und A_3' in Fig. 121 aus nach der entsprechenden Seite aufgetragen, liefern die Punkte m bezw. m' der Schieberellipse q m q' m'. Zieht man in der Figur auch die e- und i-Vertikalen, so erhält man die Kanaleröffnungen für den ein- und austretenden Dampf am Cylinder.

Ferner sind in Fig. 121 die beiden Kurven cd und c'd' eingetragen. Dieselben geben in ihren horizontalen Ordinaten von den e-Vertikalen aus die Entfernungen der steuernden Kanten vom Grund- und Expansionsschieber für die normale Füllung von 28 %. Bei der Kolbenlage A_{II2} und A_{II2}', welche der letztgenannten Füllung entsprechen, ist die Entfernung der fraglichen Kanten gleich Null, also müssen die Punkte d und d' in den e-Vertikalen liegen. Bei den Kolbenlagen, die nach der Fig. 120 z. B. um 10 % des Hubes von der oberen bezw. unteren Totlage abstehen, ist die Entfernung der steuernden Kanten y = 15,5 bezw. y' = 17 mm. Werden diese Abstände nach Fig. 121 übertragen, so erhält man die Punkte e und e' der erwähnten Kurven in den Lagen A_I und A_I'.

Die schraffierten Flächen in Fig. 121 ergeben nun, wie leicht zu erkennen ist, in den horizontalen Ordinaten die bei jeder Kolbenlage stattfindende Eröffnung für den eintretenden Dampf, wenn man berücksichtigt, dass immer die kleinere von den beiden stattfindenden Eröffnungen am Durchlasskanal und am Cylinderkanal massgebend sind.

Schliesslich sind in Fig. 121 noch die beiden Kurven gh g'h' angedeutet. Dieselben geben in den horizontalen Ordinaten die für die zugehörigen Kolbenlagen erforderlichen Kanaleröffnungen, wenn die Dampfgeschwindigkeit 45 m betragen soll. Man erhält die Punkte dieser Kurven in der folgenden Weise. Für einen Drehwinkel der Hauptkurbel $\omega = 40^0$ aus ihrer Totlage ist bei einem Verhältnis $\frac{R}{L} = \frac{1}{5}$ der Kolbenweg nach Gleichung 21

$$x = R\,(1 - 0{,}766) \pm \frac{1}{2}\,\frac{R}{5}\,\overline{0{,}643}^2,$$

also für den Hinlauf das

$$\frac{x}{2R} = \frac{1}{2}\,(1 - 0{,}766) + \frac{1}{4}\,\frac{1}{5}\,\overline{0{,}643}^2 = 0{,}138\text{fache,}$$

für den Rücklauf das

$$\frac{x'}{2R} = \frac{1}{2}\,(1 - 0{,}766) - \frac{1}{4}\,\frac{1}{5}\,\overline{0{,}643}^2 = 0{,}096\text{fache}$$

des Kolbenhubes. Diesen Wegen entsprechen in der Figur für $\overline{A_0A_0'} = 100$ mm Kolbenhub die Strecken $\overline{A_0A_x}$ und $\overline{A_0'A_x'}$.

Die Kolbengeschwindigkeit folgt weiter für $\omega = 40^0$ aus Gleichung 24 und 22 zu

$$c_x = \frac{0{,}6\,\pi \cdot 120}{60}\,0{,}643\,(1 \pm \frac{1}{5}\,0{,}766),$$

also für den Hinlauf zu

$$c_x = 2{,}8 \text{ m,}$$

für den Rücklauf zu

$$c_x' = 2{,}3 \text{ m.}$$

Damit ergiebt sich dann aus der Gleichung

$$4\,a_x = \frac{O \cdot c_x}{h_2 \cdot 45}$$

mit O = 1840 qcm und $h_2 = 19{,}5$ cm die erforderliche Eröffnung eines jeden der 4 Durchlasskanäle für den Hinlauf zu

$$a_x = \frac{1840 \cdot 2{,}8}{4 \cdot 19{,}5 \cdot 45} = 1{,}46 \text{ cm} = 14{,}6 \text{ mm}$$

für den Rücklauf zu

$$a_x' = \frac{1840 \cdot 2{,}3}{4 \cdot 19{,}5 \cdot 45} = 1{,}21 \text{ cm} = 12{,}1 \text{ mm.}$$

Durch Antragen dieser Eröffnungen in den Punkten A_x und A_x' horizontal nach rechts bezw. links erhält man schliesslich die Punkte k und k' der fraglichen Kurven. Dort, wo letztere die beiden Kurven cd bezw. c'd' schneiden, wird die Drosselung beginnen, falls diese bei 45 m Dampfgeschwindigkeit anfangen sollte.

§ 40.

Die Doppel-Schiebersteuerung von Guhrauer.

Diese jetzt häufig verwandte Steuerung ist ebenfalls eine Abänderung der Meyerschen Steuerung und unterscheidet sich von dieser hauptsächlich dadurch, dass das Gewinde der Schieberspindel einen viel grösseren Durchmesser und eine entsprechend grössere Steigung besitzt. Auf der Expansionsschieberstange ist nämlich hier nach Fig. 1, Taf. 39 ein gusseiserner Körper befestigt, der zwei genau bearbeitete Gewindegänge von entgegengesetzter Steigung besitzt und mit diesen Gängen und etwas Spielraum zwischen die entsprechend gestalteten Knaggen der Expansionsplatten greift. Bei einer Drehung der Schieberstange und ihres Gusseisenkörpers tritt dann die mit einer Änderung der Füllung verbundene, bekannte Verstellung der Platten ein. Infolge der grossen Steigung der Gewindegänge bedarf die Expansionsschieberstange für gewöhnlich höchstens einer Drehung von 250°, um eine Änderung der Füllung von 0 bis 60 % zu bewirken.

Die Drehung der Expansionsschieberstange und die Änderung der Füllung erfolgt hier wieder selbstthätig durch den Regulator, der nach Fig. 1, Taf. 39 durch eine Zahnstange das auf der Schieberstange befindliche Ritzel drehen kann. Die Regulierfähigkeit der Steuerung ist eine genügende, wenn, wie schon im vorigen Paragraphen angeführt, die relative Excentricität nicht zu gross ist, was sich am besten durch eine mehrmalige Teilung der Durchlasskanäle an der Seite der Expansionsplatten erreichen lässt. Auch darf die Steigung der Gewindegänge nicht zu gross sein, da sonst leicht die Steuerung auf den Regulator zurückwirkt. Ist

s die Ganghöhe,

ρ der mittlere Radius des Gewindes,

so soll

$$\frac{s}{2\rho\pi} \leq \frac{1}{7} \quad . \quad . \quad . \quad . \quad . \quad . \quad . \quad 171$$

sein. Beträgt ferner

$$z = y_{max} - (\pm y_{min})$$

die Gesamt-Verschiebung der Platten bei einer Änderung der Füllung von der grössten bis zur kleinsten oder umgekehrt, so muss die Expansionsschieberstange im Ganzen um einen Winkel

$$\alpha = \frac{z}{s} 360^0 \quad . \quad . \quad . \quad . \quad . \quad . \quad 172$$

gedreht werden.

Nach der Ausführung in Fig. 1, Taf. 39 besitzen die Gewindegänge des Gusseisenkörpers nur geringes Spiel zwischen den Knaggen der Expansionsplatten. Anders ist dies bei der Konstruktion in Fig. 2, Taf. 39. Hier sitzen die beiden Gewindegänge dicht nebeneinander auf der Mitte des Gusseisenkörpers, und der letztere durchläuft einen grossen Teil seines Hubes tot, d. h. ohne die eine oder andere Expansionsplatte mitzunehmen. Man bezeichnet deshalb die Steuerung wohl auch als eine Meyersche Steuerung mit grossem toten Gewindegang.

Nimmt, wie in der Figur angedeutet, der Gusseisenkörper die relative Mittellage zu dem Grundschieber ein und bewegt sich der erstere bei weiterer Drehung der Kurbelwelle relativ nach links gegen den letzteren, so stösst der linke Gewindegang erst dann gegen die linke Expansionsplatte, die dann die in der Figur angegebene Lage einnimmt, d. h. die linken Durchlassöffnungen des Grundschiebers vollständig geöffnet haben muss, wenn die relative Verschiebung nach der erwähnten Seite gleich $y - a_2$ allgemein geworden ist. y bedeutet dabei wieder den bei der Meyerschen Steuerung mehrfach erwähnten Abstand der steuernden Kanten, von dem ja die Grösse der Füllung abhängig war, a_2 die Weite der einzelnen Durchlassöffnungen im Rücken des Grundschiebers. Nach dem Zusammenstossen wird die linke Expansionsplatte relativ gegen den Grundschieber verschoben, und es erfolgt der Kanalschluss, wenn die Platte um a_2 mitgenommen, also die relative Verschiebung des Gusseisenkörpers gegen den Grundschieber wieder

$$y - a_2 + a_2 = y$$

geworden ist. Hat der linke Gewindegang die linke Platte bis in die linke relative Totlage bewegt, so bleibt beim Rückwege die Platte solange in dieser äussersten Stellung liegen, bis dass der linke äussere Bund des Gusseisenkörpers gegen einen Knaggen der linken Platte trifft, um diese bei der rechten relativen Totlage wieder in die Stellung der Figur zu versetzen, wo die linken Durchlassöffnungen des Grundschiebers von der Platte ganz geöffnet sind.

Die Änderung des Abstandes $y - a_2$, der in der Figur z. B. für die grösste Füllung mit $y_{max} - a_2$ angegeben ist, wird wieder durch den Regulator bewirkt, sobald dieser die Expansionsschieberstange und deren Gusseisenkörper dreht. Da diese Drehung während derjenigen Zeit erfolgen kann, wo die Gewindegänge nicht mit den Expansionsplatten in Berührung stehen, was während der grösseren Zeit eines Hubes der Fall ist, so verbleibt dem Regulator genügend Zeit zum Verändern der Füllung.

Die Steigung der Gewindegänge wird mit Rücksicht auf den letzteren Umstand deshalb auch hier häufig stärker als im vorigen Falle genommen, und findet man sogar so starke Steigungen, dass nur eine Gesamtdrehung der Schieberstange um 60^0 zur Veränderung der Füllung zwischen ihren Grenzen nötig ist. Die Ganghöhe ergiebt sich wieder aus der Beziehung

$$s = z\frac{360}{\alpha} \quad . \quad . \quad . \quad . \quad . \quad . \quad 173$$

wenn wieder z die Gesamtverschiebung $y_{max} - (\pm y_{min})$ und α der ganze Drehwinkel der Schieberstange in Graden ist. Die Entfernung der beiden äusseren Bunde am Gusseisenkörper ist nach Fig. 2, Taf. 39 so gross zu nehmen, dass z. B. der linke Bund bei der Mittellage der Schieberstange und der Endlage der linken Platte, wo diese die Durchlassöffnungen des Grundschiebers ganz offen hält, um die relative Excentricität r_x von dem Knaggen dieser Platte absteht. Dasselbe muss beim rechten Bunde bei entsprechender Lage der rechten Platte der Fall sein.

Die für die Verhältnisse der vorliegenden Steuerungen massgebenden Werte r_x, y_{max} und y_{min} sind auch hier durch Konstruktion der relativen Schieberkreise zu bestimmen. Die erforderliche Länge p der Expansionsplatten zwischen den Schlitzen (siehe Fig. 124 auf Seite 194) folgt aus Gleichung 158, wenn man in diese für a_1 die Weite a_2 der einzelnen Durchlassöffnungen am Rücken des Grundschiebers einführt. Die Stegbreite t_1 des letzteren zwischen der 1. und 2. Durchlassöffnung, ebenso wie die Schlitzweite a_3 im Expansionsschieber sind nach Fig. 124 so zu bemessen, dass der 1. Schlitz mit der Kante 4 die 2. Durchlassöffnung bei der grössten Füllung spätestens dann an der Kante 3 anfängt zu öffnen, wenn der Cylinderkanal durch den Grundschieber um die Weite a_2 der 1. Durchlassöffnung offen ist. Tritt das letztere nach Fig. 122 des Textes bei der Hauptkurbellage O VI ein, so steht der Expansionsschieber um den Sehnenabschnitt $\pm y'$ dieser Hauptkurbellage im oberen bezw. unteren Relativschieberkreise hinter bezw. vor seiner relativen Mittellage. Also muss mit Rücksicht auf die obige Bedingung die Entfernung der Kanten 1 und 3 am Grundschieber in Fig. 124

$$t_1 + 2\,a_2 \leqq y_{max} + p - (\pm y')$$

oder

$$t_1 \geqq y_{max} + p - (\pm y') - 2\,a_2 \quad . \quad . \quad . \quad 174$$

sein. Ebenso folgt aus der Entfernung der Kanten 4 und 5 die Schlitzweite

$$a_3 \geqq y_{max} - (\pm y') - a_2 \quad . \quad . \quad . \quad . \quad 175$$

In beiden Gleichungen ist wieder $(\pm y')$ positiv, wenn es im oberen, negativ, wenn es im unteren Relativschieberkreise liegt.

Für die Stegbreiten t_2, t_3 und die übrigen Schlitzweiten lassen sich aus der Bedingung, dass die Eröffnung der Durchlasskanäle im Grundschieber durch den Expansionsschieber bei der grössten Füllung mindestens ebensogross wie die des Cylinderkanales durch den Grundschieber sein muss, entsprechende Gleichungen aufstellen; gewöhnlich macht man aber $t_1 = t_2 = t_3$ und alle Schlitze gleich weit.

Beispiele.

1. Es sind die Verhältnisse einer Guhrauer Steuerung für eine Kondensationsmaschine von 375 mm Cylinderbohrung, 750 mm Hub und 90 Umdrehungen in der Minute zu bestimmen. Der Dampf tritt mit 6 Atm absoluter Spannung in den Cylinder[1]).

Bei einer durch beide Cylinderdeckel gehenden Kolbenstange von 65 mm Durchmesser beträgt die nutzbare Kolbenfläche

$$O = \overline{37{,}5}^2 \frac{\pi}{4} - \overline{6{,}5}^2 \frac{\pi}{4} = 1104{,}5 - 33{,}2 = \sim 1071 \text{ qcm}.$$

Die mittlere Kolbengeschwindigkeit ist

$$c_m = \frac{S \cdot n}{30} = \frac{0{,}75 \cdot 90}{30} = 2{,}25 \text{ m}.$$

Hiermit folgt für

$$f_k = \frac{O \cdot c_m}{32{,}5}$$

der Kanalquerschnitt

$$f_k = \frac{1071 \cdot 2{,}25}{32{,}5} = 74 \text{ qcm},$$

dem bei einer Kanalweite (siehe Fig. 123 a und b des Textes)

$$a = 2{,}6 \text{ cm} = \mathbf{26\ mm}$$

eine Kanalhöhe

$$h = \frac{74}{2{,}6} = \sim 28{,}5 \text{ cm} = \mathbf{285\ mm}$$

genügt. Die Durchlasskanäle des Grundschiebers haben am Cylinder dieselben Dimensionen wie die Kanäle des letzteren, so dass

$$a_1 = a \text{ und } h_1 = h$$

ist. An der Seite des Expansionsschiebers dagegen ist jeder Durchlasskanal in 4 Öffnungen geteilt. Bei derselben Kanalhöhe $h_2 = h = 28{,}5$ cm hätte also eine jede dieser Öffnungen nur eine Weite

$$a_2 = \frac{26}{4} = 6{,}5 \text{ mm}$$

Fig. 122.

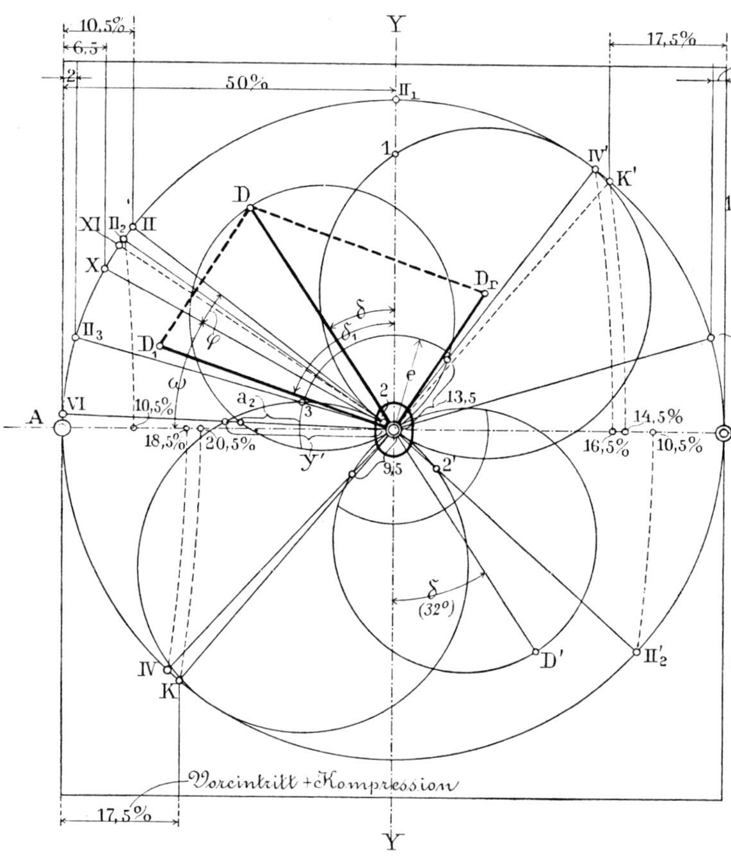

Fig. 123 a.

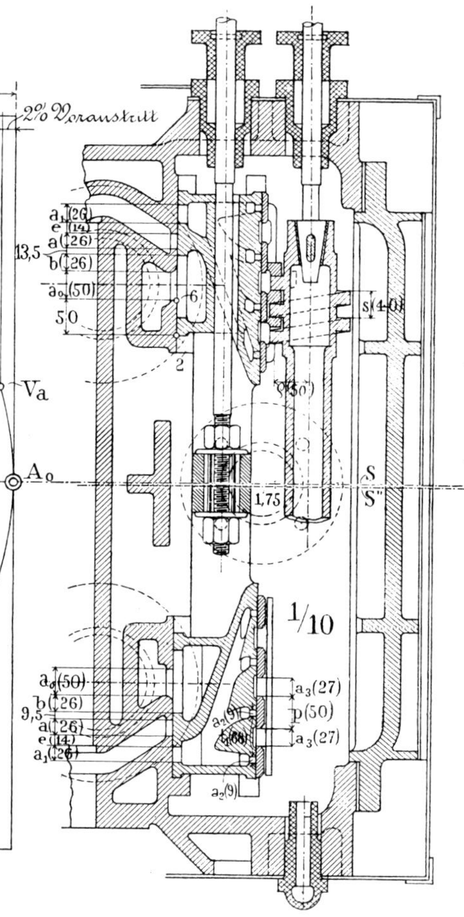

Fig. 124.

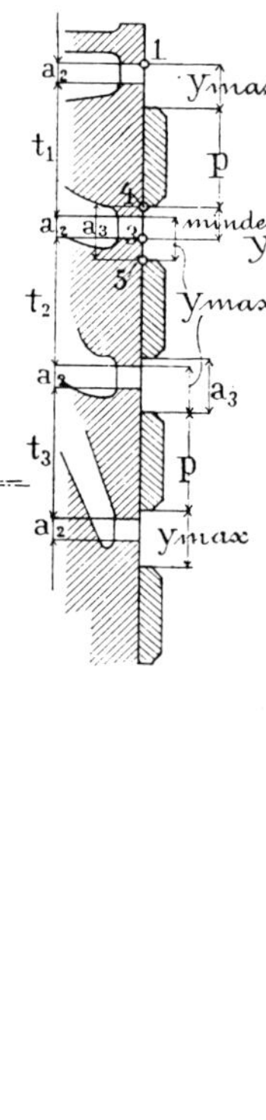

1) Der Konstruktion der vorliegenden Steuerung wurde die in dem Buche „Die Maschinenelemente von C. Bach", Verlag von Cotta, dargestellte Ausführung von G. Kuhn in Stuttgart zu Grunde gelegt.

zu erhalten. Dieser Wert ist aber wegen der Herstellung und Bearbeitung der Öffnungen, sowie mit Rücksicht darauf, dass oberhalb und unterhalb der letzteren der Eintrittsquerschnitt durch Stege bezw. Hülse verengt ist, zweckmässig auf

$$a_2 = \mathbf{9\ mm}$$

zu erhöhen.

Um die Verhältnisse des Grundschiebers zu bekommen, ist der Voreilwinkel δ und die Excentricität r des zugehörigen Excenters festzulegen. Wählen wir die Dauer

Bei einer Schubstangenlänge, die das 5fache des Kurbelradius ist, liefert die Hauptkurbellage OK bezw. OK′, die beide bei unendlich langer Schubstange, wie angeführt, Kolbenwege von 17,5 % bis in die linke bezw. rechte Totlage des Kolbens ergeben, nach **Fig.** 122 des Textes einen Weg von 20,5 für die linke und einen solchen von 14,5 %[1]) für die rechte Kolbenseite. Sucht man diese Wege bezw. die Dauer des Voreintrittes und der Kompression auf beiden Kolbenseiten bis auf 18,5 und 16,5 %[1]) einander zu nähern, so schneiden die zu-

Fig. 123b.

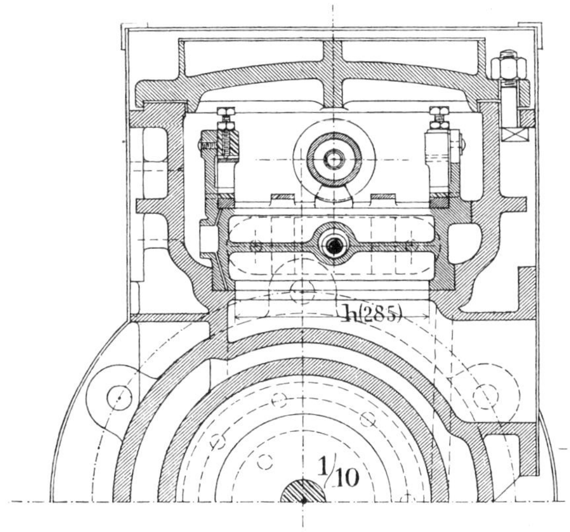

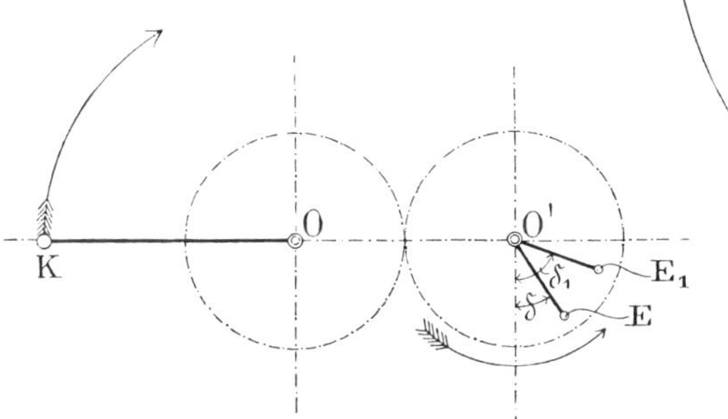

Fig. 125.

Fig. 126.

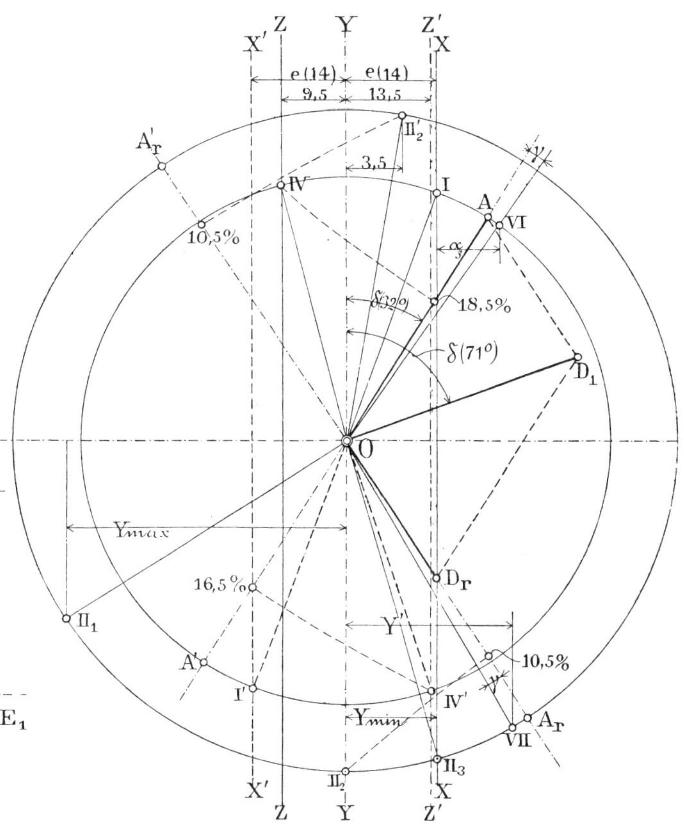

der Voraustrittsperiode zu 2 %, die der Voreintritts- und Kompressionsperiode zusammen zu 17,5 % und suchen die zugehörigen Hauptkurbellagen OV_a bezw. OK für eine unendlich lange Schubstange in Fig. 122 des Textes auf, so liefert die Halbierungslinie $\overline{OD'}$ des Winkels V_aOK mit der Vertikalen Y — Y einen Voreilwinkel

$$\delta = \mathbf{32^0}.$$

Für ein nach Gleichung 154 zu wählendes Voröffnen

$$v_e = 0{,}275 \cdot a = 0{,}275 \cdot 26 = \backsim 7{,}2\ \text{mm}$$

folgt dann weiter aus Gleichung 152 die Excentricität

$$r = \frac{26 - 7{,}2}{1 - \sin 32} = \frac{18{,}8}{0{,}47} = \mathbf{40\ mm},$$

sowie nach Gleichung 155 die äussere Überdeckung

$$e = 40 - 26 = \mathbf{14\ mm.}$$

gehörigen Hauptkurbellagen OIV und OIV′ auf dem unteren bezw. oberen Grundschieberkreise eine innere Überdeckung

$$i_l = \mathbf{9{,}5\ mm}^{2)} \text{ und } i_r = \mathbf{13{,}5\ mm}^{2)}$$

ab.

Die Weite des Auslasskanales ergiebt sich jetzt, wenn man nur die grössere innere Überdeckung in Rechnung zieht und die Stegbreite

$$b = \frac{a}{2} + 13 = \frac{26}{2} + 13 = \mathbf{26\ mm}$$

macht, aus Gleichung 148 zu

$$a_o \geqq 13{,}5 + 40 + 26 - 26,\quad a_o \geqq 53{,}5\ \text{mm},$$

wofür in der Ausführung

$$a_o = \mathbf{50\ mm}$$

1) Siehe die Mittellinie $\overline{AA_0}$.

2) Links ist in der Fig. 123a die untere, rechts die obere Hälfte.

genommen ist. Die Entfernung der Kanten 6 und 2 in Fig. 123a muss schliesslich so gross sein, dass der Grundschieber in seiner rechten Totlage den rechten Auslasskanal noch genügend an der Kante 6 deckt; es muss also der Abstand $\overline{6-2}$ bei der Mittellage des Schiebers gleich der Excentricität r plus einer Sicherheitsdeckung sein. Nimmt man die letztere im vorliegenden Falle zu 10 mm an, so muss

$$\overline{6-2} = r + 10 = 40 + 10 = \mathbf{50\ mm}$$

gemacht werden.

In Fig. 126 des Textes ist nochmals das Müllersche Diagramm für den Grundschieber gezeichnet. Der mit r = 40 mm geschlagene Kreis der Excenter- und Hauptkurbel ist mit der Hublinie $\overline{AA'}$ für die Kolbenbewegung unter dem in der früher angegebenen Weise gefundenen Winkel δ gegen die Vertikale Y — Y geneigt. Für die erwähnten Kolbenwege von 18,5 und 16,5 %, die hier auf einen Hub $\overline{AA'} = 80$ mm zu beziehen sind, geben wieder OIV und OIV' die Hauptkurbellagen an, deren Endpunkte um die inneren Überdeckungen i_l und i_r von der Vertikalen Y — Y abstehen.

Um die Excentricität r_1 und den Voreilwinkel δ_1 des Excenters für den Expansionsschieber zu bekommen, wurde nach den Angaben auf Seite 173 und Fig. 115 die Mittellinie des relativen Schieberkreises $\overline{OD_r}$ senkrecht zur Mittellinie des Drosselungswinkels bei der normalen Füllung angenommen, damit bei dieser letzteren der Kanalschluss möglichst schnell vor sich geht. Die normale Füllung beträgt nun, wenn sie gleich der besten normalen Füllung der Maschine gemacht wird, nach den Werten auf Seite 93 vorteilhaft

$$\frac{0{,}63}{p} = \frac{0{,}63}{6} = 0{,}105 = \mathbf{10{,}5}\ \%.$$

Derselben entspricht bei unendlich langer Schubstange die Hauptkurbellage OII in Fig. 122 des Textes. Soll nun die Drosselung des eintretenden Dampfes während 4 % des Kolbenweges andauern, also bei der Hauptkurbellage OX, die einen Winkel $\omega = 29\frac{1}{2}^0$ mit der linken Totlage einschliesst, beginnen, so muss die Kanaleröffnung in diesem Augenblicke

$$a_x = \frac{O \cdot c_x}{h_2 \cdot w_x}$$

betragen. Die Kolbengeschwindigkeit c_x bestimmt sich bei unendlich langer Schubstange nach Gleichung 23 und 22 zu

$$c_x = v \cdot \sin \omega = \frac{S\pi \cdot n}{60} \sin 29\tfrac{1}{2} = \frac{0{,}75\,\pi \cdot 90}{60}\, 0{,}493$$
$$= \sim 1{,}74 \text{ m},$$

die Dampfgeschwindigkeit w_x soll wegen der Vernachlässigung der endlichen Schubstangenlänge nur mit 45 m eingeführt werden, h_2 ist 28,5 cm, O = 1071 qcm. Man erhält mit diesen Werten

$$a_x = \frac{1071 \cdot 1{,}74}{28{,}5 \cdot 45} = \sim 1{,}5 \text{ cm} = 15 \text{ mm}.$$

Da aber hier 4 Öffnungen gleichzeitig geschlossen werden, so hat man

$$a_x = \frac{1}{4}\, 15 = 3{,}75 \text{ mm}$$

zu setzen. Trägt man dann in Fig. 122 $\frac{1}{2} a_x = 1{,}875$ mm auf der Hauptkurbellage OII von O aus ab und errichtet in dem Endpunkte 2 eine Senkrechte, so schneidet diese auf der zu OXI errichteten Senkrechten eine relative Excentricität

$$\overline{OD_1} = r_x = \mathbf{25\ mm}$$

ab. Durch Rückwärtskonstruktion des Parallelogrammes OD_rDD_1O ergiebt sich schliesslich für das Excenter des Grundschiebers die Excentricität

$$\overline{OD_1} = r_1 = \mathbf{38\ mm}$$

und der Voreilwinkel

$$\delta_1 = \sim \mathbf{71^0}.$$

Die relativen Schieberkreise sind in der Fig. 122 in doppelt natürlicher Grösse aufgetragen worden und ergeben, wenn man die grösste Füllung der Maschine zu 50, die kleinste zu 2 % annimmt, bei den zugehörigen Hauptkurbellagen OII_1 bezw. OII_3 für eine unendlich lange Schubstange die beiden Sehnenabschnitte

$$\overline{O1} = y_{max} = \mathbf{21\ mm} \text{ und } \overline{O3} = y_{min} = \mathbf{-\,7\ mm.}$$

Bei dem Müllerschen Diagramm in Fig. 126 des Textes ist die relative Excentricität $\overline{OD_r}$ aus den beiden ermittelten Excentricitäten $\overline{OD} = \overline{OA}$ und $\overline{OD_1}$, sowie den Voreilwinkeln δ und δ_1 konstruiert worden. Der Excenter- und Hauptkurbelkreis vom Radius $\overline{OA_r} = \overline{OA_r'}$ wurde ebenfalls in doppelt natürlicher Grösse aufgetragen und ergiebt für die der grössten bezw. kleinsten Füllung entsprechenden Hauptkurbellagen OII_3 und OII_1 die obigen Werte der Abstände y_{max} und y_{min}.

Werden, wie das die Maschinenfabrik von G. Kuhn in Stuttgart zur Erzielung kurzer Cylinderkanäle vielfach macht, die Excenter der Steuerung nicht auf der Kurbelwelle, sondern nach Fig. 1a, Taf. 39 auf einer Vorgelegewelle, welche von der ersteren durch ein Stirnräderpaar angetrieben wird, befestigt, so sind die Excenterkurbeln nach Art der Fig. 125 des Textes zu stellen. Das ist nötig, weil die Vorgelegewelle sich entgegengesetzt zur Kurbellwelle dreht.

Mit den gefundenen Werten y_{max} und y_{min} ergiebt sich nun zunächst die erforderliche Länge der Expansionsplatte zwischen zwei benachbarten Schlitzen aus Gleichung 158, wenn man in diese für a_1 die Grösse von a_2 und x = 9 mm einführt, zu

$$p = 25 - (-7) + 9 + 9 = \mathbf{50\ mm.}$$

Die Entfernung t_1 für die Stegbreite zwischen der 1. und 2. Durchlassöffnung im Rücken des Grundschiebers folgt aus Gleichung 174. Die Sehne y', die im Zeunerschen Diagramme der Fig. 122 des Textes von der Hauptkurbellage OVI, bei welcher der Grundschieber den Cylinderkanal um a_2 geöffnet hat, auf dem unteren Relativschieberkreise abgeschnitten wird, beträgt 12,5 mm. Mithin erhält man

$$t_1 \geqq 21 + 50 + 12{,}5 - 2 \cdot 9,\quad t_1 \geqq 65{,}5 \text{ mm},$$

oder

$$t_1 = 65{,}5 + 2{,}5 = \mathbf{68\ mm.}$$

Desgleichen folgt aus Gleichung 175 für die Weite der Schlitze im Expansionsschieber der Wert

$$a_3 \geqq 21 + 12{,}5 - 9,\quad a_3 \geqq 24{,}5 \text{ mm},$$

oder

$$a_3 = 24{,}5 + 2{,}5 = \mathbf{27\ mm.}$$

Die übrigen Stegbreiten und Schlitze sind ebenfalls 68 bezw. 27 mm gemacht worden.

Die 2., 3. und 4. Durchlassöffnung werden dann gleichzeitig geöffnet. Wollte man sie nacheinander öffnen lassen, so müsste man t_2 bezw. t_3 eine Grösse geben, die sich aus Gleichung 174 ergiebt, wenn man in diese denjenigen Abschnitt y' einführt, welchen die Hauptkurbel bei der Eröffnung des Cylinderkanales durch den Grundschieber um $2a_2$ bezw. $3a_2$ abschneidet.

Im Müllerschen Diagramm in Fig. 126 des Textes hat man, um y' zu bekommen, die der Hauptkurbellage OVI des Grundschieberkreises entsprechende Hauptkurbellage OVII im Relativkreise aufzusuchen, also den $\sphericalangle\ \gamma$ von $\overline{OA_r}$ aus aufzutragen.

Die Gesamtverschiebung der Platten zwischen den Füllungsgrenzen ist

$$z = y_{max} - (\pm y_{min}) = 21 - (-7) = 28 \text{ mm.}$$

Giebt man den Gewindegängen eine Steigung

$$s = \mathbf{40\ mm}$$

und einen mittleren Radius

$$\rho = \mathbf{50\ mm,}$$

sodass also der Wert

$$\frac{s}{2\rho\pi} = \frac{40}{2 \cdot 50\pi} = \sim \frac{1}{8}$$

wird, also der Gleichung 171 genügt, so muss nach Gleichung 172 die Expansionsschieberstange durch den Regulator im Ganzen um

$$\alpha = \frac{28}{40} 360 = \mathbf{252^0}$$

gedreht werden, wenn dieser die Füllung von der grössten bis zur kleinsten oder umgekehrt ändert.

Will man durch die Steuerung bei normaler Belastung der Maschine gleiche Füllungen auf beiden Kolbenseiten erhalten, so hat man die Hauptkurbellagen OII_2 und OII_2' für beide Kolbenseiten und unter Berücksichtigung der endlichen Schubstangenlänge aufzusuchen. Man erhält dann die Sehnen bezw. Abstände

$$y_{2,l} = 0 \text{ und } \overline{O2'} = y_{2,r} = +3{,}5 \text{ mm.}$$

Da beide um

$$y_{2,r} - y_{2,l} = 3{,}5 \text{ mm}$$

verschieden sind, so wird man den Expansionsschieber nicht um die Mitte S, sondern um diejenige S″ (Fig. 123a) schwingen lassen, welche von der ersteren um $\frac{3{,}5}{2} = 1{,}75$ mm im vorliegenden Falle nach der linken Seite absteht. Man erhält dann, wie man sich leicht aus den Diagrammen überzeugen kann, auch für die anderen Füllungsgrade annähernd gleiche Füllungen auf beiden Kolbenseiten. Zu beachten ist aber, dass nun y_{min} für die früher entnommene Grösse von — 7 mm auf der rechten Seite gleich — (7 + 3,5) = — 10,5 mm auf der linken Seite wird, was bei der Berechnung der Plattenlänge p wohl in Rücksicht zu ziehen ist. Im vorliegenden Falle genügt die gewählte Sicherheitsdeckung x = 9 mm auch noch dem Werte $y_{min,l}$ = — 10,5 mm.

2. Für die auf Seite 175 angegebene Auspuffmaschine von 300 mm Cylinderbohrung, 600 mm Hub und 90 Umdrehungen in der Minute sind die Verhältnisse einer Guhrauer Steuerung nach Fig. 1, Taf. 39 zu bestimmen.

Die Weite und Höhe der Cylinderkanäle wurden schon auf Seite 127 zu

$$a = \mathbf{21\ mm} \text{ und } h = \mathbf{200\ mm}$$

ermittelt. Eben daselbst wurden die Verhältnisse des Grundschiebers und dessen Excenter schon festgelegt. Behält man diese Verhältnisse bei, so ist hier nur die relative Excentricität r_x mit Rücksicht auf die Teilung der Durchlasskanäle kleiner zu nehmen. Die Weite der Durchlassöffnungen am Rücken des Grundschiebers muss

$$a_2 = \frac{21}{2} = 10{,}5 \text{ mm}$$

betragen, ist aber wegen der Verengung, welche die Durchlasskanäle durch die Schieberstangenhülse erfahren, auf

$$a_2 = \mathbf{12\ mm}$$

erhöht worden. Auf Seite 176 ergab sich die relative Excentricität r_x zu 50 mm, hier soll dieselbe nur zu

$$r_x = \frac{3}{4} 50 = \mathbf{37{,}5\ mm}$$

angenommen werden. Würde man in dem Diagramm der Fig. 2, Taf. 35 $\overline{OD_r}$ = 37,5 mm machen und aus dem Dreieck OD_rD das Parallelogramm OD_rDD_1O rückwärts konstruieren, so erhielte man in der Grösse von $\overline{OD_1}$ die erforderliche Excentricität r_1 und den Voreilwinkel δ_1 für den vorliegenden Fall. Ferner ergäbe sich, da nach Seite 177 und 178 unter Berücksichtigung der endlichen Schubstangenlänge für die normale Füllung von 25 % $y_{2,l}$ = 28,7 mm und $y_{2,r}$ = 35,5 mm gefunden wurde, hier

$$y_{2,l} = \frac{3}{4} 28{,}7 = \sim 21{,}6 \text{ mm,}$$

$$y_{2,r} = \frac{3}{4} 35{,}5 = \sim 26{,}8 \text{ mm.}$$

Bei einer kleinsten Füllung von 5 % ist nach dem Diagramm in Fig. 4, Taf. 35 $y_{min,r}$ = + 7,2 mm, während sich für die linke Kolbenseite (nicht in die Figur eingetragen) bei derselben Füllung $y_{min,l}$ = + 4 mm ergiebt. Für die im vorliegenden Falle $\frac{3}{4}$ mal so grosse relative Excentricität beträgt somit

$$y_{min,l} = +\frac{3}{4} 4 = +3 \text{ mm,}$$

$$y_{min,r} = +\frac{3}{4} 7{,}2 = +5{,}4 \text{ mm.}$$

Will man nun bei der Guhrauer Steuerung nach Fig. 1, Taf. 39 die Füllungen von der normalen bis zur kleinsten für beide Kolbenseiten annähernd gleich gestalten, so hat man, da

$$y_{2,l} - y_{min,l} = 21{,}6 - 3 = 18{,}6 \text{ mm,}$$

$$y_{2,r} - y_{min,r} = 26{,}8 - 5{,}4 = 21{,}4 \text{ mm}$$

ist, den linken Gewindegang des Gusseisenkörpers mit geringerer Steigung als den rechten zu versehen, um bei einer Änderung der Füllung von der normalen bis zur kleinsten und einer damit verbundenen entsprechenden Drehung der Expansionsschieberstange die vorstehenden, verschiedenen Verschiebungen der beiden Expansionsplatten zu bekommen. Nach der Figur beträgt die Ganghöhe des linken Gewindeganges

$$\mathbf{s_1 = 1\tfrac{5}{8}'' \text{ engl.} = 41{,}3\ mm,}$$

welche bei einem mittleren Gewinderadius von

$$\rho = \mathbf{52{,}5\ mm}$$

einer mittleren Steigung von

$$\frac{s_l}{2\rho\pi} = \frac{41.3}{2 \cdot 52{,}5\,\pi} = \sim \frac{1}{8}$$

entspricht. Die vorerwähnte Verschiebung $y_{2,l} - y_{min,l} = 18{,}6$ mm erfordert demnach den

$$\frac{18{,}6}{41.3} = \sim 0{,}45$$

fachen Teil einer vollen Umdrehung der Expansionsschieberstange. Soll durch dieselbe Drehung auf der rechten Seite die Verschiebung $y_{2,r} - y_{min,r} = 21{,}4$ mm erreicht werden, so muss die Ganghöhe des rechten Gewindeganges

$$s_r = \frac{21{,}4}{0{,}45} = \mathbf{47{,}6\ mm} = \sim 1\tfrac{7}{8}''\ \textbf{engl.}$$

sein. Die mittlere Steigung an dieser Seite ist dann

$$\frac{s_r}{2\rho\pi} = \frac{47{,}6}{2 \cdot 52{,}5\,\pi} = \sim \frac{1}{7}.$$

Bei der ungleichen Ganghöhe in beiden Gewindegängen fallen die höheren Füllungen von der normalen an auf beiden Kolbenseiten ungleich aus. Nach dem Diagramm in Fig. 4, Taf. 35 und nach Seite 177 ist bei einer grössten Füllung von 53,3% $\overline{OI'} = y_{max,r} = 49{,}3$ mm, welchem Werte hier ein solcher von

$$y_{max,r} = \frac{3}{4} 49{,}3 = 37 \text{ mm}$$

entspricht. Die Verschiebung der rechten Platte beträgt also bei einer Änderung der Füllung von der normalen bis zur grössten

$$y_{max,r} - y_{2,r} = 37 - 26{,}8 = 10{,}2 \text{ mm},$$

wozu die Expansionsschieberstange um den

$$\frac{10{,}2}{s_r} = \frac{10{,}2}{47{,}6} = 0{,}215\text{ten}$$

Teil einer vollen Umdrehung gedreht werden muss. An der linken Platte ruft diese Drehung aber nur eine Verschiebung von

$$0{,}215 \cdot s_l = 0{,}215 \cdot 41{,}3 = 8{,}9 \text{ mm}$$

hervor, wird also die Entfernung

$$y_{max,l} = y_{2,l} + 8{,}9 = 21{,}6 + 8{,}9 = 30{,}5 \text{ mm}^{1)}$$

welcher nach dem Diagramm nur eine maximale Füllung von 43% auf der linken Kolbenseite entspricht.

Die Gesamtdrehung der Expansionsschieberstange beträgt

$$(0{,}45 + 0{,}215)\,360^0 = 0{,}665 \cdot 360^0 = \sim \mathbf{240^0}.$$

Die Länge der Expansionsplatten zu jeder Seite des Schlitzes ergiebt sich aus Gleichung 158, wenn man in diese $a_1 = a_2 = 12$ mm und $y_{min} = y_{min,l} = +3$ mm einführt, sowie $x = 3{,}5$ mm annimmt, zu

$$p = 37{,}5 - 3 + 12 + 3{,}5 = \mathbf{50\ mm}.$$

Die Stegbreite zwischen den beiden Durchlassöffnungen am Rücken des Grundschiebers muss der Gleichung 174 genügen. Nach Fig. 2, Taf. 35 öffnet nun der Grundschieber den Cylinderkanal um ein Stück $a_2 = 12$ mm bei einer Hauptkurbellage, die ungefähr senkrecht zu $\overline{OD}_r$ steht. y' ist also hier gleich Null zu setzen, und man erhält für die erwähnte Stegbreite mit $y_{max} = y_{max,r} = 37$ mm den Wert

$$t_1 \geqq 37 + 50 - 2 \cdot 12, t_1 \geqq 63 \text{ mm},$$

oder

$$t_1 = 63 + 2 = \mathbf{65\ mm.}$$

Die Schlitzweite in den Expansionsplatten muss dann nach Gleichung 175

$$a_3 \geqq 37 - 12, a_3 \geqq 25 \text{ mm},$$

oder

$$a_3 = 25 + 2 = \mathbf{27\ mm}$$

sein.

1) In der Figur ist 30,7 für $y_{max,l}$ angegeben.

§ 41.

Doppel-Schiebersteuerungen mit von innen steuerndem Expansionsschieber und verstellbarem Expansionsexcenter.

Bei den bisher betrachteten Doppel-Schiebersteuerungen wurde die Füllung auf jeder Seite beendigt, sobald die äusseren Kanten der Expansionsplatten den zugehörigen Durchlasskanal des Grundschiebers schlossen, steuerten also, wie man sagt, die äusseren Kanten den Dampfeintritt. Ebenso wie nun beim einfachen Muschelschieber nach den Angaben auf Seite 139 der Dampfeinlass durch die inneren Kanten gesteuert werden kann, ebenso können auch bei dem Expansionsschieber einer Meyerschen Steuerung die inneren Kanten den Dampfeinlass abschneiden. So wird in Fig. 127 auf Seite 199 offenbar der Dampfeintritt auf der linken Kolbenseite aufhören, sobald die innere Kante k der linken Expansionsplatte den linken Durchlasskanal an der inneren Kante k′ schliesst. Die Grösse der Füllung wird auch hier von dem Abstande y abhängig sein, den diese Kanten k und k′ bei der relativen Mittellage beider Schieber voneinander besitzen.

Zu beachten ist aber, dass bei dem von innen steuernden Expansionsschieber einer Meyerschen Steuerung die relative Bewegung beider Schieber zueinander anders als bei dem von aussen steuernden erfolgen muss. Während z. B. in Fig. 3a, Taf. 35 der linke Durchlasskanal durch die äussere Kante der linken Expansionsplatte dann geschlossen wird, wenn die letztere relativ gegen den Grundschieber um y nach links verschoben ist, tritt für den gleichen Durchlasskanal in Fig. 127 des Textes der Schluss durch die innere Kante der Expansionsplatte ein, wenn die erwähnte relative Verschiebung nach rechts, also nach der entgegengesetzten Seite wie im vorigen Falle, die Grösse y erreicht hat.

Ist nun in Fig. 128 des Textes OE die Excenterkurbel des Grund-, OE_1 diejenige des Expansionsschiebers und OE_r die aus den beiden ersten konstruierte relative Excenterkurbel einer von aussen steuernden Doppel-Schiebersteuerung, so wird man, da für den von innen steuernden Expansionsschieber die relative Bewegung beider Schieber entgegengesetzt zu derjenigen eines von aussen steuernden sein muss, für die richtige Bewegung des ersteren die OE_r diametral gegenüber liegende relative Excentricität OE_r' erforderlich sein. Steht dann z. B. die Hauptkurbel in der linken Totlage OA, so ist bei der

Steuerung des Dampfeinlasses durch die **äusseren** Kanten des Expansionsschiebers der letztere um $\overline{OC_r}$ **nach rechts**, bei der Steuerung durch die **inneren** Kanten aber um das ebenso grosse Stück $\overline{OC_r'}$ **nach links**, also nach der entgegengesetzten Seite, gegen den Grundschieber verschoben. Bei einer weiteren Drehung der Hauptkurbel nähert sich ferner sowohl die Excenterkurbel OE_r, als auch diejenige OE_r' der Mittellage.

Die neue Lage OE_r der relativen Excenterkurbel bei der linken Totlage der Hauptkurbel lässt sich nun in doppelter Weise erreichen. Keilt man zunächst das Excenter des Grund- und Expansionsschiebers so auf, wie in Fig. 128 des Textes die ausgezogenen Linien zeigen, legt man also die Excenterkurbel des Grundschiebers nach OE' und diejenige des Expansionsschiebers nach OE_1', beide also der Lage OE bezw. OE_1 dieser Kurbeln bei von aussen steuernden Schiebern diametral gegenüber, so liefert das Parallelogramm $OE'E_1'F_r'O$ die gewünschte

Fig. 127.

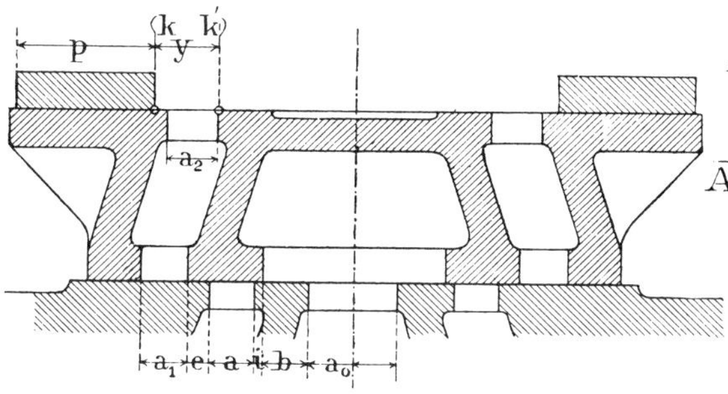

Fig. 128.

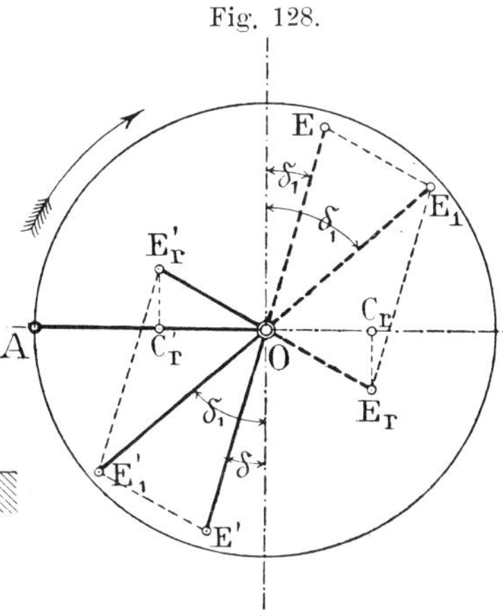

Fig. 129.

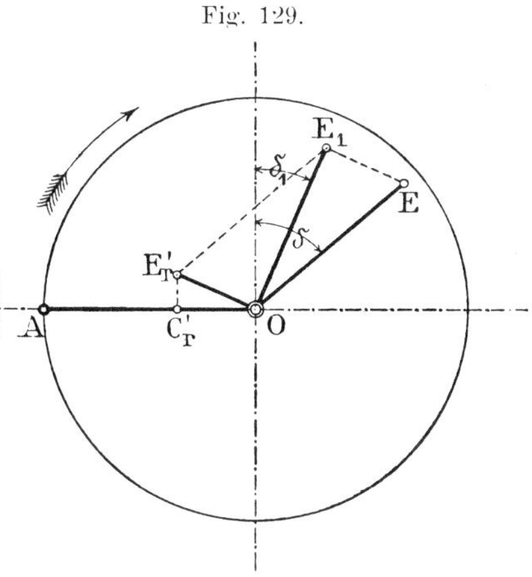

Lage OE_r' der relativen Excenterkurbel. Es muss dann aber nicht nur der Expansionsschieber, sondern, wie auf Seite 139 und in Fig. 98 des Textes vermerkt, auch der Grundschieber den Dampfeintritt mit seinen **inneren** Kanten steuern.

Die gewünschte Lage OE_r' der relativen Excenterkurbel erreicht man aber auch dadurch, dass man nach Fig. 129 des Textes den Voreilwinkel δ des Grundschiebers grösser als denjenigen δ_1 des Expansionsschiebers nimmt. Konstruiert man nämlich auch hier das Parallelogramm $OEE_1E_r'O$, so fällt OE_r' links von der Mitte. Hier muss natürlich der Grundschieber mit seinen **äusseren**, der Expansionsschieber mit seinen **inneren** Kanten den Dampfeintritt steuern.

In den beiden Fällen wird man das **Zeuner**sche Schieber-Diagramm für die vorliegenden Doppel-Schiebersteuerungen in der bekannten Weise, also durch Antragen der in Fig. 128 und 129 eingetragenen Voreilwinkel δ und δ_1 an die obere Hälfte der Vertikalen Y — Y des Achsenkreuzes entgegen zur Drehrichtung der Maschine, zeichnen können; nur wird man dann zu beachten haben, dass der obere Relativschieberkreis die Ausweichungen des Expansionsschiebers gegen den Grundschieber nach **rechts** oder **unten** (also gerade entgegengesetzt wie früher), der untere diejenigen nach **links** oder **oben** auf den durch diese Kreise gehenden Hauptkurbellagen abschneidet, immer die angenommene Maschinenordnung in Fig. 1, Taf. 31 vorausgesetzt. Im **Müller**schen Diagramme dagegen werden die Voreilwinkel δ und δ_1 am besten so aufgetragen, wie sie in der Wirklichkeit liegen.

Bei den Doppel-Schiebersteuerungen mit von innen steuerndem Expansionsschieber findet man ferner vielfach die Füllung nicht dadurch veränderlich gemacht, dass man wie bisher bei festgekeiltem Expansionsexcenter den Abstand y der steuernden Kanten von Expansionsschieber und Durchlasskanal abändert, sondern dadurch, dass man bei konstantem Abstande y das Expansionsexcenter stellbar auf der Kurbelwelle anordnet und dessen Excentricität und Voreilwinkel verändert. Es geschieht dies natürlich selbstthätig von der Maschine aus durch einen Schwungradregulator oder Flachregler. Wie hierbei die Füllung sich ändert, ist zunächst aus Fig. 1c bis e, Taf. 42 ersichtlich. In Fig. 1c, wo der Voreilwinkel des Expansionsexcenters seinen kleinsten Wert δ_1, die Excentricität aber ihren grössten Wert OII_1 hat, ist die relative Excentricität $OIII_1$, und es findet eine Füllung von 42 % statt, da die dem Schlusse der letzteren entsprechende Hauptkurbellage auf dem oberen Relativschieberkreise als Sehne den konstanten Abstand y der steuernden Kanten abschneidet. In Fig. 1e dagegen hat der Voreilwinkel des Expansionsexcenters seinen grössten Wert δ_3, die Excentricität desselben ihren kleinsten Wert OII_3. $OIII_3$ bildet die relative Excentricität, und es beträgt die Füllung bei dem konstanten Abstande y nur 2 %. In Fig. 1d schliesslich ist δ_2 der Voreilwinkel, OII_2 die Excentricität des Expansionsexcenters, $OIII_2$ die relative Excentricität, deren Kreis mit dem konstanten Werte y eine Füllung von 13 % ergiebt.

In Fig. 130 auf Seite 202 ist die Veränderlichkeit der Füllung mit Hilfe des **Müller**schen Diagrammes gezeigt. Bei den Werten δ_1 und r_1 für den Voreilwinkel bezw. die Excentricität des Expansionsexcenters erhält man r_x als relative Excentricität, während für δ_1' und r_1' sich r_x', für δ_1'' und r_1'' sich r_x'' als solche ergiebt. Die zu den einzelnen relativen Excentricitäten r_x, r_x' und r_x'' gehörigen Relativkreise sind in dreifach natürlicher Grösse, also über den Durchmessern $\overline{A_r A_{ro}}$ bezw. $\overline{A_r' A_{ro}'}$, $\overline{A_r'' A_{ro}''}$ geschlagen worden. Der konstante Abstand $y = o$ der steuernden Kanten bezw. die vertikale Mittellinie Y — Y liefert die Hauptkurbellagen OII_1 bezw. OII_2, OII_3 in den einzelnen Relativkreisen, und es entspricht

$$\frac{\overline{A_r B_1}}{\overline{A_r A_{ro}}} \text{ einer Füllung von } 60\,\%,$$

$$\frac{\overline{A_r' B_2}}{\overline{A_r' A_{ro}'}} \text{ einer Füllung von } 29\,\%.$$

$$\frac{\overline{A_r'' B_3}}{\overline{A_r'' A_{ro}''}} \text{ einer Füllung von} \sim 1\,\%.$$

Die erforderliche Länge p der Expansionsplatten ergiebt sich auch hier aus der Bedingung, dass bei den relativen Totlagen die äusseren Kanten der Expansionsplatten den Durchlasskanal nicht öffnen. In Fig. 127 des Textes muss also

$$\mathbf{p = r_x - (\pm y) + a_2 + x \quad . \quad . \quad . \quad . \quad 176}$$

sein, wenn

r_x den grössten Wert der veränderlichen relativen Excentricität,

y den konstanten Abstand der steuernden Kanten, der mit dem + Zeichen in die Gleichung einzuführen ist, wenn er bei der relativen Mittellage beider Schieber sich ausserhalb, mit dem — Zeichen, wenn er sich innerhalb der inneren Kanten der Durchlasskanäle auf beiden Seiten befindet,

a_2 die Weite der Durchlasskanäle an der Seite des Expansionsschiebers,

x eine Sicherheitsdeckung

bezeichnet.

Die Weite a_3 der Schlitze des Expansionsschiebers und die Stegbreite t_1 zwischen den einzelnen Öffnungen des Grundschiebers in Fig. 131a auf Seite 202 wird man so zu bemessen haben, dass bei der grössten Füllung und, solange der Expansionsschieber nicht anfängt, die Durchlassöffnungen zu schliessen, die gesamte Eröffnung der drei Durchlasskanäle durch den Expansionsschieber in jedem Augenblicke mindestens ebenso gross ist als die Eröffnung des Cylinderkanales durch den Grundschieber.

Beispiele.

1. Die Fig. 1, Taf. 42 zeigt die Steuerung des Hochdruckcylinders einer stehenden Verbundmaschine von 250 und 380 mm Cylinderbohrung, 300 mm Hub und 220 Umdrehungen in der Minute, ausgeführt von der Maschinenfabrik Örlikon in Örlikon. Die beiden Kolbenschieber der Steuerung steuern den Dampfeintritt mit ihren inneren Kanten, und der Voreilwinkel und die Excentricität des Expansionsexcenters werden durch einen Flachregler verändert. Welches sind die Verhältnisse der Steuerung?

Die nutzbare Kolbenfläche des Hochdruckcylinders beträgt bei einer einseitigen Kolbenstange von 40 mm Dicke

$$O = \overline{25}^2 \frac{\pi}{4} - \frac{1}{2} 4^2 \frac{\pi}{4} = \sim 485 \text{ qcm},$$

die mittlere Kolbengeschwindigkeit ist

$$c_m = \frac{0{,}3 \cdot 220}{30} = 2{,}2 \text{ m}.$$

Die Querschnitte der Dampfkanäle sind sehr reichlich bemessen. Die in den Cylinder eingesetzte Flusseisenbuchse hat einen äusseren Durchmesser von 175, einen inneren von 150 mm. Die Öffnungen dieser Buchse sind

$$\mathbf{a = 26 \text{ mm}}$$

weit und enthalten 8 Stege von ungefähr 22 mm Breite. Wie sich aus den Diagrammen in Fig. 1c bis e ergiebt, wird der Cylinderkanal bezw. die Öffnung der erwähnten Buchse aber nur um 18 mm von dem Durchlasskanal des Grundschiebers für den eintretenden Dampf freigegeben. Es ist also der Einlassquerschnitt höchstens

$$(15\,\pi - 8 \cdot 2{,}2)\, 1{,}8 = 53{,}5 \text{ qcm}.$$

Die lichte Weite des Grundschiebers ist 116 mm, die Durchlassöffnungen haben

$$\mathbf{a_1 = a_2 = 20 \text{ mm}}\,[1])$$

Weite und 6 Stege von 16 mm Breite an der inneren Seite. Der Einlassquerschnitt für den eintretenden Dampf ist also hier ebenfalls

$$(11{,}6\,\pi - 6 \cdot 1{,}6)\, 2 = \sim 53{,}5 \text{ qcm}.$$

Der frische Dampf tritt schliesslich in der Mitte zwischen dem Expansionsschieber und dem Grundschieber zuerst ein. Der erste Schieber besitzt in der Mitte einen äusseren Durchmesser von $74 + 2 \cdot 3 = 80$ mm, und es verbleibt also dem Dampfe, ehe er in die Durchlasskanäle des Grundschiebers gelangen kann, ein ringförmiger Durchgangsquerschnitt von

$$\overline{11{,}6}^2 \frac{\pi}{4} - 8^2 \frac{\pi}{4} = \sim 55{,}3 \text{ qcm},$$

der etwas grösser als die beiden oben berechneten von 53,5 qcm ist. Für diese letzteren folgt aus Gleichung 26 bei der berechneten mittleren Kolbengeschwindigkeit eine Dampfgeschwindigkeit von nur

$$w = \frac{O \cdot c_m}{f_k} = \frac{485 \cdot 2{,}2}{53{,}5} = \sim 20 \text{ m}.$$

Nimmt man den Voraustritt der Maschine zu 3 %, die Kompression, einschliesslich eines Voreintrittes von 0,5 %, zu 11,5 % an und sucht in der bekannten Weise die zugehörigen Hauptkurbellagen für eine unendlich lange Schubstange auf, so schliesst die Halbierungslinie des durch diese beiden Hauptkurbellagen gebildeten Winkels mit der Vertikalen durch das Wellenmittel einen Voreilwinkel des Grundschiebers von

$$\mathbf{\delta = 30^0}$$

ein. Die Excentricität des Grundschiebers ist in der Ausführung zu

$$\mathbf{r = 30 \text{ mm}}$$

gewählt und giebt bei einer äusseren Überdeckung von

$$\mathbf{e = 12 \text{ mm}}$$

ein Voröffnen

$$v_e = r \cdot \sin \delta - e = 30 \cdot \sin 30 - 12 = \mathbf{3 \text{ mm}}$$

und eine grösste Eröffnung des Cylinderkanales für den eintretenden Dampf von nur

$$30 - 12 = 18 \text{ mm}.$$

---

1) In der Zeichnung ist irrtümlich a_1 mit 18 mm angegeben.

Die Hauptkurbellage für die oben erwähnte Kompression von 11 % bei unendlich langer Schubstange schneidet im unteren Grundschieberkreise eine innere Überdeckung von 5 mm ab, welche dann mit Rücksicht auf die endliche Schubstangenlänge am oberen Kanal

$$i_l = \mathbf{4\ mm},$$

am unteren Kanal

$$i_r = \mathbf{6\ mm}$$

gemacht wurde.

Bei dem der Firma patentierten Flachregler in Fig. 1a, Taf. 42 wird, wie schon in Fig. 112a und b auf Seite 163 angedeutet, eine excentrische Scheibe E_1, auf der das Expansionsexcenter E_2 sitzt, verstellt. Bei dieser Verstellung wird das Excenter E_2 durch eine auf dem Bolzen b_1 drehbare Schiene L_2 (l_2) geführt. In Fig. 1b, Taf. 42 ist die Verstellung und Führung des Excenters E_2 nochmals schematisch dargestellt.

Der Mittelpunkt der excentrischen Scheibe E_1 wird durch den Regulator auf einem Kreisbogen verschoben, der das Wellenmittel O zum Mittelpunkte und die Excentricität dieser Scheibe zum Radius hat. Der Mittelpunkt von E_1 liegt je nach der Belastung der Maschine in 1, 2, 3, wobei die äussersten Lagen $\overline{O1}$ und $\overline{O3}$ den Grenzlagen der Regulatorpendel entsprechen. Die Excentricität der Scheibe E_1 beträgt im vorliegenden Falle

$$\overline{O1} = \overline{O2} = \overline{O3} = \mathbf{20\ mm}.$$

Der Mittelpunkt des Bolzens d_2, durch welchen der Arm des Excenters E_2 mit der Schwinge L_2 verbunden ist, bewegt sich ferner auf dem mit der Schwingenlänge als Radius um b_1 beschriebenen Kreise. Aus den Lagen $\overline{O1}$, $\overline{O2}$ und $\overline{O3}$ erhält man nun leicht die zugehörigen Lagen 1, 2, 3 des Bolzens d_2, wenn man bedenkt, dass die Armlänge $\overline{1-1}$, $\overline{2-2}$, $\overline{3-3}$ des Excenters E_2 konstant bleibt. Der Mittelpunkt des letzteren befindet sich schliesslich auf der betreffenden Armlage $\overline{1-1}$, $\overline{2-2}$ oder $\overline{3-3}$ in einem konstanten Abstande

$$\overline{II_1 - 1} = \overline{II_2 - 2} = \overline{II_3 - 3} = \mathbf{15\ mm}$$

von dem Mittelpunkte 1, 2 bezw. 3 der Scheibe E_1 entfernt.

Für die in Fig. 1b, Taf. 42 konstruierten Grössen OII_1 und δ_1, OII_2 und δ_2, OII_3 und δ_3 von Excentricität und Voreilwinkel des Expansionsexcenters E_2 sind in Fig. 1c bis e die Zeunerschen Schieberdiagramme gezeichnet worden. $OIII_1$, $OIII_2$ und $OIII_3$ geben die relativen Excentricitäten. In Wirklichkeit müssen aber, da beide Schieber den Dampfeintritt von innen steuern, die beiden Excenter der Hauptkurbel nacheilen, und zwar mit Bezug auf Fig. 128 des Textes und das auf Seite 199 hierüber Gesagte, das Excenter des Grundschiebers um $90 - \delta$, das des Expansionsschiebers um $90 - \delta_1$, $90 - \delta_2$ bezw. $90 - \delta_3{}^0$ je nach der Einstellung des letzteren.

In Fig. 1, Taf. 42 stehen die beiden Schieber in der Mittellage. Die Entfernung der steuernden Kanten, also die Entfernung der inneren Kanten des Expansionsschiebers von den inneren Kanten der Durchlasskanäle, ist dann

$$y = +\mathbf{18\ mm}.$$

Es tritt nun z. B. auf der oberen Kolbenseite der Schluss der Füllung ein, sobald der Expansionsschieber um das Stück y relativ nach unten gegen den Grundschieber verschoben ist und bei weiterer Drehung der Kurbelwelle die relative Verschiebung zunimmt.

In Fig. 1c bis e, Taf. 42 geben, wie auf Seite 199 erklärt, die Sehnen der gezeichneten, oberen Relativkreise die Ausweichungen des Expansionsschiebers gegen den Grundschieber nach rechts oder unten. Um also für die einzelnen Lagen des Expansionsexcenters die Füllung der Steuerung zu bekommen, hat man die Hauptkurbellagen aufzusuchen, welche in der ersten Hälfte der verschiedenen Relativschieberkreise das Stück y als Sehne abschneiden, wie dies in Fig. 1c bis e geschehen ist. Es ergiebt sich eine kleinste Füllung von 2, eine grösste von 42 % bei unendlich langer Schubstange.

Der grösste Wert der relativen Excentricität ist nach Fig. 1e, Taf. 42

$$OIII_3 = r_x = 36 \text{ mm}.$$

Mit diesem Werte folgt aus Gleichung 176 die erforderliche Plattenlänge des Expansionsschiebers, das ist hier die Höhe des Kolbenschiebers an jedem Ende,

$$p = 36 - 18 + 20 + x,$$

oder mit $x = 12$ mm, wie in der Ausführung zu

$$p = \mathbf{50\ mm}.$$

Will man die normale Füllung für beide Kolbenseiten gleich machen, so hat man den Expansionsschieber so einzustellen, dass der Abstand y oben etwas kleiner als unten wird. Die Mitte dieses Schiebers fällt dann bei der relativen Mittellage beider Schieber nicht mit der Mitte des Grundschiebers zusammen, sondern liegt um ein Stück höher. Das letztere ist die halbe Differenz der aus dem Diagramm bei gleicher Füllung auf beiden Kolbenseiten und endlicher Schubstangenlänge entnommenen Werte y.

2. Die Maschinenfabrik von J. S. Fries Sohn in Frankfurt a/Main hatte auf der Elektrotechnischen Ausstellung vom Jahre 1891 einen stehenden Schnellläufer von 230 mm Cylinderbohrung, 300 mm Hub und 220 Umdrehungen in der Minute ausgestellt. Derselbe besass die in Fig. 131a und b auf Seite 202 und 203 angedeutete Doppel-Schiebersteuerung mit von innen steuerndem Expansionsschieber und einen auf die Excentricität und den Voreilwinkel des Expansionsexcenters wirkenden Flachregler. Welches sind die Verhältnisse dieser Steuerung?

Die beiden seitlichen Cylinderkanäle besitzen eine Weite

$$a = 2 \text{ cm} = \mathbf{20\ mm}$$

und eine Höhe

$$h = 20 \text{ cm} = \mathbf{200\ mm},$$

also einen Querschnitt

$$f_k = a \cdot h = 2 \cdot 20 = 40 \text{ qcm},$$

genügen also bei

$$O = \overline{23}^2 \frac{\pi}{4} - \frac{1}{2} \overline{3,5}^2 \frac{\pi}{4} = \sim 410 \text{ qcm}$$

nutzbarer Kolbenfläche und

$$c_m = \frac{S \cdot n}{30} = \frac{0,3 \cdot 220}{30} = 2,2 \text{ m}$$

mittlerer Kolbengeschwindigkeit dem Werte

$$f_k = \frac{O \cdot c_m}{22,5} = \frac{410 \cdot 2,2}{22,5} = 40 \text{ qcm}.$$

Der Durchlasskanal des Grundschiebers hat an der Cylinderseite eine Weite

$$a_1 = 0{,}8 \cdot a = 0{,}8 \cdot 2 = 1{,}6 \text{ cm} = \mathbf{16\ mm}$$

und eine Höhe

$$h_1 = h = 20 \text{ cm} = \mathbf{200\ mm.}$$

An der Seite des Expansionsschiebers teilt er sich in 3 Öffnungen, die eine Höhe von nur

$$h_2 = 2 \cdot 7 = 14 \text{ cm} = \mathbf{140\ mm}\text{[1])}$$

haben und deshalb eine Weite von

$$a_2 = \frac{a_1 \cdot h_1}{3\ h_2} = \frac{1{,}6 \cdot 20}{3 \cdot 14} = 0{,}76 \text{ cm}$$

Bei einem Voröffnen für den Dampfeintritt von

$$v_e = 3{,}2 \text{ mm}$$

ergiebt sich dann aus Gleichung 145 eine Excentricität des Grundschiebers von

$$r = \frac{20 - 3{,}2}{1 - \sin 35} = \mathbf{40\ mm,}$$

wobei die äussere Überdeckung nach Gleichung 144

$$e = r - a = 40 - 20 = \mathbf{20\ mm}$$

sein muss. Die innere Überdeckung ergiebt sich aus dem Müllerschen Diagramm der Fig. 130 des Textes, wenn die oben erwähnte Kompression von 12% einschliesslich

Fig. 130.

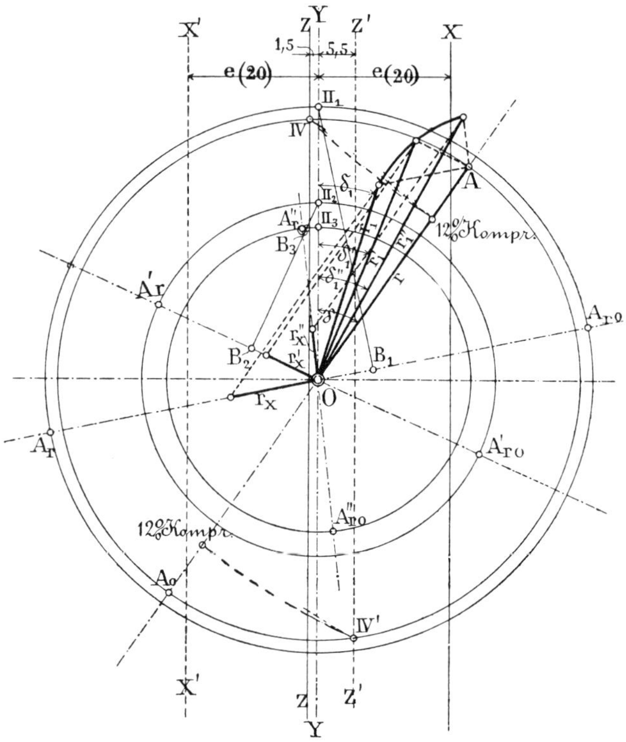

Fig. 131 a.

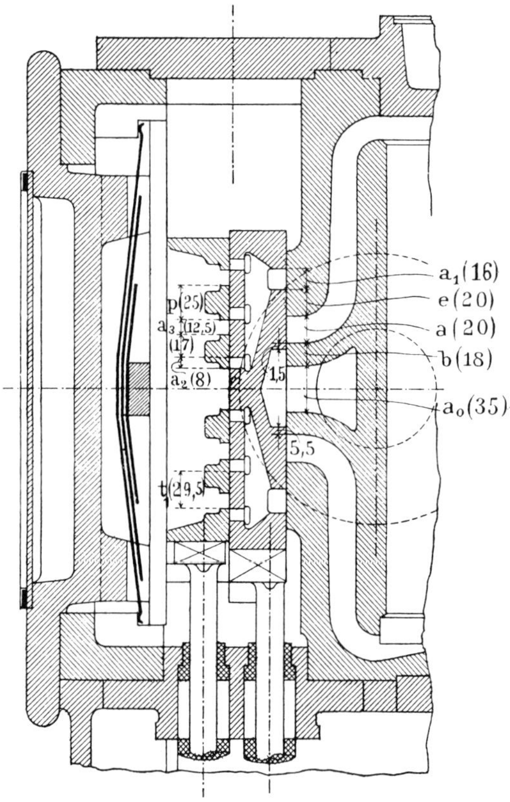

erhalten müssten, aber in der Ausführung auf

$$a_2 = \mathbf{8\ mm}$$

abgerundet sind.

Der Voraustritt der Steuerung beträgt bei unendlich langer Schubstange 6,5%, die Kompression einschliesslich des Voreintrittes 12%. Aus den zugehörigen Hauptkurbellagen erhält man in der früher mehrfach angegebenen Weise einen Voreilwinkel des Grundschiebers von

$$\delta = \mathbf{35^0.}$$

des Voreintrittes auch bei Berücksichtigung der endlichen Schubstangenlänge auf beiden Kolbenseiten erzielt werden soll, zu

$$i_l = \sim \mathbf{1{,}5\ mm} \text{ und } i_r = \sim \mathbf{5{,}5\ mm.}$$

Der mittlere Auslasskanal des Cylinders muss bei

$$b = \mathbf{18\ mm}$$

Stegbreite nach Gleichung 148a eine Weite

$$a_0 \geq 5{,}5 + 40 + 20 - 18, \text{ oder } a \geq 47{,}5 \text{ mm}$$

bekommen, wofür in der Ausführung aber nur

$$a_0 = \mathbf{35\ mm}$$

genommen ist.

Der Regulator verstellt bei einer Änderung in der Belastung der Maschine auch hier eine Scheibe E_1 (siehe

1) Für h_2 ist hier die Höhe der Schlitze im Expansionsschieber, die kürzer als die Durchlassöffnungen im Grundschieber sind, angenommen.

Fig. 132 des Textes), die lose auf der Kurbelwelle und in dem Expansionsexcenter E_2 sitzt. Das letztere wird hierbei wieder durch die Schwinge L geführt, die drehbar um den Bolzen d ist und den Excenterarm mit dem Bolzen f erfasst.

1 und 3 bezeichnen in Fig. 133 des Textes die Grenzlagen des Mittelpunktes der excentrischen Scheibe E_1, deren Excentricität in der Ausführung

$$\overline{O\,1} = \overline{O\,3} = \mathbf{25\ mm}$$

beträgt. 1′, 3′ sind die entsprechenden Lagen des Mittelpunktes des Expansionsexcenters E_2, 1″, 3″ die entsprechenden Lagen des Mittelpunktes vom Bolzen f, der sich auf einem Kreisbogen um die Mitte von d bewegt. Hat man eine Lage, z. B. die Punkte 1, 1′ und 1″ gewählt, so erhält man aus 3 die andere Lage, wenn man berücksichtigt, dass die Dreiecke 1, 1′, 1″ und 3, 3′, 3″ kongruent sind.

Mit Hilfe der in Fig. 133 des Textes eingetragenen Excentricitäten

$$r_1 = \overline{O\,1'} \text{ und } r_1'' = \overline{O\,3'}$$

und der Voreilwinkel δ_1 bezw. δ_1'' sind in Fig. 130 des Textes die relativen Excentricitäten r_x bezw. r_x'' (sowie auch noch eine mittlere r_x') durch Konstruktion der verschiedenen Parallelogramme gefunden und dann die Relativkreise in dreifach natürlicher Grösse geschlagen worden. $\overline{A_r\,A_{ro}}$, $\overline{A_r'\,A_{ro}'}$ und $\overline{A_r''\,A_{ro}''}$ sind die Durchmesser dieser Kreise und zugleich die Hublinien für die Kolbenbewegung bei Verfolgung der relativen Bewegung der Schieber gegeneinander.

Nach Fig. 131a des Textes stehen nun bei der Mittellage des Grund- und Expansionsschiebers die steuernden inneren Kanten der Platten und der Durchlassöffnungen gerade übereinander. Es ist also der Abstand

$$y = o.$$

Die Füllung auf der oberen Kolbenseite wird also aufhören, wenn die relative Verschiebung des Expansionsschiebers gegen den Grundschieber Null geworden ist und der erstere sich gegen den letzteren bei weiterer Drehung der Kurbelwelle relativ nach unten bezw. rechts bewegen wird. In Fig. 130 des Textes wird demnach die obere Hälfte der durch O gehenden Vertikalen Y—Y als Hauptkurbellage für den Füllungsschluss zu gelten haben, denn für diese ist die relative Verschiebung, die ja im Müller-schen Diagramm von den Hauptkurbel-Endpunkten horizontal bis zur Vertikalen Y—Y reicht, gleich Null und kommt bei weiterer Drehung der Kurbelwelle rechts von Y—Y zu liegen.

Die von II_1 auf $\overline{A_r\,A_{ro}}$ gefällte Senkrechte ergiebt

Fig. 131b.

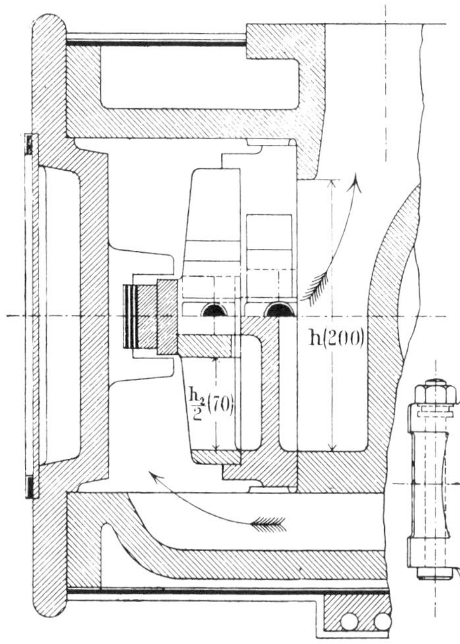

Fig. 132.

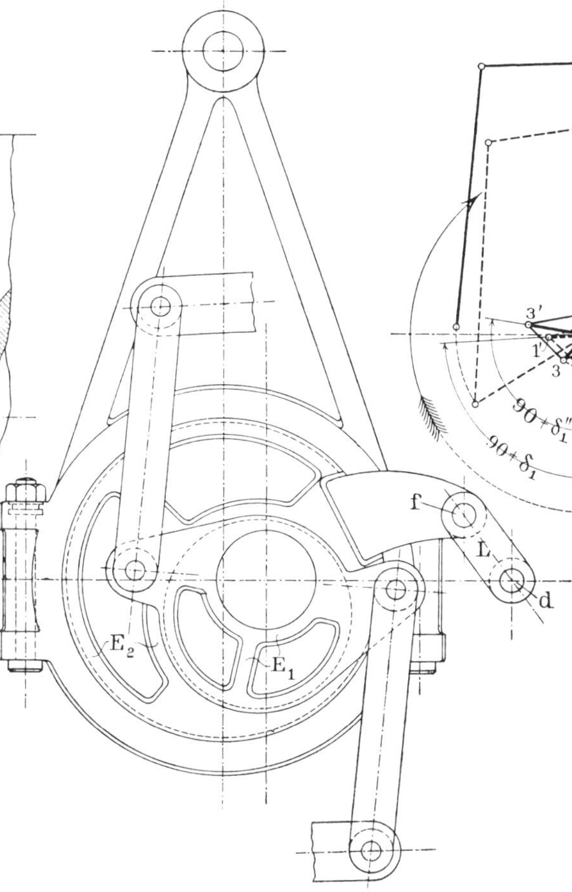

Fig. 133.

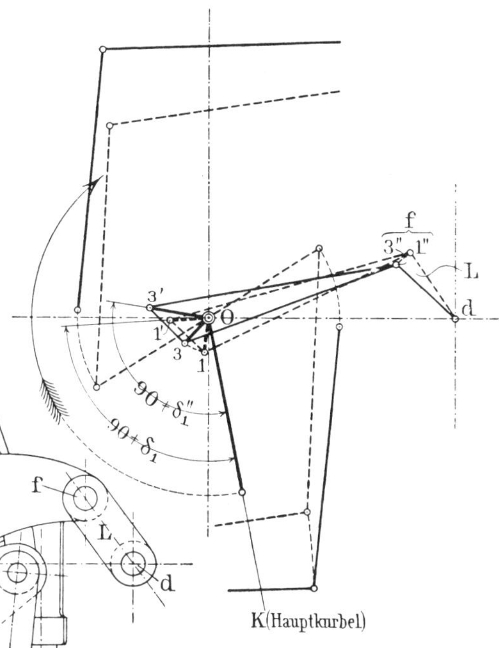

schliesslich bei dem Voreilwinkel δ_1 und der Excentricität r_1 des Expansionsschiebers eine Füllung

$$\frac{\overline{A_r B_1}}{\overline{A_r A_{ro}}} = 60\,\%.$$

Stellt dagegen der Regulator das Expansionsexcenter auf δ_1' und r_1' ein, so beträgt die Füllung

$$\frac{\overline{A_r' B_2}}{\overline{A_r' A_{ro}'}} = 29\,\%,$$

und ist schliesslich die Lage dieses Excenters durch δ_1'' und r_1'' festgelegt, so ergiebt sich eine Füllung

$$\frac{\overline{A_r'' B_3}}{\overline{A_r'' A_{ro}''}} = \sim 1\,\%.$$

Die grösste relative Excentricität ist nach dem Diagramm

$$r_x = 13{,}5 \text{ mm}.$$

Mit derselben und für die Sicherheitsdeckung $x = 3{,}5$ mm berechnet sich aus Gleichung 176 die erforderliche Länge der Expansionsplatten zwischen zwei benachbarten Schlitzen zu

$$p = 13{,}5 + 8 + 3{,}5 = \mathbf{25\ mm.}$$

Die Schlitzweite im Expansionsschieber dürfte bei

$$a_3 = \mathbf{12{,}5\ mm}$$

genügend gross sein, nämlich so gross, dass bei der grössten Füllung während des Eröffnens der Durchlasskanäle die gesamte Öffnung der letzteren in jedem Augenblicke mindestens ebensogross wie die gleichzeitige Eröffnung des Cylinderkanales durch den Grundschieber ist. Die Stegbreite zwischen zwei Durchlassöffnungen folgt zu

$$t_1 = p + a_3 - a_2 = 25 + 12{,}5 - 8 = \mathbf{29{,}5\ mm.}$$

§ 42.
Doppel- und Vier-Schiebersteuerungen mit Steuerscheibe.

Die vorliegenden Steuerungen, die man im Gegensatz zu der eigentlichen Ausklink-Steuerung von Korliss (siehe § 43) wohl auch als **zwangläufige Korlisssteuerungen** bezeichnet, finden vielfach an dem Nieder- und Mitteldruckcylinder grosser Mehrfach-Expansionsmaschinen Verwendung, die am Hochdruckcylinder vom Regulator beeinflusste Korliss- oder Ventilsteuerung besitzen. Als Abschlussorgane dienen hier zwei oder vier Drehschieber (siehe Seite 139), die sogenannten Korlisshähne. Die Gründe, welche für die Anwendung dieser Schieber am Niederdruckcylinder der erwähnten Maschinen gegenüber den Ventilen sprechen, werden im letzten Abschnitte bei den Abschlussorganen erörtert. Sind zwei Schieber vorhanden, so sitzen sie gewöhnlich unterhalb des Cylinders, bei vier Schiebern dagegen sind diese entweder alle unterhalb des Cylinders und zwar paarweise an den beiden Enden desselben verlagert, oder es liegen zwei Schieber oben für den Einlass, zwei unten für den Auslass. Zur Bewegung der Schieber dienen Hebel, die auf den Schieberspindeln sitzen und durch Stangen von einer oder zwei Steuerscheiben aus bewegt werden. Die letzteren sind drehbar an der Seite des Cylinders oder der Führung verlagert und empfangen ihre Bewegung entweder direkt oder vermittelst eines eingeschalteten Hebels von einem oder zwei auf der Kurbelwelle sitzenden Excentern.

Um nun zunächst die **Bewegung** verfolgen zu können, welche einem der angeführten Drehschieber oder Hähne durch die Steuerscheibe erteilt wird, ist in Fig. 134 auf Seite 205 der Übertragungsmechanismus in einfachen Linien dargestellt. O ist die Mitte der Kurbelwelle, S diejenige der Steuerscheibe und O_2 diejenige eines Schiebers. Die Steuerscheibe wird in a von der Excenterstange, in b von der zum Hebel des Schiebers führenden Verbindungsstange T erfasst. Die letztere ist mit dem Hahnhebel durch den Bolzen c verbunden. Steht die Excenterkurbel in der rechten Totlage OE, so befindet sich der Mechanismus in a, b, c, liegt die Excenterkurbel in der linken Totlage OE′, so steht der Mechanismus in a′, b′, c′. Nimmt schliesslich die Excenterkurbel die Mittellagen OE_m oder OE_m' ein, so bezeichnen a_m, b_m, c_m die Lage des Mechanismus.

Man erkennt nun aus der Figur, dass a und b in der Mitte a_m bezw. b_m ihres während einer vollen Kurbelumdrehung zweimal durchlaufenen Weges $\widehat{aa'}$ bezw. $\widehat{bb'}$ liegen, wenn die Scheibe symmetrisch zur Vertikalen durch S schwingt. c_m dagegen liegt nicht in der Mitte des Bogens $\widehat{cc'}$, sondern bedeutend näher an c als an c′. Bewegt sich also die Excenterkurbel von E_m' durch E nach E_m, so ist der vom Punkt c zweimal durchlaufene Weg $\widehat{c_m c}$ bedeutend kleiner, als wenn die Excenterkurbel von E_m durch E′ nach E_m' geht und der Punkt c zweimal die Bahn $\widehat{c_m c'}$ beschreibt. Entsprechend geht natürlich die Bewegung eines jeden Punktes am Schieberumfange vor sich. Während somit der direkt vom Excenter bewegte Schieber symmetrisch zu seiner Mittellage schwingt, ist das bei dem durch eine Steuerscheibe angetriebenen Schieber nicht der Fall. Der letztere macht vielmehr während der einen halben Umdrehung der Kurbelwelle einen bedeutend grösseren Weg aus seiner Mittellage als während der anderen. In Fig. 134 legt z. B. der Schieber während der Drehung der Excenterkurbel um $E_m E' E_m'$ einen ca. 3 mal so grossen Weg zurück als während der Drehung um $E_m' E E_m$ ($\widehat{c_m c'}$ gleich $\sim 3 \cdot \widehat{c_m c}$).

Diese eigentümliche Bewegung des Punktes c und des Schiebers durch die Steuerscheibe hat ihren Grund in der verschiedenen Lage der Verbindungsstange T zu den beiden Kurbeln $S_2 b$ der Scheibe und $O_2 c$ des Schiebers, von denen wir die erste die treibende, die letzte die getriebene nennen wollen. Von der Lage der Stange T hängt nämlich die Grösse der Geschwindigkeit des Punktes c im Verhältnis zu derjenigen von b ab. Ist z. B. nach Fig. 134 des Textes s die Umfangsgeschwindigkeit von b bei irgend einer Lage $S b_3$ der treibenden Kurbel, s′ diejenige von c bei der zugehörigen Lage $O_2 c_3$ der getriebenen Kurbel, so kann man eine sehr kleine Bewegung der Stange T als eine Drehung derselben um den augenblicklichen Pol ansehen. Der letztere muss im Schnittpunkte der auf s und s′ errichteten Senkrechten, also im Schnittpunkte P der zusammengehörigen Lagen von treibender und getriebener Kurbel liegen. Fasst man dann s und s′ als eine Drehgeschwindigkeit um P auf, so muss sich

$$s : s' = p : p'$$

verhalten, oder es muss

$$s' = s \frac{p'}{p}$$

sein.

Konstruiert man nun für eine Anzahl zusammengehöriger Lagen der beiden Kurbeln S b und O_2 c den Pol P und misst die Abstände p und p′, so erkennt man, dass bei der Anfangslage S b c O_2, bei welcher die treibende

Fig. 134.

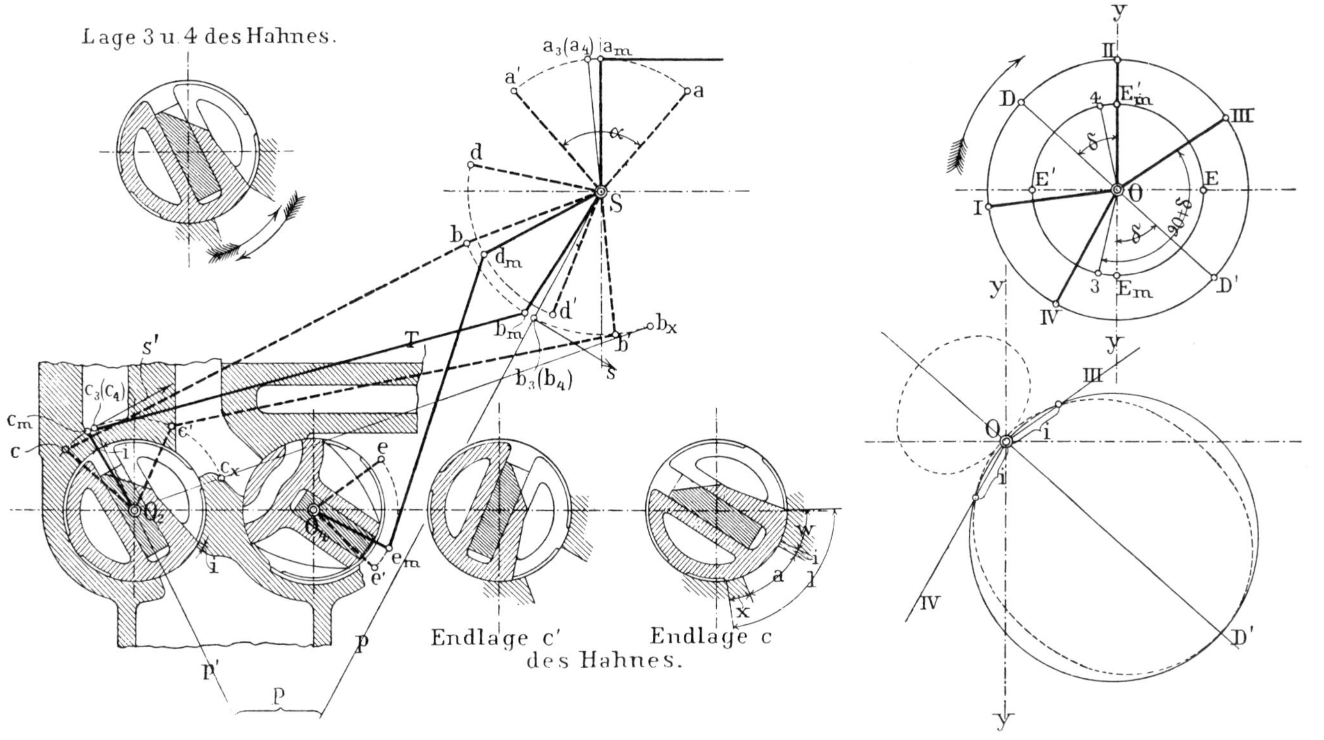

Kurbel S b mit der Stange T fast eine gerade Linie bildet, die erstere also nahezu ihre Totlage in Bezug auf die letztere einnimmt, p′ beinahe Null ist, weil der Pol P bei der Totlage in c fällt. Dreht sich dann die treibende Kurbel S b nach unten, so entfernt sich auch der Pol P immer weiter nach unten von der Stange T, und es wird p′ grösser und grösser. p′ bleibt aber anfangs immer noch kleiner als p und wird erst gleich diesem, wenn die beiden Kurbeln S b und S c parallel zueinander stehen, weil dann der Pol P im Unendlichen liegt. Bei noch weiterer Drehung der Kurbeln wird dann P oberhalb von der Stange T zu liegen kommen und p′ grösser als p werden. Würde der Mechanismus auch noch die Lage S b_x c_x O_2 einnehmen, bei der die getriebene Kurbel O_2 c_x ihre Totlage in Bezug auf die Stange T erreicht hat, so würde sogar p gleich Null, also $\frac{p'}{p} = \infty$ werden. In diese Lage darf aber der Mechanismus nicht kommen, wenn die Rückkehr der Kurbel O_2 c bei der Umkehr der Drehung von S b gesichert sein soll.

Die Geschwindigkeit s′ ist ausser von dem Verhältnis $\frac{p'}{p}$ noch von der Geschwindigkeit s abhängig. Die letztere verändert sich aber von der Mittellage b_m aus oder nach dieser hin zu beiden Seiten gleichmässig und ist in den Endlagen Null. Für irgend eine Lage der treibenden Kurbel zwischen S b_m und S b wird demnach die Geschwindigkeit s′ der getriebenen Kurbel immer geringer als für die entsprechende Lage (d. h. für diejenige mit gleicher Geschwindigkeit s) der treibenden Kurbel zwischen S b_m und S b′ sein, da ja während des Weges $\widehat{b_m b}$ das Verhältnis $\frac{p'}{p}$ immer kleiner als während des Weges $\widehat{b_m b'}$ ist. Nur in den Endlagen c und c′ ist die Geschwindigkeit s′ gleich Null. Infolgedessen wird schliesslich der Schieber während der einen halben Kurbelumdrehung $E_m' E E_m$ einen weit geringeren Weg als während der anderen halben Kurbelumdrehung $E_m E' E_m'$ machen.

Die vorstehend erklärte, eigentümliche Bewegung eines Schiebers durch eine Steuerscheibe wird nun zweckmässig bei einer Steuerung in der Weise verwertet, dass der Schieber während seines kleineren Weges und bei seiner geringeren Geschwindigkeit (also während des Weges $\widehat{c_m c}$ der getriebenen Kurbel) den Cylinderkanal geschlossen hält, dagegen während seines grösseren Weges und bei seiner höheren Geschwindigkeit (also während des Weges $\widehat{c_m c'}$ der getriebenen Kurbel) den erwähnten

Kanal öffnet und schliesst. Das bietet dann den Vorteil, dass das Steuerungsorgan einerseits, solange es zur Dampfverteilung nicht gebraucht wird und nur mit der Differenz der Spannungen inner- und ausserhalb des Cylinders belastet ist, eine nur sehr kleine Bewegung macht, also nur wenig Arbeitsverlust verursacht und geringen Verschleiss erleidet, dass es dagegen andererseits infolge der grösseren Geschwindigkeit während des übrigen Teiles der Bewegung eine schnelle Eröffnung und Schliessung des Kanales veranlasst.

Die **Dampfverteilung,** welche der von einer Steuerscheibe bewegte Schieber bewirkt, bestimmt sich genau wie bei einem solchen, der direkt durch das Excenter angetrieben wird. Ist also in Fig. 134 der durch die Stange T mit der Scheibe S verbundene Schieber ein Auslasshahn, so wird, wenn dessen Ausweichung aus seiner Mittellage nach der entsprechenden Seite hin gleich der inneren Überdeckung i geworden ist, der Auslasskanal geöffnet oder geschlossen (siehe die Lage 3 und 4 des Hahnes in Fig. 134), je nachdem bei weiterer Drehung der Kurbelwelle die Ausweichung zu- oder abnimmt, der Hahn also aus der Mittellage kommt oder in diese geht. Bei der erstgenannten Lage beginnt der Voraustritt, bei der letztgenannten die Kompression, und die Mitte zwischen beiden Lagen muss die eine Endlage des Schiebers sein, wie sie in der Figur der Stellung $O_2 c'$ der Schieberkurbel entspricht und durch die Endlage c′ in einer besonderen Figur angedeutet ist. Sucht man also in Fig. 134 rechts die dem gewünschten Voraustritte entsprechende Hauptkurbellage O III und die zur verlangten Kompression gehörige Hauptkurbellage OIV auf, so muss die Mittellinie $\overline{OD'}$ des Winkels IIIOIV mit der Vertikalen Y—Y den Voreilwinkel δ einschliessen. Für einen Einlasshahn würde dasselbe bezüglich der Hauptkurbellagen OI und OII, welche den Beginn des Voreintrittes und der Füllung festlegen, der Fall sein. Hier würde die Halbierungslinie $\overline{OD}$ des Winkels IOII mit der Vertikalen Y—Y den Winkel δ ergeben.

Man ersieht also, dass die Dampfverteilungsperioden der vorliegenden Steuerung genau wie beim einfachen Muschelschieber bestimmt sind, dass auch hier bei Annahme von drei Perioden die vierte schon festliegt und dass der während der Expansion von der Hauptkurbel durchlaufene Winkel IIOIII gleich dem während der Kompression beschriebenen IVOI sein muss. Soll also die Steuerung eine kleine Füllung geben, so muss wegen des grossen Expansionswinkels IIOIII auch die Kompression gross ausfallen, oder es muss, um die Winkel IIOIII und IVOI kleiner zu bekommen, der Voraustritt gross gewählt werden. Voraussetzung ist dabei natürlich, dass Ein- und Auslasshahn einer jeden Cylinderseite von derselben Steuerscheibe bewegt werden.

Ebenso wie beim einfachen Muschelschieber kann man auch hier die Ausweichungen des Hahnes aus seiner Mittellage auf den zugehörigen Hauptkurbellagen radial vom Mittelpunkte O aus auftragen. Man erhält dann die in Fig. 134 rechts unten punktiert angedeutete Kurve. Dieselbe fällt in demjenigen Teile, welcher für die Eröffnung und den Schluss des Kanales massgebend ist, ziemlich vollständig mit dem Zeunerschen Schieberkreise zusammen, wenn dessen Durchmesser $\overline{OD'}$ gleich der Ausweichung des Hahnes nach der zugehörigen Seite, also gleich dem auf den Hahnradius bezogenen Bogen $\widehat{c_m c'}$, genommen wird. In den meisten Fällen verzeichnet man deshalb der Einfachheit wegen nur den Schieberkreis. Der letztere schneidet auf den beiden Hauptkurbellagen OIII und OIV die innere Überdeckung i für den Auslasshahn ab. Auf den Hauptkurbellagen OI und OII würde der entsprechende Kreis die äussere Überdeckung e für den Einlasshahn abschneiden. Beide Überdeckungen lassen sich aber genauer, wie später angegeben, aus dem Mechanismus der Steuerung selbst ermitteln.

Bei der **Konstruktion** der vorliegenden Steuerungen hat man nun in der folgenden Weise vorzugehen. Man wählt zunächst den Hahndurchmesser nach der Cylinderbohrung D zu

$$d = \frac{D}{4,5} \text{ bis } \frac{D}{3} \left(\text{gewöhnlich } \frac{D}{3,2}\right) \quad . \quad . \quad 177$$

und probeweise die Radien Sb bezw. $O_2 c$ der treibenden und getriebenen Kurbel im Anschluss an die Lage der Mitten S und O_2 der Steuerscheibe bezw. des Hahnes in Fig. 134 des Textes. Alsdann ist die Lage $O_2 c_x b_x$, bei welcher die getriebene Kurbel sich in der Totlage zur Stange T befindet, aufzusuchen, indem man in O_2 einsetzt und mit der Summe der Stangenlänge T und der Kurbellänge $O_2 c$ auf dem mit Sb als Radius geschlagenen Kreise einschneidet. Von der Totlage $O_2 c_x b_x$ muss man nun, wenn die Rückkehr der Kurbel $O_2 c$ gesichert sein soll, genügend weit ableiben. Die Rücksicht hierauf legt dann die eine Grenzlage $O_2 c' b' S$ des Mechanismus fest. Die andere Grenzlage $O_2 c b S$, die möglichst mit der Totlage der treibenden Kurbel $O_2 b$ zusammenfallen soll, ergiebt sich aus dem Schwingungswinkel α der Steuerscheibe, der vorteilhaft

$$\alpha = 80 \text{ bis } 95^0 \quad . \quad . \quad . \quad . \quad . \quad 178$$

beträgt. Die Halbierung des Bogens $\widehat{bb'}$ liefert schliesslich die Mittellage $S b_m c_m O_2$ des Mechanismus.

Die auf den Schieberumfang reduzierten Bogen $\widehat{c_m c'}$ und $\widehat{c_m c}$ ergeben nun die Wege des Schiebers nach beiden Seiten. Man hat zu kontrollieren, ob das Verhältnis beider zueinander ein zweckmässiges ist, ob der Kanal in den Endlagen des Schiebers genügend weit geöffnet wird und ob die Kanaleröffnung und der Kanalschluss genügend schnell vor sich geht. Ist das nicht der Fall, so wird man leicht passendere Verhältnisse durch Annahme neuer Kurbel- und Stangenlängen herausfinden.

Durch die Wahl des Punktes a, in welchem die Excenterstange die Steuerscheibe erfasst, ist ferner bei dem angenommenen Schwingungswinkel α der letzteren die erforderliche Excentricität r des steuernden Excenters bestimmt, indem die Sehne $\overline{aa'}$ gleich 2r sein muss. Fasst die Excenterstange nicht direkt an der Steuerscheibe an, sondern vermittelst eines eingeschaltenen Hebels und einer Verbindungsstange, so ist das Übersetzungsverhältnis dieses Hebels bei der Bestimmung von r zu berücksichtigen. Der Voreilwinkel δ des Excenters ergiebt sich, sobald zwei der hierbei in Frage kommenden Dampfverteilungsperioden angenommen und die zugehörigen Hauptkurbellagen aufgesucht werden. Gewöhnlich dürfte bei den vorliegenden Steuerungen die Füllung bezw. die Hauptkurbellage OII gegeben sein. Durch Wahl eines passenden Voreintrittes bezw. der Hauptkurbellage OI hat man dann in der Halbierungslinie $\overline{OD}$ des Winkels IOII den einen Schenkel des Winkels δ, dessen anderer Schenkel die Vertikale Y — Y bildet. Die für den Vorauslritt und die Kompression massgebenden Hauptkurbellagen OIII bezw. OIV müssen symmetrisch zu der Verlängerung $\overline{OD'}$ von $\overline{OD}$ angenommen werden.

Die inneren und äusseren Überdeckungen der Auslass- bezw. Einlasshähne kann man schliesslich den Schieberkreisen in der früher angegebenen Weise entnehmen. Man kann dieselben aber auch so konstruieren, wie dies z. B. in Fig. 134 des Textes bezüglich der inneren Überdeckung i gezeigt ist. Sucht man nämlich die zu den Hauptkurbellagen OIII und OIV gehörigen Excenterkurbellagen O3 bezw. O4 auf, welche den ersteren um den Winkel $90 + \delta$ voraneilen, und ermittelt die diesen beiden Lagen entsprechenden, zusammenfallenden Stellungen a_3 (a_4) Sb_3 (b_4) c_3 (c_4) O_2 des äusseren Steuerungsmechanismus, so muss die Gerade O_2 c_3 (c_4) am Hahnumfange von der Mittellage O_2 c_m ab die innere Überdeckung i ergeben. Um in entsprechender Weise die äussere Überdeckung e des Einlasshahnes zu bekommen, hat man natürlich die den Hauptkurbellagen OI und OII entsprechenden Lagen der Excenterkurbel, sowie die zugehörige Lage des Steuerungsmechanismus zu konstruieren.

Die Länge der Auflagefläche eines Ein- oder Auslasshahnes ergiebt sich aus der Bedingung, dass beide in derjenigen Endlage, in welcher sie den Kanal geschlossen halten, den letzteren mit der nicht steuernden Kante noch genügend überdecken müssen. So folgt z. B. für den Auslasshahn aus der in Fig. 134 angedeuteten Endlage c desselben

$$l = a + i + w + x \quad \ldots \quad 179_a$$

wenn

a die Kanalweite,

w die Ausweichung des Schiebers aus seiner Mittellage nach der betreffenden Seite,

x eine Sicherheitsdeckung

ist. Für den einfachen Einlasshahn erhält man in derselben Weise

$$l' = a + e + w + x \quad \ldots \quad 179_b$$

Ist der Einlasshahn mit Trickschem Zwischenkanal versehen, so bestimmt sich die Länge in anderer Weise.

Um die einzelnen Dampfverteilungsperioden auf beiden Kolbenseiten vollständig oder annähernd gleich zu erhalten, braucht man bei den hier zu betrachtenden Steuerungen nur die äusseren bezw. inneren Überdeckungen der beiden Ein- bezw. Auslasshähne ungleich gross zu machen. Eine Änderung dieser Überdeckungen wird auch schon dadurch ermöglicht, dass die Verbindungsstangen der einzelnen Hahnkurbeln mit der Steuerscheibe in ihren Längen stellbar sind.

Was die verschiedenen **Ausführungen** der vorliegenden Steuerungen betrifft, so sind nach Fig. 134 des Textes die vier Schieber durch eine einzige Steuerscheibe angetrieben. Die Schieber liegen paarweise an beiden Enden des Cylinders, und zwar die Einlasshähne innen, die Auslasshähne aussen. Der in der Figur angedeutete Einlasshahn mit der Mitte O_4 wird durch eine Stange angetrieben, die im Punkte d an die Steuerscheibe schliesst. Die in den Punkten b und d befindlichen Zapfen müssen dann natürlich auf verschiedenen Seiten der Steuerscheibe sitzen.

Fig. 135[1]) auf Seite 208 zeigt die vorliegende Steuerung mit nur zwei Schiebern. Der in seiner Mittellage dargestellte Schieber der einen Cylinderseite steuert den Einlass mit der Kante m, den Auslass mit derjenigen n. Die innere Überdeckung i ist negativ gewählt, damit die Kompression nicht zu hoch ausfällt, womit bei der geringen Füllung allerdings ein ziemlich grosser Voraustritt verbunden ist. Auch tritt bei beiderseits negativen Überdeckungen zeitweise eine gleichzeitige Verbindung beider Kolbenseiten mit dem gemeinschaftlichen Auslassrohr ein, wie dies ja schon beim einfachen Muschelschieber erwähnt wurde. Das beigegebene Schieber-Diagramm zeigt die für die Dampfverteilung der betreffenden Kolbenseite massgebenden Hauptkurbellagen OI bis OIV, die man durch die Schnittpunkte der oberen Kurve oder des oberen Schieberkreises mit dem e- und i-Kreise zu legen hat. Die beiden letztgenannten Kreise liegen, weil i negativ ist, hier auf derselben Seite von O.

Die vorstehende Anordnung mit nur zwei Steuerungsorganen hat gegenüber der mit vieren den Vorteil, dass die Zahl der Abschlussorgane nur halb so gross, diejenige der Gelenkpunkte im äusseren Steuerungsmechanismus geringer ist, was eine Verminderung der Reibungsarbeit mit sich bringt, wenn auch die Druckfläche der Schieber hier etwas grösser ausfällt. Dagegen ist mit nur zwei Steuerungsorganen im vorliegenden Falle der Nachteil verbunden, dass für den Dampfauslass derjenige Teil der Schieberbewegung benutzt wird, in welchem die Geschwindigkeit nur eine geringe ist, sodass also, namentlich bei positiver innerer Überdeckung, die Eröffnung des Auslasskanales nur langsam vor sich geht und nicht sehr gross wird.

In Fig. 7, Taf. 48 ist eine Vier-Schiebersteuerung mit zwei Steuerscheiben nach der Ausführung von Breitfeld, Daněk & Co., Maschinenbau-Aktiengesellschaft in Karolinenthal bei Prag, dargestellt. S_1 und S_2 sind die Mitten der beiden Steuerscheiben, O_1 und O_2 diejenigen der beiden Auslasshähne, O_3 und O_4 diejenigen der Einlasshähne. Die Excenterstange wirkt vermittelst des Hebels A, B, C und der Stange Z_1 auf die Steuerscheibe S_1, welche mit der zweiten Scheibe S_2 durch die Stange Z_2 verbunden ist. In den drei Figuren 6a, b und c, Taf. 48 ist der ganze äussere Steuerungsmechanismus nochmals in einfachen Linien dargestellt. Zu

1) Nach C. Budil, „Verbundmaschine der Jutespinnerei in Schurz", Zeitschrift deutscher Ingenieure, Jahrgang 1890, Seite 1101.

beachten ist, dass die mittlere Hublinie EE′ des Excenters zur Horizontalen ziemlich geneigt ist und dass deshalb die Halbierungslinien $\overline{OD}$ und $\overline{OD'}$ der Winkel IOII bezw. IIIOIV mit der zu $\overline{EE'}$ Senkrechten Y — Y den Voreilwinkel einschliessen.[1])

In Fig. 136 des Textes ist endlich eine der vorliegenden Steuerungen mit zwei Excentern wiedergegeben, wie sie von Berger-André, Maschinenbauanstalt zu Thann im Elsass, verwendet wird. Das eine Excenter treibt vermittelst der einen Steuerscheibe S_1, die hier als dreiarmige Schwinge ausgebildet ist, die beiden oberen Winkels IIIOIV ebenfalls mit der Vertikalen Y — Y den Voreilwinkel δ'' des Excenters für die Auslasshähne. Während aber bei nur einem Excenter $\delta' = \delta'' = \delta$ und der Winkel IIOIII gleich demjenigen IVOI sein muss, kann hier δ' verschieden von δ'' gewählt werden und brauchen die beiden angeführten Kurbelwinkel nicht mehr gleich zu sein.

In der Fig. 136 sind die sämtlichen Hähne in ihrer Mittelstellung gezeichnet. Der äussere Steuerungsmechanismus ist in seinen beiden Endlagen und in seiner Mittellage angedeutet.

Fig. 135.

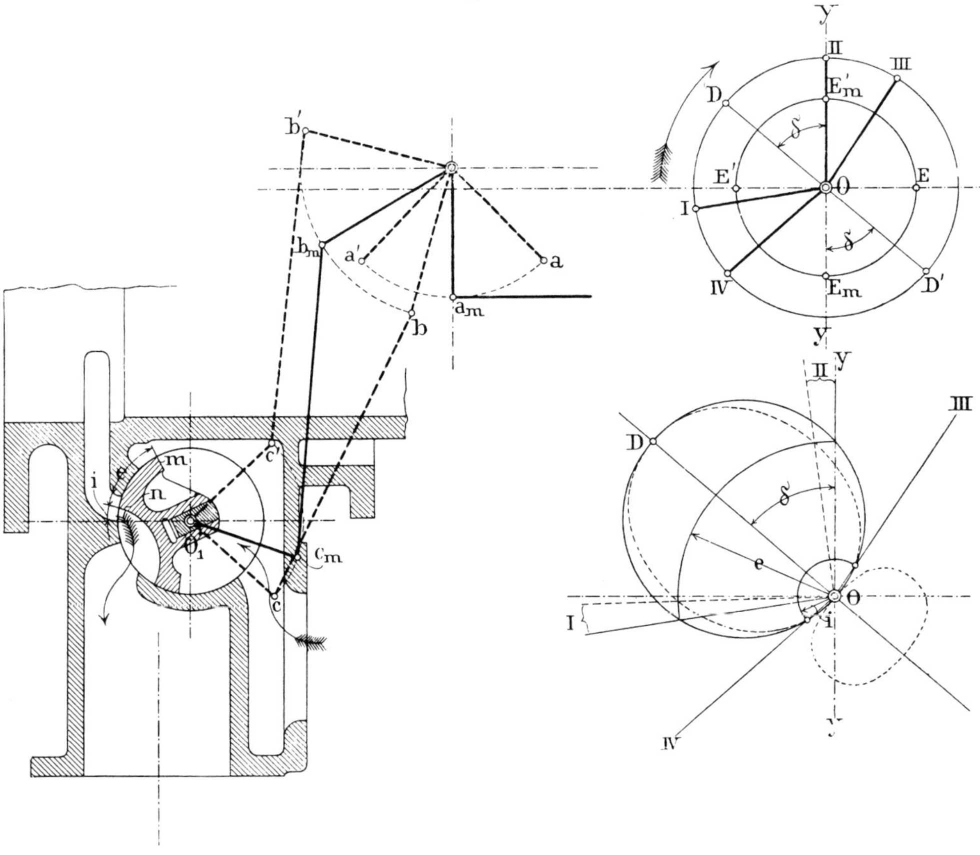

Einlasshähne, das andere Excenter vermittelst der zweiten Steuerscheibe bezw. Schwinge S_2 die beiden unteren Auslasshähne. Der Vorteil dieser Anordnung mit doppeltem Excenter besteht darin, dass nun der Dampfaustritt unabhängig von dem Dampfeintritt gesteuert wird, die Kompression und der Voraustritt nicht mehr wie bei nur einem Excenter von der Füllung abhängig ist. Sind nämlich in der Fig. 136 rechts wieder OI bis OIV die für die Dampfverteilung auf einer Cylinderseite massgebenden Hauptkurbellagen, so schliesst auch hier die Halbierungslinie $\overline{OD}$ des Winkels IOII mit der Vertikalen Y — Y den Voreilwinkel δ' desjenigen Excenters ein, welches die Einlasshähne bewegt, die Halbierungslinie $\overline{OD'}$ des

1) Ist die Neigung gering, so kann für die Senkrechte zu $\overline{EE'}$ die Vertikale durch O genommen werden.

Beispiel.

Die in Fig. 6 und 7, Taf. 48 angedeutete Steuerung mit zwei Steuerscheiben und vier Hähnen gehört einer von der Maschinenbau-Aktien-Gesellschaft Breitfeld, Daněk & Co. in Karolinenthal bei Prag gebauten Verbundmaschine an, die bei 800 bezw. 1200 Cylinderbohrung 1400 mm Hub besitzt. Welches sind die Verhältnisse der Steuerung?

Die nutzbare Kolbenfläche des Niederdruckcylinders beträgt ca.

$$O = 0{,}98 \cdot 120^2 \frac{\pi}{4} = \sim 11084 \text{ qcm},$$

die mittlere Kolbengeschwindigkeit bei n = 65 Umdrehungen in der Minute

$$c_m = \frac{S \cdot n}{30} = \frac{1{,}2 \cdot 65}{30} = 2{,}6 \text{ m}.$$

Nach Gleichung 126 ergiebt sich dann für

$$f_k = \frac{O \cdot c_m}{32}.$$

ein Kanalquerschnitt

$$f_k = \frac{11084 \cdot 2{,}6}{32} = \sim 900 \text{ qcm}.$$

Die Höhe der Kanalöffnungen ist nun (siehe den Querschnitt der Fig. 7)

$$h = 100 \text{ cm} = \mathbf{1000\ mm},$$

womit dann die erforderliche Weite derselben zu

$$a = \frac{900}{100} = 9 \text{ cm} = \mathbf{90\ mm}$$

folgt. Diese Weite ist beim Auslasshahn (siehe Fig. 6c) beibehalten worden. Der Einlasshahn dagegen ist mit Trickschem Zwischenkanal versehen, so dass sich bei einer Weite

$$\frac{a}{2} = \frac{90}{2} = \mathbf{45\ mm}$$

des letzteren und bei einer Stärke

$$s = \mathbf{35\ mm}$$

der äusseren Wandung, hier eine Kanalweite

$$a + s = 90 + 35 = \mathbf{125\ mm}$$

nötig macht. Der Durchmesser der Korlisshähne ist nach der Ausführung

$$d = \mathbf{260\ mm}.$$

Für die linke Kolbenseite (siehe Fig. 7) ist nun z. B. bei dem Auslasshahn

der Radius der treibenden Kurbel $S_2M = 232$ mm,

der Radius der getriebenen Kurbel $O_2J = 220$ mm,

bei dem Einlasshahn

der Radius der treibenden Kurbel $S_2N = 280$ mm,

der Radius der getriebenen Kurbel $O_4P = 220$ mm

in der Ausführung. Die eine Endlage $S_2M'J'O_2$ bezw. S_2NPO_4 (siehe Fig. 6c) ist genügend weit von den Totlagen $S_2M_xJ_xO_2$ bezw. $S_2N_xO_4P_x$ angenommen, um die Rückkehr der getriebenen Kurbeln zu sichern. Der Drehungswinkel der Steuerscheiben ist

$$\alpha = \mathbf{90^0}.$$

Mit diesem ergeben sich dann die zweiten Endlagen S_2MJO_2 bezw. $S_2N'P'O_4$, von denen die erstere fast genau mit der Totlage der treibenden Kurbel zusammenfällt, die letztere sogar noch etwas über diese hinausgeht (O_4P_t gehört zur Totlage der treibenden Kurbel).

Aus den Bogen $\overset{\frown}{J_mJ}$ und $\overset{\frown}{J_mJ'}$ bezw. $\overset{\frown}{P_mP}$ und $\overset{\frown}{P_mP_t}$ erhält man die Ausweichungen der Schieber nach der einen und anderen Seite für den Auslasshahn zu

$$w = \overset{\frown}{J_mJ}\,\frac{130}{220} = 100\,\frac{130}{220} = \sim 59 \text{ mm}$$

und

$$w' = \overset{\frown}{J_mJ'}\,\frac{130}{220} = 222\,\frac{130}{220} = \sim 131 \text{ mm},$$

Fig. 136.

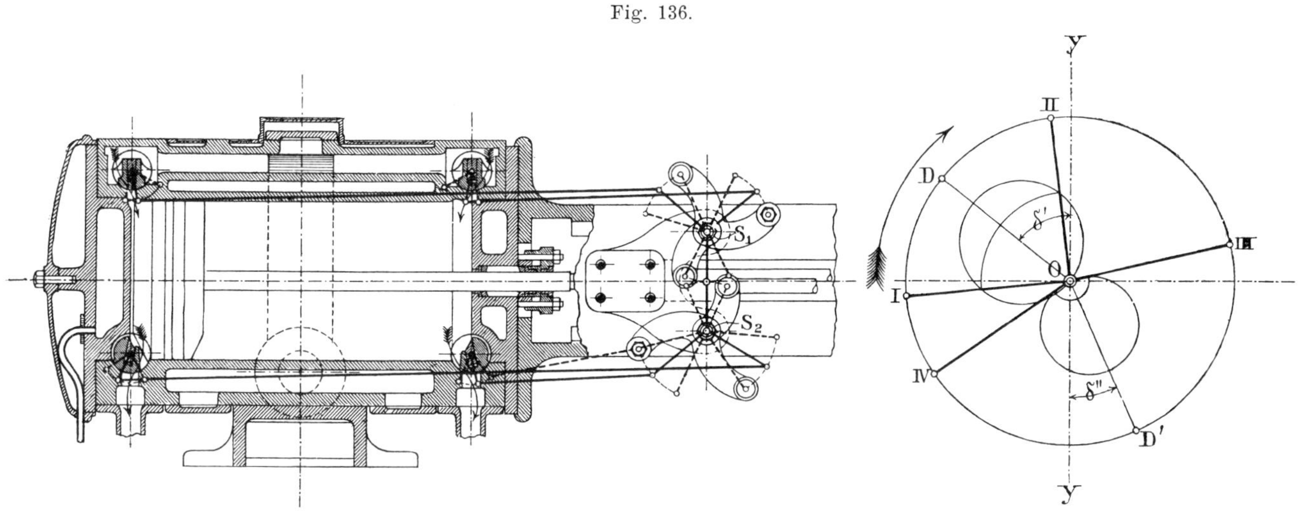

für den Einlasshahn zu

$$w = \overset{\frown}{P_mP_t}\,\frac{130}{220} = 53\,\frac{130}{220} = \sim 31 \text{ mm}$$

und

$$w' = \overset{\frown}{P_mP}\,\frac{130}{220} = 227\,\frac{130}{220} = \sim 134 \text{ mm}.$$

Die Stangen Z_1 und Z_2 erfassen die Steuerscheiben nach Fig. 7 in einem Abstande

$$\overline{S_1D} = \overline{S_1F} = \overline{S_2G} = 275 \text{ mm},$$

die Radien des eingeschalteten Hebels ABC sind

$$\overline{AB} = 314 \text{ mm und } \overline{AC} = 540 \text{ mm},$$

und zwar liegt die Mitte B um 54 mm seitlich vor $\overline{AC}$. Die Länge der Stange Z_1 ist schliesslich von Mitte bis Mitte Zapfen (siehe Fig. 6b und c)

$$\overline{DC} = \overline{D_mC_m} = \overline{D'C'} = 2516 \text{ mm},$$

die Länge der Excenterstange (siehe Fig. 6a und b)

$$\overline{BE} = \overline{B_mO} = \overline{B_mE_m} = \overline{B_mE_m'} = \overline{B'E'} = 2674 \text{ mm}.$$

Hat man sich die Mittellinien der Scheibe S_2, des Hebels ABC und des Wellenmittels in den richtigen Entfernungen und nach den in die Figuren eingeschriebenen Höhenmassen aufgetragen und die Lage der Punkte D und D′ in dem oben erwähnten Radius seitlich von $S_1 D_m$ unter $\frac{\alpha}{2} = 45^0$ festgelegt, so kann man aus diesen, indem man mit der Stangenlänge von Z_1 auf dem Kreisbogen des Punktes C um A einschlägt, auch die Endlagen C und C′, sowie aus diesen diejenigen B und B′ bestimmen. Die Sehne

$$\overline{BB'} = \sim 225 \text{ mm}$$

muss dann, wenn man die etwas verschiedene Neigung der Excenterstange in ihren einzelnen Lagen unberücksichtigt lässt, gleich der doppelten Excentricität, also

$$r = \frac{225}{2} = \mathbf{112{,}5\ mm}$$

sein.

Um den Voreilwinkel δ des Excenters zu bekommen, sind in Fig. 6a die zu einer Füllung von 50 % und einem Voreintritt von ½ % auf der linken Kolben(Deckel)seite gehörigen Hauptkurbellagen OII bezw. OI aufgesucht worden. Die Halbierungslinie $\overline{OD}$ des Winkels IOII liefert mit der zu $\overline{EE'}$ Senkrechten Y — Y einen Voreilwinkel

$$\delta = \mathbf{41^0}.$$

Bei 30,5 % Kompression ergiebt sich dann, da die Hauptkurbellagen OIV und OIII symmetrisch zur Linie $\overline{OD'}$ liegen müssen, ein Voraustritt von 9 % auf der linken Kolbenseite.

Zur Bestimmung der Überdeckungen der beiden Hähne auf der linken Kolbenseite hat man wie folgt zu verfahren. Man ermittelt zunächst in Fig. 6a durch Vorantragen des Winkels $90 + \delta$ die zu OI bis OIV gehörigen Excenterkurbellagen O1 bis O4. Zu den Lagen O1 und O2 gehört im äusseren Steuerungsmechanismus die Lage AB_1 (B_2) C_1 (C_2) des Zwischenhebels in Fig. 6b, sowie diejenige $D_1 (D_2)$ F_1 (F_2) und G_1 (G_2) N_1 (N_2) der Steuerscheiben, und endlich diejenige $O_4 P_1 (P_2)$ der Kurbel des Einlasshahnes in Fig. 6c. Die Gerade $O_4 P_1 (P_2)$ schneidet nun auf dem Kreise des Hahnumfanges einen Punkt ab, der von dem entsprechenden Punkte der Mittellage $O_4 P_m$ um das Bogenstück der äusseren Überdeckung

$$e = \mathbf{80\ mm}$$

absteht.

Zu den Lagen O3 und O4 der Excenterkurbel in Fig. 6a ergeben sich die mit dem Index 3 und 4 bezeichneten Lagen des Steuerungsmechanismus, und die Lage $O_2 J_3 (J_4)$ in Fig. 6c schneidet auf dem Kreise des Auslasshahnes im Abstande von der Mittellage $O_2 J_m$ die innere Überdeckung

$$i = \mathbf{10\ mm}$$

ab. In entsprechender Weise kann man auch das Voröffnen v_e und v_i der Schieber bestimmen. Man braucht dazu nur die den beiden Totlagen OK_0 und OK_0' entsprechenden Excenterkurbellagen Oo bezw. Oo′ in Fig. 6a und die zugehörigen Lagen des Steuerungsmechanismus, die mit dem gleichen Index bezeichnet sind, in Fig. 6b und c aufzusuchen. Aus der Lage OP_0 erhält man dann beim Einlasshahn ein Voröffnen

$$\frac{v_e}{2} = \mathbf{6\ mm},$$

aus der Lage OJ_0' beim Auslasshahn ein Voröffnen

$$v_i = \mathbf{67\ mm}.$$

Die Schieber sind in Fig. 6c so eingetragen, wie sie beim Beginn oder beim Schluss des Kanales stehen, also bezüglich des Einlasshahnes bei der Hauptkurbellage OI und OII, bezüglich des Auslasshahnes bei der Hauptkurbellage OIII und OIV.

Die Auflagefläche des Auslasshahnes muss nach Gleichung 179a mit w = 59 mm und x = 26 mm eine Länge

$$l = 90 + 10 + 59 + 26 = \mathbf{185\ mm}$$

betragen. Für den Einlasshahn bestimmt sich diese Länge, wenn man in Gleichung 179b anstatt a den Wert a + s = 125 mm und für e den Wert $e + \frac{a}{2} + s = 80 + 45 + 35 = 160$ mm wegen des Trickschen Zwischenkanales einführt, mit w = 31 mm und x = 24 mm zu

$$l' = 125 + 160 + 31 + 24 = \mathbf{340\ mm}.$$

§ 43.

Die Korlisssteuerungen.

Die erste Steuerung, bei welcher der Regulator die Füllung der Maschine in richtiger Weise bethätigte, war die dem Ingenieur G. H. Korliss in Providence U.-S. im Jahre 1849 patentierte Ausklinksteuerung mit vier Rundschiebern. Die Einrichtung dieser Steuerung, die bei allerbester Ausführung und im Verein mit besonderen, anderen Konstruktions-Details der Maschine eine so vorzügliche Wirkungsweise ergab und der Korlissmaschine seiner Zeit zu ungeheuerem Erfolge verhalf, hat die verschiedensten Abänderungen erfahren. Sind doch sogar von Korliss selbst nicht weniger als sieben Änderungen an ihr vorgenommen worden, die allerdings die Grundidee der äusseren Steuerung unberührt liessen. Heute dürfte die Korlisssteuerung bei uns wohl kaum noch in der vom Erfinder angegebenen Form zur Ausführung kommen. Nichts desto weniger soll hier mit Rücksicht darauf, dass die ursprüngliche Korlisssteuerung das Vorbild aller späteren Ausklinksteuerungen war, wenigstens eine der Original-Konstruktionen von Korliss besprochen werden. Wir wählen dazu die sogenannte dritte Korlisssteuerung, weil diese zuerst in Deutschland bekannt und auch am meisten zur Ausführung gebracht wurde.

Fig. 137 [1]) des Textes zeigt zunächst die schematische Anordnung der ganzen Steuerung. O_1 und O_3 sind die Mitten der beiden Auslass-, O_2 und O_4 diejenigen der beiden Einlasshähne, von denen die ersten unten, die letzten oben an den Enden des Cylinders angeordnet sind. Zur Bewegung der Hähne dient die Steuerscheibe S, die im Punkte k von der Stange eines Excenters erfasst und durch dieses in eine schwingende Bewegung versetzt wird. Die beiden Stangen T_1 und T_3 für die Auslasshähne schliessen ferner in c und d, die beiden Stangen T_2 und T_4

1) Fig. 137 bis 139 sind dem Werke „Die Korliss- und Ventil-Dampfmaschinen“ von W. Uhland, Verlag von Rob. Friese in Leipzig, entnommen.

für die Einlasshähne in a und b an die Steuerscheibe, während die Kurbelendpunkte der Auslasshähne mit g und h, diejenigen der Einlasshähne mit e und f bezeichnet sind.

Nimmt man nun an, die sämtlichen vier Hähne würden zwangläufig bewegt, so befindet sich der äussere Steuerungsmechanismus in der einen Endlage a e, b f, c g und d h, wenn die Excenterkurbel in der Totlage O E steht, dagegen in der anderen Endlage a′ e′, b′ f′, c′ g′ und d′ h′, sobald die Excenterkurbel die andere Totlage O E′ einnimmt. Bei der Mittellage OE_m oder OE_m' der letzteren schliesslich ist $a_m e_m$, $b_m f_m$, $c_m g_m$ und $d_m h_m$ die Lage des äusseren Steuerungsmechanismus. Thatsächlich findet aber nur bei den unteren Auslasshähnen eine solche zwangläufige Bewegung statt, und der Dampfauslass wird also scheibe die Stangen gegen die Nocken nach unten verschoben und von diesem getrennt werden. In diesem Augenblicke werden die Einlasshähne durch die Luftpuffer Q, welche an den Hebelarmen l der ersteren sitzen, zurückbewegt, und tritt der Kanalschluss ein. Auf dem Rückwege der Stangen T_2 und T_4 sorgen die Federn F dafür, dass die Stangen wieder hinter die Nocken n zu liegen kommen, sobald dies die Stangenlage zulässt.

Die Bewegung des rechten Einlasshahnes und die verschiedenen Lagen der Stange T_4 sind in Fig. 139 auf Seite 212 nochmals in grösserem Massstabe schematisch angedeutet. Mit 1 ist die eine, mit 6 die andere äusserste Lage der Stange T_4 bezeichnet. Bei der ersteren Lage befindet sich die Excenterkurbel in O E (Fig. 137) und zwischen Nocken und Stange ist ein geringer Spielraum vorhanden, der in totem Gange

Fig. 137.

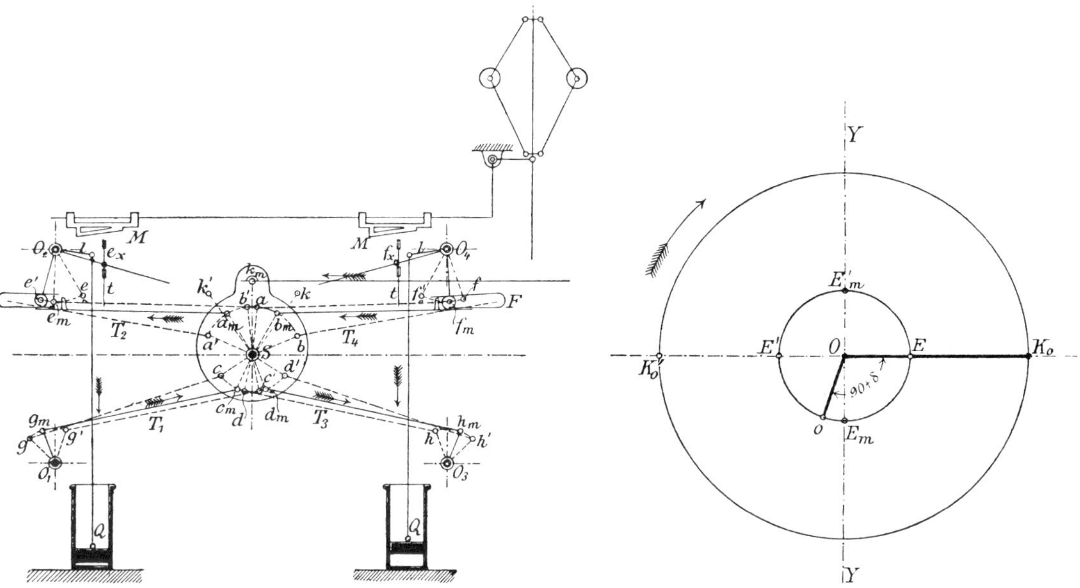

hier genau in derselben Weise gesteuert, wie dies im vorigen Paragraphen des Näheren erklärt wurde. Bei den oberen Einlasshähnen dagegen dauert die zwangläufige Bewegung nur solange an, als dies die Regulatorstellung bezw. die Belastung der Maschine zulässt. Die beiden Stangen T_2 und T_4 erfassen nämlich mit einem kleinen Vorsprung, dem sogenannten **aktiven** Mitnehmer, (siehe Fig. 138 auf Seite 212) die Kurbeln der Einlasshähne in dem Ansatz eines Nockens n, der als **passiver** Mitnehmer bezeichnet wird, fest auf den Kurbeln sitzt und durch eine starke Feder F gegen die Stange gepresst wird. Die Stangen T_2 und T_4 können deshalb die Einlasshähne nur dann mitnehmen, wenn sie sich nach der Steuerscheibe hin bewegen, wenn also das betreffende Ende der Stange T_2 von a′ nach a, dasjenige der Stange T_4 von b nach b′ geht. Die Mitnahme der Einlasshähne durch die Stangen, bezw. die Kanaleröffnung durch die letzteren, wird aber ferner nur solange andauern, bis dass der auf den Stangen befindliche Stift t gegen die vom Regulator parallel zur Hubrichtung der Maschine verschiebbaren Keilstücke M stösst und dann bei der weiteren Bewegung der Steuer-

von der Stange durchlaufen wird. Bei der Lage 2 steht die Excenterkurbel in der Mittelstellung OE_m. Die Lage 3 wird bei der Totlage OK_0 der Hauptkurbel und der Stellung O o der Excenterkurbel erreicht. Der in Fig. 139 eingetragene Bogen zwischen den Lagen 1 und 3 der Hahnkurbel muss also, bezogen auf den Schieberumfang, gleich der Strecke $e + v_e$ sein. Zwischen den Lagen 3 und 6, von denen die letztere der linken Totlage O E′ (Fig. 137) der Excenterkurbel entspricht, kann die Ausklinkung vor sich gehen. Dieselbe wird um so früher eintreten, die Füllung also um so kleiner werden, je weiter der Regulator das Keilstück M in Fig. 139 nach rechts verstellt hat.

Da die Ausklinkung nur während des Hochganges der Stangen T_2 und T_4 und auch dann nur zwischen den Lagen 3 und 6 der Stange T_4 in Fig. 139 bezw. zwischen den zugehörigen Stellungen O o und O E′ der Excenterkurbel in Fig. 137 erfolgen kann, so wird die **grösste Füllung**, welche die Korlisssteuerung bei eintretender Ausklinkung zu geben vermag, offenbar dem Kolbenwege entsprechen, der zum Winkel $90 - \delta$ zwischen den erwähnten Excenterkurbellagen gehört. Dieser Kolbenweg beträgt höchstens 40 % des ganzen Hubes. Findet aber die Ausklinkung überhaupt nicht statt, so werden die

Einlasshähne zwangläufig bewegt und ergeben eine Füllung, wie sie durch den Voreilwinkel und die äussere Überdeckung bedingt ist. Was ferner die Regulierung der Füllung bei der Korlisssteuerung betrifft, so ist dieselbe bei den kleineren Füllungen zwischen 0 und 10 % eine viel bessere als bei den höheren Füllungen. Wie nämlich aus Fig. 139 ersichtlich ist, steigt die Stange T_4 anfangs sehr schnell an, dann aber um so langsamer, je näher sie ihrer höchsten Lage kommt. Die Entfernung zwischen der Anfangs- und Endlage der Kurbel Of sowohl als auch der Stange T_4 ist deshalb bei den Füllungen von 0 bis 10 % eine viel grössere als diejenige zwischen den folgenden Stellungen der höheren Füllungen.

Bezüglich der Konstruktion der Korlisssteuerung ist zu bemerken, dass der Schwingungswinkel der Steuerscheibe zweckmässig

$$\alpha = \mathbf{90} \text{ bis } \mathbf{95^0} \quad \ldots\ldots \quad \mathbf{180}$$

Die Keilstücke M erhalten die Form eines rechtwinkligen Dreiecks, dessen vertikale Kathete gleich dem Hub der Stifte t zwischen den in Frage kommenden Lagen der Stangen T_2 und T_4 und dessen horizontale Kathete gleich dem Hub des Regulators ist. Der Durchmesser der Hähne beträgt wieder

$$\mathbf{d} = \frac{\mathbf{D}}{\mathbf{4{,}5}} \text{ bis } \frac{\mathbf{D}}{\mathbf{3}} \left(\text{gewöhnlich } \frac{\mathbf{D}}{\mathbf{3{,}2}}\right) \quad . \quad . \quad \mathbf{191}$$

Als Vorteil der Korlisssteuerung ist bei dem äusseren Mechanismus vor allen Dingen die sichere und leichte Einwirkung des Regulators, der schnelle Dampfabschluss, die geringe Zahl der Gelenke und solcher Teile, die der Abnutzung unterworfen sind, und endlich der Umstand zu nennen, dass bei dem grossen Wege, den die Gelenke machen, selbst starke Abnutzungen ohne Einfluss auf den richtigen Gang der Hähne bleiben. Was diese letzteren, also die inneren Organe der Korlisssteuerung,

Fig. 138. Fig. 139.

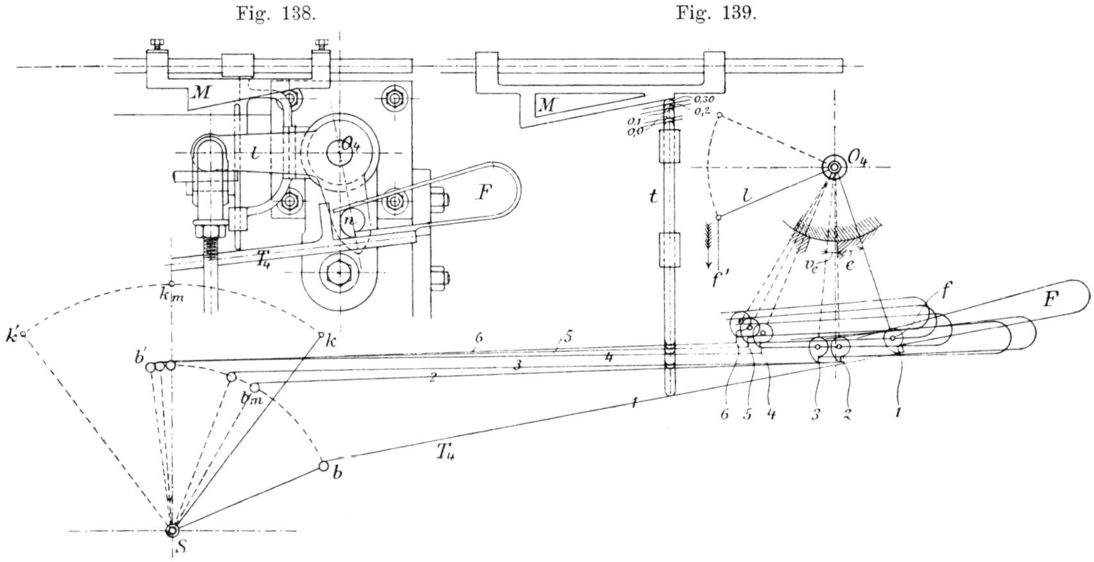

beträgt und dass zunächst die Verhältnisse und Bewegungen der Auslasshähne genau, wie im vorigen Paragraphen angegeben, zu bestimmen sind. Für die Einlasshähne legt man die Punkte, in welchen die Stangen T_2 und T_4 die Steuerscheibe erfassen, so, dass dieselben bei ihrer einen Endlage a und b′ in oder etwas hinter der vertikalen Mittellinie durch S (Fig. 137) liegen. Die zugehörigen Lagen Oe und Of′ der Hahnkurbeln dürfen nicht in die Totlagen Oe_x und Of_x dieser Kurbeln fallen, sind aber auch nicht zu weit vor denselben zu wählen, damit die Geschwindigkeit der Hähne beim Öffnen der Einlasskanäle nicht zu gering ausfällt. Mit Hilfe des Ausschlagswinkels α kann dann auch die andere Endlage des Einlassmechanismus, sowie die Lage desselben bei den Totlagen der Hauptkurbel bestimmt werden, und es ist zu prüfen, ob der Hahn in dieser anderen Endlage den Kanal genügend überdeckt, ob das Voröffnen v_e bei den Totlagen der Hauptkurbel gross genug ist, ob die Stangen in ihren unteren Endlagen hinreichendes Spiel gegenüber dem Nocken n zum Einschnappen besitzen u. s. w.

betrifft, so wird auf die Vor- und Nachteile derselben im letzten Abschnitte näher eingegangen werden. Hier sei nur kurz auf die wichtigsten Punkte hingewiesen, welche zu Gunsten der Rundschieber[1]) sprechen, wobei aber nicht unbemerkt bleiben soll, dass manche dieser Punkte von anderer Seite lebhaft bestritten werden.

Die schädlichen Räume betragen bei den Rundschiebern nur 0,8 bis 2 %, sind also viel geringer als bei Flach-, Kolbenschiebern und Ventilen.

Die Reibung der Rundschieber ist unter sonst gleichen Verhältnissen kleiner als die der Flachschieber, weil bei den ersteren für die Druckfläche des Dampfes nur die Projektion der Schieberkrümmung, für die letzteren die volle Breite in Betracht kommt.

Das Schmieröl hält sich in der cylindrischen Lauffläche der Rundschieber besser als in der ebenen der Flachschieber.

1) Siehe auch: Otto H. Müller „Zum Todestage von George Henry Korliss“, Zeitschrift deutscher Ingenieure, Jahrgang 1889, Seite 169.

Der Rundschieber macht ebenso wie alle Flachschieber bei seiner Bewegung seine Bahn selber frei, drängt also alle Unreinigkeiten von der Lauffläche fort, das Ventil dagegen nicht.

Beim Ventil genügt ferner bisweilen schon eine kleine Verstellung am äusseren Steuerungsmechanismus, um den dichten Schluss desselben aufzuheben. Beim Schieber ist das nicht so leicht möglich, da derselbe den Kanal im geschlossenen Zustande genügend überdeckt.

Die vier Rundschieber eines Cylinders besitzen nur vier Dichtungsflächen, die Ventile dagegen deren acht.

Beim Durchströmen des Ventiles muss der Dampf seine Richtung mehrfach ändern, beim Rundschieber für gewöhnlich nicht.

Als Nachteil der Korlisssteuerung gegenüber den Flach- und Kolbenschiebersteuerungen hat der Umstand zu gelten, dass die Umdrehungszahl der Maschine bei ihr für gewöhnlich nicht mehr als 70 und höchstens 100 betragen kann, während für die letztgenannten Steuerungen ja bedeutend grössere Umdrehungszahlen zulässig sind. Ferner muss es als Nachteil bezeichnet werden, dass die Korlisssteuerung meistens nur Füllungen von nicht mehr als 30%, höchstens solche von 40% zulässt, ein Nachteil, der namentlich bei den jetzt viel verwendeten Mehrfach-Expansionsmaschinen in Betracht kommt, da bei diesen ja der kleine Cylinder eine im Verhältnis der Cylindervolumina grössere Füllung als die entsprechende Eincylindermaschine erhalten muss. Um diesen Nachteil bei der Korlisssteuerung zu heben oder wenigstens zu mildern, sind die verschiedensten Mittel und Wege vorgeschlagen und beschritten worden.

Handelt es sich um grösste Füllungen, die nur wenig mehr als 40%, also vielleicht 50%, betragen sollen, so kann man durch Stellung des Ventiles am Luftpuffer den Niedergang des Kolbens im letzteren und also auch den Schluss des Hahnes so stark verzögern, dass die angegebene Füllung noch erreicht wird, allerdings mit einer starken Drosselung des Dampfes beim Kanalschluss.

Grössere Füllungen lassen sich ferner bei der Korlisssteuerung erzielen, wenn man zwei Steuerscheiben verwendet, die von zwei verschieden aufgekeilten Excentern bewegt werden und von denen die eine die Einlass-, die andere die Auslasshähne steuert. Wie nämlich auf Seite 211 angegeben wurde, entsprach die grösste Füllung, welche eine Korlisssteuerung zu geben vermag, dem Kolbenwege, der während eines Drehwinkels der Kurbelwelle um $90 - \delta^0$ durchlaufen wurde. Macht man nun für das Excenter der Einlasshähne δ negativ, also $90 + \delta$ vielleicht gleich 20 bis 30^0, sodass die voraneilende Excenterkurbel einen Winkel von 20 bis 30^0 mit der Hauptkurbel einschliesst, so werden auch entsprechende grössere Füllungen, nämlich solche von 80 und 70%, möglich sein. Dabei ist aber zu beachten, dass jetzt die Überdeckung der Einlasshähne negativ sein muss, da der Cylinderkanal durch den Schieber auch schon vor der Mittellage (OE_m und OE_m' in Fig. 137 des Textes) der Excenterkurbel geöffnet werden muss.[1])

Ein weiterer Weg, grössere Füllungen als solche von 40% bei der Korlisssteuerung zu erzielen, besteht darin, die Ausklinkung zwischen dem aktiven und passiven Mitnehmer nicht nur während des Hin-, sondern auch während des Rückganges der Stangen für die Einlasshähne zu ermöglichen, wie dies z. B. bei der auf Seite 214 beschriebenen Wheelock-Steuerung der Fall ist.

Bei der Frikart-Steuerung (siehe Seite 215) werden höhere Füllungen endlich in der Weise erzielt, dass man dem passiven Mitnehmer, der ja bei der gewöhnlichen Korlisssteuerung in seiner vom Regulator angewiesenen Lage während der Drehung der Maschine verbleibt, eine ebenfalls von der Regulatorstellung abhängige Bewegung erteilt. Durch die letztere wird dann auch eine Ausklinkung bei Kolbenwegen ermöglicht, die mehr als das 0,5fache des Hubes betragen.

Von den jetzt bei uns gebräuchlichen Ausführungen der Korlisssteuerung ist zunächst diejenige der Maschinenfabrik und Eisengiesserei von **Berger-André in Thann** im Elsass zu erwähnen. Fig. 3, Taf. 48 giebt die allgemeine Anordnung dieser Steuerung, die in Fig. 1a und b derselben Tafel nochmals schematisch dargestellt ist. Das auf der Kurbelwelle sitzende Excenter bewegt zunächst den Zwischenhebel ABC, der dann durch die Stange Z_1 zunächst den rechten Auslasshahn mit der Kurbel O_1D und weiter durch die Verlängerung O_1H der letzteren, sowie die Stange Z_2 auch den linken Auslasshahn mit der Kurbel O_2J immer in derselben Weise, also zwangläufig, steuert.

Die Excenterkurbel muss hier der Hauptkurbel unter einem Winkel von $90 - \delta^0$ (siehe Fig. 1a) nacheilen, weil durch die zweiarmige Kurbel DO_1H die Bewegung des Excenters und des Hebels ABC in umgekehrter Richtung auf die Auslasshähne übertragen wird. Die Hauptkurbellage $\overline{OD'}$, welche den Winkel III O IV (Fig. 1a) halbiert, den die Hauptkurbellagen bei Beginn des Voraustrittes und der Kompression einschliessen, ist ferner unter dem Winkel δ gegen die Gerade Y — Y geneigt. Steht also die Hauptkurbel in $\overline{OD'}$, so steht die Excenterkurbel in ihrer rechten Totlage OE', befindet sich die Hauptkurbel in $\overline{OD}$, so ist die Excenterkurbel in ihrer linken Totlage OE.

Beim linken Auslasshahn ist in Fig. 1b mit O_2J_m die Mittellage der Hahnkurbel bezeichnet, welche dieselbe bei den beiden Stellungen OE_m und OE_m' der Excenterkurbel einnimmt. O_2J_3 bezw. O_2J_4 geben weiter die Lage der Hahnkurbel bei Beginn des Voraustrittes bezw. der Kompression, wenn also die Hauptkurbel in OIII bezw. OIV, die Excenterkurbel in O3 bezw. O4 steht. O_2J_0' entspricht schliesslich der rechten Totlage OK_0' der Hauptkurbel oder der Lage Oo' der Excenterkurbel. Die Stellungen O_2J_m und O_2J_3 (J_4) begrenzen somit (bezogen auf die Mittellage des Schiebers) am Schieberumfange die innere Überdeckung i, die Stellungen O_2J_0' und O_2J_3 (J_4) das Voröffnen v_i für den Dampfaustritt. An der Kante x findet die Eröffnung und der Schluss des linken Auslasskanales statt.[2])

1) Näheres hierüber siehe: Leist „Neuere Ausführungen der Flach- und Rundschiebersteuerungen", Zeitschrift deutscher Ingenieure, Jahrgang 1896, Seite 72.

2) Der Radius der Hahnkurbeln ist in Fig. 1b, Taf. 48 in $^1/_{10}$, derjenige des Schieberumfanges in $^1/_3$ der natürlichen Grösse aufgetragen.

Die Bewegung der Einlasshähne erfolgt ebenfalls von den verlängerten Hahnkurbeln $O_1 D$ und $O_2 M$ (Fig. 1b und 3) aus vermittelst der Zugstangen Z_3 und Z_4. Nach den Angaben der Firma[1]) greifen die letzteren, wie Fig. 2, Taf. 48 nochmals in grösserem Massstabe für den linken Einlasshahn andeutet, im Bolzen d_1 an einem Excenterring b an, dessen Excenter E lose drehbar auf der Lagerhülse m der Hahnspindel sitzt und unter Einwirkung des Regulators steht; die von dem Stellhebel des letzteren abzweigende Schubstange R_2 (Fig. 3) für den linken Einlasshahn ist nämlich an dem Bolzen d_2 (Fig. 2) des Excenters E angeschlossen. Der Excenterring b trägt weiter an einem hornartigen Ansatze, lose drehbar auf dem Bolzen d_3 die aktive Mitnehmerklinke k_1, welche durch eine Feder f stets nach dem Excentermittelpunkte gedrängt und in ihrer innersten Stellung durch einen Anschlag x begrenzt wird. Vor dem Excenter E ist der zweiarmige passive Mitnehmer k_2 fest auf die Schieberspindel gekeilt, der ebenso wie der passive Mitnehmer k_1 an seiner inneren, steuernden Seite mit einer gehärteten Stahlplatte bekleidet ist. Wenn darnach in der aus der Zeichnung ersichtlichen Weise die Stahlplatte der Klinke k_1 bei der Abwärtsbewegung auf die Stahlplatte von k_2 trifft, so wird die Hahnspindel gedreht und der Einlasskanal durch den Hahn geöffnet. Hierbei beschreibt die äussere Kante N_k von k_2 einen Kreisbogen um den Mittelpunkt O_4 der Schieberspindel, die innere Kante n von k_1 einen solchen um den verstellbaren Mittelpunkt w des Excenters, und die Berührung zwischen k_1 und k_2 wird da aufhören, wo diese beiden Bögen sich schneiden. Alsdann erfolgt der Hahnschluss wieder unter Einwirkung eines Luftpuffers, der am Arme k_3 die Hahnkurbel im Bolzen d_4 erfasst.

Der frühere oder spätere Schluss des Einlasshahnes wird nun durch Verdrehen des Excenters E herbei geführt. Bei der tiefsten Lage des Regulators, bei welcher noch eine Füllung eintritt, befindet sich die Mitte des Excenters, die natürlich stets auf einem Kreisbogen um O_4 liegt, in w_2, während einer mittleren Stellung des Regulators die Lage w', der höchsten diejenige w'' des Excentermittels entspricht. Im ersten Falle beschreibt die innere Kante n des aktiven Mitnehmers k_1 den Kreisbogen nN_2 um w_2, im zweiten Falle denjenigen nN_2' um w' und im letzten Falle, bei welchem die innere Kante des Mitnehmers k_2 nach N_k kommt, da der Abstand $w_2 n = w'n = w'' N_k$ konstant bleibt, den Kreisbogen $N_k N''$ um w''. Der von der äusseren Kante des passiven Mitnehmers k_2 zu durchlaufende Bogen $N_k N$ mit O_4 als Mittelpunkt wird somit im ersten Falle erst im Punkte N_2, also fast bei der tiefsten Lage von k_2, durchschnitten, im zweiten Falle schon im Punkte N_2 und im letzten Falle überhaupt nicht. Dem ersten Falle entspricht die grösste Füllung, dem zweiten eine mittlere und dem letzten Null Füllung.

Die grösste Füllung kann auch hier, da die Ausklinkung nur während des Niederganges des aktiven Mitnehmers möglich ist, höchstens der Hauptkurbellage $\overline{OD}$ (Fig. 1a), bei der k_2 ja seine tiefste Lage erreicht hat, entsprechen, also nicht mehr betragen, als der zu einem Drehwinkel der Kurbelwelle um $90 - \delta^0$ gehörige Kolbenweg. Eine besondere Sicherheitsvorrichtung verhindert bei der tiefsten Regulatorstellung, zu welcher die Excenterstellung w_0 gehört, die Schieberöffnung überhaupt. Mit dem Excenter selbst ist nämlich ein Daumen z fest verbunden, der bei der erwähnten Stellung die Klinke k_1 nach aussen drückt und sie nicht zur Einwirkung auf k_2 kommen lässt.

In Fig. 1b, Taf. 48 sind noch die zu den Hauptkurbellagen OI und OII (Fig. 1a) beim Beginn des Voreintrittes und beim Schluss der grössten Füllung gehörigen Lagen O_4N_1 bezw. O_4N_2 (sowie diejenige O_4N_0 bei der linken Totlage OK_0 der Hauptkurbel) des aktiven Mitnehmers k_1 eingetragen. Die Lagen O_4N_k und O_4N_0 schneiden auf dem Schieberumfange[1]) die äussere Überdeckung e (bezogen auf die Schlusslage des Schiebers), die Lagen O_4N_1 und O_4N_0 daselbst das Voröffnen v_e ab. Bei der durch N' gegebenen höchsten Stellung des aktiven Mitnehmers k_1 muss etwas Spiel zwischen dessen Druckplatte und derjenigen des passiven Mitnehmers k_2 sein. Der erstere setzt bei der Lage O_4N_k auf den letzteren.

Der Regulator hat beim Verändern der Füllung neben der Reibung in den einzelnen Gelenken des Stellzeuges noch diejenige am Umfange und in der Bohrung des Excenters zu überwinden. Dieselbe fällt beim Hochgange des aktiven Mitnehmers k_1 nur gering aus, weshalb die Steuerung eine sichere und schnelle Regulierung ergiebt, zumal geringe Verdrehungen des Excenters zur Veränderung der Füllung nötig sind. Da schliesslich die Wege der einen Klinke relativ zur anderen klein sind, so arbeitet die Steuerung auch verhältnismässig ruhig.

Die Chemnitzer Werkzeugmaschinen-Fabrik, vormals Joh. Zimmermann, in Chemnitz baut seit einer Reihe von Jahren die sogenannte **Wheelock-Steuerung.** Fig. 6, Taf. 49 zeigt diese Steuerung, wie sie von der Firma an dem kleinen Cylinder einer Verbundmaschine auf der Sächsisch-Thüringischen Industrie- und Gewerbe-Ausstellung in Leipzig (1897) ausgeführt war. Die vier Wheelockhähne, die zum Unterschiede von den cylindrisch gestalteten Korlisshähnen schwach konisch (siehe letzter Abschnitt) gehalten sind, liegen sämtlich unterhalb der Cylinderbohrung, und zwar die beiden Auslasshähne mit den Mitten O_1 und O_2 aussen, die beiden Einlasshähne mit den Mitten O_3 und O_4 innen. Die letzteren sind der schnellen Eröffnung wegen mit Trickschem Zwischenkanal versehen. Zur Bewegung der vier Schieber dient ein einziges Excenter, dessen Stange in A zunächst die Kurbel O_1A auf der Spindel des rechten Auslasshahnes, dann aber vermittelst der in B anschliessenden Stange Z_1 auch die entsprechende Kurbel auf der Spindel des linken Auslasshahnes erfasst. Der Auslass wird somit zwangläufig gesteuert, und es muss die Excenterkurbel der Hauptkurbel um einen Winkel von $90 - \delta^0$ (siehe Fig. 7, Taf. 49) nacheilen, da die steuernde Kante x (siehe den linken Auslasshahn) sich entgegengesetzt wie die Excenterkurbel bewegt.

1) Siehe auch Salomon „Die Dampfmaschinen auf der Pariser Weltausstellung“, Zeitschrift deutscher Ingenieure, Jahrgang 1890, Seite 916.

1) Siehe die Anmerkung 2 auf Seite 213.

Den Winkel δ schliesst in Fig. 7, Taf. 45 wieder die Linie $\overline{OD'}$, welche den Winkel III O IV der Hauptkurbellagen bei Beginn des Voraustrittes und der Kompression halbiert, mit der Senkrechten Y — Y auf die mittlere Excenterstangenrichtung ein. Steht die Hauptkurbel also in O III bezw. O IV oder OK_0, so befindet sich die Excenterkurbel in O 3 bezw. O 4 oder O o, die Kurbel des rechten Auslasshahnes mit dem Arme O_1D in O_1D_3 bezw. O_1D_4 oder O_1D_0 (siehe Fig. 8, Taf. 49). Am Umfange dieses Hahnes schneiden ferner die Lagen O_1D_m (bei der Mittellage OE_m und OE_m' der Excenterkurbel) und $O_1D_3(D_4)$ die innere Überdeckung i, diejenigen O_1D_3 (D_4) und O_1D_0 das Voröffnen v_i ab. In der Fig. 8 fällt O_1D_m mit O_1D_3 und O_1D_4 zusammen, ist also die innere Überdeckung gleich Null.

Die Bewegung der Einlasshähne geschieht ebenfalls von den Kurbeln der Auslasshähne aus. So ist an der Kurbel des rechten Auslasshahnes in Fig. 6, Taf. 49 im Punkte D eine Steuerklinke F drehbar verlagert. Dieselbe enthält als Stahlplatte den aktiven Mitnehmer k_1, mit welchem sie sich beim Öffnen des rechten Einlasshahnes gegen die Stahlplatte k_2 des passiven Mitnehmers N legt. Der letztere sitzt drehbar auf dem Bolzen d der Kurbel K dieses Einlasshahnes und dient zugleich der Stange S der Steuerklinke F als Führung. Die Ausklinkung zwischen den beiden Mitnehmern k_1 und k_2 wird durch eine Steuerknagge m bewirkt, sobald die nach rechts gehende Steuerklinke F mit ihrer schrägen Bahn $\alpha - \beta$ auf diese Knagge m stösst. Die letztere bildet ferner den einen Arm eines in G drehbar verlagerten Hebels H, dessen anderer Arm h mit dem Regulator in Verbindung steht. Je nach der höheren oder tieferen Lage, in welche nun der Regulator die Nase m versetzt, stösst die Steuerklinke F früher oder später auf diese Nase, tritt also auch die Ausklinkung früher oder später ein und wird die Füllung kleiner oder grösser. Nach der Ausklinkung zieht der am Arme k_3 der Hahnkurbel angreifende Luftpuffer den Einlasshahn schnell in die Schlusslage zurück, und die Steuerklinke F legt sich vermittelst der Stahlplatte k_1 auf die obere Fläche des Ansatzes N, die so gekrümmt ist, dass eine Abnutzung der Steuerungsteile möglichst vermieden wird.

In Fig. 8, Taf. 49 ist die Steuerklinke in derjenigen Stellung angedeutet, in welcher bei der angegebenen Lage der Steuerknagge m die Ausklinkung stattfindet. Die Hahnkurbel K befindet sich dann in der Lage O_3D_0'. Da letztere der Stellung O o' der Excenterkurbel in Fig. 7, Taf. 49 entspricht, zu der wiederum die Hauptkurbellage OK_0' gehört, so findet also jetzt Null Füllung statt. Der Regulator nimmt dann seine höchste Lage ein.

Ausser der Steuerknagge m ist noch eine zweite n vorhanden. Die erstere kann nämlich nur dann eine Ausklinkung erzielen, wenn die Klinke F während ihres Hinganges, also während der Bewegung der Aulasskurbel von D_0' nach D (Fig. 8, Taf. 49), auf die Bahn $\alpha - \beta$ stösst, was ja nur während der Drehung der Kurbelwelle um einen Winkel von $90 - \delta$ möglich ist und im vorliegenden Falle höchstens einer Füllung von 21 % auf der rechten Kolbenseite bei Berücksichtigung der endlichen Schubstangenlänge entspricht. Ist bis dahin die Ausklinkung nicht vor sich gegangen, so wird dieselbe durch die zweite Nase n während des Rückganges der Steuerklinke F bewirkt. Diese letztere hat dann auf ihrem Hingange (Fig. 9a, Taf. 49) die Knagge n durch die Schräge $\delta - \varepsilon$ anfangs mitgedreht, später zurückschnappen und sich aufrichten lassen und trifft nun auf dem Rückwege, also während die Auslasskurbel (Fig. 9b, Taf. 49) von D nach D_m geht, mit der Bahn $\gamma - \delta$ auf n. Diese letztere Knagge löst also im vorliegenden Falle für alle Füllungen, die grösser als 21 % sind, die beiden Mitnehmer aus. Die grösste Füllung, welche bei den angegebenen Verhältnissen erreichbar ist, beträgt 75 %.

Der äussersten rechten Lage O_1D der rechten Auslass-Hahnkurbel entspricht in Fig. 7 die rechte Totlage O E der Excenterkurbel und die Lage O II' der um $90 - \delta$ voraneilenden Hauptkurbel. Zu der Lage O II' gehört auf der rechten Kolbenseite eine Füllung von 21 %. Während des Hinganges der rechten Auslasskurbel kann also die Ausklinkung höchstens diese letztere Füllung ergeben.

Fig. 9a, Taf. 49 zeigt diejenige Lage der Steuerklinke F, bei welcher die mitgedrehte Knagge n zurückschnappen wird, Fig. 9b diejenige, bei welcher die Bahn $\gamma - \delta$ gegen n stösst und die Ausklinkung stattfindet. Da dann die Auslasskurbel in O_1D_2, die Excenterkurbel (siehe Fig. 7) in O 2 und die Hauptkurbel in O II steht, so wird bei der vorliegenden Stellung des Regulatorhebels H eine Füllung von 64,5 % auf der rechten Kolbenseite stattfinden.

Ist in Fig. 8, Taf. 49 schliesslich O_3d_k die Lage der Kurbel K, bei welcher der aktive Mitnehmer k_1 den passiven k_2 erfasst, O_3d_1 diejenige, bei welcher der Voreintritt (Hauptkurbellage O I und Excenterkurbellage 0 1 in Fig. 7) beginnt, und schliesslich O_3d_0' diejenige, bei welcher die Hauptkurbel in der rechten Totlage OK_0' (Excenterkurbel in O o') steht, so schneiden wieder die Lagen O_3d_k und O_3d_1 die äussere Überdeckung e, O_3d_1 und O_3d_0' das Voröffnen v_e auf dem Umfang des Einlasshahnes ab.

Die beiden Mitnehmer der vorliegenden Steuerung berühren sich im eingeklinkten Zustande nur um 1 bis 2 mm. Der Handgriff am Hebel O_1B in Fig. 6, Taf. 49 dient dazu, die Steuerung behufs Prüfung ihres leichten Ganges von Hand hin- und herzubewegen, sobald die Excenterstange ausgehoben ist; die Feder f an der Steuerklinke F sorgt für das Einschnappen der Mitnehmer. Durch die etwas verschiedene Form der zur Absteuerung dienenden Bahnen $\alpha - \delta$ und $\gamma - \delta$ an den beiden Steuerklinken F eines Cylinders können alle Füllungen auf beiden Kolbenseiten gleich bemessen werden. Da die Steuerklinken F erst kurz vor der Ausklinkung auf die Steuerknaggen stossen und nur während kurzer Zeit mit diesen in Berührung bleiben, so ist der Widerstand, den der Regulator bei einer Änderung der Füllung zu überwinden hat, nur ein geringer. Die Einwirkung des Regulators auf die Wheelock-Steuerung ist deshalb eine genügend schnelle und sichere.

Viel Verbreitung hat in den letzten Jahren die Korlisssteuerung von **Frikart** gefunden. Fig. 5, Taf. 49 zeigt zunächst die allgemeine Anordnung derselben. Die vier Korlisshähne werden hier von einer fünfarmigen Schwinge S angetrieben, die drehbar an der Seite des Cylinders verlagert ist und vermittelst eines Zwischenhebels ABC von einem Excenter der Kurbelwelle bewegt wird. Die beiden unteren Auslasshähne mit den Mitten O_1 und O_2 werden von der Schwinge S immer in derselben Weise gesteuert, die beiden oberen Einlasshähne O_3 und O_4 dagegen in einer von der Regulatorstellung bezw. von der Belastung der Maschine abhängigen Weise.

Die oberen Arme der Schwinge wirken nämlich auf die Doppelhebel $P O_3 Q$ und $N O_4 R$ (siehe auch Fig. 4, Taf. 49), die lose drehbar aussen auf den Buchsen m der Hahnspindeln sitzen. Fest auf den letzteren und vor den erwähnten Doppelhebeln sind die passiven Mitnehmer p aufgekeilt, die einerseits mit einer gehärteten Druckplatte versehen, andererseits mit den Luftpuffern für den Schieberschluss verbunden sind. Die aktiven Mitnehmer k, die lose drehbar auf den in Q und R befestigten Zapfen sitzen und ein Stück mit den kleinen Kurbeln K bilden, empfangen eine doppelte Bewegung. Zunächst erhalten sie von der Schwinge S durch die erwähnten Doppelhebel einen kreisförmig schwingenden Antrieb um die Mitten O_3 und O_4 der Hähne und Hahnspindeln. Die andere Bewegung der aktiven Mitnehmer wird ebenfalls von der Excenterstange abgeleitet, steht aber unter dem Einfluss des Regulators. Eine kleine Schubstange Z_1 verbindet nämlich die Excenterstange im Punkte X mit dem Ende z eines Winkelhebels K_1, der in x drehbar ist und in y wieder einen dreiarmigen Hebel K_2 trägt. Letzterer ist dann in den Punkten b und c durch die Stangen Z_4 bezw. Z_3 mit den Zapfen f der Kurbeln K und im Punkte a durch die Stange Z_2 mit der Muffe des Regulators verbunden. Je nach der Lage des letzteren und des dreiarmigen Hebels K_2 wird nun die Bewegung des Punktes X der Excenterstange in verschiedener Weise auf die Kurbeln K übertragen, wo sie, vereinigt mit der kreisförmig schwingenden Bewegung derselben von S aus, dem aktiven Mitnehmer k eine Bahn erteilt, die den Mitten O_3 und O_4 der Einlasshähne um so näher liegt, je tiefer der Regulator, und um so entfernter, je höher derselbe steht. Beim Durchlaufen dieser Bahn legt sich der aktive Mitnehmer k uuf den passiven p, nimmt diesen mit herum und öffnet den Schieber. Dies dauert solange, bis die innere Kante von k den Mitnehmer p verlässt; alsdann erfolgt der Schieberschluss durch den Luftpuffer. Die Ausklinkung zwischen den beiden Mitnehmern wird nun um so früher eintreten, d. h. die Füllung um so kleiner werden, je weiter die Bahn des aktiven Mitnehmers von der Schiebermitte abliegt, während andererseits die Einwirkung beider Mitnehmer aufeinander um so länger andauern und die Füllung um so grösser werden wird, je näher der Regulator die Klinke k und deren Bahn der Schiebermitte rückt.

Zur näheren Erläuterung des Vorstehenden ist in Fig. 1 bis 1b der ganze Steuerungsmechanismus nochmals schematisch angedeutet. Für die beiden unteren Auslasshähne sind in Fig. 1b die Lagen der Hahnkurbeln für die Totlagen OE, OE′ und die Mittellagen OE_m, OE_m' der Excenterkurbel in Fig. 1 eingetragen und mit den gleichen Indizes wie diese letztere bezeichnet worden.

Bezüglich des Voreilwinkels δ, unter welchem die Excenterkurbel aufzukeilen ist, hat man wieder zu beachten, dass die Mittellinie $\overline{OD'}$ des Winkels IIIOIV, den die Hauptkurbellagen OIII und OIV in Fig. 1 bei Beginn des Voraustrittes und der Kompression einschliessen, mit der Senkrechten Y—Y zur mittleren Excenterstangenrichtung diesen Winkel δ bildet. Da aber die Excenterkurbel, sowie die Hahnkurbeln $O_1 H$ und $O_2 J$ in Fig. 1b sich entgegengesetzt wie die steuernde Kante der Auslasshähne (die Eröffnung und der Schluss der Auslasskanäle findet an der inneren Kante x statt) bewegen, so muss die Excenterkurbel der Hauptkurbel unter einem Winkel von $90 - \delta$ nacheilen. Steht somit die letztere in OD, OIII, OIV oder OK_0, so befindet sich die erstere in OE, OE_3, OE_4 bezw. OE_0. Die zu diesen letztgenannten Lagen konstruierten Stellungen OH_3 (H_4) und OH_0 der rechten Hahnkurbel ergeben dann am Schieberumfange[1]) das Voröffnen v_i, während OH_m und OH_3 (H_4) daselbst die innere Überdeckung i bei der Mittellage des Schiebers abschneiden.

Um die Bewegung des aktiven Mitnehmers k und der Einlasshähne verfolgen zu können, sind in Fig. 1a und b die den zwölf Lagen 0, 1, 2 . . . 11 des Excentermittels in Fig. 1 entsprechenden Lagen des Zwischenhebels A, B, C, der Schwinge S mit ihren Anschlusspunkten D, L und M, der Doppelhebel PO_3Q und NO_4R, sowie des Winkelhebels K_1 aufgesucht worden. Die Endlagen der erstgenannten Teile sind stark ausgezogen, die Mittellagen stark punktiert, während für den Winkelhebel K_1 nur die Lage, welche der Totlage OK_0 der Hauptkurbel entspricht, angedeutet ist.

Der Punkt X der Excenterstange, von dem aus der Winkelhebel K_1 bewegt wird, beschreibt eine eiförmige Kurve. Die einzelnen Punkte der letzteren erhält man, wenn man auf den Lagen 0 — 0, 1 — 1 u. s. w. der Excenterstange $EB = E'B' = E_m B_m = E_m' B_m$ von dem jeweiligen Excentermittel aus die Strecke $EX = E'X'$ u. s. w. abträgt. Aus den einzelnen Lagen des Punktes X ergeben sich diejenigen der Punkte z und y, wenn man berücksichtigt, dass diese stets auf einen Kreisbogen um x liegen und der Abstand Xz und zy für alle Lagen konstant bleibt.

Die zwölf Lagen des Punktes y sind vergrössert nach Fig. 2a, Taf. 49 übertragen und aus ihnen die zugehörigen Lagen der Punkte c und a des dreiarmigen Hebels K_2 bei der höchsten und tiefsten Stellung des Regulators konstruiert worden.

Die einzelnen Lagen des Punktes a befinden sich auf einem Kreisbogen, der die höchste bez. tiefste Lage d der Muffe des Regulators zum Mittelpunkte hat, und werden erhalten, wenn man auf diesem Kreisbogen mit dem konstanten Hebelarme $ya = y'a'$ von der zugehörigen Lage des Punktes y aus einschneidet. Aus den Lagen des Punktes a folgen diejenigen des Punktes c, wenn man beachtet, dass die Dreiecke ayc, a′y′c′ u. s. w. alle kongruent sind, wenn man also von den zusammengehörigen Lagen der Punkte y und a aus Kreise mit yc bezw. ac als Radius beschreibt und den Schnittpunkt dieser beiden Kreise aufsucht.

In Fig. 2b, Taf. 49 sind weiter für den rechten Einlasshahn mit Hilfe der aus Fig. 1b vergrössert übertragenen zwölf Lagen des Punktes Q und der entsprechenden Lagen des Punktes c aus Fig. 2a für die beiden erwähnten Regulatorstellungen die Kurven des Zapfenmittels f gezeichnet worden.

Man erhält diese Kurven, wenn man aus irgend einer Lage des Punktes Q mit dem Kurbelradius $Qf = Q'f'$ und aus der zugehörigen Lage des Punktes c mit der Länge der Stange Z_3 als Radius Kreise schlägt und den Schnittpunkt beider aufsucht.

In Fig. 3, Taf. 49 ist schliesslich aus den weiter vergrösserten Kurven des Zapfenmittels f und des Punktes Q die Bahn der inneren Kante k des passiven

1) In Fig. 1b, Taf. 49 sind die Hahnkurbeln in $^1/_{15}$, die Schieberradien in $^1/_3$ der nat. Grösse aufgetragen.

Mitnehmers bei der höchsten und tiefsten Stellung des Regulators ermittelt worden. Für die höchste Regulatorlage ist diese Bahn ausgezogen, für die tiefste punktiert eingetragen. Die beigegebenen Pfeile deuten die Richtung an, in welcher die Bahnen durchlaufen werden.

Man erhält die einzelnen Punkte der fraglichen Bahnen wieder als Schnittpunkte zweier Kreise, von denen der eine mit $Qk = Q'k'$ als Radius um irgend eine Lage von Q, der andere mit $fk = f'k'$ als Radius um die zugehörige Lage von f beschrieben ist.

Aus der Fig. 3, Taf. 49 erkennt man nun, dass der um O_3 beschriebene Kreisbogen p — p, auf welchem sich die äussere Kante des passiven Mitnehmers p bewegen muss, von der ausgezogenen Bahn der inneren Kante des aktiven Mitnehmers k im Punkte α, von der punktierten Bahn des letzteren im Punkte β durchschnitten wird. In beiden Punkten verlässt der aktive Mitnehmer den passiven, der aus seiner Anfangslage $\gamma - \gamma'$ im ersten Falle nur durch 3 nach α, im zweiten Falle aber durch 3, 4, 5, 6, 7 nach β heruntergedrückt wird, und findet die Ausklinkung statt. Der Punkt α liegt auf der ausgezogenen Bahn von k zwischen den Punkten 3 und 4 und entspricht der Lage OE_0' der Excenterkurbel in Fig. 1, während der Punkt β sich zwischen den Punkten 7 und 8 der punktierten Bahn von k befindet und zur Lage OE_2 der Excenterkurbel in Fig. 1 gehört. Die zu diesen beiden Stellungen der Excenterkurbel gehörigen Hauptkurbellagen OK_0' bezw. OII liegen um $90 - \delta$ im Drehungssinne voran. Die erstere ergiebt für die höchste Lage des Regulators 0, die letztere bei der tiefsten Lage des letzteren und endlicher Schubstangenlänge 0,7 Füllung. In Fig. 3 begrenzen, da $\gamma - \gamma'$ die Lage des passiven Mitnehmers bei der Schlusslage des Schiebers, $\varepsilon - \varepsilon'$ diejenige beim Beginn des Voreintrittes (entsprechend der Hauptkurbellage OI und der Excenterkurbellage O1 in Fig. 1), $\alpha - \alpha'$ diejenige bei der Totlage der Hauptkurbel ist, die durch ε bezw. α gezogenen Strahlen O_3q' und O_3q'' das Voröffnen v_e, die durch γ bezw. ε gezogenen Strahlen O_3q und O_3q' die äussere Überdeckung e am Umfange des Schiebers[1]).

Das wesentlich Neue der Frikart-Steuerung liegt einmal in der Erreichung aller Füllungsgrade (bis zu 75 %) mit nur einem Excenter durch den sicher und schnell auf die Steuerung einwirkenden Regulator, das andere Mal darin, dass die den aktiven Mitnehmer bildende Klinke ohne Einwirkung von Federn stets zwangläufig geführt wird. Die Abnützung der einzelnen Teile des Steuerungsmechanismus fällt ferner bei Verwendung geeigneten Materiales nur gering aus, da sämtliche Gelenke verhältnismässig grosse Wege durchlaufen; auf das sichere und genaue Funktionieren der Steuerung hat diese Abnützung äusserst wenig oder gar keinen Einfluss.

Frikart, der, wie schon auf Seite 94 angeführt, ein Vertreter des langen Hubes und grosser Kolbengeschwindigkeiten ist, lässt seine Maschinen mit 60 bis höchstens 80 Umdrehungen in der Minute laufen. Die schädlichen Räume seiner Maschinen betragen bei reichlicher Bemessung der Ein- und Austrittsquerschnitte für den Dampf 1½ bis 3 %. Bei Verbundmaschinen[1]) mit $p_k < 7$ Atm Überdruck im Kessel macht er weiter die Füllungen des kleinen Cylinders zwischen 0 und 60 %, bei solchen mit $p_k = 7$ bis 9 Atm zwischen 0 und 50 % veränderlich; die Kompression beträgt in jedem Falle im kleinen Cylinder 10 %. Beim grossen Cylinder ist im ersten Falle die feste Füllung 45 %, die Kompression 15 %, im letzten Falle 40 bezw. 20 %[2]).

Über die Details der Korlisssteuerungen siehe im letzten Abschnitte.

Die Korlisssteuerungen bilden nach der auf Seite 135 angeführten allgemeinen Einteilung der Steuerungen die eine Hauptgruppe der sogenannten Auslös-, Ausklink- oder nicht zwangläufigen Steuerungen. Dieselben haben, wie im Vorstehenden und auch schon auf Seite 135 erklärt wurde, die Eigentümlichkeit, dass die Einlassorgane durch den äusseren Steuerungsmechanismus geöffnet, dagegen von diesem Mechanismus und der Kurbelwelle der Maschine getrennt werden, sobald der Schluss der Füllung und des Einlasskanales beginnen soll. Von diesem Augenblicke an sind die erwähnten Organe der Wirkung einer Feder oder, wie es bei den Korlisssteuerungen allgemein üblich ist, der Wirkung eines Luftpuffers unterstellt, welcher dieselben möglichst schnell in ihre Schlusslage bringen soll. Von der guten und sicheren Wirkung dieser Luftpuffer ist also auch die Wirkungsweise der vorliegenden Steuerungen wesentlich abhängig, insofern nämlich als bei ihnen

1. der Füllungsgrad der Maschine nicht allein durch den Regulator, der ja nur den Augenblick der Ausklinkung an der äusseren Steuerung feststellt, sondern auch noch durch die Zeit (bezw. den entsprechenden Kolbenweg) bedingt wird, die vom Augenblick der Auslösung bis zum thatsächlichen Schluss des Kanales durch den Luftpuffer verstreicht. Diese Zeit muss möglichst kurz, d. h. die Geschwindigkeit, mit welcher das Einlassorgan den Kanal schliesst, möglichst gross (wenigstens bis kurz vor der Schlusslage) sein, damit der eintretende Dampf beim Kanalschluss möglichst wenig gedrosselt wird.

Zur Rückbewegung des geöffneten Einlasshahnes bei den Korlisssteuerungen besitzt jeder Luftpuffer einen kleinen Cylinder mit Kolben, der beim Öffnen des Hahnes durch die Kurbel auf der Hahnspindel gehoben wird und unter sich ein Vakuum erzeugt. Der Überdruck der über dem Kolben befindlichen Luft treibt dann den letzteren nieder und den Hahn in seine Schlusslage, sobald die Ausklinkung stattgefunden hat.

2. die Einlassorgane, falls dieselben nicht gegen Ende ihrer Schlussbewegung in entsprechender Weise gehemmt werden, mit einer gewissen Geschwindigkeit und lebendigen Kraft in die Endlage rücken; durch diese lebendige Kraft würden z. B. die Korlisshähne über ihre Schlusslage hinaus

1) Der Schieberradius ist in Fig. 3, Taf. 49 in ⅔ der natürlichen Grösse aufgetragen.

1) Cylinderverhältnisse siehe Seite 95.

2) Nach Salomon „Die Dampfmaschinen auf der Pariser Weltausstellung (1889)“, Zeitschrift deutscher Ingenieure, Jahrgang 1890, Seite 918.

bewegt werden. Um das zu verhüten, schafft der Luftpuffer, der hiernach seinen Namen trägt, einen gegen Ende des Kanalschlusses allmählich wachsenden Widerstand.

Unter einem zweiten Kolben des Luftpuffers tritt nämlich beim Hochgange Luft ein, der beim Niedergange der Austritt um so mehr erschwert wird, je näher der Kolben seiner Endlage rückt; kurz vor der letzteren hört sogar der Austritt der Luft überhaupt auf, sodass diese nun komprimiert wird und als Puffer wirkt.

Nähere Angaben über die Ausführung der Luftpuffer befinden sich im letzten Abschnitte.

Aus dem Vorstehenden ersieht man, dass die Geschwindigkeit, mit der die Einlassorgane der ausklinkenden Steuerungen geschlossen werden, allein von der Wirkungsweise der Luftpuffer abhängig, dagegen von der Geschwindigkeit der Maschine vollständig unabhängig ist. Dies ist auch der Grund, weshalb Ausklinksteuerungen nur geringe Umdrehungszahlen vertragen, die bei Korlisssteuerungen, wie schon früher angeführt, gewöhnlich nur 70 bis 80 sind und ausnahmsweise bis auf 90 oder 100 in der Minute steigen. Beim Versagen der Luftpuffer kann die Maschine sogar, wenn die Schieber in ihrer Öffnungslage hängen bleiben, durchgehen, können also die schlimmsten Folgen eintreten.

Der Augenblick der Ausklinkung ist bei den vorliegenden Steuerungen auch von der Schärfe der steuernden Kanten an den beiden Mitnehmern abhängig; dieselben sind der Abnützung unterworfen und müssen, um möglichst lange scharf zu bleiben, stets besonders aufgesetzten, gehärteten Stahlplatten angehören. Endlich ist darauf hinzuweisen, dass alle Ausklinksteuerungen verhältnismässig laut arbeiten, indem das Abschnappen der Mitnehmer, sowie das Zurückgehen der Luftpuffer stets Geräusch verursacht.

Der Einwirkung des Regulators setzen die Ausklinksteuerungen für gewöhnlich einen verhältnismässig geringen Widerstand entgegen, auch ist eine Rückwirkung auf den Regulator meistens nicht vorhanden.

Ausser auf Rundschieber, wie bei den Korlisssteuerungen, hat man das Prinzip der Ausklinksteuerungen auch auf Flachschieber und Ventile angewandt. Das erstere war bei den Steuerungen von Fr. Wannieck in Brünn der Fall, die aber nach Angaben der Firma selbst von dieser nicht mehr gebaut werden, das letztere findet sich bei den jetzt noch sehr gebräuchlichen Steuerungen von Gebr. Sulzer in Winterthur, sowie bei der neuen Steuerung von Collmann, die im nächsten Paragraphen behandelt sind.

Beispiele.

1. Die in Fig. 1 bis 3, Taf. 48 wiedergegebene Steuerung von Berger-André in Thann gehört dem kleinen Cylinder einer Verbundmaschine an. Die letztere besitzt bei 355 und 560 mm Cylinderbohrung 910 mm Hub und macht 70 Umdrehungen in der Minute. Welches sind die Verhältnisse der Steuerung?

Für

$$O = \overline{35{,}5}^2 \frac{\pi}{4} - \frac{1}{2} 6^2 \frac{\pi}{4} = 990 - 14 = 976 \text{ qcm}$$

nutzbare Kolbenfläche und

$$c_m = \frac{0{,}91 \cdot 70}{30} = 2{,}123 \text{ m}$$

mittlere Kolbengeschwindigkeit muss der Kanalquerschnitt nach Gleichung 126

$$f_k = \frac{O \cdot c_m}{30} = \frac{976 \cdot 2{,}123}{30} = \sim 69 \text{ qcm}$$

betragen. Demselben genügen bei

$$h = 34{,}5 \text{ cm} = \mathbf{345\ mm}$$

Kanalhöhe

$$a = \frac{69}{34{,}5} = 2 \text{ cm} = \mathbf{20\ mm}$$

Kanalweite. Die letztere ist bei den Einlasskanälen beibehalten, bei den Auslasskanälen jedoch auf

$$a_0 = 3{,}5 \text{ cm} = \mathbf{35\ mm}$$

vergrössert worden, sodass bei diesen die Gleichung 126 zu Grunde gelegte Dampfgeschwindigkeit nur

$$30 \frac{2}{3{,}5} = \sim 17 \text{ m}$$

beträgt. Der Durchmesser der Korlisshähne ist hier ungefähr gleich dem grössten Werte der Gleichung 191, nämlich

$$d = \frac{D}{3} = \frac{355}{3} = \sim \mathbf{120\ mm}$$

genommen.

Zur Bestimmung des Voreilwinkels δ für das Excenter ist ein Voraustritt von 1 %[1]), eine Kompression (einschliesslich $^1/_4$ % Voreintritt) von 6,5 % gewählt und sind die für den Beginn beider Perioden massgebenden Hauptkurbellagen OIII bezw. OIV in Fig. 1a, Taf. 48 für eine unendlich lange Schubstange und einen reduzierten Hauptkurbelkreis von 50 mm Radius aufgesucht worden. Die Halbierungslinie $\overline{OD'}$ des Winkels IIIOIV schliesst dann mit der zur geneigten Excenterstangenrichtung EE' senkrechten Geraden Y — Y einen Winkel

$$\delta = \mathbf{18^0}$$

ein. Die Excenterkurbel muss ferner, wie schon auf Seite 213 erklärt, der Hauptkurbel unter einem Winkel von $90 - \delta^0$ nacheilen, damit die beiden Auslasshähne sich nach ihrer Mittellage bewegen bezw. aus dieser nach derselben Seite entfernen, wenn die Excenterkurbel dies in Bezug auf ihre Mittellage thut. Durch Zurücktragen des Winkels $90 - \delta$ von OIII, OIV und OI (Beginn des Voreintrittes von $^1/_4$ %) aus erhält man dann die zugehörigen Lagen O3, O4 bezw. O1 der Excenterkurbel, während dieser Winkel, von $\overline{OD'}$ und dessen Verlängerung $\overline{OD}$ aus zurückgetragen, die Richtung für die Totlagen OE' und OE dieser Kurbel ergiebt.

Die Hauptkurbellagen $\overline{OD}$ und $\overline{OD'}$, welche, abgesehen von der geringen Neigung der Excenterstange, mit der linken bezw. rechten Totlage OK_0 und OK_0' einen Winkel von $90 - \delta^0$ einschliessen, bestimmen, wie auf Seite 214 angeführt wurde, die grösste Füllung, welche die Steuerung zu geben vermag; dieselbe beträgt im vorliegenden Falle ohne Berücksichtigung der endlichen Schubstangenlänge 33 %. In der That findet aber, da bei der tiefsten Regulatorstellung eine

1) Der Voraustritt darf hier nicht zu gross angenommen werden, da sonst bei einer einigermassen starken Kompression auch δ gross, also $90 - \delta$ und die hiervon abhängige grösste Füllung der Steuerung zu klein ausfällt.

besondere Sicherheitsvorrichtung überhaupt den Dampfeintritt verhindert, der Schluss der grössten Füllung etwas früher, nämlich bei der Hauptkurbellage O II für die linke Kolbenseite statt, und bestimmt sich hieraus die grösste Füllung bei unendlich langer Schubstange nur zu 30%. Wollte man noch etwas grössere Füllungen erzielen, so müsste man, da der Voraustritt kaum noch geringer genommen werden kann, die Kompression beschränken. Es fällt dann δ etwas kleiner und $90 - \delta$ etwas grösser aus.

Die Excentricität r des Excenters bestimmt sich, wenn, wie in der Zeichnung angegeben, die Kurbeln der Auslasshähne um einen Winkel von 90° ausschlagen, leicht wie folgt. Der Hub des Zapfens D (Fig. 1b, Taf. 48) ist gleich der Hypotenuse $\overline{DD'}$ des rechtwinkligen Dreiecks $O_1 D D'$, beträgt also bei

$$\overline{O_1 D} = \overline{O_1 D'} = \mathbf{140\ mm}$$

Hebellänge

$$\overline{DD'} = \sqrt{2 \cdot \overline{140}^2} = \sim 198 \text{ mm}$$

Ebenso gross ist abgerundet der Hub $\overline{CC'}$ des Punktes C am Zwischenhebel, während derjenige $\overline{BB'}$ des Punktes B oder die ebenso grosse doppelte Excentricität 2r im Verhältnis der Hebelarme $\overline{AC}$ und $\overline{AB}$ kleiner sein kann. Für

$$\overline{AC} = \mathbf{290\ mm} \text{ und } \overline{AB} = \mathbf{140\ mm}$$

ergiebt sich

$$2\,r = \overline{BB'} = \overline{CC'}\frac{\overline{AB}}{\overline{AC}} = 198\,\frac{140}{290} = 96 \text{ mm},$$

also

$$r = \frac{96}{2} = \mathbf{48\ mm.}$$

Um die inneren Überdeckungen i und das Voröffnen v_i der Auslasshähne zu erhalten, hat man bei dem linken Auslasshahn z. B. die der rechten Totlage OK_0' der Hauptkurbel, sowie die den Lagen O III und O IV derselben (Fig. 1a, Taf. 48) entsprechenden Lagen des äusseren Steuerungsmechanismus aufzusuchen. Die diesbezüglichen Lagen der linken Auslasshahnkurbel, die ebenso wie die rechte einen Radius

$$\overline{O_2 J} = \overline{O_1 H} = \mathbf{125\ mm}$$

hat, sind in Fig. 1b, Taf. 48 mit $O_2 J_0'$ bezw. $O_2 J_3 (J_4)$ bezeichnet. Bei den Mittellagen der Excenterkurbel steht die Hahnkurbel vertikal nach unten in J_m. Die Strahlen $O_2 J_m$ und $O_2 J_3 (J_4)$ schneiden nun auf dem mit $\frac{d}{2} = 60$ mm als Radius geschlagenen Hahnkreise eine innere Überdeckung

$$i = \sim \mathbf{6{,}5\ mm}$$

ab, während die Strahlen $O_2 J_3 (J_4)$ und $O_2 J_0'$ in derselben Weise ein Voröffnen

$$v_i = \sim \mathbf{9\ mm}$$

für die linke Cylinderseite ergeben. Die erforderliche Breite der Auflagefläche des linken Auslasshahnes folgt aus Gleichung 179a. In dieselbe ist $a = a_0 = 35$ mm und, da die Ausweichung des um 90° schwingenden Schiebers nach links und rechts aus seiner Mittellage gleich der halben Hypotenuse eines rechtwinkligen Dreiecks von $\frac{d}{2} = 60$ mm Kathetenlänge ist,

$$w = \frac{1}{2}\sqrt{2\ \overline{60}^2} = \sim 42{,}5 \text{ mm}$$

einzuführen. Hiermit und für $x = 11$ mm bekommt man aus der erwähnten Gleichung

$$l = 35 + 6{,}5 + 42{,}5 + 11 = \mathbf{95\ mm.}$$

Die zum Antriebe der Einlasshähne dienenden Verlängerungen der unteren Hahnkurbeln haben

$$\overline{O_2 M} = \overline{O_1 G} = \mathbf{80\ mm}$$

Radius. Ebenso gross ist der Radius $\overline{O_4 N}$ und $\overline{O_3 P}$ der äusseren Kante des passiven Mitnehmers k_2, an der die Ausklinkung stattfindet. Der Abstand der inneren Kante des aktiven Mitnehmers k_1, die sich um den verstellbaren Mittelpunkt des Excenters E bewegt, dagegen ist nach Fig. 2, Taf. 48

$$\overline{w_2 n} = \overline{w' n} = \overline{w'' N_k} = \mathbf{92{,}5\ mm.}$$

Das erwähnte Excenter besitzt ferner

$$r_1 = \mathbf{17{,}5\ mm}$$

Excentricität, und die Mitte des Zapfens d_2, an welchem die vom Regulator kommende Stange R_2 angreift, liegt

$$O_4 d_2 = \mathbf{75\ mm}$$

von der Spindelmitte O_4 entfernt. Ist dann die Sehne des Bogens, welchen die Mitte von d_2 durchläuft, wenn der Regulator sich zwischen seinen Grenz-(höchsten und tiefsten)Lagen bewegt, 83 mm gross und hat jeder der beiden vertikalen Arme des dreiarmigen Regulatorhebels K (siehe Fig. 3, Taf. 48), an welchem die Stangen R_1 und R_2 anfassen, 150 mm, der horizontale Arm, der mit der Regulatormuffe in Verbindung steht, 110 mm Radius, so muss der Hub des Regulators annähernd

$$75\,\frac{110}{150} = \mathbf{55\ mm}$$

betragen.

Sucht man schliesslich in Fig. 1a und b, Taf. 48 die Stellungen $O_4 N_1$ und $O_4 N_0$, welche der passive Mitnehmer für den linken Einlasskanal bei den Hauptkurbellagen O I und OK_0 zu Beginn des Voreintrittes bezw. bei der linken Totlage des Kolbens einnimmt, auf, wählt ferner die höchste Lage $O_4 N_k$ dieses Mitnehmers etwas unter der entsprechenden Lage $O_4 N'$ des aktiven Mitnehmers, damit der letztere hier sich auf den ersteren setzen kann, so schneiden die Strahlen $O_4 N_k$ und $O_4 N_1$ am Schieberumfange ein Stück

$$e = \mathbf{34\ mm,}$$

ab, um welches der Schieber in seiner Endlage mit der steuernden Kante den Einlasskanal überdecken muss. Auf gleiche Weise ergeben die Strahlen $O_4 N_1$ und $O_4 N_0$ das Voröffnen für den Dampfeintritt zu

$$v_e = \mathbf{2{,}5\ mm.}$$

Der Schieber muss in seiner Druckfläche eine Breite erhalten, die aus Gleichung 179b für $w = o$ (da e auf die Endlage des Schiebers, nicht wie auf Seite 207 auf die Mittellage desselben bezogen ist) und $x = 11$ mm zu

$$l' = 20 + 34 + 11 = \mathbf{65\ mm}$$

folgt.

2. Die Verbundmaschine, welche die in Fig. 6 bis 9, Taf. 49 dargestellte Wheelock-Steuerung der Chemnitzer Werkzeugmaschinen-Fabrik, vormals

Joh. Zimmermann, in Chemnitz am kleinen Cylinder besass, hatte 500 bezw. 800 mm Cylinderbohrung, 1000 mm Hub und war für 80 Umdrehungen in der Minute bestimmt. Welches sind die Hauptverhältnisse der Steuerung?

Die beiden aussen liegenden Auslasshähne des kleinen Cylinders haben nach Fig. 6, links

$$d = \mathbf{125\ mm},$$

die innen liegenden Einlasshähne dagegen nur

$$d = \mathbf{110\ mm}$$

mittleren Durchmesser, welche in Bezug auf die Cylinderbohrung gemäss Gleichung 191 einem Verhältnis

$$\frac{D}{d} = 4 \text{ bezw. } 4{,}55$$

entsprechen.

Die nutzbare Kolbenfläche des kleinen Cylinders beträgt bei 78 mm Dicke der durch beide Cylinderdeckel gehenden Kolbenstange

$$O = \overline{50}^2 \frac{\pi}{4} - \overline{7{,}8}^2 \frac{\pi}{4} = \sim 1915 \text{ qcm},$$

die mittlere Kolbengeschwindigkeit ist

$$c_m = \frac{1 \cdot 80}{30} = \sim 2{,}67 \text{ m}.$$

Beide verlangen entsprechend der Gleichung 126 einen Kanalquerschnitt von vielleicht

$$f_k = \frac{O \cdot c_m}{30} = \frac{1915 \cdot 2{,}67}{30} = \sim 170 \text{ qcm}.$$

Die Cylinderkanäle haben ebenso wie die Durchlasskanäle in den Schiebern (siehe Querschnitt in Fig. 6)

$$h = 37{,}4 \text{ cm} = \mathbf{374\ mm}$$

Höhe, bedürfen somit einer Weite von

$$a = \frac{170}{37{,}4} = 4{,}55 \text{ cm} = 45{,}5 \text{ mm}.$$

Diese Weite ist bei den Einlasshähnen (siehe Fig. 6, links), die doppelte Eröffnung bewirken, zur Ausführung gekommen, indem jeder der beiden Durchlasshähne

$$\frac{a}{2} = 2{,}3 \text{ cm} = \mathbf{23\ mm},$$

der Cylinderkanal selbst dagegen nur

$$a = 4{,}6 \text{ cm} = \mathbf{46\ mm}$$

Weite besitzt. Würde die volle Eröffnung des letzteren eintreten, so müsste derselbe wie beim Trickschen Schieber $a + s$ weit gemacht werden. Bei den in der Zeichnung gewählten Verhältnissen findet aber, wie später gezeigt ist, höchstens eine Eröffnung von $2 \cdot 20 = 40$ mm statt, sodass also die Kanalweite richtiger bei $s = 12$ mm Stärke der inneren Wand

$$40 + 12 = 52 \text{ mm}$$

gemacht worden wäre. Der Kanal für den austretenden Dampf hat im Cylinder die oben berechnete Weite von

$$a = \mathbf{46\ mm},$$

im Hahn dagegen ist er, weil hier nur eine Eröffnung von höchstens 38 mm eintritt, demgemäss nur

$$a' = \mathbf{38\ mm}$$

weit bemessen worden.

Der Voreilwinkel δ des steuernden Excenters ist in bekannter Weise zu bestimmen. Für 6 % Kompression (einschliesslich 1/4 % Voreintritt) und 8,5 % Voraustritt auf der rechten Kolbenseite ergeben sich unter Berücksichtigung der endlichen Schubstangenlänge in Fig. 7 die Hauptkurbellagen OIV bezw. OIII, und die Halbierungslinie $\overline{OD'}$ des Winkels IIIOIV schliesst mit der Senkrechten Y — Y auf die geneigte Excenterstangenrichtung einen Voreilwinkel

$$\delta = \mathbf{28^0}$$

ein. Damit nun die Schieber in Bezug auf ihre steuernde Kante die richtige Bewegung erhalten, muss, wie auf Seite 214 vermerkt, die Excenterkurbel der Hauptkurbel um einen Winkel von $90 - \delta^0$ nacheilen. Durch Zurücktragen dieses Winkels erhält man die zu OI, OIII, OIV, OK_0 und OK_0' gehörigen Excenterkurbellagen O 1, O 3, O 4, O o und O o' der Richtung nach.

Trägt man von der rechten Totlage O E der Excenterkurbel den Winkel $90 - \delta$ voran, so giebt O II' diejenige Lage der Hauptkurbel bezw. diejenige Füllung an, welche höchstens durch Aufstossen der Steuerklinke F mit ihrer Bahn $\alpha - \beta$ gegen die Knagge m (siehe Fig. 8) erzielt wird. Für alle grösseren Füllungen muss die Knagge n an der Bahn $\gamma - \delta$ die Ausklinkung bewirken. O II' in Fig. 7 entspricht einer Füllung von 21 %, auf der rechten Kolbenseite bei endlicher Schubstangenlänge.

Der Radius des Hebels, auf welchen die Excenterstange wirkt, beträgt nach Fig. 6

$$\overline{O_1 A} = \mathbf{220\ mm}.$$

Der Ausschlagswinkel dieses Hebels ist

$$\alpha = \mathbf{75^0}.$$

Hieraus ergiebt sich die Sehne des von A durchlaufenen Bogens, welche zugleich die doppelte Excentricität sein muss, zu

$$2\,r = 2 \cdot \overline{O_1 A} \cdot \sin \frac{\alpha}{2} = 2 \cdot 220 \cdot 0{,}609 = 268 \text{ mm},$$

also

$$r = \frac{268}{2} = \mathbf{134\ mm}.^{1)}$$

Für den obigen Schwingungswinkel bestimmt sich weiter der Bogen, um den die Auslasshähne aus ihrer Mitte nach beiden Seiten schwingen, zu

$$w = \frac{d\,\pi}{360} \frac{\alpha}{2} = \frac{125\,\pi\,75}{360\ \ 2} = \sim 41 \text{ mm}.$$

Diesem Bogen entspricht eine Sehne von

$$a' = \frac{d}{2} \sin \frac{\alpha}{2} = \frac{125}{2} 0{,}609 = \sim 38 \text{ mm}.$$

Soweit ist, wie schon oben angegeben, der Durchlasskanal in jedem der beiden Auslasshähne gemacht, und das ist genügend gross, weil bei einer inneren Überdeckung

$$i = 0$$

der obige Bogen von 41 mm zugleich die grösste Eröffnung des Auslasskanales darstellt. Dass die innere Überdeckung der Auslasshähne bei der gewählten Grösse von Kompression und Voraustritt Null sein muss, ergiebt sich sofort aus Fig. 7. Hier fallen nämlich die Hauptkurbellagen OIV und OIII, bei denen ja der rechte Auslasshahn den Cylinderkanal gerade schliesst bezw. öffnet, in eine einzige Grade und senkrecht also zu $\overline{OD'}$. Bei $\overline{OD'}$ steht nun die Excenterkurbel und der Schieber in

1) In Fig. 7 ist die Excentricität r nicht massstäblich aufgetragen.

der einen Totlage (OE'), bei OIV und OIII somit in der Mittellage. Um das Voröffnen für den Dampfaustritt zu bekommen, hat man die den Totlagen OK_0 und OK_0' der Hauptkurbel entsprechenden Lagen des Steuerungsmechanismus aufzusuchen. Nach Fig. 8 steht z. B. die Kurbel O_1D des rechten Auslasshahnes bei der Hauptkurbellage OK_0 (Fig. 7) in O_1D_0, und diese Lage schneidet mit der Mittellage OD_m (D_3, D_4), wo ja die Eröffnung des Auslasskanales beginnt, auf dem Hahnumfange ein Stück

$$v_i = \sim \mathbf{19\ mm}$$

ab. Die Breite der Druckfläche für den Auslasshahn (siehe Fig. 6, links) ergiebt sich schliesslich für $a = 46$ und $x = 8$ mm nach Gleichung 179a zu

$$l = 46 + 0 + 41 + 8 = \mathbf{95\ mm.}$$

Die Kurbeln K der Einlasshähne haben (siehe Fig. 8, 9a und b)

$$\overline{O_3d} = \mathbf{100\ mm}$$

Radius. Konstruiert man für diesen Radius mit Hilfe des im eingeklinkten Zustande konstanten Abstandes der Zapfen D und d von 138 mm die Lagen O_3d, O_3d_1 und O_3d_0' der rechten Einlasskurbel bei der rechten Totlage der Excenterkurbel bezw. bei den Hauptkurbellagen OI und OK_0' (in Fig. 7), nimmt ferner die Stellung O_3d_k für die Schlusslage des Schiebers an, so schneiden die Strahlen O_3d_k und O_3d_1 eine Überdeckung

$$e = \mathbf{32\ mm}$$ [1],

die Strahlen O_3d_1 und O_3d_0' ein Voröffnen

$$v_e = \mathbf{1{,}5\ mm,}$$

die Strahlen O_3d_1 und O_3d die grösste Eröffnung des Cylinderkanales durch jeden der beiden Hahnkanäle von

$$\frac{1}{2}a_x = \mathbf{20\ mm}$$

am Schieberumfange ab.

Die übrigen Verhältnisse der Steuerung, wie die Form der Bahnen und Knaggen, welche die Ausklinkung bewirken, können nur durch Probieren, am besten mit Hilfe eines entsprechenden Modelles, ermittelt werden.

In Fig. 8 schliesst die Mittellinie des unteren Armes am Stellhebel H mit der Vertikalen einen Winkel

$$\beta_1 = 10^0$$

ein. Die dann erzielte Füllung beträgt, da der Augenblick der Ausklinkung gezeichnet ist und die Einlasskurbel in O_3d_0', die Hauptkurbel in OK_0' (Fig. 7) steht, Null. In Fig. 9b dagegen ist der erwähnte Winkel

$$\beta_2 = 18{,}5^0$$

und liegt auf der anderen Seite der vertikalen Mittellinie. Da auch hier der Augenblick der Ausklinkung dargestellt ist und sich die Einlasskurbel in O_3d_2 befindet, welcher Stellung die Hauptkurbellage OII bezw. eine Füllung von 64,5 % (Fig. 7) bei endlicher Schubstangenlänge auf der rechten Kolbenseite entspricht, so ist der Gesamtausschlag des Hebels, wenn die letztgenannte Füllung zugleich die grösste ist,

$$\beta = \beta_1 + \beta_2 = 28{,}5^0.$$

1) Bei der Schlusslage der Einlassschieber müssen also in Fig. 6 links die Kanten 1 und 2 des Schiebers um 32 mm von den Kanten 3 bez. 4 des Kanales abstehen.

Der vertikale Arm des Hebels H hat einen Radius von 175 mm; er bedarf also in der Mitte seines unteren Bolzens einer Verstellung durch den Regulator um einen Bogen von

$$175 \cdot \pi \frac{28{,}5}{180} = 87 \text{ mm}$$

Länge. Bei einer Übersetzung von 1 : 2,3 im übrigen Stellzeuge würde dies einen Regulatorhub von

$$\frac{87}{2{,}3} = \sim 38 \text{ mm}$$

nötig machen.

3. Die in Fig. 1 bis 5, Taf. 49 dargestellte Frikart-Steuerung entspricht in ihren Verhältnissen derjenigen des kleinen Cylinders einer Verbundmaschine, die auf der allgemeinen Landesausstellung in Prag von der Maschinenfabrik Märky, Bromovsky & Schulz in Prag ausgestellt war. Die Maschine besass 400 bezw. 600 mm Cylinderbohrung bei 1200 mm Hub und machte 80 Umdrehungen in der Minute. Welches sind die Hauptverhältnisse der Steuerung?

Für

$$O = \overline{40}^2 \frac{\pi}{4} - \frac{1}{2}\overline{7{,}2}^2 \frac{\pi}{4} = \sim 1236 \text{ qcm}$$

nutzbare Kolbenfläche des kleinen Cylinders und

$$c_m = \frac{S \cdot n}{30} = \frac{1{,}2 \cdot 80}{30} = 3{,}2 \text{ m}$$

mittlere Kolbengeschwindigkeit ergiebt sich aus Gleichung 126 bei reichlicher Bemessung ein Kanalquerschnitt von vielleicht

$$f_k = \frac{O \cdot c_m}{26} = \frac{1236 \cdot 3{,}2}{26} = \sim 1525 \text{ qcm}$$

als vorteilhaft. Demselben genügt bei einer Kanalhöhe (siehe Fig. 5)

$$h = 38{,}5 \text{ cm} = \mathbf{385\ mm}$$

eine Kanalweite von

$$a = \frac{1525}{38{,}5} = \sim 4 \text{ cm} = \mathbf{40\ mm.}$$

Behält man diese Weite bei den Einlasskanälen bei, vergrössert dieselbe aber bei den Auslasskanälen auf

$$a_0 = 5 \text{ cm} = \mathbf{50\ mm,}$$

so entsprechen die letzteren einem Werte von

$$f_k = \frac{O \cdot c_m}{26} \frac{5}{4} = \frac{O \cdot c_m}{20{,}8}.$$

Der Durchmesser der Korlisshähne ist

$$d = \mathbf{145\ mm,}$$

welcher Wert noch grösser als der in Gleichung 177 angegebene grösste Wert von $d = \frac{D}{3}$ ist.

In Fig. 1 sind unter Berücksichtigung der endlichen Schubstangenlänge für 8 % Kompression (inkl. 0,5 % Voreintritt) und 1,5 % Voraustritt auf der rechten Kolbenseite die Hauptkurbellagen OIV und OIII aufgesucht worden. Dieselben liefern in der Halbierungslinie $\overline{OD}$ ihres Winkels IVOIII und in der Senkrechten Y — Y zur mittleren Richtung der Excenterstange den erforderlichen Voreilwinkel des Excenters von

$$\delta = \mathbf{21^0.}$$

Die Excenterkurbel muss dann der Hauptkurbel unter einem Winkel von $90 - \delta^0$ nacheilen, damit die Schieber die richtige Bewegung in Bezug auf die Kanalkante, an der sie öffnen oder schliessen, erhalten.

Die Steuerscheibe S in Fig. 1b und der Zwischenhebel ABC in Fig. 1a schwingen um einen Winkel

$$\alpha = \mathbf{65^0},$$

und zwar symmetrisch zu ihren vertikalen Mittellagen. Die Länge der Hebel beträgt

$$\overline{AC} = \overline{SD} = \mathbf{425\ mm} \text{ und } \overline{AB} = \mathbf{225\ mm},$$

womit sich die Sehnenlänge des vom Punkte B durchlaufenen Bogens zu

$$\overline{BB'} = 2 \cdot \overline{AB} \cdot \sin\frac{\alpha}{2} = 2 \cdot 225 \cdot 0{,}5373 = \sim 242 \text{ mm}$$

ergiebt. Ebenso gross muss die doppelte Excentricität des steuernden Excenters, also

$$r = \frac{242}{2} = \mathbf{121\ mm},$$

sein.

Bei den unteren Auslasshähnen haben die treibenden Kurbeln an der Steuerscheibe

$$\overline{SF} = \overline{SG} = \mathbf{360\ mm},$$

die getriebenen auf den Hahnspindeln

$$\overline{O_1H} = \overline{O_2J} = \mathbf{120\ mm}$$

Radius. Die eine Endlage O_1H und O_2J' der letztgenannten Kurbeln ist genügend weit von ihren Totlagen gewählt worden. Beim rechten Auslasshahn ergiebt sich dann z. B. der Bogen $\widehat{H_mH_t}$, um welchen die Kurbel bei geschlossenem Schieber aus ihrer Mittelstellung schwingt, zu 60 mm; der entsprechende Weg des Hahnes ist also

$$w = 60\frac{d}{2 . \overline{O_1H}} = 60\frac{145}{2 \cdot 120} = \sim 36 \text{ mm}.$$

Um weiter die innere Überdeckung i und das Voröffnen v_i des rechten Auslasshahnes zu erhalten, hat man in Fig. 1 durch Zurücktragen des Winkels $90 - \delta$ die zu den Hauptkurbellagen OIII, OIV und OK_0 gehörigen Excenterkurbellagen OE_3, OE_4 und OE_0, sowie die mit den Indizes 3, 4 und o bezeichneten bezüglichen Lagen des äusseren Steuerungsmechanismus aufzusuchen. Es schneiden dann in Fig. 1b die Strahlen O_1H_m und $O_1H_3(H_4)$ eine innere Überdeckung

$$i = \mathbf{19\ mm},$$

die Strahlen $O_1H_3(H_4)$ und O_1H_0 ein Voröffnen

$$v_i = \mathbf{22{,}5\ mm}$$

auf dem Schieberumfange ab. Für die Druckfläche des rechten Auslasshahnes liefert schliesslich Gleichung 179a mit $a = a_0 = 50$ mm und $x = 10$ mm eine Breite

$$l = 50 + 19 + 36 + 10 = \mathbf{115\ mm}.$$

Für die Steuerungsteile der Einlasshähne können die passendsten Verhältnisse natürlich nur durch Probieren ermittelt werden. Es beträgt im vorliegenden Falle:

der Radius der treibenden Kurbeln an der Steuerscheibe (Fig. 1b)

$$\overline{SM} \text{ und } \overline{SL} = \mathbf{300\ mm},$$

derjenige der getriebenen Kurbeln auf den Hahnspindeln

$$\overline{O_4N} \text{ und } \overline{O_3P} = \mathbf{180\ mm},$$

derjenige der Kurbeln K (Fig. 1b, 3 und 4)

$$\overline{O_3Q} = \overline{Qf} = \mathbf{100\ mm}.$$

Die aktive Mitnehmerklinke k ist ferner in ihrer Druckfläche nach einem Radius von 75 mm gekrümmt, während die äussere, für das Abschnappen massgebende Kante der passiven Mitnehmerklinke p 78 mm von der Mitte O_3 der Hahnspindel absteht.

Die Excenterstange ist von Mitte Auge bis Mitte Excenter 3000 mm lang, der Punkt X (Fig. 1a), in welchem die Stange Z_1 für die zweite Bewegung der passiven Mitnehmer anschliesst, ist 1230 mm von dem Excenterstangenauge entfernt. Die beiden Arme des Hebels K_1 haben

$$\overline{xz} = \mathbf{600\ mm} \text{ und } \overline{xy} = \mathbf{360\ mm}$$

Radius und sind unter einem Winkel von 70° gegeneinander geneigt. Bei dem Hebel K_2 ist der Radius des unteren vertikalen Armes (Fig. 5 und 2a) zu

$$\overline{yc} = \mathbf{90\ mm},$$

der des horizontalen Armes zu

$$\overline{ya} = \mathbf{180\ mm}$$

angenommen worden. Mit Hilfe der vorstehenden Abmessungen können dann die in den Figuren angedeuteten Bewegungskurven in der Weise, wie dies auf Seite 216 angegeben wurde, konstruiert werden. Man erhält bei den vorliegenden Verhältnissen und bei einem Regulatorhube von 110 mm auf der rechten Seite des Kolbens Füllungen, die von 0 bis 70 % reichen. Da der letztere Wert reichlich gross ist, und meistens bei Verbundmaschinen nur grösste Füllungen von 50 bis 60 % beim kleinen Cylinder verlangt werden, so könnte der Regulatorhub auch noch kleiner gemacht werden.

Nach Fig. 3 schneiden die Strahlen O_3q und O_3q', von denen der erste für die Schlusslage des Hahnes, der zweite für den Beginn des Voreintrittes (OI in Fig. 1) gilt, eine äussere Überdeckung

$$e = \mathbf{26\ mm},$$

die Strahlen O_3q' und O_3q'', von denen der letztere der Stellung des passiven Mitnehmers bei der Totlage (OK_0' in Fig. 1) der Hauptkurbel entspricht, ein Voröffnen

$$v_e = \mathbf{7\ mm}$$

auf dem Schieberumfange ab. Die Druckfläche des Einlasshahnes muss nach Gleichung 179b, in welche $w = o$ einzuführen ist, da e schon auf die Schluss-, nicht auf die Mittellage bezogen ist, für $x = 14$ mm eine Breite von

$$l' = 40 + 26 + 14 = \mathbf{80\ mm}$$

erhalten, die natürlich der Druckentlastung wegen bis auf Leisten an den Enden ausgespart werden kann.

§ 44.

Die Ventilsteuerungen von Sulzer. Die neue Ventilsteuerung von Collmann. Expansionsapparate.

Die Ventilsteuerungen der **Gebr. Sulzer** in **Winterthur** bilden die zweite Hauptgruppe der Ausklinksteuerungen. Die erste Form der Sulzersteuerung (Patent 1873) zeigt Fig. 1, Taf. 43.

Die allgemeine Anordnung der Abschlussorgane und der äusseren Steuerung ist die bei Ventilmaschinen übliche.

Als Abschlussorgane dienen vier fast vollständig entlastete Doppelsitzventile, von denen zwei für den Einlass oben, zwei für den Auslass unten an den beiden Enden des Cylinders angeordnet sind. Bewegt werden diese Ventile von einer sogenannten Steuerwelle, die parallel zum Rahmen und Cylinder der Maschine liegt und durch zwei konische Räder (bisweilen auch Schnecke und Schneckenrad) angetrieben wird, von denen das eine hinter dem Hauptlager auf der Kurbelwelle, das andere senkrecht dazu auf der erwähnten Steuerwelle sitzt.

In Fig. 1, Taf. 43 ist die Steuerwelle mit w bezeichnet. Dieselbe trägt im vorliegenden Falle zwei Excenter zur Bewegung der oberen Einlass- und zwei unrunde Scheiben[1]) zur Bewegung der unteren Auslassventile. Die Excenter sitzen in der Vertikalebene, welche durch die Mitte von Ein- und Auslassventil an jeder Seite des Cylinders senkrecht zur Längsachse des letzteren geht, die unrunden Scheiben befinden sich neben den Excentern und zur Seite zweier Lager, welche die Steuerwelle am Cylinder stützen.

Zur Bewegung der Einlassventile sind an jedem der erwähnten Excenter zwei Flachschienen B befestigt, die an ihrem oberen Ende wieder durch ein mit Zapfen d eingesetztes, drehbares Querstück F untereinander verbunden sind. Letzteres ist ausgebuchst und dient einer Stange S als Führung. Im Auge h dieser Stange schliesst weiter der Arm E_2 eines im Punkte g drehbar am Ventilgehäuse verlagerten, zweiarmigen Hebels an, der mit seinem anderen Arme E_1 die Stange des Einlassventiles erfasst und dieses nach oben hin aus der dargestellten Schlusslage bewegt, also öffnet, sobald der Arm E_2 und die Stange S aus ihrer Lage nach unten gehen. Eine solche Bewegung wird eintreten, wenn der am unteren Ende der Schienen B zwischen diesen befestigte aktive Mitnehmer H bei der Drehung des Excenters sich nach der Mitte O der Steuerwelle w hin bewegt und dabei den passiven Mitnehmer G, der in einer bügelartigen Verlängerung der Stange S sitzt, erfasst und mitnimmt. Sobald aber der passive Mitnehmer von dem aktiven gelöst wird, treibt eine im oberen Ventilgehäuse befindliche Spiralfeder das Einlassventil schnell in seine Schlusslage zurück, wobei ein unter der Feder befindlicher Luftpuffer ein zu hartes Aufsetzen des Ventiles auf seine Sitzflächen verhüten soll.

Der Augenblick der Ausklinkung und die Füllung, soweit dieselbe von dem ersteren abhängt, ist nun bei der vorliegenden Sulzersteuerung dadurch veränderlich gemacht, dass der passive Mitnehmer G bei einer Änderung im Beharrungszustande der Maschine durch den Regulator senkrecht zu den Schienen B verstellt werden kann. Der Mitnehmer G ist nämlich durch eine kleine Stange D mit einem Hebel C verbunden, der fest auf der Regulatorwelle w_1 sitzt; beide, also w_1 und C, werden bei einer Änderung im Belastungszustande durch den Regulator gedreht, und dadurch wird die angegebene Verschiebung bezw. Einstellung des passiven Mitnehmers bewirkt. Bei unveränderter Belastung hält natürlich der Regulator den Hebel C in einer dem zugehörigen Füllungsgrade entsprechenden Lage fest. Je weiter aber der Mitnehmer G durch den Regulator in die Schienen B hineingezogen wird, desto später tritt die Ausklinkung ein und desto grösser wird die Füllung, je weiter G durch den Regulator aus den Schienen herausgeschoben wird, desto früher findet die Ausklinkung statt und desto kleiner fällt die Füllung aus. Wird G weit genug in die Schienen hineingerückt, so tritt überhaupt keine Ausklinkung ein, und dann giebt die Steuerung die grösste Füllung, welche sie überhaupt zu geben vermag.

Zum besseren Verständnis des Vorstehenden sind in Fig. 1a, Taf. 43[1]) die Verhältnisse der Steuerung nochmals schematisch angedeutet und die Bewegungskurven der massgebenden Punkte und Kanten eingetragen worden.

O ist hier der Mittelpunkt der Steuerwelle, und I, o, 1, 2 . . . . 9 geben die verschiedenen Lagen des Excentermittels, das sich auf einem mit der Excentricität r als Radius beschriebenen Kreise bei einer Drehung der Steuerwelle bewegt. O d entspricht weiter der theoretischen Länge der Excenterstange bezw. der Schienen B, von welchen sich der Punkt d mit grosser Annäherung auf einer durch O gehenden geraden Linie bewegt. Man erhält die angegebenen, verschiedenen Lagen d, o, 1, 2 . . . . 9 des Punktes d, wenn man mit der Stangenlänge Od von den zugehörigen Punkten des Excentermittels aus auf der erwähnten Geraden einschneidet. Die steuernde Kante der Druckplatte k des aktiven Mitnehmers endlich beschreibt bei einer Drehung der Steuerwelle, die in dem angedeuteten Sinne vor sich geht, eine eiförmige Kurve. Die eingetragenen Punkte a, o, 1, 2 . . . . 9 derselben ergeben sich, wenn man von den zugehörigen Lagen I, o, 1, 2 . . . . 9 des Excentermittels aus mit dem Abstande dieses letzteren von der Druckfläche des aktiven Mitnehmers auf der jeweiligen Lage der Schienenrichtung, wie sie durch die Verbindungslinien $\overline{\text{I d}}$, o — o, 1 — 1 . . . . . der Mitten des Excenters und Bolzens d festgelegt ist, einschlägt und in dem erhaltenen Punkte senkrecht zur Schienenrichtung den Abstand aufträgt, um welchen die steuernde Kante des aktiven Mitnehmers aus der Längsmitte der Schienen liegt.

Die Stange D schwingt bei der Mitnahme des passiven Mitnehmers durch den aktiven um die vom Regulator eingestellte Lage des Punktes b.

In Fig. 1a ist nun OI diejenige Lage der Excenterkurbel und a die zugehörige Lage der steuernden Kante des aktiven Mitnehmers k, bei welcher der letztere sich auf den passiven Mitnehmer setzt und diesen bei weiterer Drehung der Maschine nach der Steuerwelle hin bewegt; die Lage OI bezw. a entspricht also dem Beginn des Voreintrittes. Ist die Excenterkurbel dann nach Oo und die steuernde Kante von k nach dem Punkte o der eiförmigen Kurve gekommen, so befindet sich die Hauptkurbel und der Kolben in der Totlage und das Ventil ist um ein Stück gehoben, welches bei den Schiebersteuerungen als Voröffnen bezeichnet wurde.

Die Lage des Hebels C auf der Regulatorwelle ist in Fig. 1a für zwei verschiedene Regulatorstellungen angedeutet; die ausgezogene Lage Ab dieses Hebels entspricht der normalen, die strichpunktierte Lage der

1) Bei der Original-Sulzersteuerung vom Jahre 1873 wurden die Auslassventile auch durch die Excenter der Einlassventile angetrieben.

1) Fig. 1a ist gegen Fig. 1 umgeklappt gezeichnet.

grössten Füllung. Die Verbindungsstange D nimmt, wenn der aktive Mitnehmer sich auf den passiven setzt, bei allen Füllungen die gleiche, in der Figur ausgezogene Lage an, damit das Voröffnen konstant bleibt, nur ändert die innere, steuernde Kante des passiven Mitnehmers je nach der Füllung ihre Stellung bei der erwähnten Lage von D; bei der normalen Füllung hat z. B. der passive Mitnehmer die ausgezogen schraffierte Lage k′, bei grösseren Füllungen dagegen rückt er, wie schon erwähnt, mehr nach der Regulatorwelle hin, bei kleineren mehr von dieser fort.

Der Augenblick der Ausklinkung endlich findet, wie man sich leicht aus der Figur überzeugen kann, bei der normalen Füllung im Punkte x, bei der grössten dagegen im Punkte y statt, im ersteren Falle nimmt die Stange D und der passive Mitnehmer k′ im Augenblicke der Ausklinkung die punktierte, im letzteren Falle die strichpunktierte Lage ein. Da der Punkt x vor dem Punkte 2 der eiformigen Kurve liegt, so hat sich die Excenterkurbel aus der Lage Oo, die Hauptkurbel also aus ihrer Totlage bei der normalen Füllung um nicht ganz den Winkel oO2 gedreht, während bei der grössten Füllung oO4 der Drehwinkel beider Kurbeln ist, da y mit dem Punkte 4 der eiförmigen Kurve zusammenfällt. Würde der Regulator den Hebel C noch über die strichpunktierte Lage hinaus bewegen, so würde eine Ausklinkung überhaupt nicht eintreten.

Solange der aktive Mitnehmer H in Fig. 1, Taf. 43 den passiven Mitnehmer G berührt und mitnimmt, bewegt sich der Punkt h ebenso wie derjenige d, also annähernd auf einer geraden Linie. Da aber d wie ein einfacher Muschelschieber, nämlich durch die Excenterstange dI und die Excenterkurbel OI, angetrieben wird, so müssen sich auch die Wege des Punktes h nach der Steuerwelle hin mit Hilfe der früher erklärten Schieber-Diagramme graphisch darstellen lassen. Die Wege des Punktes h sind aber, wenn die Hebellängen der Arme E_2 und E_1 gleich sind, auch die Erhebungen a des Ventiles aus dessen Schlusslage; sind die Hebellängen von E_2 und E_1 verschieden, so entsprechen die mit dem Verhältnis beider Längen multiplizierten Ventilhübe a den Wegen des Punktes h. Mit Hilfe der Schieber-Diagramme muss es also auch möglich sein, die bei jeder Hauptkurbellage stattfindende Ventilerhebung zu bestimmen.

Ist also z. B. in Fig. 140 des Textes X — X die Mittellinie Od der Schienen B in Fig. 1, Taf. 43, so gilt nach dem Müllerschen Diagramm der mit der Excentricität r als Radius geschlagene Kreis sowohl für die Excenter-, als auch für die Hauptkurbel, nur ist für die erstere $\overline{A_0A_0'}$, für die letztere $\overline{K_0K_0'}$ als Hubrichtung zu nehmen, wenn $\overline{K_0K_0'}$ mit der zu X — X Senkrechten Y — Y den Voreilwinkel δ einschliesst. Bei der Lage OI der Excenterkurbel setzt der aktive Mitnehmer auf den passiven, und es kann entsprechend wie beim Schieber, da nun erst die Ventileröffnung anfängt, $\overline{IB_1}$ als die Überdeckung e bezeichnet werden; der Kolben steht jetzt in K_1 kurz vor seiner Totlage K_0. Bei der Lage OK_0 der Excenterkurbel ist weiter das Ventil um ein Stück, welches dem Voröffnen $1/2 v_e$[1]) entspricht, gehoben, vorausgesetzt, dass die Hebelarme von E_1 und E_2 in Fig. 1, Taf. 43 gleich sind; der Kolben und die Hauptkurbel sind dann in der Totlage. Bei der Excenterlage OA_0 schliesslich ist das Ventil um $a = r - e$ gehoben, und das ist zugleich der grösste Ventilhub, der natürlich nur dann erreicht wird, wenn bis OA_0 hin keine Ausklinkung stattgefunden hat. Tritt überhaupt keine Ausklinkung ein, so hebt sich bei der Lage OII′, die mit der Geraden Y — Y denselben Winkel wie OI einschliesst, der aktive Mitnehmer wieder von dem passiven, und der vom Kolben während des Drehwinkels K_0OII' durchlaufene Weg giebt die grösste Füllung der Steuerung unter der Voraussetzung, dass bei der tiefsten Regulatorstellung eine Ausklinkung nicht möglich ist. Nach den Verhältnissen in der Figur betrüge diese grösste Füllung z. B. 90 % bei Berücksichtigung der endlichen Schubstangenlänge.

Fig. 140.

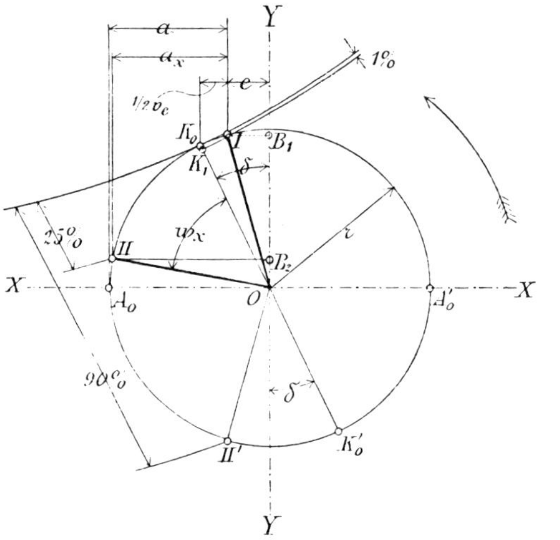

In ähnlicher Weise lassen sich die bei jeder Hauptkurbel- und Kolbenlage stattfindenden Ventilerhebungen auch mit Hilfe des Zeunerschen Diagrammes bestimmen. Ist also z. B. in Fig. 15, Taf. 31 δ der Voreilwinkel, den die Excenterkurbel in Fig. 1, Taf. 43 mit der Senkrechten auf $\overline{O_1d}$ einschliesst, wenn die Hauptkurbel in der zugehörigen Totlage steht, und $\overline{OD}$ gleich der Excentricität r, so schneidet die Hauptkurbel OI bei Beginn des Voreintrittes die Überdeckung e auf dem oberen Schieberkreise ab. Zwischen dem Umfange des letzteren und dem e-Kreise liegen ferner die bei den einzelnen Hauptkurbellagen stattfindenden Ventilerhebungen, solange der passive Mitnehmer vom aktiven bewegt, wird. Steht die Hauptkurbel in OD, so ist der grösste Ventilhub erreicht, nämlich $a = r - e$. OII begrenzt die grösste Füllung, welche bei unterbleibender Ausklinkung eintritt. Das Voröffnen ist doppelt so gross als das in der Figur mit $v_{e,1}$ bezeichnete Stück, welches auf der Totlage OA von den oben erwähnten Kreisen abgeschnitten wird.

Die Verhältnisse der vorliegenden Steuerung wird man zweckmässig in der folgenden Weise zu bestimmen haben.

1) $1/2$, weil die Ventile an zwei Stellen öffnen.

Man berechnet zunächst die erforderliche Ventilerhebung für die normale Füllung aus der Gleichung

$$a_x = \frac{O \cdot c_x}{2\,d\,\pi \cdot w_x} \quad . \quad . \quad . \quad . \quad . \quad \mathbf{192}$$

in welcher

d den Durchmesser der Ventilsitzflächen,

$\mathbf{w_x}$ die zulässige Dampfgeschwindigkeit, bei der noch keine Drosselung des frischen Dampfes eintritt,

bezeichnet. Letztere wurde bei den Schiebersteuerungen zu 50 bis 60 m angegeben, dürfte hier aber wohl niedriger zu wählen sein, da der Dampf beim Durchströmen eines Ventiles seine Richtung mehrfach ändern muss. Die Kolbengeschwindigkeit c_x ist aus dem Winkel zu bestimmen, um welchen sich die Hauptkurbel beim Schluss der Füllung aus ihrer Totlage gedreht hat. In Fig. 140 des Textes ist dieser Winkel mit ω_x und die der normalen Füllung entsprechende Hauptkurbellage mit O II bezeichnet. Für a_x, das in der Figur gleich der Strecke $\overline{II B_2} - \overline{I B_1}$ ist, ergiebt sich nun die Beziehung

$$a_x = r \cdot \sin(\omega_x + \delta) - e$$

oder, da

$$\tfrac{1}{2} v_e = r \cdot \sin\delta - e$$

ist, auch

$$a_x - \tfrac{1}{2} v_e = r \cdot \sin(\omega_x + \delta) - r \cdot \sin\delta,$$

woraus

$$r = \frac{a_x - \frac{1}{2} v_e}{\sin(\omega_x + \delta) - \sin\delta} \quad . \quad . \quad . \quad . \quad \mathbf{193}$$

folgt. Aus dieser Gleichung kann die Excentricität r berechnet werden, sobald v_e und δ gewählt sind. Bei dieser Wahl ist Rücksicht darauf zu nehmen, dass r nicht zu gross ausfällt. Ist das der Fall, so muss man namentlich δ verringern. Der grösste Ventilhub beträgt

$$a = r - e = r(1 - \sin\delta) + \tfrac{1}{2} v_e$$

und übersteigt bei den vorliegenden Steuerungen aus später zu erörternden Gründen 16 bis 18 mm für gewöhnlich nicht.

In der Gleichung 193 ist angenommen, dass die Hebelarme E_1 und E_2 des Ventilhebels in Fig. 1, Taf. 43 gleich sind. Ist das nicht der Fall, so hat man den Ventilhub a_x mit dem entsprechenden Verhältnis beider zu multiplizieren.

Die zur Bewegung des Auslassventiles dienende unrunde Scheibe P in Fig. 1, Taf. 43 besitzt zwei Bahnen von verschiedenen Radien, mit denen sie sich bei einer Drehung der Steuerwelle unter der Rolle R der unteren Stange B_1 bewegt. Diese Stange wirkt vermittelst des zweiarmigen Hebels K_1K_2 auf die Spindel des Auslassventiles. Eine Spiralfeder im unteren Ventilgehäuse zieht das gehobene Auslassventil auf seine Sitzfläche zurück und drückt die Rolle R gegen die unrunde Scheibe. Solange nun von der letzteren die Bahn mit kleinerem Radius sich unter der Rolle bewegt, ist das Ventil geschlossen, und erst wenn die Bahn mit grösserem Radius unter die Rolle gelangt, wird die Stange B_1 das Ventil heben und öffnen, was so lange andauern wird, als diese letztgenannte Bahn unter der Rolle verbleibt.

In Fig. 141 des Textes ist die unrunde Scheibe nochmals in grösseren Verhältnissen dargestellt. Ist $K_0\,K_0'$ der Durchmesser des reduzierten Hauptkurbelkreises und O III die Hauptkurbellage bei Beginn des Voraustrittes, O IV diejenige bei Beginn der Kompression, so muss sich also die Rolle während des Drehwinkels $\omega_3 = $ III O IV unter der Bahn von grösserem Radius befinden. Steht somit die Hauptkurbel in O III, so muss die Scheibe mit dem Radius O 3 in die Mitte der Stange B_1 bezw. in die angedeutete Andrückrichtung der Rolle fallen, während dies bezüglich des Radius O 4 der Scheibe der Fall sein muss, wenn die Hauptkurbel in O IV steht. 3 O 4 ist wieder der Winkel ω_3. Kommt weiter O 3_0 in die Richtung von B_1 zu liegen, so befindet sich die Hauptkurbel in der Totlage O K_0'; O 3_0 schneidet also zwischen den Kreisen der beiden Bahnen das Voröffnen $^1/_2\ v_i$ ab. Gelangt schliesslich die Scheibe mit O 3′ in die Richtung von B_1, so ist das Ventil ganz geöffnet, während dasselbe anfängt, sich zu schliessen, sobald O 4′ nach B_1 kommt.

Für die Konstruktion der unrunden Scheibe ist zu beachten, dass die Bahn 3 3′, auf welcher sich der Mittelpunkt der Rolle beim Anheben des Ventiles bewegt, eine

Fig. 141.

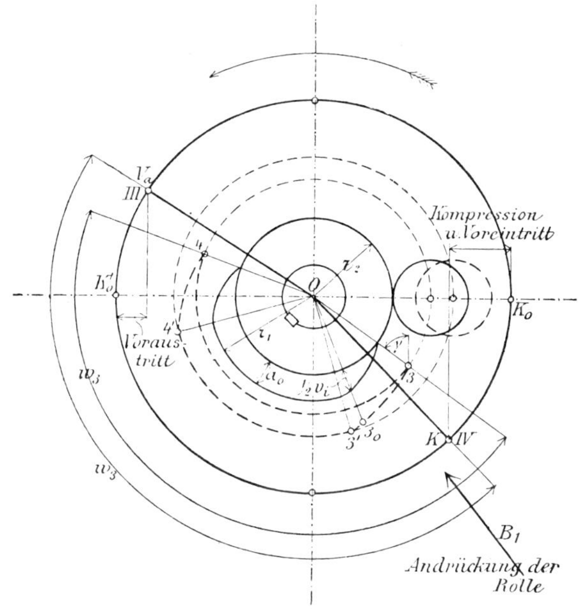

logarithmische Spirale sein muss, die mit jedem Radius den Winkel γ einschliesst. Der letztere muss stets grösser als 45° sein, wenn die Bewegung sicher vor sich gehen soll. Die Begrenzung der eigentlichen Scheibe an der zugehörigen Stelle ist eine Äquidistante zu 3 3′. Die Differenz der Scheibenradien

$$a_0 = r_1 - r_2$$

ist gleich dem grössten Ventilhube[1]), der hier grösser als bei den Einlassventilen gewählt werden kann, da die Auslassventile ja durch die unrunden Scheiben zwangläufig bewegt werden. Je grösser man r_1 und r_2 wählt, desto schneller geht das Öffnen des Ventiles vor sich und umgekehrt. Damit man den Voraustritt und die Kompression innerhalb gewisser Grenzen später einstellen kann, führt man die unrunden Scheiben jetzt fast stets zweiteilig aus, wie dies im letzten Abschnitte erklärt ist.

1) Die Hebel K_1 und K_2 gleich vorausgesetzt.

Auf der Pariser Weltausstellung des Jahres 1878 trat die Firma Gebr. Sulzer in Winterthur mit einer neuen Ausklinksteuerung an die Öffentlichkeit. Bei der Konstruktion vom Jahre 1873 trifft nämlich, wie aus Fig. 140 des Textes ersichtlich ist, der aktive Mitnehmer dann auf den passiven, wenn die Excenterkurbel in der Nähe ihrer Mittellage steht, wenn also die Geschwindigkeit der Excenterkurbel und des aktiven Mitnehmers eine verhältnismässig grosse ist. Dies hat den Vorteil, dass die Einlassventile mit grosser Geschwindigkeit angehoben und geöffnet werden, bringt aber auch den Nachteil mit sich, dass der aktive Mitnehmer ziemlich heftig auf den passiven trifft. Dieser letztere Übelstand sollte nun durch die Konstruktion vom Jahre 1878, bei welcher der aktive Mitnehmer eine herzförmige Kurve beschrieb, gemildert und dadurch eine gegen die frühere Konstruktion höhere Umdrehungszahl der Steuerung ermöglicht werden. Es muss dies wohl aber nicht in dem erhofften Grade und Erfolge erzielt worden sein, denn seit einer Reihe von Jahren führt die Firma die Konstruktion von 1878 in einer solchen Abänderung aus, dass die steuernde Kante des aktiven Mitnehmers wieder wie bei der Konstruktion von 1873 eine ungefähr elliptische Kurve beschreibt, auch das Zusammentreffen beider Mitnehmer wieder bei ziemlicher Geschwindigkeit stattfindet. Der letztere Umstand kann für die mässigen Umdrehungszahlen, für welche ausklinkende Steuerungen doch immerhin nur Verwendung finden können, auch nicht so schwerwiegend und nachteilig sein, als man anfangs glaubte.

Fig. 2, Taf. 43 zeigt die jetzt gebräuchliche Ausführung der Sulzersteuerung. w ist wieder die Steuerwelle, von der aus die unteren Auslassventile wie früher durch unrunde Scheiben P, die oberen Einlassventile dagegen durch Excenter E in der folgenden Weise bewegt werden. Die Excenterstange B wird an ihrem oberen, gabelartigen Ende durch zwei aussen sitzende Flachschienen L (siehe auch die untere Detailfigur) um den Punkt g des Ventilgehäuses geführt, trägt aber innerhalb der Gabel, drehbar auf dem Bolzen f, der sie zugleich mit den Schienen L verbindet, den zweiarmigen aktiven Mitnehmer $H_1 H_2$. Sobald der Arm H_2 des letzteren sich auf den passiven Mitnehmer G_2 setzt und diesen nach unten bewegt, wird durch den anderen Arm G_1 das Einlassventil gehoben und geöffnet, um nach erfolgter Ausklinkung zwischen den beiden Mitnehmern durch eine Spiralfeder im Ventilgehäuse unter Zuhilfenahme eines Luftpuffers wieder geschlossen zu werden.

Der Augenblick der Ausklinkung bezw. die Grösse der Füllung, soweit diese durch den ersteren bedingt ist, hängt nun von der Einstellung ab, welche der Hebel H_1 H_2 auf seinem Bolzen f erfährt, da diese Einstellung im Verein mit dem Excenterantrieb massgebend für die Bewegung des aktiven Mitnehmers H_2 ist. Je höher nämlich H_1 und je näher H_2 dem Ventilgehäuse gerückt wird, desto später erfolgt die Ausklinkung und desto länger dauert die Füllung, je tiefer dagegen H_1 und je weiter H_2 von dem Ventilgehäuse entfernt wird, desto früher tritt die Ausklinkung ein und desto kleiner wird die Füllung. Die erwähnte Einstellung des Hebels H_1 H_2 auf dem Bolzen f erfolgt natürlich durch den Regulator, der wieder die Regulatorwelle w_1 und den auf ihr festgekeilten Hebel C bei einer Änderung im Belastungszustande der Maschine dreht. Die Lage von C bedingt dann auch diejenige des um b drehbaren Winkelhebels D, der mit seinem Ende d durch die am Excenter hängende Stange T geführt wird, mit seinem Ende c aber die mit H_1 verbundene Stange S erfasst.

In Fig. 2a, Taf. 43 sind des besseren Verständnisses wegen die Verhältnisse der Steuerung nochmals schematisch angedeutet und die Bewegungskurven der einzelnen Punkte eingetragen worden.

O ist die Mitte der Steuerwelle, um die sich auf einem Kreise vom Radius r die Mitte des Excenters bewegt. I, o, 1, 2 . . . . . 9 geben verschiedene Lagen dieser Excentermitte. Die Mitte des Bolzens f schwingt auf einem Kreisbogen um g, und die Lagen f, o, 1, 2 . . . . . 9 des Bolzenmittels erhält man offenbar, wenn man in die zugehörigen Lagen des Excentermittels einsetzt und mit der Excenterstangenlänge $\overline{If}$ auf dem Kreisbogen einschneidet, der mit $\overline{fg}$ als Radius um g geschlagen ist. Der Punkt e weiter, in welchem die Stange T zur Verbindung des Excenters mit dem Hebel D anschliesst, beschreibt eine Kurve, deren einzelne Punkte so liegen müssen, dass die Seiten des Dreiecks I f e für alle Lagen gleich bleiben. Man erhält also die Punkte der Kurve von e, wenn man von den gleich bezeichneten Lagen der Excentermitte und des Bolzens f Kreise mit $\overline{Ie}$ bezw. $\overline{fe}$ als Radius schlägt und deren Schnittpunkte aufsucht. Die Endpunkte c und d des Hebels D bewegen sich auf Kreisbögen um den Punkt b des vom Regulator eingestellten Hebels C, dessen Lage in der Figur für drei verschiedene Füllungen angegeben ist. Die verschiedenen Lagen des Punktes d können deshalb leicht aus denjenigen des Punktes e mit Hilfe der Stangenlänge T, die Lagen des Punktes c leicht aus denjenigen des Punktes d mit Hilfe des Abstandes $\overline{cd}$ konstruiert werden.

Die Kurve des Punktes h ergiebt sich ferner aus den Schnittpunkten der Kreise, die aus den zusammengehörigen Lagen der Punkte f und c mit der Länge $\overline{fh}$ des Hebels H_1 bezw. der Länge $\overline{ch}$ der Stange S als Radius geschlagen werden. Die Kurve der steuernden Kante k′ des aktiven Mitnehmers erhält man schliesslich, sobald man aus den zusammengehörigen Punkten der Kurven von f und h mit der Länge $\overline{fk'}$ des Hebels H_2 bezw. mit dem Abstande $\overline{hk'}$ als Radius Kreise zieht und deren Schnittpunkte bestimmt.

In Fig. 2a, Taf. 43 entspricht nun die ausgezogene Kurve der steuernden Kante k′ dem normalen Füllungsgrade der Maschine. Bei Beginn des Dampfvoreintrittes nehmen die beiden Mitnehmer die schraffiert angedeutete Lage ein, und die Excenterkurbel steht in O I. Kommt letztere nach O o und k′ ebenfalls nach dem Punkte o der elliptischen Kurve, so befindet sich die Hauptkurbel in ihrer zugehörigen Totlage. Die Strecke k′o stellt also, wenn die beiden Arme G_2 und G_1 des passiven Mitnehmers gleich sind, das Voröffnen $\frac{1}{2}$ v_e dar. Die Ausklinkung geht bei der normalen Füllung in x vor sich, da sich hier der Kreisbogen um g, auf welchem sich die steuernde Kante k des passiven Mitnehmers bewegen muss, mit der ausgezogenen Kurve von k′ schneidet. Da x ferner zwischen den Punkten 1 und 2 dieser letzteren Kurve liegt, so hat sich also die Excenterkurbel aus ihrer Lage O o, die Hauptkurbel aus ihrer Totlage um einen

Winkel gedreht, der durch Oo und einen zwischen 1 und 2 auf dem Excenterkreis liegenden Punkt bestimmt ist.

Weiter sind in der Figur noch zwei andere Kurven der Kante k′ angedeutet, von denen die punktierte der grössten, die strichpunktierte der kleinsten Füllung entspricht. Wo diese Kurven von dem Kreisbogen der Kante k geschnitten werden, tritt die Ausklinkung ein, nämlich im ersteren Falle bei y, im letzteren Falle bei z. Die bei der grössten und kleinsten Füllung stattfindenden Kurven des Punktes h sind nicht in die Figur eingetragen. Das Voröffnen $\frac{1}{2} v_e$ bleibt für alle Füllungen konstant, weil die steuernde Kante k′ sich bei Beginn des Dampfvoreintrittes stets auf einen Kreisbogen um dieselbe Lage von f befindet.

Die Verhältnisse der vorliegenden Sulzersteuerung sind in derselben Weise wie die der älteren zu bestimmen. Man hat also zunächst den erforderlichen Ventilhub a_x für die normale Füllung aus Gleichung 192 zu berechnen. Für die Grösse der erforderlichen Excentricität kann dann auch hier die Gleichung 193 als massgebend erachtet werden, da die Bewegungskurve des Punktes f nur wenig von einer Geraden abweicht. Die Gleichung 193 liefert r, sobald das Voröffnen $\frac{1}{2} v_e$ und der Voreilwinkel δ gewählt sind. Das letztere ist wieder mit Rücksicht darauf anzunehmen, dass der grösste Ventilhub 16 bis 18 mm nicht übersteigt.

Über die Vor- und Nachteile der Sulzersteuerungen ist das Folgende zu bemerken. Sie besitzen wie fast alle ausklinkenden Steuerungen den Vorzug, dass sie sehr gut regulieren, weil der bei einer Änderung der Füllung in der Steuerung auftretende Widerstand gering ist und also vom Regulator schnell und sicher überwunden werden kann, auch eine Rückwirkung der Steuerung auf den Regulator fast gar nicht vorhanden ist. Sie lassen ferner eine Steigerung der Füllung bis zu 90 % und mehr zu, während die meisten Korlisssteuerungen für gewöhnlich nicht mehr als 40 % grösste Füllung ergeben. Sie ermöglichen schliesslich ein genaues Einstellen der äusseren Steuerung und der verschiedenen Dampfverteilungsperioden als die Steuerungen mit Flachschiebern.

Als Hauptnachteil der Sulzersteuerungen muss die Zulässigkeit nur mässiger Umdrehungszahlen, die ja bei allen ausklinkenden Steuerungen Erfordernis sind (siehe Seite 218), sowie die Schwierigkeit, die Ventile im Betriebe dauernd dicht zu erhalten, angesehen werden. Die Umdrehungszahl übersteigt bei den Sulzersteuerungen ebenso wie bei den Korlisssteuerungen für gewöhnlich 70 bis 80 in der Minute nicht und beträgt nur ausnahmsweise bis zu 100; höhere Umdrehungszahlen haben sich aber bis jetzt in dauerndem Betriebe noch niemals bewährt, wenn sie auch von verschiedenen Fabriken als statthaft angegeben werden. Die Schwierigkeit, die Ventile dauernd im Betriebe dicht zu erhalten, rührt daher, dass dieselben nach der Ausklinkung der äusseren Steuerung normal zu ihren Sitzflächen bewegt werden müssen, um in ihre Schlusslage zu kommen. Während es aber einerseits hinsichtlich eines präzisen Dampfabschlusses wünschenswert ist, die Ventile nach erfolgter Ausklinkung möglichst schnell in die Schlusslage zu bringen, darf andererseits die Geschwindigkeit, mit der die Ventile in die Schlusslage gelangen und sich aufsetzen, nicht zu gross werden, da sonst die dampfdicht geschliffenen Sitzflächen beschädigt und undicht werden. Beim Korlissschieber ist das nicht zu befürchten, da dieser sich in der Sitzfläche und nicht wie das Ventil senkrecht zu derselben bewegt; auch macht der Korlissschieber seine Bahn selber frei, während beim Ventil die zwischen den Sitzflächen etwa befindlichen Schmutzteile immer fester in diese getrieben werden und dadurch auch zu dauernder Undichtheit Veranlassung geben.

Bei den Sulzersteuerungen sollen nun die in den oberen Ventilgehäusen befindlichen Spiralfedern für ein schnelles und sicheres Niedergehen, die ebendaselbst angebrachten Luftpuffer für die richtige Schlussgeschwindigkeit der Ventile sorgen. Einem aufmerksamen Maschinenwärter wird es auch wohl gelingen, durch entsprechende Regulierung dieser Federn und genaues Einstellen der Hähne an den Luftpuffern ein genügend schnelles Niedergehen im Verein mit ein die Dichtheit der Sitzflächen nicht schädigendes Aufsetzen der Ventile bei normalem Zustande und normaler Belastung der Maschine zu erzielen. Schwerlich wird er dies aber bei jedem Zustande und bei jeder Belastung der Maschine erreichen. Meistens wird der Wärter vielmehr mit Rücksicht darauf, dass die Ventile auch bei neuer Packung und grösserem Widerstande in den Stopfbuchsen der Ventilspindel sicher niederbewegt, sowie bei grösseren Füllungen bezw. Ventilhüben, wo die Luftpuffer reichlicher Luft ansaugen und letztere also bei unveränderter Einstellung der Hähne nicht so schnell entweichen kann, genügend rasch geschlossen werden, die Spiralfedern stärker anspannen, als es bei normalem Zustande der Stopfbuchse und der meist gebräuchlichen Füllung nötig ist. Infolgedessen setzen dann die Ventile während der meisten Zeit härter auf, als dies für die dauernde Erhaltung ihrer Dichtheit gut ist. Letztere ist also bei den vorliegenden Steuerungen nur bei vorzüglichster Ausführung, sorgfältigster Wartung und nicht zu grossem Hube der Ventile im Betriebe sicher zu erreichen.

Auf die sonstigen Nachteile der Ventilsteuerungen, wie der bedeutend grössere schädliche Raum als bei Korlisshähnen, die mehrfach erforderliche Änderung in der Richtung des durchströmenden Dampfes u. s. w., wurde schon auf Seite 213 aufmerksam gemacht.

Eine neue patentierte Ventil-Ausklinksteuerung, die nach den Angaben des Erfinders, des Ingenieur **Collmann** in **Wien,** anstandslos mit mehr als 100 Umdrehungen in der Minute arbeiten soll, ist in Fig. 1 bis 5, Taf. 47 dargestellt.

Zum Anheben und Öffnen der oberen Einlassventile dient das an jedem Cylinderende auf der Steuerwelle w in Fig. 1 befestigte Excenter E mit seiner Stange B, die auf dem Bolzen d ihres oberen, gabelförmigen Endes den aktiven Mitnehmer k trägt. Wird der letztere nach unten bewegt, so setzt er sich auf den passiven Mitnehmer k′, der wieder den einen Teil eines am Ventilgehäuse um den Bolzen f drehbaren, zweiarmigen Hebels bildet und mit seinem anderen Teile h die Ventilstange erfasst, das Ventil also bei der angegebenen Bewegung von k öffnet. Die Ausklinkung erfolgt, sobald der untere Teil des aktiven Mitnehmers mit der Bahn $\alpha - \beta$ (die ausgezogene Form dieser Bahn gilt für die vordere, die strichpunktierte für die hintere Cylinderseite) gegen den Knaggen G stösst, der vom Regulator selbstthätig dem Belastungszustande der Maschine entsprechend eingestellt wird. Die Steuerwelle ist hier gleichzeitig die Regulatorwelle, und der horizontal angeordnete Regulator wirkt (siehe Fig. 2) durch seine Muffe M, den Ring R und die Stange S auf den Hebel H ein, der mit der letzteren durch eine Art Hookschen Schlüssel verbunden ist. Der Hebel H sitzt weiter auf der Welle w_2, welche die Knaggen G trägt. Bei einer Verschiebung des Regulators werden dann die Welle w_2 und die Knaggen G durch den Hebel H in dem einen oder anderen Sinne gedreht.

Für das Einschnappen des aktiven Mitnehmers k in Fig. 1 sorgt die Feder C, während diejenige c ein zu geräuschvolles Einschnappen verhüten soll. Die beiden Mitnehmer k und k′ schleifen beim Einschnappen ungefähr 2 mm aufeinander. Die Knaggen G können durch Beilagen m aus Zinkplättchen in den Einschnitten s genau nachreguliert werden.

Steht die Kurbel des Excenters E in O I, so setzt der aktive Mitnehmer k auf den passiven k′, beginnt also der Voreintritt. Die Mitte des Bolzens d steht dann in 1. Befindet sich dagegen die Excenterkurbel in O o, so hat die Hauptkurbel die Totlage erreicht. Die Mitte von d befindet sich dann in o und aus dem Bogen $\widehat{1-0}$ kann leicht das Voröffnen $^1/_2\, v_e$ ermittelt werden.

Neu sind nun bei der vorliegenden Steuerung die Mittel, welche ein schnelles Heruntergehen der Einlassventile bis kurz vor deren Schlusslage und dann ein sanftes, geräuschloses Aufsetzen derselben ermöglichen sollen. Zunächst beschränkt Collmann die Massen der Ventile und Ventilgestänge so sehr als möglich, damit die beim Niedergehen beider sich ansammelnde lebendige Kraft, die ja mit der Masse zunimmt und gegen Schluss der Ventile aufgezehrt werden muss, möglichst gering ausfällt. Ferner sind die Spiralfedern F_1, welche das Niedergehen der Ventile bewirken, nicht über, sondern **unter** den letzteren im Dampfraum angeordnet, damit die Ventilgestänge auch beim Niedergehen auf Zug beansprucht werden. Die in den Ventilgehäusen befindlichen oberen Federn F_2 dienen nur zum Anspannen der Federn F_1.

Nach Angaben des Erfinders sind für die in der Tafel angedeuteten Verhältnisse die unteren Spiralfedern F_1 auf 60 kg so zu bestellen, dass im Ventilhub bis zu 17 mm möglichst wenig Spannungsdifferenz auftritt. Das letztere gilt auch für die oberen Federn F_2, deren Spannung zwischen 15 bis 25 kg einstellbar sein soll.

Schliesslich benutzt Collmann zum sanften Aufsetzen der Ventile keine Luftpuffer, sondern Ölbremsen. In Fig. 1. Taf. 47 ist nämlich der Cylinder Z der oberen Ventilgehäuse bis zur Ebene b — b mit dünnem, ganz petroleumfreien Mineralöl oder mit einer Mischung von $^2/_3$ Olivenöl und $^1/_3$ dicken Cylinderschmieröl gefüllt. In dem Cylinder bewegt sich ein mit der Ventilspindel fest verbundener Kolben K, der an seinem Umfange mit einer Zahl von Öffnungen l, in seinem Boden mit kleinen Ringventilchen q aus Stahlblech versehen ist. Die Öffnungen l sind eingebohrt und nach oben durch eingefeilte kleine Spitzen p (siehe die Abwickelung in Fig. 3) erweitert. Beim Heben des Einlassventiles und der Ventilspindel tritt nun das über dem Kolben K befindliche Öl teils durch die Öffnungen l, teils durch die Ringventilchen q unter denselben, während nach der Ausklinkung umgekehrt das Öl unter dem Kolben K durch die Öffnungen l zurücktritt. Dieses Zurücktreten erfolgt nun zuerst ohne grösseren Widerstand, weshalb das Einlassventil anfangs rasch herunterfällt. Sobald aber gegen Ende des Ventilniederganges nur noch die Spitzen p der Öffnungen l für den Durchtritt des Öles frei sind, wächst dieser Widerstand allmählich so, dass das Ventil sanft auf seine Sitzflächen niedergelassen wird.

Die keilförmigen Spitzen p gehen abgerundet in die Ränder der Löcher l über. Zur Regulierung des Ventilschlusses kann der Kolben K etwas auf der Ventilspindel verschoben werden, wodurch ein früheres oder späteres Schliessen der Spitzen p durch die Cylinderkante i erzielt wird.

Der Vorteil dieser Ölbremsen gegenüber den bis jetzt gebräuchlichen Luftpuffern besteht darin, dass erstere ein für alle Füllungen und Ventilhübe genau gleiche Schlussbewegung der Einlassventile ergeben, da für diese Bewegung ja nur die Form der Durchlassöffnungen l und p massgebend ist, während bei Luftpuffern die Stellung bezw. Eröffnung der Hähne von Einfluss auf die Schlussgeschwindigkeit der Ventile war, wie dies schon auf der vorhergehenden Seite erklärt wurde.

Zur Bewegung der Auslassventile dienen in Fig. 1, Taf. 47 zwei Excenter E_1 auf der Steuerwelle. Dieselben sind durch Schrauben an das Excenter E für die Einlassventile befestigt, damit der Voreilwinkel der Excenter E_1 behufs genauer Einstellung der Kompression und des Voraustrittes verändert werden kann. Die Excenterstange S_1 bewegt den um g schwingenden Hebel J, der mit einer unrunden Bahn für die Rolle P versehen ist. Diese wiederum sitzt in dem doppelarmigen Hebel H_1 H_2 der Spindel der Auslassventile. Steht nun der Hebel J so unter der Rolle P, wie es die Figur zeigt, so öffnet bezw. schliesst sich das Ventil, je nachdem der Hebel J sich bei weiterer Drehung der Steuerwelle dieser nähert oder von ihr entfernt. Im ersteren Falle beginnt der Voraustritt, im letzteren die Kompression. Befindet sich aber der Hebel J mit der Linie go unter der Rolle, so hat sich das Ventil ganz geöffnet oder fängt an, sich zu schliessen, je nachdem wieder bei weiterer Drehung der Steuerwelle J dieser letzteren näher oder entfernter zu liegen kommt.

Fig. 4, Taf. 47 zeigt die Form der Ventilerhebungs-Diagramme der vorliegenden Steuerung für verschiedene Füllungen. xx ist die Anhubkurve der Ventile, deren Anfang ein rasches Eröffnen erkennen lässt. yy sind die Schlusskurven, die anfangs, dem schnellen Schluss entsprechend, sehr steil verlaufen, sich kurz vor dem Aufsetzen der Ventile aber abflachen, also darthun, dass dieses Aufsetzen äusserst sanft vor sich gehen muss.

Fig. 5, Taf. 47 giebt die Ventilerhebungs-Diagramme für den Auslass.

Die in Fig. 1 eingezeichnete Lage nehmen die beiden Excenter E und E_1 bei Beginn des Voraustrittes ein. Die Mitte des Einlassexcenters E steht dann in m, diejenige des Auslassexcenters E_1 in m′, das Einlassventil ist geschlossen, da die Ausklinkung der äusseren Steuerung schon stattgefunden hat, das Auslassventil fängt an, sich zu öffnen, und der Hebel J hat die in der Zeichnung angegebene Stellung.

Nimmt man an, der Mittelpunkt des Bolzens d bewege sich auf einer geraden Linie, so lassen sich die Ventilerhebungen wieder durch die Schieber-Diagramme verfolgen. In Fig. 1a, Taf. 47 ist z. B. das Müllersche Diagramm für die vorliegende Steuerung aufgetragen worden. Der mit der Excentricität r als Radius geschlagene Kreis gilt also sowohl für die Haupt-, als auch für die Excenterkurbel, nur mit dem Unterschiede, dass für die erstere $\overline{K_0 K_0'}$, für die letztere $\overline{A_0 A_0'}$ die Hubrichtung ist. Bei OI setzt der aktive Mitnehmer auf den passiven, beginnt der Voreintritt, bei $O K_0$ steht der Kolben in der Totlage. Das Ventil ist dann, entsprechend einer Ausweichung des Punktes d von $\alpha \frac{1}{2} v_e$, um das Voröffnen $\frac{1}{2} v_e$ gehoben, unter α das Verhältnis $\frac{l_2}{l_1}$ der Arme des oberen Ventilhebels verstanden. Im Augenblicke der Ausklinkung, die bei der Hauptkurbellage OII, also bei einem Drehwinkel ω_x aus der Totlage, stattfinden möge, ist der Ventilhub a_x. Mit Hilfe der in die Figur eingetragenen Strecke α e, die wieder als reduzierte äussere Überdeckung gelten kann, und des Voreilwinkels δ folgt dann

$$\alpha a_x = r \cdot \sin(\omega_x - \delta) + \alpha \cdot e,$$

$$\alpha \frac{1}{2} v_e = \alpha \cdot e - r \cdot \sin \delta,$$

oder

$$\alpha \left(a_x - \frac{1}{2} v_e\right) = r \cdot \sin(\omega_x - \delta) + r \cdot \sin \delta,$$

woraus die Excentricität sich zu

$$r = \frac{\alpha \left(a_x - \frac{1}{2} v_e\right)}{\sin(\omega_x - \delta) + \sin \delta} \quad . \; . \; . \; . \quad \mathbf{194}$$

berechnet. Diese Gleichung stimmt mit der Gleichung 193, welche für die Sulzersteuerung aufgestellt wurde, überein, nur dass dort $\alpha = 1$ und δ positiv, hier dagegen α verschieden von 1 und δ negativ ist. Man wird aus der vorstehenden Gleichung r ermitteln können, sobald man den für die normale Füllung erforderlichen Ventilhub aus Gleichung 192 berechnet, sowie $\frac{1}{2} v_e$ und δ gewählt hat. Das letztere nimmt man hier negativ, lässt also den aktiven Mitnehmer noch vor der Mittelstellung der Excenterkurbel sich auf den passiven Mitnehmer setzen, damit die Excentricität wegen des Verhältnisses

$$\alpha = \frac{l_2}{l_1},$$

das hier grösser als 1 ist, nicht zu gross ausfällt. Der grösste Ventilhub folgt aus Fig. 1a, Taf. 47 zu

$$\alpha \cdot a = r + \alpha \cdot e = r(1 + \sin \delta) + \alpha \frac{1}{2} v_e,$$

oder

$$a = \frac{r}{\alpha}(1 + \sin \delta) + \frac{1}{2} v_e.$$

Fig. 1b, Taf. 47 zeigt die beiden Lagen O III und O IV der Excenterkurbel E_1 bei Beginn des Voraustrittes und der Kompression. Beide Lagen müssen, da der Hebel J beim Beginn der erwähnten Perioden dieselbe Stellung einnimmt, symmetrisch zur Hubrichtung $X_1 - X_1$ des Excenters liegen. Die Excentricität r′ kann hier bis zu einem gewissen Grade beliebig gewählt werden. Je grösser man dieselbe nimmt, desto schneller geht bei derselben Form des Hebels J die Eröffnung und der Schluss des Auslassventiles vor sich, und umgekehrt. Der Hub des letzteren hängt natürlich von den Radien r_1 und r_2 der Bahnen des Hebels J in Fig. 1 ab und beträgt

$$a_0 = r_1 - r_2.$$

Da der Hebel J bei seiner Bewegung nach rechts ganz ausser Berührung mit der Rolle P kommt, so ist die Bahn o — n des Hebels J etwas nach links abgeschrägt. Das Gleiche ist mit der Bahn o — n′ der Fall, die nach rechts hin eine Steigung von ca. 1 mm besitzt. Die Kurve o — n muss beim Probelauf der Steuerung in der Werkstatt solange nachgearbeitet werden, bis dass die Bewegung der Rolle auf ihr ganz ruhig vor sich geht. Die Spiralfeder F_3 zieht das Auslassventil stets auf seinen Sitz zurück, wenn die Rolle P, die durch sie zugleich gegen den Hebel J gepresst wird, auf der Bahn o — n oder ganz ausser Berührung mit dem Hebel J ist. Die Spannung der Spiralfeder F_3 muss möglichst wenig während des ganzen Ventilhubes variieren und bei den Verhältnissen in der Figur nach Angaben des Erfinders 35 bis 45 kg betragen. Die Spannung ist ferner durch Drehen des Bolzens q einzustellen. Die **Auflage**platte t ist schliesslich so zu verschrauben, dass sich das Federende z fast vertikal bewegt.

Am Schlusse dieses Paragraphen mögen auch die sogenannten **Expansionsapparate,** die jetzt noch von vielen Firmen, wie namentlich F. Voss[1]) in Köln-Ehrenfeld, gebaut werden, Erwähnung finden, wenn auch die Anwendung dieser Apparate bei neuen Maschinen als nicht zeitgemäss, bei alten Maschinen nur in wenigen Fällen als empfehlenswert bezeichnet werden muss. Fig. 1, Taf. 50 zeigt die gebräuchliche Ausführung dieser Apparate nach der oben erwähnten Firma. Der Apparat soll Maschinen, welche mit einfachem Muschelschieber und fester Füllung arbeiten, eine von der Belastung der Maschine abhängige und vom Regulator selbstthätig beeinflusste Füllung geben. Er wird zu diesem Zwecke mit seinem unteren Flansch auf dem Einlassstutzen des Schieberkastens befestigt. Als Abschlussorgan dient das Ventil A mit ringförmigen Öffnungen, welche den am Stutzen C eintretenden frischen Dampf in den Schieberkasten lassen, wenn sie vor den korrespondierenden Öffnungen des Ventilsitzes B stehen. Der Dampfeintritt hört dagegen auf, sobald die Öffnungen des Ventilsitzes

1) Inhaber der früheren Fabrik von Voss & Maack.

B durch die Wandungen des Ventiles A geschlossen werden. Dieser Schluss wird nun vom Regulator durch einen Ausklinkmechanismus früher oder später eingeleitet. Zur Bewegung des letzteren dient der Schlitzhebel H, der von einer auf der Schieberstange der Maschine befestigten Klemme angetrieben wird. Der Schlitzhebel H erteilt weiter den beiden aktiven Mitnehmern k, die drehbar auf dem Bolzen d des kleinen Hebels h sitzen, eine abwechselnd auf- und niedergehende Bewegung, wobei dieselben sich, angedrückt durch die Federn f, während des Hochganges in die Einschnitte des passiven Mitnehmers k_1 legen und diesen heben, und zwar der eine Mitnehmer beim Hingange, der andere beim Rückgange der Maschine. Da der passive Mitnehmer fest mit der Ventilspindel verbunden ist, so wird auch das Ventil A beim Hochgange der Klinken k gehoben, und der frische Dampf kann eintreten, sobald die Schlitze des Ventilsitzes sich öffnen. Das Heben des passiven Mitnehmers und des Ventiles dauert aber nur so lange, bis dass der erstere gegen den Ansatz m stösst; tritt das ein, so erfolgt die Ausklinkung, und das Ventil geht, getrieben durch sein eigenes Gewicht, sowie das seines Gestänges und die Spannung zweier Federn F herunter, wobei der Schluss des Dampfeintrittes bewirkt wird. In seiner tiefsten Lage setzt sich der passive Mitnehmer k_1 auf den Ambos n. Die elastische Auflage desselben, sowie ein Luftpuffer L, dessen Kolben durch den Bügel b mit dem Mitnehmer k_1 verbunden ist, sollen ein zu hartes Aufsetzen des letzteren verhüten.

Der Ansatz m dient der Ventilspindel als obere Führung, führt sich selbst aber in einer Bohrung des Gehäuses. Er ist ferner fest verbunden mit der Regulatorspindel, die beim Auseinandergehen der Kugeln gesenkt, beim Zusammengehen gehoben wird. Je weiter nun die Regulatorkugeln von ihrer Drehachse abstehen, desto tiefer befindet sich die Regulatorspindel mit dem Ansatz m, desto früher erfolgt also die Ausklinkung, desto kleiner wird die Füllung, und umgekehrt.

Zu beachten ist, dass bei Anbringung eines der vorstehenden Apparate der Inhalt des Schieberkastens mit als schädlicher Raum wirkt und deshalb durch einen am Schieberkastendeckel befestigten oder angegossenen Ansatz möglichst auszufüllen ist. Die grösste Füllung, welche der Apparat zu geben vermag, ist, da die Ausklinkung nur während des Hochganges der Klinken k erfolgen kann, kleiner als $^1/_2$. Tritt überhaupt keine Ausklinkung ein, so kommt natürlich die Füllung des einfachen Muschelschiebers zur Geltung. Die Umdrehungszahl des Maschine darf ebenso wie bei den Korlisssteuerungen für gewöhnlich nicht mehr als 80 in der Minute betragen.

Als Nachteil der Expansionsapparate hat das geräuschvolle Arbeiten, die starke Abnutzung der ausklinkenden Kanten, sowie die meistens bei kleineren Füllungen stattfindende starke Drosselung des eintretenden Dampfes zu gelten. Ihre Anwendung kann überhaupt nur bei alten Maschinen in Frage kommen; bei neuen Maschinen wird man stets eine Expansionssteuerung vorziehen und bei kleinen Maschinen lieber zu einem Regulator mit Drosselventil (siehe nächster Abschnitt) greifen, die bei richtiger Anordnung ebenso ökonomisch wie die Expansionsapparate arbeiten, dazu im Preise für gewöhnlich niedriger stehen.

Beispiele.

1. Wie berechnet sich die Excentricität der Einlassexcenter für die in Fig. 1 und 2, Taf. 43 dargestellten Sulzersteuerungen?

Die Steuerung in Fig. 1 gehört einer eincylindrigen Auspuffmaschine an. Dieselbe hat 450 mm Bohrung und 850 mm Hub. Für n = 75 minutliche Umdrehungen ist bei

$$O = \overline{45}^2 \frac{\pi}{4} - 7^2 \frac{\pi}{4} = 1590{,}4 - 38{,}4 = 1552 \text{ qcm}$$

nutzbarer Kolbenfläche und

$$c_m = \frac{0{,}85 \cdot 75}{30} = 2{,}125 \text{ m}$$

mittlerer Kolbengeschwindigkeit der Querschnitt der Dampfeinlasskanäle nach Gleichung 126 mit

$$f_k = \frac{O \cdot c_m}{27} = \frac{1552 \cdot 2{,}125}{27} = \backsim 122 \text{ qcm}$$

genügend gross bemessen. Setzt man dann nach Gleichung 129b x = 0,75, so folgt aus Gleichung 129a

$$d^2 \frac{\pi}{4} = \frac{f_k}{x} = \frac{122}{0{,}75} = \backsim 162{,}7 \text{ qcm},$$

oder ein Ventildurchmesser

$$d = \backsim 14{,}5 \text{ cm} = \mathbf{145\ mm.}$$

Erhält der Cylinder weiter eine normale Füllung von 25 %, so hat sich die Hauptkurbel, wie man leicht durch Schlagen eines Kreises und Auftragen dieser Füllung findet, beim Schluss des Dampfeintrittes während des Hinlaufes um einen Winkel

$$\omega_x = \backsim 55^0$$

aus ihrer Totlage gedreht, wenn die Schubstangenlänge das Fünffache des Kurbelradius beträgt. Die Kolbengeschwindigkeit c_x ist dann nach Gleichung 24 mit dem Werte

$$v = \frac{2\pi R \cdot n}{60} = \frac{0{,}85\,\pi \cdot 75}{60} = 3{,}338 \text{ m}$$

aus Gleichung 22

$$c_x = 3{,}338 \cdot \sin 55 \left(1 + \frac{1}{5} \cos 55\right) = \backsim 3{,}05 \text{ m}.$$

Hiermit bestimmt sich aus Gleichung 192, wenn man die Dampfgeschwindigkeit w_x aus den auf Seite 225 angegebenen Gründen nur zu 35 m annimmt, der für die normale Füllung erforderliche Ventilhub zu

$$a_x = \frac{1552 \cdot 3{,}05}{2 \cdot 14{,}5\,\pi \cdot 35} = \backsim 1{,}5 \text{ cm} = \mathbf{15\ mm.}$$

Um schliesslich die gesuchte Excentricität r aus Gleichung 193 zu erhalten, hat man den Voreilwinkel δ und das Voröffnen $\frac{1}{2} v_e$ anzunehmen. Um keine zu grosse Excentricität zu bekommen, sei hier

$$\delta = \mathbf{26^0} \text{ und } \frac{1}{2} v_e = \mathbf{3\ mm}$$

gewählt. Gleichung 193 giebt dann

$$r = \frac{15 - 3}{\sin(55 + 26) - \sin 26} = \backsim \mathbf{22\ mm.}$$

Für die vorstehenden Verhältnisse ist das Diagramm in Fig. 140 auf Seite 224 konstruiert worden. Die sogenannte äussere Überdeckung ist

$$e = r \cdot \sin \delta - \frac{1}{2} v_e = 22 \cdot \sin 26 - 3 = 6{,}65 \text{ mm},$$

der grösste Ventilhub also

$$a = r - e = 22 - 6{,}65 = 15{,}35 \text{ mm}.$$

Die grösste Füllung, welche die Steuerung bei unterbleibender Ausklinkung giebt, ist in Fig. 140 durch die Hauptkurbellage OII' bestimmt und beträgt für den Hinlauf 90%. OI und OII' liegen symmetrisch zur Hubrichtung X — X des Excenters.

Die in Fig. 2, Taf. 43 dargestellte Sulzersteuerung gehört dem kleinen Cylinder einer Kondensations-Verbundmaschine an. Die Bohrung des Cylinders beträgt 500 mm, der Kolbenhub 1400 mm, die minutliche Umdrehungszahl 75.

Für die nutzbare Kolbenfläche

$$O = \overline{50}^2 \frac{\pi}{4} - \overline{7{,}5}^2 \frac{\pi}{4} = 1963{,}5 - 44{,}2 = \sim 1920 \text{ qcm}$$

und die sehr grosse mittlere Kolbengeschwindigkeit

$$c_m = \frac{S \cdot n}{30} = \frac{1{,}4 \cdot 75}{30} = 3{,}5 \text{ m}$$

sei nach Gleichung 126 ein Kanalquerschnitt

$$f_k = \frac{O \cdot c_m}{37{,}5} = \frac{1920 \cdot 3{,}5}{37{,}5} = 179{,}2 \text{ qcm}$$

gewählt. Mit x = 0,89 erhält man dann, der Ausführung entsprechend, nach Gleichung 129b den Querschnitt

$$d^2 \frac{\pi}{4} = \frac{179{,}2}{0{,}89} = \sim 202 \text{ qcm},$$

dem ein Ventildurchmesser

$$d = \sim 16 \text{ cm} = \mathbf{160\ mm}$$

genügt.

Nimmt man auch hier als normale Füllung 25% an, so ist beim Schluss der letzteren wieder die Hauptkurbel unter Berücksichtigung der endlichen Schubstangenlänge um einen Winkel

$$\omega_x = 55^0$$

aus der Totlage für den Hinlauf gewichen. Die Kolbengeschwindigkeit berechnet sich dann aus Gleichung 24, da nach Gleichung 22

$$v = \frac{2 \pi R \cdot n}{60} = \frac{1{,}4 \pi \cdot 75}{60} = \sim 5{,}5 \text{ m}$$

ist, zu

$$c_x = 5{,}5 \cdot \sin 55 \left(1 + \frac{1}{5} \cos 55\right) = \sim 5 \text{ m}.$$

Hiermit folgt aus Gleichung 192, wenn man die Dampfgeschwindigkeit w_x wegen der hier sehr grossen Kolbengeschwindigkeit gleich 50 m setzt, der für die normale Füllung erforderliche Ventilhub zu

$$a_x = \frac{1920 \cdot 5}{2 \cdot 16 \pi \cdot 50} = \sim 1{,}9 \text{ cm} = \mathbf{19\ mm.}$$

Wählt man schliesslich das Voröffnen für den Dampfeintritt

$$\frac{1}{2} v_e = \mathbf{3{,}5\ mm,}$$

den Voreilwinkel

$$\delta = \mathbf{32^0,}$$

so erhält man eine Excentricität von

$$r = \frac{19 - 3{,}5}{\sin(55 + 32) - \sin 32} = 33{,}3 \text{ mm},$$

wofür in Fig. 2a, Taf. 43 mit Rücksicht darauf, dass der Punkt f sich nicht auf einer geraden Linie, sondern auf einem Kreisbogen bewegt,

$$r = \mathbf{35\ mm}$$

gewählt ist.

Die sogenannte äussere Überdeckung ist dann

$$e = r \cdot \sin \delta - \frac{1}{2} v_e = 35 \cdot \sin 32 - 3{,}5 = 15 \text{ mm},$$

also der grösste Ventilhub

$$a = r - e = 35 - 15 = 20 \text{ mm},$$

der etwas grösser, als sonst bei Ausklinksteuerungen üblich, ist.

Die grösste Füllung, welche die Steuerung bei unterbleibender Ausklinkung zu geben vermag, ist durch den Drehwinkel K_0OII' der Kurbelwelle in Fig. 140 des Textes bestimmt. Da II'O und IO denselben Winkel mit Y — Y einschliessen, so ist

$$\sin \sphericalangle II'OY = \frac{e}{r} = \frac{15}{35} = \sim 0{,}43,$$

oder

$$\sphericalangle II'OY = 25\frac{1}{2}^0,$$

womit dann

$$\sphericalangle K_0 OII' = 180 - \left(\delta + 25\frac{1}{2}\right) = 122\frac{1}{2}^0$$

folgt. Diesem Drehwinkel der Kurbelwelle entspricht z. B. während des Hinlaufes bei Berücksichtigung der endlichen Schubstangenlänge nach Gleichung 21 ein Wert

$$\frac{x}{R} = 1 - \cos 122\frac{1}{2} + \frac{1}{2}\,\frac{1}{5} \sin^2 122\frac{1}{2} = \sim 1{,}6,$$

also eine Füllung von

$$\frac{x}{2R} = 0{,}8.$$

Die Auslassventile in Fig. 2, Taf. 43 haben

$$d = \mathbf{180\ mm}$$

Durchmesser, sowie

$$a_0 = \mathbf{26\ mm}$$

Hub, entsprechend der Differenz der Radien

$$r_1 = \mathbf{98\ mm}$$

und

$$r_2 = \mathbf{72\ mm}$$

der zu ihrer Bewegung dienenden unrunden Scheiben.

2. Wie bestimmen sich die Hauptverhältnisse der neuen Collmannsteuerung in Fig. 1, Taf. 47?

Die Steuerung ist in den dargestellten Verhältnissen nach Angaben des Erfinders für Cylinderbohrungen von 300 bis 350 mm bestimmt. Für 325 mm Bohrung im Mittel ist die nutzbare Kolbenfläche

$$O = \overline{32{,}5}^2 \frac{\pi}{4} - \overline{5{,}5}^2 \frac{\pi}{4} = \sim 830 - 24 = 806 \text{ qcm},$$

für 650 mm Hub und 115 Umdrehungen in der Minute die mittlere Kolbengeschwindigkeit

$$c_m = \frac{S \cdot n}{30} = \frac{0{,}65 \cdot 115}{30} = \sim 2{,}5 \text{ m}.$$

Setzt man weiter den Kanalquerschnitt

$$f_k = \frac{O \cdot c_m}{30} = \frac{806 \cdot 2{,}5}{30} = \sim 67{,}3 \text{ qcm},$$

so erhält man für $x = 0{,}7$ aus Gleichung 192a den Wert

$$d^2\frac{\pi}{4} = \frac{67{,}3}{0{,}7} = \sim 96 \text{ qcm},$$

bezw. den Ventildurchmesser der Ausführung

$$d = 11 \text{ cm} = \mathbf{110\ mm.}$$

Der Durchmesser der Auslassventile ist

$$1{,}1\,d = 1{,}1 \cdot 110 = \sim \mathbf{120\ mm.}$$

Wird für die normale Füllung ein Drehwinkel der Hauptkurbel aus ihrer Totlage um

$$\omega_x = 53^0$$

angenommen, was bei unendlich langer Schubstange einer Füllung von 20%, ungefähr passend für eine Verbundmaschine mit Kondensation, 7 Atm Eintrittsspannung und einem Cylinderverhältnis von 1 : 2,6, entsprechen würde, so ist die Kolbengeschwindigkeit am Schluss des Dampfeintrittes nach Gleichung 23 mit dem Werte

$$v = \frac{2\pi R \cdot n}{60} = \frac{0{,}65\,\pi \cdot 115}{60} = \sim 3{,}91 \text{ m}$$

aus Gleichung 22

$$c_x = v \cdot \sin\omega_x = 3{,}91 \cdot \sin 53 = \sim 3{,}125 \text{ m.}$$

Gestattet man dann noch mit Rücksicht auf die Vernachlässigung der endlichen Schubstangenlänge nur eine Dampfgeschwindigkeit $w_x = 30$ m, so erhält man aus Gleichung 192 den für die normale Füllung erforderlichen Ventilhub

$$a_x = \frac{806 \cdot 3{,}125}{2 \cdot 11\,\pi \cdot 30} = \sim 1{,}22 \text{ cm} = \mathbf{12{,}2\ mm.}$$

Zur Berechnung der erforderlichen Excentricität kann annähernd die Gleichung 194 dienen. Das Armverhältnis des oberen Ventilhebels ist nach der Zeichnung

$$\alpha = \frac{l_2}{l_1} = \frac{82}{43}$$

Nimmt man das Voröffnen

$$\frac{1}{2}\,v_e = \mathbf{2{,}8\ mm}$$

und den Voreilwinkel

$$\delta = \mathbf{28^0}$$

an, so liefert die erwähnte Gleichung den Wert der Ausführung, nämlich

$$r = \frac{\frac{82}{43}(12{,}2 - 2{,}8)}{\sin(53 - 28) + \sin 28} = \sim \mathbf{20\ mm.}$$

Mit dieser Excentricität ist das Diagramm in Fig. 1a, Taf. 47 aufgetragen worden. Die mit αe bezeichnete Strecke ist

$$\alpha e = r \cdot \sin\delta + \alpha\,\frac{1}{2}\,v_e = 20 \cdot \sin 28 + \frac{82}{43}\,2{,}8 = \sim 14{,}8 \text{ mm},$$

also der grösste Ventilhub

$$a = \frac{1}{\alpha}(r + \alpha e) = \frac{43}{82}(20 + 14{,}8) = \mathbf{18{,}25\ mm.}$$ [1])

Die Excentricität der Auslassexcenter ist

$$r' = \mathbf{28\ mm.}$$

Dieselben sind nach Fig. 1b, Taf. 47 so aufgekeilt, dass bei unendlich langer Schubstange ca. 10% Voraustritt und 18% Kompression entstehen. Der Hub der Auslassventile beträgt, entsprechend der Differenz

$$r_1 - r_2 = 95 - 82$$

der Radien des Hebels J in Fig. 1, nur

$$a_0 = \mathbf{13\ mm.}$$

1) In Wirklichkeit dürfte der Hub etwas kleiner ausfallen, da die Mitte des Bolzens d sich auf einem Kreisbogen bewegt.

§ 45.

Die Ventilsteuerungen von Collmann, Höffner, Radovanowić, Kuchenbecker und Widnmann.

Die hier zu betrachtenden Steuerungen sind die Hauptvertreter einer Klasse, die man gewöhnlich als diejenige der zwangläufigen Ventilsteuerungen bezeichnet. Dieselben unterscheiden sich von den im vorigen Paragraphen behandelten Ausklink- oder nicht zwangläufigen Ventilsteuerungen durch die Art des Ventilschlusses für den Dampfeinlass. Während nämlich, wie früher gezeigt, bei den Ausklinksteuerungen dieser Schluss vollständig unabhängig von der Geschwindigkeit der Maschine vor sich geht, indem das Ventil nach erfolgter Auflösung der äusseren Steuerung mit einer Geschwindigkeit niederfällt, die allein durch die Spannung seiner Feder und die Einstellung des Luftpuffers bedingt ist, bleibt hier das Ventil mit seinem Gestänge auch während des Schlusses mit der äusseren Steuerung in Verbindung und wird also mit der dieser letzteren eigenen, von der Maschine genau vorgeschriebenen Geschwindigkeit ohne Zuhilfenahme eines Luftpuffers auf seinen Sitz niedergelassen. Allerdings wird auch bei den zwangläufigen Ventilsteuerungen die Schlussbewegung des Ventiles nicht durch die Maschine selbst vollzogen, sondern wieder durch die Spannung einer Feder und das Eigengewicht der betreffenden Teile bewirkt, welche das Ventil herunterbewegen und zugleich für die dauernde Berührung des Ventilgestänges und der äusseren Steuerung sorgen. Mit Rücksicht hierauf bezeichnet man wohl auch die vorliegenden Steuerungen als halbzwangläufige im Gegensatz zu den ganzzwangläufigen Schiebersteuerungen, bei denen der Schieber auch durch die äussere Steuerung geschlossen, also stets von dieser bewegt wird.

Die bekannteste unter den vorliegenden Steuerungen, deren Erfolge sehr viel zur Ausbildung der zwangläufigen Ventilsteuerungen überhaupt beigetragen haben, ist die patentierte **Collmannsteuerung.** Die Figuren auf Taf. 46 zeigen dieselbe in einer Ausführung, wie sie früher z. B. bei der Maschinenfabrik von Burckhardt & Co. in Basel gebräuchlich war. Die Anordnung der Ventile ist die bei liegenden Ventilmaschinen allgemein übliche. Zur Bewegung der Ventile dienen zwei an jedem Cylinderende auf der Steuerwelle sitzende Excenter. Von der nicht ganz aufrecht stehenden oberen Excenterstange B derselben werden zwei Bewegungen abgeleitet und, später vereinigt, zur Ventilerhebung benutzt. Die eine dieser Bewegungen erfolgt durch den um b in Fig. 1 drehbaren zweiarmigen Hebel F, der mit seinem einen Ende die Excenterstange B in a, mit seinem anderen Ende den unteren Arm G eines Kniehebels in c erfasst. Diese Bewegung geht immer in derselben Weise vor sich, da a sowohl als c unverändert um b auf- und niederschwingen. Die zweite Bewegung wird der Excenterstange B an ihrem oberen Teile durch die Stange S entnommen. Dieselbe umfasst die Excenterstange in einem ausgebuchsten und mit Zapfen f versehenen Gleitstück P, während sie den Kniehebel im Knotenpunkte d seiner beiden Arme ergreift. Durch die Stange S wird dem Punkte d des Kniehebels eine ungefähr horizontale Bewegung erteilt; dieselbe geht aber nicht immer in derselben Weise vor sich, sondern ist in ihrer Grösse von der Lage der Stange S bezw. von der Stelle, wo diese die Excenterstange B erfasst, abhängig. Jeder Punkt der Excenterstange beschreibt nämlich bei der Drehung der Steuerwelle eine ungefähr eiförmige Kurve. Die Höhe der letzteren ist stets dieselbe, die Breite aber um so grösser, je weiter der Punkt der Stange von dem Punkte a nach oben hin absteht. Demgemäss wird also auch die dem Punkte d durch die Stange S erteilte, ungefähr horizontale Bewegung um so grösser sein, je höher das Gleitstück f und die Stange S gerückt, und um so kleiner, je tiefer f und S eingestellt sind.

Die Lage der Stange S wird nun durch den Regulator bestimmt, der durch zwei Stangen R und zwei Hebel (in der Seitenansicht nicht angedeutet) in der Längsmitte des Cylinders die Regulatorwelle w_1 drehen kann. Auf der letzteren sind weiter an den Cylinderenden zwei Hebel C befestigt, welche durch je einen Arm D mit den Stangen S in e verbunden sind. Geht alsdann bei einer Änderung im Belastungszustande der Maschine der Regulator aufwärts, so dreht er die Welle w_1 und die Hebel C so, dass S und f durch die Arme D höher gerückt werden, sinkt dagegen der Regulator, so bewegt er umgekehrt w_1 und C so, dass S und f tiefer zu liegen kommen; im ersten Falle wird die Horizontalbewegung von d grösser, im letzten Falle kleiner.

Diese von der Regulatorstellung abhängige Horizontalbewegung des Knotenpunktes d wird, vereinigt mit der immer in derselben Weise vor sich gehenden Auf- und Abwärtsbewegung des Punktes c, auf das Ende k des zweiarmigen Hebels $K_1 K_2$, der in v drehbar verlagert ist, übertragen und diesem Ende eine um so grössere Erhebung aus der Anfangslage, wo das Ventil beginnt, sich zu öffnen, erteilen, je geringer die von S herrührende Horizontalbewegung ist, und umgekehrt eine um so geringere Erhebung, je stärker der Kniehebel von S durchgedrückt wird. Die Aufwärtsbewegung des Armes K_1 aus der in der Figur angedeuteten Anfangslage für die Ventileröffnung endlich bewirkt vermittelst des zweiarmigen Hebles $L_2 L_1$, der sich um den Bolzen t drehen kann, ein Anheben und Öffnen des Ventiles, während die Abwärtsbewegung von K_1 aus der erwähnten Anfangslage ohne Einfluss auf den Hebel $L_2 L_1$ und das Ventil bleibt und nur ein Abheben des Hebels K_2 von demjenigen L_2 zur Folge hat. Zum besseren Verständnis des Vorstehenden sind in Fig. 1a, Taf. 46 die Verhältnisse der Steuerung nochmals in grösserem Massstabe aufgetragen und die Kurven des Punktes d für drei Regulatorstellungen eingezeichnet worden.

Die Excenterkurbel bewegt sich mit ihrem Ende auf einem Kreise, dessen Radius gleich der Excentricität r des Excenters ist, durchläuft also bei der Drehung der Steuerwelle die Punkte I, 0, 1, 2 . . . 11. Bei der Lage OI der Excenterkurbel beginnt der Voreintritt, und für diese Lage ist der ganze Mechanismus in Fig. 1a angedeutet. Bei der Lage Oo des Excenters befindet sich die Hauptkurbel in der Totlage.

Die beiden Endpunkte a und c des Hebels F schwingen weiter um den Drehpunkt b. Schlägt man also mit dem Abstande $\overline{Ia}$ der Reihe nach von den einzelnen Lagen der Excentermitte aus Kreise, so schneiden diese den mit $\overline{ba}$ um b geschlagenen Kreis in den zugehörigen Lagen des Punktes a. Aus diesen letzteren ergeben sich dann auch die verschiedenen Lagen des Punktes c. Verbindet man ferner die zusammengehörigen Lagen I und a, 0 und 0, 1 und 1 der Excentermitte und des Punktes a durch gerade Linien, so erhält man die verschiedenen Stellungen der Excenterstange während einer Umdrehung der Kurbel- und Steuerwelle. Auf diesen Stellungen befindet sich das Ende f der Stange S. Das andere Ende d dieser Stange liegt dabei auf einem Kreisbogen, der mit der Länge $\overline{cd}$ des unteren Kniehebelarmes G aus der jeweiligen Lage von c geschlagen ist. Der Punkt e der Stange S schliesslich ist stets auf dem Kreisbogen, der aus dem Endpunkte g der jeweiligen Lage des Regulatorhebels C mit der Länge von D gezogen wird. In der Figur ist der Hebel C für drei verschiedene Regulatorstellungen, entsprechend einer Füllung von 0, 25 und 70%, angegeben, der Bogen durch e aber nur für eine Lage von C (bei 25%) eingetragen.

Um nun die verschiedenen Lagen des Punktes d zu bekommen, hat man die Stange S stets so zu legen, dass sich der Endpunkt f auf der jeweiligen Stellung der Excenterstange, der Punkt e dabei auf dem von der Regulatorlage abhängigen Kreisbogen um g und der Endpunkt d zugleich auf dem um die zugehörige Lage von c gezogenen Kreisbogen befindet. In der Figur ist dies für die drei angegebenen Lagen des Hebels C gemacht worden. Die ausgezogene Kurve des Punktes d gehört zur mittleren, die punktierte Kurve zur tiefsten, die strichpunktierte zur höchsten Lage von C.

Die in Fig. 1a ausgezogene Lage des oberen Hebels K_1 entspricht dem Beginn der Ventileröffnung. Schlägt man um den Endpunkt k dieser Lage einen Kreis mit der Länge $\overline{kd}$ des Kniehebelarmes H, so schneidet dieser die ausgezogene Kurve von d zwischen den Lagen 2 und 3. Hier muss also das Ventil sich schliessen, da der Hebel K_1 die oben erwähnte Anfangslage wieder einnimmt. Der Winkel, um welchen sich dann die Hauptkurbel aus ihrer Totlage, die Excenterkurbel aus ihrer Lage OO in Fig. 1a gedreht hat, entspricht einer Füllung von ca. 25%.

Auf gleiche Weise kann man, indem man immer aus der angegebenen Anfangslage von k einen Kreisbogen durch d zieht und dessen Schnittpunkt mit der Kurve dieses Punktes aufsucht, auch die Grösse der Füllung für die punktiert und strichpunktiert angedeutete Form dieser Kurve feststellen. Es ergiebt sich, dass bei der punktierten Kurve, die bei der tiefsten Regulatorstellung beschrieben wird, ca. 70%, bei der strichpunktierten Kurve, welche bei der höchsten Regulatorlage eintritt, 0% Füllung gegeben werden.

Die beiden Hebel K_2 und L_2, die man als Gegenhebel bezeichnet, sind so geformt, dass ihr Berührungspunkt bei Beginn und kurz vor dem Schluss der Ventilerhebung ganz nahe bei v liegt und das Übersetzungsverhältnis zwischen der Bewegung von k und derjenigen des Ventils sehr klein ist. Je mehr aber das Ventil von seinem Sitz entfernt ist, desto weiter rückt der Berührungspunkt der sich aufeinander abwälzenden Hebel nach t hin, wobei das vorhin erwähnte Übersetzungsverhältnis schnell zunimmt. Infolgedessen wird das Ventil zuerst langsam angehoben, dann schnell geöffnet und entsprechend zuerst mit grösserer Geschwindigkeit niedergelassen, im letzten Augenblick des Schlusses aber ganz langsam auf seinen Sitz gesetzt. Zum Schliessen des Ventiles dient eine Blattfeder, die auf einer Stütze am Cylinder befestigt ist.

Das Voröffnen ist bei der Collmannsteuerung nicht konstant und die Excenterlage OI, bei welcher der Dampfvoreintritt beginnt, nicht für alle Füllungen die gleiche. Sollte das der Fall sein, so müsste offenbar die Excenterstange nicht gerade, sondern nach einem Kreisbogen gekrümmt sein, der die Länge der Stange S zum Radius und die Lage des Punktes d bei Beginn des Voreintrittes zum Mittelpunkt hat. Mit Rücksicht auf die leichtere Herstellung bildet man aber die Excenterstange gerade aus. Der Voreintritt beginnt dann bei den kleineren Füllungen und höheren Lagen von S etwas später als bei den grösseren Füllungen und tieferen Stellungen von S.

Die Rückwirkung der Steuerung auf den Regulator durch die Kraft, welche zum Anheben der belasteten Ventile nötig ist, und durch die Spannung der Blattfeder ist zu Anfang der Ventileröffnung nur gering, da dann der Kniehebel eine vollständig oder nahezu gestreckte Lage einnimmt. Später wächst aber die durch die Blattfeder und die Reibungswiderstände im Mechanismus hervorgerufene Rückwirkung auf den Regulator.

In den sämtlichen Gelenken der Collmannsteuerung tritt stets nur einseitiger Druck auf, da während des Eröffnens der Ventile die treibende Kraft des Excenters, während des Schliessens der Ventile die Spannung der Blattfeder immer eine einseitige, nicht beiderseits wechselnde Berührung der Charnierbolzen mit ihren Augen bewirken. Auch tritt diese einseitige Berührung bei geschlossenem Ventile ein, wo die einzelnen Teile ihrer Schwerkraft folgen. Infolgedessen macht sich der etwa infolge des Verschleisses in den Gelenken auftretende Spielraum nicht als toter Gang geltend.

Die Auslassventile werden bei der Collmannsteuerung auf Blatt 46 von den Excentern durch die Stangen B_1 mit den Hebeln MN angetrieben. Der zweite Arm der letzteren arbeitet wieder mit einem Gegenhebel zusammen und bewirkt die Ventilerhebung und -senkung in ähnlicher Weise wie bei den Einlassventilen. Der Teil N des Hebels MN ist geschlitzt und der andere Teil in ihm durch Klemmschraube befestigt, damit man die Länge dieses Hebels behufs genauer Einstellung der Kompression und des Voraustrittes innerhalb gewisser Grenzen verändern kann. Je länger man den Hebel MN macht, desto früher kommt er in die Lage, wo das Ventil anfängt, sich zu öffnen, desto später kehrt er aber auch in die Lage, wo das Ventil sich schliesst, zurück, desto grösser wird also der Voraustritt und desto kleiner die Kompression. Umgekehrt tritt bei einer Verkürzung des Hebels MN eine Abnahme des Voraustrittes und eine Zunahme der Kompression ein.

Die auf Taf. 46 angegebenen Verhältnisse der Collmannsteuerung gelten für eine Cylinderbohrung von 650 mm Die Ein- und Auslassventile haben 225 mm Dnrchmesser. Für die Einlassventile beträgt

bei einer Füllung von .	0	0,05	0,1	0,2	0,3	0,4	0,5	0,6	0,7
der Hub in mm . . .	0	4	8	14	19,5	23,5	27,5	30	34
die entsprechende Bewegung des Punktes k in mm	0	4	7	10	12	13	15	16	17
das Voröffnen $\frac{1}{2} v_e$ in mm	0	2,5	4,5	7,5	9,5	10,5	12	13	13,5
die entsprechende Bewegung des Eunktes k in mm	0	2,5	4	5,5	6,5	7	7,5	8	8

Der Hub der Auslassventile ist natürlich von der Länge des Hebels MN abhängig. Die Kompression beträgt bei einer Länge dieses Hebels von 170, 220 bezw. 270 mm 20, 15 bezw. 10 %.

Jetzt wird die Collmannsteuerung meistens mit langen Gegenhebeln ausgeführt. Fig. 142 auf Seite 235 zeigt die letzteren an einer Ausführung der Görlitzer Maschinenbauanstalt und Eisengiesserei, die das Ausführungsrecht des Collmannschen Patentes für einen Teil von Deutschland, sowie für Russland, Schweden und Dänemark besitzt. Die Anordnung der langen Gegenhebel, von denen der untere K in v, der obere L in t drehbar ist, der erstere das Ende des Kniehebels, der letztere die Ventilspindel erfasst, hat auch hier den Zweck, die Ventile zuerst langsam anzuheben, später aber schnell aufwärts zu bewegen, und umgekehrt zuerst schnell niederfallen zu lassen, dann aber langsam und sanft aufzusetzen. Es wird dies, wie schon früher erklärt, dadurch erreicht, dass der Berührungspunkt zwischen beiden Hebeln, indem diese sich aufeinander abwälzen, seine Lage während der Ventilbewegung ändert. Beim Anheben und kurz vor dem Aufsetzen des Ventiles befindet sich dieser Berührungspunkt hier ganz nahe bei v. Das Übersetzungsverhältnis der Hebel ist dann ein solches, dass die Geschwindigkeit des Kniehebelendes k und der von diesem ausgeübte Druck nur zum sehr kleinen Teile auf den Hebel L und die Ventilspindel übertragen wird, wodurch beim Anheben des Ventiles die Gelenke des oberen Mechanismus, beim Aufsetzen die Sitzflächen geschont werden. Je mehr aber das Ventil von seinem Sitz entfernt ist, desto mehr rückt der Berührungspunkt der Hebel K und L von der Ventilspindel fort nach k hin. Das Übersetzungsverhältnis ist dann bedeutend grösser wie zu Anfang der Eröffnung oder kurz vor Schluss des Ventiles, und das letztere wird nun mit viel grösserer Geschwindigkeit auf- oder niederbewegt.

Die Auslassventile werden in Fig. 142 des Textes ebenfalls durch zwei lange Gegenhebel MN angetrieben. Um hier die Kompression und den Voraustritt später genau einstellen zu können, ist der Angriffspunkt der Stange B_1 am Excenter stellbar gemacht.

Die nachfolgende Tabelle giebt die Hauptverhältnisse von drei nach Fig. 142 des Textes ausgeführten Collmannsteuerungen.

Tabelle.

Cylinderbohrung	280	380	470	mm
Excentricität r = OI ca. . . .	30	30	30	„
Abstand $\overline{Ia}$	150	190	200	„
Hebelarm $\overline{ab}$	250	340	430	„
Hebelarm $\overline{bc}$	150	200	250	„
Stangenlänge $\overline{fd}$	345	587	725	„
Abstand $\overline{ef}$.	95	100	100	„
Hebelarme $\overline{cd} = \overline{dk}$.	100	125	140	„
Hebelarm $\overline{vk}$	185	225	170	„
Hebelarm von L	450	488	600	„
Abstand des Punktes v von der Cylindermittte	100	65	200	„
Abstand des Punktes O von derselben	895	800	900	„

Beginn des Voreintrittes einnimmt, befindet sich das Auge b mit seinem Bolzen gerade vor der Regulatorwelle. Wird die letztere bei einer Änderung im Belastungszustande der Maschine durch den auf ihr festgekeilten Hebel y und die Zugstange R vom Regulator gedreht, so wird auch der Hebel C, der Bogen D und der Hebel F verstellt und dadurch ein früherer oder späterer Schluss des Einlassventiles erreicht.

Durchläuft die Mitte von b die in Fig. 1 eingetragene ellipsenähnliche Kurve b, 0, 1, 2 . . . . , so hebt sich zu Anfang der Bewegung der Hebel F und Bogen D, wobei das Auge d des letzteren um die Mitte des Bolzens c schwingt, da dieser und der Hebel C bei unveränderter Regulatorlage feststehen. Der Bogen D bewegt weiter bei seinem Anheben den Hebel H_1, der sich um den Bolzen

Fig. 142.

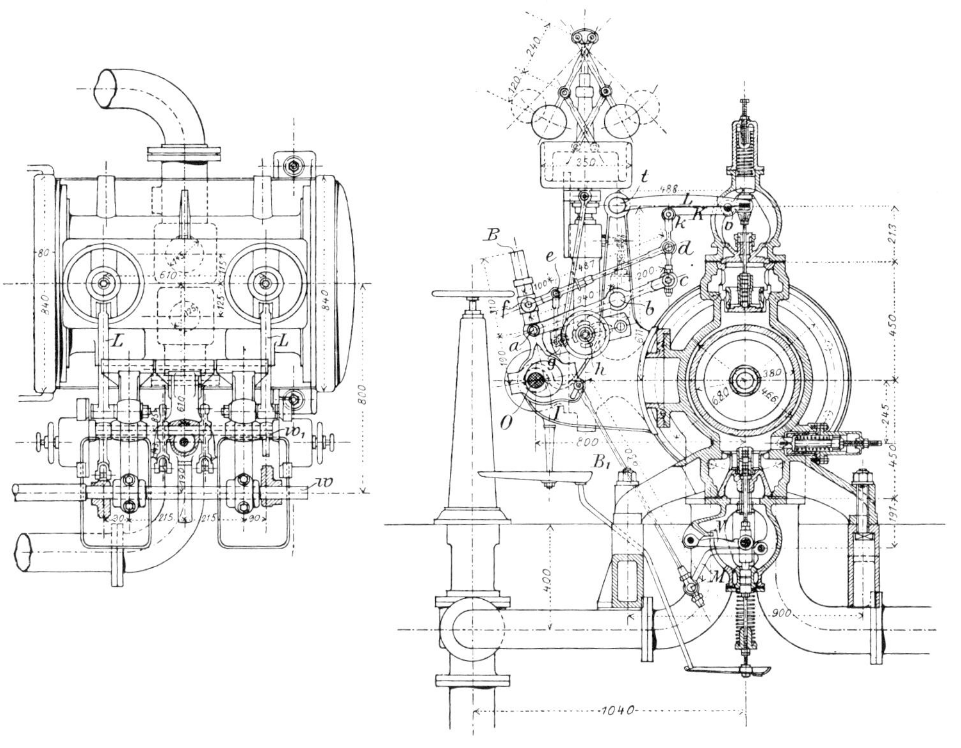

Eine andere, vielfach ausgeführte zwangläufige Ventilsteuerung ist die patentierte **Höffnersteuerung,** die von der Sächsischen Maschinenfabrik, vormals Richard Hartmann, in Chemnitz ausgeführt wird und auf Taf. 45 dargestellt ist. In Fig. 1 und 4 daselbst bezeichnet O wieder die Mitte der Steuerwelle w. Die auf ihr sitzenden beiden Excenter E für die Einlassventile erteilen dem Auge b ihrer Excenterstangen B eine ellipsenähnlich verlaufende Bewegung, da die Stangen B durch einen in A angreifenden und um g drehbaren Hebel G geführt werden. Der Bolzen des oberen Auges b trägt ferner einen Hebel F, der wieder mit seinem Bolzen d einem Bogen D zur drehbaren Lagerung dient. Das andere Ende dieses Bogens ist mit dem Bolzen c in einem Hebel C beweglich, der fest auf der Regulatorwelle w_1 sitzt. Bei der in Fig. 1 angedeuteten Lage des Mechanismus, die derselbe bei einer festen Stütze T drehen kann, und H_1 endlich legt sich gegen den langen Hebel H_2, der mit seinem einen Ende drehbar in der festen Stütze L verlagert ist, mit seinem anderen Ende die Ventilspindel erfasst und also bei der Aufwärtsbewegung von D das Ventil von seinem Sitz hebt. Die Eröffnung dauert solange an, bis dass der bei der späteren Bewegung von b niedergehende Bogen D und Bolzen d wieder in ihre Anfangslage bei Beginn des Dampfvoreintrittes, wo das Ventil anfing, sich zu heben, zurückgekehrt sind. Das geschieht nun um so früher, je weiter der Regulator den Hebel C und auch den Bogen D nach dem Cylinder zu dreht, und umgekehrt. Man erkennt dies leicht aus der Figur.

Der auf einem Kreise vom Radius r sich in der angegebenen Drehrichtung bewegende Mittelpunkt des Excenters E nimmt nacheinander die Lagen I, 0, 1, 2, ... ein. Die Mitte des Auges A der Excenterstange schwingt dabei auf dem um g geschlagenen Kreisbogen, und man erhält die verschiedenen Lagen von A, wenn man auf diesem Kreisbogen von den einzelnen Lagen der Excentermitte aus mit dem Abstande $\overline{IA}$ einschneidet. Verbindet man die zusammengehörigen Lagen von A und von der Excentermitte durch gerade Linien und trägt auf diesen die Verlängerung $\overline{Ab}$ auf, so bekommt man auch die zugehörigen Lagen von b, welche in ihrer Verbindungslinie die oben erwähnte ellipsenähnliche Kurve ergeben. Bei Beginn des Voreintrittes befindet sich die Excenterkurbel in OI, und die Excenterstange nimmt dann stets die Lage IAb ein. Steht die Excenterkurbel in OO, so ist die Hauptkurbel in ihrer Totlage.

In Fig. 1 ist nun der ganze Steuerungsmechanismus durch ausgezogene Linien so angedeutet, wie er bei Beginn des Voreintrittes und des Ventilhubes für die grösste Füllung steht. Die punktiert angedeutete Lage nimmt der Mechanismus bei seiner höchsten Stellung und der grössten Ventilerhebung ein. Der Punkt b ist dann nach b′, der Punkt d, welcher um c schwingt, nach d′ gekommen. Will man die Lage von b erhalten, bei welcher sich das Ventil wieder schliesst und die Füllung aufhört, so braucht man nur in d einzusetzen und einen Kreisbogen durch den Punkt b zu ziehen. Derselbe schneidet die ellipsenähnliche Kurve dicht vor dem Punkte 4; hier nimmt also der ganze Mechanismus wieder diejenige Lage ein, die er bei Beginn des Voreintrittes und Ventilhubes inne hatte, ist also der Dampfeintritt beendigt. Die Excenter- und Hauptkurbel hat sich dann nicht ganz um den Winkel 0 O 4 aus der Totlage der letzteren gedreht, was einer Füllung von ca. 65 % entspricht.

Bewegt aber der Regulator den Hebel C mehr nach dem Cylinder hin, so rückt auch d mehr nach dieser Seite, und der nun um d durch b gezogene Kreis schneidet die ellipsenähnliche Kurve in einem Punkte, der vor 4 liegt. Die Füllung wird dann also kleiner ausfallen. Unterhalb der Fig. 1 ist die Lage des Bogens D und der Punkte b, d und c nochmals für 30 % Füllung bei Beginn des Voreintrittes angedeutet.

Um bei endlicher Schubstangenlänge die Füllung auf beiden Kolbenseiten annähernd oder genau gleich zu bekommen, muss bei derselben Füllung der für die rechte Kolbenseite (Füllung während des Rücklaufes) dienende Bogen D etwas weiter vom Cylinder abstehen als derjenige für die linke Kolbenseite (Füllung während des Hinlaufes). Es ist dies in Fig. 1 angedeutet, wo d und c für die linke, d_1 und c_1 für die rechte Kolbenseite gelten. Der Hebel H_1 muss demgemäss für die rechte Kolbenseite an seinem freien Ende entsprechend länger ausgebildet werden, wie dies ebenfalls in der Figur punktiert eingetragen ist. Die langen Gegenhebel H_1 und H_2 verfolgen wieder den auf Seite 234 angeführten Zweck, die Einlassventile zuerst langsam anzuheben, dann aber schnell hoch zu bewegen, und umgekehrt dieselben zuerst rasch niederfallen, später aber langsam aufsetzen zu lassen.

Das Voröffnen fängt bei der vorliegenden Steuerung stets bei derselben Kolbenstellung an, weil die Excenterstange B bei Beginn des Voreintrittes und allen Füllungen immer die Lage I A b einnimmt. Auch ist der Ventilhub infolge der verschiedenen Angriffspunkte am Hebel H_1 für die meisten vorkommenden Füllungen annähernd konstant; bei kleineren Füllungen rückt nämlich der Angriffspunkt am Hebel H_1 mehr nach dem Cylinder hin, bei grösseren mehr von diesem fort. Alle Bolzen und Gelenke werden wie bei der Collmannsteuerung während der Bewegung nur durch einseitigen, nicht wechselnden Druck beansprucht. Eine Rückwirkung der Steuerung auf den Regulator durch die Kraft, welche beim Anheben des Ventiles den auf diesem lastenden Dampfdruck zu überwinden hat, wird vermieden, da diese Kraft ja dann durch die Mitte der Regulatorwelle geht. Bezüglich der Federspannung, welche die Schlussbewegung des Ventiles bewirkt, ist ebenfalls nur eine geringe Rückwirkung zu befürchten, da der von dieser Spannung herrührende Druck vom Hebel H_1 so nach dem Bogen D übertragen wird, dass er durch die oder sehr nahe an der Mitte der Regulatorwelle vorbeigeht, also gar kein oder nur ein geringes Drehmoment auf diese Welle äussert. Dagegen ist eine Rückwirkung durch die Reibungswiderstände im oberen Mechanismus während der ganzen Ventilerhebung nicht beseitigt. Als Vorzug der Höffnersteuerung kann deren Einfachheit und die geringe Zahl der Gelenke gelten.

Die Auslassventile werden bei der vorliegenden Steuerung durch unrunde Scheiben S (siehe Fig. 4 und 5, Taf. 45) bewegt. Auf denselben geleitet je eine Rolle M, die drehbar in der unteren Stange B_1 verlagert ist. Die Stange B_1 wird durch den unteren Ventilhebel, sowie durch den Arm P geführt. Der letztere ist mit Handgriff versehen, um die Auslassventile auch von Hand öffnen und das Kondenswasser aus dem Cylinder, wenn erforderlich, ablassen zu können. Die unrunden Scheiben sind in ihrer Bahn zweiteilig gemacht, um die Kompression später nach Bedarf zu verändern.

Die auf Taf. 45 angegebenen Verhältnisse der Höffnersteuerung gehören einer Maschine von 400 mm Bohrung und 850 mm Hub an. Der Durchmesser der Einlassventile ist 135 mm. Es beträgt ferner

für eine Füllung von	0,05	0,1	0,15	0,2	0,25	0,3	0,4	0,5	0,6	0,65
das Voröffnen $\frac{1}{2}$ v_e in mm	4	4,5	4,5	4,5	4,75	4,75	4,5	4,5	4,5	4,5
der Ventilhub in mm	4	7	10	12	13,5	15	18	21	24,5	27

Steht die Hauptkurbel in der Totlage, so bildet die Excenterkurbel (Lage O o in Fig. 1) des zugehörigen Einlassventiles mit der Vertikalen durch die Mitte der Steuerwelle einen Winkel von 32°, bei Beginn des Voreintrittes von 1,5 % beträgt dieser Winkel (Lage OI der Excenterkurbel in Fig. 1) 17° 50′.

Die Auslassventile haben 145 mm Durchmesser und 20 mm Hub. Der Voraustritt ist nach Fig. 5, Taf. 45 6 %, die Kompression 6 bis 22 %, entsprechend dem Winkel α, um welchen die äussere Bahn der unrunden Scheiben verkleinert werden kann.

Die nachstehende Tabelle giebt die Hauptverhältnisse der Höffnersteuerung für drei Cylinderbohrungen mit Bezug auf die Bezeichnungen in Fig. 1, Taf. 45.

Tabelle.

Cylinderbohrung	400	450	620	mm
Excentricität r = $\overline{OI}$	27,5	25	40	„
Excenterstangenlänge $\overline{IA}$	363	402	532	„
Excenterstangenlänge $\overline{Ib}$	635	702	931,5	„
Armlänge $\overline{gA}$	105	98	127	„
Abstand $\overline{bc}$	100	115	122	„
Abstand $\overline{bd}$	85	110	108	„
Radius der inneren runden Bahn von H_1	128	140	150	„
Horizontaler Abstand der Vertikalen durch die Cylindermitte von der Steuerwelle	760	770	1150	„
Horizontaler Abstand der Vertikalen durch die Cylindermitte von der Regulatorwelle	270	400	400	„
Horizontaler Abstand der Vertikalen durch die Cylindermitte vom Punkte g	328	410	665	„
Vertikaler Abstand der Horizontalen durch die Cylindermitte von der Steuerwelle	440	480	606	„
Vertikaler Abstand der Horizontalen durch die Cylindermitte vom Punkte g	170	200	246	„

Die zwangläufige **Ventilsteuerung** von **Radovanović** (D. R.-P. No. 51247), die auf Taf. 44 dargestellt ist, benutzt zur Bewegung der Einlassventile den Hackworthschen Lenker. Derselbe ist in Fig. 1 und 2, Taf. 44 mit B bezeichnet. Das eine Ende desselben wird durch ein Excenter E der Steuerwelle w_1 in Bewegung gesetzt, das andere Ende c überträgt die empfangene Bewegung durch die Stange S auf den Hebel H der Ventile, und ein zwischen den Enden liegender Punkt des Lenkers wird auf einer geraden Linie geführt. Dieser letztgenannte Punkt ist der Mittelpunkt einer Scheibe K, die in dem Lenker drehbar verlagert uud mit einem der Führungslinie entsprechenden Schlitze versehen ist. In den Schlitz greift ein auf der Regulatorwelle w_2 befestigtes Gleitstück T. Die Lage dieses letzteren ist also von der Stellung des Regulators bezw. von der Belastung der Maschine abhängig, bestimmt ihrerseits aber wieder die Richtung der geraden Linie, auf welcher bei einer Drehung des Excenters E die Mitte der Scheibe K verschoben wird. Von der jeweiligen Richtung dieser Verschiebung hängt nun die Bewegung des Endes c ab, das somit bei den verschiedenen Regulatorstellungen und Belastungen der Maschine verschiedene Kurven beschreiben wird, die wiederum andere Bewegungen des Ventiles, d. h. grössere oder kleinere Füllungen mit sich bringen. Es ist dies aus Fig. 3, Taf. 44 ersichtlich.

O ist hier die Mitte der Steuerwelle w_1. Die Mitte des Excenters E bewegt sich bei einer Drehung der Steuerwelle auf einem mit der Excentricität r als Radius geschlagenen Kreise. A ist ferner die Mitte der Regulatorwelle w_2. Durch diese Mitte gehen, entsprechend der Einstellung des Gleitstückes T auf der Regulatorwelle, die geraden Linien, auf welchen sich die Mitte der Scheibe K bewegen kann. In der Figur sind zwei solcher Linien gezogen und für diese die Bewegungskurven des Endes c konstruiert worden. Die eine gerade Linie durch A und die zugehörige Kurve von c entspricht der kleinsten, die andere der grössten Füllung.

Um die Kurven von c zu bekommen, hat man zuerst die verschiedenen Lagen der Scheibenmitte K bei der Drehung des Excenters E aufzusuchen. Man erhält dieselben, wenn man mit dem Abstande $\overline{IA}$ der Excenter- und Scheibenmitte von den verschiedenen Lagen I, 0, 1, 2, . . . 9′ der Excenterkurbel aus auf die gerade Linie durch A einschneidet, welche für die Verschiebung der Scheibenmitte, entsprechend der Einstellung von T, massgebend ist. Verbindet man dann die zusammengehörigen Lagen von Excenter- und Scheibenmitte durch gerade Linien und trägt auf deren Verlängerungen von der jeweiligen Lage der Scheibenmitte aus den Abstand $\overline{Ac}$ des linken Lenkerendes ab, so erhält man die Kurve des letzteren. welche zu der durch A gewählten geraden Linie bezw. Einstellung von T gehört.

Bei Beginn des Voreintrittes nimmt der Mechanismus bei jeder Einstellung von T die Lage O I A c d in Fig. 3 ein. Das Ventil fängt dann bei weiterer Drehung der Steuerwelle an, sich zu öffnen. Kommt die Excenterkurbel nach O 0, so steht die Hauptkurbel in der zugehörigen Totlage und das Ventil ist um das Voröffnen $\frac{1}{2}$ v_e gehoben. Setzt man nun in Fig. 1 in den Punkt d, wo die Ventileröffnung[1]) beginnt, ein und schlägt durch den Punkt c einen Kreis, so schneidet dieser die jeweilige c-Kurve ein zweites Mal offenbar an der Stelle, wo die Ventileröffnung und die Füllung aufhört. Bei der ausgezogenen c-Kurve ist dies z. B. im Punkte 7, bei der strichpunktierten in einem zwischen 0 und 1 liegenden Punkte der Fall. Im ersteren Falle hat sich die Steuerwelle aus der Lage O 0, die Kurbelwelle also aus ihrer Totlage um einen Winkel 0 O 7 gedreht, der einer Füllung von ca. 70 % entspricht, im letzteren Falle um einen solchen, zu dem nur ca. 5 % Füllung gehören. Der höchste Punkt der einzelnen c-Kurven bestimmt natürlich die bei den zugehörigen Füllungen stattfindenden grössten Ventilerhebungen.

Der obere Hebel H, welcher die Stange S mit der Spindel des Einlassventiles verbindet, stützt sich während der Ventileröffnung auf eine Stahlplatte am Ventilgehäuse. Die letztere und der Hebel H sind an der Berührungsstelle so gekrümmt, dass der Berührungspunkt beider zu Anfang und kurz vor dem Schluss der Ventileröffnung ganz nahe an der Ventilspindel liegt, sonst aber weit von dieser weg rückt. Es hat dies denselben Zweck, den die früher erklärten Gegenhebel verfolgten, also langsames Anheben, schnelles Öffnen und Schliessen, sowie sanftes Aufsetzen des Ventiles. Die im Ventilgehäuse befindliche Feder zieht das Ventil während des Schliessens auf seinen Sitz zurück, also hoch; die Feder hat somit hier auch das Eigengewicht des Ventiles und Ventilgestänges zu überwinden. Bei geschlossenem Ventil hebt sich der Hebel H nach unten von seiner Stützplatte am Gehäuse ab.

Die Radovanovićsteuerung ist eine der besten zwangläufigen Steuerungen. Sie zeichnet sich durch grosse Einfachheit und geringe Zahl der Gelenke aus. Das Voröffnen beginnt bei ihr stets bei derselben Kolben- und Hauptkurbellage, da zu Anfang des Voreintrittes, welches auch die Füllung sein mag, der Mechanismus immer dieselbe Lage (I A c d in Fig. 3) einnimmt. Da ferner in dieser Lage die Mitte der Scheibe K mit der Mitte A

1) Die Einlassventile werden hier nach unten von ihrem Sitz abgehoben.

der Regulatorwelle zusammenfällt, so ist die Rückwirkung der Steuerung auf den Regulator durch die Kraft, welche zum Anheben der belasteten Ventile nötig ist, aufgehoben. Bezüglich der Spannung der Ventilfedern und der Reibung am Umfange der Scheiben K ist dies nicht der Fall; beide üben vielmehr Drehmomente auf die Regulatorwelle aus, deren Drehungssinn aber entgegengesetzt ist und die deshalb, namentlich bei grossem Radius der Scheibe K, eine verschwindend kleine Rückwirkung auf den Regulator äussern[1]). Das ganze Gestänge der Steuerung wird nun durch einseitigen, nicht wechselnden Druck beansprucht.

Zur Bewegung der Auslassventile dienen auf Taf. 44 zwei besondere Excenter, welche durch Stangen B_1 und Hebel H_1 auf die Spindeln dieser Ventile wirken.

Die Tabelle auf Taf. 44 giebt die Hauptverhältnisse der Radovanovićsteuerung für verschiedene Cylinderbohrungen.

Die zwangläufige **Ventilsteuerung** von **Kuchenbecker** (D. R.-P. No. 15841) unterscheidet sich von den bisher betrachteten Steuerungen dieser Gruppe hauptsächlich dadurch, dass die Einlassventile nicht durch den Druck einer Feder, sondern durch die Maschine selbst geschlossen werden. Die oberhalb der Einlassventile angeordnete Feder hat also hier nur für die dauernde Berührung der aufeinander arbeitenden Hebel zu sorgen, kann also in ihrer Spannung geringer gehalten sein als bei den früher behandelten Steuerungen dieses Paragraphen, wo diese Feder nicht nur die Berührung in den betreffenden Teilen des Mechanismus aufrecht zu erhalten, sondern auch die Ventile auf ihren Sitz zurück zu bewegen hat. Die Fig. 6 bis 9, Taf. 47 zeigen die Kuchenbeckersteuerung nach einer Ausführung der Wilhelmshütte, Aktien-Gesellschaft für Maschinenbau und Eisengiesserei zu Eulau-Wilhelmshütte und Waldenburg in Schlesien.

Zur Bewegung des Ein- und Auslassventiles einer jeden Cylinderseite dient hier ein auf der Steuerwelle w in Fig. 6 und 9 aufgekeiltes Excenter E. Dasselbe überträgt durch den Excenterhebel B zwei Bewegungen auf das Ende s der Stange S, welche das Öffnen und Schliessen des Einlassventiles durch verschiedene Hebel bewirkt. Von diesen beiden Bewegungen erfolgt die eine, nämlich die des Punktes c, der durch den Hebel C mit s verbunden ist, immer in der gleichen Weise. Die andere Bewegung dagegen wird beeinflusst durch die Stellung des Regulators, ist also von der Belastung der Maschine abhängig und erfolgt bei den einzelnen Regulatorstellungen und Belastungszuständen in verschiedener Weise. Hierzu ist das Ende b des Excenterhebels B mit einer Kulisse K verbunden, die um den Bolzen k schwingen kann. In der Bahn der Kulisse ist weiter ein Gleitstück T durch den Regulator verstellbar, indem die Regulatorwelle w_1 mit ihrem festgekeilten Hebel D dieses Gleitstück in zwei bogenförmig gestalteten Stangen F trägt. Andererseits ist aber auch der Gleitstein durch die Stangen G mit dem Ende s verbunden. Je grösser nun die Belastung der Maschine wird, um so höher stellt der nach unten gehende Regulator den Gleitstein in die Kulissenbahn ein, einen um so grösseren Vorstoss erleidet das Ende s in der Richtung seiner Stange nach dem Cylinder hin, um so grösser und länger ist die Ventilerhebung, und umgekehrt. Es lässt sich dies leicht an Hand der Fig. 6a verfolgen, wo die einzelnen Teile des Steuerungsmechanismus nochmals schematisch angedeutet und die Bahnen der einzelnen Punkte eingetragen sind.

Durchläuft die Mitte des Excenters E bei der Drehung der Steuerwelle in der angegebenen Richtung die Punkte I, 0, 1 . . . . 9 des mit der Excentricität r um O geschlagenen Kreises, so bewegt sich der Punkt b auf einem mit dem Abstande $\overline{kd}$ um den Drehpunkt k der Kulisse geschlagenen Kreisbogen. Der Punkt c dagegen beschreibt eine ellipsenförmige Kurve, deren einzelne Punkte man erhält, sobald man aus den zusammengehörigen Lagen der Excentermitte und des Punktes b Kreise mit den Abständen $\overline{Ic}$ bezw. $\overline{bc}$ schlägt und deren Schnittpunkte aufsucht. Die Bewegung des Punktes s, soweit dieselbe von c abhängig ist, muss nun so erfolgen, dass s stets auf einem mit dem Abstande $\overline{cs}$ um die einzelnen Lagen von c gezogenen Kreisbogen liegt. Diese Kreisbögen sind in der Figur mit α_I, α_0, α_1 . . . . bezeichnet.

Um weiter die Bewegung, welche der Punkt s durch die Kulisse bei den einzelnen Lagen des Gleitsteines T empfängt, zu erhalten, hat man zunächst die verschiedenen Lagen des Mittelpunktes M der Kulissenkrümmung aufzusuchen. In der in der Figur angedeuteten Lage des Mechanismus, fällt M mit s zusammen. Alle Lagen von M befinden sich aber auf einem Kreisbogen, der mit dem Abstande $\overline{kM} = \overline{ks}$ um den Drehpunkt der Kulisse geschlagen wird, und ergeben sich, sobald man von den verschiedenen Lagen von b aus mit dem Abstande $\overline{bM} = \overline{bs}$ auf diesem Kreisbogen einschneidet. Setzt man nun umgekehrt in die so erhaltenen verschiedenen Lagen des Mittels M ein und zieht von ihnen aus Kreisbögen durch g, so stellen diese die verschiedenen Lagen der mittleren Kulissenkrümmung während der Drehung der Steuerwelle dar. In der Figur sind diese Kreisbögen mit β_I, β_0, β_1 . . . . bezeichnet. Auf ihnen befindet sich der Mittelpunkt des Gleitsteines T, der ebenfalls in der vom Regulator angewiesenen Lage um k schwingt. In der Figur sind zwei solcher Lagen angedeutet. Bei der oberen schwingt die Mitte von T auf dem Kreisbogen $\gamma - \gamma$, bei der unteren auf demjenigen $\delta - \delta$ um k, und die Schnittpunkte dieser Kreisbögen mit denjenigen β_I, β_0, β_1 ergeben die verschiedenen Stellungen der Gleitsteinmitte bei den gewählten beiden Regulatoreinstellungen.

Setzt man endlich in die so gefundenen, verschiedenen Lagen der Gleitsteinmitte ein und schneidet mit dem Krümmungsradius $\overline{gM} = \overline{gs}$ auf dem zugehörigen Bogen α_I, α_0, α_1 . . . ., auf dem der Punkt s infolge der Bewegung von c aus liegen muss, ein, so bekommt man die Punkte, durch welche sich s bewegen wird. Sie ergeben, wenn die Gleitsteinmitte auf $\gamma - \gamma$ schwingt, die ausgezogene, wenn sie auf $\delta - \delta$ schwingt, die punktiert angedeutete Kurve. Die erstere ergiebt einen weit grösseren Vorstoss der Stange S als die letztere.

Die angedeutete Lage der Stange S entspricht dem Beginn des Voreintrittes und der Ventilerhebung. Schlägt man somit um das andere Ende (1 in Fig. 6) dieser Stange bei der angedeuteten Lage einen Kreisbogen $\varepsilon - \varepsilon$ durch s, so trifft dieser die ausgezogene s-Kurve in m, die punktierte in n; in diesen Punkten wird das Ventil sich wieder schliessen, hört also die Füllung auf. Der Punkt m der ausgezogenen s-Kurve entspricht aber einem Drehwinkel 0 O m, der Punkt n der punktierten s-Kurve einem solchen 0 O n der Excenterkurbel aus ihrer Lage O 0 oder der Hauptkurbel aus ihrer

1) Siehe „Zeitschrift deutscher Ingenieure“, Jahrgang 1893, S. 462.

Totlage, da bei der Lage O O der ersteren Kurbel die letztere in ihrer Totlage steht. Zu den angegebenen Drehwinkeln gehören ca. 75 bezw. 30% Füllung.

Die Bewegung des Endes l der Stange S in Fig. 6 und 7, Taf. 47 wird bei der vorliegenden Steuerung zur Drehung des Hebels H benutzt, der um h drehbar ist. Der Hebel H arbeitet ferner mit dem einen Arme H_1 eines zweiten Hebels zusammen, dessen Drehpunkt q ist und dessen anderer Arm H_2 die Ventilspindel erfasst. H und H_1 sind wieder nach Art der Gegenhebel so gestaltet, dass ihr Berührungspunkt anfangs bei h liegt, dann aber sehr bald nach q hin rückt, damit die Eröffnung und der Schluss des Ventiles in der schon mehrfach erklärten Weise vor sich geht. Beim Schliessen des Ventiles legt sich der Hebel H mit seiner Bahn x—x in Fig. 7 gegen die Höhlung y—y des Armes H_3 und zieht das Ventil herunter, wobei eine in den Behälter Q eingebaute Feder für die Berührung der Arme H_1 und H sorgt und den Ventilschluss in umgekehrter Weise wie die Ventileröffnung vor sich gehen lässt. Die erwähnte Feder in dem Behälter Q bildet dabei zugleich ein elastisches Zwischenglied im Ventilgestänge, das nötig ist, damit Unreinigkeiten den Ventilsitzen, sowie dem Steuerungsmechanismus nicht gefährlich werden. Während des Ventilschlusses hebt sich der Hebel H von dem Arme H_1 ab, und es gleitet nun der erstere mit seiner Bahn v—x unter derjenigen y—z des Armes H_3.

Das Voröffnen beginnt bei der Kuchenbeckersteuerung immer bei derselben Kolben- und Hauptkurbellage, da die Excenterkurbel dann stets in O I und der Punkt s, welches auch die Füllung sein mag, immer die in Fig. 6a angegebene Lage einnimmt. Da ferner bei dieser Lage der Punkt s mit dem Mittelpunkte M der Kulissenkrümmung zusammenfällt, so ist eine Rückwirkung der Steuerung auf den Regulator bei Beginn des Voreintrittes durch die Kraft zum Anheben der Ventile, sowie durch die Federspannung aufgehoben. Bei weiterer Drehung der Kurbelwelle ist das nicht mehr der Fall; da nun die Lage von s nicht mehr diejenige von M deckt und durch die nach s übertragene Pressung der Feder auch eine Tangentialkomponente in T hervorgerufen wird, so dürfte durch die Federspannung, die allerdings verhältnismässig gering ist, sowie durch die Reibungswiderstände eine, wenn auch geringe, Rückwirkung auf den Regulator eintreten. Als Vorteil der vorliegenden Steuerung kann der Umstand gelten, dass ein Hängenbleiben des geöffneten Ventiles, wie es z. B. bei den anderen zwangläufigen Ventilsteuerungen bei zu grossem Widerstande in der Stopfbuchse der Ventilspindel und bei zu kleiner Federspannung vorkommen kann, hier ausgeschlossen ist, da, wie schon erwähnt, ja das Ventil durch die Kraft der Maschine auf seinen Sitz zurückgezogen wird. Dagegen kann als Nachteil der Kuchenbeckersteuerung die grosse Zahl der Gelenke, sowie die schwierige genaue Herstellung der zahnartig ineinander greifenden oberen Hebel gelten.

Die Auslassventile werden in Fig. 6, Taf. 47 von dem Punkte p der Kulisse aus durch die Stange S_1 bewegt. Der Punkt p schwingt dabei wieder auf einem Kreisbogen um k, und man erhält die verschiedenen Lagen dieses Punktes bei der Drehung der Steuerwelle, wenn man von den einzelnen Lagen des Punktes b aus mit dem Abstande $\overline{bp}$ auf dem erwähnten Kreisbogen einschneidet. Das untere Ende r der Stange S_1 überträgt die der letzteren erteilten Bewegung durch die Hebel N, R, die ähnlich wie die entsprechenden Hebel der Einlassventile gestaltet und in Fig. 8 nochmals dargestellt sind, auf die Auslassventile.

Die in Fig. 6 bis 9, Taf. 47 angegebenen Verhältnisse der Kuchenbeckersteuerung gehören zu dem kleinen Cylinder einer Verbundmaschine von 540 bezw. 840 mm Bohrung und 1000 mm Hub. Die Einlassventile haben 220 mm Durchmesser, und es beträgt

bei einer Füllung von . . .	0,1	0,2	0,3	0,4	0,5	0,6	0,75	0,8
der Vorstoss des Punktes s in mm	3	4,5	6,5	8	10,5	13	18	20,5
der Ventilhub in mm	3	7	13	17	24	32	45	54

Die Auslassventile haben den gleichen Durchmesser wie die Einlassventile, während der Vorstoss des Punktes p 9 mm, der Ventilhub 21 mm ist.

Bei Beginn des Voreintrittes bildet die Excenterkurbel mit der Vertikalen durch die Mitte der Steuerwelle einen Winkel (Fig. 6a)

$$I\,O\,0 = 18^0\,20',$$

die Excentricität der Excenter ist

$$r = 24 \text{ mm}.$$

Durch eine grosse Einfachheit des Mechanismus zeichnet sich die zwangläufige **Ventilsteuerung** von **Widnmann** (D. R.-P.) aus. Dieselbe ist in Fig. 10[1]), Taf. 47 dargestellt. Das zur Bewegung des Ein- und Auslassventiles einer jeden Cylinderseite dienende Excenter E auf der Steuerwelle w ist durch die Stange B mit dem einen Arme des unteren Hebels M verbunden, der mit seinem anderen Arme die Spindel des Auslassventiles erfasst und im Punkte m drehbar verlagert ist. Der Punkt b des Excenterbügels beschreibt deshalb bei jeder Umdrehung der Kurbel- und Steuerwelle eine ellipsenähnliche Kurve. Die Bewegung des Punktes b wird durch die Stange C auf einen zweiarmigen Hebel D übertragen, dessen anderes Ende e durch die Stange S und den Hebel H auf die Spindel des Einlassventiles wirkt, sobald S und H aus der angegebenen Lage, die den Beginn der Ventileröffnung darstellt, nach unten gehen. Als Stützpunkt des Hebels D dient der Bolzen d eines auf der Regulatorwelle w_1 festgekeilten Hebels F, und die von der Regulatorstellung und der Belastung der Maschine abhängige Lage dieses Hebels bedingt die Grösse der Ventilerhebung und der Füllung. Je mehr nämlich der Hebel F durch die Regulatorwelle nach dem Cylinder hin gedreht wird, desto kleiner fällt die Grösse und Dauer der Ventileröffnung aus, und umgekehrt. Es ist dies leicht aus Fig. 10a, Taf. 47 zu ersehen, wo der Mechanismus der Steuerung nochmals in grösserem Massstabe schematisch aufgetragen ist.

Die Excenterkurbel durchläuft bei der Drehung der Steuerwelle die Punkte I, 0, 1 . . . . 9 des Excenterkreises um O. Bei der Lage O I der Excenterkurbel beginnt der Dampfvoreintritt, bei der Lage O O befindet sich die Haupt-

1) Nach der „Zeitschrift deutscher Ingenieure", Jahrgang 1892, S. 249.

kurbel und der Kolben in der Totlage. Schlägt man nun mit der Länge $\overline{In}$[1]) der Excenterstange B von den verschiedenen Lagen I, 0, 1 .... 9 der Excentermitte aus auf dem mit $\overline{mn}$ als Radius um m gezogenen Kreisbogen ein, so erhält man die verschiedenen Lagen des Punktes n. Die zusammengehörigen Lagen des letzteren und der Excentermitte ergeben dann auch die bezüglichen Lagen des Punktes b als Schnittpunkt zweier Kreise, von denen der eine mit $\overline{Ib}$ als Radius aus der Stellung der Excentermitte, der andere mit $\overline{nb}$ als Radius aus der zugehörigen Stellung von n zu schlagen ist.

Die Stange C, sowie die beiden Hebel D und F sind in Fig. 10a in vier verschiedenen Lagen angedeutet. Bei diesen Lagen OIbcde, OIbc′d′e′ .... OIbc‴d‴e‴ steht der Mechanismus so, dass bei weiterer Drehung der Steuerwelle nach dem eingetragenen Drehungssinne das Ventil anfängt, sich zu öffnen. Setzt man nun der Reihe nach in c c′ .... c‴ ein und zieht durch den Punkt b Kreisbögen, so schneiden diese die ellipsenähnliche Kurve von b ein zweites Mal in den Punkten o, p, t bezw. q. Hier nimmt offenbar der Hebel D die bei Beginn der Ventileröffnung eingenommene Stellung wieder ein, erfolgt also der Ventilschluss und hört die Füllung auf. Die Excenterkurbel hat sich dann aus der Lage 00, die Hauptkurbel aus ihrer Totlage um die Winkel 00o, 00p, 00t bezw. 00q gedreht. Einem jeden dieser Winkel entspricht eine andere Füllung und, wie sich leicht konstruieren lässt, auch ein verschiedener Ventilhub. Der Punkt c, c′, c″ bezw. c‴, der stets auf einem Kreisbogen um d, d′, d″ bezw. d‴ schwingen muss, erfährt z. B. eine grösste Bewegung von o, c′ f′, c″ f″ bezw. c‴ f‴, die zur Ventileröffnung verwendet wird.

Der obere Hebel H findet auf einer gewölbten Fläche des Ventilgehäuses seine Unterstützung. Die Berührungsstelle der aufeinander arbeitenden Flächen ändert wie bei zwei Gegenhebeln in der früher erklärten Weise und aus den früher angegebenen Gründen ihre Lage.

Die Verhältnisse der Widnmannsteuerung können so gewählt werden, dass entweder der Voreintritt immer bei derselben Kolben- und Hauptkurbellage beginnt, oder das Voröffnen $\frac{1}{2} v_e$ konstant bleibt. Das erstere ist z. B. bei den Verhältnissen in Fig. 10a, Taf. 47 der Fall. Die Punkte c, c′, c″ und c‴ müssen dann alle auf dem mit der Stangenlänge C um b beschriebenen Kreisbogen $\alpha-\alpha$, die Punkte e, e′, e″ und e‴ alle auf dem mit der Stangenlänge S um s geschlagenen Kreisbogen $\beta-\beta$ liegen, wobei die Lage von b und s dem Beginn des Voreintrittes entsprechen. Hat man für eine Anzahl von Füllungen die Lagen ce, c′e′ ... c‴e‴ des Hebels D aufgesucht, so muss man die Mitte O_1 der Regulatorwelle und den Radius des Hebels F natürlich so wählen, dass der mit diesem Radius um O_1 gezogene Kreis durch die zugehörigen Lagen d, d′ ... d‴ des Stützpunktes am Hebel F geht. Soll dabei zugleich für alle Füllungen die Rückwirkung der Steuerung auf den Regulator, welche sich bei Beginn des Voreintrittes durch die Kraft zum Öffnen des belasteten Ventiles zu äussern sucht, aufgehoben sein, so müssen sich für die einzelnen Füllungen die zusammengehörigen Lagen von C, S und F in einem Punkte treffen. In der Figur ist das ebenfalls der Fall. c′b, d′O_1 und se′ treffen sich im Punkte x′, c″b, d″O_1 und se″ in x″, c‴b, d‴O_1 und se‴ in x‴; der Schnittpunkt von cb, dO_1 und se liegt ausserhalb der Tafel. Die treibende Kraft der Stange C und der Widerstand der Stange S üben dann für die erwähnten Lagen auf den Hebel F einen Druck aus, der durch O_1 geht, also kein Drehmoment auf die Regulatorwelle ergiebt. Die Verhältnisse, bei denen dieser Bedingung im Verein mit der früher erwähnten genügt wird, lassen sich nur durch Probieren finden. Ist der zuerst erwähnten Bedingung entsprochen, so hat man die Länge der Stange C und des Hebels D solange abzuändern, bis dass auch die Rückwirkung auf den Regulator bei Beginn des Voröffnens für die meist gebräuchlichen Füllungen beseitigt ist[1]). Für die anderen Lagen des Mechanismus ist die Rückwirkung der Steuerung dann aber noch nicht aufgehoben; die Spannung der oberen Feder und die Reibungswiderstände üben vielmehr während der ganzen Ventilerhebung ein rückwirkendes Drehmoment auf die Regulatorwelle aus. Der Hauptvorzug der Widnmannsteuerung ist die ausserordentliche Einfachheit und geringe Zahl der Gelenke.

Die Verhältnisse der Steuerung in Fig. 6 und 6a, Taf. 47 gehören zu dem kleinen Cylinder einer Verbundmaschine, die 325 bezw. 500 mm Bohrung, 600 mm Hub besitzt und mit 100 minutlichen Umdrehungen läuft.

Ein **Vergleich der zwangläufigen und ausklinkenden Ventilsteuerungen** lehrt, dass die Vorteile der ersteren vornehmlich in einer von dem Wärter unabhängigen, ohne Zuhilfenahme von Puffern erreichten, sicheren Schlussbewegung der Einlassventile bestehen, durch welche letztere mit einer mathematisch sicheren und die Sitzflächen nicht schädigenden Geschwindigkeit niederbewegt bezw. aufgesetzt werden. Infolgedessen gestatten zwangläufige Ventilsteuerungen im allgemeinen höhere Umdrehungszahlen als nicht zwangläufige; die zulässige Grenze der Umdrehungszahl wird zwar für zwangläufige Ventilsteuerungen äusserst verschieden angegeben, meistens dürften aber grössere Umdrehungszahlen als 120 bis 130 bei normalem Betriebe nicht zur Anwendung kommen. Zwangläufige Ventilsteuerungen arbeiten ferner weit geräuschloser als solche mit Ausklinkmechanismus.

Dagegen setzen zwangläufige Ventilsteuerungen dem Regulator infolge der Zwangläufigkeit ihres Mechanismus einen viel grösseren Widerstand bei der Füllungsänderung als nicht zwangläufige entgegen, erfordern deshalb weit kräftigere Regulatoren als diese letzteren. Auch ist die Rückwirkung der Steuerung auf den Regulator, die gewöhnlich die Anbringung einer Ölbremse an diesem nötig macht und sich meistens in einem zweimaligen Zucken des Regulators während jeder Umdrehung der Maschine zeigt, ein Nachteil aller zwangläufigen Ventilsteuerungen. Bei Beginn des Voreintrittes und der Ventileröffnung ist die erwähnte Rückwirkung zwar, wie wir sahen, bei den meisten diesbezüglichen Steuerungen aufgehoben, dagegen äussern die Spannung der schliessenden Federn, sowie die Reibungswiderstände im Mechanismus während der ganzen Ventilerhebung ein rückwirkendes Drehmoment auf die Regulatorwelle. Die Spannung der schliessenden

1) m und n liegen auf der Tafel in der Cylinderbohrung der Fig. 1.

1) Siehe „Zeitschrift deutscher Ingenieure“, Jahrgang 1892, S. 163.

Federn muss die Reibung der Ventilspindeln in ihren Stopfbuchsen überwinden; ist also die Spannung dieser Federn sehr gering gewählt, wie es jetzt vielfach mit Rücksicht auf ein möglichst geräuschvolles Arbeiten und geringes Rückwirken geschieht, so ist ein Hängenbleiben der Ventile unter Umständen nicht ausgeschlossen und nur bei sehr sorgfältiger Wartung der erwähnten Stopfbuchsen zu vermeiden. Endlich haben zwangläufige Ventilsteuerungen den Übelstand, dass kleinen Füllungen auch kleine Ventilhübe entsprechen, die leicht zu einer Drosselung des frischen Dampfes führen. Namentlich ist dieser Übelstand bei Steuerungen mit langen Gegenhebeln zu bemerken. Die letzteren wirken auch insofern nachteilig, als sie die durch die Federn veranlasste Rückwirkung auf den Regulator verstärken und bei unrichtigem Nacheinstellen oft nach kurzer Zeit sehr schädliche Nacheinströmungen veranlassen.

VI. ABSCHNITT.

Die Regulatoren.

§ 46.

Allgemeine Erklärungen und Bezeichnungen.

Nach der Einleitung besitzt jede der in diesem Buche zu behandelnden Dampfmaschinen zwei Reguliervorrichtungen. Die eine ist das Schwungrad, die andere der Regulator. Das erstere regelt die Geschwindigkeit der Maschine während einer Umdrehung, schränkt also die Schwankungen in der Geschwindigkeit des Kurbelzapfens und der Kurbelwelle, wie sie namentlich durch die Veränderlichkeit des treibenden Dampf- bezw. Tangentialdruckes während der erwähnten Zeit hervorgerufen werden, in die zulässigen Grenzen ein. Der Regulator dagegen sorgt dafür, dass die während der einzelnen Umdrehungen auftretende mittlere Geschwindigkeit oder, was dasselbe sagt, die Umdrehungszahl der Maschine während einer Minute nicht zu starke Schwankungen erleidet; er regelt also die Geschwindigkeit während mehrerer Umdrehungen.

Solange nämlich bei einer Maschine der während einer Umdrehung herrschende mittlere Wert der Triebkraft gleich dem entsprechenden Werte des Widerstandes bleibt, wird in den aufeinander folgenden Umdrehungen die mittlere Umfangsgeschwindigkeit v im Kurbelkreise und somit auch die aus Gleichung 22 sich ergebende Umdrehungszahl in der Minute

$$n = \frac{30\,v}{\pi\,R}$$

konstant bleiben. Ändert sich aber der Mittelwert des Widerstandes, ohne dass die mittlere Triebkraft eine entsprechende Änderung erfährt, so wird die mittlere Umfangsgeschwindigkeit v und die Umdrehungszahl n nicht konstant bleiben, sondern ab- oder zunehmen. **Aufgabe** des Regulators ist es nun, die bei Änderungen im Belastungszustande der Maschine auftretenden Abweichungen von der normalen mittleren Umfangsgeschwindigkeit in den einzelnen Umdrehungen oder von der Zahl der letzteren während einer Minute auf das zulässige Mass zu beschränken, also dafür zu sorgen, dass der mittlere Wert von Triebkraft und Widerstand während der aufeinander folgenden Umdrehungen bis auf die zulässigen Abweichungen einander gleich bleiben.

Diese Aufgabe erfüllt der Regulator, wie schon in der Einleitung erklärt, in der folgenden Weise. Seine beiden Pendel und Kugeln rotieren um eine durch die Kurbelwelle angetriebene Achse und befinden sich bei normaler Geschwindigkeit oder Umdrehungszahl der Maschine in einer von dem Belastungszustande der letzteren abhängigen Lage, in welcher ihre Centrifugalkraft durch das eigene Gewicht und dasjenige einer Belastungshülse bezw. durch die Spannung einer entsprechend angeordneten Feder das Gleichgewicht gehalten wird. Treten nun Änderungen in der Belastung ein, so ändert sich infolge der zunächst vorhandenen Ungleichheit von Triebkraft und Widerstand auch die Geschwindigkeit der Maschine. Die dadurch gesteigerte oder verminderte Centrifugalkraft der Regulatorkugeln setzt dann ein Stellzeug, das an der sogenannten Muffe des Regulators angreift, nach der der einen oder anderen Richtung in Bewegung. Dieses wiederum wirkt bei seiner Bewegung auf die Triebkraft der Maschine ein, indem es entweder durch Einstellen einer Drosselklappe die Spannung, oder durch Änderung der Füllung die Menge des hinter den Kolben tretenden frischen Dampfes beeinflusst. Der Regulator unserer Maschinen tritt also, wie ebenfalls schon in der Einleitung hervorgehoben wurde, immer erst dann in Wirksamkeit, wenn infolge der schon vorhandenen Ungleichheit von mittlerer Triebkraft und mittlerem Widerstande bereits eine Zu- oder Abnahme der Geschwindigkeit stattgefunden hat; er kann deshalb auch die Schwankungen der letzteren während mehrerer Umdrehungen bei einer Änderung in der Belastung niemals vollständig beseitigen, sondern nur in enge Grenzen einschränken.

Ehe wir nun zur Behandlung der einzelnen Regulatoren übergehen, haben wir hier die zu ihrer Berechnung allgemein gültigen Gleichungen aufzustellen, sowie verschiedene Begriffe und Bezeichnungen, die bei ihnen üblich sind, zu erklären.

Zur Bestimmung der Geschwindigkeit, bei welcher ein Regulator sich im Gleichgewicht befindet, d. h. dessen Pendel relativ gegen die Achse desselben in Ruhe verbleiben, hat man sich die Maschine zunächst im Beharrungszustande, also bei unveränderter Umdrehungszahl, zu denken. Der Regulator schwingt dann, wenn die Steuerung nicht auf ihn zurückwirkt, gleichsam frei vom Stellzeuge, da dieses die Muffe nicht belastet, und jedes der Pendel wird im Gleichgewicht sein, wenn die Summe der virtuellen Momente der an ihm angreifenden Kräfte, oder die Summe der statischen Momente der letzteren in Bezug auf den augenblicklichen Pol für die Bewegung der Angriffspunkte dieser Kräfte am Pendel gleich Null ist. Bezeichnet also

$\mathbf{M}_c$ das bezügliche Moment der Centrifugalkraft,

$\mathbf{M}_p$ dasjenige des Eigengewichtes einer Kugel,

$\mathbf{M}_q$ dasjenige der auf ein Pendel durch das Hülsengewicht oder die Federspannung ausgeübte Kraft,

so ist für das Gleichgewicht des vom Stellzeuge frei schwingenden Regulators bei Vernachlässigung des Eigengewichtes und der Centrifugalkraft der Pendelarme die Beziehung

$$\pm \mathbf{M}_c \pm \mathbf{M}_p \pm \mathbf{M}_q = 0 \quad . \quad . \quad . \quad . \quad . \quad 195$$

massgebend. Aus dieser Gleichung lässt sich, wie bei den einzelnen Regulatoren später gezeigt wird, sowohl die für das Gleichgewicht erforderliche Centrifugalkraft C, als auch die hierbei auftretende Winkelgeschwindigkeit ω und Umdrehungszahl n für die einzelnen Lagen des Regulators berechnen.

Zwischen ω und n besteht, da ersteres die Umfangsgeschwindigkeit im Abstande 1 von der Drehachse in der Sekunde ist, letzteres aber auf die Minute bezogen wird, die Beziehung

$$2\,\pi \cdot n = 60\,\omega$$

oder

$$\omega = \frac{n \cdot \pi}{30}.$$

Im Folgenden wird, wenn $g = 9{,}81$ die Beschleunigung der Schwere ist, der Einfachheit wegen stets

$$\pi^2 = g,$$

oder

$$\frac{\omega^2}{g} = \left(\frac{n}{30}\right)^2 \quad . \quad . \quad . \quad . \quad . \quad . \quad . \quad . \quad 196$$

gesetzt.

Bei den Grenzlagen des Regulators, bei denen die Kugeln am weitesten von der Drehachse entfernt bezw. dieser am nächsten sind, oder bei denen, wenn die Drehachse des Regulators vertikal ist, die Kugeln ihre höchste bezw. tiefste Lage einnehmen[1]), sollen

ω_0 bezw. ω_u die Winkelgeschwindigkeit,

n_0 bezw. n_u die Umdrehungszahl

bezeichnen. Ist dann noch

ω_m und n_m der mittlere Wert

dieser beiden letzten Grössen, so nennt man

$$\delta_r = \frac{\omega_o - \omega_u}{\omega_m} = \frac{n_o - n_u}{n_m} \quad . \quad . \quad . \quad . \quad 197$$

den **theoretischen Ungleichförmigkeitsgrad** des Regulators. Derselbe bezeichnet, da ω_o und ω_u bezw. n_o und n_u der grössten und kleinsten Geschwindigkeit des freischwingenden Regulators entsprechen, das Verhältnis der grössten Geschwindigkeitsschwankung zur mittleren Geschwindigkeit des letzteren.

Für

$$\omega_m = \frac{\omega_o + \omega_u}{2} = \frac{n_o + n_u}{2}$$

erhält man durch Multiplikation mit der vorstehenden Gleichung

$$\delta_r = \frac{\omega_o{}^2 - \omega_u{}^2}{2\,\omega_m{}^2} = \frac{n_o{}^2 - n_u{}^2}{2\,n_m{}^2} \quad . \quad . \quad . \quad . \quad 198$$

Der theoretische Ungleichförmigkeitsgrad der besseren Regulatoren beträgt

$$\delta_r = 0{,}02 \text{ bis } 0{,}03, \text{ also } 2 \text{ bis } 3\,\%.$$

Er wird auch von manchen Firmen aus später zu erklärenden Gründen als einstellbar zwischen den Grenzen

$$\delta_r = 0{,}01 \text{ bis } 0{,}04, \text{ also zwischen } 1 \text{ bis } 4\,\%,$$

angegeben.

Ändert sich aber der Belastungszustand einer Maschine, so hat man sich den Regulator nicht mehr frei schwingend vom Stellzeuge zu denken. Derselbe will jetzt aus seiner alten Gleichgewichtslage heraus und in eine neue übergehen. Dabei hat er nicht nur das Stellzeug behufs Änderung der Triebkraft zu verstellen, sondern auch die Lage seiner eigenen Teile gegeneinander zu ändern. Jetzt greifen also an der Muffe des Regulators zwei Widerstände an, von denen der eine der auf die Muffe reduzierte Widerstand $\mathbf{W}_s$ des Stellzeuges, der andere der entsprechende Widerstand $\mathbf{W}_r$ der Eigenreibung des Regulators ist.

$$\mathbf{W} = \mathbf{W}_s + \mathbf{W}_r \quad . \quad . \quad . \quad . \quad . \quad . \quad 199$$

heisst kurz der **Muffenwiderstand.** Derselbe wirkt, wenn der Regulator in eine höhere Gleichgewichtslage übertreten will, nach unten, wenn er in eine niedrigere übergehen will, nach oben, und zu seiner Überwindung muss der Regulator an seiner Muffe eine ebenso grosse, aber entgegengesetzte Kraft ausüben. Von der letzteren bezeichnet man den zur Überwindung von W_s dienenden Teil als **Stell-** oder **Verstellungskraft K** des Regulators. Ehe dieser die zu seiner eigenen und des Stellzeuges Verstellung nötige Kraft W nicht entwickelt hat, kann keine Verschiebung eintreten, ist der Regulator, wie man zu sagen pflegt, unempfindlich.

Die bei einer Änderung im Beharrungszustande der Maschine erforderliche Kraft zur Überwindung des Muffenwiderstandes W kann der Regulator natürlich nur bei einer Steigerung oder Abnahme seiner Centrifugalkraft bezw. Geschwindigkeit entwickeln. Das heisst, es wird erst dann eine Verschiebung der Muffe nach oben bezw. unten eintreten, wenn die dem augenblicklichen Gleichgewichtszustande entsprechende Centrifugalkraft C, Winkelgeschwindigkeit ω und Umdrehungszahl n auf C', ω' und n' gestiegen bezw. bis auf C'', ω'' und n'' gesunken sind. Man nennt dann

$$\varepsilon = \frac{\omega' - \omega''}{\omega} = \frac{n' - n''}{n} \quad . \quad . \quad . \quad . \quad 200$$

den **Unempfindlichkeitsgrad** des Regulators.

1) Im Folgenden ist, wenn nicht ausdrücklich anders vermerkt, stets eine vertikale Lage der Drehachse des Regulators vorausgesetzt.

Für

$$\omega = \frac{\omega' + \omega''}{2} = \frac{n' + n''}{2}$$

erhält man durch Multiplikation mit der vorstehenden Gleichung den Wert

$$\varepsilon = \frac{\omega'^2 - \omega''^2}{2\,\omega^2} = \frac{n'^2 - n''^2}{2\,n^2} \quad . \quad . \quad . \quad . \quad 200a$$

Setzt man

$$\omega' - \omega'' = 2 \cdot \Delta\omega \text{ und } n' - n'' = 2 \cdot \Delta n,$$

so erhält man weiter die Beziehung

$$\varepsilon = \frac{2 \cdot \Delta\omega}{\omega} = \frac{2 \cdot \Delta n}{n} \quad . \quad . \quad . \quad . \quad . \quad 200b$$

Die Centrifugalkraft der Kugeln ist ferner dem Quadrate ihrer Geschwindigkeit proportional. Es muss also

$$C : C' = \omega^2 : \omega'^2 \text{ oder } \frac{\omega'^2}{\omega^2} = \frac{C'}{C},$$

$$C : C'' = \omega^2 : \omega''^2 \text{ oder } \frac{\omega''^2}{\omega^2} = \frac{C''}{C}$$

und

$$\frac{\omega'^2 - \omega''^2}{\omega^2} = \frac{C' - C''}{C},$$

oder nach Gleichung 200a

$$\varepsilon = \frac{C' - C''}{2\,C} \quad . \quad . \quad . \quad . \quad . \quad . \quad 200c$$

bezw. für

$$C' - C'' = 2 \cdot \Delta C$$

$$\varepsilon = \frac{\Delta C}{C} \quad . \quad . \quad . \quad . \quad . \quad . \quad . \quad . \quad 200d$$

sein.

Schliesslich ist nach den obigen Gleichungen

$$\frac{\omega' - \omega}{\omega} = \frac{\Delta\omega}{\omega} = \frac{\varepsilon}{2} \text{ und } \frac{\omega - \omega''}{\omega} = \frac{\Delta\omega}{\omega} = \frac{\varepsilon}{2},$$

$$\frac{\omega'}{\omega} - 1 = \frac{\varepsilon}{2} \text{ und } 1 - \frac{\omega''}{\omega} = \frac{\varepsilon}{2},$$

$$\left(\frac{\omega'}{\omega}\right)^2 = \left(1 + \frac{\varepsilon}{2}\right)^2 \text{ und } \left(\frac{\omega''}{\omega}\right)^2 = \left(1 - \frac{\varepsilon}{2}\right)^2,$$

oder unter Vernachlässigung des letzten Gliedes auf der rechten Seite

$$\varepsilon = \left(\frac{\omega'}{\omega}\right)^2 - 1 = \left(\frac{\omega + \Delta\omega}{\omega}\right)^2 - 1 = 1 - \left(\frac{\omega''}{\omega}\right)^2 =$$

$$1 - \left(\frac{\omega - \Delta\omega}{\omega}\right)^2 \quad . \quad . \quad . \quad . \quad . \quad . \quad 200e$$

und entsprechend

$$\varepsilon = \left(\frac{n'}{n}\right)^2 - 1 = \left(\frac{n + \Delta n}{n}\right)^2 - 1 = 1 - \left(\frac{n''}{n}\right)^2 =$$

$$1 - \left(\frac{n - \Delta n}{n}\right)^2 \quad . \quad . \quad . \quad . \quad . \quad . \quad 200f$$

Den Unempfindlichkeitsgrad eines Regulators kann man sich ebenso wie den Muffenwiderstand W aus zwei Teilen bestehend denken, also

$$\varepsilon = \varepsilon_s + \varepsilon_r \quad . \quad . \quad . \quad . \quad . \quad . \quad . \quad 201$$

setzen, wobei dann ε_s dem vom Stellzeug, ε_r dem von der Eigenreibung herrührenden Teil des Unempfindlichkeitsgrades entspricht.

Eine Vorstellung kann man sich von dieser Teilung des Unempfindlichkeitsgrades ε in der folgenden Weise machen. Denkt man sich zunächst den Regulator bei einer gewissen Stellung, wo dieser eine Geschwindigkeit ω und eine Umdrehungszahl n besitzt, frei vom Stellzeug, so muss ω auf $\omega_,'$, n auf $n_,'$ steigen, bezw. auf $\omega_,''$ und $n_,''$ sinken, ehe eine Verschiebung des Regulators eintritt. Die erforderliche Zu- oder Abnahme von ω und n hängt dabei von der Eigenreibung des Regulators ab, die in seinen Scharnieren, seiner Hülse u. s. w. auftritt, und es ist

$$\varepsilon_r = \frac{\omega_,' - \omega_,''}{\omega} = \frac{n_,' - n_,''}{n}.$$

Bei weiterer Steigerung oder Verminderung von ω und n wird der jetzt wieder mit dem Stellzeug verbundene Regulator zunächst noch nicht steigen oder sinken. Hierzu bedarf es erst einer Zu- bezw. Abnahme von $\omega_,'$ auf ω' und $n_,'$ auf n' bezw. auf ω'' und n'', um die zur Überwindung des Stellzeug-Widerstandes W_s erforderliche Stellkraft an der Muffe zu erzeugen, und es ist

$$\varepsilon_s = \frac{(\omega' - \omega_,') - (\omega'' - \omega_,'')}{\omega} = \frac{(n' - n_,') - (n'' - n_,'')}{n}$$

Durch Addition der vorstehenden Werte erhält man dann wieder

$$\varepsilon = \varepsilon_s + \varepsilon_r = \frac{\omega' - \omega''}{\omega} = \frac{n' - n''}{n}.$$

Der Unempfindlichkeitsgrad eines Regulators hängt also nicht allein von der Konstruktion, Ausführung und Aufstellung des Regulators, sondern auch von der des Stellzeuges und der Steuerung ab. Je geringer der Widerstand W_s ist, d. h. je weniger Reibung Stellzeug und Steuerung in ihren Gelenken verursachen, je leichter beweglich die inneren Abschlussorgane sind, je weniger Widerstand die Stopfbuchsen und Führungen bieten, desto empfindlicher wird ein und derselbe Regulator sein. Auch ist bei Mehrfach-Expansionsmaschinen, bei denen der Regulator nur die Füllung des kleinen Cylinders beeinflusst, der Umstand, dass eine solche Beeinflussung erst allmählich auch in den übrigen Cylindern zur Geltung kommt, ungünstig für den Unempfindlichkeitsgrad. Vermindern lässt sich dieser Übelstand dadurch, dass man, wie auch schon jetzt mehrfach ausgeführt, den Regulator auf die Steuerungen der sämtlichen Cylinder einer solchen Maschine einwirken lässt.[1])

Die Werte ω' und n' bezw. ω'' und n'' der Winkelgeschwindigkeit und Umdrehungszahl, bei welchen der Regulator seine Gleichgewichtslage nach oben bezw. unten verlässt, ergeben sich aus Gleichung 195, wenn man in dieser das Moment M_q durch dasjenige M_{q+w} bezw. M_{q-w} ersetzt. Die Gleichung gilt ja für den frei vom Stellzeug schwingenden Regulator, und es bezeichnet in ihr M_q das Moment derjenigen Kraft in Bezug auf den augenblicklichen Pol des Pendels, welche von der Hülsenbelastung oder der Federspannung auf letzteres ausgeübt wird. Wenn aber bei einer Änderung im Beharrungszustande der Maschine das Stellzeug mit einem Widerstande W auf die Regulatormuffe einwirkt, so wird das Hülsengewicht oder die Federspannung um W vergrössert oder vermindert, je nachdem der Regulator steigen oder sinken will, und also auch ein in entsprechendem Masse vergrössertes oder verkleinertes Moment M_{q+w} bezw. M_{q-w} am Pendel angreifen.

Was die Grösse des Unempfindlichkeitsgrades bei den gebräuchlichen Regulatoren betrifft, so ist zunächst zu beachten, dass demselben nach der einen Seite hin eine Grenze gesteckt ist. Der Unempfindlichkeitsgrad ε muss nämlich stets grösser als der Ungleichförmigkeitsgrad δ des Schwungrades der Maschine

---

1) Siehe Guthermuth, „Der Dampfmaschinenbau und seine Beziehungen zur Elektrotechnik“, Zeitschrift deutscher Ingenieure, Jahrgang 1897, S. 1414.

sein. Unter dem letzteren verstanden wir nach den Angaben auf Seite 39 den Wert

$$\delta = \frac{v_{max} - v_{min}}{v},$$

also das Verhältnis der während einer Umdrehung der Maschine auftretenden Schwankungen in der Kurbelzapfengeschwindigkeit zum mittleren Betrage der letzteren. Diese Schwankungen, die sich, wie wir sahen, nicht vermeiden lassen und natürlich auch an die Regulatorspindel übertragen werden, treten immer auf. Der Regulator darf deshalb durch sie nicht beeinflusst werden. Das ist der Fall, wenn $\varepsilon > \delta$ ist, während für $\varepsilon < \delta$ der Regulator schon infolge der während des Beharrungszustandes der Maschine auftretenden Geschwindigkeitsschwankungen zur Wirkung kommen und das sogenannte Tanzen oder Zucken der Muffe zeigen würde. Das letztere wächst natürlich mit der Differenz $\delta - \varepsilon$ und besteht in einer periodisch wiederkehrenden Bewegung der Muffe, die ohne Nutzen ist und nur zu einer unnötigen Abnützung der Reguliervorrichtung führt.

Der auf das Stellzeug entfallende Teil des Unempfindlichkeitsgrades beträgt bei den meisten Regulatoren

$\varepsilon_s = 0{,}03$ bis $0{,}04$, also 3 bis 4 %[1]),

der infolge der Eigenreibung des Regulators entstehende andere Teil des Unempfindlichkeitsgrades schwankt dagegen zwischen

$\varepsilon_r = 0{,}01$ bis $0{,}03$, also zwischen 1 bis 3 %,

sodass sich für den gesamten Unempfindlichkeitsgrad Werte von

$\varepsilon = 0{,}04$ bis $0{,}07$, also von 4 bis 7 %

ergeben.

Der Unempfindlichkeitsgrad ε eines Regulators wird im allgemeinen nicht gleich für die einzelnen Lagen des Regulators sein. Gewöhnlich ist aber diese Verschiedenheit so gering, dass man ε für alle Lagen als gleich annehmen kann. Es rückt dann z. B. der Regulator in seine höchste Lage, bei der er, freischwingend vom Stellzeuge gedacht, eine Winkelgeschwindigkeit ω_0 oder Umdrehungszahl n_0 besitzt, mit einer um $\frac{\varepsilon}{2}$ grösseren Geschwindigkeit bezw. Umdrehungszahl

$$\omega_0' = \omega_0 + \frac{\varepsilon}{2}\omega_0 \text{ und } n_0' = n_0 + \frac{\varepsilon}{2} n_0$$

ein. Entsprechend wird er auch mit

$$\omega_u'' = \omega_u - \frac{\varepsilon}{2}\omega_u \text{ und } n_u'' = n_u - \frac{\varepsilon}{2} n_u$$

in seine unterste Lage treten, und man nennt

$$\mathbf{i} = \frac{\omega_0' - \omega_u''}{\omega_m} = \frac{n_0' - n_u''}{n_m} \quad . \quad . \quad . \quad \mathbf{202}$$

oder, da mit den vorstehenden Beziehungen und dem Werte der Gleichung 197 auch z. B.

$$i = \frac{1}{\omega_m}\left\{\omega_0 - \omega_u + \frac{\varepsilon}{2}(\omega_0 + \omega_u)\right\} = \delta_r + \frac{\varepsilon}{2\,\omega_m}(\omega_0 + \omega_u)$$

ist, sowie

$$\omega_m = \frac{\omega_0 + \omega_u}{2}$$

gesetzt werden kann,

$$\mathbf{i} = \delta_r + \varepsilon \quad . \quad . \quad . \quad . \quad . \quad . \quad \mathbf{203}$$

den **wirklichen Ungleichförmigkeitsgrad** des Regulators.

Ein weiter bei den Regulatoren vielfach gebrauchter Begriff ist deren **Energie.** Man versteht darunter diejenige nach oben gerichtete Kraft, welche an der Muffe des freischwingenden Regulators wirksam ist und diese in ihrer jeweiligen Höhenlage erhält. Bei dem sich drehenden Regulator wird die Kraft durch die Centrifugalkraft der Kugeln hervorgerufen, bei dem ruhenden, hochgehaltenen Regulator aber als Reaktion von der Unterlage der Muffe ausgeübt. Für die Energie ergiebt sich nach Tolle[1]) leicht die folgende Beziehung.

Der frei vom Stellzeug schwingende Regulator äussert bei einer Centrifugalkraft C die Energiekraft E an der Muffe, der mit dem Stellzeug verbundene Regulator dagegen muss, sobald der Belastungszustand der Maschine sich ändert, noch durch Steigerung seiner Centrifugalkraft um ΔC eine Kraft ausüben, die den Muffenwiderstand W überwindet, ehe er seine Gleichgewichtslage verlässt. Es muss sich demnach

$$C : \Delta C = E : W$$

verhalten, woraus

$$E = \frac{C}{\Delta C} W,$$

oder mit dem Werte der Gleichung 200 d

$$\left.\begin{aligned} \mathbf{E} &= \frac{\mathbf{W}}{\varepsilon} = \frac{\mathbf{W_s} + \mathbf{W_r}}{\varepsilon} \\ \varepsilon &= \frac{\mathbf{W}}{\mathbf{E}} = \frac{\mathbf{W_s} + \mathbf{W_r}}{\mathbf{E}} \end{aligned}\right\} \quad . \quad . \quad . \quad . \quad \mathbf{204}$$

folgt.

Die Energie eines Regulators ist nicht immer für alle Lagen der Muffe gleich, sie ändert sich ferner mit dem Gesamtwiderstande W. Man bestimmt die Energie entweder durch Auswägen des Druckes, den die Muffe des ruhenden Regulators bei ihren einzelnen Höhenlagen auf eine Unterlage ausübt, oder durch Aufstellen der Gleichgewichtsbedingung aller am hochgehaltenen Regulator wirkenden Kräfte.

Nicht unerwähnt soll hier bleiben, dass die Bezeichnung „Energie" für eine Kraft sehr schlecht gewählt ist, da Energie doch sonst stets eine mechanische Arbeit bedeutet. Es sind deshalb schon von verschiedenen Seiten, wie z. B. von Herrmann und Kiersch in der Zeitschrift deutscher Ingenieure vom Jahre 1896, andere Begriffe für die Energie der Regulatoren aufgestellt worden, ohne dass dieselben aber allgemeinen Eingang gefunden hätten. Manche bezeichnen auch die zur Überwindung des gesamten Muffenwiderstandes $W = W_s + W_r$ entwickelte Kraft des Regulators als Energie, was z. B. nach Gleichung 204 gemäss unserer Erklärung für $\varepsilon = 1$ der Fall sein würde.

1) In vielen Regulator-Prospekten ist nur die Hälfte angegeben, entsprechend dem halben Werte von ε_s, welcher auch häufig als Unempfindlichkeitsgrad bezeichnet wird. Es bedarf dann z. B. für $\varepsilon_s = 2\,\%$ einer Geschwindigkeitsänderung um 2 % nach oben und einer ebenso grossen nach unten, ehe die Muffe, soweit sie durch den Widerstand W_s des Stellzeuges zurückgehalten wird, in Bewegung kommt.

1) Siehe dessen Abhandlung „Beiträge zur Beurteilung der Centrifugalpendel-Regulatoren" in der Zeitschrift deutscher Ingenieure, Jahrgang 1895, S. 735.

Das Produkt

$$E \cdot s = \frac{W}{\varepsilon} s \quad \ldots \ldots \quad 205$$

aus der mittleren Energie E und dem Hube s eines Regulators heisst dessen **Arbeitsvermögen.**

Von grösster Wichtigkeit, aber auch äusserst schwierig in der Untersuchung[1]), sind die Vorgänge während der Regulierung einer Maschine durch den Regulator. Bei einer Änderung im Beharrungszustande tritt nämlich der Regulator nicht sofort in seine dem neuen Belastungszustande entsprechende Gleichgewichtslage ein, sondern er vollführt, ehe er in dieser letzteren zur Ruhe kommt, eine Anzahl Schwingungen nach oben und unten, er pendelt, wie man zu sagen pflegt, in Bezug auf die neue Gleichgewichtslage. Diese Pendelungen haben in dem Folgenden ihren Grund.

Nimmt beispielsweise die Belastung einer Maschine ab, so muss der Regulator, um die Triebkraft entsprechend zu verringern, eine höhere Gleichgewichtslage aufsuchen. Solange er diese letztere nicht erreicht hat, wird die Triebkraft noch immer den kleiner gewordenen Widerstand der Maschine überwiegen. Infolgedessen nimmt die Winkelgeschwindigkeit des Regulators zu, und zwar anfangs mehr, später weniger, entsprechend dem allmählich sich vermindernden Überschuss an Triebkraft. Bei Eintritt in die Gleichgewichtslage sind Triebkraft und Widerstand einander gleich, hat also die Winkelgeschwindigkeit des Regulators ihren grössten Wert erreicht. Der Regulator verbleibt aber zunächst nicht in dieser neuen Gleichgewichtslage, sondern schiesst über dieselbe hinaus, denn seine Massen bewegen sich beim Verlassen der alten Gleichgewichtslage mit einer mehr und mehr beschleunigten Geschwindigkeit nach oben[2]), rücken also mit einer gewissen Geschwindigkeit in die neue Gleichgewichtslage, und die ihnen dann innewohnende lebendige Kraft bewegt sie über diese Lage mit verzögerter Geschwindigkeit hinaus. Das dauert so lange, bis die aufgespeicherte Energie der Massen verzehrt und ihre nach oben gerichtete Geschwindigkeit Null geworden ist. Gleichzeitig wird aber, da oberhalb der neuen Gleichgewichtslage der Regulator die Triebkraft kleiner als den augenblicklichen Widerstand macht, auch die Winkelgeschwindigkeit des Regulators allmählich abnehmen. Infolgedessen fängt der letztere nun an, wieder nach unten zu gehen. Seine Massen kommen dann mit einer nach unten gerichteten Geschwindigkeit in der neuen Gleichgewichtslage an, und die in ihnen aufgespeicherte Energie treibt dieselben jetzt nach unten über diese Lage hinaus, u. s. w.; der Regulator pendelt somit, ehe er den neuen Beharrungszustand herstellt, mehere Male um die zu dem letzteren gehörige Gleichgewichtslage. Diese Pendelungen müssen selbstverständlich, wenn überhaupt eine Regulierung stattfinden und der Regulator einmal aufhören soll, nach oben und unten zu gehen, allmählich kleiner und kleiner werden.

1) Eine solche Untersuchung ist z. B. in sehr interessanter Weise in der vorerwähnten Abhandlung von Tolle durchgeführt.

2) Die Kugeln gehen gleichzeitig weiter nach aussen.

Jedenfalls ersieht man aus dem Vorstehenden, dass für die Regulierung einer Maschine nicht allein die Grösse der Schwankungen in der mittleren Geschwindigkeit oder Umdrehungszahl massgebend sind, welche bei einer Änderung im Beharrungszustande auftreten, sondern dass auch die Dauer dieser Schwankungen, die Länge der Wellen, wie man sich häufig ausdrückt, in Rücksicht gezogen werden muss. Die Regulierung einer Maschine erfolgt also um so vollkommener, je geringer bei einer Änderung im Belastungszustande die Abweichungen von der normalen mittleren Geschwindigkeit sind und je schneller der neue Beharrungszustand wieder hergestellt wird.

Ausser von dem Regulator hängt die Regulierung einer Maschine noch von verschiedenen anderen Umständen ab. So von der Steuerung, deren Abschlussorgane möglichst empfindlich sein sollen und deren Rückwirkung auf den Regulator möglichst zu beschränken ist; der letztere muss auch dem Widerstande der Steuerung angepasst sein und soll dieselbe zweckmässig bei kleineren Füllungen in weiteren Grenzen verstellen als bei grösseren, damit gleichen Ausschlägen des Regulators auch möglichst gleiche Belastungsänderungen entsprechen. Ferner ist jedem Praktiker der günstige Einfluss bekannt, den ein hinreichend grosses und schweres Schwungrad auf die Regulierung der Maschine in dem vorliegenden Sinne ausübt. Je grösser nämlich die Schwungradmasse ist, desto geringer fallen die Änderungen der mittleren Geschwindigkeit in den aufeinanderfolgenden Umdrehungen aus. Mit Rücksicht hierauf sucht man auch jetzt den Regulator dem Schwungrade der Maschine anzupassen, indem man den Ungleichförmigkeitsgrad δ_r bei den neueren Konstruktionen stellbar einrichtet.

Fällt das oben erwähnte Pendeln um eine Gleichgewichtslage sehr stark aus, was namentlich bei Regulatoren mit schweren Massen, sehr kleinem Unempfindlichkeitsgrad und bei vielen zwangläufigen Steuerungen mit starker Rückwirkung auf den Regulator der Fall ist, so kann man durch Einschaltung einer sogenannten Ölbremse die Schwankungen vermindern und das Spiel des Regulators ruhiger gestalten.

Die Einrichtung einer solchen Ölbremse ist aus Fig. 5, Taf. 50 ersichtlich. Mit dem Stellhebel des Regulators steht hier ein Kolben k in Verbindung, der beim Heben oder Senken des Regulators in einem mit Öl gefüllten Cylinder z auf- und abbewegt wird und dabei das Öl durch den Zwischenkanal y von der einen auf die andere Kolbenseite drückt. Der Übertritt des Öles kann durch die Schraube w reguliert werden. Der Kolben, der sich möglichst reibungslos in seinem Cylinder bewegen soll, findet nun, sobald der Regulator zu pendeln anfängt, einen Widerstand, der von der Geschwindigkeit, mit welcher die Regulatormassen auf- oder abwärts beschleunigt werden, abhängig ist, mit derselben wächst und abnimmt.

Natürlich ist stets zu bedenken, dass durch Einschaltung einer Ölbremse die Beweglichkeit des Regulators vermindert und ein Teil der Stellkraft des letzteren zur Überwindung des Widerstandes in der Bremse verwendet wird.

Das Gleichgewicht, in welchem sich ein Regulator bei den verschiedenen Lagen befindet, kann ein indifferentes, stabiles oder labiles sein. Ist zunächst ein Regulator in seinen sämtlichen Lagen nur bei einer einzigen Winkelgeschwindigkeit oder Umdrehungszahl im Gleichgewicht, so befindet er sich im indifferenten Gleichgewicht. Solche Regulatoren bezeichnet man als **astatische.** Sie sind im allgemeinen wenig brauchbar.

Besitzt nämlich ein solcher Regulator in irgend einer Lage die zu seinem Gleichgewicht erforderliche Geschwindigkeit, so wird er bei einer Zu- oder Abnahme der letzteren, da er nun nicht wieder ins Gleichgewicht kommen kann, sofort in seine höchste bezw. tiefste Lage gehen und zwischen diesen beiden infolge der zu stark bewirkten Regulierung hin und her schwanken. In seiner höchsten Lage bringt er nämlich die Triebkraft auf ihren kleinsten Wert, und die dann abnehmende Geschwindigkeit treibt ihn, sobald dieselbe unter die normale gesunken ist, bis in seine tiefste Lage, aus der er wieder infolge der Steigerung der Triebkraft auf ihr grösstes Mass in seine höchste Lage getrieben wird. Dieses Spiel des Regulators zwischen seinen beiden Grenzlagen muss natürlich einen sehr unruhigen Gang der Maschine zur Folge haben, und deshalb sind vollkommen astatische Regulatoren oder solche, die nur ganz geringe Abweichung von der Astasie zeigen, nicht zu gebrauchen.

Im stabilen Gleichgewicht befindet sich ein Regulator, den man auch als **statischen** bezeichnet, wenn seine Gleichgewichtsgeschwindigkeit mit steigender Muffe oder zunehmendem Ausschlag der Kugeln stetig zu-, mit sinkender Muffe oder abnehmendem Ausschlag der Kugeln stetig abnimmt. Bei solchen Regulatoren kann, wenn die Geschwindigkeit der Maschine sich nicht plötzlich, sondern allmählich ändert, die bei astatischen Regulatoren eintretende Überregulierung nicht stattfinden, weil bei Abweichungen von der normalen Geschwindigkeit der stabile Regulator sowohl nach oben, als auch nach unten hin stets in eine neue Gleichgewichtslage kommt, in der er verharren kann. Alle unsere brauchbaren Regulatoren sind deshalb stabil. Allerdings sucht man dieselben dem astatischen Zustande oder der Astasie möglichst zu nähern, sodass bei steigender Muffe die Gleichgewichtsgeschwindigkeit möglichst wenig zu-, bei sinkender möglichst wenig abnimmt, weil dann bei kleiner Geschwindigkeitsänderung schon ein ziemlicher Muffenhub bezw. Ausschlag der Kugeln, also auch eine kräftige Einwirkung auf die Triebkraft eintritt. Solche Regulatoren bezeichnet man als **pseudoastatische** und die Stelle, in deren Nähe die Astasie vollkommen ist, als den **astatischen Punkt.**

Im labilen Gleichgewicht schliesslich befinden sich alle diejenigen Regulatoren, bei denen die Gleichgewichtsgeschwindigkeit mit steigender Muffe und zunehmendem Ausschlag der Kugeln ab-, mit fallender Muffe und kleiner werdendem Kugelausschlag zunimmt. Solche Regulatoren, welche auch **labile** genannt werden, sind völlig unbrauchbar, weil der Regulator sich bei Abweichungen von der normalen Geschwindigkeit immer mehr von seiner Gleichgewichtslage entfernt und dieselbe nicht mehr findet. Auch diese Regulatoren würden stets zwischen den Grenzlagen hin und her schwanken.

Um den Gleichgewichtszustand, den ein Regulator in seinen verschiedenen Stellungen besitzt, leicht erkennen und verfolgen zu können, konstruiert man vielfach die sogenannten **n-** oder **C-Kurven.** Man erhält dieselben, wenn man über jeder Muffen- oder Kugellage als Abscisse die zugehörige Umdrehungszahl oder die dieser proportionale Centrifugalkraft als Ordinate aufträgt. Es ergeben sich so für jeden Regulator drei Kurven, von denen die mittlere mit den Ordinaten n oder C dem vom Stellzeug freischwingenden, die obere mit den Ordinaten n′ oder C′ und die untere mit denjenigen n″ oder C″ dem unter Einwirkung des Stellzeuges schwingenden Regulator im Augenblicke des Steigens bezw. Sinkens entspricht.

In Fig. 2a bis f, Taf. 50, sind eine Zahl von n-Kurven für die verschiedenen Gleichgewichtszustände der Regulatoren angedeutet.

Fig. 2a. n-Kurve parallel zur Abscissenachse mit konstantem n: indifferentes Gleichgewicht, Regulator vollkommen astatisch, also unbrauchbar;

Fig. 2b. n-Kurve mit zunehmenden Abscissen gegen diese mit abnehmendem n fallend: labiles Gleichgewicht, Regulator unbrauchbar;

Fig. 2c. n-Kurve mit zunehmenden Abscissen gegen diese mit wachsendem n steigend: stabiles Gleichgewicht, statischer Regulator, also brauchbar;

Fig. 2d und e. n-Kurven mit zunehmenden Abscissen teils fallend, teils steigend mit einem Maximum bezw. Minimum in a als astatischem Punkt: Regulator pseudoastatisch und nur in dem astatischen und stabilen Teil b—a der n-Kurve brauchbar, von dem namentlich das in der Nähe von a liegende Stück zu verwenden ist;

Fig. 2f. Stabile n-Kurve mit Wendepunkt in a: Regulator pseudoastatisch und in der ganzen Kurve brauchbar, zweckmässig aber nur in der Nähe von a.

Die n′- und n″-Kurven müssen natürlich auch in dem verwendeten Teile einem statischen oder pseudoastatischen Zustande des Regulators entsprechen. Zeigt die eine oder die andere in irgend einem Stücke einen labilen Verlauf, so ist der Regulator hier nicht zu verwenden, selbst wenn die n-Kurve daselbst brauchbar ist. Die Gefahr, eine labile n′- oder n″-Kurve zu erhalten, liegt namentlich bei zu kleinem Ungleichförmigkeitsgrade δ_r nahe, der deshalb auch stets mindestens eine Grösse von 2% erhalten soll.

Die Lage des astatischen Punktes für eine n-Kurve, die auf der einen Seite desselben einen labilen, auf der anderen einen stabilen Verlauf zeigt (Fig. 2d und e), ergiebt sich aus der Bedingung, dass hier mit wachsendem Ausschlag der Kugeln vor dem Punkte die Geschwindigkeit oder Umdrehungszahl des Regulators zu-, hinter demselben abnimmt, oder umgekehrt vorher ab- und nachher zunimmt, im Punkte selbst aber bei unendlich kleiner Änderung des Ausschlages gleich Null ist. Nach den Lehren der Differential-Rechnung muss für diesen Punkt

$$\frac{d\omega}{d\alpha} \text{ oder } \frac{dn}{d\alpha} = 0$$

sein.

Die Möglichkeit einer **Justierung,** welche eine Änderung der Winkelgeschwindigkeit oder Umdrehungszahl, des Ungleichförmigkeits- und Unempfindlichkeitsgrades u. s. w. innerhalb gewisser Grenzen an dem ausgeführten Regulator zulässt, ist zweckmässig stets vorzusehen. Eine gewisse Regulierung der Winkelgeschwindigkeit oder Hülsenbelastung z. B. ist schon mit Rücksicht darauf geboten, dass bei der Berechnung dieser beiden Grössen die Gewichte und Massen der Regulatorarme für gewöhnlich unbeachtet bleiben. Auch macht sich eine Abänderung der erwähnten Grössen dann nötig, wenn die Maschine einmal mit grösserer oder kleinerer Umdrehungszahl laufen soll. Bei vielen Maschinen findet man sogar jetzt eine Vorrichtung, welche eine Zu- oder Abnahme der Regulatorgeschwindigkeit um 5 bis 10% während des Ganges ermöglicht.

Ferner kann der Widerstand W_s des Stellzeuges, der ja von der Steuerung und deren Verbindung mit dem Regulator abhängig und für die einzelnen Stellungen des Regulators verschieden ist, nicht einmal annähernd durch Rechnung ermittelt werden. Höchstens lässt sich derselbe durch Auswiegen an der ausgeführten Maschine, wenn diese unter Dampf steht, bestimmen. Meistens wird man aber W_s für die Berechnung des Regulators nach ähnlich ausgeführten Maschinen nur schätzungsweise annehmen können. In der Ausführung lässt sich nun der vom Stellzeug an der Regulatormuffe ausgeübte Widerstand dadurch innerhalb gewisser Grenzen grösser oder kleiner machen, dass man durch Anordnung eines Hebels mit stellbarem Arme das Umsetzungsverhältnis zwischen der Verstellung der Steuerung und der Muffenbewegung veränderlich macht. Zu bedenken ist aber, dass bei einer Änderung dieses Umsetzungsverhältnisses, wenn das Steuerungsorgan die erforderliche Verstellung beibehalten soll, der Muffenhub und der von diesem abhängige Ungleichförmigkeitsgrad δ_r ein anderer wird. Auch wird dadurch der Unempfindlichkeitsgrad ε, der ja nach Gleichung 204 bei derselben Energie E mit dem Widerstande $W_s + W_r$ zu- oder abnimmt, beeinflusst.

Wie und wann eine Regulierung der vorerwähnten Grössen bei den einzelnen Regulatorkonstruktionen ermöglicht wird, ist später bei diesen selbst angegeben.

Für die **Einteilung** der bei den Transmissions-Dampfmaschinen gebräuchlichen Regulatoren sind die folgenden Gesichtspunkte massgebend.

Zunächst unterscheidet man **Gewichts- und Federregulatoren.** Bei den ersteren wird der Centrifugalkraft der Pendelkugeln ausser durch das Gewicht dieser selbst, noch durch dasjenige einer auf der Regulatorspindel sitzenden Birne oder Hülse das Gleichgewicht gehalten, während hierzu bei den letzteren die Spannung einer Feder dient. Die Federregulatoren können weiter eine vertikale oder horizontale Drehachse erhalten. Im letztgenannten Falle bezeichnet man die Regulatoren als **Excenterregulatoren,** da sie gewöhnlich auf die Excentricität und den Voreilwinkel des Excenters einer Schiebersteuerung einwirken, als **Schwungradregulatoren,** weil sie häufig auf der Schwungradwelle sitzen, oder jetzt meistens nach Stribeck als **Flachregler.**

Bei den Gewichtsregulatoren und Federregulatoren mit vertikaler Drehachse schlagen die Kugeln oder Schwungmassen in einer Ebene aus, welche durch die Drehachse geht, bei den Federregulatoren mit horizontaler Drehachse dagegen in einer solchen, die senkrecht zur Drehachse liegt.

Nach der Aufhängung der Pendel kann man die Regulatoren in solche mit **fester** oder **direkter** (aufrechter) und in solche mit **verschiebbarer** oder **indirekter** (umgekehrter) **Aufhängung** trennen. Im ersten Falle ist der Drehpunkt des Pendels fest an der Spindel, im letzten Falle ist er an dieser beim Ausschlag der Kugeln verschiebbar. Bei beiden Arten von Regulatoren kann die Bewegung der Pendel entweder durch eine einfache **Schubkurbel** oder durch eine **Kurbelschleife** auf die Muffe übertragen werden.

Nach der Einwirkung des Regulators auf das Stellzeug unterscheidet man ferner **direkt** (unmittelbar) und **indirekt** (mittelbar) **wirkende Regulatoren.** Die einen stehen in ständiger Verbindung mit dem Stellzeuge, die anderen wirken nur in ihren Hubgrenzen, wo sie mit dem Stellzeug gekuppelt werden, auf dieses unter Benutzung einer besonderen Hilfskraft ein.

Endlich kann man die Regulatoren in solche **mit** und **ohne Reguliervorrichtung** einteilen, je nachdem sie auf ein Drosselventil oder eine Drosselklappe, die einen Teil des Regulators bilden, einwirken, oder die getrennt ausgebildete Drosselklappe bezw. die Steuerung der Maschine bethätigen.

Bei schnell laufenden Maschinen lässt man den Regulator, der für gewöhnlich die Füllung beeinflusst, in seinen höheren Lagen jetzt auch noch häufig auf ein Drosselventil, ein sogenanntes Schnellschlussventil, einwirken, damit durch dessen Schluss bei etwa plötzlich eintretender Entlastung der Maschine ein Durchgehen der letzteren sicher verhütet wird.

Bezüglich der **Verwendung** der einzelnen Regulatoren ist zu bemerken, dass jetzt bei Schiebermaschinen meistens Feder-, bei Ventilmaschinen Gewichts- oder Federregulatoren benutzt werden. Wo eine Rückwirkung der Steuerung auf den Regulator zu erwarten steht, wie namentlich bei zwangläufigen Ventilsteuerungen, sind die Regulatoren stets mit Ölbremsen versehen.

Der **Antrieb** der Regulatoren von der Kurbel- oder Steuerwelle aus erfolgt entweder durch Riemen, oder Zahnräder. Die letzteren sichern bei genauer Herstellung eine viel regelmässigere Bewegungsübertragung als die ersteren und finden deshalb zu dem vorliegenden Zwecke jetzt auch weit mehr Verwendung als die letzteren.

§ 47.
Die Gewichtsregulatoren.

Bei denselben wird der Centrifugalkraft der Schwungmassen durch das eigene Gewicht dieser Massen und dasjenige der Muffe, die gewöhnlich noch durch eine Hülse oder Birne belastet ist, das Gleichgewicht gehalten. Die bekannteren Ausführungen dieser Regulatoren sind im Nachstehenden nach der Art der Pendelaufhängung und der Bewegungsübertragung auf die Muffe getrennt behandelt.

1. Der Regulator von Porter, Watt und Kley.

Fig. 143 bis 145 des Textes lassen die allgemeine Anordnung dieser drei Regulatoren erkennen. Sie besitzen zwei Pendel mit festem Aufhängepunkte, welche ihre Bewegung durch zwei Stangen, die man als Hülsenstangen bezeichnet, auf die Muffe übertragen. Jedes Pendel bildet hiernach mit seiner Hülsenstange und der Muffe eine einfache Schubkurbel, in welcher der Pendelarm $\overline{I-II} = l_1$ die Kurbel, die Hülsenstange $\overline{II-III} = l_2$ die Schubstange und die Muffe den Kreuzkopf darstellt. Die drei Regulatoren unterscheiden sich in den folgenden Punkten. Bei dem Porterschen Regulator in Fig. 143

befindet sich der Dreh- und Aufhängepunkt I eines jeden Pendels mit dessen Kugel auf derselben, bei dem Kleyschen Regulator in Fig. 145 auf entgegengesetzten Seiten der Drehachse; bei dem ersteren sind also, wie man sagt, die Pendel offen und ist der Abstand a des Punktes I von der Drehachse positiv, bei dem letzteren dagegen liegen die Pendel gekreuzt und ist der Abstand a negativ. Der Wattsche Regulator in Fig. 144 besitzt keine besondere Belastungshülse auf seiner Muffe, und der Punkt I liegt fast oder ganz in der Drehachse; bei ihm ist also der Abstand a annähernd oder gleich Null.

Im Nachstehenden sind die zur Berechnung der vorliegenden Regulatoren dienenden Gleichungen zunächst für den Porterschen Regulator, auf den sich die beiden anderen zurückführen lassen, entwickelt. Setzt man in

Fig. 143.

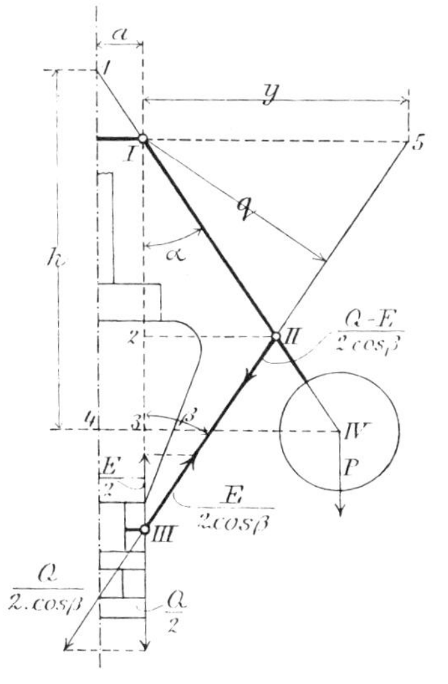

Fig. 144.

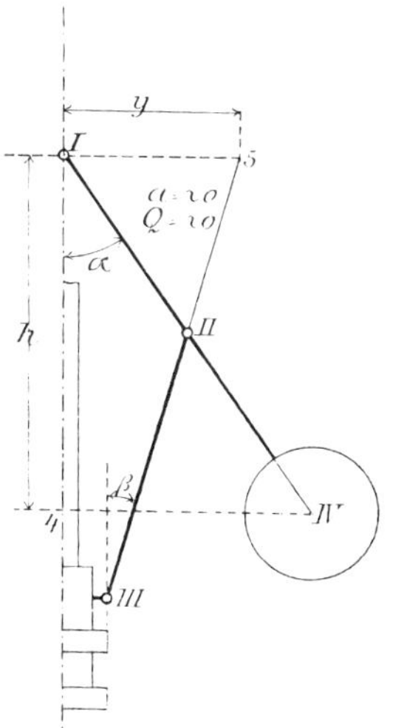

Fig. 145.

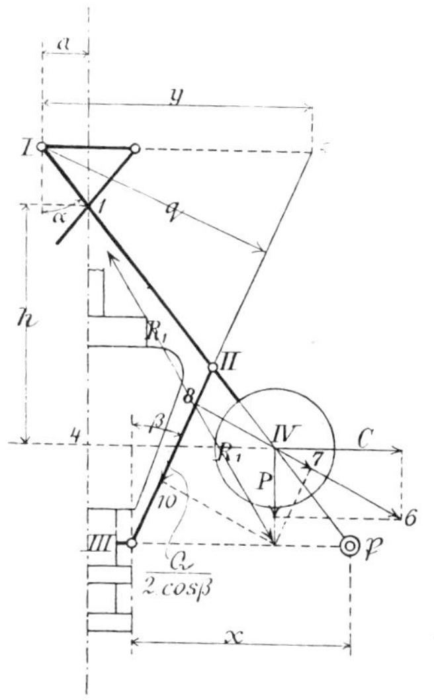

Fig. 146.

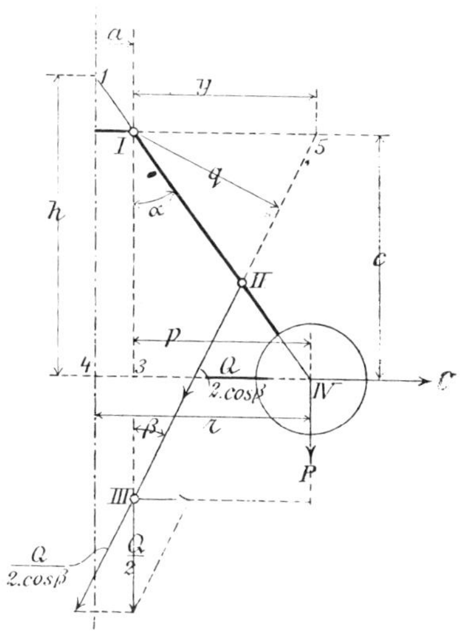

$I\,II = l_1$, $II\,III = l_2$, $I\,IV = l$.

diesen Gleichungen a negativ, so gelten sie für den Kleyschen Regulator, macht man in ihnen a und das Hülsengewicht Q[1]) gleich Null, so beziehen sie sich auf den Wattschen Regulator. Die Gleichungen sind ferner für die allgemeine und die rhombische Anordnung der Pendel und Hülsenstangen aufgestellt. Bei der ersteren sind die Pendelarme $\overline{I-II} = l_1$ und Hülsenstangen $\overline{II-III} = l_2$, sowie die Winkel α bezw. β, welche beide mit der Vertikalen einschliessen, verschieden, bei der letzteren dagegen gleich, sodass bei der rhombischen Anordnung die Punkte I, II, III ein gleichschenkliges Dreieck mit

$$l_1 = l_2 \text{ und } \alpha = \beta$$

bilden.

Auf ein jedes der beiden Pendel wirken nun nach Fig. 146 des Textes die folgenden Kräfte ein:

1. im Mittelpunkte IV horizontal die Centrifugalkraft C, vertikal abwärts das Gewicht P der Kugel,

1) Q ist das Gewicht der Belastungshülse und Muffe zusammen; beim Wattschen Regulator wird aber das Gewicht der letzteren meistens vernachlässigt.

2. im Anschlusspunkte II der Hülsenstange die in der Richtung II—III der letzteren fallende Komponente $\frac{Q}{2\cos\beta}$ der Hülsenbelastung $\frac{Q}{2}$ einer jeden Seite; die andere Komponente von $\frac{Q}{2}$ wird durch die gleiche, aber entgegengesetzt gerichtete Komponente der anderen Seite aufgehoben.

Der augenblickliche Pol für die Bewegung der Angriffspunkte II und IV ist bei fester Aufhängung des Pendels dessen Drehpunkt I. In Bezug auf diesen ist dann mit den in Fig. 146 eingetragenen Bezeichnungen

das Moment der Kraft C . . . . $M_c = -C \cdot c$,

das Moment der Kraft P . . . . $M_p = +P \cdot p$,

das Moment der Kraft $\frac{Q}{2\cos\beta}$ . . . .

$$M_q = +\frac{Q}{2\cos\beta}\,q.$$

Nach Gleichung 195 besteht also für das Gleichgewicht des frei vom Stellzeug schwingenden Regulators die Beziehung

$$-C \cdot c + P \cdot p + \frac{Q}{2\cos\beta}\,q = 0.$$

Bei dem Abstande r des Kugelmittelpunktes IV von der Drehachse und bei der Winkelgeschwindigkeit ω ist nun die Centrifugalkraft

$$C = \frac{P}{g}\,r \cdot \omega^2,$$

unter g die Beschleunigung der Schwere verstanden. Führt man diesen Wert von C in die obige Gleichgewichtsbedingung ein und löst die Gleichung nach $\frac{\omega^2}{g}$ auf, so ergiebt sich die Beziehung

$$\frac{\omega^2}{g} = \frac{p}{r \cdot c}\left(1 + \frac{Q}{2P}\,\frac{q}{p \cdot \cos\beta}\right),$$

oder mit

$$\frac{r \cdot c}{p} = h \text{ und } \frac{q}{\cos\beta} = y,$$

$$\frac{\omega^2}{g} = \left(\frac{n}{30}\right)^2 = \frac{1}{h}\left(1 + \frac{Q}{2P}\frac{y}{p}\right) \quad . \; . \; . \quad 206$$

Diese Gleichung gilt für die allgemeine Anordnung des Porter- und Kleyschen Regulators. Für den Regulator von Watt lautet dieselbe mit $Q = \sim 0$

$$\frac{\omega^2}{g} = \left(\frac{n}{30}\right)^2 = \frac{1}{h} \quad . \; . \; . \; . \; . \quad 206_a$$

Die Grössen h, y und p in den vorstehenden Gleichungen lassen sich leicht der Zeichnung des Regulators für die einzelnen Pendellagen entnehmen. h zunächst ist das Stück, welches in Fig. 146 des Textes durch den Schnittpunkt 1 des Pendels und die Projektion 4 des Kugelmittelpunktes IV auf der Drehachse begrenzt wird. Man bezeichnet den Abstand h wohl auch als die wahre Pendelhöhe. Nach Fig. 146 ist nämlich

$$\frac{\overline{IV-4}}{\overline{1-4}} = \frac{\overline{IV-3}}{\overline{I-3}} \text{ oder } \frac{r}{\overline{1-4}} = \frac{p}{c},$$

woraus

$$\overline{1-4} = \frac{r \cdot c}{p} = h$$

folgt. Mit Hilfe der Pendellänge $\overline{I-IV} = l$, des Abstandes a und des Winkels α drückt sich die wahre Pendelhöhe durch

$$h = l \cdot \cos\alpha \pm a \cdot \operatorname{cotg}\alpha \quad . \; . \; . \; . \quad 207$$

aus, wobei das + Zeichen für den Porterschen Regulator mit offenen Armen, das —Zeichen für den Kleyschen Regulator mit gekreuzten Armen gilt. Für den Regulator von Watt ist $a = \sim 0$, also

$$h = l \cdot \cos\alpha \quad . \; . \; . \; . \; . \; . \quad 207_a$$

Die Grösse y stellt sich in der Zeichnung durch die Strecke I—5 dar, welche die verlängerte Hülsenstange III—II auf der Horizontalen durch I abschneidet. Der Winkel, den der Hebelarm q mit dieser Horizontalen bildet, ist nämlich gleich β, also

$$\overline{I-5} = \frac{q}{\cos\beta} = y.$$

Die Strecke p endlich kann der Zeichnung ohne weiteres entnommen werden.

Bei rhombischer Anordnung wird nach Fig. 143

$$\overline{II-2} = \frac{1}{2} \cdot \overline{I-5} = \frac{1}{2} y,$$

und es verhält sich

$$\frac{\overline{II-3}}{\overline{IV-3}} = \frac{\overline{I-II}}{\overline{I-IV}} \text{ oder } \frac{\frac{1}{2}y}{p} = \frac{l_1}{l},$$

$$\frac{y}{2p} = \frac{l_1}{l}.$$

Führt man diesen Wert in die Gleichung 206 ein, so erhält man für den rhombisch angeordneten Regulator von Porter und Kley die Beziehung

$$\frac{\omega^2}{g} = \left(\frac{n}{30}\right)^2 = \frac{1}{h}\left(1 + \frac{Q}{P}\frac{l_1}{l}\right) \quad . \; . \; . \quad 208$$

Um die Energie der hier zu betrachtenden Regulatoren zu erhalten, bestimmen wir die Reaktion, welche eine Unterlage auf die gehobene Muffe bei nicht schwingenden Kugeln ausübt. Bezeichnen wir diese Reaktion mit $\frac{E}{2}$ an jeder Seite, so wirkt nun im Punkte III der Hülsenstange nach Fig. 143 nur noch eine Kraft $\frac{Q}{2} - \frac{E}{2}$ vertikal abwärts. Dieselbe greift am Pendel I—IV mit der Komponente $\frac{Q-E}{2\cos\beta}$ im Punkte II an. Im Mittelpunkte IV der Kugel des ruhenden Pendels wirkt dann nur noch das Eigengewicht P. Für den Drehpunkt I lautet somit die Gleichung der statischen Momente bei Gleichgewicht

$$\frac{Q-E}{2\cos\beta} q + P \cdot p = 0,$$

woraus

$$E = P \cdot p \frac{2\cos\beta}{q} + Q,$$

oder mit

$$\frac{q}{\cos\beta} = y,$$

$$E = 2P\frac{p}{y} + Q \quad . \; . \; . \; . \; . \quad 209$$

als Wert der Energie für die allgemeine Anordnung des Porter- und Kleyregulators folgt, während für den Wattregulator mit $Q = \sim 0$

$$E = 2P\frac{p}{y} \quad . \; . \; . \; . \; . \; . \; . \quad 209_a$$

ist. Bei rhombischer Anordnung ergiebt sich mit

$$\frac{y}{2p} = \frac{l_1}{l}$$

$$E = P\frac{l}{l_1} + Q \quad . \; . \; . \; . \; . \quad 210$$

bezw.

$$E = P\frac{l}{l_1} \quad . \; . \; . \; . \; . \; . \quad 210_a$$

Mit Hilfe der vorstehenden Werte für die Energie und der Gleichung 204 lässt sich nun auch der Unempfindlichkeitsgrad der vorliegenden Regulatoren bestimmen. Derselbe beträgt z. B. bei allgemeiner Anordnung für die Regulatoren von Porter und Kley

$$\varepsilon = \frac{W}{E} = \frac{W}{2P\frac{p}{y} + Q} \quad . \; . \; . \; . \quad 211$$

Dieser Wert ergiebt sich auch in der folgenden Weise. Um die Winkelgeschwindigkeit ω' und Umdrehungszahl n' zu erhalten, bei welcher die Regulatoren mit einwirkendem Stellzeuge anfangen zu steigen, hat man nach den Angaben auf Seite 244 in der Gleichung 206 Q durch Q + W zu ersetzen. Entsprechend liefert diese Gleichung die Werte ω'' und n'', bei denen die Regulatoren unter Einwirkung des Stellzeuges anfangen zu sinken, sobald man in ihr für Q die Differenz Q — W einführt. Mit Hilfe der so erhaltenen Gleichungen für ω' und ω'' bezw. n' und n'' bekommt man aus Gleichung 200 die Beziehung

$$\varepsilon = \frac{\frac{1}{h}\left(\frac{Q+W}{2P}\frac{y}{p} - \frac{Q-W}{2P}\frac{y}{p}\right)}{\frac{2}{h}\left(1 + \frac{Q}{2P}\frac{y}{p}\right)} = \frac{\frac{W}{P}\frac{y}{p}}{2\left(1 + \frac{Q}{2P}\frac{y}{p}\right)}$$

oder

$$\varepsilon = \frac{W}{2P\frac{p}{y} + Q}$$

Für den theoretischen Ungleichförmigkeitsgrad δ_r lässt sich bei der allgemeinen Anordnung des Porter- und Kleyschen Regulators ein einfacher Ausdruck nicht aufstellen. Man wird zur Berechnung von δ_r hier vielmehr die Werte ω_o, ω_m und ω_u bezw. n_o, n_m und n_u für die höchste, mittlere und tiefste Lage zu berechnen und in die Gleichung 197 oder 198 einzuführen haben. Dagegen ergiebt sich für den Regulator von Watt, sowie für die rhombische Anordnung der beiden anderen Regulatoren, da für diese nach Gleichung 208 $_o$, ω_m und ω_u alle den konstanten Faktor $\left(1+\frac{Q}{2P}\frac{y}{p}\right)$ enthalten, die einfache Beziehung aus Gleichung 198

$$\delta_r = \frac{\frac{1}{h_o}-\frac{1}{h_u}}{2\frac{1}{h_m}} \quad . \; . \; . \; . \; . \; . \quad 212$$

wenn h_o, h_m und h_u die wahre Pendelhöhe für die höchste, mittlere und tiefste Lage der Pendel ist.

Zur Bestimmung des Arbeitsvermögens braucht man nach Gleichung 205 ausser der Energie noch den Regulatorhub s. Für denselben gilt, wenn α_o und α_u, sowie β_o und β_u die Winkel bezeichnen, welche die Pendelarme bezw. Hülsenstangen bei der höchsten und tiefsten Lage des Regulators mit der Vertikalen einschliessen, offenbar die Gleichung

$$s = l_1 (\cos\alpha_u - \cos\alpha_o) + l_2 (\cos\beta_u - \cos\beta_o) \; . \quad 213$$

woraus bei rhombischer Anordnung mit $l_1 = l_2$ und $\alpha_o = \beta_o$, $\alpha_u = \beta_u$

$$s = 2\, l_1 (\cos\alpha_u - \cos\alpha_o) \quad . \; . \; . \; . \quad 214$$

wird.

Schliesslich soll für die vorliegenden Regulatoren noch der auf die Eigenreibung entfallende Teil ε_r des Unempfindlichkeitsgrades ε ermittelt werden.[1]) Nach Gleichung 201 und 204 ist

$$\varepsilon = \varepsilon_s + \varepsilon_r = \frac{W_s + W_r}{E},$$

also

$$\varepsilon_r = \frac{W_r}{E} \quad . \; . \; . \; . \; . \; . \; . \quad 215$$

Hierin ist W_r der auf die Muffe reduzierte Reibungswiderstand des Regulators. Die zu W_r entgegengesetzte Vertikalkraft an der Muffe muss somit bei einer sehr kleinen Lagenänderung der Kugeln die zur Überwindung der Reibung nötige Arbeit leisten. Da nun die Reibung des Regulators bei einer Lagenänderung desselben hauptsächlich in den Gelenkpunkten I, II und III der beiden Arme I—II und II—III in Fig. 145 auftritt, so denken wir uns die Gegenkraft von W_r in zwei Teile, entsprechend

$$W_r = W_r' + W_r'',$$

zerlegt, von denen der erste Teil die Reibung am Arme I—II, der zweite diejenige an der Hülsenstange II—III überwinden soll; beide Teile greifen vertikal im Punkte III an.

Zur Bestimmung der Reibung bedürfen wir zunächst der Zapfendrücke R_1, R_2 und R_3 auf die Gelenkbolzen I, II und III.

Der Zapfendruck R_1 zunächst ist gleich der Resultierenden aller am Pendel I—IV wirkenden Kräfte. Die letzteren sind die Centrifugalkraft C, das Gewicht P der Kugel und die in II angreifende Komponente $\frac{Q}{2\cos\beta}$ der halben Hülsenbelastung. Vereinigt man somit C und P nach Fig. 145 des Textes im Mittelpunkte IV der Kugel zu einer Resultierenden $\overline{IV-6}$, bringt diese dann zum Schnitt mit II — III in 8 und setzt $\overline{8-7} = \overline{IV-6}$ nochmals mit $\overline{8-10} = \frac{Q}{2\cos\beta}$ zusammen, so erhält man in R_1 die Grösse des Druckes auf den Zapfen I. Die Centrifugalkraft ist

$$C = \frac{P}{g}\, r \cdot \omega^2 = P \cdot r \frac{\omega^2}{g}.$$

Der Wert $\frac{\omega^2}{g}$ kann nach der Gleichung 206 und 208 berechnet, r der Zeichnung entnommen werden.

Durch Rechnung findet man R_1 auch in der folgenden Weise. Ersetzt man $\frac{Q}{2\cos\beta}$ durch die beiden Komponenten $\frac{Q}{2}$ und $\frac{Q}{2}\operatorname{tg}\beta$, so wirken auf das Pendel vertikal und gleichgerichtet P und $\frac{Q}{2}$, horizontal und entgegengerichtet C und $\frac{Q}{2}\operatorname{tg}\beta$. Et ergiebt sich also

$$R_1 = \sqrt{\left(P+\frac{Q}{2}\right)^2 + \left(C - \frac{Q}{2}\operatorname{tg}\beta\right)^2} \quad . \; . \quad 216$$

Der Druck auf die Zapfen II und III ist

$$R_2 = R_3 = \frac{Q}{2\cos\beta} \, . \quad . \; . \; . \; . \; . \; . \quad 217$$

Ändert sich nun der Ausschlag der Pendel so, dass in Fig. 145 der Winkel α um $d\alpha$, derjenige β um $d\beta$ zunimmt, so nimmt der Winkel I II III um $d\alpha + d\beta$ ab, da die Summe der drei Winkel stets konstant bleiben muss. Infolge der Änderung in der Lage des Pendels I—IV drehen sich also die Zapfen I und II um den Winkel $d\alpha$, infolge der Verschiebung der Stange II—III dagegen die Zapfen II und III um den Winkel $d\beta$. Bezeichnet dann

μ den Zapfenreibungskoefficienten,

d den Zapfendurchmesser,

so ist die zur Verschiebung von I—II erforderliche Zapfenreibungsarbeit

$$\mu (R_1 + R_2) \frac{d}{2}\, d\alpha$$

und diejenige zur Verschiebung von II—III

$$\mu (R_2 + R_3) \frac{d}{2}\, d\beta.$$

Die erstgenannte Arbeit muss durch die Gegenkraft von W_r' geleistet werden. Diese kann aber nur in der Richtung von III—II auf das Pendel einwirken und hat in dieser Richtung auf jeder Seite die Grösse $\frac{W_r'}{2\cos\beta}$. Sie dreht ferner den Pendelarm um den Punkt I, hat also bei der erwähnten Verschiebung des ersteren den Weg $q \cdot d\alpha$ zurückgelegt. Somit muss

1) Die hier angegebenen Gleichungen für ε_r und W_r sind in „Des Ingenieurs Taschenbuch, Die Hütte" für die allgemeine Anordnung der direkt und indirekt aufgehängten Regulatoren enthalten. Das Verfahren zur Bestimmung von W_r giebt Tolle in seiner auf Seite 245 angeführten Abhandlung an.

$$\frac{W_r'}{2\cos\beta}\, q\cdot d\,\alpha = \mu\,(R_1 + R_2)\,\frac{d}{2}\,d\,\alpha,$$

oder

$$W_r' = \mu\cdot d\,\frac{\cos\beta}{q}\,(R_1 + R_2) = \frac{\mu\cdot d}{y}\,(R_1 + R_2)$$

sein. Die zweite der angeführten Reibungsarbeiten muss durch die Gegenkraft von W_r'', also auf jeder Seite durch eine Kraft von der Grösse $\frac{W_r''}{2}$ geleistet werden. Diese Kraft dreht die Stange III—II um den augenblicklichen Pol $\mathfrak{P}$ in Fig. 145, der in dem Schnittpunkte des Pendelarmes I—IV mit der Horizontalen durch III liegt. Bei der angedeuteten Verschiebung der Stange ist also der Weg der Kraft gleich $x\cdot d\beta$, und es muss

$$\frac{W_r''}{2}\, x\cdot d\,\beta = \mu\,(R_2 + R_3)\,\frac{d}{2}\,d\,\beta,$$

oder

$$W_r'' = \frac{\mu\cdot d}{x}\,(R_2 + R_3)$$

sein. Durch Addition erhält man den Wert

$$W_r = W_r' + W_r'' = \mu\cdot d\left(\frac{R_1 + R_2}{y} + \frac{R_2 + R_3}{x}\right),$$

oder nach Gleichung 217

$$\mathbf{W_r} = \mu\cdot \mathbf{d}\left\{\frac{\mathbf{R_1}}{\mathbf{y}} + \frac{\mathbf{Q}}{\mathbf{2\cos\beta}}\left(\frac{\mathbf{1}}{\mathbf{y}} + \frac{\mathbf{2}}{\mathbf{x}}\right)\right\} \quad . \quad . \quad 218$$

mit welchem aus der Gleichung 215 auch ε_r berechnet werden kann.

Um den Charakter der vorliegenden Regulatoren, also die Art und Änderung des Gleichgewichtszustandes während ihres Hubes zu untersuchen, benutzt man am besten die Gleichung 208. In derselben hat der Klammerausdruck für alle Lagen des Regulators denselben Wert. Die Winkelgeschwindigkeit ω und die Umdrehungszahl n hängen somit allein von der wahren Pendelhöhe h ab; sie wachsen, wenn h abnimmt, und nehmen ab, wenn h zunimmt.

Solange nun der Abstand a des Pendeldrehpunktes I von der Drehachse positiv ist, also die Pendel wie bei dem Porterschen Regulator offen sind, nimmt die Pendelhöhe h mit wachsendem Ausschlag der Kugeln und steigendem Regulator ab. Man erkennt dies nicht nur aus der Zeichnung, sondern auch aus der Gleichung 207, da sowohl der Kosinus, als auch die Kotangente eines Winkels mit dem Wachsen desselben von 0 bis 90° abnimmt. Demgemäss wächst also hier die Winkelgeschwindigkeit ω und Umdrehungszahl n mit steigendem Regulator, der letztere ist also bei offenen Pendelarmen ein vollkommen statischer.

Anders ist dies beim Kleyschen Regulator mit gekreuzten Armen, wo a negativ ist. Wie man aus Fig. 145 erkennt, ist die wahre Pendelhöhe $h = \overline{1-4}$ hier gleich der Projektion des ganzen Pendels $\overline{\text{I—IV}}$ auf die Drehachse, vermindert um diejenige des oberen Teiles $\overline{\text{I—1}}$. h wird also zu Null, wenn die Projektion von $\overline{\text{I—IV}}$ gleich derjenigen von $\overline{\text{I—1}}$ ist, d. h. wenn, übereinstimmend mit der Gleichung

$$h = l\cdot\cos\alpha - a\cdot\operatorname{cotg}\alpha,$$

$$l\cdot\cos\alpha = a\cdot\operatorname{cotg}\alpha$$

ist. Ferner wird aber h zu Null für $\alpha = 90°$, wenn das Pendel senkrecht zur Drehachse steht. Zwischen diesen beiden Grenzlagen muss h irgendwo einen grössten Wert annehmen, und dieser findet sich nach der Differentialrechnung aus

$$\frac{dh}{d\alpha} = -l\cdot\sin\alpha + \frac{a}{\sin^2\alpha} = 0$$

zu

$$\sin\alpha_u = \sqrt[3]{\frac{\mathbf{a}}{\mathbf{l}}} \quad . \quad . \quad . \quad . \quad . \quad . \quad 219$$

Oberhalb dieses Winkels α_u wird nun h mit wachsendem α, unterhalb desselben mit abnehmendem α kleiner werden, da es sich nach beiden Seiten hin der Null nähert. Oberhalb des Winkels α_u nimmt also mit wachsendem Kugelausschlag die Geschwindigkeit des Regulators zu, derselbe ist hier im stabilen Gleichgewicht und nähert sich um so mehr der Astasie, je näher sein Ausschlag von oben her dem Winkel α_u kommt. Der Kleysche Regulator ist somit oberhalb α_u pseudoastatisch, und die n- oder C-Kurve zeigt für die Lage α_u einen astatischen Punkt. Unterhalb des Winkels α_u dagegen, wo h mit kleiner werdendem Pendelausschlag abnimmt, die Gleichgewichts-Geschwindigkeit des Regulators also mit abnehmendem α steigt, ist der letztere im labilen Gleichgewicht und völlig unbrauchbar. Der durch Gleichung 219 festgelegte Pendelausschlag ist deshalb stets als unterste Grenze für die Lagen des Kleyschen Regulators mit gekreuzten Armen anzusehen.

Der Regulator von Watt mit $a = 0$ ist natürlich auch ein statischer; ω und n nehmen mit wachsendem α zu, da h dann immer kleiner wird.

Man erkennt aus dem Vorstehenden, dass die drei Regulatoren um so statischer sind, je grösser a nach der positiven Seite ist, dass sie sich ferner um so mehr der Astasie nähern, je kleiner a wird, und dass sogar bei negativen a von einer gewissen Lage der Pendel an das Gleichgewicht labil ausfällt. Von allen drei Regulatoren verdient natürlich in dieser Hinsicht der Kleysche mit gekreuzten Armen und negativem a den Vorzug, weil mit der Annäherung an die Astasie der Ungleichförmigkeitsgrad δ_r bei demselben Hube s kleiner ausfällt, oder bei gleichem δ_r der Hub und das Arbeitsvermögen grösser werden kann.

Die vorstehenden Beziehungen gelten auch für die allgemeine Anordnung der drei Regulatoren, die vor der rhombischen keine wesentliche Vorteile bietet, da der Quotient $\frac{y}{p}$ in Gleichung 206 sich bei den verschiedenen Pendellagen nur wenig ändert.

Die Kreuzung der Stangen ist beim Kleyschen Regulator insofern ein Nachteil, als dadurch die Ausführung erschwert wird. Auch lässt sich bei rhombischer Anordnung (siehe den Regulator der Collmannsteuerung auf Taf. 46), wo die Arme und Hülsenstangen gekreuzt sind, nur ein kleines Hülsengewicht oberhalb der Muffe unterbringen. Man ordnet deshalb vielfach das letztere unterhalb der Muffe an, wodurch aber der Regulator sehr hoch ausfällt, oder lässt nach Fig. 4, Taf. 50 die Hülsenstangen offen.

Die Energie E eines jeden der drei Regulatoren ist für alle Lagen der Pendel nahezu oder vollständig konstant. Das Gleiche ist mit dem Unempfindlichkeitsgrad ε der

Fall, solange der Muffenwiderstand W unverändert bleibt. Die Gleichungen für ω, n, E und ε lassen ferner den Einfluss der Hülsenbelastung Q erkennen. Je grösser Q gemacht wird, desto grösser wird unter sonst gleichen Verhältnissen ω, n und E, desto kleiner wird aber ε.

Die Hülse oder Birne führt man natürlich bei allen Gewichtsregulatoren hohl aus, um durch Änderung von Q eine Justierung des Regulators nach der Ausführung innerhalb gewisser Grenzen vornehmen zu können.

Empfohlen wird für die vorliegenden Regulatoren

$$\mathbf{l_1 = 0{,}666\,l,}$$

sowie bei offenen Armen

$$\mathbf{a = 0{,}1 \text{ bis } 0{,}05\,l,}$$

bei gekreuzten Armen

$$\mathbf{a = 0{,}2 \text{ bis } 0{,}25\,l.}$$

Beispiel.

Auf Seite 185 wurden für eine Auspuffmaschine von 300 mm Cylinderbohrung, 600 mm Hub und 90 Umdrehungen in der Minute die Dimensionen einer Ridersteuerung bestimmt. Welche Verhältnisse wird man dem Regulator dieser Steuerung zu geben haben, wenn derselbe einmal als Porterscher Regulator mit offenen Armen, das andere Mal als Kleyscher mit gekreuzten Armen ausgebildet werden soll?

Im Anschluss an entsprechende Ausführungen wählen wir zunächst die Länge der Pendel

$$l = \mathbf{420\ mm}$$

und diejenige der Pendelarme I—II und Hülsenstangen III—II

$$l_1 = 0{,}666 \cdot 420 = \backsim \mathbf{280\ mm}, \text{ sowie } l_2 = \mathbf{285\ mm.}$$

Bei d = 16 mm Durchmesser der Gelenkbolzen dürfte der Abstand des Punktes I von der Drehachse, wenn die Spindel selbst zum Auge erweitert wird, zweckmässig

$$a = \mathbf{20\ mm}$$

betragen, während der entsprechende Abstand des Punktes III grösser, vielleicht

$$b = \mathbf{45\ mm,}$$

zu bemessen ist. Wählt man dann noch den horizontalen Abstand des Punktes II von der Drehachse bei der tiefsten Lage so, dass eine genügend grosse Hülse untergebracht werden kann, also hier vielleicht zu 200 mm, so kann das Schema des Regulators wie in Fig. 3, Taf. 50 in der linken Hälfte aufgetragen werden. Das Pendel schliesst dann bei der tiefsten Lage einen Winkel mit der Vertikalen ein, der aus

$$\sin \alpha_u = \frac{200 - a}{l_1} = \frac{180}{280} = \backsim 0{,}643$$

zu

$$\alpha_u = \backsim \mathbf{40^0}$$

folgt. Um weiter den erforderlichen Hub des Regulators zu erhalten, hat man die Verschiebung des Steuerungsorganes zwischen der grössten und kleinsten Füllung, sowie die Länge des Regulator- und Schieberstangenhebels festzustellen. Der Expansionsschieber hat nach den Angaben auf Seite 187 einen Radius von $\rho = 70$ mm und bedarf einer Gesamtdrehung von z = 80 mm, wenn die Füllung zwischen ihren Grenzen verstellt werden soll. Wir geben dem Hebel auf der Schieberstange (siehe Fig. 3, Taf. 38) ebenfalls eine Länge von 70 mm, dem Regulatorhebel (siehe Fig. 3, Taf. 50) bis zur Muffe 120 mm, bis zum äussersten Ende aber die doppelte Länge. Der Regulatorhub muss dann, abgesehen von späteren Berichtigungen, die an der ausgeführten Maschine vorzunehmen sind, einen Hub von

$$s = \frac{80}{2} = \mathbf{40\ mm}$$

bekommen. In Fig. 3, Taf. 50 ist in der linken Hälfte von der untersten Lage III_u der Muffe aus dieser Hub aufgetragen und in vier gleiche Teile zerlegt worden. Für die so erhaltenen fünf Lagen III_u, III_1 . . . . III_0 wurde dann das Schema des Regulators gezeichnet und durch Verlängern bezw. Projektion des Pendels I—IV die wahre Pendelhöhe h, durch Verlängerung der Hülsenstange III—II die Grösse y konstruiert. Es ergab sich

für die Lage	III_u	III_1	III_2	III_3	III_0
h =	0,346	0,3375	0,327	0,3175	0,308 m,
y =	0,3205	0,332	0,342	0,351	0,3605 m,
p =	0,270	0,2795	0,2895	0,2975	0,306 m.

Man ersieht aus diesen Werten, dass sich der Quotient $\frac{y}{p}$ bei den einzelnen Lagen nur wenig ändert. und im Mittel

$$\frac{y}{p} = \backsim 1{,}185$$

beträgt. Die Winkelgeschwindigkeit ω und Tourenzahl n des frei schwingenden Regulators ist dann ausser von dem Verhältnis $\frac{Q}{P}$ nur noch von der Pendelhöhe h abhängig. Für

$$\frac{Q}{2P} = 5$$

ergiebt sich z. B. aus Gleichung 206

$$\frac{\omega^2}{g} = \left(\frac{n}{30}\right)^2 = \frac{1}{h}(1 + 5 \cdot 1{,}185) = \frac{6{,}925}{h},$$

oder

$$n = 30\sqrt{\frac{6{,}925}{h}} = \backsim 78{,}93\sqrt{\frac{1}{h}},$$

womit für die oben angegebenen vier verschiedenen Lagen

$$n_u = 78{,}93\sqrt{\frac{1}{0{,}346}} = \mathbf{134{,}2,}$$

$$n_1 = 78{,}93\sqrt{\frac{1}{0{,}3375}} = 135{,}9,$$

$$n_2 = 78{,}93\sqrt{\frac{1}{0{,}327}} = \mathbf{138{,}2,}$$

$$n_3 = 78{,}93\sqrt{\frac{1}{0{,}3175}} = 140{,}1,$$

$$n_0 = 78{,}93\sqrt{\frac{1}{0{,}308}} = \mathbf{142{,}2}$$

folgt Der theoretische Ungleichförmigkeitsgrad des Regulators ist dann für $n_2 = n_m$ nach Gleichung 197

$$\delta_r = \frac{142{,}2 - 134{,}2}{138{,}2} = \mathbf{0{,}058} \text{ oder } \mathbf{5{,}8}\,\%,$$

welcher Wert sich, da $\frac{y}{p}$ für alle Regulatorlagen nahezu konstant ist, auch mit $h_0 = 0{,}308$, $h_u = 0{,}346$ und $h_m = 0{,}327$ aus Gleichung 212 ergeben hätte, nämlich

$$\delta_r = \frac{\frac{1}{0{,}308} - \frac{1}{0{,}346}}{2\,\frac{1}{0{,}327}} = \sim 0{,}058.$$

Nach Fig. 3, Taf. 38 und 50 wird der Regulator durch einen Riemen von der Kurbelwelle angetrieben. Lässt man die Riemenwelle des Regulators ebenfalls 90 Umdrehungen machen, so muss die Antriebsscheibe dieser Welle, wenn man den Riemen direkt auf der Kurbelwelle laufen lässt, ebenso gross wie die letztere, also nach der Berechnung auf Seite 115 im Durchmesser 150 mm werden. Das Umsetzungsverhältnis des konischen Räderpaares zwischen der Riemenwelle und der Regulatorspindel müsste dann

$$\frac{n_m}{90} = \frac{138}{90} = 1{,}533$$

betragen.

Um die Energie des Regulators berechnen zu können, hat man das Gewicht der Kugeln und Belastungshülse anzunehmen. Entscheiden wir uns für

$$P = \mathbf{6\ kg},$$

entsprechend einem Kugeldurchmesser von rund 116 mm, und

$$Q = 2 \cdot 5 \cdot 6 = \mathbf{60\ kg},$$

so folgt mit $\frac{y}{p} = 1{,}185$ aus Gleichung 209 der mittlere Wert der fast konstanten Energie zu

$$E = 2 \cdot 6\,\frac{1}{1{,}185} + 60 = \sim \mathbf{70\ kg.}$$

Der Unempfindlichkeitsgrad ist schliesslich nach Gleichung 204

$$\varepsilon = \varepsilon_s + \varepsilon_r = \frac{W_s + W_r}{E}.$$

Für $\varepsilon_s = 0{,}03$ ergiebt sich hieraus

$$W_s = \varepsilon_s \cdot E = 0{,}03 \cdot 70 = \mathbf{2{,}1\ kg}$$

als Verstellungskraft des Regulators, welche an dem äussersten Ende des Muffenhebels $\frac{2{,}1}{2} = 1{,}05$ kg Widerstand des Stellzeuges überwindet.

Um den ganzen Muffenwiderstand W und den ganzen Unempfindlichkeitsgrad ε zu ermitteln, bedarf man der Grösse ε_r. Dieselbe bestimmt sich annähernd aus Gleichung 215 und 218.

Der in der letzten Gleichung vorkommende Zapfendruck R_1 im Aufhängepunkte I der Pendel ist nach Gleichung 216 zu berechnen. Bei der Mittellage des Regulators ist der Abstand des Kugelmittelpunktes von der Drehachse

$$r = a + p = 0{,}02 + 0{,}2895 = \sim 0{,}31 \text{ m},$$

also die Centrifugalkraft einer Kugel

$$C = \frac{P}{g}\,r \cdot \omega_2^2 = P \cdot r\,\frac{\omega_2^2}{g} = P \cdot r\,\frac{6{,}925}{h_2}$$

$$= 6 \cdot 0{,}31\,\frac{6{,}925}{0{,}327} = \sim 39{,}5 \text{ kg}.$$

Hiermit ergiebt sich, da bei der erwähnten Lage des Regulators nach der Zeichnung

$$\operatorname{tg}\beta = \frac{168}{230} = \sim 0{,}73$$

ist,

$$R_1 = \sqrt{\left(6 + \frac{60}{2}\right)^2 + \left(39{,}5 - \frac{60}{2}\,0{,}73\right)^2} = \sim 40 \text{ kg}.$$

Weiter folgt nun aus der Gleichung 218 für $\mu = 0{,}08$, $d = 0{,}016$, $\cos\beta = 0{,}807$ (entsprechend $\operatorname{tg}\beta = 0{,}73$), $y = 0{,}342$, $x = 0{,}385$ (nach der Zeichnung)

$$W_r = 0{,}08 \cdot 0{,}016 \left\{\frac{40}{0{,}342} + \frac{60}{2 \cdot 0{,}807}\left(\frac{1}{0{,}342} + \frac{2}{0{,}385}\right)\right\}$$

$$= \sim 0{,}54 \text{ kg}$$

und aus Gleichung 215

$$\varepsilon_r = \frac{W_r}{E} = \frac{0{,}54}{70} = \sim 0{,}008 \text{ oder } 0{,}8\,\%.$$

Rechnen wir mit Rücksicht auf die sonst noch auftretenden Reibungswiderstände

$$\varepsilon_r = \mathbf{0{,}012} \text{ oder } \mathbf{1{,}2}\,\%,$$

so ist der gesamte Unempfindlichkeitsgrad des Regulators

$$\varepsilon = \varepsilon_r + \varepsilon_s = 0{,}03 + 0{,}012 = \mathbf{0{,}042} \text{ oder } \mathbf{4{,}2}\,\%,$$

sowie der wirkliche Ungleichförmigkeitsgrad desselben nach Gleichung 203

$$i = \delta_r + \varepsilon = 0{,}058 + 0{,}042 = \mathbf{0{,}1} \text{ oder } \mathbf{10}\,\%.$$

Der überwindbare Gesamt-Muffenwiderstand beträgt dann nach Gleichung 204

$$W = E \cdot \varepsilon = 70 \cdot 0{,}042 = \mathbf{2{,}94\ kg},$$

das Arbeitsvermögen nach Gleichung 205

$$E \cdot s = 70 \cdot 0{,}04 = \mathbf{2{,}8\ mkg.}$$

Die grösste Umdrehungszahl des Regulators ist annähernd

$$n_0' = n_m\left(1 + \frac{i}{2}\right) = 138{,}2\,(1 + 0{,}05) = \sim \mathbf{145},\text{[1]}$$

die kleinste

$$n_u'' = n_m\left(1 - \frac{i}{2}\right) = 138{,}2\,(1 - 0{,}05) = \sim \mathbf{131}.\text{[1]}$$

Weit günstiger hinsichtlich des Ungleichförmigkeitsgrades stellt sich der Kleysche Regulator mit gekreuzten Armen. Wir wählen hier der einfachen Rechnung wegen die genau rhombische Anordnung, wie sie die Taf. 46 zeigt, mit

$$l_1 = l_2 = \mathbf{280\ mm},\quad l = 1{,}5\,l_1 = \mathbf{420\ mm},$$

$$a = b = \frac{1}{5}\,420 = \sim \mathbf{85\ mm.}$$

Die unterste Lage, welche die Pendel dann bei Vermeidung des labilen Gleichgewichtes einnehmen dürfen, ist nach Gleichung 219 durch

$$\sin\alpha_u = \sqrt[3]{\frac{85}{420}} = \sim \sqrt[3]{0{,}2024} = \sim 0{,}587,$$

oder

$$\alpha_u = \beta_u = \mathbf{36^0}$$

bestimmt. Soll der Hub des Regulators hier

$$s = \mathbf{55\ mm}\text{[2]})$$

---

1) Mit diesen Umdrehungszahlen tritt der Regulator in die höchste bezw. tiefste Lage.

2) Bei dem früheren Hube fällt der Ungleichförmigkeitsgrad δ_r noch kleiner als 2 % aus.

betragen, so folgt aus Gleichung 214 für die oberste Pendellage die Beziehung

$$\cos\alpha_o = \cos\alpha_u - \frac{s}{2 l_1} = 0{,}809 - \frac{55}{2\cdot 280} = 0{,}711$$

oder

$$\alpha_o = \beta_o = \mathbf{44^0\,40'}.$$

Hiermit lassen sich aus Gleichung 207 die wahren Pendelhöhen zu

$$h_u = 420\cdot\cos 36^0 = 85\cdot\operatorname{cotg} 36^0 = \sim 0{,}2228 \text{ m},$$

und

$$h_o = 420\cdot\cos 44^0\,40' - 85\cdot\operatorname{cotg} 44^0\,40' = \sim 0{,}2126 \text{ m}$$

berechnen, während für die mittlere Pendellage mit

$$\alpha_m = \frac{\alpha_u + \alpha_o}{2} = \frac{36^0 + 44^0\,40'}{2} = 40^0\,20'$$

$$h_m = 420\cdot\cos 40^0\,20' - 85\cdot\operatorname{cotg} 40^0\,20' = \sim 0{,}220 \text{ m}$$

ist. Diese Werte ergeben dann nach Gleichung 212 einen theoretischen Ungleichförmigkeitsgrad von nur

$$\delta_r = \frac{\frac{1}{0{,}2126} - \frac{1}{0{,}2228}}{2\frac{1}{0{,}220}} = \sim \mathbf{0{,}024} \text{ oder } \mathbf{2{,}4\,\%},$$

also bei $\frac{55}{40} = \sim 1{,}4$ mal so grossem Regulatorhube noch 3,4% weniger als im vorigen Falle. Für

$$\varepsilon = \varepsilon_s + \varepsilon_r = 0{,}03 + 0{,}012 = \mathbf{0{,}042} \text{ oder } \mathbf{4{,}2\,\%}$$

ist dann der wirkliche Ungleichförmigkeitsgrad

$$i = 2{,}4 + 4{,}2 = 6{,}6\,\%.$$

Die Umdrehungszahl des frei vom Stellzeug schwingenden Regulators bestimmt sich aus Gleichung 208 mit

$$\frac{Q}{2P} = 5$$

für die tiefste Lage zu

$$n_u = 30\sqrt{\frac{1}{0{,}2228}\left(1 + 10\frac{280}{420}\right)} = \sim \mathbf{176}$$

für die höchste Lage zu

$$n_o = 30\sqrt{\frac{1}{0{,}2126}\left(1 + 10\frac{280}{420}\right)} = \sim \mathbf{180{,}1.}$$

Dagegen kommt der Regulator mit

$$n_u'' = n_u\left(1 - \frac{\varepsilon}{2}\right) = 176\,(1 - 0{,}021) = \sim 172{,}2$$

in seiner tiefsten und mit

$$n_o' = n_o\left(1 + \frac{\varepsilon}{2}\right) = 180{,}1\,(1 + 0{,}021) = \sim 184$$

Umdrehungen in seiner höchsten Lage an.

Die Energie des Regulators ist nach Gleichung 210 für $P = 6$ und $Q = 60$ kg

$$E = 6\frac{420}{280} + 60 = \mathbf{69\ kg},$$

der überwindbare Gesamt-Muffenwiderstand nach Gleichung 204

$$W = E\cdot\varepsilon = 69\cdot 0{,}042 = \mathbf{2{,}898\ kg},$$

wovon

$$W_s = E\cdot\varepsilon_s = 69\cdot 0{,}03 = \mathbf{2{,}07\ kg}$$

nützliche Stellkraft des Regulators sind, die am äussersten Ende des Muffenhebels, wenn dieser hier wieder dem Hebel auf der Expansionsschieberstange eine Drehung von 80 mm erteilen soll, aber jetzt $2{,}07\frac{54}{80} = \sim 1{,}425$ kg betragen würde.

Das Arbeitsvermögen des Regulators schliesslich ist jetzt

$$E\cdot s = 69\cdot 0{,}055 = \mathbf{3{,}795\ mkg.}$$

Im Falle die Stellkraft und das Arbeitsvermögen nur so gross wie bei dem Porterschen Regulator zu sein braucht, kann ε und ε_s entsprechend weniger betragen.

2. Der Regulator von Pröll.

Derselbe hat im wesentlichen dieselben Eigenschaften wie der vorher behandelte Kleysche Regulator mit gekreuzten Armen, er vermeidet aber die grosse Konstruktionshöhe und die Armkreuzung des letzteren. Fig. 147 auf Seite 256 zeigt die allgemeine Anordnung des Pröllschen Gewichtsregulators, dessen Ausführungsrecht das Eisenwerk und die Maschinenfabrik Lauchhammer besitzt. Das Pendel I—IV ist beweglich mit der Spindel verbunden und umgekehrt an der Stange II—III aufgehangen. Der Gelenkpunkt II liegt ferner ausserhalb des Pendels, das dadurch nach Fig. 148 des Textes eine geknickte Form I—II—IV erhält.

An jedem Pendel wirken:

1. im Mittelpunkte IV der Kugel die horizontale Centrifugalkraft C und das vertikal abwärts gerichtete Gewicht P einer Kugel,
2. im Punkte I die halbe Hülsenbelastung Q nach unten,
3. im Punkte II die Reaktion R_2, welche gleich der Resultierenden aus C, P, $\frac{Q}{2}$ und einer in I wirksamen Horizontalkraft ist und in die Stange II—III fällt.

Der augenblickliche Pol für die Bewegung der Punkte I und II, in denen das Pendel geführt wird, befindet sich, da I vertikal auf oder nieder bewegt wird und II um III schwingt, in dem Schnittpunkte $\mathfrak{P}$ der Horizontalen durch I mit der Verlängerung von III—II. In Bezug auf diesen Punkt $\mathfrak{P}$ ist nun mit den in Fig. 147 und 148 eingetragenen Bezeichnungen

das Moment der Kraft C .... $M_c = + C\cdot c$,
das Moment der Kraft P .... $M_p = - P\cdot b$,
das Moment der Kraft $\frac{Q}{2}$ .... $M_q = -\frac{Q}{2}q$,
das Moment der Kraft R_2 gleich Null.

Gemäss Gleichung 195 besteht also Gleichgewicht, wenn

$$C\cdot c - P\cdot b - \frac{Q}{2}q = 0$$

ist. Mit

$$C = \frac{P}{g}r\cdot\omega^2 \text{ und } b = q - p$$

ergiebt sich aus der vorstehenden Gleichung der Wert

$$\frac{\omega^2}{g} = \left(\frac{n}{30}\right)^2 = \frac{p}{r\cdot c}\left\{\left(1 + \frac{Q}{2P}\right)\frac{q}{p} - 1\right\},$$

oder, da

$$\overline{1-5} = h = \frac{r \cdot c}{p}$$

wieder die wahre Pendelhöhe und $q = y$ dasjenige Stück ist, welches die Verlängerung der Stange III—II auf der Horizontalen durch I abschneidet,

$$\frac{\omega^2}{g} = \left(\frac{n}{30}\right)^2 = \frac{1}{h}\left\{\left(1 + \frac{Q}{2P}\right)\frac{y}{p} - 1\right\} \quad . \; . \; 220$$

Hieraus lassen sich die Umdrehungszahlen des frei vom Stellzeug schwingenden Regulators berechnen, da die Werte für h, y und p der Zeichnung des letzteren entnommen werden können.

Um einen Ausdruck für die Energie des Regulators zu erhalten, hat man sich im Punkte I der Fig. 148

Fig. 147.

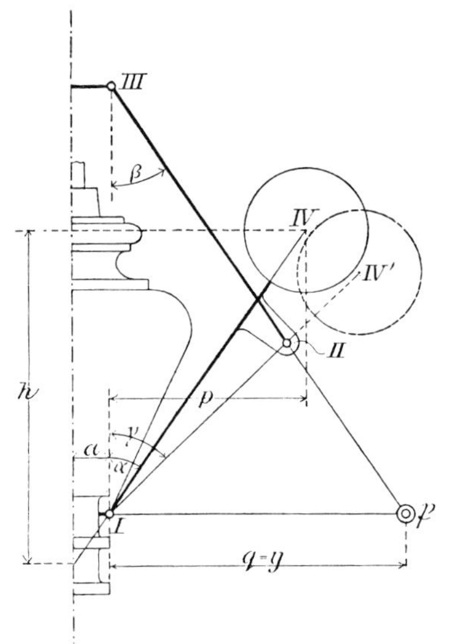

Fig. 148.

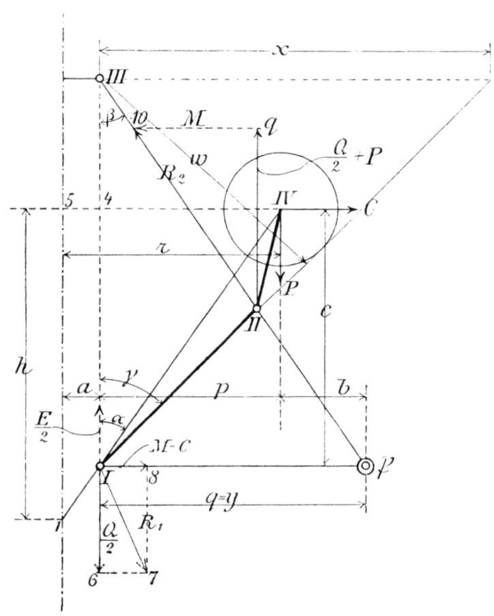

$I\,II = l_1, \quad II\,III = l_2, \quad I\,IV = l.$

eine nach oben gerichtete Kraft $\frac{E}{2}$ angebracht zu denken und nun die Gleichgewichtsbedingung für die am ruhenden Pendel angreifenden Kräfte $\frac{Q-E}{2}$, P, C und R_2 aufzustellen. Es ist Gleichgewicht vorhanden, wenn in Bezug auf den Punkt $\mathfrak{P}$

$$-\frac{Q-E}{2}\,y - P \cdot b = 0$$

ist, woraus für $b = y - p$

$$E = Q + 2P\left(1 - \frac{p}{y}\right) \quad . \; . \; . \; . \; 221$$

folgt. Mit Hilfe dieses Wertes erhält man aus Gleichung 204 für den Unempfindlichkeitsgrad des Regulators die Beziehung

$$\varepsilon = \frac{W}{E} = \frac{W}{Q + 2P\left(1 - \frac{p}{y}\right)} \quad . \; . \; . \; 222$$

Diese Beziehung hätte sich natürlich auch in der Weise ergeben, dass man in Gleichung 220 einmal $Q + W$, das andere Mal $Q - W$ einführt, wodurch man den Wert von $\frac{\omega'^2}{g}$ und $\frac{\omega''^2}{g}$ bekommt. Bildet man dann

$$\varepsilon = \frac{\omega'^2 - \omega''^2}{2\omega^2} = \frac{\frac{W}{P}\,\frac{y}{p}}{2\left\{\left(1 + \frac{Q}{2P}\right)\frac{y}{p} - 1\right\}},$$

so folgt wieder

$$\varepsilon = \frac{W}{2P + Q - 2P\frac{p}{y}} = \frac{W}{Q + 2P\left(1 - \frac{p}{y}\right)}.$$

Will man den auf die Eigenreibung entfallenden Teil ε_r des Unempfindlichkeitsgrades bestimmen, so hat man wieder den Muffenwiderstand W_r zu berechnen.

Der Druck auf die Zapfen II und III muss in die Richtung der Stange II—III fallen. Die Vertikalkomponente dieses Druckes muss ferner gleich der Summe $\frac{Q}{2} + P$ der Vertikalkräfte am Pendel sein. Also ist

$$R_2 = R_3 = \frac{\frac{Q}{2} + P}{\cos\beta} = \frac{Q + 2P}{2\cos\beta} \quad . \; . \; . \; 223$$

Am Pendel I—II—IV hält die Vertikalkomponente von R_2 den Vertikalkräften $\frac{Q}{2} + P$ das Gleichgewicht. Dagegen tritt in IV die Horizontalkraft C, in II diejenige M auf. Sind beide Kräfte M und C verschieden, so muss in I noch die Horizontalkraft $M - C$ wirksam sein. Der Zapfendruck R_1 ist somit die Resultierende aus $\frac{Q}{2}$ und $M - C$, also

$$R_1 = \sqrt{\left(\frac{Q}{2}\right)^2 + \left(M - C\right)^2}.$$

oder mit

$$M = \left(\frac{Q}{2} + P\right)\operatorname{tg}\beta = \frac{Q + 2P}{2}\operatorname{tg}\beta,$$

$$R_1 = \sqrt{\left(\frac{Q}{2}\right)^2 + \left(\frac{Q + 2P}{2}\operatorname{tg}\beta - C\right)^2} \quad . \; . \; 224$$

Die in I am Pendel angreifende Horizontalkraft M — C wurde auf Seite 255 bei der Entwickelung der Gleichung 220, wie nachträglich zu bemerken ist, nicht mit angeführt; ihr Moment in Bezug auf 𝔓 ist wie dasjenige der Reaktion R_2 gleich Null, übt also keinen Einfluss aus.

Denken wir uns auch hier W_r in zwei Teile W_r' und W_r'' zerlegt, so wird bei einer unendlich kleinen Änderung des Pendelausschlages die Gegenkraft von W_r' die Reibungsarbeit, welche zum Drehen des Armes I—II um den Pol 𝔓 nötig ist, leisten, wenn nach den Erklärungen auf Seite 251

$$\frac{W_r'}{2}\,y = \mu\,\frac{d}{2}\,(R_1 + R_2),$$

oder

$$W_r' = \mu\,\frac{d}{y}\,(R_1 + R_2)$$

ist. Entsprechend muss für die Kurbel III—II, die sich um III dreht und auf welche die Vertikal- und Gegenkraft von W_r'' nur in der Richtung von I—II, also in der Grösse $\frac{W_r''}{2\cos\gamma}$ an jeder Seite einwirken kann,

$$\frac{W_r''}{2\cos\gamma}\,w = \mu\,\frac{d}{2}\,(R_2 + R_3)$$

sein, wenn w die Senkrechte von III auf I—II bezeichnet. Da nach der Figur

$$\frac{w}{\cos\gamma} = x$$

ist, so folgt auch

$$W_r'' = \mu\,\frac{d}{x}\,(R_2 + R_3).$$

Durch Addition ergiebt sich

$$W_r = W_r' + W_r'' = \mu\cdot d\left(\frac{R_1 + R_2}{y} + \frac{R_2 + R_3}{x}\right),$$

oder mit dem Werte der Gleichung 223

$$\mathbf{W_r} = \mu\cdot\mathbf{d}\left\{\frac{\mathbf{R_1}}{\mathbf{y}} + \frac{\mathbf{Q} + 2\,\mathbf{P}}{2\cos\beta}\left(\frac{\mathbf{1}}{\mathbf{y}} + \frac{2}{\mathbf{x}}\right)\right\}. \quad . \quad 225$$

und hiermit

$$\varepsilon_r = \frac{W_r}{E}.$$

Was den Charakter des Pröllschen Regulators anbetrifft, so erkennt man aus Fig. 147 des Textes, dass der Regulator die Umkehrung eines Porterschen Regulators bildet, sobald $\alpha = \gamma$ gemacht und die Kugel in die Verlängerung II—IV′ von I—II gelegt wird. In diesem Falle würde also der Pröllsche Regulator vollkommen statisch sein. Erst, wenn $\alpha < \gamma$ ist, findet eine Annäherung an die Astasie statt und verhält sich der Regulator annähernd wie derjenige von Kley mit gekreuzten Armen. Es war dies ja auch, wie schon anfangs erwähnt, die Absicht des Erfinders.

Ist in Fig. 5a, Taf. 50 III′— II′—I die Schubkurbel eines Kleyregulators mit gekreuztem Arm, dessen Kugel im Gelenkpunkte II′ von Pendel und Hülsenstange sitzt, so kann man die Bewegung der Stange I—II′ für einen sehr kleinen Pendelausschlag als eine Drehung um den augenblicklichen Pol 𝔓 ansehen. Der letztere liegt, da II′ um III′ schwingt, I aber vertikal geführt wird, in dem Schnittpunkte der Verlängerung von III′—II′ mit der Horizontalen durch I. Man erhält nun dieselbe Bewegung der Stange und also auch des Kugelmittelpunktes, wenn man anstatt des Punktes II′ irgend einen anderen Punkt II derselben so führt, wie er in Wirklichkeit durch den Kleyregulator bewegt wird. Das letztere ist nun nach Pröll[1]) dann der Fall, wenn II um einen Punkt III schwingt, der so auf der Geraden 𝔓—II gewählt wird, dass

$$\frac{1}{\mathfrak{P}\text{—}m} = \frac{1}{\mathfrak{P}\text{—}II} - \frac{1}{\mathfrak{P}\text{—}III}$$

ist, wobei m der Punkt eines sogenannten Wendekreises ist, der durch 𝔓 und I geht und das Pendel III′—II′ in einem solchen Punkte m′ trifft, für den ebenfalls

$$\frac{1}{\mathfrak{P}\text{—}m'} = \frac{1}{\mathfrak{P}\text{—}II'} - \frac{1}{\mathfrak{P}\text{—}III'}$$

ist. Anstatt des langen Pendelarmes III′—II′ des Kleyregulators tritt somit der viel kleinere Arm III—II des Pröllregulators.

Was genau nur für einen unendlich kleinen Pendelausschlag gilt, kann als mit hinreichender Annäherung auch für den nicht sehr grossen Gesamtausschlag des Regulators geltend angesehen werden. Die Kugeln eines den obigen Bedingungen genügenden Pröllschen Regulators werden also annähernd wie die eines Kleyschen Regulators bewegt. Ebenso wie der letztere ist also der Pröllsche Regulator ein pseudoastatischer. Die vollkommen astatische Lage desselben, unterhalb welcher das Gleichgewicht ein labiles wird, ergiebt sich aus derselben Bedingung, die hierfür bei dem entsprechenden Kleyregulator massgebend und durch Gleichung 219 ausgedrückt ist.

Das Eisenwerk Lauchhammer stellt die Pröllschen Regulatoren mit Gewichtsbelastung nach den Angaben der folgenden Tabelle her.

Tabelle der Gewichtsregulatoren von Pröll.

(Fig. 5, Taf. 50.)

Nummer des Regulators	I	I_a	II	II_a	III	III_a	IV	IV_a	V_a
Durchmesser des Dampfcylinders (angenähert)	100 bis 200	100 bis 250	200 bis 300	250 bis 400	300 bis 450	400 bis 500	450 bis 600	500 bis 600	600 bis 700
Umdrehungszahl in der Minute . . **n**	**120**	**145**	**100**	**130**	**90**	**115**	**80**	**107**	**120**
Hülsenhub in mm **s**	**40**	**55**	**50**	**65**	**60**	**75**	**70**	**80**	**80**
Verstellungskraft od. überwindbarer gesamter Muffenwiderstand b. $\varepsilon = 4\%$ in kg . . . . **W**	**0,5**	**1,3**	**1,0**	**2,0**	**1,5**	**2,5**	**2,0**	**3,4**	**4,3**
Gesamthöhe des Regulators ohne Spindel in mm . . H	380	420	470	470	570	570	660	660	660
Grösste Breite der ausschlagenden Kugeln in mm. . B	390	445	500	510	600	615	690	700	700
Dicke der Spindel unterhalb Bund in mm. . . . . d	25	30	30	30	35	35	40	40	40

1) Siehe „Civilingenieur“, Jahrgang 1872, S. 185.

Nummer des Regulators	I	I_a	II	II_a	III	III_a	IV	IV_a	V_a
Durchmesser des Zapfens in mm . d_1	20	25	25	25	30	30	35	35	35
Länge der Spindel in mm L	500	550	620	620	750	750	900	900	900
Länge des Zapfens in mm . . . L_1	50	60	60	60	70	70	80	80	80
Höhe der Hülse in mm v	20	23	25	25	30	30	35	35	35
Innerer Hülsendurchmesser in mm . t	40	45	50	50	55	55	65	65	65
Äusserer Hülsendurchm. in mm . t_1	60	70	75	75	85	85	100	100	100
Abstand von Mitte Hülse bis Unterkante Bund in mm f	35	43	45	45	55	55	65	65	65
Bundhöhe in mm . u	14	16	17	17	20	21	25	25	25

Beispiel.

Der in Fig. 5a, Taf. 50 schematisch angedeutete Kleyregulator mit a = 63,5 mm Abstand des Aufhängepunktes III′ von der Drehachse und l = 510 mm Pendellänge soll durch einen Pröllschen Regulator von annähernd gleichen Eigenschaften ersetzt werden. Welche Hauptverhältnisse muss der letztere bekommen?

Für den Ausschlagwinkel α_u, unter welchem das Gleichgewicht des Kleyschen Regulators ein labiles wird, ergiebt sich zunächst aus Gleichung 219 der Wert

$$\sin \alpha_u' = \sqrt[3]{\frac{63,5}{510}} = 0,5$$

oder

$$\alpha_u' = \mathbf{30^0}.$$

Rechnet man dann auf einen Pendelausschlag von 8^0, so ergiebt sich mit $\alpha_m' = 34^0$ und einer Hülsenstangenlänge I—II′ = 345 mm die in Fig. 5a angedeutete Mittellage des Kleyregulators III′—II′—I.

Um den sogenannten Wendekreis zu konstruieren, bedürfen wir ferner des augenblicklichen Poles $\mathfrak{P}$ und des Punktes m′. Der erstere wird von der Horizontalen durch I auf der Verlängerung von III′—II′ abgeschnitten. Der letztere ist durch die Gleichung

$$\frac{1}{\overline{\mathfrak{P}-m'}} = \frac{1}{\overline{\mathfrak{P}-II'}} - \frac{1}{\overline{\mathfrak{P}-III'}}$$

bestimmt, aus der für

$$\overline{\mathfrak{P}-II'} = 374 \text{ mm}, \quad \overline{\mathfrak{P}-III'} = 510 + 374 = 884 \text{ mm}$$

$$\frac{1}{\overline{\mathfrak{P}-m'}} = \frac{1}{374} - \frac{1}{884} = \sim \frac{1}{650},$$

oder

$$\overline{\mathfrak{P}-m'} = 650 \text{ mm}$$

folgt. Ist der Wendekreis durch die drei Punkte I, $\mathfrak{P}$ und m′ gezogen, so handelt es sich um die Lage des Führungspunktes II am Pendel des Pröllschen Regulators. Im vorliegenden Falle ist der Punkt II im Abstande von 94 mm von II′ aus auf und im Abstande von 50 mm senkrecht zu II′—I gewählt worden. Die Gerade $\mathfrak{P}$—II bestimmt dann auf dem Wendekreis einen Punkt m, dessen Abstand $\overline{\mathfrak{P}-m}$ = 637 mm ist. Mit $\overline{\mathfrak{P}-II}$ = 294 mm erhält man endlich aus der Gleichung

$$\frac{1}{\overline{\mathfrak{P}-m}} = \frac{1}{\overline{\mathfrak{P}-II}} - \frac{1}{\overline{\mathfrak{P}-III}}$$

den Wert

$$\frac{1}{\overline{\mathfrak{P}-III}} = \frac{1}{294} - \frac{1}{637} = \sim \frac{1}{545},$$

also den Abstand

$$\overline{\mathfrak{P}-III} = 545 \text{ mm},$$

womit dann die Lage des Drehpunktes III und die Länge des Armes

$$\overline{III-II} = 545 - 294 = \mathbf{251\ mm}$$

bestimmt ist.

In Fig. 5, Taf. 50 (linke Hälfte) ist mit den erhaltenen Dimensionen, die ungefähr denjenigen des Regulators No. IV in der Tabelle auf Seite 257 entsprechen, der Pröllsche Regulator aufgezeichnet worden. Der Hub desselben wurde nach der Tabelle zu

$$s = \mathbf{70\ mm}$$

angenommen und zu gleichen Teilen unter- und oberhalb der Mittellage I_m aufgetragen. Für den in fünf gleiche Teile zerlegten Hub und die Mittellage wurde ferner das Schema des Regulators konstruiert und der Wert der für die Berechnung nötigen Entfernungen h, y und p festgestellt. Es ergab sich

für die Lage	I_u	I_1	I_2	I_m	I_3	I_4	I_0
h =	0,459	0,439	0,421	0,412	0,406	0,392	0,379 m,
y =	0,329	0,350	0,370	0,380	0,390	0,409	0,427 m,
p =	0,132	0,145	0,158	0,164	0,168	0,179	0,189 m.

Soll nun, wie in der Tabelle auf Seite 257 angegeben, die Umdrehungszahl des Regulators 80 bei der Mittellage desselben betragen, so muss nach Gleichung 220

$$\left(\frac{80}{30}\right)^2 = \frac{1}{0,412}\left\{\left(1 + \frac{Q}{2P}\right)\frac{0,380}{0,164} - 1\right\},$$

oder

$$\frac{Q}{2P} = \left\{\left(\frac{80}{30}\right)^2 0,412 + 1\right\}\frac{0,164}{0,380} - 1 = \sim \mathbf{0,696}$$

sein. Es ergiebt sich dann für die höchste und tiefste Lage des freischwingenden Regulators eine Umdrehungszahl

$$n_o = 30\sqrt{\frac{1}{0,379}\left\{\left(1 + 0,696\right)\frac{0,427}{0,189} - 1\right\}} = \sim 82,$$

bezw.

$$n_u = 30\sqrt{\frac{1}{0,459}\left\{\left(1 + 0,696\right)\frac{0,329}{0,132} - 1\right\}} = \sim 79,56$$

und hiermit der theoretische Ungleichförmigkeitsgrad nach Gleichung 197 für $n_m = 80$[1])

$$\delta_r = \frac{n_o - n_u}{n_m} = \frac{82 - 79,56}{80} = \mathbf{0,0306} \text{ oder } \mathbf{3,06}\,\%.$$

Wählen wir den Kugeldurchmesser zu 158 mm, also das Gewicht einer Kugel zu

$$P = \sim \mathbf{15\ kg},$$

so muss das Hülsengewicht

$$Q = 2P \cdot 0,696 = 30 \cdot 0,696 = \sim \mathbf{21\ kg}$$

1) Für $n_m = \frac{n_o + n_u}{2}$ wird δ_r noch etwas kleiner.

schwer sein. Hiermit bestimmt sich die Energie des Regulators nach Gleichung 221 zu

$$E = Q + 2P\left(1 - \frac{p}{y}\right),$$

woraus z. B.

für die tiefste Regulatorlage

$$E = 21 + 30\left(1 - \frac{0{,}132}{0{,}329}\right) = \sim \mathbf{39\ kg},$$

für die mittlere Lage

$$E = 21 + 30\left(1 - \frac{0{,}164}{0{,}380}\right) = \sim \mathbf{38\ kg},$$

für die höchste Lage

$$E = 21 + 30\left(1 - \frac{0{,}189}{0{,}427}\right) = \sim \mathbf{37{,}7\ kg}$$

folgt. Die Energie des Regulators nimmt also nach oben hin etwas ab.

Soll ferner der Regulator die in der Tabelle auf Seite 257 angeführte Stellkraft zur Überwindung eines gesamten Muffenwiderstandes $W = 2$ kg besitzen, so muss der Unempfindlichkeitsgrad z. B. für die mittlere Lage

$$\varepsilon = \frac{W}{E} = \frac{2}{38} = \sim 0{,}0525 \text{ oder } 5{,}25\ \%$$

betragen. Für $\varepsilon = \mathbf{0{,}042}$ oder **4,2 %** würde der überwindbare Muffenwiderstand oder die Verstellungskraft nur

$$W = 0{,}042 \cdot 38 = \sim \mathbf{1{,}6\ kg}$$

im Mittel sein. Im Falle letztere 2 kg betragen muss, dürfte es sich empfehlen, durch Vergrösserung von Q die Energie E zu erhöhen und den Regulator mit grösserer Geschwindigkeit sich drehen zu lassen.

Um den auf die Überwindung der Eigenreibung des Regulators entfallenden Teil ε_r des Unempfindlichkeitsgrades annähernd zu bestimmen, hat man den Zapfendruck R_1, den Winkel β und die Abstände r, x zu ermitteln.

Es ist nach der Zeichnung

für die tiefste Lage des Regulators

$$\sphericalangle \beta = 33^0,\ r = 0{,}19 \text{ m},\ \frac{\omega^2}{g} = \left(\frac{n}{30}\right)^2 = \left(\frac{79{,}56}{30}\right)^2 = \sim 7{,}023,$$

$$x = 0{,}289 \text{ m},$$

also nach Gleichung 224 mit

$$C = P\frac{\omega^2}{g} r = 15 \cdot 7{,}023 \cdot 0{,}19 = \sim 20 \text{ kg}$$

$$R_1 = \sqrt{\left(\frac{21}{2}\right)^2 + \left(\frac{51}{2} 0{,}65 - 20\right)^2} = \sim 9{,}93 \text{ kg};$$

für die mittlere Lage

$$\sphericalangle \beta = 36^0\,10',\ r = 0{,}222 \text{ m},\ \frac{\omega^2}{g} = \left(\frac{80}{30}\right)^2 = \sim 7{,}111,$$

$$x = 0{,}323 \text{ m},$$

also

$$C = 15 \cdot 7{,}111 \cdot 0{,}222 = 23{,}68 \text{ kg},$$

$$R_1 = \sqrt{\left(\frac{21}{2}\right)^2 + \left(\frac{51}{2} 0{,}731 - 23{,}68\right)^2} = \sim 9{,}22 \text{ kg};$$

für die höchste Lage

$$\sphericalangle \beta = 38^0\,30',\ r = 0{,}247 \text{ m},\ \frac{\omega^2}{g} = \left(\frac{82}{30}\right)^2 = \sim 7{,}471,$$

$$x = 0{,}347 \text{ m},$$

also

$$C = P\frac{\omega^2}{g} r = 15 \cdot 7{,}471 \cdot 0{,}247 = 27{,}68 \text{ kg},$$

$$R_1 = \sqrt{\left(\frac{21}{2}\right)^2 + \left(\frac{51}{2} 0{,}795 - 27{,}68\right)^2} = \sim 7{,}6 \text{ kg}.$$

Mit diesen Werten und $\mu = 0{,}08$, $d = 0{,}014$ m folgt dann aus Gleichung 225 bezw. aus

$$\varepsilon_r = \frac{W_r}{E}$$

für die tiefste Lage des Regulators

$$W_r = 0{,}08 \cdot 0{,}014 \left\{\frac{9{,}93}{0{,}329} + \frac{51}{2 \cdot 0{,}839}\left(\frac{1}{0{,}329} + \frac{2}{0{,}289}\right)\right\}$$

$$= \sim 0{,}373 \text{ kg},$$

$$\varepsilon_r = \frac{0{,}373}{39} = \sim 0{,}0095 \text{ oder } 0{,}95\ \%,$$

für die mittlere Lage

$$W_r = 0{,}08 \cdot 0{,}014 \left\{\frac{9{,}22}{0{,}38} + \frac{51}{2 \cdot 0{,}807}\left(\frac{1}{0{,}38} + \frac{2}{0{,}323}\right)\right\}$$

$$= \sim 0{,}34 \text{ kg},$$

$$\varepsilon_r = \frac{0{,}34}{38} = 0{,}009 \text{ oder } 0{,}9\ \%,$$

für die höchste Lage

$$W_r = 0{,}08 \cdot 0{,}014 \left\{\frac{7{,}6}{0{,}427} + \frac{51}{2 \cdot 0{,}783}\left(\frac{1}{0{,}427} + \frac{2}{0{,}347}\right)\right\}$$

$$= \sim 0{,}316 \text{ kg},$$

$$\varepsilon_r = \frac{0{,}316}{37{,}6} = 0{,}0084 \text{ oder } 0{,}84\ \%.$$

Rechnet man mit Rücksicht auf die sonst auftretenden Widerstände im Mechanismus im Durchschnitt

$$\varepsilon_r = 0{,}012 \text{ oder } 1{,}2\ \%,$$

so verbleibt für die Überwindung des Stellzeugwiderstandes bei $\varepsilon = 0{,}042$

$$\varepsilon_s = 0{,}042 - 0{,}012 = \mathbf{0{,}03} \text{ oder } \mathbf{3\ \%}$$

mit

$$W_s = E \cdot \varepsilon_s = 38 \cdot 0{,}03 = \mathbf{1{,}14\ kg}$$

bei der Mittellage des Regulators.

Der wirkliche Ungleichförmigkeitsgrad ist schliesslich

$$i = \delta_r + \varepsilon = 0{,}0306 + 0{,}042 = \mathbf{0{,}0726} \text{ oder } \mathbf{7{,}26\ \%}.$$

3. Der Regulator von Tolle.

Wie im Vorhergehenden gezeigt wurde, ist der Pröllsche Regulator nur dann ein pseudoastatischer, wenn seine Pendelarme geknickt sind, d. h. der Winkel α in Fig. 147 des Textes kleiner als der Winkel γ ist. Dieses Mittel, durch welches bei umgekehrter Aufhängung des Regulators eine Annäherung an die Astasie erzielt wird, muss auch bei direkter Aufhängung des Regulators zu dem gleichen Erfolge führen und ist zuerst von Tolle angewendet worden. Durch Verschiebung der Kugelmittelpunkte eines Porterschen Regulators aus der Armrichtung nach der Drehachse hin, wird somit auch bei offenen Stangen das Gleichgewicht der Astasie angenähert.

Fig. 6 und 7, Taf. 50 zeigen zwei verschiedene Formen des Regulators von Tolle, die beide patentiert sind und von Th. Wiedes Maschinenfabrik, Aktiengesellschaft in Chemnitz, ausgeführt werden. Zur Berechnung dieses Regulators gelten alle Gleichungen, welche auf Seite 250 bis 252 für den Porterschen Regulator entwickelt wurden, wenn h, y und p wieder die in Fig. 6 und 7 eingetragenen Dimensionen sind. Der astatische Punkt der n- oder C-Kurve befindet sich für die rhombische Anordnung ($l_1 = l_2$ und $\beta = \gamma$) nach Tolle[1]) bei einem Ausschlagwinkel α_u, der durch die Gleichung

$$\operatorname{tg}\vartheta = \frac{a}{l \cdot \cos^3 \alpha_u} + \operatorname{tg}^3 \alpha_u.$$

bestimmt ist, unter ϑ die Differenz der Winkel γ und α, unter l die Länge des Pendelarmes I—IV verstanden.

Bei der in Fig. 7 dargestellten Form sind die Schwungkörper als flache cylindrische Scheiben ausgebildet. Die Hohlräume in der Hülsenbelastung zu beiden Seiten der Schwungkörper gestatten eine Änderung von Q. Auch lässt sich hier auf einfachste Weise jeder beliebige Ungleichförmigkeitsgrad zwischen 0 und 6 bis 8 % herbeiführen. Zu diesem Zwecke ist der Abstand e der Punkte II und IV, also der Winkel ϑ stellbar eingerichtet. Vergrössert man ϑ und e, so verkleinert man den Ungleichförmigkeitsgrad und umgekehrt. Für $\vartheta = 0$ ist nämlich der Regulator volkommen statistisch, also wird mit abnehmenden ϑ der Ungleichförmigkeitsgrad zunehmen, während mit wachsendem ϑ der Regulator der Astasie mehr und mehr genähert wird.

Die Umdrehungszahl der vorliegenden Regulatoren wird hoch gewählt, um eine grosse Regulierbarkeit zu ermöglichen, der auf die Eigenreibung entfallende Unempfindlichkeitsgrad ε_r soll bei der Ausführung nach Fig. 6 nur 0,95 %, bei derjenigen nach Fig. 7 nur 1,38 % im Mittel betragen. Die nachstehenden Tabellen geben die Hauptverhältnisse, in denen die Regulatoren von der erwähnten Firma ausgeführt werden.

Tabelle der Regulatoren nach Tolle.

a) nach Fig. 6, Taf. 50.

Nummer des Regulators	0	1	2	3	4	5	6	7	8
Umdrehungen in der Minute . . . **n**	**170**	**160**	**150**	**140**	**134**	**130**	**130**	**126**	**120**
Verstellungskraft od. überwindbarer Muffenwiderstand für $\varepsilon = 0{,}04$ in kg **W**	**0,5**	**1**	**2**	**3,24**	**4**	**5**	**6,5**	**8**	**10**
Energie in kg . **E**	**12,5**	**25**	**50**	**81**	**100**	**125**	**163**	**200**	**250**
Hülsenhub in mm **s**	**28**	**35**	**43**	**50**	**55**	**58**	**62**	**66**	**72**
Stangenläng. in mm l_1	114	140	172	200	216	232	248	264	286
Stangenläng. in mm l_2	132	162	198	230	250	268	286	305	330
Stangenläng. in mm l_3	69	85	104	120	130	140	150	158	172
Abstand in mm . a	24	28	35	40	44	47	50	53	58
Abstand in mm . b	32	39	48	55	60	64	68	73	79
Abstand in mm . r_u	92	112	138	160	173	186	198	212	230
Abstand in mm . 0	211	260	318	366	396	424	452	481	499
Hülsendurchm. in mm innen . . . . t	40	46	56	66	70	76	80	86	94
aussen . . . t_1	52	60	74	84	92	98	106	112	120
Spindeldurchmesser in mm . . . d	24	28	35	38	42	45	48	50	55
Kugeldurchmesser in mm . . . . k	74	91	112	130	141	152	162	173	188

1) Siehe „Zeitschrift deutscher Ingenieure“, Jahrgang 1895, S. 741.

b) nach Fig. 7. Taf. 50.

Nummer des Regulators	9	10	11	12	13	14	15	16	17
Umdrehungen in der Minute . . . **n**	**360**	**340**	**320**	**300**	**300**	**300**	**300**	**290**	**280**
Verstellungskraft od. überwindbarer Muffenwiderstand für $\varepsilon = 0{,}04$ in kg **W**	**1**	**2**	**3**	**4**	**5**	**6,2**	**7,4**	**8,6**	**10**
Energie in kg . **E**	**25**	**50**	**75**	**100**	**125**	**155**	**185**	**215**	**250**
Hülsenhub in mm **s**	**30**	**36**	**41**	**45**	**48**	**50**	**54**	**58**	**61**
Kapseldurchmesser in mm . . . . D_1	88	106	120	132	140	146	158	170	178
Kapseldurchmesser in mm . . . . D_2	300	360	410	450	480	500	540	580	610
Kapseldurchmesser in mm . . . . D_3	292	352	402	440	470	490	528	568	596
Kapseldurchmesser in mm . . . . D_4	134	160	182	200	214	224	242	258	272
Höhe in mm . . H_1	13	15	17	18	20	21	22	24	25
Höhe in mm . . H_2	92	110	126	140	148	154	166	180	188
Höhe in mm . . H_3	24	28	32	36	38	40	42	45	48
Höhe in mm . . H_4	72	88	100	108	116	120	132	142	148
Höhe in mm . . H_5	49	59	67	73	78	81	87	94	99
Hülsendurchm. in mm innen . . . . t	50	60	66	74	78	82	89	94	98
aussen . . . t_1	64	76	86	96	100	104	114	120	126
Spindeldurchmesser in mm . . . d	30	35	40	45	46	50	55	55	60

Beispiel.

Der Regulator No. 3 der vorstehenden Tabelle hat Kugeln von $k = 130$ mm Durchmesser oder $P = 8{,}25$ kg Gewicht. Wie gross muss die Hülsenbelastung des Regulators sein, wenn derselbe die in der Tabelle angegebene Umdrehungszahl machen soll, wie bestimmt sich der Ungleichförmigkeitsgrad und die Energie?

Trägt man sich, wie in Fig. 6, Taf. 50 (linke Hälfte) geschehen, nach den Werten der Tabelle das Schema des Regulators für die tiefste, mittlere und höchste Lage auf, so ergeben sich die für die Berechnung erforderlichen Dimensionen

	tiefste	mittlere	höchste Lage
h =	0,373	0,335	0,302 m
y =	0,201	0,228	0,247 m
p =	0,120	0,152	0,178 m.

Für die Mittellage erhält man nun aus Gleichung 206, welche für $n = 140$ mit den vorstehenden Werten

$$\left(\frac{140}{30}\right)^2 = \frac{1}{0{,}335}\left(\frac{Q}{2\,P}\,\frac{0{,}228}{0{,}152}\right)$$

lautet, die Beziehung

$$\frac{Q}{2\,P} = \left\{\left(\frac{140}{30}\right)^2 0{,}335 - 1\right\} 1 \,\frac{0{,}152}{0{,}228} = \sim 4{,}2,$$

woraus mit $P = 8{,}25$ kg die erforderliche Hülsenbelastung zu

$$Q = 2 \cdot 8{,}25 \cdot 4{,}2 = \sim \mathbf{70\ kg}$$

folgt. Die Gleichung 206 ergiebt dann für die tiefste bezw. höchste Lage des Regulators eine Umdrehungszahl

$$n_u = 30 \sqrt{\frac{1}{0{,}373}\left(1 + 4{,}2\,\frac{0{,}201}{0{,}120}\right)} = \sim 139{,}25,$$

bezw.

$$n_0 = 30 \sqrt{\frac{1}{0{,}302}\left(1 + 4{,}2\,\frac{0{,}247}{0{,}178}\right)} = \sim 142{,}65,$$

so dass der theoretische Ungleichförmigkeitsgrad nur

$$\delta_r = \frac{142{,}65 - 139{,}25}{140} = \mathbf{0{,}0243} \text{ oder } \mathbf{2{,}43}\ \%$$

beträgt.

Für die Energie erhält man aus Gleichung 209 bei der Mittellage des Regulators den Wert der Tabelle, nämlich

$$E = 2 \cdot 8{,}25 \frac{0{,}152}{0{,}228} + 70 = \mathbf{81\ kg},$$

während für die tiefste bezw. höchste Lage

$$E = 2 \cdot 8{,}25 \frac{0{,}120}{0{,}201} + 70 = \backsim 79{,}9 \text{ kg}$$

und

$$E = 2 \cdot 8{,}25 \frac{0{,}178}{0{,}247} + 70 = 81{,}9 \text{ kg}$$

ist. Die Energie ist also hier nicht ganz konstant, sondern nimmt von unten nach oben hin etwas zu.

Bei einem Unempfindlichkeitsgrad

$$\varepsilon = \mathbf{0{,}04} \text{ oder } \mathbf{4}\ \%$$

beträgt der überwindbare Gesamtwiderstand an der Muffe oder die Verstellungskraft des Regulators für dessen Mittellage

$$W = 81 \cdot 0{,}04 = \mathbf{3{,}24\ kg},$$

wovon, wenn

$$\varepsilon_r = 0{,}01 \text{ oder } 1\ \%$$

für die Eigenreibung gerechnet werden,

$$W_s = 81\,(0{,}04 - 0{,}01) = 81 \cdot 0{,}03 = \mathbf{2{,}43\ kg}$$

auf den überwindbaren Widerstand des Stellzeuges entfallen. Der wirkliche Ungleichförmigkeitsgrad ist schliesslich

$$i = \delta_r + \varepsilon = 0{,}0243 + 0{,}04 = \mathbf{0{,}0643} \text{ oder } \mathbf{6{,}43}\ \%.$$

4. Der Kosinusregulator von Gruson.

Der jetzigen Firma „Fried. Krupp, Grusonwerk in Buckau-Magdeburg“ ist ein Regulator patentiert, dessen allgemeine Anordnung aus Fig. 149 und 150 des Textes, sowie aus Fig. 8, Taf. 50 ersichtlich ist.

Fig. 149.

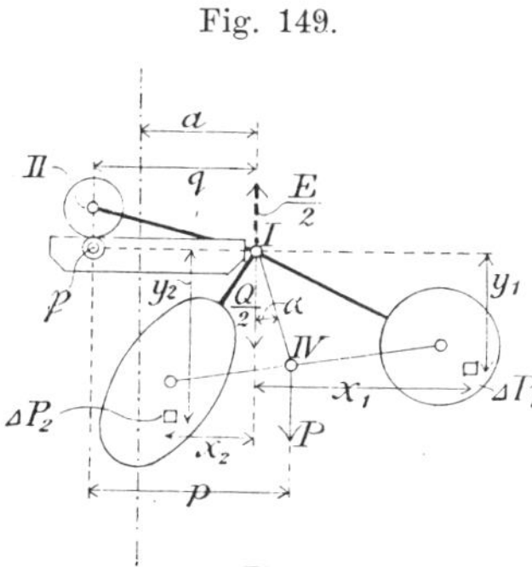

Fig. 150.

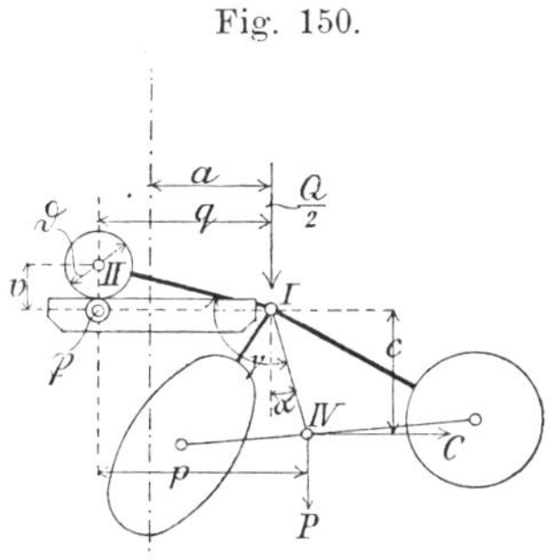

$II = l_1$, $IIV = l$.

Der Aufhängepunkt der Pendel ist verschiebbar, und die Bewegungsübertragung auf die Muffe erfolgt durch eine Kurbelschleife. Jedes der beiden Pendel hat nämlich nach Fig. 149 drei Arme, von denen die schräg nach unten gehenden zu Gewichten ausgebildet sind, während der dritte sich mit einer Rolle in II auf einem scheibenförmigen Ansatz der Spindel stützen und horizontal bewegen kann. Der Drehpunkt I des Pendels sitzt in der Belastungshülse, die wieder mit der Muffe verbunden und an der Spindel geführt ist. Beim Ausschlagen der Pendel bewegt sich somit der Drehpunkt I auf einer Vertikalen.

Die Gewichte eines jeden Pendels sind als sogenannte Kosinuspendel ausgebildet, d. h. ihre Gestalt und Anordnung ist eine derartige, dass das Moment ihrer Centrifugalkraft in Bezug auf den Punkt I für eine bestimmte Geschwindigkeit dem Kosinus des Ausschlagwinkels proportional ist.

Die Bedingungen, unter welchen dies der Fall ist, lauten mit Bezug auf Fig. 149:

$$\Sigma(\Delta P_1 \cdot y_1^2) - \Sigma(\Delta P_1 \cdot x_1^2) = \Sigma(\Delta P_2 \cdot y_2^2) - \Sigma(\Delta P_2 \cdot x_2^2)$$

und

$$\Sigma(\Delta P_1 \cdot x_1 \cdot y_1) = \Sigma(\Delta P_2 \cdot x_2 \cdot y_2),$$

wenn

ΔP_1 das Gewicht eines Massenteilchens bei der einen,

ΔP_2 dasjenige eines Massenteilchens an der anderen Schwungmasse eines Pendels,

x_1 und y_1, bezw. x_2 und y_2 die Koordinaten beider Massenteilchen in Bezug auf den Aufhängepunkt I sind.

Ist alsdann

P das im Schwerpunkte IV angreifende Gewicht der beiden Schwungmassen eines Kosinuspendels,

$l = I - IV$ der Abstand des Schwerpunktes vom Aufhängepunkte,

a der Abstand des letzteren von der Drehachse,

so bestimmt sich das Moment der Centrifugalkraft eines solchen Pendels[1]) in Bezug auf I zu

$$C \cdot c = \frac{P}{g}\,\omega^2 \cdot a \cdot l \cdot \cos\alpha$$

und ist, da a und l konstant sind, bei einer bestimmten Winkelgeschwindigkeit ω allein von dem Kosinus des Ausschlagwinkels α abhängig.

Um nun die Bedingung für das Gleichgewicht des frei schwingenden Kosinusregulators zu erhalten, hat man die algebraische Summe der statischen Momente aller am Pendel angreifenden Kräfte bezüglich des augenblicklichen Poles $\mathfrak{P}$ in Fig. 150 gleich Null zu setzen. Die angreifenden Kräfte, welche ein Moment in Bezug auf $\mathfrak{P}$ äussern, sind:

1. im Punkte IV die horizontale Centrifugalkraft C, deren Moment in Bezug auf $\mathfrak{P}$ gleich demjenigen $C \cdot c$ in Bezug auf I ist,

2. ebendaselbst das Gewicht P der beiden Schwungmassen,

3. im Punkte I die halbe Hülsenbelastung.

Der augenblickliche Pol $\mathfrak{P}$ liegt, da I in der Vertikalen, II in der Horizontalen geführt wird, in dem Schnittpunkte der Horizontalen durch I mit der Vertikalen durch II. Die algebraische Summe der statischen Momente der obigen Kräfte in Bezug auf $\mathfrak{P}$ lautet dann, wenn c, p, q die in die Figur eingetragenen Hebelarme bezeichnen,

$$-C \cdot c + P \cdot p + \frac{Q}{2}\,q = 0,$$

oder mit dem angeführten Werte $C \cdot c$,

$$\frac{P}{g}\,\omega^2 \cdot a \cdot l \cdot \cos\alpha = P \cdot p + \frac{Q}{2}\,q.$$

---

1) Siehe „Weissbach-Herrmann, Die Mechanik der Zwischen- und Arbeitsmaschinen“, dritter Teil, erste Abteilung, S. 1042.

Hieraus ergiebt sich, da nach der Figur

$$p = q \pm l \cdot \sin \alpha$$

ist,

$$\frac{\omega^2}{g} a \cdot l \cdot \cos \alpha = q \pm l \cdot \sin \alpha + \frac{Q}{2P} q,$$

oder

$$\frac{\omega^2}{g} = \left(\frac{n}{30}\right)^2 = \frac{q}{a \cdot l \cdot \cos \alpha}\left(1 + \frac{Q}{2P}\right) \pm \frac{\operatorname{tg} \alpha}{a} \quad . \quad 226$$

worin das + Zeichen gilt, wenn der Ausschlagwinkel α ausserhalb, das —Zeichen, wenn er innerhalb der Vertikalen durch I und der Drehachse liegt.

Um weiter für die Energie E einen Ausdruck zu bekommen, hat man sich an der Hülse, also im Punkte I hier, des nicht schwingenden, hochgehaltenen Regulators die Kraft $\frac{E}{2}$ nach oben angreifend zu denken (siehe Fig. 149). Am Pendel wirkt dann im Punkte I die Differenz $\frac{Q-E}{2}$, im Punkte IV P nach unten, sodass in Bezug auf $\mathfrak{P}$ nun für das Gleichgewicht die Beziehung

$$\frac{Q-E}{2} q + P \cdot p = 0$$

und

$$E = Q + 2P \frac{p}{q},$$

oder mit

$$p = q \pm l \cdot \sin \alpha,$$

$$E = Q + 2P\left(1 \pm \frac{l}{q} \sin \alpha\right) \quad . \quad . \quad . \quad 227$$

massgebend ist. Mit diesem Werte der Energie ergiebt sich dann der Unempfindlichkeitsgrad des Regulators zu

$$\varepsilon = \frac{W}{E} = \frac{W}{Q + 2P\left(1 \pm \frac{l}{q} \sin \alpha\right)} \quad . \quad . \quad 228$$

Diesen Ausdruck erhält man auch, wenn man nach Gleichung 226 $\frac{\omega'^2}{g}$ und $\frac{\omega''^2}{g}$ bildet, indem man Q durch Q + W bezw. Q — W ersetzt, und die Beziehung

$$\varepsilon = \frac{\omega'^2 - \omega''^2}{2\omega^2} = \frac{\frac{q}{a \cdot l \cdot \cos \alpha} \frac{2W}{2P}}{2 \frac{q}{a \cdot l \cdot \cos \alpha}\left(1 + \frac{Q}{2P}\right) \pm 2 \frac{\operatorname{tg} \alpha}{a}},$$

oder

$$\varepsilon = \frac{W}{2P + Q \pm 2P \frac{l}{q} \sin \alpha}$$

aufstellt.

Um schliesslich den auf die Eigenreibung des Regulators entfallenden Teil ε_r des Unempfindlichkeitsgrades annähernd berechnen zu können, bedarf man zunächst der Zapfendrucke.

Die Reaktion auf die Rolle in II und der Zapfendruck daselbst ist vertikal nach oben gerichtet und gleich der Summe der nach unten gerichteten Kräfte, nämlich

$$R_2 = \frac{Q}{2} + P \quad . \quad . \quad . \quad . \quad . \quad . \quad . \quad 229$$

Im Punkte I muss, soll die Summe der Horizontalkräfte am Pendel gleich Null sein, ausser $\frac{Q}{2}$ noch eine ebenso grosse, aber entgegengesetzt gerichtete Kraft wie C wirksam sein, so dass

$$R_1 = \sqrt{\left(\frac{Q}{2}\right)^2 + C^2} \quad . \quad . \quad . \quad . \quad . \quad 230$$

ist.

Nach dem Verfahren von Tolle auf Seite 251 sucht man die an der Muffe bezw. im Punkte I angreifende Gegenkraft von $\frac{W_r}{2}$ das Pendel um den augenblicklichen Pol $\mathfrak{P}$ zu drehen; bei einem unendlich kleinen Ausschlag $d\alpha$ ist also der Weg der Gegenkraft $q \cdot d\alpha$. Dabei wird der Zapfen I den Weg $\frac{d}{2} d\alpha$, die Rolle den Weg $\frac{d}{\mathfrak{D}} v \cdot d\alpha$[1] zurücklegen, unter d wieder den Zapfen- und unter $\mathfrak{D}$ den Rollendurchmesser, sowie unter v den Abstand II—$\mathfrak{P}$ verstanden. Es folgt somit

$$\frac{W_r}{2} q \cdot d\alpha = \mu \frac{d}{2} d\alpha \cdot R_1 + \mu \frac{d}{\mathfrak{D}} v \cdot d\alpha \cdot R_2,$$

oder

$$W_r = \mu \frac{d}{q}\left(R_1 + \frac{2R_2}{\mathfrak{D}} v\right),$$

oder mit dem Werte der Gleichung 229

$$W_r = \mu \frac{d}{q}\left(R_1 + \frac{Q + 2P}{\mathfrak{D}} v\right) \quad . \quad . \quad . \quad 231$$

und

$$\varepsilon_r = \frac{W_r}{E}.$$

Den Charakter des Kosinusregulators erkennt man leicht mit Hilfe der Gleichung 226. Führt man nämlich in diese den aus Fig. 150 sich ergebenden Wert

$$q = l_1 \cdot \sin(\gamma \mp \alpha)$$

ein, so erhält man

$$\frac{\omega^2}{g} = \frac{l_1 \cdot \sin(\gamma \mp \alpha)}{a \cdot l \cdot \cos \alpha}\left(1 + \frac{Q}{2P}\right) \pm \frac{\operatorname{tg} \alpha}{a}$$

oder

$$\frac{\omega^2}{g} = \frac{l_1}{a \cdot l}(\sin \gamma \mp \cos \gamma \cdot \operatorname{tg} \alpha)\left(1 + \frac{Q}{2P}\right) \pm \frac{\operatorname{tg} \alpha}{a}.$$

Ist nun in dieser Gleichung

$$\mp \frac{l_1}{a \cdot l} \cos \gamma \cdot \operatorname{tg} \alpha \left(1 + \frac{Q}{2P}\right) \pm \frac{\operatorname{tg} \alpha}{a} = 0$$

oder

$$\mp \frac{l_1}{l} \cos \gamma \left(1 + \frac{Q}{2P}\right) \pm 1 = 0$$

oder

$$\cos \gamma = \frac{\pm l}{\left(1 + \frac{Q}{2P}\right) l_1} \quad . \quad . \quad . \quad . \quad 232$$

so wird

$$\frac{\omega^2}{g} = \left(\frac{n}{30}\right)^2 = \frac{l_1}{a \cdot l}\left(1 + \frac{Q}{2P}\right) \sin \gamma \quad . \quad . \quad 233$$

und die Umdrehungszahl des frei schwingenden Regulators ist von dem Ausschlagwinkel α desselben unabhängig, d. h. der Regulator ist ein astatischer. Wählt man dagegen γ grösser, als ihn die Gleichung 232 giebt, so wird der Regulator stabil. Durch Annäherung des Winkels γ an den durch die Gleichung 232 bestimmten Wert kann also der Regulator bis zu jedem beliebigen Grade der Astasie näher gebracht, also zu einem pseudoastatischen gemacht werden. In der Ausführung kann der Winkel γ und also auch der Ungleichförmigkeitsgrad des Regulators durch Drehen des Zapfens, auf dem die

1) Der Quotient $\frac{d}{\mathfrak{D}}$ trägt der Verminderung der Reibung durch die Rolle Rechnung.

Rolle sitzt, innerhalb gewisser Grenzen eingestellt werden. Dieser Zapfen ist nämlich mit einem excentrisch angeordneten Konus in dem Rollenarm befestigt.

Für $\gamma = 90^0$ liefert die allgemeine Gleichung noch den Wert

$$\frac{\omega^2}{g} = \left(\frac{n}{30}\right)^2 = \frac{l_1}{a \cdot l}\left(1 + \frac{Q}{2P}\right) \pm \frac{\mathrm{tg}\,\alpha}{a} \quad . \quad . \quad 234$$

In Fig. 8, Taf. 50 wirkt der Kosinusregulator auf ein Drosselventil ein, das mit einem Absperrventil kombiniert ist. Der Dampfeintritt findet am seitlichen, der Dampfaustritt am unteren Stutzen des Gehäuses statt. Zwischen beiden Stutzen ist das Drosselventil eingebaut. Dasselbe hängt an einer mit der Muffe des Regulators auf- und niedergehenden Stange und verändert bei seiner Bewegung die Durchgangsöffnung an den beiden horizontalen Ventilsitzen. Es ist ferner cylindrisch geformt und vollständig von Dampf umgeben und entlastet, indem zwei seitlich in dem Ventilkörper angebrachte Kanäle die Verbindung zwischen dem oberen und dem unteren Teile des letzteren vermitteln. In der Mitte des Drosselventilkörpers befindet sich eine Aussparung, durch welche die Schraubenspindel des Absperrventiles geht.

Zu beachten ist, dass bei einem auf das Drosselventil wirkenden Regulator der Hub des letzteren auch möglichst vollständig ausgenutzt wird. Dies ist der Fall, wenn der Regulator bei voller Belastung möglichst seine tiefste Lage, bei kleinster Belastung seine höchste Lage einnimmt. Erreichen lässt sich das aber nur bei richtiger Grösse des Durchgangsquerschnittes am Drosselventil. Ist dieser Querschnitt zu gross, so befindet sich der Regulator, der das Drosselventil natürlich nur auf einen solchen Durchgangsquerschnitt einstellt, wie er für den erforderlichen Druckunterschied in der Dampfzuleitung und im Schieberkasten nötig ist, bei der grössten Belastung der Maschine nicht in seiner tiefsten, sondern in einer weit höheren Lage, und von dem ganzen Hube desselben wird bei einer Änderung zwischen der grössten und kleinsten Belastung der Maschine oft nur ein ganz geringer Teil ausgenützt. Genau berechnen lässt sich der richtige Durchgangsquerschnitt für das Drosselventil nicht, höchstens kann man ihn an der ausgeführten Maschine durch Drosseln des Dampfes vermittelst des Absperrventiles bei abgehängtem Regulator ermitteln. Um aber den Durchgangsquerschnitt des Drosselventiles bei der tiefsten Regulatorlage etwas abändern und einstellen zu können, empfiehlt es sich, nach Fig. 8, Taf. 50 das Übersetzungsverhältnis zwischen dem Regulator- und Ventilhube durch Einschalten eines zweimal geschlitzten Hebels K veränderlich zu machen. Das Gegengewicht dieses Hebels soll das Gestänge des Regulators und Drosselventiles ausbalancieren.

Beispiel.

Bei dem in Fig. 8, Taf. 50 dargestellten Kosinusregulator beträgt

das Gewicht der Schwungmassen eines Pendels $P = \sim 0{,}25$ kg,

das Gewicht der Hülse $Q = \sim 1{,}9$ kg,

der Abstand des Aufhängepunktes von der Drehachse $a = 0{,}03$ m,

das Verhältnis der Armlängen $\frac{l_1}{l} = 1{,}5$,

der Ausschlagwinkel der Pendel 36^0.

Bei der Mittellage der letzteren befindet sich ferner der Schwerpunkt IV unter dem Aufhängepunkt I, ist also der Ausschlagwinkel $\alpha = 0$. Wie bestimmt sich die Umdrehungszahl, Energie und der Ungleichförmigkeitsgrad des Regulators?

Die Grösse des Winkels γ, bei welcher der Regulator für die angeführten Verhältnisse vollkommen astatisch sein würde, folgt zunächst aus Gleichung 232 zu

$$\cos\gamma = \frac{1}{\left(1 + \frac{1{,}9}{2 \cdot 0{,}25}\right) 1{,}5} = \sim 0{,}139,$$

oder

$$\gamma = \sim 82^0.$$

Um den Regulator stabiler zu machen, hat man γ grösser zu nehmen. Wählen wir, entsprechend der Ausführung,

$$\gamma = \sim \mathbf{90^0},$$

so muss der frei vom Stellzeug schwingende Regulator bei seiner Mittellage ($\alpha = 0$) nach Gleichung 234

$$n_m = 30 \sqrt{\frac{1{,}5}{0{,}03}\left(1 + \frac{1{,}9}{2 \cdot 0{,}25}\right)} = \sim \mathbf{465}$$

Umdrehungen in der Minute machen, um im Gleichgewicht zu sein. Die Welle der Antriebsriemscheibe, die mit der Regulatorspindel durch ein konisches Räderpaar von 22 und 33 Zähnezahlen in Verbindung steht, muss dann

$$465 \frac{22}{33} = 310$$

Umdrehungen in der Minute erhalten.

Da ferner der Schwerpunkt der Pendelmassen um $\alpha = \frac{36}{2} = 18^0$ nach der einen und anderen Seite von der durch I gehenden Vertikalen ausschlägt, so bestimmt sich die Umdrehungszahl des Regulators nach Gleichung 234 bei der höchsten Lage zu

$$n_0 = 30 \sqrt{\frac{1{,}5}{0{,}03}\left(1 + \frac{1{,}9}{2 \cdot 0{,}25}\right) + \frac{\mathrm{tg}\,18^0}{0{,}03}} = \sim 475,$$

bei der tiefsten Lage zu

$$n_u = 30 \sqrt{\frac{1{,}5}{0{,}03}\left(1 + \frac{1{,}9}{2 \cdot 0{,}25}\right) - \frac{\mathrm{tg}\,18^0}{0{,}03}} = \sim 454,$$

sodass also für $\gamma = 90^0$ der theoretische Ungleichförmigkeitsgrad

$$\delta = \frac{475 - 454}{465} = \sim \mathbf{0{,}045} \text{ oder } \mathbf{4{,}5\,\%}$$

beträgt. Hätte man γ kleiner als 90^0 und näher an 82^0 gewählt, so würde δ natürlich kleiner ausfallen.

Die Energie des Regulators berechnet sich aus Gleichung 227, da für $\gamma = 90^0$

$$q = l_1 \cdot \sin(90 \mp \alpha) = l_1 \cdot \cos\alpha$$

und

$$\frac{l}{q} \sin\alpha = \frac{l}{l_1} \mathrm{tg}\,\alpha$$

ist, bei der Mittellage ($\alpha = 0$) zu

$$E = 1{,}9 + 2 \cdot 0{,}25 \left(1 + \frac{1}{1{,}5}\right) = \mathbf{2{,}7333\ kg},$$

bei der höchsten bezw. tiefsten Lage ($\alpha = 18^0$) zu

$$E = 1{,}9 + 2 \cdot 0{,}25 \left(1 + \frac{1}{1{,}5} \mathrm{tg}\,18^0\right) = \sim 2{,}512 \text{ kg}$$

und

$$E = 1{,}9 + 2 \cdot 0{,}25 \left(1 - \frac{1}{1{,}5} \mathrm{tg}\,18^0\right) = \sim 2{,}289 \text{ kg}.$$

Die Energie ist also nicht konstant, sondern nimmt von der Mitte nach den Grenzlagen hin ab.

Bei einem Unempfindlichkeitsgrad

$$\varepsilon = 0{,}04 \text{ oder } 4\,\%$$

würde endlich der überwindbare Gesamt-Muffenwiderstand bei der höchsten Lage z. B.

$$W = E \cdot \varepsilon = 2{,}512 \cdot 0{,}04 = \sim 0{,}1 \text{ kg}$$

betragen. Der hiervon auf das Stellzeug entfallende Teil kann erst nach der Ermittelung von ε_r bestimmt werden. Dies hat in folgender Weise zu geschehen.

Fig. 151.

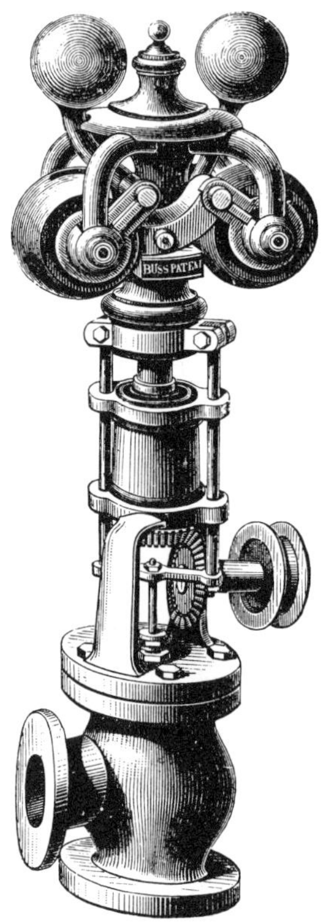

Der Zapfendruck R_1 folgt aus Gleichung 230, da bei der höchsten Lage die Centrifugalkraft nach der Gleichung

$$C = \frac{P}{g}\,\omega^2 \cdot r$$

sich mit

$$\frac{\omega^2}{g} = \left(\frac{n}{30}\right)^2 = \left(\frac{475}{30}\right)^2 = \sim 250,$$

$$r = a + l \cdot \sin 18^0 = 0{,}03 + 0{,}032 \cdot 0{,}309 = \sim 0{,}04 \text{ m}$$

zu

$$C = 0{,}25 \cdot 250 \cdot 0{,}04 = 2{,}5 \text{ kg}$$

berechnet, zu

$$R_1 = \sqrt{\left(\frac{1{,}9}{2}\right)^2 + \overline{2{,}5}^2} = \sim 2{,}68 \text{ kg}.$$

Führt man diesen Wert nebst

$\mu = 0{,}08$, $d = 0{,}005$ m, $\mathfrak{D} = 0{,}012$ m und
$v = l_1 \cdot \sin 18^0 = 0{,}048 \cdot 0{,}309 = \sim 0{,}0148$ m,
$q = l_1 \cdot \cos 18^0 = 0{,}048 \cdot 0{,}951 = 0{,}0456$ m

in Gleichung 231 ein, so ergiebt sich

$$W_r = 0{,}08\,\frac{0{,}005}{0{,}0456}\left(2{,}68 + \frac{1{,}9 + 2 \cdot 0{,}25}{0{,}012}\,0{,}0148\right)$$

$$= \sim 0{,}0495 \text{ kg},$$

womit dann für die höchste Regulatorlage

$$\varepsilon_r = \frac{W_r}{E} = \frac{0{,}0495}{2{,}512} = \mathbf{0{,}01975} \text{ oder } \mathbf{1{,}975\,\%}$$

und

$$W_s = E\,(\varepsilon - \varepsilon_r) = 2{,}512\,(0{,}04 - 0{,}01975) = \sim \mathbf{0{,}0509 \text{ kg}}$$

folgt. Bei der mittleren Lage, bei der v gleich Null wird, ist ε_r kleiner, bei der tiefsten fast ebenso wie bei der höchsten.

5. Der Regulator von Buss.

Die allgemeine Einrichtung dieses Regulators, dessen Ausführungsrecht die Firma „Schäffer und Budenberg in Magdeburg-Buckau" besitzt, ist aus Fig. 151

Fig. 152.

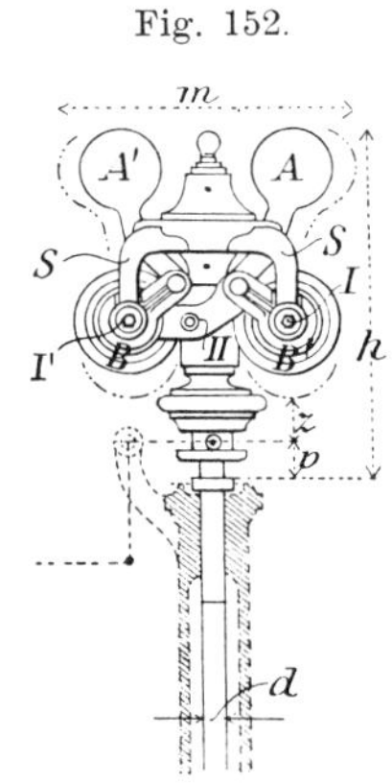

Fig. 153.

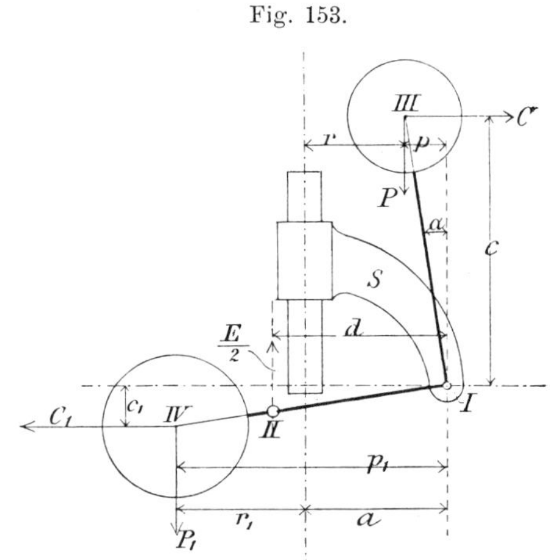

bis 153 des Textes ersichtlich. Der Aufhängepunkt der beiden Pendel ist fest, und die Bewegung der letzteren wird vermittelst einer Kurbelschleife auf die Muffe übertragen. Jedes der beiden Pendel trägt ferner zwei Gewichte A, B bezw. A', B' und hat seinen Aufhängepunkt I' bezw. I in einer mit der Spindel fest verbundenen Stütze S. Auf die Muffe wirkt jeder Pendelarm im Punkte II vor bezw. hinter der Spindel ein.

Sind nach Fig. 153 des Textes III und IV die Mittelpunkte der beiden Gewichte P und P_1, so lautet mit den in die Figur eingetragenen Bezeichnungen die Gleichung der statischen Momente aller am Pendel angreifenden Kräfte in Bezug auf den augenblicklichen Pol I

$$C \cdot c \pm C_1 \cdot c_1 = \pm P \cdot p + P_1 \cdot p_1\ ^{1)},$$

wenn das + Zeichen gilt, sobald der Arm I—III links von der Vertikalen, der Arm I—IV unterhalb der Horizontalen durch I liegt, das — Zeichen im entgegengesetzten Falle. Führt man die Werte

1) Ein besonderes Belastungsgewicht der Muffe ist hier nicht vorhanden.

$$C = \frac{P}{g}\,\omega^2 \cdot r \text{ und } C_1 = \frac{P_1}{g}\,\omega^2 \cdot r_1$$

ein, so erhält man die Beziehung

$$\frac{\omega^2}{g} = \left(\frac{n}{30}\right)^2 = \frac{\pm P \cdot p + P_1 \cdot p_1}{P \cdot r \cdot c \pm P_1 \cdot r_1 \cdot c_1} \quad . \quad . \quad 235$$

nach welcher die für das Gleichgewicht des freischwingenden Regulators erforderlichen Umdrehungszahlen bei dessen einzelnen Lagen berechnet werden können, sobald die zugehörigen Hebelarme p, p_1, c, c_1, r und r_1 aus der Zeichnung entnommen sind.

Der Wert der Energie E bestimmt sich bei dem vorliegenden Regulator wieder dadurch, dass man sich im Punkte II der Fig. 153 eine nach oben gerichtete Kraft $\frac{E}{2}$ angebracht denkt und nun die Gleichung für das Gleichgewicht der am ruhenden Pendel angreifenden Kräfte aufstellt. Es ist dann

$$\frac{E}{2}\,d = \pm P \cdot p + P_1 \cdot p_1$$

oder

$$E = \frac{2\,(\pm P \cdot p + P_1 \cdot p_1)}{d} \quad . \quad . \quad . \quad 236$$

woraus für den Unempfindlichkeitsgrad des Bussschen Regulators

$$\varepsilon = \frac{W}{E} = \frac{W \cdot d}{2\,(\pm P \cdot p + P_1 \cdot p_1)} \quad . \quad . \quad . \quad 237$$

folgt.

Der letztere Wert hätte sich auch, da

$$\frac{\omega'^2}{g} = \frac{\frac{1}{2} W \cdot d \pm P \cdot p + P_1 \cdot p_1}{P \cdot r \cdot c \pm P_1 \cdot r_1 \cdot c_1}$$

$$\frac{\omega''^2}{g} = \frac{-\frac{1}{2} W \cdot d \pm P \cdot p + P_1 \cdot p_1}{P \cdot r \cdot c \pm P_1 \cdot r_1 \cdot c_1}$$

ist, aus

$$\varepsilon = \frac{\omega'^2 - \omega''^2}{2\,\omega^2} = \frac{W \cdot d}{2\,(\pm P \cdot p + P_1 \cdot p_1)}$$

ergeben.

Da sich d und p_1 innerhalb der gebräuchlichen Ausschlagwinkel wenig ändert, so ist die Energie E bezw. der Unempfindlichkeitsgrad ε des Regulators unter sonst gleichen Verhältnissen wesentlich von p abhängig.

Der Bussche Regulator ist ein pseudoastatischer. Seine n-Kurve nähert sich sowohl nach oben, als auch nach unten einem astatischen Punkte, jenseits dessen das Gleichgewicht ein labiles wird. Der Regulator ist also nur innerhalb der beiden vollkommen astatischen Lagen zu gebrauchen. Die letzteren ergeben sich nach Dr. Pröll[1]) aus der allgemeinen Gleichgewichtsbedingung in der folgenden Weise.

Nach Fig. 153 des Textes ist, wenn I—III links von der Vertikalen und I—IV unterhalb der Horizontalen durch I liegt, sowie der Winkel III I IV der Pendel zu 90^0 und I—III = I—IV = l angenommen wird,

$$p = l \cdot \sin\alpha = c_1, \quad p_1 = l \cdot \cos\alpha = c,$$
$$r = a - l \cdot \sin\alpha, \quad r_1 = l \cdot \cos\alpha - a$$

und somit nach Gleichung 235

$$\frac{\omega^2}{g} = \frac{P \cdot \sin\alpha + P_1 \cdot \cos\alpha}{P\,(a - l \cdot \sin\alpha)\cos\alpha + P_1\,(l \cdot \cos\alpha - a)\sin\alpha}$$

$$\frac{\omega^2}{g} = \frac{P \cdot \sin\alpha + P_1 \cdot \cos\alpha}{a\,(P \cdot \cos\alpha - P_1 \cdot \sin\alpha) + \frac{1}{2}\,(P_1 - P)\sin 2\alpha}$$

Differentiiert man nun ω nach α und setzt den Differentialquotienten gleich Null, so erhält man schliesslich

$$a \cdot \cos^3\alpha - \sin^3\alpha = \frac{(1 + m^2)\,d}{(m-1)\,l}$$

mit

$$m = \frac{P_1}{P}.$$

Liegt dagegen I—III rechts von der Vertikalen, I—IV oberhalb der Horizontalen durch I, so erhält man

$$a \cdot \cos^3\alpha + \sin^3\alpha = \frac{(1 + m^2)\,d}{(m-1)\,l}.$$

Durch die erste dieser beiden Gleichungen ist der Winkel α bestimmt, bis zu welchem der Arm I—III höchstens nach links, durch die letzte derjenige, bis zu welchem er höchstens nach rechts ausschlagen darf.

Die nachstehende Tabelle enthält mit Bezug auf Fig. 152 des Textes die Hauptdimensionen, in welchen die Bussschen Regulatoren von der Firma Schäffer & Budenberg ausgeführt werden.

Tabelle der Bussregulatoren.

Nummer des Regulators	M	000	00	0	I	II	III	IV	V
Umdrehungen in der Minute . . . **n**	**220**	**204**	**188**	**172**	**162**	**156**	**144**	**132**	**122**
Hub der Muffe in mm . . . . **s**	**19**	**23**	**27**	**32**	**34**	**38**	**44**	**50**	**60**
Grösste Breite in mm . . . . m	195	230	270	310	350	390	450	520	620
Höhe ohne Welle in mm . . . . h	220	270	310	350	390	440	500	590	700
Spindeldurchmesser in mm . . . d	16	19	22	25	28	32	38	42	50
Abstand in mm . z	20	23	27	27	27	30	30	35	40
Abstand in mm . v	23	29	33	39	42	46	53	63	74

§ 48.

Die Federregulatoren.

Sollen die bei einer Änderung im Belastungszustande der Maschine zu beschleunigenden oder zu verzögernden Massen eines Regulators möglichst gering ausfallen, so ordnet man an Stelle der bei den Gewichtsregulatoren üblichen Belastungshülse eine Feder an. Die Spannung der letzteren hält dann im Verein mit dem Eigengewicht der Schwungkugeln der Centrifugalkraft der letzteren das Gleichgewicht. Solche Federregulatoren besitzen den Vorteil, dass infolge der geringeren Massen das Pendeln um die Gleichgewichtslage, wie es bei einer Zu- oder Abnahme der Belastung eintritt und schon auf Seite 246 erörtert wurde, viel geringer als bei Gewichtsregulatoren ausfällt. Deshalb bedürfen Federregulatoren auch für gewöhnlich keiner Ölbremse, die ja bei Gewichtsregulatoren mit grossen Massen stets zur Vermeidung eines zu

1) Siehe „Civilingenieur", Jahrgang 1872.

starken Pendelns erforderlich ist und die Beweglichkeit des Regulators vermindert. Nur bei beträchtlichem Rückdruck der Steuerung ist eine Ölbremse auch bei Federregulatoren angezeigt.

Der Ungleichförmigkeitsgrad der Federregulatoren kann durch stärkeres oder schwächeres Anspannen der Feder leicht geändert werden, dagegen ist es, sollen labile Gleichgewichtslagen vermieden werden, nicht ohne weiteres angängig, durch das gleiche Mittel die Umdrehungszahl des Regulators zu beeinflussen, wie dies bei Gewichtsregulatoren durch einfaches Be- oder Entlasten der Hülse möglich und statthaft war.

1. Der Regulator von Pröll.

Die Anordnung der Pendel dieses Regulators, dessen Einrichtung aus Fig. 154 des Textes und Fig. 9, Taf. 50

Fig. 154.

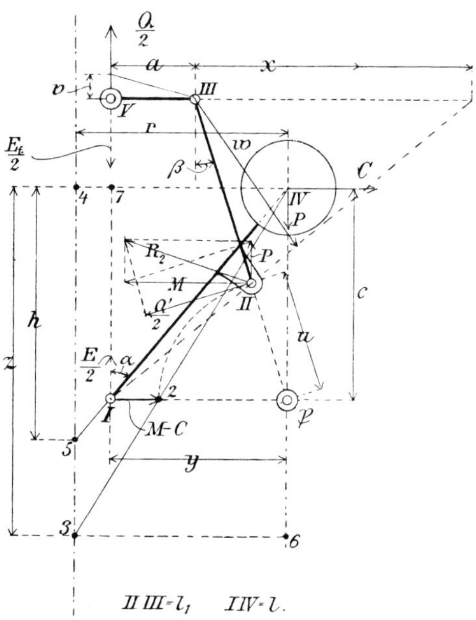

ersichtlich, ist dieselbe wie bei dem gleichnamigen Gewichtsregulator. Auf jeden der Pendelarme wirkt die Feder vermittelst eines zweiarmigen Hebels V—III—II ein, der in III seinen festen Drehpunkt besitzt und sich in V mit einer Rolle auf dem Deckel des Federgehäuses verschieben kann.

Die Verhältnisse des Mechanismus[1]) sind nun bei dem vorliegenden Regulator so gewählt, dass der Kugelmittelpunkt IV sich während des Muffenhubes annähernd auf einer Horizontalen bewegt. Genau tritt diese Horizontalbewegung nur während eines sehr kleinen Ausschlages aus der Mittellage des Regulators ein, während bei grösseren Ausschlägen immerhin merkbare Abweichungen auftreten.

Die Länge, welche der Arm III—II in Fig. 9, Taf. 50 besitzen muss, damit der Punkt IV annähernd horizontal bewegt wird, lässt sich wieder mit Hilfe des auf Seite 257 über den Wendekreis Gesagten ermitteln. Der Mittelpunkt III′ für die horizontale Bahn von IV liegt im Unendlichen. Führen wir somit in die auf Seite 257 angeführte Gleichung

$$\frac{1}{\overline{\mathfrak{P}-m'}} = \frac{1}{\overline{\mathfrak{P}-II'}} - \frac{1}{\overline{\mathfrak{P}-III'}}$$

$$\overline{\mathfrak{P}-III'} = \infty \quad \text{oder} \quad \frac{1}{\overline{\mathfrak{P}-III'}} = 0, \text{ sowie } \overline{P-II'} = \overline{\mathfrak{P}-IV}$$

ein, da hier der Kugelmittelpunkt nicht mit II′, sondern mit IV bezeichnet ist, so erhalten wir

$$\frac{1}{\overline{\mathfrak{P}-m'}} = \frac{1}{\overline{\mathfrak{P}-IV'}} \quad \text{oder} \quad \overline{\mathfrak{P}-m'} = \overline{\mathfrak{P}-IV'},$$

d. h. m′ und IV′ fallen zusammen und der Wendekreis geht nach Fig. 9, Taf. 50 durch die Punkte I, $\mathfrak{P}$ und IV′ bei der Mittellage des Regulators. Aus dem Wendekreis erhält man, sobald man den Angriffspunkt II für die Stange III—II wählt, die Abstände $\overline{\mathfrak{P}-II}$ und $\overline{\mathfrak{P}-m}$, mit deren Hilfe dann aus der Gleichung

$$\frac{1}{\overline{\mathfrak{P}-m}} = \frac{1}{\overline{\mathfrak{P}-II}} - \frac{1}{\overline{\mathfrak{P}-III}}$$

der Abstand $\overline{\mathfrak{P}-III}$ bezw. die Länge des Armes $\overline{III-II}$ berechnet werden kann.

Im Falle nun der Kugelmittelpunkt genau horizontal geführt wird und sich der Punkt IV stets über dem augenblicklichen Pol $\mathfrak{P}$ befindet, der in Fig. 154 des Textes in dem Schnittpunkt liegt, welchen die Verlängerung des Armes III—II mit der Horizontalen durch I bildet, besitzt das vertikal abwärts gerichtete Gewicht P der Kugel kein Moment in Bezug auf den Pol, und von den am Pendel angreifenden Kräften haben nur die Centrifugalkraft C und die Reaktion R_2 in II ein solches. Denkt man sich R_2 in zwei Komponenten zerlegt, von denen die eine in den Arm III—II fällt, die andere senkrecht dazu steht, so ist letztere die von der Feder in II erzeugte Kraft $\frac{Q'}{2}$. Bezeichnet

Q die Federspannung in der Drehachse,

so berechnet sich

$$\frac{Q'}{2} = \frac{Q}{2}\frac{a}{l_1},$$

wenn a und l_1 die Armlängen des Hebels V—III—II sind. Für das Gleichgewicht gilt also unter der gemachten Voraussetzung, dass IV stets vertikal über $\mathfrak{P}$ liegt, die Gleichung

$$+ C \cdot c - \frac{Q'}{2} u = 0 \quad \text{oder} \quad C \cdot c = \frac{Q}{2}\frac{a}{l_1} u,$$

woraus mit

$$C = \frac{P}{g}\omega^2 \cdot r$$

$$\frac{\omega^2}{g} = \left(\frac{n}{30}\right)^2 = \frac{Q}{2P}\frac{a \cdot u}{l_1 \cdot r \cdot c},$$

oder mit

$$z = \frac{r \cdot c}{u},$$

$$\frac{\omega^2}{g} = \left(\frac{n}{30}\right)^2 = \frac{Q}{2P}\frac{a}{l_1}\frac{1}{z} \quad . \quad . \quad . \quad . \quad 238$$

1) Siehe den Aufsatz von Dr. Pröll, „Über einen neuen pseudoastatischen Regulator mit Federbelastung" in der Zeitschrift deutscher Ingenieure, Jahrgang 1886, S. 1126.

folgt. Hierin lässt sich der Ausdruck für z leicht graphisch ermitteln. Schlägt man nämlich in Fig. 154 um $\mathfrak{P}$ einen Kreisbogen durch II, so dass $\overline{\mathfrak{P}-II} = \overline{\mathfrak{P}-2}$ wird, und zieht die Gerade IV—2—3, so verhält sich

$$\frac{\overline{\mathfrak{P}-2}}{\overline{6-3}} = \frac{\overline{IV-\mathfrak{P}}}{\overline{IV-6}},$$

oder es ist

$$\overline{IV-6} = \overline{4-3} = z = \frac{\overline{IV-\mathfrak{P}} \cdot \overline{6-3}}{\overline{\mathfrak{P}-2}} = \frac{c \cdot r}{u}.$$

Liegt dagegen, wie es namentlich in den Endlagen der Fall ist, der Mittelpunkt IV der Kugel nicht vertikal über dem Pol $\mathfrak{P}$, so besitzt die Kraft P auch ein Moment in Bezug auf $\mathfrak{P}$ und ist bei der Bestimmung von $\frac{\omega^2}{g} = \left(\frac{n}{30}\right)^2$ für das Gleichgewicht des frei schwingenden Regulators mit zu berücksichtigen.

Hält man den ruhenden Regulator hoch, übt also an der Muffe eine nach oben gerichtete Kraft $\frac{E}{2}$ für jede Seite aus, so wird, wenn das Eigengewicht P wieder vertikal durch den Pol $\mathfrak{P}$ geht, in Bezug auf den letzteren Gleichgewicht am Pendel sein, wenn

$$+\frac{E}{2} y - \frac{Q'}{2} u = 0$$

oder

$$\mathbf{E = Q' \frac{u}{y} = Q \frac{a}{l_1} \frac{u}{y}} \quad . \quad . \quad . \quad . \quad 239$$

oder mit

$$u = \frac{r \cdot c}{z}$$

und

$$Q \frac{a}{l_1} = \frac{\omega^2}{g} 2 P \cdot z$$

aus Gleichung 238, auch

$$E = 2 \frac{\omega^2}{g} P \frac{r \cdot c}{y},$$

$$\mathbf{E = 2 \frac{\omega^2}{g} P \cdot h} \quad . \quad . \quad . \quad . \quad . \quad 239a$$

wenn

$$h = \frac{r \cdot c}{y}$$

wieder die in Fig. 154 des Textes eingetragene wahre Pendelhöhe $\overline{4-5}$ ist. Es verhält sich nämlich in der Figur

$$\frac{\overline{IV-4}}{\overline{IV-7}} = \frac{\overline{4-5}}{\overline{7-I}} \text{ oder } \frac{r}{y} = \frac{h}{c},$$

so dass also

$$h = \frac{r \cdot c}{y}$$

ist.

Mit Hilfe der Energie folgt der gesamte Unempfindlichkeitsgrad ε des Regulators aus Gleichung 204, sobald der Muffenwiderstand W angenommen ist. Um den auf die Eigenreibung entfallenden Teil ε_r des Unempfindlichkeitsgrades zu bestimmen, bedarf man der einzelnen Zapfendrücke.

Der Zapfendruck R_2 in II ist nach Fig. 154 des Textes die Resultierende aus der horizontalen Reaktion M und der vertikalen P, also

$$R_2 = \sqrt{M^2 + P^2},$$

oder mit

$$M = \frac{Q'}{2 \cos \beta} + P \cdot \operatorname{tg} \beta = \frac{Q}{2 \cos \beta} \frac{a}{l_1} + P \cdot \operatorname{tg} \beta,$$

$$\mathbf{R_2 = \sqrt{\left(\frac{Q}{2 \cos \beta} \frac{a}{l_1} + P \cdot tg \beta\right)^2 + P^2}} \quad . \quad . \quad 240$$

Soll ferner die Summe der Horizontalkräfte am Pendel gleich Null werden, so muss in I noch eine Reaktion

$$R_1 = M - C,$$

oder

$$\mathbf{R_1 = \frac{Q}{2 \cos \beta} \frac{a}{l_1} + P \cdot tg \beta - C} \quad . \quad . \quad . \quad . \quad 241$$

wirksam sein.

Der Zapfendruck in V ist ferner gleich der halben Federspannung, also

$$\mathbf{R_5 = \frac{Q}{2}} \quad . \quad . \quad . \quad . \quad . \quad . \quad . \quad 242$$

und schliesslich muss der Druck in III gleich der Resultierenden der am Hebel V—III—II wirksamen Horizontalkraft M und Vertikalkräfte P und $\frac{Q}{2}$ sein, also

$$R_3 = \sqrt{M^2 + \left(P + \frac{Q}{2}\right)^2}$$

oder

$$\mathbf{R_3 = \sqrt{\left(\frac{Q}{2 \cos \beta} \frac{a}{l_1} + P \cdot tg \beta\right)^2 + \left(P + \frac{Q}{2}\right)^2}} \quad 243$$

Nach dem auf Seite 251 angegebenen Verfahren von Tolle, sowie mit Bezug auf das beim Pröllschen Gewichtsregulator hierüber Gesagte muss nun

$$W_r' = \mu \frac{d}{y} (R_1 + R_2),$$

$$W_r'' = \mu \frac{d}{x} (R_2 + R_3) + 2 \mu \frac{v}{x} R_5 \text{ [1]},$$

also

$$\mathbf{W_r = W_r' + W_r'' = \mu \left\{ d \left(\frac{R_1 + R_2}{y} + \frac{R_2 + R_3}{x} \right) + 2 \frac{v}{x} R_5 \right\}} \quad . \quad . \quad . \quad . \quad . \quad . \quad 244$$

sein, womit dann

$$\varepsilon_r = \frac{W_r}{E}$$

folgt. x, y und v sind die in Fig. 154 eingetragenen Entfernungen.

Unter der Bedingung, dass der horizontal geführte Kugelmittelpunkt IV stets vertikal über dem augenblicklichen Pol $\mathfrak{P}$ liegt, kann der Pröllsche Regulator bis zu jedem beliebigen Grade der Astasie genähert werden. Man erkennt dies nach Pröll leicht aus Gleichung 238. In derselben sind P, a und l_1 für alle Lagen des Regulators konstant, so dass also, wenn $K = 30 \sqrt{\frac{a}{2 P \cdot l_1}}$ = Konst. gesetzt wird,

$$n = K \sqrt{\frac{Q}{z}}$$

ist. Das heisst, wirkt die Feder so und ist die Kugelaufhängung eine solche, dass der Quotient $\sqrt{\frac{Q}{z}}$ für alle

1) Unter Vernachlässigung der Rolle in V.

Lagen konstant bleibt, so ist die Umdrehungszahl n auch konstant und der Regulator ein vollkommen astatischer. Richtet man die Feder aber so ein, dass Q schneller wächst als z, so wird der Regulator pseudoastatisch. Die absolute Grösse der Federspannung ist dabei nicht massgebend, da sich die Spannung der Feder immer wie die zugehörigen Zusammendrückungen derselben verhalten. Ist nämlich bei der höchsten bezw. tiefsten Muffenlage

n_0 bezw. n_u die Umdrehungszahl,

z_0 bezw. z_u der Wert von z,

Q_0 bezw. Q_u die Federspannung,

f_0 bezw. f_u die Zusammendrückung der Feder,

so ist

$$\frac{n_0}{n_u} = \sqrt{\frac{Q_0 \cdot z_u}{Q_u \cdot z_0}},$$

oder da,

$$\frac{Q_0}{Q_u} = \frac{f_0}{f_u}$$

ist, auch

$$\frac{n_0}{n_u} = \sqrt{\frac{f_0 \cdot z_u}{f_u \cdot z_0}},$$

so dass also der Grad der Annäherung an die Astasie allein von geometrischen Grössen abhängt.

Fällt aber, wie es namentlich bei den Endlagen der Fall ist, der Kugelmittelpunkt nicht in die Vertikale durch den augenblicklichen Pol, so hat man natürlich zu untersuchen, ob die Abweichungen in der genannten Hinsicht keine labilen Gleichgewichtslagen ergeben.

Für die Berechnung der Spiralfeder sind nach „Des Ingenieurs Taschenbuch, die Hütte“[1]) die folgenden Gleichungen massgebend, in denen

Q die Belastung oder Spannung der Feder,

$\mathbf{k_d}$ die zuverlässige Spannung der Drehung,

f die zugehörige Durchbiegung oder Zusammendrückung der Feder in mm,

l die Länge derselben in mm,

r den mittleren Radius der Federwindungen in mm,

m die Anzahl der Windungen,

G den Schubelasticitätsmodul,

δ die Drahtdicke in mm

bezeichnet:

$$\mathbf{Q} = \frac{\pi}{16} \frac{\delta^3}{\mathbf{r}} \mathbf{k_d} = \mathbf{0{,}196} \frac{\delta^3}{\mathbf{r}} \mathbf{k_d} \quad . \; . \; . \quad \mathbf{245}$$

$$\mathbf{f} = \frac{\mathbf{64 m \cdot r^3}}{\delta^4} \frac{\mathbf{Q}}{\mathbf{G}} = \frac{\mathbf{4 \pi \cdot m \cdot r^2}}{\delta} \frac{\mathbf{k_d}}{\mathbf{G}} \quad . \; . \; . \quad \mathbf{246}$$

mit

$k_d = \sim 30$ bis 33 kg und $G = \sim 8000$ für den qmm.

Die nachstehende Tabelle giebt die Hauptverhältnisse, in welchen die Pröllschen Federregulatoren von dem Eisenwerk Lauchhammer in Lauchhammer ausgeführt werden.

1) Verlag von Wilh. Ernst & Sohn in Berlin.

Tabelle der Federregulatoren nach Pröll.

(Fig. 9, Taf. 50.)

Nummer des Regulators	I	II	III	IV	V	VI
Umdrehungszahl in der Minute . . . . **n**	**190**	**180**	**170**	**160**	**140**	**120**
Hülsenhub in mm . . . **s**	**46**	**58**	**68**	**80**	**92**	**114**
Mittlere Verstellungskraft od. überwindbarer Gesamt-Muffenwiderstand bei $\varepsilon = 0{,}04$ in kg . . . . . . **W**	**1,5**	**3**	**6**	**10**	**14**	**22**
Höhe des Regulators in mm H	485	585	695	795	895	1085
Grösste Breite in mm . B	460	570	685	800	915	1150
Dicke der Spindel in mm d	30	36	40	50	56	60
Durchmesser des Zapfens in mm . . . . d_1	26	32	36	46	50	56
Höhe der Hülse in mm . v	23	30	35	40	46	60
Innerer Durchmesser der Hülse in mm . . . . . . t	45	55	64	72	82	100

Beispiel.

Der in Fig. 9, Taf. 50 dargestellte Pröllsche Federregulator besitzt die Verhältnisse des Regulators Nr. 4 der vorstehenden Tabelle. Wie bestimmt sich der Ungleichförmigkeitsgrad, die Energie und Verstellungskraft desselben, wenn die Umdrehungszahl bei der mittleren Muffenlage 160 in der Minute betragen soll?

Der Radius des Armes III—II zunächst ist nach den auf Seite 266 gemachten Angaben gewählt worden. Konstruiert man nämlich, wie in der rechten Hälfte der Figur geschehen, den augenblicklichen Pol bei der Mittellage der Muffe und zieht den Wendekreis durch die Punkte IV, $\mathfrak{P}$, I, so schneidet dieser auf dem Strahl $\mathfrak{P}$—II ein Stück $\overline{\mathfrak{P}—m} = 317$ mm ab, während der Abstand $\overline{\mathfrak{P}—II}$ 181 mm ist. Es muss nun, wenn der Kugelmittelpunkt annähernd auf einer Horizontalen bewegt werden soll,

$$\frac{1}{\overline{\mathfrak{P}—m}} = \frac{1}{\overline{\mathfrak{P}—II}} - \frac{1}{\overline{\mathfrak{P}—III}},$$

oder

$$\overline{\mathfrak{P}—III} = \frac{317 \cdot 181}{317—181} = \sim 421 \text{ mm},$$

oder

$$l_1 = \overline{III—II} = 421—181 = \mathbf{240 \ mm}$$

sein, wie es in der That der Fall ist. Die Länge des anderen Armes am Hebel V—III—II beträgt nach der Zeichnung

$$a = \overline{V—III} = \mathbf{134 \ mm.}$$

Soll der Regulator bei der Mittellage der Muffe $n_m = 160$ Umdrehungen machen, so ergiebt sich aus Gleichung 238 die erforderliche Federspannung zu

$$Q_m = \left(\frac{n_m}{30}\right)^2 2 P \frac{l_1}{a} z_m.$$

Die Grösse z_m beträgt nach der linken Hälfte der Figur $\sim 0{,}415$ m, das Gewicht einer Kugel bei 147 mm Durchmesser ~ 12 kg. Es folgt also

$$Q_m = \left(\frac{160}{30}\right)^2 2 \cdot 12 \frac{0{,}24}{0{,}134} 0{,}415 = \sim 507{,}4 \text{ kg.}$$

Da ferner die Drahtdicke $\delta = 18$ mm, der mittlere Radius der Spiralfeder $r = 63$ mm, die Länge derselben

$=\sim 4150$ mm ist, so ermittelt sich aus Gleichung 245 die bei dieser Belastung der Feder stattfindende Drehspannung für den qmm zu

$$k_d = \frac{Q_m}{0{,}196} \frac{r}{\delta^3} = \frac{507{,}4}{0{,}196} \frac{63}{18^3} = \sim 28 \text{ kg},$$

womit dann aus Gleichung 246 für $G = 8000$ kg die stattfindende Zusammendrückung sich zu

$$f_m = \frac{2 \cdot 4150 \cdot 63}{18} \frac{28}{8000} = \sim 101{,}7 \text{ mm}$$

ergiebt.

Geht der Regulator aus der mittleren in die höchste Lage, so bewegt sich der Punkt V um 16,3 mm vertikal nach unten, während derselbe beim Sinken des Regulators aus der mittleren in die tiefste Lage um 25,5 mm vertikal nach oben geht. Bei der höchsten Lage ist somit die Feder um

$$f_0 = f_m + 16{,}3 = 101{,}7 + 16{,}3 = 118 \text{ mm},$$

bei der tiefsten Lage um

$$f_u = f_m - 25{,}5 = 101{,}7 - 25{,}5 = 76{,}2 \text{ mm}$$

zusammengedrückt, und es beträgt bei der ersten Lage die Federspannung

$$Q_0 = Q_m \frac{f_0}{f_m} = 507{,}4 \frac{118}{101{,}7} = \sim 588{,}7 \text{ kg},$$

bei der letzten

$$Q_u = Q_m \frac{f_u}{f_m} = 507{,}4 \frac{76{,}2}{101{,}7} = \sim 380 \text{ kg},$$

während die Feder eine grösste Drehspannung von

$$k_d = 28 \frac{118}{101{,}7} = \sim 32{,}5 \text{ kg}$$

für den qmm erleidet.

Würde nun der Kugelmittelpunkt IV bei allen Lagen des Regulators genau vertikal über dem augenblicklichen Pol $\mathfrak{P}$ liegen, so würde sich die Umdrehungszahl für die höchste Lage aus der Gleichung

$$\frac{n_0}{n_m} = \sqrt{\frac{f_0 \cdot z_m}{f_m \cdot z_0}}$$

zu

$$n_0 = n_m \sqrt{\frac{f_0 \cdot z_m}{f_m \cdot z_0}}$$

berechnen. Für die tiefste Lage würde sich entsprechend

$$n_u = n_m \sqrt{\frac{f_u \cdot z_m}{f_m \cdot z_u}}$$

ergeben. Aus der Zeichnung erhält man $z_0 = 0{,}461$, $z_u = 0{,}315$ m, so dass also unter der erwähnten Bedingung

$$n_0 = 160 \sqrt{\frac{118 \cdot 0{,}415}{101{,}7 \cdot 0{,}461}} = \sim \mathbf{163{,}5},$$

$$n_u = 160 \sqrt{\frac{76{,}2 \cdot 0{,}415}{101{,}7 \cdot 0{,}315}} = \sim \mathbf{159}$$

würde und der Ungleichförmigkeitsgrad des Regulators

$$\delta_r = \frac{n_0 - n_u}{\frac{1}{2}(n_0 + n_u)} = \frac{163{,}5 - 159}{\frac{1}{2}(163{,}5 + 159)} = \mathbf{0{,}0279}$$

oder **2,79** %

betrüge. Thatsächlich befindet sich aber bei den Endlagen der Kugelmittelpunkt IV nicht vertikal über dem Pol, sondern, wie die linke Hälfte der Figur zeigt, in einer horizontalen Entfernung von $p_0 = 0{,}006$ bezw. $p_u = 0{,}012$ m seitwärts. Unter Berücksichtigung dieses Umstandes lautet nun die auf Seite 266 angeführte Momentengleichung in Bezug auf den Pol $\mathfrak{P}$

$$C \cdot c + P \cdot p = \frac{Q}{2} \frac{a}{l_1} u,$$

woraus mit

$$C = \frac{P}{g} \omega^2 \cdot r$$

$$\frac{\omega^2}{g} = \left(\frac{n}{30}\right)^2 = \frac{Q}{2P} \frac{a}{l_1} \frac{u}{r \cdot c} - \frac{p}{r \cdot c},$$

oder mit

$$\frac{u}{r \cdot c} = \frac{1}{z},$$

$$\frac{\omega^2}{g} = \left(\frac{n}{30}\right)^2 = \frac{Q}{2P} \frac{a}{l_1} \frac{1}{z} - \frac{p}{r \cdot c}$$

folgt. Da bei der höchsten Lage nach der Zeichnung $r = 0{,}321$, $c = 0{,}231$ m, bei der tiefsten $r = 0{,}21$, $c = 0{,}313$ m ist, so erhält man jetzt mit den obigen Werten von Q_0, Q_u, z_0 und z_u

$$n_0 = 30 \sqrt{\frac{588.7}{2 \cdot 12} \frac{0{,}134}{0{,}24} \frac{1}{0{,}461} - \frac{0{,}006}{0{,}321 \cdot 0{,}231}} = \sim \mathbf{163{,}3},$$

$$n_m = 30 \sqrt{\frac{380}{2 \cdot 12} \frac{0{,}134}{0{,}24} \frac{1}{0{,}315} - \frac{0{,}012}{0{,}21 \cdot 0{,}313}} = \sim \mathbf{158{,}4}$$

und hiermit einen Ungleichförmigkeitsgrad

$$\delta_3 = \frac{n_0 - n_u}{\frac{1}{2}(n_0 + n_u)} = \frac{163{,}3 - 158{,}4}{\frac{1}{2}(163{,}3 + 158{,}4)} = \sim \mathbf{0{,}0305}$$

oder **3,05** %.

Eine geringe Veränderung der Umdrehungszahl um ca. 6 % kann man bei den vorliegenden Regulatoren dadurch erzielen, dass man die unter den Kugeln und der Federdruckplatte befindlichen Unterlagscheiben teilweise wegnimmt bezw. durch höhere ersetzt. Durch dieses Mittel wird die Feder etwas weniger bezw. mehr angespannt.

Eine grössere Veränderung der Umdrehung darf aber bei den Pröllschen Federregulatoren nicht ohne weiteres dadurch vorgenommen werden, dass man die Muffenbelastung mittelst besonderer Gewichte verstärkt oder verringert, weil dadurch, wie man sich leicht durch die Rechnung überzeugen kann, der Charakter des Regulators vollständig geändert wird. Eine grössere Veränderung der Umdrehungszahl kann hier nur durch eine zweite Feder, also durch eine mit dem Regulatorhube veränderliche Belastung der Muffe, bewirkt werden. Diese zweite Feder greift am Regulatorhebel in ähnlicher Weise an, wie dies später beim Hartung-Regulator gezeigt ist.

Die Energie des Regulators berechnet sich, wenn angenommen wird, dass auch bei den Endlagen der Kugelmittelpunkt genau vertikal über dem augenblicklichen Pol liegt, aus Gleichung 239a

für die Mittellage mit

$$h_m = 0{,}359 \text{ und } \frac{\omega_m^2}{g} = \left(\frac{n_m}{30}\right)^2 = \left(\frac{160}{30}\right)^2 = \sim 28{,}45$$

zu

$$E_m = 2 \cdot 28{,}45 \cdot 12 \cdot 0{,}359 = \sim \mathbf{246 \text{ kg}},$$

für die höchste Lage mit

$$h_0 = 0{,}291 \text{ und } \frac{\omega_0^2}{g} = \left(\frac{n_0}{30}\right)^2 = \left(\frac{163{,}5}{30}\right)^2 = \sim 29{,}7$$

zu

$$E_0 = 2 \cdot 29{,}7 \cdot 12 \cdot 0{,}291 = \sim \mathbf{207{,}4\ kg},$$

für die tiefste Lage mit

$$h_u = 0{,}455 \text{ und } \frac{\omega_u^2}{g} = \left(\frac{n_u}{30}\right)^2 = \left(\frac{159}{30}\right)^2 = \sim 28{,}09$$

zu

$$E_u = 2 \cdot 28{,}09 \cdot 12 \cdot 0{,}455 = \sim \mathbf{306{,}75\ kg}.$$

Die Energie des Regulators ist also nicht konstant, sondern nimmt nach der unteren Endlage hin zu. Rechnen wir als mittlere Energie den Wert

$$E = \frac{246 + 207{,}4 + 306{,}75}{3} = \sim 253{,}4 \text{ kg},$$

so ergiebt sich bei einem Unempfindlichkeitsgrad von $\varepsilon = 0{,}04$ der mittlere überwindbare Gesamt-Muffenwiderstand oder die Verstellungskraft des Regulators zu

$$W = E \cdot \varepsilon = 253{,}4 \cdot 0{,}04 = \sim \mathbf{10\ kg},$$

wie in der Tabelle auf Seite 268 angegeben.

Der Teil ε_r des Unempfindlichkeitsgrades bestimmt sich z. B. für die Mittellage des Regulators annähernd in der folgenden Weise.

Da bei dieser Lage der Winkel $\beta = \sim 18^0$ ist, so beträgt nach Gleichung 240 der Zapfendruck

$$R_2 = \sqrt{\left(\frac{507{,}4}{2 \cdot \cos 18}\,\frac{0{,}134}{0{,}24} + 12 \cdot \operatorname{tg} 18^0\right)^2 + 12^2}$$
$$= \sim 153{,}4 \text{ kg},$$

nach Gleichung 241 der Zapfendruck

$$R_1 = \frac{507{,}4}{2 \cdot \cos 18}\,\frac{0{,}134}{0{,}24} + 12 \cdot \operatorname{tg} 18^0 - 12\,\frac{\omega_m^2}{g}\,r_m,$$

oder mit $\frac{\omega_m^2}{g} = \sim 28{,}45$ und $r_m = 0{,}276$,

$$R_1 = \sim 58{,}7 \text{ kg},$$

nach Gleichung 242 der Zapfendruck

$$R_5 = \frac{Q_m}{2} = \frac{507{,}4}{2} = 253{,}7 \text{ kg},$$

nach Gleichung 243 der Zapfendruck

$$R_3 = \sqrt{\left(\frac{507{,}4}{2 \cdot \cos 18^0}\,\frac{0{,}134}{0{,}24} + 12 \cdot \operatorname{tg} 18^0\right)^2 + \left(12 + \frac{507{,}4}{2}\right)^2}$$
$$= \sim 306{,}5 \text{ kg}.$$

Mit diesen Werten, sowie mit $d = 0{,}01$ [1]), $y = 0{,}21$, $x = 0{,}276$ und $v = 0{,}003$ erhält man jetzt aus Gleichung 244

$$W_r = 0{,}08 \left\{0{,}01 \left(\frac{58{,}7 + 153{,}4}{0{,}21} + \frac{153{,}4 + 306{,}5}{0{,}276}\right) + 2\,\frac{0{,}003}{0{,}276}\,253{,}7\right\} = \sim 3{,}2 \text{ kg}$$

und hiermit

$$\varepsilon_r = \frac{3{,}2}{246} = 0{,}013 \text{ oder } \mathbf{1{,}3\,\%}.$$

1) Dieser Durchmesser wurde als Mittelwert aller Zapfen angenommen, da in III eine Schneide, in V eine kleine Rolle angeordnet ist.

2. Der Regulator von Trenck.

Die Maschinenfabrik und Eisengiesserei von R. Trenck in Erfurt führt Regulatoren mit kombinierter Feder- und Gewichtsbelastung aus, wie sie in Fig. 10, Taf. 50 dargestellt sind. Der Übertragungsmechanismus der Pendelbewegung auf die Muffe ist ähnlich wie beim Grusonschen Regulator gestaltet und erfolgt vermittelst eines Winkelhebels. Der Drehpunkt I desselben (siehe Fig. 155 des Textes) befindet sich in der Belastungshülse, die zugleich die Feder des Regulators enthält, und wird beim Ausschlagen der Kugel auf einer Vertikalen geführt. Als Stützpunkt des Pendels dient eine Stelze III—II, die sich im Punkte III auf eine Scheibe stützt, welche fest auf der Spindel sitzt und der Feder als Gegenhalt dient. Der Punkt II bewegt sich annähernd

Fig. 155.

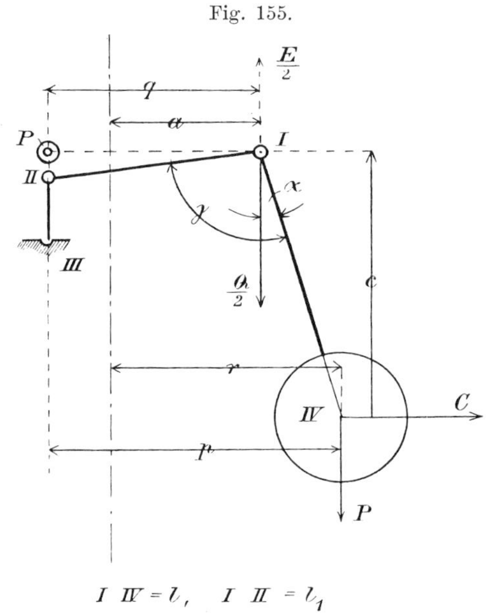

auf einer Horizontalen, welche Bewegung der Einfachheit der Rechnung wegen im Folgenden als genau vorhanden angenommen werden soll. Da die Feder beim Heben der Muffe zusammengedrückt wird, so wirken die Hülsenbelastung und Federspannung zusammen nach unten.

Um die Gleichgewichtsbedingung des frei schwingenden Pendels zu bestimmen, suchen wir den augenblicklichen Pol P und die am Pendel wirkenden Kräfte auf. Der erstere liegt, wenn I vertikal, II horizontal geführt wird, in dem Schnittpunkt der Senkrechten, welche zu diesen Bewegungen durch die erwähnten Punkte gelegt werden. Die am Pendel wirkenden Kräfte, welche ein Moment in Bezug auf den Pol äussern, sind ferner:

1. im Kugelmittelpunkt IV die horizontale Centrifugalkraft C und das vertikale Eigengewicht P einer Kugel,

2. im Punkte I die halbe Hülsen- und Federbelastung.

Gleichgewicht herrscht also am Pendel, wenn nach Fig. 155 des Textes

$$-C \cdot c + \frac{Q}{2}\,q + P \cdot p = 0,$$

oder mit

$$C = \frac{P}{g}\,\omega^2 \cdot r \text{ und } p = q + l \cdot \sin\alpha,$$

$$\frac{\omega^2}{g} = \left(\frac{n}{30}\right)^2 = \frac{1}{r \cdot c}\left\{\left(\frac{Q}{2P} + 1\right) q + l \cdot \sin\alpha\right\} \quad . \quad 247$$

ist. Bezeichnet

γ den Winkel, welchen die beiden Pendelarme miteinander einschliessen,

α den Ausschlagwinkel,

so ist nach Fig. 155

$$r = a + l \cdot \sin\alpha, \quad c = l \cdot \cos a,$$
$$q = l_1 \cdot \cos[90 - (\gamma - \alpha)] = l_1 \cdot \sin(\gamma - \alpha).$$

Um die Energie des Regulators zu berechnen, denken wir uns denselben im ruhenden Zustande mit einer Kraft $\frac{E}{2}$ hochgehalten. Im Punkte I wirkt dann nur noch eine Kraft $\frac{E - Q}{2}$ nach oben, so dass in Bezug auf den Pol Gleichgewicht herrscht, wenn

$$\frac{E - Q}{2}\,q = P \cdot p,$$

oder

$$E = Q + 2P\frac{p}{q}$$

ist. Mit dem Wert

$$p = q + l \cdot \sin\alpha$$

folgt auch

$$E = Q + 2P\left(1 + \frac{l}{q}\sin\alpha\right) \quad . \quad . \quad . \quad 248$$

und ferner der Unempfindlichkeitsgrad

$$\varepsilon = \frac{W}{E} = \frac{W}{Q + 2P\left(1 + \frac{l}{q}\sin\alpha\right)} \quad . \quad . \quad 249$$

Der letztere Wert hätte sich auch ergeben, wenn man nach Gleichung 247, indem man Q durch Q+W bezw. Q—W ersetzt, bildet

$$\frac{\omega'^2}{g} = \frac{1}{r \cdot c}\left\{\left(\frac{Q + W}{2P} + 1\right) q + l \cdot \sin\alpha\right\}$$

$$\frac{\omega''^2}{g} = \frac{1}{r \cdot c}\left\{\left(\frac{Q - W}{2P} + 1\right) q + l \cdot \sin\alpha\right\}$$

und nun setzt

$$\varepsilon = \frac{\omega'^2 - \omega''^2}{2\,\omega^2} = \frac{\frac{W}{P}\,q}{2\left\{\left(\frac{Q}{2P} + 1\right) q + l \cdot \sin\alpha\right\}} =$$

$$\frac{W}{Q + 2P\left(1 + \frac{l}{q}\sin\alpha\right)}.$$

Der Trenck sche Regulator ist ein pseudoastatischer. Die Annäherung an die Astasie wird hier dadurch erzielt, dass ein Teil der Gesamtbelastung der Muffe mit wachsendem Ausschlag zunimmt, indem dieser Teil, wie schon angeführt, durch eine Federkraft erzeugt wird, die mit steigender Muffe sich stetig vergrössert. Würde die Belastung der Muffe, wie sie der untersten Lage des Regulators entspricht, konstant bleiben, so würde der Regulator für die verwendeten Pendelausschläge im labilen Gleichgewichte sein; erst die zunehmende Federkraft macht den Regulator stabil, wobei die Annäherung an die Astasie von der Zunahme dieser Federkraft und den Hebelverhältnissen des Regulators abhängig ist.

Führt man in die Gleichung 247 die unter derselben angegebenen Werte von r, c und q ein, so lautet dieselbe

$$\frac{\omega^2}{g} = \left(\frac{n}{30}\right)^2 = \frac{1}{a + l \cdot \sin\alpha}\left\{\left(\frac{Q}{2P} + 1\right)\frac{l_1 \cdot \sin(\gamma - \alpha)}{l \cdot \cos\alpha} + \operatorname{tg}\alpha\right\}$$

oder

$$\frac{\omega^2}{g} = \left(\frac{n}{30}\right)^2 = \frac{1}{a + l \cdot \sin\alpha}\left\{\left(\frac{Q}{2P} + 1\right)\frac{l_1}{l}\sin\gamma + \operatorname{tg}\alpha\left[1 - \left(\frac{Q}{2P} + 1\right)\frac{l_1}{l}\cos\gamma\right]\right\}$$

Differentiiert man diese Gleichung nach α, wobei zu berücksichtigen ist, dass l_1, l und γ konstant sind, so erhält man bei einer der untersten Muffenlage entsprechenden, unveränderlichen Belastung $\frac{Q_u}{2P}$ als Bedingung für den astatischen Punkt der n-Kurve

$$-\frac{l \cdot \cos\alpha}{(a + l \cdot \sin\alpha)^2}\left\{\left(\frac{Q_u}{2P} + 1\right)\frac{l_1}{l}\sin\gamma + \operatorname{tg}\alpha\left[1 - \left(\frac{Q_u}{2P} + 1\right)\frac{l_1}{l}\cos\gamma\right]\right\} + \frac{1}{a + l \cdot \sin\alpha}\,\frac{1}{\cos^2\alpha}\left[1 - \left(\frac{Q_u}{2P} + 1\right)\frac{l_1}{l}\cos\gamma\right] = 0,$$

woraus nach gehöriger Umformung

$$1 - \left(\frac{Q_u}{2P} + 1\right)\left(\frac{l_1}{l}\cos\gamma + \frac{l_1 \cdot \sin\gamma \cdot \cos^3\alpha}{a + l \cdot \sin^3\alpha}\right) = 0$$

folgt. Solange nun die linke Seite der Gleichung grösser als Null, oder

$$\frac{1}{l_1\left(\frac{Q_u}{2P} + 1\right)\sin\gamma} - \frac{1}{l}\operatorname{cotg}\gamma > \frac{\cos^3\alpha}{a + l \cdot \sin^3\alpha}$$

ist, würde der Regulator stabil sein. Das ist aber für die in Frage kommenden Ausschlagwinkel nicht der Fall; der Regulator würde vielmehr labil sein, wenn man die der untersten Lage entsprechende Belastung unverändert für den ganzen Hub beibehielte. Die n-Kurve verliefe dann so, wie Fig. 2b, Taf. 50 zeigt. Erst durch die mit steigender Muffe allmählich wachsende Federbelastung wird die n-Kurve über die zur Abscissenachse parallele, vollkommen astatische Linie gehoben. Wie stark das letztere eintritt bezw. wie gross dabei die Annäherung an die Astasie ist, hängt von der Federspannung und den Verhältnissen des Winkelpendels ab.

Durch Spannen der Feder oder Hinzufügen einer konstanten Gewichtsbelastung wird, wie später an einem Beispiele gezeigt ist, der Ungleichförmigkeitsgrad und der ganze Charakter des Regulators geändert. Dagegen ist eine Änderung der Umdrehungszahl durch Vergrösserung oder Verminderung der Kugelgewichte ohne Beeinflussung des Ungleichförmigkeitsgrades möglich.

Würde im Punkte II der Fig. 155 des Textes eine Rolle angebracht sein, so würde sich der auf die Eigenreibung entfallende Teil ε_r des Unempfindlichkeitsgrades genau wie beim Kosinusregulator bestimmen. Infolge der zwischen II und III befindlichen Stelze wird die Berechnung von ε_r aber umständlich, und soll hier auf dieselbe nicht näher eingegangen werden. Für gewöhnlich dürfte ε_r 1 bis 1,2 % betragen.

Beispiel.

Der in Fig. 10, Taf. 50 dargestellte Regulator von Trenck hat die folgenden Verhältnisse:

Gewicht einer Kugel $P = 2$ kg,

Gewicht der Hülse (ohne Federbelastung) $Q' = 12$ kg,

Vertikaler Hebelarm des Winkelpendels $l = 183$ mm,
Horizontaler Hebelarm desselben $l_1 = 112{,}5$ mm,
Mittlere Umdrehungszahl 260,
Hub der Muffe $s = 50$ mm,
Ausschlagwinkel der Pendelarme zwischen den Grenzlagen 26°.

Da ferner der horizontale Arm des Winkelpendels genau horizontal steht, wenn sich die Muffe in ihrer Mittellage befindet und der vertikale Arm den halben Ausschlag einnimmt, so ist der Winkel, welchen die beiden Pendel miteinander bilden, $\gamma = 90 + \frac{26}{2} = 103^0$. Wie gross ist die Spannung der Feder zu nehmen, wenn der theoretische Ungleichförmigkeitsgrad des Regulators ungefähr 2,5 bis 3,5 % betragen soll?

Für $\delta_r = 0{,}027$ würde sich bei einer mittleren Umdrehungszahl

$$n_m = \frac{n_0 + n_u}{2} = 260$$

die kleinste Umdrehungszahl gemäss Gleichung 197 zu

$$n_u = n_m\left(1 - \frac{0{,}027}{2}\right) = 260 \cdot 0{,}9865 = \sim 256{,}5,$$

die grösste Umdrehungszahl zu

$$n_0 = n_m\left(1 + \frac{0{,}027}{2}\right) = 260 \cdot 1{,}0135 = \sim 263{,}5$$

ergeben. Teilt man sich dann den Muffenhub von 50 mm bezw. den gesamten Ausschlagwinkel von 26° in 8 gleiche Teile und berechnet die Werte

$$l \cdot \sin\alpha, \quad c = l \cdot \cos\alpha,$$
$$r = a + l \cdot \sin\alpha, \quad q = l_1 \cdot \sin(\gamma - \alpha)$$

für die einzelnen Ausschlagwinkel der nachstehenden Tabelle, so erhält man

	$l \cdot \sin\alpha$	c	r	q
für $\alpha = 0^0$	0	0,183	0,08	0,1096
für $\alpha = 3^0 15'$	0,0104	0,1827	0,0904	0,1109
für $\alpha = 6^0 30'$	0,0207	0,1818	0,1007	0,1118
für $\alpha = 9^0 45'$	0,031	0,1804	0,111	0,1123
für $\alpha = 13^0$	0,0412	0,1783	0,1212	0,1125
für $\alpha = 19^0 30'$	0,0611	0,1725	0,1411	0,1118
für $\alpha = 26^0$	0,0802	0,1645	0,1602	0,1096

Gleichung 247 liefert nun für $\alpha = 0^0$ und $n_u = 256{,}5$ ein Verhältnis

$$\frac{Q_u}{2P} = \frac{1}{0{,}1096}\left\{\left(\frac{256{,}5}{30}\right)^2 0{,}08 \cdot 0{,}183\right\} - 1 = \sim 8{,}77,$$

während sich aus ihr für $\alpha = 26^0$ und $n_0 = 263{,}5$ ein solches

$$\frac{Q_0}{2P} = \frac{1}{0{,}1096}\left\{\left(\frac{263{,}5}{30}\right)^2 0{,}1602 \cdot 0{,}1645 - 0{,}0802\right\} - 1 = \sim 16{,}81$$

ergiebt. Aus der Differenz beider Werte, nämlich

$$16{,}81 - 8{,}77 = 8{,}04,$$

erhält man, wenn berücksichtigt wird, dass die Federspannung während des Hülsenhubes stetig zunehmen soll, für $\alpha = 3^0 15'$ ein Verhältnis

$$\frac{Q}{2P} = 8{,}77 + \frac{8{,}04}{8} = 9{,}775,$$

für $\alpha = 6^0 30'$ ein solches

$$\frac{Q}{2P} = 8{,}77 + 2\frac{8{,}04}{8} = 10{,}78$$

u. s. w. Mit diesen Verhältnissen und den Werten der obigen Tabelle lassen sich nun für die Winkel α der letzteren aus Gleichung 247 die zugehörigen Umdrehungszahlen, welche in der nachstehenden Tabelle zusammengestellt sind, berechnen. Es ist

für $\alpha = 0$	$\frac{Q_u}{2P} = 8{,}77$	$n_u = 256{,}5$
für $\alpha = 3^0 15'$	$\frac{Q}{2P} = 9{,}775$	$n = 256{,}2$
für $\alpha = 6^0 30'$	$\frac{Q}{2P} = 10{,}78$	$n = 256{,}3$
für $\alpha = 9^0 45'$	$\frac{Q}{2P} = 11{,}785$	$n = 256{,}7$
für $\alpha = 13^0$	$\frac{Q}{2P} = 12{,}79$	$n = 257{,}5$
für $\alpha = 19^0 30'$	$\frac{Q}{2P} = 14{,}8$	$n = 260$
für $\alpha = 26^0$	$\frac{Q_0}{2P} = 16{,}81$	$n_0 = 263{,}5.$

Aus den Werten von n ersieht man, dass der Regulator für das unterste Achtel seines Hubes labil ist. Dieser Teil des Hubes muss also ausgeschaltet werden, oder man hat, wenn der Hub von 50 mm, sowie die anfängliche Belastung $\frac{Q_u}{2P}$ und Umdrehungszahl n_u beibehalten werden soll, die Federspannung stärker wachsen zu lassen. Dadurch wird aber der Ungleichförmigkeitsgrad des Regulators vergrössert. Macht man z. B.

für $\alpha = 0$	$\frac{Q_u}{2P} = 8{,}77$, so wird	$n_u = 256{,}5$
für $\alpha = 3^0 15'$	$\frac{Q}{2P} = 9{,}8$, so wird	$n = 256{,}6$
für $\alpha = 6^0 30'$	$\frac{Q}{2P} = 10{,}83$, so wird	$n = 257$
für $\alpha = 9^0 45'$	$\frac{Q}{2P} = 11{,}86$, so wird	$n = 257{,}5$
für $\alpha = 13^0$	$\frac{Q}{2P} = 12{,}89$, so wird	$n = 258{,}5$
für $\alpha = 19^0 30'$	$\frac{Q}{2P} = 14{,}95$, so wird	$n = 261{,}1$
für $\alpha = 26^0$	$\frac{Q_0}{2P} = 17{,}01$, so wird	$n_0 = 266,$

und infolge dieser etwas stärkeren Steigerung der Federanspannung ergiebt sich schon ein Ungleichförmigkeitsgrad

$$\delta_r = \frac{266 - 256{,}5}{\frac{1}{2}(266 + 256{,}5)} = \sim \mathbf{0{,}036} \text{ oder } \mathbf{3{,}6}\ \%.$$

Würde man die der untersten Regulatorlage entsprechende Hülsenbelastung $\frac{Q_u}{2P} = 8{,}77$ für den ganzen Hub konstant erhalten, so würde der Regulator, wie schon auf Seite 271 angeführt, vollständig labil werden. Denn der Bedingung

$$\frac{1}{l_1\left(\frac{Q_u}{2P}+1\right)\sin\gamma} - \frac{1}{l}\operatorname{cotg}\gamma > \frac{\cos^3\alpha}{a + l\cdot\sin^3\alpha}$$

oder

$$\frac{1}{0{,}1125\,(8{,}77+1)\sin 103} - \frac{1}{0{,}183}\operatorname{cotg} 103 > \frac{\cos^3\alpha}{0{,}08+0{,}183\cdot\sin^3\alpha}$$

oder

$$2{,}1973 > \frac{\cos^3\alpha}{0{,}08+0{,}183\cdot\sin^3\alpha}$$

wird nur durch Winkel α genügt, die grösser als 46° 20′ sind, während hier der grösste Ausschlagwinkel nur 26° ist.

Würde man ferner der Hülse noch eine konstante Gewichtsbelastung zufügen oder der Feder eine stärkere Anfangsspannung erteilen, so würde der Regulator ebenfalls für einen grösseren oder kleineren Teil seines Hubes labil werden. Macht man z. B. die Werte $\frac{Q}{2P}$ der letzten Tabelle sämtlich um 4 grösser, so wird

für $\alpha = 0°$ $\frac{Q_u}{2P} = 12{,}77$ $n_u = 304{,}6$

für $\alpha = 3°\,15'$ $\frac{Q}{2P} = 13{,}8$ $n = 300$

für $\alpha = 6°\,30'$ $\frac{Q}{2P} = 14{,}83$ $n = 296{,}6$

für $\alpha = 9°\,45'$ $\frac{Q}{2P} = 15{,}86$ $n = 294{,}1$

für $\alpha = 13°$ $\frac{Q}{2P} = 16{,}89$ $n = 292{,}5$

für $\alpha = 19°\,30'$ $\frac{Q}{2P} = 18{,}95$ $n = 291{,}1$

für $\alpha = 26°$ $\frac{Q_0}{2P} = 21{,}01$ $n_0 = 293{,}1$

und somit der Regulator auf $\frac{3}{4}$ des Hubes labil.

Dagegen kann man die Kugeln, um eine grössere oder kleinere Umdrehungszahl zu erzielen, leichter bezw. schwerer machen, ohne dass der Ungleichförmigkeitsgrad eine Änderung erfährt. Die Werte von n sind nämlich nur von dem Verhältnis $\frac{Q}{2P}$ bei den einzelnen Ausschlagwinkeln, nicht aber von P abhängig.

Mit Hilfe der für $\delta_r = 0{,}036$ berechneten Werte ist nun bei der tiefsten Regulatorlage die Gesamtbelastung der Hülse

$$Q_u = 8{,}77\cdot 2P = 8{,}77\cdot 4 = \mathbf{35{,}08\ kg},$$

oder bei

$$Q' = 12 \text{ kg}$$

Gewichtsbelastung die erforderliche Federspannung

$$Q_u'' = 35{,}08 - 12 = \mathbf{23{,}08\ kg},$$

dagegen bei der höchsten Regulatorlage die Gesamtbelastung

$$Q_0 = 17{,}01\cdot 2P = 17{,}01\cdot 4 = \mathbf{68{,}04\ kg}$$

und die erforderliche, grösste Federspannung

$$Q_0'' = 68{,}04 - 12 = \mathbf{56{,}04\ kg}.$$

Die Spiralfeder des Regulators hat $\delta = 6{,}5$ mm Drahtdicke, $r = 30$ mm mittleren Radius und bei $m = 11{,}5$ Windungen $l = 2\pi\cdot 30\cdot 11{,}5 = \sim 2170$ mm Länge. Sie erfährt also nach Gleichung 245 eine grösste Drehspannung von

$$k_d = \frac{56{,}04\ 30}{0{,}196\,\overline{6{,}5}^3} = \sim 31{,}23 \text{ kg}$$

und nach Gleichung 246 eine grösste Zusammendrückung von

$$f_0 = \frac{2\cdot 2170\cdot 30\ 31{,}23}{6{,}5\quad 8000} = \sim 78{,}2 \text{ mm}.$$

Die kleinste Zusammendrückung ist, entsprechend dem Hube von 50 mm, nur

$$f_u = 78{,}2 - 50 = 28{,}2 \text{ mm}.$$

Die Energie des Regulators bestimmt sich nach Gleichung 248

für $\alpha = 0°$ mit $Q = Q_u = 35{,}08$ kg zu

$$E_u = 35{,}08 + 2\cdot 2 = 39{,}08 \text{ kg},$$

für $\alpha = 6°\,30'$ mit $Q = 10{,}83\cdot 4 = 43{,}32$ zu

$$E = 43{,}32 + 2\cdot 2\left(1 + \frac{0{,}0207}{0{,}1109}\right) = 48{,}06 \text{ kg},$$

für $\alpha = 13°$ mit $Q = 12{,}89\cdot 4 = 51{,}56$ zu

$$E = 51{,}56 + 2\cdot 2\left(1 + \frac{0{,}0412}{0{,}1125}\right) = 56{,}92 \text{ kg},$$

für $\alpha = 19°\,30'$ mit $Q = 14{,}95\cdot 4 = 59{,}8$ kg zu

$$E = 59{,}8 + 2\cdot 2\left(1 + \frac{0{,}0611}{0{,}1118}\right) = 65{,}98 \text{ kg},$$

für $\alpha = 26°$ mit $Q = Q_0 = 68{,}04$ kg zu

$$E_0 = 68{,}04 + 2\cdot 2\left(1 + \frac{0{,}0802}{0{,}1096}\right) = 74{,}94 \text{ kg}.$$

Die Verstellungskraft des Regulators wächst somit bei einem Unempfindlichkeitsgrad $\varepsilon = 0{,}04$ von

$$W = 39{,}08\cdot 0{,}04 = 1{,}563 \text{ kg}$$

bei der tiefsten Lage bis zu

$$W = 74{,}94\cdot 0{,}04 = 2{,}997 \text{ kg}$$

bei der höchsten Lage.

3. Der Regulator von Hartung.

Die Federn dieses Regulators (D. R.-P. No. 75790), der von dem Erfinder Herm. Hartung, Maschinenfabrik in Düsseldorf, ausgeführt wird, sind horizontal

Fig. 156.

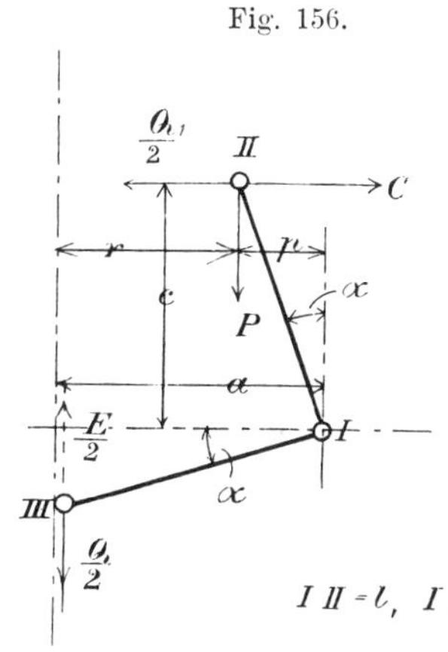

angeordnet und wirken der Centrifugalkraft der Schwungmassen direkt entgegen. Dadurch entfallen die Drucke, welche bei den früheren Regulatoren in den Zapfen des Übertragungsmechanismus durch die Centrifugalkraft oder Federspannung hervorgerufen wurden, und die Eigenreibung des Regulators wird verringert.

Fig. 11, Taf. 50 lässt die Einrichtung des Regulators erkennen. Die beiden cylindrischen Schwunggewichte s, s_1 sind in ihrem Schwerpunkte drehbar auf den Bolzen a, a_1 befestigt. In jedem der beiden Gewichte befindet sich eine Spiralfeder f, f_1, deren Spannung durch den Bolzen c mit dem Kopfstück m und der Mutter m_1 bewirkt wird. Beim Ausschlagen der Gewichte nehmen also die Federn die Centrifugalkraft ohne Zwischenschaltung eines Gelenkes direkt auf und rufen somit keinen Druck und keine Reibung in den Bolzen a und a_1 hervor; ein Zapfendruck wird hier nur durch die Gewichte selbst

so wird der frei schwingende Regulator im Gleichgewicht sein, wenn die Summe der statischen Momente aller Kräfte am Pendel in Bezug auf den Drehpunkt I gleich Null, oder

$$C \cdot c = \frac{Q_1}{2} c \pm P \cdot p + \frac{Q}{2} q$$

ist. In der Gleichung gilt das +Zeichen vor P·p, solange der Punkt II links von der Vertikalen durch I liegt, sonst das —Zeichen. Führt man die Werte

$$C = \frac{P}{g} \omega^2 \cdot r,\ c = l \cdot \cos\alpha,\ p = l \cdot \sin\alpha,\ q = l_1 \cdot \cos\alpha$$

Fig. 157.

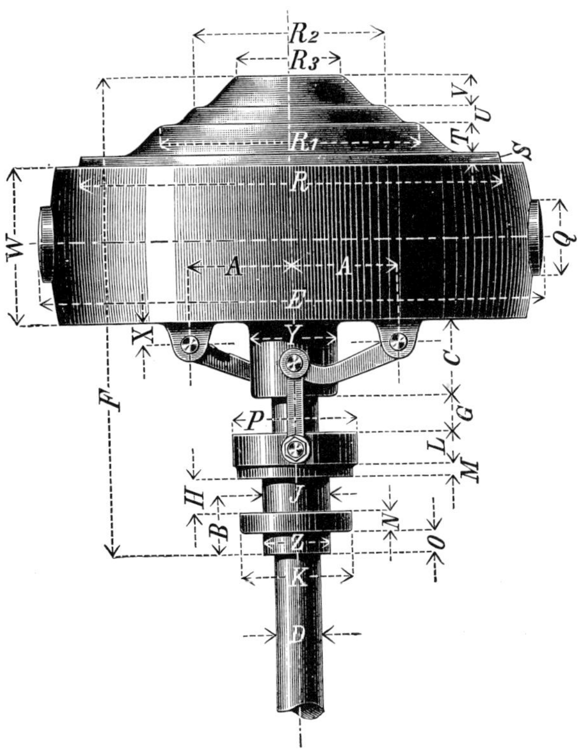

Fig. 158.

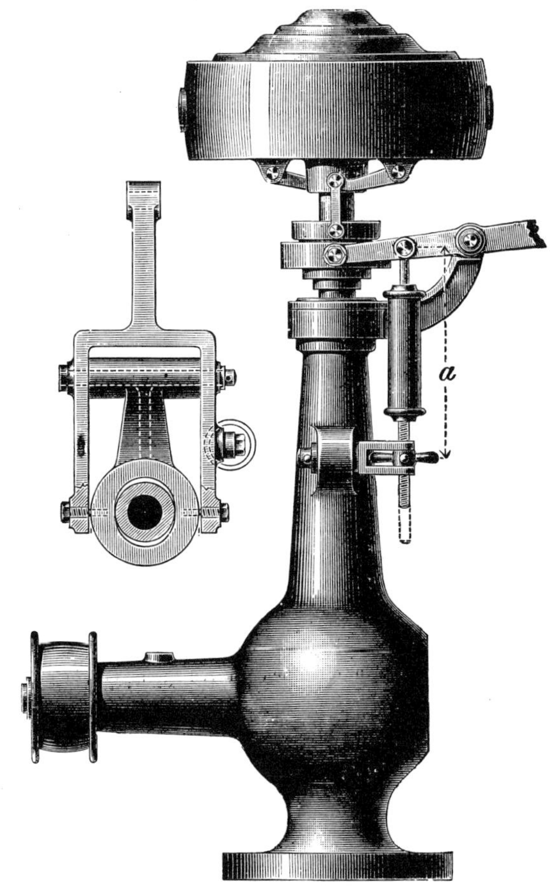

erzeugt. Zur Übertragung der Bewegung der Schwungmassen auf die Muffe dienen zwei Winkelhebel mit festem Drehpunkte, die durch zwei Schienen an ihrem einen Arme mit der Muffe in Verbindung stehen. Der Winkel, welchen die beiden Arme der Winkelhebel miteinander bilden, ist 90°. Bei der Mittellage des Regulators stehen die Arme des Regulators vertikal bezw. horizontal.

Zur Berechnung des Regulators ist in Fig. 156 auf Seite 274 ein Winkelhebel IIIIII angedeutet. Ist

P das Gewicht der Schwungmasse einer Seite,

$\frac{Q_1}{2}$ die Druckspannung der zugehörigen Feder,

$\frac{Q}{2}$ die halbe Muffenbelastung, die, stets vertikal nach unten in III angreifend, gedacht ist,

in die obige Gleichung ein, so ergiebt sich die Beziehung

$$\frac{\omega^2}{g} = \left(\frac{n}{30}\right)^2 = \frac{1}{r}\left(\frac{Q_1}{2P} \pm \operatorname{tg}\alpha + \frac{Q}{2P}\frac{l_1}{l}\right) \quad . \quad 250$$

Die Energie des Regulators erhält man wieder, wenn man sich im Punkte III eine nach oben gerichtete Kraft $\frac{E}{2}$ angebracht denkt und nun das Gleichgewicht der Kräfte $\frac{Q-E}{2}$, $\frac{Q_1}{2}$ und P in Bezug auf I feststellt. Es folgt dann

$$\frac{Q-E}{2} q + \frac{Q_1}{2} \cdot c \pm P \cdot p = 0,$$

oder

$$E = Q + Q_1 \frac{c}{q} \pm 2P \frac{p}{q},$$

oder mit den obigen Werten von c, q und p

$$E = Q + Q_1 \frac{l}{l_1} \pm 2P \frac{l}{l_1} \operatorname{tg} \alpha,$$

$$\mathbf{E = 0 + \frac{l}{l_1} (Q_1 \pm 2P \cdot tg\, \alpha)} \quad . \; . \; . \quad \mathbf{251}$$

Für den Unempfindlichkeitsgrad des Regulators ergiebt sich hiermit der Wert

$$\varepsilon = \frac{\mathbf{W}}{\mathbf{Q + \frac{l}{l_1} (Q_1 \pm 2P \cdot tg\, \alpha)}} \quad . \; . \; . \quad \mathbf{252}$$

der sich auch wieder nach dem Ausdruck $\frac{\omega'^2 - \omega''^2}{2\,\omega}$ berechnen lässt, indem ω'^2 bezw. ω''^2 aus Gleichung 250 folgt, sobald man in dieser Q durch Q + W bezw. Q − W ersetzt.

Würde man die der untersten Regulatorlage entsprechende Federspannung während des ganzen Hubes konstant erhalten, so würde der Hartung-Regulator labil sein. Erst durch entsprechendes Anwachsen der Federspannung wird die labile n-Kurve über die der Astasie entsprechende Parallele zur Abscissenachse gehoben und je nach der Grösse dieses Anwachsens und der sonstigen Verhältnisse eine grössere oder geringere Annäherung an die Astasie erzielt.

Differentiiert man die Gleichung 250 nach $d\alpha$ und setzt den Differentialquotienten gleich Null, so erhält man, unter der Voraussetzung, dass Q_1 konstant bleibt, die Beziehung

$$\frac{\pm l \cdot \cos\alpha}{(a - l \cdot \sin\alpha)^2} \left(\frac{Q_1}{2P} \pm \operatorname{tg}\alpha + \frac{Q}{2P} \frac{l_1}{l} \right) \pm \frac{1}{\cos^2\alpha} \frac{1}{a \mp l \cdot \sin\alpha} = 0,$$

oder nach gehöriger Umformung

$$\pm \frac{\cos^3\alpha}{2P} \left(Q_1 + Q \frac{l_1}{l} \right) \mp \sin^3\alpha \pm \frac{a}{l} = 0.$$

Solange nun die linke Seite dieser Gleichung (die oberen oder unteren Zeichen berücksichtigt) grösser als Null ist, ist der Regulator stabil, sonst labil. Das letztere ist für die in Betracht kommenden Werte von α beim Hartung-Regulator der Fall.

Die Berechnung des Teiles ε_r des Unempfindlichkeitsgrades gestaltet sich auch hier recht umständlich. Für gewöhnlich dürfte $\varepsilon_r = 0{,}0025$ bis 0,0035, also 0,25 bis 0,35 % betragen.

Das Stellzeug muss bei dem vorliegenden Regulator genau ausbalanciert sein. Eine stärkere Belastung oder Entlastung der Muffe ist unzulässig, da hierdurch der Charakter des Regulators vollständig geändert wird. Das Gleiche gilt bezüglich der oberen Federn, die weder stärker angespannt, noch in ihrer Spannung verringert werden dürfen. Um eine Änderung der Umdrehungszahl (bis zu 15 %) zu ermöglichen, liefert die Firma besondere Federwagen, deren Anwendung aus Fig. 158 auf Seite 274 ersichtlich ist.

Die Hauptdimensionen, in welchen der Regulator von der Maschinenfabrik Herm. Hartung in Düsseldorf ausgeführt wird, sind mit Bezug auf Fig. 157 des Textes in der nachstehenden Tabelle enthalten.

Tabelle der Hartung-Regulatoren.

Laufende Nummer	91	92	93	94	95	96	97	98	99	100	101	102	
Umdrehungszahl in der Minute . .	**340**	**310**	**240**	**240**	**210**	**200**	**190**	**180**	**165**	**160**	**140**	**130**	
Stellkraft oder überwindbarer Muffenwiderstand für $\varepsilon = 0{,}04$ . .	**2,3**	**3,2**	**4,2**	**5,7**	**6,9**	**8,9**	**10,4**	**11,6**	**15,1**	**22,7**	**29,2**	**37,7**	kg
Hülsenhub s .	**20**	**25**	**30**	**30**	**40**	**50**	**60**	**70**	**80**	**90**	**100**	**110**	mm
Dimensionen													
A	57	62	75	80	90	100	110	117	140	160	200	240	„
B	40	44	48	51	54	56	57	58	61	62	70	75	„
C	42	42	50	58	68	66	76	69	72	80	80	80	„
D	26	28	30	35	40	45	45	50	55	60	65	70	„
E	265	310	350	380	420	460	500	550	660	780	860	960	„
F	277	300	360	388	421	440	486	511	564	617	690	731	„
G	20	25	30	30	40	50	60	70	80	90	100	110	„
H	20	22	26	32	32	32	34	34	36	38	44	48	„
I	46	48	50	55	60	65	75	80	85	90	95	110	„
K	76	78	85	95	108	110	116	120	136	150	162	192	„
L	23	23	23	26	26	28	28	28	32	32	36	36	„
M	7	9	10	11	11	10	12	13	13	15	16	18	„
N	15	17	18	18	18	20	20	21	21	21	24	26	„
O	15	16	17	17	20	20	20	20	22	22	24	25	„
P	80	90	100	100	118	115	124	130	145	160	172	208	„
Q	45	52	60	65	66	77	79	83	92	104	120	140	„
R	242	242	324	324	390	390	474	474	570	660	800	800	„
R_1	122	122	148	148	170	170	225	225	285	360	500	500	„
R_2	92	92	115	115	126	126	160	160	225	275	340	340	„
R_3	58	58	64	64	60	60	74	74	130	150	176	176	„
S	8	8	8	8	8	8	10	10	8	8	10	10	„
T	15	15	25	25	25	25	30	30	40	45	45	45	„
U	8	8	8	8	8	8	10	10	15	20	25	25	„
V	15	15	25	25	25	25	30	30	35	40	40	40	„
W	89	100	120	130	140	148	156	176	190	206	246	268	„
X	13	12	15	14	19	26	23	15	28	39	57	84	„
Y	50	52	60	65	76	85	80	95	100	110	120	130	„
Z	44	46	48	54	60	65	68	74	80	88	98	106	„

Beispiel.

Der in Fig. 11, Taf. 50 dargestellte Hartung-Regulator hat die Verhältnisse der Ausführung No. 67 der vorstehenden Tabelle. Es beträgt

das Gewicht der Schwungmasse auf einer Seite P = 32 kg,

das Gewicht der Hülsenbelastung Q = 6 kg,

die Länge der beiden Arme des Winkelhebels $l = 0{,}106$ m und $l_1 = 0{,}115$ m,

der Abstand des Winkelhebel-Drehpunktes von der Achse a = 0,11 m,

der gesamte Ausschlagwinkel, der sich gleichmässig zu beiden Seiten der Vertikalen bezw. Horizontalen durch den Drehpunkt des Winkelhebels verteilt, $2\alpha = 30°$,

die mittlere Umdrehungszahl 190 in der Minute.

Wie gestaltet sich die Berechnung des Regulators, wenn derselbe einen theoretischen Ungleichförmigkeitsgrad $\delta_r = 0{,}032$ besitzen soll?

Die Umdrehungszahl des Regulators muss für den angegebenen Ungleichförmigkeitsgrad bei der höchsten Lage

$$n_0 = \left(1 + \frac{0{,}032}{2}\right) 190 = \backsim \mathbf{193},$$

bei der tiefsten Lage

$$n_u = \left(1 - \frac{0{,}032}{2}\right) 190 = \backsim \mathbf{187}$$

betragen. Zur weiteren Berechnung ermitteln wir am besten zunächst den Abstand

$$r = a \pm l \cdot \sin \alpha$$

des Schwerpunktes der Schwungmassen von der Drehachse für eine Anzahl Werte des Winkels α, wobei in der vorstehenden Gleichung das —Zeichen für Lagen links, das +Zeichen für solche rechts von der Vertikalen durch den Drehpunkt des Winkelhebels gilt. Es ergiebt sich

für $\alpha =$	0^0	$3^0 45'$	$7^0 30'$	$11^0 15'$	15^0	Lagen
$r =$	0,110	0,103	0,0962	0,0893	0,0826 m	links
$r =$	0,110	0,117	0,1238	0,1307	0,1374 m	rechts

Löst man jetzt die Gleichung 250 nach $\frac{Q_1}{2}$ auf, so erhält man

$$\frac{Q_1}{2} = \left\{\left(\frac{n}{30}\right)^2 r \mp \operatorname{tg} \alpha\right\} P - \frac{Q}{2}\frac{l_1}{l},$$

also bei der höchsten Lage des Regulators mit $n = n_0 = 193$ und $r = 0{,}1374$ m

$$\frac{Q_1}{2} = \left\{\left(\frac{193}{30}\right)^2 0{,}1374 + \operatorname{tg} 15^0\right\} 32 - \frac{6}{2}\frac{0{,}115}{0{,}106} = \mathbf{187{,}31\ kg},$$

dagegen bei der tiefsten Lage mit $n = n_u = 187$ und $r = 0{,}0826$ m

$$\frac{Q_1}{2} = \left\{\left(\frac{187}{30}\right)^2 0{,}0826 - \operatorname{tg} 15^0\right\} 32 - \frac{6}{2}\frac{0{,}115}{0{,}106} = \mathbf{90{,}87\ kg.}$$

Die Differenz der Federspannungen bei der höchsten und tiefsten Regulatorlage muss somit

$$187{,}31 - 90{,}87 = 96{,}44 \text{ kg}$$

betragen und die Federspannung von der tiefsten bis zur höchsten für eine Änderung des Ausschlagwinkels von

$$\frac{30^0}{8} = 3^0 45'$$

um

$$\frac{96{,}44}{8} = 12{,}055 \text{ kg}$$

wachsen. Mit den verschiedenen Federspannungen lassen sich dann aus Gleichung 250 die zugehörigen Umdrehungszahlen des frei schwingenden Regulators ermitteln. Es ergiebt sich

für $\alpha = 15^0$	$\frac{Q_1}{2} =$ 90,87 kg	$n_u = 187$	
für $\alpha = 11^0 15'$	$\frac{Q_1}{2} =$ 102,925 kg	$n = 188{,}3$	linke Lagen
für $\alpha = 7^0 30'$	$\frac{Q_1}{2} =$ 114,908 kg	$n = 189{,}2$	linke Lagen
für $\alpha = 3^0 45'$	$\frac{Q_1}{2} =$ 127,035 kg	$n = 190{,}1$	linke Lagen
für $\alpha = 0^0$	$\frac{Q_1}{2} =$ 139,09 kg	$n = 190{,}8$	linke Lagen
für $\alpha = 3^0 45'$	$\frac{Q_1}{2} =$ 151,145 kg	$n = 191{,}34$	rechte Lagen
für $\alpha = 7^0 30'$	$\frac{Q_1}{2} =$ 163,2 kg	$n = 192$	rechte Lagen
für $\alpha = 11^0 15'$	$\frac{Q_1}{2} =$ 175,255 kg	$n = 192{,}5$	rechte Lagen
für $\alpha = 15^0$	$\frac{Q_1}{2} =$ 187,31 kg	$n_0 = 193.$	rechte Lagen

Würde die der untersten Lage entsprechende Federspannung während des ganzen Hubes vorhanden sein, so wäre das Gleichgewicht ein vollständig labiles. Denn die auf Seite 275 angeführte Gleichung liefert mit den vorliegenden Werten eine Beziehung

$$\pm \frac{\cos^3 \alpha}{2 \cdot 32}\left(2 \cdot 90{,}87 + 6 \frac{0{,}115}{0{,}106}\right) \mp \sin^3 \alpha \pm \frac{0{,}110}{0{,}106} = 0,$$

die erst für $\alpha = 99^0 30'$ auf der linken Seite mehr als Null ergiebt, also für die hier in Betracht kommenden Ausschläge von $\alpha = 15^0$ nach der einen oder anderen Seite hin vollständig labile Lagen andeutet.

Um den Einfluss zu erkennen, den eine stärkere Anspannung der Feder bewirkt, setzen wir die Werte von $\frac{Q_1}{2}$ um 10 kg grösser, als oben angegeben, in die Gleichung 250 ein und erhalten dann

für $\alpha = 15^0$	$n_u = 195{,}9$
für $\alpha = 11^0 15'$	$n = 196{,}5$
für $\alpha = 7^0 30'$	$n = 196{,}85$
für $\alpha = 3^0 45'$	$n = 197{,}2$
für $\alpha = 0^0$	$n = 197{,}4$
für $\alpha = 3^0 45'$	$n = 197{,}5$
für $\alpha = 7^0 30'$	$n = 197{,}75$
für $\alpha = 11^0 15'$	$n = 198$
für $\alpha = 15^0$	$n_0 = 198{,}2.$

Man ersieht, dass nun der Regulator weit astatischer wird, denn es beträgt jetzt

$$\delta_r = \frac{198{,}2 - 195{,}9}{\frac{1}{2}(198{,}2 + 195{,}9)} = \sim 0{,}0117 \text{ oder } 1{,}17\,\%.$$

Dieselbe Wirkung würde man durch eine Vergrösserung der Hülsenbelastung erzielen.

Die Energie des Regulators berechnet sich aus Gleichung 251

für die tiefste Lage zu

$$E = 6 + \frac{0{,}106}{0{,}115}(2 \cdot 90{,}87 + 2 \cdot 32 \cdot \operatorname{tg} 15^0) = \sim \mathbf{189\ kg,}$$

für die mittlere Lage zu

$$E = 6 + \frac{0{,}106}{0{,}115} 2 \cdot 139{,}09 = \sim \mathbf{262\ kg,}$$

für die höchste Lage zu

$$E = 6 + \frac{0{,}106}{0{,}115}(2 \cdot 187{,}31 - 2 \cdot 32 \cdot \operatorname{tg} 15^0) = \sim \mathbf{335\ kg.}$$

Bei der mittleren Lage würde also der Regulator die in der Tabelle auf Seite 275 angegebene Stellkraft

$$W = \varepsilon \cdot E = 0{,}04 \cdot 262 = \mathbf{10{,}48\ kg}$$

entwickeln, sobald seine Umdrehungszahl um $\frac{\varepsilon}{2} = 0{,}02$, also um 2 %, sinkt oder fällt. Rechnet man hiervon, entsprechend $\varepsilon_r = 0{,}003$, den auf die Eigenreibung entfallenden Teil

$$W_r = 0{,}003 \cdot 262 = 0{,}786 \text{ kg}$$

ab, so verbleiben als nützliche Stellkraft

$$W_s = 10{,}48 - 0{,}786 = 9{,}694 \text{ kg.}$$

Jede der beiden Spiralfedern ist für eine grösste Spannung $\frac{Q_1}{2} = 187{,}31$ kg zu berechnen. Führt man diesen Wert in die Gleichung 245 für Q ein, so ergiebt sich bei $\delta = 10$ mm Drahtdicke und $r = 35$ mm Radius der Federn eine Beanspruchung

$$k_d = \frac{187{,}31 \cdot 35}{0{,}196 \cdot \overline{10}^3} = \sim 33{,}5 \text{ kg},$$

welche die auf Seite 268 angeführte höchste zulässige Beanspruchung nur um wenig übersteigt. Setzt man ferner die Gleichung 246 einmal für die höchste Lage mit $Q = \frac{Q_1}{2} = 187{,}31$ kg, das andere Mal für die tiefste Lage mit $Q = \frac{Q_1}{2} = 90{,}87$ kg an und subtrahiert beide Gleichungen voneinander, so erhält man mit $G = 8000$

$$f_0 - f_u = \frac{64 \cdot m \cdot \overline{35}^3}{\overline{10}^4} \frac{187{,}31 - 90{,}87}{8000},$$

$f_0 - f_u$ ist nun die Differenz der Zusammendrückungen der Federn bei den Endlagen des Regulators und beträgt nach der Zeichnung rund 56 mm. Mit diesem Werte ergiebt sich dann die erforderliche Windungszahl

$$m = \frac{56 \cdot \overline{10}^4 \cdot 8000}{64 \cdot \overline{35}^3 (187{,}31 - 90{,}87)} = \sim \mathbf{17},$$

während in der Ausführung, wahrscheinlich infolge einer grösseren Differenz der grössten und kleinsten Federspannung und eines dadurch bedingten anderen Ungleichförmigkeitsgrades, weniger Windungen angegeben sind.

4. Der Regulator von Tolle.

Die Konstruktion dieses Regulators (D.R.-P. Nr. 86178), dessen Ausführungsrecht ebenfalls Theodor Wiedes Maschinenfabrik, Aktien-Gesellschaft in Chemnitz, besitzt, ist aus Fig. 12, Taf. 50 ersichtlich. Fig. 159 des Textes zeigt ferner die schematische Anordnung der direkt aufgehängten Schubkurbel. Der Centrifugalkraft der schwingenden Massen wirkt hier die Spannung zweier Federn entgegen, von denen die eine zur Verminderung der Zapfenreibung wieder horizontal in der Nähe der Schwungmassen, die andere vertikal über der Muffe angeordnet ist. Die Richtung I—IV schliesst ferner wie bei dem gleichnamigen Gewichtsregulator einen Winkel θ mit der Linie I—V und einen solchen $\gamma - \alpha$ mit der Linie I—II ein, welche durch den Angriffspunkt der oberen Feder geht. Die letztere wird schliesslich auf Zug, die untere Feder auf Druck in Anspruch genommen.

Um die Gleichung für die Winkelgeschwindigkeit oder Umdrehungszahl des frei schwingenden Regulators zu erhalten, setzen wir die Summe der statischen Momente aller Kräfte am Pendel gleich Null. Es ergiebt sich so, wenn

$\frac{Q_1}{2}$ die an jedem Pendel wirkende Spannung der oberen Feder,

$\frac{Q}{2\cos\beta}$ die an jeder Seite in der Richtung der Hülsenstange wirkende Spannung der unteren Feder

ist, mit den in Fig. 159 eingetragenen Bezeichnungen die Beziehung

$$+ C \cdot c - P \cdot p - \frac{Q_1}{2} q_1 - \frac{Q}{2\cos\beta} q = 0,$$

oder mit

$$C = \frac{P}{g} \omega^2 \cdot r,\ p = r \text{ und } \frac{q}{\cos\beta} = y,$$

$$\frac{\omega^2}{g} = \left(\frac{n}{30}\right)^2 = \frac{1}{c}\left(\frac{Q_1 \cdot q_1 + Q \cdot y}{2P \cdot r} + 1\right) \quad . \quad \mathbf{253}$$

Für die Energie des Regulators erhält man einen Ausdruck, wenn man sich in Fig. 159 im Punkte III noch eine nach oben gerichtete Kraft $\frac{E}{2}$ angebracht denkt und nun die Momentengleichung aller Kräfte am

Fig. 159.

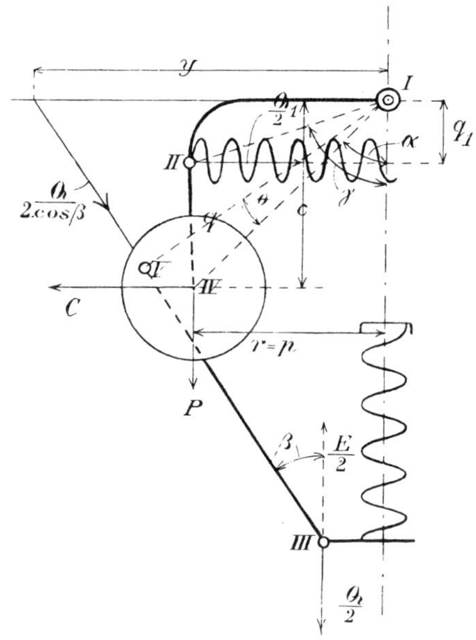

I IV = l, I II = l_1, III V = l_2

Pendel, ausgenommen C, in Bezug auf den Punkt I feststellt. Es wird dann

$$\frac{Q - E}{2\cos\beta} q + P \cdot p + \frac{Q_1}{2} q_1 = 0,$$

oder mit den obigen Werten von p und y

$$\mathbf{E = Q + \frac{1}{y}(Q_1 \cdot q_1 + 2P \cdot r)} \quad . \quad . \quad . \quad \mathbf{254}$$

welcher Ausdruck für den Unempfindlichkeitsgrad oder die Stellkraft die Beziehung

$$\varepsilon = \frac{\mathbf{W}}{\mathbf{E}} = \frac{\mathbf{W}}{\mathbf{Q + \frac{1}{y}(Q_1 \cdot q_1 + 2P \cdot r)}} \quad . \quad . \quad \mathbf{255}$$

liefert.

Der Teil ε_r des Unempfindlichkeitsgrades, auf dessen Berechnung hier nicht näher eingegangen werden soll, beträgt im Mittel 0,008 oder 0,8 %.

Die Annäherung an die Astasie wird beim vorliegenden Regulator dadurch erreicht, dass die obere Feder infolge ihrer grossen Spannung und des grossen Winkels $\gamma - \alpha$ in Fig. 159 dem Regulator einen labilen, die untere Feder dagegen einen statischen Charakter verleiht. Beide Wirkungen gleichen sich mehr oder weniger aus, sodass jeder gewünschte Grad der Annäherung an die Astasie erreichbar ist.[1])

Als besonderer Vorteil des Tolleschen Regulators kann der Umstand gelten, dass durch Spannen der unteren Feder die Umdrehungszahl (um ca. 10 bis 12%), sowie die Energie abgeändert werden kann, ohne dass dadurch der Ungleichförmigkeitsgrad beeinflusst wird. Eine Abänderung des letzteren kann man dagegen durch stärkeres oder schwächeres Anspannen der oberen Feder erzielen, wodurch bei stärkerer Anspannung der Unempfindlichkeitsgrad verkleinert, im entgegengesetzten Falle vergrössert wird. Hiermit ist allerdings auch eine Veränderung der Umdrehungszahl verbunden, jedoch lässt sich die ursprüngliche Tourenzahl durch entsprechende Änderung der Spannung der unteren Feder wieder herbeiführen.

Die nachstehende Tabelle giebt die Hauptverhältnisse, in denen die Regulatoren von der anfangs angeführten Firma hergestellt werden.

Tabelle der Regulatoren von Tolle.

(Fig. 12, Taf. 50.)

Nummer des Regulators	0	1	2	3	4	5	6	7	8	9	10	11	12
Umdrehungen in der Minute **n**	360	340	320	300	300	300	300	290	280	260	250	230	220
Verstellungskraft oder überwindbarer Muffenwiderstand für $\varepsilon = 0{,}04$ in kg **W**	**1,2**	**2,1**	**3,2**	**4,5**	**5,2**	**6,0**	**7,0**	**8,5**	**10,0**	**11,8**	**15,8**	**22,7**	**30.8**
Energie in kg . **E**	**31**	**53**	**80**	**112**	**130**	**151**	**175**	**212**	**252**	**296**	**394**	**567**	**770**
Hülsenhub in mm **s**	**28**	**33**	**38**	**44**	**48**	**51**	**55**	**60**	**66**	**72**	**82**	**100**	**115**
Abstand in mm r_u	70	84	98	112	120	130	140	154	168	182	210	252	294
„ „ „ r_0	88	105	123	140	150	162	175	193	210	228	263	315	368
„ „ „ b	30	36	42	48	52	56	60	66	72	78	90	108	126
„ „ „ q_1	43	50	58	64	72	78	84	93	101	110	126	150	176
„ „ „ d	61	74	86	102	105	114	122	134	147	159	183	220	256
„ „ „ H	209	250	290	332	360	385	418	460	500	545	628	750	880
Durchm. in mm k	84	96	112	130	138	150	160	174	188	210	236	280	318

Beispiel.

Die Verhältnisse des in Fig. 12, Taf. 50 dargestellten Tolle-Regulators entsprechen der No. 3 der vorstehenden Tabelle. Es beträgt also

die Umdrehungszahl bei freier Schwingung $n = 300$,

der Hülsenhub $s = 44$ mm,

die Pendellänge $l = \text{I} - \text{IV} = \sqrt{r_u^2 + (d + q_1)^2} = \sqrt{112^2 + (102 + 64)^2} = \sim 200$ mm.

Ferner wurde angenommen

das Gewicht einer Schwungmasse $P = 5{,}5$ kg,

die Länge der Hülsenstangen $l_2 = \text{III} - \text{V} = 231$ mm,

die Armlänge $l_1 = \text{I} - \text{II} = 138$ mm.

Wie bestimmen sich die übrigen Verhältnisse des Regulators für einen theoretischen Ungleichförmigkeitsgrad $\delta_r = 0{,}0266$?

Giebt man der unteren Feder eine Drahtdicke von $\delta = 6$ mm und einen mittleren Radius von $r = 32{,}5$ mm, so gestattet dieselbe bei einer mit Rücksicht auf die unter Umständen erwünschte stärkere Anspannung nur zu $k_d = 29$ kg gewählten Spannung für die Flächeneinheit nach Gleichung 245 eine grösste Hülsenbelastung

$$Q^0 = 0{,}196 \frac{6^3}{32{,}5} 29 = \sim \mathbf{38\ kg.}$$

Die Höhe der Schubkurbel des Regulators ermöglicht es ferner, ungefähr $m = 15$ Windungen bei der unteren Feder anzuordnen. Es beträgt dann die erforderliche Zusammendrückung der letzteren bei der höchsten Regulatorlage nach Gleichung 246

$$f^0 = \frac{64 \cdot 15 \cdot \overline{32{,}5}^3}{6^4} \frac{38}{8000} = 120{,}8 \text{ mm.}$$

Bei der tiefsten Regulatorlage ist die Zusammendrückung der Feder um den Hülsenhub s geringer, also nur

$$f^u = f^0 - s = 120{,}8 - 44 = 76{,}8 \text{ mm,}$$

so dass die Federspannung bei dieser Lage

$$Q^u = Q^0 \frac{f^u}{f^0} = 38 \frac{76{,}8}{120{,}8} = \mathbf{24{,}16\ kg}$$

ist.

Mit Hilfe dieser Grenzspannungen der unteren Feder lassen sich nun auch die erforderlichen Spannungen der oberen Feder berechnen. Für $\delta_r = 0{,}0266$ muss bei einer mittleren Umdrehungszahl von 300 in der Minute die grösste Umdrehungszahl

$$n_0 = \left(1 + \frac{0{,}0266}{2}\right) 300 = 304,$$

die kleinste Umdrehungszahl

$$n_u = \left(1 - \frac{0{,}0266}{2}\right) 300 = 296$$

betragen. Die in Gleichung 253 vorkommenden Abstände q_1, y, c und r ergeben sich, wenn der Hülsenhub in vier gleiche Teile zerlegt und die hierfür geltenden fünf Lagen des Schubkurbelmechanismus konstruiert werden, nach der linken Hälfte der Fig. 12, Taf. 50 so, wie sie in die nachstehende Tabelle eingetragen sind, wo zugleich die zugehörigen Spannungen der unteren Feder angegeben sind.

Lage	III_u	III_1	III_2	III_3	III_0
$q_1 =$	0,0635	0,058	0,0525	0,047	0,041 m
$y =$	0,2365	0,2445	0,251	0,256	0,261 m
$r =$	0,112	0,1195	0,1265	0,133	0,1395 m
$c =$	0,165	0,160	0,155	0,149	0,143 m
$Q =$	24,16	27,62	31,08	34,54	38 kg.

Aus Gleichung 253 folgt nun

$$\frac{Q_1}{2} = \frac{\left\{\left(\frac{n}{30}\right)^2 c - 1\right\} 2P \cdot r - Q \cdot y}{2 q_1}$$

also für die höchste Regulatorlage mit $n = n_0 = \mathbf{304}$ und $Q = Q^0 = 38$ kg

$$\frac{Q_1^0}{2} = \frac{\left\{\left(\frac{304}{30}\right)^2 0{,}143 - 1\right\} 2 \cdot 5{,}5 \cdot 0{,}1395 - 38 \cdot 0{,}261}{2 \cdot 0{,}041}$$

$$= \sim \mathbf{135\ kg,}$$

1) Siehe „Zeitschrift deutscher Ingenieure", Jahrgang 1896, S. 1452.

für die tiefste Regulatorlage mit $n = n_u = 296$ und $Q = Q^u = 24{,}16$ kg

$$\frac{Q_1^u}{2} = \frac{\left\{\left(\frac{296}{30}\right)^2 0{,}165 - 1\right\} 2 \cdot 5{,}5 \cdot 0{,}112 - 24{,}16 \cdot 0{,}2365}{0{,}0635}$$

$$= \sim \mathbf{101\ kg},$$

so dass die erforderliche Spannungsdifferenz der oberen Feder in den Grenzlagen

$$135 - 101 = 34 \text{ kg}$$

betragen muss. Um für die Zwischenlagen die Spannung der oberen Feder zu erhalten, entnehmen wir der linken Hälfte der Fig. 12, Taf. 50 die Verschiebungen des Punktes II. Derselbe bewegt sich aus seiner innersten Lage bis in die 2., 3., 4. bezw. 5. der fünf angeführten Lagen um 2,9, 2,5, 2,2 bezw. 1,9 mm, also im Ganzen um $2{,}9 + 2{,}5 + 2{,}2 + 1{,}9 = 9{,}5$ mm. Somit ermittelt sich die Spannung der oberen Feder

für die Lage III_u zu $\frac{Q_1^u}{2} = 101$ kg,

für die Lage III_1 zu $\frac{Q_1}{2} = 101 + 34 \frac{2{,}9}{9{,}5} = 111{,}37$ kg,

für die Lage III_2 zu $\frac{Q_1}{2} = 101 + 34 \frac{2{,}9 + 2{,}5}{9{,}5} = 120{,}3$ kg,

für die Lage III_3 zu $\frac{Q_1}{2} = 101 + 34 \frac{2{,}9 + 2{,}5 + 2{,}2}{9{,}5} = 128{,}2$ kg,

für die Lage III_0 zu $\frac{Q_1^0}{2} = 135$ kg.

Führt man diese Werte mit den zugehörigen von q_1, y, c und r in die Gleichung 253 ein, so erhält man den Verlauf der Umdrehungszahl während des ganzen Hubes. Es wird

für die Lage III_u	III_1	III_2	III_3	III_0
n = 296	299,6	301,5	303,6	304.

Die obere Feder ist für eine grösste Spannung $\frac{Q_1^0}{2} = 135$ kg zu berechnen. Wählt man die Drahtdicke $\delta = 7$ mm, den mittleren Radius $r = 20$ mm, so liefert die Gleichung 245, wenn man in dieselbe für Q den obigen Betrag einführt, eine grösste Spannung

$$k_d = \frac{135 \cdot 20}{0{,}196 \cdot 7^3} = \sim 40 \text{ kg},$$

welcher hohe Betrag hier noch zugelassen werden muss, da sonst die erforderliche Windungszahl der Feder nicht untergebracht werden kann. Die Gleichung 246 ergiebt, einmal für die höchste Lage mit $Q = \frac{Q_1^0}{2} = 135$ kg, das andere Mal für die tiefste Lage mit $Q = \frac{Q_1^u}{2} = 101$ kg angesetzt, durch Subtraktion den Wert

$$f_1^0 - f_1^u = \frac{64 \cdot m \cdot \overline{20}^3}{7^4} \frac{135 - 101}{8000}.$$

Nun ist aber $f_1^0 - f_1^u = 2 \cdot 9{,}5 = 19$ mm, so dass sich die erforderliche Windungszahl der oberen Feder zu

$$m = \frac{19 \cdot 7^4 \cdot 8000}{64 \cdot \overline{20}^3 (135 - 101)} = \sim \mathbf{21}$$

berechnet.

Würde man dem Regulator nur die obere Feder belassen, so würde derselbe vollständig labil werden. Dies erkennt man leicht mit Hilfe der Gleichung 253, wenn man in dieser $Q = 0$ setzt, für $\frac{Q_1}{2}$ aber die obigen Werte beibehält. Die Umdrehungszahl des frei schwingenden Regulators ermittelt sich dann

für die Lage III_u	III_1	III_2	III_3	III_0
zu n = 249,6	247	242	236,1	227,4.

Durch Änderung der Spannung der oberen Feder wird man somit den labilen Verlauf beeinflussen und bei vorhandener unterer Feder auf den Ungleichförmigkeitsgrad des Regulators einwirken können. Würde man z. B. die Spannungen Q der unteren Feder, wie sie oben angegeben wurden, beibehalten, dagegen die einzelnen Werte von $\frac{Q_1}{2}$ um 15 kg niedriger wie früher in die Gleichung 253 einführen, so ergäbe sich

für die Lage III_u	III_1	III_2	III_3	III_0
n = 281,2	287,2	289,9	294,1	295,5

und der Ungleichförmigkeitsgrad stiege auf

$$\delta_r = \frac{295{,}5 - 281{,}2}{\frac{1}{2}(295{,}5 + 281{,}2)} = 0{,}0495 \text{ oder } 4{,}95\ \%.$$

Die untere Feder erteilt dagegen dem Regulator einen sehr statischen Charakter, man ersieht dies, wenn man in Gleichung 253 $Q_1 = 0$ setzt. Mit den früheren Werten von Q ergiebt sich dann

für die Lage III_u	III_1	III_2	III_3	III_0
n = 175,4	185,8	195,9	206,3	216,8.

Infolge dieses stark statischen Charakters, den der Regulator durch die untere Feder erhält, wird auch eine Änderung in der Spannung der letzteren den Ungleichförmigkeitsgrad wenig oder gar nicht beeinflussen. Würde man z. B. die Spannung von Q um 13 kg vergrössern, also $Q^u = 37{,}16$ und $Q^0 = 51$ kg setzen, die Spannungen $\frac{Q_1}{2}$ aber wie anfangs beibehalten, so ergäbe sich

$$n_u = 317{,}6$$
$$n_0 = 325{,}8,$$

also der Ungleichförmigkeitsgrad fast wie früher, nämlich

$$\delta_r = \frac{325{,}8 - 317{,}6}{\frac{1}{2}(325{,}8 + 317{,}6)} = \frac{8{,}2}{321{,}7} = 0{,}0255 \text{ oder } 2{,}55\ \%.$$

Die Energie des Regulators berechnet sich nach Gleichung 254

für die tiefste Lage zu

$$E = 24{,}16 + \frac{1}{0{,}2365}(202 \cdot 0{,}0635 + 2 \cdot 5{,}5 \cdot 0{,}112)$$
$$= \mathbf{83{,}6\ kg},$$

für die mittlere Lage zu

$$E = 31{,}08 + \frac{1}{0{,}251}(240{,}6 \cdot 0{,}0525 + 2 \cdot 5{,}5 \cdot 0{,}1265)$$
$$= \sim \mathbf{87\ kg},$$

für die höchste Lage zu

$$E = 38 + \frac{1}{0{,}261}(270 \cdot 0{,}041 + 2 \cdot 5{,}5 \cdot 0{,}1395)$$

$$= \sim \mathbf{86{,}3\ kg.}$$ [1])

Für eine mittlere Energie von 86 kg würde sich schliesslich die Stellkraft des Regulators mit $\varepsilon = 0{,}04$ zu

$$W = 0{,}04 \cdot 86 = \mathbf{3{,}44\ kg}$$

ergeben.

§ 49.

Die Excenter-, Schwungradregulatoren oder Flachregler.

Bei dieser Gruppe von Regulatoren schlagen, wie auf Seite 248 erwähnt, die Pendel in einer Ebene aus, welche senkrecht zur Drehachse des Regulators liegt, und der Centrifugalkraft der Schwungmassen wird durch die Spannung einer oder zweier Federn das Gleichgewicht gehalten. Die vorliegenden Regulatoren wurden früher nur zur Einwirkung auf einfache oder doppelte Schiebersteuerungen benutzt, werden jetzt aber auch schon zur selbstthätigen Beeinflussung von Ventilsteuerungen verwendet; von den letzteren hat namentlich eine dem verstorbenen Civilingenieur Dr. Pröll patentierte Steuerung viel Verbreitung gefunden. Bei den erwähnten Schiebersteuerungen sitzt der Regulator fast stets auf der Schwungradwelle, bei den Ventilsteuerungen auf der sogenannten Steuerwelle, und die Drehachse der einen oder anderen Welle ist also auch die Drehachse des Regulators. Als Muffe des letzteren dient eine verschiebbare oder drehbare Scheibe, die bei Schiebersteuerungen entweder selbst das steuernde Excenter bildet, oder aber in demselben angeordnet ist. Zur Einstellung der erforderlichen Füllung wird dann vom Regulator durch diese Scheibe der Voreilwinkel und die Excentricität des treibenden Excenters verändert. In welch' verschiedener Weise diese Veränderung vor sich gehen kann, wie also der Verlauf der sogenannten Centralkurve und die Änderung der von ihr abhängenden Dampfverteilungsperioden ist, wurde in § 36 und 41 bei den Steuerungen ausführlich besprochen. Bei der erwähnten Ventilsteuerung von Dr. Pröll ist die als Muffe dienende unrunde Scheibe, auf welcher der Stift oder die Rolle der zu den Einlassventilen führenden Stangen gleitet, auf einem festen Excenter drehbar angeordnet.

Als Steuerungsorgan der mit Flachreglern versehenen Schiebersteuerungen kommt der einfache Muschelschieber nur bei kleinen Maschinen in Betracht, da nur bei diesen der auf dem Schieber lastende Dampfdruck und die von ihm mit abhängige Schieberreibung klein genug ausfällt, um vom Regulator bei den ausführbaren Dimensionen überwunden zu werden. Für mittlere und grössere Maschinen greift man entweder zu einem Dreh- oder Kolbenschieber. Bei dem ersteren tritt bezüglich der Schieberreibung nur die Projektion der Druckfläche in Rechnung, bei dem letzteren ist eine völlige Entlastung möglich, die allerdings bei genügender Dichtheit nur an stehenden Maschinen und oft nur unter Benutzung besonderer Dichtungsringe, welche wieder zur Erhöhung der Schieberreibung beitragen, zu erzielen ist. Bei Doppelschiebersteuerungen beeinflusst der Schwungradregulator den Expansionsschieber, der weniger Überdruck als der Grundschieber bekommt. Mit dieser Anordnung ist dann zugleich der Vorteil verbunden, dass nur die Füllung durch den Regulator verändert wird, während die Kompression, die bei nur einem Schieber auch der Änderung unterworfen ist und hier leicht zu hoch ausfällt, konstant bleibt.

Die Vorteile der Flachregler gegenüber den anderen Regulatoren bestehen hauptsächlich in ihrer einfachen, unmittelbaren Einwirkung auf die Steuerung, die ohne grösseres und kompliziertes Stellzeug erfolgt und namentlich bei Maschinen mit grosser Umdrehungszahl, wie sie vorzugsweise zum Antrieb von Dynamomaschinen verlangt werden, erwünscht ist. Als Nachteil der Excenterregulatoren hat man die Rückwirkung zu betrachten, welche von der Steuerung auf den Regulator ausgeübt wird. Hervorgerufen wird dieselbe durch die im und am Steuerungsmechanismus auftretende Reibung, wie namentlich am Excenterring, in der Stopfbuchse und am Schieber, sowie durch die sonst im Schiebergestänge wirkenden Kräfte, welche das stell- oder drehbare Excenter zurückzuschieben oder zu drehen suchen. Um die rückwirkende Kraft und das entsprechende Drehmoment möglichst klein zu halten, muss man für beste Schmierung der aufeinander arbeitenden Teile, sowie für ein leichtes Gestänge sorgen, damit die Beschleunigungsdrucke der hin- und hergehenden Massen des letzteren bei den gebräuchlichen hohen Geschwindigkeiten nicht zu gross ausfallen. Auch wird man darauf Bedacht zu nehmen haben, dass das erwähnte rückwirkende Moment keinen zu grossen Schwankungen infolge eines für Hin- und Rückgang verschiedenen Druckes im Gestänge unterworfen ist, da sich sonst leicht kleine Schwingungen am stell- oder drehbaren Excenter zeigen.

Bezüglich der verschiedenen Ausführungen der Excenterregulatoren ist zu bemerken, dass solche mit wirklicher Geradführung für das verschiebbare Excenter, wie sie z. B. bei dem auf Seite 162 erwähnten Regulator von Lecouteux & Garnier vorhanden war, nur noch sehr selten gebaut werden. Die jetzt gebräuchlichen Schwungradregulatoren bewegen den Mittelpunkt des stellbaren Excenters, wie auf Seite 162 schon vermerkt, entweder auf einem Kreisbogen, oder bewirken eine annähernd gerade Verschiebung dieses Punktes durch eine Gelenkgeradführung. Die bekannteren Ausführungen dieser Art sind die folgenden.

1. Der Regulator von Pröll.

Derselbe ist unter Nr. 32294 im Deutschen Reiche patentiert und auf Taf. 41 in Verbindung mit einer Drehschiebersteuerung nach den Ausführungen der Halleschen Maschinenfabrik in Halle dargestellt. Die beiden dreiarmigen Pendel b_2 sind nach Fig. 2 an ihren längeren Armen mit zwei aufgesteckten Schwungmassen G

1) Die Tabelle auf Seite 278 giebt eine grössere Energie, wahrscheinlich infolge anderer Schwungmassen und Federverhältnisse.

versehen und drehen sich beim Ausschlagen mit den Bolzen c_1 in Rotgussbuchsen, welche in den beiden gegenüberliegenden Armen des Schwungrades sitzen. Auf die kürzeren Arme der Pendel wirkt durch zwei Druckplatten und die Bolzen d_1 eine cylindrische Spiralfeder F, deren Längsachse bei jeder Regulatorlage durch das Wellenmittel geht und die deshalb stets vor dem Wellenende angeordnet werden muss. Zum stärkeren oder geringeren Anspannen der Feder, die quadratischen Querschnitt hat und mit einer Blechhülse umkleidet ist, dienen die ausserhalb der Druckplatten auf der Stange S sitzenden Muttern. Auf das Excenter wirkt der Regulator durch die Stangen l_2 und die Hebel b_1 ein, welche auf der den Pendeln entgegengesetzten Seite der Schwungradarme an den Bolzen c_1 befestigt sind. Über die Art der Excenterverstellung ist auf Seite 162 mit Bezug auf Fig. 109 des Textes das Erforderliche gesagt.

Der Ausschlag der beiden Pendel wird nach innen zu durch zwei Stellschrauben in den Putzen g_2, sowie durch zwei Rundeisenarme g_1 begrenzt. Nach aussen hin geschieht die Begrenzung des Pendelausschlages nur durch die Feder, deren Windungen sich bei zu weitem Ausschlag vollständig aufeinander setzen. Das Gleiche würde im Falle eines Federbruches eintreten, da die Feder so eng gewunden ist, dass sich kein Draht zwischen die Windungen schieben kann. Durch die den dritten Pendelarmen aufgesteckten Gewichte G_1 kann der Ungleichförmigkeitsgrad des Regulators innerhalb gewisser Grenzen verändert werden. Je näher nämlich diese Gewichte den Bolzen c_1 gerückt werden, desto kleiner wird der Ungleichförmigkeitsgrad und desto grösser die Annäherung an die Astasie, und umgekehrt, je weiter die Gewichte von den erwähnten Bolzen entfernt werden, desto grösser wird der Ungleichförmigkeitsgrad und desto statischer der Regulator.

2. Der Regulator der Maschinenfabrik Örlikon in Örlikon (Schweiz).

Die Einrichtung desselben (D. R.-P. Nr. 47751) ist aus Fig. 1a, Taf. 42 ersichtlich. Die beiden Pendelarme sind hier als keulenförmige Schwungmassen G ausgebildet und mit eingesetzten Stahlbuchsen auf den im Regulatorgehäuse befestigten Bolzen b_1 drehbar. Die bei jeder Lage wieder central durch das Wellenmittel gehende und deshalb vor dem Wellenende fliegend angeordnete Spiralfeder F greift vermittelst der Platten k_2, die durch Gegenmuttern k_1 gesichert sind, auf einem zahnartigen Vorsprung an den Platten k_3 der Pendel an. Beansprucht wird die Feder, die hier runden Querschnitt hat, nicht wie im vorigen Falle auf Druck, sondern auf Zug. Infolgedessen muss, sollen im Falle eines Federbruches Betriebsstörungen vermieden werden, der Pendelausschlag nicht nur nach innen, sondern auch nach aussen hin begrenzt sein. Die innere Begrenzung wird durch die Bolzen c_1 bewirkt, welche in eine Aussparung der hinteren Gehäusewand ragen und daselbst nicht weiter als bis zu der für das obere Pendel in der Figur mit 1 bezeichneten Lage gehen können. Die äussere Begrenzung kann auch in dieser Aussparung, oder aber durch den Umfang des Regulatorgehäuses erreicht werden, indem erstere eine weitere Bewegung der Bolzen c_1, letzterer diejenige der Pendel selbst verhindert.

Von den Bolzen c_1 aus wird auch die Bewegung der Pendel durch die beiden Stangen L_1 auf die zu verstellende Scheibe E_1 übertragen, die hier innerhalb des steuernden Excenters E_2 sitzt. Letzteres wird, wie auf Seite 162 und durch Fig. 112a und b des Textes angedeutet wurde, durch den Bolzen d_2 (y) und die anschliessende Stange L_2 (l_2) geführt. Der Regulator beeinflusst hier den Expansionsschieber, der mit seinen inneren Kanten den Dampfeintritt steuert (siehe § 41). Das Schiebergestänge ist nach Fig. 1, Taf. 42 äusserst leicht ausgeführt, um die durch die hin- und hergehenden Massen hervorgerufenen Beschleunigungsdrucke, welche sonst, wie schon erwähnt, eine ziemliche Rückwirkung auf den Regulator hervorrufen, möglichst klein zu halten.

3. Der Regulator von C. Sondermann in Stuttgart.

Derselbe (D. R.-P. Nr. 52550) zeichnet sich durch eine grosse Einfachheit aus und wird vom Patentinhaber an den von ihm für den Kleinbetrieb konstruierten stehenden Ein- und Mehrcylindermaschinen vielfach verwendet. Achsen mit aufgekeilten Hebeln, Zugstangen und Hülfsexcenter etc. sind bei ihm gänzlich vermieden. Die beiden Pendel, von denen jedes erst nach dem Bohren in zwei Teile zerlegt wird, bestehen nach Fig. 1a, Taf. 40 aus dem angegossenen Gewicht G und dem eigentlichen Hebel. Der letztere ist zu beiden Seiten seiner Drehachse völlig gleichartig gestaltet, sodass letztere auch die Schwerpunktsachse bildet und ausser der Centrifugalkraft der angegossenen Gewichte keine Nebenkräfte entstehen können. Die Pendel drehen sich beim Ausschlagen auf den Bolzen c_1, welche mit ihrem einen Ende in die hintere Wand des Regulatorgehäuses fest eingespannt sind, mit ihrem anderen Ende in der Querstange S sitzen. Die Spiralfeder F hat runden Querschnitt und wird auf Zug beansprucht. Sie geht mit ihren Enden durch die in ihrer Längsmitte hülsenartig ausgebildeten Bolzen c_2, welche wieder auf beiden Seiten von den Hälften eines Pendels erfasst werden. Zur Begrenzung des Ausschlages dienen nach innen zwei Stellschrauben am Kranze des Gehäuses, gegen die sich die in der unteren Hälfte der Figur mit c_3 bezeichneten Bolzen legen. Nach aussen hin wird ein zu weiter Ausschlag durch den Kranz des Gehäuses selbst verhütet.

Das stellbare Excenter wird vom Regulator zu verschiedenen Seiten der Pendelarme in den Bolzen c_3 erfasst, wodurch die aus der Zeichnung ersichtliche, sowie schon auf Seite 162 angedeutete Kreisparallelbewegung dieser Bolzen erreicht wird.

4. Der Regulator von B. Stein in Berlin.

Die Bewegung der Pendel b_1 und b_2 mit den Schwungmassen G wird nach Fig. 3a, Taf. 40 bei dem vorliegenden Regulator (D. R.-P.) nicht wie bei den früheren Konstruktionen durch einen doppelten, sondern durch nur einen einzigen Angriff auf das stellbare Excenter übertragen, indem von den zur Übertragung dienenden Hebeln l_1 und l_2 allein der letztere fest auf seinem Bolzen c_2, der erstere aber lose auf dem seinigen c_1 sitzt und nur als Gegenlenker dient. Das Gleiche ist mit den beiden Pendeln b_1 und b_2 der Fall, von denen auch nur b_2 mit Vierkant auf c_2 befestigt ist und b_1 durch die Kuppelstange Z zum gleichzeitigen Ausschlagen mit b_2 gezwungen wird. Der einseitige Angriff des stellbaren Excenters bietet den Vorteil, dass Zerrungen an letzterem, wie sie bei zweiseitigem Angriff durch nicht genaue Hebelarme oder Gewichte der ausschlagenden Pendel leicht hervorgerufen werden, ausgeschlossen sind. Auch ist das Excenter wie beim vorigen Regulator soweit ausgehöhlt, dass es mit der Kurbelwelle gar nicht in Berührung kommt und also die bei der Verstellung etwa auftretende Reibung zwischen Excenter und Welle nicht vom Regulator überwunden zu werden braucht. Im Übrigen ist die Konstruktion des vorliegenden Regulators ähnlich derjenigen der vorhergehenden, nur dass hier die Spiralfeder durch Druckplatten mit Schneiden zur Verringerung der Reibung auf die Pendel einwirkt.

Die Verschiebung des Excentermittelpunktes kann bei dem Steinschen Regulator annähernd geradlinig oder auf einem Kreisbogen erfolgen; es hängt dies von der Länge des Gegenlenkers l_1, sowie von der Lage der Drehpunkte c_1, c_2 ab.

5. Der Moment-Achsenregulator (Fischinger-Leck) der Aktien-Gesellschaft Elektricitätswerke (vorm. O. L. Kummer & Co.) in Dresden.

Die Konstruktion dieses Regulators (D. R.-P.) ist aus Fig. 1, Taf. 21 ersichtlich. Die beiden Pendel b_1, b_2 mit den aufgesteckten Gewichten G, G drehen sich beim Ausschlagen auf einem einzigen Bolzen c_1. Dem Ausschlag wirkt eine seitlich von der Welle angeordnete Spiralfeder von rechteckigem Querschnitt entgegen. Durch die seitliche Anordnung wird die Anbringung des Regulators auch auf die Mitte der Welle ermöglicht. Dem gemeinschaftlichen Drehbolzen c_1 gegenüber sind die beiden Pendel durch zwei gebogene Schienen d_1, d_2 und den Bolzen c_2 miteinander verbunden. Zur Führung des letzteren dient die Stange l_1, welche um einen in der hinteren Gehäusewand sitzenden Bolzen f schwingen kann. Auf das verstellbare Excenter E, das beim Ausschlagen der Pendel sich um den Bolzen g dreht und somit als Centralkurve einen Kreisbogen ergiebt, wirkt der Regulator vom Bolzen h_2 aus vermittelst der Stange l_2 ein.

Als besonders beachtenswert sind an der vorliegenden Konstruktion die folgenden Punkte zu bezeichnen. Die Wirkung der Centrifugalkraft der schwingenden Pendelmassen wird zunächst durch eine Hülfsschwungscheibe B unterstützt, welche lose drehbar auf der Nabe des Regulatorgehäuses sitzt und durch die Stange l_3 mit dem gemeinschaftlichen Bolzen c_2 der Pendel verbunden ist. Die Wirkung dieser Scheibe tritt ein, sobald dieselbe bei einer Änderung im Belastungszustande der Maschine infolge ihres Beharrungsvermögens gegen die übrigen fest mit der Kurbelwelle verbundenen Teile des Regulators zurückbleiben oder voraneilen will, je nachdem die Geschwindigkeit der Welle zu- bezw. abnimmt. Im ersteren Falle setzt sich die Scheibe der Drehung der Pendel entgegen, drückt diese also nach aussen, im letzteren Falle sucht sie diese Drehung zu fördern und zieht die Pendel zusammen. Ferner erfolgt bei dem vorliegenden Regulator die Bewegungsübertragung und Einstellung des Excenters so, dass, wie auf Seite 246 empfohlen, gleichen Ausschlägen der Pendel auch möglichst gleiche Belastungsänderungen entsprechen, indem bei geringer Belastung die Füllung für denselben Ausschlagwinkel in weiteren Grenzen verstellt wird als bei grosser Belastung. Endlich ist der Angriff des Regulators am Excenter ebenso wie beim Steinschen Regulator nicht zwei-, sondern einseitig.

6. Stellvorrichtung (Patent Doerfel) an Schwungradregulatoren.

Um die Umdrehungszahl des Regulators und der Maschine während des Ganges verändern zu können, hat Doerfel die in Fig. 2, Taf. 21[1]) dargestellte Vorrichtung konstruiert. Die Konstruktion des Regulators, dessen beide Pendel hier je eine Spiralfeder besitzen, ist nach dem Vorhergehenden leicht verständlich. Die Federn greifen in b_1 und b_2 an den Pendele an, sind aber mit ihren anderen Enden c_1, c_2 an zwei stellbaren Hebeln l_1, l_2 befestigt. Die letzteren können sich um d_1, d_2 drehen und stützen sich mit zwei Pratzen k_1, k_2 auf einen Kegel m, der von aussen her vermittelst Handrad, Schnecke und Schneckenrad mehr oder weniger auf die Regulatornabe geschoben werden kann. Hierdurch werden die Pratzen mehr oder weniger auseinandergedrückt und die Spiralfedern unter gleichzeitiger Veränderung der Angriffsrichtung auf die Pendel stärker oder schwächer angespannt, was die beabsichtigte Änderung in der Tourenzahl zur Folge hat.

Die Anordnung zweier Spiralfedern bei den Flachreglern besitzt gegenüber derjenigen mit nur einer Feder den Vorteil, dass der Regulator auch zwischen den Enden der Kurbelwelle (bei der vorliegenden Stellvorrichtung sitzt der Regulator allerdings gewöhnlich am Ende der Welle) angebracht werden kann. Dagegen bieten zwei Federn den Nachteil, dass bei nicht genau gleichem Anzug und gleicher Spannung beider eine Nebenkraft in den durch das Excenter verbundenen und zu gleichem Ausschlag gezwungenen Pendeln entsteht, welche das Excenter gegen die Welle presst und dadurch unnötige Reibung erzeugt, die der Verstellung entgegenwirkt.

Die **Berechnung** der Flachregler gestaltet sich für die einzelnen Ausführungen immer etwas verschieden, je nach der Anordnung der Federn und Hebel, kann aber leicht vom Leser selbst in jedem einzelnen Falle bewirkt werden, sobald er dieselbe für eine Anordnung durchgeführt hat. Hier soll deshalb die Berechnung für die

---

1) Nach „Otto H. Mueller jr., die Dampfkessel und Dampfmaschinen auf der Millenniums-Landesausstellung in Budapest 1896“ in der Zeitschrift deutscher Ingenieure, Jahrgang 1896, Seite 1074.

in Fig. 160 des Textes dargestellte Pendel- und Federanordnung gezeigt werden.

An jedem der beiden Pendel des Regulators wird Gleichgewicht herrschen, wenn die algebraische Summe der Momente, welche von den Centrifugalkräften der schwingenden Teile des Pendels in Bezug auf den Drehpunkt I des letzteren ausgeübt werden, gleich dem entsprechenden Moment der Federspannung ist. Das Moment des Pendelgewichtes kann vernachlässigt werden, da der Drehungssinn desselben entgegen demjenigen des entsprechenden Momentes am anderen Pendel ist, beide

$$\Delta\, I\, 0\, 6 \sim \Delta\, IV\, 0\, 5$$

ist, so verhält sich

$$\frac{c}{a} = \frac{\overline{0-5}}{r},$$

oder es ist

$$r \cdot c = a \cdot \overline{0-5} = a \cdot l \cdot \sin \alpha,$$

sodass man auch

$$C \cdot c = \frac{P}{g}\, \omega^2 \cdot a \cdot l \cdot \sin a$$

schreiben kann.

2. Das Moment, welches die Centrifugalkräfte der einzelnen Massenteilchen vom Arme I—IV erzeugen. Für

Fig. 160.

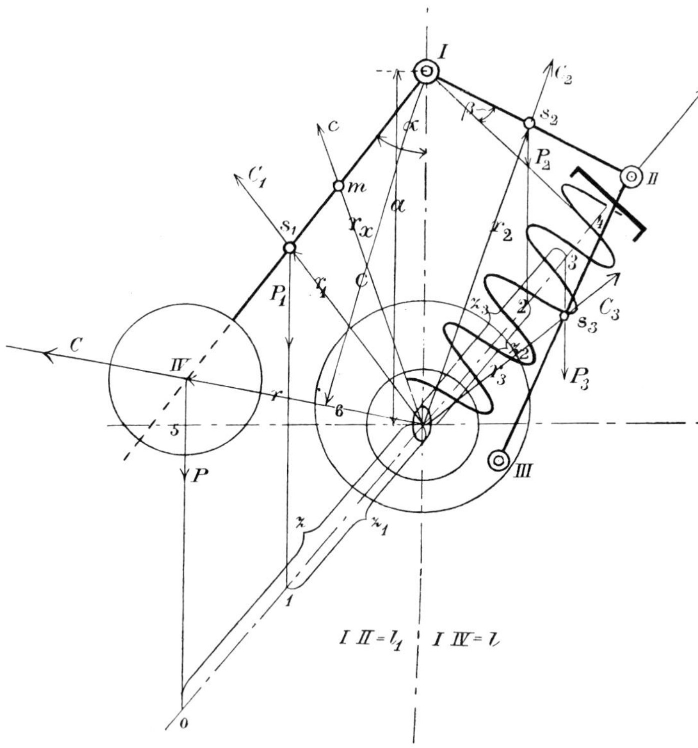

Momente also sich, wenn sie gleiche Grösse haben, in ihrer Wirkung auf die Feder vollständig aufheben.

Als schwingende Teile hat man hier bei der Rechnung nicht nur die Schwunggewichte, sondern auch die Arme und sonstigen Hebel, sowie die Federwindungen zu berücksichtigen, es sei denn, dass diese Teile sich gegenseitig in den erwähnten Momenten ausgleichen. Bei der Anordnung in Fig. 160 des Textes ist also in Rechnung zu stellen:

1. Das Moment der Centrifugalkraft des in IV angebrachten Schwunggewichtes P. Dasselbe beträgt

$$C \cdot c = \frac{P}{g}\, \omega^2 \cdot r \cdot c,$$

unter $r = \overline{0-IV}$ den Schwerpunktsabstand von der Drehachse,

unter $c = \overline{I-6}$ den Hebelarm von C in Bezug auf I verstanden. Da nach der Figur wegen der Gleichheit der entsprechenden Winkel

irgend ein im Abstande

r_x von der Wellenachse und

$l_x = \overline{I-m}$ vom Punkte I

befindliches Massenteilchen m ist dieses Moment

$$c \cdot c_x = m \cdot \omega^2 \cdot r_x \cdot c_x,$$

unter c die Centrifugalkraft dieses Teilchens und unter c_x die Senkrechte von I auf c gemeint.

Da nun ebenso wie im vorigen Falle

$$r_x \cdot c_x = a \cdot l_x \cdot \sin \alpha$$

folgt, so ist auch

$$c \cdot c_x = m \cdot \omega^2 \cdot a \cdot l_x \cdot \sin \alpha.$$

Für alle Massenteilchen des fraglichen Armes zusammen ist das erwähnte Moment

$$C_1 \cdot c_1 = \Sigma\, (m \cdot \omega^2 \cdot a \cdot l_x \cdot \sin a),$$

oder, da ω^2, a konstante Grössen sind und

$$\Sigma\, (m \cdot l_x \cdot \sin \alpha) = \frac{P_1}{g}\, l' \cdot \sin \alpha$$

ist, wenn

P_1 das Gewicht des ganzen Armes und
$l' = \overline{I—s_1}$ den Abstand des Schwerpunktes von I bezeichnet, auch

$$C_1 \cdot c_1 = \frac{P_1}{g} \omega^2 \cdot a \cdot l' \cdot \sin \alpha.$$

Ebenfalls ergiebt sich, da wieder

$$a \cdot l' \cdot \sin \alpha = r_1 \cdot c_1$$

mit $r_1 = \overline{0—s_1}$ und

c_1 gleich der Senkrechten von I auf C_1

ist,

$$C_1 \cdot c_1 = \frac{P_1}{g} \omega^2 \cdot r_1 \cdot c_1.$$

3. Das Moment der Centrifugalkraft des Armes I—II. Dasselbe ermittelt sich wie im vorigen Falle zu

$$C_2 \cdot c_2 = \frac{P_2}{g} \omega^2 \cdot r_2 \cdot c_2,$$

oder zu

$$C_2 \cdot c_2 = \frac{P_2}{g} \omega^2 \cdot a \cdot l'' \cdot \sin \alpha'',$$

wenn

P_2 das Gewicht dieses Armes,
c_2 die Senkrechte von I auf die Centrifugalkraft C_2 des letzteren und
$r_2 = \overline{0—s_2}$, $l'' = \overline{I—s_2}$, $\sphericalangle \alpha'' = \sphericalangle 0 I s_2$

ist.

4. Das Moment, welches die Centrifugalkraft der Übertragungsstange II—III ausübt. Für dasselbe findet man genau wie in den beiden vorigen Fällen

$$C_3 \cdot c_3 = \frac{P_3}{g} \omega^2 \cdot r_3 \cdot c_3,$$

oder

$$C_3 \cdot c_3 = \frac{P_3}{g} \omega^2 \cdot a \cdot l''' \cdot \sin \alpha''',$$

wenn wieder

P_3 das Gewicht der Stange,
c_3 die Senkrechte von I auf ihre Centrifugalkraft C_3 und
$r_3 = \overline{0—s_3}$, $l''' = \overline{I—s_3}$, $\sphericalangle \alpha''' = \sphericalangle 0 I s_3$

ist.

5. Das Moment der Centrifugalkraft der Federwindungen, welche auf ein Pendel entfallen. Denkt man sich hier die Masse m_f einer jeden Windung in dem Schwerpunkt derselben, der in der Federachse 0—II liegt, vereinigt, und ist allgemein r_f der Abstand dieses Schwerpunktes von der Wellenmitte, so beträgt das fragliche Moment

$$C_f \cdot q = m_f \cdot \omega^2 \Sigma (r_f) \cdot q$$

mit $q = \overline{I—4} = \overline{I—II} \cdot \cos \beta = l_1 \cdot \cos \beta$.

Bezeichnet nun

P_f das Gewicht einer der fraglichen Windungen,

so wird auch, da

$$m_f = \frac{P_f}{g}$$

ist,

$$C_f \cdot q = \frac{P_f}{g} \omega^2 \Sigma (r_f) \, q = \frac{P_f}{g} \omega^2 \Sigma (r_f) \, l_1 \cdot \cos \beta.$$

Unter Berücksichtigung des Drehungssinnes der vorstehend angeführten Momente herrscht nun, wie anfangs erklärt, Gleichgewicht am Pendel, wenn in Fig. 160

$$C \cdot c + C_1 \cdot c_1 - C_2 \cdot c_2 - C_3 \cdot c_3 - C_f \cdot q = Q \cdot q$$

ist, worin Q die veränderliche Federspannung bedeutet. Führt man in diese Gleichung die einen der ermittelten Werte ein, so ergiebt sich für die Umdrehungszahl des frei schwingenden Regulators die Beziehung

$$\frac{\omega^2}{g} = \left(\frac{n}{30}\right)^2 = \frac{Q \cdot q}{\left(\begin{array}{c} P \cdot r \cdot c + P_1 \cdot r_1 \cdot c_1 - P_2 \cdot r_2 \cdot c_2 \\ - P_3 \cdot r_3 \cdot c_3 - P_f \cdot \Sigma (r_f) \, q \end{array}\right)} \qquad 256$$

Eine weitere Beziehung erhält man mit Hilfe der anderen Werte von $C \cdot c$, $C_1 \cdot c_1$ u. s. w., nämlich

$$\frac{\omega^2}{g} = \left(\frac{n}{30}\right)^2 = \frac{Q \cdot l_1 \cdot \cos \beta}{\left(\begin{array}{c} P \cdot l \cdot \sin \alpha + P_1 \cdot l' \cdot \sin \alpha \\ - P_2 \cdot l'' \cdot \sin \alpha'' - P_3 \cdot l''' \cdot \sin \alpha''' \\ - P_f \Sigma (r_f) \, l_1 \cdot \cos \beta \end{array}\right)}$$

Hierin lassen sich einzelne Grössen leicht nach Dr. Pröll [1] graphisch ermitteln. Zieht man nämlich durch den Schwerpunkt der einzelnen Massen, deren Centrifugalmomente wie vorhin bestimmt wurden, also durch die Punkte IV, s_1, s_2 und s_3 Parallelen zu 0—I, so schneiden diese die Federachse 0—II bezw. deren Verlängerung in den Punkten 0, 1, 2 bezw. 3, und es ist

$$\overline{0-o} = z = a \frac{l \cdot \sin \alpha}{l_1 \cos \beta}$$

$$\overline{0—1} = z_1 = a \frac{l' \cdot \sin \alpha}{l_1 \cdot \cos \beta}$$

$$\overline{0—2} = z_2 = a \frac{l'' \cdot \sin \alpha''}{l_1 \cdot \cos \beta}$$

$$\overline{0—3} = z_3 = a \frac{l''' \cdot \sin \alpha'''}{l_1 \cdot \cos \beta}$$

Die Richtigkeit der ersten dieser vier Gleichungen ergiebt sich z. B. wie folgt. Wegen der Gleichheit der entsprechenden Winkel ist nach der Figur

$$\Delta\, 0 I 4 \sim \Delta\, 0 5 o,$$

und es verhält sich deshalb

$$\frac{\overline{0—I}}{\overline{0-o}} = \frac{\overline{I-4}}{\overline{0-5}},$$

oder es ist

$$z = \overline{0-o} = \overline{0—I} \cdot \frac{\overline{0-5}}{\overline{I—4}} = a \frac{l \cdot \sin \alpha}{l_1 \cdot \cos \beta}.$$

Auf ähnliche Weise ergiebt sich die Richtigkeit der übrigen Gleichungen.

Durch Einführung der Werte z, z_1, z_2 und z_3 erhält man alsdann die Beziehung

$$\frac{\omega^2}{g} = \left(\frac{n}{30}\right)^2 = \frac{Q}{\left(\begin{array}{c} P \cdot z + P_1 \cdot z_1 - P_2 \cdot z_2 \\ - P_3 \cdot z_3 - P_f \Sigma (r_f) \end{array}\right)} \quad . \quad 257$$

Der Charakter eines Schwungradregulators lässt sich schwierig von vorneherein feststellen, sondern nur nach dem Verlauf der n-Kurve beurteilen.

---

1) Siehe „Civilingenieur“, Jahrgang 1886, Heft 5.

Die Energie, gemessen in der Federachse, ist für jedes Pendel gleich Q, beträgt also im Ganzen

$$\mathbf{E_f = 2Q} \quad . \quad . \quad . \quad . \quad . \quad . \quad . \quad \mathbf{258}$$

da nur die Federkraft zu überwinden ist, wenn die Pendel des ruhenden Regulators in irgend einer Lage auseinander gehalten werden sollen.

Bezieht man den gesamten Muffenwiderstand ebenfalls auf die Federachse, so folgt mit dem vorstehenden Werte von E_f der Unempfindlichkeitsgrad des Regulators nach Gleichung 204 zu

$$\varepsilon = \frac{\mathbf{W_f}}{\mathbf{2Q}} \quad . \quad . \quad . \quad . \quad . \quad . \quad . \quad \mathbf{259}$$

Um den Teil ε_r des letzteren annähernd berechnen zu können, hat man zunächst die Drucke R_1 und R_2 auf die Zapfen I und II in Fig. 160 des Textes zu bestimmen. Der Druck R_1 ist gleich der Resultierenden aller am Pendel wirkenden Kräfte, der Druck R_2 gleich der Federspannung Q.[1]) Bei einem sehr kleinen Ausschlagwinkel $d\alpha$ des Pendels und Zapfens I beträgt die zu überwindende Reibungsarbeit, wenn der Zapfen II sich während dieser Zeit um $d\gamma$ gedreht hat und der Durchmesser beider Zapfen d_1 bezw. d_2 ist,

$$\frac{\mu}{2}(R_1 \cdot d_1 \cdot d\alpha + R_2 \cdot d_2 \cdot d\gamma).$$

Die Gegenkraft von $\frac{1}{2} W_{fr}$, welche diese Reibungsarbeit leisten soll, greift am Hebelarm q an und legt den Weg $q \cdot d\alpha$ zurück, wenn sie in der Federachse wirkend gedacht ist. Es muss also

$$\frac{W_{fr}}{2} q \cdot d\alpha = \frac{\mu}{2}(R_1 \cdot d_1 \cdot d\alpha + R_2 \cdot d_2 \cdot d\gamma),$$

oder

$$W_{fr} = \frac{\mu}{q}\left(R_1 \cdot d_1 + R_2 \cdot d_2 \frac{d\gamma}{d\alpha}\right)$$

sein, womit dann schliesslich

$$\varepsilon_r = \frac{\mathbf{W_{fr}}}{\mathbf{E_f}} = \frac{\mu}{\mathbf{2q}}\left(\frac{\mathbf{R_1}}{\mathbf{Q}}\mathbf{d_1} + \mathbf{d_2}\frac{\mathbf{d\gamma}}{\mathbf{d\alpha}}\right) \quad . \quad . \quad \mathbf{260}$$

oder auch annähernd, zumal zur Verringerung der Eigenreibung die Feder meistens mit einer Schneide auf das Pendel einwirkt,

$$\varepsilon_r = \mu \frac{\mathbf{d_1}}{\mathbf{2q}} \frac{\mathbf{R_1}}{\mathbf{Q}} \quad . \quad . \quad . \quad . \quad . \quad \mathbf{260_a}$$

folgt.

Beispiele.

1. Der in Fig. 1a, Taf. 40 dargestellte Flachregler, Patent C. Sondermann in Stuttgart, besitzt nach den Angaben des Erfinders einen theoretischen Ungleichförmigkeitsgrad von $5^1/_3$% und dient zur Regulierung einer Maschine, die mit 6 Atm Eintrittsspannung und 300 minutlichen Umdrehungen arbeitet. Jedes der beiden, den Pendeln angegossenen Schwunggewichte wiegt 3,75 kg. Die Arme eines jeden Pendels zu beiden Seiten des Drehbolzens c_1 sind genau gleichartig und können bei der Berechnung deshalb vernachlässigt werden. Welche Dimensionen muss die Spiralfeder erhalten und welche Stellkraft entwickelt der Regulator?

Bei dem angeführten Ungleichförmigkeitsgrade von

$$d_r = 0{,}0533$$

beträgt die kleinste Umdrehungszahl des Regulators

$$n_u = 300\left(1 - \frac{0{,}0533}{2}\right) = \sim \mathbf{292},$$

die grösste Umdrehungszahl

$$n_0 = 300\left(1 + \frac{0{,}0533}{2}\right) = \sim \mathbf{308}.$$

Vernachlässigt man bei der Berechnung die nur geringe Centrifugalkraft der Federwindungen, so besteht für das Gleichgewicht des Regulators die Beziehung

$$C \cdot c = Q \cdot q,$$

wenn

$$C = \frac{P}{g} \omega^2 \cdot r$$

die Centrifugalkraft des Schwunggewichtes,
c deren Hebelarm in Bezug auf I,
Q die Federspannung und
q deren Hebelarm in Bezug auf I

ist. Durch Einführung des Wertes von C erhält man auch

$$\frac{P}{g} \omega^2 \cdot r \cdot c = Q \cdot q,$$

oder mit

$$\frac{\omega^2}{g} = \left(\frac{n}{30}\right)^2,$$

$$Q = \left(\frac{n}{30}\right)^2 P \frac{r \cdot c}{q}.$$

Für die innerste Lage der Schwunggewichte ist nun nach der Figur, wo die Lagen des Schwerpunktes für die Schwunggewichte mit 1, 2, 3 bezeichnet sind,

$$r = \overline{0-1} = 0{,}1 \text{ m}, \; c(\perp \overline{0-1}) = \overline{c_1 - 1} = 0{,}09 \text{ m},$$
$$q = 0{,}023 \text{ m},$$

und man erhält aus der obigen Gleichung eine kleinste Federspannung

$$Q_u = \left(\frac{292}{30}\right)^2 3{,}75 \frac{0{,}1 \cdot 0{,}09}{0{,}023} = \sim 139 \text{ kg}.$$

Für die äusserste Lage der Schwunggewichte ist

$$r = \overline{0-3} = 0{,}146 \text{ m}, \; c(\perp \overline{0-3}) = 0{,}08 \text{ m}$$
$$q = 0{,}023 \text{ m},$$

und es folgt die grösste Federspannung zu

$$Q_0 = \left(\frac{308}{30}\right)^2 3{,}75 \frac{0{,}146 \cdot 0{,}08}{0{,}023} = 200{,}7 \text{ kg}.$$

Für die mittlere Lage der Schwunggewichte würde dann die Federspannung

$$\frac{139 + 200{,}7}{2} = 169{,}85 \text{ kg}$$

betragen. Da ferner für diese Lage, wie man leicht aus der Zeichnung entnehmen kann,

1) Unter Vernachlässigung des von der Übertragungsstange herrührenden Druckes.

$$r = \overline{0-2} = 0{,}124 \text{ m}, \; c\,(\perp \overline{0-2}) = 0{,}087 \text{ m},$$
$$q = 0{,}024 \text{ m}$$

ist, so folgt aus der obigen Gleichung, die dann stattfindende Umdrehungszahl des freischwingenden Regulators zu

$$n = 30\sqrt{\frac{Q \cdot q}{P \cdot r \cdot c}} = 30\sqrt{\frac{169{,}85 \cdot 0{,}024}{3{,}75 \cdot 0{,}124 \cdot 0{,}087}}$$
$$= \sim \mathbf{301{,}1}.$$

In derselben Weise würden sich auch für weitere Zwischenlagen die Umdrehungszahlen ermitteln und darnach der Charakter des Regulators beurteilen lassen.

Um die passenden Dimensionen der Feder zu bekommen, wird man probeweise die Drahtdicke δ und den mittleren Radius r derselben wählen müssen und nach Gleichung 245 und 246 die auftretende grösste Drehspannung k_d bezw. die erforderliche Windungszahl m berechnen. Fällt k_d nicht zu gross aus und kann die berechnete Windungszahl m im Regulator untergebracht werden, so wird man δ und r wie gewählt beibehalten können, sonst aber andere Annahmen machen müssen. Hierbei soll bemerkt werden, dass man bei den vorliegenden Regulatoren meistens höhere Werte von k_d, als auf Seite 268 angegeben, zulässt, und zwar findet man k_d bis zu 45 kg.

Nach Fig. 1a, Taf. 40 besitzt die Spiralfeder eine Drahtdicke von

$$\delta = \mathbf{11 \text{ mm}}$$

bei

$$r = \mathbf{51{,}5 \text{ mm}}$$

mittleren Radius. Aus Gleichung 245 erhält man hiermit und für $G = 8000$ bei der grössten Federspannung $Q = Q_0 = 200{,}7$ kg eine Drehspannung

$$k_d = \frac{200{,}7 \cdot 51{,}5}{0{,}196 \cdot \overline{11}^3} = \sim 39{,}6 \text{ kg}.$$

Setzt man weiter die Gleichung 246 einmal für die äusserste, das andere Mal für die innerste Lage der Schwungmassen an und subtrahiert beide Gleichungen voneinander, so erhält man die Beziehung

$$f_0 - f_u = \frac{64 \cdot m \cdot r^3}{\delta^4} \, \frac{Q_0 - Q_u}{G},$$

oder die erforderliche Windungszahl der Feder

$$m = \frac{\delta^4 \cdot G}{64 \cdot r^3} \, \frac{f_0 - f_u}{Q_0 - Q_u}.$$

Die Federlänge nimmt nun, wenn die Schwungmassen von der innersten zur äussersten Lage gehen, an jeder Seite um 12,6 mm zu. Es beträgt also die ganze Differenz der Federzusammendrückungen

$$f_0 - f_u = 2 \cdot 12{,}6 = 25{,}2 \text{ mm}.$$

Die Differenz der Federspannungen ist nach dem Obigen

$$Q_0 - Q_u = 200{,}7 - 139 = 61{,}7 \text{ kg}.$$

Mit diesen Werten folgt aus der angeführten Gleichung

$$m = \frac{\overline{11}^4 \cdot 8000}{64 \cdot \overline{51{,}5}^3} \, \frac{25{,}2}{61{,}7} = \sim \mathbf{5{,}5},$$

welche Windungszahl mit der vom Erfinder angegebenen übereinstimmt.

Ist die Centrifugalwirkung der Federwindungen nicht durch einen nach innen schwingenden Teil des Pendelarmes ausgeglichen, so werden die oben berechneten Federspannungen um diese Wirkung grösser zu nehmen sein.

Die Energie E_f des Regulators ist in der Federachse nach Gleichung 258 gleich der doppelten Federspannung. Das Excenter greift aber an einem Hebelarme von 36 mm bei den Grenzlagen an den Pendeln an. Am Excenter beträgt somit die Energie

für die innerste Lage

$$E = 2 Q_u \frac{q}{0{,}036} = 2 \cdot 139 \, \frac{0{,}023}{0{,}036} = \sim \mathbf{177{,}6 \text{ kg}},$$

für die äusserste Lage

$$E = 2 Q_0 \frac{q}{0{,}036} = 2 \cdot 200{,}7 \, \frac{0{,}023}{0{,}036} = \mathbf{256{,}45 \text{ kg}}.$$

Bei einem Unempfindlichkeitsgrad von $\varepsilon = 0{,}05$, d. h., sobald die Umdrehungszahl des Regulators um $\frac{\varepsilon}{2}$, also um $2\frac{1}{2}$%, steigt oder sinkt, überwindet der Regulator einen Muffenwiderstand oder entwickelt eine Stellkraft von

$$W = 0{,}05 \cdot 177{,}6 = \mathbf{8{,}88 \text{ kg}}$$

bei der innersten, bezw. von

$$W = 0{,}05 \cdot 256{,}45 = \mathbf{12{,}8225 \text{ kg}}$$

bei der äussersten Lage.

Um annähernd den auf die Eigenreibung des Regulators entfallenden Teil ε_r des Unempfindlichkeitsgrades ermitteln zu können, bedarf man des Zapfendruckes R_1 auf die Drehbolzen der beiden Pendel. Dieser Druck ist gleich der Resultierenden aus der Centrifugalkraft und der Federspannung. Für die innerste Lage der Schwunggewichte ist die Centrifugalkraft gemäss der Gleichung

$$C \cdot c = Q \cdot q$$

nach den früheren Werten

$$C_u = \frac{139 \cdot 0{,}023}{0{,}09} = \sim 35{,}5 \text{ kg},$$

die Federspannung

$$Q_u = 139 \text{ kg}.$$

Beide Kräfte schliessen nach der Zeichnung einen Winkel von rund 33° miteinander ein, und deshalb ist

$$R_1 = \sqrt{\overline{35{,}5}^2 + \overline{139}^2 - 2 \cdot 35{,}5 \cdot 139 \cdot \cos 33^0} =$$
$$\sim 124 \text{ kg}.$$

Der Drehbolzen der beiden Pendel hat einen Durchmesser

$$d_1 = 15 \text{ mm},$$

derjenige des Bolzens, an welchem die Feder angreift, ist ebenfalls

$$d_1 = 15 \text{ mm}.$$

Es folgt schliesslich aus Gleichung 260 für $\frac{d\gamma}{d\alpha} = \sim 0{,}1$ und $\mu = 0{,}08$, $q = 0{,}023$ m

$$\varepsilon_r = \frac{0{,}08}{2 \cdot 0{,}023}\left(\frac{124}{139}\, 0{,}015 + 0{,}015 \cdot 0{,}1\right) = \sim 0{,}026.$$

Für die im Steuerungsmechanismus zu überwindende Reibung verbleibt dann bei der innersten Lage der Pendel noch eine Verstellungskraft

$$W_s = (0{,}05 - 0{,}026)\,177{,}6 = \backsim 4{,}26 \text{ kg}.$$

Die bei der Verstellung auftretenden Widerstände im Steuerungsmechanismus bestehen, vollständige Entlastung des Schiebers und Ausgleichung des Gestängegewichtes vorausgesetzt, hauptsächlich in der Stopfbuchsenreibung. Bei einem Reibungskoefficienten von $\frac{1}{20}$, der bei guter Schmierung und Metallpackung aber wohl nur die Hälfte betragen dürfte, ist diese Reibung, da der Dampfüberdruck im Schieberkasten höchstens 6 kg/qcm, die Stangendicke 1,0 und 1,6 cm ist, nur

$$\frac{1}{20}\,6\,(1 + 1{,}6)\,\pi = 2{,}45 \text{ kg},$$

sodass also mindestens noch

$$4{,}26 - 2{,}45 = 1{,}81 \text{ kg}$$

zur Überwindung sonstiger Widerstände verbleiben.

2. Wie gestaltet sich die Berechnung des in Fig. 1a, Taf. 42 dargestellten Regulators der Maschinenfabrik Örlikon, wenn derselbe eine mittlere Umdrehungszahl von 220 in der Minute und einen theoretischen Ungleichförmigkeitsgrad von 3,6 % besitzen soll?

Die kleinste Umdrehungszahl des Regulators beträgt bei dem angeführten Ungleichförmigkeitsgrade

$$n_u = 220\left(1 - \frac{0{,}036}{2}\right) = \backsim \mathbf{216},$$

die grösste Umdrehungszahl

$$n_0 = 220\left(1 + \frac{0{,}036}{2}\right) = \mathbf{224}.$$

Das Gewicht eines Pendels inklusive der Platten für den Federangriff ist

$$P = 24 \text{ kg},$$

das Gewicht eines Stellhebels L_1

$$P_3 = 0{,}12 \text{ kg}.$$

Bestimmt man die Schwerpunkte beider Teile und misst deren Abstände r und r_3 von der Wellenmitte, sowie die Senkrechten c und c_3 vom Pendeldrehpunkte b_1 auf die Verbindungslinien der Schwerpunkte mit der Wellenmitte, so erhält man für die

		innerste	mittlere	äusserste Lage
Gewicht P	r	= 0,095	0,144	0,193 m
	c	= 0,229	0,2235	0,215 m
Gewicht P_3	r_3	= 0,092	0,122	0,159 m
	c_3	= 0,008	0,131	0,212 m.

Die Spiralfeder hat

$$\delta = \mathbf{18\ mm}$$

Drahtdicke,

$$r = \mathbf{45\ mm}$$

mittleren Radius und

$$m = \mathbf{15}$$

Windungen.[1]) Nimmt man an, dass eine der letzteren mit ihrem Schwerpunkte vor der Wellenmitte liege, so bestimmt sich, wenn bei der mittleren Lage der Pendel die Steigung der Windungen 24 mm ist und die beiden Federenden sich bei dem Ausschlag der Pendel von der innersten bis zur äussersten Lage um je 26 mm verlängern,

für die innerste Lage

$$\Sigma(r_f) = \left(0{,}024 - \frac{0{,}013}{7}\right)(1 + 2 + 3 + \cdots + 7) = 0{,}62 \text{ m},$$

für die mittlere Lage

$$\Sigma(r_f) = 0{,}024\,(1 + 2 + 3 + \cdots + 7) = 0{,}672 \text{ m},$$

für die äusserste Lage

$$\Sigma(r_f) = \left(0{,}024 + \frac{0{,}013}{7}\right)(1 + 2 + 3 + \cdots + 7) = 0{,}724 \text{ m}.$$

Das Gewicht einer Federwindung beträgt

$$P_f = 0{,}5 \text{ kg},$$

der Hebelarm der Feder in Bezug auf den Pendeldrehpunkt bei der innersten und äussersten Lage

$$q = 0{,}059 \text{ m},$$

bei der mittleren Lage

$$q = 0{,}06 \text{ m}.$$

Löst man nun die Gleichung 256, in welcher im vorliegenden Falle die Produkte $P_1 \cdot r_1 \cdot c_1$ und $P_2 \cdot r_2 \cdot c_2$ gleich Null zu setzen sind, nach Q auf, so erhält man

$$Q = \left(\frac{n}{30}\right)^2 \left\{\frac{P \cdot r \cdot c \pm P_3 \cdot r_3 \cdot c_3}{q} + P_f\,\Sigma(r_f)\right\},$$

also mit den vorstehenden Werten

für die innerste Lage

$$Q_u = \left(\frac{216}{30}\right)^2 \left\{\frac{24 \cdot 0{,}095 \cdot 0{,}229 - 0{,}12 \cdot 0{,}092 \cdot 0{,}008}{0{,}059} + 0{,}5 \cdot 0{,}62\right\} = \backsim 474{,}7 \text{ kg},$$

für die äusserste Lage

$$Q_0 = \left(\frac{224}{30}\right)^2 \left\{\frac{24 \cdot 0{,}193 \cdot 0{,}215 + 0{,}12 \cdot 0{,}159 \cdot 0{,}212}{0{,}059} + 0{,}5 \cdot 0{,}724\right\} = \backsim 965 \text{ kg}.$$

Die Federspannung bei der mittleren Lage ist dann

$$Q = \frac{474{,}7 + 965}{2} = 719{,}85 \text{ kg},$$

mit der im Verein mit den obigen Werten die Umdrehungszahl

$$n = 30 \sqrt{\frac{719{,}85 \cdot 0{,}06}{\left(24 \cdot 0{,}144 \cdot 0{,}2235 + 0{,}12 \cdot 0{,}122 \cdot 0{,}131 + 0{,}5 \cdot 0{,}672 \cdot 0{,}06\right)}} = \backsim \mathbf{221}$$

für diese Lage folgt.

Die grösste Drehspannung, welche die Spiralfeder erleidet, berechnet sich nach Gleichung 245 zu

$$k_d = \frac{965 \cdot 45}{0{,}196 \cdot \overline{18}^3} = \backsim 38 \text{ kg},$$

während die Gleichung 246, einmal für die äusserste, das andere Mal für die innerste Lage angesetzt, die Beziehung

1) In der Figur sind nur 14 Windungen angedeutet, während in der Ausführung deren 15 vorhanden waren.

$$f_0 - f_u = \frac{64 \cdot m \cdot r^3}{\delta^4 \cdot G} (Q_0 - Q_u)$$

liefert, aus der sich mit

$$f_0 - f_u = 2 \cdot 26 = 52 \text{ mm}, \; Q_0 - Q_u = 965 - 474{,}7$$
$$= 490{,}3 \text{ kg und } G = 8000$$

die erforderliche Windungszahl zu

$$m = \frac{52 \cdot \overline{18}^4 \cdot 8000}{64 \cdot \overline{45}^3 \cdot 490{,}3} = 15{,}28$$

ermittelt, welche mit der Ausführung fast vollständig übereinstimmt.

Die kleinste Energie des Regulators findet bei der innersten Lage der Pendel statt und beträgt nach Gleichung 258 in der Federachse

$$E_f = 2\, Q_u = 2 \cdot 474{,}7 = 949{,}4 \text{ kg}.$$

In der Übertragungsstange L_I wird sich diese Kraft, da die vom Drehpunkt des Pendels auf die Richtung dieser Stange gefällte Senkrechte bei der innersten Lage 0,302 m lang ist, auf

$$E = 949{,}4 \frac{0{,}059}{0{,}302} = \sim \mathbf{185{,}4\ kg}$$

reduzieren. Die Verstellungskraft des Regulators oder der überwindbare Gesamtmuffenwiderstand würde somit bei einem Unempfindlichkeitsgrad von 4 %

$$W = 0{,}04 \cdot 185{,}5 = \mathbf{7{,}42\ kg}$$

in der Übertragungsstange sein.

VII. ABSCHNITT.

Die Bauarten und Anlage der Dampfmaschinen. Die Konstruktion und Ausführung der Dampfmaschinenteile.

§ 50.

Die Bauarten, Rahmen und Kurbelwellenlager der Dampfmaschinen.

Die Bauart unserer Transmissions-Dampfmaschinen, d. h. die Ausführung und Anordnung ihrer wichtigsten Teile, ist eine sehr verschiedenartige. Man unterscheidet in dieser Hinsicht zunächst, je nachdem die Maschine auf einem besonderen Fundament befestigt wird und für längere Zeit bezw. dauernd ihren Standort innehalten soll, oder aber ohne besonderes und grösseres Fundament aufgestellt wird und nur für kürzere Zeit ihren Standort innehält, letzteren zudem in leichter Weise und ohne Demontage ändern kann, feststehende oder stationäre Maschinen, und mobile Maschinen oder Lokomobilen.[1])

Weiter ist für die Bauart der Transmissions-Dampfmaschinen die Lage der Cylinder- und Führungsachse massgebend. Ist diese Achse horizontal, so ist die Maschine eine liegende, ist die Achse vertikal, so heisst die Maschine eine stehende. Im letzteren Falle kann die Maschine noch freistehend im Raume angeordnet, oder aber an einer Wand bezw. an einem mit dieser verbundenen Mauerpfeiler befestigt und als sogenannte Wanddampfmaschine ausgebildet werden.

Endlich ist auf die Bauart die Ausbildung des Rahmens, die Anordnung der Cylinder, Kurbeln, Steuerung u. s. w. von Einfluss.

Um nun die gebräuchlichsten Bauarten unserer Transmissions-Dampfmaschinen kennen zu lernen, wollen wir hier vorläufig nur die stationären Maschinen ins Auge fassen und von diesen zunächst die in den weitaus meisten Fällen verwendeten liegenden und stehenden Maschinen einer Würdigung gegeneinander unterziehen, dann die Bauarten beider, soweit sie durch die Anordnung und Ausbildung ihrer Hauptteile bedingt ist, verfolgen, womit zugleich die für die Konstruktion und Ausführung der Rahmen und Kurbelwellenlager wichtigsten Regeln verknüpft werden können. Schliesslich sollen die Wanddampfmaschinen und Lokomobilen kurz eine Betrachtung bezüglich ihrer Bauart und Anlage finden.

---

1) Von der sonst noch mitunter üblichen Bezeichnung „halbmobile Maschinen" soll hier abgesehen werden.

1. Vor- und Nachteile der stehenden und liegenden Maschinen.

Stehende Transmissions-Dampfmaschinen fanden früher, abgesehen von den wegen ihres federnden Balanciers nur für wenig Umdrehungen und geringe Kolbengeschwindigkeiten brauchbaren Balanciermaschinen, bei stationären Anlagen nur wenig Verwendung. Sie haben sich erst dann wesentlichen Eingang im stationären Dampfmaschinenbau verschafft, als zum Betriebe von Dynamomaschinen hohe Umdrehungszahlen verlangt wurden und man die Welle der Dampfmaschine unter Vermeidung eines Zugkraftorganes (Riemen oder Seile) direkt mit der Welle der Dynamomaschine kuppelte, beide Maschinen also zu einem sogenannten Dampfdynamo vereinigte. Heute konkurriert die stehende Maschine mit oben befindlichem Cylinder schon ganz beträchtlich mit der liegenden, und in der That sind die Vorteile der ersteren so bedeutende, dass ihre Bauart, wie im Schiffsmaschinenbau schon lange, auch für feststehende Maschinen in Zukunft wohl die massgebende sein wird. Wenn heute noch viele Fabriken liegende Maschinen mit Vorliebe bauen, so liegt dies teils in der Gewohnheit, in den vorhandenen Einrichtungen, Modellen, den niedrigeren Preisen (siehe weiter unten) dieser Maschinen begründet, teils auch daran, dass die den einzelnen Firmen patentierte Ventilsteuerung sich leichter bei liegenden Maschinen anbringen lässt, bei stehenden dagegen immer einen komplicierten Antrieb und Cylinder erfordert.

Vergleichen wir die stehende und liegende Maschinenanordnung, so erkennen wir das Folgende:

Das Gewicht des Kolben- und Schiebergestänges wirkt bei liegenden Maschinen senkrecht, bei stehenden parallel zu den Unterstützungsflächen dieser Teile. Infolgedessen sind bei den erstgenannten Maschinen die Reibung und einseitige Abnützung, sowie die hiermit verbundenen Arbeitsverluste und erforderlichen Nachstellungen des Kolbens, Schiebers in und am Cylinder, des Kreuzkopfes, der Stangen in den Führungen und Stopfbuchsen u. s. w. viel grösser als bei den letztgenannten.

Namentlich ist dieser Umstand für Kolbenschieber, die ja meistens für hohe Drucke und Tourenzahlen verwendet werden, von Bedeutung, da nur bei genügender Dichtheit eine hinreichende Entlastung dieser Schieber und damit verbundene sichere Einwirkung des Regulators stattfindet. Weiter macht das bei liegenden Maschinen senkrecht zum Dampf- und Massendruck gerichtete Gestängegewicht in der Regel drei- oder vierteilige Kurbelwellenlager notwendig, die komplicierter in der Ausführung und schwieriger in der genauen Einstellung sind als die nur zweiteiligen Lager der stehenden Maschinen, wo alle Kräfte in der Hauptsache die gleiche Richtung haben. Endlich suchen die hin- und hergehenden Massen, falls diese nicht gut ausbalanciert sind, eine liegende Maschine hin- und herzuschieben, wodurch die Fundamentanker auf Biegung beansprucht werden, während die stehende Maschine unter dem Einfluss der gleichen Kräfte nur von dem Fundamente abgehoben bezw. auf dasselbe niedergedrückt wird, die Anker also von einer solchen Biegungsbeanspruchung frei bleiben.

Der Raum, den eine stehende Maschine zur Aufstellung erfordert, kann kleiner (ungefähr halb so gross) wie derjenige einer entsprechenden liegenden Maschine sein. Mit Rücksicht hierauf finden stehende Maschinen namentlich dann Verwendung, wenn der zur Verfügung stehende Platz klein oder teuer ist.

Das Fundament der stehenden Maschinen fällt einfacher als das der liegenden aus, und alle Stösse gehen bei stehender Anordnung in dasselbe.

Die Zugänglichkeit der stehenden Maschinen ist bei zweckmässiger Ausbildung des Rahmens ebenso leicht, die Bedienung fast ebenso bequem wie die der liegenden. Dasselbe ist hinsichtlich der Möglichkeit, Ausbesserungen bei etwaigen Betriebsstörungen vorzunehmen, der Fall. Die Betriebssicherheit ist ebenfalls bei beiden Anordnungen die gleiche.

Die Gleichförmigkeit des Ganges ist bei liegenden Maschinen unter sonst gleichen Verhältnissen grösser als an stehenden, bei denen das Gestängegewicht nicht ausgeglichen ist. Das bei den letztgenannten Maschinen zur Erzielung desselben Gleichförmigkeitsgrades erforderliche Mehrgewicht des Schwungrades und die hierdurch etwa bedingten grösseren Lagerdrucke, Wellenstärken u. s. w. gegenüber einer liegenden Maschine sind aber nur von geringer Bedeutung.

Der kurze Hub, mit welchem stehende Maschinen vielfach versehen werden, stellt dieselben hinsichtlich des Dampfverbrauches und der Betriebskosten etwas ungünstiger als liegende langhubige Maschinen. Es steht aber nichts im Wege — und viele Ausführungen beweisen das — auch stehende Maschinen mit langem Hube zu bauen, welche ebenso günstigen Dampfverbrauch wie liegende ergeben.

Die Anschaffungskosten der stehenden Maschinen sind im allgemeinen höher als die der entsprechenden liegenden. Aber für die Güte einer Bauart sind nicht diese Kosten allein, sondern die Kosten einer Pferdestärke, d. h. die Betriebskosten inkl. Bedienung, Reparaturen, Verzinsung und Amortisation des Anlagekapitales massgebend, und von zwei Maschinenanordnungen wird diejenige immer die beste sein, welche bei gleicher Betriebssicherheit den günstigsten wirtschaftlichen Wirkungsgrad ergiebt.

2. Bauarten, Rahmen und Kurbelwellenlager der liegenden Eincylindermaschinen.

Die liegenden Eincylindermaschinen unterscheiden sich in ihrer Bauart:

a) nach der Anordnung des Cylinders. Derselbe kann freihängend und schwebend mit seinem vorderen Flansch am Rahmen befestigt sein, oder aber in seiner Längsrichtung eine ein- oder mehrfache besondere Unterstützung auf dem Rahmen oder Fundamente besitzen. Die schwebende Cylinderanordnung ist natürlich nur für kleine Bohrungen und kurzen Hub zulässig, da sonst Durchbiegungen des Cylinders in der Längsachse eintreten.

b) nach der Form und Lage der Führungsbahnen für den Kreuzkopf. Die Führung kann in den Bahnen eben, rund oder ◇-förmig gestaltet sein, und die Bahnen können in der Schwingungsebene der Schubstange oder zu beiden Seiten dieser Ebene liegen.

Am beliebtesten sind jetzt **Rundführungen,** die zwei übereinanderliegende Streifen eines Hohlcylinders als Bahnen besitzen und auf der Bohrbank leicht und billig hergestellt werden können, auch in der später näher angegebenen Weise ein genaues Zusammenfallen von Cylinder- und Führungsachse durch die Bearbeitung sichern.

◇-förmige Führungen gewähren den Vorteil, dass der Kreuzkopf auch gegen Drehungen um die Führungsachse gesichert ist und einem seitlichen Verschleiss seiner Schleifer begegnet werden kann. Da der erstgenannte Vorteil aber nur bei einseitigem Antrieb der Luftpumpe vom Kreuzkopfzapfen aus von Wert ist, diese Antriebsweise aber jetzt mit Recht vermieden wird, sonst jedoch das Bestreben zu Verdrehungen in dem angedeuteten Sinne sehr gering ist, so finden ◇-förmige Führungen nur noch selten Verwendung, zumal ihre Herstellungskosten bedeutend höhere als die der Rundführungen sind.

Ebene Führungen können entweder einseitig in der Schwingungsebene der Schubstange unterhalb der letzteren, also an der Seite angeordnet werden, nach welcher bei der gewöhnlich in der Vorwärtsrichtung sich drehenden Maschine der Normaldruck wirkt — der selten und nur in geringem Masse in entgegengesetzter Richtung auftretende Normaldruck wird dabei durch zwei schmale Eisenschienen aufgenommen —, oder aber sie können zu beiden Seiten der vorerwähnten Schwingungsebene liegen, wodurch dann vier Führungsbahnen erforderlich werden. Einseitige Führungen der angedeuteten Art gestatten eine leichte Zugänglichkeit und Besichtigung des Kreuzkopfes und der Führung und werden mit Rücksicht hierauf gern bei schnelllaufenden kleinen Maschinen gewählt. Vierfach und zu beiden Seiten der Schubstangen-Schwingungsebene angeordnete ebene Führungsbahnen bieten den meistens nur gering angeschlagenen Vorteil, dass sie der Führungsachse sehr nahe gerückt werden können und dass deshalb das Moment der Reibung an den Schleifern geringer als bei denjenigen Führungen ausfällt, deren Bahnen in der Schwingungsebene der Schubstange liegen und soweit von der Achse entfernt werden müssen, als für den Ausschlag dieser Stange nötig ist. Stets fallen aber auch ebene Führungen in der Herstellung teurer als runde aus, weshalb letztere bei liegenden Maschinen eine weit häufigere Anwendung als erstere finden.

c) nach der Anordnung der Kurbelwellenlager und der Gestaltung der Kurbelwelle, je nachdem beide Lager mit dem Rahmen vereinigt sind und die Welle also eine gekröpfte ist, oder nur ein Lager am Rahmen sitzt, das andere Lager aber getrennt von diesem auf dem Fundament befestigt wird und also die Kurbel der Welle am Ende aufgezogen ist. Gekröpfte Wellen fallen teurer aus, bieten aber den Vorteil, dass die Lager einander sehr nahe gerückt werden können und der zur Aufstellung der Maschine erforderliche Platz kleiner sein kann. Auch fällt bei Rahmen mit zwei angegossenen Lagern wegen des fliegend angeordneten Schwungrades der Unterschied zwischen Rechts- und Linksmaschinen[1]) fort, was bei Rahmen mit nur einem angegossenen Lager und zwischen den Lagern befindlichem Schwungrad nicht der Fall ist. Gekröpfte Wellen und Rahmen mit zwei Lagern findet man jetzt meistens nur bei kleinen und mittleren liegenden Maschinen, namentlich dann, wenn letztere mit einer Dynamomaschine direkt gekuppelt sind, deren rotierende Teile dann zugleich als Schwungmassen für die Dampfmaschine dienen.

Von den verschiedenen Ausführungen der hier zu betrachtenden Rahmen für liegende Eincylindermaschinen sind zu nennen:

Das **Doppelbalkenbett** in Fig. 1, Taf. 1 mit vier Führungsbahnen, die paarweise zu beiden Seiten der Schubstangen-Schwingungsebene liegen. Es besteht aus zwei Längsbalken von ⊓-förmigem Querschnitt, die durch Querbalken untereinander verbunden sind. Das Kurbelwellenlager, die Führungen und der Cylinder werden durch Schrauben auf besonderen Arbeitsleisten des Bettes befestigt.

Angegossene Knaggen, welche mit zwischen getriebenen Keilen das Lager und den Cylinder gegen Verschiebungen in der Bewegungsrichtung der hin- und hergehenden Massen sichern sollen, haben den Nachteil, dass der Cylinder sich nicht seiner Erwärmung entsprechend frei ausdehnen kann, erschweren auch die genaue Herstellung der Arbeitsleisten, die alle in einer Horizontalebene liegen müssen. Es empfiehlt sich deshalb nach v. Reiche, die Knaggen am Cylinder fortzulassen und den letzteren an seinem, der Führung näher liegenden Ende durch zwei Keile zu befestigen, die auf jeder Seite quer zur Hubrichtung zur Hälfte in den Fuss des Cylinders und zur Hälfte in den Längsbalken des Bettes getrieben werden.

1) Liegt bei einer Maschine, wenn man vom Cylinder gegen die Kurbelwelle sieht, die der letzteren aussen aufgesteckte Kurbel rechts von ihrem Lager, so nennt man die Maschine eine Rechts-, im entgegengesetzten Falle eine Linksmaschine.

Das Doppelbalkenbett bildet eine sehr solide, d. h. nicht federnde, starre Rahmenform, gewährt auch den Vorteil, dass die einzelnen Teile bei erforderlicher Reparatur ohne Demontage des Bettes abgenommen werden können und dass die Hebelarme der angreifenden Kräfte (siehe später) klein ausfallen, da sowohl die Cylinder- und Führungsachse dem Fundamente, als auch die Gleitbahnen der Führungsachse recht nahe liegen. Trotz dieser Vorzüge tritt das Doppelbalkenbett gegen Rahmen mit Rundführung in der Anwendung immer mehr zurück, hauptsächlich wegen seines grossen Gewichtes und seiner schwierigen Bearbeitung.

An Stelle der vier ebenen Führungsbahnen lassen sich beim Doppelbalkenbett auch zwei runde Bahnen in der Schwingungsebene der Schubstange anbringen, wie dies Fig. 2, Taf. 1 zeigt. Besondere Vorteile gewährt aber diese Anordnung gegenüber derjenigen in Fig. 1 nicht.

Rahmen mit einseitiger, ebener Führung sind auf Taf. 2 dargestellt, und zwar zeigt Fig. 1 die Ausbildung des Rahmens bei gekröpfter Welle, Fig. 3 dieselbe bei aufgesteckter Stirnkurbel und besonderem hinteren Lager. Der Cylinder kann in beiden Fällen schwebend angeordnet werden und greift in Fig. 1 über einen abgedrehten Vorsprung, in Fig. 2 in eine ausgebohrte Vertiefung des hinteren Rahmenflansches. Zur Aufnahme des bei vorwärtslaufenden Maschinen nur selten nach oben gerichteten Normaldruckes dienen Stahlschienen, die über die Ränder des Kreuzkopfschleifers greifen und durch Schrauben auf der unteren Führung befestigt, sowie durch Prisonstifte in ihre Lager gesichert werden.

Von den Rahmen mit Rundführungen ist zunächst der schwebende **Bajonettrahmen** in Fig. 1, Taf. 3 zu erwähnen. Er ruht nur unter dem Kurbellager auf dem Fundament und ist mit dem anderen Ende durch Schrauben am Cylinderflansch befestigt. Zur Verbindung des cylindrischen Hohlkörpers, welcher die Führungsbahnen enthält, dient meistens ein Hohlgussbalken, selten ein solcher von ⊥-förmigem Querschnitt. Der letztere erleichtert zwar das Einformen, ist auch, wenn er mit dem Kurbellager durch Schrauben verbunden wird — was man hier wegen der leichten Anbringung und Zugänglichkeit dieser Schrauben häufig antrifft — ohne Weiteres zu Rechts- und Linksmaschinen verwendbar, genügt aber weniger den Festigkeitsanforderungen als der kastenförmige Hohlgussbalken.[1])

Zur Entfernung des Kernes aus dem letzteren sind die nötigen Kernlöcher vorzusehen. Auch ist Bedacht auf eine Öffnung zum Austreiben des Kreuzkopfzapfens zu nehmen, falls dieses nicht bei der dem Lager näheren Totlage des Kreuzkopfes ohne eine solche Öffnung möglich ist. Die Aussparung im cylindrischen Führungsteile wird gewöhnlich mit einer Leiste versehen, die blank gemacht, oder auch nur sauber gestrichen und dann wulstartig ausgebildet wird.

Bei schwebend angeordnetem Cylinder, was, wie nochmals erwähnt werden soll, nur für kleine Bohrungen und kurzen Hub zulässig ist, muss der Rahmen natürlich

1) Derselbe ist mit dem Lager gewöhnlich zusammengegossen, und muss letzteres im Modell, je nachdem der Rahmen für eine Rechts- oder Linksmaschine verwendet werden soll, anders angeordnet werden.

an der Cylinderseite eine Unterstützung auf dem Fundamente erhalten. Man gelangt dann zu der in Fig. 1, Taf. 5 dargestellten Form des Rahmens.

Der schwebende Bajonettrahmen fällt sehr leicht aus und bietet neben billiger Bearbeitung der Rundführung den Vorteil, dass mit dem Ausbohren der letzteren gleichzeitig der hintere Rahmenflansch abgedreht und mit einem genau bearbeiteten, ein- oder vorspringenden Centrierungsring versehen werden kann. Mit diesem letzteren greift der Rahmen später in oder über den entsprechend bearbeiteten Cylinderflansch und sichert so ein genaues Zusammenfallen von Führungs- und Cylinderachse schon durch die Bearbeitung und unabhängig von einer richtigen Montage. Näheres über diese Verbindung des Rahmens mit dem Cylinder ist im nächsten Paragraphen angegeben.

Einen Nachteil des schwebenden Bajonettrahmens bilden die Durchbiegungen, welche in der Führung infolge des Normaldruckes selbst bei nicht zu grossem Hube auftreten und oft mit blossem Auge wahrzunehmen sind. Um diese Durchbiegungen möglichst zu vermindern oder ganz zu beseitigen, giesst man bei kleinen und mittleren Maschinen wohl nach Fig. 1, Taf. 3 dem der Kurbel näheren Führungsende einen Fuss A an, oder lässt nach Fig. 2, Taf. 3 (siehe auch die Abbildung des Titelblattes, welche einer Ausführung von Theodor Wiede's Maschinenfabrik in Chemnitz entspricht) den Hohlbalken des Rahmens vom Lager bis zur Führung am Fundamente aufliegen. Am besten ist jedenfalls, zur Vermeidung der angeführten Durchbiegungen den Rahmen auf seiner ganzen Länge, also vom Lager bis zum Flansch, zu unterstützen, und diesbezügliche Ausführungen sind nicht nur bei grossen Maschinen geboten, sondern werden, trotzdem nun der Rahmen wieder schwer ausfällt, jetzt vom modernen Maschinenbau auch bei kleinen und mittleren Maschinen bevorzugt. Fig. 1, Taf. 4 zeigt einen solchen Rahmen in einer Ausführung, wie sie von G. Kuhn in Stuttgart stets gewählt wird, Fig. 2, Taf. 4 einen solchen in der bei grossen Maschinen meist gebräuchlichen Form.

Ganz auf dem Fundament liegende Rahmen mit Rundführung nach Fig. 2 und 3, Taf. 5 schliesslich kommen meistens an kleineren Maschinen vor. In Fig. 2 sind beide Lager, in Fig. 3 nur ein Lager dem Rahmen angegossen.

Bei der **Konstruktion der Rahmen** sind die folgenden Punkte zu beachten:

Jeder Rahmen muss genügend starr sein, darf nicht federn und soll die auftretenden Kräfte möglichst in sich aufnehmen, damit Beanspruchungen des Fundamentes thunlichst vermieden werden. Wir empfehlen, wenn

S den Hub der Maschine in **mm**

bezeichnet, für die einfache, nicht mit Arbeitsleisten versehene Wandstärke

beim Doppelbalkenbett $\delta = \frac{S}{100} + 5$ mm,

bei allen anderen Rahmen in der Führung

$$\delta = \frac{S}{40} + 5 \text{ mm},$$

sonst

$$0{,}8\,\delta \text{ bis } \delta$$

zu nehmen, an den zu bearbeitenden Stellen 8 bis 15 mm zuzugeben, die Wandstärke also auf

$$\delta + 8 \text{ bis } 15 \text{ mm}$$

zu erhöhen.

Der Rahmen ist auf dem Fundamente mit möglichst wenigen, aber kräftigen Ankern zu befestigen, die dort anzuordnen sind, wo die Kräfte am Rahmen angreifen. Passende Stärken, die auf englische Zolle abzurunden sind, liefert für die Fundamentanker in den meisten Fällen der Wert

$$\frac{3}{100} S + 15 \text{ bis } 20 \text{ mm}.$$

Die Hebelarme für die angreifenden Kräfte und Reibungswiderstände sind, damit die Momente beider gering werden, möglichst klein zu halten, d. h. die Cylinder- und Führungsachse ist dem Rahmen bezw. Fundamente, die Schlittenbahnen sind der Führungsachse thunlichst zu nähern. Für die Höhe des Rahmens von Mitte Führung bis Oberkante Fundament empfiehlt sich zu nehmen:

beim Doppelbalkenbett $\frac{S}{2} + 50$ bis 100 mm,

bei den anderen Rahmen je nach der Ausbildung

$$\frac{S}{2} + 120 \text{ bis } 200 \text{ mm},$$

oder besser wie in Fig. 2, Taf. 3 und 5

$$\frac{D'}{2} + 100 \text{ bis } 150 \text{ mm}^{1)},$$

unter **D'** die Bohrung der Rundführung in **mm** verstanden.

Die letztere wird man mit Rücksicht auf die vorstehende Bedingung nur gerade so gross nehmen, dass die Schubstange schwingen kann. Passende Bohrungen liefert in der Regel der Wert

$$D' = \frac{S}{2} \text{ bis } \frac{S}{2} + 30 \text{ mm}.$$

Beim Doppelbalkenbett sind die Schleifer nach der vorstehenden Regel möglichst niedrig zu halten und beiderseits möglichst nahe an den Kreuzkopf zu rücken.

Die Breite der Gleitflächen ist ebenso gross wie die der Schleifer zu machen, deren erforderliche Druckflächen nach § 25 zu berechnen sind.

Die Länge der Gleitflächen ist so zu bemessen, dass die Schleiferenden in den Totlagen des Kreuzkopfes um

$$k_1 = 10 \text{ bis } 15 \text{ mm}$$

übertreten. Ist also

λ die Länge der Schleifer in **mm**,

so muss die Länge der Gleitflächen

$$S + 2\left(\frac{\lambda}{2} - k_1\right) = S + \lambda - 2\,k_1$$

betragen.

1) In Fig. 1, Taf. 5 anstatt $\frac{D'}{2} \cdots \frac{D''}{2}$, wenn D'' der äussere Durchmesser des Cylinderflansches ist.

Beim Aufzeichnen eines Rahmens trägt man zuerst die Mitte des Kurbelwellenlagers und des Kreuzkopfhubes, d. i. die Längsmitte der Gleitflächen, auf. Der Abstand beider Mitten ist gleich der Schubstangenlänge **L** von Mitte bis Mitte Auge. Von der Längsmitte der Gleitflächen aus können dann die Totlagen des Kreuzkopfes und die Länge der Gleitflächen selbst aufgezeichnet werden. Nach hinten zu ist der Rahmen so lang zu machen, dass bei der dem Cylinder näheren Totlage des Kreuzkopfes zwischen dessen Nabe und der ganz ausgezogenen Stopfbuchsbrille noch

$$\mathbf{k_2 = 50 \text{ bis } 100 \text{ mm}}$$

Spielraum verbleiben.

Für genügende und sorgfältige Schmierung der Führungsbahnen ist natürlich stets Sorge zu tragen. Den oberen Gleitflächen wird bei der meistens gebräuchlichen Ölschmierung das Schmiermaterial aus einem der Führung aufgegossenen Behälter vermittelst Docht und Röhrchen zugeführt. Die unteren Gleitflächen, denen man das Öl meistens aufgiesst, besitzen an den Hubenden in der Regel kleine Behälter, die durch angegossene oder angeschraubte Leisten gebildet werden und das Entweichen des Öles verhindern, auch die Enden der Schleifer immer in das Schmiermaterial tauchen lassen. Bei Fettschmierung müssen in der unteren Bahn nach Fig. 3, Taf. 5 genügend grosse Schmiernuten vorgesehen werden.

Schliesslich sollen bei keiner modernen Maschine die erforderlichen Ölfänger fehlen, damit das Fundament vor dem fortgeschleuderten Öl geschützt und dieses behufs Wiederverwendung nach vorausgegangener Reinigung gesammelt wird. Die Figuren auf Taf. 2 bis 5 zeigen die verschiedensten Ausführungen solcher Ölfänger. Sie bestehen, falls der Rahmen nicht schon derartig ausgebildet ist, aus einer unter der Kurbel befindlichen Platte, welche durch ihre beiderseitige Neigung oder ihre Krümmung das Öl nach einer Sammelstelle leitet, und einem Schirm, der auf der Aussenseite der Kurbel an der vorerwähnten Platte sitzt. Mit dem Ölfänger wird meistens das Geländer der Maschine verbunden, es sei denn, dass die Schubstange in einem aus zwei Teilen bestehenden Gehäuse (siehe Fig. 1, Taf. 5) schwingt oder die Bettform den Schutz eines besonderen Geländers unnötig macht.

Die **Kurbelwellenlager** sind nur bei kleinen liegenden Maschinen zweiteilig mit unter 45° stehenden Lagerfugen (siehe Fig. 2, Taf. 2 und 5), sonst in der Regel drei- oder vierteilig aus den schon angeführten Gründen. Die Lagerschalen werden jetzt nur bei kleinen Bohrungen aus Rotguss oder Bronze hergestellt, bestehen sonst aber stets aus Gusseisen, denen Weiss-, Magnoliametall oder eine entsprechende Legierung an den Laufflächen eingegossen ist. Gehalten wird die Legierung in schwalbenschwanzförmigen Nuten, die dem Umfang und der Länge nach verlaufen. Des besseren Haftens der Legierung wegen werden die Nuten etwas bearbeitet und mit flüssigem Zinn bestrichen. Zum Nachstellen der seitlichen Lagerschalen dienen entweder Stellschrauben mit Druckplatte, die von der Seite her, oder Keilstücke, die von oben aus bethätigt werden. Solche Nachstellvorrichtungen werden aber meistens nur an der einen, freien Seite des Lagerbockes angeordnet, was für gewöhnlich auch hinreichend ist, zumal die andere Seite, wo der Rahmen anschliesst, seitliche Stellschrauben nicht immer unterbringen lässt, auch einem starken Verschleiss der Lagerschale an dieser Seite durch Einlegen einer stärkeren Hinterplatte begegnet werden kann.

Fig. 4 und 5, Taf. 22 zeigen die gebräuchliche Ausführung der vorliegenden Kurbelwellenlager, von denen die erste an einer liegenden Verbundmaschine von H. Paucksch, Aktien-Gesellschaft in Landsberg a/W., auf der Frankfurter Ausstellung im Jahre 1891 ausgeführt war, die letzte dem „Praktischen Maschinenkonstrukteur von Uhland"[1]) entnommen ist.

Die Gusseisenschalen werden hinreichend stark gemacht. In Fig. 4 sind dieselben aussen auf der ganzen Länge abgedreht und an einer Drehung im Lagerkörper durch schmiedeeiserne Zapfen verhindert, welche in die Unterschale greifen. In Fig. 5 sind die Lagerschalen aussen mit Arbeitsleisten versehen, welche zusammen ein Achteck bilden und von Hand in den entsprechend gestalteten Lagerbock eingepasst werden. Verschiebungen der Schalen in deren Längsrichtung werden in Fig. 4 durch Ränder, welche den Schalen angegossen sind, in Fig. 5 durch die Zapfen der Unterschale verhütet; die übrigen Schalen sind in der letztgenannten Figur dann auch gegen eine Verschiebung gesichert, indem sie zwischen Kurbelnabe und Kurbelwellenbund oder -ansatz liegen.

Die Stärke der schmiedeeisernen oder stählernen Seitenplatten bezw. die Öffnung im Lagerkörper muss so gross sein, dass die untere Schale nach geringem Anheben der Welle um letztere herumgedreht und herausgenommen werden kann. Der Lagerdeckel ist an jeder Seite doppelt auf den Lagerbock eingepasst, in Fig. 4 auch noch durch zwei Bolzen gegen Kräfte, welche in dieser Richtung auf den Deckel einwirken, geschützt.

Die Keilstücke in Fig. 4 werden unabhängig vom Deckel durch Schrauben eingestellt, welche sich in Rotgussmuttern drehen. In Fig. 5 bestehen die Stellschrauben und die in den Lagerkörper eingelegten Muttern aus Stahl; Gegenmuttern sind hier nötig, weil man die Seitenschalen nicht fest anpressen darf.

Die Stärke der Lagerschalen kann man

$$w_1 = \frac{d_1}{6} + 20 \text{ mm},$$

die Stärke des Weissmetalles an der schwächsten Stelle

$$w_2 = \frac{d_1}{40} + 5 \text{ mm}$$

nehmen, wenn $\mathbf{d_1}$ die Bohrung des Lagers ist.

Zur Schmierung des Kurbelwellenlagers wird wieder fast stets Öl genommen, das gewöhnlich aus zwei seitlich von der Längsmitte auf dem Deckel befestigten Tropfölern entnommen und durch Röhrchen und breite Schmiernuten nach der Lagermitte und Unterschale geleitet wird. Ein in der Längsmitte des Deckels aufgegossener Behälter wird vielfach mit Speck oder konsistentem Fett angefüllt und dient als Reserve-Schmiervorrichtung bei etwaigem Warmlaufen. Neuerdings findet man auch die bei Transmissionslagern übliche Ringschmierung auf die Kurbelwellenlager angewendet.

---

1) Jahrgang 1888, Seite 193.

3. Bauarten der liegenden Mehrcylindermaschinen.

Zweimal-Expansionsmaschinen unterscheiden sich in ihrer Bauart hauptsächlich durch die Lage der Cylinder, die neben- oder hintereinander liegen können.

Maschinen mit nebeneinander liegenden Cylindern besitzen zwei Kurbeln, die unter 90 oder 180° gegeneinander versetzt sind. Die Anordnung der Kurbeln unter 90° bietet nach den Angaben auf Seite 57 den Vorteil, dass die Gleichförmigkeit des Ganges unter sonst gleichen Verhältnissen eine grössere als bei der Kurbelanordnung unter 180° ist, während letztere, wie auf Seite 56 angeführt, durch teilweise Aufhebung der Massendrucke in den beiden Gestängen einen ruhigeren Gang gewährt. Bezüglich der Ausbildung der Rahmen hat man hier zwei Anordnungen zu unterscheiden. Man verwendet nämlich entweder zwei getrennte Rahmen und eine Kurbelwelle mit zwei aufgesteckten Stirnkurbeln, oder man benutzt nur einen Rahmen mit zwei Führungen und eine doppelt gekröpfte Kurbelwelle. Beide Bauarten sind durch die Fig. 1 bezw. 2 auf Taf. 24 wiedergegeben, von denen die erste einer Ausführung von Richard Raupach, Maschinenfabrik in Görlitz entspricht, die zweite eine Schmidtsche Heissdampfmaschine von J. E. Christoph, Maschinenfabrik in Niesky bei Görlitz darstellt. Auch ist die zweite Anordnung an der von Pokorny & Wittekind in Bockenheim bei Frankfurt a/Main ausgeführten schnelllaufenden Maschine in Fig. 161 des Textes ersichtlich.

Die Bauart mit zwei getrennten Rahmen ist die bei grossen Kompound-Maschinen übliche. Als Rahmen können alle bei den liegenden Eincylindermaschinen besprochenen Ausführungen mit nur einem Lager verwendet werden. Infolge des verhältnismässig grossen Abstandes der beiden Rahmen und Cylinder voneinander wird der zur Aufstellung der Maschine erforderliche Raum gross, das Fundament schwer und teuer. Auch fallen die Dampfleitungen zwischen beiden Cylindern lang aus, was für die Dampfverluste durch Abkühlung nicht günstig ist, und die Kurbelwelle wird oft recht stark. Weit besser ist dies bei der zweiten Anordnung, wo die Maschine nur einen Rahmen besitzt und die Cylinder und Führungsachsen einander recht nahe gerückt werden, die ganze Anordnung also eine gedrängtere wird. Aus diesem Grunde findet diese Bauart meistens bei Antrieb von Dynamomaschinen Verwendung, zumal der Aufnehmer recht klein gehalten werden kann, was ja zur schnellen und guten Regulierung einer Zweimal-Expansionsmaschine erforderlich ist. Für Maschinen mit 180° gegeneinander versetzten Kurbeln ist die letztgenannte Bauart natürlich die allein massgebende, da es ja hier, wie auf Seite 56 gezeigt wurde, darauf ankommt, die Gestängeachsen einander so nahe als möglich zu legen. Als Bettformen kommen hier Ausführungen nach Fig. 2, Taf. 2 in Betracht. Die aufgegossenen Führungen können eben oder rund sein, die Cylinder werden bei kleinen Maschinen schwebend angebracht.

Fig. 161.

Die unter dem Namen Tandembauart bekannte Anordnung der Zweimal-Expansionsmaschinen mit hintereinander liegenden Cylindern und nur einer Kurbel bedarf zur Aufstellung eines langen, schmalen Raumes und gewährt nach Seite 56 bei nicht zu hohen Anschaffungskosten den Vorteil, dass sie sich möglichen Falles leicht durch Anhängen eines grösseren Cylinders an den vorhandenen einer Eincylindermaschine herstellen lässt. Die Gleichförmigkeit des Ganges ist bei ihr dagegen kleiner als bei zwei unter 90° gegeneinander versetzten Kurbeln.

Fig. 162 des Textes zeigt die gebräuchliche Tandemmaschinen-Anordnung an einer Ausführung der Maschinenfabrik von Pokorny & Wittekind in Bockenheim bei Frankfurt a/Main. Der grosse Cylinder liegt meistens hinter dem kleinen, wenn auch manche die umgekehrte Anordnung wegen des besseren Aussehens der Maschine vorziehen. Das Verbindungsstück zwischen beiden Cylindern wird drei- oder vierteilig gemacht, und die beiden Cylinder werden so weit voneinander abgerückt, dass man den Kolben des vorderen Cylinders in dem Zwischenraume nachsehen kann, es sei denn, dass die Anordnung und Ausbildung der bezüglichen Cylinderdeckel eine derartige ist, dass beide, sowie der Kolben des vorderen kleinen Cylinders durch den hinteren grossen Cylinder herausgezogen werden kann (siehe § 51).

Bezüglich der oben erwähnten Schmidtschen Heissdampfmaschinen sei hier erwähnt, dass dieselben bei Einfach-Expansionsmaschinen meistens noch aus zwei nebeneinander liegenden Cylindern bestehen, die nach Art der Gasmotoren vorne offen sind. Die Wirkung des Dampfes auf den Kolben ist eine einseitige. Die Kurbeln sind unter 180° gegeneinander versetzt. Hierdurch wird die Stopfbüchse der einseitigen Kolbenstange, deren dauernde Dichthaltung bei der hohen Temperatur des überhitzten Dampfes immer schwierig ist, entbehrlich, und die Liderringe des sehr langen Kolbens liegen immer in einer kühlen Zone.

Fig. 162.

Bei Verbundmaschinen wird nur der kleine Cylinder einfachwirkend ausgeführt, und zwar doppelt oder nur einmal wie in Fig. 2, Taf. 24 angeordnet. Die letztere Anordnung setzt eine eigentümliche Dampfverteilung voraus, die nach einer freundlichen Mitteilung des Herrn J. E. Christoph in Niesky wie folgt vor sich geht. Die Kurbel des doppeltwirkenden Niederdruckcylinders eilt derjenigen des Hochdruckcylinders um 90° voran, und das hinter den Kolben des letzteren tretende Dampfquantum wird den folgenden Perioden unterzogen.

1. halbe Umdrehung: Dampfeintritt, Expansion und Dampfvoraustritt hinter dem kleinen Kolben allein bezw. in den Receiver;
2. halbe Umdrehung: Zuerst Dampfaustritt vor dem kleinen Kolben in den Receiver, bis die Hochdruckkurbel nicht ganz unter 90°, die Niederdruckkurbel kurz vor ihrer inneren Totlage steht. Dann Voreintritt hinter den grossen Kolben, gemeinschaftliche Expansion[1]) im Receiver, vor dem kleinen und hinter dem grossen Kolben (zugleich Dampfeintritt für den letzteren), sowie später Kompression hinter dem kleinen Kolben allein, Expansion hinter dem grossen Kolben und im Receiver;
3. halbe Umdrehung: Expansion hinter dem grossen Kolben, Dampfvoraustritt, bis die Kurbel des Niederdruckcylinders in der äusseren Totlage steht. Nun Austritt, Kompression u. s. w. auf der bisherigen Kolbenseite. Auf der anderen Seite des grossen Kolbens gemeinschaftliche Expansion mit dem Receiver (zugleich als Dampfeintritt auf dieser anderen Kolbenseite), Expansion hinter dem grossen Kolben u. s. w.

Man ersieht hieraus, dass der Niederdruckcylinder auf der einen Kolbenseite Dampf von wesentlich höherer Spannung als auf der anderen erhält, weil die eine Kolbenseite mit dem kleinen Cylinder in Verbindung tritt, die andere dagegen von diesem getrennt bleibt und Dampf empfängt, der schon auf der erstgenannten Seite, sowie im Receiver expandiert hat. Die hierdurch veranlasste Ungleichheit der Arbeit des Niederdruckcylinders auf beiden Kolbenseiten ist aber für die gleichmässige Verteilung der Arbeit der Maschine auf die vier Quadranten nur günstig, indem der Niederdruckcylinder auf der einen Seite während des Dampfaustrittes am kleinen Cylinder und zusammen mit diesem, auf der anderen Seite aber während der Expansionsperiode im kleinen Cylinder, wenn auch getrennt von diesem, seine Hauptarbeit leistet.

Die Erfolge, welche die Schmidtschen Heissdampfmaschinen bezüglich des Dampfverbrauches erzielt haben, stehen bis jetzt unerreicht da. Nach Versuchen betrug der Dampfverbrauch für die Nutzpferdestärke und Stunde

bei einer 39 pferd. Auspuffmaschine nur 7,7 bis 7,9 kg,
bei einer 62 pferd. Verbundmaschine mit Kondensation nur 5,5 kg.

Liegende **Dreimal-Expansionsmaschinen** werden stets mit zwei unter 90° versetzten Kurbeln versehen. Auf die eine derselben wirken die tandemartig hintereinander liegenden Hoch- und Mitteldruckcylinder, für deren Anordnung das bei der Tandemmaschine Angeführte gilt. An der anderen Kurbel greift der Niederdruckcylinder an, dessen durch beide Cylinderdeckel gehende Kolbenstange hinten die Luftpumpe bewegt. Bisweilen giebt man der Niederdruckkurbel auch wohl einen grösseren Hub als der Mittel- und Hochdruckkurbel, damit beide Maschinenseiten gleich lang werden und der Platz vollständig ausgenützt wird.

1) Mit anfänglicher kleiner Kompression.

Fig. 163 des Textes lässt die gewöhnliche Anordnung der liegenden Dreifach-Expansionsmaschinen wieder an einer Ausführung der Maschinenfabrik von Pokorny & Wittekind in Bockenheim bei Frankfurt a/Main erkennen.

4. Bauarten, Rahmen und Kurbelwellenlager der stehenden Eincylindermaschinen.

Diese Maschinen, von denen hier nur diejenigen mit oben befindlichem Cylinder betrachtet werden sollen, da die umgekehrte Anordnung mit oben liegender Kurbelwelle nur sehr selten ihre Berechtigung hat, kommen hauptsächlich in zweierlei Bauarten zur Ausführung. Dieselben unterscheiden sich vorzugsweise in der Form des Rahmens und der Führung; die Anordnung und Ausbildung der übrigen Teile, soweit selbige nicht durch die Steuerung bedingt sind, lässt nur wenig und geringe Abweichungen zu.

Fig. 163.

Die eine der erwähnten beiden Bauarten zeigt grosse Ähnlichkeit mit derjenigen eines Dampfhammers, der ihr Vorbild war, und Maschinen mit dieser Bauart bezeichnet man deshalb auch gewöhnlich als **Hammermaschinen.** Das Bett derselben besteht nach Fig. 1, Taf. 6 aus einer soliden Grundplatte, der die beiden (manchmal auch noch ein drittes) Kurbelwellenlager enthält. Auf der Platte wird zur einen Seite der Lager ein kräftiger Hohlgussständer mit der meistens einseitigen, ebenen Führung, zur anderen Seite eine schmiedeeiserne oder hohle gusseiserne Säule befestigt, die beide zusammen oben den Cylinder tragen. Die Kurbelwelle ist, wie bei stehenden Maschinen stets, gekröpft und die Grundplatte zwischen den Hauptlagern so ausgebildet, dass die Schubstange schwingen kann.

Der Hohlgussständer ist oben und unten zur Entnahme des Kernes offen, die Säule wird nach der Figur durch Schrauben am Cylinder befestigt, die durch eine Öffnung m einzubringen sind. In Fig. 1a, Taf. 6 sind zwei Säulen angeordnet, die mit dem Cylinder durch Keile verbunden werden. Selten findet man die Säule, welche dann stets aus Gusseisen bestehen muss, nach Fig. 4, Taf. 6 noch mit einer zweiten Führung versehen.

Als Vorteil der vorliegenden Bauart ist die leichte Zugänglichkeit und grosse Übersichtlichkeit der bewegten Teile zu nennen.

Maschinen der zweiten Bauart besitzen einen **Rahmen von symmetrischer oder A-Form,** wie ihn Fig. 2 und 3, Taf. 6 zeigen. Hier sind zwei Ständer vorhanden, welche nach Fig. 2 mit der Grundplatte zusammengegossen, nach Fig. 3 derselben aufgeschraubt sind. Die Führung ist rund (selten eben), und der Cylinder wird auf den beiden Ständern, die sich oben zu einer runden Platte vereinigen, mit einer Centrierungsleiste befestigt.

Diese zweite Rahmenform bietet den Vorteil, dass bei billiger Herstellung der Rundführung wie beim Korlissrahmen ein genaues Zusammenfallen von Cylinder- und Führungsachse schon durch die Bearbeitung gesichert wird. Bezüglich der Zugänglichkeit und Übersichtlichkeit der bewegten Teile steht sie dagegen der erst erwähnten Rahmenform nach.

Fig. 164 des Textes lässt die Bauart einer stehenden Eincylindermaschine mit A-Rahmen, wie sie von Pokorny & Wittekind in Bockenheim bei Frankfurt a/Main gebaut werden, nochmals deutlicher erkennen.

Für die **Konstruktion der vorliegenden Rahmen** sind die auf Seite 292 und 293 angeführten Regeln wieder massgebend. Nur nehme man hier mit Rücksicht auf den meist kurzen Hub S der stehenden Maschinen

die Wandstärke

$$\delta = \frac{S}{50} + 10 \text{ mm},$$

die Bohrung der Rundführung

$$D' = \frac{S}{2} \text{ bis } \frac{S}{2} + 50 \text{ mm}.$$

Zu beachten ist auch, dass bei der Konstruktion nach Fig. 2, Taf. 6, wo die Ständer der Grundplatte angegossen sind, an der letzteren in der Verlängerung der Führungsachse eine genügend grosse Öffnung zum Durchlassen der Bohrspindel vorzusehen ist. In Fig. 2, Taf. 6 ist diese Öffnung nicht angedeutet, dagegen in Fig. 2, Taf. 25.

Die Auflageflächen des Rahmens am Fundament sind so breit zu machen, dass der Auflagedruck 2 kg/qmm nicht überschreitet. Auflageflächen und Fundamentanker sind dabei zweckentsprechend zu verteilen.

Das Schmiermaterial wird der Führung, wenn Ölschmierung vorhanden, durch ein Röhrchen von der jetzt meist gebräuchlichen Centralschmiervorrichtung aus zugeleitet und durch einen am unteren Ende der Führung befestigten kleinen Behälter am Entweichen verhindert. Bei Fettschmierung dagegen ist das Schmiermaterial durch besonders weite Nuten auf die Führung zu pressen, wie dies aus Fig. 1 und 3, Taf. 6 ersichtlich ist. Bezüglich der Schmiervorrichtung in Fig. 1 ist bei den „Kreuzköpfen“ das Erforderliche gesagt.

Die **Kurbelwellenlager** werden der Führungsachse möglichst nahe gerückt, damit die Kurbelwelle nicht zu stark ausfällt und bei Schiebersteuerungen mit ausserhalb der Lager befindlichen Excentern die Dampfkanäle nicht zu lang werden. Die Lager brauchen, weil der Dampf- und Massendruck mit dem Gewicht des Gestänges in der Hauptsache in eine Richtung fällt, nur zweiteilig zu sein. Die Lagerschalen bestehen aus Gusseisen, werden aussen abgedreht und innen mit Weissmetall ausgegossen. Fig. 6, Taf. 22 zeigt die gebräuchliche Ausführung. Zwei seitliche Schmiervorrichtungen führen Öl zu, das in der Mitte dem Deckel eingegossene Gefäss dient wieder als Reserve-Schmiervorrichtung und wird mit Speck oder Fett angefüllt. An den beiden Enden sind die Schalen wulstartig ausgebildet, um das verbrauchte Öl aufzunehmen und unten durch ein Röhrchen nach der Sammelstelle zu leiten.

5. Bauarten der stehenden Mehrcylindermaschinen.

Bei den **Zweimal-Expansionsmaschinen** ist die Bauart wieder von der Anordnung der Cylinder und der Zahl der Kurbeln abhängig, genau wie dies auf Seite 294 für die entsprechenden liegenden Maschinen angegeben wurde.

Fig. 164.

Liegen die Cylinder, von denen jeder auf eine besondere Kurbel wirkt, nebeneinander, so werden auf der gemeinschaftlichen Grundplatte zwei der vorstehend besprochenen Ständerformen befestigt. Die Welle ist doppelt gekröpft und in drei oder vier Lagern unterstützt. Die bei einseitiger Führung zur Stützung der Cylinder erforderlichen Säulen sind, damit die bewegten Teile übersichtlich und zugänglich bleiben und damit die Kräfte vom Cylinder auf dem kürzesten Wege zum Fundament geleitet werden, meistens zwischen die Lager einer jeden Kurbelkröpfung, also in die Schwingungsachse der Schubstange oder in möglichster Nähe dieser Ebene, gesetzt.

Die Cylinder- und Führungsachsen werden häufig einander recht nahe gerückt. Es bietet dies den Vorteil, dass die ganze Anordnung recht gedrängt und der zur Aufstellung erforderliche Platz klein ausfällt. Auch sind bei nahe aneinander gerückten Cylindern die nun aussen liegenden Steuerungsorgane leichter zugänglich, während andererseits bei weiter abstehenden Cylindern und zwischen diesen befindlichen Steuerungsorganen das Schwungrad dem äusseren Rahmenlager recht nahe gesetzt werden kann, sowie die Kreuzköpfe und Schubstangen der Maschine besser zu erreichen und zu übersehen sind. Bei Maschinen, deren Kurbeln unter 180° gegeneinander stehen, wird man, um das auf Seite 56 erklärte Tanzen der Maschine möglichst herabzumindern, die Cylinder- und Führungsachsen natürlich stets recht nahe aneinander rücken, wie dies ja bei der Collmannschen Maschinenanordnung, wo sogar das zwischen den beiden Cylindern sonst vorhandene mittlere Kurbelwellenlager fortgelassen wird, am weitesten getrieben ist.

Fig. 165.

Fig. 165 des Textes zeigt eine Zweifach-Expansionsmaschine mit A-Rahmen nach Ausführungen von Pokorny & Wittekind in Bockenheim, während Fig. 1, Taf. 25 die Bauart solcher Maschinen nach dem Hammersystem erkennen lässt.

Bei der Tandemanordnung mit übereinander liegenden Cylindern und nur einer Kurbel bilden die Cylinder gewöhnlich ein einziges Gussstück und die gemeinsame Kolbenstange geht durch einen eingesetzten Zwischendeckel. Zur Abdichtung der Stange dient eine Metall-Stopfbuchse, deren Ringe zweiteilig sind und durch eine Feder aufeinander gepresst werden. Der grosse Cylinder befindet sich meistens oben. Es geschieht dies, um den Hochdruckcylinder besser zugänglich zu machen; auch werden die Dampfkanäle dieses Cylinders oft kürzer als bei umgekehrter Anordnung. Die Steuerungen, gewöhnlich Kolben- oder Flachschieber, von denen derjenige des kleinen Cylinders durch einen Flachregler bethätigt wird, sitzen entweder zu entgegengesetzten Seiten der Cylinder und ihr Gestänge befindet sich ausserhalb des Rahmens, oder sie sind übereinander auf einem gemeinschaftlichen Gestänge angeordnet. Das letztere ist z. B. bei der Ausführung nach „Patent Tosi“ in Fig. 2, Taf. 25 der Fall; die daselbst dargestellte Maschine wurde von der Berliner Maschinenbau-Aktien-Gesellschaft, vorm. L. Schwartzkopff, in Berlin gebaut. Die einseitige Lage des gemeinschaftlichen Schiebergestänges gestattet es, das Schwungrad dicht an das andere Kurbelwellenlager zu rücken.

Die vorliegende Bauart stehender Zweimal-Expansionsmaschinen zeichnet sich durch geringen Preis, gedrängte Anordnung und kleines Platzbedürfnis vorteilhaft aus. Auch lässt sich das Modell jeder Eincylindermaschine nach unbedeutenden Abänderungen zu diesen Maschinen verwenden bezw. jede vorhandene Eincylindermaschine mit genügend starkem Gestänge durch Aufsetzen eines grösseren Cylinders zu einer Zweimal-Expansionsmaschine umbauen. Bei demselben Gleichförmigkeitsgrade verlangt die Tandemanordnung aber ein schwereres Schwungrad als die entsprechende Maschine mit zwei Kurbeln unter 90°. Mit Rücksicht auf die Stabilität der ganzen Maschine wird man ferner die stehenden Tandemmaschinen nur mit kurzem Hube versehen können, was hinsichtlich des Dampfverbrauches nicht günstig ist.

Stehende **Dreimal-Expansionsmaschinen** werden fast stets mit nebeneinander befindlichen Cylindern und drei unter 120° gegeneinander versetzten Kurbeln gebaut. Die Ständer sind wie bei den Hammermaschinen nur an einer Seite angeordnet, um die Zugänglichkeit möglichst gross zu machen, die Führungen sind eben. Fig. 166 des Textes lässt die gewöhnliche Bauart wieder an einer Ausführung der Firma Pokorny & Wittekind erkennen. Der Niederdruckcylinder befindet sich meistens

Fig. 166.

zwischen den beiden anderen Cylindern, die Säulen stehen in den Schwingungsebenen der Schubstangen. Die Steuerung des einen der beiden äusseren Cylinder wird man der besseren Zugänglichkeit wegen stets aussen anordnen, die des anderen dagegen innen, um das Schwungrad recht nahe an das äussere Lager des letztgenannten Cylinders rücken zu können.

6. Wanddampfmaschinen.

Ist der Platz sehr beschränkt, so befestigt man bei kleineren Anlagen den Rahmen einer Maschine wohl an der Umfassungsmauer des Gebäudes, namentlich dann, wenn die zu betreibende Transmissionswelle auch an dieser Wand liegt und nun direkt mit der hoch liegenden Kurbelwelle der Dampfmaschine gekuppelt werden kann. Solche Wanddampfmaschinen sind genau wie liegende Maschinen mit gekröpfter Kurbelwelle ausgebildet, und alle Rahmen, welche zu den letztgenannten Maschinen verwendet werden können und zwei angegossene Lager besitzen bezw. deren Befestigung zulassen, sind also auch für Wanddampfmaschinen geeignet. So zeigen Fig. 3 und 4, Taf. 1 die nach dem Doppelbalkenbett ausgebildete Rahmenform einer eincylindrigen und Zwillings-Wanddampfmaschine. Die Führung kann eben, und zwar ein- bezw. viergeleisig, oder rund gestaltet sein. Weiter sind die in Fig. 2, Taf. 2 und 5 dargestellten Rahmenformen ohne weiteres für Wanddampfmaschinen zu verwenden, sobald man nur noch für eine Unterstützung des Cylinders und Entlastung der Befestigungsschrauben Sorge trägt.

Eine zweite Bauart der Wanddampfmaschinen, bei welcher die Kurbelwelle nicht parallel, sondern senkrecht zu der Wand steht, an der die Maschine hängt, kommt nur als Eincylindermaschine und bei kleinen Dimensionen vor. Der Rahmen besitzt dann eine ähnliche Form wie bei der vorigen Anordnung, erhält aber oben einen angegossenen, kräftigen Ring oder Kegelstumpf, auf dessen Ränder die beiden Kurbelwellenlager befestigt werden und in welchem die Schubstange schwingen kann. Die Gleitflächen sind natürlich senkrecht zur Richtung des Normaldruckes anzuordnen.

Wanddampfmaschinen bieten den schon angedeuteten Vorteil, dass sie eines sehr beschränkten Raumes zu ihrer Aufstellung bedürfen und infolge der direkten Kupplung ihrer Kurbelwelle mit der Transmission alle Zwischenorgane vermeiden. Sie sind aber nur für kleine Anlagen, nicht zu grossen Hub und geringe Umdrehungszahlen zu verwenden, da sonst die Erschütterungen des Gebäudes zu stark ausfallen und zur Beseitigung derselben starke Pfeiler nötig werden, die dann den Vorteil des geringen Platzbedürfnisses wieder aufheben.

7. Lokomobilen.

Dieselben empfehlen sich für Anlagen von verhältnismässig kurzer Dauer, für Betriebe, die ihren Ort häufig wechseln, sowie in Fällen, wo zur Einmauerung eines stationären Kessels und zur Fundamentierung, Aufstellung der zugehörigen Maschine nicht die genügende Zeit vorhanden ist. Sie an Stelle stationärer Maschinen auch in anderen Fällen anzuwenden, wie dies häufig geschieht, ist nicht ratsam, da die stationäre Anlage kaum oder nur wenig höhere Anlagekosten erfordert, bei gleich guter Ausführung auch dieselbe Ausnützung des Brennmateriales ergiebt, dabei aber eine bequemere und bessere Wartung, sowie eine längere Betriebsdauer als die Lokomobile gewährt.

Von den verschiedenen Bauarten der Lokomobile, die alle zu besprechen, zu weit führen würde, soll hier nur die gebräuchlichste und bekannteste erwähnt werden, wie sie namentlich von R. Wolf in Magdeburg ausgeführt wird und z. B. in Fig. 2, Taf. 23 an einer Verbund-Lokomobile ersichtlich ist. Der Kessel, ein ausziehbarer Röhrenkessel, trägt an der Seite der Feuerung die Dampfcylinder, an der Seite der Rauchkammer die drei Kurbelwellenlager. Die letzteren sind durch Schrauben auf einer kräftigen, bearbeiteten Platte befestigt, welche ebenso wie die zusammengegossenen Cylinder bezw. Dampfmäntel (siehe hierüber § 51) in starken Flanschen dem Kesselmantel aufgenietet sind. Die Führung der Kreuzköpfe ist eben und besteht aus vier Bahnen, welche nach Fig. 5, Taf. 1 durch Stahlschienen gebildet werden. Die letzteren sind mit ihrem einen Ende an der Cylinderstopfbuchse, mit ihrem anderen Ende an einem dem Kessel aufgenieteten Gusseisenbock befestigt. Eine Aussparung in der Mitte des letzteren lässt das Schwingen der Schubstange zu. Die dargestellte Maschine ist mit Kondensation versehen, über deren Einrichtung am Ende dieses Abschnittes das Nötige gesagt ist. Die Excenter für die beiden Schiebersteuerungen sitzen innerhalb der äusseren Lager, damit die Dampfkanäle und schädlichen Räume des Cylinders möglichst klein werden.

Die Vorteile einer Lokomobile gegenüber einer stationären Maschine bestehen, soweit sie nicht durch den Kessel bedingt sind, in dem Fortfall eines besonderen Platzes und Raumes zur Aufstellung der Maschine, in der Ersparnis eines besonderen Fundamentes und in dem Fehlen der Dampfleitung zwischen Kessel und Maschine. Als Nachteile der Lokomobile sind zu nennen: die schwierige Bedienung infolge der hohen Lage der Maschine, die starke Verstaubung der letzteren durch die nahe liegende Feuerung, und der grosse Schmiermaterialverbrauch der Lager, Führung und Excenter infolge der hohen Temperatur, welche diese Teile über dem heissen Kessel annehmen.

§ 51.

Der Dampfcylinder. Die Rohrleitungen und Fundamente der Dampfmaschinen.

Für die Konstruktion der Dampfcylinder sind sehr viele Rücksichten und Bedingungen massgebend. Sie richtet sich zunächst nach der Lage des Cylinders an der Maschine, ist also davon abhängig, ob letztere stehend oder liegend angeordnet ist, sie ist weiter bedingt durch die Art der Steuerung, durch die Verbindung mit dem Rahmen und Fundamente, sie ist auch eine andere, je nachdem der Dampfcylinder ohne Dampfmantel bleiben oder mit einem solchen versehen werden soll, wobei im letzteren Falle die Ausführung des Dampfmantels wieder in verschiedener Weise erfolgen kann, u. s. w. Wir werden die gebräuchlichsten Ausführungen hier am besten an Hand der Tafeln und der einzelnen Teile eines Dampfcylinders verfolgen, wobei wir zugleich die wichtigsten Regeln über die Konstruktion dieser Teile anschliessen. Wir beschränken uns dabei aber zunächst auf den einfachen Cylinder stationärer Maschinen und werden erst später besondere Konstruktionen, wie sie z. B. bei mehreren zusammengegossenen Cylindern oder bei den Cylindern der Lokomobilen vorkommen, behandeln.

Das **Material** der Dampfcylinder ist feinkörniges, graues Gusseisen, vielfach mit Zusatz von etwas Schweisseisen. Möglichste Dichtheit und eine gewisse Härte für die Laufflächen sind unbedingt erforderlich. Der Guss erfolgt am besten stehend und mit verlorenem Kopf; liegender Guss ist nur bei kleinen Cylindern und solchen, denen der Arbeitscylinder besonders eingesetzt wird (siehe später), zulässig.

Die **Wandstärke** des eigentlichen Cylinders, also der Lauffläche, ist namentlich mit Rücksicht auf die Art des Gusses, die Erhaltung der genauen Kreisform während des Ausbohrens und die Lage des Cylinders an der Maschine zu wählen. Wir empfehlen eine Wandstärke, die von der Bohrung **D** des Cylinders in **mm** abhängig ist und

für liegend gegossene und anzuordnende Cylinder bei gehöriger Unterstützung derselben auf dem Fundamente oder Rahmen

$$\delta = \frac{D}{50} + 16 \text{ mm},$$

bei freihängender oder schwebender Anbringung

10% mehr als vorhin,

für stehend gegossene und stehend angeordnete Cylinder

10 bis 20% weniger als oben

genommen werden kann.

Die **Bohrung** des Cylinders ist eine doppelte, nämlich die eigentliche, in welcher der Kolben läuft, und die Vorbohrungen, in welche der eine oder die beiden Cylinderdeckel eingelassen werden. Die Vorbohrungen erhalten einen Durchmesser von

$$D + 8 \text{ bis } 15 \text{ mm}$$

und gehen mit einer schrägen Fläche in die eigentliche Bohrung über. Dadurch, dass der Kolben in den Totlagen mit seinen Liderringen etwas über die Endkanten der eigentlichen Bohrung hinaus- und in die Vorbohrungen hineintritt, verhindern die letzteren das Anschleifen eines Grates. Auch bieten die Vorbohrungen den Vorteil, dass bei etwaigem Nachbohren des ausgelaufenen Cylinders das Passen der Deckel nicht beeinträchtigt wird.

Beim Entwurf eines Cylinders zeichnet man am besten zunächst den Kolben seiner äusseren Begrenzung nach in den beiden Totlagen auf. Hierdurch ist dann schon die Länge der eigentlichen Bohrung festgelegt, wenn man den entsprechenden Kolbenring um

$$k_4 = 1 \text{ bis } 3 \text{ mm}$$

übertreten lässt. Auch kann nun entsprechend der äusseren Begrenzung des Kolbens in dem später angegebenen Abstande die innere Kante der Cylinderdeckel gezeichnet werden. Die äussere Kante des Cylinders läuft im Längsschnitt des letzteren parallel zur eigentlichen und Vorbohrung.

Cylinder mit **Dampfmantel** besitzen eine doppelte Wandung, von denen die innere dem Arbeitscylinder, die äussere dem Heizcylinder angehört; der zwischen beiden Wandungen vorhandene Raum wird mit dem Heizdampfe angefüllt. Die Verbindung beider Cylinder hat so zu erfolgen, dass dem Heizdampfe in sicherster Weise der direkte Übertritt in den Arbeitscylinder verwehrt ist. Man unterscheidet in dieser Hinsicht zweierlei Ausführungen. Bei der einen sind beide Cylinder zusammengegossen und bilden ein einziges Gussstück, bei der anderen wird der Arbeitscylinder getrennt von dem Heizcylinder und den anhängenden Stutzen, Kanälen, Füssen u. s. w. gegossen und in denselben eingesetzt.

Bei der ersten Methode lässt sich die Abdichtung zwischen Arbeits- und Heizcylinder leichter und auch wohl sicherer als bei der zweiten herstellen, und es erstreckt sich die Heizung auf die ganze Länge des Arbeitscylinders. Dagegen fällt das Gussstück sehr kompliziert aus, und die Wahrscheinlichkeit, dass Gussfehler oder Gussspannungen vorkommen, von denen die ersten oft zum Verwerfen des ganzen Gussstückes führen, die letzteren im späteren Betriebe recht gefährlich werden können, ist bei dieser Methode grösser als bei der anderen, wo der besonders gegossene Arbeitscylinder viel leichter ohne Fehler hergestellt und auf seine Brauchbarkeit untersucht, sowie das einfachere Gussstück des Heizcylinders sicherer frei von den erwähnten Spannungen gegossen werden kann. Andererseits erstreckt sich bei dieser zweiten Methode die Heizung nicht auf die Enden des Arbeitscylinders und die Abdichtungen beider Cylinder sind schwieriger zugänglich; oft führt auch das Einsetzen oder Einpressen des inneren Cylinders, wenn dies nicht sehr sorgfältig geschieht, zu Sprengungen des äusseren Cylinders beim Anwärmen oder Eintreiben.

Die Ausführung der mit dem Arbeitscylinder aus einem Stück gegossenen Heizcylinder ist aus Fig. 2, Taf. 8 und Fig. 1, Taf. 9 ersichtlich. Der zwischen beiden Cylinderwandungen befindliche Heizraum erhält zweckmässig eine Weite

$$w_1 = \frac{D}{20} + 20 \text{ mm},$$

während die Stärke der äusseren Wandung, also die des Heizcylinders,

$$\delta_1 = 0{,}9\,\delta \text{ bis } 0{,}8\,\delta$$

genommen werden kann. Zur Entfernung des Kernes und zur Abführung eines Teiles der Gase beim Guss ist der Heizraum am hinteren Flansch mit einer Anzahl von Öffnungen[1]) zu versehen, die später wieder verschlossen werden. Ausser in den beiden Flanschen hängen Arbeits- und Heizcylinder noch in der Hubmitte durch eine Anzahl radialer Putzen zusammen. Die hinteren Deckelschrauben sind im vorliegenden Falle stets als Stiftschrauben ausgebildet, die ihre Befestigung in oder neben den Stegen finden, welche zwischen den Kernöffnungen im hinteren Flansch verbleiben.

Die Abdichtung der erwähnten Kernöffnungen geschieht in verschiedener Weise. In eine an der Flanschseite eingedrehte Nut wird entweder ein Kupferring eingetrieben, oder ein schmiedeeiserner Ring eingelegt und durch Umnieten an

1) Es sei denn, dass an anderer Stelle Kernöffnungen angebracht werden, wie dies mitunter bei nicht geheiztem vorderen Deckel geschieht.

den Rändern oder mit Hilfe von Mennigkitt abgedichtet. Die Deckelschrauben sind dann, wie Fig. 3, Taf. 7 zeigt mit Bund versehen und halten den schmiedeeisernen Ring. Bisweilen findet man auch nach Fig. 10, Taf. 7 die Kernöffnungen schwalbenschwanzförmig ausgebildet und durch Gusseisenstücke mit am Rande eingetriebenen Kupferringen verschlossen.

Eine besondere Konstruktion der Heizcylinder mit eingegossenem Arbeitscylinder, die von den böhmischen Fabriken vielfach ausgeführt wird, rührt von Prof. Doerffel in Prag her. Nach derselben wird ein Teil des Heizcylinderumfanges durch einen Blechmantel gebildet, der mit seinen gebördelten Rändern an zwei Flanschen genietet ist. Fig. 2, Taf. 9 zeigt diese Konstruktion. Dieselbe erleichtert die sichere und zuverlässige Ausführung des Gussstückes wesentlich.

Der Blechmantel ist gewölbt, um den Wärmeausdehnungen Folge geben zu können. Er muss ferner der Länge nach geteilt sein, damit er über den Gusscylinder gebracht werden kann. Die Nieten für die Längsnähte werden durch eine im Querschnitt der Figur ersichtliche Öffnung auf jeder Seite eingebracht. Von hier aus muss auch das Gegenhalten beim Nieten erfolgen.

Wird der Arbeitscylinder in den Heizcylinder eingesetzt, so berühren sich beide in zwei Arbeitsleisten kurz vor den Hubenden und die Abdichtung erfolgt durch Kupferringe allein oder mit unterlegtem Rostkitt in schwalbenschwanzförmigen Vertiefungen. Solche Ausführungen zeigen die Cylinder in Fig. 3, Taf. 8, Fig. 2 und 3, Taf. 10. Die Weite des Heizmantels beträgt hier

$$w_2 = \mathbf{0{,}9\,\delta \text{ bis } \delta} \text{ oder } \mathbf{20 \text{ bis } 30 \text{ mm}},$$

die Wandstärke des Heizcylinders wieder

$$\delta_1 = \mathbf{0{,}9\,\delta \text{ bis } 0{,}8\,\delta}.$$

In Fig. 3, Taf. 8 sind die Kupferringe an beiden Enden des Arbeitscylinders auf den untergefüllten Rostkitt eingetrieben, wie dies in Fig. 8, Taf. 7 nochmals grösser dargestellt ist. Wird der Rostkitt fortgelassen, so werden mehrere Kupferringe übereinander eingestemmt (siehe Fig. 9 und 11, Taf. 7). Um den Arbeitscylinder, der vor dem Einsetzen an der Lauffläche überschruppt, nach dem Einsetzen aber fertig ausgebohrt wird, gegen eine Verschiebung in der Hubrichtung zu sichern, dient nach der einen Seite ein Bund des Arbeitscylinders, der sich gegen einen entsprechenden Ansatz des Heizcylinders legt, nach der anderen Seite der vordere oder hintere Cylinderdeckel je nach der Anordnung des vorerwähnten Bundes und Ansatzes. Der vordere Deckel kann dabei entweder auch eingesetzt und mit Kupferringen abgedichtet sein, oder aber einen Flansch besitzen, wie dies in Fig. 9 und 11, Taf. 7 in grösserem Massstabe gezeigt und später bei den Cylinderdeckeln noch näher erklärt ist.

In Fig. 2, Taf. 10 ist dieselbe Konstruktion für einen stehenden Cylinder angedeutet. Der Cylinderboden ist hier auch mit Kupferringen eingedichtet. Giesst man den Boden mit dem Cylinder aus einem Stück, was namentlich bei geheiztem Boden geschieht, so dichtet man den eingesetzten Arbeitscylinder nach Fig. 3[1]), Taf. 10 oben wieder durch eingestemmte Kupferringe, unten dagegen durch einen horizontalen Flansch mit zwischen gelegter Dichtung ab. Ist die Bohrung nur klein, so bleibt zum Einbringen der Befestigungsschrauben für diesen Flansch von innen aus nicht der genügende Raum. Man dreht dann die Schrauben am besten von aussen ein, wie dies am kleinen Cylinder der Fig. 5, Taf. 11 angedeutet ist. Schlecht ist es, in einem solchen Falle, den unteren Flansch ganz fortzulassen (siehe den kleinen Cylinder der Fig. 4, Taf. 10) und den Arbeitscylinder warm oder durch Pressen in den Heizcylinder einzubringen, wie dies früher bei Schiffsmaschinen üblich war, wenn der Heizraum nur zum Vorwärmen des Arbeitscylinders diente, also nur kurz vor dem Anlassen der Maschine, nicht während des Betriebes mit frischem Dampfe gefüllt wurde. Bei anhaltender Heizung bietet die vorliegende Ausführung nicht die genügende Sicherheit für eine dauernde und hinreichende Abdichtung des Heizmantels gegen den Arbeitscylinder; auch ist die Gefahr, dass bei nicht ganz vorsichtigem Einbringen des letzteren ein Zersprengen des einen oder anderen Cylinders stattfindet, hier sehr gross.

1) Nach Ausführung der Maschinenfabrik von van den Kerchove in Gent für die Centralstation der Berliner Elektrizitätswerke „Zeitschrift deutscher Ingenieure", Jahrgang 1890, S. 701.

Die Heizung der Cylinder kann in doppelter Weise erfolgen. Entweder durchströmt der Heizdampf den Heizmantel, oder er stagniert, ruht in ihm. Im ersteren Falle muss der Cylinder mit seinem Eintrittsdampfe geheizt werden, und die Anordnung wird dann so getroffen, wie sie in Fig. 2, Taf. 8, sowie Fig. 1, Taf. 9 dargestellt ist. Der Dampf tritt durch den Einlassstutzen, der in den Figuren unten angebracht ist, zuerst in den Heizmantel, durchströmt diesen und gelangt dann durch das Absperrventil, dessen Sitz im Heizcylinder angebracht sein muss, um den Cylinder vorwärmen zu können, in den Schieberkasten oder die Ventilkästen. Die Spindel des Absperrventiles, das bei Mehrmal-Expansionsmaschinen nur am Hochdruckcylinder vorhanden ist, beim Niederdruckcylinder fortfällt, zeigt vertikal nach oben, oder horizontal nach vorne. Eine kleine Öffnung x (Fig. 15, Taf. 7) dient bisweilen zum Vorwärmen der Schieber- oder Ventilkästen. Bei der zweiten Art der Heizung, wo der Dampf im Mantel ruht, kann die Spannung des Heizdampfes von derjenigen des Arbeitsdampfes verschieden sein; sie ist also bei dem Mittel- oder Niederdruckcylinder der Mehrmal-Expansionsmaschinen, sobald erstere mit frischem Kesseldampfe geheizt werden sollen, die allein zulässige. Der Heizdampf wird hier durch eine besondere Leitung dem Mantel zugeführt, der dann den erforderlichen Putzen (mit IIIa in Fig. 3, Taf. 8, Fig. 2 und 3, Taf. 9 und 10 bezeichnet) zum Anschluss dieser Leitung besitzen muss.

Die Wirkung beider Heizungsmethoden dürfte unter sonst gleichen Verhältnissen dieselbe sein, vorausgesetzt, dass in beiden Fällen die ja für jeden Heizmantel unbedingt erforderliche Abführung des Kondenswasser in zuverlässiger Weise bewirkt wird.

Die **Cylinderflanschen** sind möglichst kräftig zu halten. Passende Stärken liefert der Wert

$$\delta_1 = \mathbf{1{,}4\,\delta \text{ bis } 1{,}5\,\delta},$$

wenn δ die Wandstärke des Arbeitscylinders ist, wie sie auf Seite 301 angegeben wurde. Die Flanschen werden an der Planseite meistens vollständig bearbeitet und nur bei kleinen Bohrungen, wenn die Deckel aufgeschliffen werden sollen, mit einer Arbeitsleiste von 10 bis 20 mm Breite versehen (siehe Fig. 1, Taf. 11). Als Dichtungsmaterial dient bei ganz abgedrehten Flanschen meistens

Zeichenpapier, welches mit Leinöl getränkt ist, seltener Leinwand oder Pappe mit Mennige, Asbestscheiben u. s. w. Beim vorderen Flansch lässt man wohl auch eine besondere Dichtung ganz fort und passt die Flächen sauber aufeinander.

Die **Cylinderdeckel** bildet man gewöhnlich in Rippen- oder Hohlguss aus. Ihre innere, dem Kolben zugewandte Seite läuft, abgesehen von den Aussparungen oder Abflachungen, welche den frischen Dampf aus den Kanälen hinter den Kolben leiten, parallel zur äusseren Begrenzung der zugehörigen Kolbenseite. Besitzt also der Kolben vorspringende Teile, so sind entsprechende Aussparungen im Deckel vorzusehen. Mit Rücksicht auf eine möglichst einfache Form des letzteren wird man aber solche vorspringende Teile möglichst zu vermeiden suchen und namentlich die Schrauben des Kolbendeckels in diesen versenken. Bei der Totlage des Kolbens verbleibt zwischen diesem und dem zugehörigen Cylinderdeckel ein Spielraum

$$\mathbf{k_3 = 5 \text{ bis } 10 \text{ mm},}$$

der von der Güte der Ausführung der Kurbeltriebteile abhängig und möglichst klein zu bemessen ist, damit der schädliche Raum nicht unnötig gross ausfällt.

Die Deckel werden in die Vorbohrung eingelassen. Wie weit dies zu geschehen hat, hängt von der Lage der Dampfkanäle, der Steuerungsorgane, der Länge der Schieber- und Ventilkästen u. s. w. ab. Centriert wurden die Deckel in der Vorbohrung früher nur in einer einzigen schmalen Leiste[1]) am Cylinderflansch (siehe Fig. 3, Taf. 7), da man sonst ein Festbrennen der Deckel, welches ihre Lösung sehr erschwert, befürchtete. Neuerdings lässt man wohl die Cylinderdeckel in ihrer ganzen Länge (siehe Fig. 4, 5 und 8, Taf. 7), oder in zwei Leisten (siehe Fig. 9, Taf. 7), von denen die eine am Anfang, die andere soweit als möglich am Ende des Einsatzes sitzt, in der Vorbohrung anliegen, um die Abkühlungsfläche der Deckel möglichst zu beschränken. Bedingung ist aber dann, dass ein nichtharzendes Öl zur Cylinderschmierung verwendet wird, damit das vorerwähnte Festbrennen der Deckel auch sicher ausgeschlossen ist.[2])

Der vordere Cylinderdeckel, bei stehenden Maschinen der Cylinderboden, wird entweder mit dem Cylinder zusammengegossen oder in diesen eingesetzt. Das erstere geschieht gern bei liegenden Cylindern, wenn Arbeits- und Heizcylinder ein Gussstück bilden, weil dann die Heizung des Deckels in einfachster Weise ermöglicht wird (siehe Fig. 2, Taf. 8, Fig. 1, 2 und 3, Taf. 9); bei stehenden Cylindern ist die Konstruktion Bedingung, sobald der eingesetzte Arbeitscylinder unten in einem horizontalen Flansch befestigt werden soll (siehe Fig. 3, Taf. 10). Eingesetzte vordere Cylinderdeckel oder -böden, welche den Vorteil der leichteren Herstellung und Bearbeitung des Cylinders bieten, werden durch eingestemmte Kupferringe (siehe Fig. 11. Taf. 7) oder mit Hilfe eines Flansches, der zwischen Cylinder- und Rahmenflansch sitzt (siehe Fig. 9, Taf. 7), befestigt. Die letztere Methode, die beim hinteren Cylinderdeckel ja stets benutzt wird, macht vorne sehr lange Schrauben nötig, liefert eine sehr grosse Gesamt-Flanschdicke daselbst und ist namentlich bei stehenden Maschinen, wo die Packung unter den Cylinder zu liegen kommt (siehe Fig. 1, Taf. 10), nicht angebracht. Zur Heizung solcher eingesetzten Cylinderdeckel sind natürlich besondere Verbindungsröhrchen oder -kanäle mit dem Heizmantel des Cylinderumfanges erforderlich. Diesbezügliche Ausführungen zeigen die Fig. 8 bis 11, Taf. 7.

1) Die möglichst wenig $\left(\frac{1}{2}\text{ mm}\right)$ gegen den übrigen Deckelumfang vorstehen soll.

2) Nach Stribeck in der „Zeitschrift deutscher Ingenieure“, Jahrgang 1892, S. 41.

Auf die folgenden Punkte sei bei der Konstruktion der Cylinderdeckel noch besonders aufmerksam gemacht.

Bei angegossenem vorderen Cylinderdeckel bezw. -boden ist die Stopfbuchse der Kolbenstange besonders einzusetzen, damit man eine kräftige Spindel zum Ausbohren durchführen kann.

Gewöhnlich geschieht dies in der Weise, dass der Packungsbehälter der Stopfbuchse mit zwei Arbeitsleisten am Umfange im Boden centriert und durch Schrauben mit einem Flansch an demselben befestigt und abgedichtet wird (siehe Fig. 2, Taf. 8 und 9). Der Boden muss an der Einsatzstelle natürlich geschlossen sein; Ausführungen, wie sie Fig. 4, Taf. 10 in dieser Beziehung zeigen, sind immer bedenklich.

Bei hohlgegossenen Cylinderdeckeln sind die nötigen Kernöffnungen vorzusehen. Dieselben werden später durch Deckel oder Putzen (x in Fig. 3, Taf. 8) wieder verschlossen.

Bei Rundführungen ist am vorderen Boden oder Cylinderflansch eine Centrierung anzuordnen, welche das genaue Ineinanderfallen von Führungs- und Cylinderachse durch die Bearbeitung sichert (siehe Seite 292). Die Centrierung wird in verschiedener Weise bewirkt.

In Fig. 6, Taf. 7 und Fig. 1, Taf. 8 greift der Rahmen aussen über den Cylinderflansch, in Fig. 11, Taf. 7 über einen kurzen Vorsprung dieses Flansches, in Fig. 4 und 9, Taf. 7 über einen solchen Vorsprung des Deckels, in Fig. 1, Taf. 7 und Fig. 2, Taf. 8 über den Flansch der eingesetzten Stopfbuchse. Zu empfehlen ist es, den Centrierungsvorsprung am Cylinder oder Rahmen nur kurz zu halten, da bei zu grosser Länge, wie z. B. in Fig. 1, Taf. 8, die Demontage des Cylinders zu sehr erschwert wird.

Die **Deckelschrauben** sind der Cylinderachse möglichst nahe zu rücken, damit der Flanschdurchmesser und der Hebelarm des Deckeldruckes klein, die Schraubenzahl gering wird. Man benutzt, wo es angängig ist, Kopfschrauben, deren Köpfe mit Rücksicht auf die vorerwähnte Forderung oft einseitig abgehauen werden; Stiftschrauben finden nur dort Verwendung, wo Kopfschrauben wegen der dahinter sitzenden Kanäle, Schieber-, Ventilkästen oder Putzen nicht angeordnet werden können, oder andere Umstände Stiftschrauben bedingen, wie z. B. in Fig. 3, Taf. 7. Ist der vordere Cylinderdeckel mit Zwischenflansch eingesetzt, so erhalten die Schrauben zweckmässig in der Mitte einen Bund und an jedem Ende eine Mutter (siehe Fig. 9, Taf. 7). Gegen ein Drehen oder Zurückschieben in den Umkleidungsraum des Cylindermantels sind die Deckelschrauben stets in irgend einer

Weise zu sichern. Am hinteren Cylinderdeckel sind auch die nötigen Abdrückschrauben (siehe Fig. 7, Taf. 7) vorzusehen.

Die Zahl der Deckelschrauben wählt man passend zu

$$\mathbf{A = \frac{D}{50} \text{ bis } \frac{D}{50} + 2,}$$

wobei aber der Abstand derselben voneinander niemals 150 mm überschreiten soll. Die Schrauben verteilt man so auf den Umfang, dass möglichst wenig Stiftschrauben erforderlich werden, auch möglichst keine Schrauben auf die Dampfkanäle fallen.

Der Kerndurchmesser s_1 der Schrauben in mm ergiebt sich, wenn man annimmt, dass der Dampfdruck sich auf alle Deckelschrauben gleichmässig verteilt, nach der Zugfestigkeit aus der Beziehung

$$s_1^2 \frac{\pi}{4} k_z = D^2 \frac{\pi}{4} \frac{p_u}{100 \cdot A},$$

wenn $\mathbf{k_z}$ die zulässige Spannung in **kg/qmm,**

$\mathbf{p_u}$ der höchste Dampfüberdruck in **At** (kg/qcm)

ist. Setzt man

$$A = \frac{D}{50}$$

und

$$k_z = \frac{1}{10} \sqrt{D},$$

so erhält man aus der obigen Gleichung

$$s_1 = \sim 2{,}236 \sqrt{p_u \sqrt{D}}$$

bezw. für den äusseren Gewindedurchmesser der Deckelschrauben einen Wert, der natürlich auf engl. Zolle abzurunden ist, von

$$\mathbf{s = 1{,}2 \cdot s_1 = \sim 2{,}6 \sqrt{p_u \sqrt{D}}.}$$

Im allgemeinen dürfte mit Rücksicht darauf, dass p_u selten grösser als 6 Atm ist und bei höherem Druck (Hochdruckcylinder der Mehrmal-Expansionsmaschinen) die Bohrung D, also auch die zulässige Spannung k_z nach dem obigen Wert klein ist, die aus der vorstehenden Gleichung für $p_u = 6$ sich ergebende einfachere Beziehung

$$\mathbf{s = \sim 6{,}5 \sqrt[4]{D}}$$

brauchbare Werte liefern.

Die **Stutzen** zum Anschluss des Dampfein- und Dampfaustrittsrohres legt man bei liegenden Maschinen mit Dampfmantel jetzt meistens nach unten, sodass die betreffenden Rohrleitungen in das Fundament zu liegen kommen und der Maschinenraum nicht von ihnen durchsetzt wird. Durchströmt dann der Heiz- und Arbeitsdampf den Mantel, so mündet der Eintrittsstutzen direkt in den letzteren (Fig. 2, Taf. 8 und Fig. 1, Taf. 9). Ruht aber der Heizdampf im Mantel, so muss man bei Flachschiebern (Fig. 3, Taf. 8) und Ventilen noch einen besonderen Kanal um den Mantel giessen, der oben in den Schieberkasten bezw. in den Längskanal führt, welcher die Ventilkästen der Einlassventile auf jeder Kolbenseite miteinander verbindet. Bei Rund (Korliss) schiebern ist dieser Umfangskanal nur nötig, wenn die Einlassschieber oben liegen (Fig. 3, Taf. 9), während sonst die in Fig. 2, Taf. 9 angedeutete Anordnung getroffen wird. Der Auslassstutzen schliesst bei Flachschiebern an den mittleren Cylinderkanal an, bei Ventilen sitzt er wieder an einem unteren Längskanal des Cylinders (Fig. 1, Taf. 9). Das gleiche ist bei Rundschiebern (Fig. 3, Taf. 9) der Fall, es sei denn, dass wie in Fig. 2, Taf. 9 die Kästen der Auslassschieber durch ein besonderes Rohrstück verbunden sind, welches den Auslassstutzen trägt.

Bei liegenden Flachschiebermaschinen ohne Dampfmantel lässt man das Eintrittsrohr wohl noch von oben an den Schieberkasten anschliessen, was bei kleinen liegenden Maschinen mit vom Regulator beeinflusstem Drosselventil ja zudem erforderlich ist. In Fig. 1, Taf. 8 ist der Auslassstutzen dem Cylinderfuss angegossen.

An stehenden Cylindern sitzt der Einlassstutzen bei Flach- und Kolbenschiebern am Schieberkasten (siehe Fig. 1 und 2, Taf. 10), bei Rundschiebern oder Ventilen erhält entweder jeder Schieber- oder Ventilkasten seinen Einlassstutzen (siehe Fig. 3[1]), Taf. 10, punktiert) oder beide vereinigen sich wieder wie bei den liegenden Cylindern zu einem Längskanal, der in der Mitte den Einlassstutzen hat (siehe Fig. 3, Taf. 10, ausgezogen).

Der Auslassstutzen wird bei stehenden Cylindern ebenso wie bei den liegenden angeordnet.

Bezüglich der **Dampfkanäle, Schieber- und Ventilkästen** ist zu bemerken:

Bei Cylindern mit Flachschiebern haben die beiden seitlichen Dampfkanäle rechteckigen Querschnitt. Am Spiegel erhalten alle Kanäle Arbeitsleisten, um ein genaues Abschneiden des Schiebers beim Öffnen und Schliessen zu sichern. Zweckmässig ordnet man bei liegenden Maschinen die Dampfkanäle so an, dass ihre untere Fläche horizontal durch den tiefsten Punkt des Cylinders geht (siehe Fig. 2 und 3, Taf. 8), damit das Kondenswasser durch diese Kanäle in das Auslassrohr entweichen kann.

Der Schieberkasten wird nur bei kleinen Cylindern mit diesen aus einem Stück gegossen; bei mittleren und grossen giesst man den Kasten für gewöhnlich getrennt, um das Abrichten des Schieberspiegels zu erleichtern. Im letzteren Falle greift der Schieberkasten, damit er nach jeder Demontage wieder in die richtige Lage kommt, mit besonderen Arbeitsleisten über einen kleinen Vorsprung am Spiegel (siehe Fig. 3, Taf. 8). Am Schieberkastendeckel kann dieser Vorsprung, welcher die Bearbeitung sehr verteuert, aber fortgelassen, der Deckel also ohne besonderes Einpassen dem Kasten aufgesetzt werden, da es ja in den meisten Fällen auf eine ganz genaue Lage dieses Deckels nicht ankommt. Die Wandungen des Schieberkastens erhalten eine Stärke

$$\mathbf{\delta_2 = 0{,}8\, \delta \text{ bis } 0{,}7\, \delta,}$$

die Flanschen desselben, sowie seines Deckels eine solche

$$\mathbf{\delta_4 = 1{,}4\, \delta_3 \text{ bis } 1{,}5\, \delta_2.}$$

1) Der hier um den Heizmantel durch eine dritte Cylinderwandung geschaffene Raum bildet bei dem Niederdruckcylinder den Receiver. x sind Kernöffnungen, die durch Platten mit umgestemmten Kupferringen verschlossen werden.

Die Schrauben am Schieberkasten werden im Durchmesser **s'** um $\frac{1}{4}$ oder $\frac{1}{8}$ Zoll engl. kleiner als die Deckelschrauben des Cylinders genommen. Die erforderliche Zahl **A'** der erstgenannten Schrauben berechnet sich, wenn

F die Druckfläche des Schieberkastendeckels in **qmm**,
$\mathbf{p_u}$ der höchste Dampfüberdruck in **Atm (kg/qcm)**

ist und der Kerndurchmesser der Schrauben zu 0,85 s', ihre zulässige Zugspannung zu 3 kg/qmm angenommen wird, aus der Gleichung

$$F \frac{p_u}{100} = (0{,}85\, s')^2 \frac{\pi}{4} 3 \cdot A'$$

zu

$$A' = \sim 0{,}006 \frac{F \cdot p_u}{(s')^2}.$$

Die Entfernung der Deckelschrauben soll aber niemals mehr als 150 mm betragen; auch sind die Schrauben nicht auf die Ecken zu setzen.

Bezüglich der Berechnung der Schieberkastendeckel muss auf die betreffende Arbeit von Bach[1]) verwiesen werden. Ist bei dem Viereck, welches man sich durch die Mitte der Schrauben an diesem Deckel gelegt denken kann,

a die eine,
b die andere Seitenlänge,
$\sqrt{a^2 + b^2}$ die Diagonale,
J das Trägheitsmoment des Deckelquerschnittes nach der Diagonalen,
e_1 der Abstand der am stärksten gespannten Faser von der Nullachse dieses Querschnittes,

so berechnet sich, wenn alles auf mm bezogen wird, nach Bach die auftretende grösste Biegungsspannung zu

$$k_b = \frac{p_u}{100} \frac{a^2 \cdot b^2}{12 \sqrt{a^2 + b^2}} \frac{e_1}{J}.$$

k_b soll für gewöhnlich 2 kg/qmm nicht überschritten.

Grundsätzlich falsch ist es ferner nach Bach, den als einfache Platte ausgebildeten Deckel durch aussen aufgesetzte Rippen, die also auf der gezogenen Seite liegen, versteifen zu wollen, wie es z. B. in Fig. 4, Taf. 10 am Schieberkasten des kleinen Cylinders geschehen ist. Der Abstand e_1 fällt dann sehr gross aus. Günstiger in dieser Beziehung ist es schon, wenn der Deckel in den Schieberkasten eingelassen, versenkt wird, wie z. B. in Fig. 4, Taf. 10 beim grossen Cylinder, sowie in Fig. 3, Taf. 8. Am besten ist es, wenn Rippen angeordnet und kräftig wirksam sein sollen, dieselben nach innen zu legen, sodass die gezogenen Fasern den kleineren Schwerpunktsabstand bekommen, und ferner den Deckel zu wölben, wie z. B. in Fig. 2, Taf. 8.

Bei Cylindern mit Rund (Korliss) schiebern bilden die Schieberkästen kleine Cylinder, die senkrecht zum Hauptcylinder an dessen Enden oben und unten oder paarweise nur unten angeordnet sind. Die eigentliche Bohrung in der Längsmitte dieser kleinen Cylinder ist die Lauffläche der Schieber. Sie wird oft mit Aussparungen (siehe Schnitt 3—3 in Fig. 2, Taf. 9) versehen, welche sich mit Dampf füllen und zur Entlastung der Schieber beitragen sollen. Selten findet man Stahlbuchsen (Fig. 3, Taf. 10) an der Laufstelle eingetrieben. In die Vorbohrungen der Schiebercylinder (siehe Fig. 5, Taf. 49) werden die Deckel mit Centrierungsleiste eingesetzt. Bei den Wheelockhähnen (siehe Fig. 6 und 10, Taf. 49) ist das Schiebergehäuse schwach konisch ausgebohrt.

Bei stehenden Cylindern mit Kolbenschiebern liegt die Bohrung des Schieberkastens parallel zur Cylinderachse und die beiden äusseren Dampfkanäle sind dem Schieberkasten ringförmig mit allmählich sich vergrösserndem Querschnitt nach dem Cylinder hin eingegossen (siehe Fig. 1, Taf. 10). Meistens findet man hier noch gusseiserne Buchsen als Laufflächen eingesetzt, wenn auch von anderer Seite diese Buchsen als unnötig verworfen werden. Um das Gewicht des Schiebers und seines Gestänges auszugleichen, giebt man zweckmässig, wenn die äusseren Kanten den Dampfeintritt steuern, der frische Dampf also von aussen einströmt, der unteren, im entgegengesetzten Falle der oberen Lauffläche des einfachen Schiebers eine um 2 bis 3 mm grössere Bohrung als der anderen. Die Flanschen des Schieberkastens bilden bei Kolbenschiebern meistens die Fortsetzung der Cylinderflanschen.

Bei Ventilcylindern sind die Ventilkästen dem Mantel und den Flanschen oben und unten angegossen. Die Ventilsitze werden den Kästen eingetrieben und dichten gegen diese in zwei konischen Ringflächen ab, von denen die eine zweckmässig in der Verlängerung der anderen liegt (siehe Fig. 1, Taf. 9, sowie Fig. 2 und 3, Taf. 45). Vorteilhaft ist es auch, wenn die vertikale Mittellinie der Einlassventile und der zugehörigen Ventilkästen durch die Mitte der Kanalöffnung in der Cylinderwand geht (wie in Fig. 1, Taf. 47 punktiert angedeutet), weil dann der Dampf beim Einströmen seine Richtung möglichst wenig zu ändern braucht und der schädliche Raum klein ausfällt. Sind die Auslassventile grösser im Durchmesser als die Einlassventile, so kommt dann aber deren Mitte etwas hinter diejenige der Auslassöffnung in der Cylinderwandung nach der Hubmitte hin zu liegen.

Soll ein liegender Cylinder auf dem Fundamente gestützt werden, so sind die hierzu dienenden **Cylinderfüsse** niemals direkt auf das Fundament zu setzen, wie dies z. B. in Fig. 1 und 2, Taf. 8 geschehen ist. Um bei einer Demontage des Cylinders das Fundament nicht zu zerstören, ist es vielmehr besser, dem letzteren erst besondere Platten oder Balken aufzulegen, auf denen die Cylinderfüsse in bearbeiteten Flächen durch Schrauben befestigt werden. Die Form dieser Platten oder Balken ist eine sehr verschiedenartige (siehe Fig. 3, Taf. 8, sowie Fig. 1 bis 3, Taf. 9); sie werden bei der Montage der Maschine untergossen und halten ihre genaue Lage auch bei einer Demontage des Cylinders unverändert ein. Bei Ventilcylindern müssen die Füsse so angeordnet werden, dass an den Hubenden Raum für die

1) Siehe C. Bach, „Die Maschinen-Elemente“, Verlag von Bergsträsser in Stuttgart.

Kästen und Steuerung der Auslassventile verbleibt (siehe Fig. 1, Taf. 9 und Fig. 2, Taf. 43), bei Korlisscylindern benutzt man die Schieberkästen zu Cylinderfüssen (siehe Fig. 2, Taf. 9 und Fig. 7, Taf. 48) oder bildet die Auslassrohre zu solchen aus (siehe Fig. 5, Taf. 49).

Zum Schutz gegen Wärmeverluste erhält der Cylindermantel noch eine **Umkleidung** mit Filz, Kieselguhr oder einer anderen Isoliermasse. Über letztere wird dann noch ein Schutzmantel gelegt, der früher aus Holz, jetzt meistens aus Eisen- oder Stahlblech mit blaugrauer Walzhaut besteht. Holzmäntel, die sich bald verwerfen, müssen durch Messing- oder Eisenbänder zusammengehalten (Fig. 1, Taf. 8), oder an zweiteiligen Holzringen (Fig. 7, Taf. 7) befestigt werden. Eisen- und Stahlblechmäntel von ca. 2 mm Dicke werden durch kleine Stiftschrauben entweder am Cylinderflansch selbst (Fig. 4 und 5, Taf. 7), oder an diesem vorgegangenen Putzen (Fig. 2 und 3, Taf. 7) festgemacht. Um den Rand des Blechmantels und die etwa zwischen ihm und dem Cylinderflansch entstehende unschöne Fuge zu verdecken, bringt man vielfach blank gedrehte gusseiserne Verkleidungsringe an, wie sie die Fig. 2 bis 5, Taf. 7 zeigen.

Cylinderdeckel, Schieber-, Ventilkästen, werden ebenfalls, soweit als angängig, mit Isoliermasse umhüllt. Als Mantel dient bei den Cylinderdeckeln und Ventilkästen eine vollständig oder in einzelnen Leisten blank gedrehte Haube oder Kappe (Fig. 3 und 5, Taf. 7, Fig. 1 bis 3, Taf. 8 u. s. w.), bei Schieberkästen und deren Deckeln wieder ein Blechmantel. Ecken werden in den Blechmänteln der Schieberkästen mit Hilfe von Rippen, Laschen oder ∟-Eisen gebildet (Fig. 22 bis 24, Taf. 7).

Besondere Sorgfalt legt die Praxis jetzt auf eine zweckmässige Ausführung und Anordnung der **Cylinderarmatur.** Zu derselben rechnet man die folgenden Teile.

Zur Anbringung des Indikators bedarf jeder Cylinder an den Hubenden der sogenannten **Indikatorputzen,** welche auf den Tafeln 7 bis 11 mit V bezeichnet sind. Ihre Bohrung, die natürlich hinter der Totlage des Kolbens münden muss, beträgt gewöhnlich 10 bis 13 mm und erweitert sich vorne auf $\frac{3}{4}$ oder besser 1 Zoll engl. Muttergewinde, um hier durch die erforderlichen Indikatorschrauben verschlossen zu werden. Letztere bestehen aus Rotguss und sind nach Fig. 3, Taf. 7 gestaltet. Nach Bach erhalten sie zur Verringerung der Abkühlflächen des schädlichen Raumes auch wohl einen bis an die Cylinderbohrung reichenden Stift (Fig. 5, Taf. 7). Will man den Indikator auch während des Betriebes anbringen können, so muss man an Stelle der einfachen Indikatorschrauben Verschlussstücke mit Hahn nach Fig. 20 und 21, Taf. 7 nehmen; dieselben sind aber, wie auf Seite 85 angeführt, insofern nachteilig, als sie zur Kondensation des Dampfes, unter Umständen auch zur Drosselung desselben, beitragen.

Zur **Schmierung** der Dampfcylinder dient jetzt gewöhnlich eine mechanisch angetriebene kleine Ölpumpe, wie solche von Molerup, Michalk, Rost u. s. w. konstruiert worden sind. Dieselbe presst das Schmiermaterial, als welches reines Mineralöl verwendet wird, tropfenweise und gleichmässig durch ein Kupferröhrchen entweder direkt in das Dampfeintrittsrohr, oder dort am Cylinder in den frischen Dampf, wo dieser nach dem Schieber- oder Ventilkasten strömt (siehe die Putzen I z. B. in Fig. 3, Taf. 8 oben am Umführungskanal, in Fig. 1, Taf. 9, Schnitt 2—2). An der Eintrittsstelle ist ein kleines Rückschlagventil in das Kupferröhrchen einzuschalten. Auf der Längsmitte der Cylinder bei liegenden Maschinen oder auf der Mitte des Deckels bei stehenden Maschinen (mitunter auch noch am Schieberkasten) angebrachte Ölvasen mit Doppelküken nach Fig. 14, Taf. 7 dienen als Reserve-Schmierapparat. Bei Mehrcylindermaschinen verwendet man entweder für jeden Cylinder eine besondere Ölpumpe, die gewöhnlich alle nur den Dampf des Hochdruckcylinders schmieren, von denen aber auch, wenn erforderlich, eine oder die andere durch eine Umschaltvorrichtung das Öl nach dem Mittel- oder Niederdruckcylinder pressen kann, oder man benutzt eine einzige, grössere Ölpumpe mit mehrteiligem Druckrohr.

Zur Entfernung des Kondenswassers aus dem Cylinder sind an den Enden des letzteren die Putzen (II) für die **Kondenshähne** (Fig. 16 und 17, Taf. 7) vorzusehen. Dieselben besitzen eine Durchgangsöffnung von 7,5 bis 19 mm und leiten das Kondenswasser durch zwei an ihnen befestigte Kupferröhrchen fort, sobald sie vermittelst eines gemeinschaftlichen Hebelmechanismus (Fig. 18 und 19, Taf. 7) vom Maschinenwärter geöffnet werden. Entbehrlich sind die Kondenshähne bei Cylindern mit Flachschiebern, wenn die Kanäle mit ihrer untersten Kante im tiefsten Punkte des Cylinders münden, ferner bei Cylindern mit Rund (Corliss-)schiebern, bei denen die Auslassschieber, welche unter dem Cylinder liegen, das Kondenswasser austreten lassen. Gewöhnlich werden die Kondenshähne auch bei Ventilcylindern fortgelassen, da hier das Kondenswasser durch die Auslassventile, die man häufig auch noch durch einen Griff P an ihrem Steuerungsmechanismus (Fig. 4, Taf. 45) von Hand öffnen kann, in die Abdampfleitung tritt, wenn auch bisweilen, wie z. B. in Fig. 10, Taf. 47, besondere Kondenshähne oberhalb der Ventile vorgesehen werden. Zur Fortschaffung des Kondenswassers aus dem Schieberkasten und Dampfmantel[1]) dienen selbstthätige Kondenswasserableiter oder sogenannte Kondenstöpfe. Die zum Anschluss der erforderlichen Rohrleitungen dienenden Putzen sind in den Figuren auf Taf. 8 bis 11 mit IV bezw. III (IIIc) bezeichnet.

Sicherheitsventile an den Dampfcylindern sollen Wasserschläge, die durch Ansammeln von Kondenswasser, von Wasser aus dem Kessel oder Kondensator entstehen und die schlimmsten Folgen nach sich ziehen können, verhüten. Die Ventile erhalten 1 bis 2 Zoll engl. Durchmesser und Federbelastung (Fig. 12, Taf. 7). Bei liegenden Cylindern werden sie meistens unten angebracht (siehe die Putzen VI in Fig. 3, Taf. 8), selten findet man nur ein Ventil am hinteren Deckel (Fig. 2, Taf. 9). Bei

1) Auch Cylinderdeckeln, wenn solche geheizt werden.

stehenden Cylindern setzt man meistens das obere Ventil auf die Mitte des Cylinderdeckels, das untere auf den Dampfeintrittskanal (Fig. 3, Taf. 10). Bisweilen findet man auch die Sicherheitsventile zwischen den Cylinder und die Kondenshähne geschaltet (Fig. 1a, Taf. 23).

Nachdem im Vorstehenden die einzelnen Teile der einfachen Cylinder ihre Erledigung gefunden haben, sollen nun noch einige **besondere Cylinderkonstruktionen** hier erwähnt werden.

Als solche sind zunächst die bei kleinen Zweimal-Expansionsmaschinen mit zwei Kurbeln und aussen liegenden Steuerungen vorkommenden zusammengegossenen Cylinder zu erwähnen. Fig. 2, Taf. 11 zeigt eine solche Ausführung für eine liegende Maschine, Fig. 4, Taf. 10 eine solche für eine stehende. Im ersteren Falle sind sogar die Arbeitscylinder mit eingegossen, im letzteren sind dieselben dem Gussstück eingesetzt, was sich mit Rücksicht auf die sowie so schon komplicierte Form als besser erweist und meistens anzutreffen ist. In Fig. 2, Taf. 11 tritt der frische Dampf in den Heizmantel des kleinen Cylinders, der aus dem letzteren kommende Dampf in den Heizmantel des grossen Cylinders ein. In Fig. 4, Taf. 10 werden die Dampfmäntel beider Cylinder mit frischem Dampfe geheizt. Zur Entfernung des Kernes dienen die Öffnungen x, die durch Platten und eingestemmte Kupferringe oder Deckel verschlossen werden.

Als Vorteil solcher zusammengegossenen Cylinder kann nur der Fortfall der sonst erforderlichen Verbindung beider durch Verschraubung oder vermittelst einer Leitung, sowie die Möglichkeit, die beiden Cylinder einander recht nahe zu rücken — falls hierauf Wert gelegt wird — angeführt werden. Der Nachteil der Konstruktion liegt, wie schon angedeutet, in der grossen Komplikation des Gussstückes und der damit verbundenen hohen Wahrscheinlichkeit, dass Fehler im Guss auftreten können, die zum Fortwerfen des ganzen Stückes zwingen. Bei grossen Bohrungen wird man es deshalb wohl stets vorziehen, die Cylinder getrennt zu giessen und durch ein Kupferrohr, das gut isoliert wird, zu verbinden. Das letztere empfiehlt sich namentlich bei stehenden Maschinen mit zwei Kurbeln und weit voneinander abstehenden Cylindern mit Rücksicht auf die Beanspruchung, welche die Rahmen oder Ständer sonst durch die Wärmeausdehnung der Cylinder erfahren. Ein getrennter Guss beider Cylinder wird auch fast stets vorgenommen, wenn beide oder eine der Steuerungen zwischen den Cylindern liegt.

Fig. 5 und 6, Taf. 11 zeigen noch die Verbindung von drei Cylindern durch Verschraubung. In Fig. 5 sind die Cylinder in den Flanschen der Schieberkästen, in Fig. 6 in besonderen Stutzen miteinander verbunden. Empfehlen dürfte es sich, in beiden Figuren die Stopfbuchsen für die Kolbenstangen aus dem früher angegebenen Grunde einzusetzen. Durch die Öffnungen x_1 und x_2 in Fig. 5 werden die Schieber des mittleren und grossen Cylinders eingebracht.

Eine besondere Konstruktion verlangen auch die inneren Deckel der Cylinder einer liegenden Tandemmaschine, sobald man das Verbindungsstück beider Cylinder nicht mehrteilig und allzu lang halten will. Um den kleinen Kolben durch die Bohrung des dahinter befindlichen grossen Cylinders heraus ziehen zu können, muss der innere Deckel des letzteren von innen eingesetzt werden und der innere Deckel des kleinen Cylinders so klein gehalten sein, dass er durch die innere Deckelöffnung des grossen geht. Fig. 7, Taf. 11 zeigt eine solche Ausführung, wie sie von Dr. Proell angegeben ist.[1])

Der grössere Durchmesser des Deckels y_1 muss kleiner als der kleinere desjenigen y_2 sein, dessen grösserer Durchmesser wieder kleiner als D_g sein muss.

Besondere Cylinderkonstruktionen findet man schliesslich an den Lokomobilen von Wolf in Buckau-Magdeburg und Anderen. Der Dampfcylinder ist hier mit dem Dampfdom zusammengegossen, damit der Dampf des letzteren den Cylinder heizt. Der Dampfeintritt in den Schieberkasten erfolgt von oben her. Fig. 3, 3a und 4, Taf. 11 zeigen diesbezügliche Ausführungen.

Soll der Regulator auf die Drosselklappe wirken, wie es namentlich bei kleinen Lokomobilen der Fall ist, so tritt der Dampf aus dem Dom zunächst durch das Absperrventil a und dann durch die Klappe b in den Schieberkasten (Fig. 3). Ventil und Klappe sind in einem kleinen Verbindungsstücke untergebracht, das dem Dom an der Seite aufgesetzt ist. Bei vom Regulator beeinflusster Steuerung entfällt natürlich die Klappe (Fig. 3a). Bei Zweimal-Expansionsmaschinen werden die beiden Cylinder dem Dampfdom an den Seiten eingegossen (Fig. 4), und ein quer eingegossenes Rohr leitet den Dampf aus dem kleinen Cylinder zum grossen.

Über das **Maschinenfundament,** welches hier zusammen mit den Rohrleitungen seine Erledigung finden möge, ist allgemein das Folgende zu bemerken.

Hergestellt wird das Fundament aus hart gebrannten Klinkerziegeln, ausgenommen eine untere Schicht aus Beton von 0,5 bis 0,75 m Dicke oberhalb des Baugrundes. Die Klinker sind, gut angefeuchtet, in Cementmörtel zu versetzen, der aus 1 Teil Cement und 2 bis 4 Teilen reinem Sand besteht. Die Löcher für die Fundamentanker werden am besten durch Ummauern von Holzprismen hergestellt, die an einer Holzplatte, auf der die Hauptlinien der Maschine vorgerissen sind, befestigt und mit dieser Platte nach Bedarf hoch gezogen werden. Bei kleineren Maschinen genügen Anker mit ⊥- oder Hammerköpfen, bei grösseren sind stets Splintanker zu verwenden, für welche dann die nötigen Kanäle oder Handlöcher zum Einstecken der Splinte im Fundament vorzusehen sind. Der Rahmen wird zunächst auf dem Mauerwerk unterkeilt und dann mit dünnem Cement untergossen. Hervorstehende Teile des Fundamentes werden sauber mit Cement verputzt. Die Tiefe des Fundamentes beträgt gewöhnlich 1,6 bis 3 m je nach der Grösse der Maschine.

Bei stehenden Maschinen ist das Fundament, abgesehen von der Schwungradgrube und den Ankerlöchern, meistens ein voller prismatischer Klotz, bei liegenden Maschinen dagegen sind die nötigen Kanäle, um zu den Ankerlöchern zu gelangen, die Aussparungen bezw. Räume

1) Zeitschrift deutscher Ingenieure, Jahrgang 1888, S. 444.

für die Dampfleitungen, den Receiver, Kondensator, falls dieser unter Flur steht u. s. w., vorzusehen. Die Ausbildung der Fundamente möge daher zusammen mit den Rohrleitungen im Nachstehenden an Hand des Fundament- und Rohrplanes einiger ausgeführten Maschinen besprochen werden.

Fig. 1, Taf. 23 zeigt zunächst das Fundament und die Rohrleitungen einer liegenden eincylindrigen Kondensationsmaschine, wie sie wiederholt von der Chemnitzer Maschinenfabrik vorm. Richard Hartmann in Chemnitz ausgeführt wurde. Die Luftpumpe des Kondensators wird von der durchgehenden Kolbenstange vermittelst eines zweiarmigen Hebels angetrieben und befindet sich unter Flur des Maschinenraumes.

Die Form des eigentlichen Fundamentes ist im Grundriss punktiert angedeutet. Zwei Kanäle K_3 führen von der Schwungradgrube aus zu den Fundamentankern der beiden Kurbelwellenlager, ein Kanal K desgleichen von dem tieferen Kondensatorraum aus zu den Ankern des Cylinders und des mittleren Rahmenfusses. Der letztgenannte Kanal ist durch eine Kappe G überdeckt, die nur unterhalb des Cylinders, soweit dies die Auslassventile und Dampfleitungen erfordern, ausgespart ist. Hinter dem Cylinder ist der Kondensatorraum durch drei Kappen, welche sich auf I-Träger T stützen, überwölbt; die mittlere Kappe G_1 besitzt eine Aussparung für den Luftpumpenhebel, die hintere G_3 eine solche als Einsteigeöffnung E. Um an die Anker des Kondensatorrahmens gelangen zu können, sind die Öffnung E_1 und die Kanäle K_2, K_1 angeordnet.

Die vom Kessel kommende Leitung R_1 führt den frischen Dampf zunächst zu einem Wasserabscheider W unterhalb des Dampfcylinders und dann durch den Dampfmantel zum Absperrventil V_1 und den Einlassventilen. Der austretende Dampf geht durch die Leitung R_2 zu dem Wechselventil V_2, dass je nach seiner Stellung den Dampf entweder in den darunter befindlichen Kondensator, oder durch eine nicht eingetragene Leitung R_3, die an den Seitenflansch des Ventiles anschliesst (siehe den eingetragenen Pfeil im Grundriss und Querschnitt), ins Freie leitet. R_4 ist die Einspritzleitung, V_4 das Einspritzventil, das von oben aus bethätigt werden kann, R_5 die Warmwasserleitung. Von den beiden aufgestellten Kondenstöpfen A und B nimmt der eine das Kondenswasser des Wasserabscheiders W vermittelst der Leitung r_2, der andere dasjenige des Dampfmantels durch die Leitung r_3 auf; beide Leitungen gehen vom tiefsten Punkte des Wasserabscheiders bezw. Dampfmantels aus.

Soll der frische Dampf nicht durch den Dampfmantel strömen, so muss das Absperrventil V_1 in der Leitung sitzen und vor demselben eine kleine Leitung r_1[1]) mit dem Absperrventile W zum Heizen des Mantels abzweigen. Fig. 1a, Taf. 23 zeigt ferner noch die Kondenshähne des Cylinders mit ihrer Leitung, falls solche Hähne erforderlich sind.

Fig. 1, Taf. 24 giebt weiter den Rohr- und Fundamentplan einer liegenden Kompound-Receiver-Maschine aus der Maschinenfabrik von Richard Raupach in Görlitz. Der Luftpumpenkolben sitzt auf der verlängerten Kolbenstange des kleinen Cylinders. Die Form des Fundamentes ist aus dem Grundriss zu erkennen. Hinter den Cylindern ist der Raum um das Kondensatorfundament herum überwölbt. Aus diesem Raum, in den man durch die Einsteigeöffnung E gelangt, führt ein mittlerer Kanal K in die Schwungradgrube, von der aus man durch nicht eingezeichnete Querkanäle an die Fundamentanker der Kurbelwellenlager gelangen kann. Die beiden Seitenkanäle K_1 und K_2 bezw. deren nach oben offene Verlängerungen K_3 und K_5 gewähren Zutritt zu den Fundamentankern und Rohrleitungen der Cylinder und Rahmenfüsse.

Der frische Dampf geht zunächst durch den Wasserabscheider W, dann durch die Rohrleitung R um den Heizmantel herum zum oberen Absperrventil V und den Einlassventilen des kleinen Cylinders. Aus dem letzteren tritt er durch die Leitung R_1 in ein Zweigstück T. Der eine Arm desselben führt zum Receiver A, der andere durch den Krümmer T_1 zum Wechselventil V_1. Der letztgenannte Arm wird nur benutzt, wenn die Maschine mit nur einem Cylinder arbeiten soll, in welchem Falle der bei x liegende Ring durch einen Blindflansch ersetzt werden muss, während für gewöhnlich bei y ein solcher Blindflansch liegt. Die Verbindung des Receivers mit dem grossen Cylinder bewirkt die Leitung R_2. Der Abdampf des letzteren geht durch R_3 zum Wechselventil V_1, das ihn ins Freie leitet, wenn ohne Kondensation gearbeitet werden soll, sonst aber durch R_4 von oben in den Kondensator führt. R_6 ist die Kalt-, R_7 die Warmwasserleitung des letzteren.

Von dem Wasserabscheider W geht oben eine kleine Frischdampfleitung r_2 ab, die dem Receiver frischen Dampf zuführt, wenn das Absperrventil v_2 geöffnet wird. Das geschieht beim Anlassen der Maschine, um den Receiver mit Dampf zu füllen. Der Abzweig r_3 der vorigen Leitung liefert den Dampf für die Receiverheizung, von welcher aus dann durch die Leitungen r_4 und r_7 frischer Dampf zu den Cylinder-Dampfmänteln gelangt. Von den drei Kondenstöpfen schliesslich nimmt C durch die Leitung r das Wasser des Wasserabscheiders W auf, während C_1 und C_3 durch die Leitungen r_1 bezw. r_6 mit den Dampfmänteln der Cylinder in Verbindung stehen.[1])

Eine besondere Anordnung besitzen die Rohrleitungen der Kompound-Receiver-Lokomobile mit Kondensation von R. Wolf in Buckau-Magdeburg, wie sie Fig. 2, Taf. 23 zeigt. Der Dampfeintritt in die beiden Cylinder erfolgt in der aus Fig. 4, Taf. 11 ersichtlichen und auf Seite 307 schon angegebenen Weise. Der Abdampf des grossen Cylinders geht durch das Rohr R der Fig. 2, Taf. 23 in den Kondensator K, der durch R_4 und das Ventil V sein Kühlwasser erhält. Unterhalb des Kondensators sitzt das Wechselventil V_2, das den Abdampf, im Falle ohne Kondensation gearbeitet werden soll, durch K

1) Diese Leitung ist in Fig. 1, Taf. 23 mit eingetragen, fällt aber fort, wenn, wie angenommen, der frische Dampf den Heizmantel durchströmt.

1) Eine Kondenswasserleitung für den Receiver-Heizmantel ist hier auch angezeigt.

nach einer an V_2 anzuschliessenden Auspuffleitung R_3 leitet, sonst aber das Kondensationsgemisch durch R_2 der Luftpumpe L zuführt. Das Warmwasser pumpt die letztere in das neben ihr aufgestellte Bassin mit der Überlaufleitung R_5. Aus dem Bassin saugt die Speisepumpe S das Warmwasser durch die Leitung r an und drückt es durch diejenige r_1 und den Windkessel W in den Kessel (siehe auch Fig. 5, Taf. 12). Als zweite erforderliche Speisevorrichtung des letzteren dient ein Injekteur J, dessen Druckleitung r_2 und dessen Dampfleitung r_3 ist.

Schliesslich sind in Fig. 1, Taf. 25 die Rohrleitungen einer stehenden Verbundmaschine von gebräuchlicher Anordnung eingetragen. Es bezeichnet:

R die vom Kessel kommende Frischdampfleitung,
W den Wasserabscheider,
V das Absperrventil in derselben,
R_1 die Abdampfleitung des grossen Cylinders,
V_1 das Wechselventil,
R_5 die hieran schliessende Auspuffleitung,
C den Kondensator,
R_3 die Einspritzleitung,
R_2 die Leitung zur Luftpumpe,
R_4 die Warmwasserleitung,
r, r_1 und r_2 die Heizleitung für die Dampfmäntel der beiden Cylinder,
r_3 die Hilfs-Frischdampfleitung des Receivers,
r_4 und r_5 die Kondenswasserleitung der beiden Cylinder[1]),
r_6 desgl. für den Receiver,
r_7 und r_8 desgl. für die Schieberkasten,
r_9 und r_{10} desgl. für die Cylinder-Heizmäntel.

§ 52.

Die Dampfkolben und die Kolbenstangen.

Die Dampfkolben haben in unseren Dampfmaschinen die Bewegung und Kraft des Dampfes aufzunehmen und an das Gestänge zu übertragen. Haupterfordernis hierbei ist, dass die Kolben dicht halten, d. h. Dampfverluste, welche durch Übertreten des Dampfes von der einen zur anderen Kolbenseite entstehen, thunlichst vermeiden, und dass sie möglichst wenig Reibung und Verschleiss verursachen. Von der Dichtheit eines Kolbens überzeugt man sich dadurch, dass man die Maschinenkurbel in ihrer Totlage absteift und den Cylinderdeckel der gegenüber liegenden Kolbenseite öffnet. Der eingelassene Dampf soll dann bei einem gut dichtenden Kolben nur in Form von Wasserperlen an der offenen Seite zu bemerken sein.

Als Hauptteile eines jeden Dampfkolbens sind zu nennen: Die Lider- oder Dichtungsringe und der Kolbenkörper. Die ersteren sollen die erwähnte Abdichtung bewirken und machen, wenn sie nicht ohne weiteres in den Kolbenkörper eingebaut, d. h. über diesen geschoben werden können, noch einen dritten Hauptteil, den Kolbendeckel, erforderlich.

1) Über den Kolben sind keine Kondenshähne und -leitungen vorgesehen.

Das Material der **Lider- oder Dichtungsringe** zunächst ist Gusseisen, Bronze oder Stahl. Hiervon findet das Gusseisen, weil es billiger als die übrigen Materialien ist und sich in den meisten Fällen gut bewährt hat, die grösste Verwendung. Stahl wird nur zu kleinen Kolben mit schwachen Ringen benutzt, Bronze kommt wegen ihres hohen Preises nur dann in Betracht, wenn Wert darauf gelegt wird, den Verschleiss vom Cylinder fern zu halten und allein an den Ringen stattfinden zu lassen.

Um die erforderliche Abdichtung an ihrem Umfange zu erzielen, müssen die Liderringe mit einer gewissen Kraft gegen die Cylinderwandung gepresst werden. Es ist von grösster Wichtigkeit, aber auch äusserst schwierig, diese Kraft von vorne herein richtig zu bemessen. Ist die Kraft zu gross, so fällt die Reibung des Kolbens zu bedeutend aus, ist die Kraft zu gering, so ist die Abdichtung keine genügende; die Rücksicht auf den Verschleiss der Ringe verlangt ferner, dass die Kraft anfangs reichlicher, als unbedingt erforderlich, gewählt wird, damit auch später nach eingetretenem Verschleiss noch eine genügende Dichtheit vorhanden ist und ein häufiges Nachspannen der Ringe vermieden wird. Je nach der Art, in welcher die Kraft, mit welcher die Ringe gegen die Lauffläche des Cylinders gedrückt werden, erzeugt wird, lassen sich zwei verschiedene Ausführungen der Liderringe unterscheiden. Wird diese Kraft durch die eigene Elasticität der Ringe erzeugt, so nennt man dieselben selbstspannend oder Selbstspanner. Ist die eigene Elasticität der Liderringe aber nur gering, und werden zur Unterstützung der eigenen Spannkraft noch besondere Federn oder andere Ringe angeordnet, so bezeichnet man die Liderringe als solche mit Spannvorrichtung.

Aber nicht nur am Umfange, sondern auch in der Richtung der Kolbenbewegung, also nach den beiden Seiten hin, ist eine gewisse Anpressung der Liderringe in den meisten Fällen erforderlich. Diese Anpressung erstreckt sich gegen die Ränder des Kolbens bezw. Kolbendeckels und hat die Spielräume aufzuheben, welche an den Berührungsflächen der Ringe mit den erwähnten Rändern infolge der hin- und hergehenden Bewegung des Kolbens namentlich bei grosser Kolbengeschwindigkeit entstehen. Werden diese Spielräume nicht beseitigt, so kann der Dampf von der einen Kolbenseite hinter die Ringe und von hier aus auf die andere Kolbenseite treten.

Verfolgen wir die oben erwähnten beiden Ausführungsarten der Dichtungsringe, so ist zu bemerken, dass Selbstspanner bei den Transmissions-Dampfmaschinen gewöhnlich nur für Bohrungen unter 400 mm Verwendung finden. In einem Kolben werden mindestens zwei, oft aber auch drei oder vier solcher Ringe angeordnet. Die Spannkraft wird denselben dadurch erteilt, dass sie geschlossen im Umfange grösser als die Cylinderbohrung gehalten und nach Herausnahme eines Stückes auf die letztere zusammengepresst werden.

Bestehen also die Ringe aus Gusseisen, so giesst man einen Hohlcylinder mit verlorenem Kopf und einer solchen Nutzhöhe, dass man später die sämtlichen Ringe eines Kolbens von ihm abstechen kann (Fig. 1a, Taf. 15). Nach der Bearbeitung der Stossflächen wird der Cylinder am Umfange vorgedreht und dann in die Einzelringe zerlegt. Den letzteren wird nun durch Ausbohren ein Stück aus dem Umfange entnommen, das entweder nach Fig. 1b, oder nach Fig. 1d, Taf. 15 gestaltet ist. Hierauf wird jeder Ring, nachdem die Berührungsstellen des Ausschnittes sauber aufeinander gepasst sind, vermittelst eines Spannbandes zusammengepresst und nochmals vor die Planscheibe gespannt, um schliesslich auf die Cylinderbohrung fertig gedreht zu werden (Fig. 1c bezw. 1e, Taf. 15). Werden die Ringe schon vor dem Aufschneiden fertig gedreht, so halten sie nicht dicht. Ist

D die Cylinderbohrung,
a der Ausschnitt in mm,

und rechnet man für das zweimalige Abdrehen 5 bis 10 mm, so muss der äussere Durchmesser des unbearbeiteten Hohlcylinders

$$D + \frac{a}{\pi} + 5 \text{ bis } 10 \text{ oder rund } D + \frac{a}{3} + 5 \text{ bis } 10 \text{ mm}$$

betragen.

Selbstspanner aus Stahl werden ähnlich hergestellt, nur dass man dieselben aus Stahldraht von entsprechendem Querschnitt fertigt.

In dem Kolbenkörper müssen die Ringe mit den Stossflächen aufgeschliffen werden; dasselbe geschieht dort, wo zwei übereinander liegende Ringe sich berühren. Die Schnittfugen der einzelnen Ringe eines Kolbens werden gegeneinander versetzt. Damit die Ringe sich im Kolbenkörper nicht drehen können, sichert man dieselben durch kleine Stifte oder Schrauben, welche aber den Ring am Anpressen gegen die Cylinderwand nicht hindern dürfen. Die Schnittfuge, welche sich bei eintretendem Verschleiss des Ringes immer mehr öffnet, wird zweckmässig durch ein sogenanntes Ringschloss verdeckt, welches dem Dampf den Durchtritt daselbst verwehrt. Fig. 12 bis 15, Taf. 15 zeigen die gebräuchlichen Ausführungen solcher Ringschlösser.

Bei Selbstspannern bestehen die letzteren gewöhnlich aus einem kleinen Kupferblech, das nach Fig. 12 und 13 am Umfange bezw. der Stirnfläche des Ringes durch kleine Schräubchen an dem einen Ende des letzteren befestigt ist und beim Auseinandergehen des Ringes auf dem anderen Ende gleiten kann. In Fig. 14 ist zu gleichem Zwecke ein weiches Messingstück, das vermittelst eines dahinter liegenden Plättchens, Schrauben und Kupfernieten an dem einen Ringende angebracht ist, in eine Nut des anderen eingelassen. In Fig. 15 schliesslich sitzt an jedem Ringende ein Kupfer- oder Messingblech, die beide den schrägen Ringschlitz verdecken und sich in einer horizontalen Trennfläche aufeinander verschieben können. Die einzelnen Teile aller dieser Ringschlösser müssen durch Schaben den Ringen sehr sauber aufgepasst werden.

Die Dimensionen der selbstspannenden Kolbenringe werden meist empirisch gewählt. Bezüglich der Ringdicke zunächst ist zu bemerken, dass schwache Ringe besser federn, bei eintretendem Verschleiss länger angepresst werden und weniger Reibung verursachen als starke. Bei kleinen Bohrungen findet man deshalb die Ringe meistens nicht sehr stark gewählt. Wir empfehlen für Gusseisen eine Ringdicke

$$\mathbf{b = 0{,}6 \sqrt{D}},$$

wenn der Ring, wie es meistens geschieht, überall gleich stark gemacht wird. Ist das nicht der Fall, ist vielmehr der innere Ringumfang excentrisch zum äusseren, so kann der vorstehende Wert für die kleinste Ringdicke genommen werden, während für die grösste

$$\mathbf{b_1 = b + 0{,}01\, D}$$

zu wählen ist. Ungleich starke Ringe werden immer an der schwächsten Stelle aufgeschnitten. Die Höhe der gusseisernen Ringe beträgt

$$\mathbf{h = b \text{ bis } 2\, b.}$$

Stahlringe erhalten eine Dicke von 5 bis 16 mm und eine Höhe von 5 bis 13 mm.

Die Grösse des Ringausschnittes wählt man vielfach

$$\mathbf{a = 0{,}04\, D + 20 \text{ mm}},$$

während andere

$$\mathbf{a = \sim 0{,}1\, D}$$

empfehlen. Die Kraft, mit welcher der überall gleich starke Ring dann gegen die Cylinderwandung gepresst wird, berechnet sich[1]) annähernd zu

$$p = 100 \left(\frac{b}{D}\right)^3 \text{kg/qmm},$$

während die Beanspruchung des der Aufschnittstelle gegenüberliegenden Ringquerschnittes

$$k_b = 3\, p \left(\frac{D}{d}\right)^2$$

beträgt.

Um die Ringe nicht nur in der radialen, sondern auch in der achsialen Richtung selbstspannend zu machen und also gegen die Kolben- bezw. Deckelränder zu pressen, was, wie früher angeführt, namentlich bei schnelllaufenden Maschinen zweckmässig ist, verfährt man nach Fig. 2a, Taf. 15 wohl so, dass man die auszuschneidenden Stücke an der Schlitzstelle etwas gegeneinander versetzt und die Ringenden später übereinander biegt (Fig. 2b). Die Ringe werden dann beim Fertigdrehen des Umfanges an den Stirnflächen gerade gestochen. Die Anspannung, welche die Ringe in der genannten Richtung erfahren, erstreckt sich aber nicht gleichmässig über die Endflächen. Besser in dieser Beziehung ist das von Cremer angegebene Verfahren, aus einem Gusscylinder durch Ausdrehen einer entsprechend verlaufenden Nut und Aufbezw. Ausschneiden an der Anfangs- und Endstelle nach Fig. 3a, Taf. 15 einen Spiralring herzustellen. Derselbe äussert im zusammengepressten Zustande (Fig. 3b) nicht nur in radialer, sondern auch in achsialer Richtung eine gleichmässige Anpressungskraft. Die beiden Schnittstellen an den Endflächen müssen natürlich wieder durch ein

1) Nach „Reymann, Festigkeit und Reibung der Dampfkolben“, Zeitschrift deutscher Ingenieure, Jahrgang 1896, S. 85.

Ringschloss aus Kupferblech verdeckt werden, damit hier kein Dampf durchtreten kann.

Bei grossen Cylinderbohrungen, oft schon bei solchen von 300 mm an, verwendet die Praxis im Transmissions-Dampfmaschinenbau Liderringe mit besonderer Spannvorrichtung. Selbstspannende Ringe ergeben hier bei genügender Dicke zu wenig Federung und legen sich deshalb schlecht an die Cylinderwandung an, während bei dünnen Ringen die Anpressung zu gering ausfällt. Die Fig. 4 bis 11, Taf. 15 zeigen an verschiedenen Ausführungen, wie die Anspannung der äusseren Dichtungsringe, deren hier häufig zwei übereinander angeordnet sind, bewirkt werden kann.

In Fig. 5, Taf. 15 dient zur Anspannung ein zweiter Gusseisenring, der aufgeschnitten und zusammengepresst in die beiden äusseren Ringe gelegt wird. Die Schnittfugen der einzelnen Ringe sind natürlich wieder gegeneinander zu versetzen. Kleine Schrauben z hindern die Ringe am Verdrehen im Kolbenkörper.

An Stelle des inneren Gusseisenringes wird vielfach auch eine Stahlfeder genommen. Dieselbe kann nach Fig. 6, Taf. 15 gestaltet sein und sich in die schräg ausgebohrten Liderringe legen, um letztere auch gegen die Ränder des Kolbens bezw. Deckels zu pressen, oder aber zu gleichem Zwecke nach Fig. 7, Taf. 15 aus spiralförmigen Windungen bestehen. In der letztgenannten Figur stützt sich der Kolbenkörper, um die nur durch den vorderen Cylinderdeckel geführte horizontale Kolbenstange vor einer Durchbiegung zu bewahren, vermittelst einer kleineren Stahlfeder auf die eigentliche Spannfeder und die Liderringe.

Fig. 4, Taf. 15 giebt Kolbenringe nach Zirn (D. R.-P. No. 20033), wie sie von Leopold Ziegler in Berlin ausgeführt werden. Die beiden Liderringe haben winkelförmigen Querschnitt und werden vermittelst entsprechend gestalteter Bronzestücke von einer wellenartig gebogenen Stahlfeder gegen die Cylinderwandung und Kolbenränder gepresst.

Die Konstruktionen in Fig. 8 bis 11, Taf. 15 sind dem Schiffsmaschinenbau entlehnt und nur für sehr grosse Cylinderbohrungen angebracht. In Fig. 8, 9 und 10 wird der einzige Liderring durch eine Anzahl von Blattfedern angedrückt, die in Fig. 9 sogar stellbar sind und erst auf einen Verteilungsring wirken. In Fig. 11, welche Buckleys Patentringe zeigt, dient eine doppelte, in sich selbst zurückkehrende Spirale aus Rundstahl als Spannring. In der Figur ist nur ein einziger Liderring mit einem oberen Füllstück angedeutet; jetzt werden zwei Ringe nach Art derjenigen in Fig. 4, Taf. 15 ausgeführt.

Für die Dicke der vorliegenden Dichtungsringe empfiehlt sich ein Wert

$$\mathbf{b = 0{,}7 \sqrt{D},}$$

während für die Höhe derselben ein solcher

$$\mathbf{h = b \text{ bis } 2\,b} \text{ bezw. } \mathbf{h = 2\,b \text{ bis } 3\,b,}$$

je nachdem zwei Ringe übereinander oder nur ein Ring verwendet wird, passende Dimensionen liefert. Zu beachten ist auch, dass bei allen Liderringen mit Spannvorrichtung die letztere beim Einsetzen der Ringe nicht zu stark angespannt werden darf, da sonst unnötige Reibung erzeugt wird.

Um das Anschleifen eines Grates am Cylinder zu verhüten, muss, wie schon auf Seite 301 angeführt, die äussere Kante eines jeden Liderringes, gleichgiltig ob selbiger selbstspannend ist oder Spannvorrichtung besitzt, bei der zugehörigen Totlage des Kolbens um

$$\mathbf{k_4 = 1 \text{ bis } 3 \text{ mm}}$$

in die Verbohrung treten.

Der **Kolbenkörper** besteht gewöhnlich aus Gusseisen, seltener aus Stahlguss. Er wird nur bei kleinem Durchmesser als voller Cylinder, als Scheibe oder Trichter nach Fig. 1, Taf. 15 ausgebildet, wobei die letztere Form den Nachteil einer grossen Abkühlfläche für den eintretenden Dampf besitzt. Sonst giesst man den Kolbenkörper stets in Rippen- oder Hohlguss, von denen namentlich der letztere bevorzugt wird, da er bei geringerer Wandstärke und also auch kleinerem Gewicht ebenso widerstandsfähig als der erstere wird, auch wegen der beim Hohlguss weit symmetrischen Gestalt des Kolbenkörpers leichter Gussspannungen vermieden werden.

Die nötigen Kernöffnungen sind bei hohl gegossenen Kolbenkörpern natürlich stets vorzusehen und in den Figuren auf Taf. 15 mit x bezeichnet. Man verschliesst dieselben später durch schmiedeeiserne Putzen (Fig. 2 und 5), durch eingestemmte Bleche (Fig. 6), durch kleine Deckel (Fig. 8), oder durch den Kolbendeckel selbst (Fig. 3 und 7).

Der Durchmesser der Kolbenränder ist um $1/2$ bis 4 mm kleiner als die Cylinderbohrung zu nehmen. Die Differenz kann um so grösser sein, je grösser die Bohrung ist und je stärker die Ringe sind. Ganz schwache Ringe dürfen gar nicht aus dem Kolbenkörper vorstehen; der letztere muss dann also in die Bohrung passend gemacht werden.

Die Scheibenstärke der hohl gegossenen Kolbenkörper kann man

$$\mathbf{w_1 = \frac{D}{60} + 10 \text{ bis } 13 \text{ mm}}$$

nehmen.

Die **Kolbendeckel,** welche bei starken Ringen, die man nicht über den Kolbenkörper einbauen kann, erforderlich sind, müssen dem Kolbenkörper dampfdicht aufgepasst werden. Zu ihrer Befestigung dienen Schrauben, deren Zahl und Stärke nach der auf Taf. 15 angegebenen Tabelle bemessen werden kann. Die Muttern dieser Schrauben bestehen, um ein Festrosten zu vermeiden, stets aus Rotguss und besitzen eine ganz oder halb viereckige Form, wenn sie in entsprechende Öffnungen des Randes eingelassen werden (Fig. 4 bis 9, Taf. 15), eine runde Form, wenn sie von unten oder oben in die Kolbenscheibe eingesetzt und hier durch kleine Schräubchen an der Drehung verhindert werden (Fig. 3 und 11, Taf 15). Die Schraubenköpfe werden zweckmässig in den Deckel eingelassen, um vorstehende Teile mit Rücksicht auf eine möglichst einfache Gestalt der Cylinderdeckel nach innen zu vermeiden. Eine Sicherung der Deckelschrauben des Kolbens ist stets vorzusehen, und zeigen die Figuren auf Taf. 15 eine Reihe solcher Sicherungen. Auch sind die nötigen Gewindelöcher für die Abdrückschrauben im Kolbendeckel nicht zu vergessen; während des Betriebes sind diese Öffnungen durch kleine Rotgussschrauben, die mit y in den Figuren bezeichnet sind, zu verschliessen. Die Stärke des Kolbendeckels kann

$$w = \frac{D}{60} + 15 \text{ mm}$$

genommen werden. Der äussere Durchmesser desselben ist ebenso gross wie der des unteren Kolbenrandes.

Bezüglich der Sicherung der Deckelschrauben ist zu bemerken, dass diese in Fig. 3 und 7, Taf. 15 durch einen aufgelegten Blechring bewirkt wird, der in Fig. 3 durch die Schrauben y der Abdrücköffnungen, in Fig. 7 durch die Schrauben v am Kolbendeckel befestigt ist. Der in Fig. 6 zur Sicherung verwendete Kupferring wird in die seitlichen Nuten des Deckels eingestemmt; die in dem Ringe vorgesehenen Löcher können durch Drehen über jede beliebige Deckelschraube gebracht werden. In Fig. 5 ist zur Sicherung der Deckelschrauben ein 2 bis 3 mm starker Kupferdraht durch die Köpfe dieser Schrauben gezogen. In Fig. 4 und 8 sind die Deckelschrauben verbohrt, in Fig. 11 durch übergelegte Scheiben an der Drehung verhindert, deren Befestigungsschräubchen wiederum durch einen Kupferdraht gesichert sind.

Die **Kolbenstangen** der Transmissions-Dampfmaschinen werden jetzt stets aus Gussstahl geschmiedet, weil dieses Material bei hoher Festigkeit eine glatte, reine Oberfläche besitzt und deshalb die Packung der Stopfbuchsen möglichst wenig angreift. Bei kleinen Maschinen tritt die Kolbenstange nur durch einen Cylinderdeckel, sonst führt man dieselbe, um Durchbiegungen zu vermeiden, stets durch beide Deckel und giebt bei grossen liegenden Maschinen auch noch dem hinteren Ende einen besonderen Kreuzkopf zur Unterstützung. Durchbiegungen werden aber auch hier nur dann vermieden, wenn die Kolbenstange genügend stark ist. Bei zu schwachen Stangen schleifen sich die Grundringe der Stopfbuchsen nach unten bald aus, und der Kolbenkörper senkt sich auf die untere Cylinderwandung, hier eine Reibung erzeugend, die in den meisten Fällen zu beträchtlichem Arbeitsverlust und Verschleiss führt, auch den Kolben zu ecken sucht, da sie in Bezug auf die Kolbenstange an einem Hebelarm gleich der halben Cylinderbohrung angreift.

Um solchen Durchbiegungen vorzubeugen, lassen manche Konstrukteure das Gewicht des Kolbenkörpers gleich von vorne herein von der unteren Cylinderwandung aufnehmen, indem sie den Kolben vermittelst eines besonderen Fusses (siehe z. B. die untere Stützfeder in Fig. 7, Taf. 15) auf den beiden oder besser den einzigen Liderring stützen, wählen aber diesen letzteren so hoch und also die Auflagefläche so gross, dass die auftretende Flächenpressung nur gering, höchstens 0,03 kg/qmm, ist. Aber auch bei dieser Anordnung kann der am Kolben angreifende Reibungswiderstand in dem vorhin angedeuteten Sinne recht bedenklich werden.

Ein anderes Mittel, um Durchbiegungen der Kolbenstange und deren nachteilige Folgen an liegenden Maschinen zu vermeiden, ist dem Ingenieur Collmann patentiert. Derselbe lässt die Kolbenstangen nicht gerade, sondern krumm herstellen, und zwar derartig und in solchem Masse, dass sie später durch das Kolbengewicht zu einer genau geraden Stange durchgebogen werden. Die Herstellung erfolgt in der Weise, dass die rohe und entsprechend der voraussichtlichen Durchbiegung annähernd gekrümmte Stange, deren Länge so gross bemessen ist, dass ihre Enden bis zu den Mitten der Kreuzköpfe an der betreffenden Dampfmaschine reichen, mit diesen Enden und der Krümmung nach oben auf zwei Lagerböcken der Drehbank montiert wird. Dann wird die Stange durch ein in der Mitte des späteren Kolbensitzes angebrachtes Gewicht, das genau gleich dem Kolbengewicht ist, ungefähr gerade gebogen und schliesslich vermittelst eines Supports mit rotierendem Stichelgehäuse genau gerade abgedreht, sowie abgeschliffen.

Will man dieses immerhin umständliche und teuere Herstellungsverfahren nicht anwenden, so wird man zunächst den Kolbenkörper möglichst leicht zu halten und dann die Kolbenstange, wie auf Seite 106 angegeben, so stark zu machen haben, dass die zu erwartenden Durchbiegungen dasjenige Mass nicht überschreiten, bei welchem ein Aufliegen der Kolbenränder am Cylinder zu befürchten steht, also höchstens 1 bis 1,5 mm betragen.

Die Befestigung des Kolbens auf der Kolbenstange wird durch Konus und Keil oder Mutter bewirkt. Der Konus wird sauber in den Kolbenkörper eingeschliffen und erhält nur geringe Steigung. Ist

Δ_3 der grössere,
Δ_2 der kleinere Durchmesser,
l die Länge des Konus,

so nehme man

$$\Delta_3 = \Delta_2 + \frac{l}{7}$$

und wähle, damit der Druck auf die Projektion des Konus höchstens 5 kg/qmm beträgt, Δ_2 so gross, dass

$$(\Delta_3^2 - \Delta_2^2)\frac{\pi}{4} \geqq \frac{P}{5}$$

oder

$$\Delta_3^2 - \Delta_2^2 \geqq \sim \frac{P}{4}$$

wird, unter P den grössten Kolbenüberdruck verstanden. Die zur Befestigung des Kolbens dienende Mutter besteht aus Rotguss oder Bronze und muss gehörig gesichert werden. Die Figuren auf Taf. 15 zeigen, wie dies in verschiedener Weise geschehen kann.

Hintere Führungen für durchgehende Kolbenstangen werden gewöhnlich nach Fig. 14, Taf. 16 ausgebildet. Das eingeleisige Führungsrohr mit ebener Bahn ist am Cylinderdeckel befestigt und in der Mitte durch eine kleine Säule unterstützt. Seltener sind die Ausführungen nach Fig. 15 und 16, Taf. 16. In der ersten Figur ist das Geleisenrohr vollständig geschlossen, in der zweiten Figur ist dasselbe nur am hinteren Ende mit einem vollständig geschlossenen Ende versehen und trägt in der Mitte eine halbrunde, stellbare Pfanne.

§ 53.

Die Stopfbuchsen.

Die Kolben- und Schieberstangen bedürfen dort, wo sie durch den Deckel des Cylinders bezw. die Wand des Schieberkastens treten, einer Vorrichtung, welche ihre geradlinige Hin- und Herbewegung zulässt, ohne dass Dampf aus- und Luft eintritt. Diese Vorrichtung nennt man die Stopfbuchse. Sie erzielt die erforderliche Abdichtung durch eine besondere Packung, welche in einem Behälter sitzt und vermittelst der sogenannten Brille und der Stopfbuchsschrauben gegen die Stange gepresst wird.

Als **Packung** benutzte man früher ausschliesslich und jetzt auch noch zum grossen Teil gewisse vegetabilische oder mineralische Stoffe, wie Hanf, Baumwolle, Talkum- oder Specksteinschnur u. s. w. Von ihnen werden Hanf und Baumwolle mit Talg behandelt, Talkum- und Specksteinschnur oft mit Cylinderöl getränkt, und der Hanf in Form von geflochtenen Zöpfen, die übrigen in Ringen um die zu dichtende Stange gelegt und fest in den Packungsraum getrieben. Jetzt finden neben diesen Materialien die Metallpackungen eine immer mehr zunehmende Verwendung. Ihre Vorteile bestehen darin, dass sie die Stange weit mehr schonen als die älteren Packungen, von denen namentlich der Hanfzopf dieselben sehr angriff, dass sie infolgedessen weniger Reibungs- und Arbeitsverluste verursachen und dass sie endlich eine längere Dauer besitzen, auch seltener angezogen zu werden brauchen. Allerdings verlangen Metallpackungen, wenn sie gute Resultate liefern sollen, sehr glatte und genau cylindrisch bearbeitete Stangen- und Behälterflächen, da sie ja weit starrer als die übrigen Packungen sind. Zu den bekannteren Ausführungen der Metallpackungen gehören:

Die Howald-Liderung (Fig. 13, Taf. 16). Sie besteht aus Metallringen, die dreieckigen Querschnitt haben und zweiteilig sind (siehe den Grundriss der Figur). Die inneren Ringe sind aus Weissmetall, die äusseren aus Rotguss oder Bronze hergestellt. Kleine Gewindeöffnungen in jedem Ringe dienen zum Ein- und Ausbauen desselben. Gewöhnlich kommen vier innere und vier äussere Ringe zur Anwendung. Auf die obersten Ringe wird noch eine elastische Schnur oder eine weiche Holzpackung gelegt, welche den Druck der Brille gleichmässig auf die Ringe verteilen und die Stange vor Staub bewahren soll. Beim Anzug der Brille werden die inneren Ringe gegen die Stange, die äusseren gegen den Behälter gepresst.

Die Metallpackung von Gminder (Fig. 12, Taf. 16). Die Ringe sind hier ebenso gestaltet wie bei der vorigen Liderung, zudem aber aussen und innen mit kleinen eingedrehten Nuten von rechteckigem bezw. dreieckigem Querschnitt versehen. Die schmalen Flächen der letzteren legen sich besser an die Stange bezw. den Packungsbehälter und dichten infolgedessen sicherer ab als bei der Howald-Packung. Die Nuten bieten auch eingedrungenen kleinen Unreinigkeiten Gelegenheit zum Einlegen.

Die Schilling-Liderung (Fig. 11, Taf. 16). In den Packraum ist ein dreiteiliger, sauber verkämmter Ring aus einer Weichkupferlegierung eingesetzt, der durch eine hintere Asbestpackung und einen oberen, zweiteiligen Metallring gegen die Stange gepresst wird. Eingedrehte Nuten sollen wieder das Anlegen des Ringes erleichtern und sicherer gestalten. Die Asbestpackung lässt eine geringe seitliche Verschiebung des dreiteiligen Liderringes zu, falls die Kolbenstange aus irgend einem Grunde nicht genau centrisch im Packungsraume liegt oder Neigung zu einer Verschiebung in dieser Richtung hat. Der Ring besteht, um ein Ausschmelzen oder Zerbrechen bei einem etwaigen Warmlaufen zu verhüten, aus einer Weichkupferlegierung, weil diese eine höhere Schmelztemperatur und grössere Festigkeit als Weissmetall hat.

Die Macbeth-Stopfbuchse (Fig. 9, Taf. 16). Sie wird von L. Ziegler in Berlin ausgeführt und besitzt als Dichtungsmaterial eine Anzahl von Weissmetallringen, die durch eine vegetabilische Packung angedrückt werden. Der Packungsbehälter ist mit seinen bundähnlichen Ringen beweglich auf linsenförmigen Flächen verlagert, damit er den Durchbiegungen der Kolbenstange folgen kann und einseitige Abnützungen vermieden werden. Der hohe Preis der vorliegenden Stopfbuchsen lässt deren Anbringung aber nur an vorhandenen Maschinen mit zu schwacher und stark durchgebogener Stange gerechtfertigt erscheinen.

Stopfbuchsen ohne besondere Packung, die dann nichts weiter als lange Buchsen sind, findet man bisweilen an den Stangen der Kolbenschieber, wenn diese den frischen Dampf von innen steuern, und der Schieberkasten nur mit Auspuffdampf angefüllt ist (siehe Fig. 2, Taf. 40). Die Differenz in der Pressung zu beiden Seiten der Buchse ist dann höchstens 0,15 bis 0,2 kg/qcm, und zur Abdichtung genügt hier ein sauberes Einschleifen der Stange.

Die **Buchse** oder der **Packungsbehälter** ist ein cylindrischer Gusseisenkörper, der dem vorderen Cylinderdeckel bezw. -boden eingegossen oder eingesetzt wird. Er nimmt vorne die Stopfbuchsschrauben auf. Der hierzu in den meisten Fällen dienende Flansch hat ovale Form (Fig. 5 und 6, Taf. 16) bei nur zwei, runde Form (Fig. 1, Taf. 16) bei drei Schrauben. Bei vegetabilischen oder mineralischen Packungen erhält die Buchse als Abschluss nach dem Cylinder hin den sogenannten Grundring. Da derselbe bei liegenden Maschinen den Stangen auch zur Führung dienen soll, so ist er hier länger und kräftiger als bei stehenden Maschinen zu halten, wo er diesem Zwecke nicht zu dienen braucht. Die der Packung zugekehrte Seite des Ringes wird entweder eben, einseitig konisch oder doppelt konisch (siehe Fig. 5, 1 bezw. 2, Taf. 16) gemacht. Die beiden letztgenannten Begrenzungen sollen die Packung besser gegen die Stange pressen. Bei Stopfbuchsen mit Metallpackung kann der Grundring fehlen, da hier die Packung selbst die Führung mit übernimmt.

Passende Werte für die Breite b und Höhe h des Packraumes sind in der Tabelle auf Taf. 16 angegeben.

Bei Schieberstangen trifft man mitunter jetzt den Packungsraum ganz niedrig gehalten und in die als Überwurfmutter ausgebildete Brille gelegt, dafür aber nach Fig. 8, Taf. 16 die Stange in einer langen Bronzebuchse geführt. Die eingedrehten Nuten der letzteren, die der Schieberkastenwand eingesetzt wird, füllen sich während des Ganges der Maschine mit Schmiermaterial.

Die **Stopfbuchsbrillen** werden nur bei kleinen Stangendurchmessern ganz aus Bronze, sonst stets aus Gusseisen hergestellt und dann innen mit einem Bronzefutter versehen. Die der Packung zugekehrte ringförmige Fläche der Brille ist ebenso wie die entsprechende des Grundringes gestaltet. Desgleichen hat der Flansch der Brille die gleiche Form wie derjenige des Packungsbehälters. In den Brillenflansch goss man bei liegenden Stopfbuchsen früher gewöhnlich eine Aussparung als Schmierbehälter ein und leitete vermittelst eines Dochtes das Öl an die Stange (Fig. 1 und 6, Taf. 16). Jetzt schraubt man diesem Flansch meistens ein besonderes Ölgefäss auf, oder bringt eine kleine Vase an, in welche das Öl aus einem Röhrchen sichtbar eintropft (Fig. 10 und 5, Taf. 16). Bei besonders wichtigen liegenden Stopfbuchsen kann auch in den Packungsraum ein Ring als Schmierbehälter eingesetzt werden, wie dies Fig. 3, Taf. 16 zeigt. An hängenden Stopfbuchsen versieht man den Flansch der Brille nach Fig. 4, Taf. 16 mit einem Wulst am Rande und benutzt die innere Vertiefung als Ölaufnehmer.

Die Länge des cylindrischen Teiles der Brille ist so zu bemessen, dass die Hanf-, Baumwoll-, Talkumpackung etc. bis auf ihre halbe Höhe im Packungsbehälter zusammengepresst werden kann. Bei Metallpackungen genügt natürlich eine weit geringere Brillenlänge. Der äussere Durchmesser des cylindrischen Brillenteiles muss ferner etwas kleiner, vielleicht $^1/_2$ bis $1^1/_2$ mm, als der lichte Durchmesser des Packungsbehälters sein. Der dadurch entstehende geringe Spielraum der Brille in der eigentlichen Stopfbuchse lässt geringe Abweichungen der Stange von der Cylinder- und Stopfbuchsenachse zu, die sonst einen schnellen Verschleiss des Brillenfutters zur Folge haben würden.

Die **Stopfbuchsschrauben** sollen die Brille beim Anziehen gleichmässig fortbewegen und ein Schiefstellen derselben zur Stangenachse verhüten. Mit Rücksicht hierauf hat man zwei Schrauben nur bei kleinen und minder wichtigen Stopfbuchsen zu gestatten, sonst aber immer drei Schrauben anzuordnen, weil diese Zahl erst die Lage des Brillenflansches vollkommen sichert. Auch lässt sich den obigen Bedingungen dadurch gerecht werden, dass man die Brille durch eine Mutter anzieht, welche ihr Bolzengewinde am Packungsbehälter hat (Fig. 10, Taf. 16), oder bei nur zwei Stopfbuchsschrauben für eine genaue Führung der Brille auf dem Behälter (Fig. 2, Taf. 16) bezw. für eine ganz gleichmässige Drehung der Schrauben durch eine gemeinschaftliche Anzugvorrichtung ihrer Muttern (Fig. 5, Taf. 16) Sorge trägt. Die beiden letzteren Ausführungen fallen aber sehr teuer aus und finden deshalb nur bei sehr starken Kolbenstangen Verwendung. Der Stangenachse sind die Stopfbuchsschrauben stets so nahe als möglich zu rücken. In dem Brillenflansch haben die Schrauben etwas Spiel.

Die Stahlmuttern der Stopfbuchsschrauben werden gehärtet. Bei nur einer Mutter tritt bald eine Lockerung ein. Deshalb verwendet man meistens zwei Muttern übereinander oder zu beiden Seiten des Flansches. Im letzteren Falle giebt man der äusseren Mutter wohl mit Rücksicht auf das häufige Anziehen derselben eine doppelt so grosse Höhe als sonst üblich.

Die Stärke der Stopfbuchsschrauben kann wieder der Tabelle auf Taf. 16 entnommen werden.

§ 54.

Die Kreuzköpfe.

Der Zweck dieser Maschinenteile ist, die Kolbenstange mit der Schubstange zu verbinden und den von der letzteren bei schräger Stellung ausgeübten Normaldruck auf die Schlittenbahn zu übertragen.

Die Figuren auf Taf. 17 zeigen die bei den Transmissions-Dampfmaschinen gebräuchlichen **Ausführungen** der Kreuzköpfe. Dieselben unterscheiden sich

1. nach der Zahl der Gleitbahnen in vier-, zwei- und eingeleisige Kreuzköpfe. Die erstgenannten, bei denen die beiden Schleifer zu Seiten der Schubstangen-Schwingungsebene liegen und den Enden des Kreuzkopfzapfens aufgesteckt sind, zeigen meistens die in Fig. 1 dargestellte Form. Die Kreuzköpfe der zweiten Gruppe werden bei Rundführungen benutzt und gewöhnlich nach Fig. 5 bis 9 konstruiert; die in der Schwingungsebene liegenden Schleifer sind hier dem Kreuzkopf selbst aufgesetzt. Eingeleisige Kreuzköpfe schliesslich, wie sie namentlich an stehenden Hammermaschinen zu treffen sind, werden nach Fig. 2 bis 4 ausgebildet; ihr Schleifer ist an einem Fusse des Kreuzkopfes befestigt oder mit diesem zusammengegossen.

2. je nachdem der Kreuzkopfbolzen oder das Lager für diesen im Kreuzkopfe sitzt, in solche für einfache oder gegabelte Schubstangen. Ausführungen der ersten Art werden nach Fig. 5 und 6 für zweigeleisige nach Fig. 4 für eingeleisige Bahnen ausgebildet, Ausführungen der zweiten Art sind in Fig. 8 und 9 bezw. 2 und 3 wiedergegeben. Bei einfacher Schubstange muss der Kreuzkopfkörper den Zapfen in zwei Augen aufnehmen und zwischen diesen eine genügend grosse Höhlung für den Schubstangenkopf besitzen. Infolgedessen fällt die Form solcher Kreuzköpfe komplizierter aus. Auch ist das Lager des Kreuzkopfzapfens nun bei Rundführungen nicht so leicht zugänglich und liegt viel versteckter als bei Kreuzköpfen mit gegabelter Schubstange, die in der Hauptsache eine glatte Scheibe von entsprechender Dicke bilden und deshalb auch aus Schmiedeeisen hergestellt werden können, während die erstgenannten Kreuzköpfe immer gegossen werden, also aus dem nicht so zuverlässigen Gusseisen oder Stahlguss bestehen müssen.

3. in Kreuzköpfe mit nachstellbaren und nicht nachstellbaren Schleifern. Die ersteren trifft man

nur noch bei Rundführungen, wie z. B. in Fig. 8, wo die Schleifer bei eingetretenem Verschleiss durch die Muttern der im Kreuzkopfkörper befestigten Spindeln an die Schlittenbahnen gedrückt werden können. Sonst bevorzugt die Praxis jetzt allgemein, auch bei Rundführungen, die nicht nachstellbaren Kreuzkopfkonstruktionen. Der Grund hierfür liegt in dem Wunsche, eine Nachstellung der Schleifer nicht durch den Wärter vornehmen zu lassen, der in dieser Beziehung leicht des Guten zu viel thun und durch übertriebenes Nachstellen unnötig grosse Reibung und Arbeitsverluste in den Schlittenbahnen hervorrufen kann. Allerdings darf bei solchen nicht nachstellbaren Kreuzköpfen die Flächenpressung zwischen Schleifer und Schlittenbahn nach den Angaben auf Seite 107 nur 0,01 bis 0,02 kg/qmm betragen, damit der Verschleiss ganz gering bleibt. Werden solche Kreuzköpfe dann noch durch Schaben und ganz stramm in ihre Führung eingepasst, so laufen sie Jahre lang, ehe ein merkbarer Verschleiss an den Schleifern eintritt, und dieser kann dann durch Einschalten dünner Bleche auch wieder behoben werden.

Bei der **Konstruktion** der Kreuzköpfe sind die folgenden Punkte zu beachten.

Bei viergeleisigen Kreuzköpfen nach Fig. 1 sind aus den bei den Rahmen angeführten Gründen die Schleifer möglichst dicht an den Kreuzkopf zu rücken und nicht unnötig hoch zu machen, damit die Gleitbahnen der Führungsachse recht nahe zu liegen kommen. Bei den anderen Kreuzköpfen sind aus gleichem Grunde die Schleifer nur so weit abzurücken, als es der Ausschlag der Schubstange in der Bahn erfordert.

Der stählerne Kreuzkopfzapfen wird in Fig. 1 durch zwei Keile, sonst stets nach Fig. 5 und 6 mit einem Doppelkonus und einer Schraubenmutter in den Augen des Kreuzkopfes befestigt. Die beiden Konen des Zapfens sollen derselben Kegelfläche angehören, der eine Konus also in der Verlängerung des anderen liegen, weil dies die Bearbeitung und das Einschleifen des Zapfens erleichtert. Die Schraubenmutter ist gegen eine selbstthätige Lösung zu sichern.

Das Material der Kreuzkopfschleifer ist gewöhnlich Gusseisen. Nur bei eingeleisigen Kreuzköpfen für stehende Maschinen werden die gusseisernen Schuhe an der Lauffläche mit Weissmetall ausgegossen (Fig. 2 und 3). Bei Rundführungen genügt es, die Schleifer einfach auf die Zapfen des Kreuzkopfes zu treiben (Fig. 6); eine besondere Befestigung der Schleifer wie in Fig. 8 ist gewöhnlich nicht nötig. Auch ist es meistens überflüssig, die Schleifer mit einem Rande über die viereckigen Kreuzkopfenden greifen zu lassen (Fig. 9), um so einer Drehung des Kreuzkopfes um seine vertikale Achse (bei liegenden Maschinen) vorzubeugen; die Neigung zu einer solchen Drehung ist bei richtiger Montage gering und kann immerhin von der Schubstange aufgenommen werden. Die Schleifer sind in jedem Falle möglichst leicht zu halten und ihrer Länge nach stets symmetrisch zur Mitte des Kreuzkopfzapfens anzuordnen, damit der Normaldruck sich gleichmässig auf sie verteilt.

Passende Dimensionen für den eigentlichen Kreuzkopfkörper sind den Figuren auf Taf. 17 beigeschrieben.

Über das bei Kreuzköpfen für gegabelte Schubstangen in den ersteren unterzubringende Lager ist im nächsten Paragraphen das Erforderliche angegeben. In Fig. 2 (nach Ausführung von H. Paucksch in Landsberg a. W.) dient zur Nachstellung ein Keilstück mit Schraube, in Fig. 7 eine äussere Druckschraube, in Fig. 8 eine entsprechende Mutter, die auf dem mit Gewinde versehenen Kolbenstangenende sitzt.

Die Kolbenstange wird im Kreuzkopfe meistens durch Konus und Keil, seltener durch Gewinde und Gegenmutter befestigt, trotzdem die letztere Ausführung eine gewisse Einstellbarkeit der Kolbenstangenlänge zulässt. Die Stärke des Kolbenstangenkonus wird gewöhnlich schwächer als die eigentliche Kolbenstange gewählt, damit die Kreuzkopfnabe nicht zu stark ausfällt. Der dadurch entstehende Ansatz der Stange darf natürlich an der Nabe nicht anliegen. Die Steigung des Konus braucht nur gering, vielleicht 1 : 12 zu sein. Ist dann

Δ_1 der grössere,

Δ_2 der kleinere Durchmesser dieses Konus,

so hat man bei einer mittleren Länge des letzteren von $2{,}5\ \Delta_1$

$$\Delta_1 - \Delta_2 = \frac{2{,}5\ \Delta_1}{12} = \sim 0{,}2\ \Delta_1,$$

oder

$$\Delta_2 = \mathbf{0{,}8}\ \Delta_1.$$

Die Dicke des Befestigungskeiles ist

$$\delta = \frac{\Delta_1}{4}$$

zu wählen, die Höhe h desselben auf Biegung zu berechnen. Nimmt man dabei an, dass der Kolbenüberdruck P und dessen Reaktionen gleichmässig über die Keillochflächen in der Kolbenstange bezw. im Kreuzkopfe verteilt seien, so hat man als freitragende Länge des Keiles den äusseren Durchmesser der Kreuzkopfnabe, der im Durchschnitt $1{,}8\ \Delta_1$ beträgt, zu nehmen. Es folgt dann für den einfachen Keil

$$P\frac{1{,}8\ \Delta_1}{8} = \frac{\delta_1 \cdot h^2}{6} k_b,$$

oder mit $\delta = \frac{\Delta_1}{4}$ und $k_b = 10$,

$$h = \sqrt{0{,}54\ P} = \sim \mathbf{0{,}75\ P.}$$

Bei einem mit zwei Beilagen versehenen Keil ist, wenn die Belastung eines jeden Teiles zu $\frac{P}{3}$ angenommen wird,

$$h = 3\sqrt{0{,}54\frac{P}{3}} = \sim \mathbf{1{,}25}\sqrt{\mathbf{P}}.$$

Zur **Schmierung** des Kreuzkopfzapfens wird Öl oder konsistentes Fett verwendet. Bei Ölschmierung kann dem zugehörigen Schubstangenkopf oder dem Ende des Zapfens selbst nur dann ein Schmiergefäss aufgesetzt werden, wenn die Umdrehungszahl gering genug ist, um ein Nachfüllen des sich mit bewegenden Gefässes während des Ganges vornehmen zu können. Sonst muss das letztere so gross sein, dass seine Füllung für eine Betriebsperiode ausreicht. Bei schnelllaufenden Maschinen, namentlich wenn dieselben während langer Zeit keinen Stillstand erleiden dürfen, findet man dagegen jetzt meistens das Schmiergefäss an einem Halter des Rahmens im Hubende oder in der Hubmitte des Kreuzkopfzapfens befestigt und das Öl desselben tropfenweise in ein zugeschärftes oder flach geschlagenes Röhrchen, einen Filz oder Docht geleitet; bei Centralschmierung kommt das Röhrchen natürlich von der gemeinschaftlichen Schmiervorrichtung. Dem Röhrchen, Filz oder Docht wird das Öl durch einen Abstreicher, der in einem Aufnehmer am vorderen Ende des Kreuzkopfzapfens sitzt und jedesmal am Hubende oder in der Hubmitte anstösst oder vorbeistreicht, entnommen. Solche Vorrichtungen zeigen z. B. die Fig. 1a, Taf. 2 und 4, Fig. 4, Taf. 5, Fig. 3a, Taf. 6.

In Fig. 1a[1]), Taf. 2 ist unter dem Halter des Schmiergefässes ein Bügel angebracht, der einen endlosen Docht trägt. Der Abstreicher besteht aus einigen gekrümmten Schaufeln. In Fig. 4[2]), Taf. 5 ist der Abstreicher y drehbar im Aufnehmer verlagert und mit zwei gebogenen Stahlfedern versehen. Bei jedem Hubwechsel oder kurz vor demselben legt sich der Abstreicher um, sodass stets die gegen die Rohrschneide sich bewegende Stahlfeder nach oben gerichtet ist. In Fig. 3a, Taf. 6 stösst die als Abstreicher dienende Feder jedesmal bei der oberen Totlage des Kreuzkopfes gegen das Rohrende. Oft lässt man auch hier den Abstreicher ganz fort, sodass das Öl einfach in den Aufnehmer tropft. Der letztere muss in jedem Falle mit einem Filter, gewöhnlich eine fein durchlöcherte Platte, versehen sein, welches Staub und Unreinigkeiten zurückhält (siehe auch Fig. 2a, Taf. 17).

Oft stellt man ferner die Verbindung zwischen dem sich bewegenden Kreuzkopfzapfen und der feststehenden Ölvase, welche jeder Zeit gefüllt werden kann, durch eine ausziehbare Röhre nach Fig. 1, Taf. 5 (Schnitt 1 — 1) her. Das Stück x wird dann nach Fig. 1a daselbst drehbar und dicht im Zapfen verlagert.

Bei Fettschmierung wird man für schnellen Gang entweder genügend grosse Federbüchsen, die im Kreuzkopfzapfen sitzen, anwenden, oder bei Anpressung des Büchsenkolbens und Fettes von Hand die Schmiervase in dem beweglichen Auge eines Hebels verlagern müssen, dessen anderes Auge um einen festen Bolzen drehbar ist; von der Schmiervase geht dann ein Rohr zum Kreuzkopfzapfen. Fig. 1, Taf. 6 und 7 zeigt eine bei stehenden Maschinen bisweilen anzutreffende Fettschmiervorrichtung für Kurbel-, Kreuzkopfzapfen und Gleitbahn, die von einer Stelle aus während des Ganges bedient werden kann. Für die beiden Zapfen sind sogenannte Kombinations-, für die Gleitbahn ist eine einfache Buchse angeordnet; bei den ersteren wird das Fett durch eine Feder oder von Hand eingedrückt, bei den letzteren geschieht dies nur von Hand. Die Rohrverbindungen der Kombinationsbuchsen mit den Zapfen muss an zwei Stellen gelenkig sein. Die Verbindung der Röhren in x_3 wird ebenso wie diejenige x_2 für den Kurbelzapfen, welche an der Schubstange befestigt ist, durch einen durchbohrten Zapfen erreicht; diejenige x_1 für den Kreuzkopfzapfen ist an dem letzteren selbst angebracht.

1) Nach der Zeitschrift deutscher Ingenieure, Jahrgang 1885, S. 790.

2) Desgleichen Jahrgang 1892, S. 142.

Die Figuren auf Taf. 7 zeigen die einzelnen Verbindungsstücke in grösserem Massstabe.

Der Kreuzkopf der hinteren Kolbenstangenführung wird meistens nach Fig. 10, Taf. 17 hergestellt. Treibt er die Luftpumpe an, so wird er als Traverse geschmiedet, sonst besteht er gewöhnlich aus Gusseisen oder Stahlguss. Befestigt wird er auf der Kolbenstange wieder durch Konus und Schraubenmutter. Der gusseiserne Gleitschuh in Fig. 10, Taf. 17 ist mit dem schmiedeeisernen Kopfe durch eine Schraube verbunden; zur Sicherung der letzteren dient ein Keil aus Bronze.

§ 55.

Die Schubstangen.

Als Hauptteile dieser zur Verbindung von Kurbel und Kreuzkopf dienenden Maschinenelemente sind die Schubstangenköpfe und der Schubstangenschaft zu bezeichnen.

Bezüglich der gebräuchlichen **Ausführungen** beider Teile ist mit Bezug auf Taf. 18 das Folgende zu bemerken:

Die Schubstangenköpfe werden offen und geschlossen ausgeführt. Im ersteren Falle besitzt der Kopf zum Schluss des Auges einen Bügel oder Deckel, der mit dem zugehörigen Schaftende durch Keile oder Schrauben verbunden ist, im letzteren Falle ein mit dem Schaft aus einem Stück bestehendes, geschlossenes Auge. Offene Schubstangenköpfe zeigen Fig. 1, welche Konstruktion den Namen Bügelkopf führt, Fig. 6 und 7[1]), welche als Marinekopf bezeichnet werden, und Fig. 9, geschlossene Köpfe sind in Fig. 2, 3, 4 und 10 dargestellt. Offene Köpfe müssen bei gekröpfter Kurbelwelle angewendet werden, kommen aber auch in anderen Fällen vor.

Die Begrenzungsflächen der Schubstangenköpfe, ausgenommen die beiden Stirnflächen, werden entweder auf der Shapingmaschine gestossen (Fig. 1 und 2, 9 und 10), oder auf der Drehbank abgedreht (Fig. 3 und 4, 6, 7). Im letzteren Falle, wo die erwähnten Flächen also einem Rotationskörper angehören, fällt die Bearbeitung billiger aus; Schubstangen mit gedrehten Köpfen finden deshalb jetzt vorzugsweise Verwendung. Das Gleiche gilt für den Schaft. Derselbe hat bei den heutigen Transmissions-Dampfmaschinen viel seltener rechteckigen (Fig. 15 und 17) als entweder vollständig kreisrunden Querschnitt (Fig. 11 und 14), oder solchen, der aus dem völlig kreisrunden am Kreuzkopfende in den beiderseits abgeflacht kreisrunden am Kurbelende allmählich übergeht (Fig. 13). Höchst selten trifft man Stangen mit I-förmigem Schaftquerschnitt (Fig. 12), da der Vorteil desselben, bei geringem Gewicht der Stange ein verhältnismässig grosses Trägheitsmoment zu bieten, sehr teuer durch das Ausfräsen der Vertiefungen erkauft werden muss. Bei Gabelung der Stangen am Kreuzkopfende (Fig. 5 und 13, 8 und 11) erstreckt sich das Abdrehen der anfangs erwähnten Begrenzungsflächen

1) Fig. 5 u. 6 nach Ausführung von Märky, Bromovsky & Schulz in Prag, Fig. 7 u. 8 nach H. Paucksch in Landsberg a. W.

bis an die Naben des Kreuzkopfbolzens. Der letztere wird auch hier für gewöhnlich durch Doppelkonus und Mutter befestigt, wie Fig. 8 zeigt, wo die in dem einen Auge eingelegte Feder die Drehung des Bolzens, die dem anderen Auge vorgesetzte Scheibe die Lösung desselben verhüten soll. Ausnahmsweise kommt auch die in Fig. 5 angedeutete Befestigungsweise des Kreuzkopfzapfens vor; die Augen sind hier aufgeschlitzt, und der hohle Zapfen ist in ihnen mit seinen beiderseits cylindrischen Enden durch Klemmung befestigt.

Die Lagerschalen der Schubstangenköpfe bestehen aus Bronze allein, oder Bronze mit Weissmetallfutter, das wieder in schwalbenschwanzförmigen Nuten gehalten wird. Oft stellt man auch, wenn Weissmetall eingegossen wird, die Schalen aus Gusseisen her. Am Kreuzkopfzapfen verwenden viele Bronze allein zu den Schalen, weil sich Weissmetall für die nur oscillierende Bewegung dieses Zapfens nicht gut bewähren soll. Die beiden Schalenhälften lässt man meistens stumpf zusammenstossen und befeilt bei eingetretenem Verschleiss die Stossstellen, seltener legt man zwischen die beiden Schalenhälften Messingstücke oder dünne Bleche (Fig. 7), die man beim Nachstellen befeilt bezw. teilweise fortnimmt. Gegen das Drehen werden die aussen kreisrunden Lagerschalen der Marineköpfe durch die Schraubenbolzen des Deckels gesichert.

Zum Nachstellen der Lagerschalen dienen entweder Keile oder Keilstücke mit Schrauben. Die ersteren werden einfach (Fig. 2 und 4), oder mit Beilagen (Fig. 1 und 9) angeordnet. Bei Rundführungen wird der Keil am Kreuzkopfende horizontal gelegt; auch wirkt er hier vermittelst eines schmiedeeisernen Einlegestückes auf die Schalen ein (Fig. 3), da die Anzugschraube des Keiles mit ihrer Hülse ja vor der Kreuzkopfbolzennabe schwingen muss. Keilstücke mit Schrauben werden nach Fig. 10, Taf. 18, sowie Fig. 2 und 3, Taf. 17 ausgebildet und angeordnet.

Die **Dimensionen** der Schubstangenköpfe bestimmen sich in der folgenden Weise.

Die Dicke der Lagerschalen kann, wenn diese aus Bronze bestehen und nicht mit Weissmetall ausgegossen werden, zu

$$s_1 = \mathbf{0{,}1\,d \text{ bis } 0{,}1\,d + 3\text{ mm}}$$

gewählt werden. Sollen die Schalen in der Richtung der Schubstangenkraft stärker als senkrecht dazu gemacht werden, so empfiehlt sich, an der schwächeren Stelle den vorstehenden Wert, an der stärkeren dagegen denjenigen

$$s_2 = \mathbf{0{,}1\,d + 5 \text{ bis } 0{,}1\,d + 8\text{ mm}}$$

für die Schalendicke zu nehmen. Der letztere ist auch zu wählen, wenn die Schalen ein Weissmetallfutter erhalten. Die Stärke dieses Futters beträgt an der schwächsten Stelle zweckmässig

$$\mathbf{\frac{d}{40} + 4\text{ mm.}}$$

Im Falle die Ränder der Lagerschalen sehr weit vorstehen, wie z. B. in Fig. 9, ist die Schalendicke natürlich entsprechend grösser zu wählen.

Die senkrecht zur Schubstangenkraft liegenden beiden Querschnitte der Köpfe werden auf Zug beansprucht. Ist somit

P der grösste Kolbenüberdruck bezw. die grösste Schubstangenkraft in **kg,**

f einer der fraglichen Querschnitte in **qmm,** so hat man

$$P = 2f \cdot k_z,$$

oder mit $k_z = 3$ kg/qmm,

$$\mathbf{f = \frac{P}{6}.}$$

Will man die Dimensionen der Querschnitte f auf die Bohrung d des zugehörigen Lagers beziehen, so ist die Breite b schon durch die Länge l und die Dicke der Lagerschalenborden gegeben. Im allgemeinen dürfte

$$b = \sim 0{,}75\,l$$

sein. Setzen wir nun der Sicherheit halber die zwischen Zapfen und Lagerschale auftretende Pressung $p = 0{,}75$ kg/qmm (beim Kurbelzapfen ist dieselbe immer geringer), so ergiebt sich mit $P = 0{,}75\,d \cdot l$ für die Dicke der Querschnitte f der Wert

$$\frac{f}{b} = \frac{0{,}75\,d \cdot l}{6 \cdot 0{,}75\,l} = \frac{d}{6} = \sim 0{,}17\,d.$$

Um der durch das Abdrehen der äusseren Flächen entstehenden Verminderung der fraglichen Querschnitte Rechnung zu tragen, wählen wir die Dicke der letzteren 0,25 d und erhalten dann als äussere Höhe der Schubstangenköpfe dort, wo kein Stellkeil oder keine Stellschraube durch dieselben geht, den Wert

$$d + 2\,(s_1 + 0{,}25\,d) = 1{,}5\,d + 2\,s_1,$$

wofür in den Tafeln mit $s_1 = 0{,}1\,d$ und einer Konstanten von 5 bis 15 mm

$$\mathbf{1{,}7\,d + 5 \text{ bis } 15\text{ mm}}$$

eingeschrieben ist. Stehen die Ränder der Schalen weit vor, wie z. B. in Fig. 9, so ist die Konstante entsprechend der kleineren Breite b zu vergrössern. Das Gleiche gilt für den Kopf in Fig. 3 mit Rücksicht auf die erforderliche grössere Dicke a (siehe weiter unten) in der Kraftrichtung.

Dort, wo der Stellkeil oder die Stellschraube durch den Kopf geht, ist die Stärke des letzteren natürlich grösser zu nehmen. Im allgemeinen dürfte der Wert

$$\mathbf{0{,}3\,d}$$

daselbst genügen. Die Flächenpressung, welche dann z. B. in Fig. 1 und 9 zwischen dem Keil und der Lochwandung herrscht, beträgt

$$p = \frac{P}{\delta \cdot 2 \cdot 0{,}3\,d},$$

oder mit dem früheren Werte von P bezw. b und einer Keildicke $\delta = \frac{b}{3}$,

$$p = \frac{0{,}75\,d \cdot l}{\frac{b}{3}\,2 \cdot 0{,}3\,d} = \frac{0{,}75\,d \cdot l}{\frac{0{,}75\,l}{3}\,2 \cdot 0{,}3\,d} = 5\text{ kg/qmm},$$

was noch zulässig sein dürfte.

Die äussere, in der Kraftrichtung liegende Stärke a des Schubstangenkopfes ist wie die Dicke eines gleichmässig durch P belasteten Balkens zu berechnen. Die freitragende Länge des letzteren geht von Mitte bis Mitte der senkrecht zur Kraftrichtung liegenden beiden Wandungen und dürfte für gewöhnlich 1,6 d nicht überschreiten. Nach der Biegungsfestigkeit ist dann

$$P \frac{1{,}6\,d}{8} = b \frac{a^2}{6} k_b,$$

oder mit $k_b = 6$ kg/qmm,

$$\mathbf{a = 0{,}447 \sqrt{\frac{P \cdot d}{b}}}.$$

Mit den früher angegebenen Werten von $P = 0{,}75\,d \cdot l$ und $b = 0{,}75\,l$ folgt hieraus die in den Figuren angegebene Stärke

$$b = 0{,}447 \sqrt{\frac{0{,}75\,d \cdot l \cdot d}{0{,}75\,l}} = \sim \mathbf{0{,}5\,d},$$

wobei die Erhöhung des Koefficienten 0,447 auf 0,5 wieder mit Rücksicht auf die Abrundung des Querschnittes bei gedrehten Köpfen gerechtfertigt ist.

Die Stärke c der Gabel in Fig. 8 ergiebt sich nach der Biegungs- und Zug- oder Druckfestigkeit in der nachstehenden Weise. Die in der Längsmitte eines jeden Auges angreifende Kraft $\frac{P}{2}$[1] steht vom Schwerpunkte S des Gabelquerschnittes 1 — 2 — 3 — 4 um x ab. Bei einer Höhe des Querschnittes von $\frac{4}{3}d$ ist also nach der Biegungsfestigkeit

$$\frac{P}{2} x = \frac{4}{3} d \frac{c^2}{6} k_b,$$

oder mit dem Mittelwert $x = 0{,}25\,c$,

$$k_b = 0{,}563 \frac{P}{c \cdot d}.$$

Die ausser dieser Biegungsbeanspruchung im Querschnitt noch auftretende Zug- oder Druckbeanspruchung folgt aus der Gleichung

$$\frac{P}{2} = \frac{4}{3} d \cdot c \cdot k_z$$

zu

$$k_z = 0{,}375 \frac{P}{c \cdot d}.$$

Die gesamte Beanspruchung des Querschnittes ist somit

$$k_b + k_z = (0{,}563 + 0{,}375) \frac{P}{c \cdot d} = 0{,}938 \frac{P}{c \cdot d},$$

oder mit $P = 0{,}75\,d \cdot l$,

$$k_b + k_z = \sim 0{,}75 \frac{l}{c}.$$

Da $k_b + k_z$ wegen der wechselnden Kraftrichtung nicht mehr als 3 kg/qmm betragen soll, so folgt

$$c = 0{,}25\,l,$$

während in den Figuren wieder mit Rücksicht auf die durch das Abdrehen eintretende Verminderung des Querschnittes für dessen grösste Breite

$$\mathbf{c = 0{,}3\,l}$$

1) In Fig. 8 ist die Kraft $\frac{P}{2}$ nicht genau in die Mitte des Auges eingetragen; $\frac{P}{2}$ muss am unteren Masshaken von x angreifen.

eingeschrieben ist. Die Länge der Augen ist daselbst zu

$$\mathbf{0{,}4\,l}$$

angegeben.

Die Schraubenbolzen der Marineköpfe in Fig. 6 und 7 sind auf Zug zu berechnen. Ist

s der äussere,

0,85 s der innere Gewindedurchmesser,

so ergiebt sich aus

$$P = 2\,(0{,}85\,s)^2 \frac{\pi}{4} k_z$$

für $k_z = 3{,}3$ bis 2 kg/qmm

$$\mathbf{s = \sim 0{,}45 \text{ bis } 0{,}6 \sqrt{P}}.$$

Die Keile der offenen Schubstangenköpfe in Fig. 1 und 9 erhalten zweckmässig eine Dicke

$$\delta = \frac{\mathbf{b}}{\mathbf{3}}.$$

Die Höhe folgt nach der Biegungsfestigkeit, wenn man sich die Kraft und deren Reaktionen gleichmässig über den Keil bezw. die Lochwandungen verteilt denkt und deshalb den Abstand y der äusseren Kanten als freitragende Länge einführt, aus

$$\frac{P}{m} \frac{y}{8} = \frac{\delta}{6} \left(\frac{h}{m}\right)^2 k_b$$

mit $k_b = 10$ zu

$$h = \sim 0{,}274\,m \sqrt{\frac{P \cdot y}{m \cdot \delta}},$$

oder für $m = 2$, also Keile mit einer Beilage (Fig. 9), zu

$$\mathbf{h = \sim 0{,}387 \sqrt{\frac{P \cdot y}{\delta}}},$$

für $m = 3$, also Keile mit zwei Beilagen (Fig. 1), zu

$$\mathbf{h = \sim 0{,}475 \sqrt{\frac{P \cdot y}{\delta}}}.$$

Bei der **Konstruktion** der Schubstangen sind die nachfolgenden Punkte besonders zu beachten.

Die Nachstell- oder Anzugvorrichtnngen der Köpfe sind so anzuordnen, dass bei einer an beiden Lagern vorgenommenen Nachstellung die Summe aus der Kolben- und Schubstangenlänge konstant bleibt. Ist das nicht der Fall, so kann der zwischen Kolben und Cylinderdeckel in den Totlagen vorhandene geringe Spielraum an der einen Seite allmählich mehr und mehr verringert werden und schliesslich der Kolben gegen den Cylinderdeckel dieser Seite schlagen.

Um der verlangten Bedingung zu genügen, muss man, wenn beide Lager sich in der Schubstange befinden, die beiden Anzugvorrichtungen so anordnen, dass sie nach derselben Seite hin wirken. Wird dann durch die Nachstellung des einen Lagers die Entfernung L von Mitte bis Mitte Auge verkürzt oder verlängert, so wird sie durch die gleichzeitig vorzunehmende Nachstellung des anderen Lagers wieder entsprechend verlängert bezw. verkürzt, L also annähernd konstant erhalten. Diese Anordnung der Anzugvorrichtungen ist z. B. in Fig. 1 und 2, 3 und 4, 9 und 10 beachtet worden.

Enthält die Schubstange aber nur das Lager des Kurbelzapfens, und ist dasjenige des Kreuzkopfzapfens im Kreuzkopf angeordnet, so hat man, um die obige Bedingung zu erfüllen, die Nachstellvorrichtungen beider Lager so zu legen, dass sie nach entgegengesetzten Seiten hin wirken. Wird dann z. B. durch die Anzugvorrichtung des Kurbelzapfenlagers die Schubstangenlänge L verkürzt, so wird durch die entsprechende Vorrichtung des Kreuzkopfzapfenlagers die Kolbenstangenlänge vergrössert, also auch hier die Summe beider Längen wieder konstant erhalten. Für die Schubstangen in Fig. 5 und 6, sowie 7 und 8, Taf. 18 würden somit Kreuzköpfe nach Fig. 3 und 8, Taf. 17 erforderlich sein; bisweilen findet man aber die erwähnten Stangen auch mit Kreuzköpfen nach Fig. 2 und 7, Taf. 17 kombiniert, welche der angegebenen Forderung nicht genügen.

Die Lagerschalen sind, soweit angängig, mit seitlichen Borden zu versehen, welche ihre Verschiebung in der Stange verhüten sollen. Bei offenen Köpfen (Fig. 1, 6, 7 und 9) können die Schalen überall solche Borden erhalten, bei geschlossenen ist dies nur an den runden Schalenhälften (Fig. 3, 4[1]) und 10) ausführbar; an den eckigen muss man, um dieselben in den Kopf einschieben zu können, die Ränder oben[2]) und unten auf der einen Seite fortlassen, ferner auch dort, wo dies wegen des Einsetzens der Teile der Anzugvorrichtung nötig ist.

Die Keile und Schrauben der Anzugvorrichtung sind gegen eine selbstthätige Lösung zu sichern. In Fig. 1 und 2 dienen hierzu Schrauben, von denen die eine in eine eingefräste Nut eingreift, um die Keilflächen nicht zu beschädigen, die andere unter Zuhilfenahme zweier Beilagen durch einen Längsschlitz des Keiles geht. In Fig. 3, 4 und 9 dienen Kontremuttern zur Sicherung, die aber bekanntlich keine vollkommene Sicherung ergeben. In Fig. 6 und 7 sind die Bolzenmuttern nach Art der Pennschen Schraubensicherung ausgebildet. Die Stellschraube in Fig. 10 schliesslich wird zweckmässig so gesichert, wie Fig. 3, Taf. 17 zeigt.

Die Schraubenbolzen der Marineköpfe in Fig. 6 und 7 sind immer auf einer grösseren Strecke bis auf den Kerndurchmesser des Gewindes abzudrehen oder bis an das letztere so stark auszubohren, dass ihr Querschnitt ebenso gross wie der Kernquerschnitt des Gewindes wird. Sie erhalten dadurch eine grössere Sicherheit gegen Stösse oder Beanspruchungen, wie sie in ihnen oft durch zu starkes Anspannen der Muttern und Wärmeausdehnungen der Lagerschalen hervorgerufen werden, indem nun die Elasticität der Bolzen infolge der weit grösseren Länge des kleinsten Querschnittes eine wesentlich höhere wird, als wenn dieser letztere nur auf der geringen Länge des Gewindes vorhanden ist. Das Material der Bolzen ist am besten feinkörniges Schmiedeeisen, das Gewinde möglichst fein.

Die Bolzen der Keilstücke in Fig. 10 werden dort, wo sie im Kopf sitzen, glatt abgedreht. Ihr Durchmesser muss dann natürlich von oben nach unten allmählich abnehmen.

Die **Schmierung** des Kurbelzapfens bewirkt man nur noch selten durch Gefässe, die auf dem zugehörigen Schubstangenkopf (Fig. 1 und 2) sitzen, da solche während des Ganges nicht nachzufüllen sind und deshalb bei längerem ununterbrochenem Betriebe einen sehr grossen Inhalt haben müssen. Auch Aufnehmer (Fig. 7) mit Abstreicher, die das Öl einem Docht oder Filz entnehmen, der an einem feststehenden Schmiergefäss aufgehangen ist, sind selten. Fast allgemein finden jetzt die im nächsten Paragraph besprochenen Schmierkurbeln für den Kurbelzapfen Verwendung.

1) An der hinteren Seite der runden Schalenhälfte ist hier der Bord oben und unten nur des besseren Anschlusses an die andere Hälfte wegen, die dort keine Borde besitzen darf, fortgelassen worden.

2) In Fig. 10 muss an der eckigen Schalenhälfte hinten auch der Bord oben und unten fortfallen.

§ 56.
Die Kurbeln und Kurbelwellen.

Die den Enden der einfachen Kurbelwellen aufgesetzten Stirnkurbeln lassen den Kurbelzapfen und die eigentliche Kurbel unterscheiden. Die letztere kann als Arm oder Scheibe ausgebildet werden.

Der **Kurbelzapfen** besteht stets aus Stahl. Befestigt wird er in der eigentlichen Kurbel vermittelst eines sauber eingeschliffenen Konus mit Keil oder Schraube. Fig. 1 bis 8, Taf. 19 zeigen die verschiedenen Ausführungsarten dieser Befestigung. Zur Anbringung einer Schraubenmutter nach Fig. 6 fehlt meistens der erforderliche Platz, da man das Mass von Mitte Kurbelzapfen bis Mitte vorderes Kurbelwellenlager möglichst knapp zu halten sucht. Die in Fig. 3 angedeutete Befestigungsart des Kurbelzapfens ist dem Ingenieur Fr. Müller unter No. 60376 im Deutschen Reiche patentiert. Der Zapfen ist der Länge nach durchbohrt und wird durch eine Schraube gehalten, die sich mit ihrem flachen, allmählich in die Schraubenstärke übergehenden Kopf hinten gegen die Kurbel legt.

Die Rücksicht auf die in der Richtung und Grösse wechselnde Belastung des Kurbelzapfens verlangt, dass die Befestigung desselben in der Kurbel äusserst sicher und solide ausgeführt wird. Man gebe deshalb der Kurbelzapfennabe eine Länge und einen äusseren Durchmesser von

$$1{,}75\,\mathbf{d} \text{ bezw. } 2\,\mathbf{d},$$

unter **d** den Zapfendurchmesser verstanden. Die Neigung des Zapfenkonus kann $^1/_{40}$ betragen, womit sich dann bei der angegebenen Länge der kleinere von den in die Figuren eingetragenen Durchmessern dieses Konus ergiebt. Der Befestigungskeil erhält passend eine mittlere Höhe und Dicke von

$$0{,}6\,\mathbf{d} \text{ bezw. } \frac{\mathbf{d}}{5}.$$

Manche ziehen auch den Kurbelzapfen warm in die Kurbel ein, um so eine für die erwähnte ungünstige Beanspruchung seiner Befestigung genügende Pressung zwischen ihm und der Nabe sicher und dauernd zu erzielen. Das Befestigungsende des Zapfens hat dann nur eine ganz schwache Neigung von $^1/_{100}$ oder wird vollständig cylindrisch gemacht; sein Durchmesser muss im kalten Zustande 1,002 mal so gross als die Höhlung der Nabe sein.

Der Bund an der Stirnseite des Zapfens besteht mit dem letzteren gewöhnlich aus einem Stück; die Öffnung der geschlossenen Schubstangenköpfe muss dann aber genügend gross sein, um die Stange über den Zapfen bringen zu können. Selten findet man den vorderen Bund dem Zapfen nach Fig. 4 und 7, Taf. 19 besonders aufgesetzt. Der zweite Bund des Kurbelzapfens an der Kurbel, wie er in Fig. 1, 3 und 8, Taf. 19 eingetragen ist, soll nach Bach das Aufsetzen der Wasserwage behufs Kontrolle der richtigen Lage des Zapfens ermöglichen[1]); dieser Bund muss natürlich genau den gleichen Durchmesser wie der vorige besitzen, darf aber innen nicht an der Kurbel anliegen, da hier ja der Konus in die Nabe gepresst werden soll. Den Durchmesser der Bunde kann man

$$1{,}2\,d + 4 \text{ mm},$$

die Breite derselben

$$\frac{d}{7} + 5 \text{ mm}$$

nehmen.

Das Material der **eigentlichen Kurbel** ist Schmiedeeisen oder Stahlguss, wenn diese als Arm ausgebildet wird; Kurbelscheiben stellt man aus Gusseisen oder Stahlguss her. Der Kurbelarm hat rechteckigen Querschnitt, dessen Höhe und Dicke von der Kurbelwelle zum -zapfen hin etwas abnehmen (Fig. 1), Kurbelscheiben erhalten einen äusseren Rand und eine Verbindungsrippe zwischen Kurbelzapfen und Kurbelwellennabe (Fig. 8).

Die solide Befestigung der Kurbel auf der Welle ist von ebenso grosser Wichtigkeit wie die des Kurbelzapfens in der Kurbel. Keile allein bieten nicht die genügende Sicherheit gegen ein Verdrehen oder Lockerwerden der Kurbel; deshalb zieht man letztere jetzt stets warm oder hydraulisch auf das Wellenende. In dem einen Falle ist die Bohrung der kalten Nabe, je nachdem diese aus Gusseisen oder Schmiedeeisen und Stahlguss besteht, um das 0,001 bezw. 0,002 fache kleiner als der Durchmesser des meist cylindrischen Wellenendes zu machen, in dem letzteren Falle ist dieses Ende schwach konisch (Neigung $^1/_{100}$) abzudrehen, die Kurbelwellennabe aber cylindrisch auszubohren. Damit die Kurbel nicht zu weit auf die Welle gezogen wird, dreht man das Ende der letzteren etwas ab. Die beim Aufziehen eingelegten Federn dienen nur dazu, die Lage des Kurbelarmes auf der Welle oder gegen eine zweite Kurbel beim Aufziehen zu sichern.

Ist

d_1 der Durchmesser der Kurbelwelle im vorderen Lager,

so drehe man das Wellenende auf $d_1 - 10$ mm ab und gebe der zugehörigen Nabe einen äusseren Durchmesser von

$$1{,}8\,d_1 - 10 \text{ mm}.$$

Die Länge der Nabe beträgt zweckmässig

$$0{,}8\,d_1 \text{ bis } d_1.$$

Um die Wirkung der hin- und hergehenden Massen in der Hauptsache aufzuheben, versieht man die Kurbeln oft mit einem Gegengewicht, über dessen Berechnung auf Seite 37 und 38 das Erforderliche gesagt wurde. Bei Kurbeln, die als Arm gestaltet sind, dient eine dem ersteren diametral gegenüberliegende Verlängerung (Fig. 7, Taf. 19) als Gegengewicht, bei den Kurbelscheiben wird zu diesem Zwecke ein entsprechender Teil derselben bis zum Rande voll ausgegossen (Fig. 8, Taf. 19) oder mit einer Höhlung versehen, die später mit Blei gefüllt werden kann.

Das Material der **Kurbelwellen** ist der glatten Oberfläche und hohen Festigkeit wegen stets Gussstahl. Gegen eine Verschiebung in der Längsrichtung sind die Wellen in irgend einer Weise zu sichern; meistens geschieht dies durch Eindrehen der Lagerstellen, sonst lässt man zu diesem Zwecke auch die Kurbelnabe sich am Lager drehen (Fig. 10, Taf. 19), oder rückt bei gekröpften Wellen die Lager dicht an die Kröpfung. Gegengewichte zieht man den gekröpften Wellenarmen entweder in Form von gusseisernen Scheiben warm auf (Fig. 9, Taf. 19), oder befestigt sie nach Fig. 13, Taf. 19 durch Schrauben und Keile, oder gestaltet schliesslich die Kurbelkröpfung nach Fig. 12 und 15, Taf. 19 doppelarmig bezw. scheibenartig mit einer Verdickung an der Gegengewichtseite.

Zur **Schmierung** des Kurbelzapfens dient, wie bei den Schubstangen schon angegeben wurde, jetzt allgemein eine sogenannte Schmierkurbel oder ein entsprechender Ring. Bei der ersteren ist nach Fig. 1, 2 und 5, Taf. 19 ein Schmiedeeisen- oder Messingrohr mit seinem einen Ende in oder vor dem Kurbelzapfen befestigt, welcher von der Öffnung dieses Rohres aus zuerst achsial und nachher radial nach aussen durchbohrt ist. Bei Fettschmierung trägt das andere Ende des Rohres nach Fig. 5, Taf. 19 genau vor der Wellenmitte den Schmierbehälter, der sich also während des Betriebes nur dreht und deshalb leicht von Hand angezogen werden kann. Bei Ölschmierung ist nach Fig. 1, Taf. 19 dem erwähnten Rohrende vor der Wellenmitte ein Aufnehmer aufgeschraubt, in welchen aus einer feststehenden Vase das Öl vermittelst eines Kupferröhrchens geleitet wird; aus dem Aufnehmer wird dann das Schmiermaterial durch die Centrifugalkraft radial nach aussen und an die Laufflächen gebracht. In Fig. 2, Taf. 19 ist die Schmierkurbel doppelt ausgebildet, weil der verlängerte Kurbelzapfen noch den Hebel der Luftpumpe treibt. Bei gekröpften Wellen benutzt man, wenn der Kurbelradius nicht sehr gross ist, an Stelle der Schmierkurbel einen gusseisernen Schmierring, wie ihn Fig. 9 und 12, Taf. 19 zeigen. Der Ring ist an der äusseren Seite des einen Kurbelarmes befestigt und erhält das Öl wieder aus einem besonderen Behälter; oft fliesst auch das von dem daneben liegenden Kurbelwellenlager austretende Öl in diesen Ring. In Fig. 13, Taf. 19 ist zur Schmierung des Kurbelzapfens das ganze äussere Wellenende achsial und der Kurbelarm radial durchbohrt.

Des besseren Aussehens wegen findet man die Schmierkurbelteile jetzt meistens vernickelt.

---

1) Bei aufgestecktem Stirnbunde gestattet die Lauffläche des Kurbelzapfens das Aufsetzen der Wasserwage.

§ 57.

Die Schwungräder.

Wir haben an einem Schwungrade den Kranz, die Arme und die Nabe zu verfolgen.

Der Querschnitt des **Kranzes** ist, wenn die Arbeit der Maschine nicht durch das Schwungrad abgeleitet wird, meistens ein einfach rechteckiger (Fig. 7c, Taf. 21) oder ein doppelt rechteckiger, bei dem das innere Rechteck von geringerer Breite als das äussere ist. Übernimmt das Schwungrad auch die Kraftabgabe, so bildet man den Kranz für Riemenübertragung nach Fig. 7b, Taf. 21, bei Hanfseilübertragung nach Fig. 7a daselbst aus. Die Breite des Kranzes ist im ersten Falle genügend gross zu nehmen, auch wird der Kranz an der Lauffläche des Riemens etwas gewölbt abgedreht, damit der letztere sicher auf dem Rade verbleibt. Bei dem Querschnitt eines Seilscheiben-Schwungrades müssen die einzelnen Rillen sowohl im Profil, als auch im Durchmesser genau übereinstimmen, damit alle Seile möglichst gleichmässig beansprucht werden. Für einen guten Anschluss der Arme an den Kranz sorgt man in jedem Falle durch einen inneren Wulst am Querschnitt.

Der äussere Radius des Schwungrades wird gewöhnlich gleich dem 4- bis 5fachen Kurbelradius gemacht, soll aber niemals so gross sein, dass die Umfangsgeschwindigkeit 30 m in der Sekunde übersteigt.

Die **Arme** der Schwungräder haben ovalen oder I-förmigen Querschnitt und werden im ersten Falle voll oder hohl gegossen. Die Arme werden auf Zug durch die Centrifugalkraft des Kranzes, auf Biegung durch das zu übertragende Drehmoment beansprucht. Die erstgenannte Beanspruchung hängt allein von der Umfangsgeschwindigkeit v des Kranzes ab und beträgt, abgesehen von der durch Stösse und Gussspannungen hervorgerufenen Inanspruchnahme,

$$k_z = 0{,}00109\, v^2 \text{ kg/qmm.}^{1)}$$

Die Biegungsbeanspruchung k_b der Arme an der Nabe berechnet sich, wenn

$$\mathbf{P} = \frac{75\, N_n}{v}$$

die zu übertragende mittlere Umfangskraft,

R der Radius des Schwungrades,

w das Widerstandsmoment des fraglichen Armquerschnittes,

A die Anzahl der Arme

ist, aus

$$P \cdot R = A \cdot w \cdot k_b.$$

Für einen Riemen von der Dicke Δ und Breite **b** in **mm** ist höchstens

$$P = 0{,}15\, \Delta \cdot b,$$

für i Hanfseile von Δ Durchmesser ebenso

$$P = 0{,}08\, i \cdot \Delta^2 \frac{\pi}{4}.$$

1) Nach „Des Ingenieurs Taschenbuch, Die Hütte“, Verlag von Wilh. Ernst & Sohn in Berlin.

Für den vollen ovalen Querschnitt von der Höhe **h** und der Breite **0,6 h** kann weiter

$$w = \frac{\pi}{32}\, 0{,}6\, h \cdot h^2 = \sim \frac{h^3}{17},$$

für den I-Querschnitt, wenn nur dessen beide Hauptrippen von der Höhe **h** und der Dicke $\frac{\mathbf{h}}{\mathbf{6}}$ berücksichtigt werden, desgleichen

$$w = 2\, \frac{h}{6}\, \frac{h^3}{6} = \frac{h^3}{18}$$

gesetzt werden. Der Einfachheit wegen benutzen wir im Nachstehenden nur den letzteren Wert. k_b soll mit Rücksicht darauf, dass in die obige Gleichung für P·R nicht das mittlere, sondern das grösste Drehmoment einzuführen ist, nur zu 0,6 kg/qmm angenommen werden, so dass im Verein mit der 1 kg/qmm für gewöhnlich nicht übersteigenden Inanspruchnahme der Arme durch die Centrifugalkraft des Kranzes sich höchstens eine Gesamtbeanspruchung von 2 kg ergiebt. Mit den vorstehenden Werten erhält man schliesslich die erforderliche Höhe der vollen Arme an der Nabe

für Riemscheiben-Schwungräder zu

$$\mathbf{h} = \sim 1{,}65 \sqrt[3]{\frac{\mathbf{R} \cdot \mathbf{b} \cdot \Delta}{\mathbf{A}}},$$

für Seilscheiben-Schwungräder zu

$$\mathbf{h} = \sim 1{,}25 \sqrt[3]{\frac{\mathbf{R} \cdot \mathbf{i} \cdot \Delta^2}{\mathbf{A}}}.$$

Bei Schwungrädern mit doppeltem Armkreuz ist A die Zahl der Arme für beide Kreuze zusammen. A beträgt für einfache Kreuze bei Rädern von weniger als 3 m Durchmesser 4 bis 6, bei grösseren 6 bis 8. Doppelte Armkreuze benutzt man bei Riemscheiben-Schwungrädern von mehr als 400 mm Kranzbreite, bei Seilscheiben-Schwungrädern von mehr als 10 Rillen.

Die Höhe der Arme am Kranze kann 0,7 h, die Breite daselbst 0,42 h gemacht werden. Die Dimensionen der hohlen ovalen Arme können aussen 1,35 mal, innen 0,7 mal so gross als die der vollen genommen werden.

Die **Nabe** der Schwungräder ist bei einfachem Armkreuz ein Doppelkonus, der in der Mitte zum besseren Anschluss der Arme wieder einen Wulst trägt. Selten bohrt man die Nabe auf der ganzen Länge aus, sondern ordnet meistens eine Aussparung in der Mitte an. Zur Befestigung der Nabe dienen gewöhnlich zwei unter 120° gegeneinander versetzte Keile.

Um die Gussspannungen unschädlich zu machen, giesst man die meisten Schwungräder zwei- oder mehrteilig; nur sehr kleine Räder können aus einem Stück gegossen werden. Die Teilung wird selten durch Einlagen von geschwärzten Blechen in die Form und nachheriges Sprengen erzielt, gewöhnlich giesst man jeden Teil für sich und behobelt die Stossstellen. Zur Verbindung der Radteile dienen meistens Schrauben, deren Durchmesser zu

$$\frac{\mathbf{d}}{\mathbf{8}} + \mathbf{15 \text{ bis } 20 \text{ mm}}$$

genommen werden kann, wenn **d** die Bohrung der Nabe in **mm** ist. Der letzteren zieht man der Sicherheit wegen stets noch Schrumpfringe auf. Bei grossen Rädern findet man die einzelnen Teile auch wohl durch eingepasste Schmiedestücke und Querkeile nach Fig. 5, Taf. 21 verbunden.

Sehr breite Seilscheiben-Schwungräder stellt man gewöhnlich durch Verbindung zweier Räder so her, wie Fig. 4 und 5, Taf. 21 zeigen. In der ersten Figur sind ausser den Kranzschrauben noch zwei Schrumpfbänder zur Verbindung angeordnet. Die Teilstellen der beiden Räder werden natürlich stets gegeneinander versetzt.

Zur Verminderung des Luftwiderstandes bei der Drehung werden die Schwungräder jetzt vielfach mit einer Holzverschalung versehen.

Um eine Maschine bei Beginn des Betriebes von Hand soweit drehen zu können, dass das Einlassorgan der einen Kolbenseite geöffnet ist und der frische Dampf hier eintreten kann, versieht man die Schwungräder mit einer besondern **Andrehvorrichtung.** Das Ergreifen der Schwungradarme zu diesem Zwecke oder sogar das Treten auf dieselben kann für den Wärter unter Umständen höchst gefahrvoll werden und sollte niemals gestattet sein. Die meist gebräuchlichen Andrehvorrichtungen bestehen nach Fig. 6, Taf. 21 aus einem Doppelhebel, der vermittelst eines auf seiner Welle befestigten Handhebels bewegt werden kann und dabei abwechselnd in die Lücken eines Sperrkranzes am Schwungrade greift. Ein Doppelhebel ist erforderlich, damit ein Zurückgehen des Rades verhütet wird. Der Sperrkranz kann an dem letzteren aussen oder innen angebracht sein. Die Arme des Doppelhebels können beide drücken, oder einer von ihnen kann ziehen, der andere drücken (Fig. 3, Taf. 21). Der Ausschlag des Handhebels ist in Fig. 6, Taf. 21 zweckmässig zu begrenzen, am einfachsten dadurch, dass man den Hebel etwas über seine Nabe hinaus verlängert und mit dieser Verlängerung in den Grenzlagen gegen zwei Knaggen der Grundplatte stossen lässt.

Die vorerwähnte gewöhnliche Andrehvorrichtung hat den Nachteil, dass einmal der Sperrkranz des Rades immer noch gefährlich für den Wärter werden kann, und dass das andere Mal das Zurückschlagen der Arme des Doppelhebels nach dem Anlassen der Maschine immer bedenklich ist. Gegen den erstgenannten Übelstand sucht man sich durch Vorrichtungen zu schützen, welche das Rad durch Friktion beim Andrehen mitnehmen, gegen den letztgenannten durch solche, bei denen ein selbstthätiges Zurücktreten oder Ausschalten der Andrehteile durch die sich drehende Maschine eintritt.

Bei Maschinen ohne besonderes Schwungrad, wie z. B. den meisten Dampfdynamos, dient eine Schnecke und ein Schneckenrad auf der Kurbelwelle zum Andrehen. Kompound-Receiver-Maschinen können eine Andrehvorrichtung entbehren, da bei ihnen, falls die kleine Kurbel in einer Totlage steht, durch die zum Receiver führende Hilfsleitung frischer Dampf in den grossen Cylinder gelassen werden kann.

§ 58.

Die Steuerungsteile.

Nach der Einleitung unterscheiden wir eine innere und eine äussere Steuerung. Die erste umfasst die Abschlussorgane für die Dampfkanäle des Cylinders, die zweite besteht aus denjenigen Teilen, durch welche die inneren Steuerungsorgane von der Kurbelwelle aus in Bewegung gesetzt, also geöffnet und geschlossen werden. Gemäss dieser Einteilung wollen wir die einzelnen Teile der Steuerungen verfolgen.

1. Die inneren Steuerungs- oder Abschlussorgane.

Sie werden als Schieber oder Ventile ausgeführt. Jene sind Gleitungs-Abschlussorgane, d. h. sie gleiten in der Ebene der Kanalöffnungen, dem sogenannten Schieberspiegel, diese sind Hub-Abschlussorgane, d. h. sie heben und senken sich in Bezug auf ihren die Kanalöffnung enthaltenden Ventilsitz. Von den Schiebern finden hauptsächlich Flach-, Korliss (Rund, Dreh)-, sowie Kolbenschieber Verwendung, und diese allein sollen neben den Ventilen im Folgenden berücksichtigt werden.

Was zunächst die **Vor-** und **Nachteile** der genannten Abschlussorgane anbelangt, so wurde zwar schon früher, wie namentlich bei den Steuerungen, vereinzelt auf dieselben hingewiesen. Es dürfte hier aber am Platze sein, diese Vor- und Nachteile nochmals insgesamt, und zwar im Anschluss an die Forderungen, denen ein gutes inneres Steuerungsorgan bei einer Transmissions-Dampfmaschine genügen soll, anzuführen, um die Gebiete kennen zu lernen, auf welchem die einzelnen Schieber und die Ventile am zweckmässigsten ihre Verwendung finden.

Wir verlangen von den Abschlussorganen einer Dampfmaschine, dass sie

a) einen genügend dichten Schluss gewähren. Derselbe muss nicht nur im Anfange des Betriebes, also bei der neuen Maschine, vorhanden sein, sondern dauernd und nach eingetretenem Verschleiss der Abschlussflächen gewahrt bleiben, darf auch durch gewisse Umstände, wie namentlich durch Unreinigkeiten im Dampfe, Verschleiss in den Gelenken der äusseren Steuerung u. s. w., keine Störung erleiden. Zur anfänglichen und dauernden Dichtheit eines Abschlussorganes gehört nun, dass dieses mit einem genügenden Überdruck gegen seine Lauf- oder Sitzfläche gepresst wird, zur dauernden Dichtheit ausserdem noch, dass dieser Druck sich möglichst gleichmässig auf die gemeinschaftlichen Berührungsflächen verteilt, da nur dann ein überall gleichmässiger Verschleiss, verbunden mit einem vollständigen Anpassen und Einarbeiten der ganzen Berührungsflächen, zu erwarten ist.

Beiden Bedingungen wird am vollkommensten bei einem mit hinreichendem Überdruck belasteten Flachschieber genügt. Infolge seiner überall gleich starken Anpressung werden die gemeinschaftlichen Berührungsflächen während des Betriebes immer ebener, glatter, und bleibt die Abdichtung eine vollständige. Weniger vollkommen sind beide Bedingungen bei den übrigen

Abschlussorganen erfüllt. Beim Korlissschieber zunächst verteilt sich der Anpressungsdruck nicht völlig gleichmässig auf die Dichtungsfläche, sondern nimmt von der Mitte nach den Rändern hin ab; mit Rücksicht hierauf empfiehlt es sich, den Winkel, welchen die Seitenflächen solcher Schieber einschliessen, möglichst klein zu halten. Bei den Ventilen, die stets als Doppelsitzventile ausgebildet werden, hängt die gleichmässige Verteilung des Anpressungsdruckes auf die beiden Sitzflächen wesentlich von der genauen Herstellung, sowie von der gleichmässigen Erwärmung bezw. Ausdehnung der Ventile und Ventilsitze ab. In erhöhtem Masse ist dies auch bei den Kolbenschiebern, die keine Dichtungsringe besitzen, der Fall, da hier die Anpressung des Schiebers infolge des im Innern nach allen Seiten gleich starken Dampfdruckes gleich Null ist, bei liegender Anordnung ausserdem das Gewicht des Schiebers in der Regel einseitigen Verschleiss herbeiführt. Vollständige Dichtheit lässt sich deshalb bei Kolbenschiebern nur dann erzielen, wenn denselben besondere Dichtungsringe eingelegt werden, während solche ohne diese Ringe meistens zur Undichtheit neigen.

Die Bedingung, dass Störungen im Abschluss unter gewissen Umständen nicht eintreten dürfen, erfüllen die sämtlichen Schieber weit besser als die Ventile. Die ersteren bewegen sich ja in der Dichtungsfläche, schieben also Unreinigkeiten, welche sich hierin legen, vor sich hin, machen ihre Bahn, wie man zu sagen pflegt, selber frei. Die letzteren dagegen werden senkrecht zu ihren Sitzflächen bewegt, rücken also die hierhin etwa gelangenden Schmutzteile nicht fort, sondern treiben sie immer fester in die Dichtungsflächen hinein, beschädigen dieselben hierdurch und stellen den dichten Abschluss in Frage. Weiter treten, wie bei der ausklinkenden Ventilsteuerung gezeigt wurde, Beschädigungen der Sitzflächen und Undichtheiten bei zu grosser Schluss- bezw. Aufsetzgeschwindigkeit des niedergehenden Ventiles ein. Schliesslich ist der Kanalschluss beim Schieber auch dann gesichert, wenn Verschleiss in den Gelenkpunkten des äusseren Steuerungsmechanismus eingetreten ist, da der Schieber den Kanal in seiner Schlusslage mindestens um mehrere Millimeter überdeckt.[1]) Beim Ventil kann unter den angeführten Umständen oder bei nicht genauer Einstellung der äusseren Steuerung der Abschluss fraglich werden, da hier der Ventilteller bei zwangläufigem Bewegungs-Mechanismus oft nicht zum Aufsitzen kommt.

b) ihrer Bewegung einen geringen Reibungswiderstand entgegensetzen, damit die zur Überwindung desselben aufzuwendende Arbeit gering ausfällt und die Einwirkung des Regulators auf die Steuerung leicht und einfach wird. Die wesentlichste Bedingung zur Erfüllung dieser Forderung ist ein nicht zu grosser Gesamt-Überdruck auf das Steuerungsorgan. Daher nehmen nach dieser Richtung hin die gar nicht entlasteten Flachschieber (bei Doppelschiebern der Expansionsschieber weniger als der Grundschieber) die ungünstigste Stellung ein. Besser stehen schon die Korlissschieber, bei denen als Druckfläche nur die Projektion der gekrümmten Schieberfläche in Rechnung kommt, sich ausserdem das Schmiermaterial gut auf der Lauffläche hält. Am besten stellen sich in genannter Hinsicht die völlig entlasteten Kolbenschieber ohne Dichtungsringe, bei denen dieser Vorteil, wie schon oben gezeigt, meistens aber auf Kosten der Dichtheit erkauft wird, während durch eingelegte Ringe die Beweglichkeit verringert, die Dichtheit vergrössert wird. Auch Doppelsitzventile erleiden nur einen geringen Überdruck und setzen ihrer Bewegung einen verhältnismässig geringen Widerstand entgegen. Entlastete Kolbenschieber und Ventile lassen sich deshalb am leichtesten und besten bei zwangläufigem Antrieb unter die Herrschaft eines Regulators bringen.

c) dem Dampfe einen ungehinderten Ein- und Austritt gestatten, diesen also möglichst ohne Ablenkung in und aus dem Cylinder treten lassen. Von den in Betracht zu ziehenden Abschlussorganen genügt dieser Bedingung am besten der Korlissschieber, der bei richtiger Anordnung den Dampf ohne Ablenkung passieren und auf dem kürzesten Wege in und aus dem Cylinder strömen lässt. Am schlechtesten liegen in fraglicher Hinsicht die Verhältnisse beim Ventil. Bei ihm wird der durchgehende Dampf einige Male aus seiner Bahn abgelenkt und werden verschiedene Strömungen hervorgerufen, die später wieder zusammenstossen, was nur mit einem Verlust an Spannung geschehen kann. Flach- und Kolbenschieber dürften bei dem vorliegenden Vergleich die Mitte zwischen den beiden erstgenannten Abschlussorganen einnehmen.

d) so am Cylinder unterzubringen sind, dass bei thunlichster Beschränkung des schädlichen Raumes ihre leichte Zugänglichkeit gewahrt bleibt und der zu ihrer Aufnahme dienende Kasten eine zweckmässige Form erhält. Was zunächst die Grösse des schädlichen Raumes anbetrifft, so fällt derselbe, wie schon früher erwähnt, bei den Korlissschiebern am kleinsten aus, namentlich dann, wenn deren vier vorhanden sind, während er bei Kolbenschiebern am grössten wird, bei Flachschiebern und Ventilen einen mittleren Wert besitzt. Die Zugänglichkeit der Abschlussorgane weiter ist besonders bei den Auslassventilen der liegenden Maschinen sehr erschwert. Korlissschieber dagegen sind leicht zugänglich, Flach- und Kolbenschieber stehen hier in der Mitte. Eine unzweckmässige Form schliesslich erhält der Schieberkasten der Flachschiebermaschinen schon bei mittleren Dimensionen der letzteren, und die ebenen Wände, sowie der Deckel solcher Kästen müssen namentlich bei hohem Druck sehr stark gemacht werden. Zweckmässiger ist die cylindrische Form der Kästen, wie sie bei Korliss-, Kolbenschiebern und Ventilen auftritt.

Aus den vorstehenden Betrachtungen lässt sich im Verein mit denjenigen, die im V. Abschnitte den einzelnen Steuerungen angeschlossen wurden, die folgende Nutzanwendung für das zweckmässigste Gebiet, auf dem die verschiedenen Abschlussorgane zu benutzen sind, ziehen.

---

1) Wie bei 4 Korlissschiebern.

Unentlastete einfache oder Trick-Flachschieber mit von Schwungradregulator beeinflusster Füllung eignen sich nur für kleine Maschinen, da nur für diese der gesamte Dampfdruck auf den Schieber klein genug ausfällt, um eine sichere Einwirkung des Regulators erwarten zu können.

Aus dem gleichen Grunde und um unverhältnismässig grosse Schieber und Schieberkästen zu vermeiden, sind Doppel-Flachschieber, deren Expansionsschieber durch einen Schwungradregulator beeinflusst (§ 41) oder nach Guhrauer (§ 40) ausgebildet ist, nur für mittlere Maschinen (ungefähr bis zu 400 mm Bohrung) zu verwenden.

Trick- und Doppel-Flachschieber mit fester bezw. von Hand verstellbarer Füllung eignen sich ebenfalls nur für mittlere Cylinderbohrungen und finden vorzugsweise an den grossen oder mittleren Cylindern entsprechender Mehrmal-Expansionsmaschinen Benutzung.

Im allgemeinen sind Flachschieber stets dann anzuwenden, wenn auf grosse Dichtheit und niedrige Herstellungskosten, nicht aber auf geringe Schieberreibung und sichere, präcise Einwirkung des Regulators Wert gelegt wird.

Einfache Kolbenschieber ohne Dichtungsringe und einem Flachregler unterstellt, passen für stehende Schnellläufer von kleiner Cylinderbohrung; sauberes Einpassen und Einschleifen sind Hauptbedingung, auch ist eine hohe Umdrehungszahl insofern günstig, als sie den nachteiligen Einfluss des grossen schädlichen Raumes und des Dampfverlustes durch Undichtheit des Schiebers verringert.

Für stehende Maschinen von mittlerer Bohrung sind Doppel-Kolbenschieber mit vom Regulator beeinflusstem Expansionsschieber am Platze, jedoch dürfte es sich empfehlen, bei ihnen stets den Grundschieber mit Liderringen zu versehen. Kolben-Riderschieber (§ 39) mit einem als Flachschieber ausgebildeten Grundschieber, wie sie auch bei liegenden Maschinen von nicht zu grosser Bohrung vorkommen, sind wegen der auf Seite 185 angeführten Gründen nur für mässige Geschwindigkeiten angebracht.

Einfache Kolbenschieber mit Dichtungsringen für feste Füllungen finden an dem mittleren oder grossen Cylinder stehender Mehrmal-Expansionsmaschinen vielfach Verwendung.

Vollkommen entlastete Kolbenschieber ohne Dichtungsringe empfehlen sich allgemein dort, wo es bei stehenden Maschinen auf leichte Einwirkung des Regulators und geringe Reibung, weniger auf gute Dichtheit und geringen Dampfverbrauch ankommt. Durch eingelegte Dichtungsringe wird, wie schon früher erwähnt, die Dichtheit auf Kosten der Regulierbarkeit und Reibung erhöht.

Korlissschieber mit Ausklinksteuerung sind bei mittleren und grossen Maschinen am Platze, wenn ihre Umdrehungszahl die für solche Steuerungen zulässige Grenze nicht überschreitet.

Bei höheren Umdrehungszahlen, sowie bei grossen Cylinderbohrungen sind zwangläufig gesteuerte Ventile vorzuziehen, und zwar im letzteren Falle hauptsächlich deshalb, weil Ventile wegen ihres geringen Anpressungsdruckes leichter vom Regulator beeinflusst werden.

Zwangläufig gesteuerte Korlissschieber mit fester Füllung empfehlen sich schliesslich für die Mittel- und Niederdruckcylinder grosser Mehrmal-Expansionsmaschinen, die am Hochdruckcylinder eine zwangläufige Ventilsteuerung besitzen. Der Grund hierfür liegt darin, dass die Korlissschieber leichter zugänglich als die Ventile (namentlich beim Auslass) sind, kleinere schädliche Räume bedingen, einen einfacheren Antrieb erfordern und auf die Dauer wohl eine bessere Dichtheit gewähren.

Korlissschieber und Ventile sind also im allgemeinen dort zu verwenden, wo man an grösseren Maschinen eine sehr empfindliche Einwirkung des Regulators oder bei fester Expansion durch die Korlissschieber leicht zugängliche und nicht zu grosse Reibung verursachende Abschlussorgane mit einfachem Antriebe haben will. Auf die Dichtheit beider Steuerungsorgane, namentlich aber der Ventile, ist die Ausführung von grösstem Einfluss.

Wenden wir uns jetzt der **Ausführung** der einzelnen Abschlussorgane zu, so ist die Form der **Flachschieber** zunächst, jenachdem dieselben als einfache Muschel-, Trick- oder Grundschieber der Doppelschiebersteuerungen dienen sollen, aus dem V. Abschnitte zur Genüge bekannt. Die Wandstärke aller dieser Schieber kann zu

$$\delta_s = 0{,}4\,\delta \text{ bis } 0{,}6\,\delta$$

genommen werden, wenn δ die auf Seite 301 angegebene Cylinderwandstärke ist. Am Schieberspiegel, bei Grundschiebern auch an der dem Expansionsschieber zugekehrten Seite, muss die Stärke der Lappen oder Wandungen natürlich entsprechend vergrössert werden.

Zur Führung der Schieber dienen gehobelte Leisten, die parallel zur Hubrichtung verlaufen; bei durchgehender Schieberstange führt ausserdem noch diese den Schieber. Bei kleinen und leichten Schiebern genügen zwei Leisten, die zu beiden Seiten des Schieberspiegels sitzen, wie in Fig. 1, Taf. 34. Bei stehenden Maschinen sind zwei solcher Leisten auch für grössere Schieber hinreichend (Fig. 4, Taf. 34), und erst für ganz grosse Schieber dürften deren vier notwendig werden (Fig. 3, Taf. 39). Bei liegenden Maschinen dagegen ist es, sobald die Schieber schon eine mittlere Grösse haben, zweckmässig, oben eine und unten zwei Leisten anzuordnen, wie bei dem Grundschieber in Fig. 1, Taf. 39, oder aber die eine untere Leiste in die Mitte des Schiebers zu setzen und genügend breit zu machen, wie in Fig. 4, Taf. 38. Bisweilen trifft man auch die unteren Leisten nicht horizontal, sondern schräg gelegt, wie in Fig. 2, Taf. 37, oder der leichteren Bearbeitung wegen vom Schieberspiegel abgerückt, wie in Fig. 1, Taf. 36, wo sogar die obere Leiste ganz fortgelassen ist, was aber nicht zu empfehlen sein dürfte.

Da der Schieber meistens vertikal an unseren Transmissions-Dampfmaschinen steht, so sieht man fast stets noch besondere Federn vor, welche ihn gegen den Spiegel pressen, trotzdem ein Abheben des Schiebers infolge des im Schieberkasten höheren Druckes für gewöhnlich nicht zu befürchten ist. Diese Federn können in verschiedenster Weise angeordnet werden. In Fig. 1, Taf. 34 schleift die auf dem Rücken des Schiebers befestigte Feder an einer bearbeiteten Innenleiste des Schieberdeckels. Diese einfachste Anordnung hat den Nachteil, dass man die Stärke der Anpressung nur sehr unsicher beurteilen kann und deshalb durch häufiges Abnehmen und Wiederaufschrauben des Deckels die zweckmässige Pressung herausprobieren muss. Besser in dieser Beziehung ist die Anordnung in Fig. 4, Taf. 34, wo sich die Feder gegen einen Bügel lehnt, der in zwei Augen die Schieberstange oder deren Muttern umfasst. In Fig. 5, Taf. 36 befindet sich die Feder in einer Buchse, und unter dem bearbeiteten Deckel derselben gleitet der Schieber hin und her, wodurch die Reibungsverluste kleiner als bei der erstgenannten einfachsten Anordnung werden, die Stärke der Anpressung aber wieder schwer kontrollierbar wird. Mit demselben Vor- und Nachteile sind die Ausführungen in Fig. 2, Taf. 37 und Fig. 4, Taf. 38 behaftet, wo eine lange Feder an dem Schieberkastendeckel befestigt bezw. unter einem Flacheisen angeordnet ist. Bei Doppelschiebern wird die Anpressung durch Federn häufig auf den Expansionsschieber ausgeübt, wie dies später angegeben ist.

Die Verbindung des Schiebers mit der Schieberstange hat so zu erfolgen, dass die Anpressung des ersteren an seinen Spiegel bei eingetretenem Verschleiss nicht durch die Stange behindert wird. Am besten genügt dieser Bedingung die in Fig. 1, Taf. 34 angedeutete Schieberbefestigung. Das auf der Stange befindliche Gasrohr hält hier durch zwei Unterlegscheiben und Muttern den Schieber so leicht, dass derselbe zwischen den Scheiben bei eintretender Abnutzung an den Spiegel gedrückt werden kann. Die Höhlung im Schieber muss natürlich genügend gross sein, der Spielraum des Gasrohres in dem ersteren zu Anfang also nach aussen grösser als nach der Spiegelseite sein. Weniger gut ist es, bei der vorliegenden Verbindung das Gasrohr fortzulassen, wie z. B. bei dem Grundschieber in Fig. 1 und 3, Taf. 37, weil dadurch die Beweglichkeit des Schiebers senkrecht zur Stange und zum Schieberspiegel verringert wird. Den Schieber durch eine am vorderen Ende zwischen Knaggen eingelegte Mutter mit seiner Stange zu verbinden, wie dies in Fig. 2, Taf. 37 und Fig. 1, Taf. 38 angegeben ist, kann nur dann empfohlen werden, wenn bei der vorgenannten Verbindungsart der Schieber zu hoch ausfällt, wie z. B. bei dem Grundschieber eines völlig entlasteten Rider-Expansionsschiebers. Teuer fällt die in Fig. 2, Taf. 34 dargestellte Schieberbefestigung aus, ohne dass sie wesentliche Vorteile bietet. Der geschmiedete Rahmen ist innen abgerundet, um wieder das Nachrücken des Schiebers an seinen Spiegel zu erleichtern. Das Material der im Dampfraum befindlichen Muttern auf der Schieberstange muss natürlich Rotguss oder Bronze sein.

Der Schieber wird seinem Spiegel sorgfältig aufgeschliffen oder durch Schaben dampfdicht aufgepasst. Die Länge des Spiegels und der Führungsleisten in der Hubrichtung darf höchstens so gross sein, dass der Schieber mit seiner Kante in den Totlagen über Spiegel und Leisten etwas hinaustritt, damit kein Grat angeschliffen wird.

In den Figuren der betreffenden Tafeln ist deshalb von der Mittellage des Schiebers bis zur Spiegelkante das Mass r — 5 bis 10 mm eingetragen worden. Es ist dies, wie schon gesagt, das grösste zulässige Mass für den fraglichen Abstand. Besser ist es den letzteren kleiner zu bemessen, damit eine teilweise Entlastung des Schiebers durch den Druck des Dampfes von unten gegen die übertretende Fläche entsteht.

Damit der Schieber nicht gegen den Schieberkasten stösst, muss die Wandung des letzteren mindestens um r + 10 mm von den äussersten Kanten des Schiebers (oder seiner Befestigungsschrauben) bei dessen Mittellage abstehen.

Eine Entlastung der einfachen Flachschieber oder der Grundschieber der bezüglichen Doppel-Schiebersteuerungen zur Verminderung der Reibung und Abnützung findet im deutschen Transmissions-Dampfmaschinenbau fast gar nicht statt, hauptsächlich wohl deshalb, weil es an einer wirklich guten und einfachen Entlastungsvorrichtung fehlt. Die meisten Konstruktionen der letzteren liefern keine dauernde Entlastung, sind zu kompliziert und haben neben höheren Kosten gewöhnlich noch schlimmere Übelstände als der unentlastete Schieber im Gefolge. Die am meisten in Vorschlag gebrachte Entlastung besteht in einer sogenannten Gegenplatte, welche parallel zum Schieberspiegel in einem solchen Abstande festgelegt wird, dass der Schieber genau passend zwischen beiden gleitet. Die Schwierigkeit besteht darin, den Schieber dampfdicht zwischen Gegenplatte und Schieberspiegel einzupassen. Man hat deshalb vielfach den Schieber durch Liderringe an der Gegenplatte abgedichtet oder die Gegenplatte in verschiedenster Weise stellbar angeordnet. Das erste Mittel ist z. B. bei dem Grundschieber der Maffeischen Maschine in Fig. 2, Tafel 42 versucht worden. Als Gegenplatte dient hier der Schieberkastendeckel, gegen den sich zwei aufgeschnittene Liderringe am Rücken des Schiebers legen. Halten die Ringe völlig dicht, so sind die innerhalb derselben befindlichen Räume dem frischen Dampfe nicht zugänglich, und der Grundschieber ist hier mit dem Drucke dieses Dampfes nicht belastet. Da aber ein völlig dichter Abschluss durch die Liderringe nicht erzielt wird, so setzt man das Innere derselben meistens mit dem Raume des Grundschiebers, durch welchen der aus dem Cylinder kommende Dampf treten muss, in Verbindung, damit der in das Innere der Ringe gelangende Dampf sofort wieder fortgeleitet wird.

Die vorstehende Schieberentlastung ist nach Angaben in der Zeitschrift des Vereines deutscher Ingenieure später wieder von der Maschine entfernt und durch eine andere ersetzt worden, weil sie sich nicht bewährt und keine genügende Entlastung ergeben hatte. Ähnlich dürfte es wohl den meisten anderen Entlastungsvorrichtungen ergangen sein, weshalb bei den in Deutschland gebauten Transmissions-Dampfmaschinen selten entlastete einfache bezw. Grundschieber anzutreffen sind. Eine Ausnahme hiervon machen nur manche der sogenannten amerikanischen Schnellläufer; ob sich aber hier die bezüglichen Vorrichtungen bewährt haben, ist dem Verfasser nicht bekannt.

Bei den Doppel-Flachschiebern nach Meyer, Guhrauer und Rider, im letzteren Falle bei nicht entlastetem Expansionsschieber, versieht man den Rücken des Grundschiebers häufig mit Aussparungen, welche sich mit Dampf füllen und zur teilweisen Entlastung des darüber gehenden Expansionsschiebers beitragen sollen (siehe Fig. 1, Taf. 36 und 37). Zur Führung des Expansionsschiebers bei der Meyer- und Guhrauer-Steuerung dient neben der Schieberstange eine obere und untere Leiste des Grundschiebers. Die den Expansionsplatten der Meyer-Steuerung eingelegten Rotguss- oder Bronzemuttern müssen bei ihrer Verschiebung die Platten mitnehmen, an einer Drehung aber verhindert werden. Zu dem ersteren Zwecke greifen die Muttern entweder mit Borden vor und hinter die Knaggen der Platten (Fig. 1, Taf. 36), oder sitzen zwischen zwei solcher Knaggen (Fig. 3, Taf. 36 und 39). Die Drehung der Muttern wird entweder durch die Expansionsplatten selbst (Fig. 1, Taf. 36), oder wenn die Muttern höher angeordnet sind, durch kleine Verbindungsstege zwischen den Knaggen (Fig. 3, Taf. 36), sowie durch Borde, welche oben über die Knaggen greifen (Fig. 3, Taf. 39), verhütet. Schliesslich ist eine Anpressung der Expansionsplatten an den Grundschieber und des letzteren an den Spiegel durch besondere Federn auch hier ratsam. In Fig. 1, Taf. 36 ist auf dem einen Knaggen einer jeden Expansionsplatte eine Schleppfeder angeordnet, die, weil sie nicht in der Mitte sitzt, keine gleichmässige Anpressung ausübt. Besser in dieser Hinsicht ist es, die Feder nach Fig. 3, Taf. 36 unter die Spindelmutter zu legen; hier muss aber die Expansionsschieberstange die Rückwirkung der Feder aufnehmen.

Den Expansionsplatten der Guhrauer-Steuerung in Fig. 1, Taf. 39 sind die beiden kurzen Gänge des Muttergewindes angegossen. Der Gusseisenkörper mit dem Bolzengewinde muss fest auf der Expansionsschieberstange sitzen und wird durch einen Keil an seinem einen Ende gezwungen, an der Drehung dieser Stange teilzunehmen. Eine eigentümliche Führung und Anpressungsvorrichtung, wie sie von G. Kuhn in Stuttgart ausgeführt wird, besitzen die Expansionsplatten daselbst. Oben und unten sind in einer Verlängerung des Grundschiebers zwei kleine schmiedeeiserne Würfel mit Gewindezapfen befestigt. Dieselben enthalten Druckschrauben und werden von zwei doppelarmigen Federn umfasst, welche mit ihren Enden an zwei Flacheisenschienen angeschraubt sind. Unter den letzteren bewegen sich die Expansionsplatten. Damit die Flacheisenschienen sich nicht verschieben, greifen sie vorne und hinten um die oben erwähnten Verlängerungen des Grundschiebers.

Die Expansionsschieber der Ridersteuerung müssen, wie hier schon erwähnt werden möge, ebenfalls so mit der Schieberstange verbunden sein, dass eine Drehung der letzteren auch eine solche des Schiebers zur Folge hat. Zugleich muss die Möglichkeit gewahrt bleiben, den Grundschieber bei eintretendem Verschleiss ohne Beanspruchung der Expansionsschieberstange durch den Dampfdruck immer an den Schieberspiegel pressen zu können. Beiden Bedingungen genügen die in Fig. 1 und 2, Tafel 37 dargestellten Befestigungen, wo die flachgeschmiedeten Schieberstangen durch einen Schlitz des Expansionsschiebers gehen und diesen an der einen Seite mit einem Bunde, an der anderen auch mit einem solchen bezw. mit einem Keil erfassen; der Schlitz gestattet ein Nachrücken der Schieber an den Spiegel, ohne die Expansionsschieberstange zu beanspruchen. Meistens machen aber die vorstehenden Verbindungen zweiteilige Schieberstangen oder besondere Vorrichtungen am Schieberkasten zum Einbringen der Stangen nötig. Nicht zu empfehlen ist es, wie in Fig. 1[1]), Taf. 38 den Schieber der Stange in einem Vierkant aufzupassen, da dann der zweiten aufgestellten Bedingung gar nicht genügt wird; zudem giebt der Splint in Fig. 1, Taf. 38 der ganzen Befestigung eine sehr geringe Sicherheit. Die Verbindung der Expansionsschieberstange mit ihren Schiebern nach Fig. 2, Taf. 42 kommt der zweiten Forderung auch nur unvollkommen nach.

Ist der Expansionsschieber der Ridersteuerung völlig entlastet, so muss man den Grundschieber um die schrägen Kanalöffnungen genau einarbeiten zu können, entweder nach Fig. 1, Taf. 38 zeitweilig machen, oder aber demselben nach Fig. 3, Taf. 37 eine Buchse einsetzen; die letztere ist durch Stiftschrauben gegen ein Verdrehen zu sichern.

Wenden wir uns jetzt den eigentlichen **Kolbenschiebern** zu, so ist betreffs derjenigen ohne besondere Liderringe zu bemerken, dass ihr Material meistens Gusseisen, seltener Bronze ist. Für die Wahl desselben ist vor allen Dingen die gleichmässige Ausdehnung des Schiebers und seines Gehäuses bei der Erwärmung bestimmend. Die Differenz der Durchmesser beider Teile im kalten Zustand wird mit Rücksicht auf die gewünschte Dichtheit so gering (nur 0,05 mm und noch weniger) gemacht, das leicht ein Festklemmen des Schiebers später eintreten kann, wenn seine Ausdehnung grösser als die des Gehäuses ist. Die Fig. 1, 2 und 3, Taf. 40 lassen die Ausführungen solcher einfachen Kolbenschieber mit und ohne Trickkanal erkennen. Die Verbindung mit der Schieberstange wird durch Bund und Mutter bewirkt. Die Stangenhülse in Fig. 3 muss dampfdicht eingesetzt sein, die einseitige Befestigung der Stange in Fig. 2 ist nötig, damit der nach oben strömende Abdampf den genügenden Durchgangsquerschnitt findet.

Werden die Kolbenschieber mit besonderen Dichtungsringen versehen, so giesst man den Kolbenkörper aus Gusseisen oder Stahl; das letztere gewöhnlich dann, wenn auf geringes Eigengewicht Wert gelegt wird, und die Schieberstange mit einem Teil des Schieberkörpers ein Stück bildet. Um die schädlichen Räume, die ja hier

---

1) Bezüglich dieser Verbindung in Fig. 4, Taf. 38 siehe die Anmerkung auf Seite 330.

beträchtlich ausfallen, möglichst zu beschränken, macht man die Kolbenkörper recht lang, damit die Kanalöffnungen an den Hubenden des Kolbens verbleiben können, und die Kanäle kurz werden. Der Kolbenkörper besteht dann meistens aus mehreren Teilen, und zwar hauptsächlich aus zwei Endstücken, welche die Liderringe aufnehmen, und einem mittleren Verbindungsrohr. Die Liderringe werden ebenso wie die Selbstspanner der Dampfkolben ausgeführt; ihr Material ist Gusseisen, sie werden aufgeschnitten und an der Schnittfuge mit einem Ringschloss versehen. Man ordnet entweder zwei schmale Ringe, die durch ein Zwischenstück des Schieberkörpers getrennt sind, oder einen einzigen Ring an, der breiter als die Kanalweite ist. Schmale Ringe haben den Nachteil, dass sie beim Passieren der Kanalöffnung leicht hängen bleiben, ihre Kanten abstossen, oder sogar brechen. Ein einziger breiter Ring vermeidet diese Nachteile, da er niemals in seiner ganzen Breite vor die Kanalöffnung zu liegen kommt, ruft aber andererseits höhere Reibungswiderstände infolge seiner grösseren Dicke, namentlich bei hohen Drucken, hervor, führt häufig auch zu einem Schlagen des Ringes gegen die Ränder des Schieberkörpers. C. Sondermann, Civilingenieur in Stuttgart, empfiehlt in der Zeitschrift deutscher Ingenieure[1]), die Kanalöffnungen aus mehreren runden Löchern herzustellen, um das Hängenbleiben der schmalen Ringe zu verhüten. Er ordnet weiter drei Ringe übereinander an, von denen die beiden äusseren schmal und aufgeschnitten sind, der mittlere breit und nicht aufgeschnitten, sondern in das Schiebergehäuse eingeschliffen ist. Die bei hohen Drucken erforderliche starke Federkraft der schmalen Ringe wird, wenn diese sich der Gehäusewandung angeschmiegt haben, zur Verringerung der Reibungswiderstände und zur Erzielung einer leichteren Regulatorbeeinflussung dadurch aufgehoben, dass die schmalen Ringe fest gegen die Ränder des mittleren und des Schieberkörpers gepresst werden. Das letztere kann leicht durch Anziehen des Entlastungskolbens geschehen, der wie in Fig. 1, Taf. 40 durch die obere Stopfbuchse des Schieberkastens tritt.

Zur Ausgleichung des Gestängegewichtes erhalten die Kolbenschieber, wie schon auf Seite 305 angeführt, oft oben und unten verschiedene Durchmesser. Über die dem gleichen Zwecke dienenden Entlastungskolben der Schieberstangen ist später das Erforderliche gesagt.

Die beiden Kolbenschieber in Fig. 1, Taf. 42, ausgeführt von der Maschinenfabrik Örlikon in Örlikon, setzen sich aus folgenden Teilen zusammen. Der innere Schieber besteht aus dem mittleren Verbindungsrohr VI und den beiden Endstücken VII mit den Liderringen IX. Zusammengehalten werden diese Teile durch die Expansionsschieberstange, welche unten einen Bund, oben Mutter und Gewinde besitzt. Der äussere Schieber muss oben und unten nach zwei Seiten abdichten. I ist das Schiebergehäuse. In dasselbe kommt oben und unten zunächst der Liderring III, dann das Zwischenstück VIII, auf dieses der Liderring II und schliesslich der Deckel IV. Der letztere ist zum Zusammenhalten der einzelnen Teile mit Gewinde auf dem Schieberkörper befestigt. Der untere Deckel IV bildet mit der hohlen Expansionsschieberstange ein Stück.

Korlissschieber werden jetzt gewöhnlich so ausgeführt, wie Fig. 4, Taf. 48 zeigt. Das Material derselben ist Gusseisen. Bei ihrer Anordnung ist zu beachten, dass sie stets durch den Dampf von höherer Spannung auf ihre Laufflächen gedrückt werden müssen. Bei den Einlassschiebern muss dies also durch den Dampf des Schieberkastens, bei den Auslassschiebern aber durch den im Cylinder befindlichen Dampf bewirkt werden. Die in Fig. 3, Taf. 48 angedeutete Anordnung der Auslassschieber in den Cylinderdeckeln gewährt ferner den Vorteil, die schädlichen Räume auf das geringste Mass beschränken zu können. Die Lauffläche der Schieber ist schliesslich, wie auf Seite 323 erklärt, mit Rücksicht auf eine gute Abdichtung möglichst schmal zu halten. Es wird dies am besten durch eine möglichst geringe Kanalweite und eine möglichst grosse Kanallänge erzielt. Am Schieberkasten kann zu diesem Zwecke, wie in Fig. 5, Taf. 49 geschehen, die Kanallänge gleich oder noch etwas grösser als die Cylinderbohrung gehalten sein und dann nach dem Cylinder hin unter allmählicher Zunahme der Kanalweite kleiner werden. Der nicht zum Abschluss nötige und nur zur Aufnahme der Schieberstange erforderliche Teil an der Mantelfläche der Auslassschieber in Fig. 3, Taf. 48 kommt natürlich nicht zum Anliegen an die Lauffläche oder wird mit Aussparungen versehen. Die letzteren werden zur Druckentlastung auch bei breiteren Schiebern an der Lauffläche angeordnet.

Die Verbindung des Korlissschiebers mit seiner Schieberstange hat wieder so zu erfolgen, dass sich der erstere unabhängig von der letzteren gegen die Lauffläche legen kann. Man erreicht dies wieder dadurch, dass man die an den Enden runde Schieberstange sich mit einem flach geschmiedeten Blatt in einen entsprechenden Schlitz des Schiebers legen lässt. Das hintere Ende der Stange dreht sich weiter in einer dem Deckel daselbst von innen eingesetzten Bronzebuchse (Fig. 4, Taf. 38), das vordere Ende muss durch den vorderen Deckel treten. Zur Abdichtung diente hier früher eine Stopfbuchse (Fig. 7, Taf. 48), während erstere jetzt meistens durch einen Bund der Schieberstange erzielt wird, der einer Buchse des Deckels aufgeschliffen ist und durch den Dampfdruck, sowie eine aussen auf der Stange befindliche Spiralfeder gegen diesen Bund gedrückt wird (Fig. 4, Taf. 48).

Die Wheelockschieber in Fig. 10a und b, Taf. 49 (nach Ausführungen der Chemnitzer Werkzeugmaschinenfabrik vorm. Joh. Zimmermann) sind nicht wie die Korlissschieber cylindrisch, sondern schwach konisch gestaltet, damit sie durch den Dampf in ihre entsprechend ausgebohrten Schiebergehäuse gedrückt werden. Die Schieber sind ferner an ihrem vorderen Ende der Stahl-Schieberstange aufgezogen; letztere ist wieder ohne Stopfbuchse abgedichtet.

Früher brachte man, um die Korlissschieber dauernd dicht zu erhalten, wohl besondere Vorrichtungen an, welche den Schiebern auch eine kleine Bewegung in deren Achsen-

1) Jahrgang 1896, S. 868.

richtung erteilten. In Fig. 8, Taf. 48 ist eine solche Vorrichtung angedeutet, wie sie seiner Zeit von Breitfeld, Daněk & Co., Maschinenfabrik in Karolinenthal bei Prag, vorgesehen wurde, jetzt aber nicht mehr angebracht wird.

Die beiden hinteren Enden der Schieberstangen sind drehbar in einer Rotgussbuchse, aber in achsialer Richtung fest durch eine Mutter mit einem kleinen Schlitten m verbunden. Auf der einen Schieberstange sitzt weiter eine doppelarmige Sperrklinke k, welche in ein breiteres Schaltrad r_1 eingreift. Die Welle w_1 des letzteren trägt die Schnecke s, deren Schneckenrad r_2 einer Querwelle w_2 angehört. Die excentrischen Zapfen z der letzteren schliesslich sind in kleinen, vertikal einstellbaren Rotgussaugen verlagert, welche den oben erwähnten Schlitten eingesetzt sind.

Bei einer Drehung der Schieberstange werden durch die excentrischen Zapfen z der sich ebenfalls drehenden Welle w_2 die Schlitten m und die Schieber etwas in achsialer Richtung abwechselnd vor- und zurückgeschoben. Die Schieber müssen natürlich in dieser Richtung genügend Spiel im Gehäuse haben.

Die bei den Ventilsteuerungen als Abschlussorgane der Dampfkanäle benutzten **Ventile** sind jetzt fast ausnahmlos sogenannte doppelsitzige Rohrventile. Ihr Ventilteller hat ungefähr die Form eines Rohres, ihr Ventilsitz diejenige eines Hohlcylinders mit Boden und seitlichen Öffnungen.

Das Material beider Teile ist jetzt Gusseisen, während früher häufig Bronze dazu verwendet wurde. Gusseisen wählt man mit Rücksicht auf eine möglichst gleichmässige Ausdehnung des Ventilsitzes und des Ventilkastens, trotzdem es weniger das Rosten verhütet als Bronze. Der Ventilsitz wird mit zwei konisch abgedrehten Flächen in den entsprechend ausgebohrten Ventilkasten dampfdicht eingeschliffen und dann durch den Deckel des letzteren eingepresst. Die Form des Ventilsitzes ist nach der Ausführung auf Taf. 44 für Ein- und Auslass die gleiche, nach derjenigen auf Taf. 43, 45, 46 und 47 dagegen eine verschiedene. Die Gewindeöffnungen in den Ventilsitzen dienen zum Herausnehmen der letzteren. Der Ventilteller zeigt meistens gleiche Form für den Ein- und Auslass. Zur Führung des Tellers in seinem Sitz dienen auf Taf. 43 radiale Rippen ausserhalb des Ventilrohres, während nach Taf. 44 bis 47 die Nabe der Ventilspindel auf einem dem Ventilsitz angegossenen oder eingesetzten Ansatz geführt wird. Der Ventilteller darf nicht fest auf seiner Spindel sitzen, sondern muss drehbar auf derselben sein. Die Sitzflächen der Ventile sind konisch (selten ist die eine eben) und gehören, um eine gleichmässige Ausdehnung von Teller und Sitz zu sichern, den Mantelflächen zweier Kegel an, die eine gemeinsame Spitze besitzen.

Was die Verhältnisse der Ventile anbelangt, so können die Breite s der Sitzflächenprojektion die Wandstärke δ_s des Rohres und die Dicke Δ_1 der Ventilspindel (siehe Fig. 4, Taf. 44, Fig. 2 und 3, Taf. 45) der folgenden Tabelle entnommen werden, wenn d der lichte Durchmesser der einen Sitzfläche ist; der entsprechende Durchmesser der anderen Sitzfläche wird um 1 bis 2 mm kleiner oder grösser gemacht, je nachdem der Teller von oben oder unten in den Sitz gebracht wird.

Tabelle.

Ventildurchmesser d in mm	Sitzbreite s in mm	Rohrwandstärke δ_s in mm	Spindeldicke Δ_1 in mm
80	2 bis 3	5	10 bis 12
90	2 bis 3	5	10 bis 12
100	3 bis 3,5	5	10 bis 12
110	3 bis 3,5	6	13 bis 16
120	3 bis 3,5	6	13 bis 16
130	4 bis 5	6	13 bis 16
140	4 bis 5	6	13 bis 16
150	4 bis 5	6	16 bis 20
160	4 bis 5	6	16 bis 20
180	4 bis 5	7	16 bis 20
200	5 bis 6	8	20 bis 22

Den lichten Durchmesser d_1 des inneren Durchganges wählt man gewöhnlich so gross, dass der äussere Durchflussquerschnitt ebenso gross wie der innere wird. Es dürfte dies annähernd der Fall sein, wenn bei den Ventilen nach Fig. 4, Taf. 44, Fig. 2 und 3, Taf. 45 u. s. w., wo die Führung des Tellers innen stattfindet,

$$\mathbf{d_1 = \sqrt{0,5\,(d^2 + 6\,\Delta_1^2)}}$$

und

$$\mathbf{d_1 - 2g_1 = 3\Delta_1 \text{ bis } 3\Delta_1 + 2 \text{ mm},}$$

bei den Ventilen nach Fig. 1 und 2, Taf. 43, wo der Teller mit äusseren Führungsrippen versehen ist,

$$\mathbf{d_1 = \sqrt{0,5\,(d^2 - 6\,\Delta_1^2)}}$$

und

$$\mathbf{d_1 - 2g_1 = 2\Delta_1 \text{ bis } 2\Delta_1 + 2 \text{ mm}}$$

gemacht wird.

Für das Ventil in Fig. 4, Taf. 44 ergiebt sich hiernach mit $d = 160$ mm und $\Delta_1 = 20$ mm

$$d_1 = \sqrt{0,5\,(\overline{160}^2 + 6 \cdot \overline{20}^2)} = \sim 118 \text{ mm}$$

wie in der Ausführung, während für das Ventil in Fig. 2, Taf. 45 mit $d = 135$ mm und $\Delta_1 = 16$ mm aus der obigen Gleichung ein kleinerer Wert als in der Ausführung, nämlich nur

$$d_1 = \sqrt{0,5\,(\overline{135}^2 + 6 \cdot \overline{16}^2)} = \sim 99 \text{ mm},$$

folgt. Bei dem erstgenannten Ventil ist der freie Durchgangsquerschnitt aussen

$$(d+2)^2 \frac{\pi}{4} - (d - 2\,g)^2 \frac{\pi}{4} = \overline{162}^2 \frac{\pi}{4} - (160 - 2 \cdot 15)^2 \frac{\pi}{4}$$
$$= \sim 7339 \text{ qmm},$$

innen

$$d_1^2 \frac{\pi}{4} - (d_1 - 2\,g_1)^2 \frac{\pi}{4} - 4\,\delta_r{}^{1)} \cdot g_1 = \overline{118}^2 \frac{\pi}{4}$$
$$- (118 - 2 \cdot 28)^2 \frac{\pi}{4} - 4 \cdot 5 \cdot 28 = \sim 7357 \text{ qmm}.$$

Beide Querschnitte sind nahezn gleich und betragen zusammen das

$$x = \frac{7339 + 7357}{\overline{160}^2 \frac{\pi}{4}} = \sim 0,73 \text{ fache}$$

des vollen Kreisquerschnittes.

Bei dem Ventil in Fig. 2, Taf. 45 berechnet sich entsprechend mit dem oben ermittelten Werte von $d_1 = 99$ mm

1) δ_r ist die Stärke der radialen Rippen zwischen Rohrwandung und Nabe der Ventilspindel.

und $g = 13$, $g_1 = 24{,}5$, $\delta_r = 6$ mm der Durchgangsquerschnitt aussen zu

$$\overline{135}^2 \frac{\pi}{4} - (135 - 2 \cdot 13)^2 \frac{\pi}{4} = 4983 \text{ qmm},$$

innen zu

$$\overline{99}^2 \frac{\pi}{4} - (99 - 2 \cdot 24{,}5)^2 \frac{\pi}{4} - 4 \cdot 6 \cdot 24{,}5 = 5146 \text{ qmm}.$$

Weiter beträgt.

$$x = \frac{4983 + 5146}{\overline{135}^2 \frac{\pi}{4}} = \sim 0{,}7.$$

Die Neigung der beiden konischen Flächen, in welchen sich Ventilsitz und Ventilkasten berühren, wählt man

$$1 : 8 \text{ bis } 1 : 10.$$

Die beiden Flächen gehören wieder vorteilhaft einer und derselben Kegelmantelfläche an.

2. Die äusseren Steuerungsteile.

Wir verfolgen dieselben am besten wieder im Anschluss an die verschiedenen inneren Steuerungsorgane, wie sie im ersten Teile dieses Paragraphen unterschieden wurden.

Bei den Flachschiebersteuerungen haben wir zunächst das **Excenter** zu betrachten, welches den Schieber unter Vermittelung der Excenter- und Schieberstange von der Kurbelwelle aus bewegt. Verschiedene Ausführungen dieses Maschinenteiles zeigen die Figuren 1 bis 3, Taf. 22. Das Excenter besteht aus der Excenterscheibe und dem Excenterbügel. Die erstere muss häufig zweiteilig sein, um sie auf die Kurbelwelle bringen zu können. Die Verbindung der Hälften erfolgt nach Fig. 2 durch Bolzen, welche durch Keile in beiden, oder durch Gewinde in der einen und Keile in der anderen Hälfte gehalten werden. Das Material der Scheibe ist stets Gusseisen, das der Bügel meistens auch und nur dann Schmiedeeisen, wenn der eine Bügel mit der Excenterstange aus einem Stück besteht (Fig. 1), was bei kleinen Excentern vorkommt. Die Lauffläche wird jetzt gewöhnlich am Bügel, seltener an der Scheibe, mit Weissmetall ausgegossen, das wieder in schwalbenschwanzförmigen Nuten gehalten wird. Bei gusseisernen Bügeln wurde das Weissmetallfutter früher fortgelassen, bei schmiedeeisernen ist es aber immer erforderlich. Der Bügel umfasst die Scheibe mit einem Rande (Fig. 1 und 3), damit das Öl nicht auslaufen kann. Schlecht ist es, der Scheibe den Rand zu geben (Fig. 2). Das Schmiermaterial fliesst entweder aus einem Ölgefäss zu, das an dem einen Bügel befestigt ist (Fig. 1 und 2), oder es tropft aus einem Röhrchen in einen Aufnehmer am Bügel (Fig. 3).

Die Excenterscheibe erhält an ihrer schwächsten Stelle eine Dicke

$$\mathbf{w = 0{,}1\,(2\,r + d_3) + 10 \text{ mm}},$$

wenn **r** die Excentricität,

d_3 die Bohrung des Excenters

ist. Die Dicke des Bügels kann ebenso gross genommen werden; gusseiserne Bügel sind aber noch durch Rippen oder Wulste zu verstärken.

Für den äusseren Durchmesser s der Verbindungsschrauben der Scheiben-, sowie Bügelhälften liefert die Beziehung

$$\mathbf{s = 0{,}1\,d_3 + 8 \text{ mm}}$$

in der Regel passende Werte.

Die **Excenterstangen** bestehen stets aus Schmiedeeisen. Sie besitzen meistens runden oder rechteckigen Querschnitt. Mit dem einen Excenterbügel werden die Stangen nur bei kleinen Excentern aus einem Stück hergestellt. Gewöhnlich werden sie durch Keil und Konus (Fig. 3, Taf. 22) oder Scheibe und Schrauben (Fig. 2, Taf. 22) an dem Bügel befestigt. Zur Verbindung mit der Schieberstange, welche dann die Gabel für den Bolzen hat, werden die Stangen durch ein nachstellbares Auge (Fig. 2 und 3, Taf. 22) verbunden; seltener ist die umgekehrte Anordnung (Fig. 4, Taf. 34), wo das Auge an der Schieber-, die Gabel an der Excenterstange sitzt.

Den Durchmesser Δ des Verbindungsbolzens kann man ebenso gross wie den der Schieberstange (siehe weiter unten) machen. Die Länge des Bolzens genügt bei $1{,}2\,\Delta$. Die Stärke der Excenterstange kann dann

bei rundem Querschnitt gleich

Δ am Kopf[1]), $1{,}5\,\Delta$ am Excenter,

bei rechteckigem Querschnitt gleich

$0{,}5\,\Delta$ breit, $1{,}5\,\Delta$ hoch am Kopf, $1{,}8\,\Delta$ hoch am Excenter

genommen werden.

Die **Schieberstangen** werden ebenso wie die Kolbenstangen stets aus Gussstahl hergestellt. Ihr Durchmesser kann

$$\Delta = \mathbf{\frac{1}{20} D + 10 \text{ bis } 14 \text{ mm}}$$

gewählt werden; legt man auf recht kräftige Stangen Wert, so ist die Additionskonstante auf 13 bis 17 mm zu erhöhen, was sich namentlich für grössere Maschinen und durch beide Kastenwände tretende Stangen empfehlen dürfte. Zur Führung der Schieberstange dient meistens eine Buchse, seltener ein besonderes Geleise. Im ersteren Falle wird die Rotguss- oder Bronzebuchse mit rauhem Schnitt aussen abgedreht und fest in den gusseisernen Bock getrieben (Fig. 1, Taf. 34 und 36), oft auch noch durch besondere Schrauben an der Drehung verhindert (Fig. 3, Taf. 39). In der Buchse wird der Durchmesser der Stange um 10 bis 12 mm verstärkt. Neuerdings wird der Führungsbock mit der Stopfbuchse der Schieberstange zusammengegossen und nach Fig. 4, Taf. 34 in der Schieberkastenwand centriert, wobei ein genaues Zusammenfallen der Stopfbuchsen- und Führungsachse schon durch die Bearbeitung gesichert ist. Geleisführungen für Schieberstangen werden selten rund (Fig. 4,[2]) Taf. 36), meistens einseitig eben (Fig. 3, Taf. 34 und Fig. 2, Taf. 37) ausgeführt. Die Gleitstücke bestehen nur bei einfacher Form aus Schmiedeeisen, sonst meistens aus Stahlguss. Das Anschleifen eines Grates iu den Tot-

---

1) Bei der betreffenden Aufschrift auf Taf. 22 ist Δ vergessen worden.

2) Nach Ausführung der Görlitzer Maschinenbau-Anstalt.

lagen muss auch bei diesen Führungen stes verhütet werden.

Um den Schieberspiegel möglichst nahe an die Cylinderachse zu bringen und die schädlichen Räume der Maschine durch kurze Dampfkanäle möglichst zu beschränken, werden bei kleinen Maschinen die Excenterstangen gekröpft oder excentrisch mit der Schieberstange verbunden. Solch ein excentrischer Angriff hat natürlich mit der Zeit einen einseitigen Verschleiss der Schieberstangenführungen, Stopfbuchsbrillen u. s. w. zur Folge und ist deshalb für mittlere und grössere Maschinen unzulässig. Will man bei diesen zu dem oben genannten Zweck die Achse der Schieberstange seitlich von derjenigen der Excenterstange legen, so empfiehlt es sich, die in Fig. 1 und 2, Taf. 36 zum Antrieb der Grundschieberstange getroffene Anordnung zu wählen. Die Stange des Grundschieberexcenters erfasst hier die eine Kurbel einer kleinen Querwelle, während die andere Kurbel der letzteren vermittelst einer kleinen Schubstange die zugehörige Schieberstange ergreift; zwischen beiden Kurbeln befindet sich der Antrieb für die Expansionsschieberstange. Die Anordnung bietet den Vorteil, dass jeder excentrische Angriff vermieden wird, sie ist aber meistens nur bei langhubigen Maschinen anzubringen, wenn die Excenterstange nicht zu kurz ausfallen soll, vermehrt zudem etwas die Reibungsarbeit der Maschine und erhöht die Herstellungskosten; die letztgenannten Umstände lassen die mit der Verkleinerung des schädlichen Raumes gewonnenen Vorteile bei der vorliegenden Einrichtung in den meisten Fällen fraglich erscheinen, zumal durch genügend hohe Kompression die Nachteile des schädlichen Raumes zum grossen Teil behoben werden können. Das Gleiche ist bezüglich der Anordnung in Fig. 1a, Taf. 39 zu sagen, die von der Maschinenfabrik G. Kuhn in Stuttgart gewöhnlich zum Antrieb der Schieber verwendet wird. Eine kleine doppelt gekröpfte Welle, deren Lager auf dem Maschinenrahmen befestigt sind, steht hier durch ein Stirnräderpaar mit der Kurbelwelle in Verbindung und dient zur Bewegung der Schieber, wobei wieder der Schieberspiegel recht nahe an die Cylinderachse gerückt werden kann.

Bei den Doppel-Schiebersteuerungen von Meyer, Rider und Guhrauer muss die Schieberstange des Expansionsschiebers während des Ganges von Hand bezw. durch den Regulator drehbar sein. Zu diesem Zwecke wird dieselbe mit ihrem Auge (Fig. 1, Taf. 36 und 37) oder Gleitstück (Fig. 4, Taf. 36, Fig. 2, Taf. 37, Fig. 3, Taf. 38) durch Kontre- oder Splintmuttern auf jeder Seite verbunden, am besten unter Zwischenschaltung eines Messing- oder Gasrohres (Fig. 4, Taf. 36, Fig. 2, Taf. 37). In Fig. 2, Taf. 42 ist die Schieberstange zu gleichem Zwecke in das ausgebohrte und mit Gewinde versehene Ende des Führungsstückes eingelassen und daselbst durch eine lange Zwischenmutter gehalten. Zur Drehung der Expansionsschieberstange dient bei der Meyerschen Steuerung meistens die in Fig. 1, Taf. 36 angedeutete Vorrichtung. Dieselbe besteht aus einem gusseisernen Bock, welcher an der hinteren Schieberkastenwand befestigt wird. In der ausgebohrten Hülse des Bockes ist die Nabe eines gusseisernen Handrades drehbar, aber nicht verschiebbar gelagert, und in dieser Nabe schliesslich führt sich das viereckige Ende der Schieberstange bei seinem Hin- und Hergange. Eine Drehung des Rades hat somit auch eine Drehung der Stange bezw. Änderung der Füllung zur Folge. Damit man den jeweiligen Füllungsgrad, den die Steuerung giebt, ersehen kann, ist die Nabe des Handrades noch aussen mit einem flachen Gewinde versehen, das bei seiner Drehung einen kleinen Rotgusszeiger verschiebt. Derselbe bewegt sich dabei auf einer Skala, welche dem Führungsbock aufgetragen ist und die verschiedenen Füllungsgrade enthält. Bei dem mit Meyerscher Steuerung versehenen grossen Cylinder der stehenden Verbundmaschinen begnügt man sich zur Drehung der Expansionsschieberstange meistens mit der in Fig. 3, Taf. 39 angedeuteten einfacheren Vorrichtung, da hier ja in vielen Fällen nur selten eine Änderung des Füllungsgrades nötig wird und meistens während des Stillstandes vorgenommen werden kann. In die Schieberstange ist ein schmiedeeiserner Bügel eingeschaltet, und oberhalb desselben sitzt fest auf der Stange eine mit Ansätzen versehene Scheibe zum Drehen. Diese Scheibe bewegt sich mit der Stange auf und nieder. Das Gewindeende der letzteren trägt innerhalb des Bügels wieder einen Zeiger, der die jeweilige Füllung an einer Skala angiebt.

Bei der Rider- und Guhrauer-Steuerung wird die Einwirkung des Regulators auf die Expansionsschieberstange in sehr verschiedener Weise bewirkt. In Fig. 1, Taf. 37 und Fig. 2, Taf. 42 bewegt sich die Stange mit einem Vierkant (mitunter auch mit einer Feder) in der entsprechend ausgebildeten Nabe des Regulatorhebels hin und her. Der letztere ist dabei drehbar, aber nicht verschiebbar in dem Führungsbock verlagert. Obwohl recht einfach, zeigt diese Anordnung den Übelstand, dass Vierkant oder Feder bei nicht sehr reichlicher Schmierung leicht warm laufen, festbrennen und zu Stangenrissen Veranlassung geben. Besser in dieser Beziehung ist die in Fig. 1, Taf. 39 dargestellte Anordnung. Die Regulatorstange trägt hier eine mit Zahnwindungen versehene Hülse, die im achsialen Längsschnitt genau wie eine Zahnstange ausgebildet ist. Auf der Expansionsschieberstange sitzt das zugehörige Ritzel, das von genügender Breite ist, um beim Hin- und Hergange nicht ausser Eingriff mit den Zähnen der Hülse zu kommen.

Die Maschinenfabrik von Starke & Hoffmann in Hirschberg führt seit vielen Jahren den in Fig. 3,[1]) Taf. 38 wiedergegebenen Regulatorangriff an ihren Rider-

1) Bei der in Fig. 4, Taf. 38 angedeuteten Verbindung des Expansionsschiebers mit seiner Stange kann der Regulatorhebel auf der letzteren nur dann montiert werden, wenn sich der Führungsbock etwas weiter, als angegeben, nach rechts verschieben lässt. Zweckmässiger dürfte es sein, die Verbindung des Expansionsschiebers mit seiner Stange hier so zu konstruieren, dass man die letztere durch die Öffnung der hinteren Schieberkastenwand herausziehen kann, was z. B. der Fall wäre, wenn man die in Fig. 2, Taf. 37 angedeutete Verbindung, nur in umgekehrter Anordnung, wählen würde.

maschinen aus. Die Expansionsschieberstange tritt hier durch das Führungsstück unter Einschaltung zweier Rohrenden, die den mit einer Feder auf der Stange befestigten Regulatorhebel zwischen sich fassen. Das andere Ende des letzteren gleitet bei seinem Hin- und Hergange mit einem Auge auf einer Stange, die von den beiden Zugstangen des Regulators erfasst wird und gegen eine Verschiebung in ihrer Längsrichtung durch die Seitenwandungen des Führungsbockes geschützt ist. Die Vorrichtung soll nach Angaben der Firma selbst nach Jahre langem Betriebe keinen toten Gang vom Regulator bis zum Schieber zeigen.

Fig. 2, Taf. 37 zeigt eine weitere Verbindung des Regulators mit der Expansionsschieberstange einer Ridersteuerung. Der Hebel auf dieser Stange umfasst den Gleitstein der letzteren unter Einschaltung einer kleinen Rotgussbuchse und ist dabei durch die Doppelmuttern an jeder Seite so fest gegen diese Buchse gepresst, dass er bei seiner Drehung die Stange mitnimmt. In dem Gleitstein wird die Drehung dadurch ermöglicht, dass die Rotgussbuchse an jeder Seite eine Idee vorsteht. Dem vorderen Ende des Schieberstangenhebels ist ferner ein ausgebuchstes Vierkant drehbar aufgesteckt, und an diesem durch Stellschrauben die um einen festen Zapfen schwingende Zugstange des Regulators befestigt. Beim Hin- und Hergange des Schieberstangenhebels stellt sich nun das vordere Vierkant desselben der Neigung der Regulatorstange gemäss ein, und zugleich gleiten die gehärteten Enden der Stellschrauben soviel auf den Seitenwandungen dieses Vierkantes, als es die schräge Lage der Regulatorstange erfordert.

An stehenden Maschinen ordnet man bei schweren Schiebern zur **Entlastung des Gestänges** oft eine Vorrichtung an, wie sie z. B. Fig. 3, Taf. 39 am Grundschieber besitzt. Das obere Ende dieser Stange trägt einen kleinen Kolben, der in einem Cylinder dampfdicht auf und nieder geht. Unter dem Kolben wirkt der Dampfdruck, über demselben der Druck der äusseren Luft oder die Kondensatorpressung. Der Durchmesser des Kolbens wird gewöhnlich so gross genommen, dass sein gesamter Überdruck von unten gleich dem Gewicht des Schiebers und seines Gestänges ist. Die obere Seite des Entlastungskolbens muss, wie Fig. 2, Taf. 42 zeigt, durch einen Deckel vor Schmutz und Staub geschützt werden. Für genügende Schmierung des betreffenden Cylinders ist natürlich auch zu sorgen.

Die Kolbenschiebersteuerungen der stehenden Maschinen zeigen in ihren äusseren Triebteilen dieselbe Ausführung wie diejenigen der Flachschieber. Bei nur einem Schieber ist ein excentrischer Angriff an der Schieberstange, wie er z. B. in Fig. 2, Taf. 40 dargestellt ist, selten und nicht zu empfehlen. Bei Doppel-Kolbenschiebern muss man aber einen solchen excentrischen Angriff wenigstens für den Grundschieber gestatten, da hier ja die geometrischen Achsen beider Schieberstangen zusammenfallen. Man bildet dann die Grundschieberstange hohl aus und erfasst sie von der Seite an einer aufgesteckten, einseitigen Traverse. Die Expansionsschieberstange geht durch die hohle Grundschieberstange und wird in gerader Richtung mit ihrer Excenterstange verbunden. Der mit einer solchen Anordnung verbundene Übelstand lässt sich wesentlich durch eine Konstruktion vermindern, wie sie von der Maschinenfabrik Örlikon in Örlikon ausgeführt wird und aus Fig. 1, Taf. 42 ersichtlich ist. Die Excenterstangen bestehen hier mit ihren hohlen Zapfen B und A aus einem Stück und sind dort, wo sie mit den Schieberstangen verbunden werden, bügelartig gestaltet. Die gelenkartige Verbindung der Expansionsschieberstange s mit ihrer Excenterstange z. B. wird nun dadurch erreicht, dass den Enden des Hohlzapfens B zwei Stahlbuchsen b_3 und b_4 aufgesetzt sind, welche von zwei nachstellbaren, viereckigen Metallhälften g_3 und g_4 umschlossen werden. Zum Zusammenhalten der letzteren dient das mit Gewinde und Muttern m_3, m_4 versehene Ende der Stange s selbst, welche zugleich den Zapfen B mit genügendem Spielraum durchsetzt. Die obere Verbindung der Stange A mit derjenigen des Grundschiebers ist ebenso gehalten, nur dass der Stange s_1 unten noch eine lange Führungsbuchse für die Expansionsschieberstange eingesetzt und die Mutter m_2 als Stopfbuchse zur Abdichtung gegen den Abdampf des Hochdruckcylinders ausgebildet ist. Die seitliche Entfernung der Excenterstangen von der gemeinschaftlichen Schieberstangenachse ist in der Konstruktion auf das kleinste Mass beschränkt. Die Zapfen B und A sind hohl ausgebildet, um das Gestängegewicht möglichst zu vermindern.

Bei den äusseren Triebteilen der Korliss- und Ventilsteuerungen hängt die Form der meisten Stücke von dem jeweiligen Bewegungsmechanismus ab. Im Anschluss an das im Vorhergehenden Gesagte ist hierzu zu bemerken, dass die Zapfen und Stahleinsätze aus Stahl, die Stangen und Muttern aus Schmiedeeisen bestehen; die ersteren werden gehärtet, die letzteren an den erforderlichen Stellen mit Buchsen aus Bronze versehen bezw. eingesetzt. Bei Korlisssteuerungen werden ferner die Stangen in ihrer Länge dadurch einstellbar gemacht, dass sie mit Gewinde und Gegenmutter (siehe Fig. 9, Taf. 48) ihren Köpfen oder Augen eingeschraubt werden. Ein Sechskant in der Mitte oder an den Enden der Stange ermöglicht die zum Einstellen erforderliche Drehung der letzteren. Die Steuerscheiben drehen sich entweder auf Rotgussbuchsen oder in langen Gusseisennaben. Die Zapfen werden den Steuerscheiben gewöhnlich mit Konus und Keil oder Mutter eingesetzt.

Die **Luftpuffer** der Korlisssteuerungen werden jetzt meistens mit Doppelkolben nach Fig. 4, Taf. 24 oder in ähnlicher Weise ausgebildet. Der Puffer soll, wie im V. Abschnitte gezeigt wurde, den Schieber nach erfolgter Ausklinkung anfangs schnell in seine Schlusslage zurückziehen, kurz vor Erreichung der letzteren aber die Bewegung desselben wieder so hemmen, dass der Schieber mit einer geringen und zulässigen Geschwindigkeit sich der Schlusslage nähert. Die anfängliche schnelle Schlussbewegung erteilt nun der Luftpuffer dem Schieber dadurch, dass der erstere beim Hochgange unter seinem kleinen Kolben ein teilweises Vakuum erzeugt. Der Überdruck der äusseren Luft, unterstützt durch das Eigengewicht des Puffers und seines Gestänges, treibt dann nach der Ausklinkung des Schiebers den Kolben schnell herunter, wobei die Luft durch b und das Lederventil f ausgestossen wird. Die spätere Verzögerung in der Schieberbewegung wird dadurch erreicht, dass der grosse Kolben während des Hochganges Luft ansaugt. Dieselbe kann, um die anfängliche schnelle Schlussbewegung des Schiebers nicht zu hemmen, während des Niederganges zuerst durch die Öffnungen p_1 austreten, nach dem Schluss der letzteren aber nur verlangsamt durch das stellbare Ventil a entweichen, wobei sie, als Kissen wirkend, den letzten Teil der Schlussbewegung in dem erforderlichen Masse verzögert. Das untere Ventil c dient zum Einlassen von Luft, wenn der Kolben einmal aus seinem Cylinder genommen werden soll. Für die nötige Schmierung der Kolben ist bestens zu sorgen. Der untere Kolben erhält auch vielfach besondere Stahl-Liderringe. Seltener zur Verwendung kommen bei den Korlisssteuerungen die in Fig. 3, Taf. 24 angedeuteten Luftpuffer mit Stahlfeder, während sie bei den ausklinkenden Ventilsteuerungen allgemein in Gebrauch sind und die in Fig. 1 und 2, Taf. 43 angedeutete Ausführung besitzen. In der zuletzt genannten Figur sitzt die Belastungsfeder nicht direkt auf dem Luftpufferkolben, sondern wirkt mit einer Haube in einem Stahleinsatz centrisch auf die Ventilspindel ein.

Die **Steuerwellen** der Ventildampfmaschinen erhalten 45 bis 75 mm Durchmesser und werden gewöhnlich in Rotgusslagern gestützt, die am Rahmen und Cylinder der Maschine befestigt sind. Zum Antrieb dient meistens ein konisches Räderpaar, selten Schnecke und Schneckenrad.

Die **unrunden Scheiben,** welche vielfach zur Bewegung der Auslassventile benutzt werden, sind zur Veränderung der Kompression oft stellbar eingerichtet. Zu diesem Zwecke macht man die Stahleinsätze, auf welchen die Rollen gleiten, zweiteilig und ineinander verschiebbar, wie es z. B. Fig. 5, Taf. 45 zeigt.

Über die sonstigen Details der Ventil- und Korlisssteuerungen geben die bezüglichen Tafeln dem Leser wohl ohne weiteres genügende Aufklärung.

§ 59.

Die Luftpumpe und der Kondensator.

Die beiden Hauptteile einer jeden Kondensationsvorrichtung bilden Luftpumpe und Kondensator. Beide haben wir hier in ihren gebräuchlichen Anordnungen, Ausführungen und hinsichtlich ihrer Bestandteile zu verfolgen, während die bei manchen Anlagen vorkommenden Kalt- und Kondensatpumpen wie gewöhnliche Pumpen ausgebildet sind und in ein Werk über diese gehören.

1. Die Luftpumpe.

Ihrer **Anordnung** gemäss unterscheiden wir liegende und stehende Luftpumpen, ihrer Wirkung nach einfach- und doppeltwirkende. Liegende Luftpumpen werden gewöhnlich doppelt-, stehende meistens einfachwirkend ausgeführt oder durch Kuppelung zweier derselben doppeltwirkend gemacht.

Die gebräuchlichen Bauarten der liegenden Luftpumpen zeigen die Fig. 1 bis 4, Taf. 12. Die Saugventile einer jeden Kolbenseite sind durch eine Querwand voneinander getrennt und liegen in Fig. 1 bis 3 unter, in Fig. 4[1]) neben den Druckventilen. In Fig. 1 bis 2 sind ferner die Ventilklappen rechteckig gestaltet, in Fig. 3 und 4 rund, und zwar besteht in Fig. 3 jedes Saug- und Druckventil aus nur einer Klappe, während in Fig. 4 jedes Ventil durch mehrere kleine Klappen gebildet wird, von denen die Saugklappen hängend angeordnet sind. In Fig. 1 gehören endlich die Ventilsitze dem Pumpenkörper direkt an, in den übrigen Figuren sind dieselben, was wegen der besseren Bearbeitung auch stets vorzuziehen ist, dem Gehäuse eingesetzt und in dem letzteren durch mehrere Befestigungsschrauben oder eine einzige Druckschraube (Fig. 3) gehalten.

Stehende Luftpumpen werden meistens nach Fig. 1, 3 und 4, Taf. 13 gebaut. In den beiden erstgenannten Figuren ist der Pumpencylinder in einen grösseren Aufnehmer eingelassen, in welchen das Kondensationsgemisch fliesst und aus dem die Pumpe saugt. Der Kolben ist ferner durchbrochen und mit einer Druckventilklappe ausgerüstet. Am unteren Ende des Cylinders befindet sich die Saugventilklappe, am oberen zweckmässig, wie in Fig. 1, noch eine zweite Druckklappe. Lässt man die letztere fort, wie in Fig. 2, so öffnet sich das im Kolben befindliche Ventil beim Niedergange des letzteren infolge der grösseren Höhe der darauf lastenden Wassersäule später und lässt also das beim Hochgange angesaugte Wasser während eines viel kleineren Kolbenweges durchtreten. Bei der Doppelpumpe in Fig. 4,[2]) Taf. 13 liegen die Saugventile ganz ausserhalb des eigentlichen Pumpengehäuses. Die aus mehreren kleinen, runden Klappen bestehenden Druckventile haben ihren Sitz in dem Flansch des Pumpencylinders, mit welchem dieser auf seinem Gehäuse befestigt ist.

Eine besondere Konstruktion besitzen die beiden Pumpen in Fig. 2 und 6, Taf. 13, von denen die eine zuerst von G. Kuhn in Stuttgart auf der elektrotechnischen Ausstellung zu Frankfurt (1891), die andere in ähnlicher Ausführung auf der Pariser Weltausstellung (1890) zu sehen war. Die Pumpe in Fig. 2 ist einfachwirkend, diejenige in Fig. 6 doppeltwirkend. Der Hauptunterschied in der Konstruktion dieser Pumpen gegenüber den früheren liegt in dem Fehlen der Saugventile. Das Kondensationsgemisch, welches in den Aufnehmer, der den Pumpencylinder umgiebt, fliesst, tritt durch Schlitze in den letzteren ein, sobald dieselben von dem Kolben geöffnet werden und der Wasserspiegel aussen den oberen Kolbenrand überragt.

---

1) Nach Ausführung der Prager Maschinenbau-Aktien-Gesellschaft (vorm. Ruston & Co.) in Prag.

2) Nach Ausführung von Märky, Bromovsky & Schulz in Prag.

Um die Wirkungsweise besser verstehen zu können, sind in Fig. 167 bis 169 des Textes die Hauptlagen des Kolbens einer solchen einfachwirkenden Pumpe wiedergegeben. Bei der höchsten Kolbenlage, die in Fig. 167 punktiert angedeutet ist, befindet sich der ganze Pumpenraum, also die Höhlung des Kolbens und der Raum über demselben bis zu den Druckklappen hin, voll Wasser. Geht dann der Kolben nieder, so schliessen sich die Druckventile, und es tritt über dem noch im Kolben befindlichen Wasser im Cylinder ein teilweises Vakuum ein. Öffnet weiter der niedergehende Kolben die Schlitze im Cylindermantel an der oberen Kante (Fig. 167), so findet zunächst ein Ausgleich zwischen der Luft- und Dampfspannung inner- und ausserhalb des Cylinders statt, und erst wenn der nun höher steigende äussere Wasserspiegel den oberen Kolbenrand erreicht hat (Fig. 168)[1]), strömt

Fig. 167.

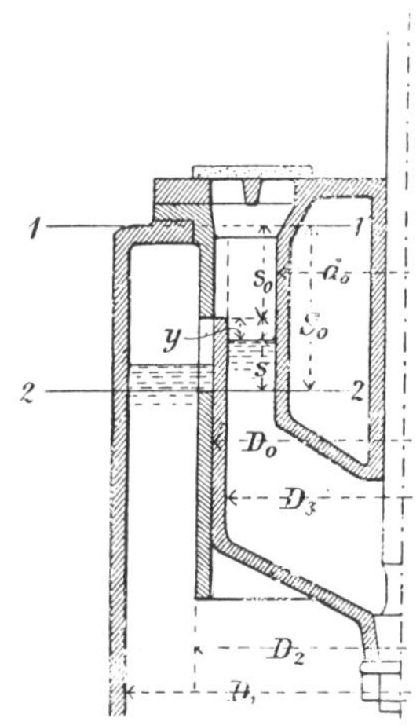

Fig. 168.

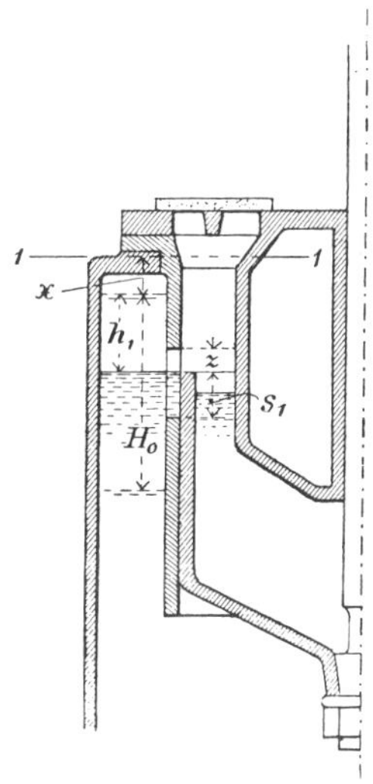

Fig. 169.

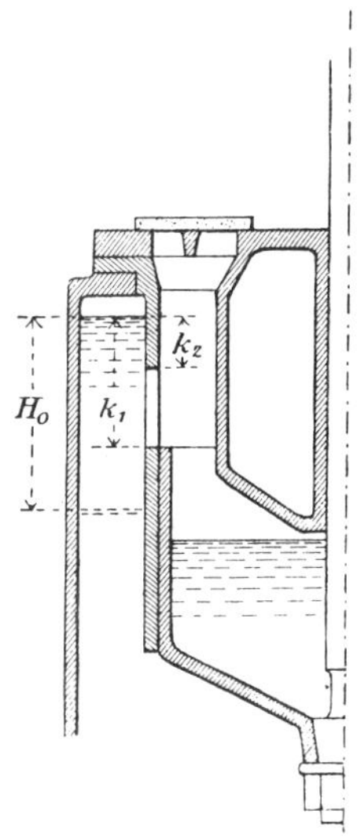

auch Wasser in den Cylinder ein. Dies dauert so lange an, als der äussere Wasserspiegel höher als der Kolbenrand steht. In der unteren Totlage des Kolbens (Fig. 169) hat der äussere Wasserspiegel seinen höchsten Stand erlangt, er sinkt aber wieder, wenn jetzt der Kolben sich nach oben bewegt. Hat der letztere bei seinem Hochgange wieder die in Fig. 168 angegebene Lage erreicht, so hört der Wasserübertritt, bei der in Fig. 169 angedeuteten auch der Luft- und Dampfübertritt auf. Es öffnen sich jetzt die Druckventile, und der Kolben fördert bis an das Ende seines Hubes zuerst die Luft und den Dampf, später das Wasser in den Raum über den Druckklappen.

Über die Berechnung dieser Luftpumpen, die sich etwas anders gestaltet, als früher angegeben wurde, ist am Ende dieses Paragraphen das Erforderliche gesagt.

Der Vorteil der vorstehenden Konstruktion liegt in ihrer grossen Einfachheit, die namentlich durch das Fehlen der Saugventile und der Liderung im Kolben erzielt wird, sowie in der getrennten Förderung von Dampf und Luft bezw. Wasser.

1) Die in Fig. 168 angedeutete Lage gilt für den Hochgang; beim Niedergang steht der Wasserspiegel im Kolben tiefer.

Eine zweite besondere Luftpumpenkonstruktion ist in Fig. 8[1]), Taf. 13 dargestellt. Dieselbe wird von der Maschinenfabrik Örlikon in Örlikon für Maschinen mit hoher Umdrehungszahl (250 und mehr) verwendet. Es sind hier zwei Kolben und Cylinder vorhanden, damit Wasser und Luft getrennt aus dem Kondensationsraume abgesaugt werden. Der kleinere Kolben und Cylinder, der zum Fördern des Wassers dient, hat zwei Weichgummiklappen, von denen die obere das Druckventil, die untere das Saugventil bildet. Der Sitz des erstgenannten Ventiles wird durch vier Druckschrauben gehalten und ist zugleich der Fänger für die Klappe des letztgenannten. Das zu fördernde Wasser tritt durch zwei Kanäle, die auf beiden Seiten des Ventilgehäuses liegen (siehe rechte Hälfte von Schnitt 21—21), in den Cylinder und wird durch vier Kanäle, die paarweise zu beiden Seiten eines Saugkanales eingegossen sind (siehe linke Hälfte von Schnitt 21—21), in den für Wasser und Luft gemeinschaftlichen Abflussraum unter den beiden Cylindern gebracht. Die Luft wird durch den grösseren Kolben angesaugt. Als Saug- und Druckventil dienen hier zwei Fiberklappen an den Enden des Cylinders. Dieselben sind als Ringventile ausgebildet und wirken, da sie in der Mitte festgehalten sind, in ihrem äusseren Teile als Saug-, in ihrem inneren Teile als Druckklappen. Der Cylinder mit der vorderen Klappe u. s. w. wird von hinten in das Gehäuse eingesetzt; der Deckel des letzteren enthält die hintere Klappe mit ihrem Zubehör. Als Saug- und Drucköffnungen dienen eine Anzahl kleiner Löcher in den Gussteilen, zwischen denen die Fiberklappen eingeklemmt sind. Durch die äusseren Löcher gelangt das von oben kommende Luft- und Dampfgemisch in den Cylinder, durch die inneren Löcher und einen an der unteren Hälfte der Deckel eingegossenen Kanal kommt es nach dem oben erwähnten gemeinschaftlichen Abflussraum für Luft und Wasser.

1) Nach der „Zeitschrift deutscher Ingenieure“, Jahrgang 1890, S. 812.

Für die Anordnung der einzelnen Teile einer Luftpumpe sind die folgenden Punkte als massgebend zu erachten.

1. Die Kolben und Ventile der Pumpen sollen leicht zugänglich sein. Die ersteren sind bei liegender Pumpenanordnung schnell und ohne grosse Schwierigkeit durch den hinteren Deckel aus dem Cylinder zu entfernen, während bei stehender Anordnung meistens die Führung der Kolbenstange und das obere Druckventil fortgenommen werden muss, die Besichtigung des Kolbens also schwieriger ist. Was die Zugänglichkeit der Ventile anbelangt, so dürfte dieselbe bei der Konstruktion in Fig. 2 und 3, Taf. 12, wo die Saugventile erst nach Entfernung der Druckventilsitze zu erreichen sind, nicht so leicht sein als bei derjenigen in Fig. 1 und 4, Taf. 12, wo für jedes Saugventil ein seitlicher, für jedes Druckventil ein oberer Deckel vorhanden ist, bezw. Saug- und Druckventil nach Abheben des oberen Gehäuseteiles völlig frei liegen. An stehenden Luftpumpen nach Fig. 1 und 3, Taf. 13 wird die Zugänglichkeit des unteren Saugventiles wesentlich durch den entsprechenden Deckel des Aufnehmers, in den der Cylinder eingelassen ist, erleichtert; das Fortlassen dieses Deckels, wie es in Fig. 1 der Fall ist, dürfte also nicht zu empfehlen sein. Das obere Druckventil dieser Pumpen ist namentlich in Fig. 1 leicht zugänglich, während eine aufgesetzte Geleis-Kreuzkopfführung, wie z. B. in Fig. 2, Taf. 13, die Zugänglichkeit erschwert.

2. Mit Rücksicht auf die Ruhe des Ganges ist bei den Luftpumpen der freie Durchgangsquerschnitt der Ventile möglichst reichlich zu wählen und sind Rohrleitungen und Ventile so anzuordnen, dass Richtungsänderungen, namentlich scharfe, im Wasserwege möglichst vermieden werden.

Über die erforderliche Grösse der Ventilquerschnitte und der zulässigen Geschwindigkeit des Wassers und der Luft in ihnen wurden auf Seite 129 die nötigen Angaben gemacht. Ein genügend grosser Ventilquerschnitt lässt sich bei liegenden Pumpen nur durch ein Gehäuse, das wesentlich breiter als die Cylinderbohrung ist (siehe Fig. 4, Taf. 12), bei stehenden Pumpen nur durch eine grosse Cylinderbohrung, also bei geringem Hub, erzielen. In der Rohrleitung sind Richtungsänderungen des Wasserweges, wo sie nicht zu umgehen sind, nur durch Krümmungen von sehr grossem Radius zu ermöglichen. Innerhalb der Pumpen gestattet die stehende Anordnung der letzteren, wie sie Fig. 1 und 3, Taf. 12 zeigt, dem Wasser einen viel direkteren Durchgang als die liegende Anordnung, wo das Wasser in der einen Richtung angesaugt, in der entgegengesetzten fortgedrückt wird.

3. Ein ruhiger, stossfreier Gang soll ferner bei liegenden Luftpumpen mit hoher Umdrehungszahl durch einen grossen Pumpenraum (von der Kolbentotlage bis an die Ventile) mit grossem Wasserspiegel und hängende Saugventile, die in einer Ebene mit den Druckventilen angeordnet sind, erzielt werden.[1])

1) Siehe „Zeitschrift deutscher Ingenieure", Jahrgang 1895, S. 627.

Durch den grossen Pumpenraum mit entsprechendem Wasserspiegel, sowie durch die nebeneinander liegenden Saug- und Druckventile wird erreicht, dass der Spiegel sich bei jedem Hube nur um einige Centimeter senkt, die Luft stets vor dem Wasser aus dem Pumpenraum entfernt wird, und die Cylinderbohrung stets mit Wasser ausgefüllt bleibt. Hängende Saugventile, wie sie z. B. die Pumpe in Fig. 4, Taf. 12 neben einem grossen Raum bis zu den Ventilen besitzt, öffnen sich leichter und lassen deshalb die Luft ungehinderter vom Wasser eintreten als Saugventile von umgekehrter Anordnung.

4. Der Wasserabfluss ist genügend hoch über den Druckventilen anzuordnen, auch bei schnell gehenden Pumpen ein Windkessel in der Abflussleitung vorzusehen.

Die unterste Kante des Abflussrohres (mit d_3 in den Figuren bezeichnet) muss so hoch liegen, dass die Druckventile immer unter Wasser stehen, weil hierdurch der Rücktritt von Luft in den Pumpenraum vermieden wird. Der Windkessel in der Abflussleitung mildert den beim Hubwechsel auftretenden Rückschlag der Wassermasse.

5. Kolben- und Cylinderdeckel sind bei schnell gehenden Pumpen kegelförmig zu gestalten (siehe Fig. 4, Taf. 12, Fig. 2, 4, 6 und 8, Taf. 13). Hierdurch wird eine allmähliche und stossfreie Abführung des Wassers aus der Pumpe gesichert.

Über die **Ausführung** der einzelnen Luftpumpenteile ist das Folgende zu bemerken.

Der Kolben besteht gewöhnlich aus Gusseisen. Als Liderung diente früher Hanf, der in Form eines Seiles in den entsprechend ausgedrehten Kolbenkörper eingelegt und durch einen darüber befindlichen Ring angezogen wurde (siehe Fig. 16[1]), Taf. 15). Jetzt benutzt man gewöhnlich Holz- oder Metallliderung. Die erstere ist billig und hat sich namentlich bei reinem Wasser gut bewährt. Die einzelnen Segmente, die aus Eichen- oder Ahornholz bestehen, werden in zwei Lagen übereinander, die Fugen gegeneinander versetzt, angeordnet und durch eine innen eingelegte Stahlfeder gegen die Cylinderwandung gedrückt (siehe Fig. 18, Taf. 15). Als Metallliderung kommen bei den vorliegenden Kolben ein oder mehrere aufgeschnittene Rotgussringe zur Verwendung, die ebenso wie die Selbstspanner der Dampfkolben hergestellt werden. Bei nur einem Ringe muss wegen dessen Stärke der Kolben meistens zweiteilig gemacht werden; zum Zusammenhalten beider Hälften genügt die mit Ansatz und Mutter versehene Kolbenstange. Bisweilen trifft man bei den Luftpumpenkolben Labyrinthdichtung an.

Das Material der Kolbenstange ist wieder Gussstahl. Ihre Stärke Δ_0, ferner die Cylinderwandstärke δ_0 und diejenige δ' des Gehäuses kann, wenn

D_0 die Bohrung der Luftpumpe in **mm**,

ist, passend

1) Nach „C. Bach, die Maschinen-Elemente".

für horizontale Luftpumpen zu

$$\Delta_0 = \frac{D_0}{6} \text{ bis } \frac{D_0}{7},$$

$$\delta_0 = \frac{D_0}{50} + 16 \text{ mm},$$

$$\delta' = 0{,}7 \text{ bis } 0{,}8\,\delta_0,$$

für vertikale Luftpumpen zu

$$\Delta_0 = \frac{D_0}{7} \text{ bis } \frac{D_0}{10},$$

$$\delta_0 = \frac{D_0}{60} + 13 \text{ mm},$$

$$\delta' = 0{,}8 \text{ bis } 0{,}9\,\delta_0$$

gewählt werden. Die Flanschstärken des Cylinders und Gehäuses betragen

$$1{,}3\,\delta_0 \text{ bezw. } 1{,}3\,\delta',$$

die Vorbohrung erhält einen Durchmesser

$$D_0 + 8 \text{ bis } 15 \text{ mm},$$

und die Liderringe des Kolbens treten bei der Totlage des letzteren mit ihrer zugehörigen Kante um

$$k_4 = 1 \text{ bis } 3 \text{ mm}$$

in die Vorbohrung; bei Hanf- und Holzliderung tritt nicht die letztere, sondern der Kolbenrand um

$$k_4' = 10 \text{ bis } 15 \text{ mm}$$

über die äusserste Kante der eigentlichen Bohrung. Den Fundamentankern der Luftpumpen schliesslich giebt man zweckmässig einen auf engl. Zolle abzurundenden Durchmesser von

$$\frac{3}{100} S_0 + 15 \text{ bis } 20 \text{ mm},$$

wenn S_0 der Kolbenhub der Pumpe ist.

Die Ventile der Luftpumpen bestehen in den weitaus meisten Fällen aus Gummi, der in Form von rechteckigen oder runden Platten von 12 bis 30 mm Dicke verwendet wird. Der Ventilsitz solcher Gummiklappen wird als Rost oder Gitter (Fig. 14 bis 16, Taf. 14) ausgebildet, damit die Beanspruchung der Klappen im geschlossenen Zustande nicht zu gross ausfällt und letztere nicht durchgedrückt werden bezw. keine bleibende Formveränderung erfahren. Die rost- oder gitterförmigen Öffnungen werden rund, quadratisch oder rechteckig, bei runden Klappen auch segmentartig gestaltet. Der Durchmesser der runden und die Weite der quadratischen Öffnungen ist höchstens gleich der doppelten Gummidicke, die der achteckigen Öffnungen bei der einundeinhalbfachen Breite gleich der drei- bis vierfachen Gummistärke zu nehmen; segmentartige Öffnungen sind entsprechend zu bemessen. Auf ihrem Ventilsitze werden die Klappen durch eine Brücke gehalten, welche zugleich den Klappenfänger für die Hubbegrenzung bildet. Derselbe muss überall dort, wo die Klappe sich beim Öffnen um ihn biegt, in seinen Kanten gehörig abgerundet sein, auch die nötigen Durchbrechungen besitzen, die ein Festhaften der Klappe an ihm verhüten. Das Material des Klappenfängers ist meistens Gusseisen, bei grossen rechteckigen Klappen auch wohl der grösseren Festigkeit wegen Schmiedeeisen. Da die eigene Elasticität der Klappe die schliessende Kraft für diese abgiebt, so sucht man die Elasticität derselben möglichst zu erhalten. Man erteilt deshalb der Gummischeibe ausser der klappenden Bewegung beim Öffnen und Schliessen häufig auch noch eine geringe auf- und niedergehende und füttert dann das Loch der Scheibe mit einem Messingblech aus, das oben und unten umgebogen wird.

Der Nachteil der Gummiplatten besteht darin, dass sie bei zu hoher Temperatur leicht weich werden, auch gegen Fett nicht gut standhalten und deshalb von nicht zu langer Dauer sind. An Stelle des Gummi verwendet man deshalb bisweilen die sogenannte Vulkanfiber, die zwar unempfindlicher gegen hohe Temperatur und Fett ist, aber nicht so dicht halten soll wie Gummi. Den gleichen Vor- und Nachteil bieten die Metallventile, die in Form von leichten Scheiben ausgebildet werden; auch sie werden von der Wärme und dem Fett nicht angegriffen und besitzen also eine längere Dauer, liefern aber auf letztere keinen dichten Abschluss. Fig. 11, 12 und 13, Taf. 14 zeigen einige Ausführungen solcher Metallventile. Eine leichte Federbelastung der letzteren ersetzt vielfach die Elasticität des Gummis und befördert den raschen Schluss. Gummiklappen arbeiten natürlich weit geräuschloser als Metallventile.

Die Stopfbuchsen der Luftpumpen erhalten jetzt vielfach eine hydraulische Dichtung, da durch sie das Eindringen von Luft in den Pumpenraum weit besser verhütet wird als durch die gewöhnliche Stopfbuchse. Bei der hydraulischen Dichtung ist die Stopfbuchse nach Fig. 9 und 10, Taf. 14 in einen Wasserbehälter gelegt und durch dessen Inhalt von der Luft abgeschlossen. Hält dann die Stopfbuchse nicht ganz dicht, so tritt höchstens Wasser in die Pumpe. Nach der Führung zu wird die Kolbenstange der Luftpumpe durch eine zweite Stopfbuchse abgedichtet.

Einen ferneren Bestandteil vieler raschlaufenden Luftpumpen, namentlich derjenigen in Fig. 2 und 6, Taf. 13, bilden kleine Ventile, die man als Schnüffel- oder Schnarchventile bezeichnet. Dieselben werden meistens nach Fig. 17, Taf. 14 ausgeführt und sind durch eine Feder nur so stark belastet, dass während des Saugens des Pumpenkolbens etwas Luft von aussen in den Pumpenraum treten kann. Letztere verschlechtert zwar das Vakuum, ist aber für den ruhigen, stossfreien Gang der erwähnten Pumpen erforderlich. Zu gleichem Zwecke macht man oft an vorhandenen Pumpen, die unruhig und mit Stössen arbeiten, die Druckventile etwas undicht, damit diese während der Saugperiode Luft in die Pumpe eintreten lassen und die Stösse mildern.

Was die **Aufstellung** und den **Antrieb** der Luftpumpe betrifft, so ist bei liegenden Maschinen, die in Fig. 1, Taf. 14 angedeutete direkte Verkuppelung der Luft- und Dampfkolbenstange weniger üblich und zu empfehlen, als die in Fig. 2 bis 4 und 6 bis 8, Taf. 14 wiedergegebene Aufstellung der Pumpe unter die Flur des Maschinenhauses und Antriebsweise des Luftpumpenkolbens vermittelst Winkelhebel oder Balancier vom Kurbelzapfen oder dem hinteren Kreuzkopfe der Maschine aus. Der Grund hierfür liegt darin, dass bei direkter Verkuppelung der beiden Kolbenstangen die Geschwindigkeit des Luftpumpenkolbens ebenso gross wie die des Dampfkolbens wird, was bei schnell laufenden Maschinen nicht immer vorteilhaft für die Luftpumpe sein dürfte, und dass ferner bei der fraglichen Aufstellung mit der Luftpumpe auch gewöhnlich der Kondensator in gleiche Höhe mit dem Dampfcylinder zu liegen kommt, womit, wie später gezeigt ist, gewisse Nachteile verknüpft sind, die bei Kondensatoren, die tiefer als der Dampfcylinder stehen, vermieden werden. Luftpumpen, die unter Flur aufgestellt werden, sind, wenn der Maschinenraum es zulässt, besser vom hinteren Kreuzkopf, als vom Kurbelzapfen aus anzutreiben; im ersteren Falle können nämlich auch stehende Luftpumpen zur Anwendung kommen, im letzteren Falle passiert die zum Betriebe der Luftpumpe erforderliche Arbeit zweimal den Kurbelzapfen.

Bei stehenden Maschinen findet der Antrieb der entsprechenden Luftpumpen fast stets vom eigentlichen Kreuzkopfe aus statt. Die Pumpe, bezw. der sie umgebende Aufnehmer wird dann entweder am Fundamentrahmen befestigt (siehe Fig. 5, Taf. 14), oder direkt auf das Fundament gesetzt.

In Bezug auf den Kondensator ist die Luftpumpe stets so zu legen, dass das Wasser der Pumpe bezw. deren Saugventilen zufliesst. Saugende Luftpumpen zeigen stets einen mehr oder weniger unregelmässigen Gang, da der geringe Überdruck im Kondensator die Wassermasse bei ihnen nicht genügend zu beschleunigen vermag. Auch ist es stets für die Ruhe des Ganges vorteilhaft, wenn die Luftpumpe nicht zu drücken braucht, das geförderte Wasser also frei abfliessen kann. Die aus der Pumpe kommende Luft ist ins Freie und nicht in den Maschinenraum zu leiten.

Bei Lokomobilen erfolgt der Antrieb der Luftpumpe gewöhnlich vermittelst Excenter von der Kurbelwelle aus (siehe Fig. 2, Taf. 23).

2. Der Kondensator.

Der eigentliche **Einspritzraum,** in welchem der vom Cylinder kommende Dampf verdichtet wird, bildet in vielen Fällen, namentlich bei liegenden Luftpumpen, einen Teil des Gehäuses der letzteren. Es ist dies z. B. bei den Luftpumpen in Fig. 1, 3 und 4, Taf. 12 der Fall, wo der Kondensator sich unter, über oder zwischen den Saugventilen je nach der Anordnung der letzteren befindet. In Fig. 2, Taf. 12 mündet das Einspritzrohr zwar ausserhalb des Gehäuses, jedoch enthält dieses auch einen Teil des Kondensationsraumes.

Bei stehenden Luftpumpen dagegen findet man den Kondensator gewöhnlich getrennt von der Luftpumpe ausgeführt. Es zeigen dies die Fig. 1 und 3, Taf. 13. In der ersten Figur ist der Kondensator als selbständiges Gefäss ausgebildet, in der zweiten ist er in den hohlen Ständer des Maschinenrahmens gelegt. Das letztere dürfte sich aber mit Rücksicht darauf, dass dann die Wandungen des Ständers Anrostungen ausgesetzt sind, die mit der Zeit zu einer erheblichen Schwächung dieser Wandungen führen müssen, im allgemeinen nicht empfehlen. Einen besonderen Kondensator zeigt auch die in Fig. 5, Taf. 12 angedeutete und bei Lokomobilen gebräuchliche Kondensationsvorrichtung.

Das Einspritzwasser lässt man, um es mit dem Dampfe möglichst innig zu mischen, entweder in Form eines Kegels, oder als Brause, Douche u. s. w. im Kondensator austreten. Die erste Form erzielt man mit Hilfe eines kegelartigen Mundstückes nach Fig. 2, Taf. 12, das vermittelst Handrad verstellt werden kann und so eine Regulierung des Wasserspiegels und der Wassermenge zulässt. Den brausen- oder doucheartigen Austritt, der jetzt meistens in Anwendung kommt, erreicht man mit Hilfe eines durchlochten Kupferrohres, wie es die Fig. 1, 3 und 4, Taf. 12 zeigen. Zur Regulierung des Wassereintrittes dient hier ein vor dem Kupferrohre sitzender Hahn, der natürlich in jedem Falle vorhanden sein muss, um die Einspritzleitung beim Stillstande der Maschine vollständig abschliessen zu können. Der Dampf- und Wassereintritt münden am Kondensator in zu einander senkrecht stehenden Richtungen.

Die Aufstellung des Kondensators hat möglichst so zu erfolgen, dass die vom Cylinder nach dem Kondensator hin führende Abdampfleitung stetig Fall erhält, damit das Kondenswasser dieser Leitung unbehindert in den Kondensationsraum fliessen kann. Am besten lässt sich dieser Bedingung genügen, wenn man den Kondensator tiefer als den Dampfcylinder, also unter Flur aufstellt. Ist das aus anderen Rücksichten nicht angängig, muss man vielmehr den Kondensator, dessen Luftpumpenstange nun direkt mit der Dampfkolbenstange gekuppelt wird, hinter den Dampfcylinder und in annähernd gleiche Höhe mit diesem legen, so hat man dafür zu sorgen, dass das Kondenswasser der Abdampfleitung durch ein kleines Röhrchen, welches mit Hahn an die genannte Leitung anschliesst, namentlich beim Ingangsetzen der Maschine abgelassen wird. Das während des Betriebes in der Abdampfleitung sich ansammelnde Wasser wird dann von Zeit zu Zeit stossweise nach dem Kondensator mit übergerissen, so dass die vorliegende Aufstellung des letzteren niemals ganz ohne Unannehmlichkeiten bleibt und nur im Notfalle anzuwenden ist.

In der Abdampfleitung einer jeden Kondensationsmaschine ist ein sogenanntes Wechselventil einzuschalten, damit die Maschine erforderlichen Falles auch ohne Kondensation arbeiten kann. Fig. 18, Taf. 14 giebt eine gebräuchliche Ausführung dieser Wechselventile. Der Teller derselben hat zwei Sitzflächen, das Gehäuse zwei Ventilsitze und drei Anschlussstutzen, von denen der zwischen den Sitzen mündende mit dem Dampfcylinder, der zweite mit dem Kondensator zu verbinden ist, der dritte aber an eine ins Freie führende Leitung anschliesst. Je nachdem dann der Teller den einen oder den anderen Sitz schliesst, strömt der Abdampf zum Kondensator oder ins Freie.

Eine andere Anordnung eines Wechselventiles zeigt Fig. 5, Taf. 14. Hier ist ein Ventilteller und eine Klappe vorhanden. Schliesst man die Öffnung des Ventiltellers, so öffnet sich die Klappe, welche mit dem ersteren verbunden ist, und umgekehrt.

Fig. 7, Taf. 13 zeigt schliesslich den auf Seite 131 beschriebenen Kondensator von Jul. Schwager mit getrennter Abführung des Dampf-, Luftgemisches und des Warmwassers. In das äussere Gusseisengefäss ist hier ein Blechcylinder eingesetzt, der durch Horizontalbleche mit abwechselnd gegeneinander versetzten Öffnungen das Wasser zwingt, kaskadenartig herunter zu fallen.

Die **Oberflächen-Kondensatoren** der Transmissions-Dampfmaschinen werden meistens den auf Schiffen für diese Kondensatoren gebräuchlichen Ausführungen nachgebildet. Die Kühlrohre haben 19 bis 25 mm Durchmesser, 1 mm Wanddicke und 30 bis 35 mm Abstand von Mitte bis Mitte. Sie bestehen aus Messing und werden mit ihren Enden in zwei schmiedeeisernen Wänden durch Baumwollschnur, die um die Rohre als einfache Stopfbuchsenpackung angeordnet ist, abgedichtet. Die Platten werden weiter vor einem gusseisernen Gehäuse befestigt, in welches oben der Abdampf eintritt und aus dem unten das Kondensat abfliesst. Das Wasser durchläuft die oberen Rohre in der einen, die unteren in der entgegengesetzten Richtung, was durch zwei gusseiserne Böden, von denen der vordere durch eine Querwand in zwei Räume getrennt ist, ermöglicht wird.

3. Nachtrag.

Für die in Fig. 2 und 6, Taf. 13 dargestellten Luftpumpen ohne Saugventile bedürfen die auf Seite 129 für die Berechnung der Luftpumpen aufgestellten Gleichungen insofern einer Berichtigung und Vervollständigung, als die anfangs erwähnten Pumpen nicht während des ganzen Kolbenhubes, sondern nur während eines Teiles desselben fördern, auch manche von ihren Dimensionen sich aus anderen Rücksichten ergeben.[1])

Der Kolben beginnt nach Fig. 167 des Textes seine Förderung, wenn er, wie auf Seite 333 gezeigt wurde, bei seinem Hochgange die Schlitze in der Cylinderwand schliesst. Er ist dann aus seiner oberen Totlage um die Strecke s_0 entfernt, und das von ihm bis in diese Totlage fördernd durchlaufene Volumen beträgt

$$F_0 \cdot s_0 = D_0^2 \frac{\pi}{4} s_0,$$

wenn

D_0 die Bohrung,

F_0 der Querschnitt des Pumpencylinders

ist. Die Gleichung 130 lautet also im vorliegenden Falle

$$V = i \cdot \mu \cdot D_0^2 \frac{\pi}{4} s_0 \cdot n_0 \quad . \quad . \quad . \quad . \quad 261$$

oder mit

$$\frac{V}{i \cdot \mu \cdot n_0} = V' \quad . \quad . \quad . \quad . \quad . \quad . \quad 262$$

$$V' = D_0^2 \frac{\pi}{4} s_0 = F_0 \cdot s_0 \quad . \quad . \quad . \quad . \quad 263$$

unter

V das zu fördernde Wasser-, Luft- und Dampfvolumen für die Minute in **cbm**,

μ den Lieferungsgrad der Pumpe, der hier mit Rücksicht darauf, dass die Saugventile fehlen und ein Rückfluss- oder Undichtigkeitsverlust, wie er sonst bei diesen auftritt, vermieden wird, $= 0{,}75$ gesetzt werden mag, verstanden und mit

$i = i$ für einfach-, $i = 2$ für doppeltwirkende Pumpen.

Bei der in Fig. 167 des Textes angedeuteten Stellung des Kolbens, wo dieser seine Förderung beginnt, befindet sich das zu fördernde Wasservolumen schon in dem Kolben. Der Raum über dem Wasserspiegel des letzteren bis zu den Druckventilen hin muss demnach gleich dem theoretisch für den betreffenden Hub zu fördernden Dampf- und Luftvolumen sein. Bezeichnen wir mit

L das wirkliche Dampf- und Luftvolumen für die Minute in **cbm**,

so ist das Volumen, welches der Kolben zur Förderung dieses Dampf- und Luftgemisches bei jeder Umdrehung zu durchlaufen hat,

$$\frac{L}{\mu \cdot i \cdot n_0} = L' \quad . \quad . \quad . \quad . \quad . \quad . \quad 264$$

Nach der Figur bestimmt sich der Raum über dem Wasserspiegel des Kolbens bis zu den Druckventilen, der also, wie eben vermerkt, gleich L' ist, zu

$$L' = (F_3 - f_0)\, y + (F_0 - f_0)\, s_0 + m_0 F_0,$$

wenn

F_3, f_0 die zu den Durchmessern D_3 und d_0 gehörigen Kreisquerschnitte sind,

m_0 die auf den Querschnitt F_0 bezogene Höhe des Raumes zwischen der Ebene 1—1 und den Druckventilen,

y die Tiefe des Wasserspiegels unter der oberen Kante des Kolbens bei Beginn der Förderung ist.

Aus der aufgestellten Beziehung bestimmt sich der Querschnitt bezw. Durchmesser des in den Cylinder eintauchenden sogenannten Verdrängers zu

$$f_0 = d_0^2 \frac{\pi}{4} = \frac{F_3 \cdot y + F_0 (s_0 + m_0) - L'}{s_0 + y} \quad . \quad 265$$

Der freie Durchgangsquerschnitt f' der Druckventile ist weiter hier unter Beachtung des Umstandes zu bestimmen, dass das zu fördernde Wasser-, Dampf- und Luftgemisch nicht während der ganzen Umdrehung der Maschine, sondern nur während eines Teiles derselben durch die Ventile tritt. Wird bei einer doppeltwirkenden Pumpe während der ganzen, bei einer einfachwirkenden während der halben Umdrehung gefördert, so muss der freie Ventilquerschnitt

$$\frac{V}{30\, i \cdot c_w}$$

betragen; geschieht dies aber nur während des φten Teiles einer halben Umdrehung, wie im vorliegenden Falle, so muss der fragliche Querschnitt

$$f' = \frac{\varphi \cdot V}{30\, i \cdot c_w} \quad . \quad . \quad . \quad . \quad . \quad . \quad 266$$

sein. c_w ist hierin die zulässige Wassergeschwindigkeit, und es ist, wie das bei liegenden Luftpumpen gewöhnlich geschieht, angenommen, dass vom Anfang der Förderung an der ganze Raum über dem Kolben mit Wasser an-

1) Grössere Abhandlungen über die vorliegenden Pumpen befinden sich in der Zeitschrift deutscher Ingenieure, Jahrgang 1898, S. 257, Jahrgang 1899, S. 92.

gefüllt sei. φ kann, wie später angegeben, berechnet werden und beträgt, wenn der ganze Kolbenhub S_0 in dem nachher angegebenen Verhältnis zu s_0 gewählt wird, im Mittel 1,8. c_w muss hier zu 2,5 bis 3 m eingesetzt werden; es wird dann aber die zulässige Wassergeschwindigkeit von 2 m, wie sie auf Seite 129 als Grenze angegeben ist, keineswegs überschritten, da streng genommen, ja anfangs Luft und Dampf und erst gegen Ende des Kolbenhubes, wo die Kolbengeschwindigkeit bedeutend kleiner ist, das Wasser durch die Ventile geht.

Die vorstehend entwickelten Gleichungen lassen sich in der Weise zur Bestimmung der Dimensionen einer Luftpumpe benutzen, dass man zunächst die Bohrung D_0 des Cylinders annimmt und dann aus Gleichung 261 oder 263 den Teil s_0 des Gesamthubes S_0 berechnet. Weiter folgt dann aus Gleichung 264 und 265, sobald m_0 und y gewählt sind, der Durchmesser d_0 des Verdrängers. Schliesslich hat man zu kontrollieren, ob der aus Gleichung 266 ermittelte freie Ventilquerschnitt sich bei den Durchmessern D_0 und d_0 ausführen lässt; ist das nicht der Fall, so muss D_0 anders gewählt werden.

Es lassen sich aber die vorstehenden Gleichungen auch zur direkten Bestimmung der fraglichen Dimensionen benutzen, sobald man eine Annahme über das Verhältnis des freien Ventilquerschnittes f', wie er durch Gleichung 266 bestimmt ist, zum Querschnitt $F_0 - f_0$ zwischen Verdränger und Cylinderwandung macht. Es dürfte für dieses Verhältnis der Wert

$$F_0 - f_0 = 1{,}5\,f'$$

in den meisten Fällen passend erscheinen. Führt man den hieraus sich ergebenden Wert

$$f_0 = F_0 - 1{,}5\,f'$$

in die Gleichung 265 ein, welche für

$$D_3 = 0{,}94\,D_0 \text{ und } F_3 = \sim 0{,}88\,F_0$$

$$f_0\,(s_0 + y) = F_0\,(0{,}88\,y + s_0 + m_0) - L'$$

lautet, so erhält man

$$L' = F_0\,(m_0 - 0{,}12\,y) + 1{,}5\,f'\,(s_0 + y).$$

Diese Beziehung liefert weiter mit der aus Gleichung 263 sich ergebenden

$$F_0 = \frac{V'}{s_0}$$

diejenige

$$L' \cdot s_0 = V'\,(m_0 - 0{,}12\,y) + 1{,}5\,f' \cdot s_0^2 + 1{,}5\,f' \cdot y \cdot s_0,$$

oder die quadratische Gleichung

$$1{,}5\,f' \cdot s_0^2 - (L' - 1{,}5\,f' \cdot y)\,s_0 + V'\,(m_0 - 0{,}12\,y) = 0,$$

welche, nach s_0 aufgelöst, den Wert

$$\mathbf{s_0 = \frac{L' - 1{,}5\,f' \cdot y}{3\,f'} \mp \frac{\sqrt{(L' - 1{,}5\,f' \cdot y)^2 - 6\,f' \cdot V'\,(m_0 - 0{,}12\,y)}}{3\,f'}} \quad . \quad 267$$

giebt. Hat man hieraus s_0 berechnet, so folgt F_0 bezw. D_0 aus

$$\mathbf{F_0 = \frac{V'}{s_0}} \quad . \; . \; . \; . \; . \; . \quad 268$$

und ferner f_0 bezw. d_0 aus

$$\mathbf{f_0 = F_0 - 1{,}5\,f'} \quad . \; . \; . \; . \; . \quad 269$$

Die Höhe **s** der Schlitze in der Cylinderwandung muss man hoch genug wählen, damit auch das zu fördernde Wasser-, Dampf- und Luftvolumen in den Cylinder eintreten kann. Es dürfte dies bei

$$\mathbf{s = 0{,}6 \text{ bis } 0{,}8\,s_0} \quad . \; . \; . \; . \; . \quad 270$$

in der Regel der Fall sein. Der Gesamthub des Kolbens ist dann

$$\mathbf{S_0 = s_0 + s = 1{,}6 \text{ bis } 1{,}8\,s_0} \quad . \; . \; . \quad 271$$

Mit Hilfe von S_0 lässt sich der früher erwähnte φte Teil einer halben Umdrehung berechnen, während dessen die Förderung stattfindet. Der Pumpenkolben wird durch eine Kurbel vom Radius $\frac{S_0}{2}$ bewegt. Bei unendlich langer Schubstange bildet deshalb die Kurbel, wenn der Kolben die Schlitze schliesst und die Förderung beginnt, mit ihrer unteren Totlage einen Winkel ω, der sich aus

$$\frac{S_0}{2}\,(1 - \cos\omega) = s$$

berechnen lässt. Mit ω folgt dann

$$\varphi = \frac{180}{180 - \omega}$$

Hiernach ergiebt sich für

$s = 0{,}6\,s_0$ und $S_0 = 1{,}6\,s_0 \ldots \omega = \sim 75^1/_2{}^0,\ \varphi = \sim 1{,}72,$

$s = 0{,}7\,s_0$ und $S_0 = 1{,}7\,s_0 \ldots \omega = \sim 79^5/_6{}^0,\ \varphi = \sim 1{,}79,$

$s = 0{,}8\,s^0$ und $S_0 = 1{,}8\,s_0 \ldots \omega = \sim 83^2/_3{}^0,\ \varphi = \sim 1{,}87.$

Es erübrigt nun noch die Bestimmung des Durchmessers $\mathbf{D_1}$ für den Aufnehmer. Zu diesem Zwecke muss man die in Fig. 168[1]) auf Seite 333 des Textes wiedergegebene Kolbenstellung annehmen, bei welcher der äussere Wasserspiegel mit dem oberen Kolbenrande in gleicher Höhe steht, und das Wasser anfängt, aus dem Aufnehmer in den Kolben überzutreten. Die Schlitze sind dann schon um das Stück z geöffnet, was nötig ist, damit vor Beginn und nach Beendigung des Wasserübertrittes auch das zu fördernde Dampf- und Luftgemisch aus dem Aufnehmer in den Cylinder strömen kann. Aus der unteren Totlage ist der Kolben bei Beginn der Überströmung noch um $s_1 = s - z$ entfernt. Weiter hat man zu dem erwähnten Zwecke die höchste zulässige Lage des äusseren Wasserspiegels anzunehmen, was mit Rücksicht darauf zu geschehen hat, dass über dieser höchsten Lage des Wasserspiegels noch genügend Raum für die in den Aufnehmer tretende Dampf- und Luftmenge verbleibt. Steht der äussere Wasserspiegel nach Fig. 168 bei Beginn des Wasserübertrittes um h_1 unter seiner höchsten Lage, so ergiebt sich jetzt aus dem Umstande, dass bei der untersten Kolbenlage der äussere Wasserspiegel seine höchste Lage erreicht und umgekehrt, die Beziehung

$$\frac{s_1}{h_1} = \frac{S_0}{H_0}$$

oder

$$\mathbf{H_0 = \frac{h_1}{s_1}\,S_0} \quad . \; . \; . \; . \; . \; . \quad 272$$

für die Hubhöhe des äusseren Wasserspiegels.

Der Kolben drängt nun, wenn er aus seiner höchsten in seine tiefste Lage geht, eine Wassermenge $F_0 \cdot S_0$ in den Aufnehmer. Der letztere nimmt dieselbe in dem

1) Der innere Wasserspiegel ist so angedeutet, wie er bei der gleichen Kolbenlage für den Hochgang steht.

Raum auf, der sich zwischen der untersten und obersten Lage des äusseren Wasserspiegels befindet und einen Querschnitt $F_1 - F_2$ bei der Höhe H_0 besitzt, wenn wieder

F_1 und F_2 die zu den Durchmessern D_1 und D_2 in Fig. 167 auf Seite 333 gehörigen Kreisquerschnitte sind.

Es muss also

$$F_0 \cdot S_0 = (F_1 - F_2) H_0,$$

oder

$$F_1 = F_2 + F_0 \frac{S_0}{H_0} \quad . \quad . \quad . \quad . \quad . \quad 273$$

oder mit der Gleichung 272

$$F_1 = F_2 + F_0 \frac{s_1}{h_1} \quad . \quad . \quad . \quad . \quad . \quad 274$$

sein.

Die Gleichungen 272 bis 274 sind von Prof. Berg[1]) unter der Annahme aufgestellt, dass die zu fördernde Wassermenge zu derselben Zeit in den Aufnehmer kommt, wo sie auch aus diesem in den Kolben tritt. Thatsächlich findet der Zutritt dieser Wassermenge in den Aufnehmer aber während des ganzen Hubes statt; die hieraus für die Bestimmung der obigen Dimensionen sich ergebenden Abweichungen sind aber nicht von Bedeutung.

Der Cylinder der vorliegenden Luftpumpen wird so lang gemacht, dass der untere Kolbenrand in seiner tiefsten Lage etwas übertritt. Der cylindrische Teil des Verdrängers reicht bis etwas unter die tiefste Kante der Schlitze. Die Breite der letzteren bezw. deren Zahl ist so gross zu nehmen, als es die Stärke der Zwischenstege nur eben erlaubt. Die untere kegelförmige Begrenzung des Kolbens und Verdrängers schliesst mit der Horizontalebene gewöhnlich einen Winkel von 30 bis 40° ein.

Sind in der vorstehenden Weise die Dimensionen der Luftpumpe bestimmt worden, so hat man zu kontrollieren, ob auch die Wassermenge $V' - L'$ während der Zeit, wo der äussere Wasserspiegel höher als der Kolbenrand steht, aus dem Aufnehmer in den Cylinder treten kann, da anderenfalls eine Wasseransammlung im Aufnehmer die Folge sein würde. Herr Prof. Berg[1]) stellt diese Kontrolle in der Weise an, dass er die Zeit, während welcher der Wasserübertritt stattfindet, in kleinere Zeitabschnitte einteilt und während eines jeden derselben die Überflussmenge nach der Formel

$$q = \frac{2}{3} 0{,}6 \sqrt{2\,g}\,(k_1^{\frac{3}{2}} - k_2^{\frac{3}{2}})\,b \cdot t$$

berechnet, in welcher

- t die Dauer eines solchen kleinen Zeitabschnittes,
- k_1 die Höhe des äusseren Wasserspiegels über dem oberen Kolbenrande,
- k_2 diejenige über der oberen Schlitzkante (siehe Fig. 169 auf Seite 333) in der Mitte dieses Zeitabschnittes,
- b die Gesamtbreite der Schlitze

bezeichnet. Die durch Summation der einzelnen Werte von q erhaltene ganze Überflussmenge muss dann grösser als $V' - L'$ sein.

Herr Prof. Berg ermittelt die einzelnen Werte von k_1 und k_2 auf graphischem Wege. Dieselben lassen sich aber ebenso bequem durch Rechnung finden, wie dies hier gezeigt werden möge.

Bei Beginn des Wasserübertrittes (siehe Fig. 168, Seite 333) steht der Kolben um s_1 vor seiner unteren Totlage, der äussere Wasserspiegel um h_1 vor seiner höchsten Lage; bei Schluss des Wasserübertrittes liegen beide, da sie nun auf dem Rückwege sind, um ebenso viel hinter den bezüglichen Lagen. Der Winkel ω, welchen die Kurbel des Kolbens in beiden Augenblicken mit ihrer unteren Totlage einschliesst, ergiebt sich aus

$$s_1 = \frac{S_0}{2}(1 - \cos \omega) \text{ und } h_1 = \frac{H_0}{2}(1 - \cos \omega).$$

Für einen Winkel ω', der zwischen ω und der unteren Totlage liegt, ist entsprechend

$$s_1' = \frac{S_0}{2}(1 - \cos \omega') \text{ und } h_1' = \frac{H_0}{2}(1 - \cos \omega'),$$

und der äussere Wasserspiegel befindet sich dann

$$k_1 = s_1 + h_1 - (s_1' + h_1') = \frac{S_0 + H_0}{2}(\cos \omega' - \cos \omega) \quad . \quad 275$$

über dem oberen Kolbenrande. Ist ferner für den fraglichen Winkel

$$k_1 > s_0 - s_1',$$

so steht der äussere Wasserspiegel auch über der oberen Schlitzkante, und es ist

$$k_2 = k_1 - s_0 + s_1' = k_1 - s_0 + \frac{S_0}{2}(1 - \cos \omega') \quad . \quad 276$$

wobei nur Werte von k_2, die positiv sich aus dieser Gleichung ergeben, in Betracht kommen.

Teilt man sich nun den Winkel ω in eine beliebige Anzahl gleicher Teile und rechnet, indem man den Winkel, welchen die Mitte eines jeden Teiles mit der unteren Totlage einschliesst, der Reihe nach mit ω' bezeichnet, k_1 und k_2 aus, bildet ferner die Summe

$$K = \Sigma\,(k_1^{\frac{3}{2}} - k_2^{\frac{3}{2}})$$

aus diesen Werten, so muss

$$\frac{2}{3} 0{,}6 \sqrt{2\,g} \cdot b \cdot t \cdot 2\,K \geqq V' - L' \quad . \quad . \quad . \quad 277$$

sein.

Beispiel.

Es sind die Dimensionen einer nach Fig. 2, Taf. 13 konstruierten einfachwirkenden Luftpumpe für eine Dreimal-Expansionsmaschine zu berechnen. Die Maschine leistet normal 500 Nutzpferdestärken und macht 120 Umdrehungen in der Minute.

Bei einem Dampfverbrauch von 8 kg für die Nutzpferdestärke und Stunde ist die in der Minute zu kondensierende Dampfmenge

$$C = \frac{8 \cdot 500}{60} = \mathbf{66{,}67\ kg.}$$

Das von der Luftpumpe zu fördernde Wasser, Dampf- und Luftgemisch bestimmt sich für Mischkondensation mit Parallelstrom und nasser Luftpumpe aus Gleichung 41 in cbm und für die Minute zu

$$V = \frac{1}{1000}\left(n + 1 + \frac{0{,}16\,n}{p' - p'_d}\right) C,$$

wovon

$$\frac{1}{1000}(n + 1)\,C$$

cbm Wasser und

$$L = \frac{1}{1000}\,\frac{0{,}16\,n}{p' - p'_d}\,C$$

cbm Dampf und Luft sind. Setzt man nach den Angaben auf Seite 128

eine Temperatur des kondensierten Dampfes von $t' = 40^0$ C,

einen dementsprechenden Druck $p'_d = 0{,}072$ Atm (siehe die Tabelle auf S. 71),

1) Siehe „Zeitschrift deutscher Ingenieure", Jahrgang 1899, S. 92.

eine Temperatur des Kühlwassers von $t_0 = 18^0$ C und eine Kondensatorspannung von $p' = 0{,}14$ Atm voraus, so folgt zunächst aus Gleichung 40a ein Kühlwasserverhältnis

$$n = \frac{625 - 40}{40 - 18} = \sim 26{,}6$$

und ferner aus den obigen Gleichungen

$$V = \frac{1}{1000}\left(26{,}6 + 1 + \frac{0{,}16 \cdot 26{,}6}{0{,}14 - 0{,}072}\right) 66{,}67$$

$$= \sim \mathbf{6{,}013\ cbm},$$

$$L = \frac{1}{1000} \frac{0{,}16 \cdot 26{,}6}{0{,}14 - 0{,}072} 66{,}67 = \sim \mathbf{4{,}173\ cbm}.$$

Hiermit und für

$$\mu = 0{,}75,\ i = 1 \text{ und } n_0 = 120$$

erhält man dann aus Gleichung 262 und 264 das theoretisch erforderliche Fördervolumen des Luftpumpenkolbens für eine Umdrehung zu

$$V' = \frac{6{,}013}{1 \cdot 0{,}75 \cdot 120} = \sim 0{,}0668 \text{ cbm}$$

bezw.

$$L' = \frac{4{,}173}{1 \cdot 0{,}75 \cdot 120} = \sim 0{,}0464 \text{ cbm}.$$

Der freie Durchgangsquerschnitt der Druckventile bestimmt sich aus Gleichung 266 für

$$\varphi = 1{,}8 \text{ und } c_w = 2{,}7 \text{ m}$$

zu

$$f' = \frac{1{,}8 \cdot 6{,}013}{30 \cdot 1 \cdot 2{,}7} = \mathbf{0{,}133\ qm}.$$

Ausser diesen Werten brauchen wir, um aus Gleichung 267 den Teil s_0 des Kolbenhubes S_0 berechnen zu können, noch die Höhe m_0, die, bezogen auf den Cylinderquerschnitt F_0, gleich

$$m_0 = 0{,}02 \text{ m}$$

gesetzt werden möge, sowie die Tiefe des Wasserspiegels unter dem oberen Kolbenrande bei Beginn der Förderung (siehe Fig. 167 des Textes), die zu

$$y = 0{,}035 \text{ m}$$

angenommen sei. Man erhält dann aus Gleichung 267

$$s_0 = \frac{1}{3 \cdot 0{,}133}\left(0{,}0464 - 1{,}5 \cdot 0{,}133 \cdot 0{,}035\right) +$$

$$\frac{1}{3 \cdot 0{,}133}\sqrt{\begin{matrix}(0{,}0464 - 1{,}5 \cdot 0{,}133 \cdot 0{,}035)^2 - \\ 6 \cdot 0{,}133 \cdot 0{,}0668\,(0{,}02 - 0{,}12 \cdot 0{,}035)\end{matrix}}$$

$$= \sim 0{,}165 \text{ m} = \mathbf{165\ mm}$$

und weiter aus Gleichung 268

$$F_0 = D_0^2 \frac{\pi}{4} = \frac{0{,}0668}{0{,}165} = \sim 0{,}405 \text{ qm},$$

welchem Cylinderquerschnitt eine Bohrung der Luftpumpe von

$$D_0 = \sim 0{,}72 \text{ m} = \mathbf{720\ mm}$$

entspricht.

Für den Verdränger liefert dann die Gleichung 269 einen Querschnitt von

$$f_0 = d_0^2 \frac{\pi}{4} = 0{,}405 - 1{,}5 \cdot 0{,}133 = 0{,}205 \text{ qm}$$

bezw. einen Durchmesser

$$d_0 = \sim 0{,}51 \text{ m} = \mathbf{510\ mm}.$$

In dem ringförmigen Querschnitt zwischen Cylinderwandung und Verdränger lassen sich bei entsprechender Erweiterung nach oben 11 runde Klappenventile von 150 mm Durchmesser unterbringen. Rechnet man 70% des Kreisquerschnittes der letzteren für den freien Durchgang, so ist der gesamte Durchgangsquerschnitt der Druckventile

$$f' = 11 \cdot 0{,}7 \cdot 0{,}01767 = 0{,}136 \text{ qm},$$

also etwas grösser, als wie oben verlangt.

Die Höhe der Schlitze im Cylinder soll im vorliegenden Falle

$$s = 0{,}75 \cdot s_0 = 0{,}75 \cdot 165 = \sim \mathbf{125\ mm}$$

gewählt werden, so dass der ganze Hub des Pumpenkolbens

$$S_0 = 165 + 125 = \mathbf{290\ mm}$$

ist. Nimmt man 26 Schlitze von 60 mm Breite am Umfange der Cylinderbohrung, so verbleiben daselbst für die Breite eines Steges zwischen zwei Schlitzen

$$\frac{720 \cdot \pi}{26} - 60 = 27 \text{ mm}.$$

Der innere Durchmesser der äusseren Kolbenwandung muss

$$D_3 = 0{,}94\, D_0 = 0{,}94 \cdot 0{,}72 = \sim 0{,}676 \text{ m}$$

gewählt werden, wobei die Stärke dieser Wandung

$$\frac{720 - 676}{2} = \frac{44}{2} = 22 \text{ mm}$$

beträgt. Giebt man der Cylinderwandung eine Stärke von 25 mm, so ist der äussere Durchmesser des Cylinders

$$D_2 = 0{,}72 + 2 \cdot 0{,}025 = 0{,}77 \text{ m}$$

und der zugehörige Kreisquerschnitt

$$F_2 = D_2^2 \frac{\pi}{4} = 0{,}77^2 \frac{\pi}{4} = 0{,}4657 \text{ qm}.$$

Um die Hubhöhe des äusseren Wasserspiegels und den Durchmesser D_1 des Aufnehmers zu bestimmen, hat man die in Fig. 168 des Textes mit z bezeichnete Eröffnung der Schlitze bei Beginn des Wasserübertrittes, sowie den Abstand h_1 für die höchste Lage des genannten Spiegels zu wählen. Wir setzen

$z = 0{,}035$ m, also $s_1 = s - z = 0{,}125 - 0{,}035 = 0{,}09$ m und

$$h_1 = 0{,}12 \text{ m}.$$

Es folgt dann aus Gleichung 272

$$H_0 = \frac{0{,}12}{0{,}09} 0{,}29 = \sim 0{,}385 \text{ m} = \mathbf{385\ mm}$$

und aus Gleichung 274

$$F_3 = 0{,}4657 + 0{,}407 \frac{0{,}09}{0{,}12} = \sim 0{,}771 \text{ qm},$$

oder

$$D_3 = \sim 0{,}99 \text{ m} = \mathbf{990\ mm}.$$

Um zu kontrollieren, ob auch die zu fördernde Wassermenge V′ — L′ in den Kolben überströmen kann, bestimmen wir zunächst den Winkel ω, den die Kurbel des Pumpenkolbens mit ihrer unteren Totlage bei Beginn und Schluss des Überströmens einschliesst. Derselbe ergiebt sich aus

$$s_1 = \frac{S_0}{2}(1 - \cos\omega)$$

oder

$$\cos\omega = 1 - \frac{2\, s_1}{S_0} = 1 - \frac{2 \cdot 0{,}09}{0{,}29} = \sim 0{,}38$$

zu

$$\omega = 67^0\, 40'.$$

Teilen wir diesen Winkel in 5 gleiche Teile und bezeichnen die Winkel, welche die Mitte eines jeden dieser Teile mit der unteren Totlage der Kurbel bildet, der Reihe nach mit ω', so ergiebt sich nach Gleichung 275 und 276 für $\omega' = 67^0\,40' \left(1 - \frac{67^0\,40'}{2 \cdot 5}\right) = 60^0\,54'$,

$k_1 = 0{,}0359,\ k_2 = 0 \quad \ldots \quad k_1^{\frac{3}{2}} - k_2^{\frac{3}{2}} = 0{,}0068$,

für $\omega' = 67^0\,40' \left(1 - 3\,\frac{67^0\,40'}{2 \cdot 5}\right) = 47^0\,22'$,

$k_1 = 0{,}1004,\ k_2 = 0{,}0222 \quad \ldots \quad k_1^{\frac{3}{2}} - k_2^{\frac{3}{2}} = 0{,}0285$,

für $\omega' = 67^0\,40' \left(1 - 5\,\frac{67^0\,40'}{2 \cdot 5}\right) = 33^0\,50'$,

$k_1 = 0{,}1521,\ k_2 = 0{,}0516 \quad \ldots \quad k_1^{\frac{3}{2}} - k_2^{\frac{3}{2}} = 0{,}0476$,

für $\omega' = 67^0\,40' \left(1 - 7\,\frac{67^0\,40'}{2 \cdot 5}\right) = 20^0\,18'$,

$k_1 = 0{,}1883,\ k_2 = 0{,}0723 \quad \ldots \quad k_1^{\frac{3}{2}} - k_2^{\frac{3}{2}} = 0{,}0623$,

für $\omega' = 67^0\,40' \left(1 - 9\,\frac{67^0\,40'}{2 \cdot 5}\right) = 6^0\,46'$,

$k_1 = 0{,}2069,\ k_2 = 0{,}0829 \quad \ldots \quad k_1^{\frac{3}{2}} - k_2^{\frac{3}{2}} = 0{,}0702$

$$K = \Sigma \left(k_1^{\frac{3}{2}} - k_2^{\frac{3}{2}}\right) = 0{,}2154.$$

Die Gesamt-Schlitzweite ist

$$b = 26 \cdot 0{,}06 = 1{,}56 \text{ m},$$

die Zeit, während welcher die Kurbel einen der gewählten Teile des Winkels ω durchläuft,

$$t = \frac{\frac{1}{5}\,\omega}{360}\,\frac{60}{n_0} = \frac{67^0\,40'}{5 \cdot 360}\,\frac{60}{120} = 0{,}0188 \text{ Sek.}$$

Führt man die vorstehenden Werte in die Gleichung 277 ein, so ersieht man, dass bei jeder Umdrehung

$$\frac{2}{3}\,0{,}6\,\sqrt{2 \cdot 9{,}81}\,1{,}56 \cdot 0{,}0188 \cdot 2 \cdot 0{,}2154 = 0{,}0224 \text{ cbm}$$

Wasser in den Cylinder übertreten können, während die Wassermenge, welche überzuströmen braucht, nur

$$V' - L' = 0{,}0668 - 0{,}0464 = 0{,}0204 \text{ cbm}$$

beträgt.

Berechnung, Konstruktion und Anlage

der

Transmissions-Dampfmaschinen.

Lehr- und Handbuch für Techniker und Ingenieure.

Bearbeitet

von

A. Pohlhausen,
Dipl. Maschineningenieur und Lehrer für Maschinenbau.

In zwei Bänden.

Zweite Auflage mit in den Text gedruckten Abbildungen und 50 Tafeln Zeichnungen.

Zweiter Band: Tafeln.

Mittweida.
Verlag der Polytechnischen Buchhandlung (R. Schulze).
1901.

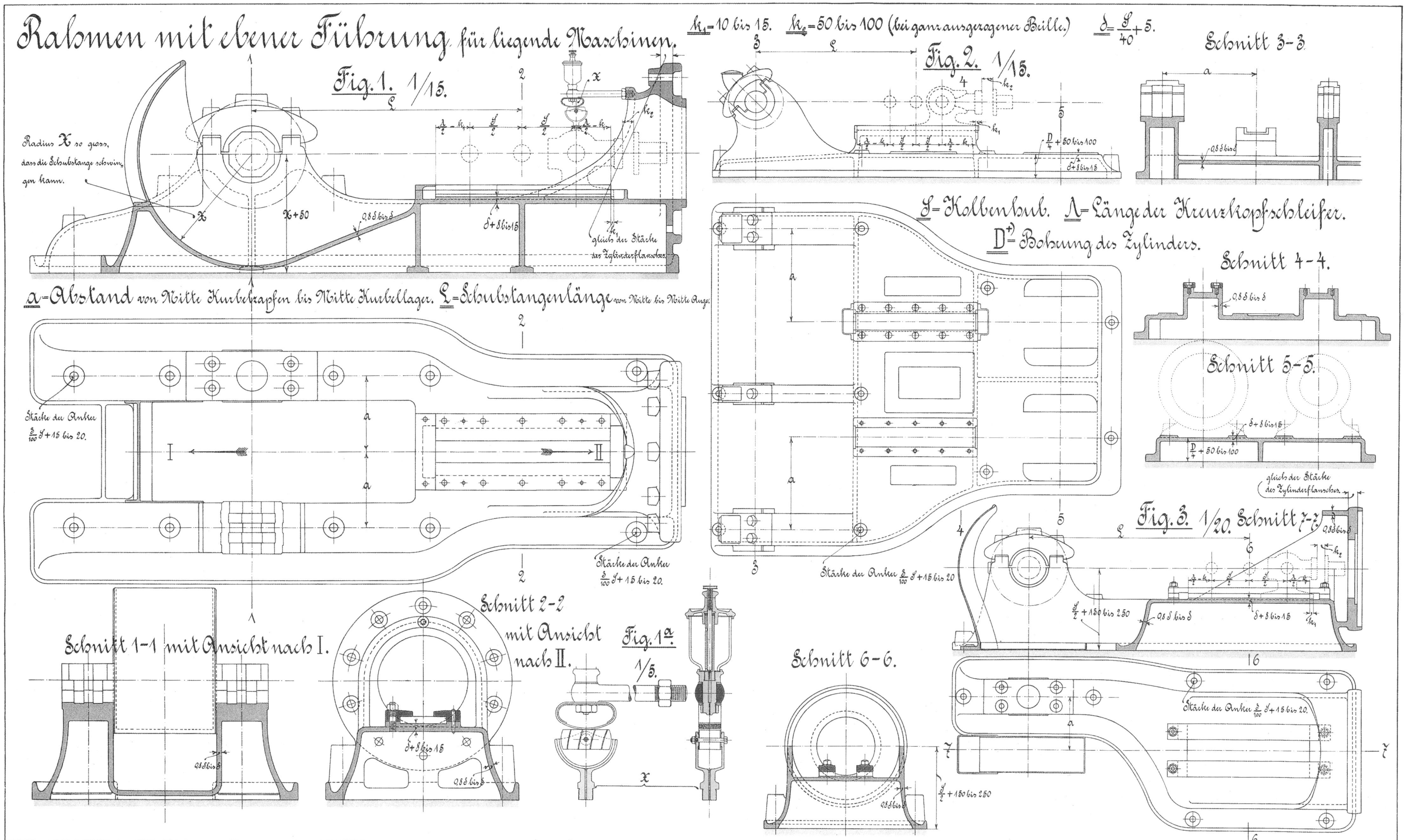

+) Bei Mehrfach-Expansionsmaschinen Bohrung des grossen Zylinders.

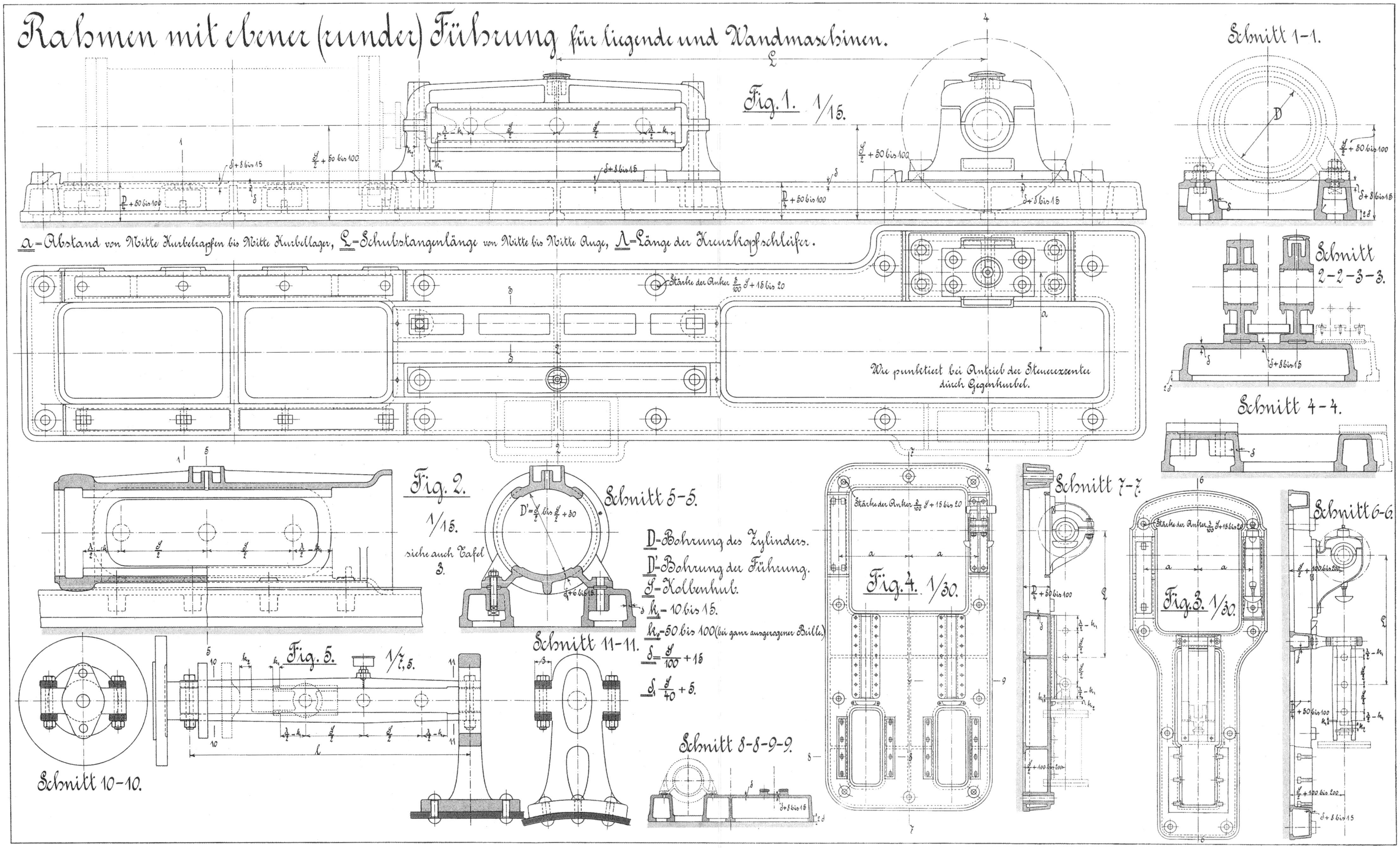
Rahmen mit ebener (runder) Führung für liegende und Wandmaschinen.
Fig. 1. 1/15.
Schnitt 1-1.
a – Abstand von Mitte Kurbelzapfen bis Mitte Kurbellager, L – Schubstangenlänge von Mitte bis Mitte Auge, Λ – Länge der Kreuzkopfschleifer.
Schnitt 2-2-3-3.
Wie punktiert bei Antrieb der Steuerexzenter durch Gegenkurbel.
Schnitt 4-4.
Fig. 2. 1/15.
siehe auch Tafel 3.
Schnitt 5-5.
D – Bohrung des Zylinders.
D' – Bohrung der Führung.
S – Kolbenhub.
k1 – 10 bis 15.
k2 – 50 bis 100 (bei ganz ausgezogener Brille).
δ = S/100 + 15
δ1 = S/40 + 5.
Schnitt 7-7.
Fig. 4. 1/30.
Fig. 3. 1/30.
Schnitt 6-6.
Fig. 5. 1/7,5.
Schnitt 11-11.
Schnitt 10-10.
Schnitt 8-8-9-9.

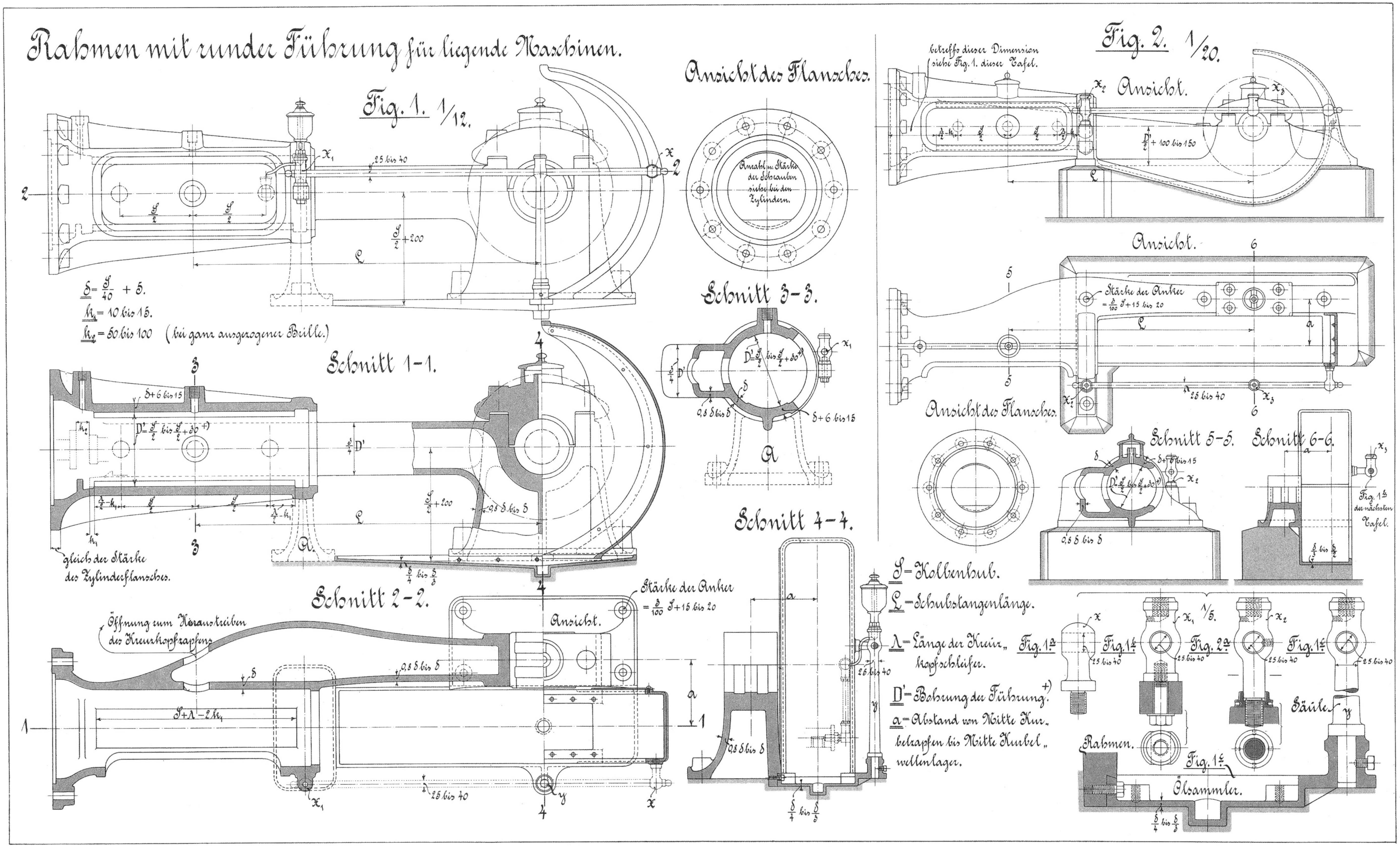

+) D' bei Mehrfach-Expansionsmaschinen mindestens gleich der Bohrung des kleinen Zylinders.

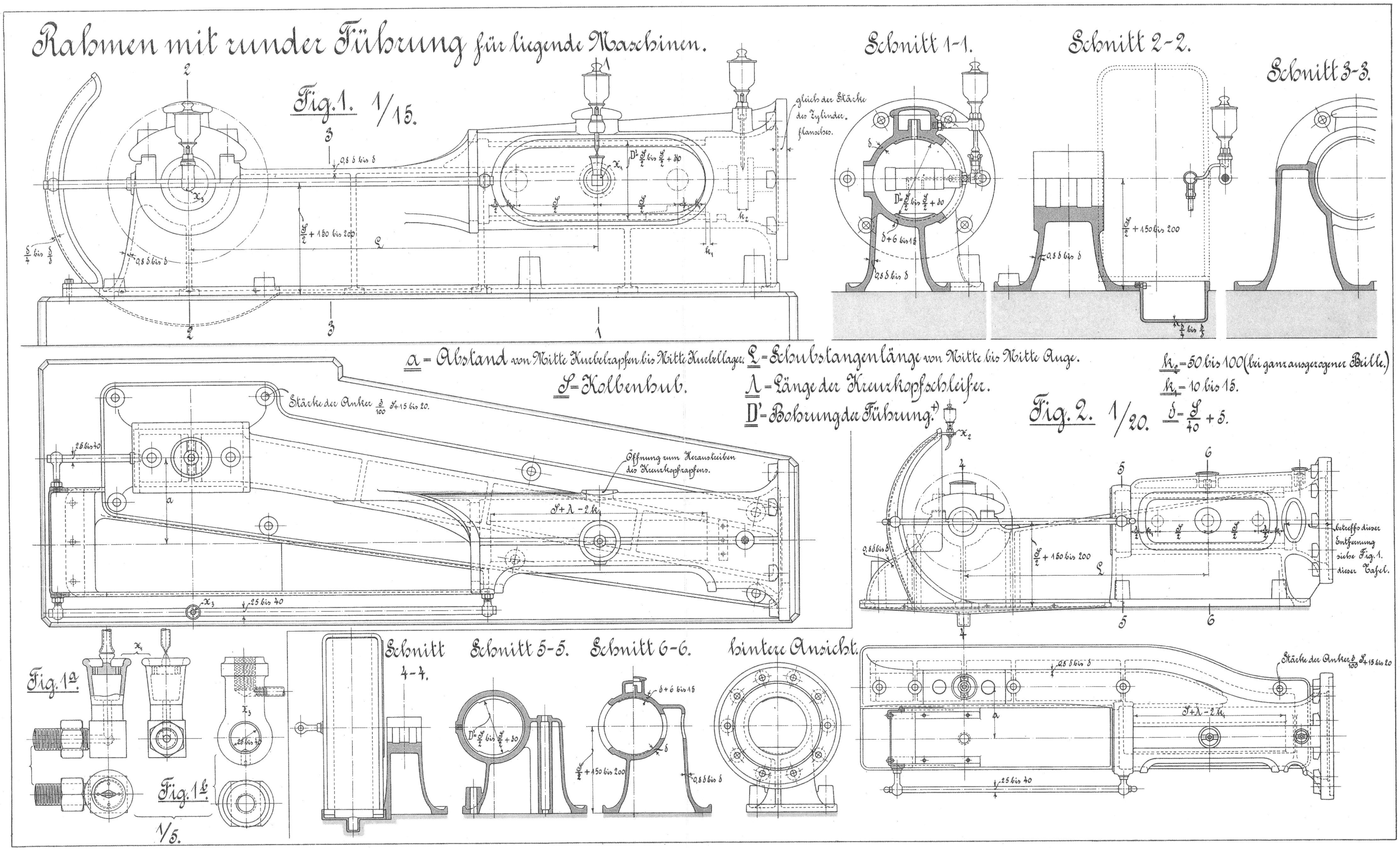

+) D' bei Mehrfach-Expansionsmaschinen mindestens gleich der Bohrung des kleinen Zylinders.

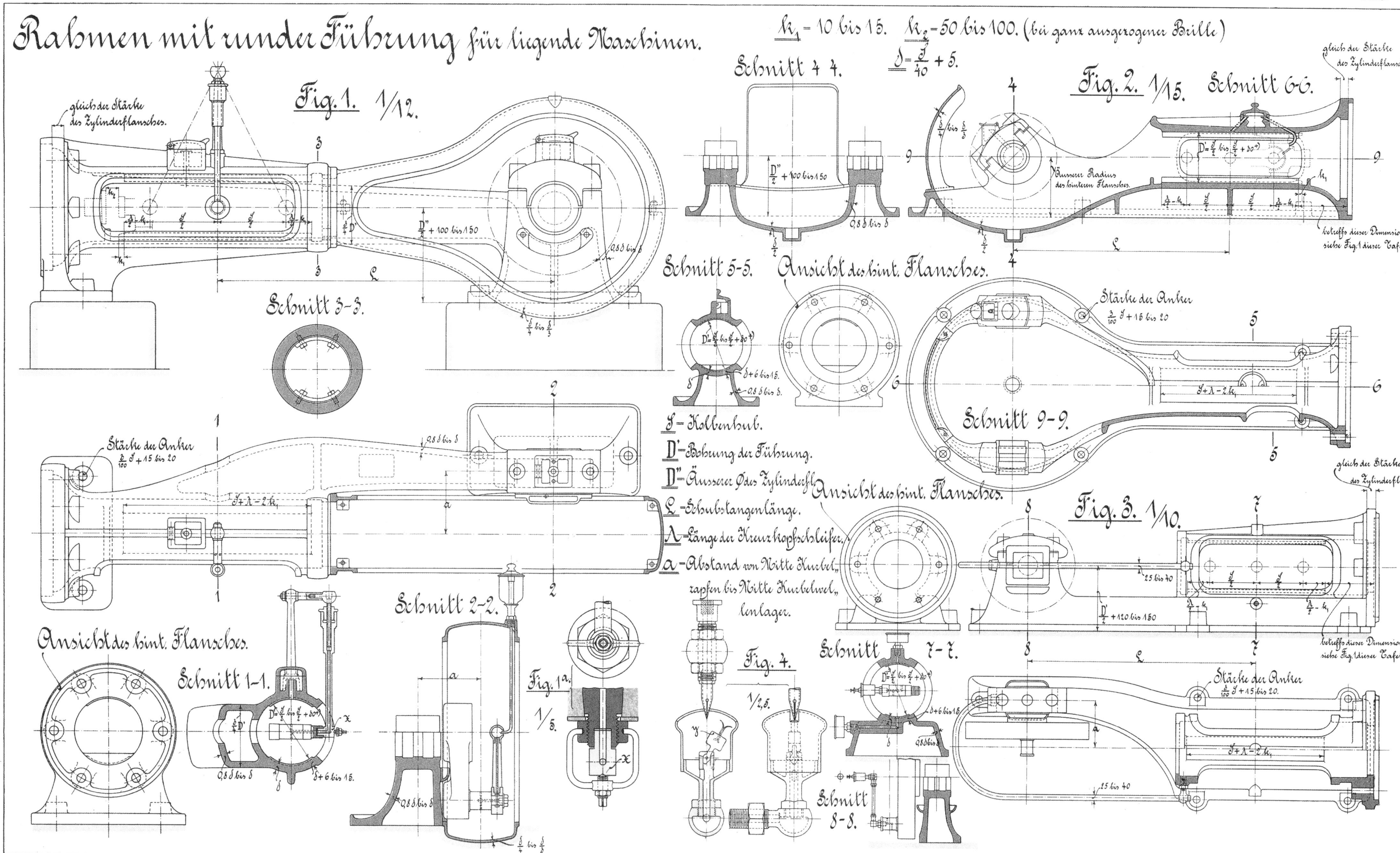

+) D' bei Mehrfach-Expansionsmaschinen mindestens gleich der Bohrung des kleinen Zylinders.

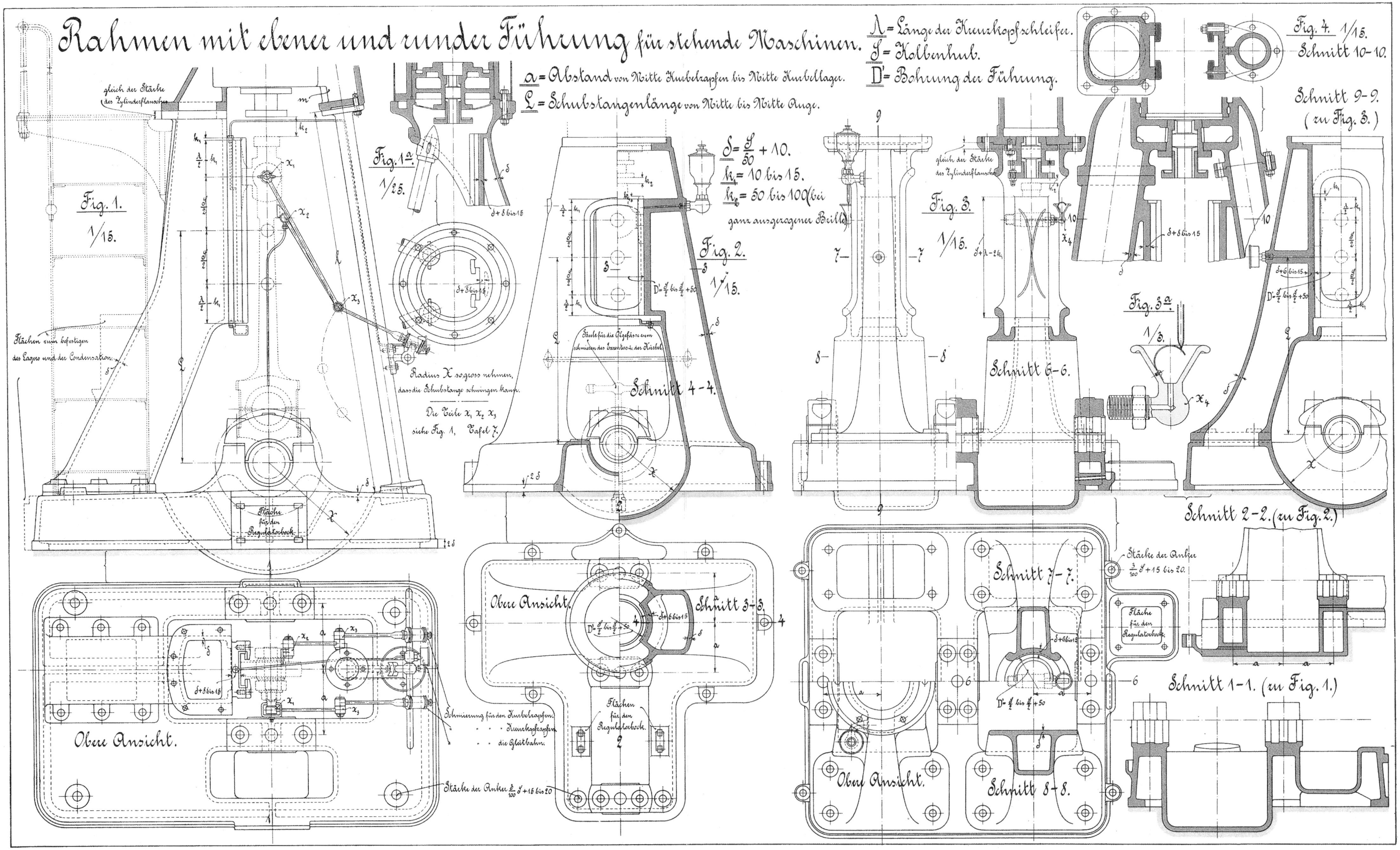

D' bei Mehrfach-Expansionsmaschinen mindestens gleich der Bohrung des kleinen Zylinders.

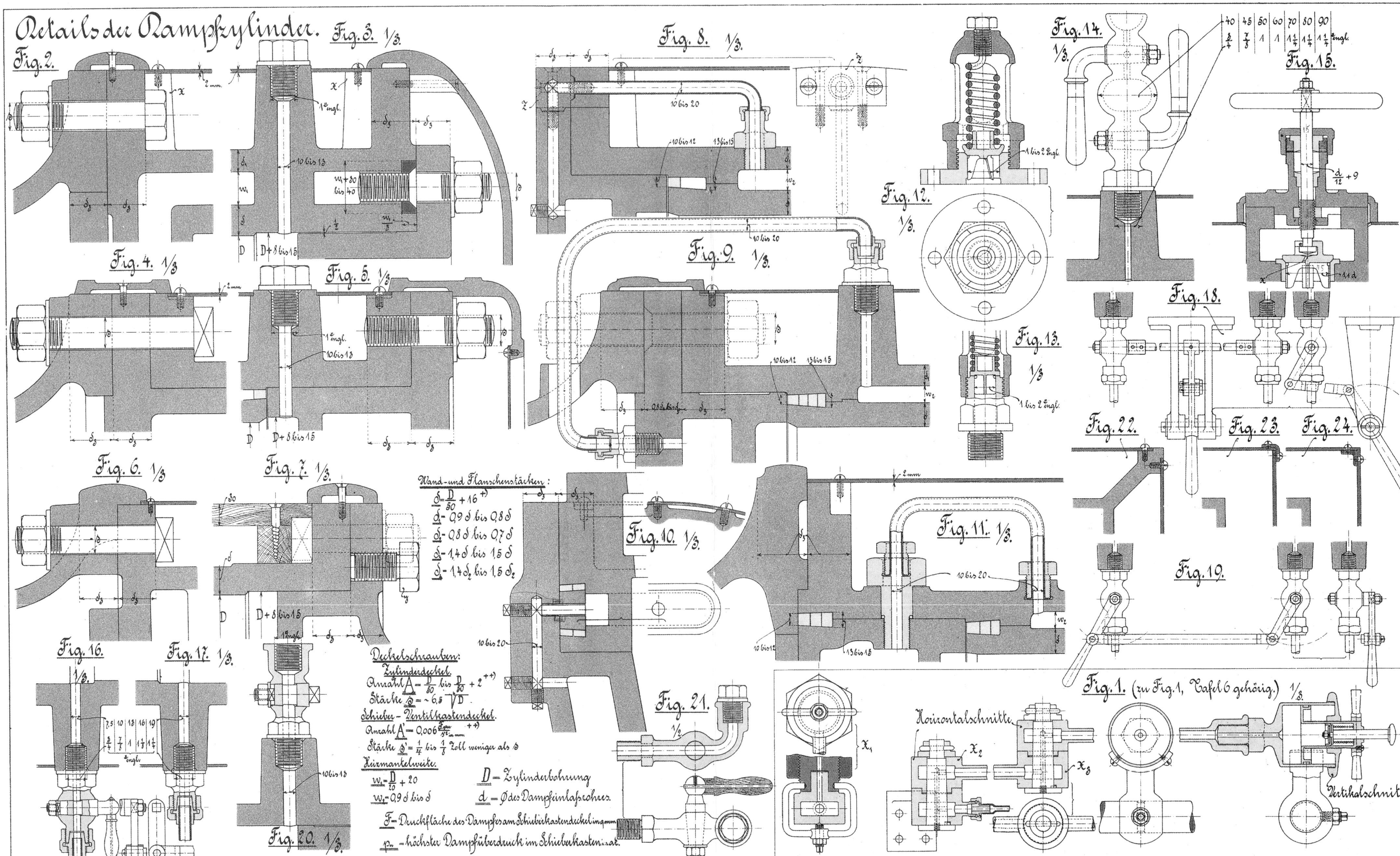

+) Für stehend gegossene oder stehend angeordnete Zylinder um 10 bis 20 % weniger +++) Bei Mehrfach-Expansionsmaschinen D_k, D_g, D_m.
++) A und A' mindestens so groß, daß der Abstand der Schrauben von einander höchstens 150mm beträgt.

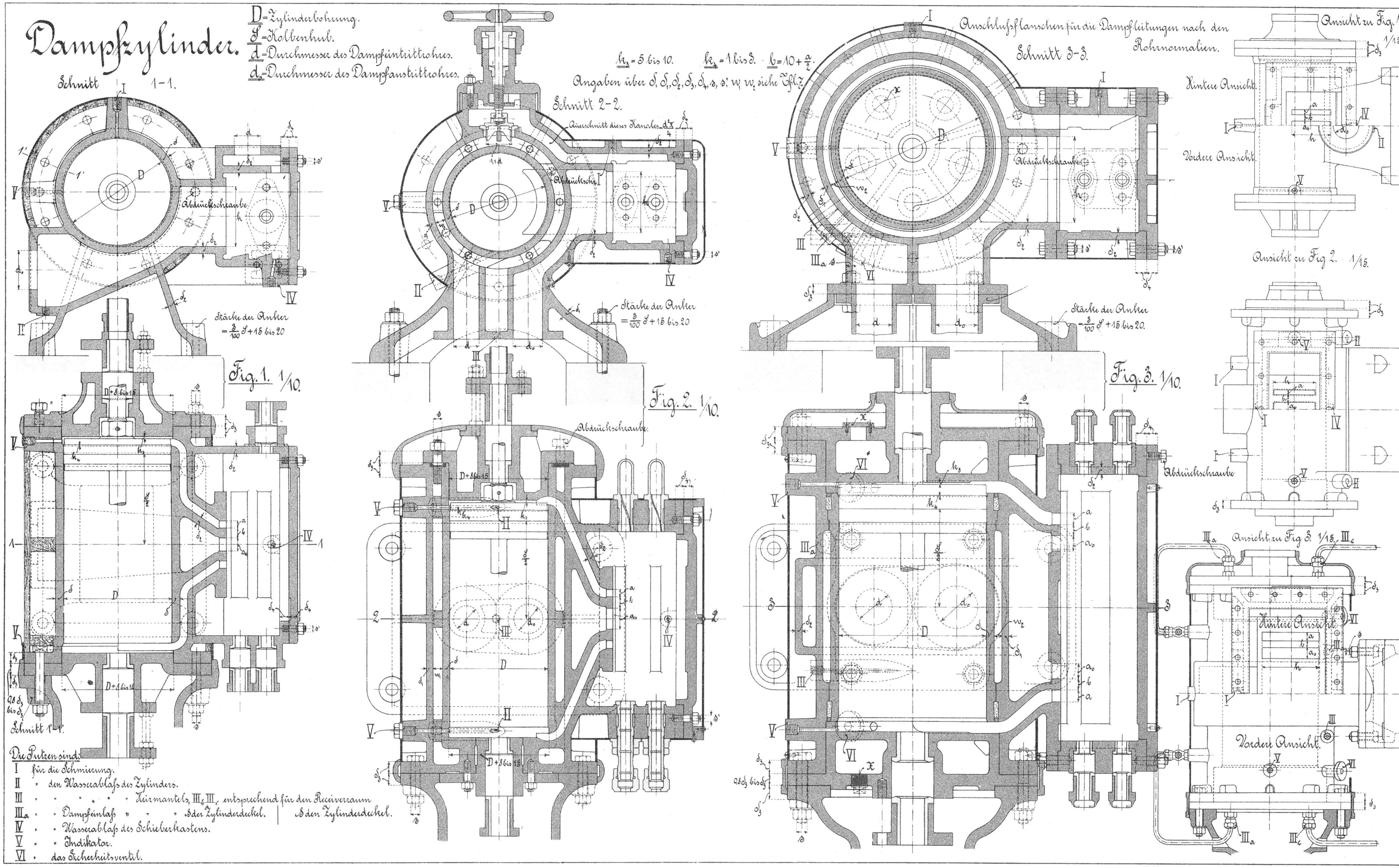
Dampfzylinder.
D = Zylinderbohrung.
S = Kolbenhub.
d = Durchmesser des Dampfeintrittrohres.
d₂ = Durchmesser des Dampfaustrittrohres.
k₃ = 5 bis 10. k₄ = 1 bis 3. b = 10 + a/2.
Angaben über δ, δ₁, δ₂, δ₃, δ₄, s, s'; w₁ w₂ siehe Tfl. 7.
Anschlußflanschen für die Dampfleitungen nach den Rohrnormalien.
Schnitt 1-1.
Schnitt 2-2.
Schnitt 3-3.
Querschnitt dieses Kanales = d²π/4
Abdrückschraube
Stärke der Anker = 3/100 S + 15 bis 20
Fig. 1. 1/10.
Fig. 2. 1/10.
Fig. 3. 1/10.
D + 8 bis 15
Schnitt 1'-1'.
Ansicht zu Fig. 1. 1/15.
Hintere Ansicht
Vordere Ansicht
Ansicht zu Fig. 2. 1/15.
Ansicht zu Fig. 3. 1/15.
Die Putzen sind:
I für die Schmierung.
II " den Wasserablaß des Zylinders.
III " " " " Heizmantels, IIIb III c entsprechend für den Receiverraum
IIIa " " Dampfeinlaß " " " der Zylinderdeckel. | den Zylinderdeckel.
IV " " Wasserablaß des Schieberkastens.
V " " Indikator.
VI " das Sicherheitsventil.

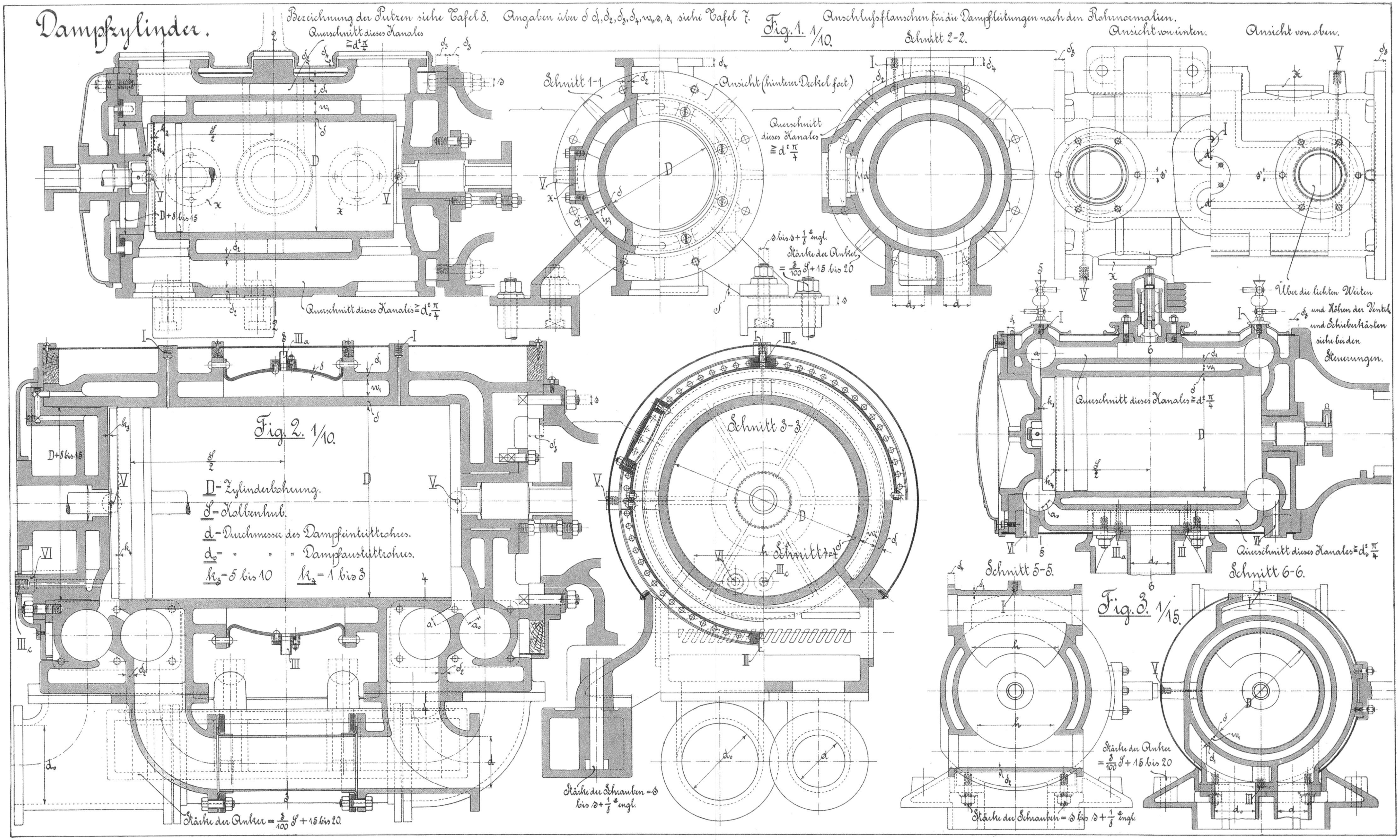

Dampfzylinder.
Bezeichnung der Putzen siehe Tafel 8.
siehe Tafel 7.
Fig. 1. 1/10.
Anschlußflanschen für die Dampfleitungen nach den Rohrnormalien.
Ansicht von unten.
Ansicht von oben.
Querschnitt dieses Kanales
Schnitt 1-1.
Ansicht (hinterer Deckel fort)
Schnitt 2-2.
Querschnitt dieses Kanales
Stärke der Anker = 3/100 S + 15 bis 20
Über die lichten Weiten und Höhen der Ventil- und Schieberkästen siehe bei den Steuerungen.
Fig. 2. 1/10.
D = Zylinderbohrung.
S = Kolbenhub.
d = Durchmesser des Dampfeintrittrohres.
d0 = " " " Dampfaustrittrohres.
k3 = 5 bis 10
k4 = 1 bis 3
Schnitt 3-3.
Schnitt 4-4
Stärke der Anker = 3/100 S + 15 bis 20.
Schnitt 5-5.
Schnitt 6-6.
Fig. 3. 1/15.
Querschnitt dieses Kanales

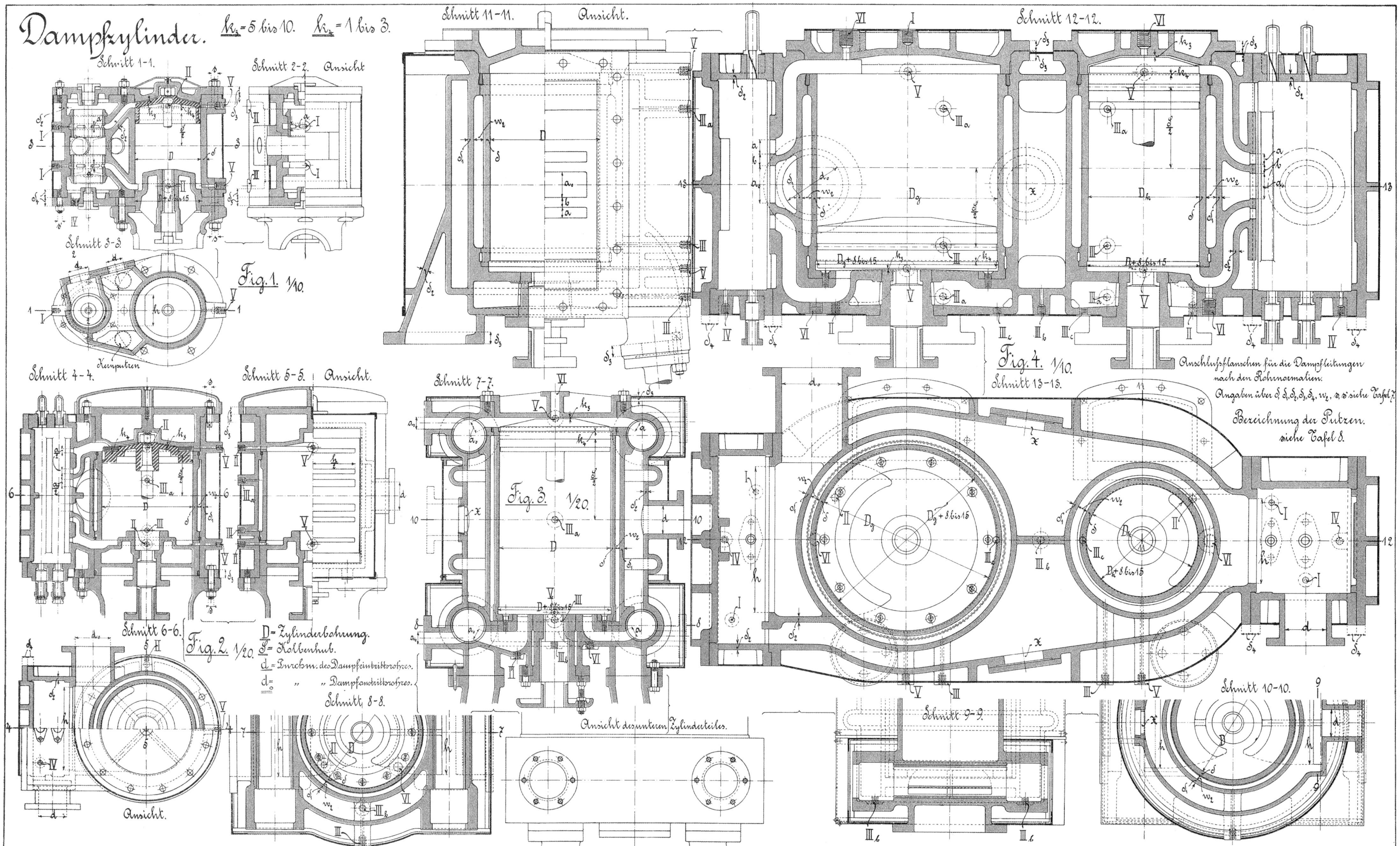
Dampfzylinder.
k_3 = 5 bis 10. k_2 = 1 bis 3.
Schnitt 1-1.
Schnitt 2-2.
Ansicht
Schnitt 3-3.
Fig. 1. 1/10.
Kernputzen
Schnitt 4-4.
Schnitt 5-5.
Ansicht.
Schnitt 6-6.
Fig. 2. 1/20.
D = Zylinderbohrung.
S = Kolbenhub.
d = Durchm. des Dampfeintrittsrohres.
d₀ " " Dampfaustrittsrohres.
Ansicht.
Schnitt 7-7.
Fig. 3. 1/20.
Schnitt 8-8.
Ansicht des unteren Zylinderteiles.
Schnitt 11-11.
Ansicht.
Schnitt 12-12.
Fig. 4. 1/10.
Schnitt 13-13.
Anschlußflanschen für die Dampfleitungen nach den Rohrnormalien.
Angaben über δ, δ₁, δ₂, δ₃, δ₄, w₂, s, s' siehe Tafel 7.
Bezeichnung der Putzen siehe Tafel 8.
Schnitt 9-9.
Schnitt 10-10.

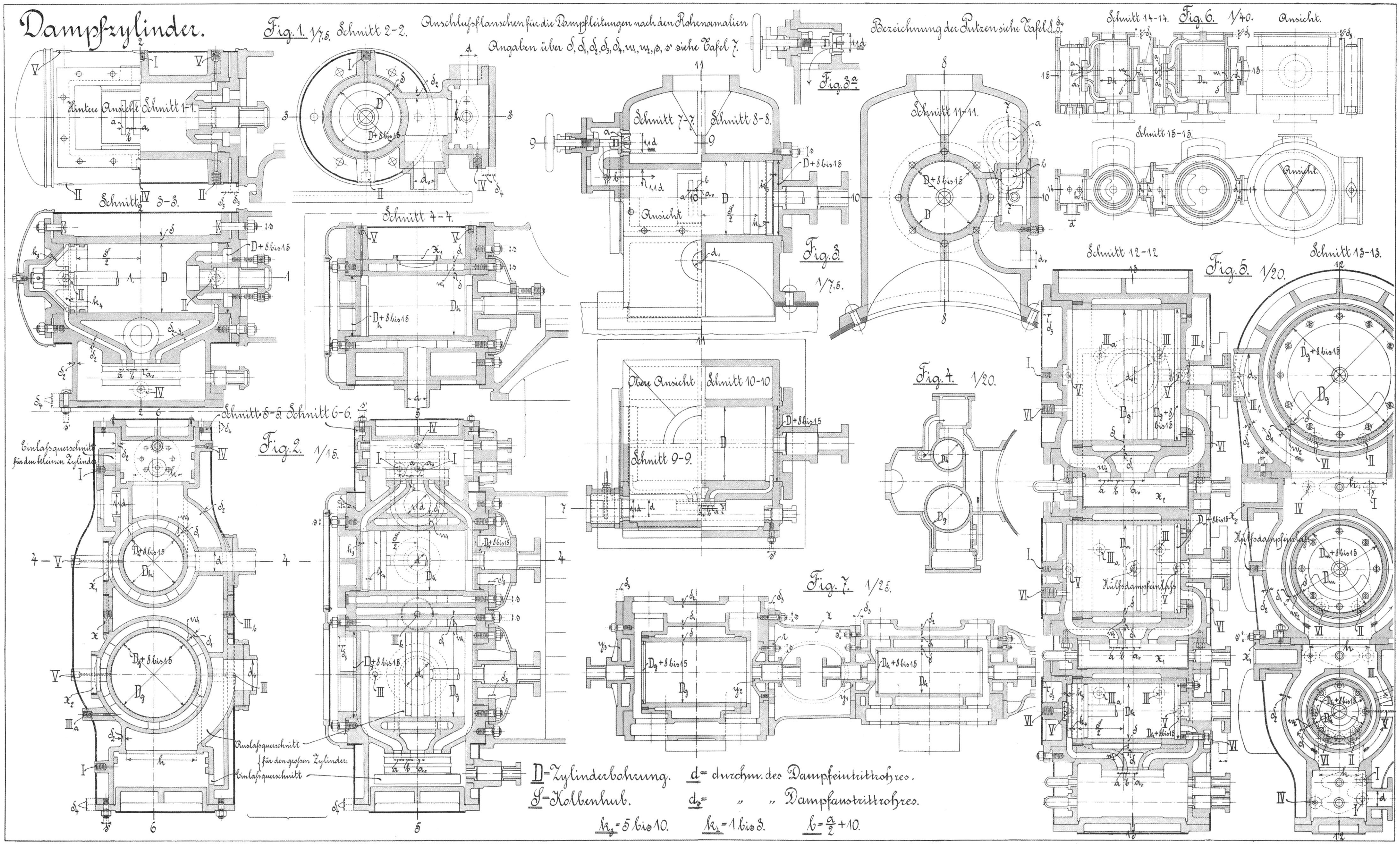
Dampfzylinder.
Fig. 1. 1/7,5. Schnitt 2-2.
Anschlußflanschen für die Dampfleitungen nach den Rohrnormalien
Angaben über δ, δ1, δ2, δ3, δ4, w1, w2, ρ, ρ' siehe Tafel 7.
Bezeichnung der Putzen siehe Tafel
Schnitt 14-14. Fig. 6. 1/40. Ansicht.
Schnitt 15-15.
Hintere Ansicht Schnitt 1-1.
Schnitt 3-3.
Schnitt 4-4.
Schnitt 7-7. Schnitt 8-8.
Fig. 3a
Schnitt 11-11.
Ansicht
Fig. 3 1/7,5.
Obere Ansicht Schnitt 10-10
Schnitt 9-9.
Schnitt 12-12
Schnitt 13-13.
Fig. 5. 1/20.
Fig. 4. 1/20.
Schnitt 5-5. Schnitt 6-6.
Fig. 2. 1/15.
Einlaßquerschnitt für den kleinen Zylinder
Auslaßquerschnitt
für den großen Zylinder.
Einlaßquerschnitt
Fig. 7. 1/25.
Hülfsdampfeinlaß
D = Zylinderbohrung. d = durchm. des Dampfeintrittrohres.
S = Kolbenhub. d0 = " " Dampfaustrittrohres.
h2 = 5 bis 10. h1 = 1 bis 3. b = a/2 + 10.

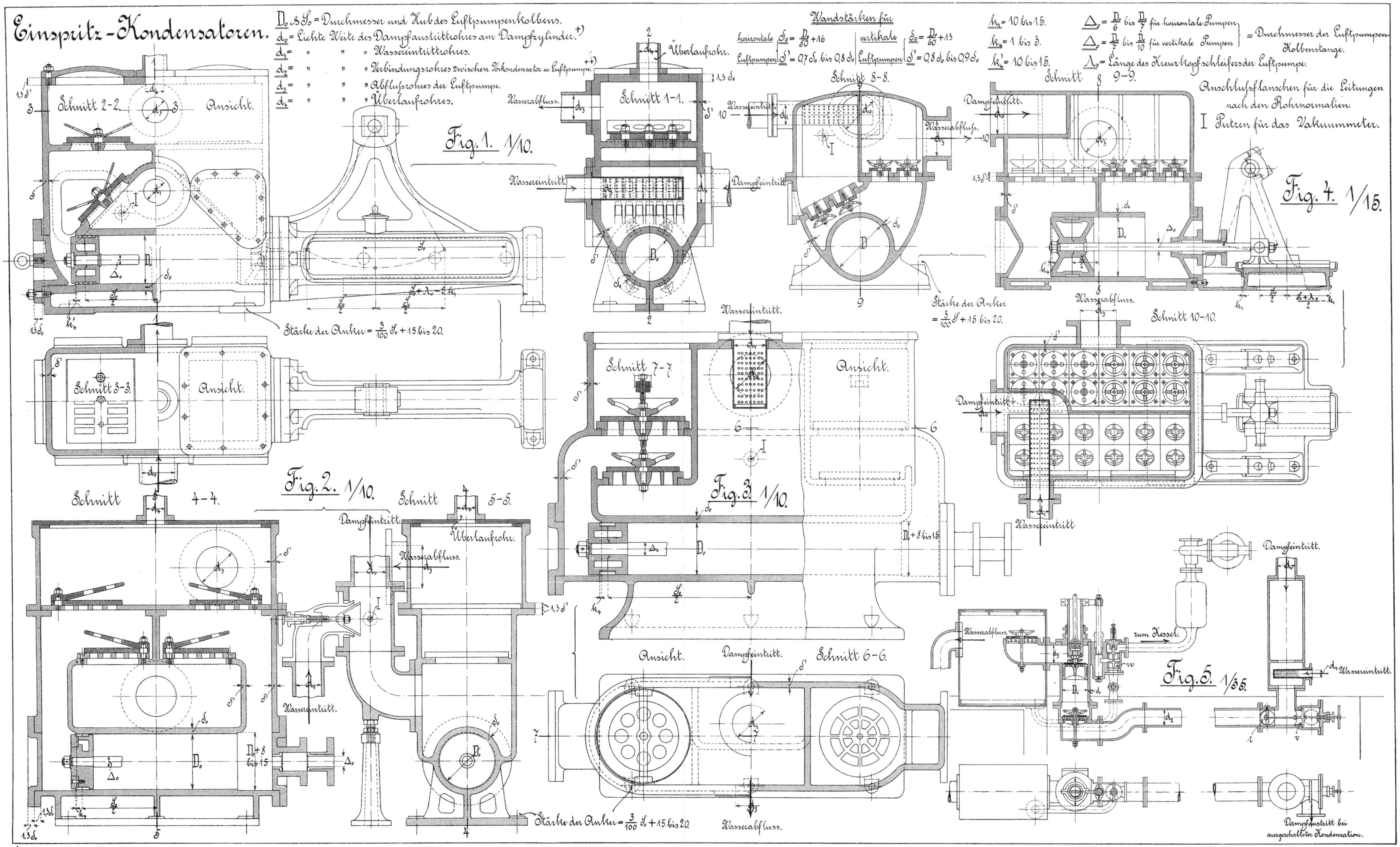

⁺⁾ Bei Mehrfach-Expansionsmaschinen des Niederdruckzylinders. ⁺⁺⁾ Bei getrennter Abführung von Wasser bezw. Dampf- & Luft aus dem Vorkondensator gilt d_2 für das Wasser, d_2' für das Dampf- & Luftrohr.

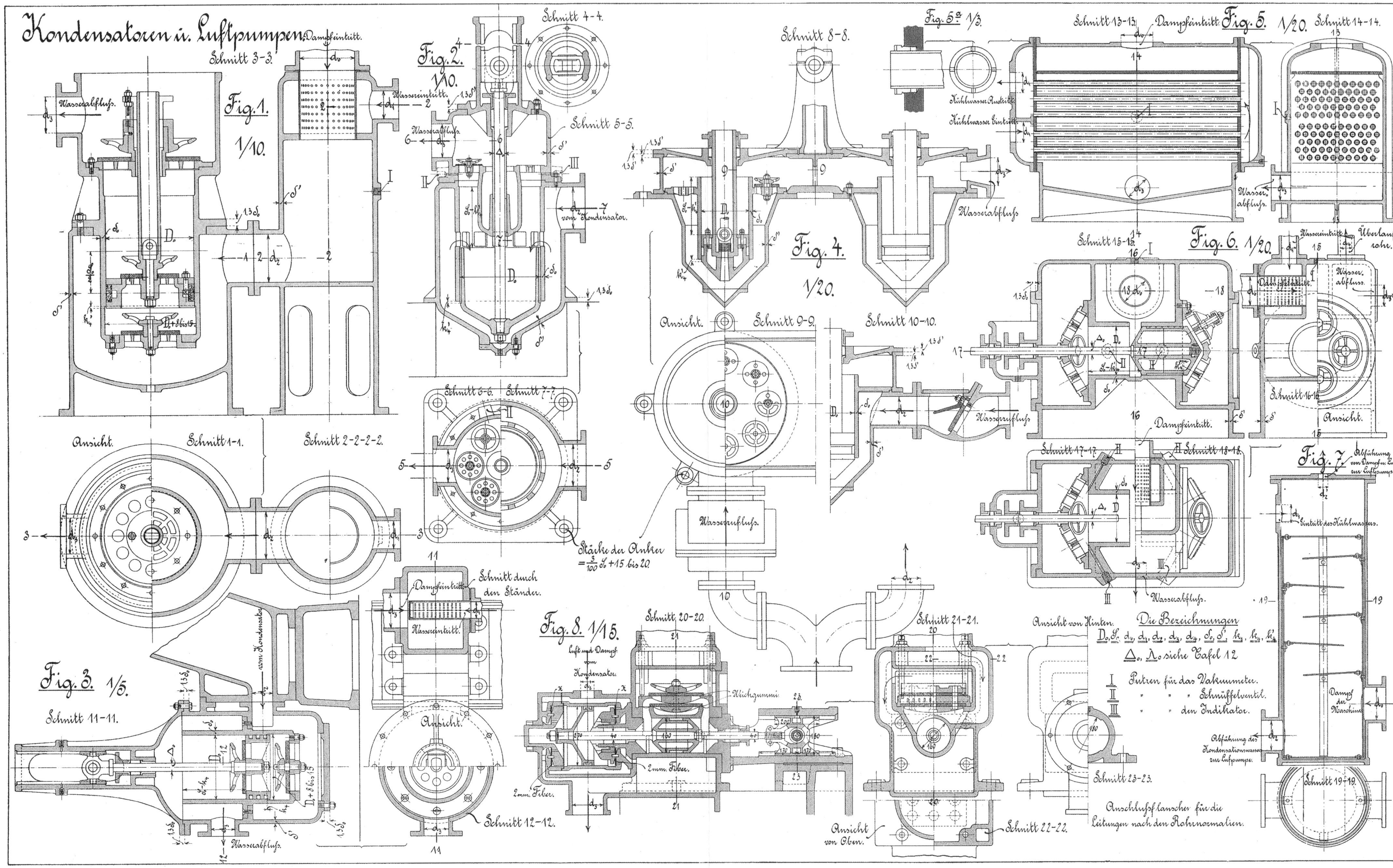
Kondensatoren u. Luftpumpen
Fig. 1. 1/10.
Schnitt 3-3.
Dampfeintritt.
Wassereintritt.
Wasserabfluß.
Ansicht.
Schnitt 1-1.
Schnitt 2-2-2-2.
Fig. 2. 1/10.
Schnitt 4-4.
Schnitt 5-5.
Wasserabfluß.
vom Kondensator.
Schnitt 6-6.
Schnitt 7-7.
Stärke der Anker $= \frac{3}{100} \delta_0 + 15$ bis 20.
Fig. 3. 1/5.
Schnitt 11-11.
vom Kondensator
Wasserabfluß.
Schnitt durch den Ständer.
Dampfeintritt.
Wassereintritt.
Ansicht.
Schnitt 12-12.
Fig. 4. 1/20.
Schnitt 8-8.
Ansicht.
Schnitt 9-9.
Schnitt 10-10.
Wasserzufluß.
Fig. 5a 1/3.
Fig. 5. 1/20.
Schnitt 13-13.
Schnitt 14-14.
Kühlwasser Austritt.
Kühlwasser Eintritt.
Wasserabfluß.
Fig. 6. 1/20.
Schnitt 15-15.
Schnitt 16-16.
Dampfeintritt.
Wasserabfluß.
Überlaufrohr.
Schnitt 17-17.
Schnitt 18-18.
Fig. 7.
Abführung von Dampf u. Luft zur Luftpumpe.
Eintritt des Kühlwassers.
Dampf der Maschine.
Abführung des Kondensationswassers zur Luftpumpe.
Schnitt 19-19.
Fig. 8. 1/15.
Schnitt 20-20.
Luft und Dampf vom Kondensator.
Weichgummi.
2 mm. Fiber.
Schnitt 21-21.
Ansicht von Hinten.
Schnitt 23-23.
Ansicht von Oben.
Schnitt 22-22.
Die Bezeichnungen
$D_0, \delta, d_0, d_1, d_2, d_3, d_4, \delta_0, \delta', k_1, k_2, k_4'$
Δ_0, Λ_0 siehe Tafel 12
I Stutzen für das Vakuummeter.
II " " " Schnüffelventil.
III " " den Indikator.
Anschlußflansche für die Leitungen nach den Rohrnormalien.

Antrieb und Details der Luftpumpen.

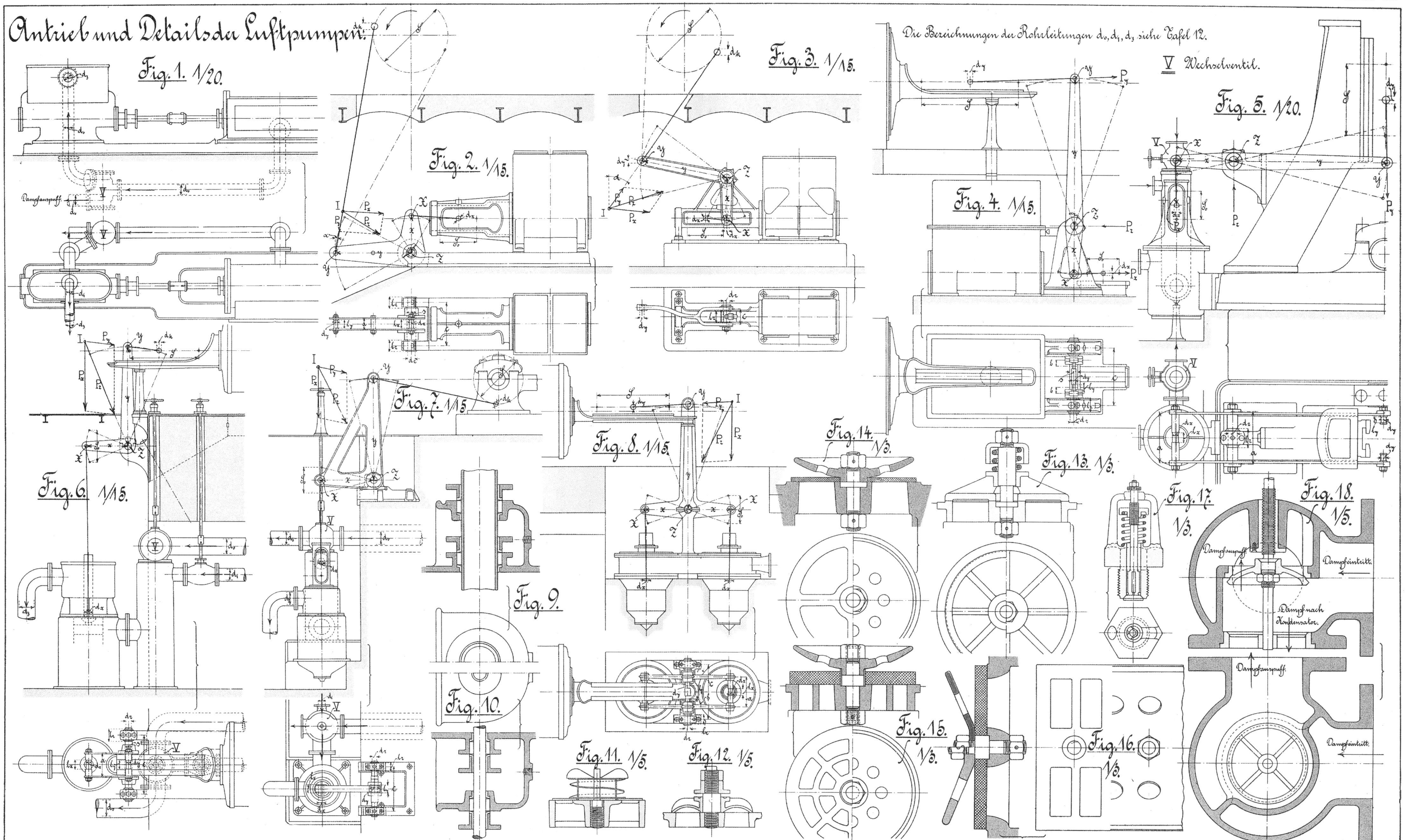

Kolben.

Dimensionen der Lideringe

$b = 0{,}6\sqrt{D}$ +) bis $0{,}7\sqrt{D}$

$h = b$ bis $3\,b$

$b_1 = b + 0{,}01\,D$

$a = 20 + 0{,}04\,D.$

D = Bohrung des Dampf-, D_0 = Bohrung des Luftpumpenzylinders.

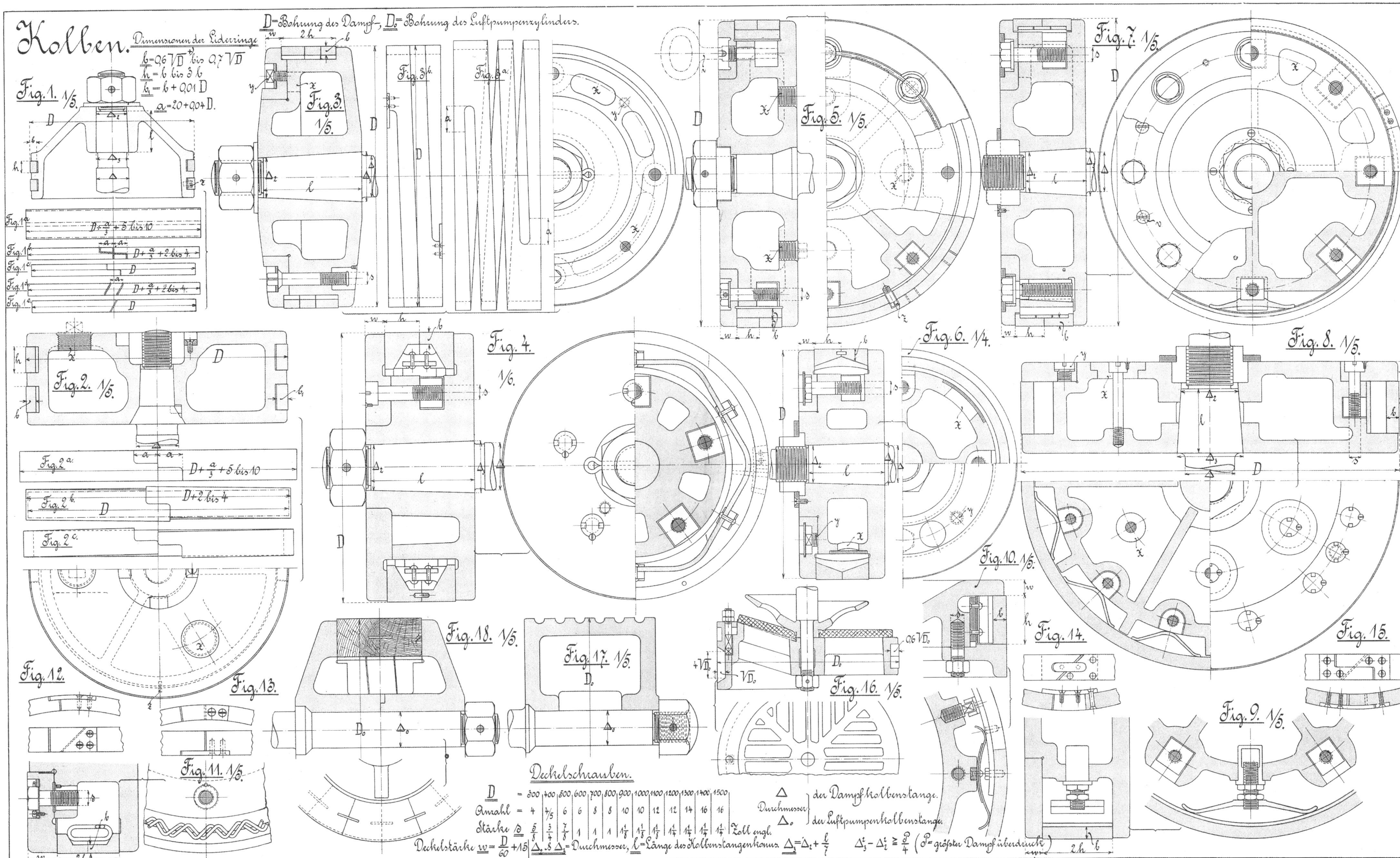

Deckelschrauben.

D =	300	400	500	600	700	800	900	1000	1100	1200	1300	1400	1500	
Anzahl =	4	4/5	6	6	8	8	10	10	12	12	14	16	16	
Stärke δ	5/8	3/4	7/8	1	1	1	1 1/8	1 1/8	1 1/8	1 1/4	1 1/4	1 1/4	1 1/4	Zoll engl.

Durchmesser Δ der Dampfkolbenstange, Δ_0 der Luftpumpenkolbenstange.

Deckelstärke $w = \frac{D}{60} + 15$ | Δ_2 & Δ_3 = Durchmesser, l = Länge des Kolbenstangenkonus. $\Delta_3 = \Delta_2 + \frac{l}{7}$ $\quad \Delta_3^2 - \Delta_2^2 \geqq \frac{P}{4}$ (P = größter Dampfüberdruck)

+) Den kleineren Wert für Selbstspanner bei ungeteiltem Kolben.

Stopfbuchsen & Führungen.

Stangendurchmesser Δ =	20	30	40	50	60	70	80	90	100	110	120	130	140	150
b =	0,2 Δ + 5 bis 7,5				0,2 Δ + 3 bis 5							0,2 Δ bis 0,2 Δ + 2		
h =	Δ + 40 bis 60				Δ + 70 bis 80							Δ + 80 bis 90		
δ =	$\frac{1}{2}$	$\frac{5}{8}$	$\frac{5}{8}$	$\frac{3}{4}$	$\frac{3}{4}$	$\frac{7}{8}$	$\frac{7}{8}$	$\frac{7}{8}$	1	1	$1\frac{1}{8}$	$1\frac{1}{8}$	$1\frac{1}{4}$	$1\frac{1}{4}$" engl.

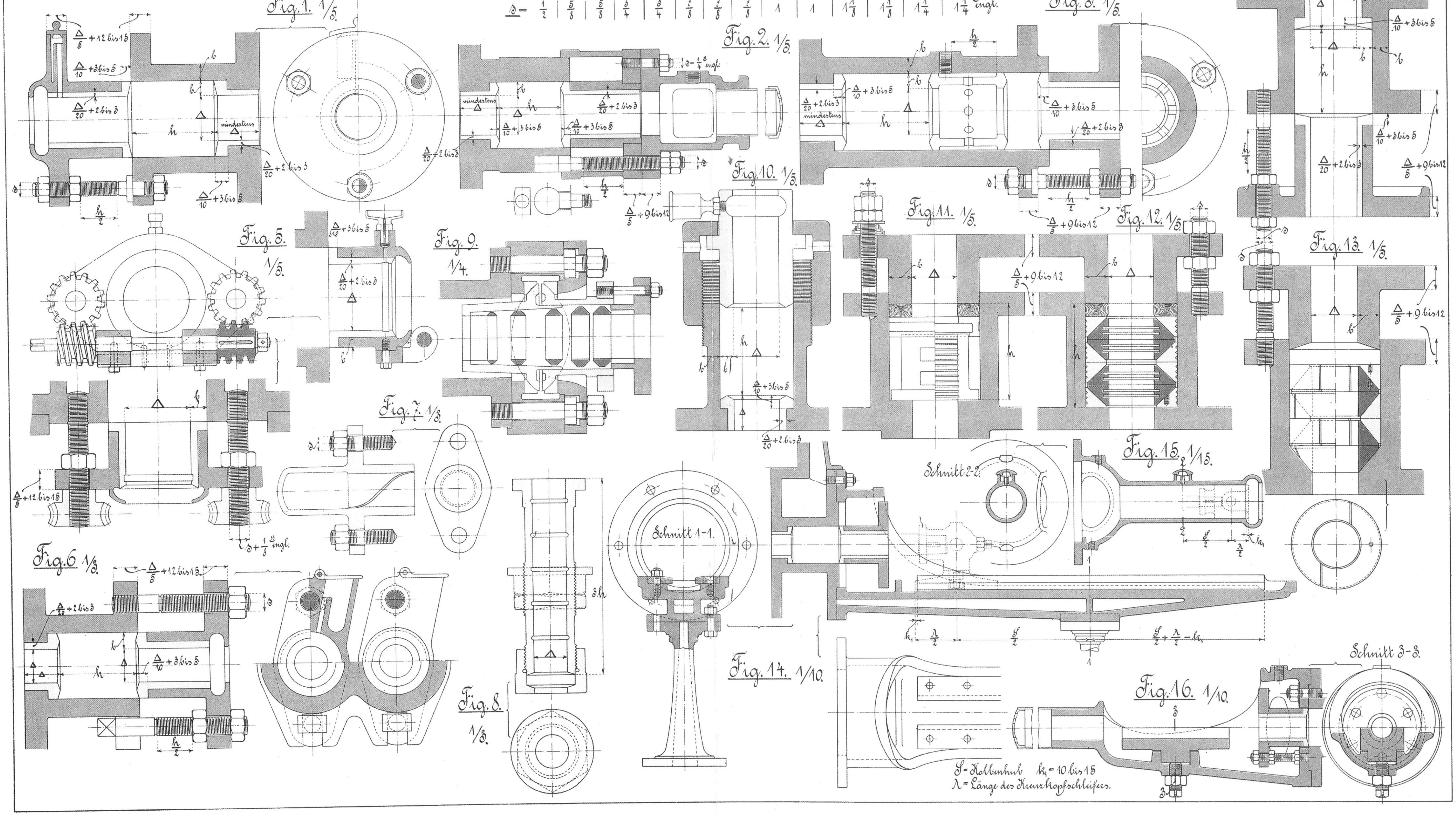

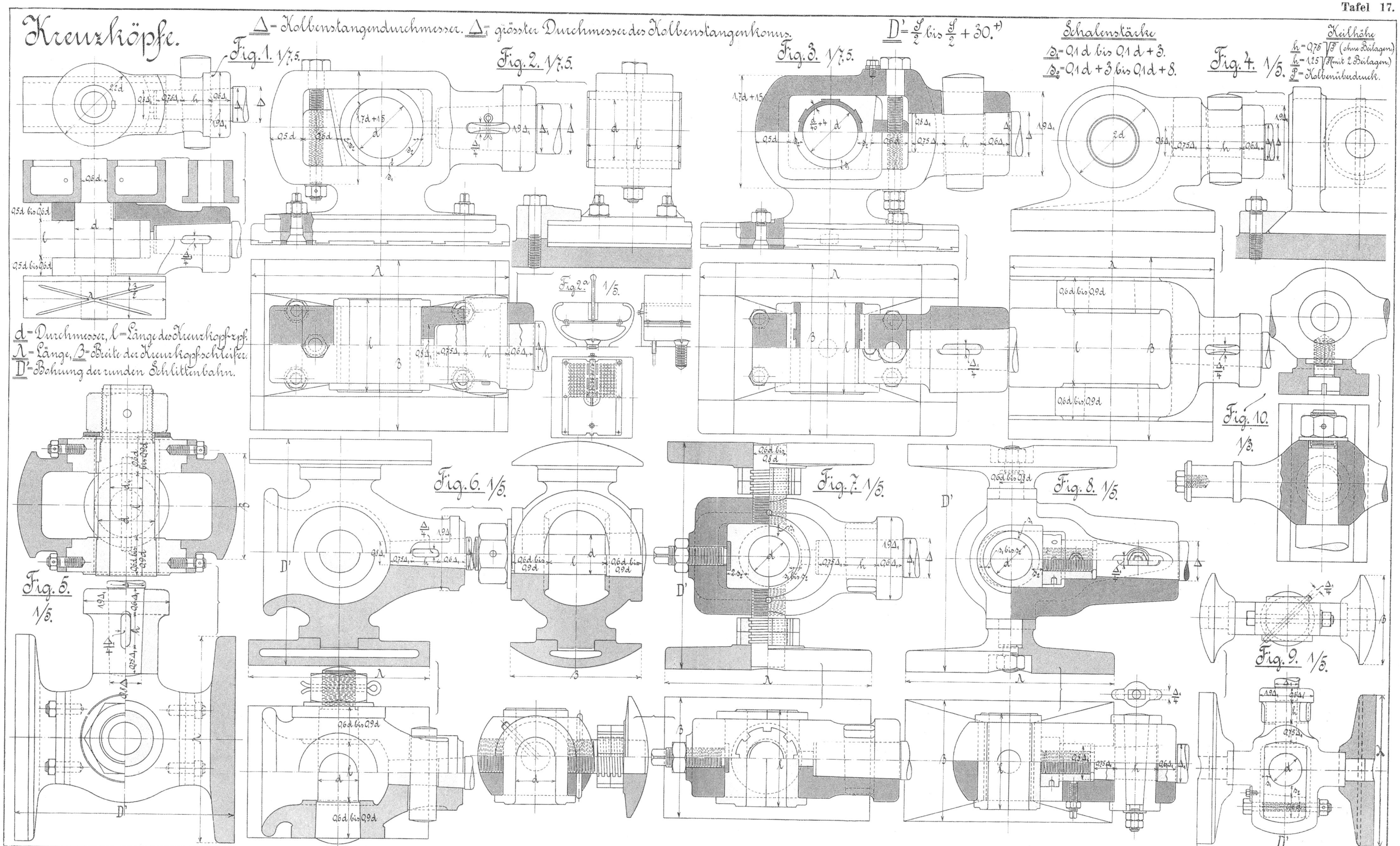
Kreuzköpfe.
Δ = Kolbenstangendurchmesser. Δ₁ = grösster Durchmesser des Kolbenstangenkonus.
Schalenstärke
δ₁ = 0,1 d bis 0,1 d + 3.
δ₂ = 0,1 d + 3 bis 0,1 d + 8.
Keilhöhe
d = Durchmesser, l = Länge des Kreuzkopfzapf.
Λ = Länge, B = Breite der Kreuzkopfschleifer.
D' = Bohrung der runden Schlittenbahn.
Fig. 1. 1/7,5.
Fig. 2. 1/7,5.
Fig. 2a 1/5.
Fig. 3. 1/7,5.
Fig. 4. 1/5.
Fig. 5. 1/5.
Fig. 6. 1/5.
Fig. 7. 1/5.
Fig. 8. 1/5.
Fig. 9. 1/5.
Fig. 10. 1/5.

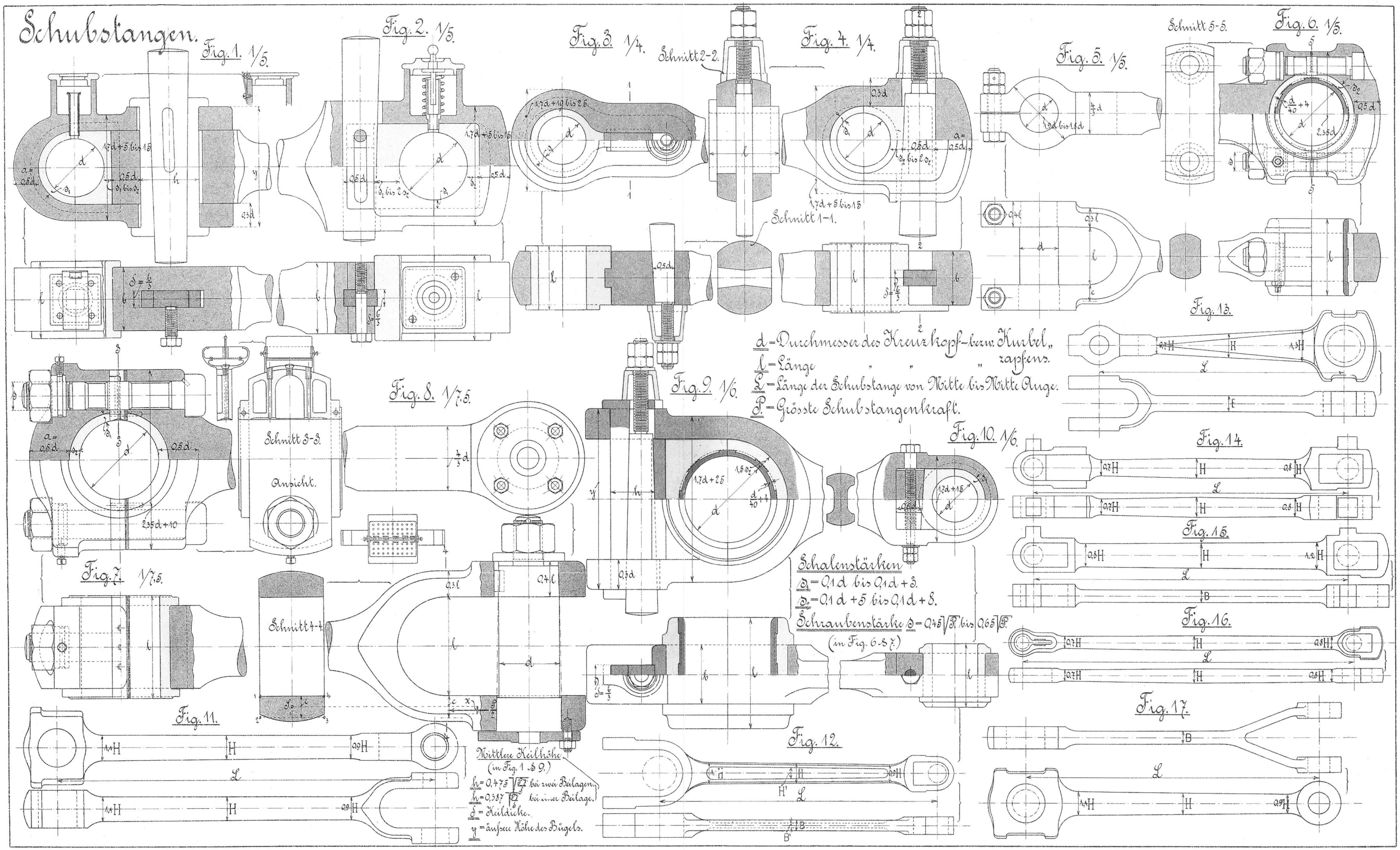
Schubstangen.
Fig. 1. 1/5.
Fig. 2. 1/5.
Fig. 3. 1/4.
Schnitt 2-2.
Fig. 4. 1/4.
Fig. 5. 1/5.
Schnitt 5-5.
Fig. 6. 1/5.
Schnitt 1-1.
Fig. 13.
d = Durchmesser des Kreuzkopf- bezw. Kurbel-
l = Länge " " " zapfens.
L = Länge der Schubstange von Mitte bis Mitte Auge.
P = Grösste Schubstangenkraft.
Fig. 8. 1/7.5.
Fig. 9. 1/6.
Schnitt 3-3.
Ansicht.
Fig. 10. 1/6.
Fig. 14.
Fig. 15.
Fig. 7. 1/7.5.
Schnitt 4-4.
Schalenstärken
δ_1 = 0,1 d bis 0,1 d + 3.
δ_2 = 0,1 d + 5 bis 0,1 d + 8.
Schraubenstärke δ = 0,45 $\sqrt{P}$ bis 0,65 $\sqrt{P}$.
(in Fig. 6-8 7.)
Fig. 16.
Fig. 11.
Fig. 12.
Fig. 17.
Mittlere Keilhöhe
(in Fig. 1 - 5 9.)
h = 0,475 $\sqrt{\frac{P}{\delta}}$ bei zwei Beilagen.
h = 0,387 $\sqrt{\frac{P}{\delta}}$ bei einer Beilage.
δ = Keildicke.
y = äussere Höhe des Bügels.

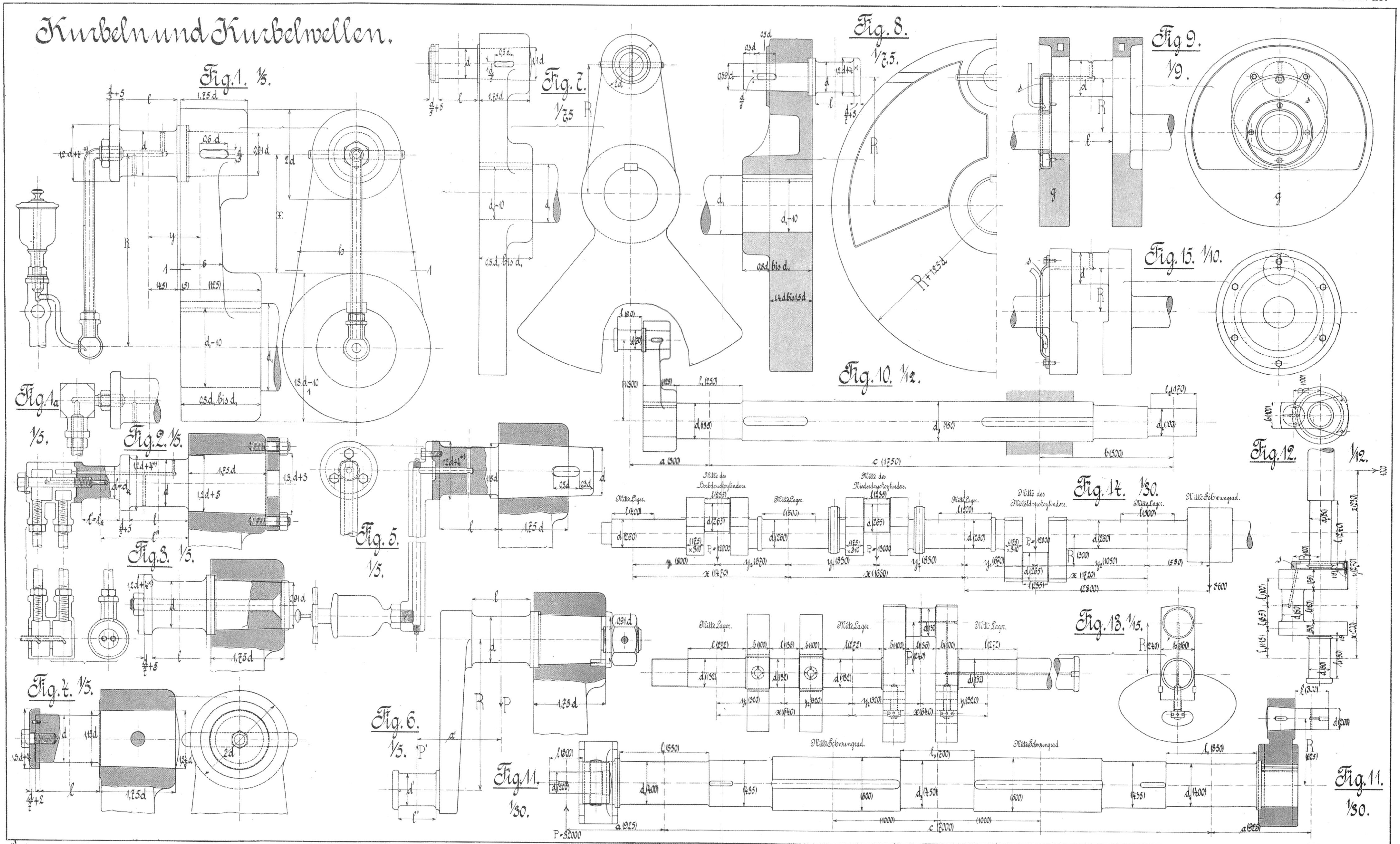

*) Bei geschlossenen Schubstangenköpfen kleiner als deren Öffnung.

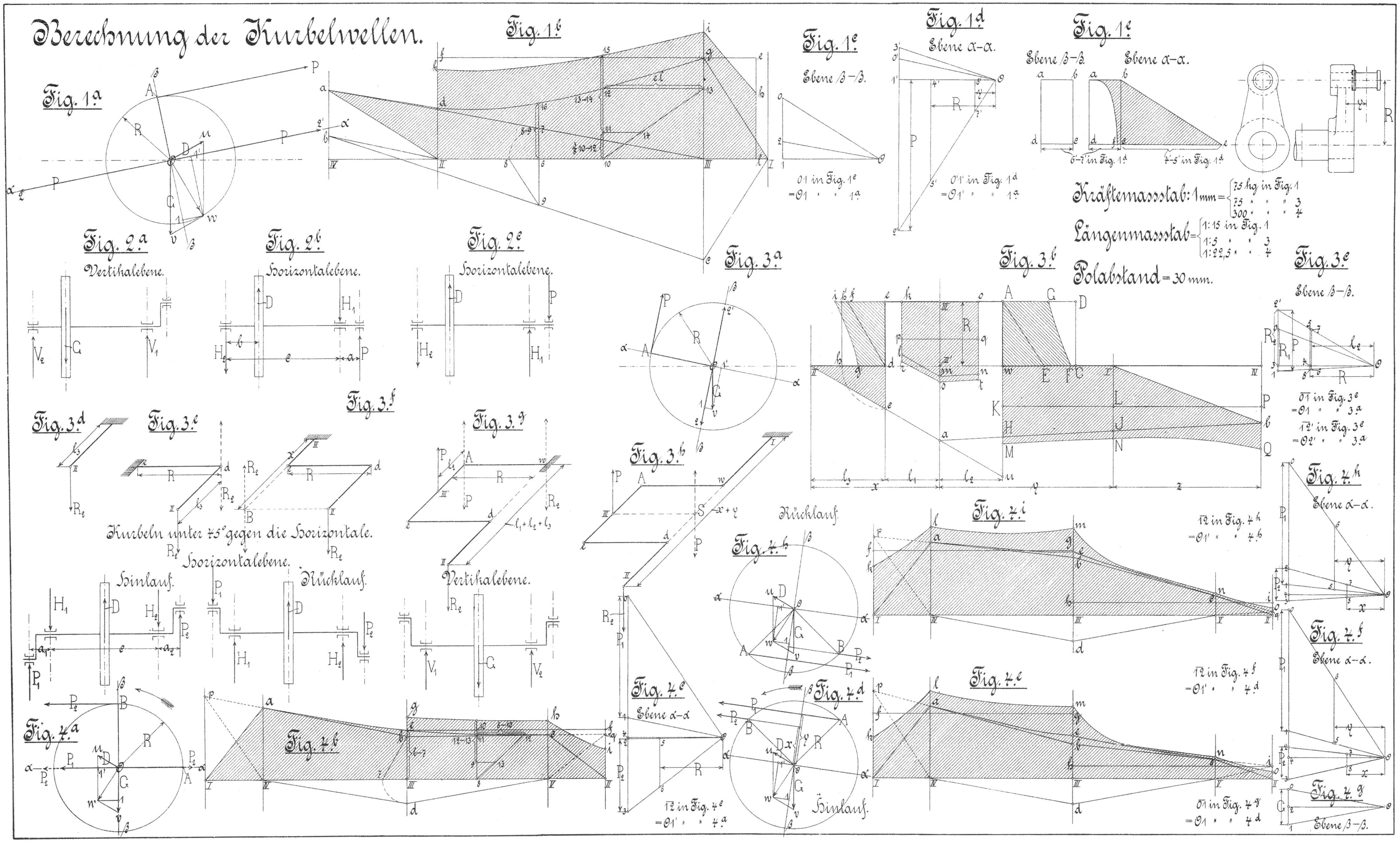
Berechnung der Kurbelwellen.
Fig. 1a
Fig. 1b
Fig. 1c
Ebene β–β.
01 in Fig. 1c
=01 " " 1a
Fig. 1d
Ebene α–α.
0'1' in Fig. 1d
=01' " " 1a
Fig. 1e
Ebene β–β.
Ebene α–α.
6'–7' in Fig. 1d
4'–5' in Fig. 1d
Kräftemassstab: 1 mm = 75 kg in Fig. 1; 75 " " 3; 300 " " 4
Längenmassstab: 1:15 in Fig. 1; 1:5 " " 3; 1:22,5 " " 4
Polabstand = 30 mm.
Fig. 2a
Vertikalebene.
Fig. 2b
Horizontalebene.
Fig. 2c
Horizontalebene.
Fig. 3a
Fig. 3b
Fig. 3c
Ebene β–β.
01 in Fig. 3c
=01 " " 3a
12' in Fig. 3c
=02' " " 3a
Fig. 3d
Fig. 3e
Fig. 3f
Fig. 3g
Fig. 3h
Kurbeln unter 45° gegen die Horizontale.
Horizontalebene.
Hinlauf.
Rücklauf.
Vertikalebene.
Fig. 4a
Fig. 4b
Fig. 4c
Ebene α–α
12 in Fig. 4c
=01' " " 4a
Fig. 4d
Hinlauf.
Fig. 4e
12 in Fig. 4f
=01' " " 4d
01 in Fig. 4g
=01 " " 4d
Fig. 4f
Ebene α–α.
Fig. 4g
Ebene β–β.
Fig. 4h
Ebene α–α.
Fig. 4i
12 in Fig. 4h
=01' " " 4b
Rücklauf.

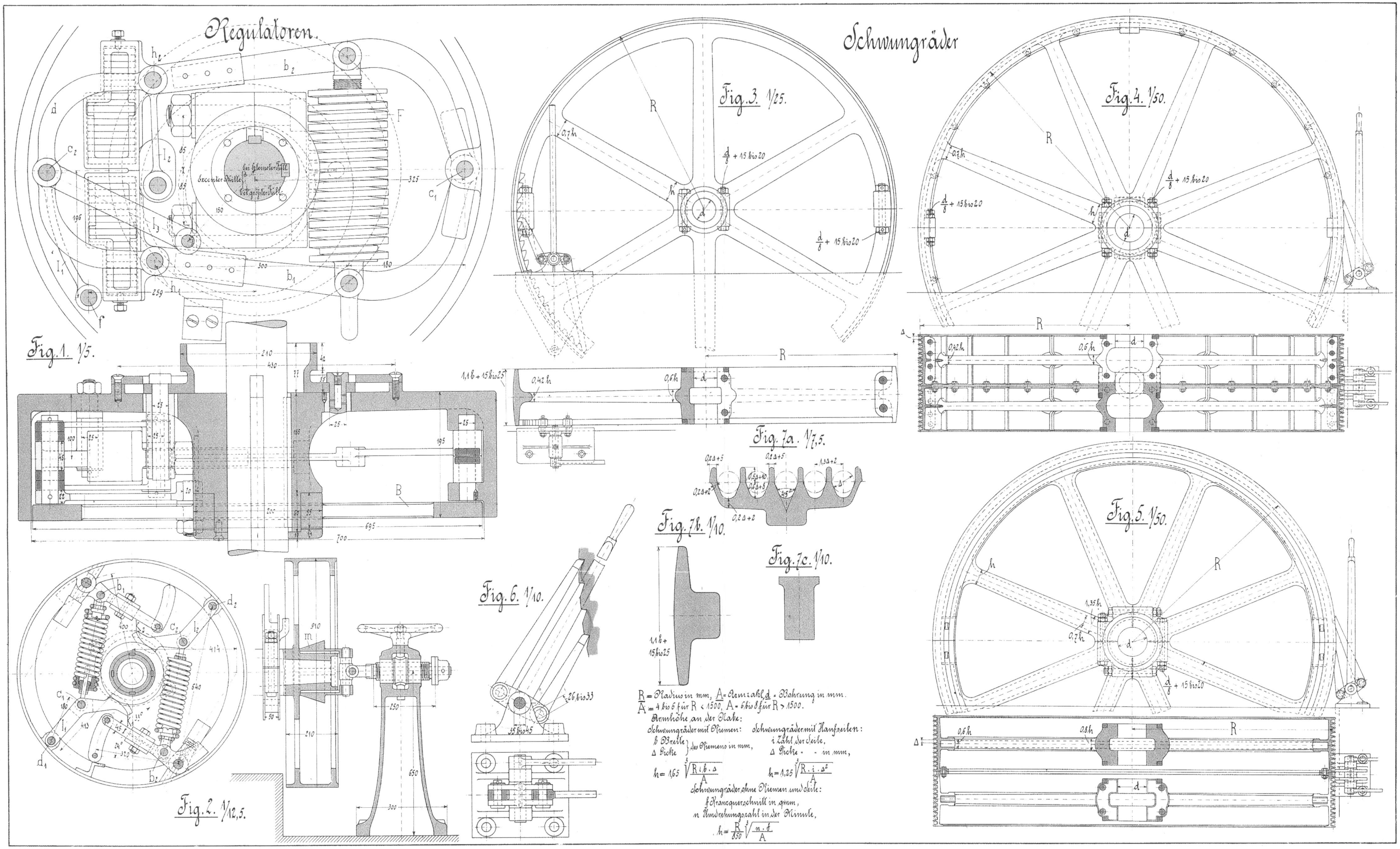
Regulatoren.
Schwungräder
Fig. 1. 1/5.
Fig. 2. 1/12,5.
Fig. 3. 1/25.
Fig. 4. 1/50.
Fig. 5. 1/50.
Fig. 6. 1/10.
Fig. 7a. 1/7,5.
Fig. 7b. 1/10.
Fig. 7c. 1/10.
R = Radius in mm, A = Armzahl, d = Bohrung in mm.
A = 4 bis 6 für R < 1500, A = 6 bis 8 für R > 1500.
Armhöhe an der Nabe:
Schwungräder mit Riemen:
b Breite, Δ Dicke des Riemens in mm,
$h = 1{,}65 \sqrt[3]{\frac{R \cdot b \cdot \Delta}{A}}$
Schwungräder mit Hanfseilen:
i Zahl der Seile,
Δ Dicke - - in mm,
$h = 1{,}25 \sqrt[3]{\frac{R \cdot i \cdot \Delta^2}{A}}$
Schwungräder ohne Riemen und Seile:
f Kranzquerschnitt in qmm,
n Umdrehungszahl in der Minute,
$h = \frac{R}{850} \sqrt[3]{\frac{n \cdot f}{A}}$

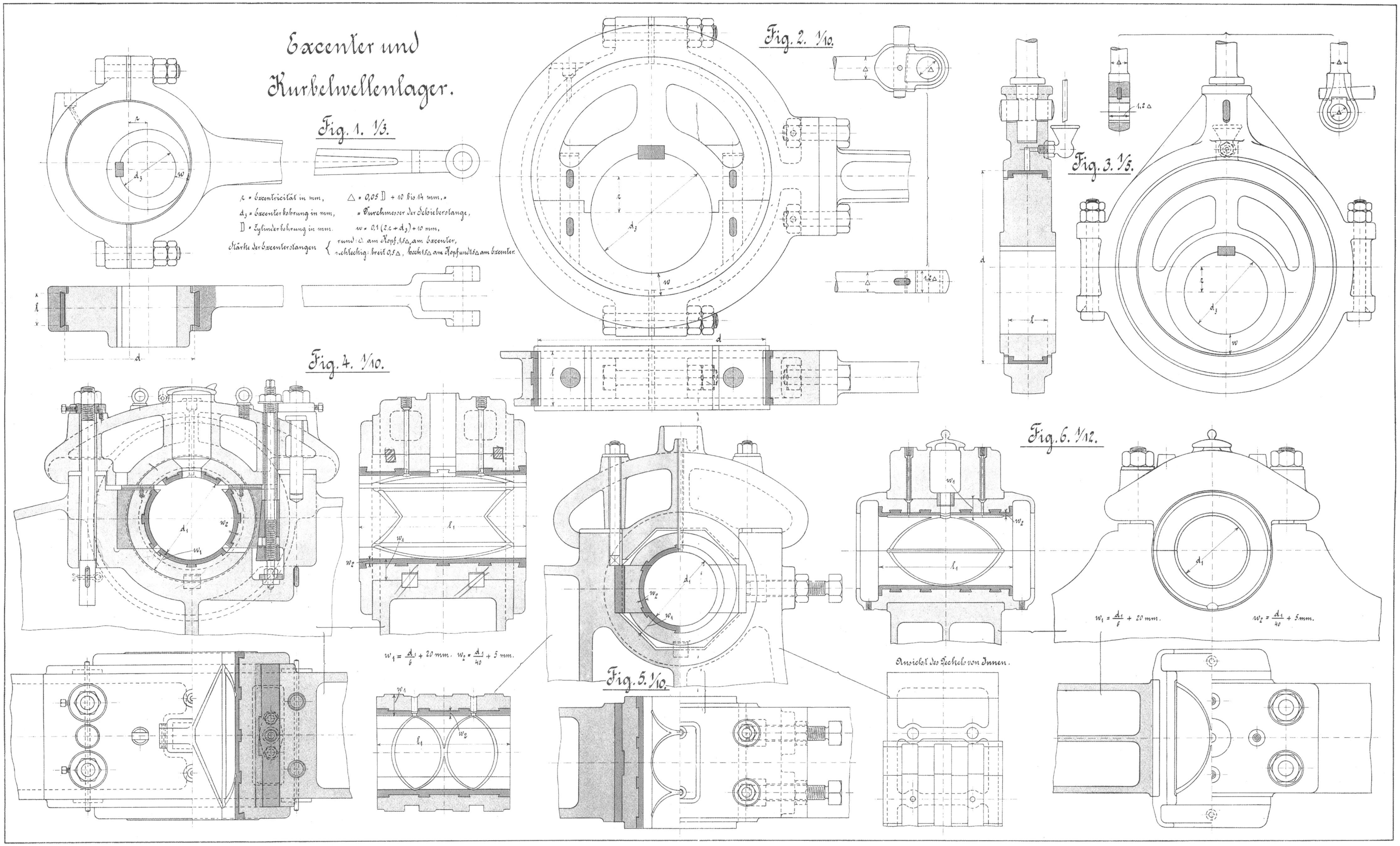
Excenter und
Kurbelwellenlager.
Fig. 1. 1/3.
r = Excentricität in mm,
d₃ = Excenterbohrung in mm,
D = Zylinderbohrung in mm.
△ = 0,05 D + 10 bis 14 mm. = Durchmesser der Schieberstange,
w = 0,1 (2r + d₃) + 10 mm,
Stärke der Excenterstangen { rund: △ am Kopf, 1,5△ am Excenter, rechteckig: breit 0,5△, hoch 1,5△ am Kopf und 1,8△ am Excenter.
Fig. 2. 1/10.
Fig. 3. 1/5.
Fig. 4. 1/10.
w₁ = d₁/6 + 20 mm. w₂ = d₁/40 + 5 mm.
Fig. 5. 1/10.
Fig. 6. 1/12.
Ansicht des Deckels von Innen.
w₁ = d₁/6 + 20 mm.
w₂ = d₁/40 + 5 mm.

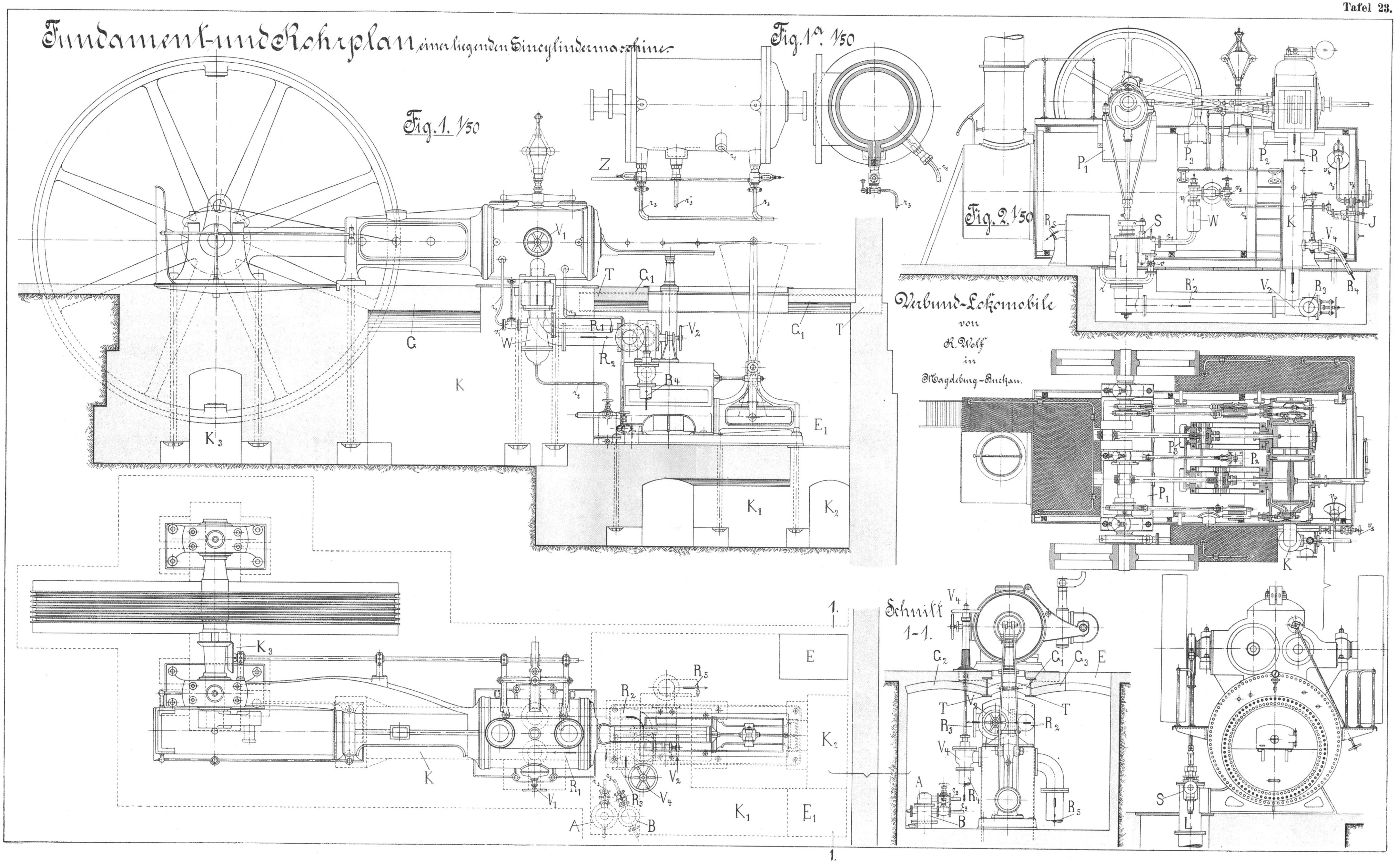
Fundament- und Rohrplan einer liegenden Eincylindermaschine
Fig. 1. 1/50
Fig. 1a. 1/50
Fig. 2. 1/50
Verbund-Lokomobile
von
R. Wolf
in
Magdeburg-Buckau.
Schnitt
1-1.

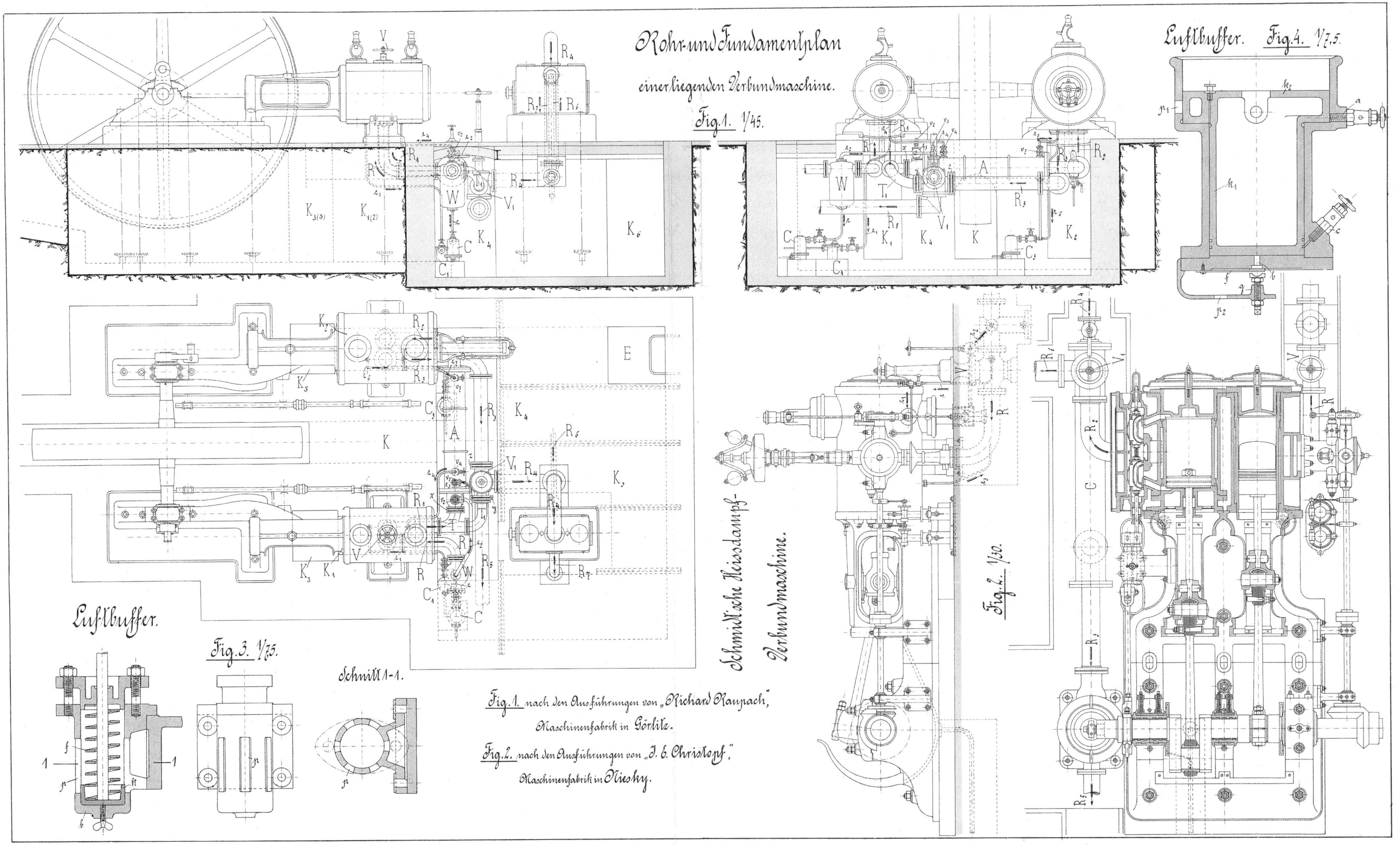
Rohr- und Fundamentplan
einer liegenden Verbundmaschine.
Fig. 1. 1/45.
Luftbuffer. Fig. 4. 1/7.5.
Luftbuffer.
Fig. 3. 1/7.5.
Schnitt 1-1.
Fig. 1. nach den Ausführungen von „Richard Raupach",
Maschinenfabrik in Görlitz.
Fig. 2. nach den Ausführungen von „J. E. Christoph",
Maschinenfabrik in Niesky.
Schmidt'sche Heissdampf-
Verbundmaschine.
Fig. 2. 1/30.

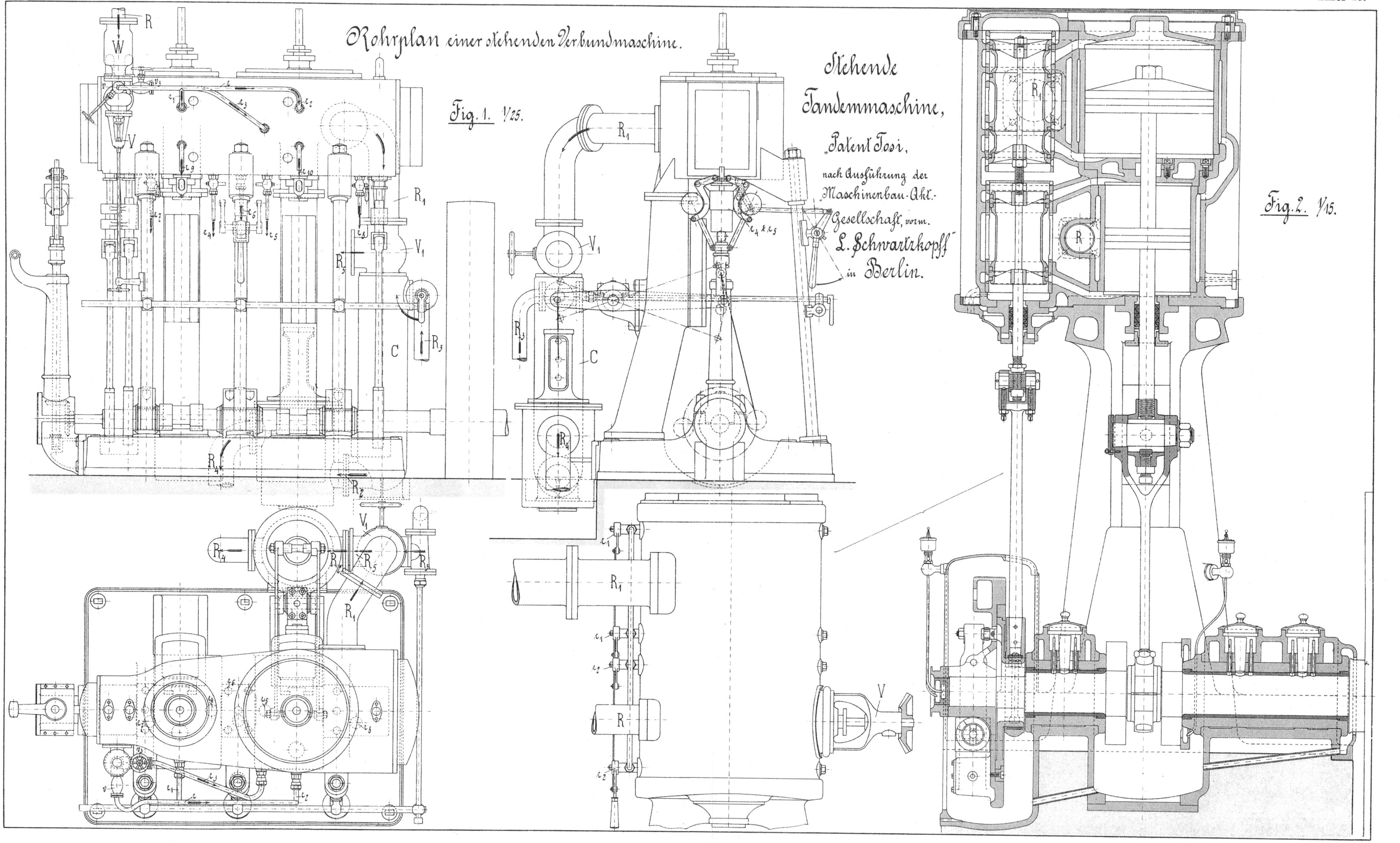

Rohrplan einer stehenden Verbundmaschine.
Fig. 1. 1/25.
Stehende Tandemmaschine,
„Patent Tosi,
nach Ausführung der
Maschinenbau-Akt.-
Gesellschaft, vorm.
L. Schwartzkopff"
in Berlin.
Fig. 2. 1/15.

Arbeits- und Druck-Diagramme einer Einzylinder- & Zwillingsmaschine. Kräftemassstab: 10mm = 1 kg, Kolbenhub S = 100mm, Schädl. Raum M = 0,05 S = 5mm.

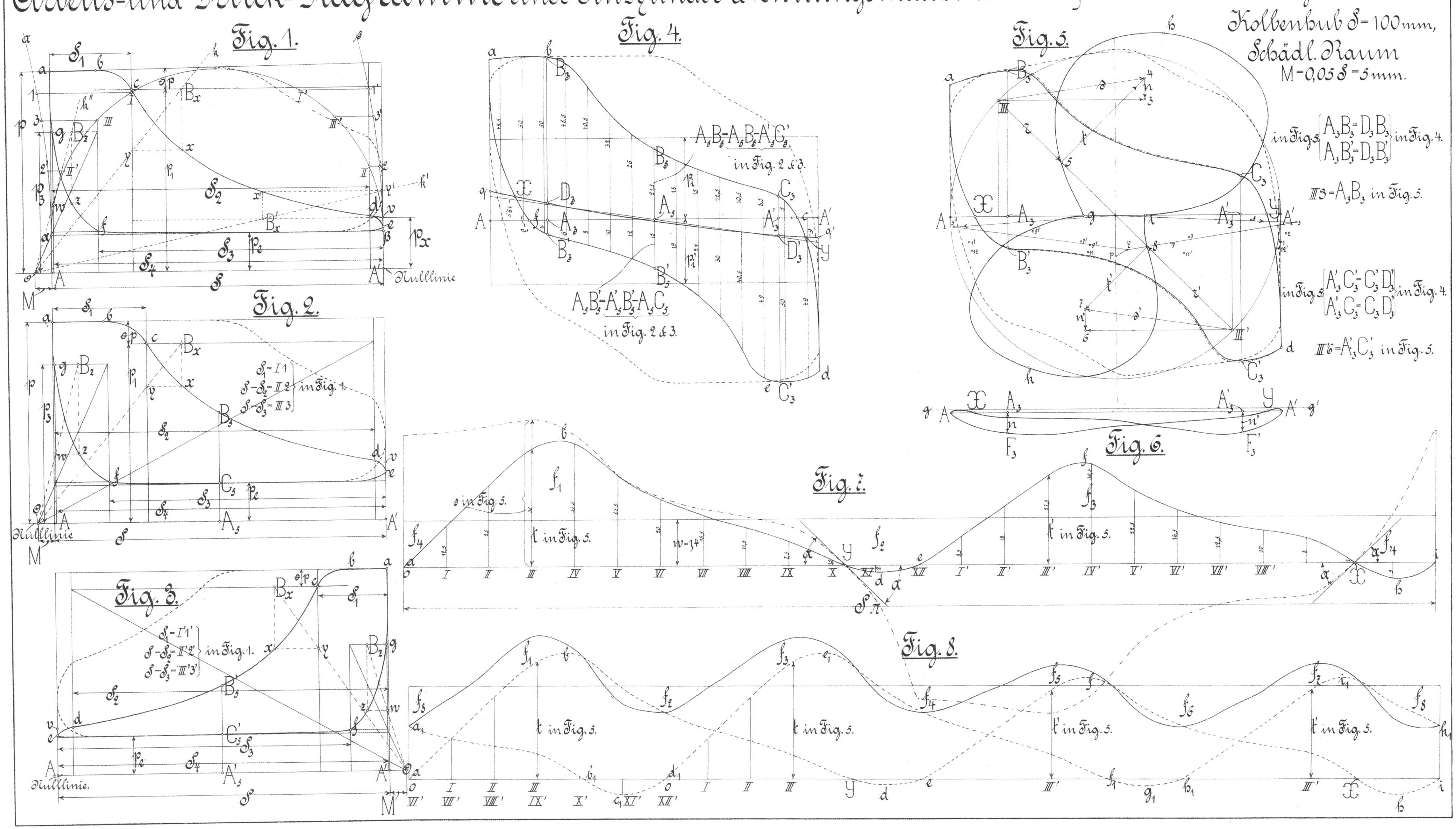

Arbeits- & Druck-Diagramme einer (stehenden) Einzylinder- und einer Zweifach-Expansionsmaschine. (Kurbeln unter 90° versetzt.)

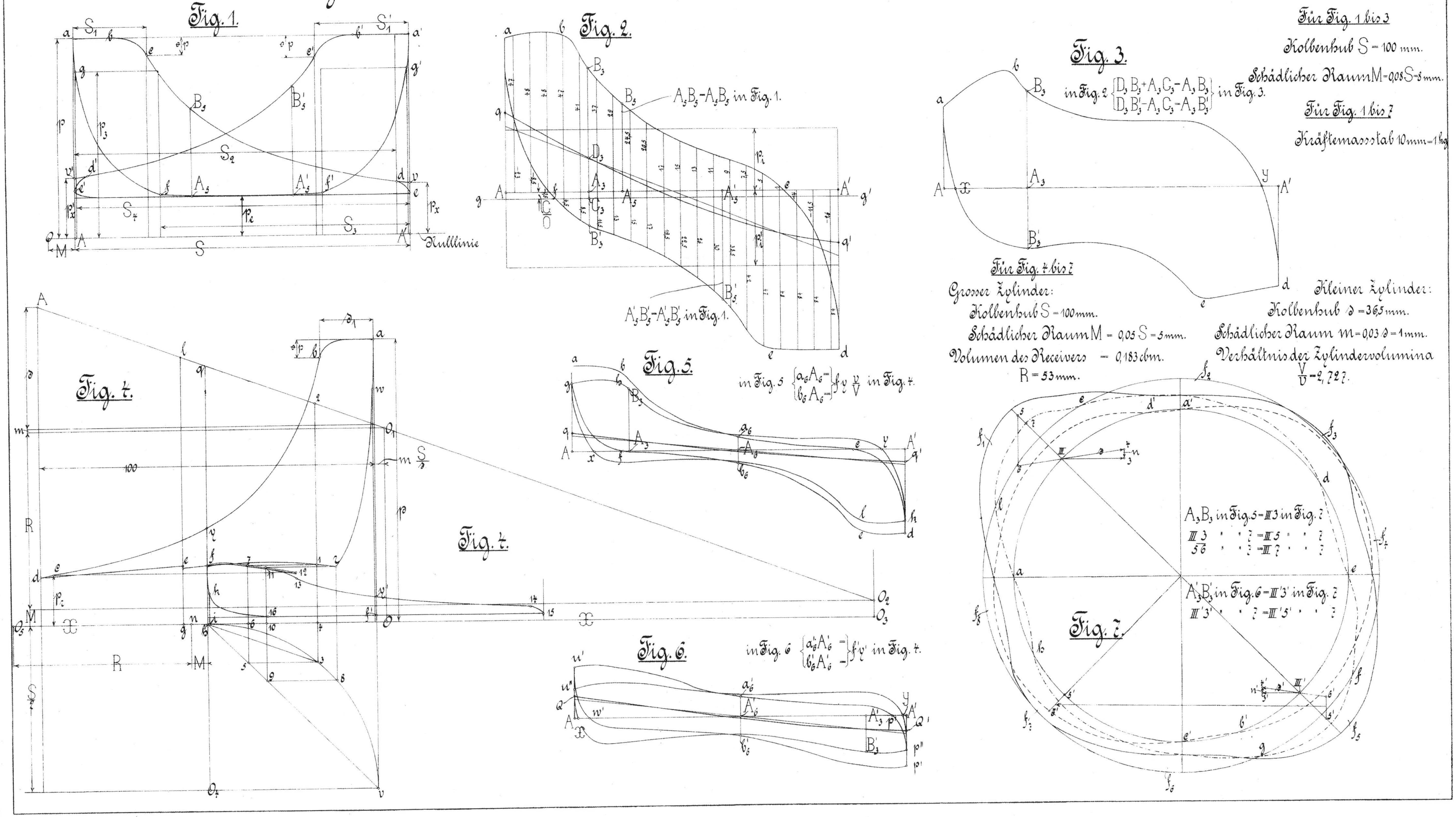

Arbeits- & Druck-Diagramme einer Zweifach-Expansionsmaschine. (Kurbeln unter 0° versetzt.)

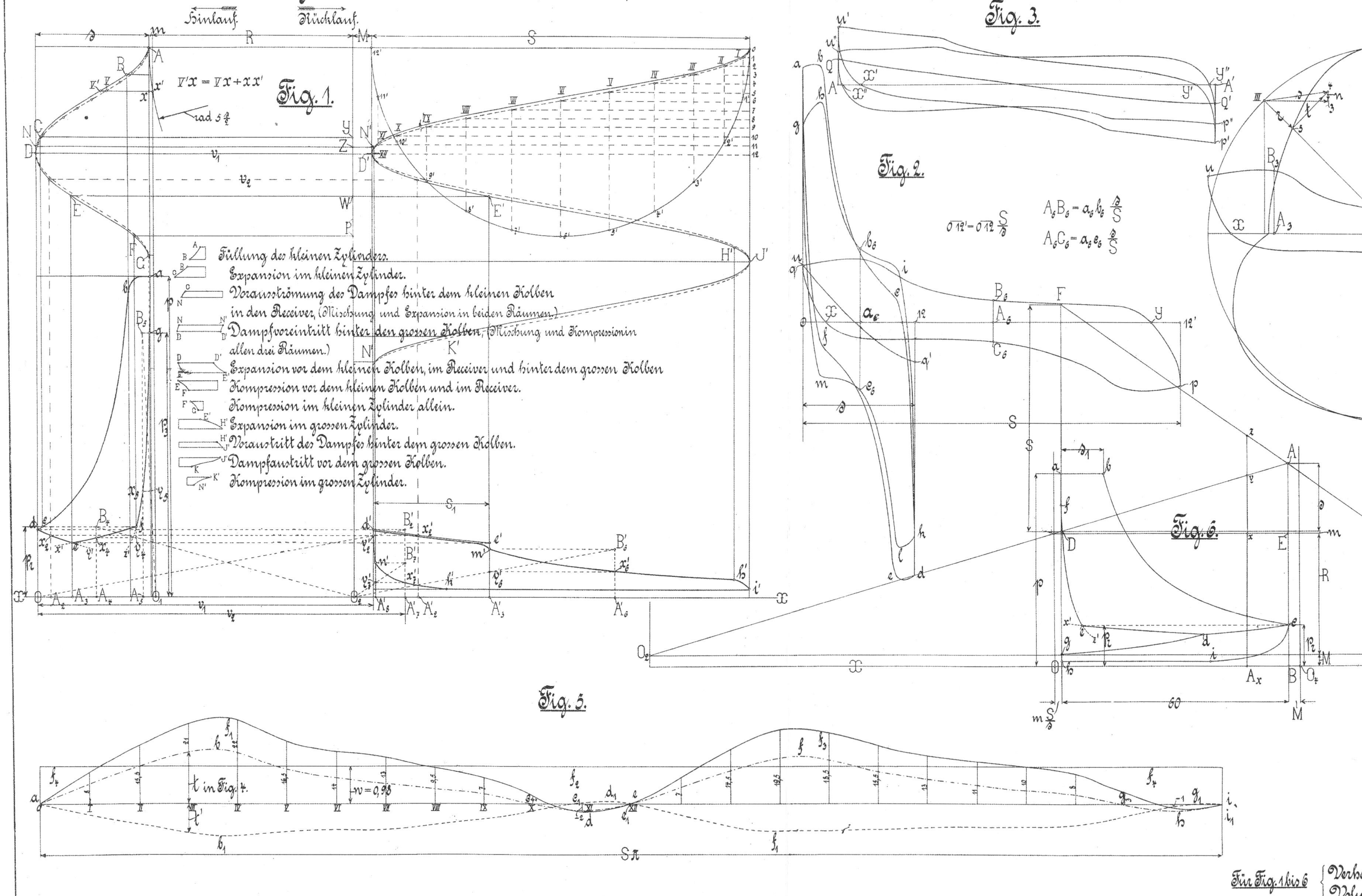

Für Fig. 1 bis 5

Grosser Zylinder:
Kolbenhub S = 100 mm.
Schädlicher Raum M = 0,05 S = 5 mm.
Kleiner Zylinder:
Kolbenhub s = 30 mm.
Schädlicher Raum m = 0,03 s = 0,9 mm.
Kräftemasstab 10 mm = 1 kg.
R = 53 mm.

Für Fig. 6

Grosser Zylinder:
Kolbenhub S = 60 mm.
Schädlicher Raum M = 0,05 S = 3 mm.
Kleiner Zylinder:
Kolbenhub s = 18 mm.
Schädlicher Raum m = 0,03 s = 0,54 mm.
Kräftemasstab 6 mm = 1 kg. R = 32 mm.

Für Fig. 1 bis 6 { Verhältnis der Zylindervolumina $\frac{V}{v} = 3,33$. Volumen des Receivers = 0,183 cbm.

Arbeits- & Druck-Diagramme einer Zweifach-Expansionsmaschine (Kurbeln unter 90° versetzt.)

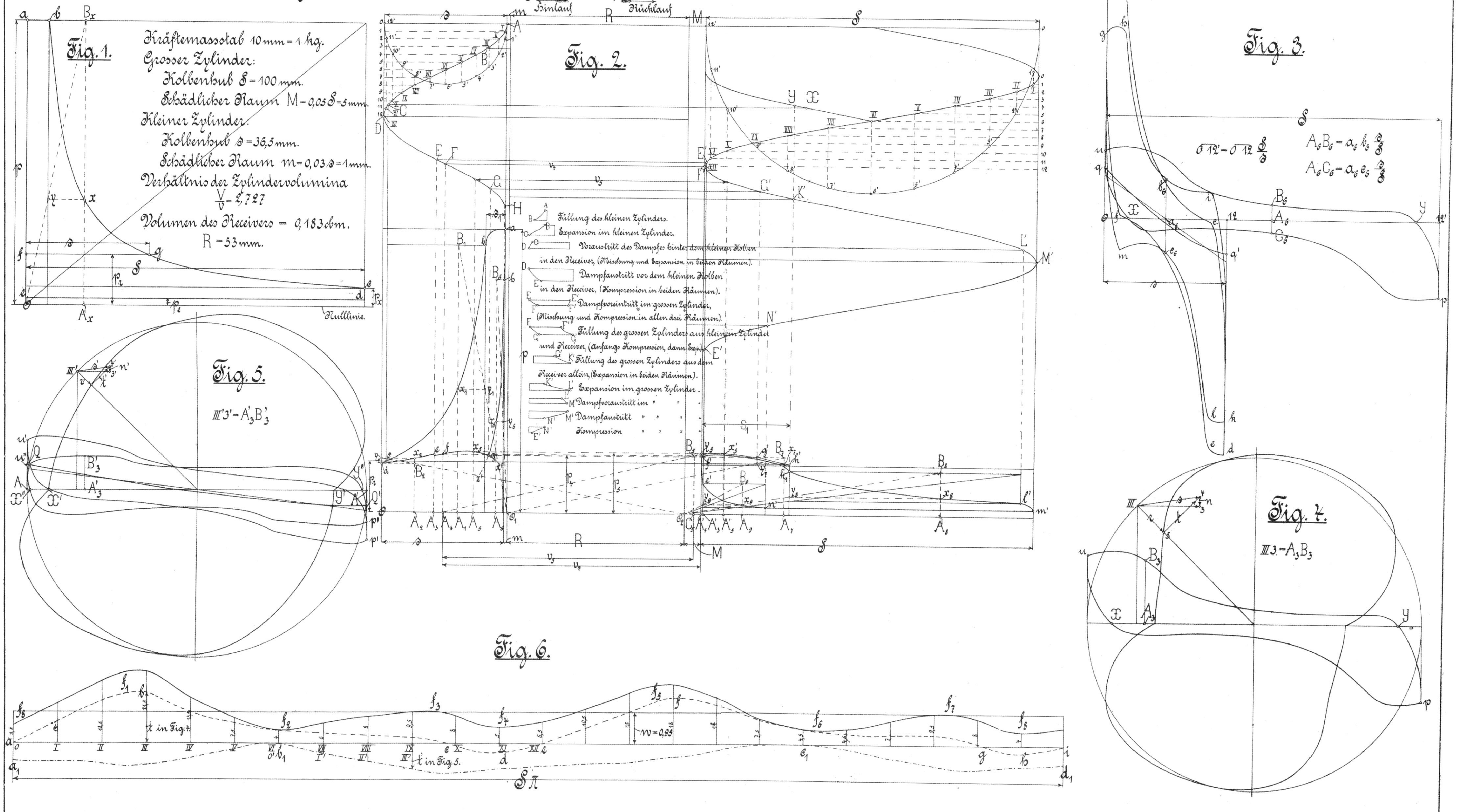

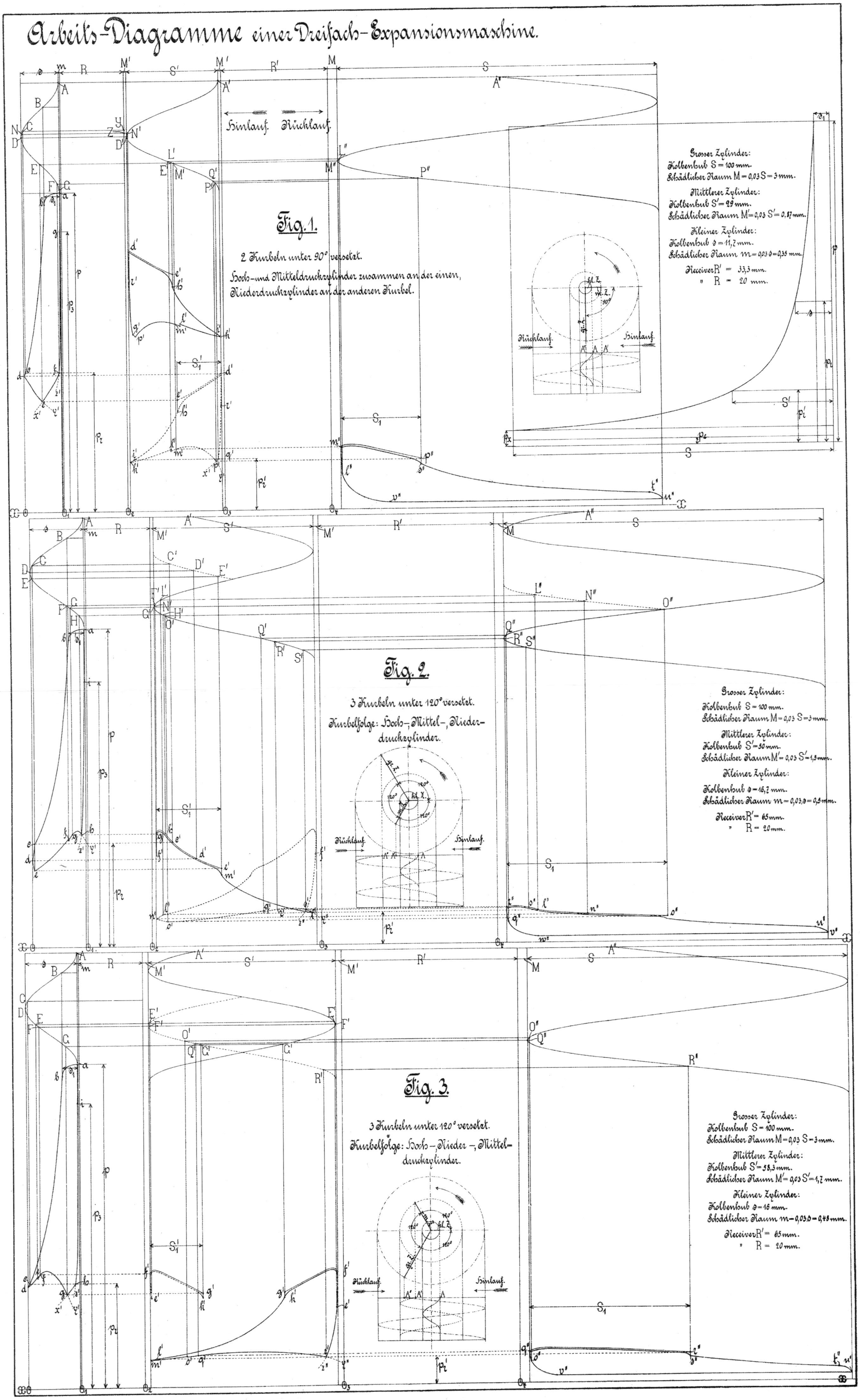
Arbeits-Diagramme einer Dreifach-Expansionsmaschine.
Hinlauf. Rücklauf.
Fig. 1.
2 Kurbeln unter 90° versetzt.
Hoch- und Mitteldruckzylinder zusammen an der einen, Niederdruckzylinder an der anderen Kurbel.
Grosser Zylinder:
Kolbenhub S = 100 mm.
Schädlicher Raum M = 0,03 S = 3 mm.
Mittlerer Zylinder:
Kolbenhub S' = 29 mm.
Schädlicher Raum M' = 0,03 S' = 0,87 mm.
Kleiner Zylinder:
Kolbenhub s = 11,7 mm.
Schädlicher Raum m = 0,03 s = 0,35 mm.
Receiver R' = 33,3 mm.
" R = 20 mm.
Fig. 2.
3 Kurbeln unter 120° versetzt.
Kurbelfolge: Hoch-, Mittel-, Niederdruckzylinder.
Grosser Zylinder:
Kolbenhub S = 100 mm.
Schädlicher Raum M = 0,03 S = 3 mm.
Mittlerer Zylinder:
Kolbenhub S' = 50 mm.
Schädlicher Raum M' = 0,03 S' = 1,5 mm.
Kleiner Zylinder:
Kolbenhub s = 16,7 mm.
Schädlicher Raum m = 0,03 s = 0,5 mm.
Receiver R' = 65 mm.
" R = 20 mm.
Fig. 3.
3 Kurbeln unter 120° versetzt.
Kurbelfolge: Hoch-, Nieder-, Mitteldruckzylinder.
Grosser Zylinder:
Kolbenhub S = 100 mm.
Schädlicher Raum M = 0,03 S = 3 mm.
Mittlerer Zylinder:
Kolbenhub S' = 38,3 mm.
Schädlicher Raum M' = 0,03 S' = 1,2 mm.
Kleiner Zylinder:
Kolbenhub s = 16 mm.
Schädlicher Raum m = 0,03 s = 0,48 mm.
Receiver R' = 65 mm.
" R = 20 mm.

Diagramme des Muschelschiebers.

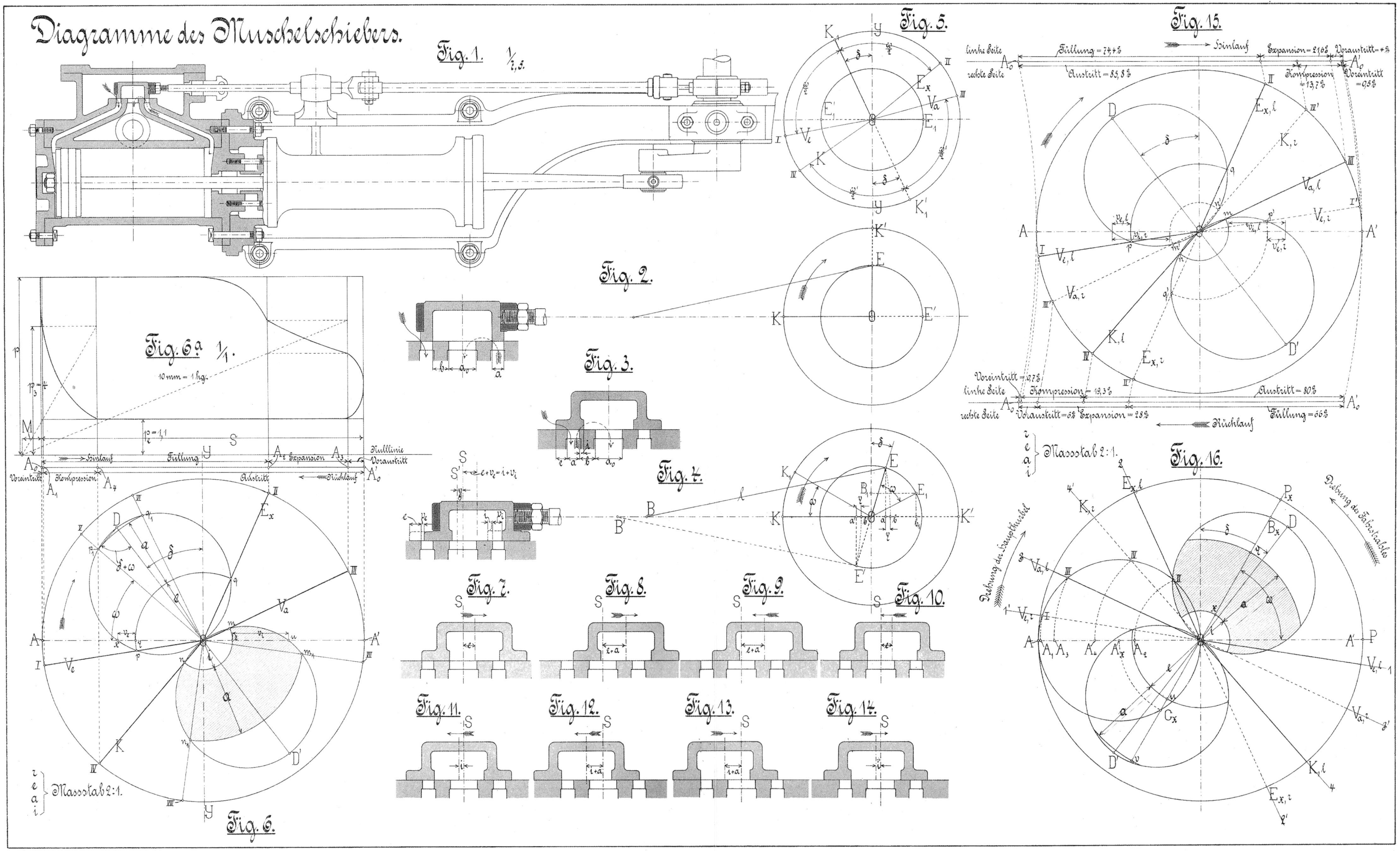

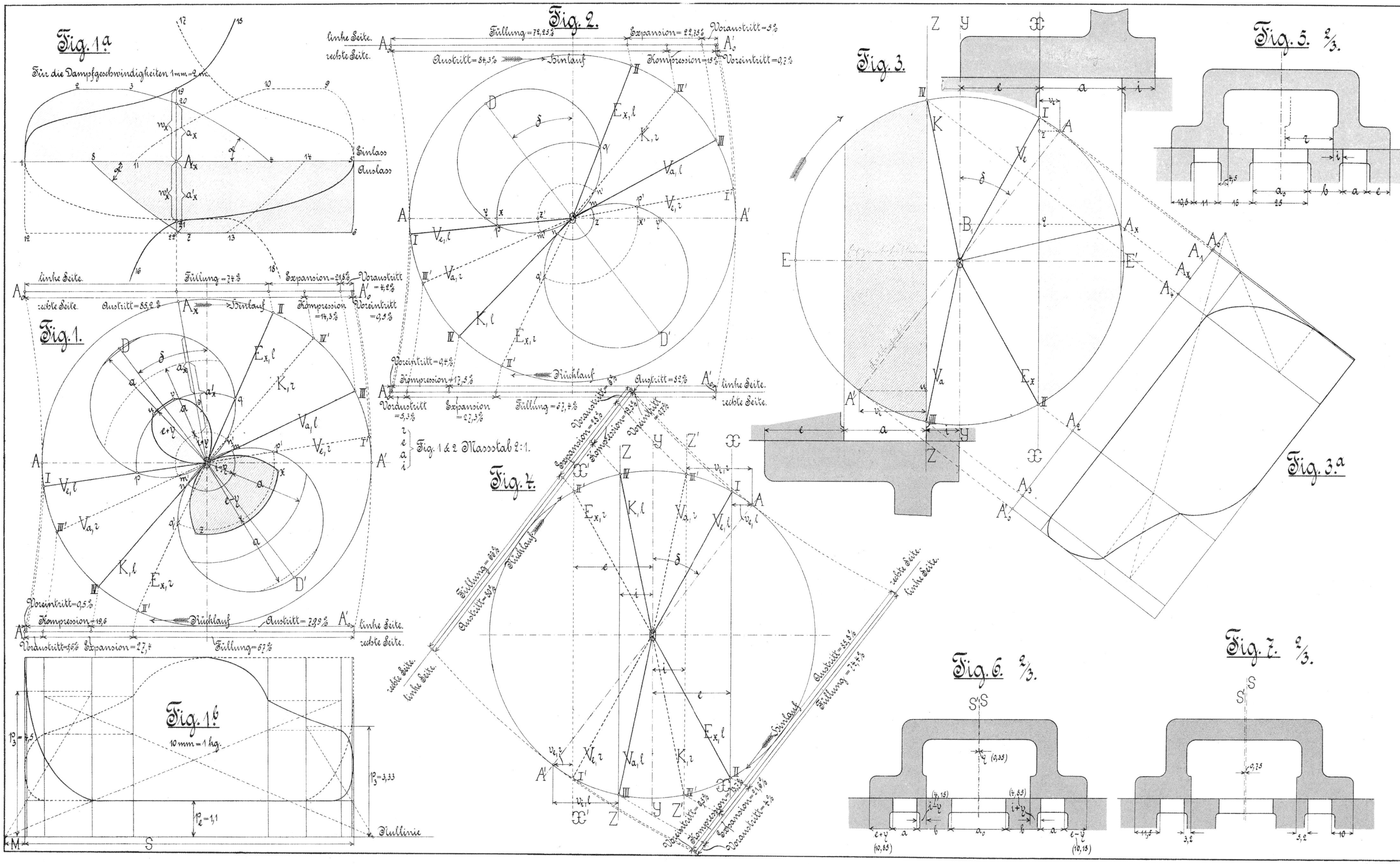
Fig. 1a
Für die Dampfgeschwindigkeiten 1 mm = 2 m.
Einlass
Auslass
Fig. 1.
linke Seite.
rechte Seite.
Füllung = 74 %
Expansion = 21,5 %
Voraustritt = 4,2 %
Austritt = 85,2 %
Einlauf
Kompression = 14,3 %
Voreintritt = 0,5 %
Rücklauf
Austritt = 79,9 %
Voreintritt = 0,5 %
Kompression = 19,6
Voraustritt = 5,6 %
Expansion = 27,4
Füllung = 67 %
Fig. 1b
10 mm = 1 kg.
Nullinie
Fig. 2.
Füllung = 72,25 %
Expansion = 22,75 %
Voraustritt = 5 %
Austritt = 84,3 %
Einlauf
Kompression = 15 %
Voreintritt = 0,7 %
Voreintritt = 0,4 %
Kompression = 17,5 %
Rücklauf
Austritt = 82 %
Voraustritt = 5,3 %
Expansion = 27,3 %
Füllung = 67,4 %
Fig. 1 & 2 Massstab 2 : 1.
Fig. 3.
Fig. 3a
Fig. 4.
Füllung = 88 %
Austritt = 91 %
Rücklauf
Einlauf
Austritt = 85,5 %
Füllung = 74,6 %
Fig. 5. 2/3.
Fig. 6. 2/3.
Fig. 7. 2/3.

Trick- und Weiss'scher Kanalschieber.

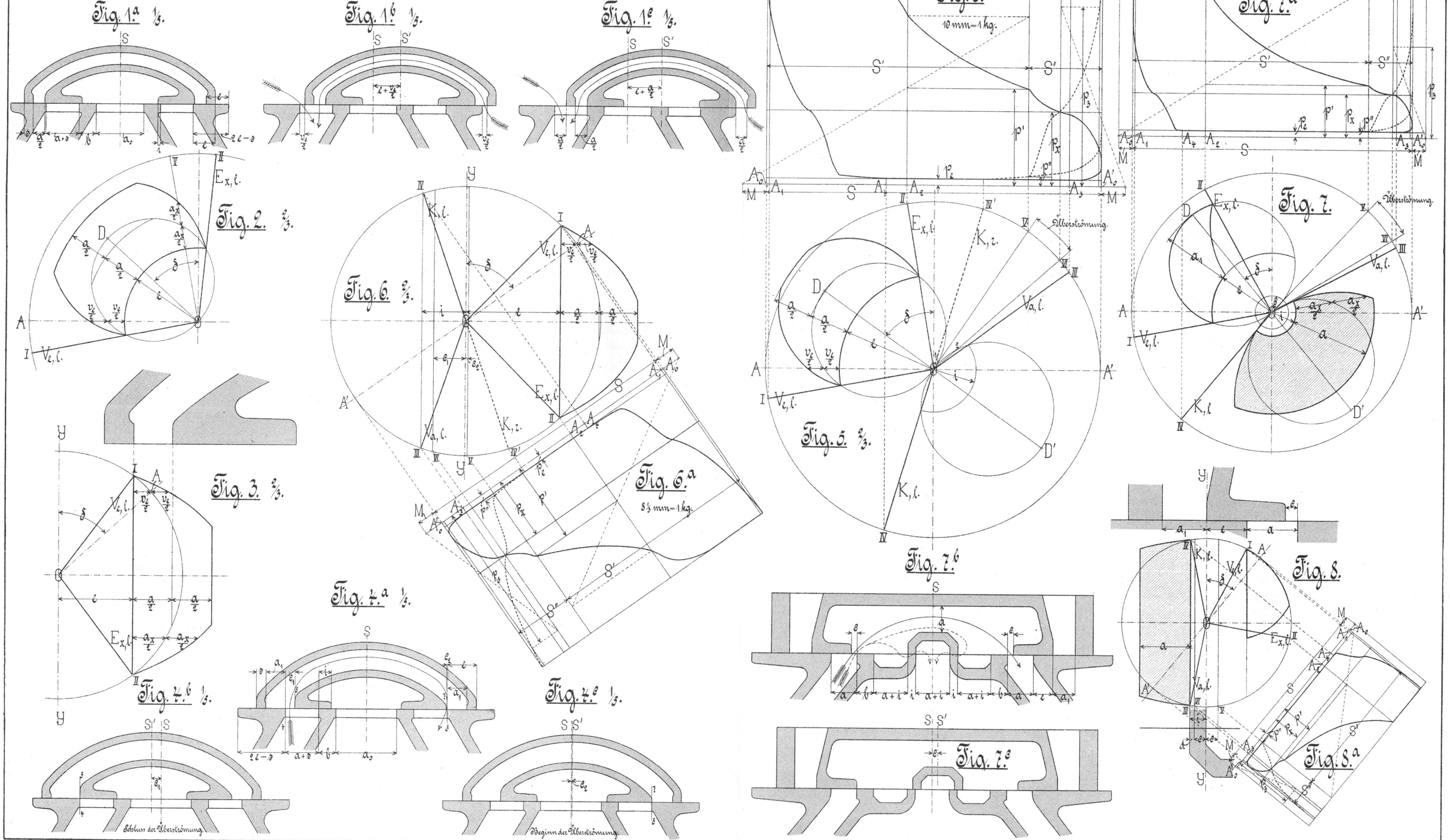

Steuerungen mit Muschel- und Kanalschieber.

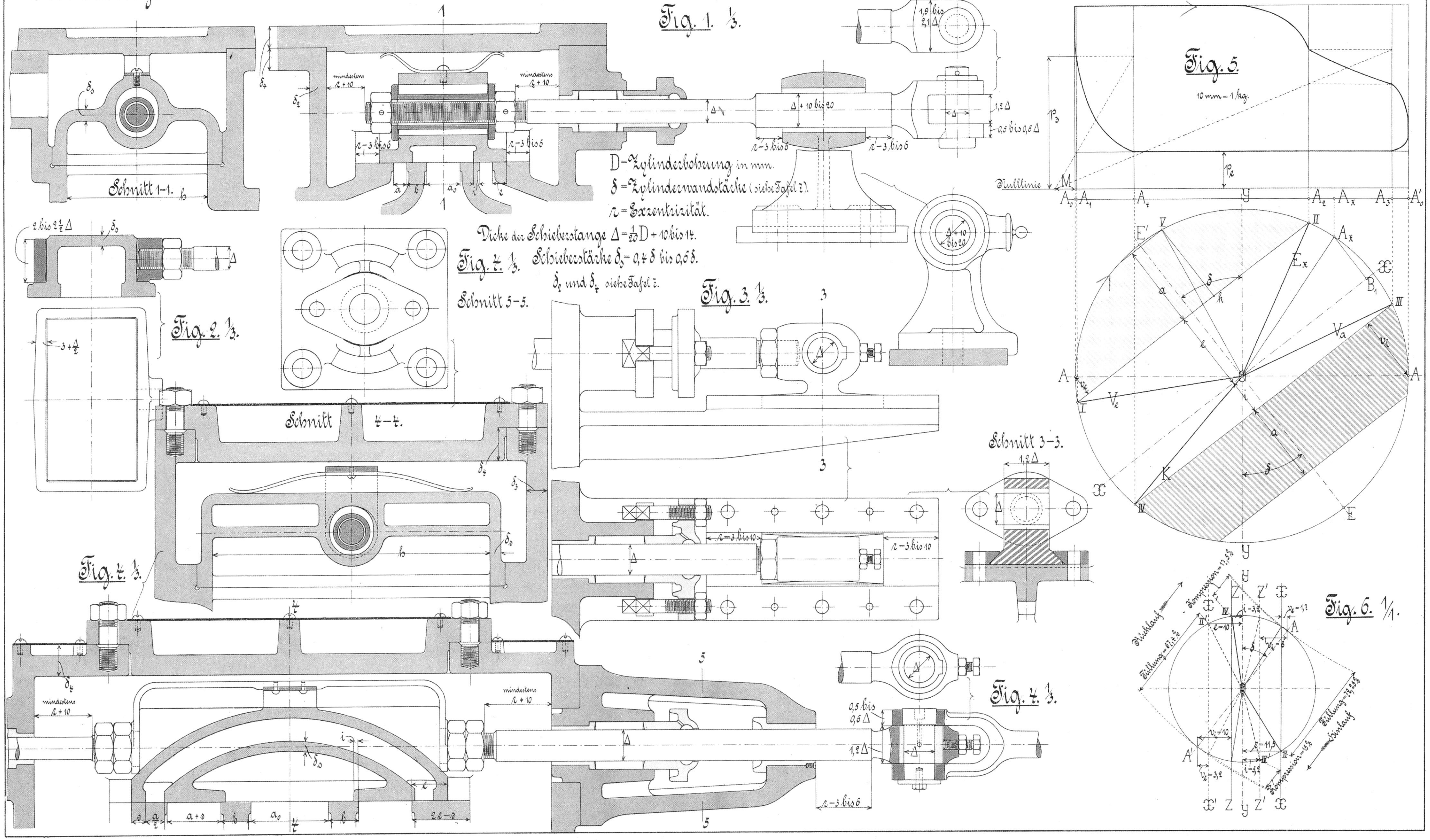

Diagramme der Meyer'schen Steuerung.

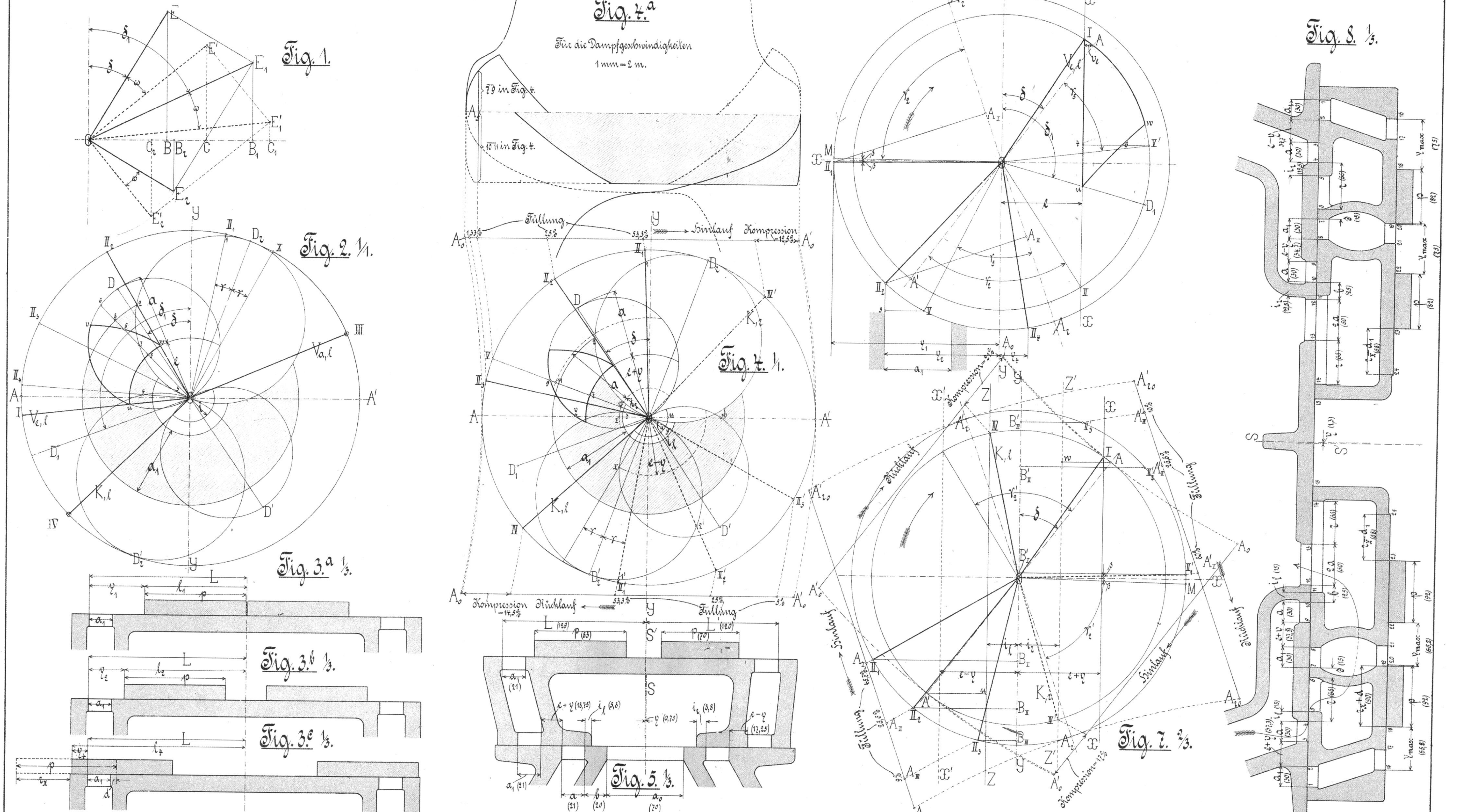

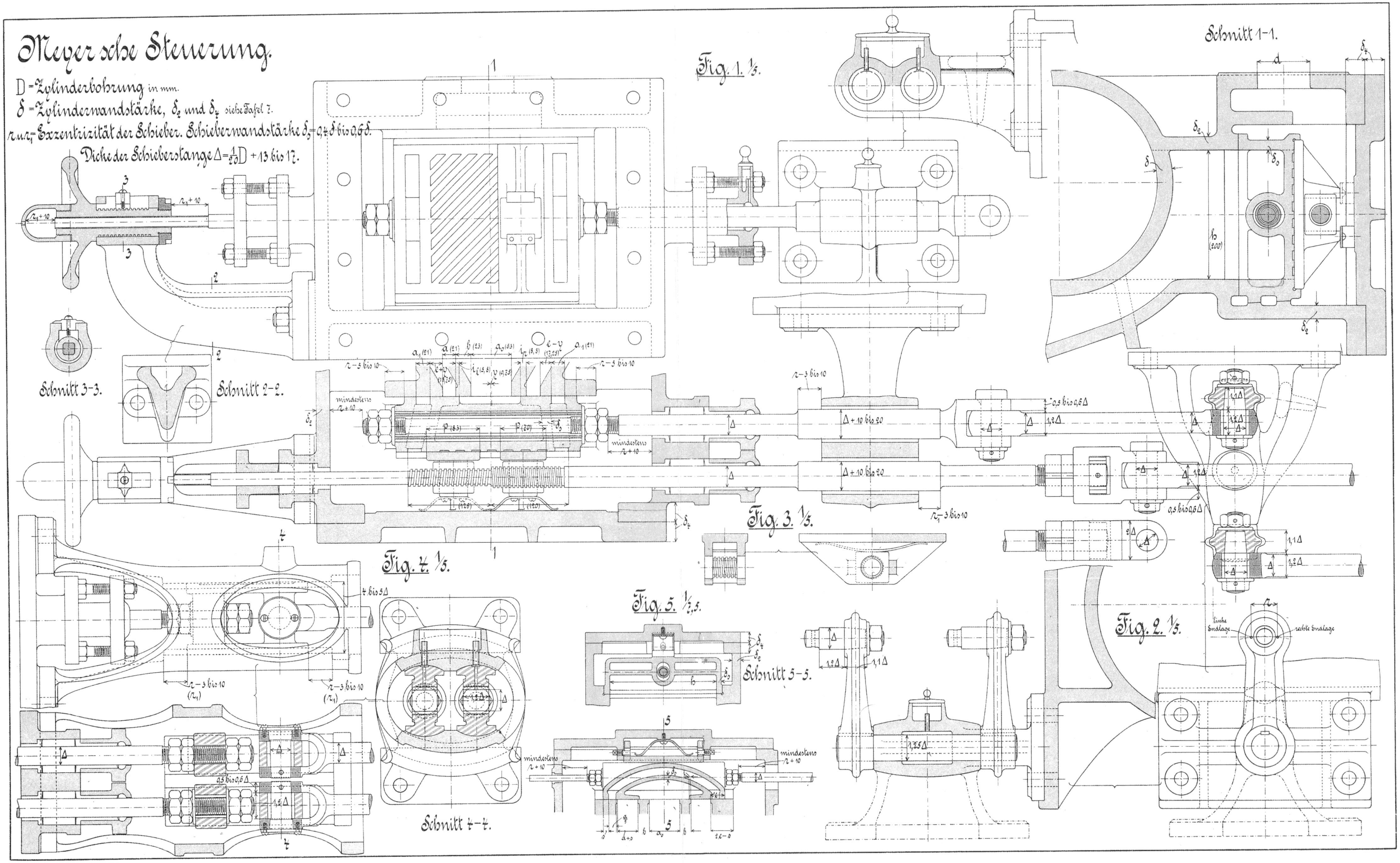

Meyer'sche Steuerung.
D = Zylinderbohrung in mm.
δ = Zylinderwandstärke, δ2 und δ4 siehe Tafel 7.
r u. r1 = Exzentrizität der Schieber. Schieberwandstärke δ5 = 0,4 δ bis 0,6 δ.
Dicke der Schieberstange Δ = 1/20 D + 13 bis 17.
Fig. 1. 1/5.
Schnitt 1-1.
Schnitt 3-3.
Schnitt 2-2.
Fig. 3. 1/5.
Fig. 4. 1/5.
Fig. 5. 1/2,5.
Schnitt 5-5.
Fig. 2. 1/5.
Schnitt 4-4.
linke Endlage
rechte Endlage
mindestens r + 10
r − 3 bis 10
r − 5 bis 10
Δ + 10 bis 20
0,5 bis 0,6 Δ
1,1 Δ
1,2 Δ
4 bis 5 Δ

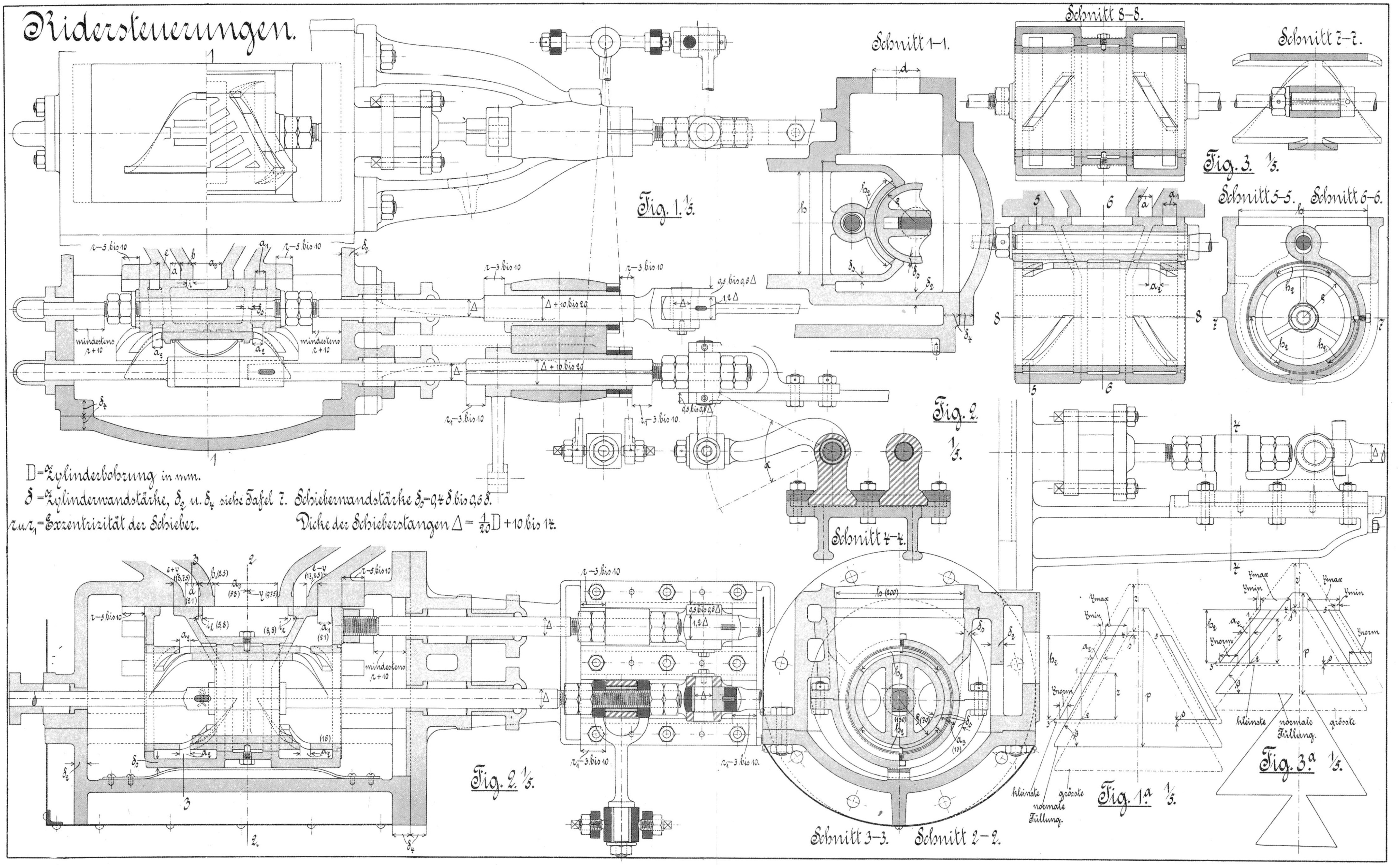
Ridersteuerungen.
D = Zylinderbohrung in mm.
δ = Zylinderwandstärke, δ2 u. δ4 siehe Tafel 7. Schieberwandstärke δ3 = 0,4 δ bis 0,6 δ.
r u. r1 = Exzentrizität der Schieber.
Dicke der Schieberstangen Δ = 1/20 D + 10 bis 14.
Fig. 1. 1/5.
Schnitt 1–1.
Schnitt 8–8.
Schnitt 7–7.
Fig. 3. 1/5.
Schnitt 5–5.
Schnitt 6–6.
Fig. 2. 1/5.
Schnitt 4–4.
Fig. 2. 1/5.
Schnitt 3–3.
Schnitt 2–2.
Fig. 1a 1/5.
Fig. 3a 1/5.
kleinste
normale
Füllung.
größte
mindestens r + 10

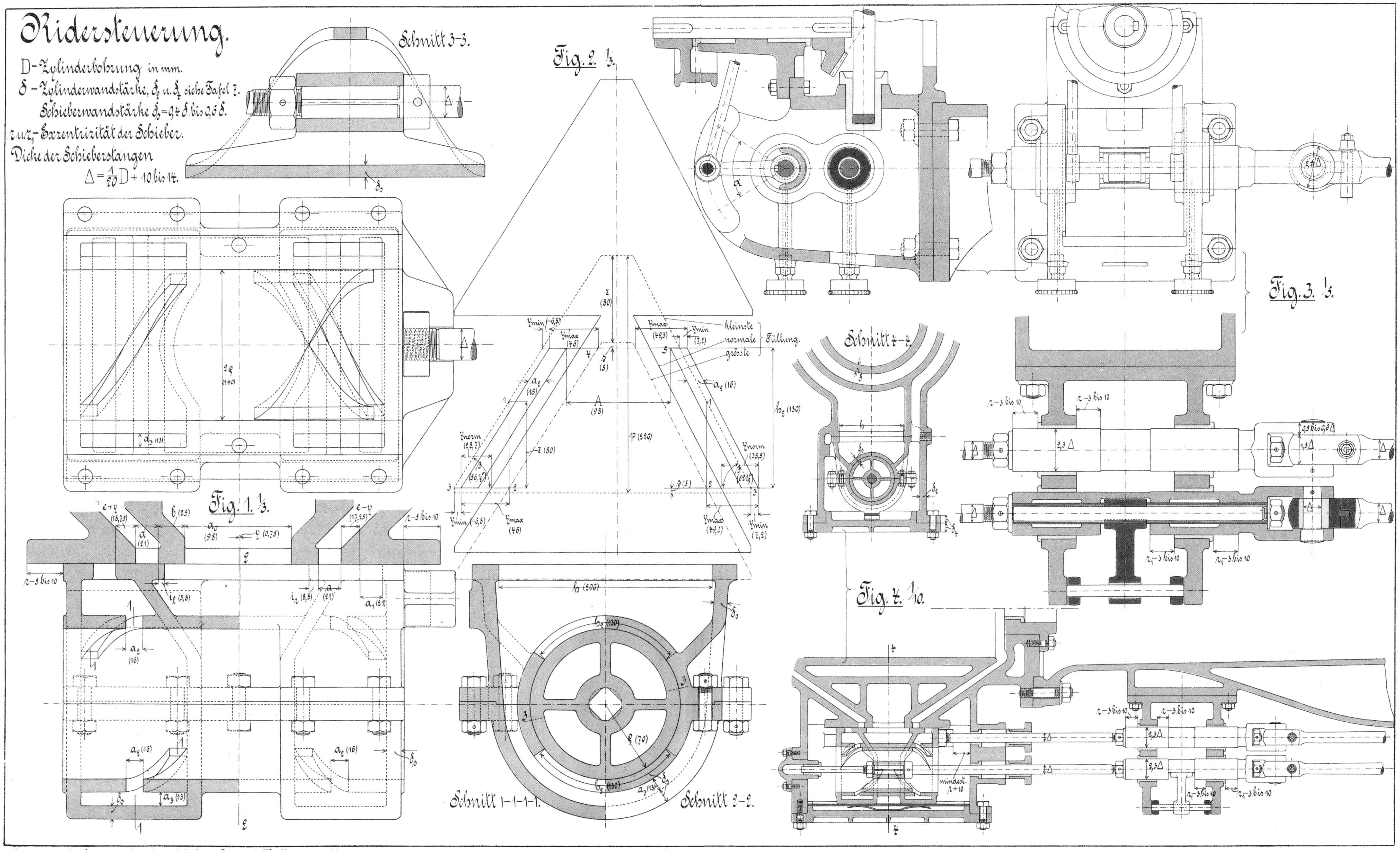

Fig 3 nach Zeichnung der Maschinenfabrik von Starke & Hoffmann in Hirschberg.

Guhrauer- und Meyer'sche Steuerung.

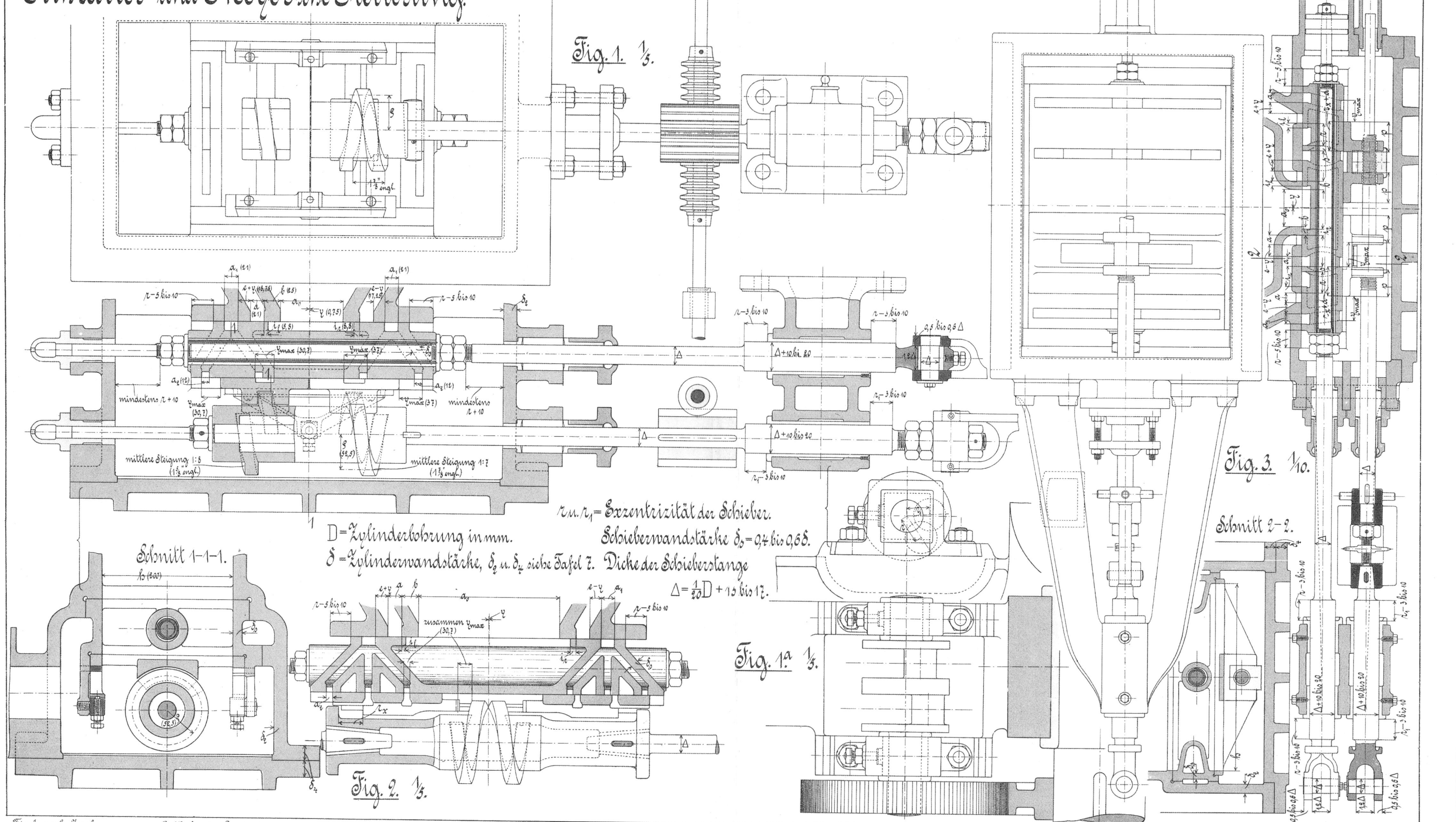

Fig. 1 nach Zeichnungen von G. Kuhn in Stuttgart.
Fig. 3 nach Zeichnungen der Görlitzer Maschinenfabrik in Görlitz.

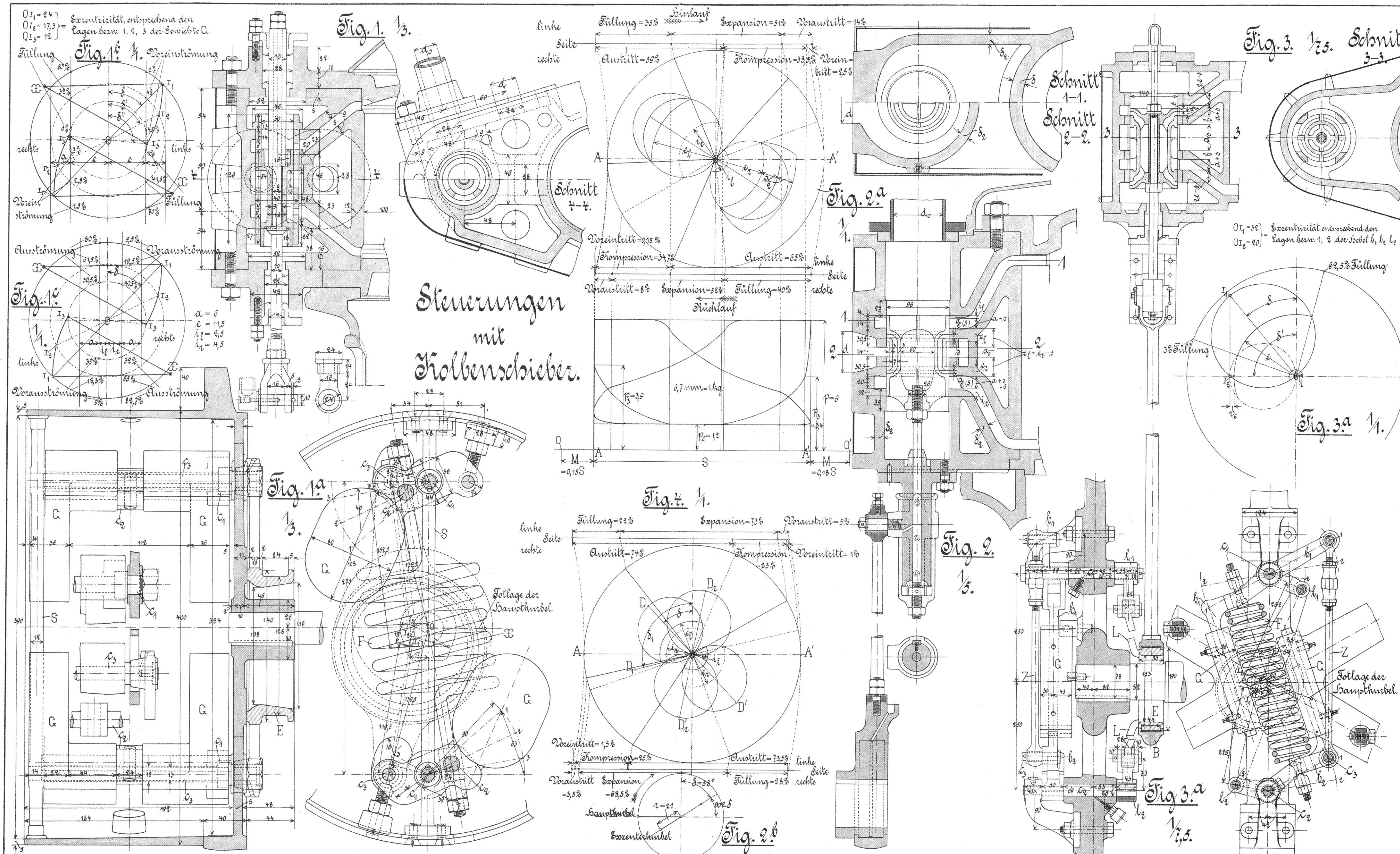

Fig. 1 u. 1a Steuerung u. Regulator von C. Sondermann, Stuttgart. (Regulator D. R. P. 52550.) Fig. 2 nach Zeichnung der Maschinenfabrik: Pokorny & Wittekind, Bockenheim-Frankfurt a/M.

" 3 u. 3a " " " " B. Stein, Berlin.

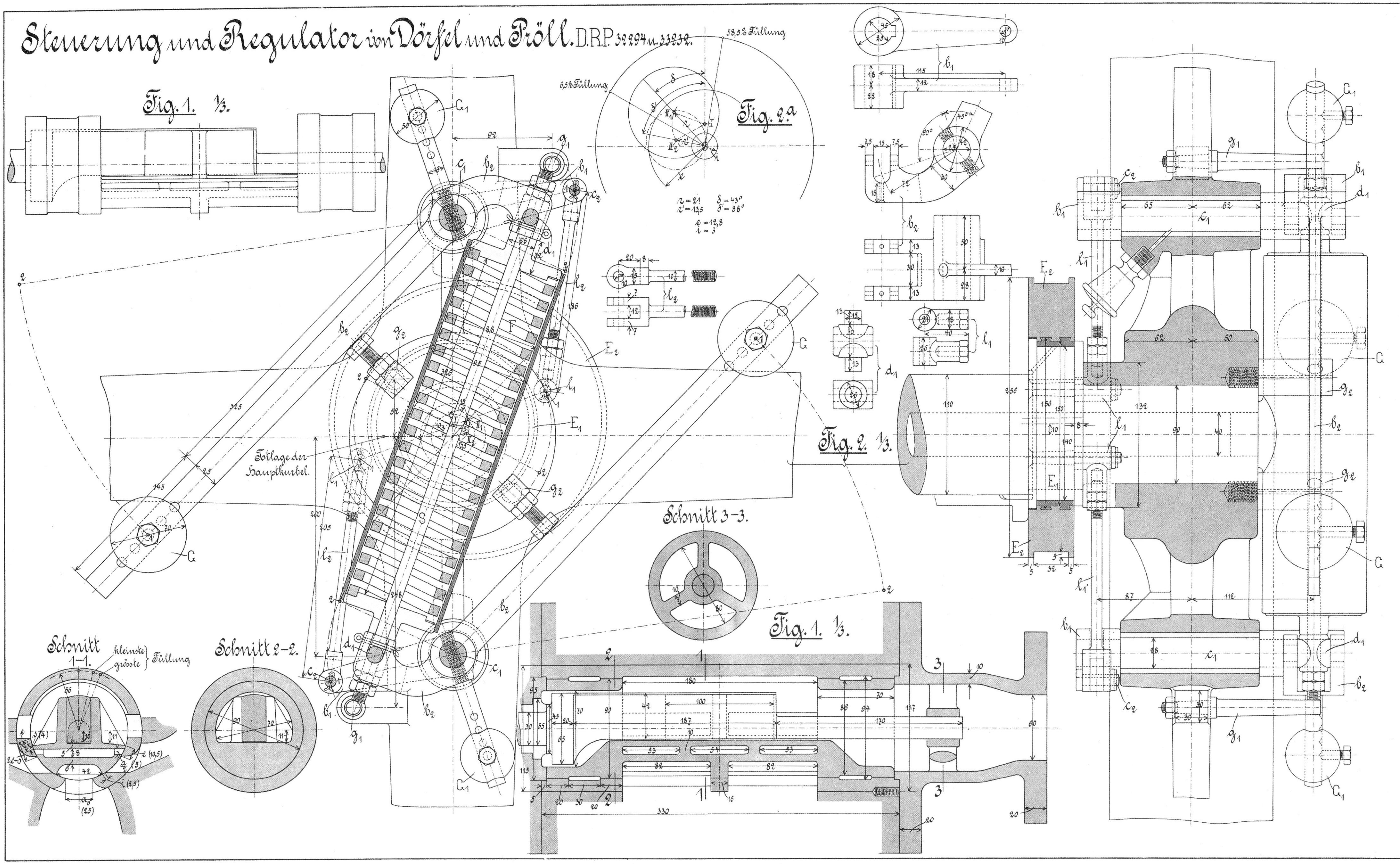

Fig. 1 u. 2 nach Zeichnung der Halleschen Maschinenfabrik und Eisengiesserei.

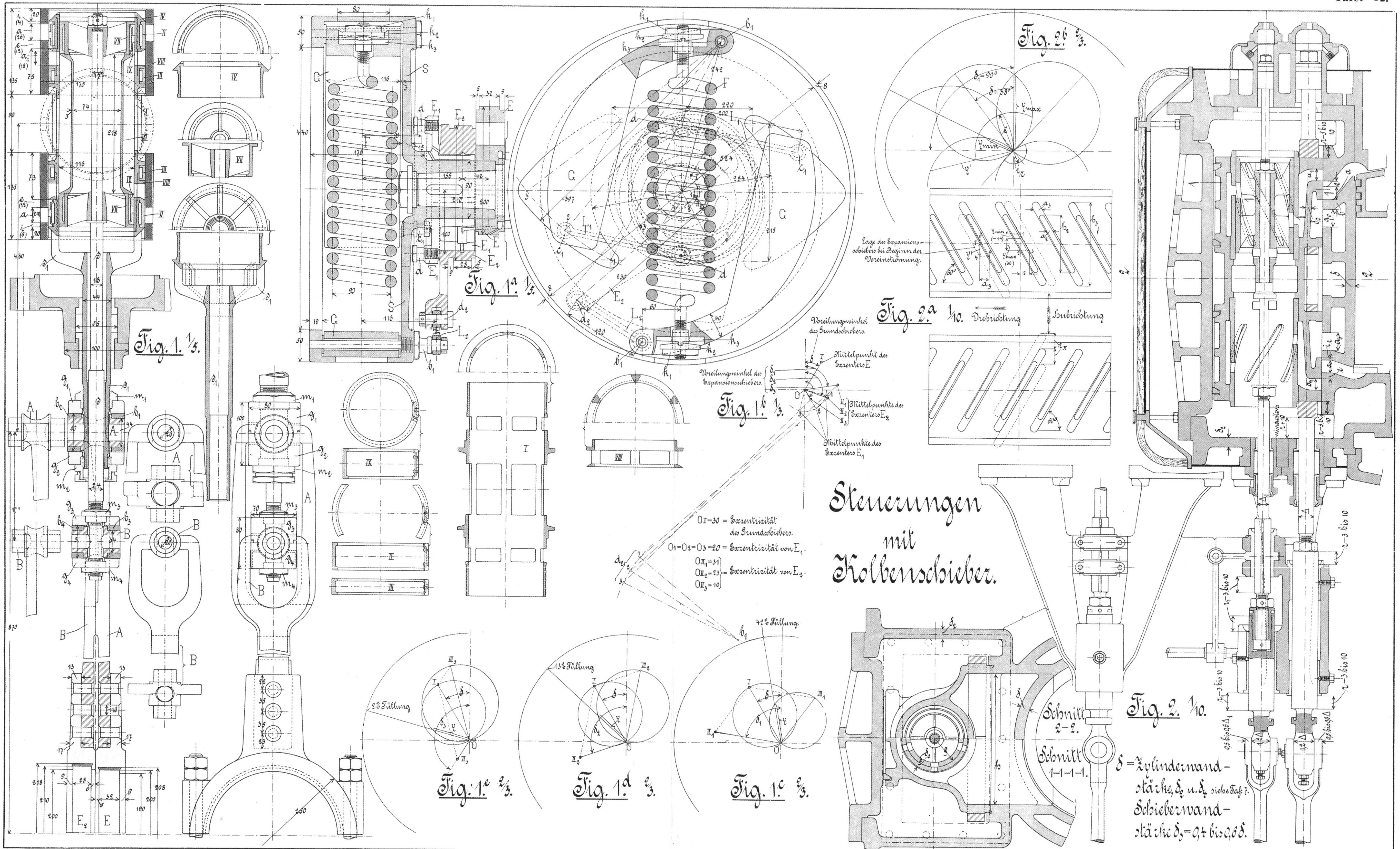

Fig. 1 u. 1a nach Zeichnung von der Maschinenfabrik Örlikon in Örlikon. Regulator D.R.P. 47751.
„ 2 „ „ „ „ „ von J. A. Maffei in München.

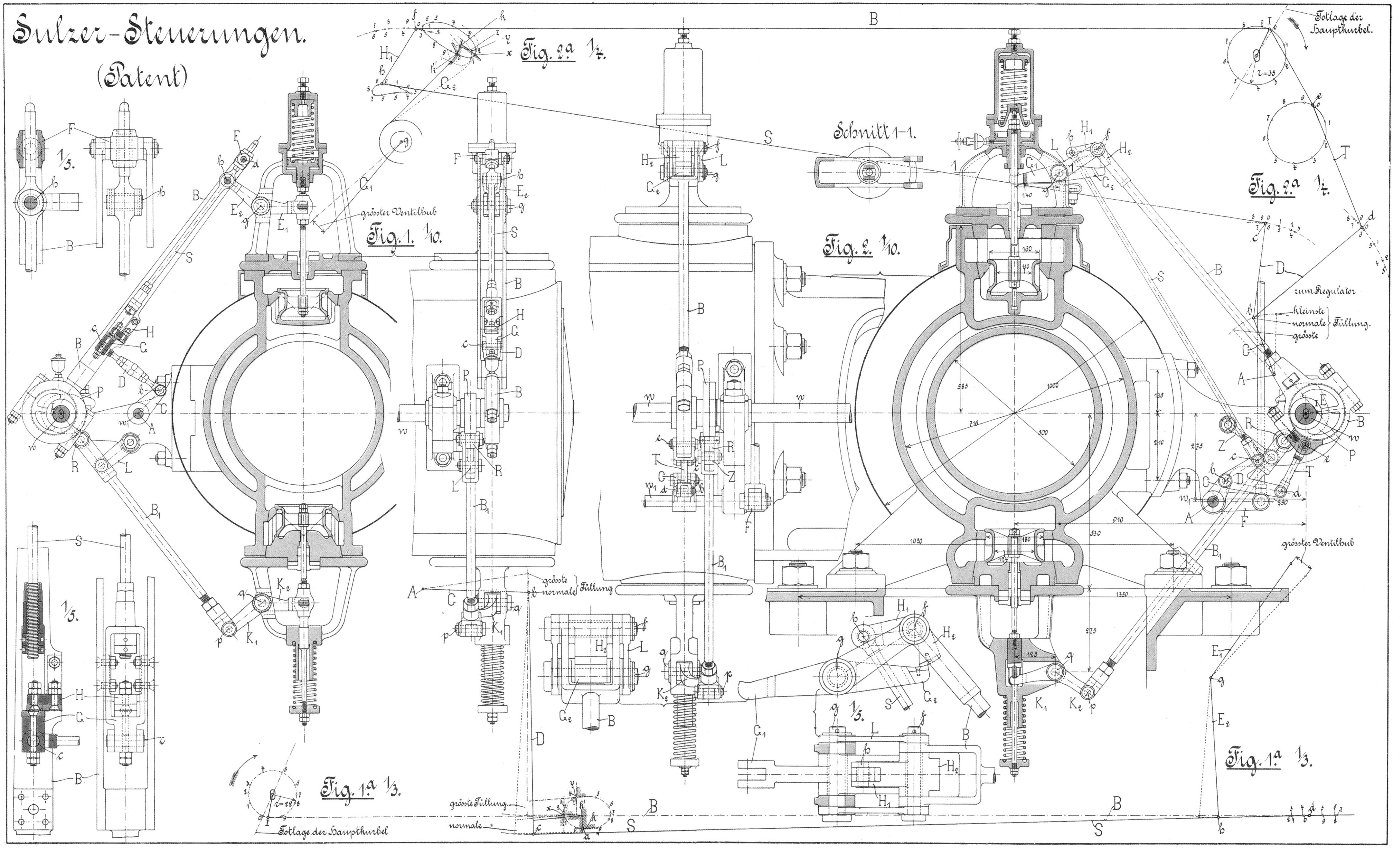
Sulzer-Steuerungen.
(Patent)
Fig. 1. 1/10.
Fig. 1.a 1/3.
Fig. 2. 1/10.
Fig. 2.a 1/4.
Fig. 1.a 1/3.
Fig. 2a 1/4.
Schnitt 1-1.
1/5.
1/5.
1/5.
grösster Ventilhub
grösste
normale
Füllung
grösste Füllung
normale
Totlage der Hauptkurbel
Totlage der Hauptkurbel.
zum Regulator
kleinste
normale
grösste
Füllung.
grösster Ventilhub

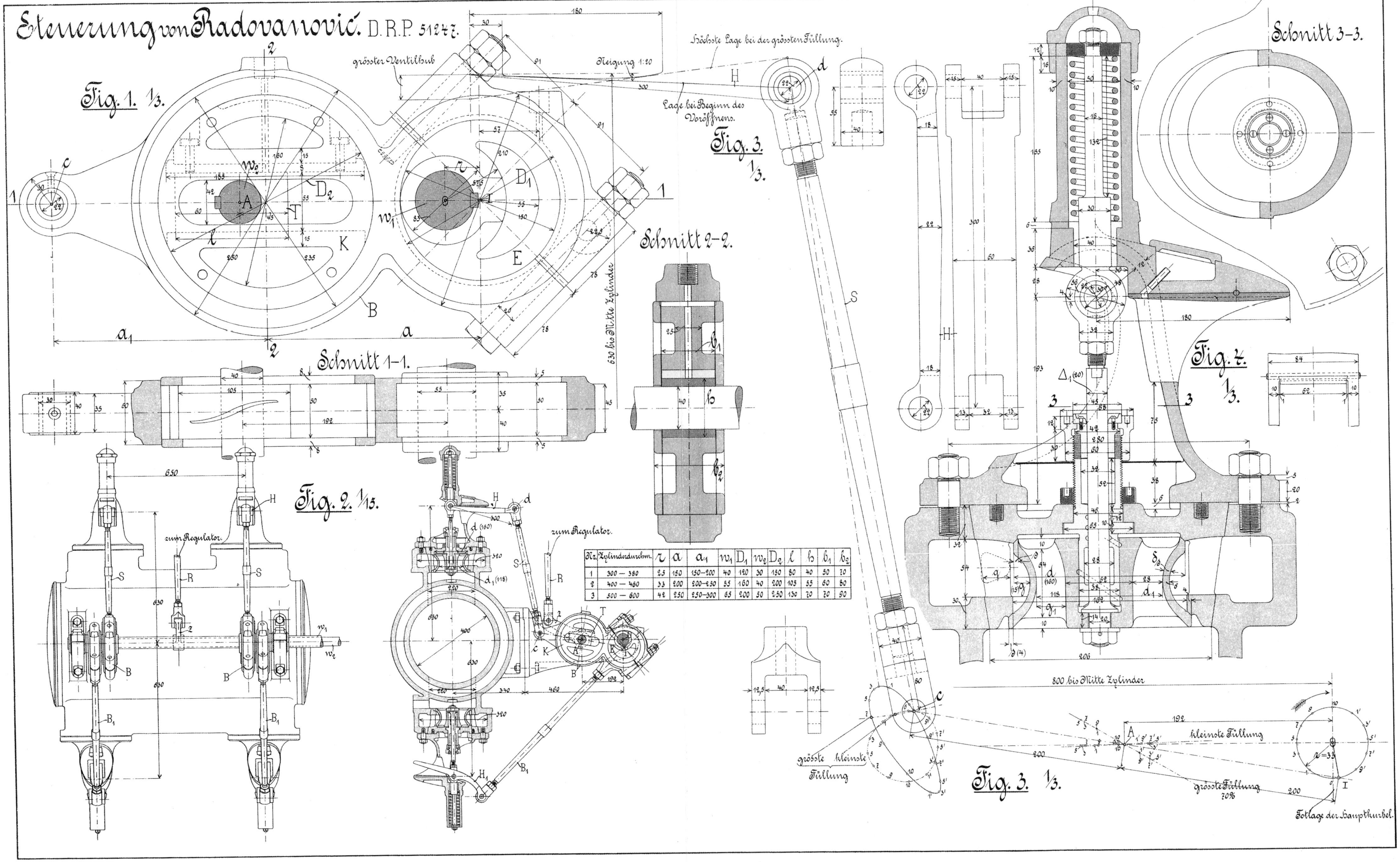

Nr.	Zylinderdurchm.	r	a	a_1	w_1	D_1	w_2	D_2	l	b	b_1	b_2
1	300 — 380	25	150	150—200	40	120	30	150	80	40	50	70
2	400 — 460	33	200	200—250	55	160	40	200	105	55	60	80
3	500 — 600	42	250	250—300	65	200	50	250	130	70	70	90

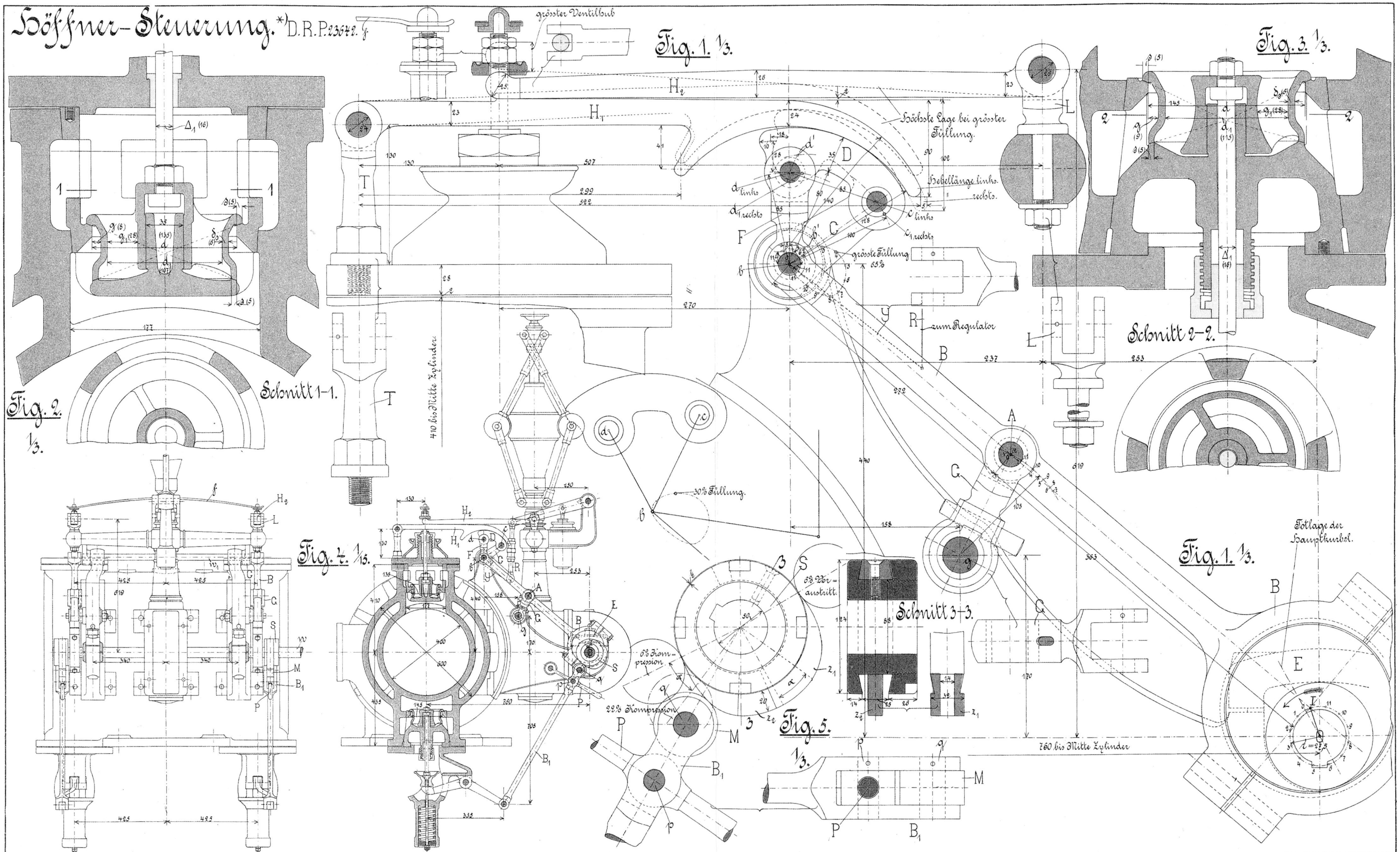

*) Nach Zeichnung der Sächsischen Maschinenfabrik, vorm. Rich. Hartmann, Chemnitz.

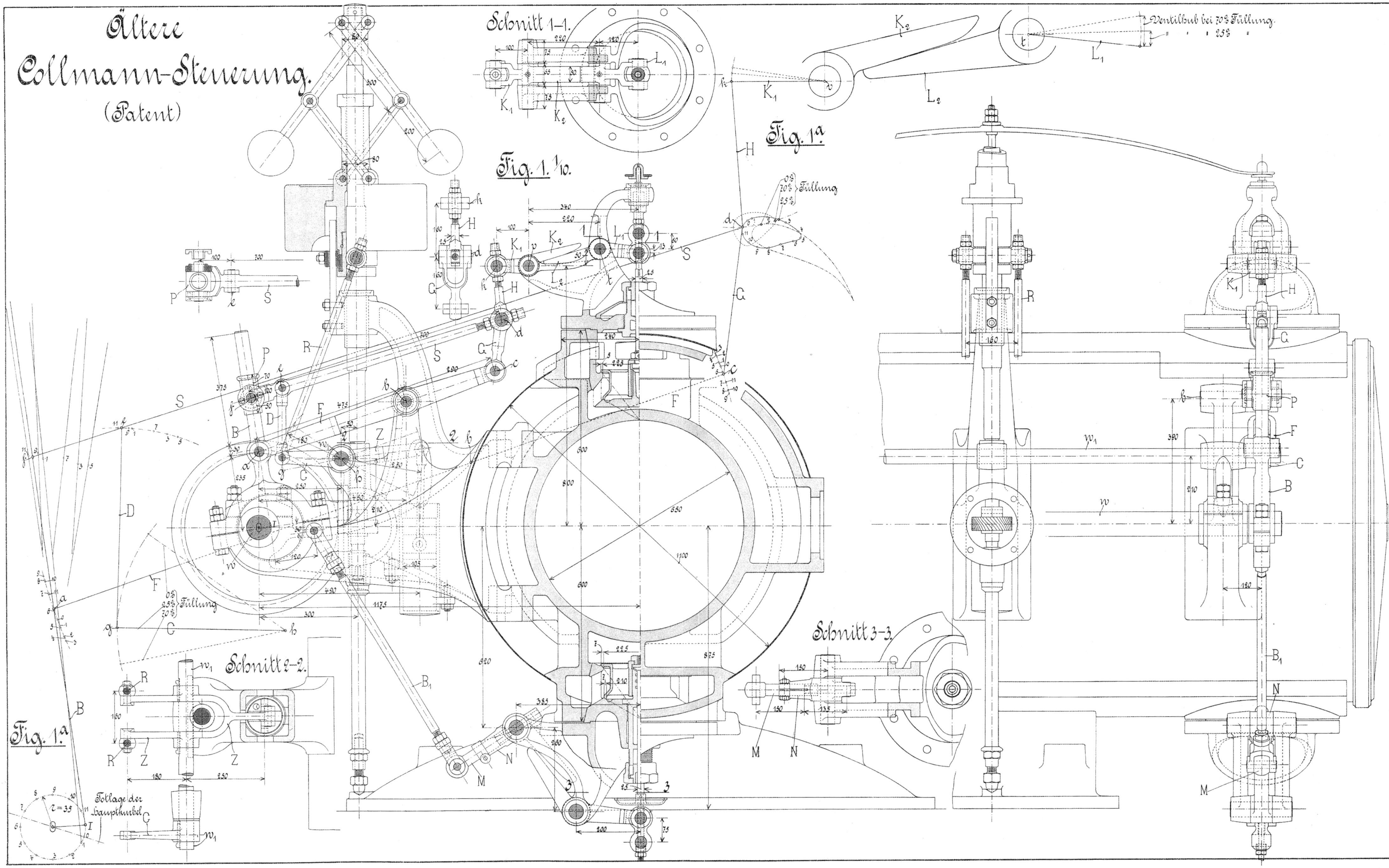
Ältere
Collmann-Steuerung.
(Patent)
Schnitt 1–1.
Fig. 1. 1/10.
Fig. 1a
Ventilhub bei 70% Füllung
25%
Füllung
Schnitt 2–2.
Fig. 1a
Totlage der Hauptkurbel
Schnitt 3–3.

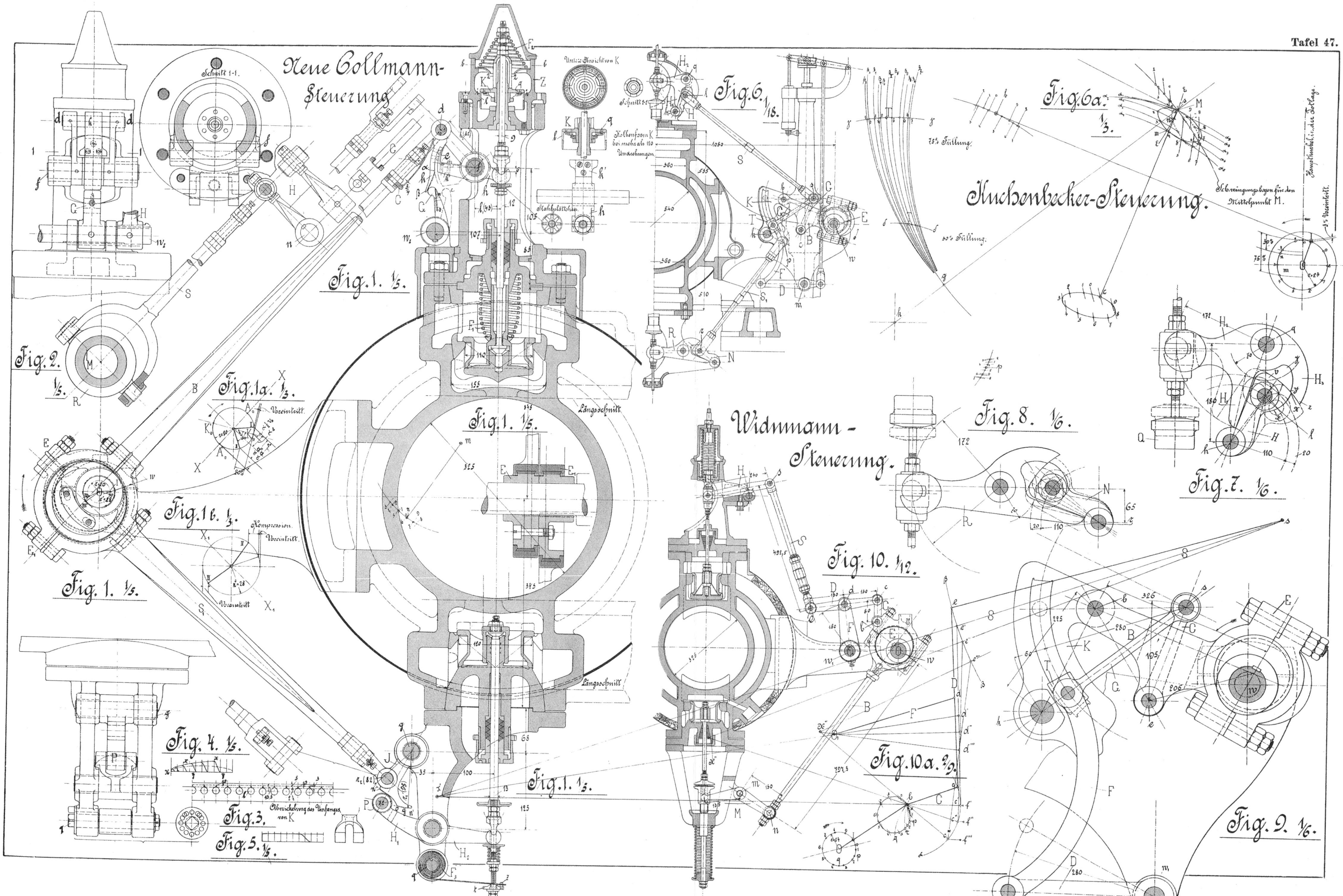
Neue Collmann-Steuerung
Fig. 1. 1/5.
Fig. 1a. 1/3.
Fig. 1b. 1/3.
Fig. 2. 1/5.
Fig. 3.
Fig. 4. 1/5.
Fig. 5. 1/5.
Abwickelung des Umfanges von K
Kompression
Voreintritt
Längsschnitt
Schnitt 1-1.
Untere Ansicht von K
Kuchenbecker-Steuerung.
Fig. 6. 1/18.
Fig. 6a. 1/3.
75% Füllung
30% Füllung
Schwingungsbogen für den Mittelpunkt M.
Fig. 7. 1/6.
Fig. 8. 1/6.
Widnmann-Steuerung.
Fig. 9. 1/6.
Fig. 10. 1/12.
Fig. 10a. 2/9.

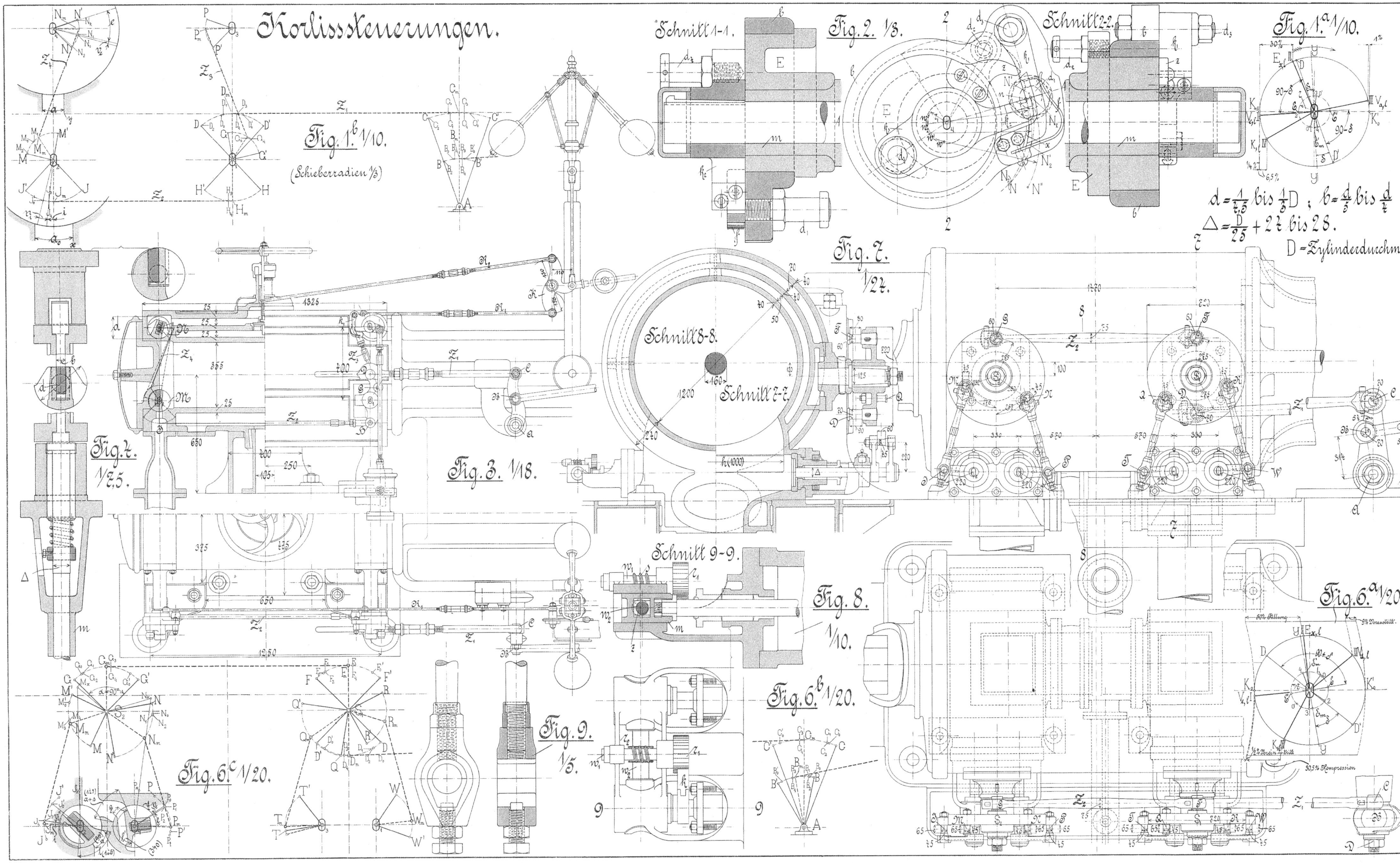
Korlisssteuerungen.
Fig. 1.b 1/10.
(Schieberradien 1/3)
Schnitt 1-1.
Fig. 2. 1/3.
Schnitt 2-2.
Fig. 1.a 1/10.
d = 1/2,5 bis 1/3 D ; b = d/3 bis d/4
Δ = D/25 + 2 1/2 bis 28.
D = Zylinderdurchm.
Fig. 7. 1/24.
Schnitt 8-8.
Schnitt 7-7.
Fig. 4. 1/7,5.
Fig. 3. 1/18.
Schnitt 9-9.
Fig. 8. 1/10.
Fig. 6.a 1/20.
Fig. 9. 1/5.
Fig. 6.b 1/20.
Fig. 6.c 1/20.

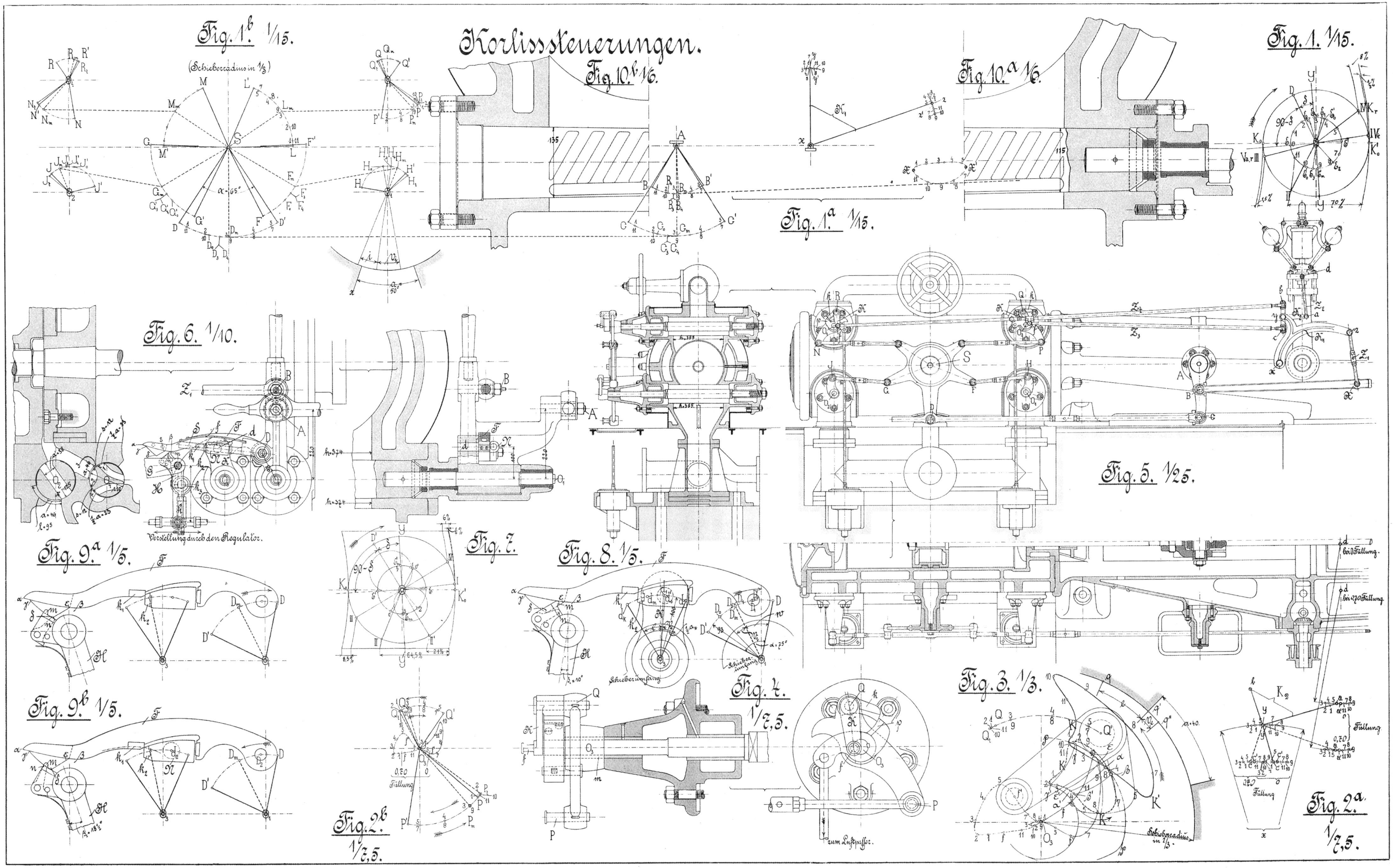
Korlisssteuerungen.
Fig. 1^b 1/15.
(Schieberradius in 1/3)
Fig. 10.^b 1/6.
Fig. 10.^a 1/6.
Fig. 1. 1/15.
Fig. 1.^a 1/15.
Fig. 6. 1/10.
Verstellung durch den Regulator.
Fig. 5. 1/25.
bei Füllung.
bei 0,70 Füllung
Fig. 9.^a 1/5.
Fig. 7.
Fig. 8. 1/5.
Schieberumfang
Fig. 9.^b 1/5.
Fig. 2.^b 1/7,5.
Füllung
Fig. 4. 1/7,5.
zum Luftpuffer.
Fig. 3. 1/3.
Schieberradius in 2/3.
Fig. 2.^a 1/7,5.
Füllung

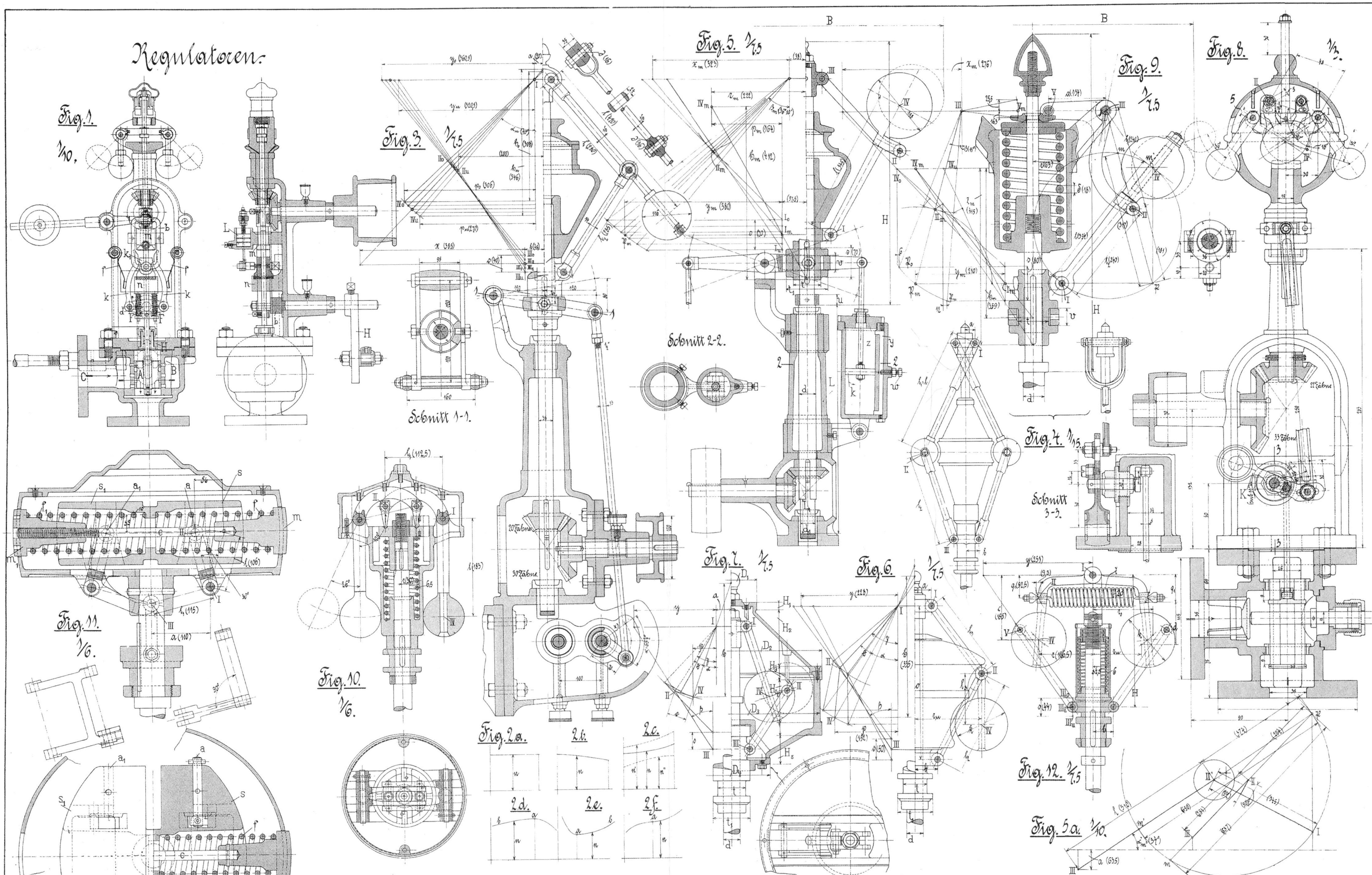

*) Die auf Tafel 38 in Fig. 3 angegebene größere Hebellänge ist durch einen astatischeren Regulator mit größerem Hube bedingt.

Rechenstäbe.

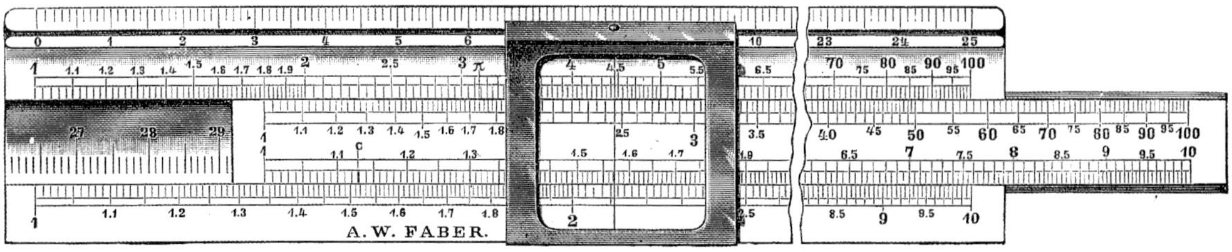

a) **Faber'scher Rechenstab** (26 cm lang) **Buchsbaumholz mit Celluloid-Auflage**, mit **Rechenskalen** und **Millimeterteilungen**, sowie einer Tabelle von Formeln mit konstanten Werten; der **Glasläufer** mit **Indexstrich.**

Anleitung zum Gebrauche des Rechenschiebers

1.40 Mark.

Glasläufer mit 1 oder 2 Indexstrichen apart

Preis à 1.25 Mark.

b) **Faber'scher Rechenstab** (26 cm lang) mit **Patentführungsleiste,** die ein stets gleichmässiges Gleiten des Schiebers gewährleistet, sonst wie oben.

Preisliste gratis und franko.

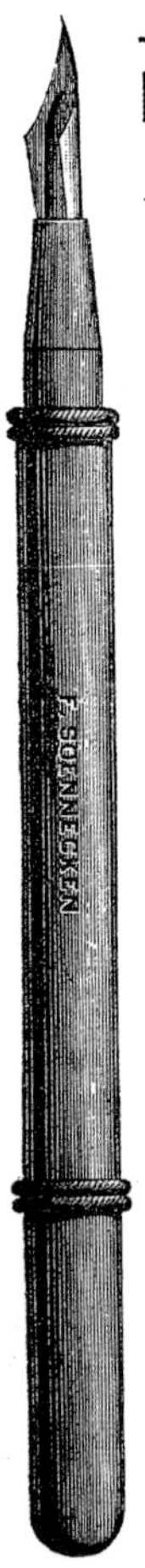

Rechenstab (26 cm lang) **Mahagoniholz** mit **Celluloid-Auflage,** — **prima Ausführung,** — alle Striche mit Teilmaschine gezogen, der **Glasläufer** mit **Indexstrich** (Fabrikat **Dennert & Pape).**

Anleitung zum Gebrauch des Rechenschiebers 75 Pfg.

Goldfüllfederhalter

mit Diamant-(Iridium)-Spitze.

Kein Eintrocknen der Tinte. **Kein Rosten.**

Kein Eintauchen der Feder. **Stets schreibbereit.** **Kein Abnutzen.**

Jedem Halter

wird eine **Gebrauchsanweisung,** ferner ein **Glasröhrchen mit Gummisauger** beigegeben, das ein **bequemes Füllen des Tintenbehälters** ermöglicht.

Jeder Halter

wird in einer (eleganten) **Hülse** geliefert, dadurch ist Zerbrechen in der Tasche unmöglich.

Preislisten franko und gratis durch die

Polytechnische Buchhandlung

(R. Schulze), Mittweida.